预应力混凝土结构理论与设计

熊学玉　著

中国建筑工业出版社

图书在版编目（CIP）数据

预应力混凝土结构理论与设计/熊学玉著. —北京：
中国建筑工业出版社，2017.12
ISBN 978-7-112-21662-8

Ⅰ．①预… Ⅱ．①熊… Ⅲ．①预应力混凝土结
构-结构设计 Ⅳ．①TU378.04

中国版本图书馆 CIP 数据核字（2017）第 310779 号

本书内容涉及预应力混凝土结构理论的许多方面，这些理论与创新大多源于本书作者近 30 年的理论研究和大量工程实践的不断积累。本书结合作者的研究成果以及近年来承担的多项重大工程，介绍了其在预应力混凝土结构理论方面的研究、创新和实践。

本书主要内容包括：预应力混凝土结构约束作用对次内力的影响及全面考虑次内力的设计理论与方法，新型预应力混凝土结构体系的理论研究及设计方法，大跨预应力混凝土结构防灾性能研究，超长预应力混凝土结构设计方法、施工过程分析及裂缝控制，预应力结构分析与设计实例等。

本书可供从事预应力混凝土结构理论研究和设计、施工人员参考，也可作为高等学校土木工程专业的研究生或高年级本科生选修课教材。

责任编辑：王　跃　吉万旺
责任校对：焦　乐　李美娜

预应力混凝土结构理论与设计

熊学玉　著

＊

中国建筑工业出版社出版、发行（北京海淀三里河路 9 号）
各地新华书店、建筑书店经销
霸州市顺浩图文科技发展有限公司制版
北京建筑工业印刷厂印刷

＊

开本：787×1092 毫米　1/16　印张：43　字数：1072 千字
2017 年 12 月第一版　　2017 年 12 月第一次印刷
定价：**98.00** 元
ISBN 978-7-112-21662-8
（31518）

前　言

我国预应力混凝土结构技术已日益广泛地应用于各类土木建筑工程之中，有关预应力混凝土结构设计理论和设计方法也已取得了大量的研究成果，但是针对现代预应力混凝土结构特点的设计理论和方法仍需不断研究加以充实完善。本书是融合本人与团队近 30 年在预应力领域所取得的成果，其中大部分设计理论与方法已收录到本人主编的我国首部《预应力混凝土结构设计规范》JGJ 369—2016，以及本人主持重新修编的上海市《预应力混凝土结构设计规程》DGJ 08—69—2015 中。本书从以下四个方面开展问题的讨论与研究：

1. 设计中全面考虑次内力的必要性

现代预应力混凝土结构的主要特征已由原来预应力简单受力结构构件（往往是简支构件）转变成预应力复杂受力结构（往往是超静定结构且空间效应显著）。预应力具有"转移荷载"的能力，能动地利用这种能力，将为预应力结构设计带来理念上重要的突破。预应力混凝土超静定结构中由于施加预应力产生的附加内力，称为预应力次内力。预应力次内力包括次弯矩、次剪力、次轴力和次扭矩等，已有对结构两类极限状态的设计仅考虑有较重要影响的预应力次弯矩，而对于当今超长、超大体量特别是复杂约束的结构，其包括次轴力等次内力在许多情况下的显著影响不可忽略。

在工程设计中，由于部分设计人员对预应力的原理、分布形式和特点、影响因素等不十分清楚，因此不能合理考虑和利用预应力次内力的影响，而只是生搬硬套设计规范或规程中预应力次内力的有关条款。我国现行《混凝土结构设计规范》GB 50010—2010（2015 年版）中两种状态的设计方法虽然采纳本人主编的上海预应力混凝土结构设计规程的意见要求考虑了次内力的影响，但没有系统的设计理论与设计公式，事实上无法应用。一些相关论著中关于预应力次内力的条款或研究结论也存在一定的局限性，因而会造成设计结果偏于不安全。因此，关于复杂约束作用下如何在设计中全面考虑次内力的影响是当前需要解决的一大难点。本书第 2 章除介绍国内外已有的次内力计算方法外，还介绍了本人提出的约束次内力法。第 3 章则介绍了约束作用对次内力的影响及全面考虑次内力的设计理论与方法。

2. 新型预应力混凝土结构体系的设计方法

为满足现代预应力结构在大跨、超长、重载、超大体量工程中的设计特点和要求，一些新型预应力体系得到应用，如预应力型钢混凝土结构、有粘及无粘预应力混合配筋混凝土结构、缓粘结预应力混凝土结构、体外预应力混凝土结构、后张预应力叠合混凝土结构等。但当前对相关结构受力性能及其系统的设计理论和方法的研究是缺乏的。本书第 4～8 章结合课题组近年来的试验及理论研究成果，对体外预应力混凝土、预应力型钢混凝土、缓粘结预应力混凝土、有粘无粘预应力混合配筋混凝土、后张预应力叠合混凝土等结构的受力性能及计算方法进行了探讨。

3. 预应力混凝土防灾性能的研究

防灾减灾一直以来是土木建筑结构的重要课题之一。地震、火灾、泥石流等灾害严重威胁结构的安全，可能带来巨大的经济损失及人员伤亡。近年来，对预应力混凝土结构抗火性能、耐久性能、抗震性能的研究也引起了行业的重视。本书第9章介绍了大跨度预应力型钢混凝土框架梁及大跨度预应力井式楼盖的抗震性能试验和理论研究。第10章介绍了火灾下预应力混凝土结构的计算分析理论及相关的抗火设计建议。第11章介绍了预应力钢绞线的腐蚀试验研究，并在已有方法的基础上提出了腐蚀预应力筋混凝土梁截面的承载力及刚度计算公式。

4. 预应力解决超长结构的设计方法

随着社会和经济的发展，人们对建筑物功能和布局的要求日益提高，在超大型公共建筑、仓储、商业中心以及工业厂房等工业和民用建筑物中，越来越多地出现了超长、超大体量结构体系。鉴于建筑与结构的整体性要求，此类建筑往往采用连续超长结构，并且不设温度伸缩缝或伸缩缝间距远远超过规范要求。

超长结构体系的裂缝控制是设计和施工过程中必须予以重视和解决的问题。因此，该部分的研究对于大量超长结构体系的裂缝控制具有较大的实践意义，合理设计可以缩短施工周期，节省设置收缩缝费用，提高整体结构的承载力和抗变形性能，满足建筑物美观和功能的要求，具有良好的经济效益，同时也是对已有规范的一个重要突破。本书第12章介绍超长预应力混凝土结构设计的基本原则及方法，提出了"广义超长"的概念，建立了约束系数的定量判别方法；在超长结构"抗"、"放"原则的基础上，基于预应力的技术提出了更为能动的"防"原则，通过预应力筋布置、调整结构的约束及其约束分布、提高预应力效应、减少局部应力集中，将"抗"、"防"、"放"贯穿设计建造的全过程。第13章以某体育场超长环形预应力混凝土框架结构为研究对象，介绍了超长预应力混凝土结构施工过程的数值模拟方法。考虑到工程结构的不确定性，如材料物理特性、结构尺寸、自然与人为作用的不确定性。本书14章基于拉丁超立方抽样的MC法，进行材料时随特性的敏感性分析，考察10000天内，季节性温差作用下结构长轴方向端柱顶部位移和结构中部楼板应力的变化与收缩、徐变不确定性之间的关系。另外，结合上海虹桥SOHO及国家会展中心等超长及超大体量结构，本书第15章介绍了相关问题的研究情况，供读者参考。

本书的内容涉及预应力结构及理论的许多方面，这些理论与创新许多源于大量工程实践的不断积累，源于本人长期对预应力事业的执着追求。在长期的理论研究与工程实践中，感谢恩师黄鼎业先生的指导与关怀，由先生创立领导的同济大学预应力研究所的大量研究成果丰富了本书的内容，衷心感谢研究所团队各成员的精诚合作帮助支持。本书研究与多项重大工程紧密结合，感谢在上海火车南站、上海东方体育中心、上海虹桥SOHO和国家会展中心等项目中周建龙、李亚明、王美华、包联进等总工以及其他科技人员的帮助支持。感谢耿耀明博士、蔡跃博士、顾炜博士、高峰博士等的贡献。感谢参与整理工作的博士和硕士研究生：向瑞斌、姚刚峰、华楠、王怡庆子、肖启晟、张仪放、余鹏程、巫韬、高心宁。真诚感谢中国建筑工业出版社为本书的出版给予的帮助和支持。

由于作者水平有限，本书所述内容难免有欠缺之处，敬请各位专家学者批评指正。

目　　录

第1章　绪论 ··· 1

　1.1　预应力结构在国内外的发展简史 ························ 1

　　1.1.1　国外的发展简史 ································· 1

　　1.1.2　国内的发展简史 ································· 2

　1.2　预应力结构的发展现状 ····························· 3

　1.3　预应力结构的概念 ······························· 10

　　1.3.1　预应力混凝土的定义 ····························· 11

　　1.3.2　对预应力混凝土的四种理解 ························ 12

　1.4　预应力结构的优越性及应用范围 ····················· 15

　　1.4.1　预应力结构的优越性 ····························· 15

　　1.4.2　预应力混凝土的使用范围 ························· 17

　参考文献 ······································· 17

第2章　次内力计算理论 ··································· 19

　2.1　国内外次内力计算方法 ··························· 19

　　2.1.1　已有方法介绍 ······························· 19

　　2.1.2　次剪力计算 ······························· 21

　　2.1.3　约束次内力法 ······························· 25

　　2.1.4　约束次内力法与现有方法的比较 ····················· 26

　2.2　设计中考虑次内力的必要性 ························· 27

　　2.2.1　两种极限状态的定义 ····························· 28

　　2.2.2　各国历年规范有关次内力预应力效应的规定 ············· 29

　　2.2.3　现有计算方法的分析和公式推导 ····················· 33

　参考文献 ······································· 36

第3章　全面考虑约束影响的设计方法 ························ 37

　3.1　概述 ······································· 37

　　3.1.1　现代预应力结构特点 ····························· 37

　　3.1.2　已有的研究工作及其不足 ························· 37

　3.2　约束作用对次内力的影响因素分析 ····················· 42

　　3.2.1　现有的几种影响因素总结 ························· 42

　　3.2.2　有效预应力 ······························· 47

3.2.3　线形分布 ·· 52

3.2.4　预应力结构中预应力筋偏移的影响 ················· 56

3.2.5　路效、时效问题 ·· 62

3.2.6　空间效应影响 ·· 63

3.3　全面考虑次内力的设计公式 ································ 74

3.3.1　荷载效应组合 ·· 74

3.3.2　现代预应力混凝土结构两阶段设计建议 ············ 76

3.3.3　小结 ·· 81

参考文献 ··· 81

第4章　体外预应力混凝土结构 ··································· 83

4.1　概述 ·· 83

4.2　体外预应力混凝土受弯构件承载力计算 ················ 84

4.2.1　受弯构件正截面破坏形态及承载力计算的特点 ··· 84

4.2.2　体外预应力筋的应力增量计算研究 ················· 87

4.2.3　体外预应力受弯构件斜截面承载力计算方法研究 ··· 93

4.3　体外预应力受弯构件使用性能计算方法研究 ·········· 98

4.3.1　基于等效折减系数的受弯构件短期挠度计算方法 ··· 99

4.3.2　基于等效折减系数的最大裂缝宽度验算方法 ····· 104

4.3.3　受弯构件长期使用性能分析方法 ··················· 105

4.4　体外预应力梁动力性能研究 ······························· 116

4.4.1　体外预应力梁的自由振动方程 ······················ 116

4.4.2　体外索自由长度与预应力结构共振的预防 ········ 121

4.5　小结 ·· 123

参考文献 ··· 124

第5章　预应力型钢混凝土结构设计理论研究 ··············· 127

5.1　概述 ·· 127

5.2　预应力型钢混凝土框架竖向静力试验 ··················· 129

5.2.1　试验设计 ··· 129

5.2.2　试验现象与结果 ·· 132

5.2.3　总结与探讨 ·· 139

5.3　预应力型钢混凝土框架梁截面承载力计算 ············· 141

5.3.1　正截面抗弯承载力 ······································· 141

5.3.2　斜截面抗弯承载力 ······································· 144

5.4　预应力型钢混凝土框架梁使用性能计算 ················ 146

5.4.1　开裂弯矩 ··· 146

5.4.2　挠度 ··· 146

5.4.3　最大裂缝宽度 ··· 148

5.5　预应力型钢混凝土框架梁塑性设计方法 ·········· 150

　　5.5.1　塑性设计方法 ······················· 150

　　5.5.2　弯矩调幅 ························· 156

参考文献 ······························· 160

第 6 章　缓粘结预应力混凝土结构 ·················· 162

6.1　概述 ······························ 162

6.2　缓粘结筋特点 ························· 163

6.3　预应力损失 ························· 164

　　6.3.1　测试设备及测试方法 ·················· 164

　　6.3.2　张拉测试结果 ······················ 166

　　6.3.3　实测结果分析 ······················ 170

　　6.3.4　小结 ·························· 174

6.4　缓粘结预应力混凝土梁对比试验 ·············· 175

　　6.4.1　概述 ·························· 175

　　6.4.2　试验加载制度 ······················ 175

　　6.4.3　试验结果 ························ 176

　　6.4.4　缓粘结与有粘结的对比研究 ·············· 187

　　6.4.5　小结 ·························· 189

6.5　小结 ······························ 190

参考文献 ······························· 191

第 7 章　有粘、无粘预应力混合配筋结构 ·············· 192

7.1　概述 ······························ 192

7.2　有限元模拟方法 ························ 193

　　7.2.1　概述 ·························· 193

　　7.2.2　有限元模型的建立 ··················· 193

　　7.2.3　试验验证有限元方法的合理性 ············· 197

7.3　无粘结筋应力增量计算 ··················· 198

　　7.3.1　参数分析 ························ 199

　　7.3.2　计算公式的建立 ···················· 216

7.4　承载力及正常使用极限状态计算 ·············· 219

　　7.4.1　抗弯承载力 ······················ 219

　　7.4.2　短期刚度 ························ 220

　　7.4.3　最大裂缝宽度 ······················ 224

7.5　小结 ······························ 225

参考文献 ······························· 227

第8章 后张预应力叠合结构理论及设计方法 ·· 228

8.1 概述 ·· 228

8.2 后张叠合结构受力特点 ··· 228

8.3 受力各阶段状态计算 ··· 229

8.3.1 先张法对预制梁加预应力 ·· 229

8.3.2 预应力预制梁一次受力 ··· 230

8.3.3 后张法对叠合梁施加预应力 ··· 237

8.3.4 混合配预应力筋叠合梁二次受力 ······································· 243

8.3.5 配筋界限 ··· 249

8.4 有限元模拟方法 ·· 251

8.4.1 叠合层的模拟 ·· 251

8.4.2 无粘结预应力筋模拟 ·· 252

8.4.3 模型中主要接触关系的选用 ··· 252

8.4.4 模拟实例 ··· 253

8.5 小结 ·· 256

参考文献 ·· 257

第9章 大跨预应力混凝土结构的抗震设计 ·· 258

9.1 概述 ·· 258

9.2 竖向低周反复荷载下预应力型钢混凝土框架试验研究 ·················· 259

9.2.1 实验设计 ··· 259

9.2.2 试验现象及破坏形态 ·· 263

9.2.3 试验结果分析 ·· 265

9.2.4 小结 ··· 277

9.3 预应力井式梁框架的振动台模型试验 ·· 278

9.3.1 试验概况及目的 ··· 278

9.3.2 试验模型的设计制作 ·· 280

9.3.3 测试内容及测点布置 ·· 289

9.3.4 试验用地震波波形 ·· 293

9.3.5 加载阶段 ··· 296

9.3.6 模型的基本动力特性 ·· 298

9.3.7 模型的动力反应 ··· 303

9.3.8 小结 ··· 308

9.4 预应力井式梁框架的弹性地震反应分析 ······································ 309

9.4.1 简介 ··· 309

9.4.2 振型组合方法和振型截断 ·· 310

9.4.3 竖向地震内力 ·· 313

9.4.4 小结 ··· 321

9.5　预应力井式梁框架地震反应的静力弹塑性分析方法 ·············· 321

9.5.1　简介 ············· 321

9.5.2　结构抗震的静力弹塑性分析 ············· 322

9.5.3　能力谱方法的基本原理 ············· 324

9.5.4　预应力井式梁框架结构竖向地震反应的静力弹塑性分析方法 ············· 328

9.5.5　基于非弹性需求谱的能力谱法 ············· 330

9.5.6　小结 ············· 331

9.5.7　算例分析 ············· 331

9.6　混合配置预应力筋混凝土梁在竖向低周反复荷载下的抗震性能 ·············· 335

9.6.1　概述 ············· 335

9.6.2　低周反复荷载下的有限元模型 ············· 336

9.6.3　试验验证 ············· 340

9.6.4　竖向低周反复荷载下梁的有限元分析 ············· 341

9.6.5　小结 ············· 356

参考文献 ············· 356

第10章　火灾下预应力混凝土结构计算理论及抗火设计方法 ············· 358

10.1　概述 ············· 358

10.2　高温下材料的热工及力学性能 ············· 360

10.2.1　混凝土 ············· 360

10.2.2　钢筋 ············· 367

10.2.3　预应力钢丝、钢绞线 ············· 371

10.3　高温下材料的蠕变模型及试验研究 ············· 375

10.3.1　蠕变的基本力学行为 ············· 375

10.3.2　蠕变行为的本构描述 ············· 376

10.3.3　高温下混凝土的非弹性变形模型 ············· 377

10.3.4　高温下钢筋的蠕变模型 ············· 378

10.3.5　预应力钢丝的高温蠕变试验研究 ············· 379

10.3.6　预应力钢筋高温蠕变引起预应力损失有限元分析 ············· 381

10.4　火灾下结构非线性温度场分析 ············· 384

10.4.1　概述 ············· 384

10.4.2　火灾下结构非线性温度场有限元理论 ············· 384

10.4.3　火灾下结构温度场非线性有限元程序 PFIRE-T 编制 ············· 388

10.4.4　PFIRE-T 程序在仿真分析中的应用 ············· 392

10.5　火灾下预应力混凝土结构有限元计算理论与分析 ············· 399

10.5.1　结构分析的基本假定 ············· 399

10.5.2　温度场和应力场耦合的增量有限元格式 ············· 400

10.5.3　火灾下预应力混凝土结构非线性有限元程序 PRC-FIRE 编制 ············· 406

10.5.4　程序计算与试验结果比较 ············· 412

10.5.5 结构参数对抗火性能影响分析 ·········· 414

10.6 预应力混凝土结构抗火设计方法 ·········· 416

10.6.1 现有抗火设计方法评述 ·········· 416

10.6.2 基于计算的预应力结构抗火设计思想 ·········· 419

10.6.3 火灾荷载的确定及荷载组合 ·········· 420

10.6.4 预应力混凝土结构抗火设计方法 ·········· 423

10.6.5 预应力混凝土结构抗火设计实例 ·········· 431

10.6.6 本节小结 ·········· 437

10.7 小结 ·········· 437

参考文献 ·········· 438

第 11 章 预应力混凝土耐久性设计 ·········· 442

11.1 概述 ·········· 442

11.2 氯离子侵蚀钢绞线试验 ·········· 444

11.2.1 研究背景 ·········· 444

11.2.2 试验方案 ·········· 446

11.2.3 试验数据分析 ·········· 459

11.3 有限元模拟方法 ·········· 463

11.3.1 坑蚀钢绞线模拟 ·········· 463

11.3.2 锈蚀钢绞线预应力梁模拟 ·········· 473

11.4 既有构件承载力计算 ·········· 484

11.4.1 锈蚀普通钢筋混凝土梁承载力计算 ·········· 484

11.4.2 预应力筋锈蚀的影响 ·········· 485

11.4.3 基本假定及破坏模式 ·········· 486

11.4.4 锈蚀预应力计算公式及应用 ·········· 487

11.5 预应力筋锈蚀对刚度及变形的影响和修正 ·········· 492

11.5.1 预应力梁刚度计算方法简介 ·········· 492

11.5.2 规范中梁刚度计算方法 ·········· 493

11.5.3 预应力筋锈蚀后对刚度的影响 ·········· 495

11.5.4 变形计算 ·········· 496

11.6 小结 ·········· 499

参考文献 ·········· 500

第 12 章 超长预应力混凝土结构设计方法 ·········· 503

12.1 超长混凝土结构 ·········· 503

12.1.1 超长与广义超长概念 ·········· 503

12.1.2 "抗"、"放"与"防"在超长结构中的应用 ·········· 504

12.2 超长预应力混凝土结构简化计算理论 ·········· 505

12.2.1 (等效)温度作用及作用效应组合 ·········· 505

12.2.2 预应力控制超长混凝土结构开裂的本质 ·················· 506

12.2.3 超长混凝土结构的长度限值问题 ······················ 510

12.2.4 规则平面多跨框架结构的约束系数与预应力作用 ············ 511

12.2.5 具有连续约束刚度结构的约束系数与预应力作用 ············ 514

12.2.6 基于临界约束系数的超长混凝土结构定义 ················ 516

12.2.7 考虑混凝土时随特性的约束系数修正 ··················· 517

12.3 温度作用及基本理论 ································· 517

12.3.1 传热基本理论 ································· 517

12.3.2 混凝土结构中气温变化的影响范围 ····················· 519

12.3.3 楼板的一维准稳态温度场 ························· 521

12.3.4 楼盖的二维温度场有限元分析 ······················· 521

12.3.5 太阳辐射的影响 ······························· 524

12.3.6 某超长结构温度应力初步分析 ······················· 525

12.4 泵送混凝土收缩徐变试验 ····························· 531

12.4.1 引言 ··································· 531

12.4.2 混凝土收缩徐变 ······························· 532

12.4.3 泵送混凝土收缩徐变预测模型 ······················· 532

12.4.4 国家会展中心泵送混凝土收缩徐变试验研究 ··············· 534

12.4.5 泵送混凝土收缩徐变效应有限元分析 ··················· 538

12.4.6 小结 ··································· 542

参考文献 ······································· 542

第13章 超长预应力混凝土结构施工过程分析 ················· 543

13.1 研究意义 ····································· 543

13.2 研究现状 ····································· 543

13.3 超长预应力结构施工过程计算理论 ······················ 545

13.3.1 结构的预应力施工过程 ·························· 545

13.3.2 考虑施工过程的温差反应计算 ······················· 550

13.3.3 超长结构施工过程中的时间效应、路径效应耦合 ············ 551

13.4 结构施工过程的有限元实现 ·························· 554

13.4.1 结构构件的有限元模拟 ·························· 554

13.4.2 结构体系建造过程模拟 ·························· 556

13.4.3 预应力作用的有限元模拟 ························· 558

13.4.4 结构热应力计算 ······························· 561

13.4.5 混凝土收缩徐变作用的有限元计算方法 ················· 561

13.4.6 非线性有限元方程的求解 ························· 563

13.4.7 施工临时支撑体系的处理 ························· 563

13.5 环形预应力混凝土超长结构施工模拟 ···················· 565

13.5.1 结构温湿度与收缩徐变作用取值 ····················· 566

　　　13.5.2　有限元模型简化 ••• 566

　　　13.5.3　模拟施工过程 ••• 567

　　13.6　结果分析••• 569

　　　13.6.1　施工顺序对预应力效应的影响 ••• 569

　　　13.6.2　施工顺序对温差效应的影响 •• 572

　　　13.6.3　综合作用下的结构反应 •• 573

　　　13.6.4　不同施工时间段对结构的影响 ••• 576

　　13.7　小结 •• 580

　　参考文献•• 580

第14章　超长预应力混凝土结构的概率分析方法 ••••••••••••••••••••••••••• 583

　　14.1　结构概率计算方法简介••• 583

　　14.2　拉丁超立方抽样方法基本原理 •• 584

　　14.3　样本点生成策略改进 ••• 586

　　14.4　超长预应力混凝土结构的概率分析实例 •••••••••••••••••••••••••••••••••• 589

　　　14.4.1　工程概况与有限元分析模型 •• 589

　　　14.4.2　分析中的不确定性因子 •• 592

　　　14.4.3　敏感性分析 ••• 594

　　参考文献•• 601

第15章　预应力结构分析与设计实例 •• 602

　　15.1　非荷载作用下的复杂超长结构内力分析算例分析••••••••••••••••••••••• 602

　　　15.1.1　水化放热引起的温降值计算 •• 602

　　　15.1.2　混凝土随龄期变化的应力松弛系数 •••••••••••••••••••••••••••••••••••• 603

　　　15.1.3　混凝土随龄期变化的弹性模量 ••• 604

　　　15.1.4　混凝土的收缩应变 •• 605

　　　15.1.5　超长混凝土结构非荷载应力的计算 •••••••••••••••••••••••••••••••••••• 607

　　15.2　复杂超长预应力混凝土结构的有限元分析 •••••••••••••••••••••••••••••••• 610

　　　15.2.1　屋面有限元分析 •• 610

　　　15.2.2　地下室梁板有限元分析 •• 622

　　　15.2.3　地下室墙板有限元分析 •• 622

　　　15.2.4　地下室墙板施工过程分析 •• 638

　　15.3　大体量超长预应力结构多点激励作用下的地震反应分析••••••••••••••• 648

　　　15.3.1　工程概况 ••• 648

　　　15.3.2　行波效应分析 •• 650

　　　15.3.3　分析结果 ••• 654

　　参考文献•• 673

第 1 章 绪 论

1.1 预应力结构在国内外的发展简史[1~3]

1.1.1 国外的发展简史

预应力的原理应用于生产已有很悠久的历史。我国早就利用这一原理制造木桶、木盆和车轮。但是预应力技术真正成功地应用在工程中还不到一个世纪。1886 年，美国的杰克森（P. H. Jackson）取得了用钢筋对混凝土拱进行张拉以制作楼板的专利。德国的陶林（W-Dohring）于 1888 年取得了用加有预应力的钢丝浇入混凝土中以制作板和梁的专利。这也是采用预应力筋制作混凝土预制构件的首次创意。

奥地利的孟特尔 G（J. Mandle）于 1896 年首先提出用预加应力以抵消荷载引起的应力的概念。1900 年德国的柯南（M. Koenen）进行了将张拉应力为 60MPa 的钢筋浇筑于混凝土中的实验，观察到混凝土的初始预压应力由于混凝土收缩而丧失的现象。1908 年美国的斯坦纳（C. R. Steiner）提出两次张拉以减少预应力损失的建议并取得了专利，于混凝土强度较低的幼龄期进行第一次张拉以破坏钢筋与混凝土之间的粘结，于混凝土硬化后再二次张拉。奥地利的恩丕格（F. EmPerger）于 1923 年创造了缠绕预应力钢丝以制作混凝土压力管的方法，钢丝应力为 160~800MPa。

无粘结预应力筋的概念是美国的迪尔（R. H. Dill）于 1925 年提出的。他采用涂隔离剂的高强钢筋，于混凝土结硬后进行张拉并用螺帽锚固。德国的费勃（R. Farber）于 1927 年取得了在混凝土中能滑动的无粘结预应力筋的专利，当时采用在钢材表面涂刷石蜡或将预应力筋放在铁皮套管或硬纸套管内以防止钢材与混凝土的粘结。

1928 年以前，预应力混凝土技术基本上处在探索阶段，那时只有一些少量的局部的设想和试制，而且先后都失败了。预应力混凝土在早期活动中提出的各种方法与专利，由于当时对混凝土和钢材在应力状态下的性能缺少认识，施加的预应力太小，效果不明显，所以都没有能得到推广应用。

预应力混凝土进入实用阶段与法国工程师弗雷西奈（F. Freyssinet）的贡献是分不开的。他在对混凝土和钢材性能进行大量研究和总结前人经验的基础上，考虑到混凝土收缩和徐变产生的损失，于 1928 年指出了预应力混凝土必须采用高强钢材和高强混凝土。弗氏这一论断是预应力混凝土在理论上的关键性突破。从此，人们对预应力混凝土的认识开始进入理性阶段，但对预应力混凝土的生产工艺，当时并没有解决。

1938 年德国的霍友（E. Hoyer）成功研究靠高强细钢丝（直径 0.5~2mm）和混凝土之间的粘结力而不靠锚头传力的先张法，可以在长达百米的墩式台座上一次同时生产多根构件。1939 年，弗雷西奈成功研究锚固钢丝束的弗式锥形锚具及其配套的双作用张拉千斤顶。1940年，比利时的麦尼尔（G. Magnel）成功研究一次可以同时张拉两根钢丝的麦式模块锚。这些成就为推广先张法与后张法预应力混凝土提供了切实可行的生产工艺。德国1934年用后张法建成了较大跨度的桥梁，1938年制造了预应力钢弦混凝土；1938年法国用双作用千斤顶张拉钢丝束；1940年英国采用预应力混凝土芯棒和薄板制作预应力混凝土构件；1941年苏联采用连续配筋法；1943年美国、比利时提出了电热法；1944年法国设想采用膨胀水泥的化学方法获得预应力。

预应力混凝土的大量推广，开始于第二次世界大战结束后的1945年。当时西欧由于战争给工业、交通、城市建设造成大量破坏，亟待恢复或重建，而钢材供应异常紧张，一些原来采用钢结构的工程，纷纷改用预应力混凝土结构代替，几年之内西欧和东欧各国都取得了蓬勃的发展。预应力混凝土应用的范围从桥梁和工业厂房逐步扩大到土木、建筑工程的各个领域。从20世纪50年代起，美国、加拿大、日本、澳大利亚等国也开始推广预应力混凝土。为了促进预应力技术的发展，1950年还成立了国际预应力混凝土协会（简称FIP），有40多个会员国参加，每四年举行一次大会，交流各国在理论和实践方面的经验，这是预应力技术进入推广和发展阶段的重要标志。1953年在英国伦敦举行了首届国际预应力混凝土会议，以后先后在荷兰阿姆斯特丹、德国柏林、捷克布拉格等地召开了第二届至第六届国际预应力混凝土会议。在这段时间，有些国家拟订了预应力混凝土设计规范，许多国家在土木建筑、交通、桥梁、水利、港道及其他工程上采用预应力混凝土。

1.1.2 国内的发展简史[4、5]

预应力混凝土技术在我国应用和发展时间较短。1956年以前基本上处于学习试制阶段，先是1950年在上海等地开始学习和介绍国外预应力混凝土的经验，后于1954年铁道部试制预应力混凝土轨枕，1955年丰台桥梁厂开始试制12m跨度的桥梁。1956年是准备推广预应力混凝土的重要一年，原建筑工程部北京工业设计院等单位试设计了一些预应力拱形和梯形屋架、屋面板和吊车梁。太原工程局等重点单位成功试制了跨度为24m、30m的桁架，跨度为6m、吨位30t的吊车梁，宽1.5m、长6m的大型屋面板和预应力芯棒空心板等预应力混凝土构件。铁道部、冶金部和电力部亦先后设计和试制一些预应力混凝土构件，为推广预应力混凝土做了技术方面的准备。从1957年到1964年，预应力混凝土处于逐步推广阶段，1957年3月和1958年1月分别在北京和太原召开了两次预应力混凝土技术经验交流会，原建筑工程部、铁道部、电力部、交通部和北京建工局等所属单位，交流了预应力混凝土生产经验和科研成果。同年我国建筑科学研究院编制了《预应力钢筋混凝土施工及验收规范》（建规3—60）。北京工业设计院等单位于1960年左右设计了一批预应力混凝土标准构件和参考图集。在材料方面，根据我国合金资源建立了普通低合金钢体系；在设计方面，制订了我国钢筋混凝土和预应力混凝土设计规范；在构件方面，设计和试制了一批新型的预应力混凝土结构；在施工工艺和机具设备方面，根据我国的生产特点采用土洋结合的办法，试制成功了许多新的机具设备，出现了许多新的生产工艺，使我国预应力技术焕然一新。

在我国房屋建筑工程中，开始主要用预应力混凝土代替单层工业厂房中的一些钢屋架、木屋架和钢吊车梁，后来逐步扩大到代替多层厂房和民用建筑中的一些中小型钢筋混凝土构件和木结构构件。既采用高强钢材制作跨度大、荷载重和技术要求高的结构；又不为国外经验所束缚，结合我国实际，采用中强、低强钢材制作中、小跨度的预应力构件。常用的预应力预制构件有 12～18m 的屋面大梁，18～36m 的屋架，6～9m 的槽形屋面板，6～12m 的吊车梁，12～33m 的 T 形梁和双 T 形梁，V 形折板，马鞍形壳板，预应力圆孔空心板和檩条等。此外，还少量采用一些无粘结预应力升板结构和预应力框架结构。

近二三十年，预应力混凝土的应用已逐步扩大到居住建筑、大跨和大空间公共建筑、高层建筑、高耸结构、地下结构、海洋结构、压力容器、大吨位囤船结构等各个领域。

1.2 预应力结构的发展现状[6,7]

预应力发展到今天，不仅广泛应用于桥梁、建筑、轨枕、电杆、桩、压力管道、贮罐、水塔等，而且也扩大应用到高层、高耸、大跨、重载与抗震结构、土木工程、能源工程、海洋工程、海洋运输等许多新的领域。例如美国发展推广的后张法平板结构在新加坡 40 层办公楼中得到了应用。马来西亚预应力建筑高达 76 层，泰国的无粘结预应力平板建造的 35 层、27 层、22 层的商场、办公、贸易用大楼及印度尼西亚雅加达的办公贸易大厦等。

美国芝加哥的一幢 50 层公寓，采用了 7.9m 长、17.8cm 厚的预应力楼板，跨高比为 44.3。德克萨斯州的一幢 35 层的公寓建筑应用了预应力楼板，并有 5.5m 的悬臂梁。联邦德国建造了预应力悬挂式的高层建筑，还建造了预应力悬索大跨空间结构，室内净空面积达 27m×100m；在贝尔格莱德建造的大跨度飞机库中，其双坡预应力桁架的跨度达 135.8m。

在桥梁方向，国外最大跨度的简支梁桥是阿尔姆桥，跨径为 76m，最大跨径的 T 形梁桥是 270m 的巴拉丰来松森大桥，预应力连续梁桥的最大跨径是 92m 的瑞士摩塞尔大桥。英国用悬臂法施工的箱形桥梁跨度最大的达 240m；西班牙建成的预应力桥面梁板斜拉索桥，跨度达 440m。世界上最大跨度预应力连续刚构桥是 20 世纪 80 年代建成的澳大利亚的给脱威桥，主跨 260m。

在特种结构方面，如原子反应堆压力容器（PCRV），美国、联邦德国已建造了高温气体炉，原子反应堆存储容器（PCCV）以美国及法国为中心已建造了 100 座以上。

加拿大建成贮存 12000t 水泥烧结料后张预应力圆形筒仓，内仓直径 65.2m，地上高度 40m，地下深度 24m。加拿大还建成了 553m 高的预应力混凝土电视塔。

法国建造 12000m² 大型预应力液化气罐多个。

此外，印尼还有预应力巨型货船、石油开采平台也采用了预应力混凝土。挪威于北海水深 216m 处建造了格尔法克斯（Gullfakesc）C 形采油平台，油罐底部面积有 16000m²，总高度 262m，在油罐壁、底板、环梁与裙壁板均水平施加预应力，在管桩与罐壁中采用竖向预加应力，这是世界上最大的混凝土平台。

在预应力高强混凝土管桩方面（简称 PHC 桩），日本采用量很大，其用量占整个基础用桩量的 80% 以上，美国、德国、意大利、苏联以及东南亚地区也已大量发展和生产使用。美国后张预应力管桩，直径为 0.914～2.389m，壁厚 12.7～17.78cm，管段长 4.88m，采用 C70 混凝土。苏联最大预应力管桩管径达 5m，管长 6～12m，壁厚为 8～14cm。管桩为方桩混凝土用量的 10%，省钢 30%～50%，价格为钢桩的 1/3。

　　预应力基础应用也有新的发展，在新加坡 71 层旅馆的建筑中，后张法预应力筏形基础得到了应用。上海政德路车库（如图 1.6 所示）亦采用了超长预应力基础。

　　我国预应力混凝土也有不少新的应用与发展，如图 1.1～图 1.10 所示。在房屋建筑中，我国应用预应力建造了不少多层和高层建筑，并在工业与民用建筑中的大跨度、大柱网及承重荷载中得到推广，其结构有现浇后张预应力（有粘结或无粘结和缓粘结）和预制先张预应力两大类。

图 1.1　上海大剧院工程

图 1.2　上海东方明珠电视塔　　　　图 1.3　福州宜发大厦 33 层预应力平板结构

图 1.4　东莞国际会展中心预应力钢结构工程

图 1.5　上海松江游泳馆

图 1.6　上海政德路地下车库超长结构

图 1.7　黄河小浪底工程

图 1.8　天津彩虹大桥

此外，在多层、高层的抗震建筑中，应用了单向及双向有粘结预应力楼板预制叠合连续板、梁结构，薄板的长度为 7～8m。这种预制现浇整体预应力建筑在北京的外交公寓、小区建设、中国银行、昆仑饭店、西苑饭店以及武汉、长沙等地的高层建筑中广泛采用。

现浇后张有粘结与无粘结单向、双向预应力超静定结构建筑也得到了推广，如部分预应力框架结构在工业、民用建筑中已推广 800 余万平方米。最高应用到 21 层，最大跨度为 40m，最大柱网为 18m×18m 无粘结预应力 T 形板、平板、升板、板柱结构，均用于办公楼、仓库、展厅、厂房、体育建筑及高层建筑中。目前应用的板跨多为 7～12m，高跨比为 1/45～1/25，建成的最高建筑为 63 层。近期，我们还将无粘结预应力创新地应用于工业建筑的多层多跨框架结构中，当应用于宽扁梁时，其高跨比还可达1/30。

图 1.9　南京长江二桥　　　　　　　　　　图 1.10　济南污水处理厂

在公共和工业建筑中，应用了有夹层、无夹层的无粘结预应力的井式两格梁板结构。最大跨度为上海松江游泳馆工程 35m×31.2m。后张竖向预应力及预制后张整体预应力也在民用建筑中得到应用和发展。前者建成了 6 层、18 层的大开间高层建筑，并扩大到预应力砌体建筑之中。预应力板柱结构用于住宅、宾馆、办公楼与厂房、仓库等，公共建筑最高修建到 16 层，另外高层建筑转换层（梁、厚板、桁架）亦多采用了预应力结构。

预应力大悬臂结构除用于中央电视塔塔座悬挑结构外，在高层图书馆的挑结构、体育建筑看台大挑、悬挑大雨篷等均有应用，山西国际大厦大悬臂达 10.18m，厦门国际机场大悬臂达 11m。此外在电影院、娱乐城、高层办公楼、多层厂房中，也较多地应用了大悬臂结构。

已建成：长达 160m 的厦门太古机库预应力结构；首都国际机场新航站楼、停车楼、航华综合楼、外交部新楼、建材集团金隅大厦、电教中心；天津劝业场新楼、百货大楼；南京新华大厦；北京东方广场、世纪坛建筑；杭州黄龙体育中心以及湖南、湖北、浙江、山西、山东、福建宜发大厦等 200 多个有粘结、无粘结预应力工程。

在桥梁结构中，预应力混凝土桥已占主导地位。跨径 50m 以内的公路提梁，极大部分是预应力的；T 形刚构桥最大跨度已做到 170m（我国虎门大桥）；斜拉索桥跨度日益扩大，南京长江二桥跨度为世界第三，杨浦大桥为 602m，法国 Normardic 桥为 865m，不久斜拉桥跨度即可扩大到 1000m，用以代替悬索桥。在预应力斜桥方面，现已建成的铜陵长江公路大桥 432m，是亚洲第二大双索面斜拉桥。这些斜拉桥与悬索桥的建成标志着我国预应力桥的建造技术达到了世界先进水平。

在特种结构工程中已建有电视塔、水池、筒仓以及圆形、方形清水池与消化池、蛋形污水处理池与核电站压力容器等。国内外的电视塔极大部分都是采用预应力的，如高度为 553m 的加拿大 CN 塔，高度为 468m 的上海东方明珠塔等。海上石油开采平台，特别是在恶劣条件下工作的平台，如北海的石油平台，基本上都是预应力的。这些都是国内外著名的高大精尖结构。

至于一般传统结构，预应力混凝土也做出巨大贡献，例如，到 1995 年为止，我国铁道系统已采用 40m 跨以内桥梁达 30000 孔，铺设预应力轨枕 60000km 以上；在新建公路桥梁中，20m 跨以上的预应力桥占 85％以上；采用预应力混凝土结构的工业厂房已超过 10 亿 m²，采用预应力构件的城镇住宅和农村住房超过 30 亿 m²。以上庞大数字表明预应力混凝土已成为我国最主要的结构材料之一。

在预应力桩方面，我国还应用了先张法生产的长达 52m 截面为 600mm×600mm 的预应力方桩、广泛应用的冷拔低碳钢丝预应力内圆外方桩以及直径达 1.2m 的后张预应力的钢绞线长桩，并且用于宁波北仑港和连云港等港口工程中；后张预应力桩亦用于上海的高层建筑软土地基中。

预应力还在基础及连续墙和岩、地锚中成功地应用，在北京、江苏、浙江等地先后应用过无粘结预应力筋的筏形基础与有粘结预应力的板式基础，应用至今性能良好。

黄河小浪底引水压力洞（ϕ6500mm，壁厚 500mm），于 1986 年由中国建筑科学研究院与黄河水利委员会设计院采用后张法无粘结预应力环段进行试验，并用游动紧缩式环形锚具，仅在一个缺口内预加应力，并经内部加压的环向受力试验研究在国内首次获得成功。

近年来，本书作者亦参与了许多大跨度、大体量预应力混凝土建筑项目的研究工作。如 2006 年建成的上海南站（图 1.11）为上海的第三大火车站，主站房设计为巨大的圆形钢结构，高 47m，圆顶直径 200 多米，总面积 5 万多平方米，主站房剖面图如图 1.12 所示。主站房设置了直径 270m 的圆形框架转换平台。通过设置圆环形预应力框架曲梁，支承上部钢屋盖荷重，不设永久结构缝。主站房环形广厅 9.90m 平台大跨度大截面环形工字形梁长达 847m，为连续超长结构，施工完成后无永久结构缝。因此，施工过程要考虑结构混凝土的收缩应力的影响，需控制裂缝产生。其次，平台环梁预应力筋线形为空间曲线，具有双向曲率。在预应力损失中，摩擦损失占有很大比重。设计时实施的《混凝土结

图 1.11　上海南站实景图

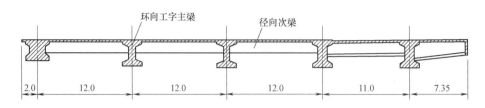

图 1.12　主站房剖面图

构设计规范》GB 50010—2002 中的摩擦系数取值来自于直线梁的统计，故在此基础上进行了空间预应力损失的理论和试验研究。该工程为我国预应力结构工程积累了大量的设计和施工经验，并反馈在之后的国家和行业规范中。

　　2006 年建成的上海光源工程是一台设计性能指标达到世界一流水平的中能同步辐射装置，如图 1.13 所示。工程主体建筑的外形采用了与同步辐射工艺特点相吻合的大跨异型"鹦鹉螺"建筑造型（图 1.14），其曲面屋盖为不连续的多重曲线构成，平面投影为圆环形平面，径向尺寸 46m，环内弧长为 368m，环外弧长为 662m，平面投影面积为 24185m^2，具有大跨度、大面积结构的特性，主体结构为混合框架结构体系其结构示意图如图 1.15 所示。为解决该工程的下部混凝土框架结构的温度应力问题，在混凝土环梁上沿环向分段施加了预应力。并通过采用钢结构施工变形缝的方法，解决了混凝土结构施加预应力与钢结构交叉施工以及钢屋盖的约束问题。

图 1.13　上海光源工程实景图

图 1.14　鹦鹉螺 X 光片图

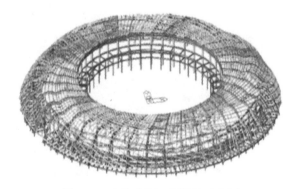

图 1.15　上海光源工程结构示意图

2010 年竣工的上海东方体育中心基地面积为 39.4hm²，分为 4 个场馆，其中综合体育馆（图 1.16）为地上 5 层，总建筑面积 71514m²，北侧训练馆屋面作为广场的一部分，结构自重荷载大，活荷载较一般楼面荷载大，屋面使用荷载达 5kN/m²。设计采用 8 根截面达 1050mm×2450mm、跨度达 41m 的主梁组成大跨度预应力结构。此外，训练馆屋顶附近的结构柱尺度均较大，周边尚有连续的 400mm 厚墙体，导致产生强约束，建立有效的预应力实施难度较大。在此项目中，提出并形成了复杂约束条件下大跨度预应力混凝土结构提高有效预应力度的施工方法。

图 1.16　上海东方体育中心综合体育馆实景图

2014 年建成的上海虹桥凌空 SOHO 工程为普利兹克奖获得者扎哈·哈迪德的作品，如图 1.17 所示。该建筑群占地 8.6 万余平方米，总建筑面积约 35 万 m²，12 栋建筑被 16 条空中连桥连接成一个空间网络，且单体长度大，有结构限高要求，故采用预应力结构的设计。通过调整局部型钢混凝土柱的施工顺序，有效降低局部楼板拉应力达 30%，从而实现了上部结构 281m，地下室顶板 460m 无缝设计的突破。此外，通过对临空 SOHO 超长地下室外墙和屋面的长期监测，得到了屋面结构和地下室结构从浇筑开始近半年时间的温度、应变发展变化情况，验证了预应力、设置后浇带等技术在超长混凝土结构裂缝控制等方面的良好效果，并在分析所得数据的基础上，得到了日照作用、预应力张拉、施工路径等因素对超长结构的影响，同时总结出了超长结构在施工阶段的温度场的分布规律。

图 1.17　上海虹桥凌空 SOHO 效果图

2014 年建成的中国博览会会展综合体为世界上规模最大的国际一流会展综合体,如图 1.18、图 1.19 所示。总建筑面积约 147 万 m²,其中地上建筑面积 127 万 m²,地下建筑面积 20 万 m²,建筑高度 43m。国家会展中心柱网尺寸大、双向超长、活载重,由于结构超长、荷载大等原因,传统的预应力设计理论及施工工艺均难以满足要求。为解决这一系列问题,该项目应用了多项创新性的预应力设计和施工技术,其包括:结构分析上,采用全面考虑次内力的分析方法;结构布置上,采用了有粘和无粘混合配预应力筋的设计方法;施工技术上,优化施工路径,并同时考虑了预应力对结构时效和空间效应的影响。其中,在该项目的次内力研究中发现,由于强约束和复杂约束的影响,次轴力对承载力的影响可高达 15.6%,而传统设计中仅考虑次弯矩影响,故该部分的次内力欠考虑可能会对其他预应力结构造成安全隐患。

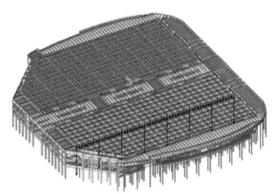

图 1.18　中国博览会会展综合体效果图　　　　图 1.19　单叶会展体结构示意图

总之,预应力技术发展到今天已经在工程的各个领域得到了应用,并且,应用范围还将进一步扩大,预应力的前景是光明的,预应力的技术还将进一步得到发展。

1.3　预应力结构的概念

钢筋混凝土结构是由钢筋和混凝土两种性质不同的材料组成的。它与钢、木结构相比,具有经济、耐火、耐久、整体、可塑和就地取材等优点,因而成为当前建筑结构的主要材料。尤其在钢材和木材供不应求的情况下,钢筋混凝土的应用范围更加广泛。但是,普通钢筋混凝土结构有其固有的缺点,当钢筋应力远未达到钢筋的强度限值时,拉区混凝土早就开裂。而且随着荷载的增加旧的裂缝不断展开,新的裂缝相继出现。裂缝出现和展开,使构件的刚度下降、变形增加,以至构件尚未破坏而失去使用价值。由于普通钢筋混凝土出现裂缝早,在使用阶段裂缝较宽和变形较大,这就使得普通钢筋混凝土的应用受到许多限制:首先,构件跨度受到限制,例如普通钢筋混凝土梁的跨度一般很少超过 10m,当跨度较大时,构件截面尺寸增加很大,这样会造成材料的不经济和使用不合理;其次,应用场合受到限制,对那些具有侵蚀性介质厂房的构件以及水池、油库等不允许出现裂缝的结构,应用普通钢筋混凝土不仅浪费材料,而且不能很好地满足使用要求;再次,高强钢材在普通钢筋混凝土结构中不能充分发挥作用,因为钢筋应力远未达到强度限值时,构件就因裂缝太宽或变形太大而失去使用价值。广大土建工作者为了改善普通钢筋混凝土结构的受力性能，限制裂缝的出现和展开，减小构件的变形，扩大钢筋混凝土结构的应用范围，在长期的生产实践和科学实验中，摸索出一套预加应力的方法，创造了预应力混凝土结构。

1.3.1　预应力混凝土的定义[8]

一个比较好的预应力混凝土定义，是美国混凝土学会（ACI）的定义："预应力混凝土是根据需要人为地引入某一数值与分布的内应力，用以部分或全部抵消外荷载应力的一种加筋混凝土。"

这一定义的专业性、科学性都很强，但通俗性不足，难为一般工程人员和非专业人员所理解和接受，这也是预应力混凝土的推广和普及在国内外都受到阻力的原因之一。为此我国预应力专家建议从反向荷载出发，将预应力混凝土的定义改为："预应力混凝土是根据需要人为地引入某一数值的反向荷载、用以部分或全部抵消使用荷载的一种加筋混凝土。"

这样理解比较直观，通俗易懂。例如对承受 45kN/m 使用荷载的一根混凝土梁，用抛物线后张束预先施加 35kN/m 方向向上的反向荷载，则这根梁在使用荷载下就只承受 10kN/m 方向向下的使用荷载了（梁端的轴向压力，还有利于提高截面的抗裂能力）。预加应力可以抵消使用荷载，其优越性是显而易见的，是看得见摸得着的。因此明确提出采用反向荷载的定义对普及和推广预应力混凝土大有好处。

也可用其他材料来制作预应力结构，例如：预应力技术＋钢结构＝预应力钢结构；预应力技术＋组合结构＝预应力组合结构；预应力技术＋砖石结构＝预应力砖石结构；预应力技术＋木结构＝预应力木结构。

这就大大扩大了预应力技术在结构工程领域中的应用。

按上述概念，所谓预应力混凝土结构，即结构在承受外荷载以前，预先采用某种人为的方法，在结构内部造成一种应力状态，使结构在使用阶段产生拉应力的区域先受到压应力，这项压应力与使用阶段荷载产生的拉应力抵消一部分或全部，从而推迟裂缝的出现和限制裂缝的开展，提高结构的刚度。例如有一钢筋混凝土轴心受拉构件，承受轴心拉力 P，截面内产生拉应力假定为 $2N/mm^2$（图 1.20b）。现在采用某种方法，在荷载作用前，

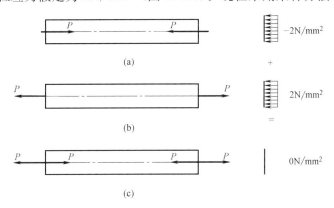

图 1.20　轴心受拉构件在预加应力前后截面应力变化示意图

人为地预加一个轴心压力，使构件截面预先得 $2N/mm^2$ 应力（图 1.20a）。这时，当作用轴心拉力 P 时，截面总应力全部抵消为 0（图 1.20c）。

再例如有一钢筋混凝土简支梁，在使用荷载 q 的作用下，中和轴上面受压，下面受拉。其应力分布如图 1.21（b）所示。现在采用某种方法，在使荷载作用以前，在梁的下边缘人为地预加一个压力 P，使梁下部产生压应力，上部产生拉应力，或者全部产生压应力，其应力分布大致如图 1.21（a）所示。这时当使用荷载作用在构件上时，截面应力状态既不是图 1.21（a）的应力状态，亦不是图 1.21（b）的应力状态，而是两者之和（图 1.21c），使用荷载产生的应力被抵消一部分，拉区应力大大减小。这样就改善了构件的应力状态，延缓裂缝的出现和限制裂缝的展开，从而提高构件的刚度，减小构件的变形。

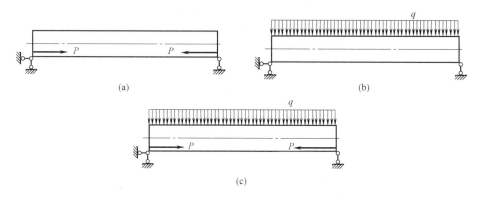

图 1.21　简支梁在预加应力前后截面应力变化示意图

用预先加力的办法防止构件开裂的道理，不仅在钢筋混凝土结构中运用，而且在我们日常生活中亦是经常运用的。例如木桶、木盆，为了防止水从缝隙中流出，在存水以前，用几道箍把桶箍紧，使木片之间预加一个压应力，把木片挤压紧，当存水时，木片之间产生张力（即拉力），这个张力被预加的压力抵消，这样就不至于在木片之间产生缝隙而漏水。再例如搬书时，总是用手挤着书，给书一个正应力，从而增加书与书之间的摩擦力，使在搬运过程中，中间的书不至于掉下来。类似这种情况很多，像自行车车轮打气也是这个道理。

1.3.2　对预应力混凝土的四种理解[8~10]

1. 第一种理解——预加应力使混凝土由脆性材料成为弹性材料

这一概念把预应力混凝土基本看作混凝土经过预压后从原先抗拉弱抗压强的脆性材料变为一种既能抗拉又能抗压的弹性材料。由此混凝土被看作承受两个力系，即内部预应力和外部荷载。外部荷载引起的拉应力被预应力所产生的预压应力所抵消。在正常使用状态下混凝土没有裂缝出现，甚至没有拉应力出现。这是全预应力混凝土结构的情形，在这两个力系作用下所产生的混凝土的应力、应变及挠度均可按弹性材料的计算公式考虑，并在需要时叠加。

2. 第二种理解——预加应力充分发挥了高强钢材的作用，使其与混凝土能共同工作

这种概念是将预应力混凝土看作是高强钢材与混凝土两种材料的一种结合，它也与钢筋混凝土一样，用钢筋承受拉力、混凝土承受压力以形成一抵抗外力弯矩的力偶。在预应

力混凝土结构中采用的是高强钢筋。如果要使高强钢筋的强度充分被利用，必须使其有很大的伸长变形。但是，如果高强钢筋也像普通钢筋混凝土的钢筋那样简单地浇筑在混凝土体内，那么在工作荷载作用下高强钢筋周围的混凝土势必严重开裂，构件将出现不能容许的宽裂缝和大挠度。因此，用在预应力混凝土中的高强钢筋必须在与混凝土结合之前预先张拉，从这一观点看，预加应力只是一种充分利用高强钢材的有效手段，所以预应力混凝土又可看成是钢筋混凝土应用的扩展，这一概念清晰地告诉我们：预应力混凝土也不能超越材料本身的强度极限。

3. 第三种理解——预加应力平衡了结构外荷载

这种概念把预加应力的作用主要看作是试图平衡构件上的部分或全部的工作荷载。如果外荷载对梁各截面产生的力矩均被预加力所产生的力矩抵消，那么一个受弯的构件就可以转换成一轴心受压的构件。如图 1.22 所示的抛物线形设置预应力筋的简支梁，在预加力作用下，梁体可以看成承受向上的均匀荷载以及轴向力 N。如果作用在梁上的也是荷载集度为 q、方向向下的均布荷载，那么，两种效应抵消后梁在工作荷载下仅受轴

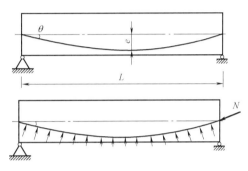

图 1.22 抛物线配筋的简支梁

向力 N 的作用，即梁不发生挠曲也不产生反拱。如果外荷载超过预加力所产生的反向荷载效应，则可用荷载差值来计算梁截面增加的应力，这种把预加力看成实现荷载平衡的概念是由林同炎教授提出的。这种方法大大简化了复杂难解的预应力混凝土结构的设计与分析，尤其适用于超静定预应力混凝土梁。

4. 第四种理解——荷载的转移[10]

要准确把握预应力混凝土的定义，首先应明确以下 3 个基本概念：

（1）预应力等效荷载在任何情况下都是一组自平衡力系。

（2）上述自平衡力系中的部分力用于平衡外荷载，其余部分力则作为新引入的荷载作用于结构端部。这样作用的结果相当于通过预应力的施加，人为地将外荷载进行了转移，荷载形式也随之改变。

（3）正是由于预应力等效荷载是一组自平衡力系，所以它在平衡外荷载的同时，也在结构中引入了新的荷载。如果仅从等效荷载平衡外荷载的角度去考虑，忽视端部集中力和集中弯矩的作用也可能会造成预应力度或预应力筋线形的不合理。因此在预应力结构的分析中应综合考虑等效荷载的作用和结果，合理确定预应力筋的线形和预加力的大小，从而实现外荷载的有效转移。

根据上述分析，我们认为有必要从平衡外荷载和转移外荷载两个方面去理解预应力混凝土，才能全面地揭示"预应力"的本质作用。基于此，建议将预应力混凝土定义为："预应力混凝土是根据需要人为地引入某一数值的自平衡荷载，用以部分或全部抵消使用荷载，从而实现使用荷载的有效转移的一种加筋混凝土。"

预应力结构通过人为主动力，有效地转移了外荷载在结构中的分布，这一特性在体外预应力结构中体现得尤为明显。我们可以结合一个具体实例进行分析。图 1.23 是一根受

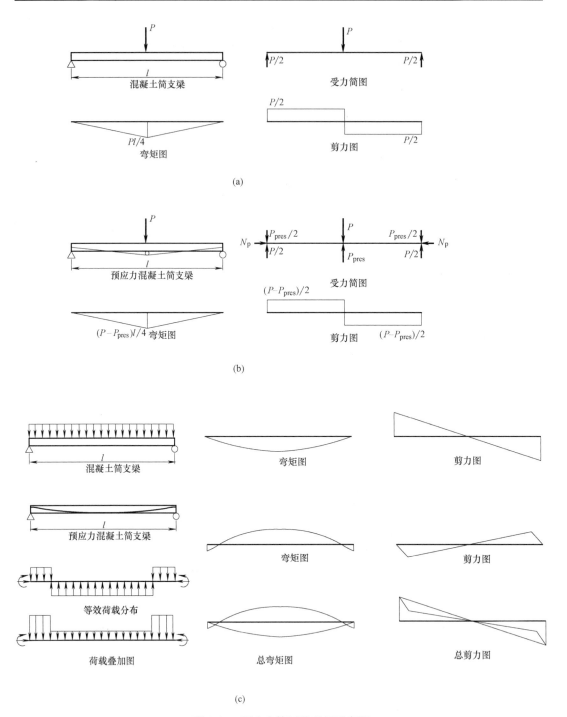

图 1.23 预应力第四种理解示意图

跨中集中荷载作用的简支梁。普通钢筋混凝土梁受跨中集中力作用后，在梁上同时产生弯矩和剪力，弯矩和剪力图见图 1.23（a）。混凝土梁的受力状态为典型的弯曲和剪切复合受力状态，该集中力通过梁体的传递最终分解成两个集中力，分别作用在两支座上。

现在对该简支梁施加体外预应力，预应力筋线形布置为单折线形，折点同样位于跨中，预应力筋梁端锚固点通过混凝土梁换算截面形心。该折线形预应力筋张拉后会在跨中折点处产生大小为 P_{pres} 的向上集中作用力，同时在梁端产生相应的向下集中作用力和轴向力 N_p。由图 1.23（b）可以看出，对混凝土而言，其承受的弯矩和剪力都相应地减小了，显然，这部分减小了的内力是通过预应力筋传递到了梁端。特别地，当由预应力产生的集中力 P_{pres} 恰好等于外荷载 P 时，混凝土梁将不再受弯矩和剪力作用，即外荷载通过预应力筋传递到了梁端支座处。需要指出，此时的混凝土梁并非不受力，它需要承受外荷载作用点到预应力筋转向点之间的压力和预应力产生的轴向压力。

　　同样对于受线荷载的预应力简支梁，由弯矩图和剪力图在预应力施加前后的变化可见（图 1.23c），预应力等效荷载施加后有效平衡了外荷载，使得弯矩和剪力在跨中附近的分布趋于平缓，但是在支座附近的内力则大大增加。也就是说，内力分布发生了转移，这种荷载转移不仅会对预应力构件本身产生影响，同时也会对相邻构件产生影响，结构分析中应该重视这种影响。

　　对于同一个预应力混凝土可以有以上不同的概念，它们之间并没有相互的矛盾，仅仅是从不同的角度来解释预应力混凝土的原理。第一种概念正是全预应力混凝土弹性分析的依据；第二种概念则是强度理论，它指出预应力混凝土也不能超越其材料自身强度的界限；第三种概念则为复杂的预应力混凝土结构的设计与分析提供了简捷的方法；第四种概念有利于从宏观上把握预应力的本质作用，用于结构概念设计更显简捷。

1.4　预应力结构的优越性及应用范围

1.4.1　预应力结构的优越性[11~13]

　　预应力混凝土与普通钢筋混凝土相比，有许多优点。

　　（1）提高了构件的抗裂度与抗渗性，改变了结构的受力性能

　　由于在构件的受拉区预加压应力，因此在使用荷载作用下，受拉区的拉应力减小，从而推迟了裂缝的出现和限制了裂缝的宽度，提高了构件的抗裂度。由于结构抗裂度的提高，因此改善了结构的受力性能，增强了结构的抗侵蚀和抗渗能力。

　　（2）提高了构件的刚度，减小了构件的变形

　　由于预应力推迟了裂缝的出现和限制了裂缝的宽度，因此构件的刚度削弱较小，变形也就减小；另一方面，由于预压应力引起构件反拱，能抵消一部分使用阶段外荷载产生的挠度，使构件的实际挠度减小。根据实测和计算，预应力混凝土受弯构件在短期荷载作用下的挠度，一般为非预应力构件的 30%～50%。故预应力混凝土构件一般都能满足刚度要求。

　　（3）可以减小混凝土梁的剪力和主拉应力

　　预应力混凝土梁的曲线筋（束），可使混凝土梁在支座附近承受的剪力减小，又由于混凝土截面上预压应力的存在，使荷载作用下的主拉应力也相应减小，有利于减薄混凝土梁腹的厚度，这也是预应力混凝土梁能减轻自重的原因之一。

　　（4）结构安全、质量可靠

　　施加预应力时，预应力筋（束）与混凝土都将经受一次强度检验。如果在预应力筋张拉时预应力筋和混凝土都表现出良好的质量。那么，在使用时一般也可以认为是安全可

靠的。

（5）提高受剪承载力

纵向预应力的施加可延缓混凝土构件中斜裂缝的形成，提高其受剪承载力。

（6）改善卸载后的恢复能力

混凝土构件上的荷载一旦卸去，预应力就会使裂缝完全闭合，大大改善结构构件的弹性恢复能力。

（7）提高耐疲劳强度

预应力作用可降低钢筋中应力循环幅度，而混凝土结构的疲劳破坏一般是由钢筋的疲劳（而不是由混凝土的疲劳）所控制的。

（8）可调整结构内力

将预应力筋对混凝土结构的作用作为平衡全部和部分外荷载的反向荷载，成为调整结构内力和变形的手段。

（9）节约材料，降低造价

由于预加应力提高了构件的抗裂度和刚度，因此一方面可以减小构件截面尺寸，节约混凝土用量；另一方面充分发挥了钢筋的作用，一些高强度材料得到有效的使用。同时可以减少某些构造钢筋，从而节约了钢材。特别是某些大跨度结构和特种结构，可以用预应力混凝土结构代替钢结构，这样大大节约了钢材，降低了造价。一般预应力混凝土能节约混凝土 20%～40%，钢材 30%～50%。

（10）扩大钢筋混凝土应用范围

预应力混凝土结构由于提高了抗裂度和刚度，可以采用高强钢材，结构自重减小，因此钢筋混凝土的应用范围扩大。首先可以应用在大跨度工程上。例如非预应力屋架，一般跨度做到 18m，预应力混凝土屋架，可扩大到 30 多米，甚至更大。再例如大型屋面板，普通钢筋混凝土一般做到 6m，预应力混凝土一般做到 12m；普通钢筋混凝土吊车梁一般做到 6m，预应力混凝土吊车梁做到 12m 和 18m。此外，大型油库、水池等抗渗要求较高的结构，采用预应力混凝土都能取得良好的效果。

（11）增强了结构的耐久性

预应力不仅提高抗裂度，而且能增加混凝土的密实程度，因而提高了构件的抗渗和抗侵蚀能力，延长了结构的寿命。对承受重复荷载的构件，预应力能改善构件受力状况，提高构件抗疲劳性能。

（12）提高结构的稳定性

在轴心受压的构件中，实施了预应力可以增加构件的稳定性，例如截面为 30cm×30cm、长度为 20m 的预应力混凝土桩的临界压力比同规格的普通钢筋混凝土桩的稳定性可以提高 3 倍。

（13）可以作为拼装手段，有助于构件工厂化

预应力可以作为构件拼装手段，系紧装配式结构的接头。因此许多大型和中型构件都可以在构件厂分件预制，运到现场拼装。

预应力混凝土与普通钢筋混凝土结构相比，虽然要增加一些预应力设备和一套预加应力工序，但是这些与预应力带来的优点相比是微不足道的，而且是容易办到的。

正如任何事情都具有两面性，预应力混凝土结构也存在着一些缺点。

（1）工艺较复杂，质量要求高，因而需要配备一支技术较熟练的专业队伍。

（2）需要有一定的专门设备，如张拉机具、灌浆设备等。

（3）预应力反拱不易控制，它将随混凝土的徐变增加而加大，可能影响结构使用效果。

（4）预应力混凝土结构的开工费用较大，对于跨径小、构件数量少的工程，成本较高。

但是，以上缺点是可以设法克服的。例如应用于跨径较大的结构或跨径虽不大但构件数量很大时，采用预应力混凝土就比较经济。总之，只要我们从实际出发，合理地进行设计和安排，预应力混凝土结构就能充分发挥其优越性。

1.4.2　预应力混凝土的使用范围[6]

由于预应力混凝土结构具有上述多方面的优点，所以目前在世界各国中，已逐渐地用它来代替了普通混凝土的使用。非但如此，某些预应力钢筋混凝土构件的承载能力已经发展到和钢结构差不多相等的地步。例如在高度的技术条件下制成 330mm 高的预应力混凝土工字梁，可以和 220mm 高的工字梁同样承担 40kN・m 的弯矩。前者的自重为 0.362kN/m，后者的自重为 0.33kN/m，相差仅为 8.8%。综合而言，预应力钢筋混凝土结构可以使用于下列各项工程中：

（1）房屋工程。在工业建筑中，应用最广泛的是屋盖的承重结构，诸如屋架梁、桁架、大跨度屋面板等。屋面板的跨度越大，采用预应力混凝土的优越性越显著。在民用房屋的梁板结构中也应用得很多，在房屋中的其他部分，如刚架、连续梁、拱、柱及薄壳屋顶，均可采用预应力结构。

（2）基础工程。工业房屋的重型基础或有振动性设备的基础，如采用双向或三向预应力配筋，则效果很大。其他如沉井、沉箱、桩也可采用预应力混凝土建造。

（3）给水排水工程。采用预应力混凝土可以制成承受 10～15 个大气压的压力水管，足够满足给水排水工程中的应用，又如水塔、水池等构筑物，也宜采用预应力混凝土建造。

（4）水利工程。在水利工程中的各种构筑物，诸如水坝、码头、船坞及围堰等，往往因对抗裂、抗渗性要求较高，故宜采用预应力混凝土建造。

（5）交通运输工程。在第二次世界大战以后，欧洲各国采用预应力混凝土修复了很多铁路和公路的桥梁。

（6）其他工程。预应力混凝土其他方面的应用尚在日益扩展中，如电杆、高压输电塔、筒仓、水泥库、矿道、防空洞、船身、灯塔及建筑的加固等方面均可采用。

参 考 文 献

[1]　Lin T. Y.，Burn N. H.．Design of prestressed concrete structures：Third Edition ［M］．New York：John Wiley and Sons，1981．

[2]　Collins M. P.，Mitchell D.．Prestressed concrete structures ［M］．Prentice-Hall，Inc，1991．

[3]　Ramaswamy G. S.．Modern prestressed concrete design ［M］．Pitman publishing Ltd，1976．

［4］ 杜拱辰编著. 现代预应力混凝土结构 ［M］. 北京：中国建筑工业出版社，1988.

［5］ 陶学康主编. 后张预应力混凝土设计手册 ［M］. 北京：中国建筑工业出版社，1996.

［6］ 杜拱辰编著. 部分预应力混凝土 ［M］. 北京：中国建筑工业出版社，1990.

［7］ 陈惠玲著. 预应力高新结构技术预应力度法 ［M］. 北京：中国环境出版社，2001.

［8］ 房贞政编著. 无粘结与部分预应力结构 ［M］. 北京：人民交通出版社，1999.

［9］ 冯大斌，栾贵臣主编. 后张预应力混凝土施工手册 ［M］. 北京：中国建筑工业出版社，1999.

［10］ 熊学玉著. 体外预应力结构设计 ［M］. 北京：中国建筑工业出版社，2005.

［11］ 中国土木工程学会. 部分预应力混凝土结构设计建议 ［M］. 北京：中国铁道出版社，1985.

［12］ 吕志涛，孟少平编著. 现代预应力设计 ［M］. 北京：中国建筑工业出版社，1998.

［13］ 吕志涛编著. 现代预应力结构体系与设计方法 ［M］. 南京：江苏科学技术出版社，2010.

第2章 次内力计算理论

现代预应力混凝土结构的一个主要发展趋势是由简支向连续、构件向整体、静定向超静定结构发展。在预应力作用下，静定结构与超静定结构的最大区别在于预应力作用对超静定结构产生了次内力。

对于平面杆系结构来说，次内力包括次弯矩、次轴力和次剪力；而对于空间结构而言，还包括次扭矩。由于次内力是由约束作用产生的，所以次内力在预应力构件上的分布有一个重要的特点：次弯矩和次扭矩沿构件轴线的分布是线性的，次剪力和次轴力沿构件为常数分布。

次内力是影响预应力混凝土结构的结构整体承载性能和正常使用性能的一个因素，也是工程中经常容易忽视的一个问题。随着预应力超静定结构的广泛应用，如何简捷准确地计算预应力作用下的次内力是设计人员关注的一个重要问题。

2.1 国内外次内力计算方法

国内外在进行预应力混凝土超静定结构受力性能的研究中，其计算方法目前常用的有等效荷载法[1]、弯矩面积法[2]、共轭梁法[3]、固端弯矩法[4]。

2.1.1 已有方法介绍

1. 等效荷载法计算次弯矩[1]

等效荷载法首先将预应力对超静定结构的作用等效地化为外荷载，再由等效荷载计算出各杆端的固端弯矩，然后再应用力学的方法计算出结构在等效荷载的作用下的综合弯矩，最后从综合弯矩中减去容易求得的主弯矩，才能得到结构的次弯矩。

对于曲线预应力筋布置情况，根据材料力学的方法可知弯矩和分布荷载的关系为：

$$q(x) = -\frac{d^2 M}{dx^2} \tag{2.1}$$

显然，对于预应力作用下可等效地化为外荷载：

$$q(x) = -\frac{d^2 M_r}{dx^2} = -\frac{d^2}{dx^2}[-N_p(x)y_p(x) + Ax + B] = \frac{d^2}{dx^2}[N_p(x)y_p(x)] \tag{2.2}$$

当预应力筋为二次曲线布置时，见图 2.1，则：

$$y_p(x) = -\frac{4f}{L^2}x^2 + \frac{4f - e_B + e_A}{L}x - e_A \tag{2.3}$$

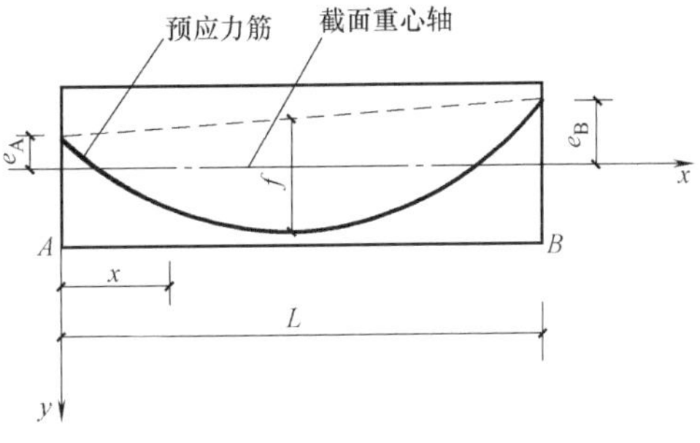

图 2.1 预应力筋二次曲线布置图

式中，f 为二次抛物线矢高，$f = y(L/2) + (e_A + e_B)/2$。

显然由图 2.1，当预应力沿预应力筋不变，为定值 N_p 时，则将式（2.3）代入式（2.2）即可得：

$$q(x) = N_p \frac{d^2}{dx^2}\left(-\frac{4f}{L^2}x^2 + \frac{4f - e_B + e_A}{L}x - e_A\right) = -\frac{8N_p f}{L^2} \qquad (2.4)$$

式（2.4）中右边的负号表明，当二次曲线向上凸时，等效荷载的方向也向上，反之亦然。

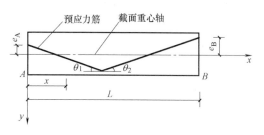

图 2.2　预应力筋折线布置图

当预应力筋为折线布置时，如图 2.2 所示，预应力筋在 AC 和 BC 两段为线性变化。在 C 点左段的弯矩 M_1 为：

$$M_1 = -N_p \cos\theta_1(x\tan\theta_1 - e_A) + Ax + B \qquad (2.5)$$

折点 C 右段的弯矩 M_2 为：

$$M_2 = -N_p \cos\theta_2\left[(L-x)\tan\theta_2 - e_B\right] + Ax + B \qquad (2.6)$$

由材料力学可知，集中荷载与剪力的关系为：

$$-P = [V_2]_{x=x_c} - [V_1]_{x=x_c} \qquad (2.7)$$

式中　V_1、V_2 为剪力；x_c 为 C 点距端点的距离，因为：

$$V_1 = \frac{dM_1}{dx} = -N_p \cdot \cos\theta_1 \cdot \tan\theta_1 + A = -N_p \sin\theta_1 + A$$

$$V_1 = \frac{dM_2}{dx} = -N_p \cdot \cos\theta_2 \cdot \tan\theta_2 + A = -N_p \sin\theta_2 + A \qquad (2.8)$$

所以

$$P = -N_p(\sin\theta_1 + \sin\theta_2) \qquad (2.9)$$

式（2.9）等号右边的负号表明，当预应力筋折角向下时，等效集中荷载的方向是向上的。

由于摩擦等损失引起预应力沿预应力筋变化时，求出的等效荷载沿构件分布是非常复杂的多折线分布。例如，对于图 2.3（a）所示的预应力双跨连续梁，当考虑各种预应力损失时，求得的等效荷载如图 2.3（b）所示。

将预应力对结构的作用等效地化为外荷载后，进而求出等效荷载作用下的固端弯矩、结构的综合弯矩、综合轴力和主弯矩，最后可算得次弯矩、次轴力；将次弯矩微分即可求得次剪力。

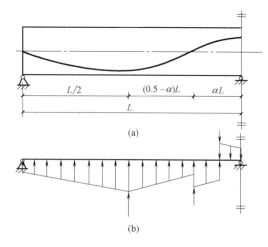

图 2.3　双跨预应力连续梁及其等效荷载

2. 弯矩面积法计算次弯矩[2]

弯矩面积法是确定梁中斜率和挠度的经典方法。以多跨连续梁为例，先求出各跨由预应力作用下引起的转动；对于内跨，对每跨端加一个弯矩（即该跨端的赘余力）以转动梁使其回复到斜率等于零。逐步求出各梁端的赘余力后，即可用结构力学的方法求出各支座上的次弯矩。

在结构为一个或两个赘余力时，使用该方法可以比较方便求出结构的次弯矩，但是对于高次超静定结构（如框架结构等），使用该方法就比较困难。该方法可以演变成共轭梁法[3]。

3. 其他计算次弯矩的方法及现有方法的特点

计算预应力混凝土超静定结构的次弯矩除了上述两种方法外，还有固端弯矩法[4]，即先求出结构由预应力对构件预应力筋端部连线的"偏心弯矩"所产生的固端弯矩与容易求得的预应力在构件端部截面处的主弯矩直接产生的固端弯矩之和，然后再由力学的方法最后求出预应力在结构中产生的次弯矩。

综上所述，国内外关于预应力超静定结构次内力的计算方法做了大量的研究工作，并提出了许多计算方法，为预应力混凝土超静定结构设计和计算提供了保证。但上述方法各有其优缺点。采用等效荷载法，由于其设计概念明确，且当求出预应力作用引起的等效荷载后，则可采用现有的结构计算程序进行次弯矩的分析和计算，尤其是采用等效荷载法的概念，进行平衡荷载法设计时，尤为显著的是计算方法直观、简捷。但是随着近年来预应力超静定结构的推广和应用，其预应力筋的线形布置在构件中为多段曲线或折线组成，尤其是预应力损失引起的预应力沿预应力筋发生显著的变化时，采用等效荷载法仅求出等效荷载就非常繁琐。由于前述的原因，通常在采用等效荷载法计算次内力或次弯矩时，都是将预应力设定其沿构件（或杆件单元）不变，以其来进行简化设计，这就势必会给计算结果带来较大的误差。另外经深入研究后，我们还会发现，采用等效荷载法用平面杆系程序分析计算预应力混凝土超静定结构（如框架等）的次内力（或次弯矩）时，次弯矩和次轴力是正确的，而其次剪力则会带来误差。这是因为，利用等效荷载进行平面杆系程序分析时，预应力作用是内载不是外载。

显然，采用等效荷载法由于等效荷载计算和综合内力计算的复杂性及采用平面杆系结构程序分析计算时带来的误差，必将影响和限制等效荷载法的应用。这里需要说明的是，尽管如此，等效荷载法仍然为广大设计人员经常采用。采用弯矩面积法对于两个以上赘余力的超静定结构（实际应用中经常遇到），由前述可知该方法是非常不便的。而采用固端弯矩法，由于其适用范围仅为预应力沿预应力筋不变时的次弯矩计算，对于实际结构中预应力沿预应力筋变化时的精确分析和计算则可能引起较大的误差，因此也限制了该方法的应用与推广。至于采用其他的计算方法，由于计算繁复，也较难为设计人员广泛应用。

2.1.2　次剪力计算

可见，我们对次弯矩讨论得很多，了解得也比较完全了；当前，对于次轴力的讨论也引起了越来越多的重视，有很多学者提出了各种各样的表示次内力的方法，已经在上章提到过；但是，对于预应力超静定结构中的次剪力问题，却鲜少有人研究。

通常，用求出预应力混凝土超静定在张拉控制力（设沿预应力筋不变）的作用下产生的综合弯矩，减去各种预应力损失引起的约束次弯矩（注意约束次弯矩损失求出后有正负之分，这主要与预应力筋线形布置及预应力损失分布规律有关），即得到有效预应力作用下约束次弯矩；将次弯矩微分即得到次剪力；将综合轴力减去张拉控制力即为次轴力。

下面采用等效荷载法来探讨求解次剪力的方法，分别采用两种方式进行推导计算：（1）由次弯矩微分求得次剪力；（2）由综合剪力减去主剪力求得次剪力。

2.1.2.1　次剪力 V_1 的推导

1. 由次弯矩微分求得次剪力

布筋线形的方程为：

$$y = ax^2 + bx + c$$

则主弯矩为：

$$M_1 = N_p e = N_p(ax^2 + bx + c)$$

从而求得主剪力为：

$$V_1(x) = \frac{\mathrm{d}M_1}{\mathrm{d}x} = \frac{\mathrm{d}[N_p(ax^2 + bx + c)]}{\mathrm{d}x} = N_p(2ax + b) \tag{2.10}$$

次剪力为：

$$V_2 = V_r - V_1$$

等效荷载为：

$$f(x) = \frac{\mathrm{d}^2 M_1}{\mathrm{d}x^2} = \frac{\mathrm{d}^2[N_p(ax^2 + bx + c)]}{\mathrm{d}x^2} = 2N_p a$$

2. 由综合剪力减去主剪力求得次剪力

假设布筋线形的方程为：

$$y = ax^2 + bx + c$$

则主弯矩为：

$$M_1 = N_p e = N_p(ax^2 + bx + c)$$

求得等效荷载为：

$$f(x) = \frac{\mathrm{d}^2 M_1}{\mathrm{d}x^2} = \frac{\mathrm{d}^2[N_p(ax^2 + bx + c)]}{\mathrm{d}x^2} = 2N_p a$$

从而求得主剪力为：

$$V_1(x) = \int_0^L f(x)\,\mathrm{d}x = 2N_p ax + d \tag{2.11}$$

次剪力为：

$$V_2 = V_r - V_1$$

其中：d 由边界条件确定。

比较公式（2.10）和式（2.11）可见，采用等效荷载求主剪力时由于弯矩分布函数先二次微分再积分，丧失了唯一性，需要由边界条件确定，从而导致求得的次剪力有误差。

2.1.2.2　线形变化下的次剪力 V_1

预应力设计中常存在线性变换，连续梁中 c.g.s 线在中支座处垂直位置移动，线形本征形状不改变。

布筋线形的方程为：

$$y = ax^2 + bx + c + kx$$

主弯矩为：

$$M_1 = N_p e = N_p(ax^2 + bx + c + kx)$$

从而求得主剪力为：

$$V_1(x) = \frac{dM_1}{dx} = \frac{d[N_p(ax^2 + bx + c + kx)]}{dx} = N_p(2ax + b + k) \qquad (2.12)$$

次剪力为：

$$V_2 = V_r - V_1$$

等效荷载为：

$$f(x) = \frac{d^2M_1}{dx^2} = \frac{d^2[N_p(ax^2 + bx + c + kx)]}{dx^2} = 2N_pa$$

与未线性变换前相比，等效荷载相同，由此 M_r、V_r 相同。

由次弯矩微分求得次剪力　　　　　　　　　　表 2.1

未线性变换	线性变换
$V_1(x) = N_p(2ax + b)$	$V_1(x) = N_p(2ax + b + k)$
V_r	V_r
$V_2 = V_r - N_p(2ax + b)$	$V_2 = V_r - N_p(2ax + b + k)$

由综合剪力减去主剪力求得次剪力　　　　　　表 2.2

未线性变换	线性变换	备注
$V_1(x) = 2N_pax + d$	$V_1(x) = 2N_pax + d$	（两式中 d 相同）
V_r	V_r	
$V_2 = V_r - 2N_pax + d$	$V_2 = V_r - 2N_pax + d$	

比较表 2.1、表 2.2 可知，线形变换前后虽然等效均布荷载不变，由此产生的弯矩图不变，但是剪力的分布是变化的。如果采用等效荷载求主剪力，必须考虑边界条件加以调整，才能得到正确的剪力分配。

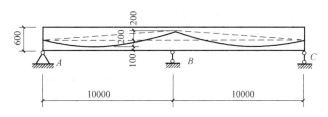

图 2.4　双跨连续梁配筋图

2.1.2.3　算例比较

以某双跨连续梁为例，矩形截面尺寸为 $300mm \times 600mm$，配置连续抛物线预应力筋，其偏心距如图 2.4 所示。有效预应力为 1000kN，并假定其沿梁全长不变。

求得抛物线方程式为：

$$y = 0.012x^2 - 0.1x$$

其等效荷载见图 2.5 所示。

主弯矩为：

$$M_1 = N_pe = 12x^2 - 100x$$

求得其内力图见图 2.6～图 2.8 所示。

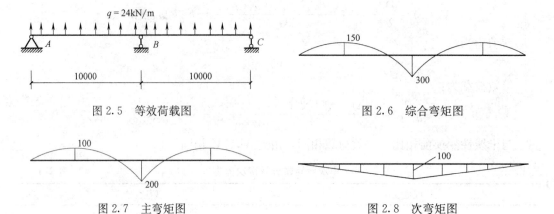

图 2.5 等效荷载图 图 2.6 综合弯矩图

图 2.7 主弯矩图 图 2.8 次弯矩图

1. 方法 1：由次弯矩微分求得次剪力

由弯矩图可见综合弯矩为：

$$M_r = N_p e = 12x^2 - 90x$$

求得综合剪力：

$$V_r(x) = \frac{dM_r}{dx} = 24x - 90$$

综合剪力分布如图 2.9 所示。

由主弯矩求得主剪力为：

$$V_1(x) = \frac{dM_1}{dx} = 24x - 100$$

从而次剪力为：

$$V_2 = V_r - V_1 = 10\text{kN}$$

2. 方法 2：由综合剪力减去主剪力求得次剪力

由等效荷载计算综合剪力见图 2.10 所示。

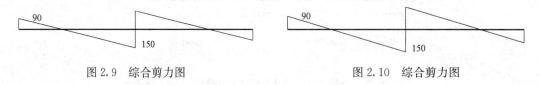

图 2.9 综合剪力图 图 2.10 综合剪力图

（1）由等效荷载按梁脱离体计算主剪力，由布筋线形可见，在中支座处线形是不连续的，此处的主剪力必须考虑边界条件影响来加以调整，故可得图 2.11、图 2.12。

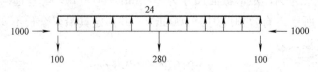

图 2.11 等效荷载图

$$V_1(x) = \frac{dM_1}{dx} = 24x - 100; \quad V_1(0) = -100$$

从而求得：

$$V_1(10) = \frac{dM_1}{dx} = 240 - 100 = 140$$

主剪力图见图 2.12 所示。

从而求得：

$$V_2 = V_r - V_1 = 10 \text{kN}$$

（2）由等效荷载按简支计算主剪力，通常设计中认为中间的集中力由跨中支座抵消，常常忽略，由此得到图 2.13。

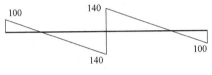

图 2.12　主剪力图

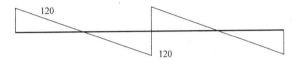

图 2.13　按照简支梁计算的主剪力

从而求得：

$$V_2 = V_r - V_1 = 30 \text{kN}$$

结果是不准确的。

通过上述分析可见，用等效荷载法计算次剪力时，最好用次弯矩微分求解；如果采用等效荷载法求主剪力，该模型一定要用脱离体计算，而不能用简支结构进行计算，这里很容易被误解，造成设计错误。

2.1.3　约束次内力法[5、6]

众所周知，求解超静定结构内力最简便的方法是位移法。位移法的基本原理是先求出结构各杆单元在荷载作用下的固端弯矩，然后根据刚度方程或弯矩分配法求解结构的内力。由此可知，求解结构在预应力作用下，即主弯矩作用下产生的次弯矩，关键在于求解结构各杆单元在主弯矩作用下杆端产生的固端次弯矩，这里称之为约束次弯矩。

求解超静定结构的简便而常用方法是位移法，即先求出结构各杆单元在荷载作用下的固端弯矩，然后根据刚度方程或弯矩分配法求得结构的内力。由此可知，求解结构在预应力作用下产生的次弯矩，关键在于求解结构各杆单元在主弯矩作用下杆端产生的固端次弯矩，即文中所称的约束次弯矩。如果不计预加力的水平分量与

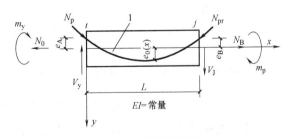

图 2.14　平面杆单元
1—预应力筋

$N_p(x)$ 之间的差异（误差很小），且不考虑杆单元剪切变形的影响，则图 3.14 所示平面杆单元由约束次内力法，可计算出其约束次剪力：

$$V_{ij} = -V_{ji} = \frac{m_{ij} + m_{ji}}{L} \tag{2.13}$$

杆件的约束次轴力可由下式计算：

$$N_{ij} = - N_{ji} = -\frac{1}{L}\int_0^L N_{\mathrm{p}}(x)\mathrm{d}x \tag{2.14}$$

常见的三种约束情况下的约束次内力公式见表 2.3。

有效预应力作用下的约束次内力公式 表 2.3

杆件单元 约束类型	约束次弯矩		约束次轴力		约束次剪力
	m_{ij}	m_{ji}	N_{ij}	N_{ji}	$V_{ij}=-V_{ji}$
	$\dfrac{A}{L}$	$-\dfrac{A}{L}$			0
	$\dfrac{4}{L}A-\dfrac{6}{L^2}S_{\mathrm{A}}$	$\dfrac{2}{L}A-\dfrac{6}{L^2}S_{\mathrm{A}}$	$-\dfrac{1}{L}\int_0^L N_{\mathrm{p}}(x)\mathrm{d}x$	$\dfrac{1}{L}\int_0^L N_{\mathrm{p}}(x)\mathrm{d}x$	$\dfrac{6}{L}A-\dfrac{12}{L^2}S_{\mathrm{A}}$
	0	$-\dfrac{3}{L^2}S_{\mathrm{A}}$			$-\dfrac{3}{L^3}S_{\mathrm{A}}$

实际工程应用中，为简化次内力的计算，可用杆单元内的有效预加力的平均值来近似计算约束次弯矩。显然当 N_{p} 为定值时，则：

$$A = N_{\mathrm{p}}\int_0^L e_{\mathrm{p}}(x)\mathrm{d}x \tag{2.15}$$

$$S_{\mathrm{A}} = N_{\mathrm{p}}\int_0^L e_{\mathrm{p}}(x)\cdot x\mathrm{d}x \tag{2.16}$$

即主弯矩图面积 A 可由杆单元内有效预加力平均值乘以预应力筋线形与截面形心线围成的面积求得，主弯矩图面积矩 S_{A} 可由杆单元内有效预加力平均值乘以预应力筋线形与截面形心线围成的面积对 y 轴的面积矩而得到，也就是说，由预应力筋线形就可计算出约束次内力。文献［18］中给出各种线形布筋的约束次内力公式。

2.1.4 约束次内力法与现有方法的比较

由前述可知，现有计算次内力的方法有数种，由于等效荷载等方法的繁复及局限性，很难给出简捷、准确的计算方法。为说明约束次内力法的特点，特将其与等效荷载法进行比较。

仍然对前面一个例子进行分析，采用约束次内力法计算其次剪力：

$$V_2 = \frac{3S_{\mathrm{A}}}{L^3} = \frac{1000}{2\times 10}(2e-e_{\mathrm{A}}-2e_{\mathrm{B}}) = 10\mathrm{kN}$$

由计算过程可见，约束次内力法只要知道预应力筋线形就可计算出次内力，并不存在次剪力的误区问题，方法简便。

同时，传统的等效荷载法中，等效荷载是由预应力筋线形求两次微分得到，通常假定有效预加力 N_{p} 沿梁分布不变，为常数值，即 $q(x)=N_{\mathrm{p}}\dfrac{\mathrm{d}^2[e_{\mathrm{p}}(x)]}{\mathrm{d}x^2}$，由此求得内力，这里忽略了 N_{p} 沿梁分布的变化；而在约束次内力法中，可直接采用 $A=\displaystyle\int_0^L N_{\mathrm{p}}e_{\mathrm{p}}(x)\mathrm{d}x$，$S=\displaystyle\int_0^L N_{\mathrm{p}}e_{\mathrm{p}}(x)x\mathrm{d}x$ 求解内力，可以很精确地考虑有效预加力的分布问题。

1. 对于上面提到的不同计算方法：等效荷载法、弯矩面积法、共轭梁法、固端弯矩法、约束次弯矩法，这些方法主要是为了求解仅考虑结构弯曲变形下的次弯矩的方法；另外约束次内力法及等效节点荷载法可用于计算包括次弯矩、次剪力、次轴力以及次扭矩在内的次内力。从这些方法的基本原理、计算路线和使用范围三个方面进行分析总结，见表 2.4。

计算方法的计算原理比较

表 2.4

计算方法	基本原理	计算路线	适用范围
等效荷载法	自平衡原理	将预应力对结构的作用变换为等效的外荷载加于结构上，计算预应力作用下的结构综合内力，然后根据"次内力＝综合内力－主内力"求出次内力	可求解各种结构的次内力，是目前最常用的计算方法
弯矩面积法	力法原理	将多余约束去掉得到原结构的基本体系，根据"基本体系在次反力及主弯矩作用下沿次反力方向的位移原结构相同"，来建立力法基本方程，计算次反力，进而计算次弯矩和次剪力	计算连续梁的次弯矩
共轭梁法	共轭梁原理	首先根据实梁确定虚梁，其次将实梁的综合弯矩的正负号改变作为虚梁的虚荷载。由两端固定实梁的两端挠度和转角为 0，可知虚梁两端的虚弯矩和虚剪力为 0，从而求得梁的固端次弯矩，进而求出结构的次弯矩	计算等截面或阶梯状变截面简单杆系结构的次弯矩
约束次内力法	力法原理	按力法原理直接将预应力作用转化为约束次内力矩阵（即杆端力矩阵），进而利用矩阵位移法等结构力学方法直接求解次内力	可求解各种结构的次内力
等效节点荷载法	虚功原理	根据虚功原理引入构件的形函数，建立预应力作用产生的杆端等效节点荷载的积分表达式（即杆端力矩阵），进而利用矩阵位移法等结构力学方法直接求解次内力	可求解各种结构的次内力

2. 与其他计算预应力结构内力的方法相比，约束次内力法有许多的优点：

（1）直接体现了次弯矩的产生是由于应力对结构的作用引起的结构变形受到超静定约束所致，物理概念明确；

（2）不需计算等效荷载和综合弯矩，用于整体结构的分析时，比现有的计算方法更简捷明了；

（3）较容易与现有的平面杆系结构计算程序连接，从而很方便地完成内力计算；

（4）在利用程序计算约束次内力时，可以较方便地考虑有效预应力沿预应力筋全长变化分布的情况；

（5）可用于直接计算次剪力，而传统的等效荷载法则必须在次弯矩的基础上求解。

2.2　设计中考虑次内力的必要性

众所周知，无论是普通混凝土结构还是预应力混凝土结构，虽然各国规范的具体规定有所差异，但对任一结构均需进行两种极限状态的设计或验算，即承载能力极限状态和正常使用极限状态设计。对两种极限状态的设计或验算又根据结构所处是否为抗震结构而分为非抗震设计和抗震设计。

2.2.1 两种极限状态的定义

承载能力极限状态是指结构或构件达到最大承载力、疲劳破坏或不适于继续承载的变形；正常使用极限状态是指结构或构件达到正常使用或耐久性能的某项极限值。

对承载能力极限状态，一般是以结构的内力超过其承载能力为依据。对正常使用极限状态，一般是以结构的变形、裂缝、振动参数超过设计允许的限值为依据。在当前的设计中，有时也通过结构应力的控制来保证结构满足正常使用的要求。

2.2.1.1 正常使用极限状态控制方程的建立

《混凝土结构设计规范》GB 50010—2010[7] 7.1.1 条规定预应力混凝土构件按所处环境类别和结构类别确定相应的裂缝控制等级及最大裂缝宽度限值，并按下列规定进行受拉边缘应力或正截面裂缝宽度验算：

一级——严格要求不出现裂缝的构件。

在荷载效应的标准组合下应符合下列规定：

$$\sigma_{ck} - \sigma_{pc} \leqslant 0$$

二级——一般要求不出现裂缝的构件。

在荷载效应的标准组合下应符合下列规定：

$$\sigma_{ck} - \sigma_{pc} \leqslant f_{tk}$$

在荷载效应的准永久组合下宜符合下列规定：

$$\sigma_{cq} - \sigma_{pc} \leqslant 0$$

三级——允许出现裂缝的构件。

按荷载效应的标准组合并考虑长期作用影响计算的最大裂缝宽度，应符合下列规定：

$$w_{max} \leqslant w_{lim}$$

其中：《混凝土结构设计规范》GB 50010—2010 对预应力混凝土结构的抗裂要求，存在两种不同的抗裂控制指标：对于一级和二级构件（针对全预应力混凝土结构和限值预应力混凝土结构）通过构件截面应力的控制来保证结构满足正常使用性能的要求；而在构件的裂缝控制等级为三级（针对部分预应力混凝土结构）时，是从最大裂缝宽度限值 w_{lim} 来限制的，而不是按构件截面的应力限值来控制。两种不同的参数造成了设计方法上的不便，尤其是对于三级抗裂的部分预应力混凝土构件，由于最大裂缝宽度 w_{max} 计算比较繁琐，在初步设计时根本无法确定，那么根据结构的使用性能对结构进行初步设计也就无法实现。因此，如果能够建立一定的关系算式实现两种抗裂指标的统一，那么在一定程度上就实现了部分预应力混凝土结构的正常使用极限状态设计。

2.2.1.2 正截面极限承载力状态计算公式的建立

现行常规设计方法中预应力混凝土矩形截面单筋受弯构件正截面承载力计算公式为：

$$\begin{cases} M_{load} + M_{sec} = f_y A_s \left(h_0 - \dfrac{x}{2} \right) + f_{py} A_p \left(h_p - \dfrac{x}{2} \right) \\ \alpha_1 f_c b x = f_y A_s + f_{py} A_p \end{cases} \tag{2.17}$$

式中　M_{load}——外荷载作用下控制截面的弯矩设计值；

M_{sec}——张拉预应力筋引起的超静定预应力混凝土结构控制截面的次弯矩。

式（2.17）仅适用于静定预应力混凝土结构或无侧向约束的超静定预应力混凝土结

构，当为有侧向约束的预应力混凝土结构时楼盖应满足轴向拉压刚度为无穷大的假定；当为静定结构时，$M_{sec}=0$。

2.2.2　各国历年规范有关次内力预应力效应的规定

2.2.2.1　预应力结构荷载效应组合的计算方法

任何一种结构的设计，都离不开荷载，而荷载确定的正确与否，不仅影响结构设计的安全性，也影响其经济性。对于预应力混凝土结构，由于需要正确地确定各种荷载作用下的应力与变形状态，因此对荷载作用效应进行深入的分析和研究，不仅具有理论意义，而且具有重要的实际意义。

1. 英国《混凝土结构规范》（BS 8110 修订版）[8]第 4.1.7.2 条中规定：……应考虑到施工顺序，并考虑到由于施工顺序和预应力引起的次效应，特别是对于正常使用极限状态，在使用荷载下容许的弯曲受拉应力大小确定其系数如下：

一级：没有弯曲受拉应力；

二级：有弯曲受拉应力但没有可见裂缝；

三级：有弯曲受拉应力，但对于处于很严重环境中的构件，裂缝的表面宽度不超过 0.1mm，对所有其他构件不超过 0.2mm。

2. 美国《钢筋混凝土房屋建筑规范》ACI 318—2005[9]中规定：用于计算构件所需强度的弯矩，应为有预加应力（其荷载系数为 1.0）引起的反力所产生的弯矩以及由设计荷载产生的弯矩之和。

3. 日本土木学会《混凝土设计规范及解说》[10]第 4.1（2）条中规定：荷载的特征值必须根据所研究的极限状态分别确定。对于分析承载力极限状态的荷载特征值，在假定荷载误差后，作为结构施工中及使用产生的最大或最小荷载期待值。用于分析使用状态的荷载特征值是假定在结构使用期限中，较多发生的最大值。在该条解说中又指出：永久荷载是指其变化与平均值相比可忽略不计的荷载，例如静载、静止压力及预应力等。在第 11.1 条规定的解说中指出：在混凝土构件中所施加的预应力，一般在使用状态时考虑为荷载，而在承载力极限状态时预加力消失了，可以求出断面内力。但是在超静定结构物中，其在承载力极限状态下的断面内力可根据非线性分析方法，或者是考虑弯矩重分配的方法而求出。在采用前一种方法时（即非线性分析方法），预加力可视为消失了，而对于后一种方法（考虑弯矩重分配），由于预加力而产生的超定静力（即次内力）则必须包含在承载力极限状态的设计断面内力中。

4. 由 CEB 欧洲国际混凝土委员会完成的《1990 年 CEB-FIP 模式混凝土规范》[11]第 1.4.3.3 条规定：对于一切正常使用状态，预应力荷载的分项系数 $\gamma_P=1.0$；对于承载力极限状态，局部作用效应，$\gamma_P=1.35$；对于承载力极限状态，其他的作用效应则 γ_P 取 1.0（有利）或 1.2（不利）。第 1.6.7.5 节关于荷载的作用组合规定如下：

$$罕见：G+P+(Q_{1K} 或 Q_{1ser})+\sum_{i>1}(\psi_{0i}Q_{iK})$$

$$常遇：G+P+\Psi_{1i}Q_{iK}+\sum_{i>1}(\Psi_{2i}Q_{iK})$$

$$准永久：G+P+\sum_{i\geq1}(\Psi_{2i}Q_{iK})$$

5. 由欧洲共同体委员会（CEC）责成欧洲标准化委员会主持编制的结构用欧洲规范 2 《混凝土结构设计》[12]第 2.3.3.1（5）条规定：承载力极限状态的分项安全性系数，对预应力各元件设计的验证，一般可以采用 $\gamma_P = 0.9$ 或 1.0（对结构产生有利效应时）；$\gamma_P = 1.2$ 或 1.0（对结构产生不利效应时）；第 2.3.4（2）条规定：正常使用极限状态的各种作用三个组合，是按下列表达式来定义：

不常遇组合

$$\sum G_{K,j}(+P) + Q_{K,1} + \sum \Psi_{0,i} Q_{K,i} > 1$$

常遇组合

$$\sum G_{K,j}(+P) + \Psi_{1,i} Q_{K,1} + \sum \Psi_{2,i} Q_{K,i} > 1$$

准永久组合

$$\sum G_{K,j}(+P) + \sum \Psi_{2,i} Q_{K,i} \geqslant 1$$

式中　　$G_{K,j}$——永久作用的特征值；

$\quad\quad$ $Q_{K,1}$——第一个可变作用的特征值；

$\quad\quad$ $Q_{K,i}$——其他各可变作用的特征值；

Ψ_0、Ψ_1、Ψ_2——荷载组合系数。

6. 欧洲规范 8《建筑结构抗震设计规定》[13]第 1-1 部分第 4.4（1）条规定：抗震设计中各种作用效应的设计值 E_d，应按下列有关作用值的组合来确定：

$$\sum G_{Kj} "+" \gamma_I \cdot A_{Ed} "+" P_K "+" \sum \Psi_{2i} \cdot Q_{Ki}$$

式中　"+"——表示"与……组合效应"；

$\quad\quad$ $\sum$——表示"……的组合效应"；

$\quad\quad$ G_{Kj}——永久作用 j 的特征值；

$\quad\quad$ γ_I——重要性系数；

$\quad\quad$ A_{Ed}——指定重现周期内地震作用的设计值；

$\quad\quad$ P_K——所有损失后，预应力作用的特征值；

$\quad\quad$ Ψ_{2i}——可变作用 i 的准永久值组合系数；

$\quad\quad$ Q_{Ki}——可变作用 i 的特征值。

7. 我国《建筑结构荷载规范》GB 50009—2012[14]第 3.2.2 条规定：对于承载力极限状态，应采用荷载效应的基本组合和偶然组合进行设计，并采用下列设计表达式：

$$\gamma_0 S \leqslant R$$

式中　γ_0——结构重要性系数；

$\quad\quad$ S——荷载效应组合的设计值；

$\quad\quad$ R——结构构件抗力的设计值。

第 3.2.3 条规定：对于基本组合，荷载效应组合的设计值 S 应从下列组合值中取最不利值确定：

（1）由可变荷载效应控制的组合：

$$S = \gamma_G S_{GK} + \gamma_{Q1} S_{G1K} + \sum_{i=2}^{n} \gamma_{Qi} \psi_{Ci} S_{QiK}$$

式中　γ_G——永久荷载的分项系数；

$\quad\quad$ γ_{Qi}——第 i 个可变荷载的分项系数，其中 γ_{Q1} 为可变荷载 Q_1 的分项系数；

S_{GK}——按永久荷载标准值 G_k 计算的荷载效应值；

S_{QiK}——按可变荷载标准值 Q_{ik} 计算的荷载效应值，其中 S_{Q1K} 为诸可变荷载效应中起控制作用者；

Ψ_{Ci}——可变荷载 Q_i 的组合值系数，应分别按各章的规定采用；

n——参与组合的可变荷载数。

（2）由永久荷载效应控制的组合：

$$S = \gamma_G S_{GK} + \sum_{i=2}^{n} \gamma_{Qi} \Psi_{Ci} S_{QiK}$$

第 3.2.7 条规定：对于正常使用极限状态，应根据不同的设计要求，采用荷载的标准组合、频遇组合或准永久组合，并应按下列设计表达式进行设计：

$$S \leqslant C$$

式中　C——结构或结构构件达到正常使用要求的规定限值，例如变形、裂缝、振幅、加速度、应力等的限值，应按各有关建筑结构设计规范的规定采用。

对于标准组合，荷载效应组合的设计值 S 应按下式采用：

$$S = S_{GK} + S_{G1K} + \sum_{i=2}^{n} \Psi_{Ci} S_{QiK}$$

对于频遇组合，荷载效应组合的设计值 S 应按下式采用：

$$S = S_{GK} + \Psi_{f1} S_{G1K} + \sum_{i=2}^{n} \Psi_{qi} S_{QiK}$$

式中　Ψ_{f1}——可变荷载 Q_1 的频遇值系数；

Ψ_{qi}——可变荷载 Q_i 的准永久值系数。

对于准永久组合，荷载效应组合的设计值 S 可按下式采用：

$$S = S_{GK} + \sum_{i=2}^{n} \Psi_{qi} S_{QiK}$$

8. 《混凝土结构设计规范》GB 50010—2010[7] 第 3.3.2 条规定：对于承载能力极限状态，结构构件应按荷载效应的基本组合或偶然组合，采用下列极限状态设计表达式：

$$\gamma_0 S \leqslant R$$
$$R = R(f_c, f_s, a_k \cdots \cdots) / \gamma_{Rd}$$

式中　γ_0——重要性系数：对安全等级为一级或设计使用年限为 100 年及以上的结构构件，不应小于 1.1；对安全等级为二级或设计使用年限为 50 年的结构构件，不应小于 1.0；对安全等级为三级或设计使用年限为 5 年及以下的结构构件，不应小于 0.9；在抗震设计中，不考虑结构构件的重要性系数；

S——承载能力极限状态的荷载效应组合的设计值，按现行国家标准《建筑结构荷载规范》GB 50009 和现行国家标准《建筑抗震设计规范》GB 50011 的规定进行计算；

R——结构构件的承载力设计值；在抗震设计时，应除以承载力抗震调整系数 γ_{RE}；

$R(.)$——结构构件的承载力函数；

γ_{Rd}——结构构件的抗力模型不定系数；

f_c、f_s——混凝土、钢筋的强度设计值；

　　　a_k——几何参数的标准值；当几何参数的变异性对结构性能有明显的不利影响时，可另增减一个附加值。

　　第 3.3.1 条规定：对于正常使用极限状态，结构构件应分别按荷载效应的标准组合、准永久组合或标准组合并考虑长期作用影响，采用下列极限状态设计表达式：

$$S \leqslant C$$

式中　S——正常使用极限状态的荷载效应组合值；

　　　C——结构构件达到正常使用要求所规定的变形、裂缝宽度和应力等的限值。荷载效应的标准组合和准永久组合应按现行国家标准《建筑结构荷载规范》GB 50009 的规定进行计算

　　9. 我国《无粘结预应力混凝土结构技术规程》[15] 4.1.1 条文说明中提到：无粘结预应力混凝土结构构件在承载能力极限状态下的荷载效应基本组合及在正常使用极限状态下荷载效应的标准组合和准永久组合，使根据现行国家标准《建筑结构荷载规范》GB 50009 的有关规定，并加入了预应力效应项而确定的。预应力效应包括预加力产生的次弯矩、次剪力。

　　10. 我国《建筑抗震设计规范》GB 50011—2010[16] 第 5.4.1 条中对于结构构件的地震作用效应和其他荷载效应的基本组合，没有考虑预应力效应的影响。

$$S = \gamma_G S_{GE} + \gamma_{Eh} S_{Ehk} + \gamma_{Ev} S_{Evk} + \Psi_w \gamma_w S_{wk}$$

式中　S——结构构件内力组合的设计值，包括组合的弯矩、轴向力和剪力设计值；

　　　γ_G——重力荷载分项系数，一般情况应采用 1.2，当重力荷载效应对构件承载能力有利时，不应大于 1.0；

γ_{Eh}、γ_{Ev}——分别为水平、竖向地震作用分项系数；

　　　γ_w——风荷载分项系数，应采用 1.4；

　　S_{GE}——重力荷载代表值的效应，有吊车时，尚应包括悬吊物重力标准值的效应；

　　S_{Ehk}——水平地震作用标准值的效应，尚应乘以相应的增大系数或调整系数；

　　S_{Evk}——竖向地震作用标准值的效应，尚应乘以相应的增大系数或调整系数；

　　S_{wk}——风荷载标准值的效应；

　　Ψ_w——风荷载组合值系数，一般结构取 0.0，风荷载起控制作用的高层建筑应采用 0.2。

　　事实上，由于水平荷载（地震作用和风荷载）通常作用于结构上的持续时间较短，且水平荷载对结构作用方向的不确定性将导致结构荷载效应的正负号产生变化。若在预应力筋选配时考虑了水平荷载（或部分水平荷载），由水平荷载（或部分水平荷载）作用增配的预应力钢筋，在水平荷载尚未出现时，将使结构反拱增大；另外，由于预应力筋只能产生确定方向的反向荷载（通常为平衡外荷载而施加的），用其抵消作用方面不确定的水平荷载效应是困难的。预应力筋首先发挥其满足结构在正常使用极限状态下的抗裂及变形的要求，其次才可考虑预应力筋对极限承载力的作用。由以上分析可知，在选配预应力筋时不考虑水平荷载作用，即在正常使用极限状态下，水平荷载不参与荷载效应组合；而在承载力极限状态下（非抗震设计和抗震设计时）应计入水平荷载效应，将荷载效应持续作用短暂且应力交变的水平荷载作用采用普通钢材来补足。

2.2.2.2　预应力结构的设计计算方法

在预应力混凝土超静定结构中，预应力引起的次内力无论是在理论分析还是在工程设计中都是不可忽视的，所以对于次内力的研究显得非常重要。

1. 美国的 ACI 318-71 规范认为，由于临界截面形成塑性铰，使结构转变为机构，因此次弯矩在承载力达到极限状态时会自然消失，而由于 T. Y. Lin 等发表的文章[17]指出：尽管在承载力达到极限状态时，超静定结构可能转变为机构，但引起次弯矩的预应力筋将限制塑性铰的转动能力，次弯矩仍然存在于结构之中。随后美国自 ACI 318-77 开始至 ACI 318-95[9]规范均规定在承载力计算时要考虑次弯矩的影响，但同时认为，由于控制截面形成塑性铰，允许有限量的弯矩重分配。

2. 1988 年 CEB 欧洲国际混凝土委员会的《1990 年 CEB-FIP 模式混凝土结构规范》[11]和 1991 年由欧洲标准化委员会（CEN）主持编制的结构用欧洲规范 2《混凝土结构设计》[12]有关预应力作用的效应规定的条文基本上是一致的，即在正常使用和承载力两个极限状态均考虑预应力的影响，所不同的是在欧洲规范中 γ_P 的取值可由欧洲各国根据各自的国情、环境条件、使用要求以及不同的材料性能与施工工艺等实际情况决定其取值。

3. 日本土木学会《混凝土结构设计规范（设计篇）》中规定，在使用状态时将预应力考虑为荷载；对于预应力超静定结构，在其承载力极限状态下，结构的断面内力由非线性分析法求得时，可视预加力消失，而结构的断面内力是考虑弯矩重分布的方法求得时，则次内力必须包含在结构的设计断面内力中。

4. 欧洲规范《建筑结构抗震设计规定》[13]中给出了设计中各种荷载作用效应组合公式，即规定在抗震设计时要考虑预应力效应的影响。

5. 我国的《无粘结预应力混凝土结构技术规程》JGJ 92—2016 规定后张法无粘结预应力混凝土超静定结构，在进行正截面受弯承载力计算及抗裂验算时，在弯矩设计值中次弯矩应参与组合；在进行斜截面受剪承载力计算及抗裂验算时，在剪力设计值中次剪力应参与组合。

2.2.3　现有计算方法的分析和公式推导

对于预应力混凝土超静定结构，在弹性分析中，认为次内力存在是得到一致公认的。而关于次弯矩在结构开裂后（即结构进入弹塑性工作状态）存在与否却存在很大分歧[18]。

Nilson，Chon，T. Y. Lin 通过对两根 T 形和倒 T 形预应力连续梁的计算和试验研究后认为，如果用弹性弯矩计算连续梁极限承载力时，由预应力产生的次弯矩一定要包括在内，如果用经过完全重分布的塑性弯矩计算极限承载力，则不论是否考虑次弯矩，结果都是一样的。如果塑性铰没有完全形成，则极限承载力将介于上述两种情况之间[17]。

Alan. H. Mattock 在进行了两根 T 形两跨无粘结连续梁的试验研究后认为，中间支座处向下弯折的预应力束会限制塑性铰区的转动，而且直到破坏之前这种约束作用一直存在，结构不可能成为静定结构，次弯矩将保持不变。

我国东南大学等单位针对次弯矩也做过专门研究，认为预应力混凝土结构在弹塑性状态下，次弯矩将部分地存在[19]。

林同炎教授认为，次弯矩对结构极限承载力的计算没有影响，但他并未明确指明次弯矩在极限状态是否存在。

重庆建筑大学的简斌等对预应力混凝土超静定连续梁进行了试验研究和理论分析。他们认为，次弯矩是一个加荷前预先施加的调幅弯矩，一般来说它减小了荷载弯矩调幅在总调幅中的比例。在加载过程中，主弯矩和次弯矩的变化主要是由截面刚度的变化引起的，通常情况下，次弯矩呈减小的趋势，但不会消失。

我国同济大学熊学玉教授对次弯矩及次内力进行研究后认为，预应力结构在弹性阶段次内力的存在是公认的，而当结构由弹性阶段进入弹塑性阶段以至塑性阶段，预应力结构的刚度分布及截面重心轴发生了变化，因而结构次内力必将发生变化。事实上，次内力的变化是随着结构约束条件及截面刚度分布的变化逐步完成内力重分布的过程，由于预应力筋限制了塑性铰的转动能力，即使结构达到极限强度破坏时次内力也不会完全消失，仍然部分存在于结构之中[20]。

2.2.3.1 理论分析

当结构由弹性阶段进入弹塑性阶段以至塑性阶段，预应力结构的刚度分布及截面重心轴发生了变化，因而结构次内力必将发生变化。由于预应力筋限制了塑性铰的转动能力，即使结构达到极限强度破坏时次内力也不会完全消失，仍然部分存在于结构之中。次弯矩对延性较好的结构的极限荷载没有影响，并建议有粘结的结构：若临界截面受压区高度系数小于0.3，则在强度计算时可不考虑次弯矩的影响；而对抗裂度较高结构，考虑内力重分布没有经济意义，在极限强度计算时应包括次弯矩，且取荷载系数为1.0。

结构在受力过程中当外荷载超过使用阶段（弹性阶段）荷载，某些截面达到极限受弯承载力，如果截面处具有在基本不变的抵抗弯矩下塑性转动的能力，结构的弯矩分布将不同于按线弹性结构分析所求的弯矩分布，即发生了弯矩重分布。预应力混凝土连续梁在外荷载作用下，预压受拉区混凝土开裂后其结构受力性能不同于线弹性体系的连续梁，主要表现在弯矩的分布不同于按线弹性结构分析所求的弯矩分布。这是由于在梁体的混凝土开裂后其截面刚度发生了较大的变化，其受力性能更趋于复杂化。一般地，对于等截面的连续梁在外荷载作用下，内支座处出现裂缝后，其内力重分布就表现出内支座截面的弯矩增量要比按线弹性结构分析的值小，而跨内正弯矩的增量则比按线弹性所求的值大。

对于内力重分布如何考虑预加力产生的次弯矩的影响，至今国内外的研究结论还不太一致。因此，预加力次弯矩对塑性极限弯矩是不具影响的。FIP认为在极限承载力阶段，延性好的超静定结构可能转变为机构，由其约束所产生的次内力将消失。ACI规范认为即使是延性好的超静定结构，在极限承载力阶段，控制截面的塑性铰的转动能力将受到预应力束的限制，因此次弯矩仍然存在于结构中。

连续梁内力重分布的必要条件是形成塑性铰的截面必须要有足够的延性。对于部分预应力混凝土连续梁，由于设置有非预应力钢筋，塑性铰的转动角比全预应力混凝土梁大，但比普通钢筋混凝土梁小，这样部分预应力混凝土梁也很难形成完全的理想铰，尤其在预应力度比较高的情形下。因此，预加力次弯矩不会完全消失，就此观点来看，要使结构设计更合理则应当考虑预加力次力矩对内力重分布的影响。国外考虑预加力次弯矩的不同表达有：

1. 预加力次弯矩不参与重分布

以美国ACI规范为代表，认为预加力次力矩不参与重分布，即

$$M_p = (1-\alpha)(-M_{load}) + M_r$$

式中　M_{load}——外荷载产生的弯矩；

　　　M_r——预应力次力矩；

　　　α——重分配系数。

2. 次弯矩参与重分布

如澳大利亚桥规 NAASRA—1988，将次力矩与外荷载弯矩一起进行重分布，即

$$M_p = (1-\alpha) \times (-M_{load} + M_r)$$

式中，调幅系数 α 只与混凝土的相对受压区高度 ξ 有关。

此外，还有不将预加力次弯矩直接进行重分布，而将其作为一种影响参数来考虑的做法，如学者 Campbell 和 Moucessian 就是将次弯矩作为一种弯矩比的参数。

无粘结部分预应力混凝土连续梁内力重分布中预加力次弯矩的影响更为复杂，目前的理论分析与试验研究中都还未能单独考虑，因此，应将预加力视为一种荷载，在受力的全过程中进行分析，计入荷载效应组合中。同时，在预应力结构非抗震设计和抗震设计中，在正常使用和承载力两种极限状态下均应考虑次内力对结构的影响。

2.2.3.2　公式推导

可见在目前的规范中，已经重视预应力效应作用，明确规定要考虑次内力影响。但是，在预应力超静定结构中产生的次内力不仅包括次弯矩、次剪力，还有次轴力、次扭矩（空间结构）。可是目前的规范规定的预应力效应包括预加力产生的次弯矩、次剪力，而没有考虑次轴力的作用。因此，对于现代预应力混凝土结构，尤其是有侧向约束的预应力混凝土结构，若按现行常规设计是有其不足的，不能满足预应力混凝土结构计算的要求。

目前，已经有学者对考虑次轴力的设计计算公式进行了探讨[18、20、21]。主要有两种表示法：用 N_2 表示[21] 及用侧限影响系数 η 表示[20]。

文献［20］中给出了一系列的考虑约束的设计公式。

（1）通过次轴力考虑侧向约束对正截面承载力的影响

$$\begin{cases} M_{load} + M_{sec} = f_y A_s \left(h_{os} - \dfrac{x}{2} \right) + f_{py} A_P \left(h_{op} - \dfrac{x}{2} \right) + (\eta-1) A_p \sigma_{con} \left(\dfrac{h}{2} - \dfrac{x}{2} \right) \\ f_{cm} b x = f_y A_s + f_{py} A_p + (\eta-1) A_p \sigma_{con} \end{cases} \quad (2.18)$$

（2）通过预应力筋两阶段工作原理考虑侧向约束影响

$$\begin{cases} M_{load} + M_P = A_s f_y \left(h_s - \dfrac{x}{2} \right) + A_p (\eta\sigma_{con} - \sigma_1) \left(h_p - e_p - \dfrac{x}{2} \right) + A_p (f_{py} - \sigma_{pe}) \left(h_p - \dfrac{x}{2} \right) \\ f_{cm} b x = A_s f_y + A_p (\eta\sigma_{con} - \sigma_1) + A_p (f_{py} - \sigma_{pe}) \end{cases}$$

$$(2.19)$$

（3）通过重新定义次弯矩考虑侧向约束影响

$$\begin{cases} M_{load} + M_{sec} = f_y A_s \left(h_{os} - \dfrac{x}{2} \right) + A_p [f_{py} - (1-\eta)\sigma_{con}] \left(h_{op} - \dfrac{x}{2} \right) \\ f_{cm} b x = f_y A_s + A_p [f_{py} - (1-\eta)\sigma_{con}] \end{cases} \quad (2.20)$$

文献［21］中则提议将约束统一用次轴力 N_2 表示，即对式（2.18），将 $(\eta-1)\sigma_{con} A_p$ 表示成 N_2。其中，N_2 的数值可采用约束次内力法直接求得，具体的设计公式将在第 3 章总结。

参 考 文 献

［1］ 林同炎，NED Burns 著. 预应力混凝土结构设计（第三版）［M］. 路湛沁译. 北京：中国铁道出版社，1983.

［2］ 杜拱辰. 现代预应力混凝土结构［M］. 北京：中国建筑工业出版社，1988.

［3］ 冯健，吕志涛. 次弯矩计算的共轭梁法［J］. 东南大学学报，1997，27（11）：71-75.

［4］ 杨建明，吕志涛. 预应力混凝土超静定结构次弯矩的计算［J］. 建筑结构学报，1989，（3）：27-31.

［5］ 熊学玉. 用约束次弯矩法直接计算预应力混凝土超静定结构的次弯矩［J］. 合肥工业大学学报（自然科学版），1992，(S1)：122-127.

［6］ 熊学玉，孙宝俊. 有效预应力作用下预应力混凝土超静定结构的次弯矩计算［J］. 建筑结构学报，1994，(06)：55-63.

［7］ 中华人民共和国国家标准. 混凝土结构设计规范 GB 50010—2010［S］. 北京：中国建筑工业出版社，2010.

［8］ BS 8110（1997）. Structural Use of Concrete，Part 1. British Standards Institution，1997.

［9］ ACI 318（2005）. Building Code Requirements for Reinforced Concrete. ACI，Detroit，Michigan，USA，2005.

［10］ 日本土木学会《混凝土设计规范及解说》.

［11］ CEB-FIP MC 90. Model Code for Concrete Structures. Thomas，Telford，London，1993.

［12］ 由欧洲共同体委员会（CEC）责成欧洲标准化委员会主持编制的结构用欧洲规范2《混凝土结构设计》.

［13］ 欧洲规范《建筑结构抗震设计规定》ENV-8.

［14］ 中华人民共和国国家标准. 建筑结构荷载规范 GB 50009—2012［S］. 北京：中国建筑工业出版社，2012.

［15］ 中华人民共和国行业标准. 无粘结预应力混凝土结构技术规程 JGJ 92—2016［S］. 北京：中国建筑工业出版社，2016.

［16］ 中华人民共和国国家标准. 建筑抗震设计规范 GB 50011—2010［S］. 北京：中国建筑工业出版社，2010.

［17］ T Y Lin. Secondary Moment and MomentRedistribution in Continuous PrestressedConcrete Beams. PCIJournal，January-February，1972.

［18］ 熊学玉. 现代预应力混凝土结构设计理论及实践研究：［学位论文］. 上海：同济大学，1998.

［19］ 吕志涛，孟少平编著. 现代预应力设计［M］. 北京：中国建筑工业出版社，1985.

［20］ 郑文忠，王英. 预应力混凝土房屋结构设计统一方法与实例［M］. 哈尔滨：黑龙江科学技术出版社，1998.

［21］ 熊学玉，黄鼎业，颜德姮. 关于预应力混凝土结构设计规范若干问题的建议［J］. 结构工程师，1997（3）.

第 3 章　全面考虑约束影响的设计方法

3.1　概述

3.1.1　现代预应力结构特点

现代预应力结构体系是指用高强和高性能材料、现代设计方法和先进的施工工艺建造起来的预应力结构体系，是当今技术最先进、用途最广、最有发展前途的一种建筑结构形式之一。目前，世界上几乎所有的高大精尖的土木建筑结构都采用了现代预应力技术，如大型公共建筑、大跨重载工业建筑、高层建筑、大中跨度桥梁、大型特种结构、电视塔、核电站安全壳、海洋平台等几乎全都采用了这一技术。

现代预应力混凝土结构的主要特征是由原来较为简单的预应力简单受力结构构件（往往是简支构件）转变成预应力复杂受力结构（往往是超静定结构），其无论在设计方法还是施工工艺方面都有较大的改变。

从设计方法来看，当前有关预应力混凝土结构的内力计算方法主要是基于预应力混凝土连续梁结构的工作原理建立起来的，可用于计算无约束（侧限）的预应力混凝土结构。但对于预应力混凝土框架结构、板柱结构、框剪结构、框筒结构等，柱、剪力墙及筒等竖向构件对预应力的传递有很大影响。

（1）有限元分析表明，由于受柱抗侧移刚度的影响，预应力混凝土梁中的有效预应力有较大削减，预应力混凝土梁的实际承载力将小于其计算承载力，可靠度较低。

（2）按现行常规方法设计计算有明显侧向约束的预应力混凝土结构时，若不计抗侧刚度对预应力传递及计算结果的影响，将给工程带来安全隐患，合理的设计必须考虑柱侧向刚度的影响。

（3）在强震作用或在结构进入塑性阶段时，梁和柱的刚度将退化，这个阶段存在着预应力重新分配的问题，此时对梁的预应力效应是否有利，有待进一步探讨。

因此，在超静定结构的设计计算时，还应考虑约束的影响，计入次内力的计算分析。

从施工方法来看：预应力框架柱对梁的约束将导致的框架梁轴向预压力（即次轴力）的减小，且随施工方式的不同而不同。因此，对于超静定结构的施工，还要考虑顺序的影响。

3.1.2　已有的研究工作及其不足

3.1.2.1　约束的影响因素

目前越来越多的学者意识到设计中考虑侧向约束影响的重要性，并做了相关研究。已有研究成果表明[1~17]，预应力侧向约束的影响和梁柱线刚度比、结构形式及施工方案均有关。

预应力侧向约束的影响和结构形式有关，单层多跨结构不同跨有不同的影响系数，跨数不同，侧向影响系数不同。多层预应力框架结构，本层预应力筋张拉，在本层产生次轴力，在其他层将产生压轴力，因此侧向约束影响系数还和施工方案有关。同时，预应力损失也有影响，损失越大，侧向约束影响系数越小，即次轴力越大。又由于预应力的损失和预应力筋的线形有很大的关系，因此，侧向约束的影响还和预应力筋的线形有关，直线形的预应力筋的预应力传递受侧向约束的影响最小，折线形的预应力筋的预应力传递受侧向约束的影响最大。

但是，目前所提出来的侧限影响的公式中，均假定有效预应力是均匀分布的，在设计中作为常量计算。笔者认为，由于实际情况下有效预应力是沿梁变化的，使用上述假定会造成一定的误差，尤其是当预应力筋的线形比较复杂时，分布的变化将比较显著，可能造成设计的不合理，故应对有效预应力的分布和布筋线形进行精确考虑。这点将在 3.2 节中详细分析。

同时，现在考虑的大多是给结构施加一个轴向力来作为控制力，根据结构力学方法计算次内力问题。实际上，预加力的施加还要考虑实际的施工操作，要考虑施工的路效及时效因素。这点会在后面的报告中进行分析说明，见超长部分。

3.1.2.2 已有的计算约束的方法及其不足

目前有很多的学者投入研究，建立了考虑侧向约束影响的计算方法。

张德峰、吕志涛提出单层多跨情况下侧向约束引起框架梁内力减少值的计算公式[2]。基本假设：（1）假定各框架柱对框架梁的反向约束力与其距变形不动点的距离呈线性关系，并且与柱刚度成正比；（2）为推导公式方便，假设各框架柱高度相同，各框架梁截面相等。推得计算公式如下：

$$\frac{\Delta P_1}{P} = \frac{12\alpha I_{\mathrm{ck}} \left(\sum_{k=1}^{i-1} L_{\mathrm{k}} + y_i \right)}{H^3 A + 12\alpha \sum_{k=1}^{i} I_{\mathrm{ck}} \frac{y_{\mathrm{k}}}{y_1} \left(\sum_{m=k}^{i-1} L_{\mathrm{m}} + y_i \right)} \tag{3.1}$$

$$\frac{\Delta P_{\mathrm{k}}}{P} = \frac{y_{\mathrm{k}}}{y_1} \frac{D_{\mathrm{k}}}{D_1} \frac{\Delta P_1}{P} = \frac{12\alpha I_{\mathrm{ck}} \left(\sum_{k=1}^{i-1} L_{\mathrm{k}} + y_i \right)}{H^3 A + 12\alpha \sum_{k=1}^{i} I_{\mathrm{ck}} \frac{y_{\mathrm{k}}}{y_1} \left(\sum_{m=k}^{i-1} L_{\mathrm{m}} + y_i \right)} \frac{y_{\mathrm{k}}}{y_1} \tag{3.2}$$

东南大学的朱虹提出了竖向结构的侧限作用导致梁、板预应力损失的估算方法[3]。该方法忽略摩擦损失、锚固损失沿预应力筋长度方向不相同，取摩擦损失、锚固损失后的平均预应力 $N_{\mathrm{pe}(0)}$ 作为有效预应力作用在两端的柱子上来计算。经过边柱的侧限作用后，边跨梁或板中的预应力记为 $N_{\mathrm{pe}(1)}$，并向中间跨以此类推，分别记为 $N_{\mathrm{pe}(2)}$、$N_{\mathrm{pe}(3)}$ 等。利用结构力学的基本理论，推倒得 n 跨下的估算公式：

$$\begin{cases} \dfrac{(\Delta N_{\mathrm{pe}})_{\max}}{N_{\mathrm{pe}(0)}} = \dfrac{1}{1 + \dfrac{2}{k^2 m_1}} & n = 2k-1 \\[4mm] \dfrac{(\Delta N_{\mathrm{pe}})_{\max}}{N_{\mathrm{pe}(0)}} = \dfrac{1}{1 + \dfrac{2}{\left(\sum\limits_{i=1}^{k} i \right) m_1}} & n = 2k \end{cases} \tag{3.3}$$

东南大学张瑞云[4]提出用体外预应力筋加固梁时，只可能在一根或若干根梁上施加预应力，施加预应力时，梁两端的框架柱、与被加固框架梁相垂直的框架梁等由于本身固有的刚度，将承受一部分预应力，从而使被加固梁受到的预应力减小。运用结构力学的 D 值法，近似把结构看成弹性体，求得单跨单层、单跨多层、多跨多层直线配筋时的梁的预压力减小值，单跨单层、多跨多层折线配筋时梁的预压力减小值。

哈尔滨工程大学的陈树华[5]提出等效弹簧模型计算侧向框架柱对预压应力传递的影响系数。等效弹簧模型将框架梁和框架柱分别等效成以轴向抗压强度和侧向抗弯刚度为弹性系数的弹簧，然后利用最小势能原理计算得到各跨的侧向框架柱对预压应力传递的影响系数。

淮海工学院的王建中和东南大学的孟少平[6]假定预应力梁轴向压应变分布均匀，各框架柱的抗侧刚度相同，将框架柱对梁的约束力简化为如图 3.1 的三角形荷载（刚度中心一侧），在这种假定条件下求得框架柱约束引起预应力梁中预压应力的减小值。

重庆大学的高顺、李唐宁等采用单层模型[7][8]，用经典力学的方法计算考虑侧向约束后预应力梁中的有效预压力，并建立有限元模型验证计算公式。

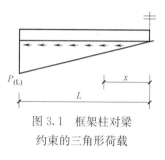

图 3.1　框架柱对梁约束的三角形荷载

重庆大学简斌和吴春华通过有限元模型分析常用较为规则的多层预应力混凝土框架侧向约束对梁轴力的影响[9]。

可见，次内力的计算问题已经引起很多人的重视，也有了各种各样的计算分析。但是，大部分的分析都是针对次内力如何求解进行的。对于怎么样在预应力结构设计中进行考虑，目前只在文献［18～20］等中提到过，当前采用的《混凝土结构设计规范》GB 50010—2010 中两种状态的设计方法也只仅仅考虑了次弯矩和次剪力的作用，而没有考虑次轴力的影响。因此，关于约束的作用如何在设计中体现，是当前需要解决的一大难点。

3.1.2.3　考虑约束影响的设计方法是工程设计的需要

【实例 3-1】　上海浦东新资大厦坐落于上海浦东陆家嘴金融中心，是新加坡政府投资兴建的高级商务楼，由于地理位置的特殊优越性，同时，开发商受最大经济效益的驱动，整个结构的全部主梁及大部分次梁采用预应力的方案，其中，全部主梁的跨高比基本上采用 20。建筑中的隔墙采用轻质隔墙，在设计中作为活荷载均布于楼板上，结构平面布置如图 3.2 所示。[21]

（1）由于筒体的侧向刚度很强，同时筒体内的楼板起到拉接作用，因此，筒体及筒体及内混凝土楼面水平向刚度会影响预应力有效轴力。经计算发现，考虑楼板作用比不考虑楼板作用预应力有效轴力损失增加了 8%。为了减少这一影响，施工中采取了在楼板上预留后浇带的方法。

（2）该结构中 2 根断面为 2500mm×1500mm 的框架柱的竖向抗弯刚度很大，对预应力削弱很大，最多削弱 25%，削弱的轴向力相当于在预应力梁上产生了次轴力，效果使得预应力梁受拉。因此，软件计算的普通钢筋配筋偏低。为了最大限度地减少这一影响，在施工中采用上层张拉、下层补拉的张拉方案，一方面增大本层预应力梁中部的有效轴力，另一方面，也减少了由于压缩变形引起的钢绞线有效应力的损失。

【实例 3-2】　重庆浪高凯悦大酒店位于重庆长江南岸，集酒店式公寓、公寓式写字间、酒店、会所、酒廊等于一体，由 A、B 两座塔楼及裙房组成。B 塔楼已建成，为普通钢筋混凝土结构。A 塔楼地面以上高度 180m，至小塔楼顶高度 203.25m，地上 52 层。裙

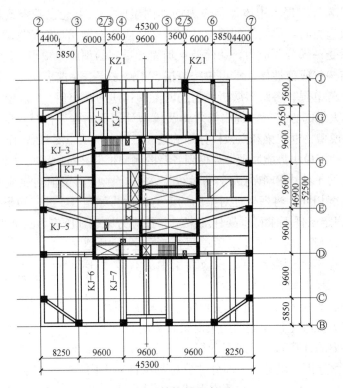

图 3.2　结构平面布置

房总高度 32.9m，地上 6 层，地下 5 层。如图 3.3 所示，该酒店采用筒中筒结构体系，内部为剪力墙核心筒，外部为框筒，内外筒轴线距离 9.9m，标准层高 3.3m。核心筒剪力墙

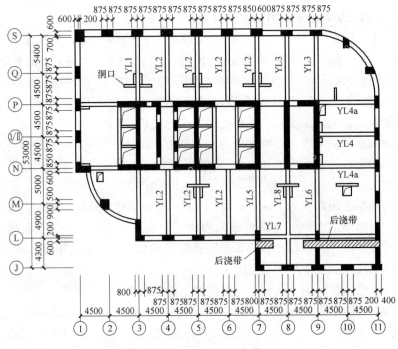

图 3.3　标准层结构平面布置图

厚 700mm，外框筒柱截面为 1750mm × 800mm，间距 4.5m，框筒连梁截面 800mm×800mm。[17]

为降低层高，设计采用后张有粘结预应力宽扁梁方案。由于框筒柱和连梁的刚度较大，对预应力宽扁梁产生侧向约束，从而使预应力梁的有效预压应力减小。该工程为了减小侧向约束的影响，采取以下措施：施工阶段将框筒柱在梁柱节点一定高度范围内开凹槽，减小框筒柱的抗侧刚度，使其在张拉时有合适的侧向位移，从而在预应力梁中建立足够的有效预压力；待预应力张拉后，再用混凝土回填开槽部分，恢复其抗弯强度和抗压承载能力，回填所用的混凝土强度等级高于框筒柱混凝土强度等级。

【实例 3-3】 某法院办公大楼为框架结构。在施工阶段，当施加预加力以后，柱子产生大面积的裂缝。经现场勘测分析发现，主要是由于设计时没有考虑柱对梁的约束影响，当预应力筋张拉以后，主要由两侧的柱子承担了预加力的作用，而梁中的预应力很小。后来只好采取粘碳纤维进行加固修补，施工图见图 3.4。

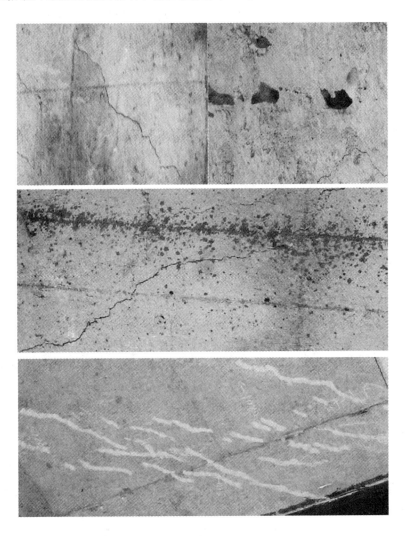

图 3.4　加固前后图片对比

图 3.4　加固前后图片对比（续）

可见，对于一些约束比较明显的工程，如由于框架或筒体的侧向刚度对预应力的削弱等，这些因素对预应力效果来说是很不利的。由于设计方法的不足以及设计软件的局限性，是无法利用现在的设计公式解决的，必须通过施工方案的优化进行弥补。这就要求设计者在考虑大局的前提下，必须同时考虑到细节方面的因素，要考虑设计和施工的合理配合，在一定程度上局限了预应力技术的应用。因此，提出统一的考虑约束次内力的设计方法是预应力结构得以更广泛应用的基础。

3.2　约束作用对次内力的影响因素分析

在超静定预应力混凝土结构中，竖向构件会影响水平构件的变形，继而影响水平构件中预应力的传递，这就是所说的竖向构件对水平构件的侧限作用。

所谓侧向约束是指框架、板-柱结构等多、高层预应力混凝土结构中的竖向构件，如柱、剪力墙和筒体等。有侧向约束构件的结构，在预应力作用下其内力是有自身特点的，它对结构的作用不同于其他荷载产生的内力。

通常，竖向构件有抗侧刚度，当水平构件在预压力作用下发生轴向变形时，竖向构件约束水平构件发生轴向变形，从而在水平构件中产生次轴力，即通俗所说的预应力被"吃掉"的现象。

当侧向约束较大时，预应力混凝土梁的计算承载力将大于其实际承载力，计算裂缝宽度和变形将小于其实际裂缝宽度和变形。例如，对于预应力混凝土框架结构、板柱结构、框剪结构、框筒结构等，柱、剪力墙及筒等竖向构件对预应力的传递有很大影响，其"侧向约束导致的预应力损失在 $5\%\sim15\%$"[10]；文献［11］对某工程的预应力转换层桁架大梁进行有限元分析，发现桁架大梁中建立的实际预应力仅为预加力的 62.9%。因此，对于侧向约束大的预应力混凝土结构，必须考虑竖向构件对水平构件受力的影响。

3.2.1　现有的几种影响因素总结

目前越来越多的学者意识到设计中考虑侧向约束影响的重要性，并做了相关研究。已有研究成果表明[1~17]，预应力侧向约束的影响和梁柱线刚度比、结构形式及施工方案均有关。

3.2.1.1　梁柱线刚度比

梁柱线刚度比值越小，对预应力连续梁的水平收缩影响越大，从而对内跨梁内预应力值影响越大。

以镇江电器设备厂主厂房为例，该项目为两层框架结构。其中一层层高 9.2m，二层层高 7.6m，采用连续 4×18m 的超长无粘结预应力混凝土框架结构。仅取一层结构分析，当柱梁线刚度比由 0.25 增大至 4 时，边跨梁轴力耗散为 0.63%～5.33%，中跨梁中轴力耗散为 0.98%～9.08%；当在梁端集中力的作用下，随着柱梁刚度比的变化，其边柱和中柱上截面产生的次弯矩值见图 3.5。由轴向变形引起的柱端次弯矩影响最大是在边柱上截面，当柱梁刚度比较大时这种影响则更大。此时，次弯矩对边跨梁端的影响也越来越大，相比之下，梁的轴向变形引起的柱端次弯矩越到内跨其影响越小。

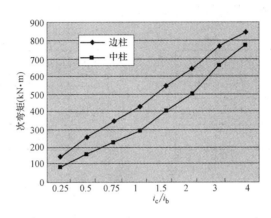

图 3.5　梁端轴压力作用在柱上截面的次弯矩

简斌对 5 跨 5 层预应力框架结构的预应力效应进行计算，随着线刚度比变化，最大次轴力与预加力之比为 12.7%，具体数据见表 3.1。

次轴力随线刚度比变化的数值　　　　　　　　　　　表 3.1

梁截面(mm)	柱截面(mm)	跨数				
		一	二	三	四	五
400×1200	600×600	1940.4	1891.8	1877.2	1891.8	1940.4
400×1200	800×800	1895.4	1801.3	1773.1	1801.3	1895.4
250×1000	800×800	1882.0	1777.7	1745.8	1777.7	1882.0

3.2.1.2　结构形式

1. 单层单跨结构

郑文忠在《预应力混凝土房屋结构设计统一方法与实例》一书中对预应力单层单跨框架结构的预应力效应进行计算，得出侧向约束"吃掉"60%的预加力，提出如果不考虑侧限的影响，不但裂缝控制不能满足要求，而且承载力将偏于不安全。

2. 单层多跨结构

对单层多跨框架，侧限对框架梁的有效预压力的影响随跨度的增大、跨数的增多而增大，竖向构件对预应力的影响在两端最大。随着跨数增多，一方面内跨梁受侧限影响将减少；另一方面，由于外侧跨的侧限影响，使内侧跨的预压应力值也大幅减少。

张德峰对单层多跨预应力框架的工程实例分析得出考虑侧向约束的影响条件：跨度 $L \geqslant 20m$，跨度 $n > 3$；跨度 $L \geqslant 30m$，跨度 $n \geqslant 2$；跨度 $L \geqslant 39m$。

重庆大学简斌对一榀跨度为 18m、层高为 6m 的五跨单层框架进行计算分析,最大轴向预压力损失为 22.5%。

3. 单跨多层结构

当层数较多、柱截面较大且层高较小时,由于柱刚度较大的约束,则底部一层和顶层梁中可能产生较大的次轴力,这将可能影响这两根梁(有时会影响最下和最上各两层梁)的正常使用和极限承载能力。

熊学玉对某四层框架结构,跨度 12m,层高均为 4.5m,梁截面为 $400mm \times 900mm$,进行预应力效应计算分析,其结果见图 3.6 所示。

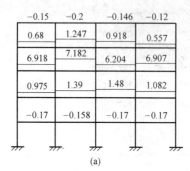
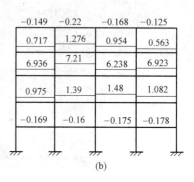

图 3.6 仅第三层梁施加轴向力时综合轴力分布

由图 3.6 可以看出,由于结构体系的约束,梁中主轴力有一定的削弱,即轴向变形产生的次轴力削弱了主轴力,边跨最大主轴力耗散约为 25%,对于第二跨的梁由于接近压缩变形的不动点,其主轴力减少较少约为 13%。

4. 多跨多层结构

与单跨多层预应力框架结构类似,但多跨连续框架梁较长时,由于边柱的侧向位移增大,故轴向变形对边柱影响较大,而越接近中间跨,预应力的轴向预压力耗散得越多,其影响随柱梁刚度比的增大而增大。

对 5 层框架结构进行分析,当跨数从 2 跨变化到 6 跨时,梁中最大轴向预压力损失从 1.47% 增加到 8.50%,见图 3.7。

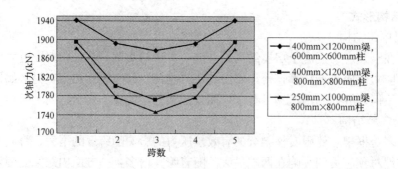

图 3.7 次轴力随跨数变化的数值

5. 框筒结构

单跨高层框剪结构与单跨多层框架结构的区别是常见的高层框架-剪力墙结构由内筒

体与外柱组成，由于内筒体（或剪力墙）刚度很大，可视其对梁的嵌固为固接；另一区别是，由于高层结构柱承受较大的竖向荷载，由轴压比确定出柱截面尺寸往往较大，也即柱子刚度相对较大。

就其柱、墙侧向约束及梁的轴向变形对框架梁、柱预应力效应的影响，则基本上与单跨多层框架结构相同。与单跨多层相类似，应特别注意底层及顶部两层所受预应力的影响。

重庆浪高凯悦大酒店为筒中筒结构，为降低层高，设计采用后张有粘结预应力宽扁梁方案。如未采取减小次轴力的措施，单层加载时，梁的预压力损失达47.7%。

新建的西安交通大学工程训练中心大楼，为大跨度门式框架造型。经计算，预应力的实际损失在40%～49%，远大于理论计算值32%。

6. 预应力井字梁结构

以单层井字梁框架结构为例，在集中轴向力作用下，由柱子的约束引起的梁中次轴力均为拉力，并随着柱子刚度的增大而增大；而由柱子约束引起梁中的次弯矩也随着柱子刚度增大而增大。

上海松江游泳健身中心为大跨预应力井字梁多层框架结构，取一层双向预应力井字梁混凝土框架结构来分析井字梁轴向变形对结构中预应力效应的影响，计算得侧向约束引起的预应力损失达15%～30%。

7. 预应力转换层桁架大梁

当转换层施加预应力时，除预加力对本层产生较大的影响外，其上、下层楼面梁或板都会吸收较大的预压力，于本层梁相连的上、下柱柱端将产生较大的次弯矩；对于上、下楼面梁的预加力数值悬殊的楼层也必须加以注意。

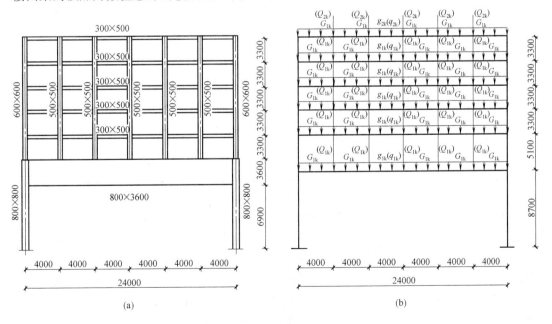

(a)　　　　　　　　　　(b)

图3.8　梁式转换层框架结构

（a）实际结构；（b）计算简图

熊学玉对某工程的预应力转换层桁架大梁进行有限元分析，发现桁架大梁中建立的有效预应力仅为施加荷载的 62.9%，如图 3.8 所示。

3.2.1.3 施工方案

预应力框架柱对梁的约束导致框架梁轴向预应力（即次轴力）的减小，且随施工方式的不同而不同。主要分为："全部浇筑，一次张拉"；"逐层浇筑，逐层张拉"；混合施工。

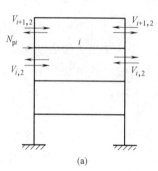
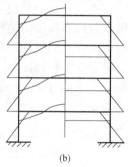

图 3.9　结构简图

（a）；（b）综合弯矩和次弯矩图

文献［3］中对某工程实例分析，其结构简图如图 3.9（a）、（b）所示。对于柱梁线刚度比（$i_{柱}/i_{梁}$）取不同值时可得出"逐层浇筑，逐层张拉"和"整体浇筑，一次张拉"梁中产生的次轴力为 $N_{2(1)}$ 和 $N_{2(2)}$，见表 3.2 所示。

各层梁中次轴力（单位：kN）　　　　　　　　　　　　　　　表 3.2

梁层	$i_{柱}/i_{梁}$ 次轴力	1	2	4	6	8	10
一	$N_{2(1)}$	−7.91	10.84	15.2	19.29	23.31	27.33
	$N_{2(2)}$	−7.45	4.46	28.31	49.71	68.66	85.82
二	$N_{2(1)}$	2.34	3.38	3.91	4.05	3.49	3.03
	$N_{2(2)}$	3.42	0.56	−7.62	−14.98	−20.77	−25.51
三	$N_{2(1)}$	−10.94	−15.11	−19.73	−22.69	−24.62	−26.43
	$N_{2(2)}$	−21.72	−26.71	−28.32	−27.89	−27.36	−27.0
四	$N_{2(1)}$	48.96	58.91	67.51	72.02	75.33	78.07
	$N_{2(2)}$	63.16	71.31	75.96	77.36	77.89	78.13

注：表中次轴力，拉力为正，压力为负。

从表 3.2 中可看出，当采用"逐层浇筑，逐层张拉"的预应力施工方案时，随着柱梁线刚度比的增大，即柱子的约束越来越强时，一层顶梁的次轴力先由受拉逐步变成受压并随柱梁刚度比增大而增大，即此时，一层顶获得的轴向预应力效果比其主轴力（即初始施加的有效预加力）还大，这是因为采用"逐层浇筑，逐层张拉"时，随着柱刚度增大，虽然本层柱吸收较多的弯矩（此时主轴力耗散增大），但由于随后进行的二层以上各层张拉对一层顶的补偿作用超过了一层顶张拉时主轴力耗散，故使得一层预应力效应随柱刚度的增大而增大；二层顶梁随柱梁刚度比的变化，次轴力变化很小，且在柱梁刚度比为 6 时最大为 4.05；三层顶梁随柱梁刚度比的增大，该层梁受压次轴力随着增大；四层顶梁随柱梁刚度比的增大，其梁中的受拉次轴力越来越大，这显而易见是因为较刚的柱子吸收和耗散了有效预加力，即此时，采用有效水平预加力将小于主轴力。

当采用"整体浇筑，一次张拉"的施工方案时，随着柱梁刚度比的增大，梁中由于柱子的约束而产生的次轴力变化的大致趋势与采用"逐层浇筑，逐层张拉"的预应力施工方案基本相同。但从表 3.2 中可明显地看出，随着柱刚度的增大，对梁中产生的次轴力在一、二层变化梯度大许多。随着柱梁刚度比的增大，二层顶梁中的次轴力由拉力逐渐变成了压力，这就表明了其他层对二层顶的补偿作用更为显著；三层顶梁中的次轴力在柱梁线刚度比为 4 时最大轴压力为 28.32kN，但其变化则平缓一些；四层顶梁中的次轴力当采用上述任一种张拉施工方案时，其变化都不大，随着柱梁线刚度比的增加，梁中的次轴力也呈现出逐步增大的现象。

因此，当采用"全部浇筑，一次张拉"的施工方法时，可只考虑本层梁中的侧限影响，对上部各层梁可忽略；当采用"逐层浇筑，逐层张拉"的施工方法时，顶层受侧限影响最大，底层也有损失但不及顶层大，其他各层可忽略。若采用两种方法混合施工，底层受侧限影响最大，其次是分段施工的后续第一层。[17]

同样，对于板柱结构、框剪结构、框筒结构等不同的形式，其侧限影响也都受以上因素的制约。

3.2.2　有效预应力

在结构的侧限影响分析时，目前所提出来的侧限影响公式均没有考虑有效预应力分布的影响。研究表明，由于实际情况下有效预应力是沿构件变化的，不考虑有效预应力分布的影响会造成相当大的误差，尤其是当预应力筋的线形比较复杂时，有效预应力分布的变化将更显著，可能造成设计的不合理，故应进行有效预应力分布对超静定预应力混凝土结构的侧限影响分析。

本节以一单层单跨预应力混凝土框架结构为例，讨论侧向约束影响系数 η 的计算。按文献［10］中定义，所谓侧向约束影响系数是指梁（板）考虑侧向约束影响与不考虑侧向约束影响由张拉引起的预加轴力计算值之比，用 η 表示（实际上，还应该考虑弯矩、剪力等的影响，为方便比较，仍以上述文献中定义为例）。

图 3.10 所示为单层单跨预应力框架侧向约束影响系数计算简图。可假设结构在单位预加力作用下梁的轴力值为 x，柱在单位强加力作用下的剪力为 ΔP，再用力法进行计算。

1. 不考虑有效预应力分布的 η 计算公式

在文献［10］中，根据变形一致原理来分析，即预应力梁在节点处由于预应力的预压作用引起的压缩量，应与柱端由于预应力梁的压缩引起的水平位移相等，通过柱节点和梁节点位移相等的条件建立位移平衡方程：

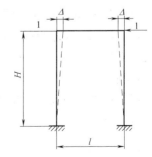

图 3.10　单层单跨预应力框架侧向约束影响系统计算简图

$$\begin{cases} \dfrac{\Delta P H^3}{12 E_c I_c} = \dfrac{X l/2}{E_b A_b} X \\ \Delta P + X = 1 \end{cases} \Rightarrow \dfrac{1}{1 + \dfrac{6 E_c I_c l}{E_b A_b H^3}} \qquad (3.4)$$

式中　E_b、E_c——分别为梁、柱混凝土的弹性模量；

A_b、A_c——分别为梁的截面面积和柱的截面面积；

l——框架梁跨度。

则侧向约束影响系数

$$\eta_1=\frac{X}{1}=\frac{1}{1+\dfrac{6E_cI_cl}{E_bA_bH^3}}=\frac{E_bA_bH^3}{E_bA_bH^3+6E_cI_cl} \tag{3.5}$$

由式（3.5）得到的侧向约束影响系数只与结构的形式和梁柱线刚度比有关（单层单跨不考虑施工顺序的影响）。

2. 考虑有效预应力分布的 η 计算公式

为便于比较，仍以图 3.10 为例，忽略转角的影响，采用与上述同样的假定。将单位预加力损失用函数 $f(x)$ 表示，其中 x 轴为梁轴线，原点在梁端。此时，梁不仅仅受梁端 X 的预加压力作用，还要受到由于摩擦力等引起的预应力损失通过预应力筋反作用到梁上的拉力。因此梁受到预应力压力的压缩位移应考虑预加力的损失，按照有效预应力的分布来进行计算。故准确的计算公式应该为：

$$\begin{cases} \dfrac{\Delta PH^3}{12E_cI_c}=\dfrac{\dfrac{Xl}{2}-\displaystyle\int_0^{\frac{l}{2}}f(x)\mathrm{d}x}{E_bA_b} \\ \Delta P+X=1 \end{cases} \tag{3.6}$$

从而求得：

$$\eta_2=X=\frac{E_bA_bH^3+12E_cI_c\displaystyle\int_0^{\frac{l}{2}}f(x)\mathrm{d}x}{E_bA_bH^3+6E_cI_cl} \tag{3.7}$$

$$\Delta\eta=\eta_2-\eta_1=\frac{12E_cI_c\displaystyle\int_0^{\frac{l}{2}}f(x)\mathrm{d}x}{E_bA_bH^3+6E_cI_cl} \tag{3.8}$$

由式（3.7）可知，侧向约束对预应力在水平构件中的传递不仅与梁柱的刚度有关，而且还和有效预应力的分布有关，其预加力损失不同，侧向约束影响的大小也不同。

3. 工程实例

现以计算单跨预应力混凝土对称框架（预应力也对称分布）的侧向约束影响系数 η 来说明上述两个公式的区别。

在该对称框架的框架梁中配置了 3 段相切的二次抛物线形预应力筋，其几何尺寸如图 3.11 所示，梁及柱均采用 C40 的混凝土，预应力筋端部的张拉控制力 $N_{con}=1160\mathrm{kN}$（$\sigma_{con}=1040\mathrm{N/mm^2}$），设混凝土收缩徐变和预应力筋松弛引起的预应力损失沿预应力筋不变，占端部张拉控制力的 13.2%，预应力筋的预应力摩擦损失和锚具回缩损失沿预应力筋支线变化，$\kappa=0.003$，$\mu=0.3$，$a=1\mathrm{mm}$，$E_p=2\times10^3\mathrm{N/mm^2}$。

【解】

（1）构件的截面几何特征

框架梁：

面积　　　　　　　　$A_b=3.6\times10^5\mathrm{mm^2}=0.36\mathrm{m^2}$

惯性矩　　　　　　　$I_b=4.32\times10^{10}\mathrm{mm^4}=4.32\times10^{-2}\mathrm{m^4}$

框架柱：

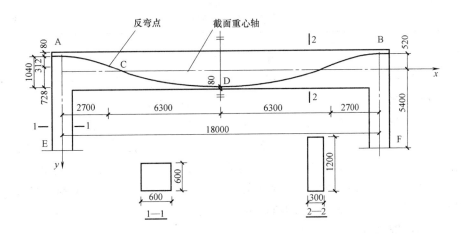

图 3.11 单跨预应力混凝土对称框架

面积 $\qquad A_c = 3.6 \times 10^5 \text{mm}^2 = 0.36 \text{m}^2$

惯性矩 $\qquad I_c = 1.08 \times 10^{10} \text{mm}^4 = 1.08 \times 10^{-2} \text{m}^4$

$H = 5.4\text{m}, \ L = 18\text{m}$

（2）计算侧向约束影响系数 η

代入式（3.5）

$$\begin{cases} \dfrac{\Delta PH^3}{12E_cI_c} = \dfrac{Xl/2}{E_bA_b} \\ \Delta P + X = 1 \end{cases} \qquad \eta_1 = X = \dfrac{1}{1 + \dfrac{6E_cI_cl}{E_bA_bH^3}} = \dfrac{1}{1 + \dfrac{6 \times 1.08 \times 10^{-2} \times 18}{0.36 \times 5.4^3}} = 0.9798$$

代入式（3.7），得到

曲线筋 AC 和 CD 的方程分别为：

$$y = 0.428x^2 = 0.52; y = -0.0183x^2 + 0.33x - 0.9657$$

锚固损失为：

$$N_{l1} = 172.362 - 66.55x(0 < x < 2.59)$$

摩擦损失为：

$$N_{l2} \approx N_{\text{con}}(\kappa x + \mu\theta) = \begin{cases} 33.27x & 0 \leqslant x \leqslant 2.7 \\ 16.22x + 45.94 & 2.7 < x \leqslant 9 \end{cases}$$

松弛损失为：

$$N_{l4} = \frac{1160 \times 13.2\%}{18} = 8.5\text{kN}$$

代入下式：

$$\begin{cases} \dfrac{\Delta PH^3}{12E_cI_c} = \dfrac{Xl/2}{E_bA_b} - \displaystyle\int_0^{\frac{1}{2}} \dfrac{f(x)}{E_bA_b}\text{d}x \\ \Delta P + X = 1 \end{cases}$$

得到 $\quad \eta_2 = 0.9824$

从而有 $\qquad \Delta\eta = \eta_2 - \eta_1 = 0.9824 - 0.9798 = 0.0026$

$$k = \frac{\eta_2 - \eta_1}{\eta_2} = \frac{0.9824 - 0.9798}{0.9824} \times 100\% = 0.265\%$$

不同方法的计算结果比较　　　　　　　　　　　表 3.3

η_1	η_2	$\Delta\eta$	k（相对于 η_2）
0.9798	0.9824	0.0026	0.265%

（3）比较分析

由表 3.3 可见，按照公式（3.5）计算，将使结果偏小，即降低了侧向约束的影响，根据文献[10]中的承载力设计公式，将导致计算出的预应力筋的用量偏大，而所需的非预应力筋的用量偏小。由于本例中采用的柱梁的线刚度比较小，故差距比较小。

对于约束较小的结构，由于其侧限系数较小，不考虑有效预应力的分布对侧限系数的影响引起的误差还不太明显，而对侧向约束较大的结构，将引起较大的误差。

3.2.2.1　变换梁柱线刚度比

仍以上述工程为例，变换不同的梁柱线刚度比，其他保持不变，可以得到不同的 $\Delta\eta$ 值，结果见表 3.4、图 3.12 和图 3.13。

不同梁柱线刚度比对应的两种计算的不同结果　　　　表 3.4

截面(mm)		i_c/i_b	η_1	η_2	$\Delta\eta$	$k(\%)$
梁	柱					
300×1200	600×600	0.83	0.9798	0.9824	0.0025	0.26
300×1200	800×800	2.63	0.9389	0.9466	0.0077	0.81
300×1200	800×1000	5.14	0.8873	0.9014	0.0141	1.57
300×1200	1000×1200	11.11	0.7847	0.8117	0.02740	3.32
300×1200	1000×1400	17.64	0.6965	0.7346	0.0380	5.18
300×1200	1200×1600	31.60	0.5617	0.6166	0.0549	8.91
300×1200	1400×1800	52.50	0.4355	0.5062	0.0707	13.97
300×1200	1500×2000	77.16	0.3442	0.4264	0.0822	19.27

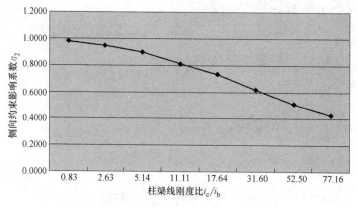

图 3.12　侧向约束影响系数 η_2 与梁柱线刚度的关系

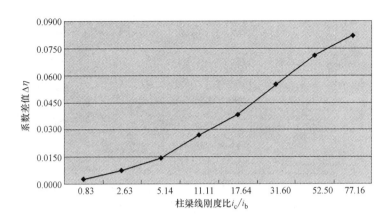

图 3.13　两种计算结果的差值 $\Delta\eta$ 与梁柱线刚度的关系

由图 3.12、图 3.13 可知，随着梁柱线刚度比的减小，侧向约束影响系数将减小，梁中实际预应力减小；两种计算方法得出的侧向约束影响系数的差值 $\Delta\eta$ 将不断增大至 0.08，这种偏差随着梁柱线刚度比的减小而增大，随着竖向构件侧向刚度的增大而增大。

3.2.2.2　变换摩擦系数

仍以上述工程为例，取梁截面为 300mm×1200mm，柱截面为 1500mm×2000mm，分有、无粘结两种情况考虑，其他保持不变，按现行规范取摩擦系数可以得到不同的 $\Delta\eta$ 值，结果见表 3.5、图 3.14 和图 3.15。

表 3.5

不同摩擦系数对应的两种计算的不同结果

系数	情况	κ	μ	η_1	η_2	$\Delta\eta$	$k(\%)$
无粘结	1	0.0035	0.10	0.3442	0.3915	0.0473	12.09
有粘结	2	0.0015	0.25	0.3442	0.4129	0.0687	16.63
	3	0.0010	0.30	0.3442	0.4205	0.0763	18.14
	4	0.0014	0.55	0.3442	0.4670	0.1228	26.30

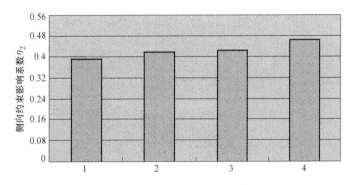

图 3.14　侧向约束影响系数 η_2 与摩擦系数的关系

可见，无论是有粘结还是无粘结预应力混凝土情况，尽管摩擦系数相差很大，用公式（3.5）的计算方法得到的侧向约束影响系数都是一样的，这一点显然与实际情况不符。而

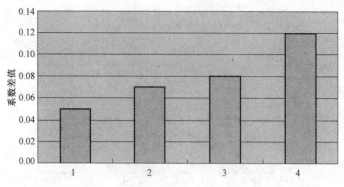

图 3.15　系数差值 $\Delta\eta$ 与摩擦系数的关系

采用本节提出的公式，考虑有效预应力分布的影响，则可以对两种情况做出有效的回应，可以更好地反映实际的侧限影响情况。由图 3.10、图 3.11 可知，随着摩擦损失的增大，侧向约束影响系数将增大；摩擦损失越大，有效预应力分布的变化就越大，则两种计算方法的差值也就越大。

这里仅仅是改变了预应力的摩擦损失，来证明预加力损失对计算结果的影响，还可通过改变松弛损失、锚具损失等来为例证明。

综合上述分析可知，在考虑侧向约束影响时应按有效预应力的分布情况进行计算。进一步的分析研究表明，各类结构（侧向）约束考虑有效预应力分布影响往往不可忽略。竖向构件有抗侧刚度，当水平构件在预压力作用下发生轴向变形时，竖向构件约束水平构件发生轴向变形，从而在水平构件中产生次轴力。因此预应力结构受侧限影响的本质即预应力结构考虑轴向变形影响，结构受到超静定约束而产生次内力。

3.2.3　线形分布

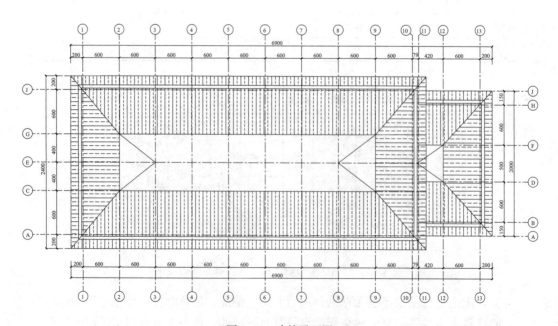

图 3.16　建筑平面图

以某脱水机房的设计为例，探讨线形分布对约束作用的影响，其结构形式如图 3.16、图 3.17 所示。

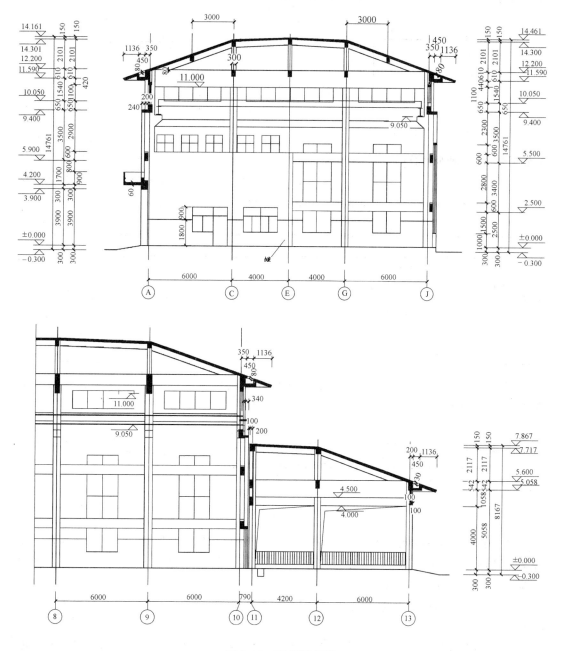

图 3.17　建筑剖面图

3.2.3.1　基本模型及数据

由设计图可见，上层屋架对梁有一定的约束作用。为了探讨约束的大小、如何设计更合理，我们采用两种模型进行分析比较。

（1）考虑屋架的约束作用，认为荷载由屋架和梁共同承担，取第六榀框架结构进行分析配筋，采用拉弯构件设计，其模型如图 3.18 所示。

（2）不考虑屋架的约束作用，认为其无承载能力，全部外荷载由梁承担，取第六榀框架结构进行分析配筋，采用受弯构件设计，模型如图 3.19 所示。

图 3.18　计算简图　　　　　　　　　　　图 3.19　计算简图

3.2.3.2　对次轴力的比较

为了切实比较两种模型的不同，将分别计算由主轴力引起的次轴力和由主弯矩引起的次轴力。取同样的预应力筋，对两种方法进行比较，其计算结果见表 3.6 所示。

次轴力分析　　　　　　　　　　　　　　　　　表 3.6

	方法 1	方法 2
等效轴力	−1498.2	−1498.2
由主轴力引起	78.99	1.37
由主弯矩引起	−171.35	10.22
总的次轴力	−92.36	11.59
次轴力占等效轴力的百分比	6.17%	0.77%

其中，为了方便比较，两种情况均取三级裂缝标准，有粘结，一端张拉，取同样的预应力线形，如图 3.20 所示。

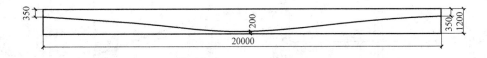

图 3.20　预应力筋线形

由上述计算结果可见，在方法 1 中，主弯矩引起的次轴力是压力，并且数值较大，导致总的次轴力为压力；如果用方法 2，则将忽略预应力筋偏心造成的主弯矩影响，得到的次轴力为拉力，与实际情况不符。

根据考虑次轴力影响的配筋结果，对总的次轴力的影响进行分析，结果见表 3.7 所示。

由表中数据可见，方法 2 中的次轴力很小，如果按照该法进行设计，将容易忽略次轴力的影响，从而造成工程隐患。

3.2.3.3　结果分析

1. 将结构由方法 1 简化成方法 2，即将计算模型由拉弯构件简化成受弯构件，会造成配筋结果的不同。

对结构分析认为，如此大的差距主要是由于拱和框架的不同引起的。在方法 1 中，屋

综合数据分析　　　　　　　　　　　　　　　表3.7

方　　法	1——屋架	2——框架
等效轴力	1900.26	2067.2
次轴力	−108.66	16.2
是否考虑次轴力的界限	5.00%	5.00%
次轴力占等效轴力的百分比	5.7%	0.78%
预应力次轴力占截面轴力的百分比	10.28%	0.82%
预应力次轴力对抗裂验算的影响	7.60%	0.18%
预应力次轴力对极限承载力的影响	15.47%	21.96%

架和梁形成一个有拉杆的弓弦拱结构，拉杆（即为梁）的内力相当于拱的水平反力；在方法2中，梁柱只是简单的框架结构。

拱是一种有推力的结构，它的主要内力是轴向压力。从图3.21可以看出，梁在荷载 P 的作用下，要向下挠曲；拱在同样荷载作用下，拱脚支座产生水平推力 H。它起着抵消荷载 P 引起的弯曲作用，从而减少了拱杆的弯矩峰值。

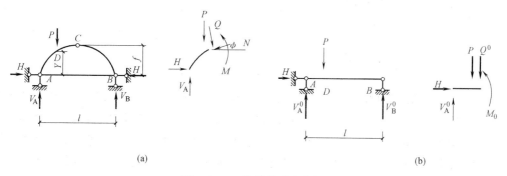

图3.21　三铰拱的受力分析

（a）三铰拱；（b）简支梁

由分析可知，拱杆任意截面的内力为：

$$M=M_0-H \cdot y$$

$$N=Q_0 \cdot \sin\varphi+H \cdot \cos\varphi$$

$$Q=Q_0 \cdot \cos\varphi-H \cdot \sin\varphi$$

由公式可见：在竖向荷载作用下，梁不产生水平反力，而拱则产生水平反力，由于水平推力的存在，拱截面上的弯矩远比梁上相应截面的弯矩小（减少 $H \cdot y$）。而且水平推力 H 与 y 的乘积愈大拱杆截面的弯矩值愈小。

2. 在本结构中，相当于屋架（拱）产生的拉力由梁（拉杆）来承受，梁所承受的拉力主要是屋架的水平反力，所分配的弯矩较小，同时支撑屋架的柱子就不承受屋架的推力，故梁中的轴力较大而弯矩较小，是由轴力起主导作用的。因此，应该采用拉弯构件进行设计，即方法1，如果简化成方法2用受弯进行设计，将忽略屋架的拱作用，是不合理的。

3. 分析布筋形式对约束的影响，对图3.14中结构分别进行直线布筋和三段抛物线布筋，如图 3.22、图 3.23 所示，求得次轴力的数值见表 3.8 所示。

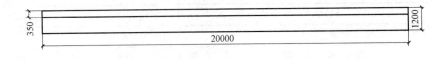

图 3.22 预应力筋线形

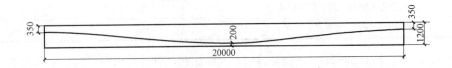

图 3.23 预应力筋线形

次轴力分析 表 3.8

	直线配筋	抛物线配筋
等效轴力 σ_{con}	−1000	−1000
次轴力 N_2	52.72	−61.65
次轴力占等效轴力的百分比	5.27%	6.17%
侧限影响系数 η	94.73%	93.83%

由表 3.8 中数据可见，在本结构中，如果布直线预应力筋，则产生的次轴力为 52.72，侧限影响系数 94.73%，约束影响不可忽略；而布三段抛物线，则次轴力为 −61.65，侧限影响系数 93.83%，约束影响也不可忽略。可见由于布筋线形的关系，本结构中的次轴力由拉力变成了压力，方向发生了明显的改变，而且由于约束的不可忽略性，必然导致布筋结果的较大差异。

同时，对于一般的框架结构，次轴力通常是作为拉力存在的，其会降低预应力的有效作用；而在本结构中，屋架作为拱的约束作用十分明显，如果将预应力的布筋线形从直线变成三段抛物线形式，将会由预应力筋偏心引起主弯矩，在这种作用下，梁的变形会由压缩变成了拉伸，从而引起的次轴力由通常情况下的拉力变成了拉力，整个结构的变形发生了根本的变化。因此，次轴力也与布筋线形有关。

3.2.4 预应力结构中预应力筋偏移的影响[23]

有粘结预应力结构施工时，通过预埋管或钢管抽芯的方式形成孔道，然后将钢绞线穿过孔道，最后张拉钢绞线，锚固并灌浆。《建筑工程预应力施工规程》上规定预应力筋孔道的内径宜比预应力筋和需穿过孔道的连接器外径大 10~15mm，孔道截面面积宜取预应力净面积的 3.0~3.5 倍。因此，有粘结预应力结构就存在一个这样的问题：目前设计时按预应力筋的位置为孔道的中心线位置进行设计，而实际工程中，张拉后预应力筋的位置并不在孔道的中心线，在负弯矩区域预应力筋位于孔道的底部，在正弯矩区域预应力筋位于孔道的顶部，和设计位置不同。钢绞线实际位置和设计位置的不同，将会影响预应力效应。本文通过算例分析预应力筋重心偏移对预应力效应影响的大小，建议在设计时，尤其设计超长结构和宽扁结构时，还要考虑预应力筋重心偏移的影响。

3.2.4.1　偏移量的计算

张拉预应力筋时，钢绞线重心朝线形弯曲方向偏移，在转弯点钢绞线重心最大偏移孔道截面的圆心，如图 3.24 所示。在孔道截面中排列钢绞线的位置，依据式（3.9）计算钢绞线重心最大偏移值：

$$d = \frac{\sum_{i=1}^{n} d_i}{n} \tag{3.9}$$

式中　d_i——第 i 根筋的重心偏离孔道中心的距离；

　　　　n——预应力筋数。

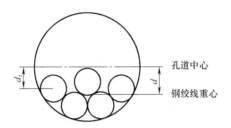

图 3.24　孔道中力筋的位置

本书依据文献 [23] 中常用圆形夹片锚固体系的数据表，用上述方法计算各种情况下钢绞线位置偏移的大小。为了方便工程中应用，将偏移值依据孔道直径进行简化归类，得表 3.9，即根据孔道直径估计预应力筋重心偏移值。表 3.10 为预应力筋重心偏移量推荐值。

表 3.9

预应力筋重心偏移表

钢绞线直径与根数	孔道直径(mm)	预应力筋重心偏移(mm)
15-1	—	—
15-3	45～50	10～13
15-4	50～55	10～13
15-5	55～60	12～15
15-6	65～70	15～18
15-7	65～70	14～17
15-8	70～75	15～18
15-9	75～80	17～20
15-12	85～90	18～21
15-14	90～95	18～21
15-16	95～100	19～22
15-19	100～110	19～25

表 3.10

预应力筋重心偏移量推荐值

孔道尺寸(mm)	钢绞线重心偏移值 d(mm)	孔道尺寸(mm)	钢绞线重心偏移值 d(mm)
45～60	12	85～100	20
65～80	17	100 以上	25

3.2.4.2 预应力筋重心偏移的影响分析

预应力筋与孔道壁之间的摩擦引起的预应力损失按式（3.10）计算：

$$\sigma_{l2}=\sigma_{\mathrm{con}}\left(1-\frac{1}{e^{\kappa x+\mu\theta}}\right) \tag{3.10}$$

当孔道的成型方式确定时，κ 和 μ 也就确定了，预应力摩擦损失随计算截面至张拉端的孔道长度的增大而增大，随计算截面至张拉端曲线孔道部分切线夹角 θ 的增大而增大。预应力筋重心偏移使得预应力筋线形变得平缓，即 θ 减小，因而预应力的摩擦损失减小。

预应力的主弯矩按式（3.11）计算，其中 e_{p} 为预应力筋的偏心距。预应力筋重心偏移使得 e_{p} 减小，主弯矩减小。预应力的等效荷载按式（3.12）计算：

$$M_1=\sigma_{\mathrm{pe}}A_{\mathrm{p}}e_{\mathrm{p}} \tag{3.11}$$

$$q=\frac{8N_{\mathrm{p}}h}{L^2} \tag{3.12}$$

式中　N_{p}——预张拉力；

　　　L——跨长；

　　　h——抛物线垂度。

预应力筋重心偏移，使得所有抛物线的垂度均减小，预应力等效荷载也减小。预应力等效荷载减小必然影响预应力效应。对于预应力宽扁结构，由于 e_{p} 和 h 都相对较小，因此这种影响较大。

3.2.4.3 算例

本书为了分析预应力筋重心偏移对预应力效果影响的大小，以一预应力超长宽扁梁框架结构为例，进行计算分析。

某预应力框架结构长 60m，共 5 跨，跨长均为 12m，梁截面为 $1000\mathrm{mm}\times600\mathrm{mm}$，柱高为 6m，柱截面为 $700\mathrm{mm}\times700\mathrm{mm}$，如图 3.25 所示。钢绞线类型为 $1\times7\phi^s15.2$，强度标准值 $f_{\mathrm{ptk}}=1860\mathrm{N/mm^2}$，张拉时控制力 $\sigma_{\mathrm{con}}=0.75f_{\mathrm{ptk}}$，采取两端张拉的方式施加预应力。张拉端锚具变形和预应力钢筋内缩值 $a=5\mathrm{mm}$，考虑钢绞线与孔道壁之间的摩擦损失时，孔道每米长度局部偏差的摩擦系数 $\kappa=0.0015$，预应力钢筋与孔道壁之间的摩擦系数 $\mu=0.25$。预应力筋的线性均为二次抛物线，中间三跨的预应力筋线性一样，具体的布置见图 3.26。

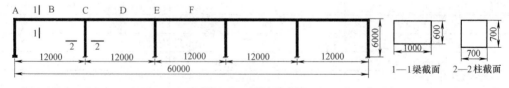

图 3.25　预应力框架

分别计算一孔中布置 6 股钢绞线和 12 股钢绞线的情况，然后进行比较分析。6 股时计算不考虑预应力筋在孔道中偏移和考虑预应力筋偏移两种情况。12 孔时计算不考虑预应力筋在孔道中偏移的情况、考虑预应力筋在孔道中偏移的情况以及力筋偏移和孔道控制偏差最不利组合的情况。本书的目的是分析预应力筋重心偏移孔道中心对预应力效应的影响，因此算例只计算一个孔道的预应力钢绞线引起的预应力效应。

1. 一孔中布置 6 股钢绞线时的影响分析

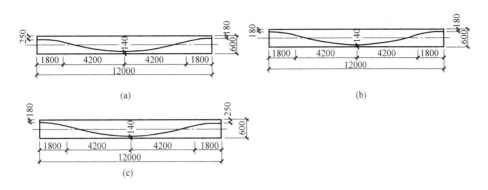

图 3.26　预应力筋线形布置

（a）左端跨线形布置；（b）中间跨线形布置；（c）右端跨线形布置

当一孔中布置 6 股钢绞线时，根据表 3.9，孔道直径取 70mm，实际工程中，钢绞线重心在跨中和负弯矩区域最大偏移距离为 18mm。计算时认为钢绞线的线形仍为二次抛物线，只是抛物线垂度减少 18mm。计算考虑力筋偏移和不考虑力筋偏移两种情况下各跨预应力的等效荷载、综合弯矩、中间跨跨中的预应力摩擦损失和总损失以及预应力在框架柱上引起的弯矩，分别见表 3.11～表 3.14，并进行比较分析。

等效荷载　　　　　　　　　　　　　　　　　　　　　　表 3.11

位置	不考虑力筋偏移（kN/m）	考虑力筋偏移（kN/m）	相差百分比（%）
A	37.5	31.4	16.3
B	−21.4	−18.9	11.7
C	50.0	44.0	12.0
D	−20.2	−18.0	10.9
E	47.2	42.0	11.0
F	−18.5	−16.6	10.3

综合弯矩　　　　　　　　　　　　　　　　　　　　　　表 3.12

位置	不考虑力筋偏移（kN·m）	考虑力筋偏移（kN·m）	相差百分比（%）
A	−156	−138.4	11.3
B	102.2	87.6	14.3
C	−164.4	−147.6	10.2
D	108.8	96.6	11.2
E	−136.5	−122.9	10.0
F	96.5	86.6	10.3

从表 3.11 和表 3.12 可以看出，力筋偏移减小预应力偏心距，使得等效均布荷载和综合弯矩均变小，等效荷载最大减小 16.3%，综合弯矩最大减小 14.3%。由于预应力损失，等效荷载从框架的边跨到中跨逐渐减少。力筋的偏移对跨中正弯矩区综合弯矩的影响比支座负弯矩区大。

预应力损失 表 3.13

项目		不考虑力筋偏移(kN)	考虑力筋偏移(kN)	差值(kN)	相差百分比(%)
B	摩擦损失	50	43	7	14.0
	总损失	207	197	10	4.8
D	摩擦损失	167	149	18	10.8
	总损失	256	236	20	7.8
F	摩擦损失	272	245	27	10.0
	总损失	362	332	30	8.3

预应力引起的柱上弯矩 表 3.14

位置		不考虑力筋偏移(kN·m)	考虑力筋偏移(kN·m)	差值(kN·m)	相差百分比(%)
A	柱顶端	109.7	108.5	−1.2	1.1
	柱底端	127.7	127.9	0.2	0.16
C	柱顶端	52.2	54.2	2	3.8
	柱底端	69.3	70.8	1.5	2.2
E	柱顶端	8.8	10.4	1.6	18.2
	柱底端	18.7	19.7	1	5.3

从表 3.13 可以看出考虑力筋偏移和不考虑力筋偏移的预应力损失主要区别在摩擦损失，考虑力筋偏移的预应力筋线形比不考虑力筋偏移的预应力筋线形平缓，因而其摩擦损失也比不考虑力筋偏移时的小。这在一定程度上弥补了力筋偏移引起预应力效应的损失，所以力筋偏移对梁上预应力效果的影响从边跨到中间跨逐渐减小。

梁中预应力在框架柱上引起的弯矩与竖向荷载在框架柱上引起的弯矩方向相反，对框架柱有利。从表 3.14 可以看出，除边柱外，力筋的偏移使得预应力引起的柱上弯矩增大。从绝对差值的角度，预应力筋偏移对柱上弯矩值的影响不大。从相对值的角度，力筋重心偏移对框架柱弯矩的影响和框架柱的位置有关，越靠近中间的柱子，影响越大，且对柱顶端的影响比柱底端大。对比表 3.14 中的数值，可得预应力筋重心偏移对中间跨框架柱柱顶端的弯矩影响最大，达 18.2%。

2. 一孔中布置 12 股钢绞线的影响分析

当一孔中布置 12 股钢绞线时，根据表 3.9，孔道直径取 90mm，实际工程中，钢绞线重心在跨中正弯矩区和支座负弯矩区域的偏移距离为 21mm。计算时认为钢绞线的线形仍为二次抛物线，只是抛物线垂度减少 21mm。计算考虑力筋偏移和不考虑力筋偏移两种情况下各跨预应力的等效荷载、综合弯矩、中间跨跨中的预应力摩擦损失和总损失以及预应力筋在框架柱上引起的弯矩，并进行比较分析。

《建筑工程预应力施工规程》中规定，对于梁高 300mm<h≤1500mm，预应力筋束形（孔道）控制点的竖向位置允许偏差为 ±10mm。由于预应力筋束形偏移孔道中心线，因此预应力筋束形控制点和孔道的控制点并不一致。考虑到施工中一般是通过控制孔道控制点来控制预应力筋位置，本文取孔道控制点竖向位置允许偏差为 ±10mm。计算预应力筋和孔道控制偏差组合最不利情况，即在预应力筋偏移孔道中心线的基础上，孔道位置控制

偏差使得抛物线垂度再减少 10mm。这种情况下，实际工程中钢绞线的重心偏移距离为 31mm。计算时认为钢绞线的线形仍为二次抛物线，只是抛物线垂度减少 31mm。计算考虑偏差和不考虑偏差两种情况下各跨预应力的等效荷载、综合弯矩、中间跨跨中的预应力筋摩擦损失和总损失以及预应力筋在框架柱上引起的弯矩，计算结果分别见表 3.15～表 3.18，并进行比较分析。

等效荷载 表 3.15

位置	不考虑力筋偏移时的等效荷载（kN/m）	仅考虑力筋偏移		考虑力筋偏移和孔道控制偏差	
		等效均布荷载（kN/m）	相差百分比（%）	等效均布荷载（kN/m）	相差百分比（%）
A	75.0	60.7	19.1	53.7	28.4
B	−42.9	−36.8	14.2	−33.9	21.0
C	100	85.9	14.1	79.1	20.9
D	−40.5	−35.2	13.1	−32.6	19.5
E	94.4	82.2	12.9	76.1	19.4
F	37.0	−32.6	11.9	−30.4	17.8

综合弯矩 表 3.16

位置	不考虑力筋偏移时的弯矩值（kN·m）	仅考虑力筋偏移		考虑力筋偏移和孔道控制偏差	
		弯矩值（kN·m）	相差百分比（%）	弯矩值（kN·m）	相差百分比（%）
A	−312.1	−271.0	13.2	−251.1	19.5
B	204.5	170.7	16.5	155.7	23.9
C	−328.8	−289.6	11.9	−270.3	17.8
D	217.7	189.0	13.2	174.8	19.7
E	−273.0	−241.1	11.7	−225.0	17.6
F	193.0	169.8	12.0	158.0	18.1

预应力损失 表 3.17

项目		不考虑力筋偏移的损失值（kN）	仅考虑力筋偏移			考虑力筋偏移和孔道控制偏差		
			损失值（kN）	差值（kN）	相差百分比（%）	损失值（kN）	差值（kN）	相差百分比（%）
B	摩擦损失	100	84	16	16	77	23	23.0
	总损失	414	391	23	5.5	380	34	8.2
D	摩擦损失	334	292	42	12.6	272	62	18.6
	总损失	513	466	47	9.2	443	70	13.6
F	摩擦损失	544	481	63	11.6	450	94	17.3
	总损失	723	655	68	9.4	622	101	14.0

预应力在柱上引起的弯矩 表 3.18

位置		不考虑力筋偏移 (kN·m)	仅考虑力筋偏移			考虑力筋偏移和孔道控制偏差		
			弯矩值 (kN·m)	差值 (kN·m)	相差百分比 (%)	弯矩值 (kN·m)	差值 (kN·m)	相差百分比 (%)
A	柱顶端	219.4	216.6	−2.8	1.3	215.3	−4.1	1.9
	柱底端	255.3	255.8	0.5	0.2	256.1	0.8	0.3
C	柱顶端	104.4	109.1	4.7	4.5	111.2	6.8	6.5
	柱底端	138.7	142.1	3.4	2.5	143.7	5	3.6
E	柱顶端	17.5	21.2	3.7	21.1	22.9	5.4	30.9
	柱底端	37.5	39.7	2.2	5.9	40.7	3.2	8.5

经过计算比较发现，一孔布置 12 股钢绞线时，钢绞线重心偏移对预应力效应的影响与一孔布置 6 股钢绞线时的影响方式一样，但一孔 12 股钢绞线的情况比 6 股钢绞线的情况受预应力力筋重心偏移的影响大。一股布置 12 股钢绞线时，等效荷载最大减小 19.1%，综合弯矩最大减小 16.5%，柱上弯矩最多增大 21.1%。究其原因认为一孔中布置 12 股钢绞线力筋的重心偏移距离比布置 6 股钢绞线的情况大，对预应力效果的影响也大。因此为了减少力筋偏心的影响，尽量在一孔中减少钢绞线的数量，采取多孔布置。

当预应力筋偏移方向和孔道位置控制偏差的方向相同时，即力筋的偏移和孔道的控制偏差出现最不利组合时，等效荷载最大减少 28.4%，综合弯矩最大减少 23.9%，预应力在柱上引起的弯矩最大增大 30.9%。

3.2.5 路效、时效问题[27~29]

一般，对于预应力构件的设计，通常要进行施工阶段的验算，在桥梁结构的设计中，也要对每个施工段的应力状况进行分析。而对于一般的建筑结构则较少考虑施工对结构的影响。对于超长预应力结构，因其结构形式的特殊性，即结构超长和施加预应力，预应力的施加是一个分时分段的过程，同时又与后浇带结合施工，不同的施工过程对结构产生不同的影响，同时结构的模型是个不断建立的过程，对于结构的计算分析也应该是一个逐渐完整的过程，因此有必要分析时效与路效对结构性能的影响。

结构施工过程复杂，期间有一个逐步变化（包括几何形状与物理特性）的不完整结构承受不断变化的施工荷载的受力过程（如预应力钢筋的张拉）。土木工程分析的施工力学效应研究表明，进行结构的施工力学分析和竣工结构一次性力学分析的差异，主要体现在以下三种情况：

第一是"时效"。若材料具有黏性或结构具有非定常热传导或需要考虑结构质量的惯性，则这些含有时间因素的问题将和几何、物理性能、边界的时变发生耦联，产生施工力学"时效"，即同一结构，不同施工过程，其最终力学状态不同。

第二是"路效"。若材料具有非线性或考虑几何非线性、边界非线性（接触），则这些问题含有的路径因素将和几何、物理性能、边界时变发生耦联，产生施工力学"路效"，即同一结构，不同施工过程，其最终力学状态不同。

第三种情况，即不考虑以上诸因素，只是计入几何或物理性能或边界时变，而材料是线弹性的，则不存在"时效"、"路效"，施工力学的分析过程只要不断改变参数，进行多次常规分析（各次间不再耦联），其简单组合形成施工过程力学状态时空分布，来作为设计参考。也就是同一结构，不同施工过程，其最终力学状态是一样的，施工力学分析只是增加施工过程不同阶段的分析计算。

超长预应力结构因结构在形式上超长，对结构的施工通常要分段分块浇筑混凝土，通常还要设置后浇带（考虑控制混凝土早期裂缝的因素），对于预应力钢筋的张拉因考虑预应力损失的因素也要分段张拉搭接，因而在超长结构的施工中有不同的施工路径。

在本课题中针对同一结构，不同的施工过程，进行施工阶段的内力分析，并比较不同的计算结果，考察施工路径效应对预应力梁构件的有效预应力的影响有多大。具体分析见超长分报告，结果认为：

（1）超长预应力结构施工中选择不同的施工方法，将会对结构性能产生不同的影响，当选择在结构浇筑成整体后再进行预应力钢筋张拉的施工方式时，预应力钢筋的施工路径对结构施工完成后的整体应力状态没有影响，但要考虑施工阶段张拉预应力对结构的影响。这种情况对应于利用施工力学对结构分析的第三种情况，即对施工阶段的结构进行验算。

（2）采用预应力筋张拉与后浇带施工交叉的施工方式，对应于施工力学对结构分析的第二种情况，即不同的施工路径对结构最终的应力状态影响不同，可以利用线弹性时变力学原理对结构进行分析，找到最佳的施工方式。

（3）采用预应力筋张拉与后浇带施工交叉的施工方式，可以有效地减少由于分段张拉预应力钢筋而对结构某些部位产生的拉应力。

3.2.6　空间效应影响

对于与平面内约束相关的次内力问题，已有相对充分的研究，而研究空间效应对预应力次内力的影响的资料则很少，熊学玉等[30]分析了某综合体育馆训练场预应力框架结构的各项次内力以及结构的空间效应对次内力的影响，孟少平等[31]分析研究了预应力混凝土井式梁和双向板中的次弯矩的分布与数值的特征。空间整体结构的预应力次内力的特征在工程实践中并未引起足够的重视，忽略考虑次内力或是简化按平面问题考虑都很可能使工程设计不尽合理，而预应力的推广应用中必然会涉及具有空间效应的空间结构，关于此类结构中的预应力次内力问题，有必要进一步地进行针对性地分析讨论。

3.2.6.1　结构概况

结合中国博览会会展综合体项目 D 区展馆的大空间预应力结构进行预应力次内力的分析计算。中国博览会会展综合体主要由 A、B、C、D 四区的展馆组成，其中 C、D 区展馆结构对称，为采用混凝土框架结构加钢屋盖的结构形式，各由两个大空间双层展厅及周边附属结构组成，单个展馆总长 297m，总宽 350m，底层层高 16m。由于上部钢结构屋盖对下部结构的影响较小，在分析楼盖受力时可仅考虑底层结构，D 区展馆底层的结构模型以及组成部分的示意如图 3.27 所示。具体地在 Midas/Gen 有限元分析软件中建立模型进行分析计算，梁、柱采用梁单元建模，板采用弹性板单元建模，各构件在相交节点处的连接为刚性连接，因而在计算分析中已将结构的空间效应考虑在内，展馆中单侧大空间展厅的结构计算模型如图 3.28 所示（板单元未显示），本文针对图 3.28 所示的单侧大空间展厅结构的计算模型进行预应力效应分析，而其中红色显示的部分为查看内力的典型结构区域。

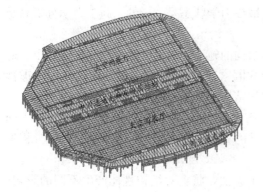

图 3.27　D区展馆底层的结构模型

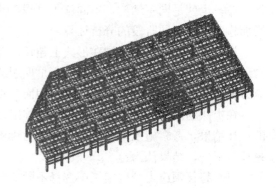

图 3.28　D区展馆底层大空间展厅的结构计算模型

底层大空间展厅的柱网为 36m（X 向）×27m（Y 向），楼盖采用后张预应力混凝土楼盖体系，柱网区格内设有一级、二级次梁，一级次梁的间距为 9m，形成的网格再由二级次梁在各边中点划分，形成 4.5m×4.5m 的板格，楼板厚度为 180mm。除展厅周边的边梁由于加柱进行支撑、跨度较小而未配置预应力筋外，大空间展厅楼盖中各级传力梁截面及其预应力筋配置见表 3.19，线形为正反抛物线，线形反弯点一般在梁净跨的 1/10 处。此外，框架柱截面为 1800mm×1800mm；楼盖采用 C40 混凝土，柱采用 C60 混凝土；楼面活载 15kN/m²、附加恒载 4kN/m²，另考虑结构自重。

构中典型柱网区格的结构布置及楼面梁中的预应力束布置示例如图 3.29 所示。大空间展厅楼盖中正交的各级预应力梁和楼板连成整体，协同变形，因而构件的受力存在空间效应，且预应力筋在楼盖中双向布置成网，预应力施加后各梁的变形趋势大小有所差别，楼盖各构件之间存在复杂的变形协调，其预应力作用效应必然存在一些不同于平面预应力结构中预应力效应的规律，以下将进行具体的计算分析。

大空间展厅楼盖中各级梁截面及其预应力筋配置　　　　　　　表 3.19

梁类型　　　　方向	梁截面	X 向	Y 向
框架梁 YKL	1800m×2650mm	6×12Φˢ15.2＋ 6×12Φˢ15.2	6×12Φˢ15.2＋ 2×12Φˢ15.2
一级次梁 YL1	600mm×2500mm	4×12Φˢ15.2	2×12Φˢ15.2＋ 6UΦˢ15.2
二级次梁 YL2	300mm×900mm	10UΦˢ15.2	10UΦˢ15.2 或 8UΦˢ15.2

3.2.6.2　计算分析

对如图 3.28 所示的单侧大空间展厅的结构计算模型进行结构的预应力效应分析，其中典型柱网区格内的楼面梁的预应力次内力计算结果如图 3.30 所示。

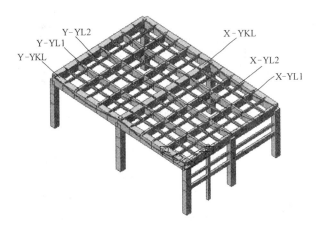

图 3.29 展厅结构中典型区块的结构布置及梁内预应力束布置示意

注：标示的梁编号对应于后文中进行内力查看的梁，该局部区域内，X 向：框架梁及一级次梁有 1 跨，
二级次梁共 4 跨；Y 向：框架梁及一级次梁有 2 跨，二级次梁共 6 跨。

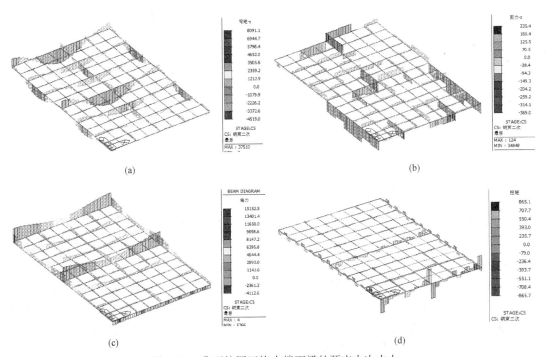

图 3.30 典型柱网区格内楼面梁的预应力次内力

(a) 次弯矩（kN·m）；(b) 次剪力（kN）；(c) 次轴力（kN）；(d) 次扭矩（kN·m）

取 X-YKL 所在的 X 向整榀框架查看其次内力，如图 3.31 所示。

取 Y-YKL 所在的 Y 向整榀框架查看其次内力，如图 3.32 所示。

由如同以上的框架的预应力次内力的计算结果以及一级、二级次梁的预应力次内力计算结果可知：将结构构件相互连接而形成的空间效应考虑在内的结构整体分析的次内力结果与平面结构计算的次内力结果在分布上有明显区别，结构整体分析中，楼面梁的各项次内力在一跨内并非呈单一的线性分布，而是在跨内呈现波状、台阶状或是锯齿状的非直线形式的分布，构件相交节点处的次内力值可能有明显的变化。

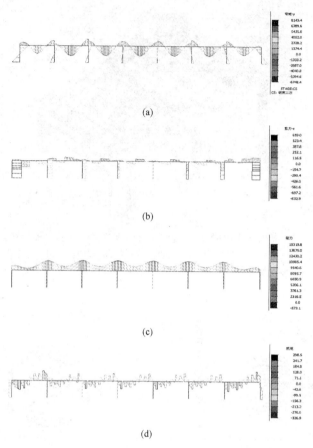

图 3.31　X-YKL 所在的整榀框架的预应力次内力

（a）次弯矩（kN·m）；（b）次剪力（kN）；（c）次轴力（kN）；（d）次扭矩（kN·m）

　　该次内力分布情况是由于楼面梁受到与之相连的周边构件的约束，预应力作用下，若有相对变形的趋势，将受到约束，对该梁而言会在相交节点处产生约束反力，从而导致在构件相交节点处的梁次内力发生数值变化，数值变化的程度与约束反力的大小呈正相关。此外，相交节点之间的梁段，未受到集中约束反力，但由于和楼板相互连接，在预应力作用下具有一定的相对变形趋势，因而楼板对于梁会产生连续的约束反力，使相交节点之间的梁段的各项次内力值也有相应的变化，譬如分析结果中，梁相交节点之间的梁段的次弯矩、次轴力即因之而呈现曲线形式的分布。

　　以下将根据计算结果就各项预应力次内力的分布及数值进行具体的分析。

　　1. 次弯矩

　　该展厅结构中，框架梁以及一级次梁的次弯矩的基本情况为：支座处为负弯矩，跨中区段为正弯矩，呈波状分布；二级次梁的次弯矩也基本是在支座处为负弯矩，跨中为正弯矩，但其在连接展厅边梁的区段（近支座梁段）的次弯矩为正，总体上仍呈波状分布。

　　在往常采用的平面化简化分析方法中，在预应力整体结构中分离出单榀预应力框架进行分析，所得的次弯矩在框架梁中的情况为整跨呈线性分布，且在支座、跨中都为正弯矩，这与采用空间整体分析方法所得的梁中次弯矩存在分布规律上的不同。

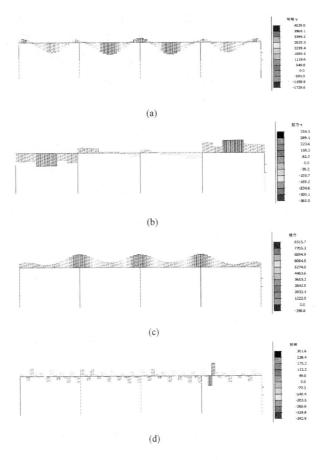

图 3.32　Y-YKL 所在的整榀框架的预应力次内力

(a) 次弯矩（kN·m）；(b) 次剪力（kN）；(c) 次轴力（kN）；(d) 次扭矩（kN·m）

　　在具体数值方面，对于典型框架梁，考虑空间效应的次弯矩与平面框架分析的次弯矩的数值对比见表 3.20。从查看的框架梁构件来看，考虑空间效应的结构整体分析的次弯矩结果与平面框架分析的次弯矩结果的数值之比：在支座处达到 −2.9，在跨中处最大达到 3.35，差别很大。由于空间效应，此框架梁在支座处产生了数值可观的负的次弯矩，在跨中处也产生了很大的正的次弯矩，这对于构件的承载能力和正常使用性能是不利的。

考虑空间效应的与平面框架分析的次弯矩的数值对比　　　　　　表 3.20

次弯矩 分析方法	X-YKL（kN·m）			Y-YKL 第 1 跨（kN·m）		
	左支座	跨中	右支座	左支座	跨中	右支座
结构整体分析	−3957	7728	−2585	−2106	4396	≈0
平面框架分析	1366	2305	3371	2517	1810	1114
比值	−2.90	3.35	−0.77	−0.84	2.43	≈0

　　注：1. X 方向梁跨左侧、Y 方向梁跨下侧的支座视为左支座，X 方向梁跨右侧、Y 方向梁跨上侧的支座视为右支座，后面的左支座、右支座的含义与此处同；

　　2. 比率 = $\dfrac{考虑空间效应的结构整体分析结果}{平面框架分析结果}$。

　　可见，平面框架分析所得预应力次弯矩结果与考虑了空间效应的实际结果的分布规律、数值差别很大，平面框架分析并不能适用于具有显著空间效应的预应力混凝土框架结构的次内力分析。也表明了空间效应对于结构的预应力次弯矩有显著的影响。

进一步分析该结构中梁的次弯矩与恒载＋活载引起弯矩的数值比值，可发现次弯矩值较可观，且在大部分梁的支座处、跨中，次弯矩与恒载＋活载引起的弯矩产生同向叠加，对结构的承载不利，具体数值如表 3.21 所示，对于框架梁，次弯矩与恒载＋活载引起弯矩的比率最大为 31.0%，对于一级次梁，次弯矩与恒载＋活载引起弯矩的比率在边支座处最大达到 83.8%，对于二级次梁，次弯矩与恒载＋活载引起弯矩的比率最大达到 102.6%。可见，对于该类具有显著空间效应的预应力混凝土结构，次内力数值很可观且其分布有独特规律，在工程应用中需进行具体的分析进而进行设计考虑。

考虑空间效应的次弯矩与平面框架分析的次弯矩的数值及其对比　　表 3.21

项　目	X-YKL (kN·m)			X-YL1 (kN·m)			X-YL2 第 1 跨 (kN·m)		
	左支座	跨中	右支座	左支座	跨中	右支座	左支座	跨中	右支座
次弯矩	−3957	7728	−2585	−1273	2264	−852	−56	157	−81
恒载＋活载引起弯矩	−55013	24949	−53462	−5955	−234	−6090	−556	153	−298
次弯矩数值比率	7.2%	31.0%	4.8%	21.4%	—	14.0%	10.1%	102.6%	27.2%

项　目	Y-YKL 第 1 跨 (kN·m)			Y-YL1 第 1 跨 (kN·m)			Y-YL2 第 1 跨 (kN·m)		
	左支座	跨中	右支座	左支座	跨中	右支座	左支座	跨中	右支座
次弯矩	−2106	4396	≈0	−1559	2097	−1361	165	82	−128
恒载＋活载引起弯矩	−12291	20838	−41188	−1860	5420	−7499	−502	266	−164
次弯矩数值比率	17.1%	21.1%	0	83.8%	38.7%	18.1%	−32.9%	30.8%	78.0%

注：次弯矩数值比率＝$\dfrac{\text{次弯矩}}{\text{恒载＋活载引起弯矩}}$。

2. 次剪力

该展厅结构的楼面梁中的次剪力大致呈现分段、参差的台阶状分布，且无明显的一致分布规律，这与平面框架分析中梁跨内的次剪力为常数分布的情况存在明显差别。X-YKL、Y-YKL 中次剪力与恒载＋活载引起剪力情况对比分别如图 3.33、图 3.34 所示，次剪力与恒载＋活载引起剪力的数值的比率较小，且两者并未存在一致的叠加或是相抵消的规律，其余梁的情况大致类似。

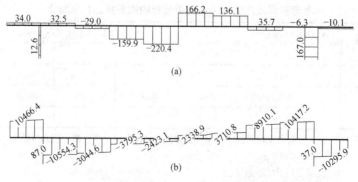

图 3.33　X-YKL 中次剪力与恒载＋活载引起剪力情况对比

(a) 次剪力 (kN)；(b) 恒载＋活载引起的剪力 (kN)

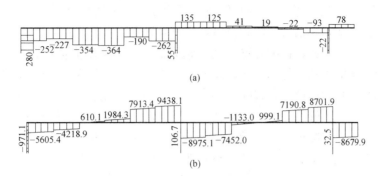

图 3.34　Y-YKL 中次剪力与恒载＋活载引起剪力情况对比

(a) 次剪力 (kN)；(b) 恒载＋活载引起的剪力 (kN)

经分析知，对于该具有显著空间效应的预应力混凝土结构，总体上看次剪力值并不突出，仍应结合具体状况加以分析计算，并在设计中予以考虑，以确保结构的安全性以及正常使用性能。

3. 次轴力

预应力梁在预应力作用下的压缩变形受到相连构件的约束而会在梁中产生次轴力，平面框架的次轴力通常为拉力，在本书的展厅结构的分析中，楼面梁中的次轴力基本仍为拉力，但由于空间整体效应的影响，该结构的楼面梁中的次轴力呈现波状的分布规律，支座处的次轴力数值通常较大，各编号梁的次轴力如图 3.35 所示。

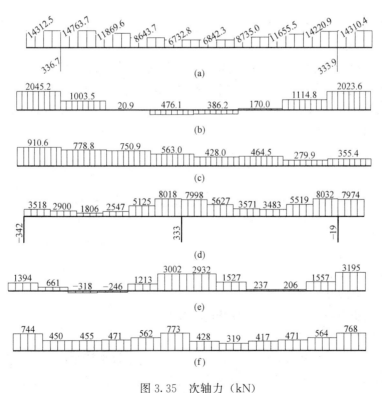

图 3.35　次轴力 (kN)

(a) X-YKL；(b) X-YL1；(c) X-YL2；(d) Y-YKL；(e) Y-YL1；(f) Y-YL2

图 3.35 为清楚显示出次轴力的数值而未对计算单元精细划分，因而所得梁段内力较离散，未能充分表示出次轴力的波状分布规律，但数值结果仍具有足够的精度。

在次轴力的数值方面，将编号梁中的次轴力最大值与主轴力值进行对比，如表 3.22 所示（另有同等预应力筋配置的平面框架分析所得的次轴力结果）。可见，由于楼板以及交叉梁体系的变形协调而形成了较强的约束，使各级梁中的最大次轴力数值很大，所查看的梁当中，次轴力与主轴力的比率已达到 −76.6%，这很大程度上削弱了梁中的有效预应力。可见，在预应力混凝土结构的设计中，极有必要对次轴力进行具体分析，并在承载力极限状态、正常使用极限状态的设计中都应进行考虑。

并可见考虑空间效应的实际结构分析中的框架梁次轴力结果较单榀框架的次轴力结果大出很多，在 X-YKL 中前者与后者的比值达到了 7.3，而在 Y-YKL 中前者与后者的比值更是达到了 17.3，这体现了该结构中的空间约束效应对预应力梁中的次轴力有显著影响。

编号梁中的次轴力最大值与主轴力值对比（kN）　　　　表 3.22

梁编号	X-YKL	X-YL1	X-YL2	Y-YKL	Y-YL1	Y-YL2
次轴力	14764	2045	911	8032	3195	773
主轴力	−20653	−3428	−1380	−13528	−4173	−1106
数值比率	−71.5%	−59.7%	−66.0%	−59.4%	−76.6%	−69.9%
平面框架分析的次轴力	2011	—	—	465	—	—

注：数值比率＝$\dfrac{\text{次轴力}}{\text{主轴力}}$。

文献 [31] 已通过分析考虑次轴力的有粘结预应力矩形截面的极限承载力验算公式，得出不考虑次轴力结构设计偏于不安全。

在正常使用极限状态的考虑方面，通常以裂缝控制指标进行预应力筋配筋量的试算，并采用名义拉应力方法进行简化分析。当不考虑次轴力时，所需配置的预应力筋产生的有效预压力 N_{pe} 按式（3.13）计算；当考虑次轴力时，所需配置的预应力筋产生的有效预压力 N'_{pe} 按式（3.14）计算：

$$N_{pe} = \left(\frac{|M_k + M_2|}{W} - \alpha f_{tk} \right) / (1/A + y_p/W) \tag{3.13}$$

$$N'_{pe} = \left(\frac{|M_k + M_2|}{W} + \frac{N_2}{A} - \alpha f_{tk} \right) / (1/A + y_p/W) \tag{3.14}$$

式中　M_2——次弯矩；

　　　N_2——次轴力；

　　　α——名义拉应力系数；

　　　A——梁截面面积；

　　　y_p——预应力束中心到截面受拉边缘的距离；

　　　W——截面的塑性抵抗矩。

以此计算得到不考虑次轴力和考虑次轴力两种情况下框架梁中所需预应力筋面积见表 3.23。由表可见，考虑次轴力进行预应力设计所需的预应力配筋量相对要大，此处超出达 26.1%，较可观。若不考虑次内力进行预应力梁的设计，在正常使用性能方面可能存在不足。

框架梁中所需预应力筋面积（mm²）　　　　　　　　　　　　　　　　　　表 3.23

预应力筋面积 A_p	X-YKL	Y-YKL
不考虑次轴力	19320	10640
考虑次轴力	24360	13300
比率	26.1%	25.0%

注：比率 $= \dfrac{\text{考虑次轴力计算的 } A_p - \text{不考虑次轴力计算的 } A_p}{\text{不考虑次轴力计算的 } A_p}$。

4. 次扭矩

该展厅结构的内部楼面梁中的次扭矩整体上数值不是很大，靠近边梁区域的预应力梁的次扭矩稍大，数值达 200kN·m。施加预应力引起的次扭矩基本与恒荷载、活荷载引起的扭矩反向，在设计中，一般情况下可不考虑次扭矩。但由于楼盖中施加预应力而引起的非预应力边梁的次扭矩数值较大，Y 向边梁的最大次扭矩值达到了 1000kN·m，并结合与恒荷载、活荷载引起的扭矩的对比，发现次扭矩仍可在部分边梁区段与恒荷载、活荷载引起的扭矩形成不利效应的叠加，或是预应力次扭矩值与恒载＋活载引起的扭矩值符号相反但绝对值更大，这仍需在设计中结合具体情况加以分析考虑。

3.2.6.3　空间框架结构的次内力分布

将框架结构简化为平面框架结构时，计算得到的次弯矩分布图为直线形。当按空间结构进行整体分析时，由于各榀框架的竖向位移通过次梁等结构构件相互影响，预应力梁次弯矩分布形式与按平面框架结构计算所得到的结果差异很大，会影响设计弯矩值，进而影响结构的配筋计算。下面以中国博览会会展综合体的预应力框架结构为例，讨论空间框架结构的次内力分布情况。

次内力的计算采用 Midas/Gen，具体模型如图 3.36 所示。

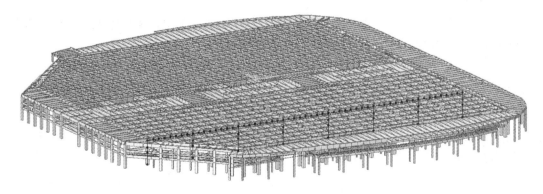

图 3.36　中国博览会会展综合体 Midas 模型

为了便于分析和比较，取 X 方向跨度为 36m 的一榀框架（C-E 轴）为研究对象，讨论其次内力的分布情况。将其余单元删除，仅保留需要讨论的 C-E 轴框架，计算得到不考虑空间效应的次内力分布情况。

1. 次弯矩

考虑和不考虑空间效应的次弯矩分布如图 3.37 所示。可见，考虑空间效应时，由于次梁的约束作用，次弯矩在框架主梁上的分布不是线性的，而是呈锯齿状分布。

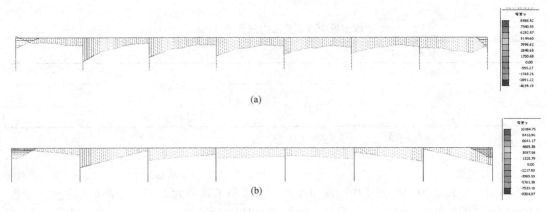

图 3.37 中博会—榀框架次弯矩分布图（kN·m）

（a）考虑空间效应；（b）不考虑空间效应

跨数	1	2	3	4	5	6	7
考虑空间效应（kN·m）	2754.6	8462.9	6969.2	6526.9	5923.6	5555.1	5601.2
不考虑空间效应（kN·m）	2696.3	7870.6	4995.9	4188.5	4571.0	5534.8	7211.8
误差（%）	−2.1	−6.9	−28.3	−35.8	−22.8	−0.4	28.8

框架梁各跨最大次弯矩对比 表 3.24

表 3.24 为各跨内考虑和不考虑空间效应的最大次弯矩的对比情况。可以看出，不考虑空间效应时，次弯矩的误差较大，最大负误差为−35.8%，正误差为 28.8%。

2. 次轴力

考虑和不考虑空间效应的次轴力分布如图 3.38 所示。可见，考虑空间效应时，次轴力和次弯矩的分布情况类似，次轴力也是呈锯齿状分布。

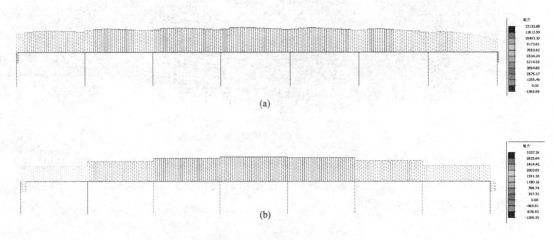

图 3.38 中博会—榀框架次轴力分布图（kN）

（a）考虑空间效应；（b）不考虑空间效应

框架梁各跨最大次轴力对比　　　　　　　　表 3.25

跨数	1	2	3	4	5	6	7
考虑空间效应 （kN）	11232.6	12289.5	12824.9	13132.7	12984.4	12302.1	10684.6
不考虑空间效应 （kN）	1990.2	2625.3	3076.9	3237.3	3132.1	2756.2	2099.8
误差（%）	−82.3	−78.6	−76.0	−75.3	−75.9	−77.6	−80.3

表 3.25 为框架梁各跨考虑和不考虑空间效应的最大次轴力的对比情况。可以看出，不考虑空间效应时，次轴力远小于考虑空间效应的情况，误差高达−82.3%。这是因为不考虑空间效应时，没有计入次梁次内力对框架主梁的影响。

3. 次剪力

考虑和不考虑空间效应的次剪力分布如图 3.39 所示。可见，考虑空间效应时，由于次梁和施加在次梁上的预应力的作用，次剪力在框架主梁上的分布也呈锯齿状。

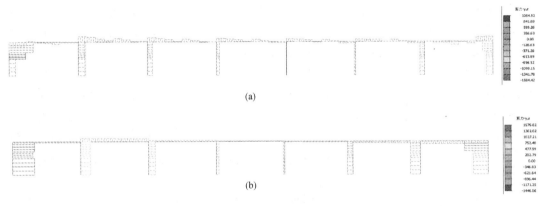

图 3.39　中博会一榀框架次剪力分布图（kN）
（a）考虑空间效应；（b）不考虑空间效应

框架梁各跨最大次剪力对比　　　　　　　　表 3.26

跨数	1	2	3	4	5	6	7
考虑空间效应 （kN）	323.8	374.4	269.3	241.5	198.2	176.2	326.6
不考虑空间效应 （kN）	74.8	198.9	75.5	28.4	53.6	110.9	192.1
误差（%）	−76.9	−46.9	−72.0	−88.2	−73.0	−37.1	−41.2

表 3.26 为框架梁各跨考虑和不考虑空间效应的最大次剪力的对比情况。可以看出，不考虑空间效应时，次剪力与次轴力类似，都远小于考虑空间效应的情况，误差高达−88.2%。这也是由于不考虑空间效应时，没有计入次梁施加预应力产生的次内力对框架主梁的影响。

3.2.6.4　结论

（1）通过对中国博览会会展综合体中大空间展厅的预应力混凝土框架结构的结构整体

计算分析知，楼面梁的各项预应力次内力在梁跨内基本呈波状、台阶状或是锯齿状的非直线形式的分布。相交节点之间的梁段的各项次内力数值也因楼板的连续约束而有相应的变化。这与单榀平面框架的次内力分布规律差异明显，体现了整体框架结构中空间效应对于预应力次内力具有明显的影响。

（2）次弯矩：该展厅结构中，梁的次弯矩在各跨内的数值大小基本呈波状分布规律，次弯矩值在多数情况下为支座处负弯矩，跨中区段为正弯矩，分布规律上与平面框架的分析结果不同。考虑空间效应的结构整体分析的次弯矩结果与平面框架分析的次弯矩结果数值差别很大。这都表明了整体结构中的空间效应对于该结构的预应力次弯矩产生了明显的影响。

通过分析该结构中梁的次弯矩与恒载+活载引起弯矩的数值比值，发现次弯矩值较可观，且在大部分梁的支座处、跨中，次弯矩与恒载+活载引起的弯矩产生正向叠加，对构件承载具有不利效应，在工程设计中需进行具体的分析与考虑。

（3）次剪力：该结构的楼面梁中的次剪力呈现参差的台阶状分布，无特定的一致规律，这与平面框架分析中梁跨内的次剪力为常数存在明显差别，体现了空间效应对楼面梁的次剪力有明显的影响。考虑空间效应的实际情况下，次剪力与恒载+活载引起剪力的数值的比率较小，两者并未存在一致的叠加或是相抵消的规律，工程应用中仍应结合具体状况加以具体分析，并在设计中予以考虑以确保结构的安全性以及正常使用性能。

（4）次轴力：该展厅结构中，楼面梁中的次轴力基本仍为拉力，但由于空间效应的影响，楼面梁中的次轴力呈现波状分布，且楼面梁在其支座处的次轴力通常较大。由于楼板以及交叉梁体系的变形协调而构成了较强的约束，使各级梁中的最大次轴力数值很大，所查看的梁当中，次轴力与主轴力的比率已达到-76.6%，很大程度上减小了梁中的有效预应力。另一方面，考虑空间效应的实际结构分析中的框架梁次轴力结果较单榀框架的次轴力结果大出数倍，体现了该结构中的空间约束效应对预应力梁中的次轴力有显著影响。

以裂缝控制指标进行预应力筋配筋量的试算，得出考虑次轴力进行预应力设计所需的预应力配筋量相对要大，此处超出达26.1%，表明了预应力混凝土结构的设计中应具体考虑次轴力。

（5）次扭矩：该展厅结构的内部区域的楼面梁中的次扭矩整体上数值不大，但由于施加预应力而引起的非预应力边梁的次扭矩数值较显著。预应力结构的次扭矩特别是结构边梁的次扭矩仍应结合具体工程情况加以分析考虑。

3.3　全面考虑次内力的设计公式

基于上述分析，我们认为：在预应力结构非抗震设计和抗震设计中，在正常使用和承载力两种极限状态下均应考虑预应力效应对结构的影响。尤其是对于超静定结构，还要考虑约束的影响，引入次轴力来进行设计计算。次轴力是约束在施加预应力的构件上产生的轴向拉力，设计计算时直接用N_2进行计算。

3.3.1　荷载效应组合

本书通过对各国规范的比较研究，结合近年来国内外关于预应力次内力的研究成果，我们提出了预应力混凝土结构在承载力和正常使用两种极限状态下的荷载效应组合建议。

3.3.1.1　非抗震设计时承载力极限状态的荷载效应组合建议

非抗震设计时，对于预应力结构的基本组合，参照《混凝土结构设计规范》GB 50010—2010（2015 年版），建议在确定荷载组合效应的设计值时增加考虑预应力荷载效应项，即应按下列公式计算：

（1）由可变荷载效应控制的组合：

$$S = \gamma_G S_{GK} + \gamma_P S_P + \gamma_{Q1} S_{G1K} + \sum_{i=2}^{n} \gamma_{Qi} \psi_{ci} S_{QiK} \tag{3.15}$$

式中　γ_G——永久荷载的分项系数；

　　　γ_P——预应力荷载的分项系数，当预应力荷载效应对结构有利或不利时，分别取 0.9 或 1.1；

　　　γ_{Qi}——第 i 个可变荷载的分项系数，其中 γ_{Q1} 为可变荷载 Q_1 的分项系数；

　　　S_{GK}——按永久荷载标准值 G_k 计算的荷载效应值；

　　　S_P——按扣除所有损失的有效预加力值 N_P 计算的荷载效应值；

　　　S_{QiK}——按可变荷载标准值 Q_{ik} 计算的荷载效应值，其中 S_{Q1K} 为诸可变荷载效应中起控制作用者；

　　　ψ_{ci}——可变荷载 Q_i 的组合值系数，应分别按各章的规定采用；

　　　n——参与组合的可变荷载数。

（2）由永久荷载效应控制的组合：

$$S = \gamma_G S_{GK} + \gamma_P S_P + \sum_{i=2}^{n} \gamma_{Qi} \psi_{Ci} S_{QiK} \tag{3.16}$$

考虑到设计规范应确保结构安全，且注意到现有规程和规范的协调一致，因此，建议在各极限状态计算表达式中考虑次内力的影响。同时，在承载力极限状态设计时，应视次内力的有利和不利作用，分别考虑预应力荷载分项系数 γ_P 取值为 0.9 或 1.1。

3.3.1.2　抗震设计时承载力极限状态的荷载效应组合建议

抗震设计时对于预应力结构的地震作用效应和其他荷载效应的基本组合，参照《建筑抗震设计规范》GB 50011—2010（2016 年版），建议增加预应力荷载效应项，即应按下列公式计算：

$$S = \gamma_G S_{GE} + \gamma_P S_P + \gamma_{Eh} S_{Ehk} + \gamma_{Ev} S_{Evk} + \psi_w \gamma_w S_{wk} \tag{3.17}$$

式中　S——结构构件内力组合的设计值，包括组合的弯矩、轴向力和剪力设计值；

　　　γ_G——重力荷载分项系数，一般情况应采用 1.2，当重力荷载效应对构件承载能力有利时，不应大于 1.0；

γ_{Eh}、γ_{Ev}——分别为水平、竖向地震作用分项系数；

　　　γ_w——风荷载分项系数，应采用 1.4；

　　　S_{GE}——重力荷载代表值的效应，有吊车时，尚应包括悬吊物重力标准值的效应；

　　　S_{Ehk}——水平地震作用标准值的效应，尚应乘以相应的增大系数或调整系数；

　　　S_{Evk}——竖向地震作用标准值的效应，尚应乘以相应的增大系数或调整系数；

　　　S_{wk}——风荷载标准值的效应；

　　　ψ_w——风荷载组合值系数，一般结构取 0.0，风荷载起控制作用的高层建筑应采用 0.2。

对于预应力纯框架结构，其预应力荷载效应采用公式（3.17）时，应将 γ_{Eh} 和 γ_{Ev} 按现有规范扩大 1.2 倍；而对于水平力主要由抗侧剪力墙，如外框内筒、筒中筒结构，γ_{Eh} 和 γ_{Ev} 可按现有规范取值。

需要补充说明的是，由于预应力混凝土结构延性稍差于普通混凝土结构，故对于预应力混凝土结构的地震作用需较精确地确定。对于较规则的建筑，沿建筑高度质量、刚度分布较均匀的多层框架结构可利用底部剪力法等简化方法来进行近似地震作用计算；对于不规则建筑、特种结构、高层建筑转换层结构，一般可采用振型分解反应谱法来计算地震反应。对于特别不规则建筑、甲类建筑或较大较重要的建筑，首先采用振型分解反应谱法计算地震反应，且在必要时采用时程分析法来进行抗震补充计算。

3.3.1.3 正常使用极限状态的荷载效应组合建议

对于正常使用极限状态，在进行荷载效应的标准组合、频遇组合或准永久组合时，建议也相应增加预应力荷载效应项，水平荷载（地震及风荷载）效应不予考虑，即：

（1）对于标准组合，荷载效应组合的设计值 S 应按下式采用：

$$S = S_{GK} + S_p + S_{G1K} + \sum_{i=2}^{n} \psi_{Ci} S_{QiK} \tag{3.18}$$

（2）对于频遇组合，荷载效应组合的设计值 S 应按下式采用：

$$S = S_{GK} + S_p + \psi_{f1} S_{G1K} + \sum_{i=2}^{n} \psi_{qi} S_{QiK} \tag{3.19}$$

式中　ψ_{f1}——可变荷载 Q_1 的频遇值系数；

ψ_{qi}——可变荷载 Q_i 的准永久值系数。

（3）对于准永久组合，荷载效应组合的设计值 S 可按下式采用：

$$S = S_{GK} + S_p + \sum_{i=2}^{n} \psi_{qi} S_{QiK} \tag{3.20}$$

3.3.2 现代预应力混凝土结构两阶段设计建议[32]

结合近年来国内外关于预应力次内力的研究成果，在对已有公式推导改进的基础上，我们在新编的行业标准《预应力混凝土结构设计规范》中考虑了次轴力 N_2，提出了预应力混凝土结构在承载力和正常使用两种极限状态下的设计计算公式。

3.3.2.1 考虑约束（侧向）时使用极限状态验算

1. 裂缝控制验算

裂缝控制验算时，在等效应力和后张法构件预应力产生的混凝土法向应力计算按下列公式计算，其他按《混凝土结构设计规范》GB 50010—2010（2015 年版）规定的验算。

（1）裂缝控制验算中受拉钢筋的等效应力。

轴心受拉构件：

$$\sigma_{sk} = \frac{N_k - N_{p0} \pm N_2}{A_p + A_s} \tag{3.21}$$

受弯构件：

$$\sigma_{sk} = \frac{M_k \pm M_2 \pm N_2 \left(\dfrac{h}{2} - a\right) - N_{p0}(z - e_p)}{(A_p + A_s)} \tag{3.22}$$

$$e = e_p + \frac{M_k \pm M_2 \pm N_2\left(\dfrac{h}{2} - a\right)}{N_{p0}} \qquad (3.23)$$

求得 σ_{sk} 后，按《混凝土结构设计规范》GB 50010—2010（2015 年版）进行最大裂缝宽度计算。次轴力使得受拉区纵向钢筋的等效应力增大，因此最大裂缝宽度增大。如果不考虑次轴力，就会低估最大裂缝的宽度。

（2）由预应力产生的混凝土法向应力按下列公式计算。

后张法构件：

$$\sigma_{pc} = \frac{N_p \pm N_2}{A_n} \pm \frac{N_p e_{pn}}{I_n} y_n \pm \frac{M_2}{I_n} y_n \qquad (3.24)$$

求解，然后按《混凝土结构设计规范》GB 50010—2010（2015 年版）进行正截面裂缝宽度验算。次轴力存在减小了扣除预应力损失后在抗裂验算边缘混凝土的预压力，不利于构件受拉边缘的裂缝控制。

2. 受弯构件挠度验算

《混凝土结构设计规范》GB 50010—2010（2015 年版）规定预应力混凝土受弯构件在正常使用极限状态下的挠度，可根据构件的刚度用结构力学的方法计算。

3.3.2.2　考虑约束（侧向）时正截面承载能力极限状态计算

1. 正截面受弯构件承载力计算

（1）矩形截面或翼缘位于受拉边的倒 T 形截面受弯构件，其正截面受弯承载力应符合下列规定（图 3.40）：

$$M - \left[M_2 - N_2\left(\frac{h}{2} - a\right)\right] \leqslant \alpha_1 f_c bx\left(h_0 - \frac{x}{2}\right) + f_y' A_s'(h_0 - a_s') - (\sigma_{p0}' - f_{py}')A_p'(h_0 - a_p')$$

$$\qquad (3.25)$$

混凝土受压区高度应按下列公式确定：

$$\alpha_1 f_c bx = f_y A_s - f_y' A_s' + f_{py} A_p + (\sigma_{p0}' - f_{py}')A_p' + N_2 \qquad (3.26)$$

混凝土受压区高度尚应符合下列条件：

$$x \leqslant \xi_b h_0 \qquad (3.27)$$

$$x \geqslant 2a' \qquad (3.28)$$

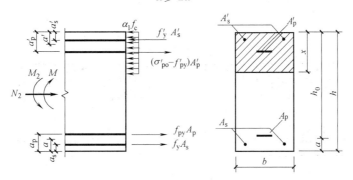

图 3.40　矩形截面受弯构件正截面受弯承载力计算

式中　M——外荷载组合值；

M_2、N_2——由预加力在后张法预应力混凝土超静定结构中产生的次弯矩、次轴力设计值，先张法预应力混凝土结构中 $M_2=0$，$N_2=0$；在对截面进行受弯及受剪承载力计算时，当参与组合的次内力对结构不利时，预应力分项系数应取 1.2；有利时应取 1.0；

α_1——系数；

A_s、A_s'——受拉区、受压区纵向普通钢筋的截面面积；

A_p、A_p'——受拉区、受压区纵向预应力钢筋的截面面积；

σ_{p0}'——受压区纵向预应力钢筋合力点处混凝土法向应力等于零时的预应力钢筋应力；

b——矩形截面的宽度或倒 T 形截面的腹板宽度；

h_0——截面有效高度；

a_s'、a_p'——受压区纵向普通钢筋合力点、预应力钢筋合力点至截面受压边缘的距离；

a'——受压区全部纵向钢筋合力点至截面受压边缘的距离，当受压区未配置纵向预应力钢筋或受压区纵向预应力钢筋应力 $(\sigma_{p0}'-f_{py}')$ 为拉应力时，公式 (3.28) 中的 a' 用 a_s' 代替。

（2）翼缘位于受压区的 T 形、I 形截面受弯构件（图 3.41），其正截面受弯承载力应分别符合下列规定：

当满足下列条件时：

$$f_y A_s + f_{py} A_p \leqslant \alpha_1 f_c b_f' h_f' + f_y' A_s' - (\sigma_{p0}' - f_{py}') A_p' - N_2 \tag{3.29}$$

应按宽度为 b_f' 的矩形截面计算。

当不满足公式（3.29）的条件时：

$$M - \left[M_2 - N_2 \left(\frac{h}{2} - a \right) \right] \leqslant \alpha_1 f_c b x \left(h_0 - \frac{x}{2} \right) + \alpha_1 f_c (b_f' - b) h_f' \left(h_0 - \frac{h_f'}{2} \right)$$
$$+ f_y' A_s' (h_0 - a_s') - (\sigma_{p0}' - f_{py}') A_p' (h_0 - a_p') \tag{3.30}$$

混凝土受压区高度应按下列公式确定：

$$\alpha_1 f_c \left[bx + (b_f' - b) h_f' \right] = f_y A_s - f_y' A_s' + f_{py} A_p + (\sigma_{p0}' - f_{py}') A_p' + N_2 \tag{3.31}$$

式中 h_f'——T 形、I 形截面受压区翼缘高度；

b_f'——T 形、I 形截面受压区的翼缘计算宽度。

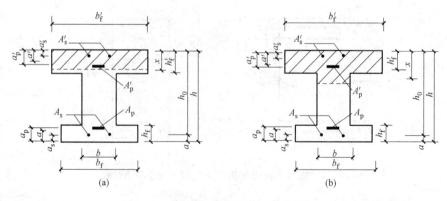

图 3.41 I 形截面受弯构件受压区高度位置
(a) $x \leqslant h_f'$；(b) $x > h_f'$

按上述公式计算 T 形、I 形截面受弯构件时，混凝土受压区高度仍应符合本规程公式（3.27）和公式（3.28）的要求。

2. 正截面受拉构件承载力计算

（1）轴心受拉构件的正截面受拉承载力应符合下列规定：

$$N-N_2 \leqslant f_y A_s + f_{py} A_p \tag{3.32}$$

式中　N——轴向拉力设计值；

　　　N_2——由预加力在后张法预应力混凝土超静定结构中产生的次轴力设计值；

　A_s、A_p——纵向普通钢筋、预应力钢筋的全部截面面积。

（2）矩形截面偏心受拉构件的正截面受拉承载力应符合下列规定：

1）小偏心受拉构件。

当轴向拉力作用在钢筋 A_s 与 A_p 的合力点和 A'_s 与 A'_p 的合力点之间时（图 3.42a）

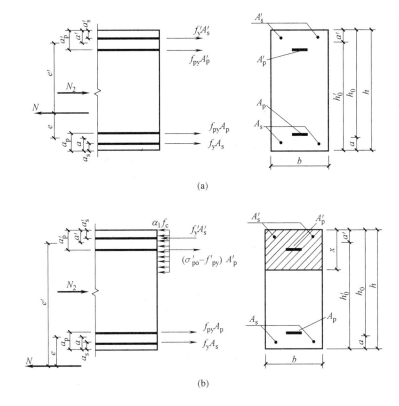

图 3.42　矩形截面偏心受拉构件正截面受拉承载力计算

（a）小偏心受拉构件；（b）大偏心受拉构件

$$Ne-N_2\left(\frac{h}{2}-a\right) \leqslant f_y A'_s (h_0-a'_s) + f_{py} A'_p (h_0-a'_p) \tag{3.33}$$

$$Ne'-N_2\left(\frac{h}{2}-a'\right) \leqslant f_y A_s (h'_0-a_s) + f_{py} A_p (h'_0-a_p) \tag{3.34}$$

2）大偏心受拉构件。

当轴向拉力不作用在钢筋 A_s 与 A_p 的合力点和 A'_s 与 A'_p 的合力点之间时（图 3.42b）：

$$N-N_2 \leqslant f_y A_s + f_{py} A_p - f'_y A'_s + (\sigma'_{p0}-f'_{py}) A'_p - \alpha_1 f_c b x \tag{3.35}$$

$$Ne + N_2\left(\frac{h}{2} - a\right) \leqslant \alpha_1 f_c bx\left(h_0 - \frac{x}{2}\right) + f_y'A_s'(h_0 - a_s') - (\sigma_{p0}' - f_{py})A_p'(h_0 - a_p')$$

$$(3.36)$$

3）对称配筋的矩形截面偏心受拉构件，不论大、小偏心受拉情况，均可按公式（3.34）计算。

3. 正截面受压构件承载力计算

（1）钢筋混凝土轴心受压构件正截面受压承载力应符合下列规定：

$$N - N_2 \leqslant 0.9\varphi(f_c A + f_y' A_s') \qquad\qquad (3.37)$$

式中 N——轴向压力设计值；

$\quad N_2$——由预加力在后张法预应力混凝土超静定结构中产生的次轴力设计值，以拉力为正方向；

$\quad \varphi$——钢筋混凝土构件的稳定系数；

$\quad f_c$——混凝土轴心抗压强度设计值；

$\quad A$——构件截面面积；

$\quad A_s'$——全部纵向钢筋的截面面积。

（2）矩形截面偏心受压构件正截面受压承载力应符合下列规定（图3.43）：

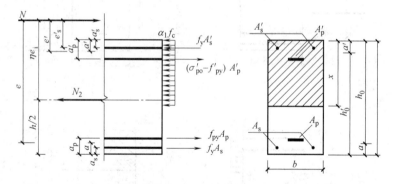

图 3.43 矩形截面偏心受压构件正截面受压承载力计算

$$N - N_2 \leqslant \alpha_1 f_c bx + f_y'A_s' - \sigma_s A_s - (\sigma_{p0}' - f_{py})A_p' - \sigma_p A_p \qquad (3.38)$$

$$Ne - N_2\left(\frac{h}{2} - a\right) \leqslant \alpha_1 f_c bx\left(h_0 - \frac{x}{2}\right) + f_y'A_s'(h_0 - a_s') - (\sigma_{p0}' - f_{py})A_p'(h_0 - a_p')$$

$$(3.39)$$

$$e = \eta e_i + \frac{h}{2} - a \qquad\qquad (3.40)$$

$$e_i = e_0 + e_a \qquad\qquad (3.41)$$

式中 e——轴向压力作用点至纵向普通受拉钢筋和预应力受拉钢筋的合力点的距离；

$\quad \eta$——偏心受压构件考虑二阶弯矩影响的轴向压力偏心距增大系数；

σ_s、σ_p——受拉边或受压较小边的纵向普通钢筋、预应力钢筋的应力；

$\quad e_i$——初始偏心距；

$\quad a$——纵向普通受拉钢筋和预应力受拉钢筋的合力点至截面近边缘的距离；

$\quad e_0$——轴向压力对截面重心的偏心距，$e_0 = M/N$；

e_a——附加偏心距。

3.3.3　小结

任何一种结构的设计，都离不开荷载，而荷载确定的正确与否，不仅影响结构设计的安全性，也影响其经济性。对于预应力混凝土结构，由于需要正确地确定各种荷载作用下的应力与变形状态，因此对荷载作用效应进行深入地分析和研究，不仅具有理论意义，而且具有重要的实际意义。本文通过对各国规范的比较研究，结合近年来国内外关于预应力次内力的研究成果，我们提出了预应力混凝土结构在承载力和正常使用两种极限状态下的荷载效应组合建议，仍采用分项系数与单项荷载组合系数的形式来表示，以利于各种构件有比较明确和一致的安全度。

实际应用的超静定预应力混凝土结构中，除连续梁等极少数结构外，绝大部分结构为有约束的预应力混凝土结构。对于约束较小的结构，不考虑约束对有效预压力的影响引起的误差可以忽略，而对约束较大的结构，其影响不可忽略。

现行国家标准《混凝土结构设计规范》GB 50010—2010（2015 年版）明确规定预应力效应包括预加力产生的次弯矩、次剪力，但是没有提到次轴力的影响。经过前面几章的分析，笔者认为次轴力在约束较大的结构中起着很重要的作用。在新出版的行业标准《预应力混凝土结构设计规范》中加入了次轴力 N_2 的影响。

其中：对于有粘结预应力混凝土梁，预应力筋在截面达到极限破坏时其极限应力将达到 f_{py}；对于一般常用非复杂有粘结预应力混凝土结构中的梁，由于次轴力对梁的影响很小，则可取 $N_2=0$；对于无粘结预应力梁，预应力在极限破坏时，其极限强度 σ_{pu} 可按《无粘结预应力混凝土结构技术规程》的规定计算，由于规程中规定 $f_{py} \geqslant \sigma_{pu} \geqslant \sigma_{pe}$。因此对于无粘结部分预应力混凝土梁，在初步设计中，作为估算普通钢筋，可取 $\sigma_{pu}=\sigma_{pe}$，则 $\Delta\sigma_p=0$；对于无粘结部分预应力简支梁，则次轴力 $N_2=0$。

参 考 文 献

[1]　熊学玉，黄鼎业. 预应力结构原理与设计 [M]. 北京：中国建筑工业出版社.

[2]　张德峰，吕志涛. 侧向约束对预应力混凝土框架压力的影响 [J]. 建筑结构，2001 (5).

[3]　朱虹，吕志涛. 多排柱引起梁、板预应力损失的估算方法 [J]. 东南大学学报（自然科学版），2000 (2).

[4]　张瑞云，曹双寅. 侧向约束对体外预应力加固框架梁承载能力影响分析 [J]. 工业建筑，2005 (4).

[5]　陈树华，栾伟伟. 侧向柱对预应力框架影响的等效弹簧模型 [J]. 哈尔滨工程大学学报，2003 (6).

[6]　王建中，孟少平. 框架柱对在超长框架梁中建立预应力的影响 [J]. 江苏建筑，2000 (3).

[7]　高顺，李唐宁，秦士洪等. 框架柱及水平连梁对预应力梁有效预压力影响的分析 [J]. 建筑结构，2004 (7).

[8]　李唐宁，高顺，吴胜达，秦士洪. 预应力结构中柱子及水平连梁对有效预应力影响的分析 [J]. 预应力技术，2004 (1).

[9]　简斌，吴春华. 多层预应力混凝土框架侧向约束对梁轴力的影响 [J]. 建筑结构，2004 (4).

[10]　吕志涛，孟少平. 预应力混凝土框架设计的几个问题 [J]. 建筑结构学报，1997 (3).

[11]　熊学玉，蔡跃，黄鼎业，王燕华. 预应力转换层桁架大梁受柱抗侧刚度影响分析 [J]. 建筑结

构，2003（5）.

[12] 吴京，吕志涛，孟少平. 高层 PC 大跨结构体系中梁预应力效应的分析 [J]. 东南大学学报，1997（11）.

[13] 程东辉. 多跨结构竖向支撑对连续梁中预应力值影响的理论分析 [J]. 东北林业大学学报，2005（5）.

[14] 程东辉. 预应力混凝土框架结构侧限影响的分析 [J]. 森林工程，2004（3）.

[15] 郑文忠，周威. 预应力混凝土结构侧向约束影响的分析方法 [J]. 哈尔滨建筑大学学报. 2001（6）第 34 卷第 6 期.

[16] 熊学玉，朱莉莉，赵勇. 现代预应力混凝土结构正截面极限强度分析 [J]. 结构工程师，2000（1）.

[17] 吴胜达，秦士洪，李唐宁等. 重庆浪高凯悦大酒店预应力宽扁梁设计 [J]. 建筑结构，2004（7）.

[18] 熊学玉. 现代预应力混凝土结构设计理论及实践研究：[学位论文] [D]. 上海：同济大学，1998.

[19] 郑文忠，王英. 预应力混凝土房屋结构设计统一方法与实例. 哈尔滨：黑龙江科学技术出版社，1998.

[20] 孟少平，吴京，胡孔国. 预应力混凝土结构中的次内力 [J].《工程力学》增刊，1998.

[21] 郑志钢，孙海. 某超高层预应力框筒结构的设计与施工 [J]. 四川建筑科学研究. 2005.8.

[22] 吴学淑，熊学玉，沈土富. 预应力结构中预应力筋偏移的影响分析 [J]. 建筑结构，2006.

[23] 中国工程建设标准化协会标准. CECS180：2005 建筑工程预应力施工规程 [S].

[24] AASHTO LRFD Bridge Design Specifications [S]. American Association of State Highway and Transportation Officials. Washington D. C.，U. S. A.，First Edition，1994.

[25] 林同炎（Lin，T. Y.），伯恩斯（Burns，N. H.）同著. 预应力混凝土结构设计 [M]. 北京：中国铁道出版社，1983.

[26] 陶学康. 无粘结预应力混凝土设计与施工 [M]. 北京：地震出版社，1993.

[27] 李明，熊学玉. 超长预应力结构施工对结构性能的影响分析 [J]. 建筑结构. 2006.

[28] 王光远. 论时变结构力学 [J]. 土木工程学报，2000.

[29] 曹志远. 土木工程分析的施工力学与时变力学基础 [J]. 土木工程学报，2001.

[30] 熊学玉，吕品，顾炜等. 某综合体育馆训练场预应力主梁次内力研究 [J]. 建筑结构，2011（03）：55-58.

[31] 孟少平，吴京，吕志涛. 预应力混凝土井式梁和双向板中的次弯矩 [J]. 建筑结构，1998（12）：37-39.

[32] 熊学玉，黄鼎业，颜德姮. 关于预应力混凝土结构设计规范若干问题的建议 [J]. 结构工程师，1997（3）.

第4章 体外预应力混凝土结构

4.1 概述

体外预应力是后张预应力体系的重要分支之一。在传统的后张预应力结构中预应力筋总是埋放布置在混凝土截面之内的，而体外预应力混凝土结构是将预应力筋布置于混凝土截面以外施加预应力的一种结构体系，它在材料和设备、预应力损失、承载能力计算、耐久性设计等诸多方面都具有其自身的特点。

体外预应力与有粘结或缓粘结预应力和无粘结预应力之间的本质差别在于预应力筋和混凝土构件之间的协调工作程度不同。有粘结或缓粘结预应力结构的预应力筋处处与混凝土粘结在一起，在混凝土开裂以前力筋和包裹力筋的混凝土应变量一致，无相对滑移；无粘结预应力结构的预应力筋只在锚固处与混凝土位移一致，力筋在内部与混凝土并无变形协调关系，力筋在使用阶段的线形与施工阶段布设的线形有一定偏差，但由于混凝土内预留孔道的限制，这种偏差造成的影响只会产生相应的预应力摩擦损失，尚不足以对极限承载力造成影响；而体外预应力结构只在端部锚固和转向块处与混凝土有相同的位移，力筋与混凝土变形非协调现象在极限承载力状态很明显，会引起显著的二阶效应，从而降低抗弯极限承载能力。同时体外力筋的应力发展不同于体内预应力筋，通常在极限状态下不会达到屈服，也会削弱体外预应力结构的极限抗弯能力。体外预应力与有粘结和无粘结预应力在其他方面也有差别，如预应力摩阻损失较小，力筋内沿长度方向应力变化幅值小等。

由体外预应力的发展历程可以看出，体外预应力最初被用于桥梁建设，现在已经开始在世界上许多国家被广泛应用。据报道在美国有 40% 的桥梁需要更换或加固，在世界范围内需加固的土木工程结构数量也同样庞大。从世界各地不同的加固项目对比来看，体外预应力加固既有混凝土结构是最简单和最经济的一种方式。体外预应力在新建混凝土结构中的应用也愈来愈多。其主要应用范围包括：预应力混凝土桥梁、特种结构和建筑工程结构；预应力混凝土的结构重建、加固、维修；临时性预应力混凝土结构或作为施工临时性钢索。

体外预应力结构从 20 世纪 30 年代发展至今，其结构体系一直在不断地创新与改进。在桥梁工程中主要可归纳为以下四种类型[1]。

第一，逐跨预制节段施工的长桥。其突出优势在于设计施工标准化、施工速度快捷，是近 20 年来国际上最广泛采用的体外预应力桥梁形式，在国外城市的高架道路和轻轨干线建设中大量采用。该类型以 Long Key 桥为代表，体外预应力束采用与体内预应力同样的普通多股钢绞线和锚具，同样采用水泥灌浆，因而预应力成本较低。这种体外预应力结构通常在预制节段间采用干接缝和复式剪力键，当整跨所有的预制节段在支撑结构上安装就位后，施加体外预应力，形成一跨的整体结构。体外预应力束在跨内的转向块处偏折，体外束外套采用聚乙烯管或钢管，管道在转向块处与主梁浇筑成整体，这种体外束只能拆除不能更换。

第二，采用悬臂施工或顶推施工的预应力混凝土连续梁桥，通常采用体内、体外混合配束。该形式中用体外预应力索替代原本配置在腹板内的大量预应力筋，简化了腹板构造，降低了其厚度。采用悬臂施工时，悬臂束为直线的体内预应力，成桥后张拉的连续束采用大吨位体外预应力，从而免除了大量的穿束和灌浆工艺，易于控制施工质量。

采用顶推施工时，由于各截面在施工过程中均要经历最大正、负弯矩，因此需在箱梁顶、底板配置大量施工钢束，致使截面笨重。采用体外预应力不但可以简化腹板，而且可以把预应力束临时反向布置与部分成桥预应力束形成较大的中心预应力以满足施工需要，临时预应力在施工结束时放松后再用作追加的成桥预应力束。由于这种形式中的体外预应力束需要放松与重复张拉，所以预应力筋、管道、混凝土梁之间无粘结。

第三种是第二种类型的衍生物，特点是将混凝土箱梁腹板改成混凝土桁架或采用钢结构。该类型往往集创新性的结构构思与美观的外表于一体，成为体外预应力结构的代表之作。

第四种称为坦拉式体外预应力结构，它把过去那种预应力筋的偏心距被控制在主梁的有效高度之内的体外筋，放在了梁的有效高度之上。因此它具有梁桥和斜拉桥的双重特性，可看作介于预应力混凝土箱形梁桥到预应力混凝土斜拉桥之间的结构体系，它采用了部分索结构帮助主梁承担竖向荷载，从而达到降低梁高的目的。

在建筑领域，体外预应力主要应用于混凝土结构中受弯构件的加固。

4.2 体外预应力混凝土受弯构件承载力计算

4.2.1 受弯构件正截面破坏形态及承载力计算的特点

有粘结预应力混凝土受弯构件的分析方法已较为成熟，各国规范均已给出相应的简化公式以计算极限状态下有粘结预应力筋的应力。建立这些简化公式的主要假定是混凝土与有粘结筋间的应变协调。有粘结筋的应力在不同截面之间是变化的，其大小主要取决于截面特性和该截面受力情况。

体外预应力混凝土结构的预应力筋与混凝土不粘结在一起，只在锚固端和转向块的位置与混凝土相连，体外力筋的应力、应变与这些点的位置变化密切相关。在计算中，应变协调条件不再适用，单纯依靠截面特性不足以确定力筋应力；体外力筋的应力取决于整个构件的受力特性，需要求得锚固端和转向块处的变形才能确定。体外力筋的变形是由两个锚固点间的变形累积而成的，如果忽略转向装置处的摩擦影响，那么力筋的应变在两相邻锚固点间是均匀的。如图 4.1 所示，跨中受集中荷载预应力简支梁，当采用有粘结预应力的时候，在最大弯矩位置——跨中截面处力筋产生最大应变；采用只在两端锚固的体外预应力直线筋时，力筋应变只有有粘结预应力筋最大应变的一半（此处仅绘出了由外荷载引起的力筋应变，且未考虑偏心距损失的影响）[2]。这样在通常设计中的控制截面破坏时，

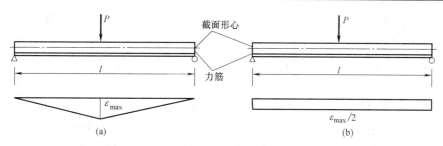

图 4.1　预应力筋应变分布

（a）有粘结预应力；（b）体外预应力

体外预应力筋的应力达不到设计强度。因此，体外预应力混凝土梁的抗弯极限承载力要比相应的有粘结预应力混凝土梁低。

　　试验与理论分析都证实：在混凝土开裂之前，体外预应力结构的受力性能与有粘结梁相似，但在混凝土开裂后则明显不同，平截面变形假定只适用于混凝土梁体的平均变形，而不适用于力筋。由于在梁破坏时力筋的极限应力达不到其抗拉极限强度，因此破坏时更显得脆性。

　　除了在锚固端和转向装置处外，体外预应力筋与梁体在竖向还将产生相对位移，使体外预应力筋的有效偏心距减小，即产生二次效应。对于未开裂的混凝土梁，其刚度较大，受力后挠度较小，忽略二次效应不会对计算结果产生较大影响。但是当混凝土梁开裂之后，由于梁体挠度增大，二次效应的影响程度也随之加大，此时体外预应力梁的荷载-变形关系同时受材料非线性和几何非线性的影响。

　　体外预应力混凝土结构通常采用部分预应力，试验结果已表明，体外预应力混凝土梁荷载-变形关系可大致分为三个阶段：（1）开裂前弹性阶段；（2）开裂后弹性阶段；（3）非线性阶段（见图 4.3a）。在各阶段中，实测混凝土梁截面的应变都能较好地符合平截面关系；在非线性阶段，梁都具有较好的延性，挠度增长快，并产生大量的裂缝，最后由于混凝土压碎而导致破坏；实测梁体截面边缘混凝土的最大压应变介于 0.0025～0.004 之间。由此可见，体外预应力混凝土梁的弯曲性能和破坏形式与普通的部分预应力混凝土梁比较接近，主要差别体现在力筋的应力增量和二次效应的影响上。

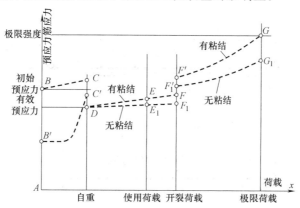

图 4.2　有粘结预应力和无粘结预应力荷
载-力筋应力变化关系对比

体外预应力筋在承载能力极限状态下的应力增量是体外预应力混凝土梁的抗弯强度以及强度设计中的一个重要指标。体外预应力混凝土梁的相关试验表明：在混凝土开裂之前，体外预应力筋的应力增量很小；在混凝土开裂后，预应力筋应力增加较快。由于体外预应力与无粘结预应力在应力增量问题上的相似性，已有无粘结预应力结构的研究成果可供参考。当梁体的混凝土开裂后无粘结筋变形的影响因素很复杂，对于无粘结筋的极限应力增量的计算，目前普遍认为：力筋的极限应力与构件的跨高比、荷载分布形式、预应力筋与非预应力钢筋的强度及配筋率、有效预应力值以及混凝土的强度等因素有关。图 4.2 是有粘结预应力筋与无粘结预应力筋应力变化规律的示意图，由图中可见，无粘结预应力筋的应力增量总是低于有粘结预应力筋的应力增量，随着荷载的增大，这个差距越来越大。当构件达到极限荷载时，无粘结预应力筋的极限应力都不可能超过钢筋的条件屈服强度 $f_{0.2}$。

当构件受荷载作用产生变形后，体外预应力筋在锚固端或转向块之间仍保持直线，因此构件的形心线力筋之间的距离会变化，这种现象通常称为偏心距损失或二次效应（图 4.3）。二次效应突出体现了体外预应力结构与体内无粘结预应力结构的不同之处。研究表明，二次效应的存在会导致体外预应力梁抗弯能力降低。Mutsuyoshi 等的试验表明，设置两个转向块的体外预应力梁在转向块间距不同的情况下，二次效应的影响最高可以降低 16% 的极限承载力。

二次效应的产生和结构变形密切相关，因此影响结构变形的诸多因素也就是二次效应

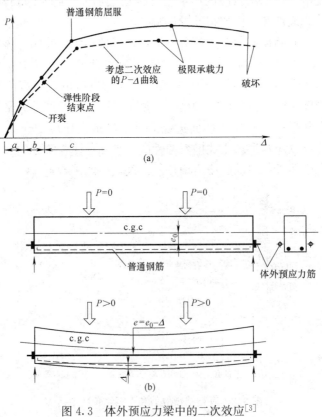

图 4.3 体外预应力梁中的二次效应[3]

(a) 荷载-变形曲线；(b) 二次效应

的影响因素主要包括：外荷载形式，混凝土梁体刚度，体外预应力筋的线形、面积、张拉力、初始偏心距等。Alkhairi 通过参数分析得知，对于均布荷载作用下的体外预应力简支梁，转向块设置在三分点位置，当梁的跨高比从 8 改变到 57 时，跨中位置处力筋的偏心距减少量从 5% 变化到高达 50%[4]。Kiang-Hwee Tan 和 Chee-Khoon Ng 进行了 6 根 T 形截面简支梁的实验，目的是研究转向块效果、预应力配筋率、预加应力大小和力筋线形对体外预应力加固混凝土梁性能的影响。结果表明，沿梁跨方向合理设置转向块可以有效地减小二阶效应，在构件产生最大变形的截面位置布置转向块可以同时提高使用阶段性能和极限抗弯承载力。[3]

4.2.2　体外预应力筋的应力增量计算研究

4.2.2.1　各国规范对比研究

体外预应力梁的承载力可以通过非线性分析精确求得，但该方法须编程实现，不适用于一般设计过程。因此，国内外规范中基本上以无粘结预应力设计为蓝本，通过修正力筋应力增量、定义构造措施等办法指导体外预应力设计。现将国内外有代表性的设计规范公式和其他建议公式介绍如下。

1. 美国 ACI 规范[5]

1963 年，ACI 规范第一次引入了极限状态下的无粘结钢绞线应力计算公式。由于当时实验资料少，公式采用了保守、简单的形式：

$$f_{ps} = f_{se} + 105 \tag{4.1}$$

式中　　f_{se}——预应力筋的有效应力；

　　　　f_{ps}——预应力筋的极限应力（MPa）。

研究指出该公式在低含筋率情况下太保守，而在高含筋率情况下又偏于冒进。现行规范（ACI318-05）中采用如下表达式：

$$f_{ps} = f_{se} + 70 + \frac{f_c'}{\lambda \rho_p} \tag{4.2a}$$

$$f_{ps} \leqslant f_{py}$$

$$f_{se} \geqslant 0.5 f_{pu}$$

当跨高比不大于 35 时

$$\lambda = 100$$

$$f_{ps} \leqslant f_{se} + 420 \tag{4.2b}$$

跨高比大于 35 时

$$\lambda = 300$$

$$f_{ps} \leqslant f_{se} + 210 \tag{4.2c}$$

式中，f_c'、f_{py}、f_{pu}、ρ_p 分别为混凝土的抗压强度、预应力筋的名义屈服强度、预应力筋的极限强度、预应力筋的配筋率（A_{ps}/bd_p），其中 b、d_p 分别为受压区的宽度、预应力筋的有效高度。

体外预应力可以采用该公式，但同时规范规定体外力筋与混凝土构件间的连接应使偏心距保持不变。

ACI 公式不足之处在于：公式是基于简支梁的实验数据得出的，针对的是全预应力构件；没有考虑非预应力钢筋的作用，通常随着普通钢筋面积的增大 f_{ps} 值会降低；没有考虑力筋长度、塑性铰区等重要因素；依据的参数 f'_c/ρ_p 太简单，所绘制的有关应力增量图表明其相关性不好；在跨高比等于 35 处，f_{ps} 具有突变性；对 T 形或非对称 T 形连续梁，按其正负弯矩分别进行计算会得出不同值，与事实不符，因为若忽略摩擦影响，无粘结预应力筋全长内的应力应一致。

2. 加拿大规范[6]

1977 年以前加拿大规范 A23.3 一直沿用 ACI 规范。A23.3-M94 采用基于塑性铰理论的无粘结筋应力增量公式：

$$f_{ps} = f_{se} + 8000 \frac{d_p - c_y}{l_e} \leqslant f_{py} \tag{4.3}$$

其中

$$c_y = \frac{\phi_p A_{ps} f_{py} + \phi_p A_s f_s - \phi_p A'_s f'_s - 0.85 \phi_c f'_c h'_f (b - b_w)}{0.85 \phi_c \beta_l f'_c b_w} \tag{4.4}$$

式中，l_e、A_s、A'_s、f_s、f'_s、h_f、b_w、φ_p、φ_s、φ_c、β_l 分别为锚具间被塑性铰分开的钢绞线长度、非预应力受拉钢筋的面积、受压钢筋的面积、非预应力受拉钢筋的应力、非预应力受压钢筋的应力、翼缘板厚度、腹板宽度、预应力钢筋的强度折减系数（＝0.9）、非预应力钢筋的强度折减系数（＝0.85）、混凝土强度折减系数（＝0.6）、等效矩形受压区高度与中性轴高度之比。

其缺点是公式由简支梁实验得出，未能考虑荷载类型，尤其对连续 T 形梁来说，跨中和支点计算出来的值不同，得出简支梁的应力增量只能达到实测的 80%，有时还可能出现负值，结果与实验数据相关性不好。

3. CEB-FIP MC90[7]

规范中未给出预测无粘结筋在极限状态的应力的公式，只是指出：除非采用一种合理的分析方式（针对体外预应力而言应当考虑偏心距的变化），否则应假设 f_{ps} 与 f_{pe} 相等。

4. AASHTO[8]

AASHTO 规定除非经专门振动分析验证，否则体外力筋的无支承长度不应超过 7500mm。

AASHTO 1994 中力筋应力计算公式是基于 Naaman 和 Alkhairi 提出的简化方法[9,10]。Naaman 在对无粘结预应力连续梁的研究中，发现支点上受压钢筋的数量和荷载类型是影响极限状态时预应力钢筋应力的重要因素，据此提出计算公式：

$$f_{ps} = f_{se} + \Omega_u E_p \varepsilon_{cu} \left(\frac{d_p}{c} - 1 \right) \frac{L_1}{L} \leqslant 0.94 f_{py} \tag{4.5}$$

式中，c、Ω_u、E_p、ε_{cu}、L_1、L 分别表示极限状态下中性轴的高度、粘结折减系数、力筋弹性模量、极限状态时混凝土的极限应变、构件上施加荷载部分的长度、构件全长。

Naaman 公式中 $\Omega = \frac{(\Delta \varepsilon_{ub})_{avg}}{(\Delta \varepsilon_b)_{max}}$；其中 $(\Delta \varepsilon_{ub})_{avg}$ 是无粘结构件中预应力混凝土应变的平均变化；$(\Delta \varepsilon_b)_{max}$ 是等效粘结构件的临界截面上混凝土应变变化。极限状态下的 Ω_u 是由 143 根不同跨高比和荷载形式梁的实验数据获得的经验值。

Naaman 计算模式考虑了较多的主要影响因素，通过粘结折减系数来考虑有无粘结时预应力筋应变的变化，该系数可以将无粘结预应力梁简化为有粘结预应力进行分析，该模式也考虑预应力筋的弹性模量和混凝土极限压应变、中性轴高度和普通钢筋的影响。

Aravinthan 等人[11]修正了 Naaman 公式以用于体外预应力。他们主要考虑了由加载引起的偏心距变化，建议式（4.5）中 d_p 的值应被折减，折减系数取决于 l/d_p 和 s/l，s 代表转向块之间的距离。

2005 修订版的 AASHTO 规范采用基于塑性铰理论的计算公式：

$$f_{ps} = f_{se} + 900\frac{d_p - c}{l_e} \leqslant f_{py}(\text{ksi})\tag{4.6}$$

式中　l_e——无粘结筋的有效长度：

$$l_e = 2l/(N_s + 2)\tag{4.7}$$

l——两端锚具间无粘结筋的长度；

N_s——构件失效时形成的塑性铰数目。

5. 英国规范

BS 8110：Part1：1997 认为无粘结预应力筋极限应力主要受配筋率、跨高比和混凝土强度的影响。根据 Pannell 和 Tam 等的研究[12,13]，给出式（4.8），其中混凝土强度定义为立方体抗压强度 f_{cu}。

$$f_{ps} = f_{pe} + \frac{7000}{l/d_p}\left(1 - 1.7\frac{f_{pu}\rho_p}{f_{cu}}\right) \leqslant 0.7f_{pu}\tag{4.8}$$

为考虑非预应力筋面积 A_s 的作用，规范建议将 A_s 等效为预应力筋面积 $A_s f_y/f_{pu}$，f_{pu} 是预应力筋的极限强度。

BS5400：Part4：1990 的修正案 BD58/94 建议：为了避免由体外力筋固定点之间的梁体变形引起的二次效应，力筋应受到趋向于混凝土横截面中心的横向约束。力筋固定点之间的距离不应超过梁体最小高度的 12 倍。

香港 CODE OF PRACTICE FOR STRUCTURAL USE OF CONCRETE 2004 相关规定与 BS 8110 一致。

6. 德国 DIN 1045-1：2001-07

DIN 1045 规定：（1）体外力筋与结构相联系的相邻两点之间应变值不变。计算该应变时应考虑结构变形的影响。（2）为简化体外预应力结构分析，可采用线弹性分析理论，由结构变形导致的力筋应力增长可忽略。因此在 DIN 1045 中体外预应力与体内无粘结预应力承载能力设计是一致的。

规范同时对承载力极限状态下，用于截面计算的体内无粘结筋的应力增量直接规定为一确定值 100MPa。

7. 中国《无粘结预应力混凝土结构技术规程》JGJ 92—2004

规程规定体内无粘结筋的应力设计值 σ_{pu} 按下列公式计算：

$$\sigma_{pu} = \sigma_{pe} + (240 - 335\varepsilon_0)\left(0.45 + 5.5\frac{h}{l_0}\right)\tag{4.9a}$$

此时 σ_{pu} 尚应符合：

$$\sigma_{pe} \leqslant \sigma_{pu} \leqslant f_{py}\tag{4.9b}$$

式中，σ_{pe}、ε_0、l_0、h 分别表示无粘结力筋中的有效预应力、综合配筋指标、受弯构件计算跨度、截面高度。

对体外筋：

$$\sigma_{pu} = \sigma_{pe} + 100 (\text{MPa}) \tag{4.10}$$

8. Harajli 计算公式

Harajli 在实验基础上，考虑了跨高比对预应力筋的影响，提出了与 ACI 接近的计算公式：

$$f_{ps} = f_{se} + \left(70 + \frac{f'_c}{100\rho_p}\right) \times \left(0.4 + \frac{8}{L/d_p}\right) \tag{4.11}$$

其后 Harajli 根据 Kanj 的研究，得出应力增量随跨高比增大而降低的结论，并建立了另一个计算公式。该公式综合考虑普通钢筋和构件跨高比的影响，其特征是根据预应力筋极限强度来计算。

$$f_{ps} = f_{se} + \left(1 + \frac{1}{\frac{L}{d_p}\left(\frac{0.95}{f} + 0.05\right)}\right) \frac{n_L}{n_0} \times f_{pu} \left(\alpha - \beta \frac{c}{d_p}\right) \leqslant f_{py} \tag{4.12}$$

式中 n_L、n_0——分别为加载跨的跨数和跨数总和；

α、β——有关加载几何参数；

f、f_{pu}——分别为加载几何尺寸系数和预应力筋的极限强度。

现以一简支梁算例考察上述公式间的区别，基本参数如下：梁宽 $b = 250\text{mm}$，梁高 $h = 500\text{mm}$，体外力筋高度 $d_p = 400\text{mm}$，混凝土抗压强度 $f_c = 19.1\text{MPa}$，力筋强度设计值 $f_{ptk} = 1860\text{MPa}$，$f_{py} = 1320\text{MPa}$，有效预应力 $f_{pe} = 1100\text{MPa}$，力筋 $2\Phi^s15.2$，面积 $A_{ps} = 278\text{mm}^2$。当梁跨高比从 1 变化到 50 时，力筋应力增量 $\Delta\sigma_p$ 变化趋势如图 4.4 所示。

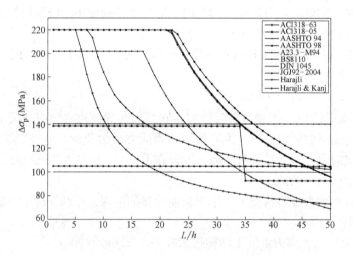

图 4.4 力筋 $2\Phi^s15.2$ 应力增量变化趋势

在力筋分别选用 $4\Phi^s15.2$ 和 $2\Phi^s9.6$ 时，随梁跨高比变化力筋应力增量 $\Delta\sigma_p$ 变化趋势如图 4.5 和图 4.6 所示。

从以上各图中可见，在不同跨高比、不同配筋率的条件下，各国规范建议公式的结果有相当的差异，但其变化趋势大体一致。一般说来预应力梁的跨高比集中在 15～20 之间，需体外预应力加固的混凝土梁跨高比更小。在此范围内，DIN 1045 和我国《无粘结预应力混凝土结构技术规程》的取值与其他规范公式相比偏安全。

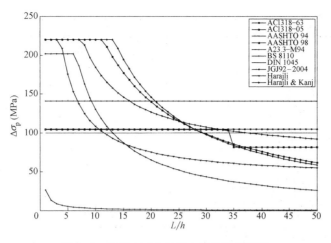

图 4.5　力筋 $4\Phi_s 15.2$ 应力增量变化趋势

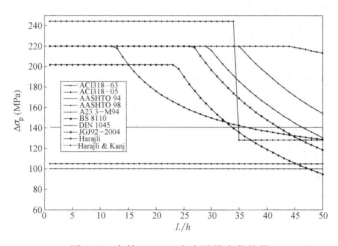

图 4.6　力筋 $2\Phi_s 9.5$ 应力增量变化趋势

4.2.2.2　试验数据统计分析

搜集国内外已有的体外预应力混凝土梁极限承载力实验结果共计 117 个,来源见表 4.1。统计样本包括了国内和国外不同研究机构完成的实验数据,涵盖了简支梁和连续梁,不同配筋率,不同跨高比,有无转向块,节段或整体施工,体内、体外混合配筋等多种情况,实验梁破坏形式主要为受弯破坏或弯剪破坏,因此具有一定的代表性。

统计样本来源　　　　　　　　　　　　　　　　　　表 4.1

研究者	数量	序号
牛斌	9	1～9
付修兵	3	10～12
张晓勇	4	13～16
王向锋	7	17～23
黄恒卫	7	24～30
浦晓天	2	31～32
杨家玉	4	33～36

续表

研究者	数量	序号
李方元	4	37～40
奉龙成	2	41～42
杨晔	10	43～52
鄢芳华	14	53～66
王彤	17	67～83
Chee-Khoon Ng	16	84～99
Mutsuyoshi et al.	2	100～101
Yaginuma	3	102～104
Tay	6	105～110
A. C. Aparicio & Gonzalo Ramos	3	111～113
A. C. Aparicio & Gonzalo Ramos，J. R. Casas	4	114～117

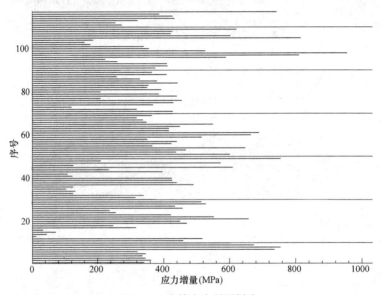

图 4.7　力筋应力增量样本

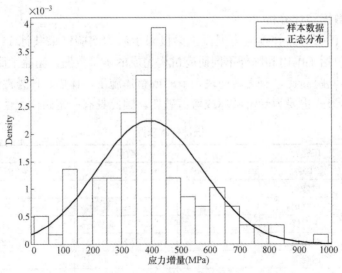

图 4.8　力筋应力增量统计

从图 4.7 中可以看出，体外力筋增量分布在从数十兆帕到接近 1000MPa 的范围内，较多的集中在 400MPa 左右，其中有 4 个样本小于 100MPa，有 1 个大于 950MPa，96.6% 的样本点大于 100MPa。经统计分析，样本均值 395.48744，方差 177.77462；假设样本服从正态分布，均值与方差的标准差分别为 16.4353 和 11.6967，在此分布下应力增量超越 100MPa 的概率为 95.176%，见图 4.8、图 4.9。

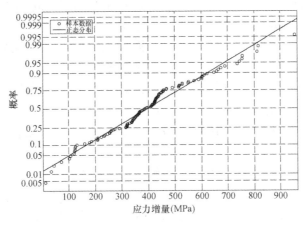

图 4.9　力筋应力增量概率分布

4.2.2.3　设计建议

因此，建议体外预应力混凝土受弯构件的承载力设计计算可参照无粘结预应力构件的设计方法，其中体外束的预应力筋应力设计值 σ_{pu}（N/mm²）宜按下列公式计算：

对连续与简支受弯构件：

$$\sigma_{pu} = \sigma_{pe} + 100 \tag{4.13}$$

对悬臂受弯构件：

$$\sigma_{pu} = \sigma_{pe} \tag{4.14}$$

其中

$$\sigma_{pe} = \sigma_{con} - \sigma_{l1} - \sigma_{l2} - \sigma_{l4} - \sigma_{l5} \tag{4.15}$$

此时，应力设计值 σ_{pu} 尚应符合下列条件：

$$\sigma_{pu} \leqslant f_{py} \tag{4.16}$$

其中体外预应力连续与简支受弯构件承载力极限状态下力筋应力增量 $\Delta\sigma_p$ 取为恒定的 100MPa 可保证设计必需的可靠度；对悬臂受弯构件，现阶段尚无相应实验，考虑到悬臂受弯构件破坏形态更显脆性，因此在计算中不考虑体外力筋的应力增量。

4.2.3　体外预应力受弯构件斜截面承载力计算方法研究

4.2.3.1　受弯构件斜截面的破坏形态

斜截面的破坏形态有斜截面剪切破坏和斜截面弯曲破坏两种形式。

1. 剪切破坏

和剪力有关的裂缝有弯-剪裂缝和腹板剪力裂缝，如图 4.10 所示。当弯矩和剪力均较大，梁底纤维应力超过混凝土弯拉强度，在梁底产生垂直于轴向的裂缝，该裂缝受剪力影响，向上延伸时发生倾斜，这种裂缝就称为弯-剪裂缝。腹板中由于主拉应力超过混凝土

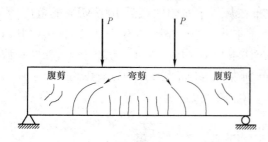

图 4.10　预应力受弯构件的剪切裂缝[14]

的抗拉强度而出现的裂缝就是腹剪裂缝。腹剪裂缝往往首先出现在剪跨区梁腹中的某一点，随后分别向支座和荷载点斜向延展，该裂缝主要受剪力控制。腹剪裂缝通常出现在薄腹预应力混凝土受弯构件支座附近及承受集中荷载的构件和剪跨比较小的构件。由于体外索设于混凝土外，体外预应力结构的腹板厚度允许更薄，因而相对于体内预应力结构而言更容易产生腹剪裂缝。

构件产生裂缝后，随着荷载增大，与裂缝相交的箍筋屈服，裂缝加快发展。随着裂缝开展，受压区混凝土的面积不断减少，压区混凝土所受的正应力和剪应力不断增大。同时梁的整体刚度降低，变形加大，预应力筋应力增加速度也变快。最后由于混凝土破坏，梁发生剪切破坏。

剪切破坏有三种形式：斜拉破坏、剪压破坏和斜压破坏。剪跨比较大时，斜裂缝一旦出现，立刻迅速发展，梁被拉裂成两部分并丧失承载力，这种破坏为斜拉破坏。斜拉破坏由弯-剪裂缝和腹剪裂缝引起，是主拉应力破坏，其强度取决于混凝土的抗拉强度，因此承载能力较低。剪跨比中等时，梁破坏是由于剪压区混凝土在压应力、剪应力和荷载产生的局部压应力的复合作用下被压坏，这种破坏为剪压破坏。剪压破坏和斜拉破坏一样，既可由弯-剪裂缝引起也可由腹剪裂缝引起，剪压破坏是主压应力破坏，故其承载力高于斜拉破坏。剪跨比较小时，作用在梁上的正应力不大而剪应力很大，主斜裂缝沿加载点与支座的连线方向，斜裂缝间腹板混凝土可看作斜置的短柱，最终在竖向应力、正应力和剪应力共同作用下被压碎，可见抗剪承载力由混凝土的抗压强度控制，所以强度较高。剪跨比较小时，支座反力产生的竖向应力也提高了梁的强度，随着剪跨比的增大，这种作用逐渐削弱。

剪切破坏是脆性破坏，无明显预兆，故工程设计时应设法避免剪切破坏，保证抗弯失效先于抗剪失效。

2. 弯曲破坏

弯曲破坏的一般情况是梁内纵向钢筋配置不足或锚固不良，钢筋屈服后斜裂缝割开的两个部分绕公共铰转动，斜裂缝扩张，受压区减少，致使混凝土受压区被破碎而告破坏。

4.2.3.2　受弯构件斜截面抗剪承载力设计计算方法[15]

1. 预应力的抗剪作用

国内外大量实验表明，预应力对构件抗剪承载力起着有利的作用，预应力受弯构件比相应的普通钢筋混凝土受弯构件的斜截面抗裂性能好，而且具有较高的抗剪承载力。

体外预应力筋有直线形和折线形两种形式。对体外预应力筋配筋率相同但配筋形式不同的梁而言，直线形配筋梁抗弯承载力较高，抗剪能力较低，在剪跨段内弯曲裂缝相对少，且开展不高。折线形配筋既可产生水平作用力又有竖向作用力，而直线形配筋只产生水平力。这些竖向力和水平力均能提高梁的抗剪强度。

（1）水平分力

由水平预加力引起的压应力推迟了竖向裂缝（弯曲裂缝）和斜裂缝的出现，并且阻止斜裂缝发展，改变斜裂缝的位置和方向，影响了剪切破坏的模式[16]。在出现斜裂缝前，预加力在混凝土中引起的压应力将使主拉应力有较大的降低并改变其作用方向，由此预应力提高了斜裂缝出现时的荷载，而且因斜裂缝倾角的减少而增大了斜裂缝的水平投影长度，从而提高了腹筋抗剪作用。在斜裂缝出现后，预应力在受拉区混凝土中的预压应力能阻止裂缝发展，减小裂缝宽度，减缓斜裂缝沿截面高度发展，增大剪压区高度，并且加大斜裂缝之间的骨料的咬合作用，从而提高构件抗剪承载力。

（2）竖向分力

预加力在锚固端的竖向分力为 $p\sin\alpha_{\rm py}$（p 为预应力值，$\alpha_{\rm py}$ 为体外预应力筋在锚固端的切线角），该分力产生的剪力与外荷载在梁端产生的剪力方向相反，使得梁端的剪力减小，从而提高了梁的抗剪能力。

但是，预应力对提高梁抗剪承载力的这种作用并不是无限的。从试验结果（图

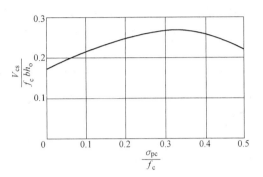

图 4.11　预应力对受弯构件抗剪承载力的影响[14]

4.11）看，当换算截面重心处的混凝土预压应力 $\sigma_{\rm pc}$ 与混凝土心抗压强度 $f_{\rm c}$ 之比在 $0.3\sim0.4$ 之间时，这种有利作用反而有下降趋势，所以对预应力的抗剪承载力的有利作用应有限制。

2. 腹筋的抗剪作用

在斜裂缝出现之前，箍筋的应力很小，对抗剪几乎没有贡献。斜裂缝一出现，与斜裂缝相交的箍筋应力突然增加，箍筋发挥作用，但荷载增加不大箍筋即达屈服。

腹筋直接参与斜截面抗剪，缓解压区混凝土的剪压应力，参与斜截面的抗弯，提高斜截面的抗弯承载力。此外，箍筋有效地约束弯剪斜裂缝附近纵筋的变形，大大改善纵筋的销栓作用；限制斜裂缝发展，保护和提高骨料的咬合力，有助于斜截面的抗剪；可以有效地约束锚固区由于纵筋的销栓力导致的劈裂裂缝发展，防止粘结力的破坏；密布箍筋可以提高混凝土的抗压强度，提高拱作用。

3. 其他因素对抗剪作用的影响

（1）剪跨比。剪跨比反映了在外加荷载作用下梁中正应力与剪应力的比值关系，是影响受弯构件斜截面破坏形态和抗剪能力的主要因素。随着剪跨比的增大，破坏形态按斜压、剪压和斜拉的顺序演变，而抗剪强度逐步降低。

（2）混凝土强度。斜截面任何一种破坏最终都是斜截面的混凝土破坏，故混凝土的强度对梁的抗剪有很大的影响。当混凝土强度提高时，梁的抗剪强度也提高，但是对于不同的破坏形态，混凝土强度的影响程度不同，对斜拉破坏的影响程度低于对斜压破坏和剪压破坏的影响。

（3）体内、体外预应力比。为了改善节段施工体外预应力混凝土结构的力学性能，往往采用体内、体外混合配筋。与体内预应力梁相比，体外预应力梁抗剪的不足之处如下：体外索布置在梁体腹板外侧，与混凝土间无粘结，对斜裂缝开展的抑制作用较弱；体外预应力筋没有销栓作用；在极限破坏时，体外预应力筋应力增量要小于有粘结预应力，一般都达不到屈服强度，对抗剪承载力的贡献低于有粘结预应力筋。因而提高体内、体外预应

力比能提高抗剪承载能力[16]。

（4）纵筋配筋率。纵向钢筋能抑制斜裂缝的开展和延伸，使压区混凝土面积相对较大，从而提高压区混凝土的剪力，有利于斜截面的抗剪。此外，纵筋的增加也提高了自身的销栓作用，提高了抗剪能力。

4. 斜截面抗剪承载力的计算

体外预应力混凝土结构斜裂缝出现后至破坏，混凝土受压区塑性发展，受拉区已退出工作状态，构件斜截面承载力则通过极限平衡关系分析得到。

（1）计算公式

体外预应力受弯构件与普通钢筋混凝土受弯构件剪切破坏形式相同，因此在普通钢筋混凝土受弯构件的计算公式的基础上，考虑预应力对抗剪能力的提高作用，建立体外预应力受弯构件斜截面抗剪承载力的计算公式：

$$V = V_U = V_c + V_{sv} + V_b + V_{p1} + V_{p2} \tag{4.17}$$

式中 V_c——混凝土的抗剪承载力；

V_{sv}——箍筋的抗剪承载力；

V_b——弯起钢筋的抗剪承载力；

V_{p1}——由预应力筋水平分力所提高的抗剪承载力；

V_{p2}——预应力筋竖向分力在梁上产生的剪力，预应力筋的竖向分力与外荷载在梁上产生的剪力方向相反，即减小外荷载在梁上产生的剪力，提高梁的抗剪承载力。

抗剪时斜截面上的混凝土和箍筋是共同起作用的，将它们合并考虑记为 V_{cs}，则斜截面抗剪承载力计算公式：

$$V \leqslant V_U = V_c + V_{sv} + V_b + V_{p1} + V_{p2} \tag{4.18}$$

1）V_{cs} 的计算

试验研究表明，弯剪截面的平均应力与箍筋的配筋率和钢筋的乘积成正比。根据矩形截面简支梁的实测数据的变化趋势，考虑混凝土棱柱体强度大小的影响，选用两个综合性无量纲参数，建立如下截面上混凝土和箍筋抗剪承载力的经验公式：

$$\frac{V_{cs}}{f_c b h_0} = \alpha_1 + \alpha_2 \frac{f_{sv}}{f_c} \frac{A_{sv}}{bs} \tag{4.19}$$

式中 b、h_0——构件的宽度和有效高度；

α_1、α_2——经验系数，由试验确定；

f_{sv}——箍筋抗拉强度设计值；

A_{sv}——配置在同一截面内箍筋各肢的全部截面面积；

s——箍筋间距；

其余符号意义同前。

在集中荷载作用下，由无腹筋和不同箍筋配筋率的简支梁的试验结果，可分别确定系数 α_1、α_2，从而可得：

$$V_{cs} = \frac{0.2}{\lambda_0 + 1.5} f_c b h_0 + 1.25 f_{sv} h_0 \frac{A_{sv}}{s} \tag{4.20}$$

式中 λ_0——计算截面的剪跨比，可取 $\lambda_0 = a/h_0$，a 为计算截面至支点或节点边缘距离，

当 $\lambda_0 < 1.4$ 取 $\lambda_0 = 1.4$，当 $\lambda_0 \geqslant 3$ 取 $\lambda_0 = 3$；

其余符号意义同前。

同样，在均布荷载作用下，也由无腹筋和不同箍筋配筋率的简支梁的试验结果，分别确定系数 α_1、α_2，得：

$$V_{cs} = 0.07 f_c b h_0 + 1.5 f_{sv} h_0 \frac{A_{sv}}{s} \tag{4.21}$$

2）V_b 的计算

斜截面上的腹筋仅有箍筋时 $V_b = 0$；弯起钢筋从斜截面顶端穿过时，钢筋无法达到屈服强度，应考虑应力不均匀系数 0.8，则：

$$V_b = 0.8 f_{yv} A_{sb} \sin\alpha_s \tag{4.22}$$

3）V_{p1} 的计算

由预应力所提高的抗剪承载力的简化公式为：

$$V_{p1} = 0.05 N_{P0} \tag{4.23}$$

式中　N_{P0}——计算截面上混凝土法向预应力为零时，即消受压状态时，体外预应力筋和体内非预应力筋的合力。考虑到预应力的有限作用，当 $N_{P0} > 0.3 f_c A_0$ 时，取 $N_{P0} = 0.3 f_c A_0$，A_0 为构件的换算截面面积。

对于有下述情况之一时，取 $V_{p1} = 0$，即不计预应力所提供的抗剪作用力：

① 当所产生的弯矩与外荷载弯矩同方向时；

② 预应力混凝土连续梁及允许出现裂缝的部分预应力混凝土简支梁，由于缺乏试验资料，偏安全地忽略。

4）V_{p2} 的计算

以折线形的体外预应力筋为例，如图 4.12（a）所示，体外预应力在梁端的竖向分力在梁上产生的剪力如图 4.12（b）所示，该剪力与外荷载在梁上产生的剪力方向相反，即相当于提高了梁的抗剪承载力。

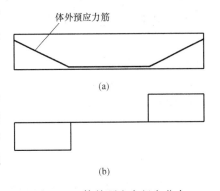

图 4.12　体外预应力竖向分力
在梁上产生的剪力

体外预应力筋的应力随着外荷载的增大而增大，但破坏时的极限应力不会达到钢筋的屈服强度，为了简化计算，忽略体外预应力筋在张拉后期作用引起的应力增量，体外预应力筋的应力可偏安全地取有效预应力 σ_{pe}，则：

$$V_{p2} = \sigma_{pe} A_{py} \sin\alpha_{py} \tag{4.24}$$

式中　A_{py}——体外预应力筋的总的截面积；

α_{py}——体外预应力筋在锚固端的切线角。

（2）公式限制条件

上述预应力混凝土受弯构件斜截面承载力计算公式仅适用于剪压破坏情况，公式使用时的上、下限分别为：

1）上限值——最小截面尺寸

当构件的截面尺寸较小而剪力过大时，就可能在梁的腹部产生很大的主拉应力和主压应力，使梁发生斜压破坏（或腹板压坏），或在构件中产生过宽的斜裂缝。这种情况下，试验研究表明梁的抗剪承载力取决于混凝土的抗压强度及梁的截面尺寸，过多地配置腹筋并不能无限提高梁的抗剪承载力，因此构件斜截面抗剪承载力的上限值限制条件，也即截面最小尺寸条件为：

① 对于一般梁（$h_w/b \leqslant 4$），应满足：$V \leqslant 0.25 f_c b h_0$；

② 对于薄腹梁（$h_w/b \geqslant 6$），为防止使用荷载下斜裂缝开展过宽，控制更严，应满足：$V \leqslant 0.2 f_c b h_0$；

③ 对于中等梁（$4 < h_w/b < 6$），按上两式直线插值计算。

式中 h_w——截面腹板高度，矩形截面为有效高度 h_0，T 形截面为 h_0 减去翼缘高，I 形截面为 h_0 减去上、下翼缘高；

　　　b——腹板宽度；

其余符号意义同前。

以上条件不满足时，应加大截面尺寸或提高混凝土强度等级。

2）下限值——按构造要求配置箍筋条件

试验表明，梁斜裂缝出现后，斜裂缝处原由混凝土承受的拉力全部由箍筋承担，使箍筋拉应力增大很多，若箍筋配置量过小，则斜裂缝一旦出现后，箍筋应力很快达到其屈服强度，而不能有效地抑制斜裂缝的发展，乃至箍筋拉断，构件发生斜拉破坏。

所以，当满足下述条件时可不进行斜截面抗剪承载力计算，但必须按构造要求配置箍筋，其配筋率需满足最小配筋的要求：

$$V \leqslant V_c + V_{p1} \tag{4.25}$$

当均布荷载为主时：

$$V_c = 0.7 f_c b h_0 \tag{4.26}$$

当集中荷载为主时：

$$V_c = \frac{0.2}{\lambda_0 + 1.5} f_c b h_0 \tag{4.27}$$

式中符号意义同前。

若以上公式不满足时，应按斜截面承载力计算要求配置箍筋。

（3）抗剪承载力验算截面的选择

计算斜截面的抗剪承载力时，计算截面一般选在转向块处，箍筋间距和截面面积改变处，混凝土腹板宽度改变处和支座边缘处。

4.3　体外预应力受弯构件使用性能计算方法研究

对体外预应力受弯构件挠度和裂缝宽度的计算已成为不可回避的且突出的新问题。由于应用了高强材料使梁截面尺寸变小以及构件的跨度通常较大，故与普通结构相比对挠度更为敏感，必须防止过大的挠度（或反拱度）影响构件的正常使用；部分预应力构件在使用阶段一般都出现裂缝，并且体外预应力构件对最大裂缝宽度的要求比普通混凝土构件要严格得多，所以说对体外预应力构件刚度和最大裂缝宽度的计算都是比较重要。

虽然国内外对刚度和裂缝宽度计算方面的研究很多，但是目前还缺乏对体外预应力混凝土梁刚度和裂缝宽度计算的研究，其计算都是参照体内无粘结预应力的方法。由于体外预应力混凝土梁存在应力增量和二次效应，所以按体内预应力的方法计算体外预应力梁的挠度及裂缝宽度，其精度是否符合工程要求需要做进一步的研究。基于此，拟通过理论分析对体外预应力梁的挠度和裂缝宽度进行一些探讨。

4.3.1 基于等效折减系数的受弯构件短期挠度计算方法[17、18、48]

将体外索应力视为作用在梁体上的外力，因此在荷载作用下，梁体的挠度主要由以下两部分构成：外荷载弯矩产生的挠度 f_1；体外索的作用（有效张拉应力与应力增量之和）产生的反拱 f_2。

4.3.1.1 外荷载作用下产生的挠度 f_1

在使用荷载作用下，体外预应力混凝土梁的挠度可以利用材料力学中弹性均质材料梁的计算方法来进行计算，其跨中最大变形 f_1 由下式计算：

$$f_1 = SMl^2/B \tag{4.28}$$

式中　S——与荷载形式、支承条件有关的系数，如对承受均布荷载的简支梁，$S=5/48$；

　　　M——外荷载引起的跨中弯矩；

　　　l——跨长；

　　　B——梁抗弯刚度，本书介绍以下三种体外预应力混凝土梁抗弯刚度算法。

文献[19]为了实现无粘结与有粘结预应力梁刚度及裂缝宽度计算方法的协调和统一，提出了无粘结筋等效折减系数的概念。体外索对构件抗弯刚度的贡献作用一般小于体内预应力筋，用等效纵向受拉钢筋配筋率代替有粘结预应力混凝土受弯构件刚度计算公式中纵向受拉钢筋配筋率，就可得到与有粘结相统一的体外预应力梁刚度计算公式。

体外预应力短期刚度 B_s 计算公式的表达形式与有粘结预应力混凝土受弯构件相同，如式（4.29）和式（4.30）所示。只是反映构件配筋及截面特征的综合指标 ω 不同，无粘结预应力混凝土梁和有粘结刚度公式的 ω 分别按式（4.31）和式（4.32）计算。

（1）对使用阶段不出现裂缝的构件，其短期刚度为：

$$B_s = 0.85 E_c I_0 \tag{4.29}$$

（2）对使用阶段允许出现裂缝的构件，其短期刚度为：

$$B_s = \frac{0.85 E_c I_0}{k_{cr} + (1 - k_{cr})\omega} \tag{4.30}$$

式中符号与《无粘结预应力混凝土结构技术规程》相同。

$$\omega = \left(1.0 + 0.8\lambda + \frac{0.21}{\alpha_E \rho}\right)(1 + 0.45\gamma_f) \tag{4.31}$$

$$\omega = \left(1.0 + \frac{0.21}{\alpha_E \rho}\right)(1 + 0.45\gamma_f) - 0.7 \tag{4.32}$$

式（4.31）和式（4.32）中的 ρ 均表示全部纵向受拉钢筋的总配筋率，且按式（4.33）计算：

$$\rho = \frac{A_s + A_p}{bh_0} \tag{4.33}$$

计算有粘结和无粘结预应力梁刚度的式（4.30）中，通过 K_{cr} 来考虑施加预应力对刚度的贡献，通过总配筋率 ρ 来考虑纵向受拉钢筋对刚度的贡献。无粘结预应力筋对构件刚度的贡献小于相同数量的有粘结预应力筋，是通过在式（4.31）中引入无粘结预应力筋配筋指标与综合配筋指标的比值 λ 来考虑的[20]，如式（4.34）：

$$\lambda = \frac{\sigma_{pe}A_p}{\sigma_{pe}A_p + f_yA_s}$$

(4.34)

设想给出一个体外索等效折减系数 α，通过用体外预应力梁等效纵向受拉钢筋配筋率 ρ_e 代替总配筋率 ρ 来考虑体外索对构件刚度的贡献较相同数量的有粘结筋小的影响。体外预应力混凝土受弯构件等效纵向受拉钢筋配筋率 ρ_e 可通过式（4.35）计算：

$$\rho_e = \frac{A_s + \alpha A_p}{bh_0}$$

(4.35)

式中　　α——在使用荷载作用下体外索应力增量与相同位置处有粘结筋应力增量的比值，即体外索的等效折减系数 $\alpha = \Delta\sigma_p / \Delta\sigma_s$。

将 ρ_e 代替式（4.32）中的 ρ，令此时的式（4.32）与式（4.33）等价，则可以得到 α 的表达式，可以看出 α 是以 α_E、λ、ρ_s、ρ_p 及 γ_f 为自变量的自变量的函数，难以确定。通过文献[21]～[24]等体外预应力混凝土梁试验所实测的数据寻找体外索应力增量 $\Delta\sigma_p$ 与体内非预应力筋应力增量 $\Delta\sigma_s$ 二者之间的关系，以便可以得到体外索的等效折减系数 α 的数值大小。其中部分试验梁的非预应力筋和体外索应力增量实测值如表 4.2 所示。

体外预应力混凝土试验梁非预应力筋和体外索应力增量实测值　　表 4.2

加载吨位 （kN）	非预应力钢筋 应力（MPa）	体外索应力 （MPa）	非预应力筋应力 增量（MPa）	体外索应力 增量（MPa）
TWS-7 梁试验值				
13	5.6	852		
23	13.2	854.9	7.6	2.9
33	21.6	860.1	8.4	5.2
43	35.2	865.7	13.6	5.6
53	44	864.8	8.8	−0.9
63	75.6	873.8	31.6	9
73	119.6	883.7	44	9.9
83	167.2	899.8	47.6	16.1
93	193.07	917.2	25.87	17.4
TWS-4 梁试验值				
13	−23.6	850.2		
23	−9	854.3	14.6	4.1
33	−0.6	855.2	8.4	0.9
43	11.4	847.6	12	−7.6
53	35	849.5	23.6	1.9
63	155.4	856.1	120.4	6.6
73	280	886.5	124.6	30.4

TWS-18 梁试验值				
加载吨位 （kN）	非预应力钢筋 应力（MPa）	体外索应力 （MPa）	非预应力筋应力 增量（MPa）	体外索应力 增量（MPa）
13	−34.8	1016.5		
23	−24.6	1024.6	10.2	8.1
33	−13.6	1026.9	11	2.3
43	−3	1029.1	10.6	2.2
53	9.8	1032.3	12.8	3.2
63	21.8	1034.5	12	2.2
73	44.6	1041	22.8	6.5
83	68.2	1057	23.6	16
93	137.4	1077.3	69.2	20.3
103	199.2	1099.5	61.8	22.2

PB-2 梁				
加载吨位 （kN）	非预应力钢筋 应力（MPa）	体外索应力 （MPa）	非预应力筋应力 增量（MPa）	体外索应力 增量（MPa）
0	−40	337.14		
6.7	−30	342.86	10	5.72
13.4	−5	354.29	25	11.43
20	10	362.86	15	8.57
23.3	60	374.29	50	11.43
26.7	100	382.86	40	8.57
28.3	135	391.43	35	8.57
30	175	400	40	8.57
35	250	425.72	75	25.72
40	320	445.72	70	20
45	390	474.29	70	28.57
48.3	435	494.29	45	20

　　通过文献[21]～[24]的试验数据做线性回归分析，将各个试验梁的体外索应力增量 $\Delta\sigma_p$ 和非预应力筋应力增量 $\Delta\sigma_s$ 汇总拟合，舍弃梁 TWS-4 两个离散较大的数据点（12，−7.6）和（120.4，6.6），如图 4.13 所示。可以得到 $\Delta\sigma_p$ 与 $\Delta\sigma_s$ 关系式为：

$$\Delta\sigma_p = 0.228145\Delta\sigma_s + 2.56247 \tag{4.36}$$

　　而文献[25]通过 14 根无粘结预应力梁的试验，得出：

$$\Delta\sigma_p = 0.24\Delta\sigma_s + 2.0 \tag{4.37}$$

　　这里需要指出，上式是根据体外预应力混凝土梁使用阶段的试验结果统计拟合得到的，不适用于承载能力极限状态下的设计计算。

　　式（4.36）中，常数 2.56247 在应力增量中所占比例较小，再加上试验梁的使用荷载较小，未能反映二次效应的影响。因此在实际设计应用中可偏安全地取为 $\Delta\sigma_p/\Delta\sigma_s =$

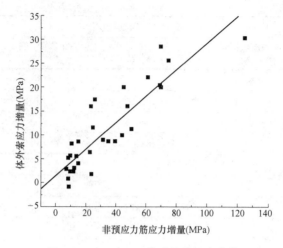

图 4.13 $\Delta\sigma_p$ 与 $\Delta\sigma_s$ 关系最佳拟合直线

0.20，即体外预应力索的等效折减系数 α 取 0.20 比较合适。

按 $\alpha=0.20$ 应用式（4.35）计算无粘结预应力混凝土受弯构件等效纵向受拉钢筋配筋率 ρ_e，继而将 ρ_e 代替式（4.31）中的 ρ 计算 ω 并代入式（4.30），即可计算出无粘结预应力混凝土受弯构件在荷载效应标准组合作用下的短期刚度 B_s。

矩形、T 形、倒 T 形和 I 形截面受弯构件的长期刚度 B_l 可按下式计算：

$$B_l=\frac{M_k}{M_q(\theta-1)+M_k}B_s \tag{4.38}$$

式中　M_k——按荷载效应的标准组合计算的弯矩，取计算区段内的最大弯矩值；

　　　　M_q——按荷载效应的准永久组合计算的弯矩，取计算区段内的最大弯矩值；

　　　　θ——考虑荷载长期作用对挠度增大的影响系数，可取 2.0。

对文献[21]的 5 根梁，在跨中弯矩为 78kN·m 时的刚度进行了计算，结果列于表 4.3（由于在试验中测量 PB-5 和 PB-7 梁的变形时位移计出现问题导致这两个试件梁的跨中挠度不能用）。

文献[21]试验梁刚度计算值和实测值 （$\times 10^{12}$ N·mm^2） 表 4.3

试件编号	M_{cr}(kN·m)	$B_{s实测}$	$B_{s计算}$	$B_{s实测}$: $B_{s计算}$
PB-1	30.0	4.825	4.962	1 : 1.03
PB-2	26.7	4.987	5.224	1 : 1.05
PB-3	45.0	5.268	6.110	1 : 1.11
PB-4	33.8	6.143	6.537	1 : 1.07
PB-6	48.75	6.851	7.021	1 : 1.03

比较由试验所测挠度得出的 B_s 和以上计算的刚度值，二者非常接近。

4.3.1.2　体外索作用引起的反拱挠度 f_2

体外预应力混凝土受弯构件的向上反拱挠度，是由有效预应力和预应力筋应力增量引起的，它与荷载引起的向下挠度方向相反，故又称反挠度或反拱度。计算构件反拱必须确定体外预应力索的应力，即体外预应力索有效预应力与荷载变化时预应力筋应力增量二者之和。有效预应力是已知的，关键问题是确定荷载变化时预应力筋应力的变化量。

反拱 f_2 可用图乘法计算，表 4.4 列出了常用线形下体外预应力梁的反拱挠度。

各种体外预应力索线形对应的梁的反拱挠度（简支梁）[14]　　　　　表 4.4

预应力筋线形	跨中反拱挠度
	$f_2 = \dfrac{5}{48} \dfrac{N_p e L^2}{E_c I}$
	$f_2 = \dfrac{1}{12} \dfrac{N_p e L^2}{E_c I}$
	$f_2 = \dfrac{23}{216} \dfrac{N_p e L^2}{E_c I}$
	$f_2 = \dfrac{11}{96} \dfrac{N_p e L^2}{E_c I}$
	$f_2 = \dfrac{1}{8} \dfrac{N_p e L^2}{E_c I}$
	$f_2 = \dfrac{N_p e}{6 E_c I} (2L_1^2 + 6L_1 L_2 + 3L_2^2)$
	$f_2 = \dfrac{1}{8} \dfrac{N_p e_1 L^2}{E_c I} + \dfrac{5}{48} \dfrac{N_p e_2 L^2}{E_c I}$

考虑预压应力长期作用的影响，将计算求得的体外预应力反拱值乘以增大系数 2.0；在计算中，体外预应力索中的应力应扣除全部预应力损失。

4.3.1.3　体外预应力梁总挠度 f 的计算

体外预应力混凝土受弯构件挠度 f 可用下式计算：

$$f = f_1 - f_2 \tag{4.39}$$

一般情况下，体外预应力混凝土的总挠度相对较小。

4.3.2 基于等效折减系数的最大裂缝宽度验算方法[17、18]

体外预应力混凝土结构由于预应力索位于梁体之外而与混凝土无粘结，因而其裂缝开展特性类似钢筋混凝土结构。采用与《混凝土结构设计规范》GB 50010—2010（2015 年版）中普通钢筋混凝土构件类似的计算公式，其中非预应力钢筋的应力从消压状态开始计算，用从消压荷载到裂缝计算所对应荷载阶段的钢筋应力增量代替 σ_s 进行计算。为了和有粘结预应力构件裂缝宽度计算公式形式统一，仍采取体外索等效折减系数 α 的概念。

$$w_{\max}=\alpha_{\mathrm{cr}}\psi\frac{\sigma_{\mathrm{sk}}}{E_{\mathrm{s}}}\left(1.9c+0.08\frac{d_{\mathrm{eq}}}{\rho_{\mathrm{te}}}\right) \tag{4.40}$$

$$\psi=1.1-0.65\frac{f_{\mathrm{tk}}}{\rho_{\mathrm{te}}\sigma_{\mathrm{sk}}} \tag{4.41}$$

$$d_{\mathrm{eq}}=\frac{\sum n_i d_i^2}{\sum n_i v_i d_i} \tag{4.42}$$

$$\rho_{\mathrm{te}}=\frac{A_{\mathrm{s}}}{A_{\mathrm{te}}} \tag{4.43}$$

$$\sigma_{\mathrm{sk}}=\frac{M_{\mathrm{k}}\pm M_2-1.03N_{\mathrm{pe}}(z-e_{\mathrm{p}})}{(0.20A_{\mathrm{p}}+A_{\mathrm{s}})z} \tag{4.44}$$

$w_{\max}$ 计算公式的表达形式与有粘结相同，如式（4.40）所示，其中的 d_{ep}、ρ_{te}、σ_{sk} 的计算与有粘结预应力不同。

（1）d_{ep} 都是用式（4.42）计算，但体外预应力混凝土梁的 d_{ep} 仅为受拉区纵向受拉非预应力钢筋的等效直径（mm），不包含体外索，而有粘结预应力混凝土梁的 d_{ep} 为受拉区纵向预应力筋与非预应力筋的等效直径（mm）。

（2）体外预应力混凝土梁按有效受拉混凝土截面面积计算的纵向受拉钢筋配筋率 ρ_{te} 仅考虑受拉非预应力筋，不包含体外索，用式（4.43）计算，而有粘结预应力混凝土梁的 ρ_{te} 用式（4.45）计算。

$$\rho_{\mathrm{te}}=\frac{A_{\mathrm{s}}+A_{\mathrm{p}}}{A_{\mathrm{te}}} \tag{4.45}$$

（3）在荷载效应的标准组合下，体外预应力混凝土梁纵向受拉钢筋的等效应力 σ_{sk} 按式（4.44）计算，而有粘结预应力混凝土梁的 σ_{sk} 用式（4.46）计算。

$$\sigma_{\mathrm{sk}}=\frac{M\pm M_2-N_{\mathrm{p0}}(z-e_{\mathrm{p}})}{(A_{\mathrm{p}}+A_{\mathrm{s}})z} \tag{4.46}$$

体外预应力混凝土梁裂缝宽度计算公式中仅按非预应力筋去计算有效受拉混凝土配筋率 ρ_{te} 是合理的，仅取用受拉非预应力筋计算等效直径 d_{ep} 也是合理的，因为体外索对部分预应力混凝土受弯构件平均裂缝间距 l_{cr} 的影响极小；但纵向受拉钢筋的等效应力 σ_{sk} 计算公式中以 $0.75M_{\mathrm{cr}}$ 代替有粘结预应力混凝土受弯构件中的 $N_{\mathrm{p0}}(z-e_{\mathrm{p}})$ 尚有待商榷，因为 M_{cr} 与体外预应力索的配置数量及预应力水平密切相关，而 $N_{\mathrm{p0}}(z-e_{\mathrm{p}})$ 则是根据力的平衡方程得出的。有粘结预应力混凝土受弯构件中，预应力筋与其周围混凝土有良好的粘结，其混凝土法向预应力等于零时预应力钢筋及非预应力钢筋的合力 N_{p0} 可方便地求出；但体外预应力混凝土受弯构件中的体外索相对于其周围混凝土可发生纵向相对滑动，难以准确地求出 N_{p0} 的大小。以一批按直线布置无粘结筋的预应力混凝土简支梁为分析对象，按照预应力筋的伸长与其周边混凝土的总伸长相等的原则，得出 N_{p0} 的平均值大致为 $N_{p0}=1.03N_{pe}$[26]（N_{pe} 为预应力筋的有效预加力，即 $N_{pe}=\sigma_{pe}\cdot A_p$），体外预应力混凝土梁可参照其结果，统一取混凝土法向预应力等于零时体外索及体内非预应力钢筋的合力为：$N_{p0}=1.03N_{pe}$。

由于有粘结预应力筋与其周围混凝土有良好的粘结，因此按式（4.46）进行有粘结受拉钢筋的等效应力 σ_{sk} 计算时，受拉钢筋面积取为（A_p+A_s）。在前文中体外预应力混凝土梁的刚度计算中已得到体外索的等效折减系数可取为 $\alpha=0.20$，因此在建立与有粘结相统一的体外预应力混凝土梁裂缝宽度计算公式时，可直接引用此值。

等效应力 σ_{sk} 计算公式中的内力臂值，有粘结构件用 z 来表达和计算，参照文献[26]对无粘结的取法，体外预应力梁则直接简化为 $0.87h_0$，二者取值无明显差异。为与有粘结构件相统一，在建立体外预应力混凝土梁裂缝宽度计算公式时，仍用 z 来表达。

由以上分析可得到，在荷载效应的标准组合下，体外预应力混凝土梁纵向受拉钢筋的等效应力 σ_{sk} 可按式（4.47）计算。

$$\sigma_{sk}=\frac{M_k\pm M_2-1.03N_{pe}(z-e_p)}{(0.20A_p+A_s)z} \tag{4.47}$$

对文献[21]的 5 根梁，在跨中弯矩为 78kN·m 时的最大裂缝宽度进行了计算，列于表 4.5。

文献[21]试验最大裂缝宽度计算值和实测值（mm）　　　　　　　　表 4.5

试件编号	w_{max}实测	w_{max}计算	w_{max}实测：w_{max}计算
PB-1	0.21	0.196	1：0.933
PB-2	0.18	0.187	1：1.039
PB-3	0.27	0.222	1：0.822
PB-4	0.22	0.194	1：0.882
PB-6	0.20	0.182	1：0.910

计算结果与试验结果吻合良好，满足实际工程精度的要求，可作为工程设计计算方法。

4.3.3　受弯构件长期使用性能分析方法[27]

在混凝土或预应力混凝土结构中，钢筋与混凝土共同承受外部作用，产生相应的变形，结构的应力状态和变形取决于钢筋和混凝土的变形性能。混凝土是一种多相复合材料，随着时间的推移会发生复杂的化学和物理变化，具有徐变和收缩等特性。钢材也具有松弛的特性。收缩、徐变和松弛的共同之处在于它们与时间相关，通常将这种与时间有关且影响到结构性能的材料特性统称为时随特性。

混凝土和钢材的时随特性对混凝土或预应力混凝土结构的应力状态、承载能力和使用性能均有很大影响。例如：受压柱、墙板、拱和薄壳，由于徐变位移增大可能引起屈曲；结构内部由于材料组成或龄期、温度、湿度、尺寸等条件的不同引起的徐变差将造成应力重分布，以致裂缝开展；混凝土受弯构件的收缩徐变会增大挠度，可能使结构或构件不能正常工作；预应力混凝土结构中混凝土的收缩徐变和预应力筋的松弛均会导致预应力损失。对于超静定结构，混凝土收缩徐变将导致结构内力重分布，即徐变次内力。因此，很有必要对混凝土及预应力混凝土结构进行准确的时随分析。

混凝土结构与有粘结预应力混凝土结构的时随分析过程基本相同，对承受长期恒定荷载作用的静定结构，如简支梁，可采用初应变法进行截面分析，通过累加各截面时随反应得到结构的时随反应。体外预应力混凝土结构时随分析的特殊之处在于力筋与混凝土梁变形的非协调性。体外预应力混凝土梁在预应力筋张拉完成后，就会在混凝土中建立相当大的预压应力，从而导致混凝土发生徐变，改变梁的挠度；随着时间推移，混凝土会收缩；预应力筋在张拉应力的作用下，随时间会逐渐松弛。混凝土梁挠度的改变和力筋的松弛又会引起预应力偏心距的变化和预应力筋实际应力的变化，相当于作用在混凝土梁上的预应力等效荷载发生了改变，更进一步引起结构的再次受力变形。时随特性、预应力、梁体应力状态与变形这些因素相互影响、相互作用，使得体外预应力混凝土结构的时随分析比有粘结或无粘结预应力混凝土结构更为复杂。

本节中首先介绍了混凝土与钢材时随特性的原理、影响因素与现有的估算方法，叙述了应用龄期调整的有效模量法结合时间步进法对体外预应力混凝土梁进行时随分析的步骤，并根据上述原理与方法编制了时随分析软件。应用软件对体外混凝土梁的长期性能进行了数值仿真分析，并与已有的实验结果对比，验证了分析的正确性。

4.3.3.1　混凝土与钢材的时随特性及理论模型[28、29]

混凝土的应变可分为由应力产生的瞬时应变及徐变以及由其他原因产生的非弹性应变，包括收缩和温度应变，而混凝土的总应变是由上述各种不同物理现象引起的应变叠加得到的。从开始施加一个不变的应力开始，经过时间 t 的混凝土应变可用下式表示：

$$\varepsilon(t)=\varepsilon_e(t)+\varepsilon_{creep}(t)+\varepsilon_{sh}(t)+\varepsilon_T(t)=\varepsilon_\sigma(t)+\varepsilon^0(t) \tag{4.48}$$

式中 $\varepsilon_e(t)$ 表示瞬时应变，$\varepsilon_{creep}(t)$ 表示徐变应变，$\varepsilon_{sh}(t)$ 表示收缩应变，$\varepsilon_T(t)$ 表示温度应变，$\varepsilon^0(t)$ 为与应力无关的非弹性应变，$\varepsilon_\sigma(t)=\varepsilon(t)-\varepsilon^0(t)$，是由应力产生的应变。

混凝土应力小于极限强度 50% 时，由应力引起的瞬时应变可视为弹性应变，即：

$$\varepsilon_e(t)=\sigma(t)/E_c(t) \tag{4.49}$$

式中，$E_c(t)$ 为时间 t 时混凝土的瞬时弹性模量。实验表明，随着混凝土的老化，其弹性模量在增长，在早期，尤其是硬化的第一个月内 $E_c(t)$ 增长相当快，随后逐渐衰减，大概经过 8～12 个月后趋于稳定。ACI 第 209 委员会 1982 年报告给出了随时间变化的弹性模量表达式：

$$E_c(28)=0.043\sqrt{\rho^3 f_c'}$$

$$E_c(t)=\sqrt{\frac{t}{a+bt}}E_c(28)$$

其中 $E_c(28)$ 表示龄期 28 天的混凝土弹性模量；$E_c(t)$ 表示龄期 t 天的混凝土弹性模量；f_c' 是龄期 28 天的混凝土圆柱体抗压强度，以"MPa"计；ρ 为混凝土密度以"kg/m³"计；a、b 是与水泥类型、养护条件有关的常数。

混凝土徐变是指在混凝土在长期荷载作用下，随时间而增加的沿应力方向的应变增量。徐变应变是随时间而增加的，其增加速度又是随时间而递减的。曾有不少学者提出了各种理论和假设来说明徐变的机理，但尚未有一种能被普遍接受。ACI 第 209 委员会

1972 年的报告将徐变的主要机理分为：在应力作用及吸附水层的润滑作用下，水泥胶凝体的滑动或剪切所产生的水泥石的黏稠变形；在应力作用下，由于吸附水的渗流或层间水转移而导致的紧缩；由水泥凝胶体对骨架弹性变形的约束作用所引起的滞后弹性变形；由于局部破裂及重新结晶与新的联结而产生的永久变形。

混凝土在 t 时刻徐变的大小可用徐变应变、徐变度或徐变系数来表征。徐变系数 φ $(t，t_0)$ 可表示为：

$$\varepsilon_{\text{creep}}(t,t_0)=\frac{\sigma_0(t_0)}{E_c(28)} \cdot \varphi(t,t_0) \quad 或 \quad \varepsilon_{\text{creep}}(t,t_0)=\frac{\sigma_0(t_0)}{E_c(t_0)} \cdot \varphi(t,t_0) \tag{4.50}$$

CEB-FIP MODEL CODE 和英国标准 BS 5400 采用第一种定义，美国 ACI 209 委员会的报告中采用第二种定义。

混凝土徐变和收缩的理论还在继续发展之中，各规范和研究人员提出的理论模型在基本原理和计算公式上均有分歧和差异。按基本原理分，当前关于徐变的数学表达式有两大类：一类为乘积型，它把徐变表示为一系列影响因素的乘积。属于这一类的有 ACI209 委员会建议模型、CEB-FIP MC90 和 BS 5400，但考虑的因素和公式有所不同。另一类是累加型，将徐变细述表达为若干性质互异的徐变分项系数之和，属于这一类的有 CEB-FIP MC78 和 Bazant 等提出的 BP 模式等。

已有的徐变计算理论一般主要考虑加载龄期和加载持续时间的影响，将这两个时间函数作为徐变系数数学表达式的特征。徐变系数是否存在极限值，学术界意见尚不统一。认为存在极限者，一般用指数函数或双曲线函数作为加载持续时间函数 $f(t-t_i)$ 的表达式；反之采用幂函数或对数函数。

目前也有一些用于估计特定混凝土和各种环境条件下徐变和收缩特性的实用模型，它们都是半经验的，如 ACI 209 模型、CEB-FIP 模型、BP 模型等，其中 ACI 模型最简单，BP 模型最有综合性，可用于最广泛的时间范围。Hilsdorf 和 Muller（1979）对 CEB-FIP（1970）、ACI（1978）、CEB-FIP（1978）、CS（1977）等估计徐变的方法进行了比较，他们用 28 天加载龄期的最终徐变系数 $\varphi_{28,\infty}$ 作为比较对象，考察了加载龄期、环境相对湿度及构件尺寸等影响因素。Neville 等考察了各种方法的精度。根据 63 组实验值得出，除 CS（1977）外，四种方法的预报徐变系数的误差为 26%~45%。预计最终徐变变形的平均误差为 31%~105%。从徐变函数和最终徐变来看，CEB-FIP（1970）方法最好[30]。

混凝土收缩是混凝土在硬化过程中随时间变化而发生的体积缩小，它的产生与应力无关，按其成因可分为自发收缩、干燥收缩和碳化收缩。

混凝土收缩应变一般表达为收缩应变终值 $\varepsilon_{\text{sh},\infty}$ 与时间函数的乘积，即

$$\varepsilon_{\text{sh}}(t,t_0)=\varepsilon_{\text{sh},\infty} \cdot f(t-t_0) \tag{4.51}$$

式中，$f(t-t_0)$ 表示收缩应变发展进程的时间函数，即从开始干燥或拆模时龄期 t_0 到龄期 t 所完成的收缩应变对 $\varepsilon_{\text{sh},\infty}$ 的比值，$t=t_0$，$f(t-t_0)=0$；$t\to\infty$，$f(t-t_0)\to1$。

现有对收缩应变终值的预计方法可分为两类：一类是根据环境条件及构件尺寸，从现有图表中查得，如德国《预应力混凝土指南》DIN 4227、CEB-FIP《钢筋混凝土与预应力混凝土使用设计建议》中有关条款；另一类将 $\varepsilon_{\text{sh},\infty}$ 表示为若干系数的乘积。美国 ACI 209 委员会建议将收缩应变终值表示为标准状态下的收缩应变终值（780×10^{-6}）与 7 个偏离标准状态的校正系数的乘积。BS 5400 规定收缩应变终值等于 3 个系数的乘积，这 3

个系数分别取决于环境湿度、混凝土成分和构件厚度。

收缩时间函数的表达式主要有：

美国 ACI 209 委员会建议　　$f(t-t_0) = \dfrac{t-t_0}{A+(t-t_0)}$

Bazant 提出的 BP 模式　　$f(t-t_0) = \sqrt{\dfrac{t-t_0}{A+(t-t_0)}}$

指数函数表达式　　　　　$f(t-t_0) = 1-e^{-\beta(t-t_0)}$

由于混凝土的时随特性，即使外荷载保持不变，结构中的应力通常也会随时间的推移而产生不可忽略的变化，因此前文中基于常应力状态下的计算方法必须加以拓展，以提出适用于可变应力的算法。

大量实验研究表明，当混凝土中应力 $\sigma_c < (0.4 \sim 0.5)f_c$ 时，徐变近似和应力成正比，某时刻荷载增量引起的徐变基本上与先前荷载引起的徐变无关，可以应用 Boltzman 叠加原理。在 Cornell 大学近期研究中发现，极限抗压强度 10000psi（69MPa）的混凝土线性徐变范围达到 $0.65f_c$[29]。在实际工程中混凝土工作应力通常都满足上述线性徐变的限制条件，因而叠加原理适用于大多数情况。

叠加原理的数学形式由 Boltzman 于 1876 年提出，Maslov（1941）和 McHenry（1943）首先将其用于混凝土徐变理论。对卸载问题，McHenry 提出了徐变的可逆性理论。可逆性理论将卸载等同为反向施加荷载，并认为在总荷载小于一定限值的情况下，后施加的荷载，包括反向荷载，不受已施加荷载的影响，各荷载可独立地应用徐变函数，总体徐变为各荷载产生的徐变的代数和。McHenry 对封闭的混凝土试件的实验和美国农垦局对大体积混凝土的实验说明该原理对基本徐变符合较好。虽然对于干燥徐变在内的总徐变存在误差，但叠加原理仍不失为一个合理、有效的理论。

根据叠加原理，对于 t_0 时刻施加初始应力 $\sigma_c(t_0)$ 后，又在不同时刻 t_i 分阶段施加应力增量 $\Delta\sigma_c(t_i)$，混凝土在以后任意时刻 t 的徐变应变可表达为：

$$\varepsilon_{\text{creep}}(t,t_0) = \frac{\sigma_c(t_0)}{E_c(t_0)}[\varphi(t,t_0)+1] + \sum_i \frac{\Delta\sigma_c(t_i)}{E_c(t_i)}[\varphi(t,t_i)+1] \tag{4.52}$$

若后续施加应力是连续变化的，则可写出描述叠加原理的积分方程表达式：

$$\varepsilon_{\text{creep}}(t,t_0) = \frac{\sigma_c(t)}{E_c(t)} - \int_0^t \frac{\sigma_c(\tau)}{E_c(\tau)} \frac{\mathrm{d}\varphi(t,\tau)}{\mathrm{d}\tau} \mathrm{d}\tau \tag{4.53}$$

该方程中包含 Stieltijes 积分，求解困难。有两种处理方法：一是选择适当的徐变系数表达式代入式中，将积分方程转变为常微分方程；二是从叠加原理出发，引入老化系数的概念，推导出代数方程形式的本构关系。混凝土结构时随分析方法中的龄期调整的有效模量法即采取的是第二种处理方法。

预应力筋的应力松弛特性是通过拉伸力筋后两端固定，在恒温条件下测量一段长时间内力筋应力降低的实验得到的，称为定长松弛损失值。美国和加拿大广泛采用 Magura 提出的可计算任意 τ 时刻松弛值的公式[5][8]：

$$\frac{\sigma_{\text{pr}}}{\sigma_{\text{po}}} = -\frac{\log(\tau-t_0)}{\lambda}\left(\frac{\sigma_{\text{po}}}{f_{\text{py}}} - 0.55\right) \tag{4.54}$$

此处 f_{py} 为屈服应力，定义为应变为 0.01 时的应力，f_{py} 的大小在力筋标准强度 f_{ptk} 的 0.8～0.9 倍附近浮动。σ_{po} 是力筋的初始应力，$(\tau-t_0)$ 是施加应力的时间，以小时计。

预应力筋采用应力消除钢丝或钢绞线时 $\lambda=10$，采用低松弛钢绞线时 $\lambda=45$。

4.3.3.2 体外预应力混凝土梁的时随分析计算[49]

根据混凝土和预应力筋材料的时随特性，人们提出了多种不同的混凝土结构时随分析方法，主要包括有效模量法（EMM）、徐变率法（RCM）、改进的迪辛格尔法（IDM）、龄期调整的有效模量法（AEMM）、叠加法（Superposition）等。其中龄期调整的有效模量法使用老化系数来考虑混凝土在较长时期内不断变小的徐变能力，混凝土的应变 $\varepsilon_c(t)$ 只与即时应力 $\sigma_c(t)$ 和初始应力 $\sigma_c(t_0)$ 有关，而与应力历史无关，计算方法简单且精度较好，是目前最为广泛使用的时随分析方法。对于体外预应力混凝土结构，分析中还需要考虑体外预应力筋的时随特性以及力筋与混凝土梁之间的相互影响，因此需采用 AEMM 法结合时间步进的计算方法。

采用 AEMM 法分析，式（4.53）中的积分可以被消除，徐变应变表示为：

$$\varepsilon_c(t,t_0)=\frac{\sigma_c(t_0)}{E_c(t_0)}\big[\varphi(t,t_0)+1\big]+\frac{\Delta\sigma_c(t)}{\overline{E}_c(t,t_0)} \tag{4.55}$$

$$\overline{E}_c(t,t_0)=\frac{E_c(t_0)-r(t,t_0)}{\varphi(t,t_0)}=\frac{E_c(t_0)}{1+\chi(t,t_0)\varphi(t,t_0)} \tag{4.56}$$

$\overline{E}_c(t,t_0)$ 是混凝土龄期调整的有效模量，通过 $\overline{E}_c(t,t_0)$ 可以计算当应力增量从 0 逐渐增大到 $\Delta\sigma_c(t)$ 时总的应变增量（包括瞬时应变和徐变应变）。时间段 $(t-t_0)$ 内由 $\Delta\sigma_c(t)$ 引起的应变增量为：

$$\Delta\varepsilon_c(t,t_0)=\frac{\Delta\sigma_c(t)}{\overline{E}_c(t,t_0)} \tag{4.57}$$

$\Delta\sigma_c(t)$ 被当作在时间 t_0 处完全施加，持续到时间 t，而徐变系数 $\varphi(t,t_0)$ 折减为 $\chi(t,t_0)\varphi(t,t_0)$，$\chi(t,t_0)$ 是一个无量纲的数，称作老化系数。

考虑收缩应变后，混凝土应变为：

$$\varepsilon_c(t,t_0)=\frac{\sigma_c(t_0)}{E_c(t_0)}\big[\varphi(t,t_0)+1\big]+\frac{\Delta\sigma_c(t)}{\overline{E}_c(t,t_0)}+\varepsilon_{sh}(t,t_0) \tag{4.58}$$

1967 年 Trost 假定弹性模量为常数，推导出在不变荷载下，由收缩徐变导致的应变增量和应力增量间的代数方程关系式。1972 年 Z. P. Bazant 将之推广应用于变化的弹性模量与无限界的徐变系数，引入老化系数的概念，提出了利用已知的徐变函数 $J(t,t_0)$ 求松弛函数 $r(t,t_0)$，从松弛函数求老化系数的方法[31]。

$$\chi(t,t_0)=\frac{E_c(t_0)}{E_c(t_0)-r(t,t_0)}-\frac{1}{\varphi(t,t_0)}$$

$r(t,t_0)$ 根据徐变函数采用步进法计算。t_0 施加常应变的情况下，松弛函数在 t_r 时刻的值是：

$$r(t_r,t_0)=r(t_{r-1},t_0)+\Delta r(t_r,t_0)$$

$$\Delta r(t_r,t_0)=-2\frac{\sum_{s=1}^{r-1}\frac{1}{2}\Delta r(t_s,t_0)\big[J(t_r,t_s)+J(t_r,t_{s-1})-J(t_{r-1},t_s)-J(t_{r-1},t_{s-1})\big]}{J(t_r,t_r)+J(t_r,t_{r-1})}$$

老化系数 χ 是以时间 t 为变量与加载时间 t_0 相关的函数，不同的徐变系数表达式得出值不同。Trost 根据 CEB（1965）的徐变系数和弹性模量为常数的假定计算 χ 的值，发现

χ 取决于正常徐变系数 $\varphi(\infty, 0)$ 和初始加载龄期 t_0，而与持荷时间 $(t-t_0)$ 关系不大，当 $t_0 \geqslant 5d$ 和 $1.5 \leqslant \varphi(\infty, 0) \leqslant 4.0$ 时，χ 均值在 0.82 左右，并建议一般情况下取 0.8。Bazant 采用变弹性模量的方法也计算了相应的值。根据 CEB-FIP（1978）中提供的徐变系数的计算值，将各种计算结果与实验值比较，在加载初期与实验的结果差别比较大。而随着持续时间的增长，各种结果趋于一致，约 0.8。

文献[32]拟合实验资料，提出在加载初期与实验吻合较好的计算老化系数的公式：

$$\chi(t,t_0) = \{1-e^{[-0.665\varphi-0.107(1-e^{-3.131\varphi})]}\}^{-1} - \varphi^{-1} \tag{4.59}$$

文献[33]建议了如下公式：

$$\chi(t,t_0) = (1-\alpha e^{-\varphi})^{-1} - \varphi^{-1} \tag{4.60}$$

式中，α、β 为常数，对应于继效流动理论，$\alpha=0.91$，$\beta=0.686$；对应于老化理论，$\alpha=\beta=1$。Brooks 和 Neville（1976）统计了 210 组松弛系数 r 与徐变系数 φ 的实验资料，得出关系式与对应于继效流动理论的式（4.60）相同[34]。研究表明，老化系数取值的选择对计算结果的精度影响并不大，徐变函数才是影响精度的主要因素。

预应力混凝土构件中的力筋应力松弛比定长松弛试验的结果要小，这主要是由于混凝土的收缩徐变与力筋松弛会相互影响。高强钢丝的松弛损失测定结果表明，力筋的应力松弛随着结构的收缩徐变引起的应力损失的增大而减少。Kang & Scordelis（1980）和 Roca & Mari（1993）提出了适用于力筋应变变化状态下的松弛计算过程[35~37]。σ_{p00} 是初始预应力，经过时间 t_1，应力松弛损失值为 σ_{pr1}，此时由于结构变形等因素影响，力筋应力实际降至 σ_{p1}。根据式（4.54）可以得到对应于 (t_1, σ_{p1}) 的假定初始预应力 σ_{po1}。假定力筋在时间步内产生定长松弛损失，将 σ_{po1} 代入式（4.7），就可以得到对应于 (t_2-t_1) 时间段的应力松弛损失值 σ_{pr2}。依此类推，可以确定每一时间步内的力筋应力松弛损失。

对普通混凝土梁进行恒载作用下的时随分析，采用 AEMM 法是相当简便的。此时只需选择适当的徐变系数 φ，计算老化系数 $\chi(t, t_0)$，然后采用初应变法就可以得到梁在某个确定时刻 t 的应力分布、变形等，无需计算 t_0 时刻与 t 时刻之间时间点的结构反应。

体外预应力混凝土梁的时随分析较为复杂。混凝土梁上任一截面承受的预应力等效荷载是随时间变化的，而且无法用显式函数 $\{F\}_p=F(t, t_0)$ 表示。在时刻 t，它与混凝土梁在前一时刻 $\bar{t}$ 的变形有关，可以用结构分析的办法求得。因此，对混凝土梁体来说，总是在进行复杂应力历史作用下的时随分析。

进行时间步进计算可以较好地解决预应力连续变化的问题。将计算时刻 t_f 和初始时刻 t_0 之间划分成若干个足够小的时间段，在每个时间段内计算混凝土截面的收缩徐变约束力、力筋的松弛约束力，结合外荷载的变化得到该时间段的梁单元等效节点力向量，通过非线性分析的方法迭代计算预应力等效荷载与混凝土梁的应力、变形。在完成该时间段的计算后，记录应力与变形的数据，作为以后各时间段计算的依据。

为计算 t_f 时刻结构反应，将初始时刻 t_0 与 t_f 时刻间的时间段 $(t_0 \rightarrow t_f)$ 分为 k 份。一般说来，为取得较好的计算结果，时间段长度应按指数方式递增。第 1 时间段终止时间 t_1 设为与 t_0 相同，则第 1 时间段长度为 0，以反映初始加载的情况。第 2 时间段终止时间 t_2 时刻通过下式确定[31]：

$$\varphi(t_2,t_1) = 0.01 \tag{4.61}$$

第 2 时间段中点时间 $t_{2,m}$，时间段长度 Δt_2 为：

$$t_{2,m} = (t_2 + t_1)/2 \tag{4.62}$$
$$\Delta t_2 = t_2 - t_1$$

其后第 i 时间段对应的终止时间 t_i，时间段长度 Δt_i 由下式确定：

$$t_i = (t_{i-1} - t_0)\left(\frac{t_f - t_0}{\Delta t_2}\right)^{\frac{1}{k}} + t_0 (i = 3, \cdots k + 3) \tag{4.63}$$
$$t_{i,m} = (t_i + t_{i-1})/2$$
$$\Delta t_i = t_i - t_{i-1}$$

当有荷载在 t_j 时刻（$t_0 < t_j < t_f$）施加到结构上时，将时间划分成两个子段，（$t_0 \rightarrow t_j$）和（$t_j \rightarrow t_f$），然后按上述方法分别划分两个时间子段。

对混凝土构件来说，可以通过截面分析的方法得到混凝土的收缩徐变约束力向量，将该约束力向量反向施加到相应的节点上，形成等效节点荷载向量，同时计算结构的时变刚度矩阵，即可应用短期静力作用下的计算方法进行结构分析，得到结构在长期静力作用下的反应[38]。

在应力较低，不大于 $0.5f_c$ 时，混凝土材料可近似看作为弹性的。因此在线性徐变范围内的时随分析计算中可以把混凝土的本构关系简化为线弹性关系，则 $E_c(t_0)$ 只是 t_0 的函数，与应力水平无关，$\overline{E}_c$ 也同样与应力变化函数 $F(\sigma_c)$ 无关。

在步进计算中，假定连续变化的应力在每一时间段内是集中作用在时间段的中点上。如果在计算中不引入龄期调整有效弹性模量的概念，为保证计算精度，就需要划分足够多的时间步；在采用 $\overline{E}_c$ 以考虑时间步内混凝土的老化特性后，即使时间步较大，近似假定造成的误差也可以得到较好的控制。

首先计算 t_1 时刻即时加载的结构反应。假定此时材料的收缩、徐变与松弛都还未发生，因此计算方法同第 3 章中的所述方法一致。A、B、I 根据换算截面计算，考虑钢筋的作用，用 t_1 时刻的混凝土瞬时弹性模量 $E_c(t_1)$ 代替 E_{ci}，E_{si} 取值不变。本步计算完成后，记录数据。

对此后的第 i 个时间段内，即从 t_{i-1} 到 t_i 时刻（$i \geqslant 2$），可通过如下步骤计算收缩徐变等效荷载。

1. 计算混凝土收缩徐变在第 i 个时间段内无约束条件下自由发生时的截面应变变化量

$$\left[\Delta\varepsilon_o\right]_f^i = \sum_{j=1}^{i-1} \frac{\Delta\sigma_o(t_{j,m})}{E_c(t_{j,m})}\left[\varphi(t_i, t_{j,m}) - \varphi(t_{i-1}, t_{j,m})\right] + \frac{\Delta\sigma_o(t_{i,m})}{\overline{E}_c} + (\Delta\varepsilon_{cs})_i \tag{4.64}$$

$$\left[\Delta\psi\right]_f^i = \sum_{j=1}^{i-1} \frac{\Delta\gamma(t_{j,m})}{E_c(t_{j,m})}\left[\varphi(t_i, t_{j,m}) - \varphi(t_{i-1}, t_{j,m})\right] + \frac{\Delta\gamma(t_{j,m})}{\overline{E}_c}$$

$\sum\limits_{j=1}^{i-1} \frac{\Delta\sigma_o(t_{j,m})}{E_c(t_{j,m})}\left[\varphi(t_i, t_{j,m}) - \varphi(t_{i-1}, t_{j,m})\right]$ 项体现了第 1 到第 $i-1$ 个时间段内的应力变化对

第 i 个时间段徐变应变增量的贡献；$\frac{\Delta\sigma_o(t_{i,m})}{\overline{E}_c}$ 表示本时间段内应力变化引起的应变增量，

式中 $\overline{E}_c = \frac{E_c(t_{i,m})}{1 + \chi\varphi(t_i, t_{i,m})}$；$(\Delta\varepsilon_{cs})_i$ 表示本时间段内的收缩应变增量。

在时间段 i 内的应力变化量 $\Delta\sigma_o(t_{i,m})$ 和 $\Delta\gamma(t_{i,m})$ 在计算时是未知的，因此首先假定

$\Delta\sigma_o$（$t_{i,m}$）和 $\Delta\gamma$（$t_{i,m}$）为 0，计算整体结构反应后得到 $[\Delta\sigma_o(t_{i,m})]_1$、$[\Delta\gamma(t_{i,m})]_1$，再代入式（4.64）中重新计算，直至计算收敛。

2. 计算强制约束混凝土收缩徐变应变所需的应力

$$[\Delta\sigma_o]_{cs}=-\overline{E}_c(t_i,t_{i,m})[\Delta\varepsilon_o]_f^i \tag{4.65}$$

$$[\Delta\gamma]_{cs}=-\overline{E}_c(t_i,t_{i,m})[\Delta\psi]_f^i$$

$$[\Delta\sigma_{cj}]_{cs}=-\overline{E}_c(t_i,t_{i,m})[\Delta\varepsilon_{cj}]_f^i=-\overline{E}_c(t_i,t_{i,m})([\Delta\varepsilon_o]_f^i+Z_j[\Delta\psi]_f^i)$$

3. 计算混凝土净截面几何性质 A_c、B_c、I_c，计算约束混凝土收缩徐变所需应力的合力

$$\left.\begin{array}{l}\Delta N_{cs}=\sum[\Delta\sigma_{cj}]_{cs}\Delta A_j=-\overline{E}_c(t_i,t_{i,m})\sum([\Delta\varepsilon_o]_f^i+Z_j[\Delta\psi]_f^i)\Delta A_j=A_c[\sigma_o]_{cs}+B_c[\gamma]_{cs}\\[2mm]\Delta M_{cs}=\sum[\Delta\sigma_{cj}]_{cs}\Delta A_jZ_j=-\overline{E}_c(t_i,t_{i,m})\sum(Z_j[\Delta\varepsilon_o]_f^i+Z_j^2[\Delta\psi]_f^i)\Delta A_j=B_c[\sigma_o]_{cs}+I_c[\gamma]_{cs}\end{array}\right\} \tag{4.66}$$

式中 $-\Delta N_{cs}$、$-\Delta M_{cs}$——混凝土构件截面的收缩徐变等效荷载。

4. 计算本时间段内的预应力筋松弛应力 $\overline{\sigma}_{pr}(t_i)$，计算抵消预应力筋松弛所需的应力合力

$$\left.\begin{array}{l}\Delta N_{relax}=A_p\cdot\overline{\sigma}_{pr}(t_i)\\[2mm]\Delta M_{relax}=A_p\cdot\overline{\sigma}_{pr}(t_i)\cdot e(t_i)\end{array}\right\} \tag{4.67}$$

总的等效荷载为：

$$\left.\begin{array}{l}-\Delta N=-\Delta N_{cs}-\Delta N_{relax}\\[2mm]-\Delta M=-\Delta M_{cs}-\Delta M_{relax}\end{array}\right\} \tag{4.68}$$

将 $-\Delta N$、$-\Delta M$ 施加到考虑龄期调整的换算截面上 $[\overline{A},\overline{B},\overline{I},\overline{E}_c(t_i,t_{i-1})]$，此时式（4.54）可改写成式（4.68），根据此式计算截面实际应力增量与应变增量。

$$\left\{\begin{array}{c}-\Delta N\\-\Delta M\end{array}\right\}=\left[\begin{array}{cc}\overline{A}&\overline{B}\\\overline{B}&\overline{I}\end{array}\right]\left\{\begin{array}{c}\Delta\varepsilon_o(t_i)\\\Delta\psi(t_i)\end{array}\right\} \tag{4.69}$$

式中 $$\overline{A}=\sum\overline{E}_c(t_i,t_{i,m})\Delta A_j+\sum E_{sj}\cdot A_{sj} \tag{4.70}$$

$$\overline{B}=\sum\overline{E}_c(t_i,t_{i,m})Z_j\cdot\Delta A_j+\sum E_{sj}\cdot Z_{sj}\cdot A_{sj}$$

$$\overline{I}=\sum\overline{E}_c(t_i,t_{i,m})Z_j^2\cdot\Delta A_j+\sum E_{sj}\cdot Z_{sj}^2\cdot A_{sj}$$

本时间段内截面的应力增量为：

$$\left.\begin{array}{l}\Delta\sigma_o(t_i)=\overline{E}_c(t_i,t_{i,m})\cdot\Delta\varepsilon_o(t_i)+[\Delta\sigma_o]_{cs}\\[2mm]\Delta\gamma(t_i)=\overline{E}_c(t_i,t_{i,m})\cdot\Delta\psi(t_i)+[\Delta\gamma]_{cs}\end{array}\right\} \tag{4.71}$$

完成截面运算后累加梁的转角、位移，就可以得到体外预应力筋偏心距改变量并结合力筋的本构关系得到力筋应力增量，二者组成了预应力等效荷载增量。预应力等效荷载增量和本时间段内截面的应力增量 $\Delta\sigma_o(t_{i,m})$、$\Delta\gamma(t_{i,m})$ 一起，可以看作结构计算中出现的失衡力，应采用迭代计算的方法加以消除。结构时随分析的基本流程见图 4.14。

4.3.3.3 算例分析

由于迄今为止还没有关于体外预应力混凝土梁的长期实验见诸报道，因此下文将以文献[39]中所述后张无粘结部分预应力混凝土梁的长期损失实验为研究对象，运用程序作拟合分析。

实验中梁式构件共 4 根，几何尺寸 120mm×250mm×1500mm，混凝土强度 C40，预应力筋均为 10Φ^{s}5 高强钢丝，线形为直线，非预应力筋用量从 2Φ6 到 4Φ20 不等。构件截

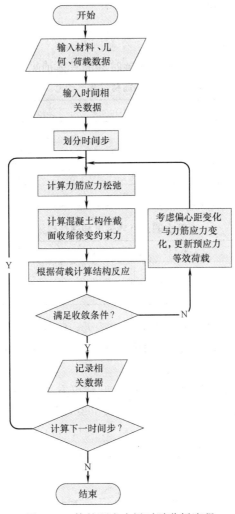

图 4.14　体外预应力梁时随分析流程

面见图 4.15，钢筋材料见表 4.6。

构件编号	非预应力筋 A_s
L-1	2Φ6
L-2	2Φ12
L-3	2Φ20
L-4	4Φ20

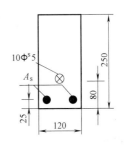

图 4.15　构件截面简图

混凝土采用 32.5 级普通硅酸盐水泥、中砂、碎石拌合。

配合比　　　　水泥：砂：石子＝1：1.40：2.90

水灰比　　　　$w/c＝0.40$

水泥用量　　　$430\text{kg}/\text{m}^3$

碎石粒径	5～20mm	
砂率	33%	
坍落度	3～5cm	

混凝土试块立方体强度和弹性模量在各时刻的具体值见表 4.7。

钢筋材性表　　　　　　　　　　　　　　　　　　　　表 4.6

	直径(mm)	截面积(mm²)	实际强度(MPa)	实测弹模(MPa)
非预应力筋	Φ6	28.3	342.0	2.09×10^5
	Φ12	113.1	533.0	2.01×10^5
	Φ20	314.2	536.4	1.96×10^5
预应力筋	Φ^s5	19.6	1746.0	2.01×10^5

混凝土的立方体强度和弹性模量　　　　　　　　　　　表 4.7

	7d	14d	28d	60d	150d	270d
$f_{cu}(t)$(MPa)	23.4	33.32	40.0	45.50	46.9	50.7
$E_c(t)$(MPa)	2.6×10^4	3.0×10^4	3.5×10^4	3.76×10^4	3.85×10^4	4.0×10^4

试件浇筑成型后 4 天拆除模板，浇水养护 7 天，龄期 28 天时张拉。张拉后移入长期观测实验室开始观测。室内环境条件见图 4.16，在计算中为简化起见，取为恒温 20℃，恒定湿度 65%。

程序中混凝土收缩徐变的计算采用 ACI 209 建议方法。混凝土的即时弹性模量根据表实测数据经最小二乘回归分析得参数值：$a=7.5638$，$b=0.756$；最终徐变系数根据已知条件考虑偏离标准状态校正系数后得：$\varphi_\infty=1.431$；自由收缩应变终极值根据已知条件考虑偏离标准条件校正系数后得：$\varepsilon_{sh,\infty}=426.8\times10^{-6}$。

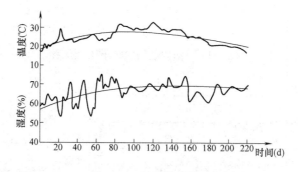

图 4.16　温湿度曲线

模型中混凝土梁体等长度划分成 10 个单元，力筋也同样划分，在每个力筋节点处均设置刚臂与混凝土梁体单元相连，以模拟力筋和梁体的几何变形一致。分析中假定力筋自由滑移，通过计算变形后力筋总的应变增量得到平均应力增量，以模拟力筋和梁体的应变不协调。

分析计算结果与实验结果对比如图 4.17、图 4.18 所示，结果基本吻合良好。L-1 和 L-3 梁差别在于普通钢筋的配筋率，程序较好地反映了配筋率对预应力损失和混凝土有效压应力的影响。

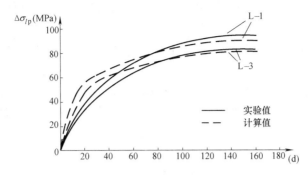

图 4.17　预应力筋应力随时间变化曲线

在这两根无粘结梁已有分析的基础上，修改模型，假定两根同样参数的体外预应力混凝土梁 EL-1、EL-3，预应力钢丝外置，只在梁两端锚固，其余材料、几何尺寸、养护条件等均相同。同样模拟计算 28 天张拉后梁的长期反应，以研究体外预应力混凝土梁的长期性能与无粘结预应力梁是否有显著不同。

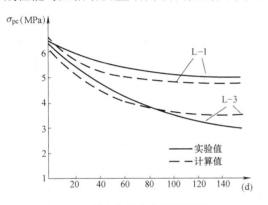

图 4.18　预应力筋高度位置混凝土
应力随时间变化曲线

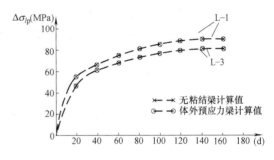

图 4.19　体外预应力与无粘结预
应力梁力筋应力损失对比

由图 4.19 可见，预应力筋外置对模拟计算梁的预应力长期损失几乎无影响；从计算数值上来看，体外预应力梁与无粘结预应力梁的预应力长期损失误差始终保持在 1% 以内。产生这种结果的原因可以解释为：体外预应力与无粘结预应力在力学性能上的差异主要是由于梁体变形引起的偏心距损失造成的。本书中研究的模拟计算梁跨高比仅为 6，且在预应力张拉完成后不施加外荷载，因此梁体的挠度很小，偏心距变化量也很小，从而导致体外预应力与无粘结预应力梁的差别很不明显。

通过上面的分析计算，我们可得到如下结论：

（1）体外预应力混凝土梁的长期性能研究是目前各国学者较少涉及的一个部分，其研究方法基本上可以借鉴已有的混凝土和预应力混凝土结构长期性能研究方法。

（2）龄期调整的有效模量法与时间步进法相结合，这是一种理论上较为精确的时随分析方法，应用该方法对无粘结预应力（包括体外预应力）混凝土梁进行时随分析可以取得较好的结果。

（3）对于一般情况下跨高比较小的梁而言，施加体外预应力与施加体内无粘结预应力后的预应力长期损失基本没有差别，因此在体外预应力梁的设计中可以采用已有的无粘结预应力长期损失计算公式。

（4）对于大跨度、转向块布置较少的体外预应力结构，其短期受力性能与无粘结预应力结构有较大差别。同时，大跨度预应力结构的时随反应比一般中小跨度结构表现得更为明显。因此，超长、大跨、分阶段施工或有特殊要求的体外预应力结构，材料时随特性引起的结构长期反应可能会与无粘结预应力有所区别，此时可采用上文中建立的时随分析方法进行较为精确的分析。

4.4 体外预应力梁动力性能研究

关于体外预应力结构在动力荷载作用下的性能研究甚少，很多问题尚未解决。体内预应力筋传统上来说是不被看作一个单独构件的，而体外索位于混凝土结构外，它仅通过转向装置和锚固端向混凝土施加预应力并传递加载过程中力的变化，体外索在转向块之间未受到约束，可产生独立于梁的变形和振动，自然成为一个相对于组成结构整体的单独构件。也就是说，预应力梁除自身振动外，体外索也会产生独立的振动，这点与普通预应力梁是不同的。因此，体外预应力梁的振动涉及两方面的问题：梁的振动和体外筋的振动。当二者的振动频率接近，又与外动力荷载（如车辆等）频率相差不大时，可能会产生共振现象，就易发生锚具的疲劳破坏和转向构件处的预应力筋的弯折疲劳破坏，从而对体外预应力梁的使用造成影响。

研究体外预应力梁振动的目的，主要是在承受动力荷载的体外预应力结构设计时，要使梁和体外预应力索的固有频率有一定的差异，同时与外动力荷载的频率不同，防止梁与体外索产生共振，使动力放大效应不致过大来保证体外预应力梁的正常使用。

本节将对体外预应力混凝土梁竖向振动特性进行分析，利用由分布质量梁模型得到的自由振动方程，对 Ayaho Miyamoto 等人给出的公式进行了修正和扩充[40]，推导出各种线形布置下的混凝土梁本身的自振频率计算公式，对体外预应力混凝土梁振动的各种影响因素加以分析，提出体外预应力梁体系防止共振危害的措施。

4.4.1 体外预应力梁的自由振动方程[18、41、47、50]

下面具体利用由分布质量梁模型得到的梁在体外预应力作用下的自由振动方程，推导在各种线形布置下出体外预应力混凝土简支梁自振频率计算公式。

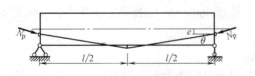

图 4.20　单折线形布置简支梁模型图

对于一体外预应力混凝土简支梁，如图 4.20 所示，体外索线形布置为单折线形，在两端钢筋的锚固点作用一对预加力，偏心距为 e。那么由于体外预应力引起的梁弯矩为 $M = N_{ph}e + N_{py}x$。其中 N_{ph} 和 N_{py} 分别为体外预应力 N_p 的水平和垂直分量。即 $N_{ph} = N_p\cos\theta$，$N_{py} = N_p\sin\theta$。

由于梁在振动过程中梁两端的预加力是不断变化的，因此设

$$N_{ph} = N_{Ph}^0 + \Delta N_{ph}$$
$$M = N_{pv}x + N_{ph}e = (N_{Pv}^0 + \Delta N_{pv})x + (N_{Ph}^0 + \Delta N_{ph})e \quad\quad (4.72)$$

ΔN_p 是随振动位移的变化而产生的预加力的改变量。这样，我们就可以建立如下的力学模型，如图 4.21 所示。

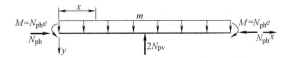

图 4.21　单折线形布置简支梁的受力图

那么，由梁的自由振动方程可得出梁在体外预应力作用下的弯曲振动微分方程[42]：

$$\frac{\partial^2}{\partial x^2}\left(EI\frac{\partial^2 y}{\partial x^2}\right) + \frac{\partial^2}{\partial x^2}(N_P y) - \frac{\partial^2}{\partial x^2}(M) + m\frac{\partial^2 y}{\partial t^2} = 0 \quad\quad (4.73)$$

式中　y——振动位移；

　　　EI——抗弯刚度；

　　　m——单位长度质量。

将式（4.72）带入式（4.73）可得：

$$\frac{\partial^2}{\partial x^2}\left(EI\frac{\partial^2 y}{\partial x^2}\right) + \frac{\partial^2}{\partial x^2}\left[(N_{Ph}^0 + \Delta N_{ph})y\right] - \frac{\partial^2}{\partial x^2}\left[(N_{pn}^0 + \Delta N_{ph})e + (N_{Pv}^0 + \Delta N_{pv})x\right] + m\frac{\partial^2 y}{\partial t^2} = 0$$

$$(4.74)$$

由于 y 远小于 e，则 $\Delta N_{ph}y$ 远小于 $\Delta N_{ph}e$，因而 $\Delta N_{ph}y$ 可忽略不计，又因为 N_{P0} 是初始时所加的预应力，是一恒定值的常数，所以有：

$$e\frac{\partial^2 N_{Ph}^0}{\partial x^2} = 0, \frac{\partial^2(N_{Pv}^0 \cdot x)}{\partial x^2} = 0$$

整理式（4.74）可得：

$$EI\frac{\partial^4 y}{\partial x^4} + N_{Ph}^0\frac{\partial^2 y}{\partial x^2} - e\frac{\partial^2 \Delta N_{ph}}{\partial x^2} - \frac{\partial^2}{\partial x^2}(\Delta N_{pv}x) + m\frac{\partial^2 y}{\partial t^2} = 0 \quad\quad (4.75)$$

由于 ΔN_p 随振动位移的变化而改变，ΔN_p 与 y 的关系比较复杂，梁振动位移 y 很小，为简化起见，在分析 ΔN_p 与 y 的关系时，可近似地用梁中点的位移 y 来替换，这样，只要分析 ΔN_p 与梁中点的振动位移即可。假定 ΔN_p 与梁中点振动位移 y 成正比，要计算正比系数，在梁中点作一集中力 F，那么它在锚固点产生的水平位移为 δ 由图乘法可得：

$$\delta = \int \frac{m_1 M}{EI}dx = \frac{l^2}{8EI}(e\cos\theta + \frac{l}{3}\sin\theta)F \quad\quad (4.76)$$

而在锚固点作用单位力引起该锚固点的水平位移可由下式计算：

$$\delta_1 = \int \frac{m_1^2}{EI}dx + \int \frac{N_1^2}{EA}dx = \frac{l}{3EI}\left(3e^2\cos^2\theta + \frac{1}{4}l^2\sin^2\theta + \frac{3}{2}el\sin\theta\cos\theta\right) + \frac{l}{EA} + \frac{l_t}{E_t A_t}$$

而 ΔN_p 与锚固点的水平位移（钢筋伸长量或缩短量）呈线性关系，单折线形布置简支梁的内力示意图如图 4.22 所示，单位力的水平位移为 δ_1，所以由 F 引起锚固力变化为：

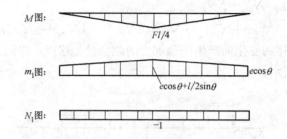

图 4.22 单折线形布置简支梁的内力示意图

$$\Delta N_{ph} = \Delta N_p \cos\theta = \frac{\delta}{\delta_1} = \frac{\int \dfrac{m_1 M}{EI}\mathrm{d}x}{\int \dfrac{m_1^2}{EI}\mathrm{d}x + \dfrac{l}{EA}}$$

$$= \frac{\dfrac{l^2}{8EI}\left(e\cos\theta + \dfrac{l}{3}\sin\theta\right)F}{\dfrac{l}{3EI}\left(3e^2\cos^2\theta + \dfrac{1}{4}l^2\sin^2\theta + \dfrac{3}{2}el\sin\theta\cos\theta\right) + \dfrac{l}{EA} + \dfrac{l_t}{E_t A_t}}$$

可得到

$$\Delta N_p = \frac{l\left(e\cos\theta + \dfrac{l}{3}\sin\theta\right)}{8\cos\theta\left[\left(e^2\cos^2\theta + \dfrac{l^2}{12}\sin^2\theta + \dfrac{1}{2}el\sin\theta\cos\theta\right) + \lambda\right]} \cdot F \tag{4.77}$$

式中 F——应用荷载；

    EI——梁的抗弯刚度；

    A——梁的横截面面积；

    l——梁的长度；

    E_t——体外索的弹性模量；

    A_t——体外索的横截面面积；

    l_t——体外索的长度。

$$\lambda = \frac{I}{A} + \frac{EI}{E_t A_t}\frac{l_t}{l}$$

而在力 F 作用下梁中端的位移为：

$$y_F = \frac{l^3}{48EI}F \tag{4.78}$$

将式 (4.77) 代入 (4.78) 可得：

$$y_F = \frac{l^2\cos\theta\left[\left(e^2\cos^2\theta + \dfrac{l^2}{12}\sin^2\theta + \dfrac{1}{2}el\sin\theta\cos\theta\right) + \lambda\right]}{6EI\left(e\cos\theta + \dfrac{l}{3}\sin\theta\right)}\Delta N_p \tag{4.79}$$

由位移互等定理可知，ΔN_p 在其中点产生的向上位移 $y_{\Delta N_p}$ 为：

$$y_{\Delta N_p} = \frac{l^2\left(e\cos\theta + \dfrac{l}{3}\sin\theta\right)}{8EI} \cdot \Delta N_p \tag{4.80}$$

这样，根据关系式 $y=y_F-y_{\Delta N_p}$ 可得：

$$y=\frac{4\cos\theta\left[\left(e^2\cos^2\theta+\frac{l^2}{12}\sin^2\theta+\frac{1}{2}el\sin\theta\cos\theta\right)+\lambda\right]-3\left(e\cos\theta+\frac{l}{3}\sin\theta\right)^2}{24EI\left(e\cos\theta+\frac{l}{3}\sin\theta\right)}l^2\Delta N_p$$

所以，ΔN_p 可以表示为：

$$\Delta N_p=\frac{24EI\left(e\cos\theta+\frac{l}{3}\sin\theta\right)}{\mu l^2}y$$

其中

$$\mu=4\cos\theta\left[\left(e^2\cos^2\theta+\frac{l^2}{12}\sin^2\theta+\frac{1}{2}el\sin\theta\cos\theta\right)+\lambda\right]-3\left(e\cos\theta+\frac{l}{3}\sin\theta\right)^2$$

可得微分方程：

$$EI\frac{\partial^4 y}{\partial x^4}+\left[N_{Ph}^0-\frac{24EI}{l^2}\frac{v}{\mu}\right]\frac{\partial^2 y}{\partial x^2}+m\frac{\partial^2 y}{\partial t^2}=0 \tag{4.81}$$

其中，$v=\left(e\cos\theta+\frac{l}{3}\sin\theta\right)^2$。式（4.81）即为单折线形布置下梁在体外预应力作用下的自由振动方程。对于式（4.81），根据振动的基本理论，可采用分离变量法进行求解。

设

$$y=X(x)\cdot e^{i\omega_n t}=X(x)\cdot(\cos\omega_n t+i\sin\omega_n t) \tag{4.82}$$

将式（4.82）代入式（4.81），并整理可得：

$$EI\frac{\partial^4 X}{\partial x^4}+\left[N_{Ph}^0-\frac{24EI}{l^2}\frac{v}{\mu}\right]\frac{\partial^2 X}{\partial x^2}=m\omega_n^2 X \tag{4.83}$$

对于所分析的简支梁，可设 $y(x)$ 的表达式为：

$$X(x)=A\sin\frac{n\pi}{l}x, n=1,2,3\cdots\cdots \tag{4.84}$$

将式（4.84）代入式（4.83）可得：

$$EI\left(\frac{n\pi}{l}\right)^4+\left[N_{ph}^0-\frac{24EI}{l^2}\frac{v}{\mu}\right]\left(\frac{n\pi}{l}\right)^2=m\omega_n^2 \tag{4.85}$$

解得：

$$\omega_n=\sqrt{\frac{EI}{m}}\cdot\left(\frac{n\pi}{l}\right)^2\xi \tag{4.86}$$

式（4.86）即为所求得的梁的自振圆频率，其中 $\xi=\sqrt{1-\left(\frac{l}{n\pi}\right)^2\frac{N_{ph}^0}{EI}+\frac{24}{(n\pi)^2}\frac{v}{\mu}}$。

同理，各种线形布置下体外预应力混凝土简支梁自振频率计算公式可列于表 4.8。表中从理论上推导出体外预应力混凝土梁自振频率计算公式，ξ 的表达式意义因线形布置的不同而不同，显示出了体外预应力对梁固有频率的影响，它与作用在梁上的初始预加力和线形布置及横截面的惯性半径有关，ξ 很可能大于 1，也可能小于或等于 1。若预加力的轴向分量占统治地位，则 $0<\xi<1$，从而体外预应力导致自振频率减小；若体外索离梁中心位置较远，初始偏心 e 和体外索的偏转角 θ 影响程度较大，则 $\xi>1$，说明体外预应力引起梁的自振频率增大。

从频率计算公式可以看出其频率受初始预应力大小和体外筋线形布置等多种因素的影响。理论公式和一些计算结果均表明，梁的振动频率具体与下述因素有关：（1）初始预应力大小。初始预应力水平分量越大，梁的频率越小。（2）体外筋线形的布置。体外筋初始偏心 e 和体外索的偏转角 θ 越大，梁的自振频率会增大。（3）梁材料的弹性模量。与材料弹性模量的 1/2 次方成正比，弹性模量越大，梁的振动频率也越大。（4）梁的截面惯性矩。与梁截面惯性矩的 1/2 次方成正比，梁的截面惯性矩越大，梁的振动频率也越大。（5）重密度。与梁重密度的 1/2 次方成反比，单位长度内梁的重量越大，梁的振动频率越小。（6）梁的跨度。与梁跨度的 2 次方成反比，梁的跨度越大，梁的振动频率越小。（7）约束条件。梁的振动频率与受到的约束有直接联系，文献［43］有详细阐述。（8）体外预应力索的类型。现在可以运用两类体外筋：预应力钢绞线和碳纤维筋。根据轴向抗拉刚度，要想具有相同的自振频率，前者的设计截面比后者要大。（9）转向块、锚固端以及支座外悬挑部分的存在对梁的固有频率有一定的影响。

各种线型布置下体外预应力简支梁频率计算公式　　　　　　　表 4.8

第 n 阶频率 ω_n	ξ 表达式	线形	各参数意义
$\omega_n = \sqrt{\dfrac{EI}{m}} \cdot \left(\dfrac{n\pi}{l}\right)^2 \xi$	$\xi = \sqrt{1 - \left(\dfrac{l}{n\pi}\right)^2 \dfrac{N_{ph}^0}{EI} + \dfrac{24}{(n\pi)^2} \dfrac{v}{\mu}}$	直线型	$\mu = (e^2 + 4\lambda)$ $\lambda = \dfrac{I}{A} + \dfrac{EI}{E_t A_t} \dfrac{l_t}{l}$ $v = e^2$
		单折线形	$\mu = 4\cos\theta\left[\left(e^2\cos^2\theta + \dfrac{l^2}{12}\sin^2\theta + \dfrac{1}{2}el\sin\theta\cos\theta\right) + \lambda\right]$ $\quad -3\left(e\cos\theta + \dfrac{l}{3}\sin\theta\right)^2$ $v = \left(e\cos\theta + \dfrac{l}{3}\sin\theta\right)^2$ $\lambda = \dfrac{I}{A} + \dfrac{EI}{E_t A_t}\dfrac{l_t}{l}$
		双折线形	$\mu = 4\cos\theta\left[\left(-\dfrac{4}{3}\dfrac{a^3}{l}\sin^2\theta - 2\dfrac{ea^2}{l}\sin\theta\cos\theta\right.\right.$ $\left.+ e^2\cos^2\theta + a^2\sin^2\theta + 2ae\sin\theta\cos\theta\right) + \lambda\Big]$ $\quad -3\left[e\cos\theta + \left(a - \dfrac{4a^3}{3l^2}\right)\sin\theta\right]^2$ $v = \left[e\cos\theta + \left(a - \dfrac{4a^3}{3l^2}\right)\sin\theta\right]^2$ $\lambda = \dfrac{I}{A} + \dfrac{EI}{E_t A_t}\dfrac{l_t}{l}$

　　另外需要特别指出的是，当运用体外预应力技术进行既有结构的加固时，梁本身有缺陷，即存在裂缝使梁的固定频率降低，而随着体外预应力的增加使裂缝闭合，梁的截面刚度因此得以提高，使体外预应力梁的频率能有所提高。测试研究表明采用体外预应力可以明显改善梁结构的应力状态，使结构的强度、刚度、抗剪能力和承载力都有明显的提高，显示了这种加固方法的魅力和独到之处。但欲改善梁的动力性能（固有频率、动刚度），在构造上必须按适当形式布设体外预应力钢索。经过试验表明，只有体外索偏心较大时才能提高梁的固有振动频率，幅度很小，说明体外预应力技术可明显改善梁中的应力状态，但对其固有振动频率的改善很小[44]。

4.4.2 体外索自由长度与预应力结构共振的预防[18]

当体外预应力结构自振频率处于某些范围时，外荷载，包括行驶车辆、行人、地震作用、风荷载、海浪冲击等可能会引起体外预应力结构共振，使得乘客和行人感觉不舒服，甚至振幅过大危及结构安全运营。结构自振频率与其刚度和质量有着确定的关系，在设计时就要避免引起体外预应力混凝土结构共振的强迫振动振源，如风、车辆等的频率与桥跨自振频率耦合。特别应指出的是若要研究体外预应力结构病害诊断，实际也可以体外预应力结构或构件固有频率的改变为依据。体外索在混凝土梁体外，自然成为一个相对于组成结构整体的单独构件。所以在承受动力荷载的体外预应力结构设计中，必须考虑到体外索与结构是独立振动的，应防止二者共振，而且当体外预应力索在动力荷载（如车辆等）作用下发生共振时，就易发生锚具的疲劳破坏和转向构件处的预应力筋的弯折疲劳破坏。

体外预应力索仅在锚固和转向块处受到约束，当梁受到活荷载作用时，转向块（锚固端）间的预应力筋索可能产生独立于梁的振动，如果体外索的固有频率和梁的固有频率接近，就可能发生共振。共振不仅影响梁的正常使用，甚至导致体外索断裂、梁破坏，因此，应采取构造上的措施来避免体外索和梁发生共振。

为了研究体外预应力索振动特性与梁桥外部激励的相互影响，假定汽车车队以相同速度过桥，各车队间距相同，对桥梁产生激励的频率 $f_w = v/s$，其中：v 为汽车过桥的速度，s 为汽车的间距。根据《公路桥涵设计规范》规定的汽车荷载，不同等级的汽车车队间距均为 19m，一般汽车速度在 $40\sim120$km/h 之间，则相应的激励频率 $f = 0.58\sim1.75$Hz。当汽车速度较低时，车队间距较小，速度越高则间距越大，取极限情况：$v = 20$km/h，$s = 5h$，$f = 1.11$Hz；$v = 120$km/h，$s = 200$m，$f = 0.167$Hz。上述分析显示，汽车对桥梁产生随机激励，频率较低，在 $0.1\sim2$Hz 之间。

体外预应力混凝土梁桥频率计算公式为：$f_n = \omega_n/2\pi = \dfrac{n^2\pi}{2l^2} \cdot \sqrt{\dfrac{EI}{m}} \cdot \xi$。可见桥梁基频与桥的跨度、单位长度质量、刚度和体外索布置有关。对于同样跨度，混凝土桥刚度与单位长度质量之比最大，钢桥最小，组合梁介于二者之间，所以自振频率是混凝土桥最大，钢桥最小，组合梁桥在两者之间。表 4.9 为部分实桥实测自振频率值，桥梁基频在 $1\sim5$Hz 之间[45,46]。

部分梁桥的自振频率实测值　　　　　　　　　　　　　　　表 4.9

桥名	桥梁形式	跨度(m)	自振频率(Hz)	备注
新葛饰桥	四跨连续钢箱梁	4×55	2.8	日本
日川桥	三跨连续箱梁	104+130+104	1.1	日本
由比港桥	三跨连续 PC 梁	30+70+30	1.7	日本
庄架道桥	简支 PCI 形主梁	36	3.62	日本
中田 BL	简支 RC 单 T 形主梁	20	3.65	日本
京山线滦河桥	简支 I 形钢板梁	32	4.95	铁路桥
北京立交桥	三跨连续结合梁桥	60+90+61.45	1.25	主梁为钢箱梁结合梁

体外预应力索固定于转向块（或锚固端）之间，不计梁体振动引起的预应力增量，忽略预应力索中阻尼的影响，则体外预应力索弦向振动的方程为：

$$m_{\mathrm{t}}\frac{\partial^2 y}{\partial t^2}-N_{\mathrm{p}}\frac{\partial^2 y}{\partial x^2}=0 \tag{4.87}$$

式中　N_{p}——在正常使用时体外预应力索中的有效张拉力；

　　　m_{t}——预应力索单位长度的质量。

对于二端固定的体外预应力索，类似本章前面所述方法求解方程式（4.87）得到频率计算公式为：

$$f_{\mathrm{n}}=\frac{n}{2l_{\mathrm{t}}}\sqrt{N_{\mathrm{p}}/m_{\mathrm{t}}} \tag{4.88}$$

式中　f_{n}——体外预应力索的 n 阶自振频率；

　　　l_{t}——预应力索的自由长度。

将 $N_{\mathrm{p}}=\sigma_{\mathrm{p}}\cdot A_{\mathrm{t}}$ 以及 $m_{\mathrm{t}}=\rho A_{\mathrm{t}}$ 代入式（4.88），则：

$$f_{\mathrm{n}}=\frac{n}{2l_{\mathrm{t}}}\sqrt{\sigma_{\mathrm{p}}/\rho} \tag{4.89}$$

式中　ρ——体外索的质量密度；

　　　A_{t}——体外索的面积；

　　　σ_{p}——预应力筋的应力。

为了防止共振，可以采取适当方法来使体外索频率、梁本身的自振频率、外动力荷载频率相互错开，不能太接近甚至相等。其措施可以从两个方面来选取，一是改变梁的自振频率；二是改变体外索的自振频率。而梁的自振频率主要由梁的跨度和截面特性决定，为满足设计要求，梁的跨度和截面特性不宜更动，只能通过改变体外索的固有频率来满足这个条件。体外索的张力、索的材料由受力条件、使用环境等其他因素确定，因而只能通过改变体外索的自由段长度来改变体外索的固有频率。

由式（4.89）可知：体外索的自振频率与其质量密度、应力及长度有关，当体外预应力索材料和体外索应力确定后，频率仅与体外索的长度有关，即体外索频率与体外索自由长度成反比。钢绞线质量密度取 $7.8\mathrm{t/m^3}$，因此体外预应力索的自振频率可表示为体外索自由长度 l_{t} 的函数。

当 $f_{\mathrm{ptk}}=1860\mathrm{MPa}$ 时，张拉控制应力不应小于 $0.4f_{\mathrm{ptk}}$，若考虑有 20% 的损失，则一般体外索的最小有效应力应为 $\sigma_{\mathrm{pe}}=0.4\times0.8\times1860=595.2\mathrm{MPa}$，而体外索最大应力不应超过 $f_{\mathrm{py}}=1320\mathrm{MPa}$。当 $\sigma_{\mathrm{pe}}=595.2\mathrm{MPa}$ 时，由式（4.89）知道，体外索基本频率与其长度的函数关系式为：$f_1=\dfrac{1}{2l_{\mathrm{t}}}\sqrt{\dfrac{595.2\times10^6}{7.8\times10^3}}=\dfrac{138.12}{l_{\mathrm{t}}}$；当 $\sigma_{\mathrm{pe}}=1320\mathrm{MPa}$ 时，体外索基本频率与其长度的函数关系式为：$f_1=\dfrac{1}{2l_{\mathrm{t}}}\sqrt{\dfrac{1320\times10^6}{7.8\times10^3}}=\dfrac{205.69}{l_{\mathrm{t}}}$。

当体外索 $f_{\mathrm{ptk}}=1720\mathrm{MPa}$ 时，σ_{pe} 一般在 $550.4\sim1220\mathrm{MPa}$ 范围内。当 $\sigma_{\mathrm{pe}}=550.4\mathrm{MPa}$ 时，体外索基本频率与其长度的函数关系式为：$f_1=\dfrac{132.82}{l_{\mathrm{t}}}$；当 $\sigma_{\mathrm{pe}}=1220\mathrm{MPa}$ 时，体外索基本频率与其长度的函数关系式为：$f_1=\dfrac{197.74}{l_{\mathrm{t}}}$。

当体外索 $f_{\mathrm{ptk}}=1570\mathrm{MPa}$ 时，σ_{pe} 一般在 $502.4\sim1110\mathrm{MPa}$ 范围内。当 $\sigma_{\mathrm{pe}}=502.4\mathrm{MPa}$ 时，体外索基本频率与其长度的函数关系式为：$f_1=\dfrac{126.9}{l_{\mathrm{t}}}$；当 $\sigma_{\mathrm{pe}}=1110\mathrm{MPa}$ 时，体外

索基本频率与其长度的函数关系式为：$f_1 = \dfrac{188.62}{l_t}$。

　　体外预应力索的基本频率与钢绞线无侧向约束的自由长度的关系如图 4.23 所示。由图中曲线可发现，随着体外索长度增大，体外钢绞线的自振频率迅速减小，当 $l_t > 20\text{m}$ 后，自振频率变化趋平稳。我国桥梁设计规范目前还没对体外预应力筋的支承长度作特殊的规定。根据以上研究结果，体外预应力索的自由长度应在 20m 以下，就可以使得体外索的自振频率和一般梁桥的自振频率的数值不接近。在实际工程应用中建议：体外预应力筋的无侧向支承的自由长度 l_t 不应过大，可控制在 12m 之内，这样混凝土梁和体外索的自振频率就相互错开，也就避免了共振问题。当 l_t 超过 12m 时，可采取安装阻尼减振装置的措施。体外索自由段长度的改变可通过转向块位置设计或转向块间增设减振装置将索与混凝土梁固定起来的办法实现。采用振动理论计算固有频率时，为安全起见，应放大梁和钢绞线的频率差范围，对重要或复杂的结构，应进行测试。

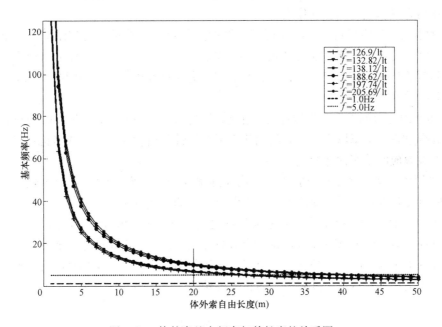

图 4.23　体外索基本频率与其长度的关系图

　　另外，对不可更换的体外预应力索的锚具，于其下灌注砂浆；对可更换的体外预应力索的锚具，于其下设置防振装置，转向构件处设置必要的体外预应力筋固定装置。采取有效的防振措施，可显著减少体外预应力索由动荷载作用下所引起的应力振幅，从而避免疲劳破坏的发生。

4.5　小结

　　在收集和分析国内外既有研究资料的基础上，本章通过理论分析、实验数据分析、非线性分析、人工神经网络预测等多种手段，进行了体外预应力混凝土结构的预应力损失估算，受弯极限承载力，受剪极限承载力，短期挠度计算方法和最大裂缝宽度验算方法，长期性能数值仿真分析，自由振动特性等方面的研究工作。得出的结论主要有：

1. 体外预应力混凝土结构是无粘结预应力混凝土结构的一个分支，体外预应力混凝土梁的长、短期受力性能和无粘结预应力混凝土梁均有相似之处。

2. 体外预应力技术用于新建结构和加固结构在结构体系、构造形式、施工方法等方面与通常的体内有粘结和无粘结预应力结构有所差别，因此有必要对体外预应力损失的计算作特定考虑；体外预应力结构的预应力损失可采用分项估算的方法进行计算，主要项目包括：锚具变形和预应力钢筋回缩损失、摩擦损失、松弛损失、收缩徐变损失、弹性压缩损失，此外还应考虑使用期间的温差损失。

3. 体外预应力混凝土受弯构件的正截面承载力设计计算可参照无粘结预应力构件的设计方法，其中体外束的预应力筋应力设计值对连续与简支受弯构件取为 100MPa，对悬臂受弯构件取为 0，可保证设计必须的可靠度。

4. 体外预应力混凝土受弯构件的抗剪承载力计算中应考虑轴向压应力和折线形配筋的竖向作用力对承载力的有利作用。

5. 考虑到体外索对构件刚度和控制裂缝的贡献较相同数量的有粘结筋小的影响，参照相关文献，提出体外索等效折减系数为 0.20，实现体外预应力与有粘结预应力混凝土梁刚度和裂缝计算公式的统一。验证表明运用该方法计算体外预应力混凝土梁的刚度和裂缝与试验结果吻合良好。

6. 体外预应力混凝土受弯构件的极限承载力精确计算涉及几何非线性和材料非线性耦合的分析过程。本章以条带法为基础建立了非线性分析程序，可完成考虑体外力筋应力增长和二次效应的受弯构件全过程分析。

7. 采用条带法，将体外力筋的作用当作随梁体的变形而不断变化的等效荷载，并结合材料的时随特性，可以完成体外预应力混凝土梁的时随分析。

8. 对体外预应力混凝土梁竖向振动特性进行分析，利用由分布质量梁模型得到的自由振动方程，对 Ayaho Miyamoto 等人给出的公式进行了修正和扩充，推导出各种线形布置下的混凝土梁本身的自振频率计算公式，对体外预应力混凝土梁振动的各种影响因素加以分析，提出体外索自由长度限值，防止体外预应力梁体系共振危害。

参 考 文 献

[1] 徐栋. 节段施工体外预应力混凝土桥梁的极限强度分析：[博士学位论文]上海：同济大学，1998.

[2] Nihal Ariyawardena. Prestressed Concrete with Internal or External Tendons：Behaviour and Analysis：[Ph. D Dissertation]. The Univrsity of Calgary, Canada, 2000.

[3] Tan, Kiang-Hwee; Ng, Chee-Khoon. Effects of deviators and tendon configuration on behavior of externally prestressed beams. ACI Structural Journal, v 94, n 1, Jan-Feb, 1997, p 13-22

[4] Alkhairi, F. M. . On the Flexural Behaviour of Concrete Beams Prestressed with Unbonded Internal and External Tendons：[Ph. D Dissertation]. The Univrsity of Michigan, USA, 1991.

[5] ACI 318（2005）. Building Code Requirements for Reinforced Concrete. ACI, Detroit, Michigan, USA，2005.

[6] CSA A23. 3-94（R2000）. Design of Concrete Structures. CSA International，2000.

[7] Comité Euro-International du Béton. CEB-FIP Model Code 1990. Model Code for Concrete Structures. Thomas,

Telford，London，1993.

[8]　AASHTO LRFD Bridge Design Specifications. American Association of State Highway and Transportation Officials. Washington D. C.，U. S. A.，1998.

[9]　Naaman A. E. New Methodology for the Analysis of Beams Prestressed with External or Unbonded Tendons. In External Prestressing In Bridges. American Concrete Institute，Detroit，1990，SP-120.

[10]　Naaman A. E and Alkhairi F. M. Stress at Ultimate in Unbonded Post-tensioning Tendons. Part 2：Proposed methodology. ACI Structural Journal，1991，88，No. 6，683-692.

[11]　Aravinthan，T；Fujioka，Atsushi；Mutsuyoshi，Hiroshi；Hishiki，Yoshihiro Prediction of the ultimate flexural strength of externally prestressed PC beams. Transactions of the Japan Concrete Institute，v 19，1997，p 225-230.

[12]　Pannell F. N. the Ultimate Moment of Resistance of Unbonded Prestressed Concrete Beams. Magazine of Concrete Research，1969，21，No. 66：43-54.

[13]　Pannell F. N. and Tam A. the Ultimate Moment of Resistance of Unbonded Partially Prestressed Reinforced Concrete Beams. Magazine of Concrete Research，1976，28，No. 67：203-208.

[14]　熊学玉，黄鼎业编著. 预应力工程设计施工手册. 北京：中国建筑工业出版社，2003.

[15]　熊学玉著. 体外预应力结构设计. 北京：中国建筑工业出版社，2005.

[16]　杨晔. 体外预应力混凝土桥梁抗剪承载力试验研究. 同济大学硕士论文，2004.

[17]　熊学玉，王寿生. 体外预应力混凝土梁刚度和裂缝计算研究. 建筑结构，2006（11）.

[18]　王寿生. 体外预应力混凝土梁体系振动问题与正常使用性能研究：[硕士学位论文]. 上海：同济大学，2006. 6.

[19]　邓向辉. 体外预应力梁受力性能研究：[硕士学位论文] 上海：同济大学，1998.

[20]　华毅杰，熊学玉，黄鼎业. 体外预应力结构加固设计方法的探讨. 世纪之交的预应力新技术. 北京：专利文献出版社，1998.

[21]　邱继生. 体外预应力混凝土梁短期刚度和裂缝的试验研究. 华中科技大学硕士学位论文，2003.

[22]　王彤. 体外预应力混凝土梁弹性分析与试验研究. 哈尔滨建筑大学硕士论文，1999.

[23]　王彤，张颂娟，李铁强. 体外预应力体系正常使用阶段的计算与试验研究. 辽宁省交通高等专科学校学报，2001，3（1）：1-5.

[24]　王向锋. 体外预应力混凝土梁弯曲性能研究. 华中科技大学硕士学位论文，2003.

[25]　蓝宗建，严欣春，夏保国，冯志祥. 无粘结部分预应力混凝土梁裂缝宽度的计算 [J]. 东南大学学报，1991，21（4）：67-72.

[26]　郑文忠，解恒燕. 与有粘结统一的无粘结预应力混凝土梁刚度及裂缝宽度计算方法. 建筑结构学报，2005，26（3）：65-69.

[27]　顾炜. 体外预应力混凝土梁的受弯性能与设计方法研究：[硕士学位论文]. 上海：同济大学，2005. 3.

[28]　周履，陈永春. 收缩徐变. 北京：中国铁道出版社，1994.

[29]　Mohamed Khalil Shams. Time-Dependent Behavior of High-Performance Concrete：[Ph. D Dissertation]. Georgia Institute of Technology，USA，2000.

[30]　Neville，A. M.；Dilger，W. H.；Brooks，J. J.. Creep of Plain and Structural Concrete. Construction Press，New York，1983.

[31]　Zdenek P. Bazant. Prediction of Concrete Creep Effects Using Age-Adjusted Effective Modulus Method. ACI Journal，Vol. 81（3），1972.

[32]　龚洛书，惠满印，杨蓓. 混凝土收缩与徐变的实用数学表达式. 建筑结构学报，Vol. 9（5），1988.

［33］ 陶学康. 无粘结预应力混凝土设计与施工. 北京：地震出版社，1993.

［34］ Brooks，J. J.；Neville，A. M.. RELAXATION OF STRESS IN CONCRETE AND ITS RELA-TION TO CREEP. Journal of The American Concrete Institute，v 73，n 4，Apr，1976，pp. 227-232.

［35］ Kang，Young-Jin；Scordelis，Alexander C.. NONLINEAR ANALYSIS OF PRESTRESSED CON-CRETE FRAMES. ASCE J Struct Div，v 106，n 2，Feb，1980，p 445-462.

［36］ Roca，P.；Mari，A. R.. Numerical treatment of prestressing tendons in the nonlinear analysis of prestressed concrete structures. Computers and Structures，v 46，n 5，Mar 3，1993，p 905-916.

［37］ Roca，P.；Mari，A. R.. Nonlinear geometric and material analysis of prestressed concrete general shell structures. Computers and Structures，v 46，n 5，Mar 3，1993，p 917-929.

［38］ Mamdouh M Elbadry，Samer A Youakim，Amin Ghali. Model analysis of time-dependent stresses and deformations of structural concrete. Progress in Structural Engineering and Materials，Volume 5，Issue 3，Date：July/September 2003，Pages：153-166.

［39］ 周燕勤. 预应力损失的计算及试验研究：［硕士学位论文］. 南京：东南大学，1995. 3.

［40］ 伯野元彦主编，李明昭等译. 土木工程振动手册. 中国铁道出版社，1992：119-123.

［41］ 熊学玉，王寿生. 体外预应力梁振动特性的分析与研究. 地震工程与工程振动，2005（2）

［42］ Ayaho Miyamoto，Katsuji Tei，Hideaki Nakamura，John W. Bull. Behavior of Prestressed Beam Strengthened with External Tendons. JOURNAL OF STRUCTURAL ENGINEERING，2000（9）：1033-1044.

［43］ Thomson W T 著，胡宗武等译. 振动理论及其应用（Theory of Vibration with Applications）［M］. 北京：煤炭工业出版社，1980.

［44］ 宋一凡. 预应力钢梁桥的动力分析. 西安公路交通大学学报，2000.

［45］ 李建中，范立础. 货物列车作用下铁路钢板梁横向振动机理. 同济大学学报，2000（1）：104-108.

［46］ 崔玉萍，杨党旗. 钢-混凝土组合梁桥结构振动特性测试与计算分析. 公路，2002（9）：13-16.

［47］ 熊学玉，沈小东. 基于动力刚度法的体外预应力梁自振频率分析. 振动与冲击，2011，29（11）：180-182，220.

［48］ 熊学玉，王寿生. 体外预应力混凝土梁挠度分析. 工业建筑，2004，34（7）：12-15.

［49］ 熊学玉，顾炜. 体外预应力混凝土梁的时随分析. 哈尔滨工业大学学报，2009，41（3）：137-140.

［50］ 熊学玉，高峰，李阳. 体外预应力连续梁振动特征的分析与研究. 振动与冲击，2011，30（6）：104-108.

第5章 预应力型钢混凝土结构设计理论研究

5.1 概述

在土木工程结构中，材料的价值决定于许多因素，如物理性质、结构强度、耐久性、施工性和经济性等。单一的材料几乎不可能同时具备所有这些性能，这就需要结构工程师对材料进行改进，通过选取不同的材料和采取相应的施工方法，建造出适用、经济、美观的结构形式。

目前，国内外采用改进材料性能的方法大致可分成两类。第一类是选择合适的材料进行混合，形成复合材料，例如在水泥中加入玻璃纤维、添加剂制成复合材料，主要由水泥提供抗压强度，玻璃纤维增强抗拉强度，添加剂则改善施工性和耐久性；第二类方法是将不同的材料按最佳几何构造布置，使每种材料在特定位置发挥特定的作用，形成组合结构。

目前，土木工程中的组合结构通常是指钢构件和混凝土组成的结构，即钢-混凝土组合结构。钢-混凝土组合结构的主要优势有：

（1）将钢板的高抗拉、抗剪性能和混凝土良好的抗压性能结合起来，结构受力更明确；

（2）减轻自重，满足大跨径、承受重荷载的需要；

（3）可以在预制场制造，更好地保证施工质量，缩短施工工期；

（4）便于采用更多、更新的防护措施增强耐久性。

组合结构和现代预应力技术的结合可以进一步增强组合结构的应用优势。在大跨度、承受重荷载的组合结构中合理地布置高强度预应力钢索，通过机械、电热或化学方法对其进行张拉，或者通过其他各种方式在构件中建立起预应力，由预应力减小和抵消结构在外荷载作用下的应力水平，达到改善结构受力状态与性能、提高结构刚度的目的，从而满足结构在跨径、承重和美观方面的要求[1,2]。预应力钢-混凝土组合结构正是克服了组合结构的缺点而产生的，它可减少和防止混凝土组合结构在静荷载和动荷载作用下发生开裂，增加组合结构的刚度，减少组合结构挠度和防止锈蚀等，具有钢-混凝土组合结构和预应力结构的优点，完善了钢-混凝土结构的受力性能，拓宽了钢-混凝土组合结构的应用领域[3]。

现代预应力结构体系是指用高强和高性能材料、现代设计方法和先进的施工工艺建筑起来的预应力结构体系，是当今技术最先进、用途最广、最有发展前途的一种建筑结构形式之一。目前，世界上几乎所有的高大精尖的土木建筑结构都采用了现代预应力技术，如大型公共建筑、大跨重载工业建筑、高层建筑、大中跨度桥梁、大型特种结构、电视塔、核电站安全壳、海洋平台等几乎全都采用了这一技术。预应力型钢混凝土组合结构便是现代预应力体系具体的应用形式之一。随着我国经济的迅速发展，城市化趋势进一步加速，其明显特征就是巨型建筑发展很快，有不断向大跨度、超高层及高耸建筑发展的趋势，预应力型钢混凝土（以下简称 PSRC）结构作为一种新的现代预应力结构体系，能够最大限度地适应现代建筑发展的趋势，满足现代结构的需求。对型钢钢筋混凝土梁施加预应力，可以扩大材料的弹性范围，更加充分利用高强材料，发挥材料特性，减轻结构自重，节约钢材；降低最大拉应力，使低韧性钢梁的脆断可能性减小；降低有效应力幅，从而增强结构的疲劳抗力；提高极限承载力，减小结构变形；延迟负（正）弯矩区混凝土裂缝的出现；增强型钢钢筋混凝土梁的刚度，有效地降低应力幅值，增强型钢钢筋混凝土梁的疲劳寿命，提高其正常使用状态下的承载能力[4]。对结构物来说，减小截面尺寸即意味着降低结构自重，增加使用面积和有效空间。在高层及超高层建筑中，由于受到结构本身抗震性能的制约，会导致构件截面尺寸过大，减小使用空间，造成建筑功能与结构抗震功能之间的矛盾。如果采用预应力型钢混凝土梁，则建筑与结构之间的矛盾可以得到缓解，这不仅在结构造价上取得节约的效果，更重要的是由于构件截面尺寸减小，使建筑使用面积增加，并满足建筑美观的要求[5,6]。相比型钢混凝土梁，PSRC 梁则有以下特点[7,8]：（1）跨高比可适当放大；（2）延缓裂缝开展；（3）挠度控制更易满足；（4）用钢量减小；（5）施工复杂，技术含量高。图 5.1 和图 5.2 分别为型钢混凝土梁柱及剪力墙截面配筋形式。

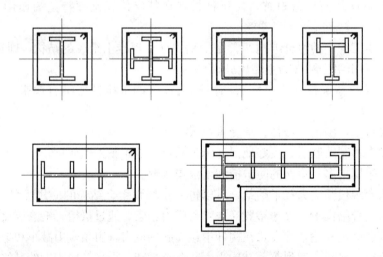

图 5.1　型钢混凝土梁柱截面配筋形式

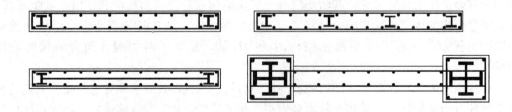

图 5.2　型钢混凝土剪力墙截面配筋形式

5.2　预应力型钢混凝土框架竖向静力试验[28]

5.2.1　试验设计

　　基于两榀大尺度后张有粘结预应力全型钢（梁、柱内均含型钢）混凝土框架的静力实验，对后张有粘结预应力全型钢混凝土框架的框架梁梁端和跨中以及框架柱的柱底和柱顶的混凝土应变、型钢应变、纵向普通钢筋应变、框架梁中预应力筋应变、截面应变分布、挠度、内力重分布等随荷载的变化规律进行了研究，重点考察了框架梁中纵筋配置不同时，预应力型钢混凝土框架的抗裂性能、裂缝开展和分布规律、破坏形态和变形发展规律，为预应力型钢混凝土结构的设计和相应规范编制提供技术依据和参考。

5.2.1.1　设计参数

　　为增加试验结果的可信度，试验采用了接近足尺的试验构件，主要考察框架梁控制截面纵筋改变时结构的各项特征。框架柱中线长度为8.2m，构件配置足够的箍筋以防止剪切破坏，预应力筋均配置 $2\Phi^s15.2$ 钢绞线，XGKJ1 纵筋采用 $6\Phi18$（HRB400）；XGKJ2 纵筋采用 $6\Phi22$（HRB400），内置型钢为 Q235，连接螺栓 M20 为 8.8 级摩擦性高强度螺栓，试件尺寸及配筋大小见表5.1。

试件尺寸及配筋表　　　　　　表 5.1

框架编号	框架梁截面（mm×mm）	框架柱截面（mm×mm）	纵筋	预应力筋	型钢配置
XGKJ-1	490×210	300×430	$6\Phi18$	$2\Phi^s15.2$	梁、柱
XGKJ-2	490×210	300×430	$6\Phi22$	$2\Phi^s15.2$	梁、柱

　　柱内型钢上下翼缘、梁端型钢上翼缘设两排 $\Phi19@200$ 栓钉。试验构件的钢筋、型钢配筋见图5.3～图5.5，型钢节点及柱脚安装见图5.6、图5.7。

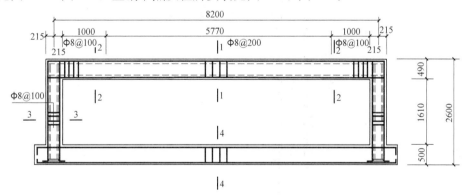

图 5.3　框架立面图

5.2.1.2　预应力张拉

　　试验框架混凝土强度达到设计强度的 0.75 倍时，进行预应力筋张拉及孔道灌浆工作。框架梁的预应力筋采用 $f_{ptk}=1860N/mm^2$ 的高强钢绞线，沿梁长三段抛物线布置，反弯点距梁两端各 0.1 倍梁轴跨处（定位详见图5.8）。钢绞线一端张拉，两根钢绞线的锚固

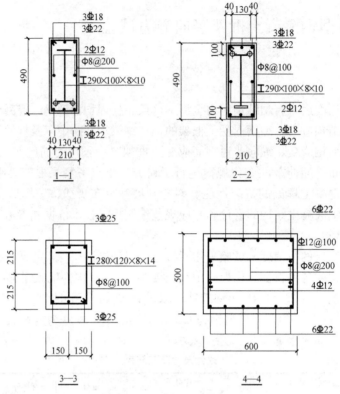

图 5.4 梁、柱配筋断面图

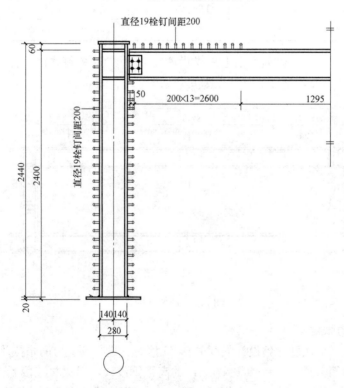

图 5.5 内置型钢示意图

段分别设在框架梁两端，每根张拉过程为：$0 \rightarrow 0.16\sigma_{con} \rightarrow 0.32\sigma_{con} \rightarrow 0.48\sigma_{con} \rightarrow 0.64\sigma_{con} \rightarrow 0.8\sigma_{co} \rightarrow \sigma_{con} \rightarrow 1.03\sigma_{con}$。张拉端和锚固端锚具均采用单孔 OVM 两夹片式锚具，锚具下安置压力传感器（见图 5.9）用于测量有效张拉力。在张拉过程中，通过电子应变仪采集锚固端压力传感器的应变值，以该应变值的读数来控制预加力的大小。预应力筋张拉结束后，对构件预留孔道灌注水泥净浆，水泥净浆采用普通硅酸盐水泥，利用压力灌浆机施加机械压力。

图 5.6　梁柱节点安装图

图 5.7　柱脚安装图

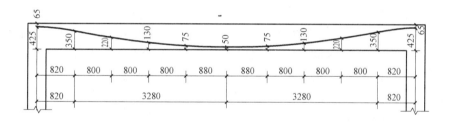

图 5.8　预应力筋线性图

5.2.1.3　加载方案

　　试验框架加载装置见图 5.10，试验框架采用三分点集中对称的同步分级加载方式。跨中纯弯段长度为 2700mm。在反力架钢梁下，依次设传感器、千斤顶等。试验框架加载实景如图 5.11 所示。荷载的施加：开裂前，以框架梁端计算开裂荷载 P_{cr} 为参照，每级荷载约为 $0.1P_{cr}$，开裂后，按每级 20kN 逐步加载至跨中受拉钢筋屈服，每加一级荷载后，持荷 10min，荷载稳定后采集数据。受拉钢筋屈服后，持续加载至框架破坏。

图 5.9　压力传感器

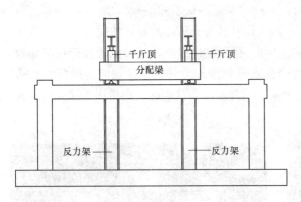

图 5.10　试验框架加载装置图

图 5.11　试验全貌

5.2.2　试验现象与结果

通过预应力型钢混凝土框架（XGKJ1，2）的竖向静力实验，研究了组合截面的应变分布，框架梁、柱变形，框架梁、柱中钢筋应变，混凝土应变，内置型钢应变，预应力筋有效应力及应变，裂缝出现与发展变化规律等。

5.2.2.1　正截面破坏特征

本试验以受压区混凝土压碎或出现随变形增大而荷载开始减小的现象作为预应力型钢混凝土框架梁达到正截面极限承载能力状态的标志。

1. XGKJ1 破坏过程

加载至 40kN 左右时，框架梁梁端顶部出现细小裂缝，裂缝长度未超过上部受力纵筋侧面位置，当荷载加至 55kN 时，框架梁跨中出现竖向细小裂缝，当荷载超过 200kN（极限荷载的 50%）时，梁端、跨中裂缝发展加速，梁端开始出现 2～3 条主要裂缝，并且随着荷载增加此裂缝宽度与长度增加迅速，加载至 300kN 时，框架梁柱节点形成一条接近贯穿节点对角线的主裂缝。当荷载增至 320kN，梁端上部主要裂缝宽度明显增加，底部受压区混凝土被压溃，混凝土剥落，梁端塑性铰形成。继续加载，框架梁跨中出现均匀的主裂缝，宽度增加明显，且加载点附近的竖向裂缝发展为朝向加载点位置的斜裂缝。当加载接近极限荷载 400kN 时，框架梁内出现较大的响声，框架梁跨间挠曲明显，最后加载至极限荷载 400kN 时，框架梁跨中顶部受压区混凝土被压碎，此时框架节点贯穿节点对角线的明显裂缝，继续加载至 410kN 时，框架梁柱节点斜线剪断，框架梁迅速塌落，故认为 400kN 为 XGKJ1 极限荷载。

2. XGKJ2 破坏过程

加载至 45kN 左右时，框架梁端出现第一条竖向裂缝度约为 0.02mm，指向加载点；当荷载加至 55kN 时，框架梁内跨中出现竖向裂缝，竖向裂缝的最大宽度为 0.2mm，当荷载加至 250kN 时，框架右端梁柱节点出现贯通斜裂缝，由柱外边顶部斜向内倾斜，随着荷载的增加此裂缝宽度增加迅速，加载至 370kN 时，框架梁端上部受拉裂缝开始向下大幅度延伸，逼近型钢下翼缘，竖向缝的最大宽度为 0.3mm 以上，肉眼看以清晰看到，且梁端混凝出现啪啪的开裂声，下部受压区混凝土剥落，梁端塑性铰形成。继续加载，框架梁跨中裂缝加速向上延伸，且宽度增加迅速。加载至 450kN 时，右端梁柱节点破坏严重，节点顶部混凝土剥落，节点 3 条斜裂缝贯通并且宽度很大，沿斜裂缝呈现出明显的脆性剪切破坏征兆，使框架梁随变形的增大而荷载开始减小，此时判断框架达到极限状态。

　　两个框架的框架梁的破坏过程类似适筋梁的延性破坏，两榀框架梁柱节点处均出现了明显的脆性剪切破坏征兆，故预应力型钢混凝土框架中节点设计尤为重要，如节点提前破坏，则框架可能不经过框架梁形成三铰机制，而发生突然破坏。图 5.12～图 5.17 为框架节点与梁跨中破坏的图片。

图 5.12　XGKJ1 框架梁端破坏

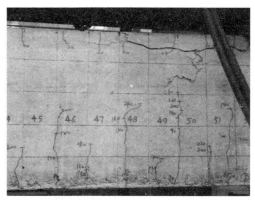

图 5.13　XGKJ1 框架梁跨中破坏

图 5.14　XGKJ2 框架梁端破坏

图 5.15　XGKJ2 框架梁端破坏

图 5.16　节点剪切破坏

图 5.17　节点剪切破坏

5.2.2.2 裂缝的出现、开展和分布

在加载的全过程中，两榀框架首先在梁端开裂，然后跨中、柱顶外侧开裂。加载初期，由于刚刚开始加载，弯矩很小，整根梁的工作情况与匀质弹性体相似，弯矩与挠度呈线性关系变化，加载到 40kN 左右时，框架梁端上部出现首批裂缝，随着荷载的继续增大，荷载增至 55kN 左右时，跨中底部、柱顶相继出现裂缝。当加载至开裂荷载时，首先在框架梁端部和跨中纯弯段内出现数条竖向裂缝，但裂缝延伸多低于或在受拉纵筋重心处，裂缝宽度也在 0.05mm 以下。继续增加荷载，裂缝数量不断增多并逐渐越过受拉纵筋向上发展，不过这种上升的趋势很快被型钢下翼缘阻止，使裂缝发展"停滞"，同时跨中纯弯段外的剪跨区内也出现了一些斜向裂缝，但是由于型钢腹板的存在使梁的抗剪承载力大大增加，因此在斜裂缝出现后梁的抗剪强度降低并不显著，故这些斜裂缝向上延伸较少，一直到钢筋和型钢开始屈服，曲线都没有太大转折，造成这种现象的原因是不仅型钢本身具有较大的刚度，型钢的腹板与上下翼缘还对其间的核心混凝土有较强的约束作用，使其具有较大的刚度。加载到 $0.5P_u$ 左右时裂缝已经基本出齐。当加载到 $0.60P_u$ 左右时，梁端上部受拉钢筋屈服，到 $0.80P_u$ 左右时，跨中受拉钢筋屈服；对于型钢，当加载到 $0.50P_u$ 左右时，梁端型钢受拉上翼缘屈服，加载到 $0.65P_u$ 左右时，梁跨中型钢受拉下翼缘屈服。钢筋与型钢相继屈服后，裂缝迅速发展，同时在型钢受拉翼缘高度处由于框架梁内型钢的粘结滑移，出现水平粘结裂缝，随着荷载继续增加，有的裂缝已发展到型钢受压翼缘附近，水平裂缝逐渐贯通，挠度迅速增加，最后，荷载增至极限荷载，纯弯段受压区混凝土被压碎，梁的承载力开始回落，框架破坏。

由于预应力型钢混凝土框架梁端型钢上翼缘焊有抗剪栓钉，框架梁型钢上翼缘与混凝土交接处梁体表面无纵向水平裂缝产生，说明型钢与混凝土之间相对滑移较小。抗剪栓钉通过变形传递剪力，来阻止型钢和混凝土发生粘结滑移，使型钢和混凝土能够共同工作。在构件发生较大变形时，剪力连接件能够保证二者共同变形以抵抗外力而不会过早发生破坏。图 5.18～图 5.21 为两榀框架极限破坏时裂缝分布图。

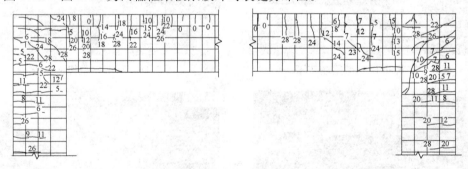

图 5.18 XGKJ1 框架梁梁端裂缝示意图

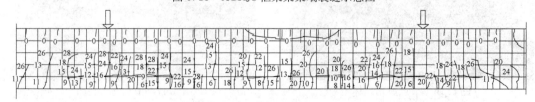

图 5.19 XGKJ1 框架梁跨中裂缝示意图

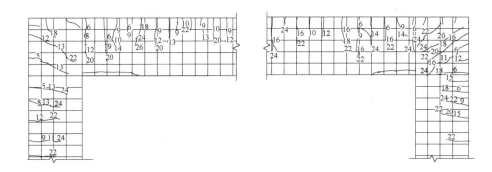

图 5.20　J2 框架梁梁端裂缝示意图

图 5.21　J2 框架梁跨中裂缝示意图

由图 5.22 可知，混凝土开裂后，荷载-裂缝宽度曲线发展比较平缓，初裂时裂缝离散性较大，裂缝宽度随着荷载的增加而增大；同级荷载下，配筋率大则裂缝宽度较小。

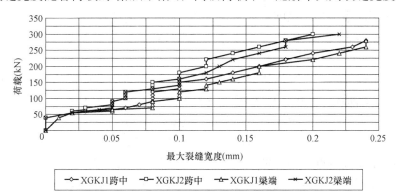

图 5.22　荷载-最大裂缝宽度曲线

5.2.2.3　荷载-跨中挠度曲线

图 5.23 中纵坐标为千斤顶施加的经分配梁传递至框架上的集中荷载值，横坐标为该集中荷载作用下框架跨中挠度，包含预应力产生的反拱以及框架自重和分配梁自重产生的挠度。

荷载-跨中挠度曲线可大致分为四段。

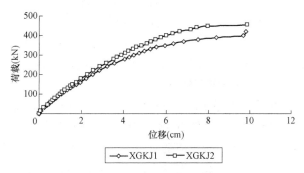

图 5.23　框架荷载-跨中挠度曲线

135

第一段：弹性阶段，即混凝土开裂前的阶段。在这一阶段，框架基本处于弹性工作状态，截面上各种材料元素的应力与应变呈线性关系。随着荷载的增加，框架梁端顶部的受拉区混凝土达到其极限拉应变，在梁体表面首先出现短而细的垂直裂缝。开裂截面的具体位置，体现了最不利荷载情况：梁端、跨中附近的裂缝出现是由于承受了同期截面最大弯矩；而加载点附近的裂缝出现是因为弯曲和集中力的共同作用的结果。此时受拉区混凝土开裂，原来由混凝土承担的拉力瞬即由受拉纵筋和型钢受拉部分承担，受拉纵筋和型钢内力发生重分布，但其荷载-跨中挠度曲线上的转折并不十分明显。这是因为：截面内型钢刚度较大以及预应力筋的作用，对裂缝的开展起着较好的约束作用，开裂截面抗弯刚度下降不大。

第二阶段：带裂缝工作阶段，即混凝土开裂后至框架梁端截面受拉区钢筋、型钢屈服前的阶段。随着荷载的增加，框架梁梁端、跨中混凝土开裂后裂缝继续发展，新的裂缝不断出现且分布均匀，当其开展高度超过受拉纵筋和型钢下翼缘时，向上发展趋势变慢，裂缝变宽，新的裂缝数量明显增加且间距减小，斜裂缝开始出现，分析其原因：①裂缝发展受到了型钢下翼缘的阻止，型钢在沿梁高度方向约束混凝土的受拉变形。②受拉纵筋进入屈服状态。当荷载继续增加后，斜裂缝及弯曲裂缝均大量出现。当荷载加大到一定程度，型钢下翼缘受拉屈服，随之腹板沿梁高度方向以及受拉纵筋也逐步进入屈服状态，此时截面抗弯刚度迅速下降，表现为荷载-跨中挠度曲线斜率减小。

第三阶段：屈服阶段，即框架梁端上部受拉区钢筋、型钢屈服至跨中梁底受拉区钢筋、型钢屈服。梁端受拉钢筋、型钢受拉翼缘相继屈服后，构件进入弹塑性阶段。进入这一阶段后，截面曲率和梁的挠度突然增大，裂缝宽度随之扩展并迅速延伸发展，混凝土受压边缘的压应变显著增大。由于梁端塑性铰的形成使框架梁的荷载-跨中挠度曲线斜率下降幅度逐渐增大。

第四阶段：破坏阶段，即框架梁受拉区钢筋、型钢屈服至框架达到极限承载力状态。此时荷载进一步增加，跨中受压区最外边缘混凝土达到其极限压应变，混凝土被压碎，并伴有清晰崩裂声音，正截面破坏，试验梁抗弯承载能力最大。继续加载混凝土压碎的范围不断扩大，受压区内的纵筋发生局部屈曲，承载能力下降。极限破坏时，试验梁上的裂缝带有明显的弯曲裂缝特点，所以破坏模式属于弯曲破坏；其破坏形态与普通钢筋混凝土适筋梁相似。试验后观察裂缝出现的位置，不难发现：所有试验梁表面的主要裂缝均出现在箍筋位置，这是因为箍筋处混凝土保护层较薄弱。由于采用高强钢绞线没有明显的屈服点，极限状态时，构件还有一定的承载能力，当框架梁端部、跨中出现塑性铰以后，框架梁并未破坏，还有一个"强化阶段"。

在整个加载过程中，由于预应力筋没有屈服以及型钢没有完全屈服，故框架梁的荷载-跨中挠度曲线没有明显的各阶段间的转折点。

5.2.2.4 截面应变分布

沿截面高度方向各材料元素的应变分布状态反映了正截面整体受力性能及各材料间的变形协调情况。由图5.24～图5.29框架各关键部位混凝土截面分布可见，在试件开裂前，同一截面混凝土应变有较好的线性关系。框架梁混凝土的应变曲线在荷载稍有增加就出现大幅增大，表明混凝土已经开裂，这说明混凝土的抗拉性能非常差，与不考虑混凝土参与抗拉作用的假设相符。当试件开裂后，由于裂缝的影响，由同一截面的混凝土应变片测得的混凝土应变不再呈良好的线性关系，这是因为型钢与混凝土之间的粘结应力超过了其粘结强度，无法保证型钢翼缘与混凝土之间的应变协调，从而型钢与混凝土之间发生了较大的相对滑移，最终使梁内的钢筋、型钢以及混凝土应力发生了重新分布，但是截面应变基本沿直线分布，在荷载作用下，组合梁整体截面基本满足平截面假定。

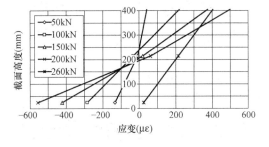

图 5.24　XGKJ1 柱顶混凝土截面应变

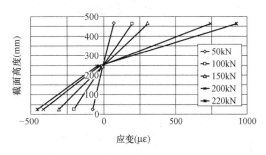

图 5.25　XGKJ2 柱顶混凝土截面应变

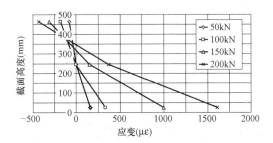

图 5.26　XGKJ1 梁端混凝土截面应变

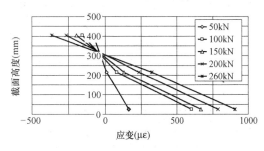

图 5.27　XGKJ2 梁端混凝土截面应变

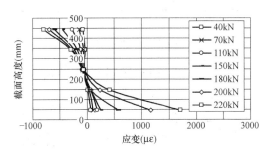

图 5.28　XGKJ1 框架梁跨中截面混凝土应变

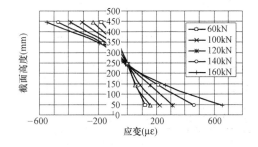

图 5.29　框架梁跨中截面混凝土应变

　　由图 5.30～图 5.39 框架各关键部位型钢截面分布可以看出，在加载初、中期，型钢翼缘和腹板处应变基本处于线性关系，型钢受拉翼缘应变稍有加速增加。随着荷载的增加，型钢受压翼缘和腹板处应变变化不大，型钢受拉翼缘应变明显增加，当加载至极限荷载的 80% 左右时，型钢各部分应变增长速度加快。在整个受力过程中，在型钢屈服前，型钢应变基本能符合平截面假定。在型钢受拉翼缘开始屈服后，由于靠近翼缘的型钢腹板尚未屈服，使型钢腹板存在弹性受力区域，该区域抑制了型钢已屈服部分的流塑变形，型钢表现出了理想的弹塑性受力性能。随着荷载的增大截面中和轴位置变化不明显。同一截面上型钢的应变可以看到，由于受裂缝开展影响较小，其应变具有良好的线性关系。

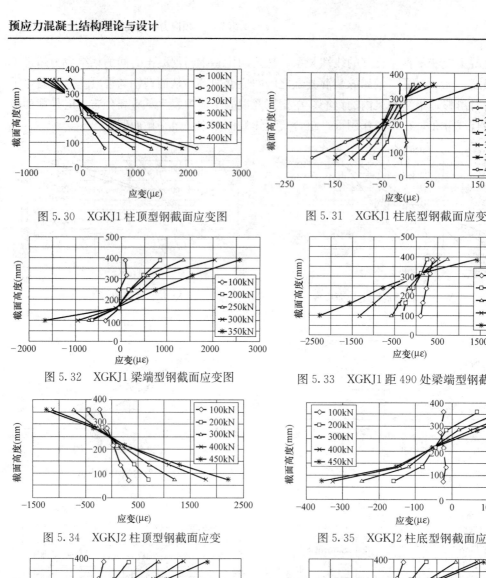

图 5.30　XGKJ1 柱顶型钢截面应变图

图 5.31　XGKJ1 柱底型钢截面应变

图 5.32　XGKJ1 梁端型钢截面应变图

图 5.33　XGKJ1 距 490 处梁端型钢截面应变

图 5.34　XGKJ2 柱顶型钢截面应变

图 5.35　XGKJ2 柱底型钢截面应变

图 5.36　XGKJ2 梁端型钢截面应变图

图 5.37　XGKJ2 距 490 处梁端型钢截面应变

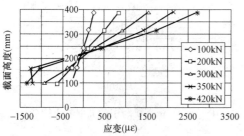

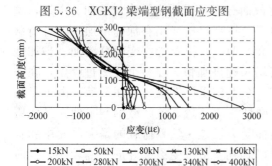

图 5.38　XGKJ1 框架梁跨中截面型钢应变

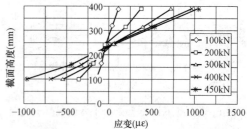

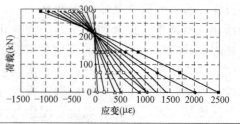

图 5.39　XGKJ2 框架梁跨中截面型钢应变

5.2.2.5　延性分析

延性是结构在其承载能力没有明显下降的情况下承受屈服后非弹性变形的能力。延性在超静定结构的塑性内力重分布中起重要作用，它使超静定结构所承受的弯矩由某一控制截面向其他控制截面转移。因此，延性是评价结构优劣的一个重要指标。以关键截面框架梁端非预应力受拉钢筋屈服为形成塑性铰的标志，取结构出现首发塑性铰瞬时的挠度为 f_e，取结构达到极限荷载时的挠度为极限挠度 f_u，计算出框架的位移延性比如表 5.2 所示。由表 5.2 可以看出 XGKJ2 的延性比 XGKJ1 差，两榀框架延性系数均能满足实际工程需要。

XGKJ1、XGKJ2 位移延性比　表 5.2

框架编号	弹性挠度 f_e(cm)	极限挠度 f_u(cm)	延性比 f_u/f_e
XGKJ1	2.80	9.80	3.5
XGKJ2	3.33	9.88	2.97

5.2.3　总结与探讨

5.2.3.1　型钢配置形式对框架梁的正截面破坏影响的分析

对于预应力型钢混凝土框架梁而言，一般由于含钢率较大，远大于普通钢筋混凝土结构中的最小配筋率，因此不存在少筋的脆性破坏问题。从所使用的型钢来看，国内外基本上均采用屈服点低、延性较好的钢材。在截面的型钢配置形式上，型钢混凝土梁与普通钢筋混凝土梁存在区别。

根据型钢的配置形式及受力特点可将预应力型钢混凝土框架梁破坏分为两种情况：

（1）型钢上翼缘受压，下翼缘受拉，中和轴经过型钢腹板，此时型钢下翼缘及部分腹板受拉屈服，上翼缘受压屈服或者仍在弹性范围内工作（图 5.40）。

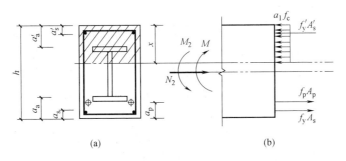

图 5.40　中和轴通过型钢的截面

此种情况，预应力型钢混凝土框架梁的配钢是沿截面高度分布的，在承受荷载时，钢筋、型钢翼缘和腹板是逐渐屈服的，从荷载位移曲线上也看不到因构件开裂和钢材屈服而产生的明显转折点，因而也不存在因含钢率较高，型钢受拉纤维未屈服，而受压区混凝土已被压碎破坏的所谓超钢量的问题。因此，对于预应力型钢混凝土框架梁，型钢沿截面高度分布时，其正截面弯曲破坏形态都是在型钢受拉纤维全部或部分屈服，变形加大，中和轴上移从而导致受压区混凝土被压碎而后构件达到极限荷载的，此种破坏类似于普通混凝土适筋梁的延性破坏。在实际工程中推荐使用此种截面形式。

（2）极限状态时型钢全截面受拉，中和轴不通过型钢，此时型钢上翼缘已受拉屈服或上翼缘及部分腹板受拉但未屈服（图 5.41）。

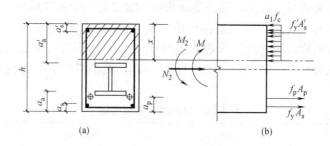

图 5.41　中和轴不通过型钢的截面

此种破坏，类似普通混凝土结构的超筋破坏，因型钢、普通钢筋和预应力均处于框架梁受拉区，导致框架梁受拉区含钢率较高，框架梁受压区混凝土被压碎破坏而失去承载力时，型钢、钢筋受拉纤维未屈服。框架梁破坏前变形较小，破坏具有突然性，属于脆性破坏。因此，当型钢完全配置在构件受拉区时，可能出现类似于普通混凝土结构的脆性破坏，实际工程中不推荐使用此种断面型钢配置形式。

5.2.3.2　预应力型钢混凝土结构的破坏特征

根据本次试验现象，试件破坏特征如下。

（1）预应力型钢混凝土框架梁的破坏形态一种是与普通型钢混凝土梁以及钢筋混凝土梁类似，框架梁承载力的丧失都以受压区混凝土压碎为特征的。从试验结果分析得知，破坏前型钢均已部分屈服或者全部屈服。型钢的屈服决定了截面的最大承载力。框架梁柱节点的破坏为有脆性破坏特征的剪切破坏，如果节点承载力不够，可能使框架梁未到极限受力状态而失去承载力，表现为出现荷载开始减小，而位移急剧增大为预应力型钢混凝土梁的另一种承载力极限状态的标志。

（2）内置型钢预应力混凝土框架梁中梁端塑性铰应以控制截面的型钢或纵筋屈服作为塑性铰形成的标志。在梁端出现塑性铰之后，继续加荷至梁端控制截面达到极限压应变的混凝土因压溃退出工作，梁端所承担的弯矩不再增大或有一定幅度的减小，但跨中控制截面所承担的弯矩在不断增大，即总静力弯矩在增大，即梁端控制截面形成塑性铰后仍有一定的加荷空间，考虑其塑性内力重分布的方法是必要的。

（3）当接近极限荷载时，框架梁型钢上、下翼缘与混凝土交接处开始出现水平裂缝，且随着荷载的增加开始相互贯通，表明此时型钢与混凝土开始出现相对滑移，此后二者的共同工作已难以保证。

（4）预应力型钢混凝土框架梁跨中受压区混凝土压碎时荷载下降，但由于型钢腹板并未全部屈服，因此在构件达到最大承载力后并不表现为突然的崩溃性的脆性破坏，而呈现出较好的塑性变形能力。

（5）本次试验所有型钢腹板均未设加劲肋，试验后观察破坏的梁构件，没有发现型钢产生屈曲现象。表明虽然型钢与混凝土之间发生了不同程度的粘结破坏，但混凝土仍能对型钢提供可靠的侧向约束。较之钢结构，型钢高强高性能混凝土结构中的型钢强度可得到了更充分的发挥。

5.2.3.3　预应力型钢混凝土框架梁的变形特征

通过本次试验发现，预应力型钢混凝土框架梁跨中的荷载变形曲线具有两个显著特点。当预应力型钢混凝土框架梁达到开裂荷载后，不因混凝土的开裂而在荷载挠度曲线上出现明显的转折点。这是因为框架梁受拉区裂缝开展到型钢受拉翼缘水平处，由于受到刚度较大的型钢的约束以及预应力的作用，裂缝几乎不再向上发展，宽度增加也不大，产生了裂缝开展"停滞"现象。预应力型钢混凝土框架梁变形的另一特点是在使用阶段梁的刚度降低较少，比较接近于直线关系，钢筋与型钢的屈服大致上同步，钢筋屈服后出现塑流，变形增大，型钢与混凝土产生较大的相对滑移后对混凝土的有效约束减小，导致框架梁的变形急剧增加。因而型钢在加载阶段能够有效约束梁中混凝土的变形，从而能够提高型钢高强混凝土梁的抗弯刚度。

预应力型钢混凝土框架梁在开裂后仍然具有很大的承载能力，且进入屈服状态后抗力仍有缓慢的增加，极限变形很大。构件强度和变形能力得到很大提高，这归结于型钢腹板的存在，腹板起到了提高构件强度的作用，使梁的承载力得到有效提高，同时也对梁的刚度有明显影响。腹板具有一定的刚度，而且对裂缝的产生与开展有明显的抑制作用。预应力型钢混凝土结构核心混凝土部分由于受到内置型钢上下翼缘，框架梁内箍筋横向约束以及预应力筋的纵向预压力预压影响，而处于三向受压状态，提高了预应力型钢混凝土的刚度。

5.3　预应力型钢混凝土框架梁截面承载力计算[25]

5.3.1　正截面抗弯承载力

参照《型钢规程》基于平截面假定，与钢筋混凝土梁的计算类似，考虑预应力超静定结构次内力，根据截面中型钢所处的位置不同，建立预应力型钢混凝土梁的抗弯承载力计算公式。

5.3.1.1　界限压区高度

试验表明，预应力型钢混凝土梁的破坏形态与钢筋混凝土梁类似，其极限承载能力的丧失同样以受压区混凝土压碎为标志。普通钢筋、预应力钢筋和型钢下翼缘中屈服时，受压区高度的最小值可以认为是预应力型钢混凝土梁的截面界限压区高度，如图 5.42 所示，设普通钢筋、预应力钢筋和型钢下翼缘中屈服时，受压区高度分别为 x_s、x_p、x_a。

$$x_s = \frac{\beta_1}{1 + f_y/(E_s \varepsilon_{cu})} h_s \qquad (5.1)$$

$$x_p = \frac{\beta_1}{1 + \dfrac{0.002}{\varepsilon_{cu}} + \dfrac{f_{py} - \sigma_{p0}}{E_p \varepsilon_{cu}}} h_p \qquad (5.2)$$

$$x_a = \frac{\beta_1}{1 + f_a/(E_a \varepsilon_{cu})} h_{ss} \qquad (5.3)$$

式中　f_a、f_{py}——分别为型钢，预应力筋强度

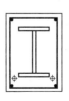
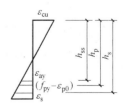

图 5.42　界限区高度计算简图

设计值；

E_a、E_P——分别为型钢，预应力筋弹性模量；

其余符号意义同《混凝土结构设计规范》GB 50010—2010[9]。

5.3.1.2 正截面承载力计算

在预应力型钢混凝土梁正截面承载力计算时，根据中和轴位置的不同分为两种情况：①中和轴在型钢腹板中；②中和轴不通过型钢截面，在型钢上翼缘与混凝土梁受压边缘之间。

（1）第一种情况，中和轴在型钢腹板中（$x > a'_a$），如图 5.43 所示。

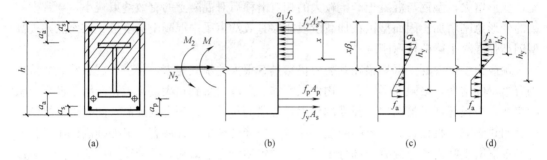

图 5.43　中和轴应型钢腹板中的截面应力状态

型钢上翼缘受压正好屈服时受压区高度为 x_1，即

$$x_1 = \frac{\beta_1 a'_a}{1 - \epsilon'_{ay} / \epsilon_{cu}} \tag{5.4}$$

① 型钢上翼缘受压不屈服时（$x_1 > x > a'_a$）

由图可知：

$$\sigma'_a = E_a \epsilon_{cu} \left(1 - \frac{\beta_1 a'_a}{x}\right); h_y = \frac{x}{\beta_1}\left(\frac{\epsilon_{ay}}{\epsilon_{cu}} + 1\right) \tag{5.5}$$

由力的平衡：

$$\alpha_1 f_c b x + f'_y A'_s + \sigma'_a A'_{af} = f_y A_s + f_{py} A_p + f_a A_{af} + f_a t_w (h_a - h_y)$$
$$+ \frac{(f_a - \sigma'_a)(h_y - a'_a)}{2} t_w + N_2 \tag{5.6}$$

对中和轴取矩的极限弯矩为：

$$M - \left[M_2 - N_2\left(\frac{h}{2} - x\right)\right] = \alpha_1 f_c b \frac{x^2}{2} + f_y A_s(h - x - a_s) + f_{py} A_p(h - x - a_p)$$
$$+ f'_y A'_s(x - a'_s) + f_a A_{af}(h - a_a - x) + \sigma'_a A'_{af}(x - a'_a) + \frac{(\sigma'^3_a + f^3_a)(h_y - a'_a)^2}{3(f_a + \sigma'_a)^2} t_w \tag{5.7}$$

② 型钢上翼缘受压屈服时（$x > x_1 > a'_a$）

由图中截面几何关系可得：

$$h_y = \frac{x}{\beta_1}\left(\frac{\epsilon_{ay}}{\epsilon_{cu}} + 1\right) \tag{5.8}$$

$$h'_y = \frac{x}{\beta_1}\frac{\epsilon'_{ay}}{\epsilon_{cu}} \tag{5.9}$$

由力的平衡：

$$\alpha_1 f_c bx + f'_y A'_s + f'_a A'_{af} + f'_a (h'_y - a'_a) t_w = f_y A_s + f_{py} A_p + f_a A_{af}$$
$$+ f_a t_w (h_a + a'_a - h_y) + N_2 \tag{5.10}$$

对中和轴取矩的极限弯矩为：

$$M - \left[M_2 - N_2 \left(\frac{h}{2} - x \right) \right] = \alpha_1 f_c b \frac{x^2}{2} + f_y A_s (h - x - a_s) + f_{py} A_p (h - x - a_p)$$
$$+ f'_y A'_s (x - a'_s) + f_a A_{af} (h - a_a - x) + f'_a A'_{af} (x - a'_a) + f'_a t_w (h'_y - a'_a) \left(x - \frac{h'_y + a'_a}{2} \right)$$
$$+ f_a t_w (h_a - h_y) \left(\frac{h_a + h_y}{2} - x \right) \tag{5.11}$$

（2）第二种情况，中和轴不通过型钢截面，在型钢上翼缘与混凝土梁受压边缘之间（$x \leqslant a'_a$），如图 5.44 所示。

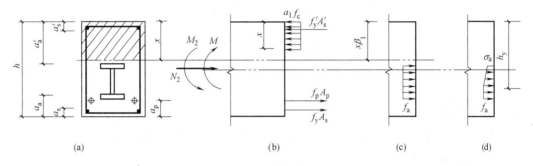

图 5.44　中和轴不通过型钢的截面应力状态

此时，设型钢上翼缘刚好受拉屈服时的受压区高度为：

$$x_2 = \frac{\beta_1 a'_a}{1 + \varepsilon_{ay} / \varepsilon_{cu}} \tag{5.12}$$

① 型钢上翼缘受拉屈服（$a'_a > x_2 > x$）。
根据力的平衡可求得受压区高度：

$$x = \frac{f_y A_s + f_a A_a + f_{py} A_p - f'_y A'_s + N_2}{\alpha_1 f_c b} \tag{5.13}$$

对中和轴取矩，此时的极限承载能力可按下式计算：

$$M - \left[M_2 - N_2 \left(\frac{h}{2} - x \right) \right] = \alpha_1 f_c b \frac{x^2}{2} + f_y A_s (h - x - a_s)$$
$$+ f_{py} A_p (h - x - a_p) + f'_y A'_s (x - a'_s) + f_a A_a (h - a_a - x - 0.5 h_a) \tag{5.14}$$

② 型钢上翼缘受拉不屈服（$a'_a > x > x_2$）。

$$\sigma_a = E_a \varepsilon_{cu} \left(\frac{\beta_1 a'_a}{x} - 1 \right) \tag{5.15}$$

$$h_y = \frac{x}{\beta_1} \left(\frac{\varepsilon_{ay}}{\varepsilon_{cu}} + 1 \right) \tag{5.16}$$

由力的平衡：

$$\alpha_1 f_c bx + f'_y A'_s = f_y A_s + f_{py} A_p + f_a A_{af} + \sigma_a A'_{af} + f_a t_w (h_a + a'_a - h_y)$$
$$+ \frac{(\sigma_a + f_a)(h_y - a'_a)}{2} t_w + N_2 \tag{5.17}$$

对中和轴取矩，此时的极限承载能力可按下式计算：

$$M-\left[M_2-N_2\left(\frac{h}{2}-x\right)\right]=\alpha_1 f_c b\frac{x^2}{2}+f_y A_s(h-x-a_s)+f_{py}A_p(h-x-a_p)$$

$$+f_y' A_s'(x-a_s')+f_a A_{af}(h-a_a-x)+\sigma_a A_{af}'(a_a'-x)+f_a\frac{[(a_a'+h_a)^2-h_y']}{2}t_w$$

$$+\frac{(\sigma_a+f_a)(h_y{}^2-a_a'{}^2)}{4}t_w \tag{5.18}$$

式中 h_a、A_a——分别为型钢截面高度和面积;

b——梁宽;

a_a、a_a'——分别为型钢下翼缘至受拉区截面边缘及型钢上翼缘至受压区截面边缘的距离;

ε_{ay}、ε_{ay}'——型钢受拉、受压屈服时应变;

σ_a、σ_a'——型钢受拉、受压应力;

A_s、A_s'、A_p——分别为受拉钢筋、受压钢筋与预应力筋的截面积;

t_w——型钢腹板厚度;

A_{af}、A_{af}'——型钢下翼缘与上翼缘截面积;

f_y、f_y'、f_{py}——分别为钢筋受拉、受压预应力筋受拉强度设计值。

5.3.2 斜截面抗弯承载力

受弯构件斜截面受剪由于其破坏时的脆性性能,故其设计计算向来得到工程技术人员的重视,其重要程度从"强剪弱弯"的概念可见一斑。但由于斜截面受剪时受力性能的复杂性,所以建立可靠、经济和实用的斜截面受剪承载力计算方法一直是研究人员努力的一个方向。目前,对于型钢混凝土梁的斜截面受剪承载力主要采用叠加的方法,即采用型钢部分和钢筋混凝土部分受剪承载力之和作为型钢混凝土梁的受剪承载力;该方法计算较为简便;我国的两部型钢混凝土结构设计规程《钢骨规程》[10]和《型钢规程》[11]均采用这种计算方法。

以叠加法为基础,以国内规范《混凝土结构设计规范》GB 50010—2010[9]、《型钢混凝土组合结构技术规程》JGJ 138—2001/J 130—2001[32]以及美国钢结构抗震规范(简称AISC规范)[12]规定为依据,采用型钢部分和预应力钢筋混凝土部分受剪承载力之和作为预应力型钢混凝土梁的受剪承载力计算公式。

(1)根据国内规范,预应力型钢混凝土结构的受剪承载力为:

$$V=V_{prc}+V_a \tag{5.19}$$

式中 V_{prc}——构成该结构的预应力混凝土结构的斜截面承载力;

V_a——该结构内置型钢的斜截面承载力。

V_{prc}由《混凝土结构设计规范》GB 50010—2010[9]确定,V_a参照《型钢混凝土组合结构技术规程》JGJ 138—2001/J 130—2001[11]来确定,得到预应力型钢混凝土结构斜截面承载力公式为:

① 均布荷载:

$$V\leqslant 0.8f_t b h_0+f_{yv}\frac{A_{sv}}{s}h_0+0.58f_a t_w h_w+0.05N_{p0} \tag{5.20}$$

② 楼盖中有次梁搁置的主框架梁,或集中荷载对支座截面或节点边缘所产生的剪力

值占总剪力的 75% 以上的梁，其斜截面受剪承载力应按下列公式计算：

$$V_b \leqslant \frac{2.0}{\lambda+1.5} f_t b h_0 + f_{yv} \frac{A_{sv}}{s} h_0 + \frac{0.58}{\lambda} f_a t_w h_w + 0.05 N_{p0} \tag{5.21}$$

式中　f_{yv}——箍筋强度设计值；

$\quad\quad A_{sv}$——配置在同一截面内箍筋各肢的全部截面面积；

$\quad\quad s$——沿构件长度方向上箍筋的间距；

$\quad\quad \lambda$——计算截面剪跨比，λ 可取 $\lambda = a/h0$，a 为计算截面至支座截面或节点边缘的距离，计算截面取集中荷载作用点处的截面；当 $\lambda < 1.4$ 时，取 $\lambda = 1.4$；当 $\lambda > 3$ 时，取 $\lambda = 3$；

$\quad\quad f_t$——混凝土抗拉强度设计值；

$\quad\quad f_a$——型钢强度设计值；

$\quad t_w$、h_w——内置型钢腹板厚度及高度；

$\quad\quad N_{p0}$——计算截面上混凝土法向预应力等于零时的预加力。

其余未注明参数符号均同《混凝土结构设计规范》GB 50010—2010[16]。

（2）AISC 规范设计方法

美国钢结构抗震规范简称（AISC 规范）[12] 规定，型钢混凝土梁的抗剪承载力等于型钢与钢筋混凝土的抗剪承载力之和，公式如下：

$$V = V_{rc} + V_s \tag{5.22}$$

其中预应力钢筋混凝土的抗剪承载力 V_{rc} 由 ACI 318—08[13] 确定：

$$V_{rc} \leqslant \left(0.05\lambda_1 \sqrt{f_c'} + 4.8 \frac{V_u d_p}{M_u} \right) bd + f_v \frac{A_v}{s} d \tag{5.23}$$

式中　λ_1——普通混凝土修正系数，λ 取 1.0；

$\quad\quad f_c'$——混凝土圆柱体抗压强度（MPa），当混凝土强度等级为 C60 以下时，$f_c' = 0.79 f_{cu,k}$；

$\quad M_u$、V_u——分别为计算截面的弯矩和剪力；

$\quad\quad b$——截面宽度；

$\quad\quad d$——截面有效高度；

$\quad\quad d_p$——预应力筋中心至受压区边缘的距离；

$\quad\quad f_v$——箍筋强度设计值；

$\quad\quad A_v$——配置在同一截面内箍筋各肢的全部截面面积；

$\quad\quad s$——沿构件长度方向上箍筋的间距。

V_s 参照美国《荷载和抗力分项系数设计规范》（LRFD）[13]，$h_w/t_w \leqslant 260$ 时腹板的抗剪承载力为：

$$V_s = \phi_v V_n \tag{5.24}$$

V_n 按下列公式计算腹板抗剪强度：

当 $h_w/t_w \leqslant 418/\sqrt{F_{yw}}$ 时

$$V_n = 0.6 F_{yw} A_w \tag{5.25}$$

当 $418/\sqrt{F_{yw}} < h_w/t_w \leqslant 523/\sqrt{F_{yw}}$ 时

$$V_n = 0.6 F_{yw} A_w (418/\sqrt{F_{yw}})/(h_w/t_w) \tag{5.26}$$

当 $523/\sqrt{F_{yw}}<h_w/t_w\leqslant260$ 时

$$V_n=132000A_w/(h_w/t_w)^2 \tag{5.27}$$

式中　　ϕ_v 等于 0.90；

h_w、t_w、A_w——分别为腹板高度、厚度、面积；

F_{yw}——腹板设计强度。

5.4　预应力型钢混凝土框架梁使用性能计算

5.4.1　开裂弯矩

（1）按照现行《混凝土结构设计规范》GB 50010—2010（2015 年版）[9] 中关于普通预应力钢筋混凝土受弯构件开裂弯矩的计算公式，并考虑框架结构次轴力影响，得出预应力型钢混凝土框架梁的开裂弯矩计算公式如下：

$$M_{cr}=(\sigma_{pc}+\gamma f_{tk})W_0 \tag{5.28}$$

式中　　σ_{pc}——扣除全部预应力损失后在抗裂验算边缘的混凝土法向应力（MPa），对于后张法构件：

$$\sigma_{pc}=\frac{N_{pe}-N_2}{A_0}+\frac{N_{pe}e_p-M_2}{I_0}y_0 \tag{5.29}$$

I_0、W_0、y_0——换算截面的惯性矩、弹性抵抗矩、换算截面重心至所计算纤维处的距离；

M_2、N_2——框架次弯矩、次轴力。

（2）按照 ACI 318—08 规范[13] 建议的关于预应力钢筋混凝土受弯构件开裂弯矩的计算方法如下：

$$M_{cr}=(0.62\sqrt{f'_c}+f_{pe})I/y_1 \tag{5.30}$$

式中　　f'_c——混凝土圆柱体抗压强度（MPa），当混凝土强度等级为 C60 以下时：

$$f'_c=0.79f_{cu,k} \tag{5.31}$$

f_{pe}——抗裂验算边缘混凝土的预压应力（MPa），计算同上式 σ_{pc}；

I——换算截面的惯性矩（mm^4）；

y_1——混凝土受拉边缘至中和轴的距离（mm）。

5.4.2　挠度

挠度控制的主要目的：一是保证结构的正常使用功能；二是防止对其他结构构件或非结构构件产生不良影响；三是保证使用者的感受在可接受程度之内。对型钢混凝土梁或钢筋混凝土梁的挠度一般使用结构力学的方法进行计算，预应力混凝土受弯构件的挠度由使用荷载产生的下挠度（f_1）和预应力引起的上挠度（又称反拱挠度 f_2）两部分组成，则预应力型钢混凝土框架跨中的总挠度 $f=f_1-f_2$。确定预应力型钢混凝土构件挠度，刚度的计算是关键。本章在参考以前型钢混凝土刚度的研究基础上，利用约束混凝土理论来确定预应力型钢混凝土结构构件的刚度。

我国对型钢混凝土结构的研究起步较晚，几年来通过试验研究和理论分析，提出了多种刚度计算公式，将其大体归纳为三类：第一类为与现行《混凝土结构设计规范》[9] GB

50010—2010（2015 年版）中刚度计算方法相协调的公式；第二类从刚度叠加出发的计算公式；第三类引入刚度折减系数的计算公式。

第一类：与混凝土结构设计规范相协调的刚度计算方法。

东南大学建议按下面公式计算刚度[26]：

$$B_s = \frac{E_s A_s h_0^2}{\dfrac{\psi}{\eta}\dfrac{M_s}{M} + \dfrac{\alpha_E \rho}{\xi}\dfrac{M_c}{M}} \tag{5.32}$$

式中　ψ——裂缝间纵向受拉普通钢筋应变不均匀系数；

η——内力臂系数，系数 ψ、η 的确定与普通钢筋混凝土受弯构件相同；

$\dfrac{M_s}{M}$、$\dfrac{M_c}{M}$——通过梁的截面全过程分析确定的；

ξ——型钢混凝土梁在使用荷载阶段截面弹塑性抵抗矩系数，此值有实验值计算统计确定并与 $\dfrac{M_s}{M}$、$\dfrac{M_c}{M}$ 相应，故本公式需通过截面弯矩-曲率关系的全过程分析才能得到，有关参数不易确定。

第二类：刚度叠加方法。

（1）西安建筑科技大学认为，型钢混凝土梁的刚度为受型钢约束的混凝土、外围混凝土和型钢三者刚度的叠加[14]：

$$B_{src} = B_{rc} + B_c + B_{ss} \tag{5.33}$$

式中　B_{rc}——工字形截面钢筋混凝土梁的刚度；

B_c——受约束混凝土的刚度；

B_{ss}——型钢的刚度。

该方法的优点在于考虑了型钢对周围混凝土的约束作用，其实质是认为型钢与混凝土处于完全共同工作和完全脱离工作二者的中间状态，与实际情况比较符合，但是对于约束混凝土范围的确定，缺乏理论依据。

（2）按内力分配法进行刚度叠加。

文献［15］根据变形协调条件指出，型钢混凝土梁在弯矩作用下，混凝土部分为偏心受压，型钢部分为偏心受拉，并由此推导出抗弯刚度的一般叠加法：

$$B = B_{rc} + B_N + B_{ss} \tag{5.34}$$

式中　B_{rc}——偏心受压混凝土部分的刚度；

B_{ss}——偏心受拉型钢部分的刚度；

B_N——混凝土部分与型钢部分的组合刚度。

该方法概念比较清楚，不足之处在于当梁截面形心轴与型钢部分形心轴重合时，会出现截面曲率为无穷大的不合理现象。

（3）文献［16］将型钢混凝土梁截面分解为两部分，即型钢翼缘和钢筋混凝土部分（FRC）以及型钢腹板部分（W）。根据变形协调条件确定两部分的弯矩分配，然后分别计算各自的刚度，最后叠加计算总刚度：

$$B_{src} = B_{frc} + B_w \tag{5.35}$$

式中　B_{frc}——FRC 部分的刚度；

B_w——型钢腹板部分的刚度。

该方法仅适用于型钢对称配置的情况。

第三类：引入刚度折减系数的计算方法[17]。

中国建筑科学研究院提出的计算公式为：

$$B_s = \beta \alpha E_c I_0 \tag{5.36}$$

式中 β——主要考虑裂缝间受拉混凝土的影响，取 1.05；

α——主要考虑混凝土非线性影响，在荷载短期效应作用下取 0.8，荷载长期效应作用下取 0.3；

I_0——开裂后换算截面的惯性矩，由三部分叠加而成：

$$I = I_{cr} + \alpha_E I_s + \alpha_{Ea} I_a \tag{5.37}$$

式中 I_{cr}——开裂后截面受压区混凝土面积对中和轴的惯性矩；

I_s、I_a——分别为钢筋和型钢对中和轴的惯性矩。

5.4.3 最大裂缝宽度

裂缝宽度控制的主要目的：一是保证结构的正常使用功能；二是保证结构的耐久性能；三是保证使用者的感受在可接受程度之内。

5.4.3.1 现有型钢混凝土梁裂缝宽度计算方法概述

在苏联 1978 年出版的《劲性钢筋混凝土结构设计指南》[18]СИ 3—78 中，计算裂缝宽度时，把受拉区型钢等效成钢筋，然后按照钢筋混凝土构件计算裂缝宽度的方法来计算型钢混凝土梁的裂缝宽度，钢筋拉力最大处的裂缝宽度按下式计算：

$$w = 25 C_t \frac{\sigma_s}{E_s} (3.5 - 100\mu) \sqrt[3]{d_p} \tag{5.38}$$

式中 μ——截面配筋率；

σ_s——最外侧受拉钢筋的应力；

d_p——受拉型钢及钢筋的换算直径；

C_t——荷载作用期限系数。

按上式求得的平均裂缝间距较试验值小，而裂缝宽度却较试验值大。

国内两本行业标准[10][11]关于型钢混凝土梁裂缝宽度的计算方法有：

2006 年冶金工业部颁布的行业标准《钢骨混凝土结构设计规程》[10] YB 9082—2006 中，对于型钢混凝土梁裂缝宽度的计算方法是根据钢筋混凝土部分承担的弯矩，按钢筋混凝土梁的裂缝宽度公式计算。计算时，将钢骨受拉翼缘作为受拉钢筋，考虑其对裂缝间距的影响，按下式计算荷载短期效应作用下的最大裂缝宽度：

$$w_{max} = 1.4 \psi \frac{\sigma_s}{E_s} \left(2.7c + 0.1 \frac{d_e}{\rho_{te}} \right) \tag{5.39}$$

式中各参数的含义见《钢骨混凝土结构设计规程》YB 9082—2006[10]。

2002 年建设部颁布的行业标准《型钢混凝土组合结构技术规程》[11] JGJ 138—2001 中，对于型钢混凝土梁的裂缝宽度的计算方法，是基于把型钢翼缘作为纵向受力钢筋，且考虑部分型钢腹板的影响，以《混凝土结构设计规范》中裂缝宽度的计算公式形式为基础，建立了型钢混凝土梁裂缝宽度的计算公式，对于荷载短期效应作用下按下列公式计算：

$$w_{\max} = 1.4\psi \frac{\sigma_{sa}}{E_s}\left(1.9c + 0.08\frac{d_e}{\rho_{te}}\right) \tag{5.40}$$

式中符号含义及计算见《型钢混凝土组合结构技术规程》JGJ 138—2001[11]。

5.4.3.2　考虑框架作用的预应力型钢混凝土梁裂缝宽度计算[29]

本书把型钢翼缘作为纵向受力钢筋，且考虑部分型钢腹板的影响，以《混凝土结构设计规范》中预应力结构裂缝宽度的计算公式为基础，并考虑侧向约束的影响，在计算 M_{cr}、σ_{sk} 时考虑次弯矩和次轴力。参照《混凝土结构设计规范》GB 50010—2010[9] 的计算方法，预应力型钢混凝土结构最大裂缝计算公式如下：

$$w_{\max} = \alpha_{cr}\psi \frac{\sigma_{sk}}{E_s}\left(1.9c + 0.08\frac{d_{eq}}{\rho_{te}}\right) \tag{5.41}$$

$$\psi = 1.1\left(1 - \frac{M_{cr}}{M_K - N_{pe}e_p}\right) \tag{5.42}$$

$$d_{eq} = \frac{4(A_s + A_p + A_{af} + kA_{aw})}{u} \tag{5.43}$$

$$u = \pi \sum n_i v_i d_i + (2b_f + 2t_f + 2kh_{aw}) \times 0.315 \tag{5.44}$$

$$\rho_{te} = \frac{A_s + A_p + A_{af} + kA_{aw}}{0.5bh} \tag{5.45}$$

式中　α_c——构件受力特征系数，$\alpha_c = 1.7$；

v_i——受拉区第 i 种纵向钢筋的相对粘结特性系数，型钢的相对粘结特性系数为 $0.45 \times 0.7 = 0.315$；

e_p——预应力钢筋作用重心到截面重心轴的距离；

A_{af}、A_{aw}——型钢受拉翼缘、腹板的截面面积；

b_f、t_f——型钢受拉翼缘宽度、厚度；

h_{aw}——腹板高度；

k——型钢腹板影响系数，等于梁受拉侧 1/4 梁高范围内腹板高度与整个腹板高度的比值。

其余未注明符号意义同《混凝土结构设计规范》GB 50010—2010[9]。

在有侧向约束的预应力混凝土框架结构中，次轴力往往表现为拉力，从而使得框架梁成为预应力混凝土偏心受拉构件。考虑次轴力时，裂缝宽度计算截面内力图如 5.45 所示，则由截面内力平衡计算的 σ_{sk} 如下：

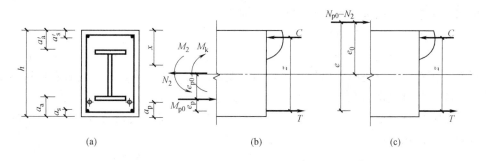

(a)　　　　　　　　(b)　　　　　　　　(c)

图 5.45　裂缝宽度计算应力图

由图 5.45（b），对截面受压中心取矩：

$$\sigma_{sk}=\frac{M_k\pm M_2-N_{p0}(z-e_p)+N_2(a+z-h/2)}{z(A_s+A_P+A_{af}+kA_{aw})} \tag{5.46}$$

由图 5.45（b）、（c），轴向压力作用点至纵向受拉钢筋合力点的距离 e 为：

$$e=\frac{M_k\pm M_2-N_{p0}e_p-N_2(h/2-a)}{N_{p0}-N_2} \tag{5.47}$$

$$z=[0.87-012(1-r'_f)(h_e/e)^2]h_0 \tag{5.48}$$

$$h_e=\frac{h_s+h_p+h_{af}}{3} \tag{5.49}$$

式中　　　　h_e——受拉区钢筋等效高度；

h_s、h_p、h_{af}——分别为纵向受拉筋、预应力筋、内置型钢受拉翼缘至梁受压区边缘的高度；

a——纵向受拉钢筋合力点至受拉边距离，为 $a=h/2-a_s$。

其余未注明符号意义同《混凝土结构设计规范》GB 50010—2010[9]。

5.5　预应力型钢混凝土框架梁塑性设计方法[30、31]

弯矩调幅对于结构将起到一定的经济效果，并能有效地改善由于钢筋拥挤而造成不能保证施工质量的状况。超静定预应力混凝土结构塑性计算理论与设计方法是理论界和工程界十分关注的问题之一。研究表明，若预应力混凝土超静定结构在临界截面出现塑性铰，在外荷载作用下，内力将产生重分布，只要先期产生的塑性铰截面有足够的转动能力，并能形成足够数目的塑性铰，使结构变成机构（即结构内力完全重分布），则结构就能发生较为充分的内力重分布，结构的极限荷载可用塑性极限分析得出。若任一塑性铰的转角值小于截面内力调整所需的转角值，结构将不能产生完全的内力重分布，其极限荷载将小于塑性极限分析所得到的值，预应力产生的次弯矩对结构的极限荷载就有影响。同时，弯矩调幅需满足以下基本条件：延性条件和使用性能的要求。

本节通过 2 榀单跨预应力型钢混凝土框架竖向静力的试验结果，探索预应力混凝土型钢框架结构的内力重分布性能，提出预应力混凝土型钢框架结构塑性设计和弯矩调幅限值计算的方法。

5.5.1　塑性设计方法

一般房屋的框架梁和楼盖中的连续次梁是允许按塑性设计的。国内外在型钢混凝土及预应力混凝土超静定结构塑性设计方面的研究成果主要有：

（1）哈尔滨工业大学建立的调幅系数计算公式

哈尔滨工业大学韩宝权[19]完成 3 根内置 H 型钢预应力混凝土连续组合梁试验，基于试验结果及仿真分析，提出了以塑性转角为自变量的弯矩调幅系数计算公式和以混凝土相对受压区高度为自变量的弯矩调幅系数计算公式。

以型钢受拉翼缘屈服为塑性铰出现标志的中支座相对塑性转角 θ_p/h_0 为自变量的弯矩调幅系数计算公式为：

$$\begin{cases} \beta=0.2493[(\theta_p/h_0)\cdot 10^5]+0.2337 & (\theta_p/h_0)\cdot 10^5\leqslant 0.817 \\ \beta=0.437 & (\theta_p/h_0)\cdot 10^5\leqslant 0.817 \end{cases} \tag{5.50}$$

以混凝土相对受压区高度为自变量的弯矩调幅系数计算公式为：

$$\beta = \begin{cases} 0.437 & \xi_i < 0.322 \\ 0.287 & \xi_i > 0.437 \\ 直线内插 & 0.322 \leqslant \xi_i \leqslant 0.437 \end{cases} \tag{5.51}$$

（2）CEB-FIP 模式规范 MC90

CEB-FIP 模式规范 MC90 给出了以支座混凝土相对受压区高度为自变量的预应力混凝土构件调幅系数的计算公式[20]。

混凝土强度等级在 C15～C45 之间，且 $\xi \leqslant 0.45$ 时：

$$\beta \leqslant 0.56 - 1.25\xi \leqslant 0.25 \tag{5.52}$$

混凝土强度等级在 C50～C70 之间，且 $\xi \leqslant 0.35$ 时：

$$\beta \leqslant 0.44 - 1.25\xi \leqslant 0.25 \tag{5.53}$$

对 B 级钢筋，混凝土强度等级在 C15～C70 之间，且 $\xi \leqslant 0.25$ 时：

$$\beta \leqslant 0.25 - 1.25\xi \leqslant 0.1 \tag{5.54}$$

（3）构件弹塑性计算专题研究组

构件弹塑性计算专题研究组在试验的基础上给出以支座混凝土相对受压区高度为自变量的钢筋混凝土连续梁弯矩调幅的限值建议[21]。

当混凝土强度等级小于 C30 时：

$$\begin{cases} \beta \leqslant 10\% & \dfrac{\xi}{0.55} = 0.65 \\[2mm] \beta \leqslant 30\% & \dfrac{\xi}{0.55} = 0.20 \\[2mm] \beta\ 直线内插 & 0.20 < \dfrac{\xi}{0.55} < 0.65 \end{cases} \tag{5.55}$$

当混凝土强度等级在 C30～C60 之间时：

$$\begin{cases} \beta \leqslant 10\% & \dfrac{\xi}{0.55} = 0.53 \\[2mm] \beta \leqslant 30\% & \dfrac{\xi}{0.55} = 0.20 \\[2mm] \beta\ 直线内插 & 0.20 < \dfrac{\xi}{0.55} < 0.53 \end{cases} \tag{5.56}$$

（4）东南大学

东南大学吕志涛、石平府等学者给出以支座混凝土相对受压区高度为自变量的预应力混凝土超静定结构弯矩调幅系数 β 取用值为：

$$\beta \leqslant [\beta] = \begin{cases} 1.5\xi - 0.1 & 0.1 \leqslant \xi < 0.2 \\ 0.2 & 0.2 \leqslant \xi < 0.25 \\ 0.45 - \xi & 0.25 \leqslant \xi < 0.41 \end{cases} \tag{5.57}$$

由以上预应力型钢混凝土组合梁及预应力钢筋混凝土梁板的塑性设计研究成果可见，通常以支座塑性转角为自变量和以支座混凝土相对受压区高度为自变量来计算支座控制截面的弯矩调幅系数。

对于预应力型钢混凝土框架梁的塑性设计，本书探索型钢高度与梁高比值及型钢含钢量等关键参数对塑性内力重分布的影响规律。

在完成 2 榀预应力型钢混凝土框架静力试验基础上，基于试验结果及仿真分析，提出了以塑性转角为自变量的弯矩调幅系数计算公式和以混凝土相对受压区高度为自变量的弯矩调幅系数计算公式。

5.5.1.1　预应力型钢混凝土框架试验内力重分布现象分析

随着 XGKJ1、2 裂缝的产生和发展，预应力型钢混凝土框架各部位的相对刚度也在不断变化，这是引起塑性内力重分布的根本原因。试验 XGKJ1、2 框架梁内力重分布现象表现为随着外荷载的施加，两榀框架均为继框架梁端控制截面受拉非预应力钢筋和型钢受拉翼缘屈服后，跨中控制截面纵向受拉非预应力钢筋和型钢受拉翼缘屈服，再后框架梁端控制截面受压边缘混凝土达到极限压应变，最后跨中受压边缘混凝土达到极限压应变，形成机动体系而破坏。内置型钢预应力混凝土组合梁塑性铰的转动能力应介于钢梁与预应力钢筋混凝土梁之间。XGKJ1 梁端首先出现塑性铰，继续增加的荷载所产生的弯矩主要由跨中截面承担，最终形成跨中和梁端三铰机构；同样，XGKJ2 梁端首先出现塑性铰，继续增加的荷载所产生的弯矩主要由跨中截面承担，由于 XGKJ2 节点的提前剪切破坏，跨中未完全形成塑性铰，为节点的剪切破坏，但是梁端塑性铰已经形成并且实现一定的转动保证了内力重分布。

5.5.1.2　塑性铰的基本概念

预应力型钢混凝土框架梁的塑性铰是指其负弯矩区受拉非预应力钢筋及型钢受拉翼缘应变不小于屈服应变的区域。梁端控制截面受拉非预应力钢筋及型钢受拉翼缘屈服时刻的弯矩为 M_y，相应曲率为截面屈服曲率 ϕ_y；达到截面极限抗力时刻的弯矩为极限弯矩 M_u，相应曲率为截面极限曲率 ϕ_u。

当预应力型钢混凝土框架达到承载力极限状态时，框架梁梁端塑性转角为：

$$\theta_P = \int_0^{L_{P0}} (\phi - \phi_y) \, dx \tag{5.58}$$

式中　L_{P0}——实际塑性铰区长度；

ϕ——塑性铰区范围内任意截面的曲率。

为便于计算，上式可简化为：

$$\theta_P = (\phi_u - \phi_y) L_P \tag{5.59}$$

式中　L_P——等效塑性铰区长度。

由上述简化公式可知，求解预应力型钢混凝土框架梁梁端塑性铰的转动能力问题，可转化求解梁端等效塑性铰区长度 L_P 的问题。针对不同的研究对象，人们建立了相应的等效塑性铰区长度的实用计算方法[22~24]。

对于本次试验，以梁端控制截面型钢受拉翼缘拉应变达到 $1450\mu\varepsilon$ 时的截面的曲率作为屈服曲率。以框架梁梁端压区混凝土边缘达到极限压应变预估值 $\varepsilon_{cu}=3300\mu\varepsilon$ 时的截面曲率作为极限曲率。

5.5.1.3　预应力型钢混凝土框架梁荷载-曲率（P-ϕ）关系曲线

定义截面曲率：

$$\phi = (\varepsilon_{ha} + \varepsilon_{hb})/h_0 \tag{5.60}$$

式中　ε_{ha}、ε_{hb}——分别为受拉、压纵筋，型钢上下翼缘以及混凝土受拉、压区纵筋重心
处的应变；

　　　　h_0——框架梁梁端受拉压纵筋、型钢上下翼缘的距离。

图 5.46 给出试验中梁端及跨中截面的由纵筋、型钢以及混凝土应变确定的荷载-曲率
（P-ϕ）关系曲线。

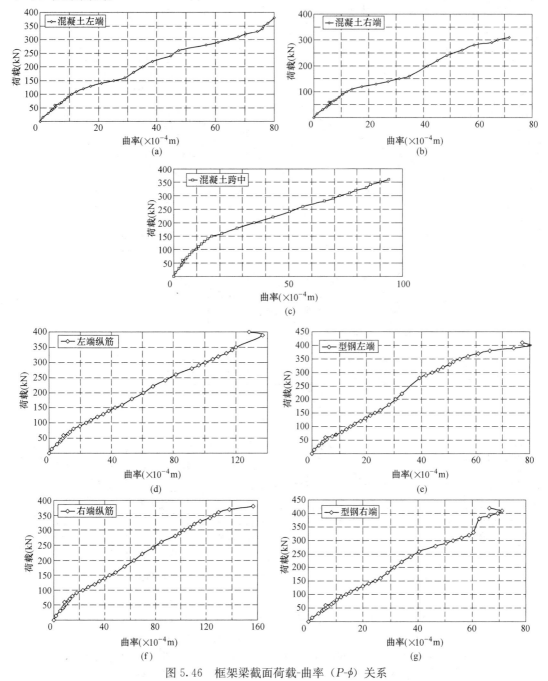

图 5.46　框架梁截面荷载-曲率（P-ϕ）关系

（a）XGKJ1 左侧梁端截面混凝土曲率；（b）XGKJ1 右侧梁端混凝土截面；（c）XGKJ1 跨中截面混凝土曲率；（d）XGKJ1 左侧梁
端截面纵筋曲率；（e）XGKJ1 左侧梁端截面型钢曲率；（f）XGKJ1 右侧梁端截面纵筋曲率；（g）XGKJ1 右侧梁端截面型钢曲率

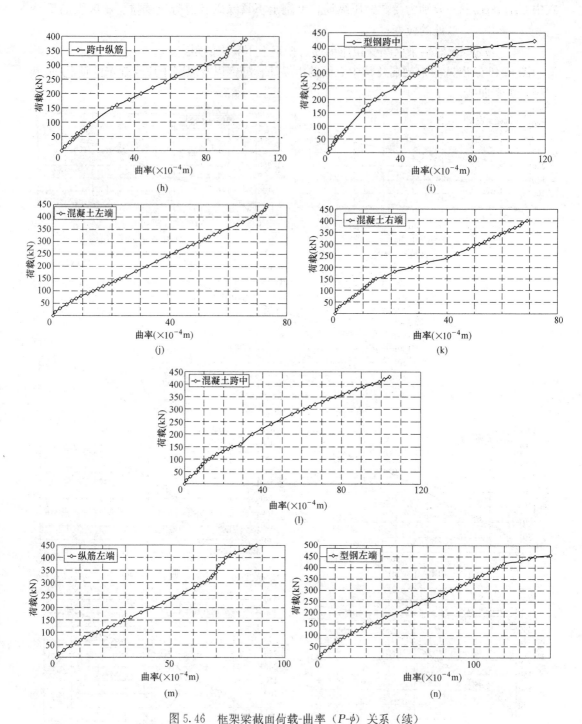

图 5.46　框架梁截面荷载-曲率（P-ϕ）关系（续）

（h）XGKJ1 跨中截面纵筋曲率；（i）XGKJ1 跨中截面型钢曲率；（j）XGKJ2 左侧梁端截面混凝土曲率；（k）XGKJ2 右侧梁端截面混凝土曲率；（l）XGKJ2 跨中截面混凝土曲率；（m）XGKJ2 左侧梁端截面纵筋曲率；（n）XGKJ2 左侧梁端截面型钢曲率

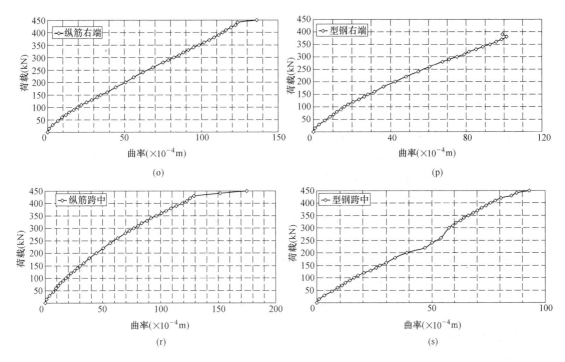

图 5.46　框架梁截面荷载-曲率（P-ϕ）关系（续）

（o）XGKJ2 右侧梁端截面纵筋曲率；（p）XGKJ2 右侧梁端截面型钢曲率；
（r）XGKJ2 跨中截面纵筋曲率；（s）XGKJ2 跨中截面型钢曲率

从图 5.46 看出，预应力型钢混凝土框架梁跨中截面及梁端截面荷载-曲率曲线，由于预应力筋没有屈服以及型钢腹板没有完全屈服，导致曲线没有明显的转折点，随着荷载的增加，截面曲率近似于线性的增加。不同于其他混凝土结构，临近极限荷载时，曲线有一明显转折点，过了转折点，荷载稍有增加，曲率增加很快。

5.5.1.4　预应力型钢混凝土框架梁塑性铰长度确定

预应力型钢混凝土框架梁梁端塑性铰区长度的定义与普通钢筋混凝土梁相类似，认为在外荷载作用下，框架梁梁端区段内，受拉非预应力钢筋及型钢受拉翼缘受拉屈服，同时此区段内具有最大弯矩 M_u 截面的曲率为 ϕ_u，此区段边缘截面的弯矩为 M_y，曲率也下降为屈服曲率 ϕ_y。将发生屈服曲率 ϕ_y 的截面与预应力型钢混凝土框架梁梁端控制截面间的距离定义为实际塑性铰区长度 L_{P0}。

根据本书试验框架梁端和跨中受力纵筋、型钢翼缘、凝土侧面的荷载曲率曲线未见明显转折点的特点，本书提出从塑性铰长度的基本概念出发，推导塑性铰长度的分析思路。根据塑性铰区长度的概念可知，塑性铰区长度是控制截面与其一侧受拉非预应力钢筋或型钢受拉翼缘达到屈服的截面间的距离。

求解塑性铰长度的思路为：首先确定预应力型钢混凝土框架在极限荷载 P_u 作用下的弯矩图，然后采用理论方法计算受拉非预应力钢筋刚屈服时刻截面的屈服弯矩 M_y，最后根据 $M_{u.t}$、M_y 以及 $M_{u.b}$ 在加固梁弯矩图上的几何关系确定塑性铰区长度 L_{P0}。塑性铰长度的计算简图如图 5.47 所示，计算公式如下：

$$L_{p0} = \left(1 - \frac{M_y}{M_{u,t}}\right)\left(\frac{M_{u,t}}{M_{u,t} + M_{u,b}}\right)L_1$$

$$(5.61)$$

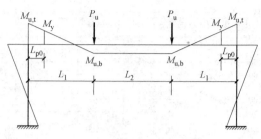

图 5.47　塑性铰长度的计算简图

式中　P_u——极限荷载；

　　　$M_{u,t}$——与 P_u 对应的框架梁梁端截
　　　　　　面极限弯矩；

　　　$M_{u,b}$——与 P_u 对应的框架梁跨中控
　　　　　　制截面极限弯矩；

　　L_1、L_2——分别为加载点至框架柱中线
　　　　　　距离、加载点之间的距离；

　　　M_y——框架梁梁端受拉非预应力钢筋及型钢受拉翼缘的屈服弯矩；

　　　L_{p0}——根据几何关系得到的实际塑性铰区长度。

文献［25］推导 SRC 构件滑移转角-曲率关系时采用了此假定，编制 SRC 构件非线性有限元程序，动力时程分析结果与实验结果非常吻合，表明了该假设一定的可靠性。文献［25］在研究部分预应力连续梁的塑性行为时，计算塑性铰区长度采用了这种方法。

5.5.2　弯矩调幅

5.5.2.1　预应力型钢混凝土框架结构弯矩调幅设计研究思路

与普通钢筋混凝土结构一样，由于材料非线性和几何非线性的影响，预应力混凝土结构在受荷过程中也存在比较明显的非线性特性。对预应力混凝土结构采用考虑塑性内力重分布的弯矩调幅法进行设计，不但能更准确地反映结构的实际受力状态，还能充分发挥结构的承载能力储备，起到节约材料、简化设计、方便施工的效果。对于预应力混凝土超静定结构，在一定的外荷载下，支座截面就会开裂，开裂后，支座截面的刚度降低，引起内力重分布，与此同时，支座截面的次弯矩会随着刚度的进一步降低而减少。从理论上讲一旦形成塑性铰后，结构就变成了静定结构，次弯矩消失，因此次弯矩不会影响极限荷载。但完全的塑性铰转动一般不会发生，次弯矩一般不会全部消失。因此，应考虑次弯矩对弯矩调幅的影响。文献［27］认为在低配筋的情况下，较易形成转动能力较好的塑性铰，在承载能力极限状态下，次弯矩较小，可不考虑次弯矩。但在高配筋的情况下，所形成的塑性铰转动能力较小，次弯矩不可忽略。原哈尔滨建筑大学卫纪德、张毓澎通过所完成的 3 组预应力混凝土两跨连续梁的对比试验，对不同配筋率梁的中支座截面次弯矩随荷载的变化情况进行了研究，结果表明当梁截面配筋率较高时，中支座截面次弯矩衰减的速度较慢；当梁配筋率较低时，中支座截面次弯矩衰减的速度较快，但直到极限状态仍有一定的次弯矩存在。预应力型钢混凝土结构由于型钢的存在，情况类似于高配筋的情况，荷载曲率曲线的分析没有明显的转折点，随着荷载的增加，截面曲率近似于线性的增加，说明没有形成转动能力较好的塑性铰，次弯矩不可忽略。

美国规范 ACI 318-08[13]、欧洲 CEB-FIP 模式规范 MC 90[20]、澳大利亚规范 AS3600—2001 中认为次弯矩 M_{sec} 在整个工作阶段逐渐变小，调幅外载弯矩和次弯矩值，并取相同的调幅系数，按下式计算：

$$M = (1 - \beta)(M_{load} + M_{sec})$$

$$(5.62)$$

我国《混凝土结构设计规范》GB 50010—2010[9]第 10.1.8 条的条文说明中指出，对存在次弯矩的后张预应力超静定混凝土结构，其弯矩重分布规律可用下式表示：

$$(1-\beta)M_\mathrm{d}+\alpha M_2 \leqslant M_\mathrm{u} \tag{5.63}$$

式中　α——次弯矩消失系数；

　　　β——直接弯矩调幅系数。

以上规范均考虑次弯矩在荷载弯矩逐步加大且各截面抗弯刚度逐步退化的过程中渐次衰减的现象，符合实际的规律。

本书考虑初始次弯矩减小，调幅系数按下式考虑：

$$\beta=\frac{(M_\mathrm{load}+M_\mathrm{sec}-M_\mathrm{u})}{M_\mathrm{load}+M_\mathrm{sec}} \tag{5.64}$$

式中　M_load——框架梁破坏时按弹性计算的梁端截面的弯矩；

　　　M_u——框架梁端截面的极限弯矩；

　　　M_sec——框架梁端截面的总次内力弯矩，包括两部分：第一部分为次弯矩 M_sec1；第二部分为次轴力引起的次轴力弯矩 M_sec2。

根据上式，将 XGKJ1、2 的 M_load、M_u 和 M_sec 计算值列于表 5.3。

XGKJ1、2 弯矩调幅计算表　　　　　　　　　　表 5.3

框架编号	截面相对受压区高度系数 ξ	M_load（kN·m）	M_u（kN·m）	M_se1（kN·m）	M_sec2（kN·m）	β（%）
XGKJ1	0.26	644	481.4	−34.4	−3.01	20.8
XGKJ2	0.26	732.55	544	−35.2	−3.08	21.6

由表中可以看出，本次实验预应力型钢混凝土框架弯矩调幅值为 20% 左右。由于两榀框架梁截面相对受压区高度系数 ξ 相等，调幅系数基本相等，预应力度的变化对调幅系数影响不大。本实验中由于次弯矩的方向与外荷载负弯矩方向相反，次弯矩相当于减小了柱顶截面的弯矩值，对柱顶调幅作用是有利的。

5.5.2.2　基于框架梁端受压区高度系数的弯矩调幅系数计算公式

为数据分析的全面性，在确定预应力型钢混凝土弯矩调幅计算公式时，通过 ABAQUS 分析增加考虑框架梁中受拉受压受力纵筋变化因素的影响，通过增加受拉受压纵筋变化计算模型 KJ-1、2、3、4，来考虑纵筋变化对弯矩调幅影响。计算模型只改变 XGKJ1 中框架梁受拉压纵筋的大小，其余均与 XGKJ1 相同。KJ-1、2、3、4 计算模型参数如表 5.4 所示。

纵筋变化弯矩调幅计算　　　　　　　　　　表 5.4

框架编号	受拉筋	受压筋	M_u（kN·m）	M_load（kN·m）	ξ	β（%）
KJ-1	2Φ16	3Φ32	358.8	635	0.126	40.3
KJ-2	2Φ16	3Φ28	389.2	613	0.17	33
KJ-3	3Φ22	3Φ16	509.6	611.8	0.32	11
KJ-4	3Φ22	3Φ12	498.7	584	0.345	9

由表 5.4 可以看出，受压区高度系数对预应力型钢混凝土框架弯矩调幅有显著的影

响，随着受压区高度系数的减小，弯矩调幅能力增大，调幅系数增加。

计算模型的弯矩调幅计算如表 5.5。

GKJ1-8 弯矩调幅计算   表 5.5

框架编号	M_u(kN·m)	M_{load}(kN·m)	ξ	β(%)
GKJ-1	565.30	739.80	0.290	19.5
GKJ-2	515.65	701.16	0.280	22.3
GKJ-3	492.30	656.24	0.277	20.6
GKJ-4	481.40	644.00	0.260	20.8
GKJ-5	497.30	616.15	0.300	14.1
GKJ-6	457.11	563.18	0.296	13.1
GKJ-7	449.80	583.46	0.315	17.6
GKJ-8	435.83	557.38	0.303	16.2

由表 5.5 可以看出，在型钢高度与截面高度比值 α 一定的情况下，含钢量 γ 对 β 的影响较小。

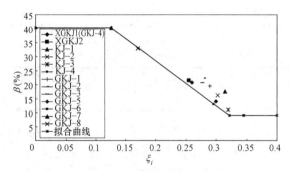

图 5.48 β 与 ξ_i 坐标点分布及关系曲线

以框架梁梁端截面混凝土相对受压区高度 ξ_i 为横坐标，以调幅系数 β 为纵坐标，可得到预应力型钢混凝土框架梁 β 与 ξ_i 试验点及计算点分布，如图 5.48 所示。根据图中 β 与 ξ_i 坐标点分布，可得调幅系数 β 与框架梁梁端混凝土相对受压区高度 ξ_i 关系下包线，并将其绘制于图 5.48。

由此可得到以预应力型钢混凝土框架梁梁端相对受压区高度 ξ_i 为自变量的预应力型钢混凝土框架的弯矩调幅系数 β 的计算方法为：

$$\beta(\%) = \begin{cases} 40.3 & \xi_i \leqslant 0.126 \\ -160\xi_i + 60.46 & 0.126 < \xi_i < 0.345 \\ 9 & \xi_i > 0.345 \end{cases} \quad (5.65)$$

预应力型钢混凝土框架梁弯矩调幅系数大于 10% 时混凝土截面相对受压区高度不小于 0.32。

5.5.2.3 基于框架梁端塑性转角的弯矩调幅系数计算公式

根据前面的公式，计算得到本文 XGKJ1-2、KJ1-4、GKJ1-8 等 13 根预应力型钢混凝土框架梁梁端截面的极限曲率 ϕ_u、屈服曲率 ϕ_y 和梁端处等效塑性铰区长度 L_{p0}。塑性转角 θ_p 按下列公式计算。计算数据详见表 5.6。

$$\theta_p = (\phi_u - \phi_y)L_{p0} \quad (5.66)$$

以型钢受拉翼缘屈服为塑性铰出现标志的相对塑性转角 θ_p/h_0 为横坐标，以调幅系数 β 为纵坐标，可得到预应力型钢混凝土框架梁 β 与 θ_p/h_0 试验点及计算点分布，如图 5.49 所示。β 与 (θ_p/h_0) 10^{-5} 试验点及计算点分布几乎成直线关系，采用一阶线性拟合，可

得到 β 与 θ_p/h_0 关系曲线，并将其绘制于图 5.49。

塑性铰基本参数及弯矩调幅系数　　　　　　　表 5.6

框架编号	极限曲率 ϕ_u	屈服曲率 ϕ_y	塑性铰区长度 L_{p0}(mm)	塑性转角 θ_p	调幅系数 β(%)
XGKJ1	2.62×10^{-5}	0.94×10^{-5}	401.00	67.37×10^{-4}	20.8
XGKJ2	2.62×10^{-5}	1.00×10^{-5}	426.42	69.08×10^{-4}	21.6
KJ-1	5.41×10^{-5}	1.05×10^{-5}	525.37	229.06×10^{-4}	40.3
KJ-2	4.01×10^{-5}	0.99×10^{-5}	487.09	147.10×10^{-4}	33.0
KJ-3	2.13×10^{-5}	0.96×10^{-5}	256.85	30.05×10^{-4}	11.0
KJ-4	1.98×10^{-5}	0.94×10^{-5}	200.5	20.8×10^{-4}	9.0
GKJ-1	2.35×10^{-5}	0.96×10^{-5}	367.88	51.14×10^{-4}	19.5
GKJ-2	2.44×10^{-5}	0.95×10^{-5}	437.75	65.22×10^{-4}	22.3
GKJ-3	2.46×10^{-5}	0.954×10^{-5}	343.18	51.68×10^{-4}	20.6
GKJ-4	2.62×10^{-5}	0.94×10^{-5}	401.00	67.37×10^{-4}	20.8
GKJ-5	2.27×10^{-5}	0.947×10^{-5}	261.49	34.60×10^{-4}	14.1
GKJ-6	2.30×10^{-5}	0.87×10^{-5}	236.85	33.87×10^{-4}	13.1
GKJ-7	2.16×10^{-5}	0.95×10^{-5}	342.00	41.38×10^{-4}	17.6
GKJ-8	2.25×10^{-5}	0.92×10^{-5}	305.32	40.61×10^{-4}	16.2

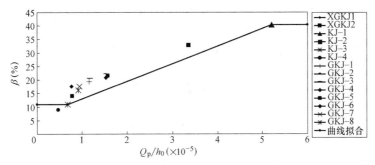

图 5.49　β 与 (θ_p/h_0) 10^{-5} 坐标点分布及关系曲线

由此可得到以预应力型钢混凝土框架梁受拉翼缘屈服为塑性铰出现标志的，框架梁端相对塑性转角 (θ_p/h_0) 10^{-5} 为自变量的梁端弯矩调幅系数 β 的计算方法为：

$$\beta(\%)=\begin{cases}11 & \dfrac{10^{-5}\theta_p}{h_0}\leqslant0.683\\[2mm]6.4781\left(\dfrac{10^{-5}\theta_p}{h_0}\right)+6.046 & 0.683<\dfrac{10^{-5}\theta_p}{h_0}<5.2\\[2mm]40.3 & \dfrac{10^{-5}\theta_p}{h_0}\geqslant5.2\end{cases} \qquad (5.67)$$

在一定程度上，式（5.67）合理考虑了预应力型钢混凝土框架梁受压区高度、预应力筋与非预应力的匹配关系以及内置型钢含钢率等关键参数对弯矩调幅系数 β 的影响。为预应力型钢混凝土超静定结构的塑性设计提供了一定的依据。

式（5.65）、式（5.67）计算得到的调幅系数 β，是以外荷载弯矩设计值 M_{Load} 与张拉引起的次弯矩以及次轴力弯矩 M_{sec} 之和（$M_{\text{Load}}+M_{\text{sec}}$）为调幅对象的。采用式（5.65），（5.67）给出的预应力型钢混凝土框架梁调幅系数计算公式计算得到弯矩调幅系数后，可求得预应力型钢混凝土框架梁梁端控制截面的调幅后弯矩：

$$M_{\text{u}}=(1-\beta)(M_{\text{Load}}+M_{\text{sec}}) \tag{5.68}$$

参 考 文 献

[1]　舒赣平，吕志涛．预应力钢结构与组合结构的应用和发展．工业建筑，1997，Vol. 27（7）：1-33.

[2]　韩艳，房贞志．预应力钢-混凝土组合结构的应用及其稳定问题的研究，工程力学（增刊），1999，307-311.

[3]　宋玉普．新型预应力混凝土结构．北京：机械工业出版社，2005.

[4]　J. G Nie，C. S. Cai，T. R. Zhou，Y Li. Experimental and Analytical Study of Prestressed Steel-Concrete Composite Beams Considering Slip Effect，Journal of Structure Engineering，2007，133（4）：530-540.

[5]　刘军进，吕志涛．预应力钢骨混凝土梁的理论分析和计算方法研究．工程力学（增刊）2000，123-129.

[6]　徐杰，傅传国等．型钢混凝土及预应力型钢混凝土梁试验研究．工程抗震与加固改造 2007，Vol. 29（5）：57-62.

[7]　刘军进．预应力钢骨混凝土梁理论分析及试验研究［博士学位论文］．南京：东南大学，1999.

[8]　张松林，舒赣平．预应力钢骨混凝土结构转换梁的设计和分析．工业建筑，1997，Vol. 27（7）：16-18.

[9]　中华人民共和国国家标准．混凝土结构结构设计规范 GB 50010—2010．北京：中国建筑工业出版社，2011.

[10]　中华人民共和国黑色冶金行业标准．钢骨混凝土结构设计规程 YB 9082—2006．北京：冶金工业出版社，2006.

[11]　中华人民共和国行业标准．型钢混凝土组合结构技术规程 JGJ 138—2001/J 130—2001．北京：中国建筑工业出版社，2002.

[12]　AISC Seimic Provisions for Structural Steel buildings［S］．Chicago（IL）：Americam Institute of Steel Construction．1997.

[13]　American Institute of Steel Construction（A1SC）．Load and resistance Factor Design Specification for the Structural Steel Buildings．1999.

[14]　施亮．型钢高强高性能混凝土梁受力性能试验研究与刚度裂缝理论分析［硕士学位论文］．西安：西安建筑科技大学，2007.

[15]　叶列平．SRC梁的刚度及裂缝宽度计算．《工程力学》增刊，1995，767-771.

[16]　施建平，赵世春．劲性钢筋混凝土梁刚度的实用计算．建筑结构，1995（8）：16-18.

[17]　中国建筑科学研究院主编．混凝土结构研究报告选集（3）．北京：中国建筑工业出版社，1994.

[18]　冶金建筑研究总院译．苏联劲性钢筋混凝土结构设计指南 СИ3-78．北京：中国建筑工业出版社 1983.

[19]　孙光初，张继文，陈乾．预应力型钢混凝土梁设计方法探讨．江苏建筑 1996（4）：25-28.

[20]　CEB 欧洲国际混凝土委员会．1990 CEB-FIP 模式规范．中国建筑科学研究院结构所规范室译．1991.

［21］　构件弹塑性计算专题研究组. 钢筋混凝土连续梁弯矩调幅限值的研究. 建筑结构. 1982，(4)：37～42.

［22］　Scott，Michael H. Fenves，Gregory L. A plastic hinge simulation model for reinforced concrete members. 17th Analysis and Computation Specialty Conference. 2006，7.

［23］　Inel，Mehmet, Ozmen，Hayri Baytan. Effects of plastic hinge properties in nonlinear analysis of reinforced concrete buildings. Engineering Structures. 2006，28（11）：14941502.

［24］　Mendis，P. Plastic hinge lengths of normal and high-strength concrete in flexure. Advances in Structural Engineering，2001，4（4）：189195.

［25］　薛建阳，赵鸿铁. 型钢混凝土框架模型的弹塑性地震反应分析. 建筑结构学报. 2000，Vol. 21（4）：28～33.

［26］　徐澄，劲性钢筋混凝土深刚度的试验研究［硕士学位论文］. 南京：东南大学，1989.

［27］　刘慧萍　次弯矩及其对预应力混凝土结构性能的影响. 工业建筑，2006，vol. 36（7）：38-41.

［28］　熊学玉，高峰，李亚明. 预应力型钢混凝土框架梁正截面承载力试验及计算. 工业建筑. 2011，41（12）：24-29.

［29］　熊学玉，高峰，李亚明. 预应力型钢混凝土框架梁裂缝控制试验分析及计算. 工业建筑. 2011，41（12）：20-23，7.

［30］　高峰，熊学玉，张少红. 预应力型钢混凝土框架梁弯矩调幅系数影响因素分析. 建筑结构. 2015，45（5）：80-85.

［31］　熊学玉，高峰. 预应力型钢混凝土框架梁弯矩调幅试验研究. 华中科技大学学报（自然科学版）. 2012，40（11）：48-52.

第6章　缓粘结预应力混凝土结构

6.1　概述

对于全预应力混凝土构件，设计使用荷载作用下最大弯矩截面混凝土不会出现拉应力，也就不会开裂，因此反复荷载下全预应力混凝土构件中钢筋的疲劳应力较小，疲劳并不是很突出的问题，校核其疲劳使用荷载下的疲劳性能大多数能满足要求，因此常有"不裂不疲"的说法。

我国从 20 世纪 80 年代开始推广使用部分预应力混凝土结构，并迅速成为中大跨度桥梁的主要建筑技术。值得注意的是，这类结构在服役期间，除承受静力荷载作用之外，还要承受长期重复荷载的作用，例如车辆荷载、波浪力、风荷载等。而随着重复荷载作用次数的增加将使结构内部产生累积疲劳损伤，最终导致结构功能退化，甚至发生疲劳破坏。事实上，结构构件的疲劳往往出现于小于其静载能力的重复荷载作用下的裂缝发展，没有裂缝的伸展就不会发生疲劳破坏[1]。显然，对于允许带裂缝工作的部分预应力混凝土结构，重复荷载引起的疲劳问题尤为值得关注。

预应力混凝土按照粘结形式可以分为有粘结、无粘结和缓粘结预应力混凝土。有粘结和无粘结预应力混凝土各有其优劣，目前都在工程中得到了广泛的应用。有粘结预应力[2,3]混凝土强度利用率较高[4]，理论上耐腐蚀、耐疲劳性能较好，但是由于预应力筋孔道设置比较麻烦，孔道位置难以保证，而且有粘结预应力中灌浆作业质量难以保证，带来了许多安全隐患[5]。1985 年由于受英国威尔士发生的一起后张灌浆预应力桥梁倒塌的影响，英国运输部于 1992 年 9 月 25 日发布了新建桥梁不再允许采用后张有粘结预应力梁的决定。其理由是，对已建成的桥梁难以检查预应力钢材是否腐蚀，也没有办法进行替换。而无粘结[6,7]预应力混凝土的应用，减少了预应力筋孔道设置和灌浆作业的一些隐患，且该工艺中预应力筋所占的空间较小，布筋作业可以确定其在结构中所占的位置，故可满足在较狭窄的空间中布筋的要求，施工较为方便。但无粘结预应力构件在极限强度上比有粘结预应力构件弱，且预应力筋可以自由滑移使应变沿全长大体相等、易造成预应力筋和端锚的疲劳，混凝土构件开裂时的裂缝数量少且裂缝宽度大等不足[8]，而且在海港码头、海上采油设施、跨海桥梁、城市污水处理设施和一些化工工厂的厂房中，无粘结预应力混凝土的耐久性还难以让人放心。

基于有粘结和无粘结体系的特性，20 世纪 80 年代的日本，从施工方便和传力合理的角度出发，研发了一种新型预应力混凝土，即缓粘结预应力混凝土体系。在这种体系中预应力筋周围包裹一种缓凝材料，前期预应力筋与这种缓凝材料间几乎没有粘结力，与无粘结体系相同；后期缓凝材料固化，固化后强度高于混凝土，将预应力筋与混凝土粘结在一起，形成有粘结体系。缓粘结预应力混凝土体系将有粘结与无粘结体系的优点相结合，扬长避短，利用较简单的工艺方法，优良的力学性能，使结构的受力状态良好，抗震性能得到改善。日本在 1987 年开始研制缓粘结预应力钢筋，并于 1996 年开始应用于桥梁的横向预应力部位，2001 年应用在桥梁的纵向预应力部位。我国也于 1995 年左右开始研究缓粘结预应力技术，并逐渐将其运用于实际工程中。

目前缓粘结预应力体系中用于钢绞线和螺纹套管之间的缓凝材料有缓凝砂浆和环氧树脂两种，后者作为一种缓凝胶粘剂填充在套管和预应力筋之间，套管经过压纹设备压制出凹凸不平的波纹，并与缓凝胶粘剂一起包裹预应力筋，腐蚀介质很难进入，从而对预应力筋起保护作用。这种缓粘结预应力筋的截面尺寸与无粘结预应力筋基本相同，因而对混凝土构件横截面的削弱较小，它的适用范围比用缓凝砂浆制成的缓粘结预应力筋要大得多。目前国内外对采用环氧树脂作为缓凝剂的结构体系研究尚少，尤其是这类缓粘结预应力构件的疲劳性能研究国内至今鲜有涉足。此外，由于疲劳问题的复杂性，且影响因素较多，至今对部分预应力混凝土结构疲劳性能的研究并不足够。因此，开展缓粘结部分预应力混凝土梁疲劳性能方面的研究工作对保证自身安全性和耐久性具有十分重要的意义。

6.2　缓粘结筋特点

作为 20 世纪 20 年代诞生的新型结构形式，预应力混凝土比普通钢筋混凝土更能充分发挥材料性能，提高构件的抗裂性和结构刚度，自重更小而耐久性更佳，现已成为当今世界上最常用的土木工程结构形式之一。传统的预应力混凝土按照粘结形式主要可以分为有粘结和无粘结预应力混凝土。其中无粘结在施工性上具有优势，而有粘结的力学性能较好，故后张有粘结预应力混凝土在实际工程中有极广泛的应用。

由于尚没有保证灌浆完全密实的施工技术以及有效的检测手段，后张有粘结预应力混凝土的施工质量很难进行把控。英国在对 20 世纪 50~80 年代间的后张混凝土桥的调查中发现超八成的灌浆不合格率，并且 1967~1992 年间英国和比利时有 3 座后张预应力混凝土桥因灌浆问题导致的预应力钢束锈蚀发生了突然破坏。近年来，在国内拆截桥梁的过程中也同样发现了大量相同的灌浆孔洞以及因此而产生的预应力筋锈蚀现象。对此，国内外就改善施工工艺方法以及寻找替代的结构体系展开了许多相关研究。

目前缓粘结预应力体系中用于钢束和套管之间的缓粘结材料有缓凝砂浆和环氧树脂两种，环氧树脂可以克服缓凝砂浆保质期短、工厂化生产难度大等缺陷，并且环氧树脂填充在套管和预应力筋之间，使腐蚀介质很难进入，从而对预应力筋起保护作用（图 6.1）。

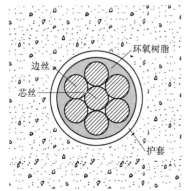
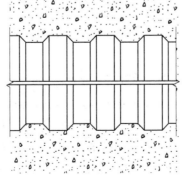

图 6.1　缓粘结预应力筋构造图

这种缓粘结预应力筋的截面尺寸与无粘结预应力筋基本相同，因而对混凝土构件横截面的削弱较小。

6.3 预应力损失

6.3.1 测试设备及测试方法

本次测试的目的是记录张拉全过程中以及张拉完成后至试验开始前缓粘结预应力筋的受力状态，以研究分析预应力筋在施工阶段的力学特点。本次测试采用由上海同吉建筑工程设计有限公司开发的"基于物联网技术的智能张拉设备"，如图 6.2 所示。该设备不仅可以完成张拉施工，还能对全过程的张拉力、全过程的缸体位移进行记录，故能胜任此次测试任务。

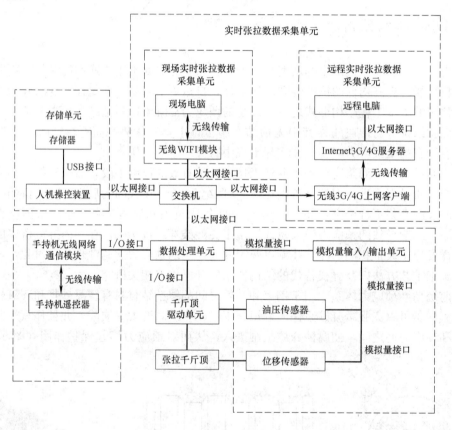

图 6.2 智能张拉设备框架结构图

智能张拉设备主要由两部分组成：施工现场张拉设备和远程监控平台。施工现场张拉设备的主要功能为：进行张拉施工并采集数据，通过 GPRS 模块发送采集到的数据。远程监控平台的功能为：接收并储存施工现场张拉设备发送的数据，以便复核检验。

施工现场张拉设备是在施工现场供施工人员使用的设备，该设备组成如图 6.3 所示，图 6.4 为数据张拉设备。

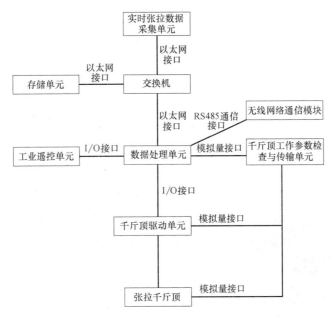

图 6.3　施工现场张拉设备的组成

在张拉施工的同时，需对张拉力和张拉伸长量进行测试。张拉力测试依靠智能张拉设备内置的油压传感器，经换算测得张拉力；张拉伸长量是间接测试量，其对应的直接测试量为缸体位移，通过缸体位移的变化能间接计算出张拉伸长量。缸体位移的测量采用超声波式位移传感器，其精度为 0.1mm。测试原理如图 6.5 所示。

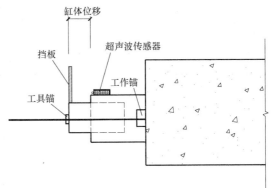

图 6.4　数控张拉设备　　　　　　　　图 6.5　超声波式位移传感器

施工时采用单端张拉的方式，施工现场的张拉步骤如下：

（1）检查预应力、工作锚是否安装好，预应力筋端部预留长度是否符合张拉要求；

（2）在张拉端安装千斤顶和工具锚，开启张拉设备，检查各工作模块是否正常；

（3）导入张拉参数并进行张拉；

（4）张拉结束后卸下加载千斤顶和工具锚，进行下一根预应力筋的张拉。

在第（3）步中，导入的参数有：输入参数梁编号、力筋编号、预应力筋的张拉控制力、预应力筋的理论总伸长量、超张拉百分比、各张拉分级处的力对应于张拉控制力的百分比、各张拉分级处的保压时间。导入成功后，张拉设备可按既定的程序进行全自动施工,其流程如图 6.6 所示。

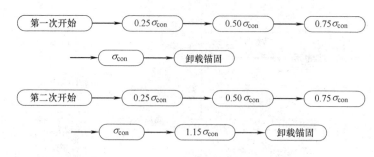

图 6.6　张拉流程图

图 6.7　穿心式压力传感器

本次测试中,预先在 4 根缓粘结部分预应力混凝土试验梁的 6 根预应力筋的固定端及部分张拉端安装了穿心式压力传感器(图 6.7),以测量各张拉分级处(张拉前,25％控制力,50％控制力,75％控制力,100％控制力,115％控制力和放张后时刻)张拉端和固定端的锚下压力。穿心式压力传感器布置信息见表 6.1。

本试验所用缓粘结钢绞线的生产日期为 2016 年 6 月 24 日,张拉时间为 2016 年 8 月 19 日至 2016 年 8 月 23 日,张拉时间在生产厂家提供的标准张拉适用期之内(60±10 天),故下面将要讨论的各项张拉测试值均针对标准张拉适用期内的缓粘结预应力钢绞线。

穿心式压力传感器布置信息　表 6.1

压力传感器编号	梁编号	索编号	索线型	传感器位置
20162746	S1	S1-2	直线	张拉端
20162545	S1	S1-2	直线	固定端
20162751	S2	S2-2	直线	张拉端
20162745	S2	S2-2	直线	固定端
20162777	F2	F2-1	抛物线	固定端
20162543	F2	F2-2	直线	固定端
20162748	S3	S3-1	抛物线	固定端
20162766	S3	S3-2	直线	固定端

注:索编号遵循如下规则:梁号-预应力筋位置编号,1 代表梁上部预应力筋,2 代表下部预应力筋。

张拉结束后,为获得梁内预应力筋有效预应力随时间衰减的规律,从而在正式试验时得到较为准确的有效预应力值,从张拉完成后到实验开始前,每隔一段时间测量一次预应力筋两端传感器示数,最后一次传感器示数采集的时间为正式试验开始前 5min。

6.3.2　张拉测试结果

智能张拉设备的输出参数为张拉力和缸体位移。在张拉之前,预应力筋处于无张力状态。开始张拉时，由于千斤顶与工作锚之间留有安装空隙，加之预应力筋与孔道壁尚未完全贴合，也存在空隙。故在张拉初始阶段张拉力基本维持不变，而缸体位移迅速增大。当千斤顶顶住工作锚后，随着张拉的进行，预应力筋完全绷紧，与孔道壁贴合之后，张拉力与缸体位移之间呈显著的线性关系。最后，当张拉达到目标值并保压一定时间后，千斤顶卸荷，张拉力迅速减小，同时工作锚再次锚固，张拉结束。

（1）张拉力测试结果

典型的缓粘结预应力筋张拉时梁两端锚下压力随时间变化情况如图 6.8 所示。

S2-2 索的线形为直线，由图 6.8 可以看出，随着千斤顶顶力的增加，张拉端锚下压力呈现明显的同步阶段式增长，放张时刻由锚固回缩造成的预应力损失较大。固定端锚下压力的增长基本呈平稳式增长，只在放张钢绞线时出现明显下降拐点。总体来说，固定端的锚下压力值变化滞后于张拉端，这是由于缓粘结预应力筋的摩擦阻力较大，使力的传递需要一定时间。张拉端的锚固回缩损失和筋内部摩擦阻力使得最终张拉端和固定端

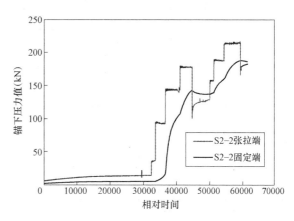

图 6.8　S2 梁 S2-2 索锚下压力变化图

的锚下压力相差不大。S1 梁 S1-2 索的锚下压力变化规律与之类似。

S1 梁和 S2 梁只测试了一根缓粘结预应力筋的张拉过程，而 S3 梁和 F2 梁测试了两根缓粘结预应力筋（一根曲线预应力筋和一根直线预应力筋）的张拉情况。图 6.9 为 S3 梁张拉时固定端传感器测得锚下压力随时间变化曲线。

由图 6.9 可见，第一次放张钢绞线时，上部曲线预应力筋的锚下压力值未出现明显下降拐点，而下部直线筋出现下降拐点，这是因为曲线筋的转角使其摩擦损失增大，从而使固定端的有效预应力增长更为滞后。从整个张拉过程来看，下部预应力筋的张拉对上部预应力筋的有效预应力几乎无影响，上部预应力筋在下部预应力筋张拉后，锚下压力只是稍有降低。

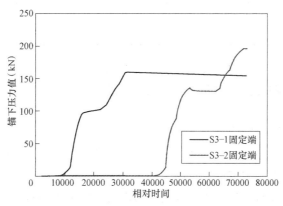

图 6.9　S3 梁锚下压力变化图

4 根试验梁共 6 根索在张拉阶段的力测试情况汇总于表 6.2。

张拉力测试情况汇总 表 6.2

梁编号	索编号	张拉分级	张拉端锚下实测压力(kN)	固定端锚下实测压力(kN)	张拉设备值(kN)	张拉设计值(kN)
S1	S1-2	100%	173	95	182	182
		115%	208	170	208	208
		放张后	169	170		
S2	S2-2	100%	175	139	183	182
		115%	208	188	209	208
		放张后	183	188		
F2	F2-1	100%	张拉端未布置传感器	77	182	182
		115%		145	210	208
		放张后		145		
F2	F2-2	100%	张拉端未布置传感器	136	183	182
		115%		194	209	208
		放张后		194		
S3	S3-1	100%	张拉端未布置传感器	87	182	182
		115%		154	208	208
		放张后		154		
S3	S3-2	100%	张拉端未布置传感器	127	182	182
		115%		187	208	208
		放张后		187		

由表 6.2 可得 S1-2 和 S2-2 两束直线缓粘结预应力筋的张拉端锚口损失和张拉端锚固损失，张拉端锚口损失率在 1% 以内，张拉端锚固损失在 20% 以内，具体结果见表 6.3。

直线筋张拉端锚口损失和锚固损失 表 6.3

梁编号	索编号	张拉端锚口损失(kN)	张拉端锚口损失率	张拉端锚固损失(kN)	张拉端锚固损失率
S1	S1-2	0	0	39	18.75%
S2	S2-2	1	<1%	25	12.02%

由表 6.3 可见，张拉端的锚口损失几乎可以忽略不计，故本书在下面的分析中，不考虑这项损失，将张拉端设备示数近似看作张拉端锚下压力。

（2）张拉伸长量

张拉伸长量的计算可以建立如下等式：

$$\Delta l = \Delta l_1 + \Delta l_2 + \Delta l_3 \tag{6.1}$$

式中 Δl——设备测得的油缸伸长量；

Δl_1——张拉端外露部分即工装长度范围内的预应力筋伸长量；

Δl_2——梁长范围内预应力筋伸长值；

Δl_3——锚固端预应力筋回缩值。

其中，Δl 由张拉设备自动提取，Δl_3 由尺量出，Δl_1 可由式（6.2）算出。

$$\Delta l_1 = \frac{F l_1}{E A_p} \tag{6.2}$$

式中　F——实际张拉力，计算时取设备显示张拉力数值；

　　　l_1——张拉端工装长度；

　E、A_p——分别为缓粘结预应力筋的弹性模量和横截面积。则可以求得 Δl_2 值为：

$$\Delta l_2 = \Delta l - \Delta l_1 - \Delta l_3 \tag{6.3}$$

本书试验所用 6 根缓粘结预应力筋在张拉至最后一级放张前的 Δl、Δl_1、Δl_2 和 Δl_3 值如表 6.4 所示。

缓粘结预应力筋伸长量汇总　　　　　　表 6.4

梁编号	索编号	张拉级	Δl(mm)	Δl_1(mm)	Δl_3(mm)	Δl_2(mm)
S1	S1-2	115%	49	6	9	34
S2	S2-2	115%	50	6	7	37
F2	F2-1	115%	45	6	7	32
F2	F2-2	115%	42	6	9	27
S3	S3-1	115%	45	6	9	30
S3	S3-2	115%	52	6	9	37

（3）张拉端锚固回缩量

千斤顶在达到张拉控制力并保压之后卸压，卸压时的缸体回缩值由设备自动计算，其计算原理为：卸压时的缸体回缩值 Δs 即达到张拉控制力时的缸体位移值 s_A 与放张后卸载至 0 时的缸体位移值 s_B 之差式（6.4）。

$$\Delta s = s_A - s_B \tag{6.4}$$

值得注意的是，在卸压过程中，预应力筋的外露部分也产生了弹性回缩，在计算锚固回缩值时应从缸体回缩值中扣除这一部分，即：

$$\Delta s_2 = \Delta s - \Delta s_1 \tag{6.5}$$

式中　Δs_2——缓粘结预应力筋锚固回缩值；

　　　Δs_1——预应力筋外露部分产生的弹性回缩值，且 Δs_1 可按下式计算：

$$\Delta s_1 = \frac{F l_1}{E A_p} \tag{6.6}$$

各缓粘结预应力筋的锚固回缩值计算如表 6.5 所示。

缓粘结预应力筋锚固回缩值　　　　　　表 6.5

梁编号	索编号	Δs(mm)	Δs_1(mm)	Δs_2(mm)
S1	S1-2	9	6	3
S2	S2-2	7	6	1
F2	F2-1	7	6	1
F2	F2-2	9	6	3
S3	S3-1	11	6	5
S3	S3-2	8	6	2

（4）张拉完成后锚下压力值变化

在张拉工作完成后至梁试验开始前，每隔一段时间记录一次缓粘结预应力筋传感器实测锚下压力值，以研究张拉完成后预应力损失情况，测量结果如图 6.10 所示。图中各索锚下压力值均为固定端锚下压力值。

固定端锚下压力值虽不能得到梁全长范围有效预应力随时间变化的精确值，却能在一定程度上反映梁中预应力筋有效预应力的衰减规律。由图 6.10 可见，在张拉完成后的 120 天内，各索锚下压力值呈对数型衰减，即张拉完成后的 20 天内衰减速度较快，这段时间里的各索锚下压力值衰减可达到 120 天时总衰减量的 60% 以上，之后的衰减曲线愈发平缓，临近试验开始前的 15 天内各索锚下压力值几乎未发生衰减。

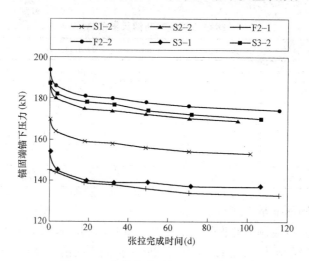

图 6.10　张拉完成后锚下压力值变化

6.3.3　实测结果分析

1. 第一批预应力损失分析

（1）摩擦损失计算方法

规范（文献 [9]）中规定锚口损失可取张拉控制力的 5%，而规范（文献 [10]）中则规定的锚口损失不宜超过 6%，规范（文献 [11]）建议按实测值或锚具生产商的数据确定。对于预应力筋与孔道壁和转向装置的摩擦，规范（文献 [9～12]）并未给出直线预应力筋的摩擦损失的计算公式。显然在理想状态下，直线预应力筋与孔道不会接触，因而没有摩擦损失。但在考虑到孔道偏差影响，多数学者认为对于直线预应力筋的摩擦损失可按式（6.7）计算，其中不考虑孔道弯曲的影响，即取摩阻系数 $\mu=0$。

对于曲线和折线预应力筋，摩擦损失主要由孔道的弯曲和偏差两部分影响所产生。任意计算截面处的摩擦损失为：

$$\sigma_{l2}=\sigma_{con}\left[1-e^{-(\mu\theta+\kappa x)}\right] \tag{6.7}$$

式中　μ——预应力筋与孔道壁之间的摩擦系数；

　　　κ——考虑孔道每米长度局部偏差的摩擦系数；

　　　θ——从张拉端至计算截面曲线孔道各部分切线的夹角之和（rad）；

x——从张拉端至计算截面的纵轴投影长度（m）。

当（$\mu\theta+\kappa x$）不大于 0.3 时，σ_{l2} 可按下列公式近似计算：

$$\sigma_{l2}=(\mu\theta+\kappa x)\sigma_{\mathrm{con}} \tag{6.8}$$

对于摩阻系数 κ、μ 的取值，规范[11]建议如表 6.6 所示。

摩阻系数的规范建议取值 表 6.6

孔道成型方式	κ	μ	
		预应力筋、钢丝束	预应力螺纹钢筋
预埋金属波纹管	0.0015	0.25	0.05
预埋塑料波纹管	0.0015	0.15	—
预埋钢管	0.0010	0.30	—
抽丝成型	0.0014	0.55	0.06
无粘结预应力筋	0.0040	0.09	—

（2）锚固回缩损失计算方法

典型的锚固回缩后的曲线预应力筋应力分布如图 6.11 所示，设张拉端的锚固损失值为 σ_{l1}，张拉控制应力为 σ_{con}，反摩擦影响长度为 l_{f}，力筋的弹性模量为 E。

在图 6.11 中的 $A'S$ 段上，距张拉端 x 处的锚固回缩前的有效预应力为：

$$\sigma_{\mathrm{eff}}=\sigma_{\mathrm{con}}e^{-[\mu\theta(x)+\kappa l(x)]} \tag{6.9}$$

$A''S$ 段上，可假定反向摩阻系数与正向摩阻系数相同，由此计算距张拉端 x 处的锚固回缩后的有效预应力：

$$\sigma_{l1}(x)=\sigma_{l1}-2\sigma_{\mathrm{con}}[1-e^{-[\mu\theta(x)+\kappa l(x)]}] \tag{6.10}$$

在张拉端处由锚具变形和钢筋内缩引起的总变形为 Δl，则：

$$\Delta l=\int_0^{l_{\mathrm{f}}}\frac{\sigma_{l1}(x)}{E}\mathrm{d}l \tag{6.11}$$

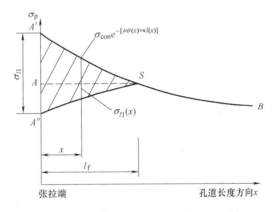

图 6.11 锚固回缩后预应力筋的应力分布

以上计算方法较为复杂，规范[11]中对锚固回缩计算方法作近似处理，如图 6.12 所示。

规范[11]将梁内预应力筋对有效预应力的分布进行了近似简化，将指数分布近似为线性分布，以本文所用的单段抛物线形预应力筋为例（图 6.13），对于转角（$\mu\theta+\kappa x$）不大于 0.3 的预应力筋，其推倒过程如下。

坐标轴如图 6.13 所示，由式（6.7）得锚固端的有效预应力为：

$$\sigma_{\mathrm{eff}}=\sigma_{\mathrm{con}}e^{-[\mu\theta(L)+\kappa l(L)]} \tag{6.12}$$

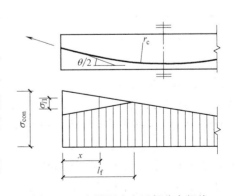

图 6.12 有效预应力近似分布规律

则图 6.11 中单位长度的预应力损失为：

$$\Delta\sigma_{li} = \frac{\sigma_{con}}{L}\{1 - e^{-[\mu\theta(L)+\kappa l(L)]}\} \quad (6.13)$$

将式（6.13）中的指数部分进行泰勒展开：

$$\Delta\sigma_{li} = -\frac{\sigma_{con}}{L}[\mu\theta(L)+\kappa l(L)] \quad (6.14)$$

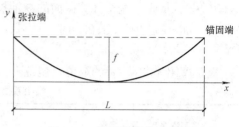

图 6.13　单段抛物线及坐标

按线性分布计算的锚固回缩量为：

$$\frac{-\Delta\sigma_{li} l_f^2}{E_s} = \frac{a}{100} \quad (6.15)$$

将式（6.13）代入式（6.15）得：

$$l_f = \sqrt{\frac{aE_s}{1000\sigma_{con}\left(\dfrac{\mu}{\dfrac{L}{\theta(L)}}+\kappa\dfrac{l(L)}{L}\right)}} \quad (6.16)$$

规范将曲线长度 $l(L)$ 等同于投影长度，则式（6.16）简化为：

$$l_f = \sqrt{\frac{aE_s}{1000\sigma_{con}\left(\dfrac{\mu}{\dfrac{L}{\theta(L)}}+\kappa\right)}} \quad (6.17)$$

则锚固损失可按下式计算：

$$\sigma_{l1}(x) = 2\sigma_{con}l_f\left(\frac{\mu\theta(L)}{L}+\kappa\right)\left(1-\frac{x}{l_f}\right) \quad (6.18)$$

式中　L——预应力筋投影长度（m）；

　　　a——锚具变形和预应力筋内缩值，可按表 6.7 取值。

锚具变形和预应力筋内缩值　　　　　　　　　　　　　表 6.7

锚固类别		a(mm)
支承式锚具	螺帽缝隙	1
	每块后加垫板的缝隙	1
夹片式锚具	有顶压时	5
	无顶压时	6~8

（3）摩擦系数分析

由前面分析知，第一阶段的预应力损失值为与摩阻系数 κ、μ 相关的函数。而规范[11]中尚未给出缓粘结预应力筋的摩阻系数取值标准。由于缓粘结筋材料的特殊性，其摩阻系数 κ、μ 值应与有粘结和无粘结预应力钢绞线有所不同。本书结合张拉测试试验数据，对缓粘结预应力筋在张拉适用期内的摩阻系数 κ、μ 值进行分析讨论。

在本次张拉测试中，6 根缓粘结预应力筋的固定端都布置了力传感器，而 6.3.2 节已经验证了张拉端的锚口损失不到张拉控制应力的 1%。故将固定端传感器测得应力值和张拉端设备显示值分别作为固定端和张拉端的有效预应力值进行实测摩擦损失计算。并且由于本试验所用预应力筋的转角和长度都较小，故对摩擦损失的计算采用式（6.8）。

对于直线形缓粘结预应力筋，$\theta=0$，摩擦损失满足下列等式：

$$\sigma_{l2}=\kappa x\sigma_{con} \tag{6.19}$$

由式（6.19）可反算出一组 κ 值，计算结果列于表 6.8 中。

直线形缓粘结预应力筋实测 κ 值　　　　　　　表 6.8

梁号	索号	σ_{l2}(MPa)	σ_{con}(MPa)	x(m)	θ(rad)	κ
S1	S12	271	1488	4.1	0	0.0445
S2	S2-2	143	1488	4.1	0	0.0234
F2	F2-2	100	1488	4.1	0	0.0164
S3	S3-2	150	1488	4.1	0	0.0246

根据表 6.8 所得 κ 值，代入曲线形预应力筋的实测数据中，可以计算 μ 值，如表 6.9 所示。

曲线形缓粘结预应力筋实测 κ、μ 值　　　　　　表 6.9

梁号	索号	σ_{l2} (MPa)	σ_{con} (MPa)	x (m)	θ (rad)	实测 μ 值 ($\kappa=0.0445$)	实测 μ 值 ($\kappa=0.0234$)	实测 μ 值 ($\kappa=0.0164$)	实测 μ 值 ($\kappa=0.0246$)
F2	F2-1	450	1488	4.1	0.107	1.12	1.93	2.20	1.88
S3	S3-1	386	1488	4.1	0.107	0.72	1.53	1.79	1.48

表 6.9 提供了 8 组（κ、μ）的取值，需要说明的是，表 6.9 中提供的值是针对张拉适用期内的缓粘结预应力筋，该值随时间会产生改变。而表 6.9 与表 6.6 中有粘结和无粘结的 κ、μ 值相比明显增大，主要有以下两点原因：

1）由于缓粘结预应力筋材料的特殊性，在张拉进行之前，钢绞线和塑料套管之间已经包裹了一层特殊的环氧树脂，这种涂层会随着时间缓慢凝结，从而产生了一定的黏滞阻力，所以表 6.9 中的 κ、μ 值比规范值高出很多。

2）本次张拉测试前正值炎夏，高温可能加速了环氧树脂涂层的凝结从而使其黏滞阻力增大，所以表 6.9 中的值偏大。所以，对于缓粘结预应力筋，在夏季张拉时，应适当缩短其出厂至张拉适用期的时间。

2. 第二批预应力损失分析

对于本次试验中的后张法预应力构件，第二批预应力损失主要包括预应力筋的应力松弛损失 σ_{l4} 和混凝土收缩徐变损失 σ_{l5}，这两者都是与时间有关的函数。由图 6.9 可以看出，在张拉完成后至试验开始前，各缓粘结预应力筋的锚固端锚下压力随时间逐渐减小，且前期减小较快，后期较慢，锚固端锚下压力随时间大致呈对数型衰减。本书使用 SPSS（Statistical Product and Service Solutions）统计学分析软件，对图 6.9 中的曲线进行拟合。

首先，利用 SPSS 软件中的"Analysis-Regression"功能对 F2 梁中的 F2-2 索的锚下压力-时间曲线进行对数拟合，设置初始函数为：$F=b_0+b_1\times\ln(t+1)$，其中，将 b_0 取为初始锚下压力值，即 194kN；F 为锚固端锚下压力值，单位 kN；t 为时间，单位天。拟合结果如图 6.14 和表 6.10。

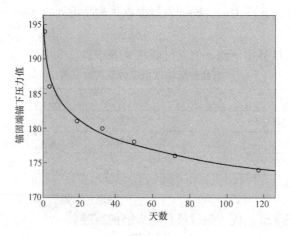

图 6.14　对数拟合曲线图

模型汇总和参数估计值　　　　　　　　　　　　　　　表 6.10

方程	模型汇总					参数估计值	
	R 方	F	df1	df2	Sig.	b_0	b_1
对数	0.984	312.629	1	5	0.000	194	-3.960

　　则 SPSS 软件拟合出的对数曲线为：$F=194-3.96\times\ln(t+1)$，由图 6.14 可以看出，张拉完成后 120 天内的锚下压力衰减曲线拟合良好，表 6.10 中给出本次拟合的 Pearson 相关系数 R 值为 0.992，表明实测值和拟合曲线相关性良好。

　　由 F2-2 索曲线拟合得到的锚下压力随时间衰减的函数为：

$$F=F_0-3.96\times\ln(t+1) \tag{6.20}$$

式中　F_0——张拉完成后的锚下压力值，即初始锚下压力值。

　　现将用 SPSS 软件分析用式（6.20）对其余各索的拟合相关系数，如表 6.11 所示。

相关性分析　　　　　　　　　　　　　　　　　　　　表 6.11

索号	S1-2	S2-2	F2-1	S3-1	S3-2
R	0.996	0.992	0.976	0.975	0.986
Sig.	0.000	0.000	0.000	0.000	0.000

　　注：R 为 Pearson 相关系数，在 $-1\sim1$ 之间取值；Sig. 为显著性系数，Sig.<0.05 表明显著相关。

　　由表 6.11 可以看出，对于 S1-2、S2-2、S3-2 这 3 根直线型预应力筋，用式（6.20）拟合锚下压力衰减曲线效果良好，而抛物线形预应力筋 F2-1 和 S3-1 的拟合效果稍差，这说明缓粘结预应力混凝土梁内缓粘结筋的第二批预应力损失随时间的变化规律与线形有一定的关系，而由于图 6.8 中两根曲线筋未呈现出明显的相似规律性，本节不再做进一步分析。

6.3.4　小结

　　结合所记录的试验数据及现象，分析了张拉全过程中及完成后缓粘结筋的预应力损失和变形，并以此为基础得到了张拉适用期内缓粘结筋的摩擦系数值和张拉完成后的预应力损失规律，可得到以下结论：

（1）拟合了张拉试用期内的缓粘结预应力筋的摩擦系数 κ、μ 值，该值较文献 [11] 中有粘结和无粘结的 κ、μ 值相比明显增大，主要是因为缓粘结预应力筋在张拉进行之前，钢绞线和塑料套管之间已经包裹了一层特殊的环氧树脂，这种涂层会随着时间缓慢凝结，从而产生了一定的黏滞阻力；再者，本次张拉测试前正值炎夏，高温可能加速了环氧树脂涂层的凝结从而使其黏滞阻力增大。因此本文提出，对于缓粘结预应力筋，在夏季张拉时，应适当缩短其出厂至张拉适用期的时间。

（2）根据张拉后至试验前的锚下压力监测数据，甄选出合适的函数，对张拉完成后锚下压力衰减规律进行拟合，得到锚下压力随时间衰减的函数，并与实测结果相比，取得了较好的吻合效果，该曲线反映了预应力混凝土梁中有效预应力值随时间变化的规律，其精度可以满足工程要求。

（3）由本次实测数据得到结论：预应力混凝土梁内预应力筋有效预应力的衰减规律与预应力筋线形有关，但总体呈现衰减速度越来越小最后衰减速度非常缓慢的变化规律。本次张拉测试的曲线筋较少，将来可以补充各种线形的预应力筋张拉测试试验，从而根据线形分类提出更为准确的能够反映有效预应力衰减规律的函数。

6.4　缓粘结预应力混凝土梁对比试验

6.4.1　概述

缓粘结部分预应力混凝土梁的静力荷载下的受弯性能是研究其疲劳性能的基础。本节通过对 3 根缓粘结部分预应力混凝土试验梁（S1、S2 和 S3）和 1 根后张有粘结部分预应力混凝土对比梁（S2B）在单调静力荷载作用下的受力性能试验研究，观测加载过程中的试验现象及破坏特点，了解缓粘结部分预应力混凝土梁受弯性能及其与有粘结部分预应力混凝土梁的异同，并为疲劳试验提供依据。根据本节研究内容，通过混凝土及钢筋应变片监测加载过程中的混凝土、受拉普通钢筋及受压普通钢筋的应变；通过锚索测力传感器采集加载过程中预应力筋两端的应力变化；通过激光位移计监测试验梁挠度随荷载变化规律；加载过程中持续观测并记录试验梁裂缝产生位置及其发展规律。

6.4.2　试验加载制度

1. 加载装置

本次试验在同济大学结构试验室进行，根据试验目的及试验梁结构形式确定支承形式采用简支形式，试验梁简支于钢墩上，一端采用固定铰支座，另一端采用滑动铰支座。为在试验梁跨中 1/3 区段内获得纯弯段，加载方式采用三分点加载。具体做法采用液压千斤顶加载，千斤顶作用于试验梁之上的分配梁跨中，分配梁简支点位于试验梁跨中 1/3 的位置上。为防止分配梁与试验梁接触点处混凝土发生局部受压破坏，在试验梁顶面加载点预埋 Q235B 钢板，钢板尺寸 200mm×200mm×10mm。安放试验梁时力求几何对中并保持两支座等高。为避免试验过程中发生意外，在试验梁跨中下架设安全墩，位移传感器固定于安全墩上。加载装置示意图见图 6.15，加载装置实景照片见图 6.16。

2. 加载程序

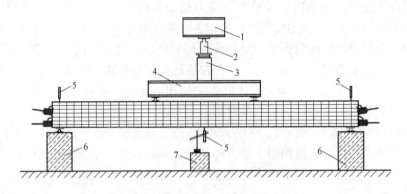

图 6.15 静载试验加载装置示意图

1—反力梁；2—压力传感器；3—千斤顶；4—分配梁；
5—位移计；6—支墩；7—安全墩

图 6.16 试验加载装置实景照片

试验加载程序严格按照《混凝土结构试验方法标准》GB 50152[13] 执行。具体加载程序如下：

（1）预加载

静载试验开始前，先试加 20kN 的初始荷载两次，目的是检查仪器是否正常工作，保证试验梁和支座、作动器接触紧密，荷载无偏心和减小测试误差。检查无误后，进入正式试验阶段。

（2）分级加载

荷载的施加以梁纯弯段的计算控制弯矩为参照，每加一级荷载后，持荷 10min，荷载稳定后采集数据。当变形较大，加载后变形继续增长时，对本级进行补载，当本级荷载下降值不超过本级荷载值的 5% 时认为荷载稳定，再加下一级荷载，直至混凝土被压碎。试件开裂前，每级所加荷载为 10kN，试件开裂后每级加荷载 20kN。每级加载稳定后观察平均裂缝和最大裂缝。接近计算极限荷载时将加载幅度恢复至 10kN，以便于观测试验梁的极限状态。根据试验梁的裂缝分布情况，每根试验梁的加载过程中均观察并记录基本等距分布的 12 条裂缝的开展高度和钢筋位置处宽度以统计平均裂缝和最大裂缝。钢筋、混凝土应变和各位移计示数由采集仪自动采集。

6.4.3 试验结果

1. 试验现象描述

4 根静载试验梁均发生了典型的适筋梁受弯破坏，证明配筋设计合理，下文将分别详细阐述各梁试验现象。下文中所提到的荷载值（包括开裂荷载、受拉区非预应力钢筋屈服点荷载、极限荷载等）均是指构件所受的竖向外荷载总值，所提到的裂缝宽度均指受拉非预应力筋高度处混凝土裂缝宽度。

（1）S1 试验梁现象描述

预加载确认仪器读数无误后开始对 S1 梁正式加载，加载初期弯矩较小，整根梁的工作情况与弹性体相似。加载至 90kN 时，试验梁加载点 1 内侧梁底首先对称出现两条微小裂缝，测得裂缝宽度为 0.02mm。此后继续加载，纯弯段梁底不断有新裂缝产生，并逐渐向上延伸，加载至 110kN 时，三分点之外梁底开始产生斜向裂缝，此时测得最大裂缝宽度为 0.08mm，梁体变形已较为明显。随后纯弯段裂缝不断向梁顶延伸，弯剪段裂缝向加载点延伸，并伴随有新裂缝产生。加载至 180kN 时，裂缝已基本出齐，分布较密且均匀，平均裂缝间距与箍筋间距基本相同，说明缓粘结预应力筋的粘结性能较好。此时测得最大裂缝宽度为 0.3mm。随后混凝土受压区逐渐减小，混凝土压应力和钢筋拉应力逐渐增大，梁的变形也越来越大。当加载至 200kN 时，普通钢筋应力达到屈服点（490MPa）左右，梁的变形很大，裂缝剧烈开展呈树枝状向梁顶延伸，受压区更趋减小，此时测得最大裂缝宽度为 0.36mm。加载至 274kN 时，加载点 2 内侧梁顶受压区混凝土被压碎，同时梁底混凝土也有碎裂剥落，之后荷载值开始下降，混凝土压碎前，最大裂缝宽度达到 1.5mm。卸载后梁体变形恢复明显，裂缝基本闭合，显示出预应力结构良好的变形恢复能力，残余最大裂缝宽度为 0.86mm。试验梁 S1 极限状态下破坏情况见图 6.17 和图 6.18。

图 6.17　S1 梁弯曲破坏形态

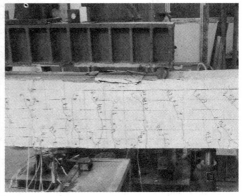

图 6.18　S1 梁弯曲破坏位置

（2）S2 试验梁现象描述

加载初期，荷载位移曲线近似为直线。加载至 140kN 时，三分点加载点内侧梁底处首先出现 4 条微小裂缝，测得裂缝宽度为 0.02～0.04mm。此后继续加载，纯弯段梁底不断有新裂缝产生，并逐渐向上延伸，加载至 180kN 时，三分点之外梁底开始产生斜向裂缝，此时测得最大裂缝宽度为 0.1mm，梁体变形已较为明显。继续加载至 220kN 时，裂缝基本出齐，此时测得最大裂缝为 0.13mm。随后增加荷载，混凝土受压区逐渐减小，与其相对应的是混凝土压应力和钢筋拉应力逐渐增大，梁的变形也越来越大。当加载至 300kN 时，普通钢筋应力达到屈服点（544MPa）左右，梁的变形很大，裂缝剧烈开展向梁顶延伸，受压区更趋减小，加载至 320kN 时，加载点 1 处发生混凝土局部受压破坏，有轻微崩落声，此时测得最大裂缝宽度为 0.38mm。最后加载至 385kN 时，纯弯段内靠近加载点处混凝土被压碎，一根预应力纵筋几乎同时被拉断，构件剧烈挠曲，并伴随巨大声响，表层混凝土迅速剥落，宣告构件破坏。由于一根预应力筋被拉断，卸载后大部分变形无法恢复。试验梁 S2 极限状态下变形情况见图 6.19，由裂缝分布图 6.20 可见，缓粘结试验梁有着较好的粘结性能。

图 6.19　S2 梁弯曲破坏形态

图 6.20　S2 梁弯曲破坏位置

（3）S3 试验梁现象描述

加载至 130kN 时，在 S3 梁跨中梁底附近观测到第一条微小裂缝，裂缝宽度为 0.01mm。继续加载，裂缝数目逐渐增多，裂缝高度及宽度增长较慢且集中于试验梁纯弯段，试验荷载达到 160kN 时弯剪区出现斜裂缝并斜向发展，裂缝高度及宽度发展迅速，部分裂缝呈树状，此时测得最大裂缝宽度为 0.08mm。当试验荷载达到 200kN 时，裂缝基本出齐，此时测得最大裂缝为 0.17mm，梁体变形较为明显。当加载至 270kN 时，普通钢筋应力达到屈服点（544MPa）左右，梁有明显挠曲，裂缝宽度、高度迅速增长，混凝土受压区不断减小，此时测得最大裂缝宽度为 0.35mm。加载至 347kN 时，梁跨中顶部受压区混凝土被压碎，荷载无法继续施加，宣告试验梁破坏。试验梁 S3 的破坏形态及破坏位置见图 6.21 和图 6.22，从裂缝分布情况来看，S3 也展现了较好的粘结性能。

图 6.21　S3 梁弯曲破坏形态

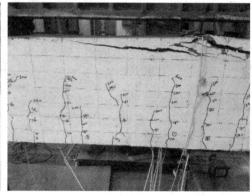

图 6.22　S3 梁弯曲破坏位置

（4）S2B 对比梁现象描述

S2B 梁为 S2 试验梁的有粘结对比梁，除将 S2 中缓粘结预应力筋换成后张有粘结预应力筋之外，配筋情况完全相同。荷载加至 120kN 时，S2B 梁加载点下方混凝土梁底对称出现两条微小裂缝并蔓延至梁侧，裂缝宽度为 0.02mm。随后不断有新裂缝产生，加载至 190kN 时，裂缝基本出齐，此时最大裂缝宽度为 0.12mm。加载至 260kN 时，弯剪区裂缝开始剧烈发展。当加载至 280kN 时，普通钢筋应力达到屈服点（490MPa）左右，梁有明显挠曲，混凝土受压区不断减小，此时测得最大裂缝宽度为 0.3mm。加载至 325kN 时，加载点 1 处梁顶混凝土发生局部受压破坏，并伴随有轻微混凝土崩落声。加载至 376kN 时，加载点 1 处附近跨中混凝土受压区被压碎，梁发生最终破坏。对比梁 S2B 极限状态下变形形态及破坏位置见图 6.23 以及图 6.24，从裂缝分布情况来看，S2B 的裂缝条数较 S2 少，裂缝间距较大，可能是由于有粘结灌浆不实的问题导致有粘结预应力筋的粘结性能不如缓粘结预应力筋。

图 6.23 S2B 梁弯曲破坏形态

图 6.24 S2B 梁弯曲破坏位置

2. 荷载-跨中挠度曲线

各梁的荷载-跨中挠度曲线见图 6.25，图中纵坐标为各梁两个加载点所施加的合力值，横坐标为各梁的跨中挠度值（不包含预应力产生的反拱值及梁自重产生的挠度）。各梁的关键点荷载值（开裂荷载、钢筋屈服荷载、极限荷载）及破坏形式见表 6.12。

各梁关键点荷载值及破坏形式　　　　　　　　　　　　　　表 6.12

梁编号	粘结形式	λ	开裂荷载 （kN）	钢筋屈服荷载 （kN）	极限荷载 （kN）	破坏形式
S1	缓粘结	0.538	90	205	274	弯曲破坏
S2	缓粘结	0.647	140	278	386	弯曲破坏
S3	缓粘结	0.734	130	243	347	弯曲破坏
S2B	有粘结	0.647	120	270	376	弯曲破坏

注：表中钢筋屈服荷载为发生典型弯曲破坏的预应力混凝土梁在梁底普通钢筋刚开始进入屈服阶段时对应的荷载，极限荷载是发生典型弯曲破坏的预应力混凝土梁在梁底普通钢筋进入屈服阶段后受压区混凝土达到抗压极限强度而被压碎时对应的荷载。

试验梁的跨中荷载-挠度曲线是反映受弯构件总体工作性能的重要指标。由图 6.25 可见，缓粘结部分预应力混凝土试验梁与有粘结部分预应力混凝土梁的跨中荷载-挠度曲线线形类似，总体可以分为以下三个阶段。

第一阶段是混凝土开裂前的未裂阶段（$M < M_{cr}$）。从表 6.12 中可得到，缓粘结部分预应力混凝土梁的开裂荷载约占极限荷载的 32.8% ～ 37.4%。加载初期，试验梁所受荷载较小，整个梁体的受力特性与弹性体相似，构件的挠度随着荷载的增加而

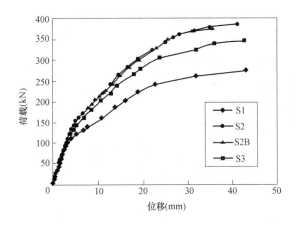

图 6.25　各梁荷载-跨中挠度曲线

增长，但增长速率很小，荷载-挠度曲线大致呈直线。当荷载接近于开裂荷载时，受拉区混凝土逐渐进入塑性状态，荷载-挠度曲线开始偏离原直线，出现第一个拐点。在图 6.25 中，4 根不同配筋的部分预应力混凝土梁在开裂前的荷载-挠度曲线近乎完全重合，部分预应力混凝土构件开裂前的刚度主要由混凝土决定，与配筋情况关系不大。

第二阶段是混凝土开裂后至梁底受拉普通钢筋屈服前的带裂缝工作阶段（$M_{cr} \leqslant M \leqslant M_y$）。从表 6.12 中可以得到，缓粘结部分预应力混凝土梁的钢筋屈服荷载约占极限荷载的 70.0%～74.8%。构件开裂后，受拉区混凝土逐渐退出工作，截面的拉应力完全由普通钢筋和缓粘结预应力筋材来承担，构件的截面刚度明显减小，挠度增长速率加快，此后的曲线斜率相对开裂前要小许多，但曲线大体仍呈直线状态。

第三阶段是从梁底受拉普通钢筋屈服到梁顶混凝土被压碎的破坏阶段（$M_y \leqslant M \leqslant M_u$）。普通钢筋屈服以后，钢筋所承受的应力不再增加，裂缝剧烈开展并向梁顶蔓延，混凝土受压区高度不断减小，导致构件截面的刚度大幅下降，挠度增长速率加快，荷载-挠度曲线出现第二个拐点。之后曲线斜率继续减小，此阶段挠度随荷载快速增长。荷载增加到梁顶混凝土被压碎时，宣告构件破坏。除 S2 梁外，其余梁卸载后变形回复性能良好。

在图 6.25 中，S2 和 S2B 梁的跨中荷载-挠度曲线近乎重合，S2 梁的开裂荷载比 S2B 梁大 16.7%，极限荷载比 S2B 梁大 2.7%，而据 6.2 节的计算，S2B 梁的有效预应力比 S2 大将近 10%。可见缓粘结部分预应力混凝土梁的抗裂性能和极限承载能力与部分有粘结预应力混凝土梁相近，甚至略优于后者。

3. 裂缝开展规律

本次静载试验中，根据试验梁的裂缝分布情况，每根试验梁的加载过程中均观察并记录基本等距分布的 12 条裂缝的开展高度和普通钢筋位置处宽度，统计得各梁平均裂缝宽度和最大裂缝宽度随荷载变化情况如图 6.26 所示，各梁裂缝分布情况如图 6.27 和表 6.13 所示。

由 4 根梁的裂缝宽度发展图可见，构件开裂后的初期，所有构件的裂缝宽度增长速度较慢，但当构件所配置的普通受拉钢筋屈服后，裂缝宽度迅速增加，很快导致构件破坏。

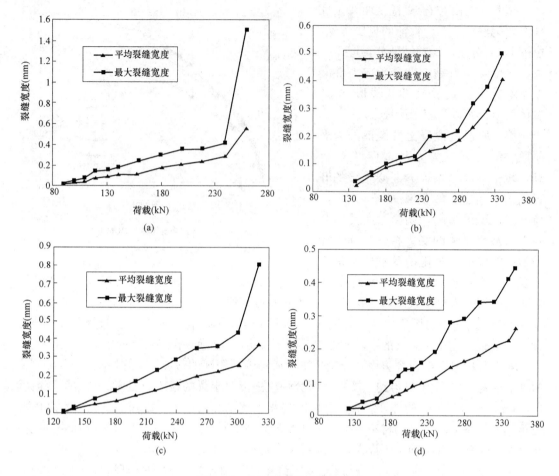

图 6.26　各梁裂缝宽度发展曲线
（a）S1 梁裂缝宽度发展曲线；（b）S2 梁裂缝宽度发展曲线；
（c）S3 梁裂缝宽度发展曲线；（d）S2B 梁裂缝宽度发展曲线

由于临近破坏时测量裂缝较危险且裂缝宽度早已超过限值，故图中未给出临近破坏阶段的裂缝宽度值。

　　S2B 梁的开裂荷载比 S2 梁早，最大裂缝宽度曲线几乎重合，在普通钢筋屈服前，二者的平均裂缝宽度也几乎一致，而普通钢筋屈服以后，S2 的平均裂缝宽度比 S2B 略大。

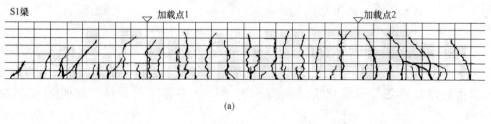

图 6.27　各梁裂缝分布图
（a）S1 梁裂缝分布图

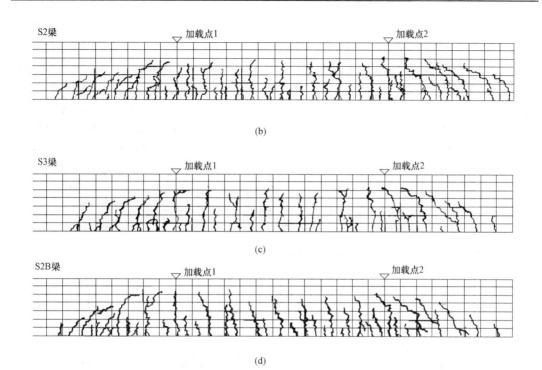

图 6.27　各梁裂缝分布图（续）

（b）S2 梁裂缝分布图；（c）S3 梁裂缝分布图；（d）S2B 梁裂缝分布图

各梁裂缝条数及平均间距　　　　　　　　　　　　　　表 6.13

试件编号	S1	S2	S3	S2B
裂缝条数	33	42	35	39
平均裂缝间距(mm)	107	67	95	71

由以上各裂缝图形和平均裂缝间距可以看出，对于缓粘结部分预应力混凝土梁，裂缝可以发展得较为理想。各梁裂缝数量较多，发展均匀，说明缓粘结筋内胶粘剂和钢绞线之间共同工作性能良好。

S1 梁只配置了一根钢绞线，且配筋率较低，故裂缝条数较少，裂缝间距较大，裂缝宽度较宽；S2 梁裂缝分布较密且均匀，呈现出良好的受弯部分预应力混凝土梁裂缝分布情况；S3 梁裂缝条数和间距介于 S1 和 S2 之间，虽然 S3 梁与 S2 梁配置了相同数量的预应力筋，但其普通钢筋配筋量少于 S2 梁，故裂缝间距较大，裂缝条数较少。S2B 梁与 S2 梁相比，虽同样呈现出较为细密的裂缝分布情况，但裂缝条数略少，平均裂缝间距略大。值得一提的是，S2B 梁的有效预应力比 S2 梁高出将近 10％，而有效预应力的提高会使梁体抗裂性能提升，裂缝宽度减小，所以缓粘结部分预应力混凝土的抗裂性能是优于相同配筋的有粘结部分预应力混凝土梁的。

可见，预应力筋的存在使得梁体抗裂性能大大提高，构件配筋率对裂缝间距的影响也十分明显；缓粘结预应力部分混凝土梁具有与有粘结预应力部分混凝土梁相似甚至更为优越的使用性能。

4. 普通钢筋应变变化曲线

（1）荷载-受拉钢筋应变曲线

试验测得各梁的受拉区普通钢筋应变随外荷载变化曲线如图 6.28 所示。由图 6.28 可见，各构件的荷载-受拉区钢筋应变变化曲线在构件受载初期呈直线状态，钢筋的应变增长较慢，钢筋的拉应变和钢筋周围混凝土的拉应变保持大小一致，而混凝土的拉应变较小，所以此阶段钢筋拉应变较小，其应力也很小。构件开裂后，混凝土退出工作，构件截面上的拉力几乎全部由钢筋和预应力筋来承担，所以所有受拉钢筋的荷载-应变曲线都在开裂荷载附近出现明显拐点，由图可见，此阶段钢筋拉应变增长迅速，荷载-受拉区钢筋应变曲线的斜率明显要比第一阶段小很多，但仍然可近似看作直线。当非预应力受拉钢筋屈服以后，其所承担的应力不再增加，外荷载引起的截面拉力增加需由预应力筋来承担，其应变忽然增长，根据平截面假定，受拉钢筋的应变也会忽然增加，而应变片的测量量程有限，故普通钢筋屈服后不久，所测得的应变值便大多失效。

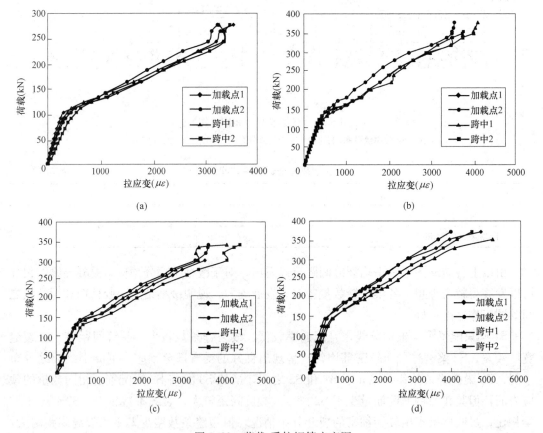

图 6.28　荷载-受拉钢筋应变图
（a）S1 梁底受拉普通钢筋应变；（b）S2 梁底受拉普通钢筋应变；
（c）S3 梁底受拉普通钢筋应变；（d）S2B 梁底受拉普通钢筋应变

S2 梁与 S2B 梁相比，相同荷载下 S2B 的受拉区普通钢筋应变较大，若排除应变片的个体差异因素，可以推论，在相同荷载下，有粘结部分预应力混凝土梁的普通受拉钢筋承受更多的拉应力，这又证明了缓粘结预应力筋良好的粘结性能。

（2）荷载-受压钢筋应变曲线

试验测得各梁的受压区钢筋应变随外荷载变化曲线如图 6.29 所示。

S2B 梁由于一侧受压钢筋跨中位置的应变片过早失效，故未采集到该侧钢筋的跨中应变。

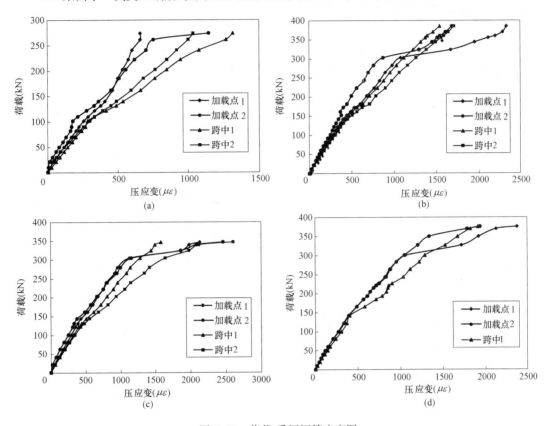

图 6.29　荷载-受压钢筋应变图

（a）S1 梁底受压普通钢筋；（b）S2 梁底受压普通钢筋；（c）S3 梁底受压普通钢筋；（d）S2B 梁底受压普通钢筋

由图 6.29 可见，各梁受压钢筋的荷载-应变曲线也几乎都在开裂荷载处出现拐点，但曲线斜率减小不似受拉钢筋般明显，部分加载点受压钢筋在梁底受拉普通钢筋屈服荷载值附近出现明显拐点，随后曲率下降，可能是因为梁体裂缝不断向上开展，加载点处裂缝高度相对较高，混凝土受压区高度较小而最先发生受压屈服，荷载增加引起的应力增加主要由受压钢筋承担所致。4 根梁的受压区钢筋应变均不断增长，未出现减小甚至变号的情况，证明构件的最终受压区高度较大，未使得梁顶部钢筋进入受拉区，与实际情况相符。

5. 缓粘结预应力筋应力增长

本试验采集了试验梁中一部分预应力筋端部索力传感器示数随荷载的变化。虽不能完全反应预应力筋有效预应力在整个梁长度范围内变化的情况，却可以从侧面体现出缓粘结预应力筋的粘结性能。试验过程中端部索力变化情况如图 6.30 所示。

理论上，预应力筋粘结良好的情况下，试验过程中两端有效预应力不会发生变化。由上图可见，缓粘结部分预应力混凝土梁与有粘结部分预应力混凝土梁类似，梁端索力随荷载变化很小，S1～S3 梁极限荷载时的梁端索力增量也只有试验之前测得索力值的 1%～5%，S2B 梁极限荷载时的梁端索力增量是试验前测得索力值的 1.7%。证明缓粘结部分

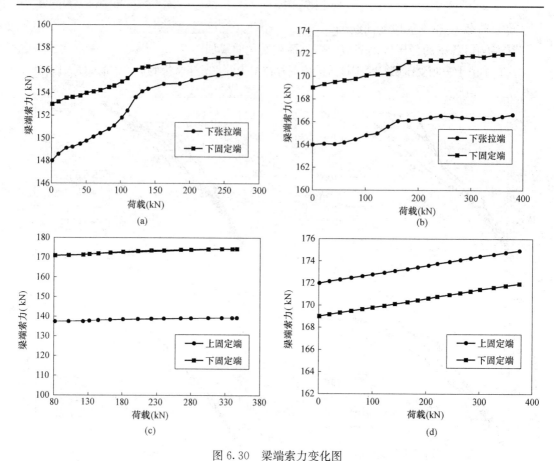

图 6.30　梁端索力变化图

（a）S1 梁端索力；（b）S2 梁端索力；（c）S3 梁端索力；（d）S2B 梁端索力

预应力混凝土梁的粘结性能良好。

6. 梁顶混凝土荷载-应变曲线

各梁梁顶跨中应变随荷载变化情况如图 6.31 所示，本试验在每根梁跨中位置均对称贴布了两片应变片，图 6.31 中的混凝土压应变值为两片应变片所测应变的平均值。

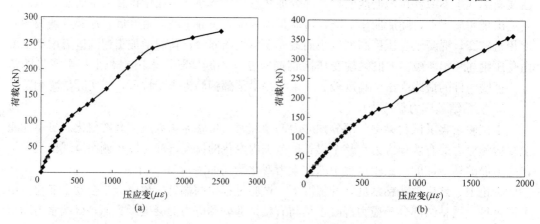

图 6.31　各梁跨中梁顶混凝土压应变

（a）S1 梁跨中梁顶混凝土压应变值；（b）S2 梁跨中梁顶混凝土压应变值

186

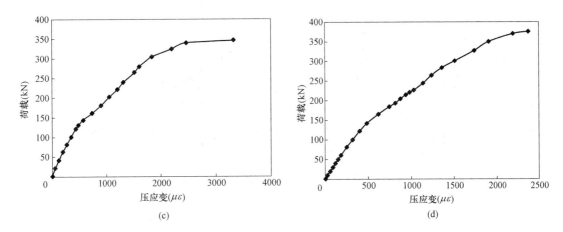

图 6.31　各梁跨中梁顶混凝土压应变（续）

（c）S3 梁跨中梁顶混凝土压应变值；（d）S2B 梁跨中梁顶混凝土压应变值

由图 6.31 可见，只有 S3 梁的跨中梁顶应变达到了混凝土极限压应变值（$3300\mu\varepsilon$），这与 S3 梁最终破坏形态——跨中梁顶混凝土被压碎相符。而其他梁最后发生破坏地方都在跨中和加载点之间，所以跨中梁顶混凝土未达到极限压应变。除 S2 梁外，其余 3 根梁的梁顶混凝土应变都呈现出"三折线"状态，第一个拐点出现在开裂荷载后一二级荷载处，第二个拐点出现在钢筋屈服荷载后一二级荷载处。

7. 平截面假定

根据混凝土跨中沿梁高等距离布置的应变片的读数，可验证平截面假定。跨中梁侧不同高度处混凝土应变在不同荷载下的应变变化情况如图 6.32 所示。S2B 梁在 180kN 以后应变片损坏严重，故后期梁侧混凝土应变未采集到。

由图 6.32 可见，同有粘结部分预应力混凝土梁类似，缓粘结部分预应力混凝土梁在各级荷载下的混凝土应变变化沿梁高基本呈直线状态。在构件受载初期，截面转角很小，后期转角很大，中和轴不断上升。

6.4.4　缓粘结与有粘结的对比研究

根据上文对于 S2 梁和 S2B 梁试验现象的描述，下文对缓粘结部分预应力混凝土梁和有粘结部分预应力混凝土梁进行静载下受弯性能的对比分析。

（1）承载能力极限状态

在图 6.15 中，S2 和 S2B 梁的跨中荷载-挠度曲线近乎重合，S2 梁极限荷载比 S2B 梁大 2.7%，可以认为，S2 和 S2B 梁的极限承载能力几乎相同。即相同配筋的缓粘结部分预应力混凝土梁的极限承载能力和有粘结部分预应力混凝土梁的极限承载能力相近，在本节的一次试验中，前者略高于后者。所以本书建议，可以按照有粘结部分预应力混凝土梁的计算方法对缓粘结部分预应力混凝土梁的极限承载力进行设计计算。

（2）正常使用极限状态

根据《混凝土结构设计规范》GB 50010—2010[11]，对于允许出现裂缝的预应力混凝土构件，其最大裂缝宽度限值如表 6.14 所示。

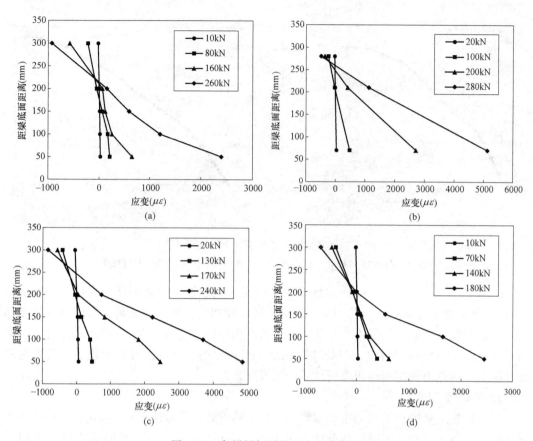

图 6.32　各梁梁侧混凝土应变分布图

（a）S1 梁梁侧混凝土应变；（b）S2 梁梁侧混凝土应变；（c）S3 梁梁侧混凝土应变；（d）S2B 梁梁侧混凝土应变

结构构件裂缝控制等级及最大裂缝宽度限值（mm）　　　　表 6.14

环境类别	预应力混凝土结构	
	裂缝控制等级	w_{lim}
一	三级	0.20
二 a		0.10

注：表中 w_{lim} 为最大裂缝宽度值。

　　按照表 6.14 的规定，根据本次试验，缓粘结部分预应力混凝土梁在力加载至 180kN 时，最大裂缝宽度达到 0.1mm，即在破坏荷载的 46.63％时，达到二 a 类环境类别最大裂缝宽度限值；力加载至 240kN 时，最大裂缝宽度达到 0.2mm，即在破坏荷载的 62.18％时，达到一类环境类别最大裂缝宽度限值。有粘结部分预应力混凝土梁在力加载至 170kN 时，最大裂缝宽度达到 0.1mm，即在破坏荷载的 45.21％时，达到二 a 类环境类别最大裂缝宽度限值；在力加载至 240kN 时，最大裂缝宽度达到 0.2mm，即在破坏荷载的 63.83％时，达到一类环境类别最大裂缝宽度限值。可见，就最大裂缝宽度来看，缓粘结部分用预应力混凝土梁与有粘结部分预应力混凝土梁有相似的规律，几乎同时达到限值。

　　根据《混凝土结构设计规范》GB 50010—2010[11]，对于预应力混凝土受弯构件，其最大挠度限值如表 6.15 所示。

受弯构件的挠度限值 表 6.15

构件类型		挠度限值
吊车梁	手动吊车	$l_0/500$
	电动吊车	$l_0/600$
屋盖、楼盖及楼梯构件	当 $l_0 \leqslant 7m$ 时	$l_0/200(l_0/250)$
	当 $7m \leqslant l_0 \leqslant 9m$ 时	$l_0/250(l_0/300)$
	当 $l_0 > 9m$ 时	$l_0/300(l_0/400)$

注：表中 l_0 为构件的计算跨度，括号内数值适用于使用上对挠度有较高要求的构件。

对于预应力混凝土构件，挠度值应扣除反拱值。则根据本次试验数据，缓粘结部分预应力混凝土梁和有粘结部分预应力混凝土梁达到挠度限值的对应荷载值如表 6.16 所示。

各类构件的挠度限值对应荷载 表 6.16

构件类型		手动吊车	电动吊车	屋盖、楼盖及楼梯构件（当 $l_0 \leqslant 7m$ 时）
缓粘结部分预应力混凝土梁	挠度限值	8.2mm	6.8mm	22.8mm(18.7mm)
	对应荷载	213kN	202kN	329kN(303kN)
	占破坏荷载百分比	55.18%	52.33%	85.23%(78.50%)
有粘结部分预应力混凝土梁	挠度限值	8.2mm	6.8mm	23.4mm(24.7mm)
	对应荷载	223kN	209kN	333kN(345kN)
	占破坏荷载百分比	59.31%	55.59%	88.56%(91.75%)

从表 6.16 来看，相对来说缓粘结部分预应力混凝土梁比有粘结预应力混凝土梁更早达到正常使用极限挠度，这主要是由于有粘结部分预应力混凝土梁内预应力筋有效预应力更高，反拱值更大。

由以上分析可以看出，缓粘结部分预应力混凝土梁的正常使用性能与有粘结部分预应力混凝土梁相似。

6.4.5 小结

结合所记录的试验数据及现象，分析了试验梁受力全过程中混凝土应变、非预应力筋应变及缓粘结预应力筋应力增量与荷载值的关系，以及试验梁挠度发展规律、受弯破坏特点及裂缝开展特点，可得到以下结论：

（1）对于所有的试验梁，破坏模式均为非预应力钢筋屈服后混凝土压坏的适筋破坏模式。

（2）缓粘结部分预应力混凝土梁的静力荷载下受弯过程可分为以下三个阶段。第一阶段自受载开始至构件截面开裂，此阶段构件处于弹性阶段，截面刚度较大；第二阶段自截面开裂至受拉区非预应力钢筋屈服，此阶段构件的截面刚度明显减小，挠度增长速率加快，新裂缝不断开展；第三阶段自非预应力钢筋屈服至构件破坏，此阶段构件的截面刚度进一步降低，缓粘结筋对新增加的竖向荷载起主要作用。除 S2 梁外（预应力筋断裂），其余试验梁在卸载后都展现了良好的变形恢复性能。

（3）从试验数据来看，缓粘结部分预应力混凝土梁的抗裂性能和极限承载能力与部分有粘结预应力混凝土梁相近，甚至略优于后者。

（4）缓粘结部分预应力混凝土梁的裂缝发展较为理想，各试验梁裂缝数量较多，发展均匀。从裂缝条数和间距来看，缓粘结部分预应力混凝土梁比有粘结部分预应力混凝土梁的裂缝条数更多，间距更小，说明缓粘结部分预应力混凝土梁具有良好的使用性能。

（5）各试验梁的荷载-受拉区非预应力钢筋应变曲线和荷载-受压区非预应力钢筋应变曲线均在构件受载初期呈直线状态，钢筋应变增长缓慢，构件开裂后，曲线出现拐点，此后钢筋应变快速增长，且受拉区钢筋的荷载-应变曲线的弯折点更加明显。普通钢筋屈服后构件变形增长迅速，普通钢筋应变片大多失效。

（6）从部分缓粘结筋端部的传感器示数来看，梁端索力随荷载变化很小，S1～S3梁极限荷载时的梁端索力增量也只有试验之前测得索力值的1%～5%。证明缓粘结部分预应力混凝土梁的粘结性能良好。

（7）缓粘结部分预应力混凝土梁在静力荷载下的梁顶混凝土应变随荷载变化基本呈现出"三折线"状态，第一个拐点出现在开裂荷载后一二级荷载处，第二个拐点出现在钢筋屈服荷载后一二级荷载处。

（8）加载各阶段，各试验梁跨中截面沿高度方向近似符合平截面假定。

6.5　小结

根据以环氧树脂为缓胶粘剂的缓粘结部分预应力混凝土梁受弯静力性能的试验研究，以及对这种缓粘结预应力筋的张拉测试研究，并得到以下主要结论：

（1）介绍了缓粘结预应力混凝土施工工艺流程，提出缓粘结预应力施工中值得注意的几个问题，并指出，与有粘结预应力筋的灌浆情况相比，缓粘结预应力筋的灌浆质量要好于传统施工工艺下预应力筋的灌浆质量。

（2）提出了张拉试用期内的缓粘剂预应力筋的摩擦系数 κ、μ 值，该值较规范[11]中有粘结和无粘结的 κ、μ 值相比明显增大，主要是因为缓粘结预应力筋在张拉进行之前，钢绞线和塑料套管之间已经包裹了一层特殊的环氧树脂，这种涂层会随着时间缓慢凝结，从而产生了一定的黏滞阻力。

（3）根据张拉后至试验前的锚下压力监测数据，得到锚下压力随时间衰减的函数，并与实测结果相比，取得了较好的吻合效果，该曲线反映了预应力混凝土梁中有效预应力值随时间变化的规律，其精度可以满足工程要求。并由本章实测数据得到结论：预应力混凝土梁内预应力筋有效预应力的衰减规律与预应力筋线型有关，但总体呈现衰减速度越来越小最后衰减速度非常缓慢的变化规律。

（4）缓粘结部分预应力混凝土梁的静力荷载下受弯过程可分为三个阶段。第一阶段自受载开始至构件截面开裂；第二阶段自截面开裂至受拉区非预应力钢筋屈服；第三阶段自非预应力钢筋屈服至构件破坏。除S2梁外（预应力筋断裂），其余试验梁在卸载后都展现了良好的变形恢复性能。

（5）缓粘结部分预应力混凝土梁的抗裂性能和极限承载能力与部分有粘结预应力混凝土梁相近，甚至略优于后者。从裂缝条数和间距来看，缓粘结部分预应力混凝土梁比有粘结部分预应力混凝土梁的裂缝条数更多，间距更小，说明缓粘结部分预应力混凝土梁具有良好的使用性能。从部分缓粘结筋端部的传感器示数来看，梁端索力随荷载变化很小，证明缓粘结部分预应力混凝土梁的粘结性能良好。

参 考 文 献

[1]　车惠民，邵厚坤，李霄萍. 部分预应力混凝土-理论·设计·工程实践 [M]. 成都：西南交通大学出版社，1992.

[2]　Abeles P W，Brown E I，Hu C H. Behavior of under-reinforced prestressed concrete subjected to different stress ranges [J]. ACI Special Publication，1974：279-300.

[3]　Abeles P W，Brown E I，Hu C H. Fatigue resistance of under-reinforced prestressed beams subjected to different stress range：Miner′s Hypothesis [J]. ACI Special Publication，1974：237-277.

[4]　Harajli M H，Naaman A E. Static and Fatigue Tests on Partially Prestressed Beams [J]. Journal of Structural Engineering，1985，111（7）：1602-1618.

[5]　Bennett E W，Chandrasekhar C S. Supplementary tensile reinforcement in prestressed concrete beams [J]. Concrete，1972，10（6）：35-39.

[6]　宋永发，宋玉普，许劲松. 重复荷载作用下无粘结部分预应力高强混凝土梁变形及延性试验研究 [J]. 中国公路学报，2001（03）：47-53.

[7]　宋永发，王清湘，宋玉普. 重复荷载作用下无粘结部分预应力高强混凝土梁正常使用阶段性能研究 [J]. 土木工程学报，2001（01）：19-23.

[8]　钱永久，车惠民. 疲劳荷载作用下无粘结部分预应力混凝土梁的受力行为 [J]. 铁道学报，1992（4）：69-76.

[9]　中华人民共和国行业标准. 公路桥涵施工技术规范 JTG TF50—2011 [S]. 北京：人民交通出版社，2011.

[10]　中华人民共和国国家标准. 预应力筋用锚具、夹具和连接器　GB/T 14370—2015 [S]. 2007.

[11]　中华人民共和国国家标准. 混凝土结构设计规范 GB 50010—2010 [S]. 北京：中国建筑工业出版社，2010.

[12]　中华人民共和国行业标准. 铁路桥涵钢筋混凝土和预应力混凝土结构设计规范 TB 10002. 3—2005 [S]. 北京：中国铁道出版社，2005.

[13]　中华人民共和国国家标准. 混凝土结构试验方法标准 GB 50152—2012 [S]. 北京：中国建筑工业出版社，2012.

第7章　有粘、无粘预应力混合配筋结构

7.1　概述

近年来，随着我国基础设施建设的不断完善，各类高（高层建筑、高耸结构）、大（大跨度、大空间结构）、重（重载结构）、特（特种结构及特殊用途）工程得到了蓬勃发展，这给预应力混凝土结构提供了广阔的平台和空间。

预应力混凝土可分为有粘结预应力混凝土和无粘结预应力混凝土，有粘结预应力混凝土预应力筋沿全长与周围混凝土或水泥砂浆粘结，结构较为可靠，承载力较高，但施工较为复杂，需要预留孔道和灌浆；无粘结预应力混凝土预应力筋不与周围混凝土粘结，预应力筋可以自由变形，其施工相比有粘结预应力混凝土简单，无需预留孔道和灌浆，并且还可以降低摩擦损失，但其截面破坏时，预应力筋强度不能充分发挥，承载力较有粘结低，对锚具要求高。

目前在实际工程应用中，结构的主要承重构件（如：框架梁、转换梁）一般采用有粘结预应力混凝土；而无粘结预应力混凝土主要应用于建筑结构分散配筋的楼盖、屋盖中。原因是有粘结预应力混凝土预应力筋沿全长与周围混凝土粘结，结构可靠；而无粘结预应力混凝土预应力筋全长与混凝土接触表面之间不存在粘结作用，预应力筋在受力过程中可以发生纵向相对滑动，在结构的生命周期中，锚具是保证其安全的关键因素，且对连续多跨结构，若无粘结预应力筋在某一跨失效，将会引起其他跨预应力值和承载能力的降低，还有可能会导致结构连续性倒塌。

随着建筑形式的不断推陈出新，对结构体系也提出了许多新的要求，普通的结构形式开始难于满足其要求。随着结构跨度和荷载的不断增加，有粘结预应力混凝土应用于超大跨度、超重荷载结构的问题也日益显现。有粘结预应力混凝土的预应力束由多根预应力筋集中布置而成，当配筋量较大时，容易出现预应力束相交的问题；有粘结预应力混凝土需要预留孔道，孔道面积大于预应力筋的面积，当截面配筋量较大时，容易出现钢筋布置不下或钢筋过密混凝土浇筑不密实而影响施工质量的问题；有粘结预应力混凝土张拉后灌浆的质量无法保证（1985 年，英国威尔士一座后张预应力混凝土桥梁发生倒塌，该事故的直接原因是灌浆质量较差）；此外，在连续多跨的结构中，采用有粘结预应力筋，由摩擦引起的预应力损失会比较大。另一方面，无粘结预应力混凝土无需预留孔道和灌浆，预应力筋的矢高能够加大，无粘结预应力筋的摩擦系数远小于有粘结预应力筋的摩擦系数；无粘结预应力筋单根成束、单根张拉、单根分散锚固，在很大程度上能缓解预应力梁端部局部承压过大的缺点，对结构节点影响小；无粘结预应力筋的施工也比有粘结预应力筋更方便，能减少预应力筋布置的施工工期。无粘结预应力混凝土的优点在一定程度上能弥补有粘结预应力混凝土应用于超大跨度结构的缺陷，但考虑到无粘结预应力混凝土对锚具要求

高，可靠性不高等问题，其在大跨度结构主要承重构件中的应用还比较少。

对于大跨重载结构，其配筋常常由正常使用极限状态控制，而非承载能力极限状态控制，在这种情况下，采用"有粘结与无粘结混合配置预应力筋"的配筋方式能较好地满足正常使用极限状态和承载能力极限状态的要求，较单一采用有粘结预应力筋的配筋方式更为合适，同时也能提高单一采用无粘结预应力筋的可靠性和延性，拓宽了无粘结预应力的应用范围。

同时配置有粘结预应力筋和无粘结预应力筋的混凝土梁充分发挥了两类预应力梁的优点，弥补了各自缺点；对于由正常使用极限状态控制的大跨重载结构，具有其独特的适用性。目前，该类结构形式在国内外一些重大工程中已得到应用，如位于美国西雅图的 One Pacific Tower，该结构在其转换梁中采用了有粘结与无粘结混合配筋的方式；位于中国上海的中国博览会会展综合体在其一级次梁中应用了有粘结与无粘结混合配置预应力筋的布筋方式。但其相关理论研究在国内外都开展得比较少，其力学性能尚不清楚。因此，开展有粘结与无粘结混合配置预应力筋混凝土梁的力学性能研究，对于推广该类结构形式的工程应用具有重要的意义。

7.2　有限元模拟方法

7.2.1　概述

随着计算机技术的快速发展和有限元理论的发展与完善，数值模拟结合计算机技术形成的有限元分析软件在土木工程领域得到了广泛的应用。目前国际上著名的通用有限元分析软件有：ABAQUS、ANSYS、ADINA、MCS. MARC、MCS. NASTRAN、MCS. PATRAN、FLAC 等。ABAQUS 以其强大的非线性分析能力和模拟复杂问题的可靠性，在众多分析软件中脱颖而出，被誉为国际上功能最强大的有限元分析软件之一。

本章主要介绍采用 ABAQUS 有限元分析软件建立单调加载下有粘结与无粘结混合配置预应力筋混凝土梁的有限元分析模型，并利用已有试验对模拟方法的可靠性进行验证。

7.2.2　有限元模型的建立

7.2.2.1　材料本构模型的选取

材料的本构模型是反映材料受力性能的重要力学特征，是进行结构受力分析，变形计算的依据，也是有限元分析的基础。材料本构模型的选取直接关系到有限元计算的精度和效率。因此，有限元分析中正确选取材料本构关系是至关重要的。

1. 混凝土的本构模型

混凝土的本构模型是反映混凝土受力性能的重要参数，自混凝土问世以来，国内外众多学者对其本构关系进行了大量的研究，常见的用于描述混凝土应力-应变关系曲线的数学模型有：《混凝土结构设计规范》GB 50010—2010 附录 C 提供的模型、美国 E. Hognestad 建议的模型、德国 Rüsch 建议的模型、过镇海模型等。本文选用《混凝土结构设计规范》GB 50010—2010 附录 C 建议模型[1]中提供的混凝土单轴受压和受拉应力-应变关系作为混凝土材料有限元分析的本构模型。

（1）混凝土单轴受拉的应力-应变曲线可按下列公式确定：

$$\sigma = (1-d_t)E_c\varepsilon \tag{7.1}$$

$$d_t = \begin{cases} 1-\rho_t[1.2-0.2x^5] & x\leqslant 1 \\ 1-\dfrac{\rho_t}{\alpha_t(x-1)^{1.7}+x} & x>1 \end{cases} \tag{7.2}$$

$$x = \frac{\varepsilon}{\varepsilon_{t,r}} \tag{7.3}$$

$$\rho_t = \frac{f_{t,r}}{E_c\varepsilon_{t,r}} \tag{7.4}$$

$$\varepsilon_{t,r} = f_{t,r}^{0.54}\times 65\times 10^{-6} \tag{7.5}$$

$$\alpha_t = 0.312f_{t,r}^2 \tag{7.6}$$

式中　α_t——混凝土单轴受拉应力-应变曲线下降段的参数值，按公式（7.6）取用；

$f_{t,r}$——混凝土的单轴抗拉强度代表值，文中根据分析需要取 f_{tk}；

$\varepsilon_{t,r}$——与单轴抗拉强度代表值 $f_{t,r}$ 相应的混凝土峰值拉应变，按式（7.5）取用；

d_t——混凝土单轴受拉损伤演化参数。

（2）混凝土单轴受压的应力-应变曲线可按下列公式确定：

$$\sigma = (1-d_c)E_c\varepsilon \tag{7.7}$$

$$d_c = \begin{cases} 1-\dfrac{\rho_c n}{n-1+x^n} & x\leqslant 1 \\ 1-\dfrac{\rho_c}{\alpha_c(x-1)^2+x} & x>1 \end{cases} \tag{7.8}$$

$$x = \frac{\varepsilon}{\varepsilon_{c,r}} \tag{7.9}$$

$$\rho_c = \frac{f_{c,r}}{E_c\varepsilon_{c,r}} \tag{7.10}$$

$$n = \frac{E_c\varepsilon_{c,r}}{E_c\varepsilon_{c,r}-f_{c,r}} \tag{7.11}$$

$$\varepsilon_{c,r} = (700+172\sqrt{f_{c,r}})\times 10^{-6} \tag{7.12}$$

$$\alpha_c = 0.157f_c^{0.785}-0.905 \tag{7.13}$$

$$\frac{\varepsilon_{cu}}{\varepsilon_{c,r}} = \frac{1}{2\alpha_c}(1+2\alpha_c+\sqrt{1+4\alpha_c}) \tag{7.14}$$

式中　α_c——混凝土单轴受压应力-应变曲线下降段的参数值，按式（7.13）取用；

$f_{c,r}$——混凝土的单轴抗拉强度代表值，文中根据分析需要取 f_{ck}；

$\varepsilon_{c,r}$——与单轴抗压强度代表值 $f_{c,r}$ 相应的混凝土峰值压应变，按式（7.12）取用；

d_c——混凝土单轴受压损伤演化参数。

综上所述，混凝土单轴应力-应变关系曲线如图 7.1 所示。

2. 普通钢筋（非预应力筋）的本构模型

普通钢筋都属于具有明显流幅的软钢，用于描述软钢应力-应变关系曲线的数学模型有两折线模型和三折线模型。三折线模型可以描述钢筋屈服后应变强化的特性，但是考虑到混凝土结构构件破坏时混凝土的极限应变有限，即使相应的钢筋受拉变形超过流幅进入强化段，其进入强化段的范围也是很有限的。因此，在实际分析中混凝土结构构件中的普通钢筋的本构模型大都采用两折线的理想弹塑性模型[2]。本章有限元分析中普通钢筋的本构模型亦采用两折线的理想弹塑性模型，其数学公式可按下式表达：

$$\sigma_s = \begin{cases} E_s\varepsilon_s & (\varepsilon_s \leqslant \varepsilon_y) \\ f_y & (\varepsilon_y < \varepsilon_s \leqslant \varepsilon_u) \end{cases} \tag{7.15}$$

式中　σ_s——普通钢筋的应力；

　　　E_s——普通钢筋的弹性模量；

　　　f_y——普通钢筋的屈服强度；

　　　ε_y——普通钢筋的屈服应变；

　　　ε_u——普通钢筋的极限应变。

普通钢筋（非预应力筋）应力-应变关系曲线如图7.2所示。

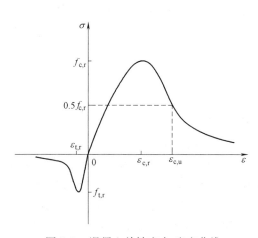

图7.1　混凝土单轴应力-应变曲线

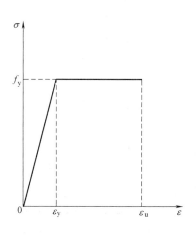

图7.2　普通钢筋应力-应变曲线

3. 预应力钢筋的本构模型

预应力钢筋属于没有明显流幅的硬钢，其本构模型可以用双斜线模型来进行表达，其数学公式可写为[1]：

$$\sigma_p = \begin{cases} E_p\varepsilon_p & (\varepsilon_p \leqslant \varepsilon_{py}) \\ f_{py} + k(\varepsilon_{py} - \varepsilon_y) & (\varepsilon_{py} < \varepsilon_p \leqslant \varepsilon_u) \\ 0 & (\varepsilon_p > \varepsilon_u) \end{cases} \tag{7.16}$$

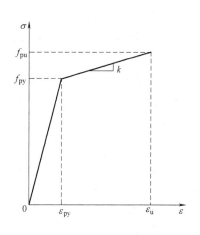

式中　σ_p——预应力钢筋的应力；

　　　E_p——预应力钢筋的弹性模量；

　　　f_{py}——预应力钢筋的名义屈服强度；

　　　f_{pu}——预应力钢筋的极限强度；

　　　ε_p——预应力钢筋的应变；

　　　ε_{py}——预应力钢筋的名义屈服应变；

　　　ε_u——预应力钢筋的极限应变；

　　　k——预应力钢筋硬化段斜率，$k = (f_{pu} - f_{py}) /$
　　　　　$(\varepsilon_u - \varepsilon_{py})$。

预应力钢筋应力-应变关系曲线如图7.3所示。

图7.3　预应力钢筋应力-应变曲线

7.2.2.2 ABAQUS 中材料模型的选取

1. 混凝土的材料模型

本章混凝土的材料模型选用 ABAQUS 中提供的混凝土损伤塑形模型（Concrete Damaged Plasticity），该模型是依据 Lubliner、Lee 和 Fenves 于 1998 年提出的损伤塑形模型确定的，是基于塑形连续介质的损伤模型，利用各向损伤弹性和各向等拉和等压塑形的概念来描述混凝土的非线性行为，该模型主要的两个破坏准则是混凝土的压碎和混凝土的拉裂[3~5]。该模型相比 ABAQUS 中的其他混凝土材料模型具有更广的适用范围，可用于混凝土在单调加载、循环加载以及动力荷载下的受力性能分析。

2. 普通钢筋和预应力钢筋的材料模型

普通钢筋和预应力钢筋的材料模型选用 ABAQUS 中提供的金属材料模型（Plasticity）。根据 ABAQUS 中塑形材料数据的输入格式要求，将材料的本构模型中应力-应变曲线的应变分解为弹性应变分量和塑形应变分量，用总应变减去弹性应变得到 ABAQUS 中需要的塑形应变，计算公式如下：

$$\varepsilon^{pl} = \varepsilon^{t} - \varepsilon^{el} = \varepsilon^{t} - \sigma/E \tag{7.17}$$

7.2.2.3 单元的选取

ABAQUS 提供了丰富的单元库供用户选择，单元主要可以分为 8 个大类：实体单元、壳单元、梁单元、薄膜单元、杆单元、刚性体单元，连接单元和无限元。

在有限元模拟中，混凝土采用三维实体单元，三维实体单元根据插值阶数可以分为：完全积分单元、减缩积分单元、非协调单元和杂交单元等。合理地选取单元类型是保证计算结果准确性和计算效率的关键因素。完全积分单元一般用于局部应力集中区域，计算结果精度很高；线性减缩积分单元可用于大的网格扭曲问题（大应变分析）和接触分析问题；二次减缩积分单元可用于模拟应变不大的问题。基于上述阐述，本文采用 8 节点的三维实体线性减缩积分单元 C3D8R 来模拟混凝土，能取得较好的计算精度和计算效率。

普通钢筋、有粘结预应力钢筋和无粘结预应力钢筋在受力时，只承担拉伸和压缩荷载，不能承担弯曲，故采用 ABAQUS 中提供了桁架单元来进行模拟。本章中选用空间两节点桁架单元 T3D2 来模拟普通钢筋、有粘结预应力钢筋和无粘结预应力钢筋，该单元对于位置和位移采用线性内插法，沿单元的应力为常量。

7.2.2.4 模型中主要接触关系的选用

本章有限元模型中采用了分离式的建模方法，即混凝土、普通钢筋、有粘结预应力钢筋和无粘结预应力钢筋分别建模，分别选取单元，独立进行网格划分。分离式建模方法中要让各个部分形成一个整体共同工作，就必须要定义普通钢筋、有粘结预应力钢筋和无粘结预应力钢筋与混凝土之间的接触关系。本文中普通钢筋和有粘结预应力钢筋与混凝土之间的接触关系选用 ABAQUS 中提供的 Embed 方法将它们的自由度进行耦合，实现变形协调。无粘结预应力筋与混凝土之间的接触关系采用同济大学郑炜鋆[6]提出了"局部坐标的 Coupling 方法"进行模拟。该方法的基本思路是沿预应力筋建立局部坐标性，在建立的局部坐标系下将无粘结预应力筋的节点与周围的最近的混凝土节点进行 Coupling 约束，并释放 Coupling 约束中沿无粘结预应力筋切线方向的自由度，以模拟无粘结预应力筋在受力过程能自由滑动的特性。

7.2.3　试验验证有限元方法的合理性

北京工业大学王作虎博士在学位论文[7]中为研究预应力 FRP 筋混凝土梁的抗弯性能，设计了 13 个试验试件。试验中为比较 FRP 筋预应力混凝土梁和钢绞线预应力混凝土梁抗弯性能的差异，制作了 3 个钢绞线预应力混凝土梁，试件编号分别为 PB1、PB2、PB3。文中选取这三组试验试件进行分析。试件的基本信息为：试验梁的长度为 3200mm，跨度为 2800mm，梁截面尺寸为 150mm×250mm，跨高比为 11.2∶1，试件中预应力钢绞线采用直线束型，预应力筋距梁边缘的距离为 $a_p = 60$mm，加载方式采用三分点加载。试件的混凝土强度等级采用 C40，实测的立方体抗压强度为 51.4MPa，弹性模型为 31400MPa。试验试件的详细配筋构造情况见表 7.1 及图 7.4、图 7.5，试件的有限元模型列于图 7.6 中。

试件配筋信息　　　　　　　　　　　　　　　　　　表 7.1

试件编号	受压钢筋	受拉钢筋	箍筋	预应力筋	预应力筋粘结方式	预应力度
PB1	2Φ12	2Φ16	剪弯段:Φ8@100 纯弯段:Φ8@200	2BΦs9.5	有	0.545
PB2	2Φ12	2Φ16	剪弯段:Φ8@100 纯弯段:Φ8@200	2UΦs9.5	无	0.545
PB3	2Φ12	2Φ16	剪弯段:Φ8@100 纯弯段:Φ8@200	1BΦs9.5 1UΦs9.5	有、无	0.545

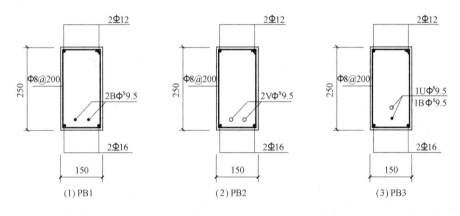

图 7.4　试验梁截面配筋图

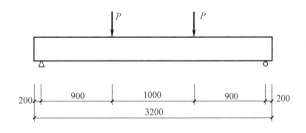

图 7.5　试验梁的加载示意图

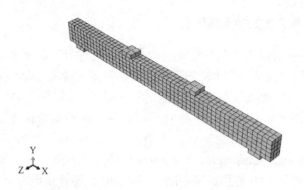

图 7.6 试验梁的 ABAQUS 有限元模型

有限元计算结果与试验结果的对比见表 7.2 和图 7.7。

计算结果与试验结果对比 表 7.2

梁号	粘结方式	开裂荷载(kN)		计算/试验	屈服荷载(kN)		计算/试验	极限荷载(kN)		计算/试验
		试验	计算		试验	计算		试验	计算	
PB1	有	31	32.3	1.042	94.8	99.3	1.047	123.1	120.3	0.977
PB2	无	22	24.1	1.095	75.8	80.7	1.065	101.9	96.5	0.947
PB3	有、无	27	31.4	1.163	89.2	93.9	1.053	119.6	110.6	0.925

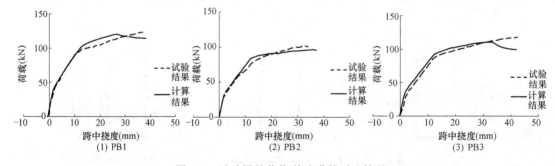

图 7.7 试验梁的荷载-挠度曲线对比情况

通过表 7.2 和图 7.6 可以看出有限元模拟结果与试验结果吻合良好，荷载位移曲线呈现出明显的三阶段的受力特点，分别对应混凝土开裂前的未裂阶段、混凝土开裂后至普通钢筋屈服前的裂缝阶段以及普通钢筋开始屈服至截面破坏的破坏阶段。表 7.2 中数据显示出有限元计算的开裂荷载，屈服荷载及极限荷载与试验结果吻合良好；图 7.6 中的通过对比有限元与试验的荷载位移曲线也直观地反映了有限元计算结果的合理性。因此本章采用的有限元模拟方法是合理且可靠的，能够较好地模拟有粘结与无粘结混合配置预应力筋混凝土梁、有粘结预应力混凝土梁和无粘结预应力混凝土梁的受力性能。

7.3 无粘结筋应力增量计算

无粘结预应力筋不与周围混凝土粘结，预应力筋可以自由滑动，其变形不符合平截面假定，因此不能像有粘结预应力筋那样通过变形协调直接求得应力。无粘结预应力筋的应力计算一直是国内外研究的重点和难点，迄今为止，许多国内外学者对无粘结预应力混凝土结构中无粘结预应力筋的极限应力进行了研究。鉴于该问题的复杂性，目前国际上尚无公认的公式用于计算无粘结筋的极限应力。然而明确无粘结预应力筋的极限应力是进行无粘结预应力混凝土结构力学性能分析的前提，因此对无粘结预应力筋的极限应力进行研究是非常必要的。

本文进行有粘结与无粘结混合配置预应力筋混凝土梁力学性能分析，研究无粘结预应力筋的极限应力是开展研究工作的基础和前提。本章将重点进行混合配置预应力筋混凝土梁中无粘结预应力筋极限应力研究，目前无粘结预应力筋极限应力的通用表达方式为：$\sigma_{pu} = \sigma_{pe} + \Delta\sigma_p$，有效预应力 σ_{pe} 由设计确定，可视为一定值，故计算无粘结预应力筋极限应力的问题可以转化为计算无粘结预应力筋极限应力增量 $\Delta\sigma_p$ 的问题。

影响无粘结预应力筋极限应力增量的因素较多，主要因素有：配筋率、材料强度、荷载形式、跨高比等。结合本章有粘结与无粘结混合配置预应力筋的情况，本节将重点分析以下因素对应力增量 $\Delta\sigma_p$ 的影响：(1) 当预应力筋配筋总量相同的情况下，有粘结预应力筋与无粘结预应力筋配筋的相对比例；(2) 有粘结预应力筋的配筋指标；(3) 无粘结预应力筋的配筋指标；(4) 纵向普通受拉钢筋的配筋指标；(5) 预应力筋的有效预应力；(6) 混凝土的强度等级；(7) 预应力筋极限强度标准值；(8) 纵向普通受拉钢筋的强度等级；(9) 外荷载形式；(10) 预应力筋的线型；(11) 梁的跨高比。

7.3.1　参数分析

7.3.1.1　有粘结预应力筋与无粘结预应力筋配筋的相对比例

混合配置预应力筋混凝土梁中同时配置有粘结预应力筋和无粘结预应力筋，该类结构的受力性能在国内外研究得很少，已有的关于无粘结预应力筋极限应力增量的研究中，尚无考虑有粘结预应力筋与无粘结预应力筋配筋的相对比例这一因素对无粘结筋极限应力增量 $\Delta\sigma_p$ 影响的分析。对该因素开展研究分析对于完善无粘结预应力筋应力增量影响因素有重要意义，它亦是该类结构中影响无粘结预应力筋极限应力增量的最主要因素之一。

本组模拟试验中共设计 11 组模型，模型中预应力筋配筋总量均为 548mm²，变化参数为无粘结预应力筋与有粘结预应力筋的相对含量。模型中无粘结预应力筋占总预应力筋的比例从 0% 变化到 100%。各模型的详细信息见表 7.3，在表 7.4 及图 7.8、图 7.9 中列出了 11 组有限元模型的计算结果。分析计算结果中可以看出：

(1) 预应力筋配筋总量相同，改变有粘结预应力筋与无粘结预应力筋的相对比例时，随着无粘结预应力筋的配筋比例的增加，梁的极限承载力逐渐减小，这是因为无粘结预应力筋在梁中可以自由变形，应变沿全长基本一致，当梁达到极限承载力时，无粘结预应力筋达不到屈服应力；而有粘结预应力筋变形与混凝土协调，当梁达到极限承载力时，其应力已达到屈服强度。即：梁达到极限状态时，无粘结预应力筋的应力小于相应有粘结预应力筋的应力，故随着无粘结预应力筋含量的增加，梁的极限承载力会逐渐减小。

(2) 当预应力筋总量相同时，随着无粘结预应力筋比例的增加，综合配筋特征值 ξ_p 逐渐减小（有粘结预应力筋对综合配筋特征值 ξ_p 的贡献较无粘结预应力筋大），而无粘结预应力筋的极限应力增量也逐渐减小，这一现象与普通无粘结预应力混凝土梁中预应力筋应力增长规律不一致。在普通无粘结预应力混凝土梁中，无粘结预应力筋的极限应力增量一般会随着综合配筋特征值 ξ_p 的减小而增大，因为梁的综合配筋特征值 ξ_p 的减小，梁的受压区高度也会相应较小，梁的转动能力增强，梁破坏时极限位移增大，故无粘结预应力筋极限应力增量会增大；在有粘结与无粘结混合配置预应力筋混凝土梁中，当无粘结预应力筋含量较低时，梁的受力性能与有粘结预应力混凝土较为相似，梁表现出较好的变形能力，当无粘结预应力筋含量在 30% 以内时，梁的变形能力甚至优于有粘结预应力混凝土梁；当无粘结预应力筋含量较高时，梁的受力性能趋于无粘结预应力混凝土梁，变形能力减弱，故在有粘结与无粘结混合配置预应力筋混凝土梁中，无粘结预应力筋极限应力增量随着无粘结预应力筋含量的增加逐渐减小。

（3）分析表 7.4 中数据可以得到以下信息：当混合配置预应力筋梁中无粘结预应力筋占总预应力筋的比例从 10% 增加到 100%，极限状态下的无粘结筋的应力增量从 307MPa 降低到了 270MPa，降低 12.1%；梁的极限承载了从 372.17kN 降低到了 336.59kN，降低了 9.6%；表中有粘结预应力混凝土梁（HB0）的极限承载力为 380.07kN，无粘结预应力混凝土梁（HB10）的极限承载力为 336.56kN，两者相比，同等配筋条件下，无粘结预应力筋混凝土梁的极限承载力比有粘结预应力筋混凝土梁的极限承载力低 11.5%。

模型基本信息　　　　　　　　　　　　　表 7.3

模型编号	截面（mm×mm）	预应力筋含量（mm²）	普通钢筋	箍筋	粘结形式	综合配筋特征值	预应力度
HB0	300×600	B:548.0	顶:4Φ18	剪弯:Φ8@100	有	0.356	0.651
		U:0.000	底:4Φ18	纯弯:Φ8@200			
HB1	300×600	B:493.2	顶:4Φ18	剪弯:Φ8@100	有、无	0.350	0.646
		U:54.80	底:4Φ18	纯弯:Φ8@200			
HB2	300×600	B:438.4	顶:4Φ18	剪弯:Φ8@100	有、无	0.345	0.641
		U:109.6	底:4Φ18	纯弯:Φ8@200			
HB3	300×600	B:383.6	顶:4Φ18	剪弯:Φ8@100	有、无	0.340	0.636
		U:164.4	底:4Φ18	纯弯:Φ8@200			
HB4	300×600	B:328.8	顶:4Φ18	剪弯:Φ8@100	有、无	0.334	0.630
		U:219.2	底:4Φ18	纯弯:Φ8@200			
HB5	300×600	B:274.0	顶:4Φ18	剪弯:Φ8@100	有、无	0.329	0.624
		U:274.0	底:4Φ18	纯弯:Φ8@200			
HB6	300×600	B:219.2	顶:4Φ18	剪弯:Φ8@100	有、无	0.324	0.618
		U:328.8	底:4Φ18	纯弯:Φ8@200			
HB7	300×600	B:164.4	顶:4Φ18	剪弯:Φ8@100	有、无	0.318	0.612
		U:383.6	底:4Φ18	纯弯:Φ8@200			
HB8	300×600	B:109.6	顶:4Φ18	剪弯:Φ8@100	有、无	0.313	0.605
		U:438.4	底:4Φ18	纯弯:Φ8@200			
HB9	300×600	B:54.80	顶:4Φ18	剪弯:Φ8@100	有、无	0.308	0.599
		U:493.2	底:4Φ18	纯弯:Φ8@200			

模型编号	截面 （mm×mm）	预应力筋含量 （mm²）	普通钢筋	箍筋	粘结形式	综合配筋特征值	预应力度
HB10	300×600	B：0.000	顶：4Φ18	剪弯：Φ8@100	无	0.303	0.592
		U：548.0	底：4Φ18	纯弯：Φ8@200			

注：1. 表中模型编号含义，HBn 表示模型中无粘结预应力筋含量占预应力筋总量的 $(n×10)\%$，如 HB1 表示模型中无粘结预应力筋含量占预应力筋总量的 10%；

2. 表中 B 表示模型中有粘结预应力筋的含量，U 表示模型中无粘结预应力筋的含量；

3. 综合配筋特征值参考《混凝土结构设计规范》GB 50010—2010[1]第 10.1.14 条的计算公式并考虑有粘结预应力筋对截面转动的影响将公式改写为：$\xi_p = \dfrac{\sigma_{pe}A_{p1}+f_{py}A_{p2}+f_yA_s}{f_cbh_p}$；

4. 预应力度的计算参考《预应力混凝土结构抗震设计规程》JGJ 140—2004[8]第 3.2.8 条的计算公式：

$$PPR = \frac{\sigma_{pe}A_{p1}h_{p1}+f_{py}A_{p2}h_{p2}}{\sigma_{pe}A_{p1}h_{p1}+f_{py}A_{p2}h_{p2}+f_yA_sh_s}；$$

5. 第 3 条中 h_p 可按下式计算：$h_p = \dfrac{\sigma_{pe}A_{p1}h_{p1}+f_{py}A_{p2}h_{p2}+f_yA_sh_0}{\sigma_{pe}A_{p1}+f_{py}A_{p2}+f_yA_s}$；

6. A_{p1}、A_{p2} 分别表示受拉区无粘结预应力筋和有粘结预应力筋的配筋面积；

7. h_{p1}、h_{p2}，h_0 分别表示受拉区无粘结预应力筋、有粘结应力筋和普通受拉钢筋合力点到受压区边缘的距离。

表 7.4 及图 7.8～图 7.10 给出了 11 组有限元模型的计算结果。

有粘结筋与无粘结筋配筋相对比例对无粘结筋极限应力增量的影响 表 7.4

模型编号	预应力筋含量 （mm²）	σ_{pe} （MPa）	σ_{pu} （MPa）	$\Delta\sigma_p$ （MPa）	P_u （kN）	δ_u （mm）	q_u	q_b	q_s	ξ_p
HB0	B：548.0				380.07	80.47	0.000	0.236	0.120	0.356
	U：0.000									
HB1	B：493.2	1025	1332	307	372.17	83.55	0.018	0.212	0.120	0.350
	U：54.80									
HB2	B：438.4	1025	1324	299	367.67	81.63	0.037	0.189	0.120	0.345
	U：109.6									
HB3	B：383.6	1025	1321	296	364.17	80.31	0.055	0.165	0.120	0.340
	U：164.4									
HB4	B：328.8	1025	1315	291	361.78	79.20	0.073	0.142	0.120	0.334
	U：219.2									
HB5	B：274.0	1024	1313	289	358.98	78.59	0.092	0.118	0.120	0.329
	U：274.0									
HB6	B：219.2	1024	1309	285	353.16	76.92	0.110	0.094	0.120	0.324
	U：328.8									
HB7	B：164.4	1024	1305	281	350.78	75.96	0.128	0.071	0.120	0.318
	U：383.6									
HB8	B：109.6	1024	1304	280	346.78	75.28	0.146	0.047	0.120	0.313
	U：438.4									

续表

模型 编号	预应力筋含量 （mm²）	σ_{pe} （MPa）	σ_{pu} （MPa）	$\Delta\sigma_p$ （MPa）	P_u （kN）	δ_u （mm）	q_u	q_b	q_s	ξ_p
HB9	B：54.80 U：493.2	1024	1301	278	341.90	74.36	0.165	0.024	0.120	0.308
HB10	B：0.000 U：548.0	1024	1294	270	336.59	72.27	0.183	0.000	0.120	0.303

注：1. σ_{pe} 表示无粘结预应力筋的有效预应力；σ_{pu} 表示无粘结预应力筋的极限应力；

2. P_u 表示梁能够承受的最大荷载（极限荷载）；δ_u 表示梁达到极限荷载时对应的跨中挠度；

3. 表中 q_u 表示无粘结预应力筋的配筋指标，$q_u=\dfrac{\sigma_{pe}A_{p1}}{f_c bh_{p1}}$；$q_b$ 表示有粘结预应力筋的配筋指标，$q_b=\dfrac{f_{py}A_{p2}}{f_c bh_{p2}}$；

q_s 表示纵向受拉普通钢筋的配筋指标，$q_s=\dfrac{f_y A_s}{f_c bh_0}$。

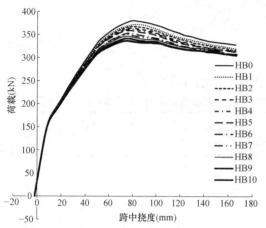

图 7.8　有粘结筋与无粘结筋配筋相对
比例对梁的荷载-挠度曲线的影响

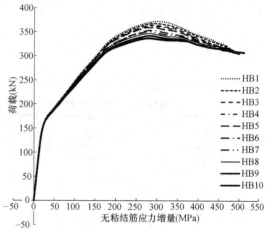

图 7.9　有粘结筋与无粘结筋配筋相对
比例对梁的荷载-无粘结筋应力增量的影响

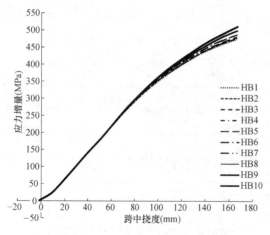

图 7.10　有粘结筋与无粘结筋配筋相对比
例对梁的无粘结筋应力增量-挠度的影响

7.3.1.2　有粘结预应力筋的配筋指标

第 7.2.1 节中探讨了当梁中预应力筋配筋总量相同时，变化无粘结预应力筋与有粘结预应力筋配筋的相对比例对梁中无粘结预应力筋极限应力增量 $\Delta\sigma_p$ 的影响，本小节在 HB3（基本模型）的基础上，保持无粘结预应力筋配筋面积 A_{p1} 以及其他参数不变，改变有粘结预应力筋的配筋量 A_{p2} 以研究有粘结预应力筋配筋指标对梁中无粘结预应力筋极限应力增量的影响，该影响因素在以前各位学者的研究中尚未涉及，对其展开研究有助于完善无粘结预应力筋极限应力增量的影响因素。本节中设计 10 组有限元模型，有粘结预应力筋的配筋面积在 $0 \sim 493.2 \text{mm}^2$ 范围内变化，相应的配筋指标 q_b 从 0 变化到 0.212，各模型的具体配筋情况表 7.5。各组模型的计算结果整理于表 7.5 及图 7.11～图 7.13 中。从计算结果中可以直观地观察到：随着有粘结预应力筋配筋指标的增加，梁的极限承载力 P_u 明显提高，当 $q_b = 0$ 时，计算的极限荷载为 228.48kN，而当有粘结筋的配筋指标增加到 $q_b = 0.212$ 时，梁能承受的最大荷载提高到了 394.73kN，提高了 72.8%，可见增加混合配筋梁中有粘结预应力筋的配筋量能显著的提高梁的极限承载力；另一方面，随着有粘结预应力筋配筋指标的增加，梁达到最大荷载时对应的位移 δ_u 随之减小；梁中无粘结预应力筋的极限应力增量也随之降低，从 485MPa 降低到了 271MPa，降幅亦达 44.1%，δ_u 与极限应力增量 $\Delta\sigma_p$ 降低的原因是随着有粘结筋配筋指标的增加，混合配筋梁在受力过程中受压区高度会增大，而梁的转动能力和变形能力是随着受压区高度的增加而逐渐减弱的，故混合配置预应力筋混凝土梁中极限应力增量 $\Delta\sigma_p$ 和达到承载能力极限状态时的位移 δ_u 随着有粘结预应力筋配筋指标 q_b 的增加而逐渐降低。从荷载-挠度曲线（图 7.11）中可以清晰地观察到：随着有粘结预应力筋配筋指标的逐渐增大，混合配筋梁的开裂荷载不断增大；此外，曲线超过最大荷载之后的下降段渐渐变陡，反映出混合配筋梁的延性逐渐变差。

有粘结筋预应力筋配筋指标对无粘结筋极限应力增量的影响　　　　　表 7.5

模型编号	预应力筋含量（mm²）	σ_{pe}（MPa）	σ_{pu}（MPa）	$\Delta\sigma_p$（MPa）	P_u（kN）	δ_u（mm）	q_u	q_b	q_s	ξ_p
B1	B：0.000	1046	1531	485	228.48	118.25	0.056	0.000	0.120	0.176
	U：164.4									
B2	B：54.8	1042	1519	476	256.04	116.80	0.056	0.024	0.120	0.199
	U：164.4									
B3	B：109.6	1039	1503	464	288.59	112.28	0.056	0.047	0.120	0.222
	U：164.4									
B4	B：164.4	1037	1482	445	304.63	107.98	0.056	0.071	0.120	0.246
	U：164.4									
B5	B：219.2	1034	1418	385	320.38	95.87	0.055	0.094	0.120	0.269
	U：164.4									
B6	B：274.0	1031	1375	345	337.63	87.83	0.055	0.118	0.120	0.293
	U：164.4									
B7	B：328.8	1028	1337	309	354.70	82.86	0.055	0.142	0.120	0.316
	U：164.4									
B8	B：383.6	1025	1321	296	364.17	80.83	0.055	0.165	0.120	0.340
	U：164.4									
B9	B：438.4	1022	1303	281	379.13	79.44	0.055	0.189	0.120	0.363
	U：164.4									
B10	B：493.2	1019	1290	271	394.73	78.11	0.055	0.212	0.120	0.387
	U：164.4									

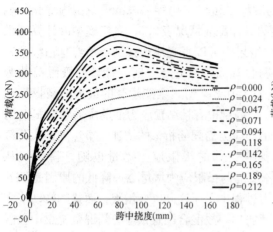

图 7.11　有粘结筋配筋指标对梁的
荷载-挠度曲线的影响

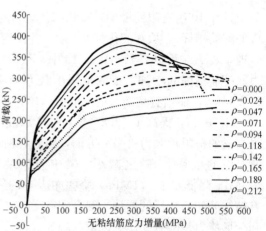

图 7.12　有粘结筋配筋指标对梁的
荷载-无粘结预应力筋应力增量的影响

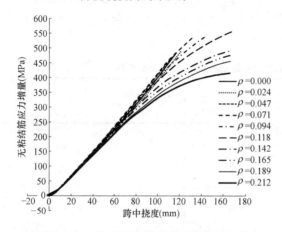

图 7.13　有粘结筋配筋指标对梁的无粘结
预应力筋应力增量-挠度的影响

7.3.1.3　无粘结预应力筋的配筋指标

前面研究了混合配置预应力筋混凝土梁中有粘结预应力筋与无粘结预应力筋配筋相对比例及有粘结预应力筋配筋指标对梁中无粘结预应力筋极限应力增量的影响，从分析结果中可以看出：配筋指标对无粘结预应力筋的应力变化有很大的影响。因此，本小节中将进一步研究另一重要参数无粘结预应力筋配筋指标对梁中无粘结预应力筋极限应力增量的影响。设计 7 组有限元模型，无粘结预应力筋配筋指标 q_u 的变化范围为 $0 \sim 0.109$，无粘结预应力筋的配筋面积从 0mm^2 递增到 328.8mm^2，其余参数保持与基本模型相同。计算结果见表 7.6 及图 7.14～图 7.16 所示。从计算结果中可以看出：随着无粘结预应力筋配筋指标的增加，梁的开裂荷载、屈服荷载、极限荷载均增大，而最大挠度 δ_u 减小，无粘结预应力筋的极限应力增量也逐渐减小。当无粘结预应力筋配筋指标从 0.018 增加到 0.109 时，无粘结预应力筋的极限应力增量从 322MPa 降低到了 241MPa，降低了 25.2%，与此同时，梁的极限荷载从 337.92kN 递增到了 404.81kN，增幅为 19.8%，可见无粘结预应力筋的配筋指标对梁中无粘结筋的极限应力增量和梁的极限承载力的影响是很大的。从图 7.14 的荷载-挠度曲线中可以较为直观地发现随着无粘结预应力筋配筋指标的增大，梁的初始反拱也是逐渐增加的。

无粘结预应力筋配筋指标对无粘结筋极限应力增量的影响　　　　　　　　　　　　表 7.6

模型编号	预应力筋含量 (mm^2)	σ_{pe} (MPa)	σ_{pu} (MPa)	$\Delta\sigma_p$ (MPa)	P_u (kN)	δ_u (mm)	q_u	q_b	q_s	ξ_p
C1	B：383.6				322.19	94.59	0.000	0.165	0.120	0.285
	U：0.000									

续表

模型编号	预应力筋含量（mm²）		σ_{pe}（MPa）	σ_{pu}（MPa）	$\Delta\sigma_p$（MPa）	P_u（kN）	δ_u（mm）	q_u	q_b	q_s	ξ_p
C2	B：383.6		1031	1353	322	337.92	82.87	0.018	0.165	0.120	0.303
	U：54.80										
C3	B：383.6		1028	1331	303	353.46	80.21	0.037	0.165	0.120	0.321
	U：109.6										
C4	B：383.6		1025	1321	296	364.17	80.31	0.055	0.165	0.120	0.340
	U：164.4										
C5	B：383.6		1022	1304	283	379.35	79.91	0.073	0.165	0.120	0.358
	U：219.2										
C6	B：383.6		1019	1285	267	391.51	77.10	0.091	0.165	0.120	0.376
	U：274.0										
C7	B：383.6		1016	1257	241	404.81	70.55	0.109	0.165	0.120	0.394
	U：328.8										

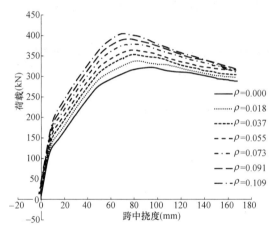

图 7.14　无粘结筋配筋指标对梁的
荷载-挠度曲线的影响

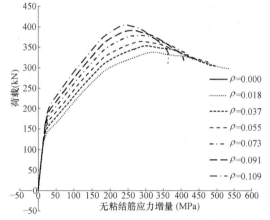

图 7.15　无粘结筋配筋指标对梁的
荷载-无粘结筋应力增量的影响

7.3.1.4　纵向普通受拉钢筋的配筋指标

前面三小节详细讨论了预应力筋的不同配置情况对混合配置预应力筋混凝土梁中无粘结预应力筋极限应力增量的影响，本小节中将重点分析纵向普通受拉钢筋配筋指标对无粘结预应力筋极限应力增量的影响。本节中共设计 9 组有限元模型，以纵向普通受拉钢筋的面积作为变量，其余参数与基本模型相同，9 组有限元模型中纵向受拉普通钢筋的面积从 314mm² 变化到 2463.2mm²（即：纵向受拉普通钢筋的配筋从 4Φ10 依次增加到 4Φ28），配筋

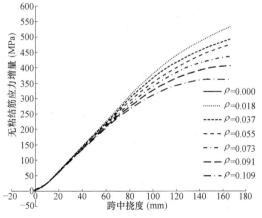

图 7.16　无粘结筋配筋指标对梁中无粘结筋
应力增量-挠度曲线的影响

指标的变化范围为 0.037～0.289。分析结果整理于表 7.7 及图 7.17～图 7.19 之中。比较计算结果可以清晰地看出：随着纵向普通受拉钢筋配筋指标的不断增大，梁中无粘结预应力筋的极限应力增量逐渐减小，当纵向普通受拉钢筋的配筋指标为 0.037 时，无粘结筋的应力增量为 442MPa，当纵向普通受拉钢筋的配筋指标增加到 0.289 时，无粘结预应力筋的极限应力增量降低到了 194MPa，降低幅度达到 56.1%；随着纵向普通受拉钢筋配筋指标的增加，梁的极限承载能力也显著提高，当纵向普通受拉钢筋面积从 314mm² 增加到 2463.2mm² 的过程中，梁的极限承载力从 298.17kN 增加到了 492.77kN，增长了 65.2%；纵向普通受拉钢筋配筋指标增加，梁达到极限状态时位移减小，荷载-挠度曲线的下降段变陡，梁的延性逐渐降低。从图 7.18 中可以发现钢筋直径为 25mm 和 28mm 的两组模型中，在超过最大承载能力的后期变形阶段中，梁中无粘结预应力筋的应力增量随着位移的增加反而减小，出现这一现象的原因可能是在简支梁在纵向滑移和竖向变形的叠加下，梁体的长度是减小的，从而导致了无粘结应力筋的长度也减小，应力增量减小。另外，该两组梁中的综合配筋特征值均大于 0.4，超过了《混凝土结构设计规范》GB 50010—2010[1] 第 10.1.14 条中对无粘结预应力混凝土梁中综合配筋特征值 ξ_p 的规定，由此可见，该规定对于有粘结与无粘结混合配置预应力筋混凝土梁也同样适用。

纵向普通受拉钢筋配筋指标对无粘结筋极限应力增量的影响　　　　表 7.7

模型编号	A_s (mm²)	σ_{pe} (MPa)	σ_{pu} (MPa)	$\Delta\sigma_p$ (MPa)	P_u (kN)	δ_u (mm)	q_u	q_b	q_s	ξ_p
D1	314 (4Φ10)	1024	1465	442	298.17	104.39	0.055	0.165	0.037	0.257
D2	452.4 (4Φ12)	1024	1405	381	310.97	92.63	0.055	0.165	0.053	0.273
D3	615.6 (4Φ14)	1024	1369	344	326.44	86.82	0.055	0.165	0.072	0.292
D4	804.4 (4Φ16)	1024	1346	321	348.09	83.95	0.055	0.165	0.094	0.315
D5	1018 (4Φ18)	1025	1321	296	364.17	80.31	0.055	0.165	0.120	0.340
D6	1256.8 (4Φ20)	1025	1300	274	386.49	78.74	0.055	0.165	0.148	0.368
D7	1520.4 (4Φ22)	1025	1267	242	412.96	71.35	0.055	0.165	0.179	0.399
D8	1963.6 (4Φ25)	1026	1239	213	451.93	67.67	0.055	0.165	0.231	0.451
D9	2463.2 (4Φ28)	1027	1221	194	492.77	66.61	0.055	0.165	0.289	0.509

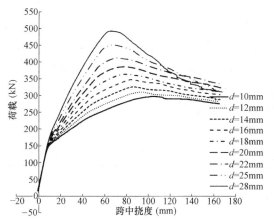

图 7.17　普通纵向受拉钢筋配筋指标
对梁的荷载-挠度曲线的影响

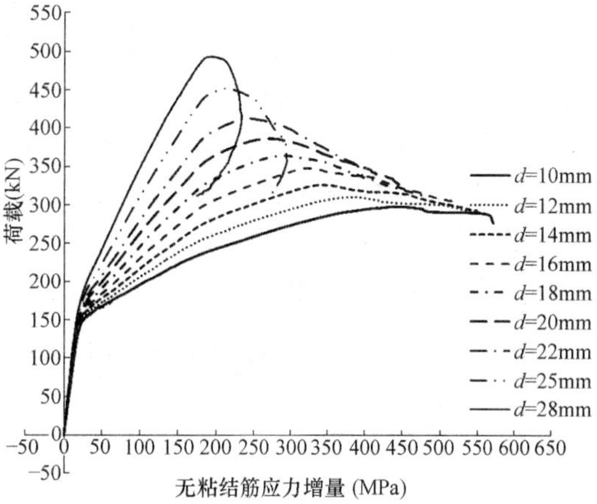

图 7.18　普通纵向受拉钢筋配筋指标
对梁的荷载-无粘结筋应力增量的影响

7.3.1.5　预应力筋的有效预应力

影响无粘结预应力筋极限应力增量的因素较多，预应力筋的有效预应力亦是其重要的影响因素，鉴于此，本节将讨论无粘结预应力筋的有效预应力和有粘结预应力筋的有效预应力对混合配置预应力筋混凝土梁中无粘结预应力筋极限应力增量的影响。设计 9 组有限元模型，其中 E1～E7 研究无粘结预应力筋的有效预应力对极限应力增量 $\Delta\sigma_p$ 的影响，E4、E8、E9 研究有粘结预应力筋的有效预应力对 $\Delta\sigma_p$ 的影响，考虑到有粘结预应力筋在梁达到极限承载力时一般都会屈

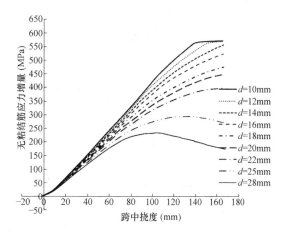

图 7.19　普通纵向受拉钢筋配筋指标
对梁中无粘结筋应力增量-挠度曲线的影响

服，对梁中无粘结预应力筋应力增量 $\Delta\sigma_p$ 的影响不会太大，故设计了较少数量的对比模型。各组模型的计算结果及各曲线列于表 7.8 及图 7.20～图 7.22 中。分析 E1～E7 模型的计算结果可以发现：无粘结预应力筋的有效预应力增大，梁中无粘结预应力筋的极限应力增量逐渐减小，而梁的极限承载力有小幅度的增加，出现该现象的原因是随着无粘结筋有效预应力的增加，无粘结预应力筋总的应力仍是增大；当无粘结预应力筋有效预应力的增大时，混合配置预应力筋梁的开裂荷载是逐渐提高的，因为较高的有效预应力能在梁中建立较高的预压应力，延缓混凝土的开裂；当无粘结预应力筋的有效预应力较高时，如 E7 模型中的 1319MPa（$0.71f_{ptk}$），在梁达到极限承载力时，无粘结预应力筋已发生屈服，从图 7.21、图 7.22 中能直观地观察到这一现象，主要原因是无粘结预应力筋初始应力较高，当应力有小幅度的增加时，预应力筋就屈服了。

分析模型 E4、E8、E9 的计算结果可以发现：当梁中有粘结预应力筋的有效预应力增加时，梁的开裂荷载有较明显的提升，梁的极限承载力略有提高，当有效预应力从 827MPa 提高到 1025MPa 时，梁的极限承载力 P_u 从 362.23kN 提高到了 366.46kN，仅提高了 1.17%；另一方面，改变混合配置预应力筋混凝土梁中有粘结预应力筋的有效预应力 $\sigma_{B\text{-}pe}$ 时，梁达到承载能力极限状态时的位移 δ_u 和应力增量 $\Delta\sigma_p$ 变化很小。由此可见，当有粘结预应力筋的有效预应力在相对合理的范围内变化时，其对混合配置预应力筋混凝土梁中无粘结筋的极限应力增量 $\Delta\sigma_p$ 的影响较小。

预应力筋的有效预应力对无粘结筋极限应力增量的影响   表 7.8

模型编号	σ_{pe2} (MPa)	σ_{pe1} (MPa)	σ_{pu} (MPa)	$\Delta\sigma_p$ (MPa)	P_u (kN)	δ_u (mm)	q_u	q_b	q_s	ξ_p
E1	961	723	1035	311	359.49	82.77	0.039	0.165	0.120	0.324
E2	960	813	1116	303	356.68	82.07	0.044	0.165	0.120	0.328
E3	959	914	1213	299	360.40	81.49	0.049	0.165	0.120	0.334
E4	957	1025	1321	296	364.17	80.31	0.055	0.165	0.120	0.340
E5	955	1120	1405	285	367.47	78.06	0.060	0.165	0.120	0.345
E6	954	1219	1507	287	369.83	79.63	0.065	0.165	0.120	0.350
E7	952	1319	1591	272	372.20	77.96	0.071	0.165	0.120	0.355
E8	827	1028	1329	301	362.23	82.52	0.055	0.165	0.120	0.340
E9	1025	1023	1316	293	366.46	78.95	0.055	0.165	0.120	0.340

注：1. 表中 σ_{pe1} 表示无粘结预应力筋的有效预应力；
    2. 表中 σ_{pu} 表示无粘结预应力筋的极限应力；
    3. 表中 σ_{pe2} 表示有粘结预应力筋的有效预应力。

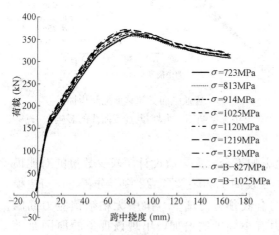

图 7.20 预应力筋的有效预应力对梁的荷载-挠度曲线的影响

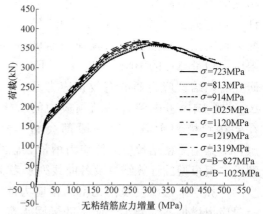

图 7.21 预应力筋的有效预应力对梁的荷载-无粘结筋应力增量的影响

7.3.1.6 混凝土强度等级

《混凝土结构设计规范》GB 50010—2010[1] 中第 4.1.2 条中规定：预应力混凝土结构中混凝土强度等级不宜低于 C40，且不应低于 C30。随着有粘结与无粘结混合配置预应力筋混凝土结构在大跨重载结构中推广应用，更高强度等级的混凝土应用于混合配置预应力筋混凝土结构是一个必然的趋势，因为高强度等级的混凝土配合高强度等级的钢材应用于结构中可以有效地减小构件的截面尺寸和结构自重，可以获得较为理想的有效预压应力，提高构件的抗裂能力，适应大跨重载结构的要求；此外，高强度等级的混凝土还能提高锚固区的局部承压能力[2,8]。

基于以上所述，本节设计 6 组有限元模型，混凝土强度等级从 C30 逐级增加到 C80，以分析混凝土强度等级对混合配筋梁中无粘结预应力筋极限应力增量的影响。表 7.9 及图 7.23～图 7.25 给出了不同混凝土强度等级有限元模型的计算结果。分析计算结果不难发现：随着混凝土强度等级的提高，梁的极限荷载和极限状态下的位移都有所提高，梁中无粘结预应力筋的极限应力增量也逐渐提高，原因是当其他参数不变时，提高混凝土的强度等级，混凝土的轴心抗压强度 f_c 增大，梁的受压区高度减小，梁的转动变形能力增强，在达到承载能力极限状态时的位移和无粘结预应力筋的应力增量都会增大。此外，从荷载-挠度曲线图（图 7.23）中可以直观地观察到：随着混凝土强度等级的不断提高，混合配筋梁的后期变形能力逐渐变差，这一现象在混凝土强度等级采用 C60、C70、C80 时体现得尤为明显。

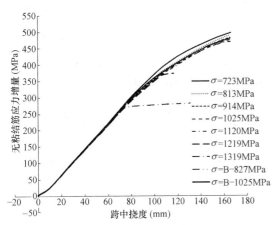

图 7.22　预应力筋的有效预应力对梁中
无粘结筋应力增量-挠度曲线的影响

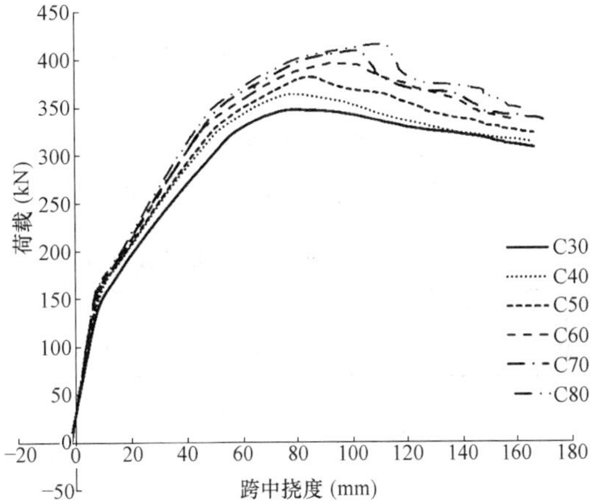

图 7.23　混凝土强度等级对梁的
荷载-挠度曲线的影响

预应力筋的有效预应力对无粘结筋极限应力增量的影响　表 7.9

模型编号	混凝土强度等级	σ_{pe}（MPa）	σ_{pu}（MPa）	$\Delta\sigma_p$（MPa）	P_u（kN）	δ_u（mm）	q_u	q_b	q_s	ξ_p
F1	C30	1023	1282	259	347.92	78.47	0.073	0.221	0.160	0.454
F2	C40	1025	1321	296	364.17	80.31	0.055	0.165	0.120	0.340
F3	C50	1026	1355	328	381.96	84.89	0.046	0.137	0.099	0.281
F4	C60	1027	1404	376	396.82	92.75	0.038	0.115	0.083	0.236
F5	C70	1028	1452	425	409.44	102.54	0.033	0.099	0.072	0.204
F6	C80	1028	1494	465	416.60	112.05	0.029	0.088	0.064	0.181

7.3.1.7　预应力筋极限强度标准值

本节重点研究预应力筋的极限强度对混合配置预应力筋梁中无粘结预应力筋极限应力

增量的影响。根据《混凝土结构设计规范》GB 50010—2010 第 4.2 节中对材料的规定，设计了 4 组模型，分别对应预应力筋的极限强度标准值为 1570MPa、1720MPa、1860MPa 和 1960MPa。分析结果列于表 7.10 及图 7.26～图 7.29 中。从计算结果的图表中可以看出：随着预应力筋极限强度标准值的升高，梁的极限承载力有少许的增加，无粘结预应力筋的极限应力增量也呈增加的趋势，但是幅度都不大。

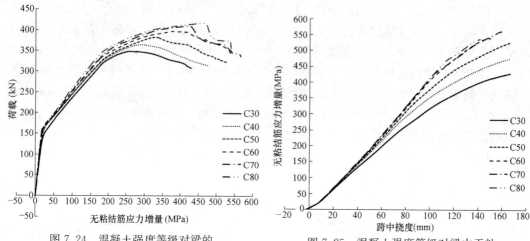

图 7.24 混凝土强度等级对梁的荷载-无粘结筋应力增量的影响

图 7.25 混凝土强度等级对梁中无粘结筋应力增量-挠度曲线的影响

预应力筋极限强度标准值对无粘结筋极限应力增量的影响 表 7.10

模型编号	f_{ptk} (MPa)	σ_{pe} (MPa)	σ_{pu} (MPa)	$\Delta\sigma_p$ (MPa)	P_u (kN)	δ_u (mm)	q_u	q_b	q_s	ξ_p
H1	1570	1025	1305	280	350.22	74.62	0.055	0.139	0.120	0.313
H2	1720	1025	1299	274	359.36	74.21	0.055	0.153	0.120	0.327
H3	1860	1025	1321	296	364.17	80.31	0.055	0.165	0.120	0.340
H4	1960	1025	1330	305	365.59	84.02	0.055	0.174	0.120	0.348

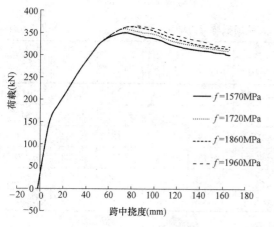

图 7.26 预应力筋极限强度标准值对梁的荷载-挠度曲线的影响

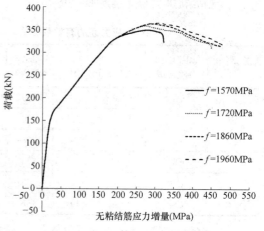

图 7.27 预应力筋极限强度标准值对梁的荷载-无粘结筋应力增量的影响

7.3.1.8 纵向普通受拉钢筋强度等级

材料强度是影响无粘结预应力筋极限应力增量 $\Delta\sigma_p$ 的重要因素，前述内容分析了混凝土强度等级以及预应力筋的极限强度标准值对混合配置预应力筋混凝土梁中无粘结预应力筋极限应力增量的影响，为了全面反映材料强度对无粘结预应力筋极限应力增量 $\Delta\sigma_p$ 的影响，本小节继续研究材料强度-纵向普通受拉钢筋强度等级对梁中无粘结预应力筋极限应力增量 $\Delta\sigma_p$ 的影响。根据现行《混凝土结构设计规范》GB 50010—2010 中对普通钢筋牌号的规定，本节设计了 4 组有限元模型，依次对应规范中 HPB300、HRB335、HRB400、

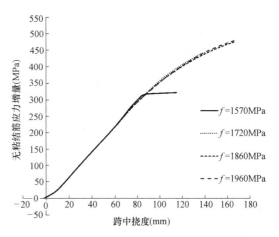

图 7.28 预应力筋极限强度标准值对梁中无粘结筋应力增量-挠度曲线的影响

HRB500 四个等级的普通钢筋。四组模型的计算结果列于表 7.11 及图 7.29~图 7.31 中。分析计算结果中不难发现：钢筋牌号等级越高，梁的极限承载力越大，而达到承载能力极限状态时梁的跨中挠度越小，梁中无粘结预应力筋的极限应力增量也越低。从荷载-跨中挠度曲线（图 7.29）中能够清晰地看到，纵向普通受拉钢筋的强度等级对梁的开裂荷载几乎没有影响，但是对梁的屈服荷载有较大的影响，随着纵向普通受拉钢筋强度等级的提高，梁的屈服强度也相应提高。根据截面力的平衡，梁的受压区高度会随着钢筋强度等级的提高而增加，进一步梁的转动能力会随着受压区高度的增加而减弱，因此，梁的最大挠度、梁中无粘结预应力筋的极限应力增量会随着纵向普通受拉钢筋强度等级的增加而降低。

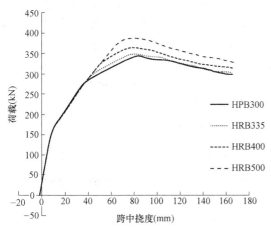

图 7.29 纵向普通受拉钢筋强度等级对梁的荷载-跨中挠度的影响

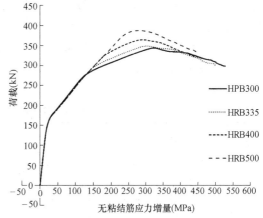

图 7.30 纵向普通受拉钢筋强度等级对梁的荷载-无粘结筋应力增量的影响

7.3.1.9 外荷载形式

实际工程中，主梁承受次梁传递过来的荷载，常为集中荷载或三分点荷载，承受楼板传递的荷载则一般为均布荷载。因此，实际应用中梁主要承受集中荷载，三分点荷载和均

纵向普通受拉钢筋强度等级对无粘结筋极限应力增量的影响　　　　表 7.11

模型编号	钢筋牌号	σ_{pe}（MPa）	σ_{pu}（MPa）	$\Delta\sigma_p$（MPa）	P_u（kN）	δ_u（mm）	q_u	q_b	q_s	ξ_p
H1	HPB300	1025	1345	320	343.73	82.84	0.055	0.165	0.090	0.310
H2	HRB335	1025	1331	306	348.58	81.19	0.055	0.165	0.100	0.320
H3	HRB400	1025	1321	296	364.17	80.31	0.055	0.165	0.120	0.340
H4	HRB500	1025	1307	282	387.47	80.11	0.055	0.165	0.144	0.365

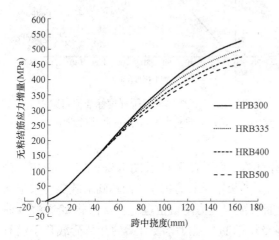

图 7.31　纵向普通受拉钢筋强度等级对梁中
无粘结筋应力增量-挠度曲线的影响

布荷载。本小节将重点研究荷载形式对混合配置预应力筋混凝土梁中无粘结预应力筋极限应力增量的影响。荷载布置见图 7.32。

三组模型的计算结果见表 7.12 和图 7.33～图 7.35，从计算结果中可以看出：梁在不同的加载形式下，梁中无粘结筋极限应力增量也有所不同。外荷载形式分别为集中荷载、三分点荷载，均布荷载时，梁中无粘结预应力筋的极限应力增量依次增加。分析出现该现象的原因应该是：不同外荷载形式下，梁弯矩图的形状不同，直接导致梁的变形曲线不同，进而影响无粘结筋形心处混凝土的变形；均布荷载下

梁的弯矩图呈抛物线形与梁中预应力筋的线形最为吻合，这种情况下，与无粘结预应力筋相应位置处的混凝土沿梁全长的总变形最大，相应的无粘结预应力筋沿梁全长总变形也最大，故极限应力增量在三种荷载形式下最大；集中荷载下，梁的两折线形弯矩图与预应力筋的抛物形相差最远，预应力筋位置处混凝土沿梁全长的累积变形最小，故集中荷载下梁中无粘结预应力筋的极限应力增量最小；三分点荷载下，梁中无粘结筋的极限应力增量居于其中，原理与上相似。当达到承载能力极限状态时，三种荷载形式下梁的跨中截面弯矩基本一致。

外荷载形式对无粘结筋极限应力增量的影响　　　　表 7.12

模型编号	加载方式	σ_{pe}（MPa）	σ_{pu}（MPa）	$\Delta\sigma_p$（MPa）	P_u（kN）	δ_u（mm）	q_u	q_b	q_s	ξ_p
I1	集中荷载	1025	1238	213	269.27	64.50	0.055	0.165	0.120	0.340
I2	三分点加载	1025	1321	296	364.17	80.31	0.055	0.165	0.120	0.340
I3	均布荷载	1025	1464	439	549.92	113.60	0.055	0.165	0.120	0.340

注：均布荷载中的 $P_u = q \cdot l$。

7.3.1.10　预应力筋的线形

工程实际中根据不同需要会采用不同的预应力筋线形，因此有必要研究预应力筋线形对无粘结预应力筋应力增量的影响。本小节中分别计算了配置直线形预应力筋、折线形预

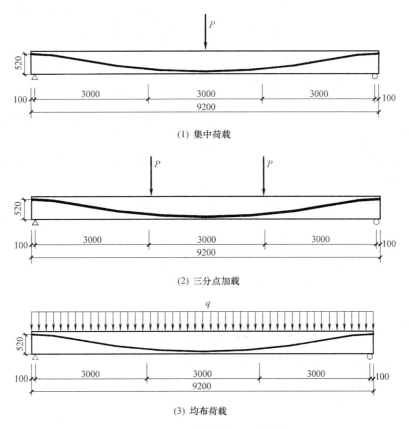

图 7.32　三种荷载布置示意图

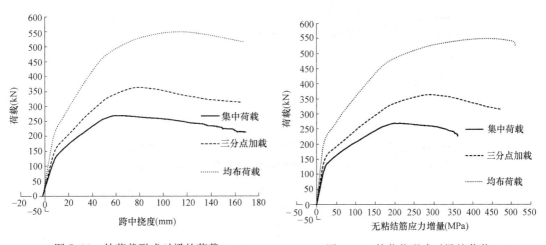

图 7.33　外荷载形式对梁的荷载-
挠度曲线的影响

图 7.34　外荷载形式对梁的荷载-
无粘结筋应力增量的影响

应力筋以及抛物线形预应力筋的混凝土梁，具体线形布置见图 7.36。计算结果列于表 7.13 和图 7.37～图 7.39。从计算结果中可以看出：预应力筋线形对混合配置预应力筋混凝土梁中无粘结预应力筋的极限应力增量 $\Delta\sigma_p$ 是有影响的；当预应力筋线形为直线时，梁中无粘结形应力筋的极限应力增量最高，主要原因是直线形预应力筋沿梁全长偏心距一

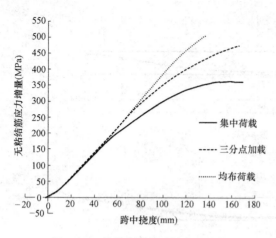

图 7.35　外荷载形式对梁中无粘结
筋应力增量-挠度曲线的影响

样，都比较大，在相同的竖向位移下，直线形无粘结预应力筋沿梁全长的累计变形比三折线和抛物线预应力筋大，故其无粘结预应力筋的极限应力增量较另外两种线形大；当预应力筋线形采用三折线时，梁中无粘结预应力筋的极限应力增量也较大，与直线形预应力筋的情况相当，梁的极限承载力及其相对应的位移 δ_u 最大，分析其原因是三分点加载下的预应力混凝土梁中布置三折线形预应力筋，荷载下的弯矩图与预应力筋线形一致，预应力梁具有较好的受力性能[8]。

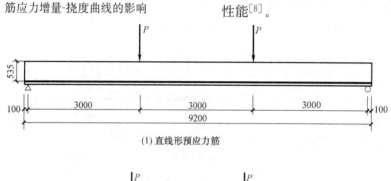

(1) 直线形预应力筋

(2) 折线形预应力筋

(3) 抛物线形预应力筋

图 7.36　预应力筋线型图

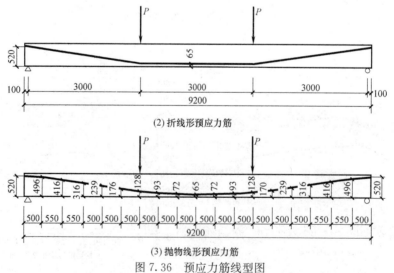

预应力筋线型对无粘结筋极限应力增量的影响　　　　　　　　　　　　表 7.13

模型编号	预应力筋线形	σ_{pe} (MPa)	σ_{pu} (MPa)	$\Delta\sigma_p$ (MPa)	P_u (kN)	δ_u (mm)	q_u	q_b	q_s	ξ_p
J1	直线	1017	1370	353	392.89	80.24	0.055	0.165	0.120	0.339
J2	折线	1018	1369	351	401.42	87.23	0.055	0.165	0.120	0.339
J3	抛物线	1025	1321	296	364.17	80.31	0.055	0.165	0.120	0.340

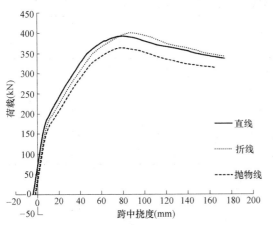

图 7.37　预应力筋线型对梁的荷载-
挠度曲线的影响

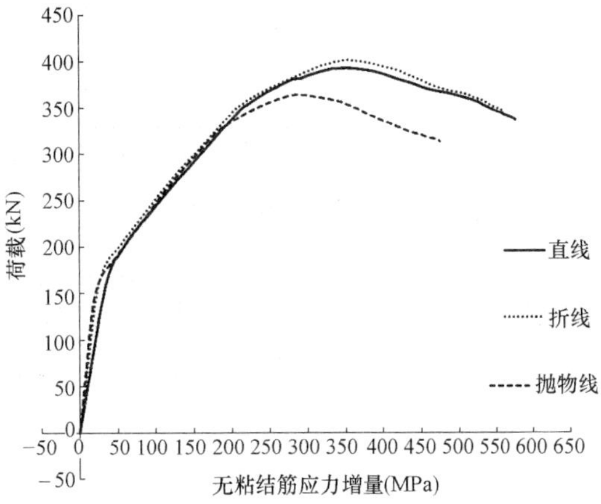

图 7.38　预应力筋线型对梁的荷载-
无粘结筋应力增量的影响

7.3.1.11　梁的跨高比

跨高比通常指梁的计算跨度与截面
高度的比值，是影响梁受弯性能的重要
指标。本节设计 5 组有限元模型，以跨
高比 L/H 为变量，分析跨高比对混合
配置预应力筋混凝土梁中无粘结筋极限
应力增量 $\Delta\sigma_p$ 的影响。5 组有限元模型
中跨高比 L/H 的变化范围为 5～45。
表 7.14 和图 7.40～图 7.42 给出了各
跨高比下混合配置预应力筋梁的计算
结果。从计算结果中可以看出：随着
跨高比的增大，梁的极限承载力迅速
减小，当跨高比为 5 时，梁能承受的
极限荷载达到 1244.01kN，是跨高比

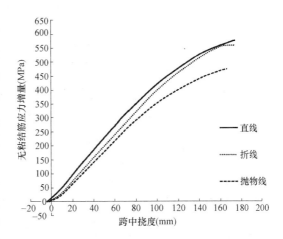

图 7.39　预应力筋线型对梁中无粘
结筋应力增量-挠度曲线的影响

为 15 的梁的 3.42 倍，当跨高比为 45 时，梁的极限荷载仅为 31.39kN，为 $L/H=15$ 的
梁的 8.6%；另一方面，跨高比增大时，梁变得细柔，梁的刚度显著减小，达到极限状
态时的位移显著增大，当跨高比为 45 时，混合配筋梁极限状态时的位移达到
485.67mm 远远大于 $L/H=5$ 时的 12.16mm；另外，从图中可以看出，当 $L/H \geqslant 35$
时，梁在自重及预应力的共同作用下会产生较大的下挠，当 $L/H=35$ 时，自重及预应
力共同作用下的挠度为 35.8mm，当 $L/H=45$ 时，自重及预应力共同作用下的挠度达
240.2mm，主要是因为跨高比较大时，自重作用下产生的向下的挠度远大于预应力作
用下产生的反拱。分析计算结果可以观察到：随着跨高比的增加，梁中无粘结预应力
筋的极限应力增量逐渐减小，主要原因是跨高比增加时，梁的跨度增加，相应的无粘
结预应力筋的长度也增加，则无粘结预应力筋的应变增量 $\Delta\varepsilon = \Delta l/l$ 会减小，故无粘结
预应力筋的极限应力增量亦会减小。

梁的跨高比对无粘结筋极限应力增量的影响 表 7.14

模型编号	L/H	σ_{pe} (MPa)	σ_{pu} (MPa)	$\Delta\sigma_p$ (MPa)	P_u (kN)	δ_u (mm)	q_u	q_b	q_s	ξ_p
K1	5	1006	1372	366	1244.01	12.16	0.054	0.165	0.120	0.339
K2	15	1025	1321	296	364.17	80.31	0.055	0.165	0.120	0.340
K3	25	1032	1281	249	182.72	195.72	0.055	0.165	0.120	0.340
K4	35	1042	1250	208	92.65	338.22	0.056	0.165	0.120	0.341
K5	45	1115	1231	116	31.39	485.67	0.060	0.165	0.120	0.344

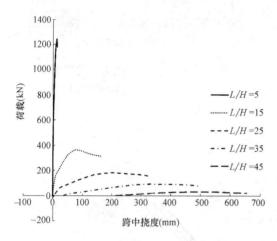

图 7.40 跨高比对梁的荷载-
挠度曲线的影响

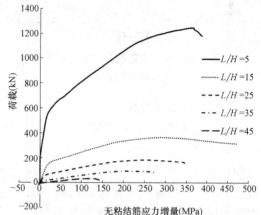

图 7.41 跨高比对梁的荷载-无粘
结筋应力增量的影响

7.3.2 计算公式的建立

当梁中配置有无粘结预应力筋时，无粘结预应力筋与混凝土不进行灌浆粘结，变形不符合平截面假定；在梁的受力过程中，无粘结预应力筋可以在梁中自由滑动，当梁达到极限承载力时，其应力一般达不到屈服应力，而是介于有效预应力 σ_{pe} 和屈服应力 f_{py} 之间的一个值。确定无粘结预应力筋在极限状态下的应力是计算配置无粘结预应力筋结构的核心问题。本节将在 7.3.1 节的基础上提出混合配置预应力筋混凝土梁中无粘结预应力筋极限应力增量的计算公式。

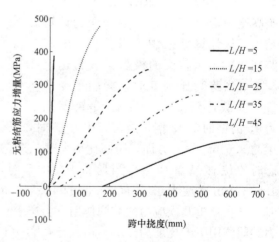

图 7.42 跨高比对梁中无粘结
筋应力增量-挠度曲线的影响

有粘结与无粘结混合配置预应力筋混凝土梁中无粘结预应力筋应力增长的规律与普通无粘结预应力混凝土梁中大致相同，但也存在一定的差异，主要体现在混合配置预应力筋混凝土梁中当预应力筋总量保持一定时，改变有粘结预应力筋与无粘结预应力筋的比例，

极限应力增量 $\Delta\sigma_p$ 随着无粘结预应力筋比例的增加而降低，而此时梁的综合配筋特征值 ξ_p 也是降低的，即：这种情况下，无粘结预应力筋的极限应力增量随着综合配筋特征值的降低而降低，与普通无粘结预应力混凝土梁中无粘结预应力筋的变化规律不同。鉴于此，考虑到混合配置预应力筋混凝土梁中综合配筋特征值由无粘结预应力筋配筋指标，有粘结预应力筋配筋指标和普通钢筋配筋指标三项组成，即：$\xi_p = q_u + q_b + q_s$；而各项配筋指标对无粘结预应力筋的极限应力增量的影响并不相同，将它们合成综合配筋特征值 ξ_p 来计算无粘结预应力筋的极限应力增量并不合

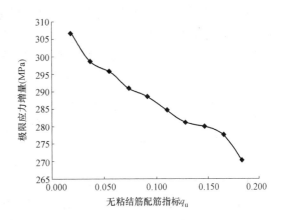

图 7.43　极限应力增量 $\Delta\sigma_p$-
无粘结筋配筋指标 q_u 曲线

理，因此本节将综合配筋特征值拆开成三项，单独分析各项配筋指标对无粘结预应力筋的极限应力增量的影响。图 7.43～图 7.45 分别给出了混合配置预应力筋混凝土梁中极限应力增量 $\Delta\sigma_p$ 与无粘结预应力筋配筋指标 q_u，有粘结预应力筋配筋指标 q_b 和普通钢筋配筋指标 q_s 的关系曲线。从关系曲线中可以看出：混合配置预应力筋混凝土梁中极限应力增量 $\Delta\sigma_p$ 与 q_u、q_b、q_s 都呈近似的线性关系。7.3.1 节中分析了各因素对无粘结筋极限应力增量 $\Delta\sigma_p$ 的影响，从中可以得出以下结论：各种配筋指标对无粘结预应力筋极限应力增量的影响最为显著，其他的一些影响因素（如混凝土的强度等级）也可以通过配筋指标来间接的反映，故本节以各配筋指标为主要变量来计算混合配置预应力筋混凝土梁中无粘结预应力筋的极限应力增量 $\Delta\sigma_p$。又因为极限应力增量 $\Delta\sigma_p$ 与 q_u、q_b、q_s 三项配筋指标均呈线性关系，故可以根据计算结果对无粘结预应力筋配筋指标 q_u、有粘结预应力筋配筋指标 q_b 和普通钢筋配筋指标 q_s 进行多元线性回归以得到无粘结预应力筋极限应力增量 $\Delta\sigma_p$ 的计算公式。

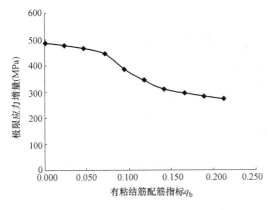

图 7.44　极限应力增量 $\Delta\sigma_p$-
有粘结筋配筋指标 q_b 曲线

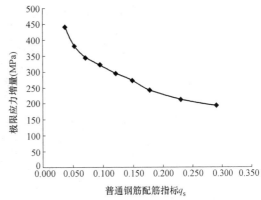

图 7.45　极限应力增量 $\Delta\sigma_p$-
普通钢筋配筋指标 q_s 曲线

通过上述分析，下面以无粘结预应力筋配筋指标 q_u、有粘结预应力筋配筋指标 q_b 和普通钢筋配筋指标 q_s 为主要变量，建立有粘结与无粘结混合配置预应力筋混凝土梁中无粘结预应力筋极限应力增量 $\Delta\sigma_p$ 的计算公式。公式可以写为：

$$\Delta\sigma_p = a + b \cdot q_u + c \cdot q_b + d \cdot q_s \tag{7.18}$$

根据 7.3.1 节的计算数据对公式（7.18）中的参数 a、b、c、d 进行线性回归分析，得到：$a=646$，$b=-1460$，$c=-1005$，$d=-812$，相关系数 $R=0.9580$，将其带入公式（7.18）中得到 $\Delta\sigma_p$ 的计算公式：

$$\Delta\sigma_p = 646 - 1460q_u - 1005q_b - 812q_s \tag{7.19}$$

参考《混凝土结构设计规范》GB 50010—2010[1] 第 10.1.14 条中无粘结预应力筋极限应力的计算公式，引入跨高比的影响，对上述公式进行修正，得到考虑跨高比影响的极限应力增量计算公式：

$$\Delta\sigma_p = (646 - 1460q_u - 1005q_b - 812q_s)\left(0.815 + 2.6\frac{h}{l_0}\right) \tag{7.20}$$

式中

$$q_u + q_b + q_s \leqslant 0.4$$

考虑到普通钢筋能有效改善混合配置预应力筋混凝土梁的使用性能，普通钢筋的截面面积 A_s 应取下列两式计算结果的较大值：

$$A_s \geqslant \frac{1}{3} \cdot \frac{\sigma_{pu}A_{p1}h_{p1} + f_{py}A_{p2}h_{p2}}{f_y h_s} \tag{7.21}$$

$$A_s \geqslant 0.003bh \tag{7.22}$$

通过换算将普通钢筋的截面面积转换为配筋指标可得：$q_s \geqslant 0.07$，进而 $q_u + q_b < 0.33$，则可得无粘结预应力筋及有粘结预应力筋的配筋指标范围为：$0 \leqslant q_u < 0.33$，$0 \leqslant q_b < 0.33$。

为了验证上述建议公式用于计算混合配置预应力筋混凝土梁中无粘结筋极限应力增量的适用性，将公式（7.20）的预测值与有限元计算值进行比较，详细的对比情况列于图 7.46 中，图中横坐标为无粘结预应力筋极限应力增量的有限元计算值，纵坐标为前文所提公式的预测值。公式预测值与有限元计算值比值的均值 $\mu=1.014$，变异系数 $\delta=0.078$，

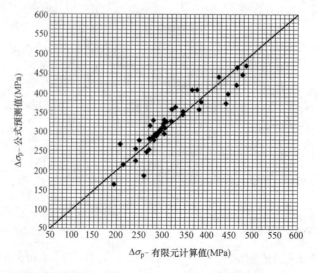

图 7.46 极限应力增量 $\Delta\sigma_p$ 和公式预测值与有限元计算值对比

二者吻合良好；从图 7.46 中也能直观的观察到绝大部分数据点在 45° 线附近，公式预测值与有限元模拟值吻合良好。综上所述，采用文中提出的公式计算混合配置预应力筋混凝土梁中无粘结筋的极限应力增量 $\Delta\sigma_p$ 是合理的。

7.4　承载力及正常使用极限状态计算

7.4.1　抗弯承载力

有粘结与无粘结混合配置预应力筋混凝土梁在达到极限承载力时，普通钢筋和有粘结预应力筋会发生屈服，故进行梁正截面极限承载力计算时，取其屈服强度；而无粘结预应力筋一般达不到屈服强度，取其极限应力 $\sigma_{pu}=\sigma_{pe}+\Delta\sigma_p$，即：

$$\sigma_{pu}=\sigma_{pe}+\Delta\sigma_p=\sigma_{pe}+(646-1460q_u-1005q_b-812q_s)\left(0.815+2.6\frac{h}{l_0}\right) \quad (7.23)$$

如图 7.47 所示，有粘结与无粘结混合配置预应力筋混凝土梁正截面受弯承载力计算应符合下述规定：

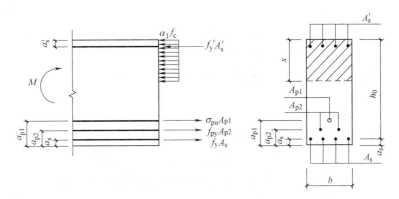

图 7.47　矩形截面受弯构件正截面受弯承载力计算示意图

混凝土受压区高度按下列公式确定：

$$\alpha_1 f_c bx+f'_y A'_s=f_y A_s+\sigma_{pu}A_{p1}+f_{py}A_{p2} \quad (7.24)$$

$$x=\frac{f_y A_s+\sigma_{pu}A_{p1}+f_{py}A_{p2}-f'_y A'_s}{\alpha_1 f_c b} \quad (7.25)$$

对普通钢筋合力点取矩，由力的平衡条件可得：

$$M\leqslant\alpha_1 f_c bx\left(h_0-\frac{x}{2}\right)+f'_y A'_s(h_0-a'_s)-\sigma_{pu}A_{p1}(a_{p1}-a_s)-f_{py}A_{p2}(a_{p2}-a_s) \quad (7.26)$$

适用条件为：

$$x\geqslant 2a'_s \quad (7.27)$$

$$x\leqslant\xi_b h_0 \quad (7.28)$$

其中相对界限受压区高度按下式取值：

$$\xi_b=\frac{\beta_1}{1+\dfrac{0.002}{\varepsilon_{cu}}+\dfrac{f_{py}-\sigma_{p0}}{E_s\varepsilon_{cu}}} \quad (7.29)$$

当计入普通受压钢筋时，若不满足公式（7.27）的条件，正截面受弯承载力应符合下列规定：

$$M \leqslant f_y A_s (h - a_s - a'_s) + \sigma_{pu} A_{p1} (h - a_{p1} - a'_s) + f_{py} A_{p2} (h - a_{p2} - a'_s) \qquad (7.30)$$

式中 M——弯矩值；

$\quad\quad \alpha_1$——系数，受压区混凝土矩形应力图的应力值与混凝土轴心抗压强度的比值；

$\quad\quad \beta_1$——系数，矩形应力图受压区高度与中和轴高度的比值；

$\quad\quad f_c$——混凝土轴心抗压强度；

$\quad\quad \sigma_{pe}$——扣除全部预应力损失后，无粘结预应力筋的有效预应力；

$\quad\quad \Delta\sigma_p$——无粘结预应力筋的极限应力增量；

$\quad\quad \sigma_{pu}$——无粘结预应力筋的极限应力；

$\quad\quad q_u$——无粘结预应力筋的配筋指标；

$\quad\quad q_b$——有粘结预应力筋的配筋指标；

$\quad\quad q_s$——普通钢筋的配筋指标；

$\quad\quad h$——截面高度；

$\quad\quad l_0$——梁的计算跨度；

f_y、f'_y——普通钢筋抗拉、抗压屈服强度；

A_s、A'_s——受拉区、受压区纵向普通钢筋的截面面积；

A_{p1}、A_{p2}——无粘结预应力筋、有粘结预应力筋的截面面积；

$\quad\quad b$——截面的宽度；

$\quad\quad h_0$——截面有效高度；

$\quad\quad a_s$——受拉区纵向普通钢筋合力点至截面受拉边缘的距离；

$\quad\quad a'_s$——受压区纵向普通钢筋合力点至截面受压边缘的距离；

a_{p1}、a_{p2}——受拉区无粘结预应力筋、有粘结预应力筋合力点至截面受拉边缘的距离；

$\quad\quad \sigma_{p0}$——受拉区有粘结预应力筋合力点处混凝土法向应力等于零时的预应力筋应力；

$\quad\quad E_s$——预应力钢筋的弹性模量；

$\quad\quad \varepsilon_{cu}$——非均匀受压时的混凝土极限压应变。

7.4.2 短期刚度

7.4.2.1 开裂前截面换算惯性矩

预应力混凝土梁截面开裂前，截面中全部混凝土、预应力筋、普通钢筋参与受力，为了同时考虑这三种材料对截面惯性矩 I 的贡献，将预应力筋和普通钢筋的面积换算为等效的混凝土面积。换算的原则为换算前后截面的力学性能相同，基于上述原则，以普通钢筋为例阐述具体的换算方法：若梁中受拉普通钢筋截面面积为 A_s，则其换算为混凝土的面积应为 $\alpha_{E1} A_s$；除了普通钢筋原来位置的面积以外，需在截面同一高度处增设附加面积 $(\alpha_{E1} - 1) A_s$[9]。图 7.48 给出了混合配置预应力筋混凝土梁换算前后截面的示意图。

换算截面的总面积为：

$$A_0 = bh + (\alpha_{E1} - 1) A'_s + (\alpha_{E1} - 1) A_s + (\alpha_{E2} - 1) A_{p1} + (\alpha_{E2} - 1) A_{p2} \qquad (7.31)$$

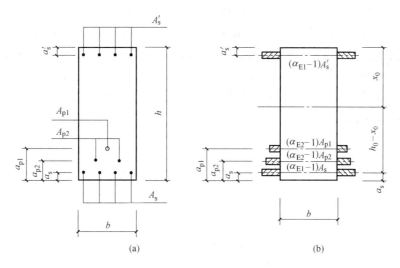

图 7.48　换算前后截面示意图

(a) 原截面；(b) 换算截面

图 7.48（b）所示中和轴的位置 x_0 按照截面受拉区和受压区对中和轴的静矩相等确定，具体求解过程如下：

$$\frac{1}{2}bx_0^2+(\alpha_{E1}-1)A_s'(x_0-a_s')=\frac{1}{2}b(h-x_0)^2+(\alpha_{E1}-1)A_s(h_0-x_0)+(\alpha_{E2}-1)$$

$$A_{p1}(h-a_{p1}-x_0)+(\alpha_{E2}-1)A_{p2}(h-a_{p2}-x_0) \tag{7.32}$$

$$x_0=\frac{\frac{1}{2}bh^2+(\alpha_{E1}-1)A_s'a_s'+(\alpha_{E1}-1)A_sh_0+(\alpha_{E2}-1)A_{p1}(h-a_{p1})+(\alpha_{E2}-1)A_{p2}(h-a_{p2})}{(\alpha_{E1}-1)A_s'+(\alpha_{E1}-1)A_s+(\alpha_{E2}-1)A_{p1}+(\alpha_{E2}-1)A_{p2}+bh}$$

$$\tag{7.33}$$

换算后截面的惯性矩 I_0 为：

$$I_0=\frac{bx_0^3}{12}+\left(\frac{x_0}{2}\right)^2bx_0+\frac{b(h-x_0)^3}{12}+\left(\frac{h-x_0}{2}\right)^2b(h-x_0)+(x_0-a_s')^2(\alpha_{E1}-1)A_s'$$

$$+(h_0-x_0)^2(\alpha_{E1}-1)A_s+(h-a_{p1}-x_0)^2(\alpha_{E2}-1)A_{p1}$$

$$+(h-a_{p2}-x_0)^2(\alpha_{E2}-1)A_{p2}$$

$$=\frac{b}{3}\left[x_0^3+(h-x_0)^3\right]+(x_0-a_s')^2(\alpha_{E1}-1)A_s'+(h_0-x_0)^2(\alpha_{E1}-1)A_s$$

$$+(h-a_{p1}-x_0)^2(\alpha_{E2}-1)A_{p1}+(h-a_{p2}-x_0)^2(\alpha_{E2}-1)A_{p2} \tag{7.34}$$

式中　A_0——换算截面的总面积；

α_{E1}、α_{E2}——普通钢筋、预应力筋的弹性模量与混凝土弹性模量的比值；

x_0——换算截面的受压区高度；

I_0——换算截面的惯性矩。

7.4.2.2　双直线法计算刚度

刚度是衡量结构构件力学性能的重要指标，因此，有必要对有粘结与无粘结混合配置预应力筋混凝土梁的刚度进行研究。目前用于计算混凝土结构构件刚度的方法主要有以下几种：解析刚度法、有效惯性矩法、等效拉应力法以及双直线法[10,11]。我国《混凝土结构设计规范》GB 50010—2010 中关于预应力混凝土结构的刚度计算采用的是双直线法。

双直线法计算结构构件的刚度是假定弯矩-曲率呈双折线，双折线交于开裂弯矩 M_{cr} 处，再根据试验数据进行回归分析以得到结构构件开裂后的刚度。从前面分析可知：混合配置预应力筋混凝土梁的荷载位移曲线在普通钢筋屈服前，呈现明显的双折线，故采用该方法计算其使用阶段的刚度是合适。因此，本节采用双直线法计算混合配置预应力筋混凝土梁使用阶段的刚度。

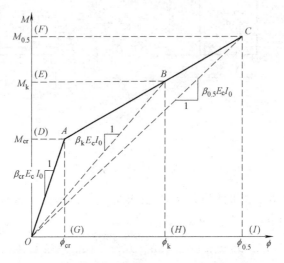

图 7.49　混合配置预应力筋混凝土梁弯矩-曲率双折线关系

根据前面有限元的计算结果：M_{cr}/M_y 在 $0.45\sim0.65$ 之间变化，并考虑到实际应用中有粘结与无粘结混合配置预应力筋混凝土梁主要用于大跨重载类型的结构中，预应力筋配筋量较高，M_{cr}/M_y 可能更高，故本文刚度的计算终点取 $M_{cr}/M_y=0.5$，即：$M_k = M_{cr}/0.5$。

根据图 7.49 进行混合配置预应力筋梁短期刚度的推导，具体推导过程如下。

在图 7.49 中，根据数学中平行线分线段成比例定理可得：

$$\left|\frac{GH}{HI}\right| = \left|\frac{AB}{BC}\right|, \quad \left|\frac{DE}{EF}\right| = \left|\frac{AB}{BC}\right| \tag{7.35}$$

$$\left|\frac{GH}{HI}\right| = \left|\frac{DE}{EF}\right| \tag{7.36}$$

将线段换成弯矩、曲率可得以下公式：

$$\frac{\phi_k - \phi_{cr}}{\phi_{0.5} - \phi_k} = \frac{M_k - M_{cr}}{M_{0.5} - M_k} \tag{7.37}$$

$$\frac{\phi_k - \phi_{cr}}{\phi_{0.5} - \phi_k} = \frac{M_k/\beta_k E_c I_0 - M_{cr}/\beta_{cr} E_c I_0}{M_{0.5}/\beta_{0.5} E_c I_0 - M_k/\beta_k E_c I_0} \tag{7.38}$$

$$\frac{M_k/\beta_k E_c I_0 - M_{cr}/\beta_{cr} E_c I_0}{M_{0.5}/\beta_{0.5} E_c I_0 - M_k/\beta_k E_c I_0} = \frac{M_k - M_{cr}}{M_{0.5} - M_k} \tag{7.39}$$

将上面等式左边的 $E_c I_0$ 约去，并将 $M_{0.5}$ 用 M_{cr} 进行等价代换可得：

$$\frac{M_k/\beta_k - M_{cr}/\beta_{cr}}{(M_{cr}/0.5)/\beta_{0.5} - M_k/\beta_k} = \frac{M_k - M_{cr}}{(M_{cr}/0.5) - M_k} \tag{7.40}$$

$$\frac{\dfrac{1}{\beta_k}-\dfrac{1}{\beta_{cr}}\cdot\dfrac{M_{cr}}{M_k}}{\dfrac{1}{0.5}\cdot\dfrac{1}{\beta_{0.5}}\cdot\dfrac{M_{cr}}{M_k}-\dfrac{1}{\beta_k}}=\frac{1-\dfrac{M_{cr}}{M_k}}{\dfrac{1}{0.5}\cdot\dfrac{M_{cr}}{M_k}-1} \tag{7.41}$$

进一步可推导出：

$$\frac{1}{\beta_k}=\frac{1-\dfrac{M_{cr}}{M_k}}{1-0.5}\cdot\frac{1}{\beta_{0.5}}+\frac{\dfrac{M_{cr}}{M_k}-0.5}{1-0.5}\cdot\frac{1}{\beta_{cr}}$$

$$=\frac{1}{\beta_{0.5}}+\frac{\dfrac{M_{cr}}{M_k}-0.5}{1-0.5}\left(\frac{1}{\beta_{cr}}-\frac{1}{\beta_{0.5}}\right) \tag{7.42}$$

梁短期刚 B_s 的表达式可以写成：

$$B_s=\beta_k E_c I_0=\frac{E_c I_0}{\dfrac{1}{\beta_{0.5}}+\dfrac{\dfrac{M_{cr}}{M_k}-0.5}{1-0.5}\left(\dfrac{1}{\beta_{cr}}-\dfrac{1}{\beta_{0.5}}\right)} \tag{7.43}$$

式中　β_{cr}——开裂时的刚度折减系数；

　　　β_k——刚度折减系数；

　　　$\beta_{0.5}$——$M_{cr}/M_k=0.5$ 时的刚度折减系数。

根据有限元的计算结果：开裂时的刚度折减系数 β_{cr} 在 $0.86\sim0.89$ 之间变化，参考现行《混凝土结构设计规范》GB 50010—2010，取 $\beta_{cr}=0.85$。确定 β_{cr} 后，短期刚度的计算就相当于计算 $1/\beta_{0.5}$，以下对有限元的计算结果进行回归分析以得到参数 $1/\beta_{0.5}$。本节提供两种思路计算 $1/\beta_{0.5}$，第一种思路是在《混凝土结构设计规范》GB 50010—2010[1] 第 7.2.3 条预应力混凝土受弯构件刚度公式的基础上将 $\alpha_E\rho$ 拆成两项，即：

$$\frac{1}{\beta_{0.5}}=a+\frac{b}{\alpha_E\rho_1}+\frac{c}{\alpha_E\rho_2} \tag{7.44}$$

式中　a、b、c——回归参数；

　　　α_E——钢筋弹性模量与混凝土弹性模量之比；

　　　ρ_1——普通钢筋与有粘结预应力筋的配筋率，$\rho_1=(A_s+A_{p2})/bh_0$；

　　　ρ_2——无粘结预应力筋的配筋率，$\rho_2=A_{p1}/bh_0$。

根据有限元的计算结果对参数 a、b、c 进行回归分析得：$a=1.467$，$b=0.062$，$c=0.00058$，相关系数 $R=0.9721$。将参数 a、b、c 代入式（7.44）中可得：

$$\frac{1}{\beta_{0.5}}=1.46+\frac{0.062}{\alpha_E\rho_1}+\frac{0.00058}{\alpha_E\rho_2} \tag{7.45}$$

再将 $1/\beta_{0.5}$ 代入公式（7.43）中可得短期刚度公式为：

$$B_s=\frac{0.85E_c I_0}{\kappa_{cr}+(1-\kappa_{cr})\omega} \tag{7.46}$$

$$\kappa_{cr}=\frac{M_{cr}}{M_k} \tag{7.47}$$

$$\omega=\left(2.48+\frac{0.105}{\alpha_E\rho_1}+\frac{0.001}{\alpha_E\rho_2}\right)-1 \tag{7.48}$$

第二种思路是基于《无粘结预应力混凝土结构技术规程》JGJ 92—2004[12] 第 5.1.17

条中刚度的计算方法，将有粘结预应力筋、无粘结预应力筋、普通钢筋的配筋率合并在一起以 ρ 表示，引入了无粘结预应力筋配筋指标与综合配筋指标的比值 λ 来考虑无粘结预应力筋对结构构件刚度的折减情况。基于该种思路 $1/\beta_{0.5}$ 可以写成：

$$\frac{1}{\beta_{0.5}} = d + e\lambda + \frac{f}{\alpha_E \rho} \tag{7.49}$$

$$\lambda = \frac{\sigma_{pe} A_{p1}}{\sigma_{pe} A_{p1} + f_{py} A_{p1} + f_y A_s} \tag{7.50}$$

式中　d、e、f——回归参数；

$\qquad \alpha_E$——钢筋弹性模量与混凝土弹性模量之比；

$\qquad \rho$——钢筋的配筋率，$\rho = (A_s + A_{p1} + A_{p2})/bh_0$；

$\qquad \lambda$——无粘结预应力筋配筋指标与综合配筋指标的比值。

根据有限元的计算结果对 $1/\beta_{0.5}$ 中的三个参数进行回归分析得到：$d=1.183$，$e=0.534$，$f=0.0845$，相关系数 $R=0.9930$。将三个参数代入式（7.49）中可得：

$$\frac{1}{\beta_{0.5}} = 1.183 + 0.534\lambda + \frac{0.0845}{\alpha_E \rho} \tag{7.51}$$

再将 $1/\beta_{0.5}$ 代入公式（7.43）中可得短期刚度公式为：

$$B_s = \frac{0.85 E_c I_0}{\kappa_{cr} + (1 - \kappa_{cr})\omega} \tag{7.52}$$

$$\omega = \left(2 + 0.908\lambda + \frac{0.145}{\alpha_E \rho}\right) - 1 \tag{7.53}$$

当公式（7.48）中去掉 $\dfrac{0.001}{\alpha_E \rho_2}$ 项，式（7.53）中去掉 0.908λ 项，上述的两个刚度公式可以用于有粘结预应力混凝土梁的刚度计算；当公式（7.48）和公式（7.53）中有粘结预应力筋的面积 A_{p2} 取为 0 时，前面的刚度公式可用于无粘结预应力混凝土梁的刚度计算。

7.4.3　最大裂缝宽度

基于《混凝土结构设计规范》GB 50010—2010 中关于预应力混凝土受弯构件最大裂缝宽度的计算理论，可得有粘结与无粘结混合配置预应力筋混凝土梁最大裂缝宽度 w_{max} 计算公式：

$$w_{max} = \alpha_{cr} \psi \frac{\sigma_s}{E_s}\left(1.9 c_s + 0.08 \frac{d_{eq}}{\rho_{te}}\right) \tag{7.54}$$

$$\psi = 1.1 - 0.65 \frac{f_{tk}}{\rho_{te} \sigma_s} \tag{7.55}$$

$$d_{eq} = \frac{\sum n_i d_i^2}{\sum n_i v_i d_i} \tag{7.56}$$

$$\rho_{te} = \frac{A_s + A_{p2}}{A_{te}} \tag{7.57}$$

混合配置预应力筋混凝土梁中纵向受拉钢筋的等效应力是指钢筋合力点处混凝土法向应力为零时钢筋中的应力增量；故可将此时有粘结预应力筋、无粘结预应力筋及普通钢筋的合力 N_{p0} 与弯矩值 M_k 一起作用于截面上计算等效应力：

$$\sigma_{\mathrm{s}}=\frac{M_k-N_{\mathrm{p}0}\,(z-e_{\mathrm{p}})}{(0.3A_{\mathrm{p}1}+A_{\mathrm{p}2}+A_{\mathrm{s}}\,)z} \tag{7.58}$$

$$N_{\mathrm{p}0}=\sigma_{\mathrm{p}01}A_{\mathrm{p}1}+\sigma_{\mathrm{p}02}A_{\mathrm{p}2}-\sigma_{l5}A_{\mathrm{s}}-\sigma'_{l5}A'_{\mathrm{s}} \tag{7.59}$$

$$e_{\mathrm{p}0}=\frac{\sigma_{\mathrm{p}01}A_{\mathrm{p}1}y_{\mathrm{p}1}+\sigma_{\mathrm{p}02}A_{\mathrm{p}2}y_{\mathrm{p}2}-\sigma_{l5}A_{\mathrm{s}}y_{\mathrm{s}}+\sigma'_{l5}A'_{\mathrm{s}}y'_{\mathrm{s}}}{N_{\mathrm{p}0}} \tag{7.60}$$

$$z=\left[0.87-0.12\left(\frac{h_0}{e}\right)^2\right]h_0 \tag{7.61}$$

$$e=e_{\mathrm{p}}+\frac{M_{\mathrm{k}}}{N_{\mathrm{p}0}} \tag{7.62}$$

$$e_{\mathrm{p}}=y_{\mathrm{ps}}-e_{\mathrm{p}0} \tag{7.63}$$

式中　α_{cr}——构件受力特征系数，取 1.5；

ψ——裂缝间纵向受拉钢筋应变不均匀系数，$0.2\leqslant\psi\leqslant1$，对直接承受重复荷载的构件，$\psi=1$；

σ_{s}——按荷载标准组合计算的混合配置预应力筋混凝土梁纵向受拉钢筋等效应力；

c_{s}——最外层纵向受拉钢筋外侧至受拉区边缘的距离，$20\leqslant c_{\mathrm{s}}\leqslant65$；

ρ_{te}——按有效受拉混凝土截面面积计算的纵向受拉钢筋的配筋率，当 $\rho_{\mathrm{te}}<0.01$ 时，取 $\rho_{\mathrm{te}}=0.01$；

A_{te}——混凝土有效受拉截面面积；

d_{eq}——受拉区纵向钢筋的等效直径，有粘结与无粘结混合配置预应力筋混凝土梁中取普通钢筋和有粘结预应力筋参与计算；

d_i——受拉区第 i 种纵向钢筋的公称直径，对于有粘结预应力钢绞线束的直径取 $\sqrt{n_1}d_{\mathrm{p}1}$，其中 $d_{\mathrm{p}1}$ 为单根钢绞线的公称直径，n_1 为单束钢绞线根数；

n_i——受拉区第 i 种纵向钢筋的根数，有粘结预应力钢绞线取，取为钢绞线束数；

v_i——受拉区第 i 种纵向钢筋的相对粘结特性系数；

M_{k}——按荷载标准组合计算的弯矩值；

$N_{\mathrm{p}0}$——计算截面上混凝土法向预应力等于零时的预加力；

$e_{\mathrm{p}0}$——计算截面上混凝土法向应力等于零时的预加力 $N_{\mathrm{p}0}$ 的偏心距；

$\sigma_{\mathrm{p}01}$、$\sigma_{\mathrm{p}02}$——计算截面上混凝土法向应力等于零时无粘结预应力筋、有粘结预应力筋的应力；

z——受拉区有粘结预应力筋、无粘结预应力及普通钢筋合力点到受压区合力点的距离；

e_{p}——受拉区有粘结筋、无粘结筋及普通钢筋合力点至预加力 $N_{\mathrm{p}0}$ 的距离；

y_{ps}——受拉区有粘结筋、无粘结筋及普通钢筋合力点的偏心距。

7.5　小结

　　本文通过大型通用有限元程序 ABAQUS 对有粘结与无粘结混合配置预应力筋混凝土梁的力学性能进行了较为全面的分析。分析了单调加载作用下，混合配置预应力筋混凝土梁的开裂荷载、无粘结预应力筋的极限应力增量、承载能力以及刚度。重点探讨了 11 个影响因素对混合配置预应力筋混凝土梁中无粘结预应力筋极限应力增量的影响，进而提出了适用于混合配置预应力筋混凝土梁中无粘结筋极限应力增量 $\Delta\sigma_p$ 的计算公式，在此基础上推导了混合配置预应力筋混凝土梁正截面承载力的计算公式。分析了混合配置预应力筋混凝土梁的短期刚度及裂缝宽度，并提出了短期刚度及最大裂缝宽度的计算公式。在竖向低周反复荷载下，分析了有粘结预应力筋与无粘结预应力筋配筋相对比例、有粘结预应力筋配筋指标、无粘结预应力筋配筋指标及纵向普通受拉钢筋配筋指标对混合配置预应力筋混凝土梁抗震性能的影响。通过分析研究，本章主要能够得到以下一些结论：

（1）基于现行规范的理论，给出了适用于混合配置预应力筋混凝土梁开裂弯矩的计算公式。

（2）对影响无粘结预应力筋应力增量的主要因素（共计 11 个）进行了系统的研究。分析发现混合配置预应力筋混凝土梁中无粘结筋应力增长的规律与普通无粘结预应力混凝土梁中基本一致，但也存在一定的差异，主要体现在混合配置预应力筋混凝土梁中预应力筋总量保持相同时，改变无粘结预应力筋占总预应力筋的比例，$\Delta\sigma_p$ 会随着无粘结筋比例的增加而逐渐降低，即：无粘结预应力筋的极限应力增量随着梁中综合配筋特征值 ξ_p 的降低而降低，这与普通无粘结预应力混凝土梁中预应力筋应力变化规律不同。基于此，书中将 ξ_p 拆成有粘结预应力筋配筋指标 q_s、无粘结预应力筋配筋指标 q_u 及普通钢筋配筋指标 q_s 三项来分别考虑各自对 $\Delta\sigma_p$ 影响。本章采用上述思路提出了适用于混合配置预应力筋混凝土梁无粘结预应力筋极限应力增量 $\Delta\sigma_p$ 的计算公式。公式中 $\xi_p = q_u + q_s + q_b < 0.4$。

（3）通过与收集的 60 根无粘结预应力混凝土梁试验数据的对比，本章基于混合配置预应力筋混凝土梁提出的 $\Delta\sigma_p$ 计算公式可以推广用于普通无粘结预应力混凝土梁中无粘结筋极限应力增量的计算，且适用性良好。

（4）文中得到无粘结预应力筋极限应力后，进一步推导了混合配置预应力筋混凝土梁正截面受弯承载力的计算公式。

（5）采用双直线法，基于现行国家规范中预应力混凝土受弯构件短期刚度计算的思路，提出两种计算有粘结与无粘结混合配置预应力筋混凝土梁短期刚度的方法。

短期刚度公式基于混合配置预应力筋混凝土梁的计算结果提出，书中采用试验对比的方法验证了短期刚度公式推广应用于普通有粘结或无粘结预应力混凝土梁短期刚度计算的合理性；基于 42 根无粘结预应力梁和 31 根有粘结预应力梁的试验验证，其结果表明：公式计算值与试验实测值吻合良好，文中提出的短期刚度公式可以推广应用于普通有粘结预应力混凝土梁及普通无粘结预应力混凝土梁短期刚度的计算。

（6）参考我国现行《混凝土结构设计规范》中预应力混凝土受弯构件裂缝宽度计算方法，给出了混合配置预应力筋混凝土梁最大裂缝宽度的计算公式。

（7）低周反复荷载作用下，混合配置预应力筋混凝土梁的耗能能力介于有粘结预应力混凝土梁和无粘结预应力混凝土梁之间，并且其耗能能力随着梁中无粘结筋占总预应力筋比例的增加而逐渐减弱；总体而言，预应力度是影响混合配置预应力筋混凝土梁耗能能力的主要因素，预应力度的影响趋势为：P_{pr} 越高，混合配梁表现出的耗能能力越差。

（8）有粘结预应力混凝土梁的位移延性系数较无粘结预应力混凝土梁的位移延性系数要高一些；有粘结与无粘结混合配置预应力筋的混凝土梁的延性处于以上两种结构体系之间；控制混合配筋梁中无粘结预应力筋配筋占总预应力筋的比例（如：无粘结预应力筋的比例控制在 30% 以内），混合配置预应力筋梁的延性与有粘结预应力混凝土梁的延性相差不大；综合配筋特征值是影响混合配置预应力筋混凝土梁的延性的重要参数，随着混合配筋梁中综合配筋特征值 ξ_p 的增加，梁的延性是不断降低的。

（9）变形恢复能力方面，混合配置预应力筋混凝土梁的变形恢复能力优于有粘结预应力筋混凝土梁而次于无粘结预应力混凝土梁；当预应力筋总量一定时，无粘结筋所占比例越高，混合配筋梁的变形恢复能力越好；改变梁中预应力筋含量时，混合配筋预应力筋混凝土梁的变形恢复能力随着预应力筋总量的增加而呈增强的趋势。

（10）总体而言，混合配置预应力筋混凝土梁的抗震性能处于有粘结与无粘结预应力混凝土梁之间；当梁中无粘结筋占预应力筋总量的比例较低时（如 30%），其耗能能力、延性与有粘结预应力混凝土相近，且变形恢复能力优于有粘结预应力混凝土梁，具有良好的抗震性能。

（11）基于本章分析研究并结合现行国家规范给出了有粘结与无粘结混合配置预应力筋混凝土梁的一些初步设计建议。

参 考 文 献

[1]　中华人民共和国国家标准. 混凝土结构设计规范 GB 50010—2010 [S]. 北京：中国建筑工业出版社，2010.

[2]　顾祥林. 混凝土结构基本原理（第二版）[M]. 上海：同济大学出版社，2011.

[3]　庄茁，由小川，廖剑晖等. 基于 ABAQUS 的有限元分析和应用 [M]. 北京：清华大学出版社，2009.

[4]　石亦平，周玉蓉. ABAQUS 有限元分析实例详解 [M]. 北京：机械工业出版社，2011.

[5]　ABAQUS Analysis User's Guide [Z]. 2013.

[6]　郑炜鋆. 无粘结预应力型钢混凝土梁设计方法研究 [D]. 同济大学，2013.

[7]　王作虎. 预应力 FRP 筋混凝土梁结构性能研究 [D]. 北京工业大学，2010.

[8]　中华人民共和国行业标准. 预应力混凝土结构抗震设计规程 JGJ140—2004 [S]. 北京：中国建筑工业出版社，2004.

[9]　熊学玉，黄鼎业. 预应力工程设计施工手册 [M]. 北京：中国建筑工业出版社，2003.

[10]　江见鲸，李杰，金伟良. 高等混凝土结构理论 [M]. 北京：中国建筑工业出版社，2010.

[11]　杜毛毛. 配 500MPa 钢筋后张有粘结预应力混凝土梁受弯性能研究 [D]. 上海：同济大学，2010.

[12]　中华人民共和国行业标准. 无粘结预应力混凝土结构技术规程 JGJ 92—2004 [S]. 北京：中国建筑工业出版社，2004.

第8章 后张预应力叠合结构理论及设计方法

8.1 概述

近年来，随着我国建造技术的提升，相应的建设水平也越来越高。建筑美观、建筑质量、建设效率、建筑的绿色低碳节能等各个方面均有新的概念和要求。但随之上升的还有人力的劳动成本以及建设过程中的环境影响控制要求等，这对建设水平的提高有着不小的考验。建筑工业化，因为其设计施工一体化的生产方式能够满足以上的对建筑物以及施工制造的要求而受到越来越多人的关注。

建筑工业化最早新兴于欧洲。实行工厂预制，再到现场进行机械安装成型即建筑工业化最初的概念。20世纪五十年代，在"二战"之后各国急需重建战中受损的房屋建筑满足大量的住房和工作需求，而在当时在战争中有大量的劳动力损失，采用传统的建设方法无法满足当时的建设需要。因此包括我国在内世界各国都大力研究和推行装配式建筑，这也推动了建筑工业化早期的发展。

装配式结构具有建筑工业化最明显的特点，即设计标准化、制造工业化、安装机械化，而这种结构的抗震以及抗渗性能较差。1976年，唐山地震中装配式结构几乎全部倒塌，因此纯装配式结构在地震区也自此很少采用。为结合整浇式结构和装配式结构的优点，人们想到了一种介乎于整浇和装配结构之间的一种结构——叠合结构[1]。

叠合结构的预制构件在施工时可以作为模板，在结构成型后参与整体的受力。对于叠合梁而言，其预制梁部分若能满足施工时的载荷与变形要求则可以在施工时不需要布置梁下支撑，简化施工步骤和减少人力消耗，并且有利于施工空间布置。其中，预制构件常常会施加预应力以满足构件的抗裂度以及变形要求。由于预制梁的截面尺寸有限，为防止其因为预应力作用而产生过大的反拱变形或者开裂，对其施加的预应力大小有限。所以，即使是预应力叠合梁，其虽然能满足在大跨或者重载的情况下的施工要求，但是叠合成型后的使用过程中无法满足承载能力以及变形要求。对大跨或重载的情况，若能在梁叠合成型之后施加二次预应力，令其满足在使用阶段的受力变形要求的话，则能拓宽叠合结构在该情况下的应用范围。

混合配预应力筋叠合梁是在一般预应力叠合梁叠合成型后再施加二次预应力的一种梁。相对一般的预应力叠合梁，其采用了二次预应力技术，既秉承了叠合结构预制装配程度高、施工便捷等特点，又拥有其独特的优点。

8.2 后张叠合结构受力特点

混合配预应力筋叠合梁是采用先张法和后张法对叠合梁施加预应力，令构件满足各阶段的承载力与使用性能的需求。

通常意义上的预应力叠合梁指的是预应力预制梁在现场拼装后现浇叠合层组成的叠合梁。其相对于一般的叠合梁，在结构的受力性能上有较多优点。由于在拉区施加了预压力，因此构件的抗裂度提升，裂缝宽度受限；由于预压力的偏心作用令构件产生一定程度的反拱，其可以抵消部分自重和施工荷载作用下的挠度变形，有利于满足大跨需求以及最后的叠合梁成型控制；由于预压应力的存在，构件主拉应力减小同时也能提升抗剪性能，可以减少梁腹的厚度和梁自重，更有利于运输和现场拼装。

若待预应力叠合梁的现浇叠合层成型后对其施加二次预应力，则新形成的整个截面将参与二次预应力导致的截面应力分配，即成为同时采用先张与后张混合配筋的预应力叠合梁。采用后张法对叠合梁施加二次预应力主要有以下优点：

（1）提升构件的抗裂和抗弯能力

若预制梁由于自重和作为施工模板而承受上部结构的重量而开裂，施加二次预应力可以令原裂缝闭合或者减少原裂缝宽度。若预制梁未开裂，则二次预应力可以提升试件的开裂荷载。因为预应力能推迟裂缝的出现和限制裂缝的宽度，所以构件的刚度能有所提升。

（2）满足不同时期结构对构件的要求

预制梁的截面尺寸相对成型后的叠合梁的截面尺寸小，若直接根据最后叠合梁的设计要求对预制构件配置预应力筋和施加预应力，则可能会导致预制构件变形过大和开裂破坏。若将预应力分次施加则可以做到只令预应力预制梁满足施工时期的荷载即可，而剩余的预应力则待叠合成型之后再施加，而以此满足试用阶段的荷载要求，其对大跨和重载结构尤为适用。

（3）增强节点的连接和结构的整体性

二次预应力可以不仅是增强构件的强度，同时其还可以作为一种结构构件之间联系的一种方式[2]。通过预应力筋将梁柱串联成一体，预应力所产生的梁柱之间的正应力能够增大节点处构件之间的摩擦力以及咬合力。在抗震方面，预应力能够提供节点处的构件间相对位移的自复位能力。

虽然采用先张法与后张法结合的混合配预应力筋叠合梁因为有分次张拉的二次预应力，而相对一般的叠合梁和预应力叠合梁受力方面更具优势，但其缺点也较为明显。其主要的缺点主要有二点，分别体现在设计与施工上。相对一般预应力叠合梁的设计，还需要考虑二次预应力作用下构件的相应应力分布情况，虽然设计更加精细，但也同时增加了设计难度和时间成本。在施工时，二次张拉预应力会增加施工工序和施工的复杂度，降低预制程度和施工的容错率。

鉴于混合配预应力筋叠合梁虽有较高的力学性能但受力较复杂的特点。按照受力情况，其可以分为四个阶段：（1）先张法对预制梁施加预应力；（2）预应力预制梁一次受力；（3）后张法对叠合梁施加预应力；（4）混合配预应力筋叠合梁整体受力。

本章将根据以上四个阶段对混合配预应力筋叠合梁展开受力分析。

8.3　受力各阶段状态计算

8.3.1　先张法对预制梁施加预应力

和一般的预应力预制梁相同，预制梁的预应力先施加在台座上，待混凝土养护到一定的程度时（混凝土立方体抗压强度不低于设计强度的 75%）释放预应力筋，对预制构件施加预应力，此时会产生先张筋的第 I 批损失。需要注意是，由于需要进行后张法施加二次预应力，因此需要在预制梁上预留孔道，在计算时应扣除这部分孔道的面积，图 8.1 为预应力预制梁受力简图。预制构件的受力情况可采用材料力学的方法进行分析[3,4]。

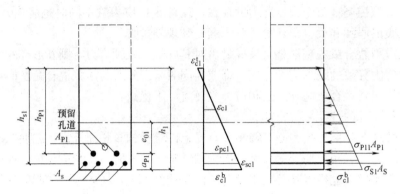

图 8.1　预应力预制梁受力计算简图

预应力筋的合力为：

$$N_{pI1} = (\sigma_{conl} - \sigma_{lI1})A_{p1} \tag{8.1}$$

任一点处混凝土的应力为：

$$\sigma_{c1} = \frac{N_{pI1}}{A_{01}} \pm \frac{N_{pI1}e_{01}y_1}{I_{01}} \tag{8.2}$$

式中　A_{01}——扣除后张孔道后预制梁的换算截面的截面面积；

　　　I_{01}——扣除后张孔道后预制梁的换算截面的截面惯性矩；

　　　e_{01}——先张筋作用力中心至换算截面形心的距离；

　　　y_1——所求混凝土应力处至换算截面形心的距离。

截面底部边缘处的混凝土应力为：

$$\sigma_{c1}^b = \frac{N_{pI1}}{A_{01}} + \frac{N_{pI1}e_{01}(e_{01}+a_{p1})}{I_{01}} \tag{8.3}$$

式中　a_{p1}——先张预应力筋的中心至截面底部边缘的距离。

先张预应力筋的应力为：

$$\sigma_{p11} = \sigma_{conl} - \sigma_{lI1} - \alpha_{Ep}\sigma_{pc1} \tag{8.4}$$

式中　α_{Ep}——预应力筋与预制梁混凝土的弹性模量之比；

　　　σ_{pc1}——第 I 批预应力损失发生后，预应力筋合力作用处的混凝土法向应力。

普通筋的应力为：

$$\sigma_{s1} = \alpha_{Es}\sigma_{sc1} \tag{8.5}$$

式中　α_{Es}——普通钢筋与预制梁混凝土的弹性模量之比；

　　　σ_{sc1}——第 I 批预应力损失发生后，预应力筋合力作用处的混凝土法向应力。

8.3.2　预应力预制梁一次受力

预应力预制梁在一次受力作用下所产生的应力会影响叠合成型后的整根梁的后续力学性能。预制梁受压区混凝土的压力会成为"荷载预应力"而影响截面弯矩转移以及截面极限承载力作用下的受压区混凝土的应力分布。预应力筋和普通筋有"应力超前"的特点，其在一次受力作用下的应力会和叠合梁整体受力下钢筋应力增量的大小相关。当截面达到极限承载力时，预应力筋由于"应力超前"和无流幅的特点而相对整浇梁中的预应力筋有更高的应力水平，其截面的极限承载力也可能会因此而有所提升。因此，有必要对预应力叠合梁进行细致的一次受力分析，得到其应力分布情况，将该段应力历史代入后续的分析中研究叠合梁整体的力学性能。

8.3.2.1　截面弹性状态下分析

当一次受力荷载较小时，受拉区边缘混凝土纤维未进入塑性状态，截面依旧处于弹性状态，如图 8.2 所示，此时可以按照材料力学的方法分析。

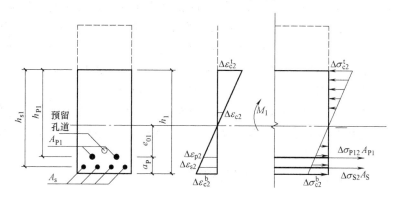

图 8.2　预应力预制梁一次受力且混凝土处于弹性状态计算简图

在作用力 M_1 作用下混凝土的应力改变量为：

$$\Delta\sigma_{c2} = \frac{M_1}{I_{01}}y_1 \tag{8.6}$$

截面底部边缘处混凝土的应力为：

$$\sigma_{c2}^b = \frac{M_1(e_{01}+a_p)}{I_{01}} - \left[\frac{N_{pI1}}{A_{01}} + \frac{N_{pI1}e_{01}(e_{01}+a_p)}{I_{01}}\right] \tag{8.7}$$

若 $\sigma_{c1}^b \le f_t$，则说明混凝土处于弹性状态。反之，则应该以受拉区混凝土为弹塑性状态或者开裂状态进行相关的计算

由于截面处于弹性状态，只需将应力改变量叠加在原来的应力上即可得到各处混凝土的应力。混凝土的应变可以根据线弹性应力-应变关系求得。

$$\sigma_{c2} = \sigma_{c1} + \Delta\sigma_{c2} \tag{8.8}$$

$$\varepsilon_{c2} = \frac{\sigma_{c2}}{E_c} \tag{8.9}$$

当 $\sigma_{c2} = f_t$ 时，混凝土截面处于弹性状态下能承受最大的外弯矩为

$$M_{1elmax} = \left[f_t + \left(\frac{N_{pI1}}{A_{01}} + \frac{N_{pI1}e_{01}(e_{01}+a_p)}{I_{01}}\right)\right] \cdot \frac{I_{01}}{(e_{01}+a_p)} \tag{8.10}$$

8.3.2.2　截面开裂时的受力分析

1. 规范采用的计算方法

当受拉区混凝土达到极限拉应变 ε_{tu} 时，截面即处于开裂的临界状态。截面开裂弯矩可以通过变形协调以及材料的本构关系推算得到，但其推算式相对比较复杂，不适合直接

作为工程应用。故《混凝土结构设计规范》GB 50010—2010 中通过采用受拉区混凝土的塑性影响系数来计算截面的开裂荷载，其表达式如下：

$$M_{cr} = (\sigma_{pc0II} + \gamma f_t) W_0 \tag{8.11}$$

$$\gamma = \left(0.7 + \frac{120}{h}\right) \gamma_m \tag{8.12}$$

式中　σ_{pc0II}——扣除全部预应力损失后，由预应力筋在抗裂验算边缘处产生的预压应力；

γ——混凝土塑性影响系数；

γ_m——混凝土构件的截面抵抗塑性影响系数基本值。

《混凝土结构设计规范》GB 50010—2010 是参考水工结构行业规范的规定并通过校核后所给出了 γ 的相应取值[5]。虽然该式能够较简单地计算得到截面的开裂荷载，但不能直接采用该式推算截面应力分布状态。从开裂弯矩的表达式中可以看出，计算模型依旧假定截面处于弹性状态。其继续采用弹性状态下的换算的截面抗弯系数 W_0，即意为截面的中和轴与弹性状态下的中和轴相同，因而将实际开裂时的混凝土的应力-应变关系等效于材料弹性状态应力-应变关系，这与实际的混凝土应力和应变不相符。为考虑二次预应力作用下的叠合梁的力学性能，其预制梁截面的应力历史对叠合成型后的叠合梁的有一定影响，所以本章进行了相应的推算，不仅获得截面开裂弯矩的理论推算值，同时也需要得到相应的截面应力应变情况。

2. 预应力混凝土截面开裂弯矩的理论推算

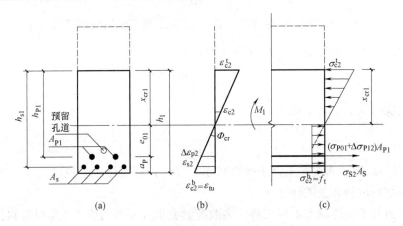

图 8.3　预应力预制梁开裂时计算简图

当截面底部混凝土纤维的应变 ε_{c2}^b 达到极限拉应变 ε_{tu} 时，混凝土开裂。截面的计算简图如图 8.3 所示。从应变分布图中可以得到混凝土的应变关系式：

$$\Phi_{cr} = \frac{\varepsilon_{c2}^b}{h_1 - x_{cr1}} = \frac{\varepsilon_{c2}^t}{x_{cr1}} = \frac{\varepsilon_{s2}}{h_{01} - x_{cr1}} = \frac{\Delta\varepsilon_{p12}}{h_{p1} - x_{cr1}} \tag{8.13}$$

当混凝土临近开裂时，由于混凝土的抗压性能约是抗拉性能的 10 倍，且其峰值压应力的应变约为相对极限拉应的 5 倍。故可以认为混凝土的依旧处于弹性状态，压区应力呈线性分布。混凝土抗拉的本构模型选择的是两直线模型，在开裂时混凝土受拉区的应力分布如图 8.3（c）中虚线所示。为简化计算，将拉区混凝土梯形应力分布图简化为矩形应力分布图。虽然混凝土的拉力提升了 25%，但是多出的这部分混凝土的拉力值以及作用力的力臂较小，其对弯矩的贡献相对于其余拉区混凝土、预应力筋和普通筋的弯矩占比很小，故可以这样简化。

材料的本构关系有如下：

混凝土拉压应力-应变关系

$$f_t = E_c \varepsilon_{to} = \frac{1}{2} E_c \varepsilon_{tu}, \sigma_c = E_c \varepsilon_c \tag{8.14}$$

普通钢筋和预应力筋的应力-应变关系：

$$\sigma_s = E_s \varepsilon_s, \sigma_{p1} = E_{p1} \varepsilon_{p1} \tag{8.15}$$

以截面力的平衡关系 $\sum X = 0$，建立平衡方程：

$$P_{c2} = T_{c2} + T_{s2} + T_{p2} \tag{8.16}$$

上式需要将各材料的受力代入，其各自的本构和变形关系如下：

界面顶部混凝土纤维的压应力：

$$\sigma_{c2}^t = E_c \cdot \varepsilon_{c2}^t = E_c \cdot \frac{2f_t}{E_c(h_1 - x_{cr1})} = \frac{2f_t x_{cr1}}{h_1 - x_{cr1}} \tag{8.17}$$

普通钢筋应力：

$$\sigma_{s2} = E_s \cdot \frac{2f_t(h_{01} - x_{cr1})}{E_c(h_1 - x_{cr1})} = \alpha_{Es} \cdot \frac{2f_t(h_{01} - x_{cr1})}{h_1 - x_{cr1}} \tag{8.18}$$

受拉区预应力钢筋合理点处混凝土预压应力为零时，预应力筋的应力为：

$$\sigma_{p01} = \sigma_{con1} - \sigma_{l1} \tag{8.19}$$

混凝土开裂相对受拉区预应力钢筋合理点处混凝土预压应力为零时，预应力筋的应力增量

$$\Delta \sigma_{p12} = \alpha_{Ep} \cdot \frac{2f_t(h_{p1} - x_{cr1})}{h_1 - x_{cr1}} \tag{8.20}$$

将式（8.17）~式（8.20）分别代入式（8.16）的各项中：

$$P_{c2} = \frac{1}{2} \sigma_{b2}^t b x_{cr1} = \frac{1}{2} \cdot \frac{2f_t x_{cr1}}{h_1 - x_{cr1}} \cdot b x_{cr1} = \frac{f_t b x_{cr1}^2}{h_1 - x_{cr1}} \tag{8.21}$$

$$T_{c2} = f_t b(h_1 - x_{cr1}) \tag{8.22}$$

$$T_{s2} = \sigma_{s2} A_s = \alpha_{Es} \cdot \frac{2f_t(h_{01} - x_{cr1})}{h_1 - x_{cr1}} \cdot A_s \tag{8.23}$$

$$T_{p2} = (\sigma_{p01} + \Delta \sigma_{p12}) A_{p1} = \left(\sigma_{con1} - \sigma_{l1} + \alpha_{Ep} \cdot \frac{2f_t(h_{p1} - x_{cr1})}{h_1 - x_{cr1}} \right) \cdot A_{p1} \tag{8.24}$$

式（8.16）的展开表达式如下：

$$\frac{f_t b x_{cr1}^2}{h_1 - x_{cr1}} = f_t b(h_1 - x_{cr1}) + \alpha_{Es} \cdot \frac{2f_t(h_{01} - x_{cr1})}{h_1 - x_{cr1}} \cdot A_s$$
$$+ \left(\sigma_{con1} - \sigma_{l1} + \alpha_{Ep} \cdot \frac{2f_t(h_{p1} - x_{cr1})}{h_1 - x_{cr1}} \right) \cdot A_{p1} \tag{8.25}$$

将等式两边分别乘上 $(h_1 - x_{cr1})$ 项，并进行化简得到截面开裂时受压区高度：

$$x_{cr1} = \frac{b h_1^2 + 2\alpha_{Es} h_{01} A_s + \left(\frac{\sigma_{p01}}{f_t} \cdot h_1 + 2\alpha_{Ep} h_{p1} \right) \cdot A_{p1}}{2b h_1 + 2\alpha_{Es} A_s + \left(\frac{\sigma_{p01}}{f_t} + 2\alpha_{Ep} \right) \cdot A_{p1}} \tag{8.26}$$

式（8.26）可以精确地计算出混凝土截面开裂时的受压区的高度。可以取以下两个方法简单验证其合理性。

验证一：

当未配置预应力筋时，即 $A_{p1}=0$ 时，截面开裂时的受压区高度为：

$$x_{cr1}=\frac{bh_1^2+2\alpha_{Es}h_{01}A_s}{2bh_1+2\alpha_{Es}A_s}=\frac{1+\dfrac{2\alpha_{Es}A_s}{bh_1}\cdot\dfrac{h_{01}}{h_1}}{1+\dfrac{\alpha_{Es}A_s}{bh_1}}\cdot\frac{h_1}{2} \tag{8.27}$$

而文献［38］中推导得普通混凝土开裂时的受压区高度为：

$$x_{cr1}=\frac{1+\dfrac{2\alpha_{Es}A_s}{bh_1}}{1+\dfrac{\alpha_{Es}A_s}{bh_1}}\cdot\frac{h_1}{2} \tag{8.28}$$

但其推导中近似取 $\varepsilon_{s1}=\varepsilon_{tu}$，若不采取该近似简化，其结果与式（8.27）相同。

验证二：

当未配置普通钢筋，且未施加预应力，预应力筋退化为普通钢筋。即 $A_s=0$，$\sigma_{p01}=0$，截面开裂时的受压区高度为：

$$x_{cr1}=\frac{bh_1^2+2\alpha_{Ep}h_{p1}A_{p1}}{2bh_1+2\alpha_{Ep}A_{p1}}=\frac{1+\dfrac{2\alpha_{Es}A_{p1}}{bh_1}\cdot\dfrac{h_{p1}}{h_1}}{1+\dfrac{\alpha_{Es}A_{p1}}{bh_1}}\cdot\frac{h_1}{2} \tag{8.29}$$

式（8.29）与式（8.27）的形式相同。以上两个验证分别证明了该式的基本形式正确且能应用于计算普通混凝土开裂时的受压区高度。

计算得混凝土受压区高度后可以对压力的作用点按照弯矩平衡条件 $\sum M=0$，求得此时混凝土截面的弯矩：

$$M_{cr0}=M_{c2}+M_{s2}+M_{p2}=T_{c2}l_A+T_{s2}l_B+T_{p2}A_{p1}l_C \tag{8.30}$$

式中，T_{c2}、T_{s2} 和 T_{p2} 分别表示受拉区混凝土、普通钢筋和预应力筋的合力；l_A、l_B 和 l_C 分别表示受拉区混凝土、普通钢筋和预应力筋的合力作用点到受压区混凝土的距离。

$$M_{c2}=f_t b(h_1-x_{cr1})\left(\frac{h_1}{2}+\frac{1}{6}x_{cr1}\right) \tag{8.31}$$

$$M_{s2}=2\alpha_{Es}f_t\cdot\frac{h_{01}-x_{cr1}}{h_{1-x_{cr1}}}\cdot A_s\cdot\left(h_{01}-\frac{1}{3}x_{cr1}\right) \tag{8.32}$$

$$M_{p2}=\left(2\alpha_{Ep}f_t\cdot\frac{h_{p1}-x_{cr1}}{h_{1-x_{cr1}}}+\sigma_{con1}-\sigma_{l1}\right)\cdot A_{p1}\cdot\left(h_{p1}-\frac{1}{3}x_{cr1}\right) \tag{8.33}$$

8.3.2.3　截面开裂后的受力分析

截面开裂后，由于混凝土的拉力相对较小，为简便计算，在计算中忽略混凝土的抗拉作用。截面开裂后可以根据受压区混凝土的应力状态分为弹性状态与弹塑性状态。以下就这两个状态进行界面开裂后的分析。

1. 压区混凝土处于弹性状态（图8.4）

混凝土开裂后，若外加的弯矩较小时，受压区混凝土依旧能保持弹性状态，即应力呈线性分布。

从应变分布图中可以得到混凝土的应变关系式：

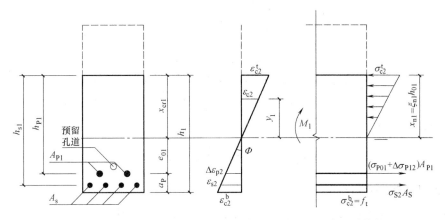

图 8.4　预应力预制梁开裂后预压区混凝土处于弹性状态时计算简图

$$\phi = \frac{\varepsilon_c^t}{\varepsilon_{n1} h_{01}} = \frac{\varepsilon_s}{(1-\xi_{n1}) h_{01}} = \frac{\Delta \varepsilon_{p12}}{h_{p1} - \xi_{n1} h_{01}} = \frac{\varepsilon_c}{y_1} \tag{8.34}$$

混凝土的应力为：

$$\sigma_{c2} = E_c \varepsilon_{c2} = E_c \varepsilon_{c2}^t \frac{y_1}{\xi_{n1} h_{01}} = \sigma_{c2}^t \frac{y}{\xi_{n1} h_{01}} \tag{8.35}$$

引入力的平衡条件 $\sum X = 0$，则

$$0.5\sigma_{c2}^t b \xi_{n1} h_{01} = \sigma_s A_s + (\sigma_{p01} + \Delta \sigma_{p12}) A_{p1} \tag{8.36}$$

将式（8.34）和式（8.35）代入上式得：

$$0.5\sigma_{c2}^t b \xi_{n1} h_{01} = E_s \frac{(1-\xi_{n1})}{\xi_{n1}} \varepsilon_{c2}^t A_s + \left(\sigma_{p01} + E_p \cdot \frac{h_{p1} - \xi_{n1} h_{01}}{\xi_{n1} h_{01}} \varepsilon_{c2}^t \right) A_{p1} \tag{8.37}$$

对受压区混凝土合理作用点按照弯矩平衡条件 $\sum M = 0$，求得此时的作用弯矩：

$$M = \sigma_{s2} A_s h_{01} \left(1 - \frac{1}{3} \xi_{n1} \right) + (\sigma_{p01} + \Delta \sigma_{p12}) A_{p1} \left(h_{p1} - \frac{1}{3} \xi_{n1} h_{01} \right) \tag{8.38}$$

2. 压区混凝土处于弹塑性状态，且受压区混凝土最大应变满足 $\varepsilon_{c2}^t < \varepsilon_0$（图 8.5）

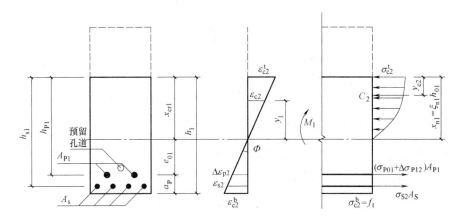

图 8.5　预应力预制梁开裂后预压区混凝土处于弹塑性状态且 $\varepsilon_{c2}^t < \varepsilon_0$ 时计算简图

根据混凝土受压时的本构关系，以及沿用变形协调关系式（8.34），可以求得混凝土的压力 C_2 和压区混凝土合力作用点到压区顶部边缘的距离 y_{c2} 为：

$$C_2 = f_c b \int_0^{\xi_{n1} h_{01}} \left(2 \frac{\varepsilon_c}{\varepsilon_0} - \frac{\varepsilon_c^2}{\varepsilon_0^2} \right) dy = f_c b \xi_{n1} h_{01} \left(\frac{\varepsilon_{c2}^t}{\varepsilon_0} - \frac{\varepsilon_{c2}^{t\,2}}{3\varepsilon_0^2} \right) \tag{8.39}$$

$$y_{c2} = \zeta_{n2} h_{01} - \frac{f_c b \int_0^{\xi_{n1} h_{01}} \left(2 \frac{\varepsilon_c}{\varepsilon_0} - \frac{\varepsilon_c^2}{\varepsilon_0^2} \right) y \, dy}{f_c b \int_0^{\xi_{n1} h_{01}} \left(2 \frac{\varepsilon_c}{\varepsilon_0} - \frac{\varepsilon_c^2}{\varepsilon_0^2} \right) dy} = \xi_{n2} h_{01} \cdot \frac{\frac{1}{3} - \frac{\varepsilon_{c2}^{t\,2}}{12\varepsilon_0}}{1 - \frac{\varepsilon_{c2}^t}{3\varepsilon_0}} \tag{8.40}$$

钢筋的拉力为：

$$T_s = \sigma_s A_s = E_s \cdot \frac{1 - \xi_{n1}}{\xi_{n1}} \cdot \varepsilon_{c2}^t A_s \tag{8.41}$$

预应力筋的拉力为：

$$T_{p1} = (\sigma_{po1} + \Delta\sigma_{p12}) A_{p1} = \left(\sigma_{po1} + E_p \cdot \frac{h_{p1} - \xi_{n1} h_{01}}{\xi_{n1} h_{01}} \varepsilon_{c2}^t \right) A_{p1} \tag{8.42}$$

由力的平衡关系 $\sum X = 0$，即 $C_2 = T_s + T_{p1}$ 得：

$$f_c b \xi_{n1} h_{01} \left(\frac{\varepsilon_{c2}^t}{\varepsilon_0} - \frac{\varepsilon_{c2}^{t\,2}}{3\varepsilon_0^2} \right) = E_s \cdot \frac{1 - \xi_{n1}}{\xi_{n1}} \cdot \varepsilon_{c2}^t A_s + \left(\sigma_{po1} + E_p \cdot \frac{h_{p1} - \xi_{n1} h_{01}}{\xi_{n1} h_{01}} \varepsilon_{c2}^t \right) A_{p1} \tag{8.43}$$

由此式可以求得 ξ_{n1}，再对混凝土压区合力作用点求矩可得外弯矩：

$$M = \sigma_s A_s h_{01} \left[1 - \xi_{n1} \frac{\frac{1}{2} - \frac{1}{12}\left(\frac{\varepsilon_0}{\varepsilon_{c2}^t}\right)^2}{1 - \frac{1}{3}\frac{\varepsilon_0}{\varepsilon_{c2}^t}} \right] + \sigma_{p12} A_{p1} \left[h_{01} - \xi_{n1} \frac{\frac{1}{2} - \frac{1}{12}\left(\frac{\varepsilon_0}{\varepsilon_{c2}^t}\right)^2}{1 - \frac{1}{3}\frac{\varepsilon_0}{\varepsilon_{c2}^t}} h_{p1} \right] \tag{8.44}$$

3. 压区混凝土处于弹塑性状态，且受压区混凝土最大应变满足 $\varepsilon_0 \leqslant \varepsilon_{c2}^t \leqslant \varepsilon_{cu}$（图 8.6）

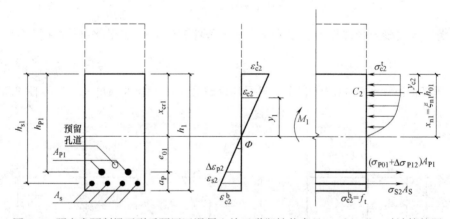

图 8.6　预应力预制梁开裂后预压区混凝土处于弹塑性状态且 $\varepsilon_0 \leqslant \varepsilon_{c2}^t \leqslant \varepsilon_{cu}$ 时计算简图

根据混凝土受压时的本构关系以及沿用变形协调关系式（8.34），可以求得混凝土的压力 C_2 和压区混凝土合力作用点到压区顶部边缘的距离 y_{c2} 为：

$$C_2 = f_c b \xi_{n1} h_{01} \left(1 - \frac{1}{3}\frac{\varepsilon_0}{\varepsilon_{c2}^t} \right) \tag{8.45}$$

$$y_c = \xi_n h_0 \left[1 - \frac{\frac{1}{3} - \frac{1}{12}\left(\frac{\varepsilon_0}{\varepsilon_{c2}^t}\right)^2}{1 - \frac{\varepsilon_0}{3\varepsilon_{c2}^t}} \right] \tag{8.46}$$

由于混凝土处于大应变情况下，截面有较大的曲率变形，故普通钢筋和预应力筋需要考虑屈服与否的问题。

若普通钢筋未屈服：

$$T_{s2} = \sigma_{s2} A_s = E_s \cdot \frac{1-\xi_{n1}}{\xi_{n1}} \cdot \varepsilon_{c2}^t A_s \tag{8.47}$$

若普通钢筋屈服：

$$T_{s2} = f_s A_s \tag{8.48}$$

若预应力筋未屈服：

$$T_{p12} = (\sigma_{po1} + \Delta\sigma_{p12}) A_{p1} = \left(\sigma_{po1} + E_p \cdot \frac{h_{p1} - \xi_{n1} h_{01}}{\xi_{n1} h_{01}} \varepsilon_{c2}^t\right) A_{p1} \tag{8.49}$$

若预应力筋屈服：

$$T_{p12} = f_{py} A_{p1} + \left(\frac{\sigma_{p01}}{E_p} + \frac{h_{p1} - \xi_{n1} h_{01}}{\xi_{n1} h_{01}} - \frac{f_{py}}{E_p}\right) E_p' A_{p1} \tag{8.50}$$

由力的平衡关系 $\sum X = 0$，即 $C_2 = T_s + T_{p1}$ 可求得 ξ_{n1}。

对受压区混凝土的合力作用求矩可得外弯矩大小：

$$M_1 = T_{s2} h_{01} \left\{ 1 - \xi_{n1} \left[1 - \frac{\frac{1}{2} - \frac{1}{12}\left(\frac{\varepsilon_0}{\varepsilon_{c2}^t}\right)^2}{1 - \frac{1}{3}\frac{\varepsilon_0}{\varepsilon_{c2}^t}} \right] \right\}$$

$$+ T_{p12} \left\{ h_{p1} - \xi_{n1} \left[1 - \frac{\frac{1}{2} - \frac{1}{12}\left(\frac{\varepsilon_0}{\varepsilon_{c2}^t}\right)^2}{1 - \frac{1}{3}\frac{\varepsilon_0}{\varepsilon_{c2}^t}} \right] h_{01} \right\} \tag{8.51}$$

8.3.3　后张法对叠合梁施加预应力

由于预制梁的截面尺寸受限而无法承受一次张拉的预应力或者防止一次预应力过大而导致预制梁产生过多起拱变形以及为满足其他的受力要求，因而可以对叠合成型后的叠合梁施加二次预应力以满足相关需求。在施加二次预应力之前，预制梁已经作为施工的模板而参与了一次受力，一次受力对预制梁已经造成了一定的损伤。宏观上，混凝土截面可能由于一次受载的过程中承受过较大的作用力而产生开裂。因为有二次预应力的作用对截面施加了负弯矩，原本的裂缝宽度减小，裂缝顶部的部分混凝土可能会重新参与受力。若二次张拉预应力的作用力较大，则会将原来张开的裂缝闭合。微观上，受压区混凝土在一次受力的过程中可能已经进入弹塑性状态，即此时混凝土出现损伤。因为二次预应力是在整个叠合梁成型后再施加的，故是整个截面参与二次预应力的受力分配。若原来的预制梁的高度较高，其部分的受压区会在新截面的受拉区中，此时这部分压区的混凝土会卸载，其应力-应变不能沿用原来的本构关系来考虑，应当以考虑损伤后的本构关系和截面变形的协调关系来进行相关的计算。

8.3.3.1　一次受力未开裂的截面受力分析

若一次加载作用力未导致混凝土开裂，即 $M_1 < M_{cr1}$，此时截面的应力水平较小，以弹性状态考虑截面的受力情况，如图 8.7 所示。

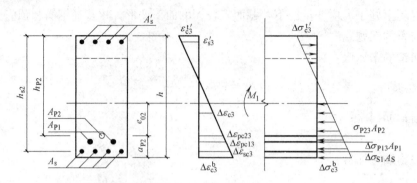

图 8.7 对一次受力未开裂叠合梁施加二次预应力计算简图

预应力筋的合力为：

$$N_{pI2} = (\sigma_{con2} - \sigma_{lI2})A_{p2} \tag{8.52}$$

任一点处混凝土的应力变量为：

$$\Delta\sigma_{c3} = \frac{N_{pI2}}{A_{n2}} \pm \frac{N_{pI2}e_{02}y}{I_{n2}} \tag{8.53}$$

式中 A_{n2}、I_{n2}——扣除后张孔道后叠合梁的换算截面的截面面积和惯性矩；

$\quad\quad\quad e_{02}$——后张筋作用力中心至换算截面形心的距离；

$\quad\quad\quad y$——所求混凝土应力处至换算截面形心的距离。

受拉区普通钢筋和先张预应力筋的应力变量分别为

$$\Delta\sigma_{s3} = \alpha_{Es}\Delta\sigma_{sc3} = \alpha_{Es}\Delta\varepsilon_{sc3}E_c \tag{8.54}$$

$$\Delta\sigma_{p13} = \alpha_{Ep}\Delta\sigma_{sp3} = \alpha_{Ep}\Delta\varepsilon_{sp3}E_c \tag{8.55}$$

式中，σ_{sc3} 和 σ_{pc3} 为第Ⅰ批预应力损失发生后，受拉区普通钢筋和先张预应力筋合力作用处的混凝土法向应力变量。

受压区普通钢筋的应力：

$$\sigma_{s3}{}' = E_s\varepsilon_{s3}{}' \tag{8.56}$$

8.3.3.2　一次受力开裂的截面受力分析

如果一次加载的力较大，那么预制梁截面会因此开裂。当施加二次预应力，原来的裂缝宽度会减小，若二次预应力较大，则原来的裂缝会重新闭合。原来的混凝土开裂截面是否能够重新闭合，这会极大影响叠合梁的使用性能，其主要体现在保护钢筋、防锈蚀的耐久性和建筑物观瞻、人心理感受和使用者不安全程度的影响上。因此一次受力开裂截面在二次预应力作用下能否裂缝闭合的问题具有一定的研究价值。

由于预制梁相对最后叠合成型的叠合梁的相对高度以及截面惯性轴的位置不同，同时一次受力作用下预制梁的受压区高度随一次受力的大小而改变，故预制梁叠合后其截面应力的变化情况也各异。其根据预制梁的受压区混凝土是否因二次预应力作用而消压而主要分为两种情况。

（1）预制梁的受压区混凝土部分消压

当预制梁的高度较高，叠合后截面应变变量的中性轴位置在预制梁的受压区内时，其截面的应变如图 8.8 所示。从图上可见预制梁受压区原来的应变区域△lbm 被叠合后二次预应力导致的应变区域△jah 所抵消；原来的受压区域△hmc 增加了二次预应力所引起

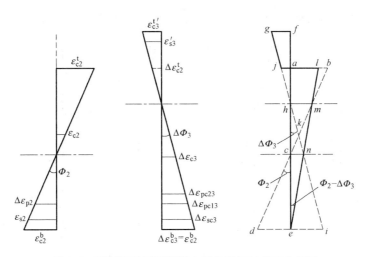

图 8.8　预制梁受压区混凝土部分消压时应变分析图

的应变 △*mnc*，变为梯形形应力分布；原来预制梁中和轴以下的混凝土受拉区以及裂缝区域承受压应力，应力分布为 △*cne*。

（2）预制梁的受压区混凝土无消压（图 8.9）

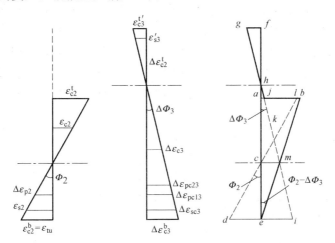

图 8.9　预制梁受压区混凝土无消压时应变分析图

当预制梁的高度较低，叠合后截面应变变量的中性轴位置在预制梁的受压区外时，其截面的应变如图 8.9 所示。其截面的应变增长情况和最后的应变图大致与情况一中相同。但与情况一所不同的是，叠合层中混凝土有拉压两种应力，且预制梁的受压区应变全部增长无需考虑混凝土消压问题。

以上两种情况在受力分析中最大的不同之处在于是否需要考虑原预制梁受压区混凝土的消压。由于在一次受载作用下可能会导致受压区混凝土进入弹塑性状态，此时消压时混凝土卸载的弹性模量中应该考虑损伤作用。情况二中叠合层中并存拉压应力，但其中压应力较小，同时不存在混凝土消压的作用，故将其以情况一进行考虑。

情况一中混凝土的受力可以分为以下四个部分：（1）叠合层混凝土拉力 C_1；（2）产生消压的预制梁受压区混凝土的压力 C_2；（3）未消压的预制梁受压区混凝土的压力 C_3；

239

（4）预制梁受拉区与裂缝区域的压力 C_4。截面中各部分的应力应变情况见图 8.10。

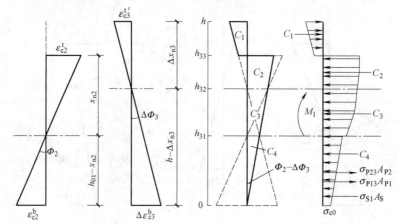

图 8.10 预制梁受压区混凝土部分消压时受力分析图

混凝土截面的各部分受力作用中，叠合层因为没有应力历史的存在，所以以单向加载的本构关系考虑；预制梁中无消压的混凝土也同样以单向加载的本构关系考虑；预制梁中部分消压的混凝土应当考虑混凝土的受压损伤；预制梁中受拉的混凝土与已开裂的混凝土截面部分应当考虑混凝土的受拉损伤对受压弹性模量的影响作用。同时，混凝土截面曾经因荷载作用而开裂，因为裂面接触效应的作用，混凝土截面的裂缝在即将闭合但未真正意义上闭合的状态下就开始出现正应力。而当混凝土截面裂缝处的应变为零，即闭合时，因裂缝接触效应而引起的正应力应当被考虑入截面的受力分析中。若忽略这一效应，则会导致截面的压应力偏小，相应的，后张筋的所需的张拉抗力也会偏小，计算的结果偏向于不安全。

混凝土闭合时，应变值为零，其几何关系有：

$$\varepsilon_{c2}^{b}=\Delta\varepsilon_{c3}^{b}=\Delta\phi_3(h-\Delta x_{n-3}) \tag{8.57}$$

$$\Delta x_{n-3}=h-\frac{\varepsilon_{c2}^{b}}{\Delta\phi_3} \tag{8.58}$$

设 y 为计算应力处至混凝土底面的距离，其各区域的混凝土的作用力表达式如下。

（1）叠合层混凝土拉力 C_1

$$C_1=b\int_{h_{33}}^{h}E_c\varepsilon_c\,\mathrm{d}y=b\int_{h_{33}}^{h}E_c\Delta\phi_3[y-(h-\Delta x_{n3})]\mathrm{d}y$$

$$=\frac{1}{2}b\Delta\phi_3(2\Delta x_{n3}+h_1-h)(h-h_1)E_c \tag{8.59}$$

（2）产生消压的预制梁受压区混凝土的压力 C_2

该区域混凝土由于在受压过程中受到损伤，故以受损后的刚度 $E_c'=(1-D_c)E_c$ 考虑卸载过程中的应力状态：

$$C_2=b\int_{h_{32}}^{h_{33}}[\sigma_{c2}-(1-D_c)(\varepsilon_{c2}-\varepsilon_{c3})E_c]\mathrm{d}y$$

$$=b\int_{h_{32}}^{h_{33}}\{\sigma_{c2}-(1-D_c)[y-(h_1-x_{n2})]\phi_2-\Delta\phi_3[y-(h_1-\Delta x_{n3})]\}\mathrm{d}y \tag{8.60}$$

（3）未消压的预制梁受压区混凝土的压力 C_3

该区域混凝土为单调加载，故取可以直接按照混凝土受压的本构关系考虑：

$$C_3 = b\int_{h_{31}}^{h_{32}} \sigma(\varepsilon)\mathrm{d}y \tag{8.61}$$

式中　$\sigma(E)$——单调加载时混凝土应变对应的混凝土应力。混凝土应力可根据几何变形关系求得：

$$\varepsilon = \phi_2(y - h_1 + x_{n2}) + \phi_3(h - x_{n3} - y) \tag{8.62}$$

（4）预制梁受拉区与裂缝区域的压力 C_4

该区域混凝土因为在一次受力作用下开裂所以需要考虑混凝土的损伤。为简便计算，将该区域混凝土因为受拉损伤对其受压刚度影响的混凝土损伤变量取一定值 D_t[6]，受拉损伤后的混凝土的弹性模量为 $E_c' = (1 - D_c)E_c$。在计算中需要考虑因为裂面接触[7]作用所引起的混凝土裂缝闭合（应变为零）时的附加应力 σ_{c0}，附加应力随裂缝高度方向递减至零。

$$C_4 = \frac{1}{2}b[\sigma_{c0} + E_c' \cdot \Delta\phi_3 \cdot (h - \Delta x_{n3} - h_{01} + x_{n2})](h_{01} - x_{n2}) \tag{8.63}$$

$$\sigma_{c0} = (31 \times 10^{-3}\varepsilon_{cm} + 41 \times 10^{-6})E_c \tag{8.64}$$

式中，ε_{cm} 取一次荷载下非预应力钢筋截面重心水平出的混凝土平均应变。

先张预应力筋合力：

$$N_{p1} = [\sigma_{p01} - \Delta\phi_3 h_{p1} E_p]A_{p1} \tag{8.65}$$

梁底普通钢筋合力：

$$T_{s1} = (\phi_2 - \Delta\phi_3)a_s A_s \tag{8.66}$$

梁顶普通钢筋合力：

$$T_{s2} = \Delta\phi_3(\Delta x_{n3} - a_s')A_s' \tag{8.67}$$

后张预应力筋合力：

$$N_{p2} = (\sigma_{con2} - \sigma_{lI2})A_{p2} \tag{8.68}$$

根据截面力的平衡关系 $\sum X = 0$，得：

$$C_4 + T_s = C_1 + C_2 + C_3 + N_{p1} + N_{p2} \tag{8.69}$$

对叠合梁底部混凝土边缘处取矩，得各作用力产生力矩：

$$M_{c1} = -\frac{1}{2}b\left[(h_1 - h + \Delta x_{n3})(h - h_1)(h + h_1) + (h - h_1)^2\left(\frac{2}{3}h + \frac{1}{3}h_1\right)\right] \tag{8.70}$$

$$M_{c2} = b\int_{h_{32}}^{h_{33}} \{\sigma_{c2} - (1 - D_c)[y - (h_1 - x_{n2})]\phi_2 - \Delta\phi_3[y - (h_1 - \Delta x_{n3})]\}y\mathrm{d}y \tag{8.71}$$

$$M_{c3} = b\int_{h_{31}}^{h_{32}} \sigma(\varepsilon)y\mathrm{d}y \tag{8.72}$$

$$M_{c4} = \frac{1}{3}(1 - D_t)(\phi_2 - \Delta\phi_3)(h_1 - x_{n2})^3 + \frac{1}{6}\sigma_{co}(h_1 - x_{n2})^2 \tag{8.73}$$

$$M_{p1} = -[\sigma_{p01} - \Delta\phi_3 h_{p1} E_p]A_{p1} a_{p1} \tag{8.74}$$

$$M_{p2} = -(\sigma_{con2} - \sigma_{lI2})A_{p2} a_{p2} \tag{8.75}$$

$$M_{s1} = (\phi_2 - \Delta\phi_3)a_s^2 A_s \tag{8.76}$$

$$M_{s2} = -\Delta\phi_3(\Delta x_{n3} - a_s')A_s'(h - a_s') \tag{8.77}$$

根据截面的弯矩平衡条件 $\sum M=0$，得：

$$M_2 = M_{c1} + M_{c2} + M_{c3} + M_{c4} + M_{p1} + M_{p2} + M_{s1} + M_{s2} \tag{8.78}$$

式（8.69）和式（8.78）中未知量为 $\Delta\phi_3$ 和 σ_{con2}，将两式联立可以求得最小的截面裂缝闭合时所需要后张的张拉控制力。

以上理论分析截面裂缝闭合所需的张拉力的过程相对比较冗长，不利于直接用来应用计算，以下提出较为保守的简化分析方法供参考。

采用材料力学的方法进行分析。

二次预应力作用下，梁底面边缘混凝土的平均应变由弯矩引起的截面的转角对应的应变和压力引起的压应变组成：

$$d\varepsilon = \frac{dN}{EA} + y\,d\phi = \frac{dN}{EA} + y\,\frac{dM}{EI} \tag{8.79}$$

式中　y——截面的惯性轴到混凝土底面的距离。

由于截面随着预应力作用的增加，原来开裂的裂缝宽度减小，有效截面高度会相应增加，原来开裂部分也会逐渐参与到受力中。即截面受压刚度 EA 和受弯刚度 EI 均是转角的 ϕ 的函数，记 $F_A = EA$，$F_B = EI$。式（8.79）可以变为：

$$d\varepsilon = \frac{dN}{F_A(\phi)} + y\,\frac{dM}{F_B(\phi)} = \frac{A_{p2}\,d\sigma}{F_A(\phi)} + \frac{yA_{p2}\,y_2\,d\sigma}{F_B(\phi)} \tag{8.80}$$

式中　y_2——截面的惯性轴到后张预应力筋重心的距离。

对等式两边求积分，得到底部边缘处的应变变量与后张预应力筋关系：

$$\Delta\varepsilon = \int \frac{A_{p2}}{F_A(\phi)}d\sigma + \int \frac{yA_{p2}\,y_2}{F_B(\phi)}d\sigma \tag{8.81}$$

当 $\Delta\varepsilon = \varepsilon_{c2}^b$ 时，可以认为混凝土裂缝闭合。

通过以上分析可知，由于截面的刚度会随着作用力增大而改变，采用积分的方法求所需的张拉力的计算过程会相当复杂。以下采用混凝土闭合后的截面来进行分析，该计算方法会高估截面的刚度，在相同变形的情况下所需的力会更大，计算结果保守。由于混凝土材料的非线性会导致混凝土截面不同位置处的弹性模量在较大应力应变情况下各异。如果采用未受损的弹性模量来进行弹性模量的计算，则会高估混凝土截面的抗弯刚度，此时所需的截面闭合预应力张拉力要较实际情况更大。现仅考虑受预制梁拉区混凝土的损伤，不考虑其他截面位置的混凝土损伤进行计算。

换算截面的面积：

$$A_{n2} = bh - D_t x_{n2} + \alpha_{Es}(A_s + A_s') + \alpha_{Ep}A_{p1} \tag{8.82}$$

形心轴相对梁底面的距离：

$$y_{n2} = \frac{0.5bh^2 - 0.5D_t x_{n2}^2 + \alpha_{Es}A_s a_s + \alpha_{Es}A_s'(h - a_s') + \alpha_{Ep}A_{p1}a_p}{bh - D_t x_{n2} + \alpha_{Es}(A_s + A_s') + \alpha_{Ep}A_{p1}} \tag{8.83}$$

截面换算惯性矩：

$$I_{n2} = \frac{1}{12}bh^3 + bh(0.5h - y_n)^2 - \frac{1}{12}D_t bx_{n2}^3 - D_t bx_{n2}(0.5x_{n2} - y_{n2})^2$$
$$+ \alpha_{Es}A_s(a_s - y_{n2})^2 + \alpha_{Es}A_s'(h - a_s' - y_{n2})^2 + \alpha_{Ep}A_{p1}(a_{p1} - y_{n2})^2 \tag{8.84}$$

242

底部边缘处混凝土平均应力变量为：

$$\Delta\varepsilon_{c3}^{b}=\dfrac{\dfrac{N_{p2}}{A_{n2}}+\dfrac{N_{p2}(y_{n2}-a_{p2})y_{n2}}{I_{n2}}}{E_c}\tag{8.85}$$

当 $\Delta\varepsilon_{c3}^{b}$ 满足下式时可认为混凝土裂缝闭合：

$$\Delta\varepsilon_{c3}^{b}\geqslant\dfrac{\sigma_{c0}}{E_c}+(1-D_t)\varepsilon_{c2}^{b}\tag{8.86}$$

式中　ε_{c2}^{b}——在一次作用力下混凝土截面的平均应变。

8.3.4　混合配预应力筋叠合梁二次受力

预应力预制梁在施工过程中充当模板作用，在此过程中可能因为受荷较大而开裂。在叠合成型后对其采用后张法施加预应力增加其受力性能，同时可以使原来的裂缝因此而重新闭合，起到提升耐久性的作用。所以叠合梁在成型后的使用阶段，截面的状态分为三种：（1）截面未开裂；（2）截面一次受力开裂，二次预应力后裂缝闭合；（3）截面一次受力开裂，二次预应力后裂缝未闭合。对于截面在制造和施工过程中未开裂的截面，其底部边缘的混凝土依旧能承受拉应力，梁的开裂可以参考之前预制梁的开裂分析。对于二次预应力作用下裂缝闭合的叠合梁，其开裂部分的混凝土不能再承受拉应力。当裂缝处混凝土截面的应变为零时，裂缝重新张开。由于有裂面接触效应的存在，此时裂缝处的混凝土依旧处于受压状态。

8.3.4.1　未开裂截面的开裂时受力分析

由于二次预应力和二次载荷都是作用在叠合成型后的截面上，所以在分析中将这两个作用所引起的截面应变增量合并在一起考虑。设开裂时截面的中和轴距离底部受拉区边缘的距离为 y_4。从图 8.11（a）、（b）和（c）中可以得到截面的变形几何关系：

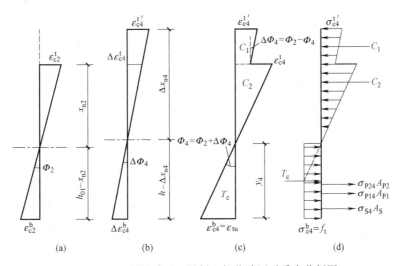

图 8.11　预制梁受压区混凝土部分消压时受力分析图

$$\phi_2=\dfrac{\varepsilon_{c2}^{t}}{x_{n2}}=\dfrac{\varepsilon_{c2}^{b}}{h_1-x_{n2}}=\dfrac{\varepsilon_{pc12}}{h_1-x_{n2}-a_{p1}}=\dfrac{\varepsilon_{pc22}}{h_1-x_{n2}-a_{p2}}=\dfrac{\varepsilon_{s2}}{h_1-x_{n2}-a_{s}}\tag{8.87}$$

$$\Delta\phi_4 = \frac{\Delta\varepsilon_{c4}^b}{h - \Delta x_{n4}} = \frac{\Delta\varepsilon_{c4}^t}{h_1 - (h - \Delta x_{n4})} = \frac{\Delta\varepsilon_{c4}^t{}'}{\Delta x_{n4}} = \frac{\Delta\varepsilon_{pc24}}{h - \Delta x_{n4} - a_{p2}} \tag{8.88}$$

$$= \frac{\Delta\varepsilon_{pc14}}{h - \Delta x_{n4} - a_{p1}} = \frac{\Delta\varepsilon_{s4}}{h - \Delta x_{n4} - a_s}$$

$$\phi_4 = \frac{\varepsilon_{c4}^b}{y_4} = \frac{\varepsilon_{c4}^t}{h_1 - y_4} = \frac{\varepsilon_{pc24}}{y_4 - a_{p2}} = \frac{\varepsilon_{pc14}}{y_4 - a_{p1}} = \frac{\varepsilon_{s4}}{y_4 - a_s} \tag{8.89}$$

与预制梁开裂分析中相同的，为简化分析过程，将受拉区混凝土的应力分布取为矩形分布。根据截面的应变情况结合材料的本构模型，得到各部分的受力情况。

底部受拉区混凝土拉力：

$$T_c = f_t y_4 b \tag{8.90}$$

预制梁受压区混凝土压力：

$$C_1 = \frac{1}{2}\varepsilon_{c4}^t(h_1 - y_4)E_c = \frac{1}{2}\phi_4(h_1 - y_4)^2 E_c \tag{8.91}$$

叠合层混凝土压力：

$$C_2 = \frac{1}{2}\Delta\phi_4\left[(h - y_4) + (h_1 - y_4)\right](h - h_1)$$

$$= \frac{1}{2}(\phi_4 - \phi_2)(h + h_1 - 2y_4)(h - h_1)E_c \tag{8.92}$$

先张预应力筋与后张预应力筋作用力：

$$N_{p1} = \left[\sigma_{pc01} + \phi_4(y - a_{p1})E_p\right]A_{p1} \tag{8.93}$$

$$N_{p2} = \left[\sigma_{pc02} + \phi_4(y - a_{p2})E_p\right]A_{p2} \tag{8.94}$$

式中　σ_{pc01}、σ_{pc02}——分别为先张预应力筋与后张预应力筋重心位置处混凝土应力为零时预应力筋的应力。

预制梁受拉区普通钢筋拉力：

$$C_{s1} = \phi_4(y - a_s)E_s A_s \tag{8.95}$$

叠合层受压区普通钢筋压力：

$$C_{s2} = \left[\phi_4(h - y_4 - a_s') - \phi_2(h - h_1 - a_s')\right]E_s A_s' \tag{8.96}$$

根据力的平衡条件 $\sum X = 0$，得：

$$N_{p1} + N_{p2} + T_{s1} + T_c = C_1 + C_2 + C_{s2} \tag{8.97}$$

将各作用力的表达式代入上式中进行化简，得：

$$A\phi_4 y_4^2 + B\phi_4 y_4 + C\phi_4 + Dy_4 + E = 0 \tag{8.98}$$

式中，参数 A、B、C、D、E 的取值如下：

$$A = -\frac{1}{2}E_c b \tag{8.99}$$

$$B = E_p(A_{p1} + A_{p2}) + E_s A_s + E_c h_1 b + E_c(h - h_1)b + E_s A_s' \tag{8.100}$$

$$C = -\left[(a_{p1} + A_{p1} + a_{p2} + A_{p2})E_p + a_s A_s E_s + \frac{1}{2}h_1^2 b E_c + \frac{1}{2}(h - h_1)^2 b E_c + (h - a_s')E_s A_s'\right] \tag{8.101}$$

$$D = f_t b - \phi_2(h - h_1)b E_c \tag{8.102}$$

$$E = \sigma_{pc01}A_{p1} + \sigma_{pc02}A_{p2} + \frac{b}{2}\phi_2(h^2 - h_1^2)E_c + \phi_2(h - h_1 - a_s')E_s A_s' \tag{8.103}$$

受拉区混凝土边缘处的应变为极限拉应变：

$$y_4\phi_4=\varepsilon_{tu} \tag{8.104}$$

将式（8.104）代入式（8.98）中得：

$$C\phi_4^2+(E+B\varepsilon_{tu})\phi_4+(D\varepsilon_{tu}+A\varepsilon_{tu}^2)=0 \tag{8.105}$$

式（8.105）为关于 ϕ_4 的一元二次方程，求解得 ϕ_4 值后代入式（8.90）~式（8.96）中，得到各作用力的大小。对受拉区混凝土边缘取矩：

$$M_1+M_2=M_{c1}+M_{c2}+M_{s2}+M_{Tc}+M_{s1}+M_{p1}+M_{p2} \tag{8.106}$$

各作用力矩为：

$$M_{c1}=C_1\cdot\left[\frac{2}{3}(h_1-y_4)+y_4\right]=C_1\cdot\left(\frac{2}{3}h_1+\frac{\varepsilon_{tu}}{3\phi_4}\right) \tag{8.107}$$

$$M_{c2}=\Delta\phi_4(h_1-y_4)E_cb(h-h_1)\cdot\frac{1}{2}(h+h_1)+\frac{1}{2}\Delta\phi_4(h-h_1)E_cb(h-h_1)\left[\frac{2}{3}(h-h_1)+h_1\right]$$

$$=\frac{1}{2}(\phi_4-\phi_2)E_cb(h-h_1)\left[(h+h_1)\left(h_1-\frac{\varepsilon_{tu}}{\phi_4}\right)+(h-h_1)\left(\frac{2}{3}h+\frac{1}{3}h_1\right)\right] \tag{8.108}$$

$$M_{s2}=-C_{s2}\cdot(h-a_s') \tag{8.109}$$

$$M_{Tc}=T_c\cdot\frac{1}{2}y_4=T_c\cdot\frac{\varepsilon_{tu}}{2\phi_4} \tag{8.110}$$

$$M_{s1}=T_{s1}\cdot a_s \tag{8.111}$$

$$M_{p1}=N_{p1}a_{p1} \tag{8.112}$$

$$M_{p1}=N_{p2}a_{p2} \tag{8.113}$$

8.3.4.2　裂缝闭合截面的裂缝再张开受力分析

若混凝土截面在二次预应力作用下令原来一次受力作用导致的裂缝闭合，则在二次载荷的施加过程中会有裂缝处混凝土消压裂缝张开的过程。当裂缝处混凝土应变为零时，可以认为裂缝重新张开，其受力分析如图 8.12 所示。由于存在裂面接触效应，在裂缝重新张开时，裂缝处的混凝土存在压应力。同未开裂截面的开裂时受力分析一样，将二次预应力和二次受载产生的弯矩一并考虑。由于根据一次载荷作用下混凝土的拉压应力分布考虑损伤相对比较烦琐，故取预制梁顶部混凝土最大压应力作用下所对应的混凝土模量作为整

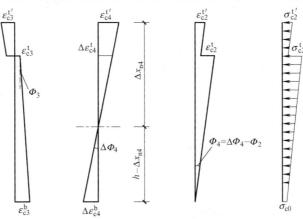

图 8.12　裂缝闭合截面的裂缝再张开受力分析图

个受压区混凝土的受压弹性模量，而一次载荷作用下的受拉区和裂缝处的混凝土截面均取裂缝损伤所对应的混凝土受压弹性模量。采用该简化方式计算会低估混凝土截面的换算截面的面积和换算截面惯性矩，即截面裂缝重新张开时所对应的外荷载较小，计算结果偏于保守。

换算截面的面积：

$$A'_{n2}=D_c bh-(D_t-D_c)x_{n2}+\alpha_{Es}(A_s+A'_s)+\alpha_{Ep}(A_{p1}+A_{p2}) \tag{8.114}$$

式中 D_c——预制梁顶混凝土纤维的损伤变量；

D_t——因混凝土开裂导致的混凝土受压损伤变量。

形心轴相对梁底面的距离：

$$y'_{n2}=\frac{0.5D_c bh^2-0.5(D_t-D_c)x_{n2}^2+\alpha_{Es}A_s a_s+\alpha_{Es}A'_s(h-a'_s)+\alpha_{Ep}A_{p1}a_{p1}+\alpha_{Ep}A_{p1}a_{p2}}{D_c bh-(D_t-D_c)x_{n2}+\alpha_{Es}(A_s+A'_s)+\alpha_{Ep}(A_{p1}+A_{p2})}$$

$$\tag{8.115}$$

截面换算惯性矩：

$$I'_{n2}=\frac{1}{12}D_c bh^3+D_c bh(0.5h-y'_n)^2-\frac{1}{12}(D_t-D_c)bx_{n2}^3-(D_t-D_c)bx_{n2}(0.5x_{n2}-y'_{n2})^2$$

$$+\alpha_{Es}A_s(a_s-y'_{n2})^2+\alpha_{Es}A'_s(h-a'_s-y'_{n2})^2+\alpha_{Ep}A'_{p1}(a_{p1}-y'_{n2})^2+\alpha_{Ep}A'_{p2}(a_{p2}-y'_{n2})^2$$

$$\tag{8.116}$$

底部边缘处混凝土的拉应力增量为：

$$\Delta\sigma_{c3}^b=\frac{M_2 y'_{n2}}{I'_{n2}} \tag{8.117}$$

当 $\Delta\sigma_{c3}^b$ 满足下式时混凝土裂缝重新张开：

$$\Delta\sigma_{c3}^b\geqslant(1-D_t)E_c\varepsilon_{c3}^b-\sigma_{c0} \tag{8.118}$$

式中 ε_{c3}^b——在二次张拉作用力下底部边缘处混凝土应变。

8.3.4.3 截面极限抗弯承载力

叠合梁由于有一次受力的作用，其具有预制梁受拉区钢筋应力超前和叠合层混凝土应变滞后的特点。对于仅配普通钢筋的叠合梁，若预制梁的相对高度较小，且一次受力不太大时，其叠合梁的极限承载力与相同配筋的整浇梁相差不大。但若预制梁的相对高度较大且一次受力也较大的话，在极限承载力状态下，预制梁顶部的混凝土会提前达到极限压应变，而叠合层的混凝土应变较小，即无法正常发挥叠合梁相对预制梁截面高度更大的优势，其极限承载力可能更接近于预制梁的极限承载力，以下分析不考虑这种情况。

对于预应力叠合梁，其同样具有普通叠合梁的受力特点。但是对于配流幅较短或者无明显流幅预应力筋的预应力叠合梁，在极限承载力状态下其预应力筋的应力较整浇梁中的预应力筋的应力更大，截面的极限承载力也相应会有提高。

对于混合配预应力筋叠合梁，其在混凝土叠合成型后施加二次预应力，由于是在一次受载的状态下施加预应力，其卸载后预应力筋的应力值低于受载时的张拉力，极限承载力也会低于较小受载状态下施加相同张拉控制力的梁。

由于预应力混凝土叠合梁的极限承载力的提升是源于钢筋应力超前和混凝土应变滞

后，若采用一般取预应力筋的屈服强度建立静力平衡方程的方法进行计算则会抹去这部分承载力的提升，所以在进行相关分析时还需要考虑截面的变形条件以及预应力筋屈服后的应力应变关系。

叠合梁中的预制梁参与一次受力，叠合后与整个叠合梁截面一同二次受力，叠合梁的应变由两次受力的应变所叠加而成。由于预制梁的相对高度以及一次受力的大小不同，对叠合梁在极限应力状态的应变与应力的分布影响亦不同。

当预制梁的相对高度和一次受力均较小时，一次受力的应力不影响极限承载力状态下的受压区混凝土的应力时，其应力应变的情况如图 8.13（a）所示。由于在分析中一般忽略混凝土的受拉作用，极限承载力状态下仅需考虑预应力筋的应力超前的影响即可。

当预制梁的相对高度较小但一次受力的作用较大时，其可能会导致极限承载力状态下的混凝土截面出现两个受压区，如图 8.13（b）所示。由于预制梁区域的混凝土的压力和作用力的力臂较小，其对截面受弯能力的贡献有限，故在分析中可以忽略这部分压力。

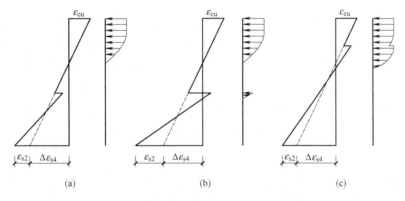

图 8.13　叠合梁在极限承载力状态下应变和混凝土应力图

若预制梁的相对高度较大，则会导致叠合梁在极限承载力状态下混凝土受压区的应力和应变呈锯齿形分布。若需要精确考虑这部分锯齿形分布的混凝土受压应力的话会令相关的分析变得相当困难[1]。影响极限承载力的主要因素是钢筋的作用力，且国内外的计算模型也均不考虑这部分锯齿形应力分布的影响，故本章对极限承载力的分析中也不作考虑。

为简化在极限承载力状态下混凝土压力的计算，将原来复杂的应力分布形式等效为矩形分布，叠合结构专题科研组提出了采用图形特征系数的方法来进行相关的简化。如图 8.14（c）所示，K_1 表示压应力平均值与峰值之比；K_2 表示混凝土压力作用点至梁上缘的距离与受压区高度之比；K_3 表示受压区混凝土峰值与叠合层混凝土立方体强度之比。根据统计计算的结果，建议的混凝土受压区图形特征系数为：

$$\frac{K_2}{K_1 K_3} = 0.6, \quad K_1 K_3 = 0.75, \quad K_2 = 0.45$$

根据截面力的平衡条件 $\sum X = 0$，得：

$$f_y A_s + \sigma_{p14} A_{p1} + \sigma_{p24} A_{p2} = K_1 K_3 f_c b x_n + f_y A_s' \tag{8.119}$$

根据弯矩平衡条件 $\sum M = 0$，得：

$$M_1 + M_2 = \sigma_{p14} A_{p1}(h - a_{p1} - K_2 x_n) + \sigma_{p24} A_{p2}(h - a_{21} - K_2 x_n)$$

$$+ f_y(A_s - A_s')(h_0 - K_2 x_n) + f_y A_s'(h_0 - a_s') \tag{8.120}$$

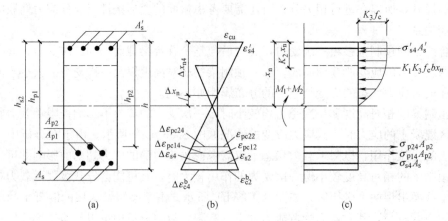

图 8.14　叠合梁在极限承载力状态受力分析图

若采用现行规范的计算方法进行等效简化，即将受压区混凝土的应力图形简化为等效的矩形应力图，则受压区高度可按照平截面假定计算的中和轴高度乘以系数 β_1，而矩形应力图的应力值为混凝土轴心抗压强度乘以系数 α_1。采用规范方法简化的计算公式如下：

$$f_y A_s + \sigma_{p14} A_{p1} + \sigma_{p24} A_{p2} = \alpha_1 \beta_1 f_c b x_n + f_y A_s' \tag{8.121}$$

$$M_1 + M_2 = \sigma_{p14} A_{p1}(h - a_{p1} - 0.5\beta_1 x_n) + \sigma_{p24} A_{p2}(h - a_{21} - 0.5\beta_1 x_n)$$
$$+ f_y(A_s - A_s')(h_0 - 0.5\beta_1 x_n) + f_y A_s'(h_0 - a_s') \tag{8.122}$$

根据图 8.14（b），变形协调条件有：

$$\Delta\phi_4 = \frac{\varepsilon_{cu}}{\Delta x_{n4}} = \frac{\Delta\varepsilon_{pc24}}{h - \Delta x_{n4} - a_{p2}} = \frac{\Delta\varepsilon_{pc14}}{h - \Delta x_{n4} - a_{p1}} = \frac{\Delta\varepsilon_{s4}}{h - \Delta x_{n4} - a_s} = \frac{\Delta\varepsilon_{s4}'}{\Delta x_{n4} - a_s'} \tag{8.123}$$

如图 8.14（b）所示，设极限承载力作用下中和轴与相对一次受力应变下的应变增量的中和轴距离为 Δx_n，根据几何关系得：

$$\Delta x_n \cdot \Delta\phi_4 = \varepsilon_{c2}^t - \phi_2(h_1 - h + \Delta x_{n4})$$

$$\Delta x_n = \frac{\varepsilon_{c2}^t}{\Delta\phi_4} - \frac{\phi_2}{\Delta\phi_4}\left(h_1 - h + \frac{\varepsilon_{cu}}{\Delta\phi_4}\right) \tag{8.124}$$

$$x_n = \Delta x_n + \Delta x_{n4} = \Delta x_n + \frac{\varepsilon_{cu}}{\Delta\phi_4} \tag{8.125}$$

根据变形协调关系式（8.123），可以得到预应力筋的应力，其应考虑预应力筋屈服与否两种情况。

（1）先张筋应力

未屈服：
$$\sigma_{p14} = \sigma_{p12} + E_p \Delta\varepsilon_{pc14} \tag{8.126}$$

屈服：
$$\sigma_{p14} = f_{py} + k\left(\frac{\sigma_{p12}}{E_p} + \Delta\varepsilon_{pc14} - \varepsilon_y\right) \tag{8.127}$$

式中　k——预应力筋硬化段斜率，$k = (f_{pu} - f_{py})/(\varepsilon_{pu} - \varepsilon_{py})$。

（2）后张筋应力

未屈服：
$$\sigma_{p24} = \sigma_{con2} - \sigma_{l12} + E_p(\Delta\varepsilon_{pc24} + \varepsilon_{pc23}) \tag{8.128}$$

屈服：
$$\sigma_{p24} = f_{py} + k\left(\frac{\sigma_{con2} - \sigma_{l12}}{E_p} + \Delta\varepsilon_{pc24} - \varepsilon_y\right) \tag{8.129}$$

若正常配筋则普通钢筋均能屈服，故可以将普通筋的应力以屈服应力 f_y 考虑。

将式 (8.124)～式 (8.129) 代入式 (8.119) 中，式中只有一个未知量 $\Delta\phi_4$，可以进行求解。解得 $\Delta\phi_4$ 后即可得到截面所有材料的应力应变情况，此时应确认预应力筋屈服与否，若与之前假设代入的应力表达式不符则应重新代入计算。最后，根据式 (8.120) 即可求得极限承载力作用下的截面弯矩。

8.3.5　配筋界限

界限配筋可以分为"适筋"与"超筋"的界限配筋，以及"适筋"与"少筋"的界限配筋。

由于叠合梁存在受拉钢筋应力超前和叠合层混凝土应变滞后的特点，其极限承载力和开裂状态的应力和应变均与一般的整浇梁不同，故其界限配筋值也不相同。

8.3.5.1　"适筋"与"超筋"的界限配筋

在极限承载力状态下虽然钢筋已经屈服，但是受压区混凝土应变滞后，叠合层顶部的混凝土未达到极限压应变。预制梁中的混凝土压应力相对同等位置的整浇梁应力超前，该部分超前的应力恰能弥补叠合层中的应力，截面依旧有冗余的变形能力。而这部分超前的应力与预制梁的一次受力以及预制梁的相对高度有关。混合配预应力筋叠合梁因梁的受力以及施工的需求不同，普通钢筋、先张预应力筋和后张预应力筋的位置以及应力均有可能不同，但其截面极限承载力状态下的变形模型计算模型相同。以下取先张预应力筋作分析。

如图 8.15 (c) 所示，界限相对受压区高度可以分为两部分表示：

$$\xi_b = \frac{x_{n4}}{h_{p1}} = \frac{\Delta x_n + \Delta x_{n4}}{h_{p1}} = \xi_{b1} + \xi_{b2} \tag{8.130}$$

式中　h_{p1}——先张筋重心至叠合梁顶部的距离，$h_{p1} = h - a_{p1}$。

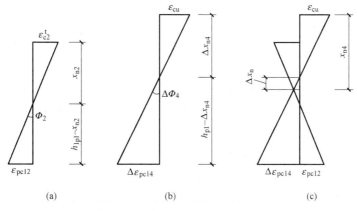

图 8.15　超筋界限配筋应变分析图

根据图 8.15 (a)、(b) 可得截面的变形协调关系：

$$\Delta\phi_4 = \frac{\varepsilon_{cu}}{\Delta x_{n4}} = \frac{\Delta\varepsilon_{pc14}}{h_{p1} - \Delta x_{n4}} \tag{8.131}$$

$$\phi_2 = \frac{\varepsilon_{c2}^t}{x_{n2}} = \frac{\varepsilon_{pc12}}{h_{1p1} - x_{n2}} \tag{8.132}$$

式中　h_{1p1}——先张筋重心至预制梁顶部的距离，$h_{p1}=h_1-a_{p1}$。

将式（8.131）和式（8.132）代入 Δx_n 的表达式（8.124）中，得：

$$\Delta x_n=\frac{\varepsilon_{pc12}\xi_{p12}\varepsilon_{cu}}{(1-\xi_{p12})(\Delta\varepsilon_{pc14}+\varepsilon_{cu})}\cdot h_{p1}\frac{\varepsilon_{pc12}h_{p1}}{(\Delta\varepsilon_{pc14}+\varepsilon_{cu})(1-\xi_{p12})h_{1p1}}\left(h_1-h+\frac{\varepsilon_{cu}}{\Delta\varepsilon_{pc14}+\varepsilon_{cu}}h_{p1}\right)$$

$$\xi_{b1}=\frac{\varepsilon_{pc12}\xi_{p12}\varepsilon_{cu}}{(1-\xi_{p12})(\Delta\varepsilon_{pc14}+\varepsilon_{cu})}-\frac{\varepsilon_{pc12}}{(\Delta\varepsilon_{pc14}+\varepsilon_{cu})(1-\xi_{p12})h_{1p1}}\left(h_1-h+\frac{\varepsilon_{cu}}{\Delta\varepsilon_{pc14}+\varepsilon_{cu}}h_{p1}\right)$$

$$(8.133)$$

式中　ξ_{p12}——一次受力作用下受压区高度与先张筋重心至预制梁顶部的距离之比，即

$$\xi_{p12}=\frac{x_{n2}}{h_{1p1}}。$$

由图 8.15（b）可求得 ξ_{b2}：

$$\xi_{b2}=\frac{\Delta x_{n4}}{h_{p1}}=\frac{\varepsilon_{cu}}{\varepsilon_{cu}+\Delta\varepsilon_{pc14}}\tag{8.134}$$

将式（8.133）和式（8.134）代入界限相对受压区高度表达式（8.130）中即可得到适筋与超筋界限受压区高度。

其中

$$\Delta\varepsilon_{pc14}=\frac{f_{py}}{E_p}-\varepsilon_{p12}\tag{8.135}$$

对于普通钢筋和后张预应力筋也可以采取以上的计算方法进行界限受压区高度的计算。其中，由于计算中取的分析状态为一次受力后未叠合以及极限承载力状态，在一次受力未叠合时未张拉后张预应力筋，故需要将后张筋的应变进行折算。后张筋在计算中的应变取值为：

$$\varepsilon_{p22}=\frac{\sigma_{con2}-\sigma_{l12}}{E_p}-\Delta\varepsilon_{pc23}\tag{8.136}$$

式中　$\Delta\varepsilon_{pc23}$——后张法施加预应力后，后张预应力筋重心位置混凝土的应变改变量。

8.3.5.2　"适筋"与"少筋"的界限配筋

由于叠合梁的相对高度不同，混凝土受压区的应力分布可能呈锯齿形或者三角形。对于受压区三角形的应力分布情况，如图 8.15（c）所示，其极限状态与一般的整浇梁相同，叠合梁的一次受力不会对其产生影响，故采用现有规范的计算方法即能保证其不会出现少筋破坏。

若叠合梁的相对高度较高，受压区混凝土的应力分布为锯齿形，其合力的作用点的位置相对整浇梁的位置更偏向于中和轴，其受拉钢筋的力臂较短，此时继续采用规范中给的计算方法则会偏向于不安全。规范中的计算方法[5]为假定受压区混凝土的应力呈线性分布，且同时假定受拉钢筋的力臂为 $0.9h_0$，根据平衡关系求得构件屈服弯矩。按照构件的屈服弯矩和开裂弯矩相等的条件，得到最小配筋率的理论值，并略作放大得到其规范计算方法。其计算方法如下。

构件的开裂弯矩为：

$$M_{cr}=0.292f_tbh^2=0.292f_tb(1.05h_0)^2=0.322f_tbh_0^2\tag{8.137}$$

构件的屈服弯矩为：

$$M_y = f_y A_s \left(h_0 - \frac{x_n}{3} \right) \approx f_y A_s \cdot 0.9 h_0 \tag{8.138}$$

令 $M_{cr} = M_y$ 得：

$$\rho_{min} = \frac{A_s}{bh_0} = 0.36 \frac{f_t}{f_y} \tag{8.139}$$

对最小配筋率略作放大之后取为：

$$\rho_{min} = 0.45 \frac{f_t}{f_y} \tag{8.140}$$

由于锯齿形分布的应力情况下，钢筋的力臂较短，采用该方法计算得的构件屈服弯矩值 M_y 偏大，计算结果偏向于不安全。如果不考虑叠合层的混凝土受压，同时和规范一样假定受拉钢筋的力臂为 $0.9h_{01}$，h_{01} 为预制梁的有效高度，则可以将计算力臂取短，计算结果能偏于安全。

构件的屈服弯矩为：

$$M_y \approx f_y A_s \cdot 0.9 h_{01} \tag{8.141}$$

令 $M_{cr} = M_y$ 得：

$$\rho_{min} = \frac{A_s}{bh_0} = 0.36 \frac{f_t h_0}{f_y h_{01}} \tag{8.142}$$

对最小配筋率略作放大之后取为：

$$\rho_{min} = 0.45 \frac{f_t h_0}{f_y h_{01}} \tag{8.143}$$

由于混凝土的受压区存在两种压应力分布的状态，所以需要采用一个方法来进行两种计算方法的界定。若采用规范的计算方法计算则受压区的高度为 $0.3h_0$，若叠合层的厚度大于 $0.3h_0$ 则不会产生锯齿形的应力分布情况，故取叠合层厚度为 $0.3h_0$ 时为临界状态。叠合梁的最小配筋率的计算方法归纳如下：

$$\begin{cases} \rho_{min} = 0.45 \dfrac{f_t}{f_y} & 0.7h_0 \geqslant h_{01} \\[2mm] \rho_{min} = 0.45 \dfrac{f_t h_0}{f_y h_{01}} & 0.7h_0 < h_{01} \end{cases} \tag{8.144}$$

8.4　有限元模拟方法

8.4.1　叠合层的模拟

本书所推荐的叠合层模拟主要采用"单元生死"和"单元追踪"技术。混合配预应力筋叠合梁为二次受力一次叠合的构件，在预制阶段采用先张法对预制梁施加预应力，再浇筑叠合层并待其强度要求达到后施加二次预应力。叠合层在养护完成且未进行后张时，虽然是结构的一部分但几乎无应力，并且一起参与后张的施工内力分配以及后续结构受力。

为实现叠合层在先张后以无应力的状态出现需要采用 Model　Change（模型替换）功能。其原理是：在模型定义时生成单元，在不需要其参与计算时让这些单元"死亡"即不激活这些单元，在需要这些单元参与计算的分析步中再将其激活形成新的结构。单元的重新激活有两种不同的方式：With Strain（保留应变）和 Strain Free（无应变）。"保留应变"意思为被激活的单元被认为是从一个"非退火"状态开始加入到模型中的，而"无应变"则是认为其以"退火"状态加入到模型中，其出现为零应力状态，施加给模型其他节点的力也为零。由于叠合梁在实际施工完成后以一个几乎零应力的状态参与到结构体系中，因此其单元的重新激活时需要选择 Strain Free。

为了配合 Model Change 功能，需要在建模的时候设置追踪单元。在建模的时候预制梁和叠合层无变形，但先张施加预应力之后预制梁产生了变形，此时如果叠合层直接出现，其实际的结构变形不符无法正常计算。因此叠合层出现时需要和原来的模型有相对应的位移，即叠合层模型的各点需要根据预制梁的变形在所需的分析中在指定的空间位置中出现。所谓的追踪单元即为一种刚度极小的单元，这些追踪单元和叠合层的节点相绑定，两者的变形情况完全相同，其在第一步分析中即出现一起参与结构的变形。由于追踪单元的刚度极小，其对预制梁的变形几乎没有影响，但它却能提供施加预应力后叠合层空间出现的位置信息，让叠合层激活时能符合整个模型的变形。

8.4.2　无粘结预应力筋模拟

无粘结预应力筋在受理过程中与周围混凝土无粘结作用，即周围混凝土的纵向变形不会对无粘结预应力筋产生影响，但无粘结预应力筋依旧和周围混凝土横向变形相协调。

在 ABAQUS 中，一般的钢筋与混凝土之间的关系选择的是 Embed 的约束方法进行模拟。这种约束方法的原理是将钢筋的节点单元与混凝土的节点单元绑定在一起，这会将钢筋单元的刚度计入整个周围混凝土中令两者变形协调并共同受力。但是这种方法无法解除后张无粘结预应力筋与混凝土单元之间在纵向上的关联，依旧采用这种方法模拟则会导致无粘结筋成为有粘结筋。

现有的模拟无粘结预应力筋的技术主要有两种。

（1）弹簧模拟

在预应力筋节点以及混凝土实体梁节点之间以较小的间隔设置刚性弹簧实现两者的接触关系，并且这样也不会对纵向产生约束力。

（2）Coupling 耦合方法

将预应力筋的节点与其相邻的混凝土节点采用 Coupling 进行耦合的约束，Coupling 耦合中将预应力筋节点与混凝土节点除了沿钢筋方向以外各个方向的运动关联，通过约束运动自由度的方法满足无粘结的模拟。

本书中采用 Coupling 耦合方法来模拟无粘结预应力筋与混凝土之间的接触关系。

8.4.3　模型中主要接触关系的选用

本文有采用了分离式的建模方法，即预制梁、叠合层、普通钢筋、预应力筋以及叠合层和部分叠合层中钢筋的追踪单元分别建模，分别选取单元，独立进行网格划分，而选用分离式建模需要定义各部分之间的接触关系。

为避免使用过多的接触导致模型复杂，将追踪单元和预制梁与支座处的垫块通过集合命令合并成一个新的部分，而叠合层与加载处的垫块则合并成另一个新的部分。叠合层、加载处的垫块、叠合层中的钢筋由于在激活时需要和其相对应的追踪单元有相同的变形，而追踪单元则需要在其激活时将各节点的位移信息传递给需要激活的单元，所以两者之间需要共用同一节点。共节点的方法有：集合合并时合并几何相交处的节点；将装配中的部件选定为其外包的内置区域，令其节点耦合；直接将两个部件之间的节点选定为绑定。

若采用集合合并的方法将部件和其追踪单元的节点绑定，则之后的 Model　Change 操作需要在其导出的计算文件（inp 文件）中进行修改，不利于建模的效率同时增加操作错误的可能。因此本文中的部件和其对应的追踪单元之间的共节点的方法为后两者，即"内置区域"（Embeddedregion）和"绑定"（Tie）。由于本文中的钢筋和其追踪单元选择的是杆单元，而内置区域操作则需要外包的部分为一实体单元，故钢筋和其追踪单元之间的接触选择的是"绑定"。叠合层以及加载的垫块选择的是内置区域。模型中的各部件和接触关系如图 8.16 所示。

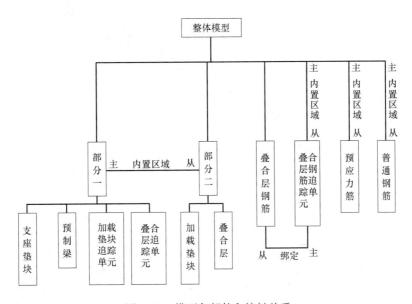

图 8.16　模型各部件和接触关系

8.4.4　模拟实例

8.4.4.1　模型概况

模型的相关参数如下：梁的总长为 9200mm；跨度为 9000mm；预制梁截面尺寸为 300mm×560mm；叠合后的截面尺寸为 300mm×800mm；纵向受压、受拉和腰筋均为 HRB400 钢筋；箍筋为 HPB300 钢筋；预制梁和叠合层的混凝土强度等级为 C40；预应力筋为 1860 级钢绞线，先张预应力筋以及后张预应力筋扣除损失后的有效预应力取为 1000MPa。基本模型跨中截面配筋、箍筋配置、网格分别如图 8.17～图 8.19 所示。

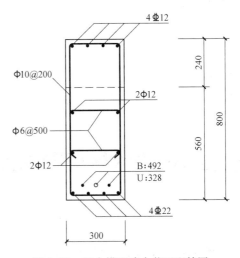

图 8.17　基本模型跨中截面配筋图

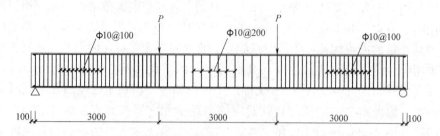

图 8.18　基本模型箍筋配置以及加载点示意图

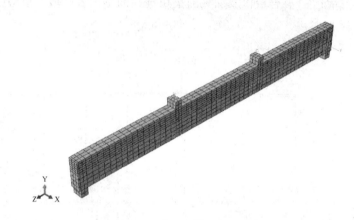

图 8.19　基本模型网格图

8.4.4.2　计算结果

基本模型的计算结果如图 8.20～8.31 所示，通过梁的位移、各部件的应力云图以及后期处理得到的关系曲线能够较为直观地反映梁在各受力阶段的受力和变形情况。图 8.20～图 8.23 为叠合梁在使用阶段之前的整个受力过程，从叠合后的应力云图 8.24 可见，叠合层是以无应力状态加入到整个结构中的，并从之后的受力云图中看见叠合层混凝土的应变滞后的现象。图 8.25～图 8.28 为叠合成型后整个梁的加载过程，从无粘结预应

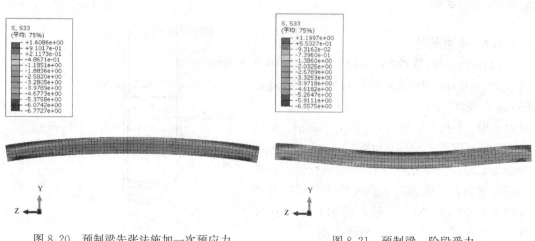

图 8.20　预制梁先张法施加一次预应力　　　　　图 8.21　预制梁一阶段受力

力筋的应力云图 8.29 可见，无粘结预应力筋在梁达到极限承载力状态下时未屈服，且整根预应力筋应力一致。图 8.31 可以反映出叠合梁在加载过程中开裂、普通钢筋屈服、极限承载以及承载力退化的各个阶段。

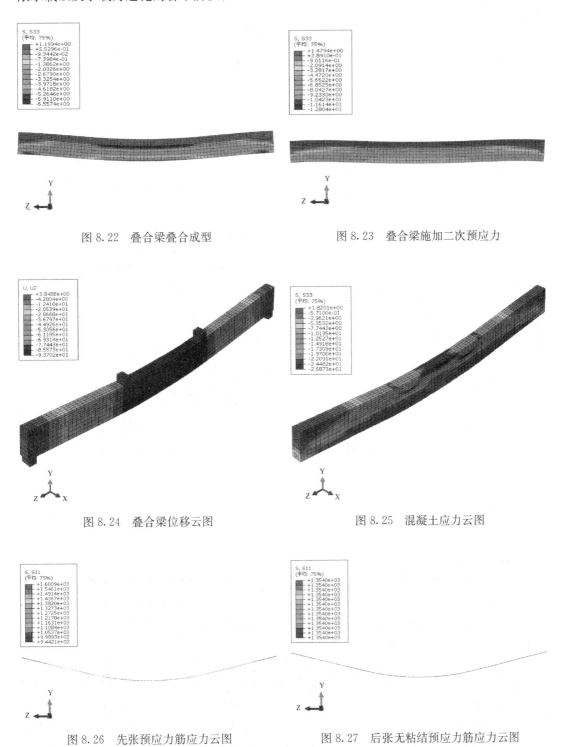

图 8.22　叠合梁叠合成型

图 8.23　叠合梁施加二次预应力

图 8.24　叠合梁位移云图

图 8.25　混凝土应力云图

图 8.26　先张预应力筋应力云图

图 8.27　后张无粘结预应力筋应力云图

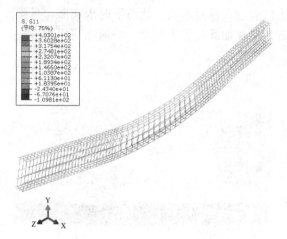

图 8.28 普通钢筋应力云图

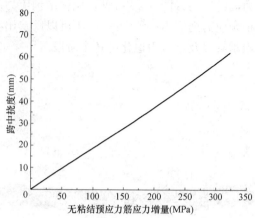

图 8.29 基本模型无粘结预应力筋应力增量-跨中挠度关系图

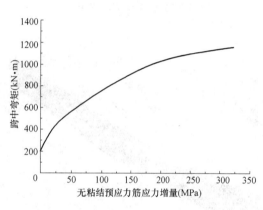

图 8.30 基本模型无粘结预应力筋应力增量-跨中弯矩关系图

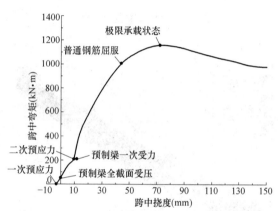

图 8.31 基本模型跨中挠度-跨中弯矩关系图

8.5 小结

本章的主要结论如下：

（1）采用单元追踪以及单元生死的模拟方法能够对叠合梁进行模拟，而利用对钢筋节点和周围混凝土施加耦合约束并解除沿梁长度方向约束的方法能够模拟无粘结预应力筋的受力。通过对已有试验的建模，验证了该种建模方法的合理性，进而提出了基于此的混合配预应力筋叠合梁的建模方法。

（2）在对预制梁一阶段受力的分析中采用理论的方法对预应力构件的开裂进行了相关推导。与规范所采用的混凝土塑性影响系数进行计算方法相比更具理论依据，且能够得到截面开裂时的实际应力分布以及应力大小，有益于对截面进行后续的精确分析。

（3）混合配预应力筋叠合梁因为存在二次张拉预应力的工序，其可以将在一次受力过程中出现的裂缝压至重新闭合，提高梁的耐候性以及观瞻性。由于存在裂面接触效应，在相关分析中应该考虑边缘混凝土应变为零时其实际存在的压应力。

（4）在"少筋"的界限配筋计算中，由于叠合梁受压区混凝土的应力呈锯齿形分布，钢筋的力臂较短，若采用规范方法进行计算则会偏于不安全。为得到保守计算结果，本章建议将预制梁的有效相对高度为 0.7 设为是否考虑叠合层应力作用的界限值，并据此给出最小配筋率的计算公式。

参 考 文 献

[1]　周旺华. 现代混凝土叠合结构 [M]. 北京：中国建筑工业出版社，1998.

[2]　柳炳康，黄慎江，宋满荣，等. 预压装配式预应力混凝土框架抗震性能试验研究 [J]. 土木工程学报，2011（11）：1-8.

[3]　曾垂军，吴方伯. 倒 T 形预应力预制构件叠合梁受弯性能试验研究 [J]. 湖南科技大学学报（自然科学版），2006（01）：42-45.

[4]　吴方伯，黄海林，周绪红，等. 预应力预制叠合梁受弯性能试验研究 [J]. 建筑结构学报，2011（05）：107-115.

[5]　顾祥林. 混凝土结构基本原理 [M]. 上海：同济大学出版社，2010.

[6]　孙从亚，逯静洲，王凤达. 基于高斯积分算法的混凝土损伤模型：第 17 届全国结构工程学术会议，中国湖北武汉，2008 [C].

[7]　蓝宗建，庞同和，刘航，等. 部分预应力混凝土梁裂缝闭合性能的试验研究 [J]. 建筑结构学报，1998（01）：33-40.

第9章　大跨预应力混凝土结构的抗震设计

9.1　概述

地震是地球内部某部分急剧运动而发生的传播振动的现象。大地震爆发时，释放出巨大的地震能量，造成地表和构筑物的大量破坏。我国是世界上地震活动最强烈的国家之一，地震基本烈度在 6 度及以上的地震区面积占全国面积的 60%，7 度及以上的地震区占 1/3，同时，我国有近半数的城市位于 7 度及以上地震区域。因此，我国建筑结构的抗震防灾极为重要。我国 1998 年颁布了《防震减灾法》，规定：新建、扩建、改建建设工程，必须达到抗震设防要求；重大建设工程和可能发生严重次生灾害的建筑工程，必须进行地震安全性评价，并根据地震安全性评价的结果，确定抗震设防要求，进行抗震设防。

地震的破坏作用主要可分为地表破坏、建筑破坏和次生灾害。地表破坏现象一般指：地裂缝、砂土液化（喷砂冒水）、地面下沉以及滑坡等；建筑物的破坏可分为：结构丧失整体性、承重结构破坏以及地基失效；次生灾害指地震造成建筑物破坏引起的火灾、水灾、污染等严重的次生灾害。

描述地震动作用的三要素是：地震振动产生的加速度、频率以及振动持续的时间。我国现行规范主要以考虑与加速度相关的地震烈度和设计特征周期进行抗震设防设计。但是从近几十年的地震灾害中，人们发现，宏观的地震烈度已越来越不清晰，也不能合理地描述不同地区可能遭受的地震作用的程度。目前，各国的抗震设计规范都在研究采用地震动参数区分方法。预应力结构的地震影响与建筑结构一样采用相应于抗震设防烈度的设计基本地震加速度和设计特征周期来表征。抗震设防烈度和设计基本地震加速度按表 9.1 的规定取用。

抗震设防烈度和设计基本地震加速度值的对应关系　　　　　　　　表 9.1

抗震设防烈度	6	7	8	9
设计基本地震加速度值	0.05g	0.10(0.15)g	0.20(0.30)g	0.40g

建筑场地的设计特征周期则应根据其所在地的设计地震分组和场地类别确定。《建筑抗震设计规范》GB 50011—2010 将设计地震分为三组。如对 Ⅱ 类场地，第一组、第二组和第三组的设计特征周期，分别为 0.35s、0.4s 和 0.45s。

预应力混凝土结构的震害一般与其他混凝土结构的震害相同，由于预应力组件的存在，因此，它还存在锚具破坏、预应力筋脆断等产生的二次灾害。以往的观点认为，预应力混凝土结构的阻尼较小，耗能能力差，在地震作用下位移反应较大，而且预应力混凝土结构采用的高强钢筋和高强混凝土塑性性能差，从而导致结构延性差。

近期的试验研究表明：预应力混凝土结构在历次强烈地震作用下抗震性能普遍较好，

原因主要在以下几点：

（1）预应力混凝土结构建造年代般较晚，在设计与施工中吸收了现代抗震理论的最新成果，因此能有效地抵抗地震作用。

（2）预应力混凝土结构体型一般较规则，平面布置对称，预制预应力混凝土构件质量易保证，强度较高，并且节点多数采用钢筋焊接或现浇钢筋混凝土加强，整体性能好，这些对预应力结构抗震有利。

（3）部分国家在预应力混凝土结构抗震设计中，普遍采取将地震荷载适当放大以提高预应力混凝土结构抗震能力的设计方法。这也是预应力混凝土结构抗震性能表现突出的一个重要原因。

大跨度结构是人类现代文明的重要组成部分，正被日益广泛地应用于桥梁、水坝、体育场馆、高架铁路、核电站管线以及与生命线工程有关的许多建设项目中。作为重要的公共设施，它们的安全性受到了格外的重视。如何在设计和建造阶段就使它们具有足够的抗震能力和合理的安全度，始终是各国工程界、学术界十分关心的问题。震害调查表明中等强度的地震就屡屡造成大跨度结构的严重损坏。大跨度结构抗震分析比普通跨度结构困难得多，是因为必须考虑如下特殊因素：①行波效应典型的地震波波长为百余米至数百米，而大跨度结构的跨长则是上百乃至几千米。大量研究表明，当结构的跨度达到或超过地震波长的1/4时就不可认为结构的所有地面节点是均匀一致运动的，而必须考虑不同地面节点之间的运动相位差。而且，在任意两个地面节点之间，不同频率的谐波分量之间的相位差并不相同，从而使问题更为复杂。②部分相干效应由于诸如土壤介质的不均匀性，地震波在土壤介质中不均匀的反射和折射等各种因素造成不同地面节点之间相干性的损失。③局部效应包围某一个或少数几个支座的场地性质变化导致局部土层对基岩激励放大作用的突变。此外，由于地震的持续时间一般只有几十秒，所以其非平稳效应是比较显著的。这种非平稳性不但表现在激励强度上，而且表现在地震波的频率分布上：地震波刚到达某地点时通常含有较强的高频分量，以后低频分量所占比重不断增强，直至高频分量几乎完全消失。

经过数十年的研究工程实践，目前，预应力混凝土技术已日趋成熟。大量的工程实践同时也证实了预应力技术在改善和提高结构或构件的受力性能、提高耐久性、耐疲劳性能和抗震性及节约建材、减轻结构自重方面具有的巨大优越性。预应力技术的应用，扩大了建筑物的跨度和空间，降低了梁高和楼板厚度，增加了建筑使用面积，降低了工程造价，满足了质量、安全及建筑风格或造型的需要，已成为现代工程建设中不可或缺的组成部分，广泛地应用于各种桥梁、建筑、轨枕、压力管道、电视塔、海洋平台、压力壳等许多领域，是当代工程建设中一种重要的结构材料，也是土建工程中的一种新型结构技术。作为一种先进的结构形式，其应用范围和数量已成为衡量一个国家建筑技术水平的重要指标之一。

9.2　竖向低周反复荷载下预应力型钢混凝土框架试验研究

9.2.1　实验设计

9.2.1.1　试件设计

实验试件为某综合体育馆训练场大跨度预应力型钢混凝土框架1∶5缩尺比例模型，

试件编号为 XGKJ1、XGKJ2，其中试件 XGKJ1 只在框架柱内设型钢，框架梁未设型钢；试件 XGKJ2 梁柱内均设型钢。框架柱高 $h = 2100\text{mm}$（从基础梁顶算起），跨度为 8200mm，梁截面尺寸为 210mm×490mm，柱截面尺寸为 300mm×430mm，基础梁横截面尺寸为 600mm×500mm，2 榀框架试件尺寸如图 9.1 所示。试件 XGKJ1 中柱内型钢为焊接工字钢 I280×120×8×14（$H×B×t_1×t_2$），试件 XGKJ2 柱内型钢同 XGKJ1，梁中型钢为 I290×100×8×10（$H×B×t_1×t_2$），型钢钢材型号为 Q235，梁柱型钢节点为栓焊连接，连接螺栓为 8.8 级 M20 摩擦性高强度螺栓柱内型钢上下翼缘、梁端型钢上翼缘设两排Φ19@200 栓钉。框架柱纵筋均为 3Φ25（HRB400），对称配筋，框架梁上、下纵筋均为 3Φ18（HRB400）。2 榀试件框架梁的非加密区箍筋配置双肢Φ8@200，加密区箍筋配置双肢Φ8@100，框架柱箍筋配置双肢Φ8@100。试验构件配筋及型钢如图 9.1～图 9.3 所示。

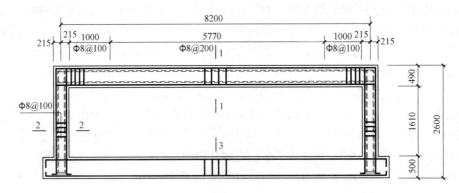

图 9.1　XGKJ1，2 框架立面图

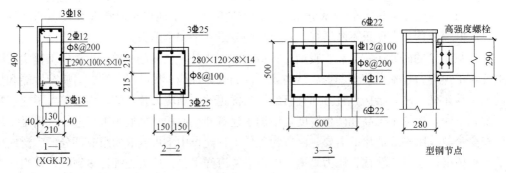

图 9.2　梁、柱配筋断面及型钢节点

9.2.1.2　预应力钢绞线的张拉

　　试验框架混凝土强度达到设计强度的 0.75 倍时，进行预应力筋张拉及孔道灌浆工作。框架梁的预应力筋采用 $f_{ptk} = 1860\text{N/mm}^2$ 的高强钢绞线，沿梁长三段抛物线布置，反弯点距梁两端各 0.1 倍梁轴跨处（定位详见图 9.4）。钢绞线一端张拉，两根钢绞线的锚固段分别设在框架梁两端，每根张拉过程为：$0 \rightarrow 0.48\sigma_{con} \rightarrow 0.8\sigma_{con} \rightarrow \sigma_{con} \rightarrow 1.03\sigma_{con}$。张拉端和锚固端锚具均采用单孔 OVM 两夹片式锚具，锚具下安置压力传感器用于测量有效张拉力。在张拉过程中，通过电子应变仪采集锚固端压力传感器的应变值，以该应变值来控制预加力的大小。预应力筋张拉结束后，对构件预留孔道灌注水泥净浆，水泥净浆采用普通

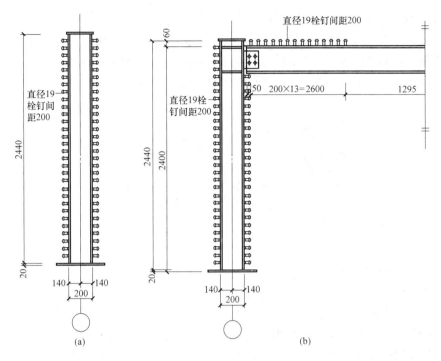

图 9.3　内置型钢示意图

（a）XGKJ1；（b）XGKJ2

硅酸盐水泥，利用压力灌浆机施加机械压力。

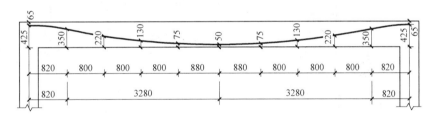

图 9.4　预应力筋线性图

9.2.1.3　试验加载制度

实验在框架梁的三分点处施加竖向反复荷载，加载示意如图 9.5 所示。

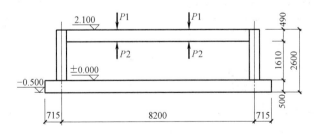

图 9.5　加载示意图

试验加载采用荷载、位移混合控制的加载方法进行，即构件屈服前按荷载控制，屈服后按三分点处位移控制。屈服点的确定采用几何作图法[1]。试验以框架梁跨中混凝土受压区压溃及结构承载力下降到最大荷载的 85％作为框架破坏标志。考虑实际工程中框架结构在遭受地震作用前均承受较大的正向（本试验约定向下加载为正向，向上加载为反向）竖向荷载，取正向加载产生的位移为反向加载产生的位移的 1.5 倍，即正向加载时的荷载及位移约为反向加载的 1.5 倍，图 9.6 为加载制度示意。

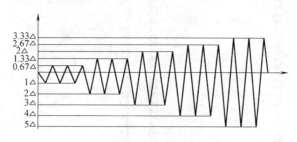

图 9.6　竖向加载制度

9.2.1.4　测点布置及量测内容

在试件框架梁端、框架柱上下端分别布置纵筋应变测点，箍筋应变测点，型钢应变测点，测量试件受力过程中的钢筋及型钢应变变化情况；在试件柱顶梁中心线处及柱底地梁上 100mm 处设置水平位移计，量测试件的水平位移来判断试件加载过程中是否产生滑移；在试件框架梁端底部距柱边 100mm 处，加载点，跨中设置位移计，测量框架梁竖向位移。应变片测点及位移计布置见图 9.7。

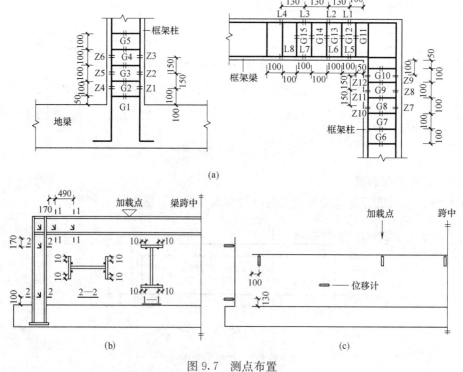

图 9.7　测点布置

（a）钢筋应变测点；（b）型钢应变片测点；（c）位称计测点

注：Z 为框架柱中纵筋应变片编号；L 为框架梁中纵筋应变片编号；G 为框架中箍筋应变片编号。

9.2.2　试验现象及破坏形态

9.2.2.1　试件 XGKJ1

1. 荷载控制阶段：荷载循环 1 次

开裂阶段：正向加载至 40kN 时，框架梁左端顶部出现竖向裂缝，最大宽度 0.02mm；框架右节点出现斜裂缝，上部指向梁柱外侧交点；跨中底部出现 1 条竖向裂缝，最大宽度 0.04mm；竖向荷载卸掉后，框架梁端、节点裂缝完全闭合；反向加载至 20kN 时，框架梁左端底部出现 3 条裂缝，最大宽度 0.06mm；竖向荷载卸掉后，框架梁端、节点裂缝闭合。

裂缝宽度极限正常使用阶段：正向加载至 160kN 时，框架梁左端顶部裂缝最大宽度 0.16mm，跨中底部竖向裂缝最大宽度 0.18，当竖向荷载卸掉后，框架梁左端顶部残余裂缝宽度最大为 0.1mm；反向加载至 80kN 时，框架梁左端底部裂缝最大宽度 0.24mm，左节点斜裂缝最大宽度为 0.1mm；跨中顶部竖向裂缝最大宽度 0.22mm；当竖向荷载卸掉后，框架梁左端底部残余裂缝宽度最大为 0.1mm。

屈服阶段：正向加载至 200kN 时，框架左节点斜向裂缝继续发展，最大宽度 0.2mm，跨中底部竖向裂缝最大宽度 0.24mm；反向加载至 100kN 时，框架梁左端底部裂缝宽度最大 0.24mm；右节点斜裂缝最大宽度为 0.4mm；跨中顶部竖向裂缝最大宽度 0.3mm；当竖向荷载卸掉后，框架梁左端底部残余裂缝宽度最大为 0.1mm。

2. 荷载控制阶段：荷载循环 3 次

正向加载 28mm 至反向加载 18.76mm 循环：梁端底部纵向 100mm 范围内，混凝土沿钢筋保护层产生水平裂缝，第 3 次循环时此处混凝土有起皮的现象。

正向加载 56mm 至反向加载 37.24mm 循环：梁端上部形成 3 条主要竖向裂缝，底部混凝土受压时开始压碎脱落，梁端塑性铰形成；节点处有交叉斜裂缝出现，但裂缝宽度不大；框架梁加载点附近出现交叉的斜裂缝；框架梁跨中上下部均出现水平裂缝。

正向加载 84mm 至反向加载 56mm 循环：梁端下部截面保护层混凝土有压碎现象，上部主要裂缝的宽度快速增大。

正向加载 112mm 至反向加载 84mm 循环：梁端截面下部保护层混凝土压碎剥落。第 3 次循环时，框架梁在加载点处附近剪断，试件达到极限承载力状态。节点有斜向贯穿裂缝，且裂缝宽度发展迅速。

试件 XGKJ1 框架梁的跨中由于加载点的提前剪切破坏，故未形成塑性铰，但在跨中上部纵向钢筋附近已有水平裂缝出现，形成塑性铰的迹象已出现。试件极限状态时的破坏情况和裂缝分布如图 9.8 所示。

9.2.2.2　试件 XGKJ2

1. 荷载控制阶段：循环 1 次

开裂阶段：正向加载至 40kN 时，框架梁左端顶部出现竖向裂缝最大宽度 0.04mm；跨中底部竖向裂缝最大宽度 0.06mm；反向加载至 20kN 时，框架梁左端底部出现竖向裂缝最大宽度 0.08mm；竖向荷载卸掉后，框架梁端、跨中裂缝闭合。

裂缝宽度极限正常使用阶段：正向加载至 200kN 时，框架梁左端顶部竖向裂缝最大宽度 0.18mm，跨中底部竖向裂缝最大宽度 0.26mm；反向加载至 100kN，框架梁左端底

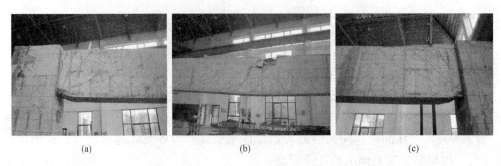

图 9.8　试件 XGKJ1 极限状态时破坏情况

（a）框架梁左端；（b）框架梁加载点；（c）框架梁右端

部裂缝宽度最大 0.18mm，跨中顶部竖向裂缝最大宽度 0.24mm；当竖向荷载卸掉后，框架梁左端底部残余裂缝宽度最大为 0.1mm。

屈服阶段：正向加载至 240kN 时，框架梁左端顶部裂缝最大宽度 0.2mm，跨中底部竖向裂缝最大宽度 0.26mm，跨中竖向位移约为 32mm；反向加载至 120kN，框架梁左端底部裂缝最大宽度 0.16mm；跨中顶部竖向裂缝最大宽度 0.26mm。

2. 位移控制阶段：循环 3 次

正向加载 32mm 至反向加载 21.44mm 循环：梁端跨中无新裂缝产生，少量原有裂缝有所加长。

正向加载 64mm 至反向加载 42.56mm 循环：节点出现斜裂缝。梁端上部形成几条主要竖向裂缝，底部混凝土受压时压碎脱落，梁端塑性铰形成。框架梁跨中上下部均出现水平裂缝，且随着循环次数的增加发展。

正向加载 96mm 至反向加载 64.32mm 循环：梁端下部混凝土保护层有压碎，上部主要裂缝的宽度快速增大。框架跨中顶部水平裂缝发展，底部形成几条主要裂缝快速发展。右节点形成 1 条贯穿斜裂缝。

正向加载 128mm 至反向加载 85.76mm 循环：第 3 次循环时，框架梁跨中上部混凝土起皮，下部形成几条主要裂缝。右节点斜向贯穿裂缝宽度发展迅速。

正向加载 160mm 至反向加载 107.2mm 循环：框架梁端跨中截面上部保护层混凝土大量压碎剥落，上部纵向钢筋露出并产生屈曲。

试件 XGKJ2 的破坏机制表现为明显的三铰破坏。框架梁端截面型钢翼缘、纵向受力钢筋屈服之后，下部表面混凝土保护层剥落压碎，框架梁跨中破坏表现为上部混凝土压碎，同时跨中形成交叉裂缝。框架梁达到最大承载力后，框架梁承载力没有完全消失。试件极限状态时的破坏情况和裂缝分布分别如图 9.9 所示。

9.2.2.3　试验现象总结

（1）由于 2 个试件正向荷载为反向荷载的 1.5 倍，反向加载时试件梁端上部和跨中下部未均出现混凝土压碎现象；试件屈服后梁端上部和跨中下部分别形成 3~4 条主要裂缝；试件 XGKJ2 裂缝开展数量、范围以及裂缝发展速度低于 XGKJ1，说明型钢的存在能有效抑制裂缝的开展。

（2）试验屈服荷载约为框架梁最大荷载的 50%~60%，低于一般简支梁竖向低周反复、框架水平低周反复等试验中屈服荷载所占极限荷载的比例，是由于预应力筋两端锚固

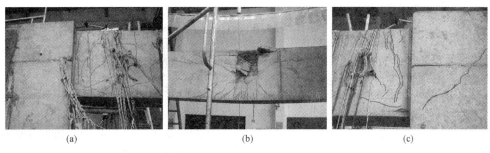

图 9.9　试件 XGKJ2 极限状态时破坏情况

（a）框架梁左端；（b）框架梁跨中；（c）框架梁右端

在框架柱上通过拉结作用限制框架柱顶端沿框架梁纵向向外的变形，以及框架柱内型钢增加了框架柱刚度，使框架梁在极限状态时纵向位移变形受到框架柱的约束使承载力显著提高，承载力可以提高 30% 以上，此现象称为"拱效应"[2]。"拱效应"增加了框架梁的竖向承载能力，对框架竖向抗震性能起到有利作用。

9.2.3　试验结果分析

9.2.3.1　滞回曲线

结构的滞回曲线是指结构在反复荷载作用下，结构的作用力和位移之间的关系曲线。它是结构抗震性能的综合体现，也是进行结构抗震弹塑性动力反应分析的主要依据。图 9.10、图 9.11 是框架在低周反复荷载作用下的框架梁跨中 P-Δ 滞回曲线。

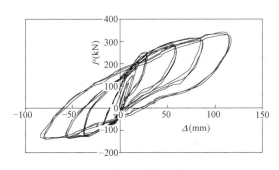

图 9.10　XGKJ1 P-Δ 滞回曲线

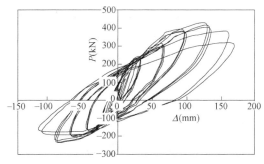

图 9.11　XGKJ2 P-Δ 滞回曲线

从 XGKJ1、2 滞回曲线可见：

（1）2 个试件的框架梁开裂之前，滞回曲线包围的面积较小，P-Δ 之间基本为线性变化，在反复荷载作用过程中，刚度退化不明显，试处于弹性工作状态。随着试件 XGKJ1、XGKJ2 框架梁的裂缝出现开展及塑性的发展，滞回曲线向横轴靠拢。

（2）试件 XGKJ1 的滞回曲线在框架梁梁端钢筋屈服前，因受压区混凝土卸载后残余变形较小，变形恢复较好，滞回曲线向原点靠拢；由于预应力筋作用使框架梁有较好变形恢复能力，框架梁正向加载时滞回曲线出现捏拢现象。

（3）试件 XGKJ2 没有捏拢现象，滞回曲线呈"梭形"，且较丰满，表现出良好的耗能能力。

9.2.3.2　骨架曲线

把 P-Δ 滞回曲线的所有每次循环的峰值点（开始卸载点）连接起来（包络线），就得到骨架曲线，骨架曲线也就是每次循环的荷载-位移曲线达到最大峰值点的轨迹。在任一时刻，峰值点不能超越出骨架曲线，只能在达到骨架曲线以后沿骨架曲线前进，骨架曲线是研究非弹性地震反应的重要指标。一般情况下，结构的骨架曲线与相应单调加载的 P-Δ 曲线相似，能够较明确地反映结构的强度、变形等性能。图 9.12 为试件的骨架曲线，表 9.2 为试验主要阶段成果。

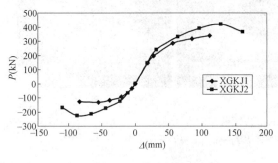

图 9.12　骨架曲线

试验主要阶段成果　　　　　　　　　　　　　　　　　　　　表 9.2

试件编号	加载方向	初裂点		屈服点		最大荷载点		破坏点		延性系数 $\dfrac{\Delta_u}{\Delta_y}$	残余变形 Δ_e	残余变形率 $\dfrac{\Delta_e}{\Delta_u}$
		荷载（kN）	Δ（mm）	荷载（kN）	Δ（mm）	荷载（kN）	Δ（mm）	荷载（kN）	Δ（mm）			
XGKJ1	正向	32.8	3.5	152.3	30.0	318.8	113.6	318.8	113.6	3.92	32.46	0.29
	反向	22.0	2.4	71.6	18.2	125.0	80.8	125.0	80.8	4.44	55.20	0.68
XGKJ2	正向	40.0	3.6	214.6	33.3	421.1	128.4	366.5	158.8	4.77	69.67	0.44
	反向	28.6	3.2	125.0	22.7	225.1	87.2	168.6	110.0	4.83	68.30	0.62

从图 9.12 和表 9.2 可以看出：

（1）试件框架梁在低周反复荷载下经历弹性阶段、屈服阶段与极限阶段。

（2）2 个试件框架梁在正向开裂位移、屈服位移基本相等的情况下，试件 XGKJ2 荷载分别增加 22%、41%，说明型钢的存在提高框架梁的刚度，抑制了框架梁裂缝的开展及变形。

（3）试件 XGKJ1 的骨架曲线达到最大荷载后没有荷载下降段；而 XGKJ2 在最大荷载后存在下降段，说明试件 XGKJ2 延性较好，破坏为延性破坏。当加载到最大荷载的 60% 左右时，2 个试件框架梁内纵向钢筋或型钢屈服。

（4）试件 XGKJ1 的框架梁正反向的位移延性系数均值为 4.18；试件 XGKJ2 框架梁的位移延性系数均值为 4.8，均表现出较好的位移延性。由于框架梁跨中底部预应力的作用，2 个试件框架梁正向延性系数小于反向延性系数。

（5）2 个试件框架梁的正向残余变形率明显低于反向，说明预应力作用能有效减小残余变形值；试件 XGKJ2 的残余变形率为 0.44～0.62，变形恢复能力低于试件 XGKJ1。

9.2.3.3　承载力退化

在位移幅值不变的条件下，结构或构件的承载力随反复加载次数的增加而降低的特性称为承载力退化，承载力退化系数的定义见《混凝土结构试验方法标准》GB 50152—2012[3]。图 9.13 为试件承载力退化情况。

由图 9.13 可以看出：

（1）正向加载时，试件 XGKJ1 承载力退化系数在 0.9 以上，说明试件破坏前累积损伤较小，破坏具有脆性破坏性质；试件 XGKJ2 在位移 60mm 以后承载力退化加快，极限荷载前承载力退化系数低于 0.85，是由于钢筋及内置型钢翼缘屈服、混凝土逐步压溃等原因所致。

（2）反向加载时，2 个试件承载力退化系数为 0.85 左右，试件 XGKJ2 承载力退化系数低于试件 XGKJ1，是由于框架梁内置型钢的存

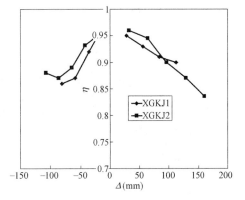

图 9.13　承载力退化系数曲线

在起到有效约束核心混凝土的作用，延缓受约束核心混凝土的损伤。

9.2.3.4　刚度退化

定义结构的割线刚度为竖向荷载 P 与框架梁跨中竖向位移 Δ 的比值，用来考察框架在低周反复荷载作用下的刚度衰减变化规律。框架的刚度退化见图 9.14。

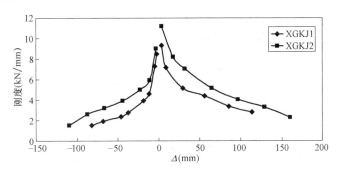

图 9.14　刚度退化曲线

由图 9.14 可以看出：2 个试件刚度退化主要发生在截面开裂至屈服阶段，屈服后，试件 XGKJ1、XGKJ2 正（反）向加载时极限点的刚度分别是屈服点刚度的 45.1%（51.2%），32.4%（39.4%），整个加载阶段刚度退化明显。试件 XGKJ2 刚度退化低于试件 XGKJ1，说明型钢的存在使框架梁刚度退化得到了改善。

9.2.3.5　耗能性能

1．耗能值计算与分析

基于能量的观点，结构的延性抗震设计允许结构部分构件在预期的地震动下发生反复的弹塑性变形循环，在保证结构不发生倒塌破坏的情况下，通过部分构件的滞回延性，消耗地震能量。耗能能力是衡量结构抗震性能的一个重要指标。

框架在低周反复荷载作用下，加载时吸收能量，卸载时释放能量，两者之差即为框架结构在一次循环中的耗能量，其值等于一个滞回环所包围的面积。回环包围的面积越大，则结构的耗能能力越好。相反，滞回环包围的面积越小，则结构的耗能能力越差。具体计算见图 9.15。图 9.15 给出了一个进入低周反复荷载作用下的典型滞回环，正向为对框架施加向下荷载，反向为对框架施加向上荷载。在正向加载时，模型结构的 $P\text{-}\Delta$ 曲线由 A

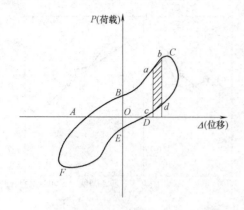

图 9.15 滞回环耗能能力计算示意图

点经 B 运动到 C 点，正向卸载时，由 C 点运动到 D 点，则结构在正向加载和卸载过程中的能力耗散可以用曲边形 $ABCD$ 以所包围的面积来表示。同理，结构在反向加载和卸载过程中的能力耗散可以用曲线 $DEFAOD$ 所包围的面积来表示。具体的计算公式如下：

曲边形 $ABCDOA$ 的面积，即正向耗能 E_1：

$$E_1 = \sum_{i=1}^{n} \frac{1}{2}(\Delta_{i+1} - \Delta_i)(P_{i+1} - P_i)$$

(9.1)

曲边形 $DEFAOD$ 的面积，即反向耗能 E_2：

$$E_2 = \sum_{i=1}^{n} \frac{1}{2}(|\Delta_{i+1}| - |\Delta_i|)(|P_{i+1}| - |P_i|)$$

(9.2)

滞回环耗能 E：

$$E = E_1 + E_2$$

(9.3)

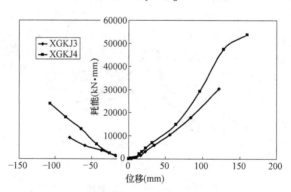

图 9.16 框架梁的耗能图

（注：图示耗能值为同级位移下三次循环的耗能值的平均值）

由图 9.16 可以看出：

（1）两榀框架梁的正向耗能均大于反向耗能，这与正向荷载和位移控制均大于反向荷载和位移相一致。

（2）XGKJ2 预应力型钢混凝土框架梁的正向反向耗能能力比 XGKJ3 普通预应力混凝土框架梁大，这是由于框架梁中内置型钢的存在，提高了框架梁承载力。

（3）试件开裂前后，两榀框架梁在正、反两个方向上的耗能极小，试件基本处于弹性工作阶段。

（4）在相同位移量级的加载中，两榀框架梁反向耗能值增加小于正向耗能增加值，这是由于预应力筋约束作用所致。

（5）随着位移量级的增加，预应力型钢混凝土框架梁的耗能能力都不断增加，进入弹塑性阶段后，虽然试件的损伤不断积累，所承受的荷载值增长非常缓慢甚至出现下降，但位移的大幅增加还是会显著提高试件的耗能能力。

（6）大位移阶段，XGKJ1 预应力普通混凝土框架梁的耗能低于 XGKJ2 预应力型钢混凝土框架梁，这与 XGKJ1 的框架梁的滞回曲线的捏拢效应吻合。

（7）同级位移下的三次循环中，由于框架在反复荷载作用下损伤积累，后两次循环的耗能小于第一次循环。

2. 黏滞阻尼系数计算分析

《建筑抗震试验规程》JGJ/T 101—2015[4]中规定结构耗能能力可以用等效黏滞阻尼系数来表示。

图 9.17 为黏滞阻尼系数（h_e）的表达式为：

$$h_e = \frac{1}{2\pi} \frac{S_{(ABC+CDA)}}{S_{(OBE+ODF)}} \qquad (9.4)$$

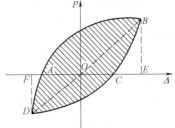

式中　$S_{(ABC+CDA)}$——滞回环 $ABCD$ 面积；

　　　$S_{(OBE+ODF)}$——三角形 OBE 和三角形 ODF 之和。

试件对应于各级位移加载循环的黏滞阻尼系数见表 9.3，表中 1Δ、2Δ、3Δ·· 分别为 2 试件位移加载阶段第 1、2、3·· 位移循环。

图 9.17　黏滞阻尼系数计算示意

框架梁的黏滞阻尼系数　　　　　　　　　　　　　　　　表 9.3

循环位移	1Δ	2Δ	3Δ	4Δ	5Δ
XGKJ1	0.193	0.219	0.233	0.258	/
XGKJ2	0.209	0.247	0.272	0.283	0.323

由表 9.3 可以看出：

（1）随着位移循环数的增加，2 个试件的耗能能力均有持续、明显的增加；承载力极限状态时试件 XGKJ1、试件 XGKJ2 的等效黏滞阻尼系数分别为 0.258 和 0.323，说明破坏时截面仍具有良好的耗能能力。

（2）在相同的位移循环级，试件 XGKJ2 的 h_e 均大于试件 XGKJ1，极限破坏时试件 XGKJ2 的 h_e 为试件 XGKJ1 的 1.25 倍，说明在加载后期尽管混凝土保护层不断压碎脱落导致试件塑性变形增大，但试件核心区型钢及其内包混凝土仍处于多向约束的良好工作状态，具有良好的耗能能力，能够继续耗散地震能量，对结构抵御大震之后的二次余震较为有利。

9.2.3.6　延性性能

混凝土结构或构件的破坏可分为脆性破坏和延性破坏两类，脆性破坏是指构件达到最大承载力后突然丧失承载能力，在没有预兆的情况下发生的破坏。延性破坏是指构件承载力没有显著降低的情况下，经历很大的非线性变形后所发生的破坏，在破坏前给人以警世。延性是指结构或构件超过弹性极限后，在没有明显强度和刚度退化的情况下的变形能力。对于混凝土构件除了应满足强度、刚度、稳定性等方面的要求外，还要求他们具有良好的延性，主要原因有：

（1）延缓破坏过程，构件破坏前有明显预兆，确保生命安全，减少财产损失。通常脆性破坏构件要求有较高的可靠指标，而延性破坏构件可采用偏小的可靠指标。

（2）混凝土连续板和框架超静定结构塑性设计时，要求某些截面能够形成塑性铰，实现内力重分布。产生塑性铰的截面应有足够延性才能充分转动，满足弯矩调幅要求。

（3）有抗震设防要求的结构，若具有良好的延性，能够吸收和消化地震能量，降低动力反应，减轻地震破坏，防止结构倒塌。

影响结构延性的因素很多，因为结构由不同的构件组成，而构件延性又取决于临界截面的延性。因此，影响结构延性的因素既包含了影响截面、构件延性的因素（如材料性能、几何特征、荷载形式、加载历史、支座条件、临界截面相对位置等），也含有其特殊性：如构件的相对刚度、构件相对极限抗弯承载力及塑性铰的数量等。

影响预应力构件延性的因素主要有：①预应力筋用量对截面的影响。延性随预应力筋配筋率 ρ 的降低而显著增加。②预应力筋的分布对延性的影响。在抗震设计中，由于地震会使接近柱面的梁中出现反向力矩，它要求截面具有正负弯矩强度。这就要求在截面内至少有两束或更多的预应力筋，且至少有一束接近上表面，有一束接近下表面。③横向钢筋对延性的影响。设置箍筋将改善预应力构件的延性，箍筋使混凝土受约束，也可用来防止承受循环荷载时纵向筋的屈曲及核心混凝土的进一步破坏。④保护层厚度对延性的影响。保护层厚度小，可确保预应力混凝土梁在承受大曲率而混凝土剥落时不致使弯矩承载力明显下降。

为了度量和比较结构或材料的延性，一般取延性系数作为明确的数值指标。延性系数是指在保持结构或材料的基本承载力（强度）的情况下，极限变形 Δ_u 和初始屈服变形 Δ_y 的比值，即：

$$\mu = \frac{\Delta_u}{\Delta_y} \tag{9.5}$$

在荷载-位移骨架曲线上，往往没有明显的屈服点，这是由于材料的非线性特征、不同部位的钢筋进入屈服的时间不同等原因造成的。因此，如何确定屈服点便成为一个问题。常用的有两种确定等效屈服点的方法。

第一种方法为通用屈服弯矩法，见图9.18。试验完成后，可得骨架曲线，过骨架曲线的原点 O 作切线，与过水平极限荷载点 G 的水平线交于 H_1 点，过 H_1 点作垂线与骨架曲线交于 L 点。连接 OL 并延长，交 H_1G 于 H_2 点，过 H_2 点作垂线与骨架曲线交于 B 点，认为 B 点为该结构的屈服点，该点的横坐标即为该结构的屈服位移 Δ_y。

第二种方法为能量等值法，如图9.19所示，是用骨架曲线所包围面积互等的办法确定等效的屈服点。能量等值法采用折线 $OABC$ 来代替原来的骨架曲线，折线确定的原则为面积 OAB 与面积 BGC 相等。此来确定屈服点 B 处的屈服变形值 Δ_y。

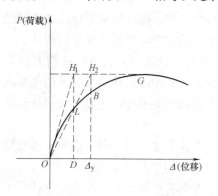

图 9.18　通用屈服弯矩法确定屈服点图

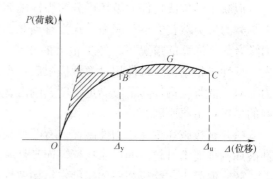

图 9.19　能量等值法确定屈服点

将框架的开裂位移、屈服位移、最大荷载的位移和极限位移四个特征位移列于表9.4。其中 Δ_u 是框架梁跨中极限位移，Δ_y 是框架梁跨中屈服位移。定义相对变形值为 Δ/L，其中 Δ 是框架梁跨中挠度，L 为框架梁跨度。延性系数和相对变形值见表9.4、表9.5。延性系数是衡量结构抗震性能的一个指标。相对变形值是衡量结构变形能力一个指标。

框架梁跨中特征位移　　　　　　　　　　　　　　表 9.4

框架编号 加载方向	XGKJ1		XGKJ2	
	正向	反向	正向	反向
开裂位移 Δ_{cr}(mm)	3.52	2.36	3.57	3.17
屈服位移 Δ_y(mm)	29.04	18.2	33.26	22.7
最大荷载位移 Δ_{max}(mm)	/	/	128.4	87.2
极限位移 Δ_u(mm)	113.6	80.8	158.84	109.6
延性系数 Δ_u/Δ_y(mm)	3.92	4.44	4.77	4.83

框架梁跨中特征相对变形值　　　　　　　　　　　表 9.5

框架编号 加载方向	XGKJ1		XGKJ2	
	正向	反向	正向	反向
Δ_{cr}(mm)	3.52	2.36	3.57	3.17
Δ_{cr}/L	1/2329	1/3474	1/2297	1/2587
Δ_y(mm)	29.4	18.2	33.26	22.7
Δ_y/L	1/279	1/450	1/246	1/361
Δ_{max}(mm)	/	/	128.4	87.2
Δ_{max}/L	/	/	1/64	1/94
Δ_u(mm)	113.60	80.80	158.84	109.6
Δ_u/L	1/72	1/101	1/52	1/74

注：$L=8200$mm；Δ_{cr}、Δ_y、Δ_{max}、Δ_u 分别为梁跨中开裂、屈服、最大荷载、极限位移。

由表9.4可以看出：

（1）普通预应力混凝土框架梁 XGKJ1 的向下延性系数为3.92、向上为4.44；预应力型钢混凝土框架梁 XGKJ2 的向下延性系数为4.77、向上为4.83，均表现出较好的位移延性，由于框架梁内型钢的存在，预应力型钢混凝土框架梁的位移延性好于普通预应力混凝土框架梁。

（2）由于预应力的存在，两榀框架梁向下延性系数小于向上延性系数，表明预应力会降低混凝土框架梁的延性。

（3）XGKJ2 框架梁端截面延性系数达到4.77时，承载力均没有明显下降，说明预应力型钢混凝土框架梁的延性性能很好，具有良好的塑性转动能力，可满足弯矩调幅的要求。

（4）弹性阶段的相对变形值在 $1/2297 \sim 1/3474$，极限破坏时的相对变形值在 $1/101 \sim 1/52$，这表明两榀框架梁具有较好的变形能力。

（5）预应力型钢混凝土结构的相对变形能力较好，大于预应力混凝土结构的变形能力。其正向（向下）变形能力小于反向（向上）变形能力。

为计算框架梁跨中位移延性系数，需要计算框架梁跨中屈服位移 Δ_y 以及极限位移 Δ_u。关于位移延性系数公式推导如下：

（1）框架梁跨中屈服位移 Δ_y 计算

以框架梁梁端截面型钢受拉翼缘屈服时框架梁跨中竖向位移为 Δ_{1y}，计算框架梁屈服位移时，如图 9.20 所示，控制截面屈服前认为曲率沿梁端到框架梁加载点线性变化，通过曲率的积分求得屈服曲率对应的位移 Δ_{1y}，计算过程如下所示：

$$\Delta_{1y} = \int_0^L \phi_1(x)x\mathrm{d}x = \phi_{1y}L^2\left(\frac{1}{2} - \frac{1}{6n}\right) \tag{9.6}$$

式中　ϕ_{1y}——框架梁梁端控制截面屈服曲率，按平截面假定计算预应力型钢混凝土截面屈服曲率；

　　　n——反弯点距梁端长度与加载点距梁端长度的比值。

同理，框架梁跨中底部截面型钢翼缘屈服时框架梁跨中竖向位移为 Δ_{2y}，计算如下所示：

$$\Delta_{2y} = \int_0^L \phi_2(x)x\mathrm{d}x = \phi_{2y}L^2\left[\frac{1}{2} - \frac{1}{6(1-n)}\right] \tag{9.7}$$

式中　ϕ_{2y}——框架梁跨中控制截面屈服曲率。

在竖向低周反复荷载作用下，框架梁跨中的延性系数计算时屈服位移 Δ_y 取框架梁梁端截面型钢翼缘屈服时框架梁跨中竖向位移 Δ_{1y}。

（2）框架梁跨中极限位移 Δ_u

在低周反复荷载作用下，进行预应力型钢框架梁跨中极限位移 Δ_u 计算时，由于框架梁最后形成"三铰"（梁端和跨中）破坏机构，故框架梁跨中的竖向位移为梁端截面及跨中截面弹塑性变形引起的跨中位移之和。将每个控制截面弹塑性变形引起的跨中位移计算分 2 个阶段：①弹性阶段，为截面型钢达到屈服之前阶

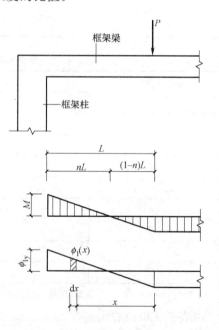

图 9.20　框架梁梁端屈服曲率分布

段，假定此时曲率沿框架梁线性分布；②塑性阶段，塑性铰出现后，假定塑性转动集中在框架梁梁端及跨中塑性铰长度中部，由塑性角产生位移，如图 9.21 所示，框架梁梁端塑性角转动产生的跨中位移计算式（9.5）、式（9.6）所示。

$$\Delta_{1p} = \theta_{1p}(L - 0.5L_{1p}) = (\phi_{1m} - \phi_{1y})L_{1p}(L - 0.5L_{1p}) \tag{9.8}$$

$$\phi_{1m} = \phi_{1y} + \phi_{1p} \tag{9.9}$$

式中　θ_{1p}——框架梁梁端控制截面转角，按文献 [5] 方法计算；

L_{1p}——框架梁梁端塑性铰长度，按文献
　　　[5] 方法计算；

ϕ_{1p}——框架梁梁端控制截面塑性曲率；

ϕ_{1m}——框架梁梁端控制截面极限曲率，按
　　　平截面假定计算预应力型钢混凝土
　　　截面极限曲率。

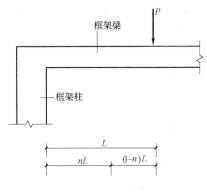

框架梁梁端控制截面塑性铰转动引起的框架
梁跨中竖向位移 Δ_{1u} 为：

$$\Delta_{1u} = \Delta_{1y} + \Delta_{1p} \qquad (9.10)$$

同理框架梁跨中控制截面塑性变形计算如
下式：

$$\Delta_{2p} = \theta_{2p}(L - 0.5L_{2p}) = (\phi_{2m} - \phi_{2y})L_{2p}(L - 0.5L_{2p}) \qquad (9.11)$$

$$\phi_{2m} = \phi_{2y} + \phi_{2p} \qquad (9.12)$$

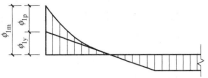

图 9.21　框架梁梁端极限曲率分布

式中　θ_{2p}——框架梁跨中控制截面转角，按文献
　　　　　[5] 方法计算；

L_{2p}——框架梁跨中塑性铰长度，按文献 [5] 方法计算；

ϕ_{2p}——框架梁跨中控制截面塑性曲；

ϕ_{2m}——框架梁梁端控制截面极限曲率。

框架梁跨中截面塑性铰形成引起的框架梁跨中竖向位移 Δ_{2u} 为：

$$\Delta_{2u} = \Delta_{2y} + \Delta_{2p} \qquad (9.13)$$

考虑梁端以及跨中控制截面弹塑性变形中弹性阶段的重叠性，框架梁跨中极限状态竖
向位移 Δ_u 的计算如式（9.14）、式（9.15）所示：

$$\Delta_u = \Delta_{1y} + \Delta_{1p} + (\Delta_{2y} - \Delta_{1y}) + \Delta_{2p} = \Delta_{2y} + \Delta_{1p} + \Delta_{2p} \qquad (9.14)$$

$$\Delta_u = \phi_{2y}L^2\left[\frac{1}{2} - \frac{1}{6(1-n)}\right] + (\phi_{1m} - \phi_{1y})L_{1p}(L - 0.5L_{1p}) + (\phi_{2m} - \phi_{2y})L_{2p}(L - 0.5L_{2p})$$

$$(9.15)$$

框架梁跨中的位移延性系数 μ_Δ 计算如式（9.16）所示：

$$\mu_\Delta = \frac{\Delta_u}{\Delta_y} = \frac{\phi_{2y}L^2\left[\frac{1}{2} - \frac{1}{6(1-n)}\right] + (\phi_{1m} - \phi_{1y})L_{1p}(L - 0.5L_{1p}) + (\phi_{2m} - \phi_{2y})L_{2p}(L - 0.5L_{2p})}{\phi_{1y}L^2\left(\frac{1}{2} - \frac{1}{6n}\right)}$$

$$(9.16)$$

利用公式（9.16）计算本实验框架梁跨中延性系数，计算结果见表 9.6。

计算值与试验值对比　　　　　　　　　　　　　　　　　　　　　　表 9.6

框架编号		XGKJ1		XGKJ2	
加载方向		向下	向上	向下	向上
屈服位移 Δ_y (mm)	实验值 Δ_{ty}	29.04	18.2	33.26	22.7
	计算值 Δ_{cy}	30.23	17.54	32.49	21.81
	Δ_{ty}/Δ_{cy}	0.96	1.04	1.02	1.04

框架编号		XGKJ1		XGKJ2	
加载方向		向下	向上	向下	向上
极限位移 Δ_u(mm)	实验值 Δ_{tu}	113.6	80.8	158.84	109.6
	计算值 Δ_{cu}	134.52	84.72	172.52	121.26
	Δ_{tu}/Δ_{cu}	0.84	0.95	0.92	0.90
延性系数 Δ_u/Δ_y	实验值 $\mu_{t\Delta}$	3.92	4.44	4.77	4.83
	计算值 $\mu_{c\Delta}$	4.45	4.83	5.31	5.56
	$\mu_{t\Delta}/\mu_{c\Delta}$	0.88	0.92	0.90	0.87

由表 9.6 可以看出延性系数公式计算值一般高于实验结果，这是因为钢筋混凝土结构和构件在周期反复荷载作用下，存在低周疲劳现象，所以其滞回延性通常低于单调荷载作用下的静力延性。T. Takeda[6]等从大量的钢筋混凝土延件构件的模型试验也发现并证实了钢筋混凝土延性构件的滞回位移延性小于静力单调位移延性。但是地震是完全随机的事件，事先无法预知其在未来的地震动作用下将要经历的反复变形循环情况。所以，也就无法精确确定其滞回延性指标，故实际运用中，滞回延性指标一般采用静力延性指标或由周期反复荷载试验得到，由表 9.6 可以看以，计算结果吻合较好，可以指导工程实践。

9.2.3.7 恢复力模型

钢筋混凝土结构或构件实际恢复力曲线十分复杂，难以直接应用于结构抗震性能的分析，故需要对结构或构件的实际恢复力曲线模型化，从而便于数学描述和工程实际应用。恢复力曲线模型大体上有两类：一类是曲线形模型，另一类是折线形模型。曲线形恢复力模型由连续曲线构成，刚度变化连续，较符合工程实际，但刚度计算复杂。折线形恢复力模型由若干直线段所构成，刚度变化不连续，存在拐点或突变。但是由于刚度计算简单，数学表达式明确，故在工程实践中得到广泛应用。钢筋混凝土结构或构件的折线形恢复力模型有刚度退化二线形模型、刚度退化三线形模型和刚度退化四线形模型等。

1. 刚度退化二线形模型

用两段折线代替正、反向加载恢复力骨架曲线，并考虑混凝土结构或构件的刚度退化性质。常见的有坡顶退化二线形和平顶退化二线形，见图 9.22 和图 9.23。

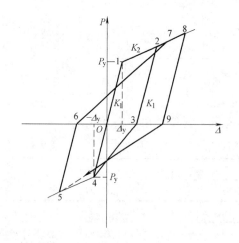

图 9.22　坡顶退化二线形

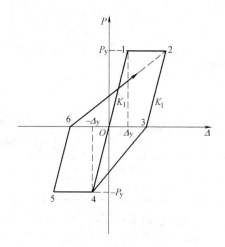

图 9.23　坡顶退化二线形

刚度退化二线形模型的主要特点：

(1) 第一个转折点为屈服点，相应的力和位移为 P_y 和 Δ_y。

(2) 卸载无刚度变化，即卸载刚度取加载刚度 k_1，卸载至零反向加载时刚度退化。途中卸载时的卸载刚度取 k_1。

(3) 非弹性阶段卸载至零第一次反向加载时直线指向反向屈服点，后续反向加载时直线指向所经历的最大位移点。

(4) 坡顶退化二线形需要确定 P_y、k_1、k_2 三个参数；平顶退化二线形需要确定 P_y、k_1；两个参数。刚度退化二线形模型较粗糙，但是使用方便，在抗震结构时程分析中也有较多的应用，一般可描述钢筋混凝土构件恢复力特性，也可近似用于描述钢筋混凝土结构恢复力特性。

2. 刚度退化三线形模型

用三段折线代替正、反向加载恢复力骨架曲线，并考虑混凝土结构或构件的刚度退化性质。该模型较刚度退化二线形模型更细致描述钢筋混凝土结构与构件的实际恢复力曲线。根据是否考虑结构或构件屈服后的硬化状况，刚度退化三线形模型也可以分为考虑硬化状况的坡顶三线形模型和不考虑硬化状况的坡顶三线形模型两类，见图 9.24 和图 9.25：

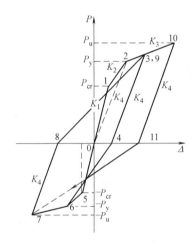

图 9.24　坡顶退化三线形

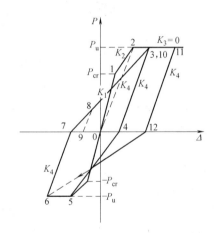

图 9.25　平顶退化三线形

刚度退化三线形模型的主要特点：

(1) 三折线的第一段表示弹性阶段，此阶段的刚度为 k_1，1 点为开裂点。第二段折线表示开裂到屈服阶段，此阶段的刚度为 k_2，2 点为屈服点。屈服后则由第三折线表示，其刚度为 k_3。

(2) 若在开裂至屈服阶段卸载，则卸载刚度取 k_1。如在屈服后卸载，卸载刚度取割线 02 的刚度 k_4。

(3) 图中卸载的卸载刚度取 k_4。

(4) 卸载至零第一次反向加载时直线指向反向开裂点或屈服点，后续反向加载时直线指向所经历过的最大位移点。

3. 预应力型钢混凝土框架梁的恢复力模型——刚度退化四折线形模型

通过对预应力型钢混凝土框架梁的 P-Δ 滞回曲线、骨架曲线以及特征荷载的分析比较，将再生混凝土框架的恢复力模型简化成刚度退化四折线形模型，见图 9.26。用四段折线代替正、反向加载恢复力骨架曲线，并考虑混凝土结构或构件的刚度退化性质和骨架曲线的下降段。该模型较刚度退化三线形模型更细致描述预应力型钢混凝土框架梁结构的实际恢复力曲线。

预应力型钢混凝土框架梁截面 P-Δ 恢复力模型如图 9.26 所示，图中箭头表示模型在正、反向加、卸载过程中的行走路线。滞回规则表述为：

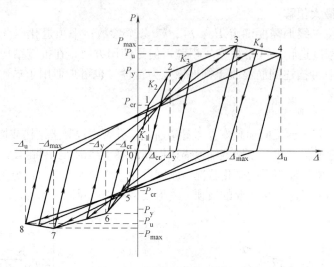

图 9.26　预应力型钢混凝土框架梁的四折线恢复力模型

（1）四折线的第一段表示弹性阶段，此阶段的刚度为 k_1，1 点为开裂点；第二段折线表示开裂到屈服阶段，此阶段的刚度为 k_2，2 点为屈服点；第三段直线为屈服后到最大荷载点，3 点为最大荷载点，此阶段的刚度为 k_3；最大荷载点到极限荷载点则由第四折线表示，其刚度为 k_4。

（2）弹性段加卸载规则：混凝土开裂前，增量加载刚度取初始阶段刚度，卸载时不考虑刚度退化和残余变形。

（3）弹塑性段加卸载规则：开裂点至屈服点之间，增量加载刚度取屈服刚度，卸载时按初始弹性刚度，不考虑刚度退化和残余变形；屈服点至极限点之间，增量加载取屈服后刚度，卸载时将开裂刚度 $(EI)_e$ 和 $(EI)'_e$ 按系数 β 折减，β 可以根据试验结果确定。

（4）下降段加卸载规则：达到极限点之后，增量加载刚度取下降段刚度，卸载时卸载刚度仍将开裂刚度 $(EI)_e$ 和 $(EI)'_e$ 按系数 β 折减。

（5）反向加载及正向再加载规则：卸载后的反向再加载时，当反向经历过的最大曲率未超过开裂曲率时，在 $M=0$ 处直接指向反向开裂点，当反向经历过的最大曲率超过开裂曲率时，在 $M=0$ 处指向反向经历过的最大曲率点。

根据试验结果，2 榀框架梁恢复力模型中的特征比例参数见表 9.7。

恢复力模型的特征参数

表 9.7

特征参数	XGKJ1		XGKJ2	
	正向（向下）	反向（向上）	正向（向下）	反向（向上）
P_{cr}(kN)	32.80	22.00	40.00	28.60
P_y(kN)	152.30	71.58	241.60	125.31

续表

特征参数	XGKJ1		XGKJ2	
	正向(向下)	反向(向上)	正向(向下)	反向(向上)
P_{max}(kN)	318.76	125.56	421.10	225.10
P_u(kN)	—	—	366.5	168.6
Δ_{cr}(mm)	3.52	2.36	3.57	3.17
Δ_y(mm)	29.40	18.20	33.26	22.7
Δ_{max}(mm)	113.60	80.80	128.40	87.20
Δ_u(mm)	—	—	158.84	109.60
β	$0.335\left(\dfrac{\Delta}{\Delta_u}\right)^{-0.3288}$	$0.2091\left(\dfrac{\Delta}{\Delta_u}\right)^{-0.476}$	$0.2763\left(\dfrac{\Delta}{\Delta_u}\right)^{-0.3891}$	$0.2467\left(\dfrac{\Delta}{\Delta_u}\right)^{-0.4298}$

9.2.4　小结

通过 2 榀预应力型钢混凝土框架的竖向低周反复荷载试验，研究了预应力型钢混凝土框架的竖向抗震性能，主要包括框架的破坏现象、破坏机制、滞回曲线、骨架曲线、特征荷载和特征位移、刚度退化和耗能能力等。对试验结果的初步分析，可得出如下结论：

（1）竖向低周反复荷载作用下，预应力型钢混凝土框架的破坏机制是梁端、跨中"三铰"的梁铰破坏机制，由于框架"拱效应"影响，2 个试件框架梁极限承载力大大提高。

（2）预应力型钢混凝土框架的滞回曲线呈"梭形"，且较丰满，刚度退化低于预应力混凝土框架，正反向位移延性系数均值为 4.8，表现出良好的抗震性能和变形能力。

（3）在小变形阶段，两榀框架梁在向下卸载阶段时下部裂缝基本闭合，残余变形很小，这反映了预应力混凝土及预应力钢骨混凝土构件具有良好的裂缝闭合性能和变形恢复能力。

（4）框架梁试件在低周反复荷载下都经历了弹性阶段、屈服阶段与极限阶段，且这三个阶段的刚度退化明显。

（5）两榀框架梁的正向（向下）开裂荷载明显大于反向（向上），这说明预应力能有效提高混凝土试件的开裂荷载。

（6）XGKJ1 的普通预应力混凝土框架梁的正向（向下）残余变形率较小，表现出良好的变形恢复能力；XGKJ2 的预应力型钢混凝土框架梁的残余变形率为 0.44～0.62，均表现出一定的变形恢复能力。

（7）XGKJ2 预应力型钢混凝土框架梁的正向反向耗能能力比 XGKJ1 普通预应力混凝土框架梁大。

（8）承载力极限状态时试件 XGKJ1、试件 XGKJ2 的等效黏滞阻尼系数分别为 0.258 和 0.323。

（9）当型钢高度与梁截面高度比值一定时，含钢率对试件位移延性影响不大，型钢高度与梁截面高度比值影响较大，随着 α 的增大，延性系数增大。

9.3　预应力井式梁框架的振动台模型试验

模拟地震振动台试验通过对结构输入地面运动，模拟地震对结构作用的全过程，测试结构或模型的动力特性和动力反应。其特点是可以再现各种形式的地震波形，可以在试验室条件下直接观测和了解试验结构和模型的震害情况和破坏现象，从而检验结构整体的变形能力和抗震能力。

9.3.1　试验概况及目的

本次振动台试验的原型为平面尺寸 $32m \times 35m$ 的单层大跨预应力井式梁框架结构，其平面如图 9.27 所示。YL1、YL2、YL3、YL4 为后张有粘结预应力梁，截面尺寸均为 $450mm \times 1800mm$，周边框架柱的截面尺寸均为 $800mm \times 800mm$，预应力梁与框架柱的连接为整浇刚接节点。为减小板跨，预应力梁之间设非预应力次梁，截面均为 $250mm \times 600mm$，井式梁框架的边梁尺寸均为 $250mm \times 700mm$。结构层高 8.0m，板厚 120mm。预应力梁中预应力束的配筋曲线如图 9.28 所示。

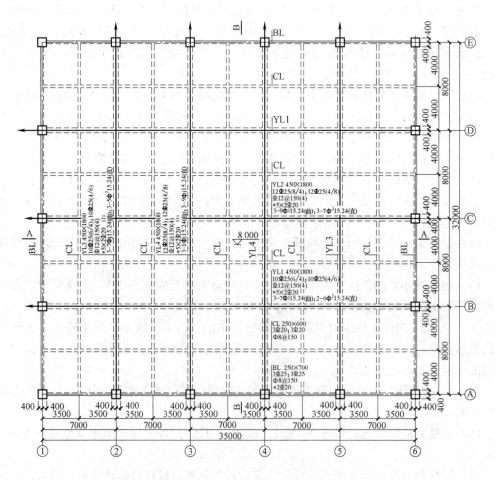

图 9.27　原型结构的结构平面图

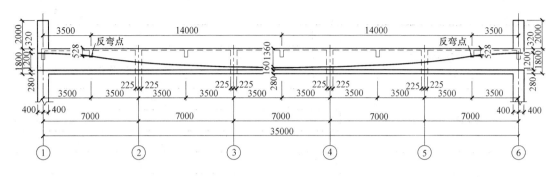

A—A剖面图

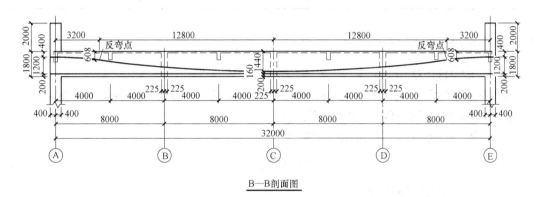

B—B剖面图

图 9.28　预应力梁中预应力束的配筋曲线

本次试验拟通过缩尺比例 1：10 的模拟地震振动台试验，实现下述试验目的：（1）研究预应力混凝土结构动力模型试验的设计方法；（2）研究预应力筋张拉阶段交叉梁系之间的相互影响程度以及梁板内混凝土有效预应力的建立情况；（3）通过各阶段白噪声扫频研究结构的自振特性（周期、阻尼、振型）和结构在不同烈度地震作用下的加速度、位移和应变反应，刚度退化的规律，以及结构的破坏位置和破坏机理，评价结构的抗震能力；（4）研究预应力筋在地震作用下应力变化规律，以及预应力对结构的阻尼、刚度、耗能能力、恢复力模型等的影响；（5）通过试验观测，了解结构的破坏形态，找出结构薄弱环节，为采取合理的抗震措施提供依据；（6）探索竖向地震作用对大跨预应力结构的影响程度，以及竖向地震作用与水平地震作用的组合问题；（7）结合大跨预应力井式梁框架结构的特点，探讨该类型结构的竖向地震作用分析方法。

本次试验的模型制作及试验加载均在同济大学土木工程防灾国家重点试验室完成。同济大学 MTS 模拟地震振动台的主要参数如表 9.8 所示。

振动台的主要参数	表 9.8
振动台台面尺寸(m)	4.0×4.0
振动方向、自由度、工作频率	3 向、6 自由度、0.1～50Hz
试件允许高度(m)	7.0
最大负荷(KN)	150
数据采集通道数	96

续表

最大位移(mm)	X	±100
	Y	±50
	Z	±50
空载最大速度(m/s)	X	±1000
	Y	±600
	Z	±600
满载最大加速度	X	±1.2g
	Y	±0.8g
	Z	±0.7g

9.3.2 试验模型的设计制作

9.3.2.1 动力模型的相似条件

动力试验的模型一般可分为弹塑性模型（真实模型）、用人工质量模拟的弹塑性模型、忽略重力效应的弹性模型，其相似关系见表 9.9。

模型中各物理量的相似系数按下式计算：

$$S_L = L_m / L_{po} \tag{9.17}$$

式中 L_m——模型结构的几何尺寸；

动力模型的相似系数 表 9.9

相似系数 \ 模型类型	弹塑性模型（真实模型）	用人工质量模拟的弹塑性模型	忽略重力效应的弹性模型
	(1)	(2)	(3)
长度 S_L	S_L	S_L	S_L
时间 S_t	$\sqrt{S_L}$	$\sqrt{S_L}$	$S_L \cdot \sqrt{\dfrac{S_\rho}{S_E}}$
频率 S_f	$\dfrac{1}{\sqrt{S_L}}$	$\dfrac{1}{\sqrt{S_L}}$	$\dfrac{1}{\sqrt{S_L}} \cdot \sqrt{\dfrac{S_E}{S_\rho}}$
速度 S_V	$\sqrt{S_L}$	$\sqrt{S_L}$	$\sqrt{\dfrac{S_E}{S_\rho}}$
重力加速度 S_g	1	1	忽略
加速度 S_a	1	1	$\dfrac{1}{S_L} \cdot \dfrac{S_E}{S_\rho}$
位移 S_u	S_L	S_L	S_L
弹性模量 S_E	S_E	S_E	S_E
应力 S_σ	S_E	S_E	S_E
应变 S_ε	1	1	1
力 S_F	$S_E S_L^2$	$S_E S_L^2$	$S_E S_L^2$

280

相似系数 ＼ 模型类型	弹塑性模型（真实模型）	用人工质量模拟的弹塑性模型	忽略重力效应的弹性模型
	(1)	(2)	(3)
质量密度 S_ρ	$\dfrac{S_E}{S_L}$	S'_ρ	S_ρ
能量 S_{EN}	$S_E S_L^3$	$S_E S_L^3$	$S_E S_L^3$

L_{po}——原型结构的几何尺寸。

人工模拟质量的等效质量密度的相似系数应按下列公式计算：

$$\rho_{1m} = \left(\frac{S_E}{S_L} - S'_\rho \right) \rho_{0p} \tag{9.18}$$

$$S'_\rho = \frac{\rho_{1m} + \rho_{0m}}{\rho_{0p}} \tag{9.19}$$

式中　ρ_{1m}——人工模拟质量施加于模型上的附加材料的质量密度；

ρ_{0m}——模型材料的质量密度；

ρ_{0p}——原型结构的材料质量密度。

地震模拟振动台试验一个关键的控制条件是加速度的相似条件。从量纲分析中很容易推出加速度 a、长度 L、弹性模量 E 及质量密度 ρ 之间的相似关系式 $S_a S_L S_\rho = S_E$。由于我们所处的重力场重力加速度恒为 g，一般是难以改变的，故有 $S_g = 1$，这就意味着 $S_a = 1$，要求我们寻求一种比原型有更小的刚度或更大的密度的模型材料。前面已经讨论过，模型和原型的材料通常是相同或相近的，这就排除了包括非线性和重力效应在内的动力试验研究的真实模型的采用，故大多数地震模拟振动台试验都是重力失真的。在动力试验中，特别是在非线性的试验中，重力总是影响应力历程的，重力失真带来的误差是否容许，要由具体的试验来分析确定。对于某些类型模拟试验的重力失真效应较动力效应产生的应力历程小得多，这可以排除约束条件的影响，并对试验结果进行合适的修正，但此时对模型试验的时间 T 和台面输入加速度 a 的要求相应提高，造成时间轴的压缩和台面输入加速度峰值的提高，会进一步增大加载速率对结构工作性能的影响，对加载速率影响的修正已经成为一项不容忽视的工作。国内外的研究表明，试件的破坏机理基本上不受尺寸和外界激励频率的影响，但随着尺寸的减少或外界激励频率的增大，试件的强度和刚度也会相应地增大。

本次试验，先后进行了两组振动台模型试验，第一组振动台模型试验中，模型附加质量为 $100kg/m^2$，加速度相似关系为 $S_a = 1.333$，称为模型 A。第一组试验完成后，模型结构仍处于弹性状态，改变模型的附加质量为 $280kg/m^2$，此时加速度相似关系为 $S_a = 1$，称为模型 B。按照式（9.18）、式（9.17）计算的两组试验模型与原型的相似关系见表9.10、表9.11。

模型 A 与原型的相似关系 表 9.10

相似项目	几何尺寸	弹性模量	加速度	质量密度	时间	频率	应变	位移
相似系数	S_L	S_E	$S_a = \dfrac{1}{S_L} \cdot \dfrac{S_E}{S_\rho}$	S_ρ	$S_t = S_L \cdot \sqrt{\dfrac{S_\rho}{S_E}}$	$S_f = \dfrac{1}{S_t}$	S_ϵ	S_u
计算数值	1/10	1/4	1.333	1.876	0.274	3.651	1	1/10

模型 B 与原型的相似关系 表 9.11

相似项目	几何尺寸	弹性模量	加速度	质量密度	时间	频率	应变	位移
相似系数	S_L	S_E	$S_a = S_g$	S_ρ	$S_t = S_L \cdot \sqrt{\dfrac{S_\rho}{S_E}}$	$S_f = \dfrac{1}{S_t}$	S_ϵ	S_u
计算数值	1/10	1/3.44	1	2.903	0.316	3.165	1	1/10

9.3.2.2 模型的材料及加工制作

1. 材料及制作要求

根据结构试验要求和试验条件，并考虑到本次试验的试件承载能力，模型设计时适当放宽了重力加速度的相似条件。试验采用考虑人工质量的混合相似模型，即模型使用 C10 微粒混凝土材料制作，并附加一定的人工质量尽量减少因忽略重力效应产生的影响。微粒混凝土由细骨料、水泥、水组成，骨料粒径根据模型的几何尺寸而定，一般不大于截面最小尺寸的 1/3。这种模型的特点为：易保证应变不失真，微粒混凝土材料的弹性模量较小，泊松比和阻尼特性与原型混凝土接近，可反映结构构件开裂等造成的内力重分布的影响。在微粒混凝土配制时，应优先满足弹性模量和强度条件的要求，而可以将极限应变要求放在次要的地位。

模型的普通钢筋采用回火镀锌钢丝，可选用 22～8 号等多种规格，其弹性模量与 HPB300 级钢接近。各种规格钢丝的直径和面积如表 9.12 所示。

模型用钢丝规格一览表 表 9.12

钢丝规格	直径 d (mm)	面积 A_s (mm²)	钢丝规格	直径 d (mm)	面积 A_s (mm²)
22 号	0.71	0.40	12 号	2.77	6.02
20 号	0.90	0.64	10 号	3.50	9.62
18 号	1.20	1.13	8 号	4.00	12.56
16 号	1.60	2.01	Φ6	6.00	28.26
14 号	2.11	3.49	Φ8	8.00	50.24

预应力筋选用消除应力的 $\Phi^s 5$ 高强度光圆钢丝，抗拉强度标准值 1570MPa，由上海申佳金属制品有限公司提供，模型结构配筋情况见表 9.13。

模型结构构件配筋一览表

表 9.13

	预应力梁编号	YL1	YL2	YL3	YL4
原型结构	$b(mm)\times h(mm)$	450×1800	450×1800	450×1800	450×1800
	顶部主筋	$10\Phi 25$	$12\Phi 25$	$10\Phi 25$	$12\Phi 25$
	底部主筋	$10\Phi 25$	$12\Phi 25$	$10\Phi 25$	$12\Phi 25$
	箍筋	$\Phi 12@150(4)$	$\Phi 12@150(4)$	$\Phi 12@150(4)$	$\Phi 12@150(4)$
	预应力筋	3-7Φ^j15.24(曲) 2-6Φ^j15.24(直)	3-9Φ^j15.24(曲) 3-7Φ^j15.24(直)	3-7Φ^j15.24(曲) 3-5Φ^j15.24(直)	3-10Φ^j15.24(曲) 3-9Φ^j15.24(直)
	边柱主筋	$44\Phi 25$			
	边柱箍筋	$\Phi 12@100(4)$			
	角柱主筋	$24\Phi 25$			
	角柱箍筋	$\Phi 12@100(4)$			
模型结构	$b(mm)\times h(mm)$	45×180	45×180	45×180	45×180
	顶部主筋	$3\Phi 6$	$2\Phi 8$	$3\Phi 6$	$2\Phi 8$
	底部主筋	$3\Phi 6$	$2\Phi 8$	$3\Phi 6$	$2\Phi 8$
	箍筋	$\Phi 2.11@15$	$\Phi 2.11@15$	$\Phi 2.11@15$	$\Phi 2.11@15$
	预应力筋	2Φ^s5(曲) 1Φ^s5(直)	3Φ^s5(曲) 2Φ^s5(直)	2Φ^s5(曲) 1Φ^s5(直)	3Φ^s5(曲) 2Φ^s5(直)
	柱子主筋	$4\Phi 8 +2\Phi 6$			
	柱子箍筋	$\Phi 2.11@10$			
	角柱主筋	$4\Phi 6$			
	角柱箍筋	$\Phi 2.11@10$			

模型的结构平面图见图 9.29，模型结构板配筋图见图 9.30，图 9.31 为模型结构两个方向的配筋剖面图。模型结构的底座平面图见图 9.32（采用试验室现有的钢筋混凝土底座，已根据吊装设备与振动台的实际情况预设了吊环和安装孔），两个方向的立面尺寸分别如图 9.33 和图 9.34 所示。

模型制作时，预先埋设吊环及预应力筋应变片的预埋塑料泡沫。吊环与主筋采用焊接固定，塑料泡沫用铁丝与波纹软管绑牢，以避免混凝土浇筑时移位。

283

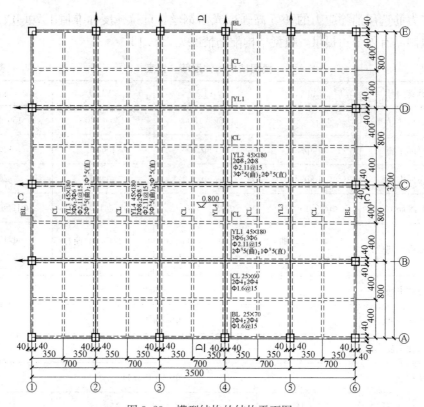

图 9.29 模型结构的结构平面图

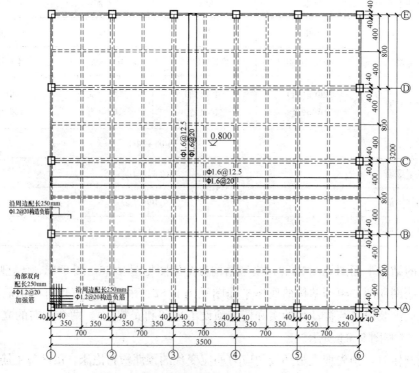

图 9.30 模型结构板配筋图（板厚 $h=12\text{mm}$）

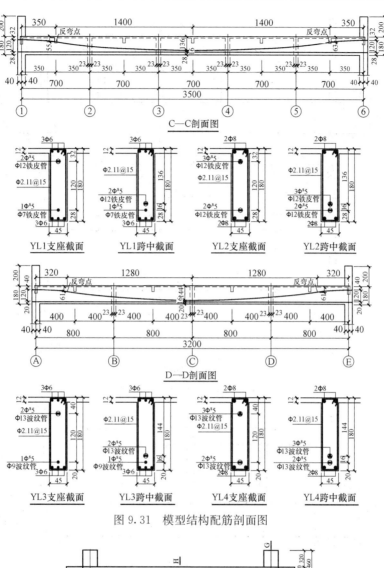

图 9.31　模型结构配筋剖面图

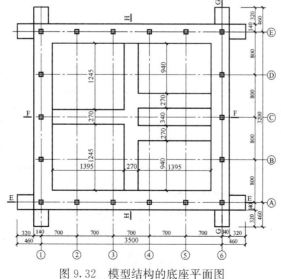

图 9.32　模型结构的底座平面图

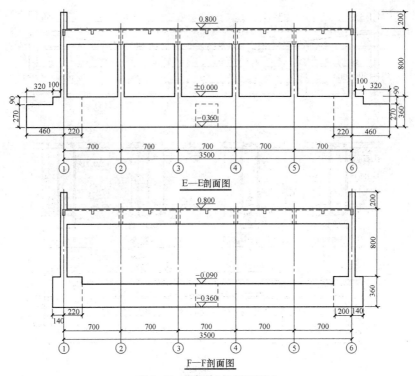

E—E剖面图

F—F剖面图

图 9.33　模型结构剖面图 1

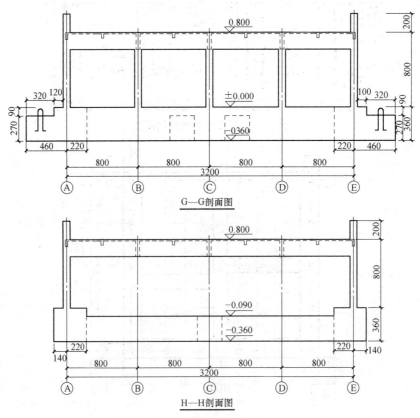

G—G剖面图

H—H剖面图

图 9.34　模型结构剖面图 2

2. 制作加工过程

在每批次浇筑模型的同时，浇筑两组微粒混凝土试块，均置于现场与模型在同等条件下养护，一组在预应力张拉阶段使用，一组在动力加载时使用。同时取有关型号的主筋和预应力筋，进行钢筋强度的拉伸试验，获取强度值和弹性模量值。根据钢筋和混凝土材料的力学试验报告，在结合施工的具体情况，并对实际施加的人工质量块的校核，对设计模型时的相似关系式进行适当的修正，使之成为使用模型的相似关系式。

模型制作的模板可采用泡沫塑料或木模。考虑到预应力筋张拉前需将侧模和板的底模全部拆除，而预应力梁的底模和支撑必须待预应力筋张拉锚固后才能拆除，因此模板搭设时应合理筹划搭设方案。在模型养护至 100％设计强度后（以现场养护的试块强度报告为依据），拆除预应力的侧模和板的底模，然后布置测点，进行预应力筋的张拉作业（张拉前对张拉系统进行标定），并对结构进行张拉阶段的有关测试。张拉锚固后 24 小时内对预埋孔道进行灌浆，在拌制水泥浆的同时制作试块，现场养护。模型施工完毕并当水泥试块达到强度要求后，进行人工布置附加的质量块，质量块采用 3.5kg 重的铁块，并用低强度等级砂浆将其均匀粘置在模型楼面上。

3. 预应力的实现

模型中的预应力梁中预应力筋均采用曲线形和直线形两种布置方式，模型柱配筋图见图 9.35，预应力筋的线型图见图 9.36，制作预应力筋时应严格控制下料长度。试验采用内径 $\phi 9$ 和 $\phi 13$ 两种规格的塑料波纹软管模拟实际结构中的波纹管，塑料波纹管在绑扎钢筋的同时进行划线定位、穿管、固定、穿丝。结构中的预应力通过张拉高强钢丝来实现，预应力筋采用镦头锚，张拉锚具采用专门加工的四孔 $\phi 5.2$ 锚环和带螺纹的钢套，预应力锚固系统及工作原理见图 9.38。

张拉步骤为：当一根梁张拉至设计吨位后，测量一次结构的变形情况（包括应变和反拱），然后超张拉 5％，维持张拉力，同时将带螺纹的钢套旋至垫板面，并拧紧加以锚固，待预应力筋锚固完毕后，再测记一次应变和变位等。

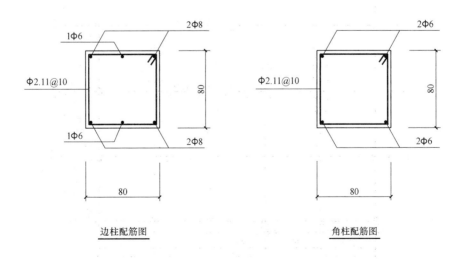

图 9.35　模型结构柱配筋图

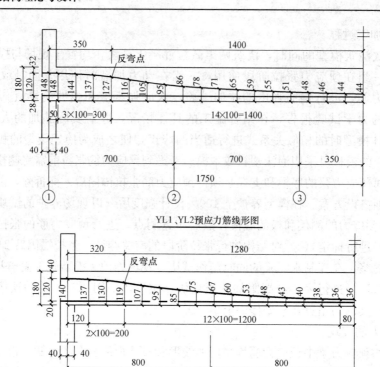

YL1、YL2预应力筋线形图

YL3、YL4预应力筋线形图

图 9.36　模型预应力筋线形图

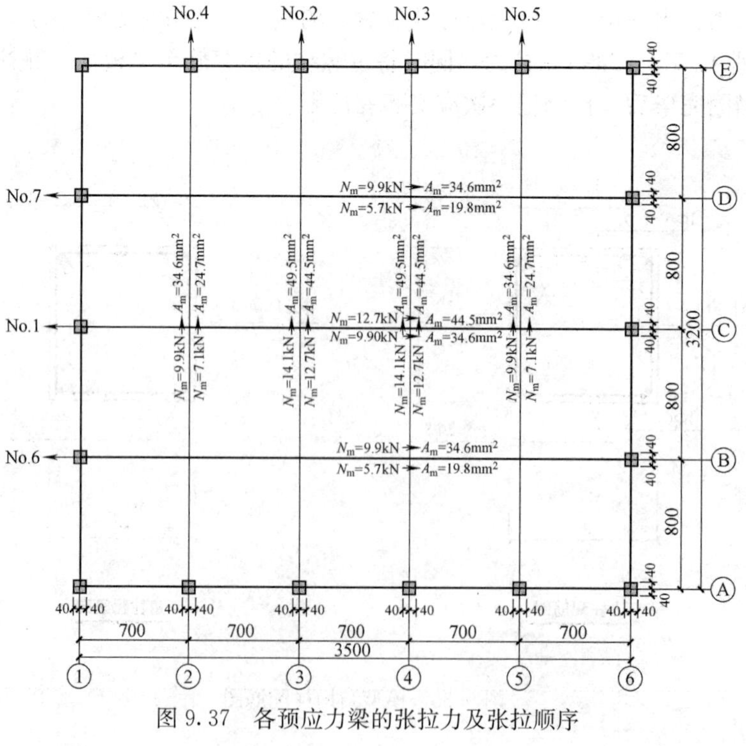

图 9.37　各预应力梁的张拉力及张拉顺序

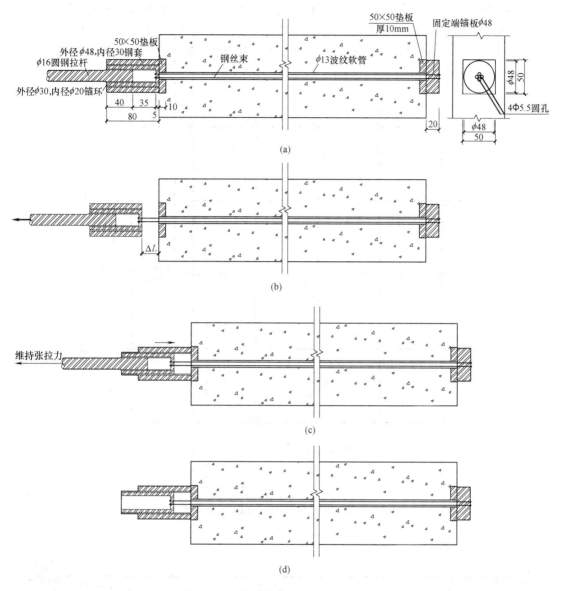

图 9.38　预应力张拉、锚固工作原理图

（a）锚固系统组件图；（b）预应力张拉过程示意图；（c）锚固过程示意图；（d）锚固完毕后示意图

模型设计中，确定预应力筋用量的原则是：保证模型结构的预应力度与原型结构一致（即在弹性工作条件下满足 $S_\varepsilon = 1$），并尽量接近预应力筋配筋率的相似条件。这是由于受到锚具和钢丝实际规格的限制，配筋率的相似条件不得不放宽，这对于结构整体抗震性能的影响还是较小的。根据上述原则，确定出模型各预应力梁的张拉力和张拉顺序，如图 9.37 所示。

9.3.3　测试内容及测点布置

9.3.3.1　预应力筋的应变（编号 Y1～Y20）

底模板支好后，将预应力钢丝穿入波纹管，在测点处剥开塑料波纹管，贴电阻应变片并用环氧树脂密封，然后用大一号的塑料波纹管作为接头，最后用粘胶带密封。测点平面布置图见图9.39，立面示意图见图9.40。其中，Y1、Y2、Y4、Y5、Y12、Y13、Y15、Y16共8点除了进行张拉阶段的静态应变测试外，还进行了振动台试验阶段的动应变反应测试。

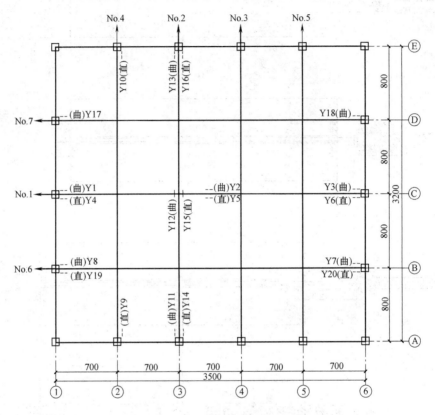

图 9.39　预应力筋应变测点平面布置图

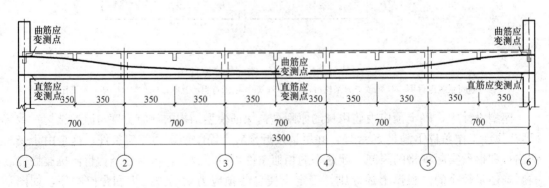

图 9.40　预应力筋应变测点立面示意图

9.3.3.2　普通钢筋的应变（编号 J1～J20）

预先在钢筋测点处打磨，再贴钢筋电阻应变片并用环氧树脂密封。其平面布置和立面布置见图9.41，立面示意图图9.42。其中，J1、J5、J7、J11、J13、J14、J19、

J20 共 8 点除了进行张拉阶段的静态应变测试外，还进行了振动台试验阶段的动应变反应测试。

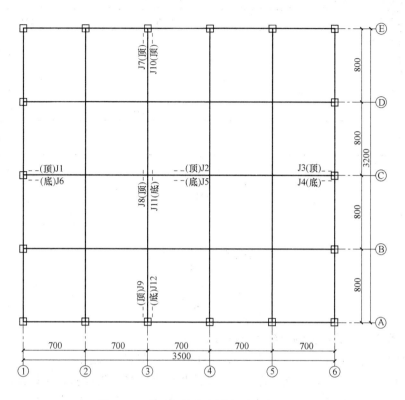

图 9.41 普通钢筋应变测点平面布置图

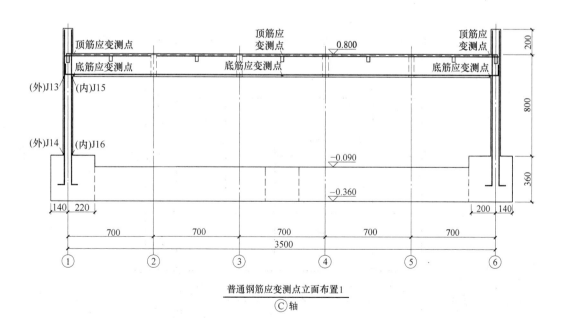

图 9.42 普通钢筋应变测点立面示意图

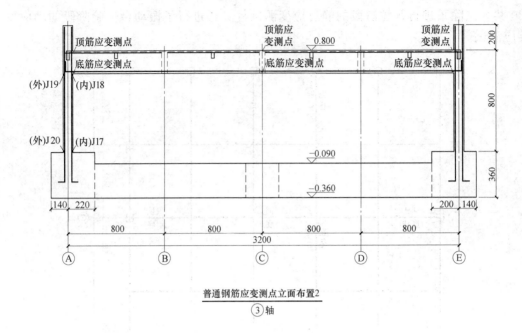

普通钢筋应变测点立面布置2

③轴

图 9.42　普通钢筋应变测点立面示意图（续）

9.3.3.3　预应力梁的反拱值（编号 F1～F4）

反拱值只在张拉阶段进行量测，位移计的平面布置图见图 9.43，立面示意图见图 9.44，通过 DH3815 静态应变测量系统自动采集数据。当一根梁张拉至设计吨位后，超张拉 5%，维持张拉力，同时将带螺纹的钢套旋至垫板面，锚固完毕后，即测记一次反拱值（实际测试了 19 个工况）。

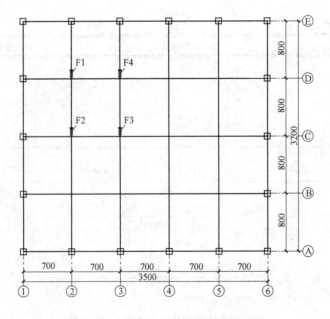

图 9.43　交叉点反拱测点平面布置图

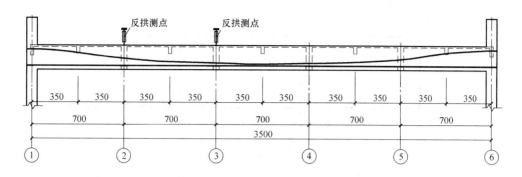

图 9.44　交叉点反拱测点立面示意图

9.3.3.4　加速度反应（编号 A1～A8）

采用压电式加速度传感器，共 8 只，布置在模型结构楼层平面内，其中 X 向 2 只传感器平面布置图见图 9.45。

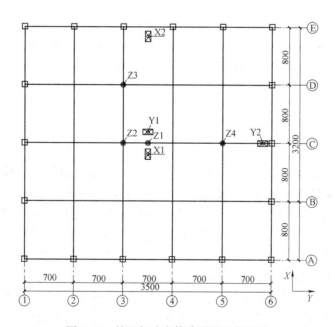

图 9.45　楼面加速度传感器平面布置图

9.3.3.5　位移反应（编号 D1～D3）

采用 YHD—200 型位移传感器，共 3 只，分别为 X、Y、Z 三个方向，布置在模型结构楼层平面内，位移传感器平面布置图见图 9.46。

9.3.4　试验用地震波波形

地震波选择的依据：（1）由于采用了缩尺模型，台面输入的地震地面运动的加速度波形必须按试验设计和模型设计的要求，按相似条件对原有地震记录进行调整，主要是波形在时间坐标上压缩和对加速度幅值的放大或缩小。当对时间坐标进行压缩后会造成加速度波形频谱成分的改变，卓越频率相应提高，要求不应大于振动台工作频率，以免使波形再

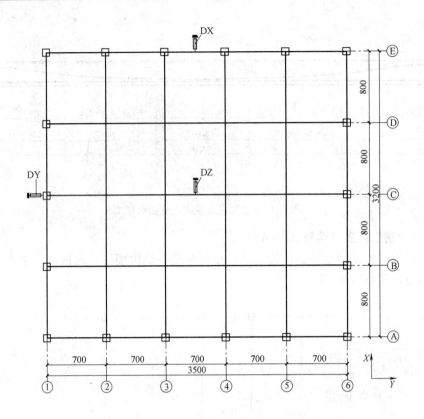

图 9.46　楼面位移传感器平面布置图

现发生困难，并保证高频成分的有效输入。(2) 为获得试件或模型的初始动力特性，以及在每次地震作用激励下的动力特性变化情况，要求在每次加载试验前测试模型的动力特性参数。由于模型已经安装固定于振动台台面，较为方便的方法是输入白噪声激振。(3) 白噪声是具有一定带宽的连续频谱的随机信号，这种带宽随机过程是无规则的、永不重复的，不能用确定性函数表示。它具有较宽的频谱，在白噪声激励下，模型能够得到频率响应函数。由于模型是多自由度的系统，因此响应谱可以得到多个共振峰，对应得到结构的各阶频率响应。(4) 模拟地震振动台试验的多次分级加载试验可以较好地模拟结构对初震、主震和余震等不同等级或烈度地震作用的反应，并可以明确地得到模型在各个阶段的周期、阻尼、振型、刚度退化、能量吸收能力及滞回反应特性。但同时须考虑多次性加载产生变形积累的影响[7]。

根据上述依据以及原型场地条件、原型结构的动力特性，选定四条地震波作为模拟地震振动台的台面输入波，分别为：

(1) 三向的 EL-CENTRO 波。该波为 1940 年美国 IMPERIAL 山谷地震记录，记录长度为 53.73s，最大加速度：NS 方向 341.7cm/s^2，EW 方向 210.1cm/s^2，UD 方向 206.3cm/s^2，场地土类别属 Ⅱ～Ⅲ 类，震级 6.7 级，震中距 11.5km，属于近震，原始记录相当于 8.5 度地震。该地震波三个方向的加速度时程曲线分别见图 9.47 (a)、(b)、(c)。

(2) 三向的 KOBE 波。该波为日本神户大地震记录，记录长度为 50.38s。该地震波三个方向的加速度时程曲线分别见图 9.48（a）、（b）、（c）。

（3）NS 向的 TAFT 波。记录长度为 54.36s，场地土类别属Ⅱ类，属于近震。该地震波三个方向的加速度时程曲线分别见图 9.49。

（4）上海人工波 SHW2：拟合上海抗震设计规范中Ⅳ类场地土反应谱的人工地震波，为单向水平的地震波。该地震波 NS 方向的加速度时程曲线见图 9.50。

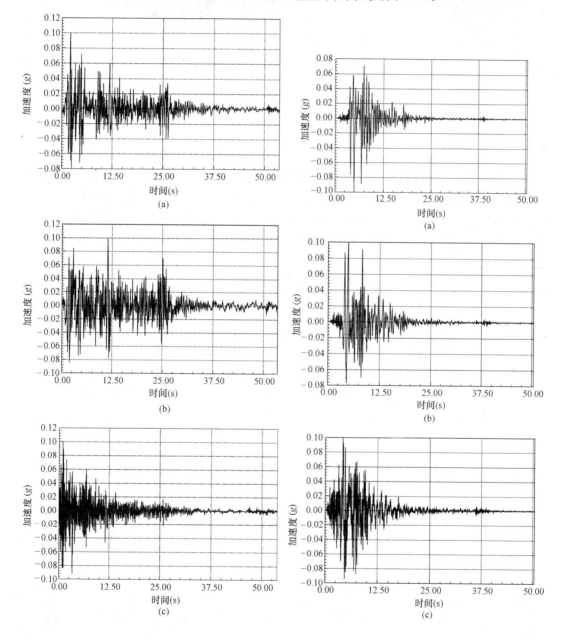

图 9.47　EL-CENTRO 波三个方向时程曲线

　　（a）EL-CENTRO 波 NS 方向时程曲线；

　　（b）EL-CENTRO 波 EW 方向时程曲线；

　　（c）EL-CENTRO 波 UD 方向时程曲线

图 9.48　KOBE 波三个方向的时程曲线

　　（a）KOBE 波 NS 方向时程曲线；

　　（b）KOBE 波 EW 方向时程曲线；

　　（c）KOBE 波 UD 方向时程曲线

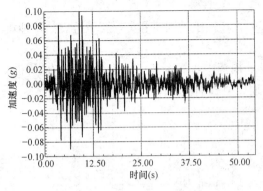

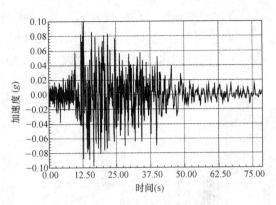

图 9.49　TAFT 波 NS 方向时程曲线　　　　图 9.50　SHW2 波 NS 方向时程曲线

9.3.5　加载阶段

试验时将地震波的加速度幅值按各次试验的要求进行放大或缩小，试验过程中多次进行激励逐级加载的方式，加载制度见表 9.14、9.15 所示。在每次加载试验前测试前，采用白噪声激振，以获取模型在上次地震作用下的动力特性变化情况。根据相似条件，台面输入的加速度幅值分别调整至各烈度对应加速度幅值，时间间隔由 0.02s 压缩至 0.00548s。

模型 A 地震波加载顺序　　　　　　　　　　　　表 9.14

工况顺序	采用波形	X 向峰值（g）	Y 向峰值（g）	Z 向峰值（g）	试验名称	备注
AWN1	白噪声	0.07	0.07	0.07	AWN1	震前
A1	EL-XYZ	0.133	0.107	0.080	AEL1	7 度
A2	EL-X	0.133			AEL2	7 度
A3	EL-Y		0.107		AEL3	7 度
A4	EL-Z			0.080	AEL4	7 度
A5	KO-XYZ	0.133	0.107	0.080	AKO1	7 度
A6	KO-X	0.133			AKO2	7 度
A7	KO-Y		0.107		AKO3	7 度
A8	KO-Z			0.080	AKO4	7 度
A9	TAFT	0.133			ATA1	7 度
A10	SHW2-X	0.133			ASH1	7 度
A11	SHW2-Y		0.107		ASH2	7 度
AWN2	白噪声	0.07	0.07	0.07	AWN2	震后
A12	EL-XYZ	0.266	0.214	0.160	AEL5	8 度
A13	KO-XYZ	0.266	0.214	0.160	AKO5	8 度
A14	EL-Z			0.160	AEL6	8 度
AWN3	白噪声	0.07	0.07	0.07	AWN3	震后
A15	EL-Z			0.320	EL7	8 度罕遇

续表

工况顺序	采用波形	X 向峰值 (g)	Y 向峰值 (g)	Z 向峰值 (g)	试验名称	备注
AWN4	白噪声	0.07	0.07	0.07	WN4	震后
A16	EL-Z			0.496	EL8	9 度罕遇
AWN5	白噪声	0.07	0.07	0.07	WN5	震后
A17	EL-Z			1.00	EL9	
AWN6	白噪声	0.07	0.07	0.07	WN6	
A18	EL-Z			1.50(1.70)	EL10	
A19	EL-XYZ	0.532	0.428	0.320	EL11	
A20	KO-XYZ	0.532	0.428	0.320	KO6	
A21	EL-XYZ	1.064	0.856	0.640	EL12	
A22	KO-XYZ	1.064	0.856	0.640	KO7	
AWN7	白噪声	0.07	0.07	0.07	WN7	
A23	SHW2-X	0.532			SH3	
A24	SHW2-X	1.330			SH4	
AWN8	白噪声	0.07	0.07	0.07	WN8	

模型 B 地震波加载顺序　　　　　　　　　　　　　　　　表 9.15

工况顺序	采用波形	X 向峰值 (g)	Y 向峰值 (g)	Z 向峰值 (g)	试验名称	备注
BWN1	白噪声	0.07	0.07	0.07	BWN1	震前
BWN2	白噪声	0.07	0.07	0.07	BWN2	震前
B1	El-Z			0.057	BEL1	7 度
B2	KO-Z			0.061	BKO1	7 度
B3	EL-Z			0.121	BEL2	8 度
B4	KO-Z			0.126	BKO2	8 度
BWN3	白噪声	0.07	0.07	0.07	BWN3	震后
B5	EL-Z			0.248	BEL3	8 度罕遇
B6	KO-Z			0.281	BKO3	8 度罕遇
BWN4	白噪声	0.07	0.07	0.07	BWN4	震后
B7	EL-Z			0.403	BEL4	9 度罕遇
B8	KO-Z			0.440	BKO4	9 度罕遇
BWN5	白噪声	0.07	0.07	0.07	BWN5	震后
B9	EL-Z			0.744	BEL5	
B10	KO-Z			0.804	BKO5	
BWN6	白噪声	0.07	0.07	0.07	BWN6	
B11	EL-Z			1.303	BEL6	
B12	KO-Z			1.400	BKO6	

工况 顺序	采用波形	X 向峰值 （g）	Y 向峰值 （g）	Z 向峰值 （g）	试验 名称	备注
BWN7	白噪声	0.07	0.07	0.07	BWN7	
BWN8	白噪声	0.07	0.07	0.07	BWN8	
B13	SH-X	0.258			BSH1	7 度罕遇
B14	SH-X	0.362			BSII2	8 度罕遇
B15	SH-X	0.730			BSH3	
B16	SH-X	0.907			BSH4	
BWN9	白噪声	0.07	0.07	0.07	BWN9	震后

每工况分别测读一次预应力筋应变反应、普通钢筋应变反应、加速度反应、位移反应。

9.3.6 模型的基本动力特性

9.3.6.1 试验结果

动力特性是指结构固有的自振频率及相应的阻尼比系数，它是由结构形式、质量分布、结构的刚度、材料性质、构造连接等因素决定的，与外荷载无关。

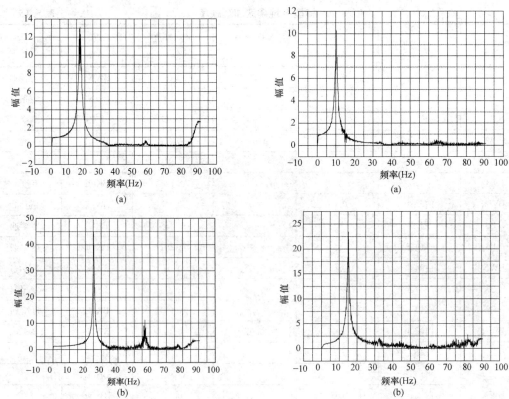

图 9.51 AWN1 工况模型加速度频响函数
（a）Y 向加速度频响函数；（b）Z 向加速度频响函数

图 9.52 BWN9 工况模型加速度频响函数
（a）Y 向加速度频响函数；（b）Z 向加速度频响函数

模型 A 在工况 AWN1（震前）X、Y、Z 向的幅频特性曲线见图 9.51，模型 B 在工况 BWN9（振动台试验结束）X、Y、Z 向的幅频特性曲线见图 9.52，采用模态识别的基本理论，可计算出模型 A、B 及原型结构的前三阶模态频率及其相应的阻尼比，见表 9.16。从中可以看出，随着加载工况的递增，大跨预应力井式梁框架结构刚度逐渐减小，由弹性状态进入到弹塑性状态，至振动台试验结束时结构振动频率约为初始频率的 70%，说明刚度已下降 50%。结构在弹性状态时 X、Y、Z 三个方向的阻尼比为 1.5% 左右，在弹塑性状态时的水平阻尼比为 4% 左右、竖向阻尼比为 3% 左右。

大跨预应力井式梁框架结构第一阶模态频率及阻尼比（X 向）　　表 9.16（a）

工况	AWN1	AWN2	AWN3	AWN4	AWN5	AWN6	AWN7	AWN8	BWN1	BWN8	BWN9
频率	16.4	16.4	15.9	15.9	15.9	15.9	13.6	13.1	10.7	9.9	8.3
原型	4.49	4.49	4.35	4.35	4.35	4.35	3.73	3.59	3.38	3.13	2.62
阻尼	1.4%	1.4%	1.75%	2.4%	2.4%	2.4%	3.4%	3.4%	3.4%	3.2%	3.9%

大跨预应力井式梁框架结构第二阶模态频率及阻尼比（Y 向）　　表 9.16（b）

工况	AWN1	AWN2	AWN3	AWN4	AWN5	AWN6	AWN7	AWN8	BWN1	BWN8	BWN9
频率	16.8	16.8	15.9	15.9	15.9	15.9	14.5	13.5	11.7	10.7	10.1
原型	4.60	4.60	4.35	4.35	4.35	4.35	3.97	3.69	3.70	3.38	3.19
阻尼	1.3%	1.3%	2.0%	2.0%	2.0%	2.0%	2.7%	2.7%	3.1%	3.4%	3.9%

大跨预应力井式梁框架结构第三阶模态频率及阻尼比（Z 向）　　表 9.16（c）

工况	AWN1	AWN2	AWN3	AWN4	AWN5	AWN6	AWN7	AWN8	BWN1	BWN8	BWN9
频率	25.2	25.2	24.9	24.9	24.8	24.4	23.3	23.3	20.5	16.6	15.2
原型	6.91	6.91	6.87	6.87	6.87	6.72	6.41	6.41	6.52	5.22	4.81
阻尼	1.2%	1.2%	1.5%	1.2%	1.1%	1.1%	1.1%	1.7%	1.8%	2.6%	2.6%

9.3.6.2　理论计算

理论计算时所采用的基本假定如下：

（1）井式梁框架结构的梁、柱用空间梁单元模拟，楼板用薄壳单元模拟；

（2）井式梁框架结构的质量集中在各交叉点上；

（3）井式梁框架各集中质量处考虑 X、Y、Z 三个自由度；

（4）采用等效荷载法考虑预应力作用对结构的影响。

根据结构动力学的相关公式，可以列出用矩阵形式表示的预应力井式梁框架结构的自由振动方程为：

$$[M]\{\ddot{y}\}+[K]\{y\}=\{0\} \tag{9.20}$$

式中　$[M]$——总质量矩阵；

$\quad\quad [K]$——总刚度矩阵；

$\quad\quad \{\ddot{y}\}$——总节点加速度向量；

$\quad\quad \{y\}$——总节点位移向量。假设结构作简谐振动，则有：

$$\{y\}=\{\phi\}\sin(\omega t+\theta) \tag{9.21a}$$

$$\{\ddot{y}\} = -\omega^2\{\phi\}\sin(\omega t + \phi) \tag{9.21b}$$

上式中 $\{\phi\}$ 表示结构体系振动的形状，与时间无关，θ 为初相位，ω 为自振圆频率。将式（9.21）代入式（9.20）消除正弦项，整理得：

$$([K] - \omega^2[M])\{\phi\} = \{0\} \tag{9.22}$$

$$|[K] - \omega^2[M]| = 0 \tag{9.23}$$

式（9.23）即为预应力井式结构的自振频率方程，求解式（9.23）即得出大跨度预应力井式梁结构的自振圆频率向量：

$$\{\omega\} = \{\omega_1, \omega_2, \omega_3 \dots \dots \omega_n\}^T \tag{9.24}$$

将第 i 个自振频率 ω_i 代入式（9.20），即得到第 i 阶振型方程为：

$$[K]\{\phi\}_i = \omega_i^2[M]\{\phi\}_i \tag{9.25}$$

式中　$\{\phi\}_i$——第 i 阶振型向量。

对于大跨预应力井式梁框架结构，由于自由度较多，要计算其全部自振频率和振型比较困难，也没必要。在实际工作中，人们关心的只是结构体系的前若干阶自振频率和振型。最常用的方法是子空间迭代法。子空间迭代法是把瑞利-里兹法与逆迭代法相结合的一种方法。它将高阶方程投影到一个低维空间即子空间中，在子空间内求解一个低阶的广义特征方程，并以求出的低阶特征矢量返回到原方程的一族正交利兹基矢量，然后以逆迭代的形式同时迭代，即修正利兹基，使其构成的低维空间接近于原方程中的一组特征值对应的特征矢量构成的低维空间，原方程在这个低维空间中就能求出近似的低阶特征对。整个过程就是在矢量的同时迭代和子空间内求低阶广义特征方程这两方面交替进行，反复迭代而不断逼近真实解的。

以上求解得出的 ω_i 为圆频率，相应的结构周期和频率为：

$$T_i = \frac{2\pi}{\omega_i}, \quad f_i = \frac{1}{T_i} = \frac{\omega_i}{2\pi} \tag{9.26}$$

根据上述基本原理，本章利用有限元通用软件 ANSYS 对试验模型 A 进行了动力模态分析，分析时根据模型内的实配钢筋，梁、柱、板截面采用换算截面惯性矩，图 9.53 为井式梁空间框架模型结构的前十阶振型。

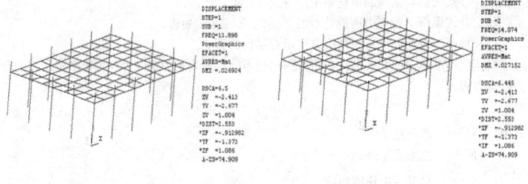

第一振型（f=13.9Hz）　　　　　　　　第二振型（f=14.1Hz）

图 9.53　井式梁空间框架结构前十阶振型

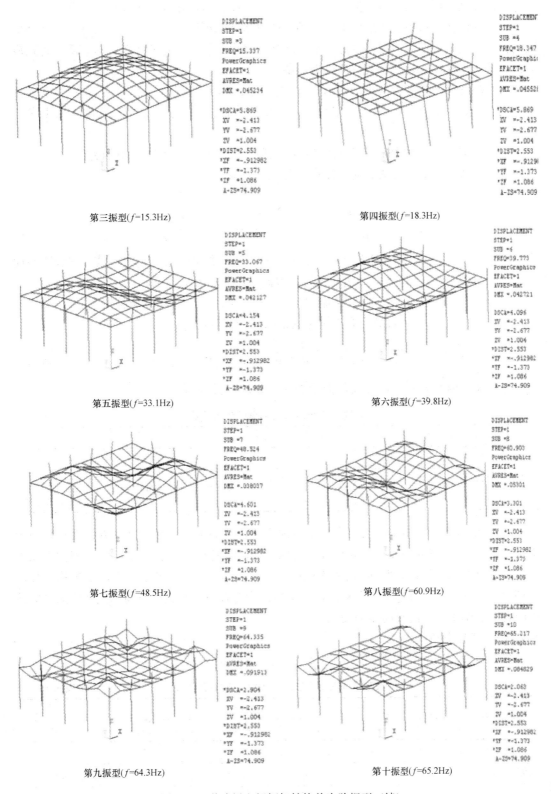

第三振型(*f*=15.3Hz)　　　　　　　　第四振型(*f*=18.3Hz)

第五振型(*f*=33.1Hz)　　　　　　　　第六振型(*f*=39.8Hz)

第七振型(*f*=48.5Hz)　　　　　　　　第八振型(*f*=60.9Hz)

第九振型(*f*=64.3Hz)　　　　　　　　第十振型(*f*=65.2Hz)

图 9.53　井式梁空间框架结构前十阶振型（续）

从计算结果可得出大跨预应力井式梁空间框架结构自由振动的主要规律如下：

（1）频谱相当密集。从结构前十阶频率的分布情况可以看出大跨预应力井式梁空间框架结构的频谱相当密集。任一设计参数的改变必将引起频率序号的改变，这表明大跨预应力井式梁空间框架结构的动力特性极为复杂。

（2）振型大体可分为两类。各节点水平分量很大，竖向分量很小的振型称为水平振型，它主要是水平振动；反之，以竖向振动为主的振型称为竖向振型。这两类振型参差出现。

（3）大跨预应力井式梁空间框架结构的振型体现出明显的竖向振动的特点。

（4）可通过振型参与系数确定各阶振型的振动特点。

$$\gamma_{j_x} = \frac{\sum_{i=1}^{L_0} m_i \Delta_{i_x j}}{P_j^2} \ , \gamma_{j_y} = \frac{\sum_{i=1}^{L_0} m_i \Delta_{i_y j}}{P_j^2} \ , \gamma_{j_z} = \frac{\sum_{i=1}^{L_0} m_i \Delta_{i_z j}}{P_j^2} \tag{9.27}$$

式中　γ_{j_x}、γ_{j_y}、γ_{j_z}——分别称为第 j 振型在 x、y、z 方向的振型参与系数，它表明地面运动加速度参与各阶振型振动的程度；

$\Delta_{i_x j}$、$\Delta_{i_y j}$、$\Delta_{i_z j}$——分别为第 j 振型时 i 节点沿 x、y、z 方向的位移值；

L_0——预应力井式梁空间框架结构节点数。

$$P_j^2 = \sum_{i=1}^{L_0} m_i (\Delta_{i_x j}^2 + \Delta_{i_y j}^2 + \Delta_{i_z j}^2) \tag{9.28}$$

经计算，模型 A 前十阶振型的振型参与系数列于表 9.17。

模型 A 前十阶振型的振型参与系数　　　　　　　　　表 9.17

序号	1	2	3	4	5	6	7	8	9	10
γ_{j_x}	98.95	0.002	0.041	0.007	0.942	0	0	0	0	0
γ_{j_y}	0.002	99.45	0	0.034	0.001	0.442	0.02	0	0	0
γ_{j_y}	0.018	0	59.52	0	0.061	0	0	8.422	0	1.224

从图 9.53 中可以看出，振型 1 以 x 方向水平振动为主，振型 2 以 y 方向水平振动为主，振型 3、8 以竖向振动为主并具有正对称的特点，振型 5、6、7、9、10 以竖向振动为主并具有反对称的特点，振型 4 呈扭转振动的特点。从表 9.17 可以看出，反对称的竖向振型的振型参与系数接近于零，从而可以推断出大跨预应力井式梁空间框架结构的竖向地震内力主要由正对称的竖向振型贡献。

9.3.6.3　误差分析

将模型 A 的前三阶模态频率的试验值和理论计算结果进行对比，见表 9.18。

模型 A 前三阶模态频率试验与理论值比较　　　　　　　表 9.18

模态阶数	自振频率（Hz）				
	试验值	方向	理论值	方向	相差
一阶	16.4	X	13.9	X	15.2%
二阶	16.8	Y	14.1	Y	16.1%
三阶	25.2	Z	15.3	Z	39.2%

从表 9.18 可以看出，水平方向模态频率的理论值与试验值较为接近，而竖向模态频率的理论值与试验值相差较远。因而，必存在某种因素对模型结构的竖向刚度影响较大，而对其水平刚度影响较小。

反复审核计算过程及模型试验过程，可初步推断为模型附加质量的施加方法不当造成这种影响。在模型施工中，附加质量的施加是采用 3.5kg 重的铁块，用低强度等级砂浆将其均匀粘置在模型楼面上，这必然大大增强楼板的竖向刚度。为模拟这种影响，对理论计算过程进行修改，计算时仅增大壳单元（楼板）的刚度，其他参数保持不变，直至水平模态频率的理论计算值与试验值近乎重合为止。计算结果见表 9.19。

模态频率试验值与增大楼板刚度后理论计算值比较　　　　表 9.19

模态阶数	自振频率（Hz）				
	试验值	方向	理论值	方向	相差
一阶	16.4	X	16.4	X	0%
二阶	16.8	Y	16.5	Y	1.8%
三阶	25.2	Z	22.3	Z	11.5%

9.3.7　模型的动力反应

9.3.7.1　结构的加速度反应

通过模型楼层平面上设置的加速度传感器测得的加速度反应，结合台面的输入加速度记录可以得到模型结构的加速度放大系数。由模型试验结果推算原型结构最大加速度反应的公式如下：

$$a_{pi} = K \cdot a_g \qquad (9.29)$$

式中　　a_{pi}——原型结构第 i 测点最大加速度反应（g）；

　　　　K——与原型结构相对应的烈度水准下模型的最大动力放大系数；

　　　　a_g——与烈度水准相对应的地面最大加速度。

表 9.20 为在设防烈度为 7 度的地震作用下，结构模型各测点的加速度响应的最大值与台面输入加速度峰值的比较，以及这些部位在地震作用下的动力放大系数。

7 度地震作用下模型 A 的动力放大系数　　　　表 9.20

波形	测点位置	X1	X2	Y1	Y2	Z1	Z2	Z3	Z4
EL	加载工况	A1（EL-XYZ）		A1（EL-XYZ）		A1（EL-XYZ）			
	测点加速度（g）	0.324	0.345	0.369	0.378	0.517	0.492	0.348	0.349
	台面加速度（g）	0.140	0.140	0.104	0.104	0.067	0.067	0.067	0.067
	动力放大系数	2.314	2.464	3.548	3.635	7.716	7.343	5.194	5.209
	加载工况	A2（EL-X）		A3（EL-Y）		A4（EL-Z）			
	测点加速度（g）	0.344	0.353	0.395	0.409	0.680	0.651	0.474	0.434
	台面加速度（g）	0.140	0.140	0.101	0.101	0.082	0.082	0.082	0.082
	动力放大系数	2.457	2.521	3.911	4.050	8.293	7.939	5.780	5.293

续表

波形	测点位置	X1	X2	Y1	Y2	Z1	Z2	Z3	Z4
KO	加载工况	A5(KO-XYZ)		A5(KO-XYZ)		A5(KO-XYZ)			
	测点加速度（g）	0.278	0.287	0.253	0.255	0.670	0.639	0.487	0.438
	台面加速度（g）	0.131	0.131	0.100	0.100	0.082	0.082	0.082	0.082
	动力放大系数	2.122	2.190	2.530	2.550	8.170	7.793	5.940	5.341
	加载工况	A6 (KO-X)		A7 (KO-Y)		A8 (KO-Z)			
	测点加速度（g）	0.270	0.277	0.274	0.282	0.060	0.555	0.401	0.417
	台面加速度（g）	0.126	0.126	0.098	0.098	0.081	0.081	0.081	0.081
	动力放大系数	2.143	2.198	2.796	2.878	7.407	6.852	4.951	5.148
SHW	加载工况	A10(SHW2-X)		A11(SHW2-Y)					
	测点加速度（g）	0.429	0.439	0.317	0.325				
	台面加速度（g）	0.143	0.143	0.106	0.106				
	动力放大系数	3.000	3.070	2.990	3.066				

从表 9.20 可以得出以下结论：

（1）分别对两个水平方向的测点 X1 和 X2、Y1 和 Y2 的动力放大系数进行比较可见，虽然二者在楼层平面上布置的位置不同，但它们的动力放大系数几乎没有差别。这表明，井式梁楼层的平面内刚度很大，相当于一平面刚体，所以楼层上的任何点在水平地震动作用下都产生几乎相同的加速度反应。

（2）对竖向测点 Z1、Z2、Z3、Z4 的动力放大系数进行比较可见，结构在不同位置处的动力放大系数是不同的。距楼面形心越远，竖向动力放大系数越小。表明大跨预应力井式梁框架结构的竖向地震反应具有中心大、周边小的特点。

（3）将三个方向的地震波同时输入和分别输入情况下结构的动力放大系数进行比较可见，三向输入时各测点的动力放大系数与单向输入时的结果差异不大。表明规则、对称的大跨预应力井式梁框架结构三个方向的地震反应相互之间的耦合程度较小，在地震反应分析时，可分别计算各方向的地震效应。

表 9.21 为在竖向地震作用下，结构模型各测点的加速度响应的最大值与台面输入加速度峰值的比较，以及这些部位在地震作用下的动力放大系数。

竖向地震作用下模型结构的动力放大系数　　　　　　　　　　　表 9.21

烈度	测点位置	模型 A				模型 B			
		Z1	Z2	Z3	Z4	Z1	Z2	Z3	Z4
7 度	加载工况	A4 (EL-Z)				B1 (EL-Z)			
	测点加速度（g）	0.680	0.651	0.474	0.434	0.246	0.217	0.186	0.183
	台面加速度（g）	0.082	0.082	0.082	0.082	0.058	0.058	0.058	0.058
	动力放大系数	8.293	7.939	5.780	5.293	4.241	3.741	3.207	3.155
	加载工况	A8 (KO-Z)				B2 (KO-Z)			
	测点加速度（g）	0.060	0.555	0.401	0.417	0.378	0.343	0.280	0.294
	台面加速度（g）	0.081	0.081	0.081	0.081	0.061	0.061	0.061	0.061
	动力放大系数	7.407	6.852	4.951	5.148	6.197	5.623	4.590	4.820

烈度	测点位置	模型 A				模型 B			
		Z1	Z2	Z3	Z4	Z1	Z2	Z3	Z4
8 度	加载工况	A14 (EL-Z)				B3 (EL-Z)			
	测点加速度（g）	1.320	1.250	0.844	0.743	0.454	0.425	0.344	0.355
	台面加速度（g）	0.160	0.160	0.160	0.160	0.121	0.121	0.121	0.121
	动力放大系数	8.250	7.813	5.275	4.644	3.752	3.512	2.843	2.934
	加载工况	A13 (KO-XYZ)				B4 (KO-Z)			
	测点加速度（g）	1.330	1.270	0.930	0.85	0.703	0.639	0.515	0.541
	台面加速度（g）	0.225	0.225	0.225	0.225	0.126	0.126	0.126	0.126
	动力放大系数	5.911	5.644	4.133	3.778	5.579	5.071	4.087	4.294
8 度罕遇	加载工况	A15 (EL-Z)				B5 (EL-Z)			
	测点加速度（g）	2.440	2.310	1.500	1.390	0.904	0.825	0.687	0.735
	台面加速度（g）	0.327	0.327	0.327	0.327	0.248	0.248	0.248	0.248
	动力放大系数	7.462	7.064	4.587	4.251	3.645	3.327	2.770	2.964
9 度罕遇	加载工况	A16 (EL-Z)				B7 (EL-Z)			
	测点加速度（g）	3.310	3.210	2.150	1.950	1.330	1.180	0.908	0.989
	台面加速度（g）	0.625	0.625	0.625	0.625	0.403	0.403	0.403	0.403
	动力放大系数	5.296	5.136	3.440	3.120	3.300	2.928	2.253	2.454

从表 9.21 可以得出以下结论：

（1）相同烈度、不同地震波作用下，模型结构的竖向地震动力放大系数相差较大，这主要是由地震波频谱特性的差异造成的。因而，采用时程分析法计算大跨预应力混凝土井式梁框架结构的地震反应时，采用几种不同的地震波进行分析是必要的。

（2）在竖向地震作用下，随着地震烈度的增加，模型各测点的竖向加速度反应呈递增的趋势，但各测点的动力放大系数呈递减的趋势。

（3）随着地震烈度的增加，同周边测点相比，跨中测点的加速度峰值增长得更快，增长趋势见图 9.54。

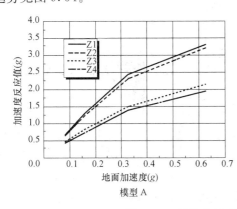 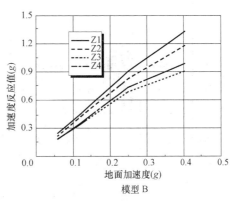

图 9.54　不同烈度下各测点的加速度反应峰值

1）从各测点的动力放大系数可以看出，在不同地震烈度，不同地震波的作用下，大跨预应力井式梁框架结构的竖向地震反应均具有中心大、周边小的特点。

2）在相同地震烈度，相同地震波的作用下，模型 B 相同测点处的动力放大系数要小于模型 A，主要原因在于模型 B 的竖向刚度小于模型 A。

9.3.7.2 结构的位移反应

通过模型楼层平面上不同方向设置的位移传感器，可测得模型结构的绝对位移反应，结合台面的位移记录，可以得到模型结构相对于台面的位移反应。

根据相似关系，由模型试验结果推算原型结构最大位移反应的公式如下：

$$D_{Pi} = \frac{a_{mg}}{S_D \cdot a_{tmg}} D_{mi} \tag{9.30}$$

式中　D_{pi}——原型结构第 i 测点的位移反应（mm）；

D_{mi}——模型结构第 i 测点的位移反应（mm）；

a_{mg}——按相似关系要求的模型台面最大加速度（m/s²）；

a_{tmg}——模型试验时与 D_{mi} 对应的实测台面最大加速度（m/s²）；

S_D——模型位移相似关系（$S_D = S_L$）。

图 9.55 为模型结构在不同地震烈度、Z 向 EL-CENTRO 波作用下跨中 DZ 测点处的相对位移时程曲线。图 9.56 为模型结构在不同地震烈度、Z 向 KOBE 波作用下跨中 DZ 测点处的相对位移时程曲线。

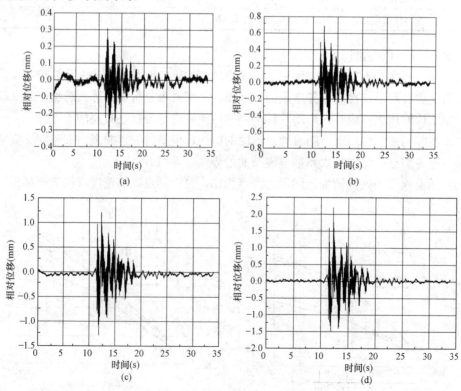

图 9.55　Z 向 EL-CENTRO 波作用下位移时程曲线

（a）7 度；（b）8 度；（c）8 度罕遇；（d）9 度罕遇

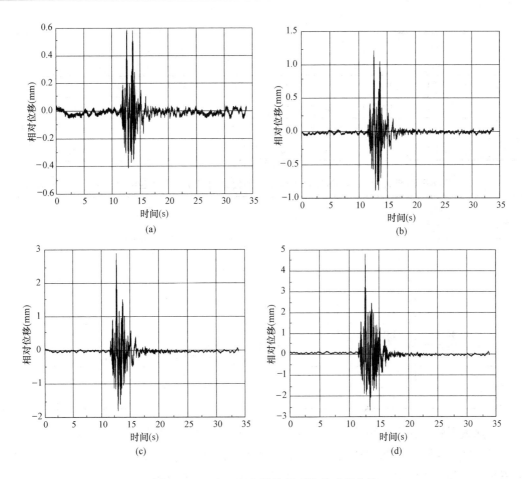

图 9.56　Z 向 KOBE 波作用下位移时程曲线

(a) 7 度；(b) 8 度；(c) 8 度罕遇；(d) 9 度罕遇

从图中可以看出，KOBE 波作用下跨中 DZ 测点处的相对位移反应峰值要大些，定义梁竖向转角为梁跨中处的竖向位移与梁 1/2 跨度的比值，则在 KOBE 波作用下模型短跨梁的竖向地震位移角为：7 度——1/2733、8 度——1/1318、8 度罕遇——1/553、9 度罕遇——1/333。

9.3.7.3　结构的动应变分析

表 9.22、表 9.23 分别为不同烈度 Z 向 EL-CENTRO 波作用下普通钢筋和预应力钢筋动应变反应峰值情况。

不同烈度 Z 向 EL-CENTRO 波作用下普通钢筋动应变反应峰值（$\mu\varepsilon$）　　　表 9.22

烈度	测点	J1	J5	J7	J11	J13	J14	J19	J20
7 度	拉应变	7.42	38.3	6.73	30.6	27.6	29.2	20.3	28.8
	压应变	−7.55	−38.4	−6.63	−37.1	−25.4	−28.7	−22.0	−24.3
8 度	拉应变	9.71	68.0	7.83	53.7	52.8	62.8	45.1	62.9
	压应变	−8.41	−66.2	−10.9	−58.9	−54.1	−69.0	−43.4	−72.3

烈度	测点	J1	J5	J7	J11	J13	J14	J19	J20
8度罕遇	拉应变	14.2	163	13.4	107	84.2	74.9	74.4	97.1
	压应变	−11.8	−138	−12.8	−129	−90.4	−83.7	−79.2	−98.1
9度罕遇	拉应变	17.8	299	37.8	162	133	115	106	138
	压应变	−16.3	−201	−16.7	−197	−125	−123	−117	−132

不同烈度 Z 向 EL-CENTRO 波作用下预应力钢筋动应变反应峰值（$\mu\varepsilon$） 表 9.23

烈度	测点	Y1	Y2	Y4	Y5	Y12	Y13	Y15	Y16
7度	拉应变	144	17.7	15.1	27.4	26.7	2.5	23.6	5.77
	压应变	−146	−18.9	−14.5	−23.9	−17.1	−3.81	−23.9	−7.33
8度	拉应变	122	34.7	14.6	51.3	54.5	6.1	43.4	14.1
	压应变	−114	−31.2	−24.0	−40.8	−24.2	−5.63	−42.2	−12.5
8度罕遇	拉应变	131	62.2	17.1	104	287	9.36	81.5	17.9
	压应变	−133	−66.7	−41.9	−78.0	−21.5	−9.84	−89.2	−19.2
9度罕遇	拉应变	127	93.9	18.7	154	432	14.9	123.0	23.7
	压应变	−138	−104	−54.3	−120	−37.0	−13.3	−133.0	−26.6

去除数据较为异常的测点 Y1，从表 9.22、表 9.23 中可以得出以下主要结论：

（1）框架梁跨中钢筋的动应变峰值是支座处钢筋动应变峰值的数倍，从而进一步说明大跨预应力井式梁框架结构的竖向地震反应具有中心大、周边小的特点。

（2）在竖向地震作用下，大跨预应力井式梁框架结构的柱上部钢筋和下部钢筋的动应变反应峰值基本相同。

（3）由于预应力筋在梁截面上的有效高度小于普通钢筋，因而其动应变反应峰值要小于相应位置处的普通钢筋的动应变反应峰值。

9.3.8 小结

通过上述研究工作，可得到以下主要结论：

（1）大跨预应力井式梁空间框架结构的频谱相当密集。任一设计参数的改变必将引起频率序号的改变，这表明大跨预应力井式梁空间框架结构的动力特性极为复杂。

（2）大跨预应力井式梁空间框架结构的振型体现出明显的竖向振动的特点。

（3）对于规则、对称的大跨预应力井式梁空间框架结构，反对称的竖向振型的振型参与系数接近于零，因而可以推断出结构的竖向地震内力主要由正对称的竖向振型贡献。

（4）大跨预应力井式梁空间框架结构在弹性状态时 X、Y、Z 三个方向的阻尼比为 1.5% 左右，在弹塑性状态时的水平阻尼比为 4% 左右、竖向阻尼比为 3% 左右。

（5）大跨预应力井式梁空间框架结构的楼层平面内刚度很大，相当于一平面刚体，所以楼层上的任何点在水平地震动作用下都产生几乎相同的加速度反应。

（6）规则、对称的大跨预应力井式梁空间框架结构三个方向的地震反应相互之间的耦合程度较小，在地震反应分析时，可分别计算各方向的地震效应。

（7）大跨预应力井式梁框架结构的竖向地震反应具有中心大、周边小的特点。

（8）在竖向地震作用下，随着地震烈度的增加，模型各测点的竖向加速度反应呈递增的趋势，但各测点的动力放大系数呈递减的趋势。

（9）随着地震烈度的增加，同周边测点相比，大跨预应力井式梁框架结构跨中测点的加速度峰值增长得更快。

（10）相同烈度、不同地震波作用下，模型结构的竖向地震反应相差较大，这主要是由地震波频谱特性的差异造成的。因而，采用时程分析法计算大跨预应力混凝土井式梁框架结构的地震反应时，采用几种不同的地震波进行分析是必要的。

（11）在竖向地震作用下，大跨预应力井式梁框架结构的柱上部钢筋和下部钢筋的动应变反应峰值基本相同。

9.4　预应力井式梁框架的弹性地震反应分析

9.4.1　简介

大跨预应力混凝土井式梁空间框架结构的振动台试验研究表明，竖向地震作用对此类结构影响较大。近年来，国内外学者对结构的竖向地震反应的研究日益重视，各国现行抗震设计规范对竖向地震作用也都有所反映，但有关规定均是针对烟囱、电视塔、平板网架和大跨度屋架等结构而制定的。对于大跨预应力井式梁空间框架结构如何计算其竖向地震作用、这种结构形式的竖向地震反应究竟具有怎样的特点，目前的研究工作尚属空白。根据我国的现行《建筑抗震设计规范》"三水准、两阶段"的抗震设计思想，结构在弹性阶段的地震反应计算必不可少。因而，本章首先对大跨预应力混凝土井式梁空间框架结构在线弹性范围内的竖向地震反应规律进行了系统的研究工作，并在此基础上提出了简便而且合理的实用计算方法，以便于在抗震设计中采用。

目前，对结构在弹性范围内进行确定性地震反应分析，常用的方法有时程分析法和振型分解反应谱法，这两种方法各有优缺点。时程分析法是根据选定的地震波对结构物的运动微分方程直接进行逐步积分求解的一种动力分析方法。由时程分析可得到结构各质点随时间变化的位移、速度和加速度动力反应，并进而可计算出构件内力的时程变化关系。但此法的计算工作量大，结果处理繁杂，并且结构的地震反应和输入的地震波密切相关，在时程分析计算中，往往由于所选择的地震波不同，致使计算结果相差数倍甚至十几倍之多！因而，在我国现行的《建筑抗震设计规范》中，时程分析法作为补充计算方法，对特别不规则、特别重要的和较高的高层建筑才要求采用。

振型分解反应谱方法的基本思想在于将地震计算分解为两个工作步骤。第一步是对具有不同自振周期的单自由度体系的地震反应进行研究，获得用以描述单自由度体系的位移、速度或加速度值与其自振周期之间关系的反应谱曲线。第二步先采用模态分析法将多自由度体系分解为一系列广义单自由度体系，对于每个广义单自由度体系再用反应谱得到相应振型的最大地震反应，最后将各振型的最大值用一定的振型组合方法组合出结构的最大地震反应。

振型分解反应谱方法相对于时程分析法的优点在于，计算简便、计算工作量小。其第一步的工作内容仅仅进行一次就行了，因为所得到的反应谱对所有建筑结构都是有效的。此反应谱在建筑规程中已给出。这种标准化的反应谱一经建立，对于具体的建筑结构的抗震计算就仅局限于第二步的内容上来。而且，规程中的反应谱是在根据大量强震记录所绘制的反应谱曲线基础上，经过平均与光滑后，得到的一条平均反应谱曲线，因而在统计意义上能更准确地代表未来所发生的地震动。振型分解反应谱方法的缺点在于，只能得到相应于各振型的位移量和内力值的最大参与值，而不能找出其相位之间关系。因此，通过这些量叠加所得到的值就不是准确值，而只能求得可能的最大值来。此外，由于非线性体系不能进行振型展开，因此，振型分解反应谱方法在弹塑性结构地震反应分析中的应用受到限值。

基于上述两种方法的优缺点，在所进行的大跨预应力混凝土井式梁空间框架结构竖向弹性地震反应分析中，将主要采用振型分解反应谱法进行计算，而以时程分析法作为补充。

9.4.2　振型组合方法和振型截断

从振型分解反应谱方法的基本原理可以得出影响该方法精度的主要因素主要有两个：一是振型组合方法的优劣，二是组合时所截取的振型阶数。目前，我国现行《建筑抗震设计规范》GB 50011—2010 中规定了应用该方法计算结构水平地震效应时所采用的振型组合方法——不考虑扭转耦联时采用 SRSS 法，考虑扭转耦联时采用 CQC 法，而对于结构竖向地震效应的振型组合方法则没有明确的规定。那么，应用这两种组合方法求解大跨预应力井式梁结构的竖向地震效应是否合适、其精度如何、组合时应选取多少阶振型，是采用振型分解反应谱法计算大跨预应力混凝土井式梁结构竖向地震反应时必须讨论的问题。

9.4.2.1　振型组合方法的比较

为了验证这两种振型组合方法（SRSS、CQC）对计算大跨预应力混凝土井式梁结构竖向地震效应的有效性，采用将时程分析结果与反应谱分析结果进行比较的方法。计算对象为振动台模型试验中的模型 B，选取加载工况 B3（时间轴压缩过的 Z 向 El-centro 波，时间间隔为 0.00632s，峰值加速度为 0.121g，见图 9.57）和 B4（时间轴压缩过的 Z 向 Kobe 波，时间间隔为 0.00632s，峰值加速度为 0.126g，见图 9.59）作为时程分析时地震波的输入。加速度反应谱则由这两种地震波计算得来（见图 9.58、图 9.60）。

为便于比较，反应谱分析和时程分析均在 SAP2000 上进行，以减小不同程序运算可能带来的误差。由于反应谱法是以振型分解为基础的，因此时程分析也采用相应的振型分解法，以便取相同的振型进行计算，减小振型截断带来的误差。阻尼比根据试验结果取1.5%。取两个方向中间主梁的跨中和支座处的弯矩、剪力进行比较，计算结果见表 9.24。

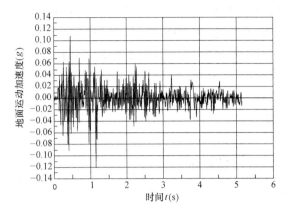

图 9.57　Z 向 El-centro 波　　　　图 9.58　El-centro 波相应的加速度反应谱

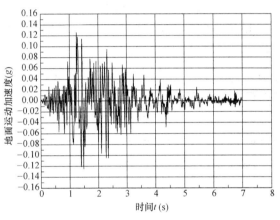

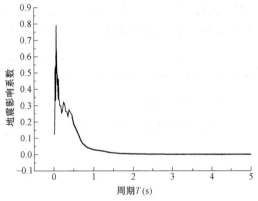

图 9.59　Z 向 Kobe 波　　　　　图 9.60　Kobe 波相应的加速度反应谱

模型 B 在 B3、B4 工况下的竖向地震反应　　　　　　　　表 9.24

反应类型	位置	El-centro 波			Kobe 波		
		时程法	SRSS	CQC	时程法	SRSS	CQC
弯矩(N·m)	短跨梁跨中	232.8	248.9	249.6	650.9	686.0	686.1
	短跨梁支座	125.7	120.9	120.9	347.8	334.1	334.1
	长跨梁跨中	271.4	241.2	240.9	658.5	636.4	636.4
	长跨梁支座	119.3	116.6	116.6	333.5	320.4	320.4
剪力(N)	短跨梁支座	409.3	370.9	374.1	1055	1011.6	1012.2
	长跨梁支座	409.4	372.7	369.4	908.5	877.5	876.9
位移(mm)	理论值　井式梁中点	0.568	0.553	0.553	1.589	1.53	1.53
	试验值　井式梁中点	0.691			1.214		

　　从表 9.24 可以看出，这两种振型组合方法计算出的大跨预应力井式梁框架结构的竖向地震效应和时程分析法的计算结果吻合得很好，和试验结果也符合得较好。从前面的分

析结果可以得出，大跨预应力井式梁框架结构的竖向地震内力主要由正对称的竖向振型贡献，而正对称的竖向振型对应的频率间隔较远，因此进行振型组合时，可以忽略振型的交互项，即此时 SRSS 法和 CQC 法是等价的。考虑到 SRSS 法应用的简便性，在计算大跨预应力井式梁框架结构的竖向地震效应时，可采用 SRSS 法进行组合。

9.4.2.2 振型截断

为探讨振型截断问题，令：

$$\alpha = \frac{\left(\sum_{j=1}^{40} Q_{j\max}^2\right)^{1/2} - \left(\sum_{j=1}^{N} Q_{j\max}^2\right)^{1/2}}{\left(\sum_{j=1}^{40} Q_{j\max}^2\right)^{1/2}} \qquad (9.31)$$

取 40 阶振型组合值作为大跨预应力井式梁框架结构的竖向地震反应的"准确值"，式 (9.31) 表示结构前 N 阶振型组合值与"准确值"的相对误差，取 α 小于 5% 时的 N 值作为振型截断值。表 9.25 给出了按振型分解反应谱法计算井式梁结构在 8 度、II类场地条件下的竖向地震反应时取前 N 阶振型的相对误差。

前 N 阶振型的相对误差（%）　　　　　　　　　　　表 9.25

井式梁结构	反应类型	位置	振型截取数			
			4	10	15	20
30m×36m	弯矩	短跨梁跨中	0.74	0.09	0.001	0.001
		短跨梁支座	0.14	0.1	0	0
		长跨梁跨中	6.96	0.226	0.001	0.001
		长跨梁支座	1.34	0.02	0.0035	0.0035
	剪力	短跨梁支座	1.54	0.829	0.029	0.029
		长跨梁支座	10.29	1.213	0.213	0.213
30m×45m	弯矩	短跨梁跨中	0.32	0.08	0.002	0.002
		短跨梁支座	0.25	0.24	0.003	0.003
		长跨梁跨中	9.46	0.4	0.001	0.001
		长跨梁支座	2.35	0.07	0.004	0.004
	剪力	短跨梁支座	2.01	1.65	0.084	0.084
		长跨梁支座	19.7	2.01	0.26	0.26

注：表中井式梁结构的结构布置详见表 9.24（30m×36m）、表 9.31（30m×45m）。

从表 9.25 可见，采用振型分解反应谱法计算大跨预应力混凝土井式梁框架结构的竖向地震效应时，取前 10 阶振型可得到令人满意的结果。应该指出的是，大跨预应力井式梁框架结构的前 4 阶振型中通常仅含有一个竖向振型，其余为两个方向的水平振型和扭转振型（图 9.30），因而从表 9.25 可以推断出大跨预应力混凝土井式梁框架结构的竖向地震反应以竖向一阶振型为主。

9.4.3　竖向地震内力

本节通过大量的算例分析来探讨大跨预应力混凝土井式梁框架结构的竖向地震内力的大小、分布规律以及参数变化的影响，并在此基础上提出了简化的计算方法。计算地震作用时，重力荷载代表值取结构自重与 50% 活荷载标准值之和，取 8 度多遇地震，地面最大竖向加速度为 $a_v = 0.1g$，场地类别为 II 类场地，特征周期为 $T_g = 0.35s$。由 9.4.2 节的内容可知，对相同场地条件下的 7 度、9 度多遇地震，只需将计算结果分别乘以 1/2 和 2。

9.4.3.1　竖向地震内力的分布规律

在大跨预应力混凝土井式梁框架结构的设计过程中，必须先求出静内力。如果能在已知静内力的基础上直接确定地震内力，将是最方便的。为此，引入竖向地震内力 F^e 与静内力 $|F^s|$ 之比：

$$\mu = \frac{F^e}{|F^s|} \tag{9.32}$$

式中　μ——竖向地震内力系数。

为研究竖向地震内力的分布规律，本节进行了两个不同类型的预应力井式梁结构的算例分析，其结构布置见表 9.26。

大跨预应力混凝土井式梁结构布置　　　　　　表 9.26

编号	跨度 (m)	主梁截面 (m)	次梁截面 (m)	边梁截面 (m)	柱截面 (m)	附加自重 (kN/m²)	活荷载 (kN/m²)	楼板厚 (mm)	柱网 (m)
A	30×36	0.45×1.5	0.25×0.5	0.25×0.6	0.8×0.8	1.5	4.0	100	5×6
B	36×36	0.45×1.8	0.25×0.5	0.25×0.6	0.8×0.8	1.5	4.0	100	6×6

图 9.61～图 9.66 分别为结构的弯矩、剪力和竖向地震内力系数随框架梁位置的变化规律，图中的横坐标原点均取在井式梁结构的对称中心，曲线 1、3 分别表示算例 A 中沿短跨布置的主梁跨中、支座截面的内力，曲线 2、4 分别表示算例 A 中沿长跨布置的主梁跨中、支座截面的内力，曲线 5、6 分别表示算例 B 中主梁跨中、支座截面的内力。

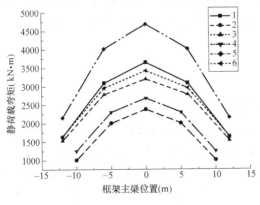

图 9.61　井式梁静荷载弯矩分布

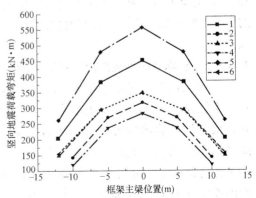

图 9.62　井式梁竖向地震荷载弯矩分布

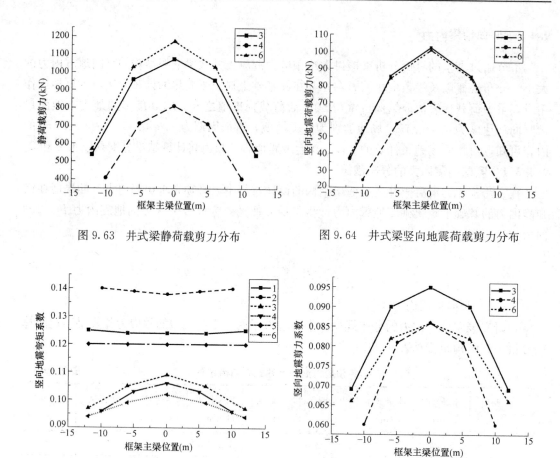

图 9.63　井式梁静荷载剪力分布　　　　图 9.64　井式梁竖向地震荷载剪力分布

图 9.65　井式梁竖向地震弯矩系数分布　　　图 9.66　井式梁竖向地震剪力系数分布

　　计算结果表明，大跨预应力混凝土井式梁框架结构的竖向地震内力和静内力的分布规律相同，都是处于结构平面中间位置的主梁的内力最大，向边缘逐渐减小。从竖向地震内力系数的分布情况来看，在相同截面处，各主梁的竖向地震弯矩系数基本相同（最大相差约10%），而竖向地震剪力系数则明显具有中间主梁大、边缘主梁小的特点（最大相差约43%）。对梁而言，其受力主要由弯矩控制，在以后的分析中，分别取两个方向中间位置的主梁的竖向地震内力系数的变化情况作为代表，这对于其他主梁的受剪而言，也是偏于安全的。

9.4.3.2　影响竖向地震内力的参数分析

　　1. 竖向地震反应随结构跨度的变化规律

　　为研究竖向地震反应随结构跨度的变化规律，本章进行了 7 个不同跨度的预应力井式梁结构的算例分析，其结构布置见表 9.27。图 9.67 为结构的竖向地震弯矩系数随结构跨度的变化规律，图中曲线 1、3 分别代表短跨主梁跨中、支座截面，曲线 2、4 分别代表长跨主梁跨中、支座截面，图 9.68 为结构的竖向地震剪力系数随结构跨度的变化规律，图中曲线 5 代表短跨主梁支座截面，曲线 6 代表长跨主梁支座截面。

跨度(m)	10×12	15×18m	20×24	25×30	30×36	35×42	40×48
大跨预应力混凝土井式梁结构布置						表 9.27	
主梁截面(m)	0.45×0.5	0.45×0.75	0.45×1.0	0.45×1.25	0.45×1.5	0.45×1.75	0.45×2.0
次梁截面(m)	0.25×0.5	0.25×0.5	0.25×0.5	0.25×0.5	0.25×0.5	0.25×0.5	0.25×0.5
边梁截面(m)	0.25×0.6	0.25×0.6	0.25×0.6	0.25×0.6	0.25×0.6	0.25×0.6	0.25×0.6
柱截面(m)	0.8×0.8	0.8×0.8	0.8×0.8	0.8×0.8	0.8×0.8	0.8×0.8	0.8×0.8
附加自重（kN/m²）	1.5	1.5	1.5	1.5	1.5	1.5	1.5
活荷载(kN/m²)	4.0	4.0	4.0	4.0	4.0	4.0	4.0
楼板厚(mm)	100	100	100	100	100	100	100
柱网尺寸(m)	5×6	5×6	5×6	5×6	5×6	5×6	5×6

注：主梁截面取梁高的（1/20），层高 8m。

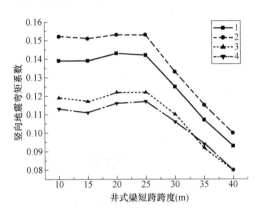

图 9.67　竖向地震弯矩系数随跨度的变化　　　图 9.68　竖向地震剪力系数随跨度的变化

从图中可以看出，大跨预应力混凝土井式梁框架结构的竖向地震内力系数随结构跨度的变化呈双线性的关系，当跨度小于 25m 时，竖向地震内力系数保持最大值，基本不随跨度变化；当跨度大于 25m 时，竖向地震内力系数随跨度的增大呈线性减小。

2. 竖向地震反应随主梁高跨比的变化规律

为研究竖向地震反应随主梁高跨比的变化规律，进行了 7 个具有不同高跨比的预应力井式梁结构的算例分析，其结构布置见表 9.28。图 9.69 为结构的竖向地震内力系数随结构高跨比的变化规律，图中各曲线所代表的截面同图 9.67。

跨度(m)	30×36	30×36	30×36	30×36	30×36	30×36	30×36
大跨预应力混凝土井式梁结构布置						表 9.28	
主梁截面(m)	0.45×1.1	0.45×1.2	0.45×1.3	0.45×1.4	0.45×1.5	0.45×1.6	0.45×1.7
高跨比	1/27.3	1/25	1/23	1/21.4	1/20	1/18.75	1/17.6
次梁截面(m)	0.25×0.5	0.25×0.5	0.25×0.5	0.25×0.5	0.25×0.5	0.25×0.5	0.25×0.5
边梁截面(m)	0.25×0.6	0.25×0.6	0.25×0.6	0.25×0.6	0.25×0.6	0.25×0.6	0.25×0.6
柱截面(m)	0.8×0.8	0.8×0.8	0.8×0.8	0.8×0.8	0.8×0.8	0.8×0.8	0.8×0.8

附加自重 （kN/m²）	1.5	1.5	1.5	1.5	1.5	1.5	1.5
活荷载 （kN/m²）	4.0	4.0	4.0	4.0	4.0	4.0	4.0
楼板厚(mm)	100	100	100	100	100	100	100
柱网尺寸(m)	5×6	5×6	5×6	5×6	5×6	5×6	5×6

注：层高 8m。

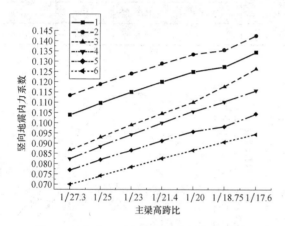

图 9.69　竖向地震内力系数随高跨比的变化

从图中可以看出，大跨预应力混凝土井式梁框架结构的竖向地震内力系数随主梁高跨比的增大而增大，主要原因在于，随高跨比的增大，结构的刚度增大，因而竖向地震反应变大。

3. 竖向地震反应随荷载的变化规律

为研究竖向地震反应随荷载的变化规律，进行了 6 个具有不同活荷载值的预应力井式梁结构的算例分析，其结构布置见表 9.29。图 9.70为结构的竖向地震内力系数随荷载的变化规律，图中曲线 1、2 分别代表跨中、支座截面弯矩系数，曲线 3 代表支座截面剪力系数。

大跨预应力混凝土井式梁结构布置　　　　　　　　　表 9.29

跨度(m)	36×36	36×36	36×36	36×36	36×36	36×36	36×36
主梁截面(m)	0.45×1.8	0.45×1.8	0.45×1.8	0.45×1.8	0.45×1.8	0.45×1.8	0.45×1.8
次梁截面(m)	0.25×0.5	0.25×0.5	0.25×0.5	0.25×0.5	0.25×0.5	0.25×0.5	0.25×0.5
边梁截面(m)	0.25×0.6	0.25×0.6	0.25×0.6	0.25×0.6	0.25×0.6	0.25×0.6	0.25×0.6
柱截面(m)	0.8×0.8	0.8×0.8	0.8×0.8	0.8×0.8	0.8×0.8	0.8×0.8	0.8×0.8
附加自重 （kN/m²）	1.5	1.5	1.5	1.5	1.5	1.5	1.5
活荷载 （kN/m²）	2.0	4.0	6.0	8.0	10.0	12.0	14.0
楼板厚(mm)	100	100	100	100	100	100	100
柱网尺寸(m)	6×6	6×6	6×6	6×6	6×6	6×6	6×6

从图中可以看出，大跨预应力混凝土井式梁框架结构的竖向地震内力系数随荷载的增大而减少。

4. 竖向地震反应随柱网尺寸的变化规律

为研究竖向地震反应随柱网尺寸的变化规律，进行了 6 个具有不同柱网尺寸的预应力井式梁结构的算例分析，其结构布置见表 9.30。图 9.71 为结构的竖向地震内力系数随柱网尺寸的变化规律，图中各曲线所代表的截面同图 9.70。

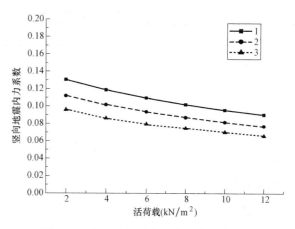

图 9.70　竖向地震内力系数随荷载的变化

大跨预应力混凝土井式梁结构布置　　　　　　　　　　表 9.30

跨度(m)	36×36	36×36	36×36	36×36	36×36	36×36
主梁截面(m)	0.45×1.8	0.45×1.8	0.45×1.8	0.45×1.8	0.45×1.8	0.45×1.8
次梁截面(m)	0.2×0.4	0.2×0.4	0.2×0.5	0.25×0.5	0.25×0.6	0.3×0.75
边梁截面(m)	0.2×0.45	0.2×0.45	0.2×0.55	0.25×0.60	0.25×0.65	0.3×0.8
柱截面(m)	0.8×0.8	0.8×0.8	0.8×0.8	0.8×0.8	0.8×0.8	0.8×0.8
附加自重(kN/m²)	1.5	1.5	1.5	1.5	1.5	1.5
活荷载(kN/m²)	4.0	4.0	4.0	4.0	4.0	4.0
楼板厚(mm)	100	100	100	100	100	100
柱网尺寸(m)	3.6×3.6	4×4	4.5×4.5	6×6	7.2×7.2	9×9

注：层高 8m。

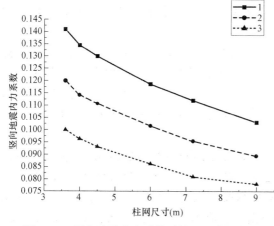

图 9.71　竖向地震内力系数随柱网尺寸的变化

从图中可以看出，大跨预应力混凝土井式梁框架结构的竖向地震内力系数随柱网尺寸的增大而减少。

5. 竖向地震反应随结构长宽比的变化规律

为研究竖向地震反应随结构长宽比的变化规律，进行了 5 个具有不同长宽比的预应力井式梁结构的算例分析，其结构布置见表 9.31。图 9.72 为结构的竖向地震内力系数随结构长宽比的变化规律，图中各曲线所代表的截面同图 9.67。

跨度(m)	30×30	30×35	30×40	30×45	30×50
长宽比	1	1.167	1.333	1.5	1.667
主梁截面(m)	0.45×1.5	0.45×1.5	0.45×1.5	0.45×1.5	0.45×1.5
次梁截面(m)	0.25×0.5	0.25×0.5	0.25×0.5	0.25×0.5	0.25×0.5
边梁截面(m)	0.25×0.6	0.25×0.6	0.25×0.6	0.25×0.6	0.25×0.6
柱截面(m)	0.8×0.8	0.8×0.8	0.8×0.8	0.8×0.8	0.8×0.8
附加自重(kN/m²)	1.5	1.5	1.5	1.5	1.5
活荷载(kN/m²)	4.0	4.0	4.0	4.0	4.0
楼板厚(mm)	100	100	100	100	100
柱网尺寸(m)	6×5	6×5	6×5	6×5	6×5

大跨预应力混凝土井式梁结构布置　　　　表 9.31

注：层高 8m。

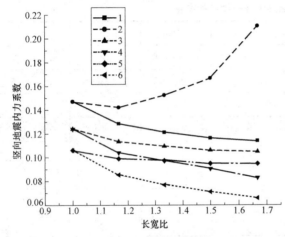

图 9.72　竖向地震内力系数随长宽比的变化

从图中可以看出，长跨跨中竖向地震弯矩系数随长宽比的增加而增大，而其余竖向地震内力系数随长宽比的增加而减小。

通过以上的参数分析，可以了解大跨预应力混凝土井式梁框架结构的竖向地震内力系数随各种参数的变化趋势，为合理地选择结构方案，减小竖向地震反应，提供了参考依据。

6. 竖向地震内力的实用分析方法

影响大跨预应力混凝土井式梁框架结构竖向地震内力的因素很多，而最能综合反映所有这些因素的是结构的竖向一阶频率。任一参数改变，竖向一阶频率都会有所反应，它最好地体现了结构的竖向动力特性。并且，通过前面的分析可以知道，该类结构的竖向地震反应以竖向一阶振型为主，因此为确定竖向地震内力系数 μ，应寻找其与竖向一阶频率 f_1 的关系。

从图 9.67～图 9.72 可以看出，除长跨跨中的竖向地震弯矩系数外，其余竖向地震内力系数随各参数的变化趋势基本相同，因此首先确定短跨跨中竖向地震弯矩系数 μ_{Msm}、短跨支座弯矩系数 μ_{Mse}、短跨支座剪力系数 μ_{Vse}、长跨支座弯矩系数 μ_{Mle}、长跨支座剪力系数 μ_{Vle} 与竖向一阶频率 f_1 的关系，为此根据算例分析结果分别画出这 5 个系数与 f_1 的关系图，见图 9.73～图 9.77。

从图 9.73～图 9.77 可以看出，μ 随 f_1 的变化关系可用两段直线表示，即一段斜直线和一段水平线。其中斜直线经过原点，这是显然的，因为 $f_1 \to 0$ 意味着结构非常的柔，近似于空间自由节点。地面运动时，只有相对位移而无地震力产生，故有 $\mu \to 0$。水平线起点的横坐标取为场地的特征频率，纵坐标根据散点值用回归分析方法获得。建议 μ 按图 9.78 的方式取值，其中 a、b 按表 9.32 采用。

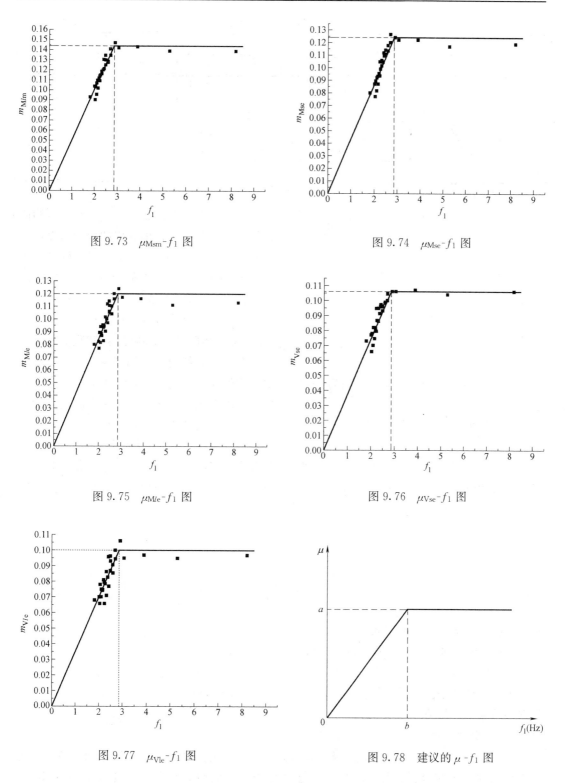

图 9.73　μ_{Msm}-f_1 图

图 9.74　μ_{Mse}-f_1 图

图 9.75　μ_{Mle}-f_1 图

图 9.76　μ_{Vse}-f_1 图

图 9.77　μ_{Vle}-f_1 图

图 9.78　建议的 μ-f_1 图

以长跨跨中竖向地震弯矩系数 μ_{Mlm} 和短跨跨中竖向地震弯矩系数 μ_{Msm} 的比值为纵坐标，结构的长宽比为横坐标，画出各算例分析结果的散点图，见图 9.79。

图 9.78 中的 a、b 值 表 9.32

内力类型	a			b
	7 度	8 度	9 度	
短跨梁跨中弯矩	0.072	0.144	0.288	$\dfrac{1}{T_\mathrm{g}}$
短跨梁支座弯矩	0.062	0.124	0.248	
长跨梁支座弯矩	0.06	0.12	0.24	
短跨梁支座剪力	0.053	0.106	0.212	
长跨梁支座剪力	0.05	0.1	0.2	

注：T_g 为场地的特征周期。

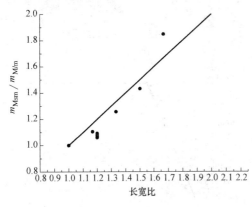

图 9.79 $\mu_{\mathrm{M}l\mathrm{m}}/\mu_{\mathrm{Msm}}$ 与结构长宽比关系

对大跨预应力混凝土井式梁框架结构而言，从双向受力、合理分担的角度出发，其长宽比 L/B 宜 $\leqslant 1.5$。从图 9.79 可见，在这一范围内 $\mu_{\mathrm{M}l\mathrm{m}}$ 可近似且偏于安全地表示为：

$$\mu_{\mathrm{M}l\mathrm{m}} = \mu_{\mathrm{Msm}} \times L/B \qquad (9.33)$$

9.4.3.3 竖向一阶频率 f_1 的实用算法

在计算 μ 值时，要用到预应力井式梁框架结构的竖向一阶频率，它可通过动力分析用计算机精确地求出，也可由实测或经验的方法确定。为便于在工程设计中应用，建议用瑞利法来确定竖向一阶频率。

在对大跨预应力混凝土井式梁框架结构进行静力分析时，就已经得到了在静荷载作用下各节点的竖向位移。采用这个静力作用下的竖向位移曲面作为竖向第一振型的近似，用瑞利法计算 f_1 的公式为：

$$f_1 = \sqrt{g \dfrac{\sum\limits_{i=1}^{n} m_i Z_i}{\sum\limits_{i=1}^{n} m_i Z_i^2}} \qquad (9.34)$$

式中　m_i——第 i 节点集中质量；

　　　Z_i——静荷载作用下第 i 节点的竖向位移值（m）；

　　　g——重力加速度，取 $9.8\mathrm{m/s}^2$。

由于静位移是已知的，故按式（9.34）计算 f_1 是很方便的，而且能给出较为准确的竖向一阶频率近似值。

9.4.3.4 算例比较

分别采用本章所建议的实用计算方法和振型分解反应谱法对第二章所述的原型结构进行了竖向地震反应分析。计算时取 7 度多遇地震，地面最大竖向加速度为 $a_\mathrm{v} = 0.052g$，场地类别分别取 Ⅰ 类场地（$T_\mathrm{g} = 0.25\mathrm{s}$）和 Ⅳ 类场地（$T_\mathrm{g} = 0.65\mathrm{s}$）两种情况。原型结构的结构布置见表 9.33，两种方法计算值的对比见表 9.34。

原型大跨预应力混凝土井式梁结构布置　　　　　　表 9.33

跨度 (m)	主梁截面 (m)	次梁截面 (m)	边梁截面 (m)	柱截面 (m)	附加自重 (kN/m²)	活荷载 (kN/m²)	楼板厚 (mm)	柱网 (m)
32×35	0.45×1.8	0.25×0.6	0.25×0.7	0.8×0.8	1.25	3.43	120	8×7

注：层高 8m，混凝土强度等级为 C40。

两种计算方法结果对比　　　　　　表 9.34

场地类别	计算方法	f_1	μ_{Msm}	μ_{Mlm}	μ_{Mse}	μ_{Mle}	μ_{Vse}	μ_{Vle}
Ⅰ 类	振型分解反应谱法	2.575	0.0454	0.0480	0.0404	0.0396	0.0350	0.0328
	本文方法	2.631	0.0474	0.0518	0.0407	0.0395	0.0348	0.0329
	误差	2.175%	4.4%	7.92%	0.74%	0.25%	0.57%0.	0.30%
Ⅳ 类	振型分解反应谱法	2.575	0.0690	0.0726	0.0616	0.0601	0.0530	0.0487
	本文方法	2.631	0.072	0.079	0.062	0.06	0.053	0.05
	误差	2.175%	4.35%	8.82%	0.65%	−0.17%	0%	2.67%

从表 9.34 可见，采用方法的计算结果和振型分解反应谱法的计算结果相比，误差很小。按式（9.34）求得的 f_1 值略高于精确值，这在计算 μ 值时是偏于安全的。

9.4.4　小结

本章首先介绍了采用时程分析法和振型分解反应谱方法计算大跨预应力混凝土井式梁框架结构弹性竖向地震反应的基本原理，在此基础上探讨了采用振型分解反应谱方法计算结构竖向地震反应时的振型组合方法和振型截断问题。得出以下三点结论：

（1）在计算大跨预应力井式梁框架结构的竖向地震效应时，可采用 SRSS 法进行组合。

（2）采用振型分解反应谱法计算大跨预应力混凝土井式梁框架结构的竖向地震效应时，可取前 10 阶振型进行组合。

（3）大跨预应力混凝土井式梁框架结构的竖向地震反应以竖向一阶振型为主。

其次，探讨了竖向地震内力的分布规律。计算结果表明，大跨预应力混凝土井式梁框架结构的竖向地震内力和静内力的分布规律相同，都是处于结构平面中间位置的主梁的内力最大，向边缘逐渐减小。从竖向地震内力系数的分布情况来看，在相同截面处，各主梁的竖向地震弯矩系数基本相同，而竖向地震剪力系数则明显具有中间主梁大、边缘主梁小的特点。

最后，通过大量的算例分析，探讨了大跨预应力混凝土井式梁框架结构的竖向地震内力系数随结构跨度、主梁高跨比、荷载大小、柱网尺寸、结构长宽比等参数的变化规律。在此基础上提出了竖向地震内力的实用分析方法，算例分析表明，该方法的计算结果与振型分解反应谱方法的计算结果相比，误差很小，在工程设计中使用也很方便，当然该方法还需要在工程实践中进一步检验。

9.5　预应力井式梁框架地震反应的静力弹塑性分析方法

9.5.1　简介

大量震害实例和抗震研究成果表明，结构在强烈地震作用下，不可避免地要产生一定程度地损伤和破坏。对于延性结构来说，则表现为弹塑性地震反应的发展，并由此引起结构的塑性变形和累积损伤。由于强烈地震具有较大的不确定性和较长的重演周期，要使所设计的结构在将来可能遭遇的强烈地震下不发生损坏是不现实和不经济的。为此，地震研究工作者在大量调查研究的基础上提出了"小震不坏、中震可修、大震不倒"的设防思想。"小震不坏"是指结构在多遇地震作用下，不会出现妨碍正常使用功能的裂缝和变形，意味着结构和非结构构件不会出现需要修复的破损，处于准弹性状态，在这一阶段主要按强度理论进行抗震设计和验算。"中震可修"意味着结构在遭遇设防烈度地震作用时，可能损坏，但经一般修理仍可继续使用。结构在抗震概念设计中，特别重视"大震不倒"这一设计原则，即在罕遇地震作用下，结构不发生大面积破坏，尽管一些构件的破坏是不可修复的，但结构绝不允许发生倒塌，以防止人们的生命和财产损失，这时主要依靠结构本身的延性来耗散地震输入的巨大能量。

目前，我国规范对于一般结构的抗震设计往往只要求进行小震下的抗震承载力验算，而对结构在罕遇地震下弹塑性变形的验算，并没有硬性的规定，工程实践中往往只是通过相应的抗震措施来保证。虽然这种设计方法大大地简化了设计过程，但却可能使结构在罕遇地震作用下存在较大的安全隐患。其实一些设计隐患不通过基于构件水平的非线性分析是很难发现的，即使通过增加结构刚度以保证弹塑性位移满足规范限值的要求，也可能因结构薄弱环节的破坏引起局部和整体倒塌而危及生命安全。因此，合理控制结构在强烈地震作用下的损坏程度以减小地震造成的经济损失，有赖于对结构进行弹塑性地震反应分析。

地震反应时程分析法是计算结构在强烈地震作用下弹塑性变形的基本方法。该方法是将结构看作弹塑性振动体系，直接输入强震加速度记录，依据结构的弹塑性性能选择恰当的恢复力模型，对结构的运动方程直接积分。由于时程分析法能够计算地震反应全过程中各时刻结构的内力和变形状态，给出结构的开裂和屈服的顺序，发现应力和塑性变形集中的部位，从而判明结构的屈服机制、薄弱环节及可能的破坏类型，因此被认为是结构弹塑性分析的最可靠方法。目前，对一些特殊的、复杂的重要结构愈来愈多地要求利用时程分析法进行计算分析，许多国家已将其纳入规范。但是，时程分析方法应用于规范仍然有许多没有解决的问题。例如：简化结构分析模型、结构及构件的滞回恢复力模型是否与实际相符；数值积分的精度及稳定性；输入地震波的选择等问题都有待进一步研究。现行抗震规范也没有给出通用的能够进行结构抗震时程分析的商业软件，可以说现行抗震规范给出的时程分析方法缺乏可操作性，因此在实际工程抗震设计中该方法并没有得到广泛的应用，通常仅限于理论研究。鉴于上述背景，寻求一种简化的评估方法，使其能在某种近似程度上了解结构在强震作用下的弹塑性反应性能，将具有一定的应用价值。静力弹塑性分析（PUSH-OVER）法作为一种结构非线性地震响应的简化计算方法，在多数情况下能够得出比静力弹性甚至动力分析更多的重要信息，且操作简便，近年来引起了广大学者和工程设计人员的关注。

9.5.2 结构抗震的静力弹塑性分析

近几年来，国内外学者相继提出了在结构抗震设计中采用静力弹塑性分析方法的观点，水平地震作用下的静力弹塑性分析方法又称为推倒分析（PUSH-OVER ANALY-

SIS）。PUSH-OVER 方法是基于结构在预先假定的一种分布侧向力作用下，考虑结构中的各种非线性因素，逐步增加结构的受力，直到结构达到预定的破坏（成为机构或位移超限），在这个分析过程中，得到结构的力与变形的全过程曲线。尽管侧向分布力是一种静力荷载，但在整个分析过程中可以近似反映结构在地震作用下某一瞬间的动力响应。该方法既保证结构分析的结果具有一定的代表性，又相对简便易行，设计者能够相对主动地把握结构的抗侧能力、所需位移延性、塑性铰出现位置、塑性铰达到其极限转动能力时所对应的特征点位移和基底总剪力，从而可以控制结构的破坏程度。

PUSH-OVER 分析的计算过程可以采用两种途径实现：一种是对结构进行传统意义上的静力弹塑性分析，采用逐级加载的方法去模拟结构破坏的全过程，需要在每一级荷载下修改结构的刚度矩阵，故计算量很大；第二种途径通过对结构进行分段线弹性分析来完成，在计算过程中以每一次（一批）塑性铰的出现作为分段标志，在每一次塑性铰出现后，结构模型要发生变化以反映铰接机制的形成，在相邻两次塑性铰出现之间，认为结构处于线弹性阶段，根据这种方式，PUSH-OVER 分析是逐级改变结构体系刚度的线弹性分析过程。现以框架结构为例说明第二种 PUSH-OVER 方法实施步骤如下。

（1）模型的建立：如同一般的有限元分析，建立框架结构的模型，包括几何尺寸、物理参数以及节点和构件的编号。结构上的荷载也要求出，包括竖向荷载和水平荷载，水平荷载的计算方法在第（3）步中描述。为了进行弹塑性分析，还应根据各个构件的特点（截面尺寸、材料及配筋），分别给出其控制截面在单调加载下的力-变形关系曲线。

（2）求出结构在竖向荷载作用下的内力，以便在随后的计算中和水平荷载作用下的内力叠加。

（3）对结构施加一定分布模式的侧向荷载（图 9.80），通常用一阶振型来表示。

（4）计算侧向荷载和竖向荷载作用下的单元组合内力，并判断各单元应力是否达到了屈服应力，或单元弯矩是否达到屈服弯矩。

（5）对于已屈服的单元，将屈服截面处的连接条件改为塑性铰。记录下此时侧向荷载的总和以及特征点（结构中的变形最大的点）位移。

（6）增加水平荷载的作用值，能够使得另一个单元或一组单元达到屈服。

（7）重复（4）～（6）步，直到结构达到预定的破坏（成为机构或位移超限）。

（8）绘制侧向荷载总和与特征点位移关系曲线，即推倒分析曲线，见图 9.81。

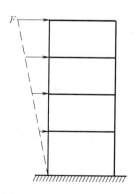

图 9.80　侧向荷载分布模式

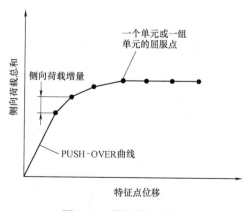

图 9.81　推倒分析曲线

PUSH-OVER 分析的优点在于：设计人员可以了解结构中每一构件屈服后的变形特征，得到有关设计参数，考虑各构件出铰的先后次序与它们承载力之间的相互关系，以检查是否符合所期望的耗能机制，并发现所设计结构的薄弱部位，从而可对原有设计作调整和改进。此外，只要结构的尺寸、配筋、材料情况等条件一经确定，其结果不受地震波的影响，而只与楼层的侧向荷载的分布和大小有关[8]。

值得指出的是，单纯的 PUSH-OVER 分析并不能直接得到结构的地震响应。而需要将推倒分析结果与地震反应谱相结合，以确定结构在一定地面运动作用下的反应值，并与预期目标相结合，来评价结构的抗震能力。常见的结构抗震能力评价方法有塑性倒塌分析法、能力谱法、N2 法、位移系数法等。

9.5.3 能力谱方法的基本原理

能力谱方法由 Freeman 自 1975 年首先提出后，许多学者对此方法进行了大量研究与改进，其中有代表性的是由美国应用技术委员会正式公布的报告 ATC-40 中的能力谱方法，该方法概念清晰、理论基础比较严密，许多结构抗震性能的评价方法如改进的能力谱法、N2 法都是以 ATC-40 中的能力谱方法为理论基础的，因此本节先详细讨论 ATC-40 中能力谱方法的基本原理。其思想大致如图 9.82 所示。具体为：

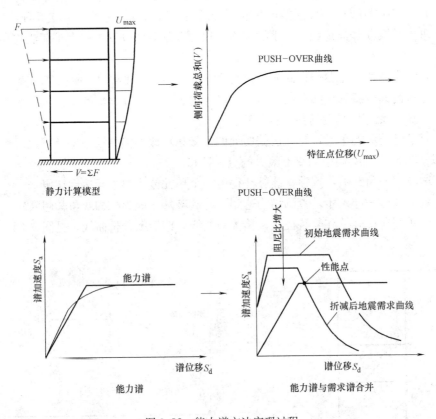

图 9.82 能力谱方法实现过程

（1）通过对结构进行 PUSH-OVER 分析，获得侧向荷载总和与特征点位移关系曲线，将曲线转化，得到纵坐标为加速度谱（S_a）横坐标为位移谱（S_d）的能力谱曲线。

（2）结构的地震需求通过与预估最大位移反应相对应的阻尼比下的设计反应谱来表示。

（3）上述两条曲线的相交点所对应的位移即为所求的目标位移。

9.5.3.1　能力谱曲线的建立

PUSH-OVER 分析是基于假设多自由度结构体系的地震响应可由一个单自由度体系的响应来等效，且能力曲线、需求曲线均是基于等效弹塑性单自由度体系进行比较。因而由 PUSH-OVER 分析得到多自由度结构体系的荷载-变形能力曲线后，需要变换到等效单自由度体系，得到等效单自由度弹塑性体系的能力谱曲线。

根据一般动力学原理，多自由度体系在地震作用下的振动微分方程可表示为：

$$[M]\{\ddot{X}\}+[C]\{\dot{X}\}+\{Q\}=-[M]\{I\}\ddot{X}_g \tag{9.35}$$

式中　$[M]$ 和 $[C]$——分别代表质量和阻尼矩阵；

$\{X\}$——相对位移列向量；

$\{Q\}$——恢复力列向量；

$\ddot{X}_g$——地面运动加速度；

$\{I\}$——单位列向量。

假定该体系的位移可以用单一形状向量 $\{\Phi\}$ 来表示，则多自由度体系的位移向量 $\{X\}$ 可以表示为 $\{X\}=\{\Phi\}\dfrac{x_t}{\Phi^t}$，其中 x_t 为结构的特征点位移，Φ^t 为特征点的形状向量值。据此，式（9.35）可以表示为：

$$[M]\{\Phi\}\frac{\ddot{x}_t}{\Phi^t}+[C]\{\Phi\}\frac{\dot{x}_t}{\Phi^t}+\{Q\}=-[M]\{I\}\ddot{X}_g \tag{9.36}$$

以 $\{\Phi\}^T$ 前乘方程式（9.36）两边，得：

$$\{\Phi\}^T[M]\{\Phi\}\frac{\ddot{x}_t}{\Phi^t}+\{\Phi\}^T[C]\{\Phi\}\frac{\dot{x}_t}{\Phi^t}+\{\Phi\}^T\{Q\}=-\{\Phi\}^T[M]\{I\}\ddot{X}_g \tag{9.37}$$

令

$$\frac{x_t}{\Phi^t}=\frac{\{\Phi\}^T[M]\{I\}}{\{\Phi\}^T[M]\{\Phi\}}S_d \tag{9.38}$$

并将其代入式（9.37）得到等效单自由度体系在地震作用下的振动微分方程：

$$M^r\ddot{S}_d+C^r\dot{S}_d+Q^r=-M^r\ddot{X}_g \tag{9.39}$$

式中，S_d 为等效单自由度体系的位移，$M^r=\{\Phi\}^T[M]\{I\}$ 为等效单自由度体系的质量，$C^r=\{\Phi\}^T[C]\{\Phi\}\dfrac{\{\Phi\}^T[M]\{I\}}{\{\Phi\}^T[M]\{\Phi\}}$ 为等效单自由度体系的阻尼，$Q^r=\{\Phi\}^T\{Q\}$ 为等效单自由度体系的恢复力。对 Q^r 进一步变化得：

$$Q^r=\{\Phi\}^T\{Q\}=\sum_{i=1}^{n}\Phi_iQ_i=\sum_{i=1}^{n}\Phi_im_i\frac{\Phi_i}{\Phi^t}\ddot{x}_t=\frac{\ddot{x}_t}{\Phi^t}\sum_{i=1}^{n}\Phi_i^2m_i \tag{9.40}$$

式中，Q_i 为多自由度体系在 i 点的恢复力；m_i 为多自由度体系在 i 点处的质量；x_i 多自由度体系在在 i 点的位移；Φ_i 为 i 点的形状向量值。

对多自由度体系，其侧向力总和 P^* 可表示为：

$$P^* = \{I\}^T \{Q\} = \sum_{i=1}^{n} Q_i = \sum_{i=1}^{n} m_i \ddot{x}_i = \sum_{i=1}^{n} m_i \frac{\Phi_i}{\Phi^t} \ddot{x}_t = \frac{\ddot{x}_t}{\Phi^t} \sum_{i=1}^{n} m_i \Phi_i \tag{9.41}$$

比较式（9.40）、式（9.41），则有：

$$Q^r = P^* \frac{\sum\limits_{i=1}^{n} \Phi_i^2 m_i}{\sum\limits_{i=1}^{n} \Phi_i m_i} = P^* \frac{\{\Phi\}^T [M] \{\Phi\}}{\{\Phi\}^T [M] \{I\}} \tag{9.42}$$

定义振型参与系数为：$\Gamma = \dfrac{\{\Phi\}^T [M] \{I\}}{\{\Phi\}^T [M] \{\Phi\}}$，由式（9.38）、式（9.42）得：

$$S_d = \frac{x_t}{\Gamma \Phi^t} \tag{9.43}$$

$$S_a = \frac{Q^r}{M^r} = \frac{P^*}{\dfrac{(\{\Phi\}^T [M] \{I\})^2}{\{\Phi\}^T [M] \{\Phi\}}} = \frac{P^*}{\Gamma \{\Phi\}^T [M] \{I\}} \tag{9.44}$$

其中，S_a、S_d 分别为单自由度体系对应的加速度反应谱值和位移反应谱值。所以当由 PUSH-OVER 分析得到结构特征点位移与总侧向力之间的 x_t-P^* 曲线后，可由公式（9.43）、式（9.44）经过变换得到相应的"能力谱曲线"。

定义系数，$\alpha_1 = \dfrac{(\{\Phi\}^T [M] \{I\})^2}{\{\Phi\}^T [M] \{\Phi\}}$，$\alpha_2 = \Gamma \Phi^*$，即 α_1、α_2 为能力谱曲线的变换系数。

上述关系的推导是 ATC-40 能力谱方法最重要的一个方面，但这个等效过程缺乏严格的理论背景，即多自由度体系响应与一个等效单自由度体系的响应等效。这意味着结构响应可由一个单一振型控制，且这个振型在整个响应过程中保持不变，显然这一假设并不严格成立。但许多研究表明，对于大多数构型规则结构，这些假设的引入仍可得到相当好的计算结果。

9.5.3.2 需求谱曲线的建立

1. 双线性分析模型

由于目前多数关于弹塑性单自由度体系动力响应的计算结论均是基于双线性分析模型的假设，而 PUSH-OVER 分析得到的等效单自由度体系的能力谱曲线通常是多折线型，为了利用已有的关于弹塑性单自由度体系的分析结果，需要将多折线形能力曲线用双线性模型来近似。近似原则是：双线性所包围的面积与多折线包围的面积相等，即图 9.83 中的面积 A_1 等于 A_2。

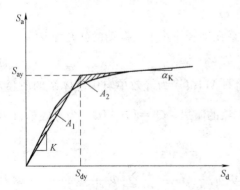

图 9.83　能力谱由多折线转化为双线性

等效单自由度体系的双线性能力谱曲线具有以下几个控制量：相对于屈服强度 V_y 的加速度谱值 S_{ay}，相对于屈服位移 x_{ty} 的位移谱值 S_{dy}，应变硬化率 α。根据加速度谱与位移谱的关系，可得到等效单自由度体系在弹性范围内的周期 T_n 为：

$$T_n = 2\pi \left[\frac{S_{dy}}{S_{ay}}\right]^{1/2} \tag{9.45}$$

2. 等效线性体系

等效单自由度弹塑性体系的地震反应可通过等效单自由度线性体系的近似分析来确定，即采用一对与结构最大反应有关的等效刚度和阻尼来代表体系的非线性动力反应特征。

众所周知，弹性反应谱法在线弹性地震反应分析中已得到广泛应用，如果能将这种方法推广应用于非弹性地震反应分析中，对工程实际来说是很有意义的。数十年来，许多学者为将弹塑性体系等效为线弹性体系来简化非线性地震反应分析付出了巨大努力，并进行了种种尝试。1930 年 Jacobsen 首先提出了等效线性化的概念，20 世纪 60 和 70 年代 Caughey、Jennings 以及 Iwan 等学者对双线性单自由度体系的等效线性化方法进行了深入研究，他们通过周期（或频率）偏移和黏滞阻尼增加来模拟结构的非弹性效应，由此提出了许多等效线性化的方法，如简谐等效线性化法（Harmonic Equivalent Linearization）、共振幅值法（Resonant Amplitude）、几何刚度法（Geometric Stiffness）、常临界阻尼法（Constant Critical Damping）等。Iwan 根据 12 条有代表性的地震记录对 6 种结构滞回模式进行了时程分析，并回归出了适用于中等频率结构的有效频率偏移和有效阻尼比的经验公式。Gulkan 和 Sozen 基于单层钢筋混凝土框架的实验结果，将钢筋混凝土框架用一个高阻尼低刚度的弹性结构来替代，称为"替代结构"，并由此提出了替代结构的等效刚度和阻尼比的经验计算公式。

在能力谱方法中采用割线刚度方法来检验结构设计的安全性。基于割线刚度的等效线性体系的过程如下：考虑一个弹塑性单自由度体系，具有双线性的能力谱曲线（图 9.84），弹性刚度为 K，屈服后刚度为 αK，屈服谱强度和屈服谱位移分别为 S_{ay}、S_{dy}，其上一点的位移谱值为 S_{di}，则相应的延性系数为 $\mu = \dfrac{S_{di}}{S_{dy}}$，割线刚度为 $K_{ef} = \dfrac{1+\alpha\mu-\alpha}{\mu}K$，其等效线性体系的自振周期可由下式确定：

$$T_{ef} = T_n \sqrt{\frac{\mu}{1+\alpha\mu-\alpha}} \tag{9.46}$$

式中　T_n——等效单自由度体系在线弹性范围内的周期。

通常将等效黏滞阻尼定义为弹塑性体系或等效线性体系振动一周的能耗。根据这一概念，等效黏滞阻尼比为：

$$\zeta_{eq} = \frac{1}{4\pi}\frac{E_D}{E_S} \tag{9.47}$$

式中，弹塑性体系的能耗为包含在滞回圈内的面积 E_D（图 9.84 中平行四边形的面积），$E_S = S_{ai}S_{di}/2$ 为体系的应变能（图 9.84 中三角形的面积）。替换公式（9.47）中的 E_D、E_S，得：

$$\zeta_{eq} = \frac{2}{\pi}\frac{(\mu-1)(1-\alpha)}{\mu(1+\alpha\mu-\alpha)} \tag{9.48}$$

等效线性体系的总黏滞阻尼为：

$$\hat{\zeta}_{eq} = \zeta + \zeta_{eq} \tag{9.49}$$

式中　ζ——体系在线弹性范围内振动的黏滞阻尼比。

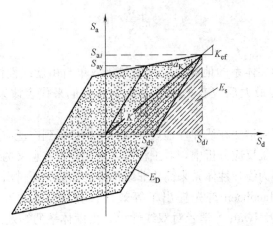

图 9.84　线性体系由能量耗散引起的等效粘滞阻尼

对于理想弹塑性体系，公式（9.46）和式（9.48）中的 $\alpha=0$。则：

$$T_{\mathrm{ef}}=T_{\mathrm{n}}\sqrt{\mu},\zeta_{\mathrm{eq}}=\frac{2}{\pi}\frac{\mu-1}{\mu} \tag{9.50}$$

根据得到的等效刚度（等效周期）、等效阻尼比对设计地震下 5％阻尼比的标准弹性设计谱进行修正便可以计算出"需求曲线"。

9.5.3.3　目标位移值的确定

能力谱方法是确定弹塑性体系地震响应的近似计算方法，这种方法避免了非线性时程分析。代替动力分析的是一系列等效线性体系通过改变 T_{ef}、$\hat{\zeta}_{\mathrm{eq}}$ 来确定弹塑性体系的位移。求解步骤为：

（1）按照纵坐标为加速度谱（S_{a}）、横坐标为位移谱（S_{d}）的格式将能力谱和弹性需求反应谱绘在一起。

（2）从能力谱中确定位移峰值 $S_{\mathrm{d}i}$ 和相应的拟加速度 $S_{\mathrm{a}i}$。起初，根据弹性周期 T_{n}，从弹性需求反应谱中确定 $S_{\mathrm{d}i}=S_{\mathrm{d}}（T_{\mathrm{n}}，\zeta=5％）$。

（3）计算位移延性系数 $\mu=S_{\mathrm{d}i}/S_{\mathrm{d}y}$ 及相应的等效阻尼比 $\hat{\zeta}_{\mathrm{eq}}$。

（4）绘制相应于上一步所得阻尼的弹性需求反应谱，读取能力谱与需求反应谱交点的位移值 $S_{\mathrm{d}j}$。

（5）检查是否收敛。假如（$S_{\mathrm{d}j}-S_{\mathrm{d}i}$）/$S_{\mathrm{d}j}$≤误差（＝0.05），则地震响应位移值 $S_{\mathrm{d}}=S_{\mathrm{d}j}$，否则，设 $S_{\mathrm{d}i}=S_{\mathrm{d}j}$，重复（3）～（5）步。

9.5.4　预应力井式梁框架结构竖向地震反应的静力弹塑性分析方法

迄今为止，有关 PUSH-OVER 分析方法的研究成果均是求解结构在水平地震作用下的弹塑性反应，本文基于 PUSH-OVER 分析方法的基本思想，将其推广应用于大跨预应力混凝土井式梁框架结构的竖向弹塑性地震反应分析。为此，需要解决两个主要问题：（1）模拟竖向地震荷载的分布模式；（2）预应力作用的考虑。

9.5.4.1　模拟竖向地震荷载的分布模式

大跨预应力混凝土井式梁框架结构竖向 PUSH-OVER 分析的关键之一在于选择一种合适的竖向力分布模式，以便使 PUSH-OVER 分析的结果能够最大限度地体现结构在实际地震作用下的内力和变形的分布。一般所选择的荷载模式要能够体现和包络设计地震作用下结构上惯性力的分布。当结构处于弹性反应阶段，地震惯性力的分布主要受地震频谱特性和结构动力特性的影响，而当结构进入非线性反应阶段以后，惯性力的分布形式还将随着非线性变形的程度和地震的时间过程而发生变化。已有的研究成果表明，对于受高阶振型影响较弱，且在不变荷载形式作用下可产生唯一屈服机制的结构，一般可以假定结构的地震力分布模式在地震反应过程中保持不变，分析得到的结构最大变形和预期的设计地震中的最大变形相差不大。对于大跨预应力混凝土井式梁框架结构，通过前面的研究可以得出，其竖向地震反应以一阶振型为主，受高阶振型影响较弱，因而可以取竖向一阶振型作为模拟竖向地震荷载的分布模式。

9.5.4.2　预应力梁临界截面的极限塑性角

对结构进行 PUSH-OVER 分析时，假定构件塑性铰处的转角集中在塑性铰长度范围内弯矩最大的截面处，此截面称为临界截面。塑性铰处的极限塑性转角可以表示为：

$$\theta_p = (\varphi_u - \varphi_y) l_p \tag{9.51}$$

式中　φ_u——临界截面的极限曲率；

φ_y——临界截面的屈服曲率；

l_p——塑性铰区长度。

从式（9.51）可以看出，在塑性铰转角计算中，要用到曲率和塑性铰区长度两个参数。通过前面的分析，可以获得预应力梁临界截面的曲率。因而，要确定临界截面的极限塑性转角，关键在于确定塑性铰区长度。

20 世纪 40 年代末，由于探讨塑性设计方法的需要，开始了对于塑性转动能力的研究，随后研究工作一直不断地进行。但是，由于塑性转动能力的定量分析，最主要地取决于达到极限时压区边缘混凝土的极限应变，而混凝土的后期变形受到很多因素的影响，极限应变值很难测定，其实测值具有很大的离散性，此外还有荷载类型、临界截面附近粘结力的破坏程度以及钢筋等因素的影响，使得有关塑性转动能力的研究工作还未能取得十分满意的结果。塑性铰区长度的计算主要根据半经验半理论的方法求得。依循对预应力作用的处理思想，本文采用文献［9］中钢筋混凝土压弯构件塑性铰区长度的计算公式求解预应力混凝土梁塑性铰区长度。

$$l_p = 2\left[1 - 0.5\left(\mu_s f_y - \mu_s' f_y' + \frac{N}{bh}\right)\bigg/ f_c\right] h_0 \tag{9.52}$$

式中　μ_s——受拉钢筋配筋率；

f_y——受拉钢筋屈服强度；

μ_s'——受压钢筋配筋率；

f_y'——受压钢筋屈服强度；

N——预应力筋产生的等效轴向荷载；

b——预应力梁宽度；

h——预应力梁高度；

f_c——混凝土轴心受压强度；

h_0——梁截面有效高度。

蒲黔辉等[10]根据 10 榀矩形截面部分预应力混凝土连续梁模型试验，得出了预应力混凝土连续梁塑性铰区长度的计算公式：

$$l_p = 2[1 - 0.5(\mu_s f_y - \mu_s' f_y' + 0.5\mu_p f_{ps})/f_c]h_0 \tag{9.53}$$

式中　　μ_p——预应力筋的配筋率；

$\quad\quad\ f_{ps}$——预应力筋的抗拉极限强度；

其余符号意义同式（9.52）。

若取预应力筋张拉控制应力 $\sigma_{con} = 0.7f_{ps}$，预应力损失值为张拉控制应力的 30%，则有：$\dfrac{N}{bh} = \dfrac{0.7 \times (1 - 0.3)f_{ps}A_p}{bh} = 0.49\mu_p f_{ps}$，此时式（9.52）和式（9.53）近乎相等。

9.5.5　基于非弹性需求谱的能力谱法

从 ATC—40 能力谱方法的求解过程中可以看出，最终收敛的位移响应值是通过逐步迭代的方法求得的，求解时需要绘出多条改变阻尼后的需求反应谱曲线，求解过程相对烦琐。本章吸取 N2 方法[11~13]简便实用的思想以及等位移的近似原则，采用基于非弹性需求谱的能力谱法求解大跨预应力混凝土井式梁框架的竖向地震反应。其求解步骤如下：

（1）按照纵坐标为加速度谱（S_a）、横坐标为位移谱（S_d）的格式将双线性能力谱和弹性需求反应谱绘在一起。

（2）双线性能力谱上初始弹性段的延长线与弹性需求反应谱的交点，记为弹性谱位移 S_{de} 和相应的谱加速度 S_{ae}。

（3）使用强度折减系数 R_μ 来得到非弹性响应值。

$$S_{ay} = \frac{S_{ae}}{R_\mu} \tag{9.54}$$

$$S_d = \frac{\mu}{R_\mu}S_{de} \tag{9.55}$$

式中　　μ——延性系数，$\mu = \dfrac{S_{de}}{S_{dy}}$；

$\quad\quad\ S_{dy}$——屈服谱位移；

$\quad\quad\ R_\mu$——强度折减系数。

首先由式（9.54）得到强度折减系数 R_μ，再根据强度折减系数 R_μ 计算延性系数 μ，最后由式（9.55）得到非弹性位移响应值 S_d，对应于能力谱上的 S_d 值找到相应的谱加速度 S_a。

（4）强度折减系数 R_μ。Vidic 和 Fajfar 等通过改变结构的初始刚度、强度、延性、滞回特性、阻尼以及输入的地震波等参数，对单自由度双线性结构的弹塑性地震反应进行了统计分析，基于参数分析结果得到强度折减系数的计算公式如下：

$$R_\mu = c_1(\mu - 1)^{c_R}\frac{T}{T_0} + 1 \quad T \leqslant T_0 \tag{9.56}$$

$$R_\mu = c_1(\mu - 1)^{c_R} + 1 \quad T \geqslant T_0 \tag{9.57}$$

$$T_0 = c_2\mu^{c_r}T_1 \tag{9.58}$$

式中　　　　T——单自由度结构的弹性周期；

$\quad\quad\quad\ T_1$——场地的特征周期；

c_1、c_2、c_r、c_R——取决于结构滞回特性和阻尼比的常数值。

对于预应力混凝土结构，上述公式可偏于保守的简化为：

$$R_\mu = (\mu-1)\frac{T}{T_0}+1 \quad T \leqslant T_0 \tag{9.59}$$

$$R_\mu = \mu \quad T \geqslant T_0 \tag{9.60}$$

$$T_0 = T_1 \tag{9.61}$$

（5）由第 3 步得到的等效单自由度体系最大谱位移 S_d 和谱加速度 S_a 可以通过式（9.43）、（9.44）转化为大跨预应力混凝土井式梁框架的特征点位移和总竖向地震力。

9.5.6　小结

同非线性时程分析方法相比，静力弹塑性分析方法的计算过程大为简化，使设计人员能够很方便地对结构的抗震能力进行评估。

（1）模拟地震力的分布模式。结构在地震过程中所受的地震作用是不规则变化的，特别是构件屈服后地震作用更为复杂。因而，采用自适应的加载模式（考虑加载过程中振型的变化）更符合实际地震中地震作用的分布方式。但如何合理地考虑这种变化，并以不过分增加静力弹塑分析方法的复杂程度为前提，需要进一步的研究。

（2）基于结构和构件层次的性能评价指标。目前，我国现行《建筑抗震设计规范》中还没有给出大跨度结构及构件在竖向地震作用下的弹塑性变形容许值。因而，对大跨度结构抵抗竖向地震作用的能力还缺乏评价指标。

（3）从研究 PUSH-OVER 方法的基本原理及实施步骤着手，系统分析了 ATC-40 能力谱方法。在此基础上结合预应力混凝土结构的特点，建立了大跨预应力混凝土结构竖向地震反应的静力弹塑性分析方法，为这类结构的抗震分析提供了理论基础。

（4）在 ATC-40 的能力谱方法中，需要绘出多条改变阻尼后的需求反应谱，求解过程相对烦琐，且物理意义不够明确。本章借鉴 N2 方法简便实用的思想，采用基于非弹性需求谱的能力谱方法求解大跨预应力混凝土结构的竖向地震反应，使分析过程大为简化。

（5）同非线性时程分析方法相比，静力弹塑性分析方法的计算过程大为简化，使设计人员能够很方便地对结构的抗震能力进行评估。

9.5.7　算例分析

以一 36m 跨预应力混凝土井式梁框架结构为例，说明采用静力弹塑性分析方法求解大跨预应力混凝土井式梁框架结构竖向弹塑性地震反应的基本过程。

9.5.7.1　结构基本数据

某单层大跨预应力混凝土井式梁框架结构（如图 9.85），跨度为 36m×36m，主梁为后张有粘结预应力梁，截面尺寸均为 550mm×1800mm，周边框架柱的截面尺寸均为 1000mm×1000mm，预应力梁与框架柱的连接为整浇刚接节点。为减小板跨，预应力梁之间设非预应力次梁，截面均为 250mm×600mm，井式梁框架的边梁尺寸均为 250mm×700mm。结构层高 10.0m，板厚 100mm。混凝土强度等级均为 C40。恒荷载除考虑结构自重外，还包含 100mm 厚细石混凝土面层；活荷载为 200kg/m²。分析结构在 IV 类场地、9 度罕遇地震作用下的竖向弹塑性地震反应。

9.5.7.2　结构配筋及预应力等效荷载

预应力筋采用 Φ^{s}15.2 高强低松弛钢绞线，预应力筋强度标准值 $f_{ptk}=1860\text{N/mm}^2$，

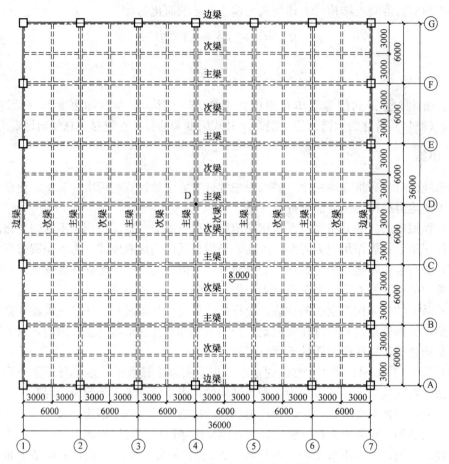

图 9.85　36m 跨预应力井式梁框架结构平面图

预应力筋张拉控制应力 $\sigma_{con}=0.75f_{ptk}=1395N/mm^2$，经计算，预应力损失值为张拉控制应力的 30%，则有效预应力 $\sigma_p=977N/mm^2$。通过静力计算，确定预应力主梁、边梁、柱的配筋见表 9.35，预应力筋线形及相应等效荷载见图 9.86。

36m 跨预应力井式梁结构构件配筋　　　　　　　　　　　　　表 9.35

构件类型	非预应力筋		预应力筋	箍筋
	上部纵筋	下部纵筋		
主梁	10 Φ 25	10 Φ 25	30 Φˢ15.2	Φ 12@100/200(4)
边梁	3 Φ 25	3 Φ 22		Φ 10@100/200(2)
柱	60 Φ 25			Φ 12@100/200(6)

9.5.7.3　预应力梁临界截面的极限塑性转角

在竖向 PUSH-OVER 分析中，随着荷载的增大，预应力梁各截面依次形成塑性铰。根据预应力梁的截面尺寸、配筋及材料强度值，可计算出各临界截面的弯矩-曲率关系及相应的极限塑性转角。图 9.87 为其中有代表性的支座和跨中截面的弯矩-曲率关系曲线，因结构的 PUSH-OVER 分析主要针对罕遇地震作用，故计算时材料强度取标准值计算。

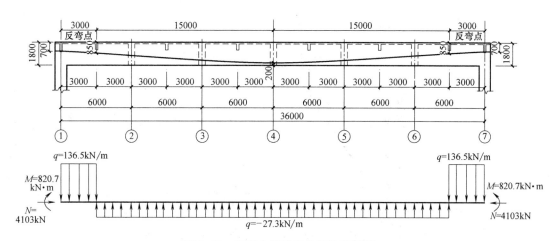

图 9.86　预应力筋线形及等效荷载图

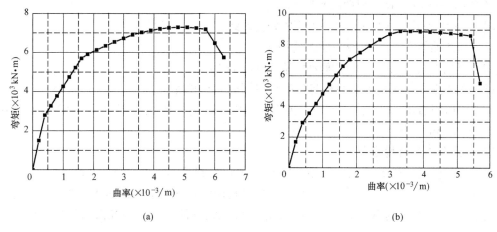

图 9.87　36m 跨预应力井式梁临界截面弯矩-曲率关系

（a）支座截面弯矩-曲率关系；（b）跨中截面弯矩-曲率关系

由式（9.52）可计算出预应力梁塑性铰区长度 $l_p=3.210$m，则跨中和支座截面的极限塑性转角分别为：

跨中：$\theta_p=(\phi_u-\phi_y)l_p=(5.4-1.8)\times10^{-3}\times3.210=0.012$

支座：$\theta_p=(\phi_u-\phi_y)l_p/2=(5.7-1.6)\times10^{-3}\times1.605=0.0066$

9.5.7.4　竖向 PUSH-OVER 分析

选定预应力井式梁框架结构的中点 D 作为特征点，在 PUSH-OVER 分析的加载过程中，当特征点达到给定位移值或结构出现足够多的塑性铰使结构整体或局部形成机构时结束分析，具体的判别有两个准则：

（1）某一轮在给定的竖向分布力作用下，计算出的特征点的竖向位移有非常大的数值，说明结构已形成机构，无法继续承载。

（2）参考已有的研究结果，取位移限值为 $L/50$（L 为预应力井式梁的跨度），当某一轮中结构的特征点位移达到位移限值时，结束分析。

在本算例的 PUSH-OVER 分析中，取竖向一阶振型作为竖向地震力的分布模式。结

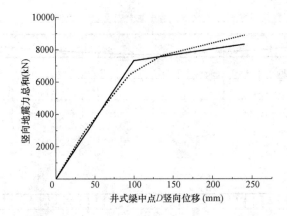

图 9.88　36m 跨预应力井式梁竖向 PUSH-OVER 分析曲线

构的竖向 PUSH-OVER 分析曲线见图 9.88。

图 9.88 中等效双线性 PUSH-OVER 分析曲线基于以下条件获得：

（1）两条曲线在 60％屈服强度点处相交。

（2）双线性结构屈服后的刚度为其弹性刚度的 10％。

（3）双线性曲线所包围的面积与多折线包围的面积相等。

从图中可以看出，双线性 PUSH-OVER 分析曲线的屈服强度 $F_y = 7323$kN，屈服位移 $D_y = 100.1$mm。

9.5.7.5　竖向弹塑性地震反应

由结构的竖向一阶振型及质量矩阵求得能力谱转换系数 $\alpha_1 = 773936$kg，$\alpha_2 = 1.768$，根据式（9.43）、式（9.44）将 PUSH-OVER 分析曲线转化为能力谱曲线。按照纵坐标为加速度谱（S_a）、横坐标为位移谱（S_d）的格式将双线性能力谱和弹性需求反应谱绘在一起，见图 9.89。

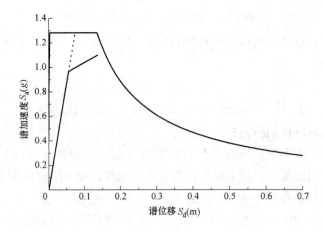

图 9.89　需求与能力谱曲线

从图 9.89 可以得出，双线性的能力谱曲线的屈服点的谱强度 $S_{ay} = 0.96551g$，谱位移 $S_{dy} = 0.05661$m，则由式（9.45）可计算出等效单自由度体系的弹性周期：

$$T = 2\pi \sqrt{\frac{S_{dy}}{S_{ay}}} = 0.486s$$

等效单自由度体系的弹性地震反应（图 9.89 中能力谱虚线延长线与需求谱的交点）为：$S_{ae} = 1.28219g$，$S_{de} = 0.07518m$。由式（9.54）得强度缩减系数为：

$$R_\mu = \frac{S_{ae}}{S_{ay}} = 1.328$$

由式（9.59）得：

$$\mu = 1 + (R_\mu - 1)\frac{T_0}{T} = 1 + (1.328 - 1)\frac{0.65}{0.486} = 1.44$$

则由式（9.55）得等效单自由度体系的弹塑性位移响应值为：

$$S_d = \frac{\mu}{R_\mu} S_{de} = \frac{1.44}{1.328} \times 0.07518m = 0.0815m$$

由式（9.43）计算得竖向地震作用下预应力井式梁跨中点 D 的弹塑性位移值：

$$D = 0.0815 \times 1.768 = 0.144m$$

跨中点 D 在静荷载、预应力等效荷载以及竖向地震作用下的总位移为：

$$D = 0.122 + 0.144 = 0.266m$$

9.5.7.6　塑性铰出现过程

根据预应力井式梁框架结构塑性铰出现过程，在各阶段特征点 D 的竖向位移为：（1）在静荷载和预应力等效荷载作用下，D 点的竖向位移为 0.122m。（2）施加竖向地震力，框架中柱柱头出现第一批塑性铰，此时 D 点的竖向位移为 0.159m。（3）增大竖向地震力，第二批塑性铰出现，此时 D 点的竖向位移为 0.217m。（4）继续增大竖向地震力，第三批塑性铰出现，此时 D 点的竖向位移为 0.258m。（5）继续增大竖向地震力，未产生新的塑性铰，但第一批出现的塑性铰的转角增加较大，柱头处的临界截面破坏严重，此时 D 点的竖向位移为 0.358m。（6）竖向地震力继续增大，此后变形集中在井式梁跨中局部区域，直至中点 D 处的临界截面完全破坏，此时 D 点的竖向位移为 0.363m。从以上各位移值可以看出，结构的竖向弹塑性地震反应处于第 4 阶段末，第 5 阶段的起始处。

算例分析表明，PUSH-OVER 分析方法可以计算出大跨预应力混凝土井式梁框架结构的竖向弹塑性地震反应，了解构件塑性铰的出现顺序，掌握结构的破坏形态、破坏时各构件所处的状态，且分析过程简便。

9.6　混合配置预应力筋混凝土梁在竖向低周反复荷载下的抗震性能

9.6.1　概述

在地震区，结构的主要承重构件一般采用有粘结预应力混凝土；而无粘结预应力混凝土一般应用于建筑结构的楼面及屋面部分，在主要承重构件中的应用很少，主要考虑到无粘结预应力筋不与周围混凝土粘结，在结构的生命周期中对锚具的要求很高，结构可靠性较有粘结预应力混凝土低以及能量耗散能力不如有粘结预应力混凝土结构。但是在抗震性能方面，无粘结预应力混凝土也具备一些有粘结预应力混凝土没有的优点：（1）在地震作用的往复位移下，无粘结预应力筋变形均匀分布在预应力筋的全长范围内，最大的变形明显小于同条件下的有粘结预应力筋；（2）在地震作用的往复位移下，无粘结预应力筋的应力变化幅度小，始终处于受拉的受力状态，而有粘结预应力筋则有可能会由受拉变为受压；（3）在地震作用下，无粘结预应力筋一般处于弹性阶段[16~18]。基于以上所述，有粘结预应力混凝土和无粘结预应力混凝土在抗震性能方面各有优缺点，将两种预应力筋混合配置形成混合配筋的预应力混凝土梁的抗震性能目前尚不明确。因此，本节将重点研究有粘结与无粘结混合配置预应力筋混凝土梁在低周反复荷载下的抗震性能。

9.6.2 低周反复荷载下的有限元模型

在低周反复荷载下，结构经历了正向加载—卸载—反向加载—反向卸载—再正向加载的循环往复加载路径；结构会发生累积损伤，主要表现为强度退化和刚度退化。强度退化是指结构在循环往复荷载下，保持峰点位移不变，峰值荷载会随着循环次数的增加而降低；刚度退化是指结构在循环往复荷载下，保持峰值荷载不变，峰点位移会随着循环次数的增加而增大。退化性质是结构在循环往复荷载下的重要力学性能。在循环往复荷载下，混凝土存在裂面接触效应，钢筋需要考虑包辛格效应等特殊问题[19]。因此，结构在循环往复荷载下的力学性能与单调加载下的力学性能存在一些差异。

为了更好地模拟有粘结与无粘结混合配置预应力筋混凝土梁在低周反复荷载下的受力性能，在9.2节单调加载下的 ABAQUS 有限元模型的材料属性中引入考虑混凝土损伤和钢筋包辛格效应的因素。

9.6.2.1 竖向低周反复荷载下混凝土材料模型

在低周反复荷载下，ABAQUS 中混凝土材料模型仍然采用其自带损伤塑性模型（Concrete Damaged Plasticity），该模型可以分为两个部分，即：塑性部分和损伤部分。在单调加载中，主要应用了该模型的塑性部分，它采用了 Linbliner 屈服面和双曲线 DP 流动势能面，通过参数 Dilation Angle（混凝土膨胀角）、Eccentricity（流动势偏移量）、双轴受压和单轴受压极限强度比（f_{b0}/f_{c0}）、不变量应力比（K）、黏滞系数（Viscosity Parameter）来定义双曲线 DP 流动势能面在子午面上的形状及屈服面在偏平面和平面应力平面上的形状。ABAQUS 中 Concrete Damaged Plasticity 模型相比其他描述混凝土力学行为模型的最大特色是该模型中可以引入混凝土的损伤参数，可以描述混凝土在循环往复荷载下出现损伤的力学行为。在低周反复荷载下，将 Concrete Damaged Plasticity 模型的塑性部分和损伤部分结合起来定义混凝土的材料属性，塑性部分与单调加载中定义相同，损伤部分通过损伤因子和刚度恢复系数来进行定义[20~25]。损伤因子定义为循环加载过程中弹性模量相对初始弹性模量的折减，由于混凝土拉压性能差异较大，损伤因子分为拉伸损伤因子 d_t 和压缩损伤因子 d_c 分别进行计算。下面将详细叙述两种损伤因子的推导过程[20]。

ABAQUS 中的 Concrete Damaged Plasticity 模型在单轴拉伸时应力-应变关系见图9.90，程序中认为应力-应变关系在达到 σ_{t0} 之后，材料会产生微裂纹，裂纹群的出现使材料的宏观力学性能软化，在超过应力 σ_{t0} 之后的软化下降段中，刚度随之降低，描述了材料后续破坏与开裂应变之间的关系，合理定义该阶段的应力-应变关系可以近似钢筋与混凝土之间的界面滑移行为[21]。通过图 9.90 可以计算出混凝土材料拉伸时的损伤因子 d_t，具体计算过程如下：

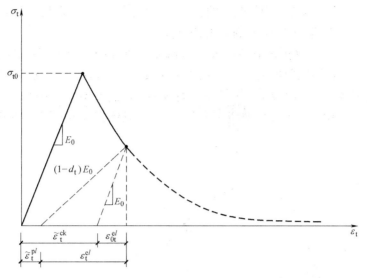

图 9.90　拉伸开裂应变

$$\widetilde{\varepsilon}_t^{ck} = \varepsilon_t - \varepsilon_{0t}^{el} \tag{9.62}$$

$$\varepsilon_{0t}^{el} = \frac{\sigma_t}{E_0} \tag{9.63}$$

$$\begin{aligned}
\sigma_t &= (1-d_t)E_0\varepsilon_t^{el} \\
&= (1-d_t)E_0(\varepsilon_t - \widetilde{\varepsilon}_t^{pl}) \\
&= (1-d_t)E_0(\widetilde{\varepsilon}_t^{ck} + \varepsilon_{0t}^{el} - \widetilde{\varepsilon}_t^{pl})
\end{aligned} \tag{9.64}$$

$$\begin{aligned}
d_t &= 1 - \frac{\sigma_t}{E_0(\widetilde{\varepsilon}_t^{ck} + \varepsilon_{0t}^{el} - \widetilde{\varepsilon}_t^{pl})} \\
&= 1 - \frac{\sigma_t}{E_0(\widetilde{\varepsilon}_t^{ck} + \dfrac{\sigma_t}{E_0} - \widetilde{\varepsilon}_t^{pl})} \\
&= 1 - \frac{\sigma_t}{E_0(\widetilde{\varepsilon}_t^{ck} - \widetilde{\varepsilon}_t^{pl}) + \sigma_t} \\
&= 1 - \frac{\sigma_t}{E_0\widetilde{\varepsilon}_t^{pl}(\widetilde{\varepsilon}_t^{ck}/\widetilde{\varepsilon}_t^{pl} - 1) + \sigma_t}
\end{aligned} \tag{9.65}$$

式 (9.65) 中令 $b_t = \widetilde{\varepsilon}_t^{pl}/\widetilde{\varepsilon}_t^{ck}$，则 $\widetilde{\varepsilon}_t^{pl} = \widetilde{\varepsilon}_t^{ck} \cdot b_t$，将两式代回公式 (9.65) 中可得：

$$d_t = 1 - \frac{\sigma_t}{E_0\widetilde{\varepsilon}_t^{ck}b_t(1/b_t - 1) + \sigma_t} \tag{9.66}$$

计算出拉伸损伤因子 d_t 后，进一步可以计算出塑性应变 $\widetilde{\varepsilon}_t^{pl}$：

$$\begin{aligned}
\widetilde{\varepsilon}_t^{pl} &= \widetilde{\varepsilon}_t^{ck} + \varepsilon_{0t}^{el} - \varepsilon_t^{el} \\
&= \widetilde{\varepsilon}_t^{ck} + \frac{\sigma_t}{E_0} - \frac{\sigma_t}{(1-d_t)E_0} \\
&= \widetilde{\varepsilon}_t^{ck} - \frac{d_t}{(1-d_t)}\frac{\sigma_t}{E_0}
\end{aligned} \tag{9.67}$$

在 ABAQUS 中，软件会根据输入的 $\sigma_t - \widetilde{\varepsilon}_t^{ck}$ 曲线和 $d_t - \widetilde{\varepsilon}_t^{ck}$ 曲线按照公式（9.67）自动将开裂应变转化为塑性应变，以确定卸载路径。

图 9.91 示意了 ABAQUS 中 Concrete Damaged Plasticity 模型压缩的应力-应变关系，应力在达到 σ_{c0} 之前为线弹性，$\sigma_{c0} \sim \sigma_{cu}$ 段为强化段，应力超过 σ_{cu} 之后为软化下降段，该种描述简洁明了地反映了混凝土变形的主要特征。与前面推导拉伸损伤因子 d_t 类似，根据图 9.91 可以推导出压缩时的混凝土损伤因子 d_c。具体推导过程如下：

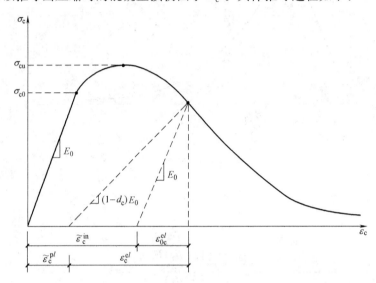

图 9.91　压缩非弹性应变

$$\widetilde{\varepsilon}_c^{in} = \varepsilon_c - \varepsilon_{0c}^{el} \tag{9.68}$$

$$\varepsilon_{0c}^{el} = \frac{\sigma_c}{E_0} \tag{9.69}$$

$$\begin{aligned}
\sigma_c &= (1 - d_c) E_0 \varepsilon_c^{el} \\
&= (1 - d_c) E_0 (\varepsilon_c - \widetilde{\varepsilon}_c^{pl}) \\
&= (1 - d_c) E_0 (\widetilde{\varepsilon}_c^{in} + \varepsilon_{0c}^{el} - \widetilde{\varepsilon}_c^{pl})
\end{aligned} \tag{9.70}$$

$$\begin{aligned}
d_c &= 1 - \frac{\sigma_c}{E_0 (\widetilde{\varepsilon}_c^{in} + \varepsilon_{0c}^{el} - \widetilde{\varepsilon}_c^{pl})} \\
&= 1 - \frac{\sigma_t}{E_0 (\widetilde{\varepsilon}_c^{in} + \sigma_c/E_0 - \widetilde{\varepsilon}_c^{pl})} \\
&= 1 - \frac{\sigma_c}{E_0 (\widetilde{\varepsilon}_c^{in} - \widetilde{\varepsilon}_c^{pl}) + \sigma_c} \\
&= 1 - \frac{\sigma_c}{E_0 \widetilde{\varepsilon}_c^{pl} (\widetilde{\varepsilon}_c^{in}/\widetilde{\varepsilon}_c^{pl} - 1) + \sigma_c}
\end{aligned} \tag{9.71}$$

式（9.71）中令 $b_c = \widetilde{\varepsilon}_c^{pl}/\widetilde{\varepsilon}_c^{in}$，则 $\widetilde{\varepsilon}_c^{pl} = \widetilde{\varepsilon}_c^{in} \cdot b_c$，将两式代回公式（9.71）中可得：

$$d_c = 1 - \frac{\sigma_c}{E_0 \widetilde{\varepsilon}_c^{in} b_c (1/b_c - 1) + \sigma_c} \tag{9.72}$$

计算出拉伸损伤因子 d_c 后，进一步可以计算出塑性应变 $\widetilde{\varepsilon}_t^{pl}$：

$$\begin{aligned}
\widetilde{\varepsilon}_c^{pl} &= \widetilde{\varepsilon}_c^{in} + \varepsilon_{0c}^{el} - \varepsilon_c^{el} \\
&= \widetilde{\varepsilon}_c^{in} + \frac{\sigma_c}{E_0} - \frac{\sigma_c}{(1-d_c)E_0} \\
&= \widetilde{\varepsilon}_c^{in} - \frac{d_c}{(1-d_c)}\frac{\sigma_c}{E_0}
\end{aligned} \tag{9.73}$$

在式（9.66）和式（9.72）定义了两个参数 b_t 和 b_c，这两个参数需要根据试验时低周反复荷载加载卸载路径确定，当无试验数据时可按照 V. Birtel & P. Mark[25] 文中的建议值进行取值，即：$b_t = 0.1$，$b_c = 0.7$。

ABAQUS 的损伤塑性混凝土模型中除拉伸和压缩损伤因子外，刚度恢复系数 w_t 和 w_c 亦是描述混凝土在低周反复荷载下累积损伤的重要参数，ABAQUS 中主要利用刚度恢复系数来模拟混凝土反向加载时的刚度，可以近似模拟混凝土裂面张开闭合的法向行为。图 9.92 示意了刚度恢复系数取值对反向加载刚度的影响。

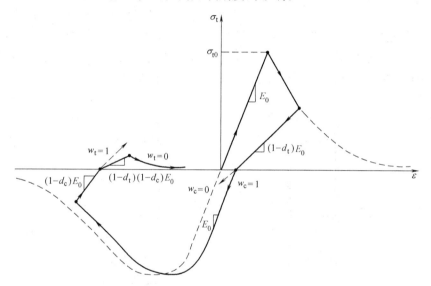

图 9.92　循环荷载下 Concrete Damaged Plasticity 模型的应力-应变关系

9.6.2.2　竖向低周反复荷载下钢筋材料模型

在单调加载的计算中，普通钢筋和预应力筋采用了 ABAQUS 中自带的 Plasticity 材料模型，该模型可以定义材料的屈服及后续强化阶段，但是不能考虑钢筋的包辛格效应，即：钢筋正向加载屈服后，反向加载时屈服应力可能会明显降低。经过模型的试算发现钢筋采用 Plasticity 材料模型，滞回曲线过于饱满，不能反映出构件在低周反复荷载下真实的力学行为。鉴于此种情况，在 ABAQUS 中通过调用用户子程序以实现钢筋材料的定义，通过比较决定选用 PQ-Fiber 中的钢筋材料本构。PQ-Fiber 是清华大学土木工程系结构工程研究所潘鹏副教授和曲哲博士针对通过有限元程序 ABAQUS 开发的一组单轴滞回本构模型的集合，适用于定义 ABAQUS 杆系结构中的钢筋和混凝土的材料模型。本节选用 PQ-Fiber（V2.0）中的 Usteel02 材料模型定义梁中普通钢筋和预应力筋的材料属性，其中普通钢筋材料属性定义中 $\alpha = 0.001$，预应力筋材料属性定义中 $\alpha = 0.01$，该模型的

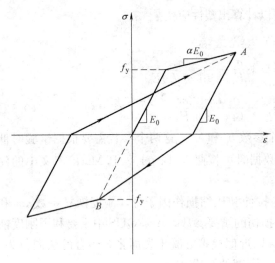

图 9.93　循环荷载下 Usteel02 模型的应力-应变关系

应力-应变关系如图 9.93 所示。Usteel02 材料模型采用 Clough1996 年提出的带有再加载刚度退化的双线性滞回模型。该本构反向再加载时指向在该方向加载历史上所经历的最大应变点[19、21]。

9.6.3　试验验证

东南大学李莉[26]为研究复合配筋预应力混凝土梁的抗震性能，设计了四根简支梁试件，进行竖向低周反复加载试验，四个试验试件分别为一根无粘结预应力混凝土梁，一根有粘结预应力混凝土梁，两根复合配筋预应力混凝土梁。本节选取这四组试验来验证竖向低周反复荷载下有限元模型的合理性。试件的基本信息为：梁截面尺寸为 250mm×400mm，梁长 4500mm，混凝土强度等级采用为 C40，实测立方体抗压强度为 40.8MPa，预应力筋采用 1860 级钢绞线，实测条件屈服强度为 1720MPa，极限强度为 1910MPa。各试件的详细信息见图 9.94 所示。

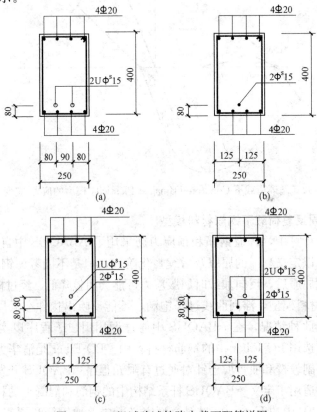

图 9.94　四组试验试件跨中截面配筋详图
(a) PPB1；(b) PPB2；(c) PPB3；(d) PPB4

PPB1～PPB4 四个试验试件荷载-位移滞回曲线的有限元计算结果与试验结果的对比情况见图 9.95。从图中能够看到，有限元计算结果与试验结果吻合良好，因此文中采用的有限元模拟方法是可行的。

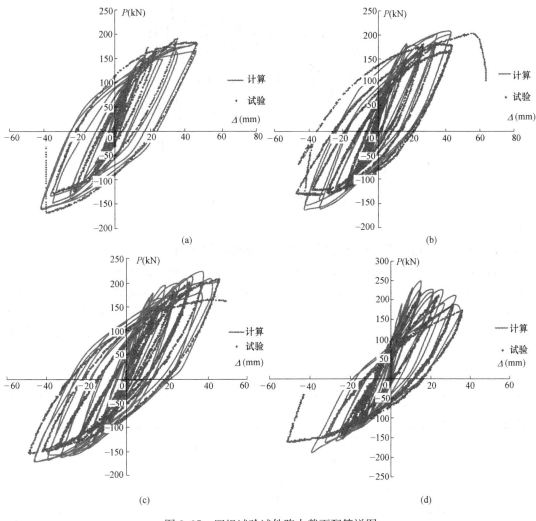

图 9.95　四组试验试件跨中截面配筋详图
（a）PPB1；（b）PPB2；（c）PPB3；（d）PPB4

9.6.4　竖向低周反复荷载下梁的有限元分析

本节竖向低周反复荷载的加载制度在参考了《建筑结构试验》[27]和《建筑抗震试验方法规程》JGJ/T 101—2015[25]提供方法的基础上，结合混合配置预应力筋混凝土梁的具体情况，制定了符合本节混合配置预应力筋混凝土梁特点的加载制度。具体加载制度见图 9.96 所示。

为了反映有粘结与无粘结混合配置预应力筋混凝土梁的抗震性能，以下将重点分析有粘结预应力筋与无粘结预应力筋的相对含量、有粘结预应力筋的配筋指标、无粘结预应力筋的配筋指标以及纵向普通受拉钢筋的配筋指标对混合配置预应力筋混凝土梁抗震性能的

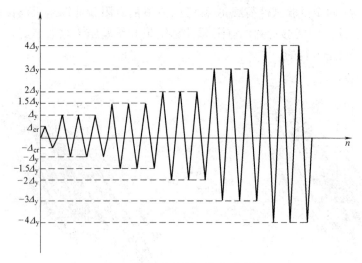

图 9.96　竖向低周反复加载制度

影响。

9.6.4.1　有粘结预应力筋与无粘结预应力筋配筋的相对比例

有粘结预应力筋与无粘结预应力筋配筋的相对比例是影响混合配置预应力筋混凝土梁力学性能的重要指标，研究其对混合配置预应力筋混凝土梁抗震性能的影响对推广该类型结构体系的应用具有重要意义。本节设计了 4 组有限元模型，保持预应力筋总量不变，改变有粘结预应力筋与无粘结预应力筋配筋的相对比例，研究其对混合配置预应力筋混凝土梁抗震性能的影响。各组模型的基本信息详见表 9.36。

L 组模型基本信息　　　　　　　　　　　　　　　　　　　　　表 9.36

模型编号	截面（mm×mm）	预应力筋含量(mm²)	普通钢筋	箍筋	粘结形式	综合配筋特征值	预应力度
L1	300×600	B:548.0	顶:4 ⚌ 18	剪弯:Φ 8@100	有	0.356	0.651
		U:0.000	底:4 ⚌ 18	纯弯:Φ 8@200			
L2	300×600	B:383.6	顶:4 ⚌ 18	剪弯:Φ 8@100	有、无	0.340	0.636
		U:164.4	底:4 ⚌ 18	纯弯:Φ 8@200			
L3	300×600	⚌:274.0	顶:4 ⚌ 18	剪弯:Φ 8@100	有、无	0.329	0.624
		U:274.0	底:4 ⚌ 18	纯弯:Φ 8@200			
L4	300×600	⚌:0.000	顶:4 ⚌ 18	剪弯:Φ 8@100	无	0.303	0.592
		U:548.0	底:4 ⚌ 18	纯弯:Φ 8@200			

注：表中 B 表示有粘结预应力筋，U 表示无粘结预应力筋。

（1）滞回曲线

结构构件在低周反复荷载下的荷载-位移曲线（即：滞回曲线）是结构构件抗震性能的综合体现，亦是进行结构构件抗震分析的主要依据。图 9.97 给出了考虑有粘结预应力筋与无粘结预应力筋配筋相对比例的滞回曲线计算结果。对比分析滞回曲线可以看出：当梁中预应力筋总量相同时，随着无粘结预应力筋占预应力筋总量比例的增加，同一级循环下滞回环包围的面积逐渐减小，梁的耗能能力减弱；另一方面，随着无粘结预应力筋配筋比例的增加，同一级循环荷载下，梁的残余变形减小，变形恢复能力增强。

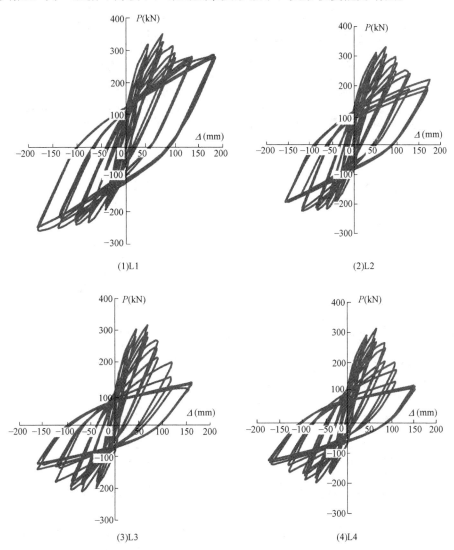

(1)L1 　　　　　　　　　　　　(2)L2

(3)L3 　　　　　　　　　　　　(4)L4

图 9.97　有粘结筋与无粘结筋配筋的相对比例对滞回曲线的影响

（2）骨架曲线

在低周反复荷载中，将滞回曲线各次循环的峰点连接起来，即滞回曲线的外包络线，就得到了骨架曲线。按照上述方法对图 9.97 中的滞回曲线进行处理，就得到了 L 组混合配置预应力筋混凝土梁在低周反复荷载下的骨架曲线。具体情况如图 9.98 所示。

（3）耗能能力

耗能能力是评价结构抗震性能的一项重要指标。结构在低周反复荷载作用下经历一次荷载循环，荷载-位移曲线（滞回环）包围的面积即为本次循环中的结构的耗能量。滞回环面积大，表示结构的耗能能力好；滞回环面积小，表示结构的耗能能力差。图 9.99 包围的面积即为一次荷载循环中结构的耗能量。

在判断结构耗能能力方面，可以采用 Jacobson 提出的等效黏滞阻尼系数 h_e 来评价。

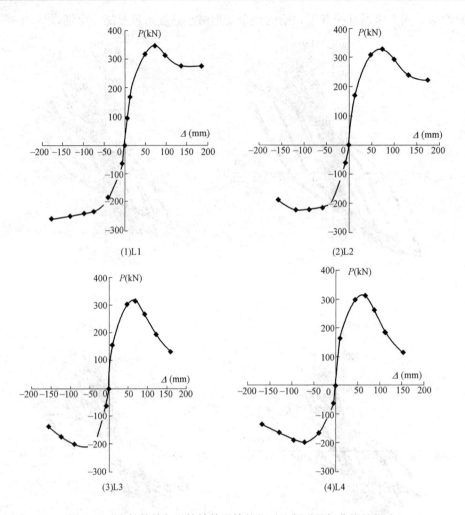

(1)L1 　　　　　　　　　　(2)L2

(3)L3 　　　　　　　　　　(4)L4

图 9.98　有粘结筋与无粘结筋配筋的相对比例对骨架曲线的影响

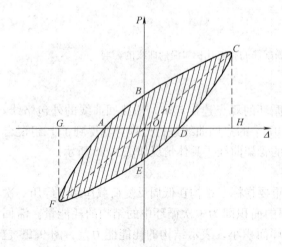

图 9.99　耗能计算示意图

等效黏滞阻尼系数 h_e 的计算方法如下。

图 9.99 中 ABCDEF 包围的面积为循环一周耗散的能量，面积 OCH 与 OFG 为假想按照弹性直线达到相同位移（OH、OG）时耗散的能量。曲线面积 ABCDEF 与两个三角形 $\triangle OCH$ 和 $\triangle OFG$ 面积之和的比值即表示耗散的能量与等效弹性体产生相同位移耗散能量的比值。

$$h_e = \frac{1}{2\pi} \cdot \frac{S_{(ABCD+DEFA)}}{S_{(OCH+OFG)}} \quad (9.74)$$

各模型的等效黏滞阻尼系数 h_e 的计算结果如表 9.37 所示。

考虑有粘结筋与无粘结筋配筋相对比例对等效黏滞阻尼系数的影响　　表 9.37

编号＼循环	Δ_y	$1.5\Delta_y$	$2\Delta_y$	$3\Delta_y$	$4\Delta_y$
L1	0.136	0.153	0.167	0.200	0.242
L2	0.129	0.143	0.156	0.188	0.231
L3	0.123	0.132	0.144	0.182	0.236
L4	0.119	0.128	0.139	0.180	0.227

从表 9.37 中可以直观地看出：随着循环次数的增加，等效黏滞阻尼系数 h_e 逐渐增大，表现为梁屈服后发生较大塑性变形，耗散的能量增大；另一方面，随着梁中无粘结预应力筋配筋比例的增加，计算的等效黏滞阻尼系数逐渐降低，梁的耗能能力减弱，分析其原因应该是有粘结预应力筋通过灌浆与周围混凝土粘结在一起，而无粘结预应力筋不与周围的混凝土粘结，粘结作用使得有粘结预应力混凝土结构的耗能能力更好。表中 L1 为普通有粘结预应力梁，L2 和 L3 为混合配置预应力筋混凝土梁，L4 为普通无粘结预应力梁，从表中数据可以看出：普通有粘结预应力混凝土梁的耗能能力最好，普通无粘结预应力混凝土梁最差，就等效黏滞阻尼系数而言，普通有粘结预应力混凝土梁较普通无粘结预应力混凝土梁高 12.5%，混合配置预应力筋混凝土梁的等效黏滞阻尼系数介于两者之间，也即混合配置预应力筋混凝土梁的耗能能力处于普通有粘结与普通无粘结预应力混凝土梁之间。

（4）延性

在结构的抗震计算中，地震作用与结构本身的特性密切相关，抗震设计时单纯靠提高结构的承载力以保证大震不倒是不经济也是不科学的，应该在保证结构具有足够承载力的同时，使其在超过弹性后具有足够的变形能力来吸收和耗散地震能量[28]。结构或构件超过弹性极限后，强度和刚度没有明显退化情况下的变形能力即为结构或构件的延性。延性反映的是结构或构件后期的变形能力，是评价结构或构件抗震性能的重要指标。对于混凝土结构一般采用位移延性系数来反映结构延性的大小。设 Δ_y 为结构的屈服位移，Δ_u 为结构的极限位移，则结构的位移延性系数可以表达为：

$$\mu = \frac{\Delta_u}{\Delta_y} \tag{9.75}$$

本节中 Δ_u 取骨架曲线上极限荷载的 85% 相对应的位移，各模型的位移延性系数计算见表 9.38。

梁的位移延性系数　　表 9.38

模型编号	Δ_y（mm）	Δ_u（mm）	μ
L1	48.98	115.68	2.36
L2	49.50	109.42	2.21
L3	46.80	93.26	1.99
L4	45.20	87.86	1.94

分析计算结果可以得到：当梁中预应力筋总量相同时，改变梁中两种预应力筋配筋的相对比例，在延性方面，梁表现出一些差异；随着梁中无粘结预应力筋配筋比例的提高，梁的延性呈降低的趋势，当无粘结预应力筋的配筋比例较低时，梁的延性降低不大，当无

粘结预应力筋配筋比例为 30% 时，梁的位移延性系数为 2.21，相比有粘结预应力混凝土梁的位移延性系数 2.36，仅降低 6.3%；当梁中无粘结预应力筋配筋比例较高时，梁的位移延性系数降低相对较多。

（5）变形恢复能力

在强烈地震作用下，结构进入弹塑性阶段，结构变形恢复能力的好坏直接影响到震后结构的使用性能、可修复程度及相应的修复费用。与普通钢筋混凝土结构相比，预应力混凝土结构具有相对较好的变形恢复能力。本文采用残余变形率作为判断结构构件变形恢复能力的指标。定义残余变形率为卸载后梁的残余变形 Δ_e 与最大荷载时的变形 Δ 的比值，即：Δ_e/Δ。计算结果见表 9.39。

梁的变形恢复能力比较 表 9.39

模型编号	Δ_e (mm)	Δ (mm)	Δ_e/Δ
L1	19.82	101.14	0.196
L2	18.69	100.18	0.187
L3	16.13	90.26	0.179
L4	13.69	85.31	0.160

表 9.39 的计算结果给出了有粘结预应力筋与无粘结预应力筋不同配筋比例的各模型的变形恢复能力。从计算结果中能直观地看出：梁的残余变形率随着无粘结预应力筋配筋比例的增加而逐渐降低，即梁的变形恢复能力随着梁中无粘结预应力筋占总预应力筋比例的增加而增强。分析该现象的原因应该是梁中无粘结预应力筋在梁的受力全过程中一直处于弹性受拉状态，而有粘结预应力筋在低周反复荷载下会发生屈服，并且受力有可能由受拉变为受压，故梁在卸载的过程中，无粘结预应力筋配筋所占比例越高，梁卸载后的残余变形越小，变形恢复能力越强。

9.6.4.2　有粘结预应力筋的配筋指标

根据前述分析可知：有粘结预应力筋的配筋指标对混合配置预应力筋混凝土梁在单调加载下的受弯性能影响显著。因此，本节将继续研究其对混合配置预应力筋混凝土梁竖向低周反复荷载下抗震性能的影响。本节设计 4 组有限元模型，模型中仅改变有粘结预应力筋的配筋面积，其余参数均保持不变，各模型的详细信息参见表 9.40。

M 组模型基本信息 表 9.40

模型 编号	截面 （mm×mm）	预应力筋 含量(mm²)	普通钢筋	箍筋	粘结 形式	综合配 筋特征值	预应力度
M1	300×600	B:109.6	顶:4 ⚏ 18	剪弯:Φ8@100	有、无	0.222	0.449
		U:164.4	底:4 ⚏ 18	纯弯:Φ8@200			
M2	300×600	B:274.0	顶:4 ⚏ 18	剪弯:Φ8@100	有、无	0.293	0.578
		U:164.4	底:4 ⚏ 18	纯弯:Φ8@200			
M3	300×600	B:383.6	顶:4 ⚏ 18	剪弯:Φ8@100	有、无	0.340	0.636
		U:164.4	底:4 ⚏ 18	纯弯:Φ8@200			
M4	300×600	B:493.2	顶:4 ⚏ 18	剪弯:Φ8@100	有、无	0.387	0.679
		U:164.4	底:4 ⚏ 18	纯弯:Φ8@200			

注：表中 B 表示有粘结预应力筋，U 表示无粘结预应力筋。

（1）滞回曲线

图 9.100 中列出了各模型计算的滞回曲线，分析各滞回曲线可以得到以下信息：当有粘结预应力筋含量较低时，滞回曲线相对较为饱满，表现出较好的耗能能力；但是随着有粘结筋配筋指标的提高，同一级循环下，滞回环饱满程度降低，耗散的能量减少；此外，随着有粘结预应力筋含量的逐渐增加，梁的变形恢复能力的逐渐增强；而延性逐渐降低的。

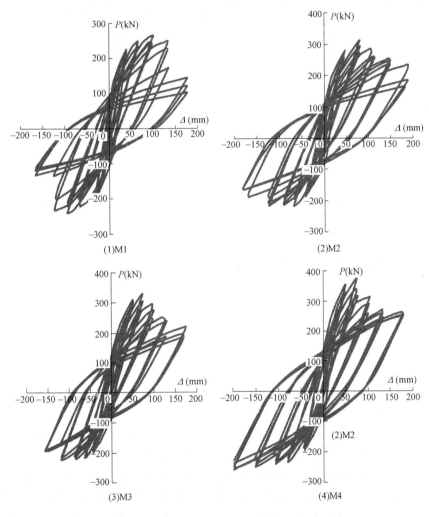

图 9.100　有粘结筋配筋指标对滞回曲线的影响

（2）骨架曲线

图 9.101 给出了考虑有粘结筋配筋指标影响的骨架曲线，从中可以清楚地观察到：随着有粘结预应力筋配筋指标的提高，梁的极限承载力逐渐升高的，但是骨架曲线超过极限荷载后的下降段却逐渐变陡，这说明梁的延性是随着有粘结筋配筋指标的增加而逐渐降低的。

（3）耗能能力

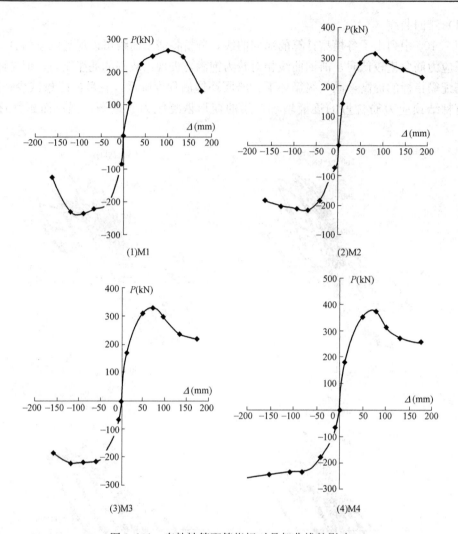

图 9.101　有粘结筋配筋指标对骨架曲线的影响

在 9.6.4 节中概述了梁的耗能能力及判断耗能能力的指标——等效黏滞阻尼系数 h_e 的计算方法。此处直接应用其计算梁的等效黏滞阻尼系数。计算结果列于表 9.41 中。分析计算结果可以得到：混合配置预应力筋混凝土梁与普通预应力混凝土梁在耗能方面表现出相似的特点，随着有粘结预应力筋含量的增加，混合配置预应力筋混凝土梁的耗能能力逐渐降低。当保持梁中无粘结预应力筋面积不变时，增加有粘结预应力筋的配筋量，梁中的预应力度 PPR 是增加的，随着 PPR 的增加，梁的耗能能力是逐渐降低的，这类似于压弯构件中轴力越大，构件的耗能能力越差的情况，故混合配置预应力筋混凝土梁的耗能能力随着有粘结预应力筋配筋指标的增加而降低。

有粘结预应力筋配筋指标对等效黏滞阻尼系数的影响　　　　　　　表 9.41

循环 编号	Δ_y	$1.5\Delta_y$	$2\Delta_y$	$3\Delta_y$	$4\Delta_y$
M1	0.147	0.164	0.180	0.216	0.275
M2	0.141	0.155	0.173	0.208	0.245

续表

编号＼循环	Δ_y	$1.5\Delta_y$	$2\Delta_y$	$3\Delta_y$	$4\Delta_y$
M3	0.129	0.143	0.156	0.188	0.231
M4	0.120	0.133	0.147	0.182	0.210

（4）延性

各模型的位移延性系数计算结果整理于表 9.42 中。

梁的位移延性系数　　　　　　　　　　表 9.42

模型编号	Δ_y（mm）	Δ_u（mm）	μ
M1	40.01	147.21	3.679
M2	47.80	133.50	2.793
M3	49.50	109.42	2.211
M4	50.49	95.63	1.894

改变混合配置预应力筋混凝土梁中有粘结预应力筋含量对梁的延性有较大影响，变化趋势为有粘结预应力筋含量增加，即梁的综合配筋指标增加或预应力度增大，梁的延性降低。分析其原因：混合配置预应力筋混凝土梁中有粘结预应力筋含量增加，梁在受力过程中受压区高度会增大，梁的转动能力会降低，进而梁的延性会降低。

（5）变形恢复能力

采用残余变形率来度量梁的变形恢复能力，各模型的变形恢复能力比较情况见表 9.43。

变形恢复能力的比较　　　　　　　　　　表 9.43

模型编号	Δ_e（mm）	Δ（mm）	Δ_e/Δ
M1	51.62	133.11	0.388
M2	24.86	112.32	0.221
M3	18.69	100.18	0.187
M4	17.81	104.29	0.171

从表 9.43 中可以清晰地看到：保持无粘结预应力筋含量不变，增加有粘结预应力筋含量，混合配置预应力筋混凝土梁的残余变形率明显减小，梁的变形恢复能力增强。

9.6.4.3　无粘结预应力筋的配筋指标

无粘结预应力筋的配筋指标是影响混合配置预应力筋混凝土梁抗震性能的重要参数。本节将研究无粘结预应力筋配筋指标对混合配置预应力筋混凝土梁抗震性能的影响。设计 4 组模型，保持梁中有粘结预应力筋含量不变，改变无粘结预应力筋的含量，分析其对混合配置预应力筋混凝土梁抗震性能的影响，见表 9.44。

N 组模型基本信息　　　　　　　　　　表 9.44

模型编号	截面（mm×mm）	预应力筋含量（mm²）	普通钢筋	箍筋	粘结形式	综合配筋特征值	预应力度
N1	300×600	B：383.6	顶：4 Φ 18	剪弯：Φ 8@100	有、无	0.321	0.615
		U：109.6	底：4 Φ 18	纯弯：Φ 8@200			

续表

模型编号	截面（mm×mm）	预应力筋含量（mm²）	普通钢筋	箍筋	粘结形式	综合配筋特征值	预应力度
N2	300×600	B:383.6	顶:4Φ18	剪弯:Φ8@100	有、无	0.340	0.636
		U:164.4	底:4Φ18	纯弯:Φ8@200			
N3	300×600	B:383.6	顶:4Φ18	剪弯:Φ8@100	有、无	0.358	0.654
		U:219.2	底:4Φ18	纯弯:Φ8@200			
N4	300×600	B: 383.6	顶:4Φ18	剪弯:Φ8@100	有、无	0.394	0.685
		U:328.8	底:4Φ18	纯弯:Φ8@200			

注：表中 B 表示有粘结预应力筋，U 表示无粘结预应力筋。

（1）滞回曲线

N 组模型的滞回曲线计算结果如图 9.102 所示。从中可以看出：各组模型滞回曲线的

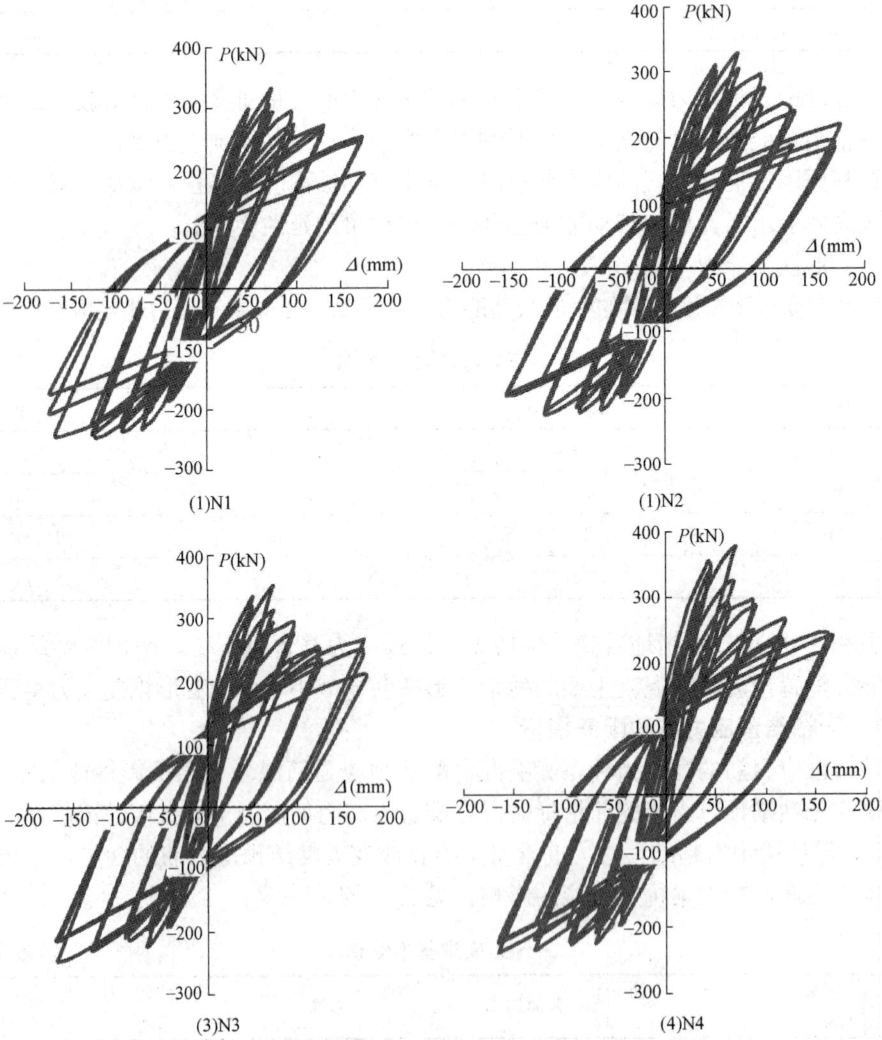
P(kN)
Δ(mm)
(1)N1
(1)N2
(3)N3
(4)N4

图 9.102　无粘结筋配筋指标对滞回曲线的影响

形状基本一致，考虑无粘结预应力筋含量变化对混合配置预应力筋混凝土梁滞回曲线的影响相比有粘结预应力筋含量变化对滞回曲线的影响要小。通过各组模型的滞回曲线可以看出：随着梁中无粘结预应力筋含量的增加，混合配置预应力筋混凝土梁的极限荷载逐渐增大，梁的变形恢复能力逐渐增强，但是滞回曲线在后期循环中强度退化严重，下降段变陡，梁的延性降低。

（2）骨架曲线

考虑无粘结预应力筋含量变化的各组模型的骨架曲线见图 9.103。观察图 9.103 中的骨架曲线，随着梁中无粘结预应力筋含量的增加，梁的峰值荷载增大，而超过峰值荷载后的下降段逐渐变陡，梁的延性变差。

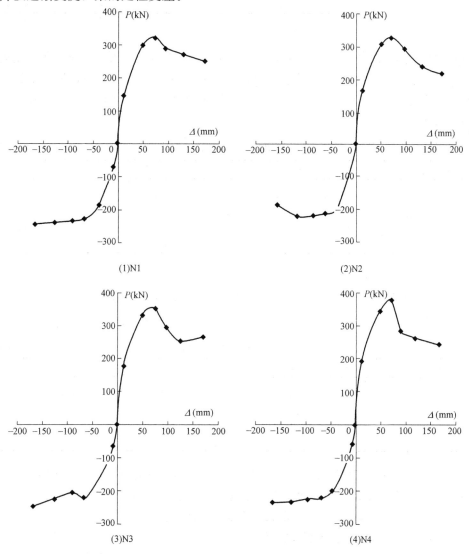

图 9.103 无粘结筋配筋指标对骨架曲线的影响

（3）耗能能力

表 9.45 列出了考虑无粘结预应力筋含量对混合配置预应力筋混凝土梁耗能能力的影

响。表中反映出保持梁中有粘结预应力筋含量不变，改变无粘结预应力筋的含量，梁的耗能能力各异。随着无粘结预应力筋含量的增量，梁的预应力度增大，等效黏滞阻尼系数减小，梁的耗能能力较弱。

无粘结预应力筋含量对等效粘滞阻尼系数的影响　　　　表 9.45

循环 编号	Δ_y	$1.5\Delta_y$	$2\Delta_y$	$3\Delta_y$	$4\Delta_y$
N1	0.138	0.145	0.154	0.194	0.233
N2	0.129	0.143	0.156	0.188	0.231
N3	0.121	0.135	0.148	0.187	0.219
N4	0.116	0.123	0.142	0.169	0.204

（4）延性

前面已述随着无粘结预应力含量的增加，混合配置预应力筋混凝土梁的延性是逐渐降低的，具体量化情况见表 9.46。从表中可以看出随着无粘结预应力筋含量的增加，梁的屈服位移相差不大，但是极限位移（与荷载为极限荷载的 85% 相对应）明显降低，导致梁的延性降低。

梁的位移延性系数　　　　表 9.46

模型编号	Δ_y (mm)	Δ_u (mm)	μ
N1	47.62	120.18	2.524
N2	49.50	109.42	2.211
N3	48.89	93.48	1.912
N4	46.06	82.89	1.800

（5）变形恢复能力

采用残余变形率 Δ_e/Δ 来反映混合配置预应力筋混凝土梁的变形恢复能力。各梁的残余变形率的计算值见表 9.47。

变形恢复能力的比较　　　　表 9.47

模型编号	Δ_e (mm)	Δ (mm)	Δ_e/Δ
N1	19.35	96.98	0.200
N2	18.69	100.18	0.187
N3	16.88	94.54	0.179
N4	13.21	89.94	0.147

随着混合配置预应力筋混凝土梁中无粘结预应力筋含量的增加，梁的变形恢复能力逐渐增强，因为当有粘结预应力筋含量保持不变的情况下，增加无粘结预应力筋的含量，梁中总的预应力筋含量提高，有利于梁卸载过程中变形的恢复。

9.6.4.4　纵向普通受拉钢筋的配筋指标

纵向普通受拉钢筋在预应力混凝土结构抗震中扮演着非常重要的角色，本节将重点分析纵向普通受拉钢筋含量的变化对有粘结与无粘结混合配置预应力筋混凝土梁抗震性能的影响。共设计 4 组模型，纵向受拉普通钢筋的直径依次为 14mm、18mm、22mm、25mm。各组模型的详细信息见表 9.48。以下将详细分析有限元的计算结果。

<table>
<tr><td colspan="8" align="center">O 组模型基本信息</td><td>表 9.48</td></tr>
<tr><td>模型编号</td><td>截面
（mm×mm）</td><td>预应力筋
含量（mm²）</td><td>普通钢筋</td><td>箍筋</td><td>粘结形式</td><td>综合配筋
特征值</td><td>预应力度</td></tr>
<tr><td rowspan="2">O1</td><td rowspan="2">300×600</td><td>B：383.6</td><td>顶：4 ⪽ 18</td><td>剪弯：Φ 8@100</td><td rowspan="2">有、无</td><td rowspan="2">0.292</td><td rowspan="2">0.742</td></tr>
<tr><td>U：164.4</td><td>底：4 ⪽ 14</td><td>纯弯：Φ 8@200</td></tr>
<tr><td rowspan="2">O2</td><td rowspan="2">300×600</td><td>B：383.6</td><td>顶：4 ⪽ 18</td><td>剪弯：Φ 8@100</td><td rowspan="2">有、无</td><td rowspan="2">0.340</td><td rowspan="2">0.636</td></tr>
<tr><td>U：164.4</td><td>底：4 ⪽ 18</td><td>纯弯：Φ 8@200</td></tr>
<tr><td rowspan="2">O3</td><td rowspan="2">300×600</td><td>B：383.6</td><td>顶：4 ⪽ 18</td><td>剪弯：Φ 8@100</td><td rowspan="2">有、无</td><td rowspan="2">0.399</td><td rowspan="2">0.539</td></tr>
<tr><td>U：164.4</td><td>底：4 ⪽ 22</td><td>纯弯：Φ 8@200</td></tr>
<tr><td rowspan="2">O4</td><td rowspan="2">300×600</td><td>B：383.6</td><td>顶：4 ⪽ 18</td><td>剪弯：Φ 8@100</td><td rowspan="2">有、无</td><td rowspan="2">0.451</td><td rowspan="2">0.475</td></tr>
<tr><td>U：164.4</td><td>底：4 ⪽ 25</td><td>纯弯：Φ 8@200</td></tr>
</table>

注：表中 B 表示有粘结预应力筋，U 表示无粘结预应力筋。

（1）滞回曲线

本组模型的滞回曲线计算结果整理于图 9.104 中。直接从滞回曲线中可以看出：纵向

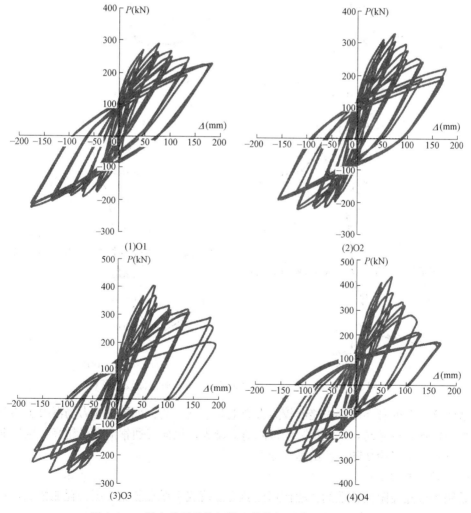

(1)O1　　(2)O2

(3)O3　　(4)O4

图 9.104　纵向普通受拉钢筋配筋指标对滞回曲线的影响

普通受拉钢筋含量的变化对混合配置预应力筋混凝土梁抗震性能的影响明显；随着混合配置预应力筋混凝土梁中纵向普通受拉钢筋含量的增加，滞回曲线逐渐变得饱满。同一级循环中滞回环包围的面积增大，梁的耗能能力增强；梁中纵向受拉普通钢筋含量增加，梁的极限荷载明显增大，但是梁的延性降低。

（2）骨架曲线

本组模型的骨架曲线列于图 9.105 中。

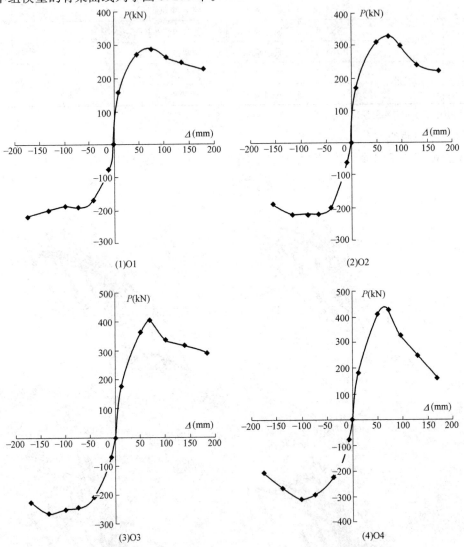

图 9.105　纵向普通受拉钢筋配筋指标对骨架曲线的影响

从图 9.105 的骨架曲线中能够较为直观地观察到：混合配置预应力筋混凝土梁中纵向受拉普通钢筋含量越高，梁能承受的极限荷载越大；纵向普通钢筋含量越高，梁后期的变形能力越差，下降段变陡，梁的延性变差。

（3）耗能能力

采用等效黏滞阻尼系数的方法计算低周反复荷载下梁在各循环中的耗能情况，列于表 9.49 中。

纵向普通受拉钢筋含量对梁等效黏滞阻尼系数的影响 表 9.49

循环 编号	Δ_y	$1.5\Delta_y$	$2\Delta_y$	$3\Delta_y$	$4\Delta_y$
O1	0.118	0.127	0.139	0.157	0.192
O2	0.129	0.143	0.156	0.188	0.231
O3	0.130	0.146	0.177	0.221	0.252
O4	0.128	0.150	0.184	0.241	0.281

分析表 9.49 的计算结果，当混合配置预应力筋混凝土梁中纵向普通受拉钢筋含量增加时，梁的耗能能力也是增加的。从滞回曲线中能够很直观地观察到这一现象。混合配置预应力筋混凝土梁的耗能主要通过普通钢筋屈服后的塑性变形实现，因此，适当提高混合配置预应力筋混凝土梁中纵向普通受拉钢筋的含量对梁的耗能能力是有利的。

（4）延性

从骨架曲线中能够定性地观察到，随着梁中纵向受拉普通钢筋含量的增加，梁的延性变差，以下通过计算位移延性系数 $\mu = \Delta_u/\Delta_y$ 来定量比较各组模型的延性差异，延性系数的计算结果见表 9.50。

梁的位移延性系数 表 9.50

模型编号	Δ_y (mm)	Δ_u (mm)	μ
O1	47.16	137.37	2.913
O2	49.50	109.42	2.211
O3	49.73	95.77	1.926
O4	49.83	86.09	1.728

表 9.50 给出了混合配置预应力筋混凝土梁中纵向普通受拉钢筋含量改变时，梁的位移延性系数。从中可以看出：纵向普通受拉钢筋的配筋指标对梁延性的影响显著，当梁中纵向受拉普通钢筋的配筋率为 0.35% 时，梁的位移延性系数为 2.913，当纵向普通受拉钢筋的配筋率增加到 1.09% 时，梁的位移延性系数降低到了 1.728，降低了 40.6%，可见影响明显。

（5）变形恢复能力

各组模型中反映变形恢复能力的残余变形率的计算结果见表 9.51。从中可以看出随着纵向普通受拉钢筋含量的增加，梁的变形恢复能力逐渐降低，主要原因是提高梁中纵向普通受拉钢筋的含量，梁的预应力度是降低的，相比而言，预应力筋在梁恢复变形方面的能力削弱了，故梁的变形恢复能力随着纵向普通受拉钢筋配筋指标的增加而降低。

梁的变形恢复能力比较 表 9.51

模型编号	Δ_e (mm)	Δ (mm)	Δ_e/Δ
O1	12.37	103.80	0.119
O2	18.69	100.18	0.187
O3	26.45	103.88	0.255
O4	31.81	96.77	0.329

9.6.5　小结

本节重点研究了有粘结与无粘结混合配置预应力筋混凝土梁在竖向低周反复荷载下的抗震性能。通过大型通用有限元程序 ABAQUS 和清华大学开发的滞回材料本构子程序 PQ-Fiber 进行分析。首先通过已有试验验证了本章采用的有限元分析方法的合理性。然后采用本章的有限元方法分析了 4 个系列，共计 16 根混合配置预应力筋混凝土梁的抗震性能。重点分析了梁中有粘结预应力筋与无粘结预应力筋配筋配筋的相对比例、有粘结预应力筋的配筋指标、无粘结预应力筋的配筋指标及纵向普通受拉钢筋配筋指标四个因素对混合配置预应力筋混凝土梁抗震性能的影响。分析中主要通过梁的耗能能力、延性以及变形恢复能力作为评判抗震性能的指标。通过分析可以得到以下一些结论：

（1）就耗能能力而言，有粘结预应力混凝土梁的耗能能力较好，其次是混合配置预应力筋混凝土梁，而无粘结预应力混凝土梁的耗能能力相对较差；混合配置预应力筋混凝土梁中预应力度增加时，梁的耗能能力是降低的。

（2）延性方面，有粘结预应力混凝土梁与无粘结预应力混凝土梁相比要好一些，混合配置预应力筋混凝土梁的延性处于上述两种结构体系之间；当混合配置预应力筋混凝土梁中无粘结筋占总预应力筋的比例较低时（如：无粘结筋的配筋比例在 30% 以内），混合配置预应力筋梁的延性与有粘结预应力混凝土梁相差不大，混合配置预应力筋混凝土梁的延性随着梁中综合配筋指标的增加而逐渐降低。

（3）变形恢复能力方面，无粘结预应力筋混凝土梁的变形恢复能力比有粘结预应力混凝土梁的变形恢复能力强，有粘结与无粘结混合配置预应力筋的混凝土梁的变形恢复能力处于两者之间，并且随着梁中无粘结预应力筋配筋比例的增加而提高；此外，混合配置预应力筋混凝土梁变形恢复能力的变化趋势为：梁中预应力筋含量越高，变形恢复能力越好。

参 考 文 献

［1］　高峰，熊学玉. 预应力型钢混凝土框架结构竖向反复荷载作用下抗震性能试验研究 ［J］. 建筑结构学报，2013，34（07）：62-71.

［2］　过镇海，时旭东. 钢筋混凝土原理和分析 ［M］. 北京：清华大学出版社，2006.

［3］　李飞燕，房贞政. 拟动力试验在预应力混凝土框架结构抗震性能研究中的应用. 福建建筑，2005，5（6）.

［4］　混凝土结构试验方法标准 GB 50152—2012 ［S］北京：中国建筑工业出版社，2012.

［5］　建筑抗震试验方法规程 JTJ/T 101—2015 ［S］. 北京：中国建筑工业出版社，2015.

［6］　郑文忠，王钧，韩宝权，等. 内置 H 型钢预应力混凝土连续组合梁受力性能试验研究 ［J］. 建筑结构学报 2010，31（7）：23-31.

［7］　Takeda T, Sown M and Nielsen N N. Reinforced concrete response to simulated earthquakes ［J］. Journal of the Structural Division，ASCE，1970，96（12）：2557-2573.

［8］　熊学玉，王俊，李伟兴. 大跨预应力混凝土井式梁框架结构的振动台试验研究 ［J］. 土木工程学报，2005，38（3）：44-52.

［9］　郑文忠，王英. 后张预应力混凝土平板-柱结构设计与工程实例. 哈尔滨：黑龙江科学技术出版

社，1999.

[10]　李德葆，陆秋海著. 实验模态分析及其应用. 北京. 科学出版社，2001.

[11]　朱伯龙，董振祥. 钢筋混凝土非线性分析. 上海：同济大学出版社，1985.

[12]　蒲黔辉，杨永清. 部分预应力混凝土梁塑性铰区长度的研究. 西南交通大学学报. 2002，（2）.

[13]　Peter Fajfar，Capacity spectrum method based on inelastic demand spectra，Earthquake Engineering and Structure Dynamics. Vol28，979-993，1999.

[14]　Tomaz vidic，Peter Fajfar and Matej Fischinger. Consistent inelastic design spectra：strength and displacement，Earthquake Engineering and Structure Dynamics. Vol23，507-521，1994.

[15]　Peter Fajfar and Peter Gaspersic，The N2 Method for the seismic damage analysis of RC buildings. Earthquake Engineering and Structure Dynamics. Vol25，31-46，1996.

[16]　H. Maguruma. Seismic behavior of prestressed concrete buildings-A Review of research recently carried out in Japan [C]. 1982.

[17]　苏小卒. 预应力混凝土框架抗震性能研究 [M]. 上海：上海科学技术出版社，1998.

[18]　苏健. 有粘结与无粘结预应力混凝土梁力学性能比较研究 [D]. 大连海事大学，2012.

[19]　李杰，李国强. 地震工程学导论 [M]. 北京：地震出版社，1992.

[20]　ABAQUS Analysis User's Guide [Z]. 2013.

[21]　陆新征，叶列平，繆志伟. 建筑抗震弹塑性分析——原理、模型与在 ABAQUS，MSC. MARC 和 SAP2000 上的实践 [M]. 北京：中国建筑工业出版社，2009.

[22]　王金昌，陈页开. ABAQUS 在土木工程中的应用 [M]. 杭州：浙江大学出版社，2006.

[23]　Lubliner J，J. Oliver S O，Oñate E. A Plastic-Damage Model for Concrete [J]. International Journal of Solids and Structures. 1989，25：299-329.

[24]　Lee J，Fenves G L. Plastic-Damage Model for Cyclic Loading of Concrete Structures [J]. Journal of Engineering Mechanics. 1998，124（8）：892-900.

[25]　Birtel V，Mark P. Parameterised Finite Element Modelling of RC Beam Shear Failure [J]. ABAQUS User's Conference. 2006.

[26]　李莉. 有粘结与无粘结复合配筋的预应力梁抗震性能的试验研究 [D]. 东南大学，1999.

[27]　姚振纲，刘祖华. 建筑结构试验 [M]. 上海：同济大学出版社，2012.

[28]　江见鲸，李杰，金伟良. 高等混凝土结构理论 [M]. 北京：中国建筑工业出版社，2010.

第 10 章　火灾下预应力混凝土结构
计算理论及抗火设计方法

10.1　概述

所谓火灾，是指凡是失去控制并对财物和人身造成损害的燃烧现象[1]。根据燃烧对象，火灾可分为建筑火灾、露天火灾、交通火灾、山林与草原火灾等。火给人类带来了光明和温暖，促进了人类物质文明的不断发展，但是火若失去控制便会危及人民的生命和财产，能对国民经济和人类环境造成巨大的损失和破坏。

火灾对人类社会和自然造成的破坏是非常巨大的。表 10.1 列举了世界上一些国家的火灾直接损失。可见大多数国家的火灾损失都占国民经济生产总值的 0.2% 以上。其他来源的数据还表明，火灾造成的死亡率可占人口总死亡率的十万分之二[2]。

世界上主要国家的火灾直接损失[2]　　　　　　　　　　　　　　　　表 10.1

国家	货币	直接损失（百万）			直接损失占国民生产总值百分比（%）
		1991	1992	1993	
美国	美元	10000	8700	9000	0.25
日本	日元	310000	440000	390000	0.08
英国	英镑	1300	1200	900	0.19
德国	马克	6100	5850	5900	0.21(1979~1980)
法国	法郎	16150	16350	14750	0.25
加拿大	加元	1700	1700	1500	0.24

除了直接损失之外，火灾的间接经济损失、人员伤亡情况、灭火费用等也都相当大，而且有的损失和后果在短期内看不出来。根据世界火灾统计中心的研究，如果火灾的直接经济损失占国民经济生产总值的 0.2%，那么整个火灾损失将占国民经济生产总值的 1%。

我国的火灾次数和损失相当严重，统计表明[3~8]，我国每年火灾造成的经济损失：20 世纪 50 年代平均为 0.5 亿元；60 年代为 1.5 亿元；70 年代为 2.5 亿元；80 年代为 3.2 亿元，90 年代以后火灾损失更为严重。据公安部消防局统计[8]，2000 年全国共发生火灾 189185 起，死亡 3021 人，伤残 4404 人，直接财产损失 152217.3 万元。图 10.1 为我国 1995~2000 年火灾发生的数量及火灾损失趋势图。从图中可以看出我国的火灾次数和火灾损失都呈上升趋势，我国未来的火灾形势不容乐观。迅速采取有效措施，抑制火灾上升的势头，已成为党和政府以及全国人民普遍关心的问题。

建筑物一旦发生火灾，如未能进行及时扑灭，就可能迅速扩大和蔓延，造成人民生命和财产的重大损失。据有关统计资料表明[3~8]，建筑火灾要占火灾总数的 60% 左右，而居住建筑火灾在建筑结构中所占的比例更高。以 1993 年为例，全年共发生火灾 38073 起，火灾损失达 11.6 亿元，其中建筑火灾次数为 28496 起，火灾损失为 9.7 亿元，分别占总起数和火灾总损失的 74.8% 和 83.6%，因此建筑火灾为主要的火灾种类。

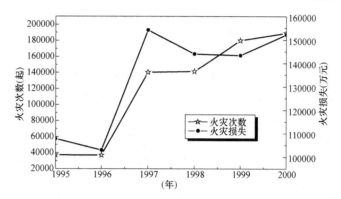

图 10.1　1995～2000 年火灾发生的数量及火灾损失趋势图

近几十年来，我国的高层建筑发展非常迅速，建筑结构火灾的问题也日益突出，这些都迫切需要进行结构抗火性能的研究。目前使用最广泛的建筑结构材料是混凝土和钢，现代建筑中大部分采用钢筋混凝土结构和钢结构作为承重结构，尽管其材料本身火灾下不燃烧，属于热惰性材料，但由于火灾的高温作用，仍将对结构产生不利的影响。根据已有的研究成果[9、10]，钢筋混凝土结构在火灾（高温）下钢材和混凝土的强度、弹性模量等均随温度升高而下降，一般混凝土材料在 400℃ 以上、钢材在 300℃ 以上其力学性能严重恶化，高温下材料性能的变化是结构的承载力和耐火极限严重下降的一个主要原因。另外结构受火时受火面温度随周围环境温度迅速升高，但由于混凝土的热惰性，内部温度增长缓慢，截面上形成不均匀温度场，而且温度变化梯度也不均匀，导致不等的温度变形和截面应力重分布，这些变化都足以危及结构的安全性，某些情况下会导致结构失效。例如，1993 年江西南昌万寿宫商城发生火灾，一栋 8 层钢筋混凝土底框结构房屋在火灾中整体倒塌。特别是 2001 年 9 月 11 日，美国纽约世界贸易中心大厦在飞机撞击后起火，在很短的时间内造成两栋世界标志性摩天大楼的整体倒塌。

预应力混凝土结构是使高强钢材和高强混凝土能动地结合在一起的高效结构，在结构中人为地施加作用力使构件产生与外荷载作用下的应力相反的预应力，利用预加应力的手段，可以使混凝土结构做出更大的跨度，承受更大的荷载。预应力技术发展到今天，其应用已逐步扩大到居住建筑、大跨和大空间公共建筑、高层建筑、高耸结构、地下结构、海洋结构、压力容器、核安全壳及大吨位囤船结构等各个领域。由于预应力结构多用在重要性较高的建筑中，这样的建筑一旦发生火灾，如果结构没有足够的抗火性能，必然会带来巨大的损失，因此预应力混凝土结构的抗火性能应该更加引起人们的关注。由于组成预应力混凝土结构的混凝土和钢丝、钢绞线已经处于较高的应力状态，具有一定的应力历史，随着火灾的发生，高温对材料的影响将比普通混凝土结构更大，将造成剧烈的内力重分布，从而改变破坏形式，大大降低结构承载力。

目前，对预应力混凝土结构整体性能的抗火试验不多，理论研究也较少，国内对预应力混凝土构件的抗火试验研究尚处于起步阶段，对预应力混凝土结构抗火设计方法研究基本处于空白。我国《无粘结预应力混凝土结构技术规程》中涉及预应力混凝土的抗火部分的条文主要取自美国《后张预应力混凝土手册》。因此开展预应力混凝土结构抗火性能及设计方法的研究对完善我国建筑结构设计规范具有重要的现实意义。

10.2　高温下材料的热工及力学性能

预应力混凝土结构由混凝土、钢筋、高强钢丝或钢绞线组成，研究材料在高温下的热工性能及力学性能是研究整体结构在火灾（高温）下行为的基础。

在持续高温下，材料的热工及力学性能与常温下不同，在高温下会发生明显的变化，从而对高温下预应力混凝土结构的内力、变形、承载力及破坏形态等造成直接的影响。对预应力混凝土结构来说，其受火前的状态不同于普通混凝土结构，混凝土表现为受到一定的预压应力，钢绞线的受力状态也不同于普通钢筋，已经处于一个较高的应力状态，因此二者在火灾下的性能表现为在一定的应力状态下的反应，也就是说对预应力混凝土结构来讲，其材料在高温下的性能不同于普通混凝土结构，对材料进行的试验也必须是在一定的应力水平之下，这样才能真实反应预应力混凝土结构在火灾下的性能。

高温下材料的性能将发生变化。对组成预应力混凝土结构的材料高温下性能，国内外做了大量的试验研究[11~29,33~43]。这些试验归结起来有两大类：

恒温加载试验：试验时将试件加热至恒定的温度，然后进行荷载试验，直至试件破坏。

恒载加温试验：实验时将试件预先施加一定的压力，在恒定的压力下进行加温，直至试件破坏。

目前已进行的大量试验多是第一类，用于了解高温下材料的基本物理力学性能，并已经取得许多具有实用价值的结果。目前进行的有应力试验表明，混凝土在受到初应力作用下，其高温下的基本物理力学性能与无应力试验结果有所不同。为了正确反应具有初应力结构——特别是预应力混凝土结构的火灾下的特性，关于第二类试验尚有待进一步研究。

10.2.1　混凝土

10.2.1.1　高温下混凝土的热工性能

在计算混凝土构件内部温度场分布时，需要知道混凝土的热工性能随温度变化的趋势。混凝土的热工性能主要包括热传导系数 λ_c、比热 C_c、密度 ρ_c、热膨胀系数 α_c。

1. 热传导系数

混凝土的热传导系数是混凝土传导热量的能力，其定义是指单位温度梯度下单位时间内通过单位面积的热量，单位是 "W/(m·℃)"。

影响混凝土热传导系数的因素主要有骨料类型、含水率及混凝土的配合比等。当混凝土的组成成分确定时，其含水率是影响导热系数的主要因素，当温度小于100℃时的影响大于温度高于100℃后的影响，且温度越高影响越小，这主要是随着温度的升高，混凝土中的水分不断蒸发的结果。

欧洲规范[30]建议高温下混凝土的热传导系数为：

硅质骨料混凝土公式：

$$\lambda_c(T) = 2 - 0.24 \cdot \frac{T}{120} + 0.012 \cdot \left(\frac{T}{120}\right)^2 \quad 20℃ \leqslant T \leqslant 1200℃ \tag{10.1}$$

钙质骨料混凝土公式：

$$\lambda_c(T) = 1.6 - 0.16 \cdot \frac{T}{120} + 0.008 \cdot \left(\frac{T}{120}\right)^2 \quad 20℃ \leqslant T \leqslant 1200℃ \tag{10.2}$$

式中 $\lambda_c(T)$——温度为 T 时混凝土的热传导系数［W/(m·℃)］；

T——混凝土的温度（℃）。

对比式（10.1）和式（10.2）当温度增高到一定程度时，骨料的影响逐渐减小，普通混凝土骨料对热传导系数影响不明显。T. T. Lie[31]建议对高温下混凝土的热传导系数不区分混凝土类别，统一采用：

$$\lambda_c(T) = 1.9 - 0.00085 \cdot T \quad 0℃ \leqslant T \leqslant 800℃ \tag{10.3a}$$

$$\lambda_c(T) = 1.22 \quad T > 800℃ \tag{10.3b}$$

同济大学结构工程与防灾研究所对混凝土的热传导系数进行了测试[32]，建议对高温下混凝土的热传导系数可采用下式表示：

$$\lambda_c(T) = 1.6 - 7.06 \times 10^{-4} \cdot T \tag{10.4}$$

在本章的温度场分析中采用同济大学提出的建议公式（式10.4），图10.2 为混凝土热传导系数随温度变化的比较。

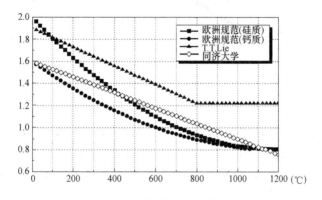

图 10.2 高温下热传导系数比较

2. 比热

比热是指单位质量的物体温度升高一度时所需的热量，单位为"J/(kg·℃)"。

影响混凝土比热的因素有混凝土的骨料类型、配合比和含水率等。混凝土的比热随温度的升高缓慢增加。混凝土骨料类型的不同对热容的影响较小，混凝土的配合比对热容的影响较大，当温度在 100℃ 附近热容值有一突然增加，这是由于自由水蒸发的缘故。

欧洲规范[30]建议的高温下混凝土的比热为：

$$C_c(T) = 900 + 80 \cdot \frac{T}{120} - 4 \cdot \left(\frac{T}{120}\right)^2 \quad 20℃ \leqslant T \leqslant 1200℃ \tag{10.5}$$

式中 $C_c(T)$——温度为 T 时混凝土的比热［J/(kg·℃)］；

T——混凝土的温度（℃）

T. T. Lie[31]把混凝土的质量密度 ρ_c 和热容 C_c 放在一起，用分段线性函数给出与温度 T 的关系式：

$$\begin{cases} \rho_c C_c(T) = (0.005T + 1.7) \times 10^6 & 0℃ \leqslant T \leqslant 200℃ \\ \rho_c C_c(T) = 2.7 \times 10^6 & 200℃ < T \leqslant 400℃ \\ \rho_c C_c(T) = (0.013T - 2.5) \times 10^6 & 400℃ < T \leqslant 500℃ \\ \rho_c C_c(T) = (0.013T + 10.5)10^6 & 500℃ < T \leqslant 600℃ \\ \rho_c C_c(T) = 2.7 \times 10^6 & T > 600℃ \end{cases} \quad (10.6)$$

同济大学结构工程与防灾研究所[32]建议对高温下混凝土的比热随温度变化的关系可采用下式表示：

$$C_c(T) = 840 + 420 \cdot \frac{T}{850} \quad (10.7)$$

在本章的温度场分析中采用同济大学提出的建议公式（式10.7），图10.3为混凝土比热随温度变化的比较。

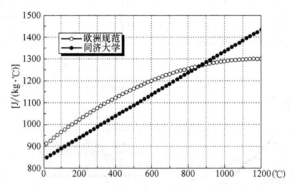

图 10.3　混凝土比热随温度变化的比较

3. 热膨胀系数

热膨胀系数是指单位长度的物体温度升高一度时的伸长量，单位为"1/℃"。

混凝土的热膨胀系数与骨料的类型及温度变化时混凝土湿度状态、试验的试件尺寸大小、加热速度等外部条件有关，因此试验具有离散性。欧洲规范[30]给出了不同骨料类型的混凝土的热膨胀系数公式。

对硅质骨料混凝土公式为：

$$\alpha_c(T) = -1.8 \times 10^{-4} + 9 \times 10^{-6} \cdot T + 2.3 \times 10^{-11} T^3 \quad 20℃ \leqslant T \leqslant 700℃ \quad (10.8a)$$
$$\alpha_c(T) = 14 \times 10^{-3} \quad 700℃ < T \leqslant 1200℃ \quad (10.8b)$$

对钙质骨料混凝土公式为：

$$\alpha_c(T) = -1.2 \times 10^{-4} + 6 \times 10^{-6} \cdot T + 1.4 \times 10^{-11} T^3 \quad 20℃ \leqslant T \leqslant 700℃ \quad (10.9a)$$
$$\alpha_c(T) = 12 \times 10^{-3} \quad 700℃ < T \leqslant 1200℃ \quad (10.9b)$$

由于影响混凝土热膨胀系数因素众多，为了简化计算，T. T. Lie[31]不考虑骨料类型的影响，直接给出混凝土的热膨胀系数随温度变化的关系：

$$\alpha_c(T) = (0.008T + 6) \times 10^{-6} \quad (10.10)$$

图10.4为混凝土热膨胀系数随温度变化的关系图，从图中可以看出混凝土的热膨胀系数随温度的升高而增加，但超过一定的温度时，α_c近似常数。

4. 密度

密度是指单位体积内物体的质量，单位是"kg/m³"。研究表明，由于混凝土中自由

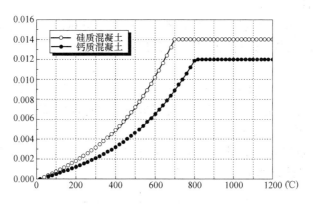

图 10.4　混凝土热膨胀系数随温度变化的比较

水分的蒸发，当温度超过 100℃时，混凝土的密度会减少，但与混凝土本身密度相比可以不计。因此，可以认为混凝土的密度与温度变化无关，可取常温时的密度进行热分析。

10.2.1.2　高温下混凝土的力学性能

高温下混凝土的力学性能主要包括抗压强度、抗拉强度、弹性模量、应力-应变关系及高温蠕变特性等。

1. 抗压强度

已有试验结果表明[20、21、33]，混凝土在 300℃以下时，混凝土的立方体抗压强度与常温下相比变化很小，仅在 100℃左右略有下降，在 200～300℃时与常温下相比还略有升高；当温度超过 400℃后，混凝土的立方体抗压强度开始迅速下降，温度达到 700℃后，混凝土的抗压强度只有常温时的 30%～40%，温度超过 800℃后，混凝土的抗压强度下降到仅为常温下的 10%以下。高温下混凝土强度下降是因为混凝土是一种由水泥石、骨料等聚集组成的非均质人工石材，由于在加热过程中不同组成成分所发生的物理化学性能的变化，将导致其力学性能的变化。

水泥石是非均质材料，是由不同固相组成的毛细孔多孔体，固相主要是晶体及填充其空隙内的凝胶体。存在于水泥石中的水以自由水、毛细孔水、凝胶水、水化水等形式存在。水泥石加热到 100～150℃时，内部水蒸气促进熟料进一步水化，使水泥石的强度增高。加热到 200～300℃时，由于固相内的硅酸二钙凝胶体吸收的水分排出，氧化钙水合物结晶，以及硅酸三钙水化等，导致组织硬化，强度增高，体积增大。同时，在 200℃以上，由于水化和未水化的水泥颗粒之间的结合力松弛，凝胶体组织受到破坏，造成收缩增大和强度降低。温度达到 500℃以后，发生含水氢氧化钙脱水形成氧化钙。水化物的分解使水泥石的组织破坏，强度降低。700℃高温后水泥石内基本不存在 CH，而且其余水化物也将由高碱向低碱产物转化。此时水泥石内部裂纹增多，结构变得疏散多孔。

混凝土中的骨料主要是岩石。硅质骨料的强度在加热到 200℃后增高，这是因为在此温度下，岩石中的内应力消除了；加热到 573℃之后，岩石中的石英的晶态由 αβ 型转化为 β 型，体积增大，因而产生裂纹致使强度下降。石灰岩的强度在加热到 600℃之后有所提高，这是由于石灰岩的硬化引起的，在加热到 700～900℃时，由于碳酸钙分解，体积增大，强度下降。

混凝土高温抗压强度虽然受试验材料和试验条件的诸多因素影响，但从各文献反映的强度变化规律基本是一致的。

同济大学根据 30 个 T 形截面混凝土试件的抗压强度试验结果[27]，并参照国外有关试验资料，采用分段函数，进行线性拟合后给出：

$$\begin{cases} f_{c,T}=f_c & 0<T\leqslant400℃ \\ f_{c,T}=f_c(1.6-0.0015T) & 400℃<T\leqslant800℃ \end{cases} \tag{10.11}$$

式中 $f_{c,T}$、f_c——分别为温度为 T 和常温时混凝土棱柱体抗压强度；

  T——温度（℃）。

清华大学[15,21]通过试验得出了当温度大于 400℃ 后的混凝土高温强度的上、下限（图 10.5），并给出了建议的上、下限公式：

下限：
$$f_{cu,T}^l=\frac{f_{cu}}{1+\left(0.154\times\dfrac{(T-20)}{100}\right)^{12}} \tag{10.12a}$$

上限：
$$f_{cu,T}^u=\frac{f_{cu}}{1+\left(0.128\times\dfrac{(T-20)}{100}\right)^{12}} \tag{10.12b}$$

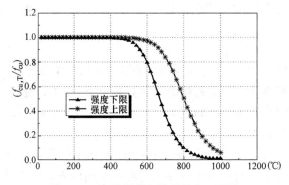

图 10.5   高温混凝土强度的上、下限

清华大学[21]通过对不同强度和不同骨料的立方体和棱柱体混凝土试件试验结果，采用有理多项式拟合后给出：

立方体抗压强度：

$$f_{cu,T}=\frac{f_{cu}}{1+2.4(T-20)^6\times10^{-17}} \qquad T\geqslant20℃ \tag{10.13}$$

棱柱体抗压强度变化和立方体相似：

$$f_{c,T}=\frac{f_c}{1+2.4(T-20)^6\times10^{-17}} \qquad T\geqslant20℃ \tag{10.14}$$

式中 $f_{cu,T}$、f_{cu}——分别为温度为 T 和常温时混凝土立方体抗压强度；

  $f_{c,T}$、f_c——分别为温度为 T 和常温时混凝土棱柱体抗压强度。

上述式（10.13）和式（10.14）在 500℃ 以后差异变大。这是由于式（10.13）在试验中采用的 T 形截面棱柱体试件较式（10.14）采用的标准棱柱体试件在试验加温时能在较短时间达到试验温度，因此试件受高温影响时间短（后者试验加温时间在 700℃ 时需 6 小时），加温时内部温度梯度小。

T. T. Lie[35]建议采用下式表达高温下混凝土的抗压强度：

$$f_{c,T} = f_c \qquad\qquad T \leqslant 450℃ \qquad\qquad (10.15a)$$

$$f_{c,T} = f_c \left[2.011 - 2.353 \left(\frac{T-20}{1000} \right) \right] \qquad 450℃ < T \leqslant 800℃ \qquad (10.15b)$$

将国内外研究成果绘制在一个坐标系中（图 10.6），可见高温混凝土抗压强度随温度的变化是存在一定的规律性的。

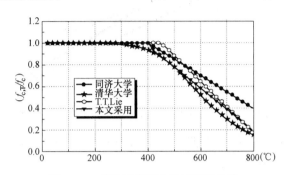

图 10.6　高温下混凝土抗压强度比较

2. 抗拉强度

国内外关于混凝土高温下抗拉强度的试验资料较少。本章直接引用文献 [19] 的研究成果，对混凝土抗拉强度随温度变化的关系用下式表达：

$$f_{t,T} = (1 - 0.001T) f_t \qquad T \geqslant 20℃ \qquad\qquad (10.16)$$

式中　$f_{t,T}$、f_t——分别为温度为 T 和常温时混凝土抗拉强度。

3. 弹性模量与泊松比

混凝土的弹性模量随着混凝土温度的升高而降低，不同的混凝土弹性模量随温度下降的程度不一样，低强度的混凝土比高强度混凝土的弹性模量受温度的影响大。对不同骨料的混凝土的弹性模量受温度的影响不同，而且混凝土的水灰比越高，其弹性模量随温度的升高而降低的越多。

文献 [19] 根据试验结果给出的高温下混凝土弹性模量和温度的关系为线性变化：

$$E_{c0,T} = (0.83 - 0.0011T) E_{c0} \qquad\qquad (10.17)$$

文献 [20] 根据试验结果给出的高温下混凝土弹性模量和温度的关系为：

$$E_{c0,T} = (1.084 - 1.384T \times 10^{-3}) E_{c0} \qquad\qquad (10.18)$$

同济大学[32]根据试验结果，按混凝土在 $\sigma = 0.4 f_{c,T}$ 处割线弹性模量的变化规律，采用分段函数，进行线性拟合后给出的模型为：

$$E_{c,T} = (1.00 - 1.5 \times 10^{-3}T) E_c \qquad 20℃ < T \leqslant 200℃$$

$$E_{c,T} = (0.87 - 8.2 \times 10^{-4}T) E_c \qquad 200℃ < T \leqslant 700℃ \qquad (10.19)$$

$$E_{c,T} = 0.28 E_c \qquad\qquad 700℃ < T \leqslant 800℃$$

式中　$E_{c0,T}$、E_{c0}——分别为温度为 T 和常温时混凝土初始弹性模量。

图 10.7 为高温下混凝土弹性模量随温度变化的比较图。

常温下混凝土泊松比一般在 0.15～0.20 之间。由于很少有升温对泊松比影响的资料，根据 Philleo[39]、Cruz[40] 等人的试验资料也很难确定温度对泊松比的影响，Shneider[41] 建议仍按常温下的泊松比取值。

4. 高温下混凝土单轴应力-应变关系

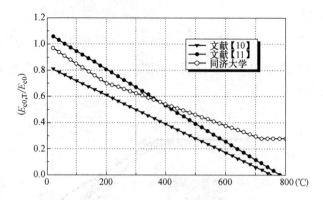

图 10.7　高温下混凝土弹性模量随温度变化比较

国内外高温下混凝土应力-应变曲线试验结果表明[19、21、23、42]，随着试验温度的提高，应力-应变曲线逐渐趋于扁平。

欧洲规范[30]根据试验结果给出了先加温后加载途径下混凝土的应力-应变关系曲线：

上升段：
$$y = \frac{3x}{2 + x^3} \qquad x \leqslant 1.0 \qquad (10.20a)$$

下降段：
$$y = 1 - \frac{x - 1}{\dfrac{\varepsilon_{u,T}}{\varepsilon_{p,T}} - 1} \qquad x > 1.0 \qquad (10.20b)$$

其中：
$$x = \frac{\varepsilon}{\varepsilon_{p,T}}, \quad y = \frac{\sigma}{f_{c,T}} \qquad (10.21)$$

式中　　σ、ε——混凝土的应力和应变；

$f_{c,T}$、$\varepsilon_{p,T}$、$\varepsilon_{u,T}$——温度为 T 时混凝土的棱柱体强度、峰值应变和极限应变，其值由表10.2确定。

硅质和钙质混凝土 $f_{c,T}$、$\varepsilon_{p,T}$、$\varepsilon_{u,T}$ 在高温下的值[30]　　　表 10.2

温度(℃)	强度折减系数 $f_{c,T}/f_c$		峰值应变 $\varepsilon_{p,T}(\times 10^{-3})$	极限应变 $\varepsilon_{u,T}(\times 10^{-3})$
	硅质	钙质		
20	1	1	2.5	20.0
100	0.95	1	3.5	22.5
200	0.90	1	4.5	25.0
300	0.85	1	6.0	27.5
400	0.75	0.88	7.5	30.0
500	0.60	0.76	9.5	32.5
600	0.45	0.64	12.5	35.0
700	0.30	0.52	14.0	37.5
800	0.15	0.40	14.5	40.0
900	0.08	0.28	15.0	42.5
1000	0.04	0.16	15.0	45.0
1100	0.01	0.04	15.0	47.5
1200	0	0	15.0	50.0

T. T. Lie[35]给出的常温下混凝土应力-应变关系式为：

$$\sigma = f_{c,T}\left[1-\left(\frac{\varepsilon_{p,T}-\varepsilon}{\varepsilon_{p,T}}\right)^2\right]\qquad \varepsilon\leqslant\varepsilon_{p,T} \tag{10.22a}$$

$$\sigma = f_{c,T}\left[1-\left(\frac{\varepsilon-\varepsilon_{p,T}}{3\varepsilon_{p,T}}\right)^2\right]\qquad \varepsilon\leqslant\varepsilon_{p,T} \tag{10.22b}$$

其中：

$$f_{c,T}=f_c \qquad\qquad\qquad\qquad T<450℃ \tag{10.22c}$$

$$f_{c,T}=f_c\left[2.011-2.353\left(\frac{T-20}{1000}\right)\right]\qquad T\geqslant450℃ \tag{10.22d}$$

$$\varepsilon_{p,T}=0.0025+(6T+0.04T^2)\times10^{-6} \tag{10.22e}$$

文献〔23〕根据试验结果建议，曲线的上升段和下降段分别采用三次多项式和有理分式。拟合的应力应变曲线方程如下：

上升段：

$$y=2.2x-1.4x^2+0.2x^3\qquad x\leqslant1.0 \tag{10.23a}$$

下降段：

$$y=\frac{x}{0.8(x-1)^2+x}\qquad x>1.0 \tag{10.23b}$$

其中：

$$x=\frac{\varepsilon}{\varepsilon_{p,T}},y=\frac{\sigma}{f_{c,T}} \tag{10.23c}$$

式中：

$$f_{c,T}=\frac{f_c}{1+2.4(T-20)^6\times10^{-17}} \tag{10.23d}$$

$$\varepsilon_{p,T}=(1+0.015T+5\times10^{-6}T^2)\varepsilon_p \tag{10.23e}$$

同济大学[32]根据试验结果，得出混凝土高温下的应力-应变全曲线方程为：

上升段：

$$y=2x\left(\frac{1}{1+0.002T}\right)-x^2\left(\frac{1}{1+0.002T}\right)^2\qquad x\leqslant1.0 \tag{10.24a}$$

下降段：

$$y=1-100[\varepsilon_{p,T}x-(1+0.002T)]\qquad x>1.0\text{ 且 }T\leqslant400℃ \tag{10.24b}$$

$$y=1.0\qquad x>1.0\text{ 且 }400℃<T\leqslant800℃ \tag{10.24c}$$

其中：

$$x=\frac{\varepsilon}{\varepsilon_{p,T}},y=\frac{\sigma}{f_{c,T}} \tag{10.24d}$$

式中：

$$\varepsilon_{p,T}=(1+0.002T)\varepsilon_p \tag{10.24e}$$

10.2.2　钢筋

10.2.2.1　钢筋的热工性能

钢筋作为主要受力构件，它在高温下的热工性能及力学性能对研究结构在高温下的性能具有重要意义。

1. 热膨胀系数

ACI 建议[13]的钢筋热膨胀系数的公式为：

$$\alpha_s = (11 + 0.0036T) \times 10^{-6} \tag{10.25}$$

T. T. Lie[35]通过试验结果给出钢筋热膨胀系数计算公式为：

$$\alpha_s = (12 + 0.004T) \times 10^{-6} \qquad T < 1000℃ \tag{10.26a}$$

$$\alpha_s = 16 \times 10^{-6} \qquad T \geqslant 1000℃ \tag{10.26b}$$

欧洲规范[30]建议的钢筋热膨胀系数计算公式为：

$$\alpha_s = 14 \times 10^{-6} \tag{10.27}$$

清华大学[25]对钢筋在高温下的热膨胀系数进行了试验研究，结果表明钢筋在自由状态下的温度变形基本上随着温度线性增加，并与钢筋的等级关系不大，通过线性回归，得到钢筋热膨胀系数的计算公式为：

$$\alpha_s = -0.0017 + 1.57 \times 10^{-5} \times (T - 20) \tag{10.28}$$

图 10.8 为钢筋热膨胀系数随温度变化的比较。

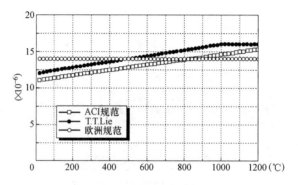

图 10.8　钢筋热膨胀系数比较

2. 热传导系数

T. T. Lie[35]建议钢筋的热传导系数公式采用二折线，当温度大于 900℃后，钢筋的导热系数保持不变，公式如下：

$$\lambda_s = -0.022T + 48 \qquad 0℃ < T \leqslant 900℃ \tag{10.29a}$$

$$\lambda_s = 28.2 \qquad T > 900℃ \tag{10.29b}$$

3. 密度

通常认为钢筋的密度与温度无关，取为 $\rho_s = 7.85 \times 10^3 \, \text{kg/m}^3$。

10.2.2.2　钢筋的高温力学性能

1. 服强度和极限强度

试验研究表明[25][32]，随着温度的升高，钢筋屈服强度呈下降的趋势，但其规律不一。在 20～200℃区段内，钢筋的屈服强度没有显著下降，200℃以后呈线性下降，当温度高于 200℃之后，钢筋的屈服点消失。高温作用下钢筋试件的屈服应变随温度的升高稍有降低，但幅度不大。钢筋的屈服应变与钢筋的弹性模量和极限应力直接有关。实验中发现钢筋在高于 300℃的高温中屈服点不明显。试验结果如表 10.3 所示。

根据钢筋试件屈服强度随温度变化的实测值，分两段折线进行拟合，建议采用下式计算钢筋试件屈服强度随温度变化关系：

不同温度下钢筋强度实测值与拟合值比较[32]　　　　　　　　　表 10.3

温度(℃)	实测平均值		拟合曲线值	
	屈服强度(MPa)	极限强度(MPa)	屈服强度(MPa)	极限强度(MPa)
20	401.5	584.6	401.5	584.6
100	385.2	573.0	388.0	574.7
200	372.6	584.6	379.0	574.7
300	331.1	581.9	309.5	574.7
400	273.4	589.2	233.6	574.7
500	200.3	418.7	180.5	417.7
600	137.1	228.3	116.4	260.8
700	67.6	112.8	52.4	94.7

$$f_{y,T} = f_y \qquad\qquad 20℃ \leqslant T \leqslant 200℃ \qquad\qquad (10.30a)$$
$$f_{y,T} = f_y(1.33 - 0.00164T) \qquad 200℃ < T \leqslant 700℃ \qquad (10.30b)$$

式中　$f_{y,T}$、f_y——分别为温度为 T 和常温时钢筋屈服强度。

从表 10.3 可以看出实测值与拟合式吻合较好，能较好地反映钢筋试件屈服强度随温度的变化的趋势。随着温度的升高，钢筋出现"软化"，极限强度有所下降，但在温度不高的情况下，下降趋势不明显。当温度高于 400℃ 后，下降愈见明显，特别是 500℃ 后下降很快。钢筋试件极限强度随温度变化的分析也分段进行拟合。采用下式计算钢筋试件极限强度随温度变化关系：

$$f_{b,T} = f_b \qquad\qquad 20℃ \leqslant T \leqslant 400℃ \qquad\qquad (10.31a)$$
$$f_{b,T} = f_b(1 - 0.001276T) \qquad 400℃ < T \leqslant 700℃ \qquad (10.31b)$$

式中　$f_{b,T}$、f_b——分别为温度为 T 和常温时钢筋极限强度。

图 10.9 和图 10.10 为实测值的屈服强度与极限强度和拟合值随温度变化的关系，从图中看到实测值和拟合值符合关系较好

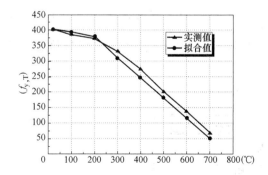

图 10.9　高温钢筋屈服强度实测值和拟合值比较

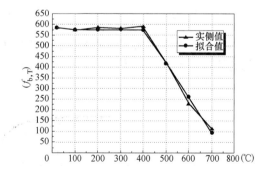

图 10.10　高温钢筋极限强度实测值和拟合值比

清华大学[25]对不同等级钢筋高温下的屈服强度和极限强度进行了较为系统的试验研究，并给出了不同温度下各等级钢筋的屈服强度，将其统一回归为下式：

$$f_{y,T} = f_y \left(\frac{0.91}{1.0 + 3.6 \times (T-20)^6 \times 10^{-17}} \right) \qquad (10.32)$$

式中 $f_{b,T}$、f_b——分别为温度为 T 和常温时钢筋屈服强度。

对不同温度下各等级钢筋的极限强度可回归为下式：

$$f_{b,T} = f_b \left(\frac{0.95}{1.0 + 3.5 \times (T-20)^6 \times 10^{-17}} \right) \qquad (10.33)$$

图 10.11 为同济大学和清华大学试验结果的比较，从图中看出钢筋屈服强度随温度变化的趋势基本上是一样的。

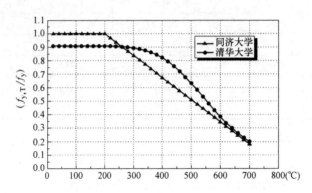

图 10.11　钢筋屈服强度随温度变化的比较

2. 弹性模量

已有的研究表明，随着温度的升高，弹性模量逐渐降低。在常温 300℃ 范围内，弹性模量的降低程度不大；在 300~600℃ 范围内，弹性模量迅速降低。

同济大学通过试验得出钢筋的弹性模量随温度的变化规律[32]：

$$E_{s,T} = (1 - 4.86 \times 10^{-4} T) E_s \qquad\qquad 0℃ \leqslant T \leqslant 370℃ \qquad (10.34a)$$

$$E_{s,T} = (1.515 - 1.879 \times 10^{-3} T) E_s \qquad 370℃ < T \leqslant 700℃ \qquad (10.34b)$$

式中 $E_{s,T}$、E_s——分别为温度为 T 和常温时钢筋的弹性模量。

清华大学通过试验得出了不同级别钢筋的统一理论曲线[25]，表达式为：

$$E_{s,T} = \frac{E_s}{1.03 + 7 \times (T-20)^6 \times 10^{-17}} \qquad 20℃ \leqslant T \leqslant 800℃ \qquad (10.35)$$

图 10.12 为同济大学和清华大学试验结果的比较，从图中看出钢筋弹性模量随温度变化的趋势基本上是一致的。

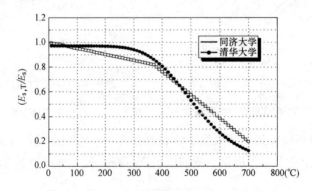

图 10.12　钢筋弹性模量随温度变化的比较

3. 钢筋的应力-应变关系

高温下钢筋的应力-应变关系采用二折线，在二折线模型中，关键要确定高温下钢筋的屈服强度、极限强度、和极限应变。屈服强度和极限强度分别采用式（10.32）和式（10.33）表示。清华大学高温下不同等级钢筋的极限应变试验结果见表 10.4 所示[25]。

表 10.4 可以采用一个统一的回归公式表示：

$$\varepsilon_{u,T}=0.192-2.7\times10^{-4}(T-20)\qquad 200℃\leqslant T\leqslant600℃\qquad(10.36a)$$

$$\varepsilon_{u,T}=0.023\qquad 600℃<T\leqslant800℃\qquad(10.36b)$$

不同温度下钢筋的极限应变[25]　　　　　　　　　表 10.4

温度(℃)	钢筋级别			
	HPB300	HRB335	HRB400	HRB500
200			0.150	0.130
300	0.105	0.100		
400	0.080	0.085	0.099	0.060
500	0.068	0.067		
600	0.026	0.021	0.026	0.021
700	0.027	0.022		
800	0.022	0.021	0.026	0.023

10.2.3　预应力钢丝、钢绞线

高温下预应力钢丝、钢绞线的性能国内外已进行了一些研究[44~47]。已有的结论表明钢丝、钢绞线的高温性能较普通钢筋要差。在 $T\leqslant200℃$ 时，其极限强度、屈服强度、弹性模量均有一定程度的降低，延伸率略有增大，但与常温时相比变化不大，其中强度下降为 5％~10％，而屈服强度比极限强度下降快，弹性模量下降较小。当温度大于 250℃ 以后，强度随温度的升高明显下降，弹性模量下降也很明显，同时延伸率增大。在温度大于 500℃，屈服强度和极限强度均下降为常温时的 25％左右，延伸率增加一倍左右。

10.2.3.1　预应力钢丝高温力学性能

东南大学[46]对国内常用的 Φ5 高强预应力钢丝（$f_{ptk}=1670MPa$）进行了高温力学性能试验。试验结果表明，随拉伸时温度的升高，预应力钢丝的极限强度、屈服强度、弹性模量均有不同程度的下降，加热温度为 200℃ 时极限强度为常温下极限强度的 88.78％，400℃ 时下降到常温时的 55.20％，600℃ 时为 14.24％；加热温度为 200℃ 时名义屈服强度为常温下极限强度的 86.61％，400℃ 时下降到常温时的 56.18％，600℃ 时为 12.80％；而 200℃ 时的弹性模量是常温下弹性模量的 91.89％，400℃ 时是 70.66％，600℃ 时为 39.3％。预应力钢丝的极限强度、屈服强度、弹性模量随温度变化的趋势如图 10.13 所示。

通过对试验结果的回归，得到了预应力钢丝在高温下各性能指标随温度变化的关系表达式。

（1）极限拉伸强度：

$$f_{\text{ptk},T}=(1.0110-1.5661\times10^{-4}T-2.2302\times10^{-6}T^2)f_{\text{ptk}} \quad 20℃≤T≤600℃$$

(10.37)

式中 $f_{\text{ptk},T}$、f_{ptk}——分别为温度为 T 和常温时预应力钢丝的极限拉伸强度标准值。

（2）名义屈服强度：

$$f_{0.2,T}=(1.0159-2.4924\times10^{-4}T-2.0801\times10^{-6}T^2)f_{0.2} \quad 20℃≤T≤600℃$$

(10.38)

式中 $f_{0.2,T}$、$f_{0.2}$——分别为温度为 T 和常温时预应力钢丝的名义屈服强度标准值。

（3）弹性模量：

$$E_{\text{p},T}=(1.0079-1.8762\times10^{-4}T-1.3565\times10^{-6}T^2)E_{\text{p}} \quad 20℃≤T≤600℃$$

(10.39)

式中 $E_{\text{p},T}$、E_{p}——分别为温度为 T 和常温时预应力钢丝的弹性模量。

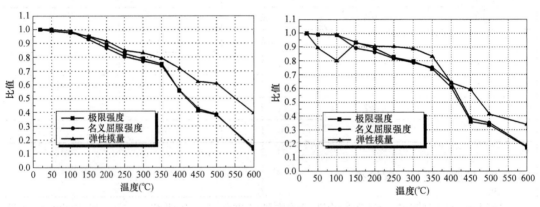

图 10.13 钢丝高温下力学指标和常温下比值　　　图 10.14 钢绞线高温下力学指标和常温下比值

东南大学[46]还对国内常用的 φ15 高强预应力钢绞线（$f_{\text{ptk}}=1860\text{MPa}$）进行了高温力学性能试验。试验结果表明，预应力钢绞线在高温下表现出和钢丝相同的规律。预应力钢绞线不同温度下极限强度、屈服强度、弹性模量与常温下各指标的比值如图 10.14 所示。

通过对试验结果的回归，得到了预应力钢绞线在高温下各性能指标随温度变化的关系表达式。

（1）极限拉伸强度：

$$f_{\text{ptk},T}=(1.0196-2.3271\times10^{-4}T-2.1251\times10^{-6}T^2)f_{\text{ptk}} \quad 20℃≤T≤600℃$$

(10.40)

式中 $f_{\text{ptk},T}$、f_{ptk}——分别为温度为 T 和常温时预应力钢绞线的极限拉伸强度标准值。

（2）名义屈服强度：

$$f_{0.2,T}=(1.0076-2.1358\times10^{-4}T-2.0577\times10^{-6}T^2)f_{0.2} \quad 20℃≤T≤600℃$$

(10.41)

式中 $f_{0.2,T}$、$f_{0.2}$——分别为温度为 T 和常温时预应力钢绞线的名义屈服强度标准值。

（3）弹性模量：

$$E_{\text{p},T}=(0.9093-4.4937\times10^{-4}T-2.4893\times10^{-6}T^2)E_{\text{p}} \quad 20℃≤T≤600℃$$

(10.42)

式中 $E_{\text{p},T}$、E_{p}——分别为温度为 T 和常温时预应力钢绞线的弹性模量。

　　为进一步了解高强预应力钢丝的高温材料性能，我们对高强低松弛预应力钢丝进行了高温材料性能试验研究。通过试验，研究了高强预应力钢丝在高温下的强度、变形、弹性模量的变化规律，为进一步进行预应力结构火灾反应分析提供依据。

　　实验结果表明在高温作用下，各试件的强度、弹性模量、延伸率均表现出与常温下不同的性质。在200℃时，极限强度、屈服强度、弹性模量均有下降，但下降幅度较小，极限强度下降仅为 3.6%，屈服强度下降为 7.6%，弹性模量下降也仅为 6.0%，而极限延伸率在200℃时增加12%，因此可以认为在 200℃ 以内钢丝的力学性能变化很小；在200～300℃时，屈服强度和弹性模量进一步下降，下降速率略有增加，极限强度变动不大，较200℃时有所增加，极限延伸率增加30%左右；温度超过300℃后，钢丝的强度和弹性模量随温度的升高而降低的速率加快，在600℃极限强度仅为常温时的15%，屈服强度仅为常温时的10%，弹性模量为21%，而延伸率则增加了180%。

　　钢丝的极限强度、屈服强度、弹性模量、极限延伸率随试验温度变化的趋势如图10.15～图10.18所示。

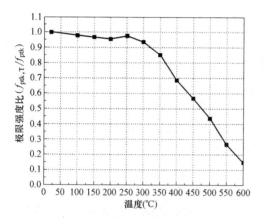

图 10.15　钢丝极限强度比随温度变化

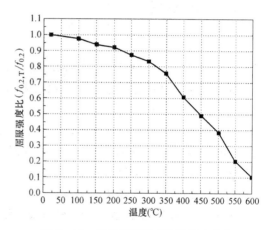

图 10.16　钢丝屈服强度比随温度变化

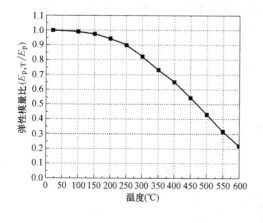

图 10.17　钢丝弹性模量比随温度变化

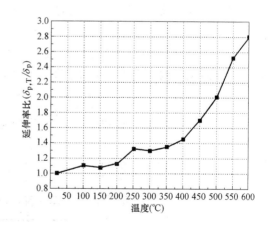

图 10.18　钢丝延伸率比随温度变化

　　由试验结果可知，当温度小于300℃时，各力学性能指标变化较小，当温度大于300℃时下降较快，因此采用两折线进行回归得到预应力钢丝在高温下各性能指标随温度变化的关系表达式。

（1）极限拉伸强度：

$$f_{ptk,T}=[1-2.27\times10^{-4}(T-20)]f_{ptk} \qquad 20℃\leqslant T\leqslant300℃ \qquad (10.43a)$$

$$f_{ptk,T}=[1.66-2.59\times10^{-3}(T-20)]f_{ptk} \qquad 300℃<T\leqslant600℃ \qquad (10.43b)$$

式中 $f_{ptk,T}$、f_{ptk}——分别为温度为 T 和常温时预应力钢钢丝的极限拉伸强度标准值。

（2）名义屈服强度：

$$f_{0.2,T}=[1-5.07\times10^{-4}(T-20)]f_{0.2} \qquad 20℃\leqslant T\leqslant300℃ \qquad (10.44a)$$

$$f_{0.2,T}=[1.56-2.51\times10^{-3}(T-20)]f_{0.2} \qquad 300℃<T\leqslant600℃ \qquad (10.44b)$$

式中 $f_{0.2,T}$、$f_{0.2}$——分别为温度为 T 和常温时预应力钢丝的名义屈服强度标准值。

（3）弹性模量：

$$E_{p,T}=[1-1.87\times10^{-5}(T-20)-2.41\times10^{-6}(T-20)^2]E_p \qquad 20℃\leqslant T\leqslant600℃$$

$$(10.45)$$

式中 $E_{p,T}$、E_p——分别为温度为 T 和常温时预应力钢丝的弹性模量。

（4）极限延伸率：

$$\delta_{p,T}=[1-6.2\times10^{-4}(T-20)+6.1\times10^{-6}(T-20)^2]\delta_p \qquad 20℃\leqslant T\leqslant600℃$$

$$(10.46)$$

式中 $\delta_{p,T}$、δ_p——分别为预应力钢丝在温度为 T 和常温时的极限延伸率。

高强预应力钢丝的应力-应变关系可采用应变强化模型：

$$\begin{cases}\sigma_{s,T}=E_{s,T}\varepsilon_{s,T} & 0<\varepsilon_{s,T}\leqslant\varepsilon_{y,T} \\ \sigma_{s,T}=f_{0.2,T}+E_{sh,T}(\varepsilon_{s,T}-\varepsilon_{y,T}) & \varepsilon_{y,T}<\varepsilon_{s,T}\leqslant\varepsilon_{ptk,T}\end{cases} \qquad (10.47)$$

式中 $\sigma_{s,T}$、$\varepsilon_{s,T}$——分别为预应力钢丝在温度为 T 时的应力、应变值；

$\varepsilon_{y,T}$、$\varepsilon_{ptk,T}$——分别为预应力钢丝在温度为 T 时的屈服应变和极限应变；

$E_{sh,T}$——预应力钢丝在温度为 T 时的强化段弹性模量。

图 10.19～图 10.21 为东南大学预应力钢丝试验回归结果和同济大学预应力研究所试验回归结果的比较图。

根据实验结果，钢丝在达到极限应力时，其应变值可近似取 4%，因此上式中：

$$\varepsilon_{ptk,T}=0.04$$

$$E_{sh,T}=(f_{ptk,T}-f_{0.2,T})(0.04-\varepsilon_{y,T})$$

关于高温下钢绞线的高温力学性能可以取和钢丝一样的公式。

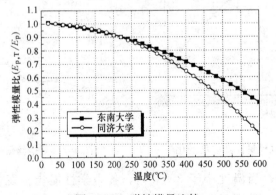

图 10.19 弹性模量比较

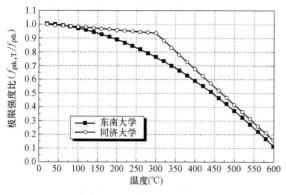

图 10.20　极限强度比较

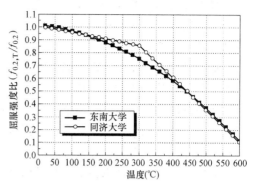

图 10.21　屈服强度比较

10.3　高温下材料的蠕变模型及试验研究

在力和温度共同作用下，材料的应变主要由四部分构成，包括应力应变 ε_T^s、受热产生的热膨胀应变 ε_T^e、受热时的瞬态热应变 ε_T^{tr} 和高温蠕变 ε_T^{cr}。四者是相互影响的，准确的计算要考虑力和温度的耦合作用，因此计算是非常复杂的。材料在力和温度共同作用下的变形可以认为是四者之和，因此力与温度共同作用下的材料的应变 ε_T 可由下式表示：

$$\varepsilon_T = \varepsilon_T^s + \varepsilon_T^e + \varepsilon_T^{tr} + \varepsilon_T^{cr} = f_s(\sigma_T, T) + f_e(T) + f_{tr}(\sigma_T, T) + f_{cr}(\sigma_T, T, t) \quad (10.48)$$

研究预应力混凝土结构在火灾下的行为必须要考虑材料高温下的蠕变特性，Cruz[40] 的试验表明 480℃下加热 5 小时混凝土的蠕变量与常温下一年的徐变量相同。预应力钢筋通常是在高应力状态下工作的，高温作用下由于预应力钢筋的高温蠕变将引起预应力损失，因此对预应力钢筋高温蠕变特性进行研究是非常有意义的。下面分别介绍混凝土、钢筋的高温蠕变模型和预应力钢丝高温蠕变试验研究。

10.3.1　蠕变的基本力学行为

当材料在高温下受载时，必须考虑时间因素的影响，此时与时间相关的最主要的材料行为是蠕变[13][15][40][48][49]。变形的时间相关性是蠕变的主要特征，当应力保持为一个常数时，变形将随时间按一定的规律不断增加，直至破坏。材料所承受的应力水平和温度的高低对蠕变有显著的影响。应力越大，温度越高，相应的蠕变应变率也就越大。对于大多数材料，在某一温度下，当应力小于一定的数值时，将没有蠕变的发生；同样，对于某一应力水平，也存在一个对应的温度，低于此温度时，不发生蠕变。与蠕变相反，如果使应变保持不变，而允许应力变化，将发现应力随时间而减小，并逐渐趋于一个稳定值，这种现象就是应力松弛。从本质上讲，应力松弛并不是独立的材料行为，它只是蠕变的另一种表现形式[48]。

图 10.22 所示为典型的蠕变试验曲线，从 A 点开始随时间增长而增加的应变为蠕变应变，D

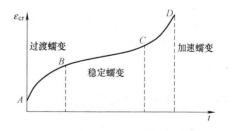

图 10.22　典型的蠕变曲线

点为蠕变断裂点。当应力和温度不变时，一般把从 A 到 D 的蠕变曲线分为三个阶段[49]。

第一阶段：图中 AB 段，蠕变应变率将随时间由无穷大逐渐减少，这一阶段材料产生蠕变硬化，称为过渡蠕变阶段。

第二阶段，图中 BC 段，蠕变应变率基本上不随时间变化并且达到最小，这一阶段相对时间较长，称为稳定蠕变阶段。

第三阶段，图中 CD 段，蠕变应变率将随时间不断增大，蠕变变形迅速增加，最终使材料破坏。一些材料在这一阶段发生颈缩或产生裂纹等，故这一阶段成为加速蠕变或破坏阶段。

实际上，并不是所有的蠕变曲线都存在三个阶段，它们很大程度上取决于应力水平的高低。在高应力下，蠕变变形较大，破坏机制主要是晶体滑移，通常是韧性破坏。随着应力的提高，第二阶段越来越短，甚至逐渐消失。在低应力下，破坏机制主要是晶界裂纹或孔洞孕育和成长，宏观变形较小，反映在第三阶段较短。图 10.23 给出了恒温下不同应力水平对蠕变曲线的影响。

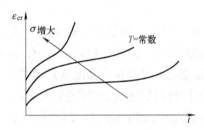

图 10.23　应力水平对蠕变的影响

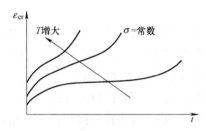

图 10.24　温度对蠕变的影响

蠕变曲线还受到温度的强烈影响，温度较低，蠕变变形较小，甚至可以忽略，随着温度的升高，第二阶段缩短，第一、三阶段加长。断裂蠕变变形越来越大。图 10.24 给出了恒定应力下不同温度的蠕变曲线。

蠕变的物理机理[49]主要由蠕变位错和蠕变扩散两种机理构成。在低应力时位错运动停止或进行得很缓慢，但金属原子因扩散运动能连续移动而发生蠕变，这时蠕变扩散是主要的；然而在高应力下则发生位错蠕变并且与应力有很强的非线性关系。大量的工程结构中起主要作用的是位错蠕变机理。材料因外载作用产生应力后，在晶体内发生位错运动，且产生位错增值而使晶体加工硬化。在低温时，加工硬化形式不变，但温度较高时，由于热振动和原子扩散运动加剧，位错逐渐变得容易进行，并出现回复现象，当加工硬化与回复现象逐渐达到平衡状态就是蠕变第二阶段。至于蠕变第三阶段出现蠕变速度迅速上升以致最终产生断裂，一般认为有两个原因：一是晶粒由于蠕变而变形，滑移通常要经过晶界进入下一晶粒，结果变形集中于晶界，从而产生应力集中，特别在晶界交叉部分因应力集中而形成微小裂纹；二是点阵缺陷在晶界析出，以致在晶界处产生空位，结果加快了蠕变速度。

10.3.2　蠕变行为的本构描述

为了求得蠕变响应，必须对蠕变应变率进行积分，因此蠕变应变率的表达式是蠕变模型的核心问题。

蠕变模型根据对蠕变的不同描述方法可分为两类[48,49]。第一类将蠕变率响应描述为当前状态的显示函数，也就是说，蠕变率由当前的状态量完全确定，这就是所谓的状态方程的描述方法。另一种描述方法在确定蠕变率时，除了考虑当前的状态之外，还需要以某种方式考虑历史的影响。后一种描述方法多为统一型模型，也有一些通过引入各种考虑变形历史的内变量的专门的蠕变模型。

状态方程法具有以下优点：

（1）应用广泛，具有丰富的实际应用经验资料；

（2）形式简单，易于应用，能够较方便地耦合进行程序计算；

（3）确定材料所需的试验数据最少，仅需进行不同应力和温度下蠕变试验。

单向应力状态下的蠕变本构方程一般可以表述为：

$$\varepsilon^{cr}=f(\sigma,t,T)=f_1(\sigma)f_2(t)f_3(T) \tag{10.49}$$

式中，σ 是应力，t 表示时间，T 是温度。式（10.49）说明蠕变应变是应力、温度和时间的函数。其具体表达，对于不同材料可以采用不同的形式，例如幂函数或指数函数等。

针对函数 $f_1(\sigma)$、$f_2(t)$、$f_3(T)$，很多研究者提出了不同的形式[49]，常用的有：

对 $f_1(\sigma)$ 常见的有：

Norton 模型：　　　　　　　　　$K\sigma^n$　　（$n>1$）　　　　　　　　　　　（10.50a）

McVetty 模型：　　　　　　　　$A\sinh(\sigma/\sigma_0)$　　　　　　　　　　　　（10.50b）

Soderberg 模型：　　　　　　　$B(e^{\sigma/\sigma_0}-1)$　　　　　　　　　　　　（10.50c）

Dorn 模型：　　　　　　　　　Ce^{σ/σ_0}　　　　　　　　　　　　　　（10.50d）

Johnson 模型：　　　　　　　$D_1\sigma^{m_1}+D_2\sigma^{m_2}$　　　　　　　　　（10.50e）

Garofalo 模型：　　　　　　　$A[\sinh(\sigma/\sigma_0)]^m$　　　　　　　　　　（10.50f）

其中 K、A、B、C、D、m、n、m_1 和 m_2 为材料常数。

对 $f_2(t)$ 常见的有[49]：

Andrade 模型：　　　　　　　$(1+bt^{1/3})e^{kt}-1$　　　　　　　　　　　（10.51a）

Bailey 模型：　　　　　　　　$Ft^n\ 0<n<1$　　　　　　　　　　　　　　（10.51b）

McVetty 模型：　　　　　　　$G(1-e^{qt})+Ht$　　　　　　　　　　　　　（10.51c）

Graham 和 Walls：　　　　　　$\sum a_i t^{n_i}$　　　　　　　　　　　　　　（10.51d）

其中 F、G、H、b、k、n、q、a_i 和 n_i 为材料常数。

对 $f_3(T)$ 常见的有：

Arrhenius 模型：　　　　　　　$Ce^{-Q/RT}$　　　　　　　　　　　　　　　（10.52）

其中 Q 为激活能，R 是常数，T 为绝对温度。

在各种蠕变模型中，最常用的是 Bailey-Norton 规律，其表达式为：

$$\varepsilon^{cr}=CFK\sigma^n t^m e^{-Q/RT}=A\sigma^n t^m \tag{10.53}$$

式中，A、m、n 是与温度有关的材料常数，该式能够表示过渡和稳态阶段蠕变。

10.3.3　高温下混凝土的非弹性变形模型[15,17~21,23]

在应力和温度共同作用下，混凝土的应变包括由应力应变 $\varepsilon^\sigma_{c,T}$、混凝土受热产生的热膨胀应变 $\varepsilon^s_{c,T}$、混凝土受热时的瞬态热应变 $\varepsilon^{tr}_{c,T}$、混凝土的高温蠕变 $\varepsilon^{cr}_{c,T}$、混凝土的基本徐变及其收缩等，其中混凝土的基本徐变和收缩对前四项要小得多，可忽略不计。因此温度应力共同作用下的混凝土总应变 $\varepsilon_{c,T}$ 可由下式表示：

$$\varepsilon_{c,T} = \varepsilon_{c,T}^s + \varepsilon_{c,T}^e + \varepsilon_{c,T}^{tr} + \varepsilon_{c,T}^{cr} = f_s(\sigma_{c,T}, T) + f_e(T) + f_{tr}(\sigma_{c,T}, T) + f_{cr}(\sigma_{c,T}, T, t)$$

(10.54)

上式中混凝土的热膨胀应变不仅与混凝土本身材料如骨料类型和配合比有关，还与时间、尺寸、加热速度、试件密封与否等外部条件有关。混凝土的热膨胀应变可采用下式进行计算：

$$\varepsilon_{c,T}^e = \int_{T_1}^{T_2} \alpha_c(T) \, dT$$

(10.55)

式中，$\alpha_c(T)$ 为混凝土热膨胀系数，其值随温度变化。若采用 T. T. Lie 提出的不考虑骨料类型的影响的计算公式（10.10），混凝土的热膨胀应变可采用下式进行计算。

$$\varepsilon_{c,T}^e = \int_{T_2}^{T_1} (0.008T + 6) \times 10^{-6} \, dT$$

(10.56)

混凝土的瞬态热应变采用下式计算[21]：

$$\varepsilon_{c,T}^{tr} = \frac{\sigma_{c,T}}{f_c} \left[0.17 + 0.73 \frac{(T-20)}{100} \right] \times \frac{(T-20)}{100} \times 10^{-3}$$

(10.57)

混凝土的瞬态热应变在升温时伴随着热膨胀的应力应变等同时出现，一般不能由试验直接得到。需要通过计算，由自由热膨胀应变、瞬态热应变、总变形和温度下应力应变等直接求得。混凝土高温蠕变模型能通过已有的有限数量试验得到。本章的高温蠕变模型采用文献 [21] 试验结果，采用下式表示：

$$\varepsilon_{c,T}^{cr} = a \cdot \frac{\sigma_{c,T}}{f_c} \cdot (T-20)^b \cdot t^c$$

(10.58)

式中，f_c 为高温下棱柱体抗压强度；t 为时间，单位为秒（s）；其中常数 a、b、c 由试验确定，本章取 $a = 1 \times 10^{-6}$，$b = 1.25$，$c = 1 \times 10^{-3}$。

10.3.4　高温下钢筋的蠕变模型[22、25、50]

在应力和温度共同作用下，钢筋的应变包括由应力应变 $\varepsilon_{s,T}^s$、钢筋受热产生的热膨胀应变 $\varepsilon_{s,T}^e$、钢筋的高温瞬时蠕变 $\varepsilon_{s,T}^{cr}$，因此温度应力共同作用下的混凝土总应变 $\varepsilon_{s,T}$ 可由下式表示

$$\varepsilon_{s,T} = \varepsilon_{s,T}^s + \varepsilon_{s,T}^e + \varepsilon_{s,T}^{cr} = f_s(\sigma_{s,T}, T) + f_e(T) + f_{cr}(\sigma_{s,T}, T, t)$$

(10.59)

其中钢筋的热膨胀应变，若采用 ACI 建议的钢筋热膨胀系数公式进行计算，则如下式所示：

$$\varepsilon_{c,T}^e = \int_{T_1}^{T_2} (11 + 0.0036T) \times 10^{-6} \, dT$$

(10.60)

金属材料的高温蠕变理论较多，具有代表性的一种观点是 Dorn 等人提出的理论，一般为结构钢所采用。Dorn 把温度和时间结合成一个独立的变量：

$$\theta = \int_0^t e^{-\Delta H/TR} \, dt$$

(10.61)

式中　θ——温度补偿时间（h）；

　　ΔH——蠕变激活能（J/Kmol）；

　　R——气体常数（J/Kmol K）；

　　T——温度（K）。

在结构抗火分析中，钢筋的高温蠕变主要处于第一阶段和第二阶段。Dorn 把这两个阶段合在一起考虑，采用下式表示：

$$\varepsilon_{s,T}^{cr} = \frac{\varepsilon_{t_0}}{\ln 2} \cosh^{-1}(2^{z\theta/\varepsilon_{t_0}}) \tag{10.62}$$

Harmathy 给出了上式的渐进表达式，以下式表示：

$$\varepsilon_{s,T}^{cr} = \varepsilon_{t_0} + z\theta \tag{10.63}$$

式（10.63）只适用于稳定蠕变阶段，在结构火灾的全过程分析中，第一阶段蠕变也就是过渡蠕变对结构的影响较为明显，因此建议分析时采用式（10.62）。

对结构中常用的热轧钢，上述式（10.61）、式（10.62）各参数取美国（ASTM A 36）中建议的数值为：

$$\frac{\Delta H}{R} = 38890(\text{K})$$

$$\varepsilon_{t_0} = 3.258 \times 10^{-17} \sigma_s^{1.75} (\text{mm}^{-1})$$

$$z = 2.365 \times 10^{-20} \sigma_s^{4.7} (\text{mm}^{-1}\text{h}^{-1}) \quad \sigma \leqslant 103.4 \times 106\text{Pa}$$

$$\varepsilon_{t_0} = 1.23 \times 10^{-16} \exp(4.35 \times 10^{-8} \sigma_s)(\text{mm}^{-1}\text{h}^{-1}) \quad 103.4 \times 106\text{Pa} < \sigma \leqslant 310 \times 106\text{Pa}$$

10.3.5 预应力钢丝的高温蠕变试验研究

为了研究高强预应力钢丝的高温蠕变性能，我们对 Φ5 高强预应力钢丝进行了高温蠕变试验。试验在 100℃、200℃、250℃、300℃、400℃、500℃温度下，对应的应力分别为 $0.3f_{ptk}$、$0.5f_{ptk}$、$0.7f_{ptk}$ 时的蠕变变化。在达到试验的温度后施加荷载，然后维持温度和荷载恒定，测定在 40min 内的蠕变量随时间变化的情况。

图 10.25～图 10.30 给出了各试验温度和应力工况下预应力钢丝蠕变量随时间的变化。从图形中可以看出，高温下钢丝的蠕变量在短时间内就很明显，在试验初期，蠕变速率一般均随时间增长而减慢，有一短时间的过渡蠕变过程，其后变基本维持不变，进入稳态蠕变。在 100℃ 和 200℃，蠕变应变仍较小，对于在 200℃ 和 $0.7f_{ptk}$ 应力下，40min 时蠕变应变为 $810\mu\varepsilon$，当温度达到 300℃ 后，蠕变明显增大，在 500℃ 时，$0.3f_{ptk}$ 应力下，40min 时蠕变为 $6500\mu\varepsilon$；$0.5f_{ptk}$ 应力下，25min 时试件即因蠕变造成的颈缩而断裂。

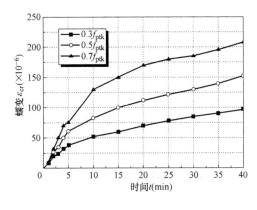

图 10.25 100℃蠕变曲线

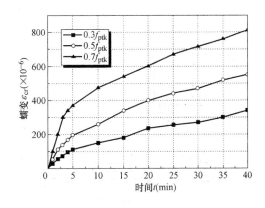

图 10.26 200℃蠕变曲线

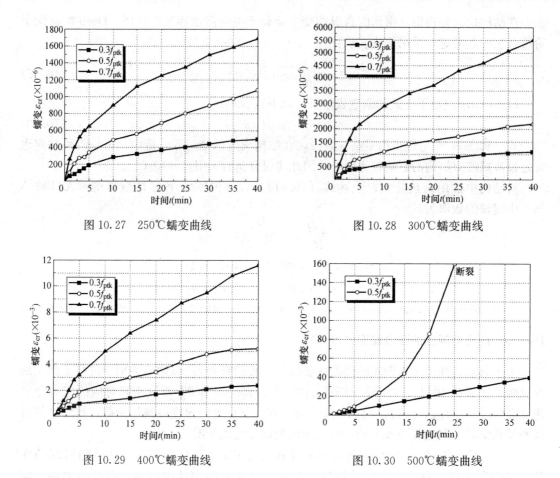

图 10.27　250℃蠕变曲线

图 10.28　300℃蠕变曲线

图 10.29　400℃蠕变曲线

图 10.30　500℃蠕变曲线

图 10.31 和图 10.32 是在相同应力状态下各种温度下蠕变随时间的变化关系。

根据以上试验结果，高强预应力钢丝的蠕变可用下式表示：

$$\varepsilon^{cr}=f(\sigma,t,T)=f_1(\sigma)f_2(t)f_3(T)$$

其中对应力采用 Norton 模型，对时间采用 Bailey 模型，对温度采用 Arrhenius 模型，则预应力钢丝的高温蠕变模型采用下式进行回归：

$$\varepsilon^{cr}=C_1\sigma^{c_2}t^{c_3}e^{-\frac{c_4}{T}} \tag{10.64}$$

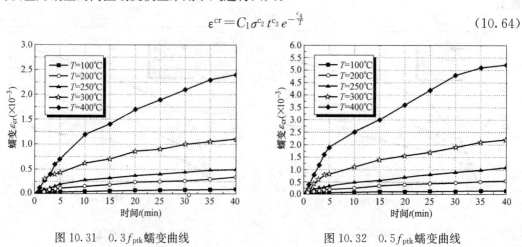

图 10.31　$0.3f_{ptk}$ 蠕变曲线

图 10.32　$0.5f_{ptk}$ 蠕变曲线

根据试验结果进行回归分析，确定蠕变参数为：$C_1 = 1.64 \times 10^{-16}$，$C_2 = 1.444$，$C_3 = 0.578$，$C_4 = 428.5$，则对 $f_{ptk} = 1570 MPa$ 的预应力钢丝高温蠕变模型为：

$$\varepsilon^{cr} = 1.64 \times 10^{-16} \sigma^{1.444} t^{0.578} e^{-\frac{428.5}{T}} \qquad 20℃ \leqslant T \leqslant 500℃ \qquad (10.65)$$

应用时通常采用蠕变率的表达式，即蠕变模型对时间取导数，则预应力钢丝高温蠕变率模型为式（10.66）：

$$\frac{d\varepsilon^{cr}}{dt} = 9.5 \times 10^{-17} \sigma^{1.444} t^{-0.422} e^{-\frac{428.5}{T}} \qquad 20℃ \leqslant T \leqslant 500℃ \qquad (10.66)$$

对极限强度 $f_{ptk} = 1860 MPa$ 的钢绞线，采用下式考虑预应力钢绞线高温蠕变模型：

$$\varepsilon^{cr} = 1.28 \times 10^{-16} \sigma^{1.444} t^{0.578} e^{-\frac{428.5}{T}} \qquad 20℃ \leqslant T \leqslant 500℃ \qquad (10.67)$$

预应力钢绞线高温蠕变率模型为式（10.68）：

$$\frac{d\varepsilon^{cr}}{dt} = 7.4 \times 10^{-17} \sigma^{1.444} t^{-0.422} e^{-\frac{428.5}{T}} \qquad 20℃ \leqslant T \leqslant 500℃ \qquad (10.68)$$

同样，在应力和温度共同作用下，预应力钢筋的应变包括应力应变 $\varepsilon^s_{p,T}$、钢筋受热产生的热膨胀应变 $\varepsilon^e_{p,T}$、钢筋的高温瞬时蠕变 $\varepsilon^{cr}_{p,T}$，因此温度应力共同作用下的混凝土总应变 $\varepsilon_{p,T}$ 可由下式表示：

$$\varepsilon_{p,T} = \varepsilon^s_{p,T} + \varepsilon^e_{p,T} + \varepsilon^{cr}_{p,T} = f_p(\sigma_{p,T}, T) + f_e(T) + f_{cr}(\sigma_{p,T}, T, t) \qquad (10.69)$$

10.3.6　预应力钢筋高温蠕变引起预应力损失有限元分析

预应力筋的高温蠕变将产生附加预应力损失，这将严重影响预应力混凝土结构在火灾下的承载力，这是火灾下预应力混凝土结构不同于普通钢筋混凝土结构的重要特征。为了研究预应力筋高温蠕变引起附加预应力损失的现象，本章对预应力筋高温蠕变现象进行了有限元分析。

首先研究图 10.33 所示两端固结的预应力钢绞线，取钢绞线的面积 $A_p = 139 mm^2$，预加应力 $\sigma_{con} = 0.7 \times 1860 = 1302 MPa$。蠕变计算温度取其梁在耐火极限为 $t = 60 min$、$t = 90 min$、$t = 120 min$、$t = 180 min$ 时预应力钢绞线对应的温度，蠕变模型采用蠕变率表达式（10.68）。

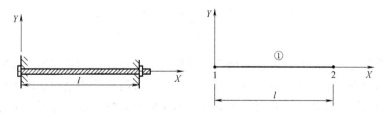

图 10.33　预应力钢绞线有限元模型

图 10.34 为不同耐火极限下，由于预应力钢绞线高温蠕变引起初应力随时间衰减关系。

从图中可以看到，当时间 $t = 60 min$ 时，预应力钢筋对应的温度为 $T = 123℃$，此时预应力筋高温蠕变引起的预应力损失较小，$\sigma_{l,cr} = 36 MPa$，损失率为 2.7%；当时间 $t = 90 min$ 时，预应力钢筋对应的温度为 $T = 214℃$，此时高温蠕变引起的损失为 $\sigma_{l,cr} = 280 MPa$，损失率为 21.5%；当时间 $t = 120 min$ 时，预应力钢筋对应的温度为 $T = 295℃$，此时高温蠕变引起的预应力损失为 $\sigma_{l,\mathrm{cr}}=560\mathrm{MPa}$，损失率为 43.0%；当时间 $t=180\mathrm{min}$ 时，预应力钢筋对应的温度为 $T=404℃$，此时高温蠕变引起的预应力损失为 $\sigma_{l,\mathrm{cr}}=875\mathrm{MPa}$，损失率为 67.2%。可见随着温度的增加，由预应力钢筋高温蠕变引起的预应力损失是惊人的，对火灾下预应力混凝土结构进行分析时必须要考虑此项损失的影响。

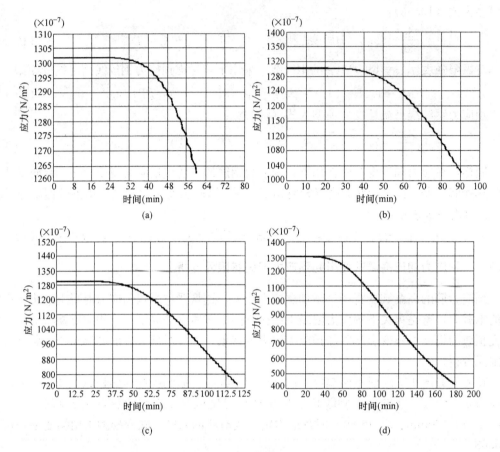

图 10.34　高温蠕变引起初应力随时间衰减关系
(a) $t=60\mathrm{min}$，$T=123℃$；(b) $t=90\mathrm{min}$，$T=214℃$；
(c) $t=120\mathrm{min}$，$T=295℃$；(d) $t=180\mathrm{min}$，$T=404℃$

以上分析只是单纯对预应力钢绞线进行建模分析，可以认为是对体外预应力结构或无粘结预应力结构进行的分析。为了分析有粘结预应力混凝土整体结构中由于钢绞线高温蠕变引起的预应力损失现象，本章对图 10.35 所示预应力混凝土结构进行了考虑预应力筋高温蠕变的平面有限元分析，计算中只考虑预应力筋的高温蠕变，不考虑普通钢筋和混凝土高温蠕变作用。预应力框架跨度为 15000mm，框架梁高 900mm，柱宽度为 650mm，梁柱混凝土强度等级为 C40，预应力筋的面积 $A_{\mathrm{p}}=139\mathrm{mm}^2$。预应力筋线型采用 4 段抛物线，线型参数（定义见 10.5 节图 10.62）：$A=100\mathrm{mm}$，$B=100\mathrm{mm}$，$C=100\mathrm{mm}$，XL1=0.1，XL2=0.1，XL3=0.8，图 10.35 为该预应力框架平面有限元分析模型。

对图示框架按耐火极限时间的不同，分别进行了计算。图 10.36 为高温蠕变引起预应力损失随时间的衰减关系。

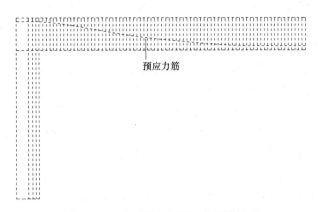

图 10.35　平面预应力框架有限元模型

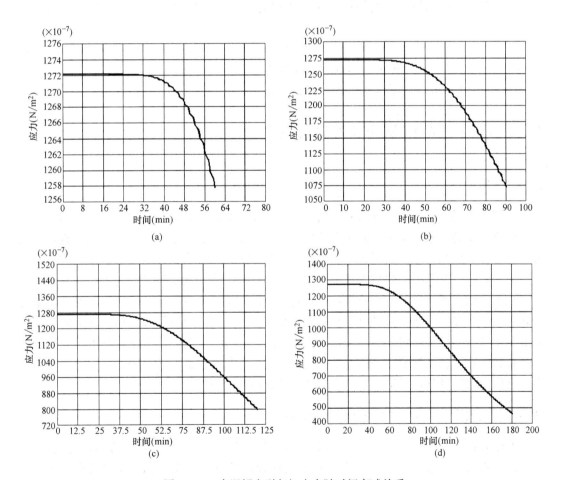

图 10.36　高温蠕变引起初应力随时间衰减关系

(a) $t=60\text{min}$，$T=123℃$；(b) $t=90\text{min}$，$T=214℃$；

(c) $t=120\text{min}$，$T=295℃$；(d) $t=180\text{min}$，$T=404℃$

从图中可以看到，当时间 $t=60\text{min}$ 时，预应力筋高温蠕变引起的预应力损失为 $\sigma_{l,\text{cr}}=$ 16MPa，损失率为 1.2%；当时间 $t=90\text{min}$ 时，高温蠕变引起的损失为 $\sigma_{l,\text{cr}}=200\text{MPa}$，

损失率为 15.6%；当时间 $t=120$min 时，高温蠕变引起的预应力损失为 $\sigma_{l,\text{cr}}=475$MPa，损失率为 37.2%；当时间 $t=180$min 时，此时高温蠕变引起的预应力损失为 $\sigma_{l,\text{cr}}=800$MPa，损失率为 62.7%。可见随着温度的增加，由预应力钢筋高温蠕变引起的预应力损失增加很快，表现出很强的非线性性质。从数据上可以看出有粘结预应力混凝土结构由预应力钢筋高温蠕变引起的预应力损失要小于无粘结预应力混凝土结构，这是有粘结预应力混凝土结构的抗火性能要优于无粘结预应力混凝土结构的原因之一。

本章通过有限元算例，归纳出由预应力筋高温蠕变引起附加预应力损失估算的近似公式，对无粘结预应力混凝土结构可采用下式进行估算：

$$\sigma_{l,\text{cr}}=(0.54\ln T-2.6)\cdot\sigma_0 \qquad 20℃\leqslant T\leqslant 500℃ \tag{10.70}$$

式中　T——预应力钢筋火灾中达到的最高温度（℃）；

　　　σ_0——火灾发生前预应力钢筋中预拉应力。

对有粘结预应力混凝土结构可采用下式进行估算由预应力筋高温蠕变引起的预应力损失：

$$\sigma_{l,\text{cr}}=(0.51\ln T-2.5)\cdot\sigma_0 \qquad 20℃\leqslant T\leqslant 500℃ \tag{10.71}$$

式中　T——预应力钢筋火灾中达到的最高温度（℃）；

　　　σ_0——火灾发生前预应力钢筋中预拉应力。

10.4　火灾下结构非线性温度场分析

10.4.1　概述

所谓温度场就是在某一时刻截面内所有点的温度分布。进行预应力混凝土结构抗火性能的分析，了解高温下预应力混凝土结构的强度和变形变化的规律，首先必须分析钢筋混凝土结构的温度场。温度变形将影响结构内力分布和极限强度，但反过来，结构的内力和变形的变化，一般并不影响结构的温度场，因而首先分析结构的温度场是合理的[50,51]。

在进行温度场的有限元分析时，如果材料的热性能不随温度变化、边界条件不随温度变化、不考虑辐射传热，可以对温度场分布采用线性的温度场有限元分析。在火灾下，钢筋混凝土结构构件截面的温度分布，随时间而发生变化。10.2 节的分析表明，混凝土的导热系数、热容和质量密度等都不是常数，都是温度的线性或非线性函数。因此预应力混凝土结构的温度场分析将是一个复杂的非线性有限元分析过程[52,53]。

10.4.2　火灾下结构非线性温度场有限元理论[54,57]

严格来讲，预应力钢筋混凝土结构由多种材料组成，属于各向异性的不均匀复合体，但是在工程实际问题中，可以假定混凝土是各向同性材料，这样的假定不会带来很大的误差，又使计算变得简单[47,55,56]；其次，在钢筋混凝土火灾或开始高温状态工作时，混凝土早已硬化，体内可以认为无热源，即 $Q=0$；另外，对预应力混凝土结构，一般不考虑沿构件纵向的温度不均匀性，且结构的长度尺寸比其截面尺寸要大得多，因此可将问题简化为沿截面的二维或一维温度场问题。

预应力混凝土结构的二维热传导方程如式（10.72）所示。

$$\frac{\partial}{\partial x}\left(k\frac{\partial T}{\partial x}\right)+\frac{\partial}{\partial y}\left(k\frac{\partial T}{\partial y}\right)=\rho c\frac{\partial T}{\partial t} \tag{10.72}$$

式中　ρ——混凝土密度（kg/m³）；

　　　c——比热 [J/(kg・℃)]；

　　　k——导热系数 [W/(m・℃)]；

　　　t——时间（s）；

　　　T——温度（℃）。

10.4.2.1　结构热传导方程的定解条件[54]

对于式（10.72）的定解条件包括初始条件和边界条件。火灾发生前，结构都处在环境温度下，假设整个结构杆件截面温度均匀，且等于环境温度 T_c，当 $t=0$ 时初始条件可表示为：

$$T(x,y,t=0)=T_c \tag{10.73}$$

边界条件可根据系统介质表面与周围介质热交换相互作用的特点，分为以下三类。

第一类边界条件是指边界上的温度函数为已知，可表示为：

$$T|_\Gamma=f(x_i,t) \tag{10.74}$$

式中　$f(x_i,t)$——边界 Γ 上 t 时刻的温度函数，火灾分析时火灾曲线，对于构件高温试验来说为炉腔的升温曲线。

第二类边界条件是指物体边界上的热流密度函数为已知，可表示为：

$$-\lambda\frac{\partial T}{\partial n}\bigg|_\Gamma=q(x_i,t) \tag{10.75}$$

式中　$q(x_i,t)$——已知边界热流密度函数，方向为边界面外法线 n 的方向。

在这类边界中，当 $q(x_i,t)=0$ 时，称为绝热边界。

第三类边界条件是指与物体相接触的流体介质的温度 T_∞ 和换热系数 β_t 为已知，可表示为：

$$-\lambda\frac{\partial T}{\partial n}\bigg|_\Gamma=\beta_t(T|_\Gamma-T_\infty) \tag{10.76}$$

式中　T_∞——与结构边界相接触的流体介质（如空气）的温度；

　　　β_t——结构边界与相接触的流体介质间的换热系数。

10.4.2.2　结构热传导有限元方程的建立

温度场有限元方程的推导可以从泛函出发经变分计算求得，也可从微分方程出发用加权余量法求得。对于非线性抛物线偏微分方程，它的泛函一般比较复杂。本章采用加权余量法中的 Galerkin 法建立热传导问题的有限单元法方程[54]。

将式（10.72）可以描述成如下的积分形式：

$$\int_{A^e}\left[\frac{\partial}{\partial x}\left(k(T)\frac{\partial T}{\partial x}\right)+\frac{\partial}{\partial y}\left(k(T)\frac{\partial T}{\partial y}\right)-\rho(T)\cdot C(T)\frac{\partial T}{\partial t}\right]N_i\mathrm{d}A=0 \tag{10.77}$$

式中　N_i——权函数；

　　　A^e——单元面积。

改写成：

$$\int_{A^e}\left[\frac{\partial}{\partial x}\left(k(T)\frac{\partial T}{\partial x}\right)+\frac{\partial}{\partial y}\left(k(T)\frac{\partial T}{\partial y}\right)\right]N_i\mathrm{d}A=\int_{A^e}(\rho_T)\cdot C(T)\frac{\partial T}{\partial t}N_i\mathrm{d}A \tag{10.78}$$

上式左边进行分部积分后可得：

$$\int_{A^e}\rho(T)C(T)\frac{\partial T}{\partial t}N_i\mathrm{d}A+\int_{A^e}\left[\frac{\partial N_i}{\partial x}\quad\frac{\partial N_i}{\partial y}\right]\begin{Bmatrix}k(T)\dfrac{\partial T}{\partial x}\\[2mm]k(T)\dfrac{\partial T}{\partial y}\end{Bmatrix}\mathrm{d}A+\int_{l_1^e}(q,n)N_i\mathrm{d}l$$

$$+\int_{l_3^e}\beta_{\mathrm{T}}(T-T_\infty)N_i\mathrm{d}t=0 \tag{10.79}$$

式中　l_1^e——单元第一类边界条件；

$\quad\quad l_1^e$——单元第三类边界条件；

$\quad\quad q$——热流密度向量；

$\quad\quad n$——边界外法线方向余弦向量。

将单元内任一点的温度表示成如下的插值函数：

$$T(x,y,t)=[N(x,y)]\{T(t)\}^e \tag{10.80}$$

式中　$[N(x,y)]=[N_1(x,y)\ N_2(x,y)\cdots N_n(x,y)]$； $\tag{10.81}$

$\quad\quad \{T(t)\}^3=[T_1(t)\ T_2(T)\cdots T_n(t)]^{\mathrm{T}}$； $\tag{10.82}$

$\quad\quad [N(x,y)]$——形函数矩阵；

$\quad\quad \{T\ (t)\}^e$——单元结点温度向量。

将温度 $T(x,y,t)$ 对坐标 x、y 求偏导有：

$$\begin{Bmatrix}\dfrac{\partial T}{\partial x}\\[2mm]\dfrac{\partial T}{\partial y}\end{Bmatrix}=[B]\{T(t)\}^e \tag{10.83}$$

其中：

$$[B]=\begin{bmatrix}\dfrac{\partial N_1}{\partial x}&\dfrac{\partial N_2}{\partial x}&\cdots&\dfrac{\partial N_n}{\partial x}\\[3mm]\dfrac{\partial N_1}{\partial y}&\dfrac{\partial N_2}{\partial y}&\cdots&\dfrac{\partial N_n}{\partial y}\end{bmatrix} \tag{10.84}$$

将式（10.80）和式（10.83）代入式（10.79），并用矩阵形式表达可得：

$$[C]^e\frac{\partial}{\partial t}\{T(t)\}^e+[K]^e\{T(t)\}^e=\{P\}^e； \tag{10.85}$$

式中　$[K]^e=[K_{\mathrm{T}}]^e+[K_\beta]^e$； $\tag{10.86}$

$\quad\quad [C]^e=\int_{A^e}\rho(T)C(T)[N]^{\mathrm{T}}[N]\mathrm{d}A$，$[C]^e$ 为单元热容矩阵； $\tag{10.87}$

$\quad\quad \{P\}^e=\{P_{\mathrm{T}}\}^e+\{P_\beta\}^e$； $\tag{10.88}$

$\quad\quad [K_{\mathrm{T}}]^e=\int_{A^e}k(T)\cdot[B]^{\mathrm{T}}[B]\mathrm{d}A$，$[K_{\mathrm{T}}]^e$ 为单元热传导矩阵； $\tag{10.89}$

$\quad\quad [K_\beta]^e=\int_{A^e}\beta_{\mathrm{T}}[N]^{\mathrm{T}}[N]\mathrm{d}A$，$[K_\beta]^e$ 为单元换热矩阵； $\tag{10.90}$

$\quad\quad [P_{\mathrm{T}}]^e=-\int_{l_1^e}(q,n)[N]^{\mathrm{T}}\mathrm{d}l$，$\{P_{\mathrm{T}}\}^e$ 为单元热载荷向量； $\tag{10.91}$

$\quad\quad [P_\beta]^e=-\int_{l_3^e}\beta_{\mathrm{T}}T_\infty[N]^{\mathrm{T}}\mathrm{d}l$，$\{P_\beta\}^e$ 为单元换热热荷载向量。 $\tag{10.92}$

10.4.2.3　温度场在空间域的离散

采用图 10.37 所示的矩形单元进行空间域的离散，单元的自由度有四个，分别为四个节点的温度。将单元内任一点的温度采用下式来表示：

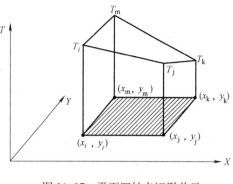

图 10.37　平面四结点矩形单元

$$\{T\}^e = [N_i \quad N_j \quad N_k \quad N_m] \begin{Bmatrix} T_i \\ T_j \\ T_k \\ T_m \end{Bmatrix} \tag{10.93}$$

取形函数为：

$$N_i = \frac{1}{4}\left(1 + \xi_i\frac{x}{a}\right) \cdot \left(1 + \eta_i\frac{y}{b}\right) \quad (i = i,j,k,m) \tag{10.94}$$

其中：$\zeta_1 = -1 \ \eta_1 = -1$；$\zeta_2 = +1 \ \eta_2 = -1$

$\quad\quad\ \zeta_1 = -1 \ \eta_1 = -1$；$\zeta_2 = +1 \ \eta_2 = -1$

将式（10.94）代入式（10.87）积分得：

$$[C]^e = \rho(\{T(t)\}^e) \cdot C(\{T(t)\}^e)\int_{A^e}[N]^T[N]\mathrm{d}A \tag{10.95}$$

$$C_{i,j}^e = \frac{\rho(\{T(t)\}^e) \cdot C(\{T(t)\}^e) \cdot ab}{36}(3 + \zeta_i\zeta_j)(3 + \eta_i\eta_j) \quad (i = i,j,k,m) \tag{10.96}$$

单元热容矩阵为：

$$[C]^e = \frac{\rho(\{T(t)\}^e) \cdot C(\{T(t)\}^e) \cdot ab}{9}\begin{bmatrix} 4 & 2 & 2 & 1 \\ 2 & 4 & 1 & 2 \\ 2 & 1 & 4 & 2 \\ 1 & 2 & 2 & 4 \end{bmatrix} \tag{10.97}$$

将式（10.94）代入式（10.89）积分得：

$$[K_T]^e = k(\{T(t)\}^e)\int_{A^e}[B]^T[B]\mathrm{d}A \tag{10.98}$$

$$K_{i,j}^e = \frac{k(\{T(t)\}^e)}{12}\left[\frac{b}{a}\xi_i\xi_j(3 + \eta_i\eta_j) + \frac{a}{b}\eta_i\eta_j(3 + \xi_i\xi_j)\right] \tag{10.99}$$

单元热传导矩阵为：

$$[K_T]^e = \frac{k(\{T(t)\}^e)}{6}\begin{bmatrix} 2\dfrac{b^2+a^2}{ab} & \dfrac{-2b^2+a^2}{ab} & \dfrac{b^2-2a^2}{ab} & \dfrac{-b^2-a^2}{ab} \\[2mm] \dfrac{-2b^2+a^2}{ab} & 2\dfrac{b^2+a^2}{ab} & \dfrac{-b^2-a^2}{ab} & \dfrac{b^2-2a^2}{ab} \\[2mm] \dfrac{b^2-2a^2}{ab} & \dfrac{-b^2-a^2}{ab} & 2\dfrac{b^2+a^2}{ab} & \dfrac{-2b^2+a^2}{ab} \\[2mm] \dfrac{-b^2-a^2}{ab} & \dfrac{b^2-2a^2}{ab} & \dfrac{-2b^2+a^2}{ab} & 2\dfrac{b^2+a^2}{ab} \end{bmatrix} \tag{10.100}$$

10.4.2.4　温度场在时间域的差分格式[54]

对常微分方程组采用数值积分方法求解的基本概念是将时间域离散化，如图 10.38 所

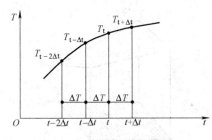

图 10.38 时间域上的有限差分

示，对于只有一阶导数的常微分方程组，时间域的离散可以采用简单的两点差分公式。本章采用 Crank-Nicolson 有限差分格式。

Crank-Nicolson 差分格式为：

$$\frac{1}{2}\left[\left(\frac{\partial T}{\partial t}\right)_{t}+\left(\frac{\partial T}{\partial t}\right)_{t-\Delta t}\right]=\frac{1}{\Delta t}(T_{t}-T_{t-\Delta t})+O(\Delta t)^2 \tag{10.101}$$

由上式可见，它的截断误差是 Δt^2 的数量级，所以这种格式具有较高的精度。

下面应用 Crank-Nicolson 差分格式来整理有限元法计算瞬态温度场的基本方程。

在 t 和 $t-\Delta t$ 两个时刻离散表达式：

$$[K]\{T\}_{t}+[C]\left\{\frac{\partial T}{\partial t}\right\}_{t}=\{P\}_{t}$$

$$[K]\{T\}_{t-\Delta t}+[C]\left\{\frac{\partial T}{\partial t}\right\}_{t-\Delta t}=\{P\}_{t-\Delta t} \tag{10.102}$$

式中　$\left\{\dfrac{\partial T}{\partial t}\right\}=\left[\dfrac{\partial T_1}{\partial t},\dfrac{\partial T_2}{\partial t},\cdots,\dfrac{\partial T_n}{\partial t}\right]^{\mathrm{T}}$

$\{T\}=[T_1,T_2,\cdots,T_n]^{\mathrm{T}}$

将式（10.102）的两式相加，然后将式（10.101）代入，整理后得：

$$\left(\frac{2[C]}{\Delta t}+[K]\right)\{T\}_{t}=\left(\frac{2[C]}{\Delta t}-[K]\right)\{T\}_{t-\Delta t}+(\{P\}_{t}+\{P\}_{t-\Delta t}) \tag{10.103}$$

上式就是有限单元法计算瞬态温度场的基本方程，式中，$[K]$、$[C]$ 和 $\{P\}_t$ 都可由前面的公式求得，Δt 为适当选取的时间步长，从初始时刻开始，由前一时刻 $t-\Delta t$ 的温度场 $\{T\}_{t-\Delta t}$ 可求得 t 时刻的温度场 $\{T\}_t$，再由 $\{T\}_t$ 去求 $\{T\}_{t+\Delta t}$，如此逐步递推，即可得任意时刻的温度场。

10.4.3　火灾下结构温度场非线性有限元程序 PFIRE-T 编制[54][57~62]

结合以上理论，本章编制了火灾下结构温度场非线性有限元程序 PFIRE-T。程序采用 Microsoft Visual C++6.0 和 Compaq Visual Fortran6.0 两种语言混合编程，在 Microsoft Developer Studio 环境下开发。Visual C++6.0 是一个功能强大的可视化编程工具，是目前功能最强大的程序开发平台之一。程序的主框架采用 VC++6.0 中 MFC AppWizard 生成，所有可视化部分采用 VC++6.0 进行编制。Fortran 语言是世界上最早出现的高级编程语言，其主要用途是做科学计算，Compaq Visual Fortran6.0 扩展了早期 Fortran 语言的功能，使其全面支持 Fortran90 语言标准，并使用 Microsoft Developer Studio 集成开发环境，可以和相同版本的 VC++ 做到无缝连接，可以使用户的开发速度更快、效率更高。

ANSYS 程序提供了丰富的单元库和非线性方程组求解器，并可以方便地与其他用户标准过程进行接口。PFIRE-T 编制思想将三者有效的几何起来，为解决复杂工程问题提供了强有力的方法。

PFIRE-T 可以对矩形、T 形、工形三种不同截面进行建模，在图 10.39 所示截面几何参数输入对话框中可以进行截面定义。

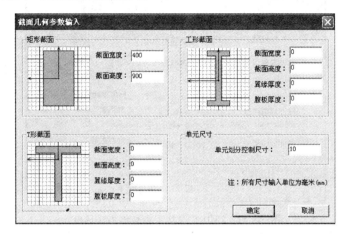

图 10.39　PFIRE-T 几何参数输入对话框

PFIRE-T 利用 ANSYS 中提供的热分析单元库，程序可以对不同的分析类型自由选择单元，程序提供 6 种不同的热分析单元（图 10.40）。本章的分析选用平面四节点四边形单元。

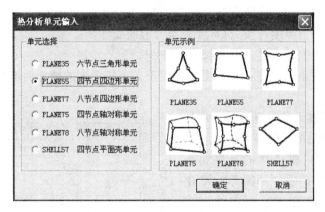

图 10.40　PFIRE-T 热分析单元输入对话框

热工参数输入对话框（图 10.41）对计算中需要的各种材料参数进行定义，程序对热传导系数提供三种不同的模型分别是欧洲规范模型、T. T. Lie 模型和陆洲导模型。对比热提供两种不同的模型，计算时可以自由组合，各种模型的区别详见本章 10.2 节的内容。对于材料的密度、对流换热系数和辐射系数可以进行键入，程序默认为混凝土的密度 $\rho=2400\mathrm{kg/m^3}$，对流换热系数取 $\alpha_c=25$，辐射系数取 $\varepsilon_r=0.5$。

其中用于第三类边界条件的换热系数 α_t 由对流换热系数 α_c 和辐射换热系数 α_r 两部分构成，按下式计算：

$$\begin{aligned}
\alpha_t &= \alpha_c + \alpha_r \\
&= \alpha_c + \sigma_0 \varepsilon_{es} \big[(T_e+273)^3 + (T_e+273)^2 (T_s+273) \\
&\quad + (T_e+273)(T_s+273)^2 + (T_s+273)^3
\end{aligned} \tag{10.104}$$

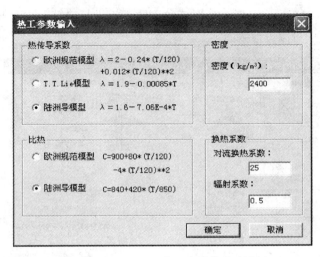

图 10.41　PFIRE-T 热工参数输入对话框

式中　α_t——总的换热系数；

　　　α_c——对流换热系数，对混凝土取为 $25W/(m^2 \cdot ℃)$；

　　　α_r——辐射换热系数；

　　　ε_{es}——为火焰辐射系数，取 0.5；

　　　σ_0——斯蒂芬－波尔兹曼常数，取 $5.67 \times 10-8W/(m^2 \cdot K^4)$；

　　　T_e——火灾环境温度，按 ISO834 标准升温曲线计算；

　　　T_s——构件曝火面温度，通常取 $T_s/T_e=0.85$。

　　由式（10.104）可知总的换热系数和温度有关，随温度的增加而增大，其变化趋势如图 10.42 所示。

　　程序可以根据键入的对流换热系数和辐射系数自动计算总的换热系数。

　　PFIRE-T 程序可供选择的升温曲线有两种（图 10.44）：一种是国际标准化组织制定的 ISO834 标准升温曲线（式 10.104），另外一种是美国和加拿大采用的 ASTM-E 119 标准升温曲线（式 10.105）。

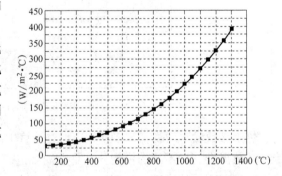

图 10.42　换热系数随温度变化曲线

　　ISO834 标准升温曲线：

$$T_g - T_g(0) = 3451\log_{10}(8t+1)$$

$$(10.105)$$

式中　T_g——时间 t 的室内空气平均温度（℃）；

　　　$T_g(0)$——火灾发生前的室内空气平均温度（℃）；

　　　t——时间（min）。

　　ASTM-E 119 标准升温曲线：

$$T_g - T_g(0) = 750(1 - e^{-3.79533\sqrt{t_h}}) + 170.41\sqrt{t_h} \qquad (10.106)$$

式中　t——时间（min）。

图 10.43 为两种标准升温曲线的比较。假定 $T_g(0) = 0℃$。本章温度场的分析采用 ISO834 标准升温曲线。

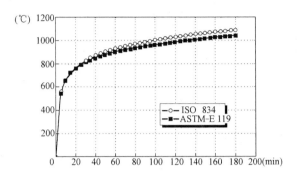

图 10.43　两种标准升温曲线的比较

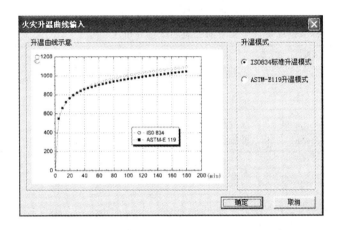

图 10.44　PFIRE-T 火灾升温曲线输入对话框

值得指出的是，ISO834 及 ASTM-E 119 两种标准升温曲线的区别不仅在于它们各时刻对应的温度不同，而且它们所规定的试验炉构造和温度的测量方法也不完全相同，比较这两种标准火的严重性时，不能简单地只对各自对应时刻的温度进行比较。

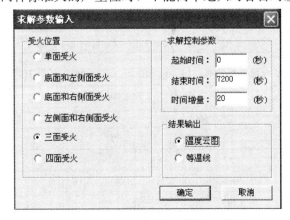

图 10.45　PFIRE-T 求解参数输入对话框

PFIRE-T 在求解参数输入对话框（图 10.45）可以对截面的受火位置进行定义，程序提供对二维截面的各个位置受火进行分析，包括单面、两面、三面、四面受火等。其中求解控制参数项可以定义热分析的开始、结束时间，并可定义每一荷载步所对应的时间增量。程序对计算结果提供两种输出方法，分别是温度云图和等温线模式。

10.4.4　PFIRE-T 程序在仿真分析中的应用

预应力混凝土结构温度场的非线性仿真分析，是给结构一个模拟火灾环境（升温曲线），通过对混凝土热工性能的模拟、边界条件的模拟，来计算结构的温度场。本章研究的预应力框架，属于杆系结构。对杆系结构，当火环境对结构的作用沿杆的长度方向变化不大时，一般假定截面之间没有热传导，这样可以近似将三维热传导问题简化为二维平面热传导问题。

采用 PFIRE-T 程序可以对火灾下预应力混凝土结构截面的温度场分布进行非线性有限元分析，本章就以下几个问题进行了讨论。

10.4.4.1　不同耐火极限下截面温度图表的制定

我们对不同截面的预应力梁采用 PFIRE-T 程序进行了火灾下非线性温度场计算，并整理了预应力梁不同截面尺寸在不同耐火极限下的温度图表和等温线图，可为火灾下结构抗火设计提供参考。限于篇幅，本章只列出了截面尺寸 $b\times h$ 为 300mm×1000mm、400mm×1000mm 的温度场计算图表，见表 10.5～表 10.8。

ISO834 标准升温条件下梁三面受火温度场分布（$b\times h=300\text{mm}\times1000\text{mm}$）　**表 10.5**

y(mm)	t=60min x(mm)						y(mm)	t=90min x(mm)					
	0	25	50	100	125	150		0	25	50	100	125	150
1000	764	348	193	66	44	38	1000	842	402	243	100	73	65
900	853	500	290	96	61	51	900	936	603	388	163	117	102
800	854	501	292	98	63	52	800	937	607	393	169	122	107
600	854	501	292	98	63	52	600	937	607	393	169	122	107
500	854	501	292	98	63	52	500	937	607	393	169	122	107
400	854	501	292	98	63	52	400	937	607	393	169	122	107
300	854	501	292	98	63	52	300	937	607	393	169	122	107
200	854	502	293	100	65	54	200	937	609	397	175	129	114
150	855	505	299	110	76	66	150	939	616	410	196	152	139
100	859	524	330	157	128	119	100	944	644	455	265	228	216
50	877	605	453	331	311	305	50	976	687	581	457	433	425
0	937	903	877	859	857	856	0	991	990	976	945	942	941

ISO834 标准升温条件下梁三面受火温度场分布（$b\times h=300\text{mm}\times1000\text{mm}$）　**表 10.6**

y(mm)	t=120min x(mm)						y(mm)	t=180min x(mm)					
	0	25	50	100	125	150		0	25	50	100	125	150
1000	896	436	277	130	101	92	1000	963	466	305	172	145	137
900	1009	642	455	226	175	158	900	1090	595	486	316	272	257
800	1011	642	463	237	186	169	800	1092	596	497	339	296	282
600	1011	642	463	238	186	170	600	1093	596	498	341	299	284

续表

	$t=120\text{min}$							$t=180\text{min}$					
$y(\text{mm})$	$x(\text{mm})$						$y(\text{mm})$	$x(\text{mm})$					
	0	25	50	100	125	150		0	25	50	100	125	150
500	1011	642	463	238	186	170	500	1093	596	498	341	299	284
400	1011	642	463	238	186	170	400	1093	596	498	341	299	284
300	1011	642	464	238	187	170	300	1093	596	499	343	301	287
200	1013	643	469	250	200	184	200	1095	597	508	363	324	310
150	1016	645	485	279	232	218	150	1093	612	534	399	363	351
100	1025	651	527	357	318	306	100	1067	768	621	478	444	432
50	1021	751	645	530	509	502	50	1084	899	755	627	585	569
0	1038	1023	1021	1026	1021	1020	0	1104	1095	1084	1067	1071	1079

ISO834 标准升温条件下梁三面受火温度场分布（$b\times h=400\text{mm}\times1000\text{mm}$）　**表 10.7**

	$t=60\text{min}$								$t=90\text{min}$						
$y(\text{mm})$	$x(\text{mm})$							$y(\text{mm})$	$x(\text{mm})$						
	0	25	50	100	125	150	200		0	25	50	100	125	150	200
1000	764	348	193	64	41	29	23	1000	842	401	242	95	62	44	34
900	853	500	290	94	55	36	25	900	936	602	386	153	97	63	41
800	854	501	292	95	56	36	25	800	937	606	391	158	100	66	43
600	854	501	292	95	56	36	25	600	937	606	391	158	100	66	43
400	854	501	292	95	56	36	25	400	937	606	391	158	100	66	43
200	854	502	293	97	58	39	28	200	937	608	395	165	109	75	53
150	855	505	299	107	70	51	41	150	939	616	408	187	134	103	83
100	859	524	330	156	123	107	99	100	944	643	454	259	214	189	172
75	866	552	372	218	190	177	170	75	954	667	501	334	296	274	261
50	877	605	453	330	308	299	294	50	976	687	581	454	425	409	399
25	903	683	605	524	511	505	502	25	990	780	687	643	626	616	610
0	937	903	877	859	856	855	854	0	991	990	976	944	941	939	938

ISO834 标准升温条件下梁三面受火温度场分布（$b\times h=400\text{mm}\times1000\text{mm}$）　**表 10.8**

	$t=120\text{min}$								$t=180\text{min}$						
$y(\text{mm})$	$x(\text{mm})$							$y(\text{mm})$	$x(\text{mm})$						
	0	25	50	100	125	150	200		0	25	50	100	125	150	200
1000	895	435	275	120	83	60	44	1000	963	464	299	152	114	90	71
900	1008	641	450	205	138	96	66	900	1088	594	474	274	207	161	126
800	1010	642	458	215	146	103	72	800	1090	595	483	292	225	178	141
600	1010	642	458	215	147	103	71	600	1090	595	484	294	227	180	143
400	1010	642	458	215	147	103	72	400	1090	595	484	294	227	180	143
200	1012	643	465	230	164	122	92	200	1093	596	496	322	261	218	184
150	1015	645	481	262	201	163	136	150	1093	606	523	365	309	271	241
100	1025	650	524	344	295	264	243	100	1068	760	611	452	404	371	346

续表

y(mm)	t=120min x(mm)							y(mm)	t=180min x(mm)						
	0	25	50	100	125	150	200		0	25	50	100	125	150	200
75	1029	666	570	420	379	355	337	75	1074	829	678	520	473	442	420
50	1021	750	644	524	498	482	471	50	1084	897	748	612	560	526	507
25	1023	869	750	650	647	645	643	25	1095	1000	897	761	670	607	597
0	1038	1023	1021	1025	1019	1016	1013	0	1104	1095	1084	1068	1078	1094	1095

温度场计算结果同样可用等温线的形式进行表示，如图 10.46 所示。

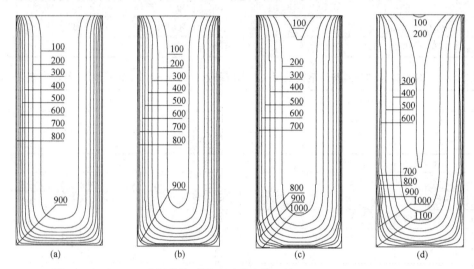

图 10.46　ISO834 升温条件下梁三面受火等温线（$b \times h = 350\text{mm} \times 900\text{mm}$）

（a）$t = 60\text{min}$；（b）$t = 90\text{min}$；（c）$t = 120\text{min}$；（d）$t = 180\text{min}$

采用相同的方法可对不用形状截面进行温度场计算，同样可以得到截面的温度图表和等温线，图 10.47 为截面尺寸 $b = 300\text{mm}$，$h = 900\text{mm}$，$t_f = 1000\text{mm}$，$t_h = 150\text{mm}$ 的等温线分布图。

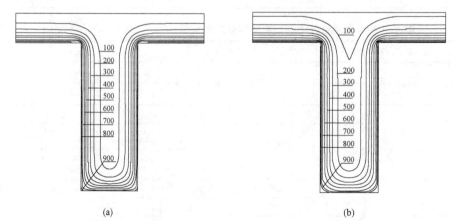

图 10.47　ISO834 标准升温条件下梁三面受火温度场分布

（a）$t = 60\text{min}$；（b）$t = 90\text{min}$

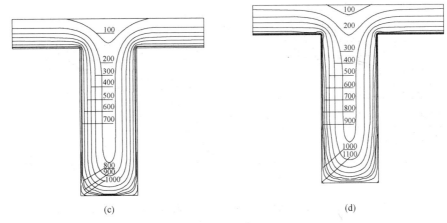

图 10.47　ISO834 标准升温条件下梁三面受火温度场分布（续）

（c）$t=120$min；（d）$t=180$min

10.4.4.2　考虑钢筋（预应力钢筋）存在时的温度场分布

分析如图 10.48 所示的预应力框架，预应力混凝土框架梁截面尺寸为 400mm×900mm，框架梁的预应力配筋为 2 束 6Φ^{j}15.2 低松弛 1860 级钢绞线，普通钢筋为 5Φ25。框架梁预应力线形和跨中配筋如图 10.48 所示。

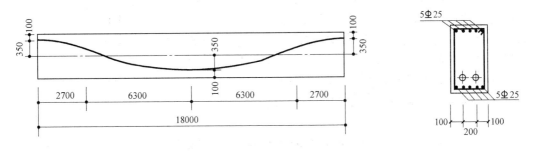

图 10.48　预应力框架梁线型与配筋

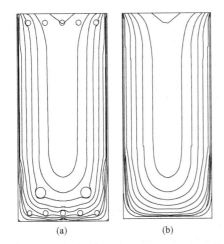

图 10.49　是否考虑钢筋存在时温度场比较

（$b×h=$400mm×900mm，$t=$180min）

（a）考虑；（b）不考虑

取跨中截面，建模时考虑钢筋、钢绞线的存在，对混凝土和钢筋分别采用不同的热工参数，钢筋和钢绞线的热传导系数 λ_s 取 45W/(m·℃)，比热 C_s 取 600J/(kg·℃)，密度 ρ_s 取 7850kg/m^3。图 10.49 为是否考虑钢筋存在时温度场分布的比较。图 10.50 为是否考虑钢筋存在时梁上部钢筋位置处温度随时间变化的比较。

从计算结果上看，当有限元计算考虑钢筋、钢绞线和不考虑时对截面整体的温度场分布影响不大，只是在钢筋、钢绞线位置的局部等温线发生了变化，但从图上看出温度变化幅度很小。因此在对预应力混凝土结构进行温度场分析时完全可以忽

395

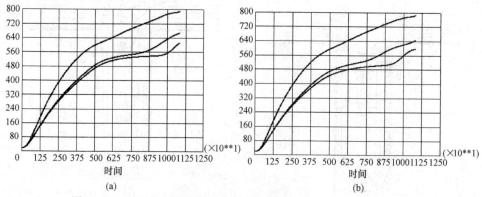

图 10.50 是否考虑钢筋存在时梁底部普通钢筋温度随时间变化比较

（a）考虑；（b）不考虑

略钢筋、钢绞线的存在，直接按照全混凝土截面进行计算。

10.4.4.3 300℃和800℃等温线位置的确定

对混凝土采用二台阶模型作为高温强度计算模型，二台阶模型的关键是确定截面 300℃和 800℃等温线位置（T_3、T_8），相应的参数为 b_3、h_3、b_8、h_8。根据已经确定的截面温度场分布，可以得到计算截面各相关等温线的位置。通过有限元程序 PFIRE-T 对大量不同截面尺寸温度场的计算，可以发现 T_3、T_8 的位置和截面尺寸和耐火极限有关，图 10.51 和表 10.9～表 10.12 列出了不同耐火极限对应的不同截面的 T_3、T_8 等温线的位置。

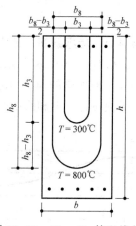

图 10.51 T_3、T_8 等温线位

$t=60$min 时 300℃和 800℃等温线位置　　　　　　表 10.9

	$h=700$				$h=800$				$h=900$				$h=1000$			
	b_3	h_3	b_8	h_8	b_3	h_3	b_8	h_8	b_3	h_3	b_8	h_8	b_3	h_3	b_8	h_8
$b=300$	200	630	290	690	200	730	290	790	200	830	290	890	200	930	290	990
$b=350$	250	630	340	690	250	730	340	790	250	830	340	890	250	930	340	990
$b=400$	300	630	390	690	300	730	390	790	300	830	390	890	300	930	390	990

$t=90$min 时 300℃和 800℃等温线位置　　　　　　表 10.10

	$h=700$				$h=800$				$h=900$				$h=1000$			
	b_3	h_3	b_8	h_8	b_3	h_3	b_8	h_8	b_3	h_3	b_8	h_8	b_3	h_3	b_8	h_8
$b=300$	170	600	280	680	170	700	280	780	170	800	280	880	170	900	280	980
$b=350$	220	600	330	680	220	700	330	780	220	800	330	880	220	900	330	980
$b=400$	270	600	380	680	270	700	380	780	270	800	380	880	270	900	380	980

$t=120$min 时 300℃和 800℃等温线位置　　　　　　表 10.11

	$h=700$				$h=800$				$h=900$				$h=1000$			
	b_3	h_3	b_8	h_8	b_3	h_3	b_8	h_8	b_3	h_3	b_8	h_8	b_3	h_3	b_8	h_8
$b=300$	140	570	280	680	140	670	280	780	140	770	280	280	140	870	280	980
$b=350$	190	570	330	680	190	670	330	780	190	770	330	330	190	870	330	980
$b=400$	240	570	380	680	240	670	380	780	240	770	380	380	240	870	380	980

$t=180$min 时 300℃和 800℃等温线位置　　　　　　　　　表 10.12

	$h=700$				$h=800$				$h=900$				$h=1000$			
	b_3	h_3	b_8	h_8	b_3	h_3	b_8	h_8	b_3	h_3	b_8	h_8	b_3	h_3	b_8	h_8
$b=300$	70	470	280	650	70	570	280	750	70	670	280	850	70	770	280	950
$b=350$	150	520	320	655	150	620	320	755	150	720	320	855	150	820	320	955
$b=400$	220	550	380	655	220	650	380	755	220	750	380	855	220	850	380	955

从表中的计算结果看，我们可以总结出如下的公式用来计算 T_3、T_8 等温线位置。

当耐火极限为 $t=60$min 时，T_3、T_8 的位置可用下式来计算：

$$b_3=b-100,h_3=h-70$$
$$b_8=b-10,h_8=h-10 \qquad (t=60\text{min}) \qquad (10.107)$$

当耐火极限为 $t=90$min 时，T_3、T_8 的位置可用下式来计算：

$$b_3=b-130,h_3=h-100$$
$$b_8=b-15,h_8=h-15 \qquad (t=90\text{min}) \qquad (10.108)$$

当耐火极限为 $t=120$min 时，T_3、T_8 的位置可用下式来计算：

$$b_3=b-160,h_3=h-130$$
$$b_8=b-20,h_8=h-20 \qquad (t=120\text{min}) \qquad (10.109)$$

当耐火时间 $t=180$min 时，计算结果的离散性比较大，b_3、h_3 的计算结果随截面宽度的增加而增大，并难以用一个统一的公式进行表达，可保守用下式进行计算：

$$b_3=b-230,h_3=h-200$$
$$b_8=b-20,h_8=h-50 \qquad (t=120\text{min}) \qquad (10.110)$$

10.4.4.4　涂防火涂料构件温度场分布

我国《无粘结预应力混凝土结构技术规程》JGJ 92—2016 规定，当防火等级较高，预应力混凝土梁、板保护层厚度不满足规程要求时，应使用防火涂料。防火涂料应具有表观密度轻、导热系数小、防火隔热性能突出，耐老化性能好等特点，且原材料要来源丰富，易于生产、施工方便。我国目前生产的预应力混凝土空心楼板耐火极限只不过 0.5h，在实际建筑物火灾中，该类楼板在 0.5h 左右即可断裂。而在预应力混凝土楼板配力筋的一面涂一层防火涂料，则楼板的耐火极限可达 2h，从而延长了救火时间。

PFIRE-T 程序可以对涂防火涂料的截面进行温度场有限元计算（图 10.52），程序可在梁的左侧受火面、右侧受火面、底部受火面定义不同厚度的防火涂料，通过输入防火涂料的导热系数、比热、密度值等参数进行温度场分析。

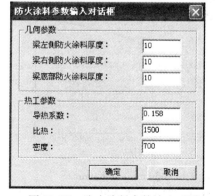

图 10.52　防火涂料参数输入对话

为了说明防火涂料对截面温度场分布的影响，本章对有防火保护的梁截面进行了温度场非线性有限元分析。图 10.53 和图 10.54 为有无防火涂料的情况下，两种梁温度场的比较。从图 10.53 中我们可以看到，当梁涂防火涂料以后，截面的温度场发生了很大的变化，没有防火保护的截面温度场的等温线很密集，梁的大部分截面处于 $300\sim800$℃范围内，当涂防火涂料以后，梁的大部分截面处于 $100\sim300$℃范围以内，可见防火涂料起到了很好的防火作用。

从图 10.54 中同样可以看出，在同一位置处有防

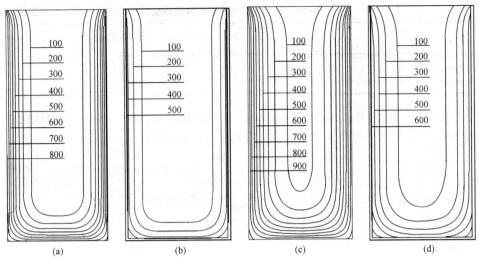

图 10.53　涂防火涂料对温度场的影响比较

(a) 无防火保护；(b) 涂防火涂料；(c) 无防火保护；(d) 涂防火涂料；
$t=60\text{min}$　　　　$t=60\text{min}$　　　　$t=120\text{min}$　　　　$t=120\text{min}$

火保护梁的升温过程要远慢于无防火涂料的梁，例如梁在 $x=200\text{mm}$，$y=10\text{mm}$ 位置，当无防火涂料时 2h 后温度为 $856.6℃$，当有防火涂料时温度为 $416.5℃$，可见防火涂料起到了很好的阻热作用。

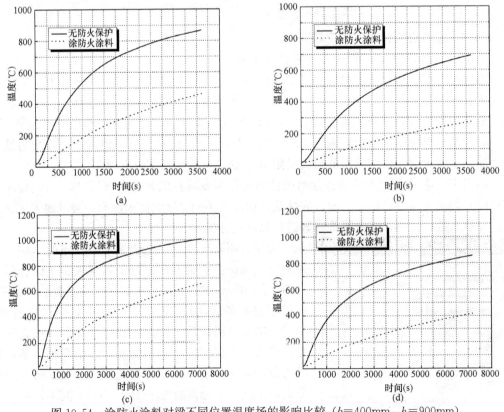

图 10.54　涂防火涂料对梁不同位置温度场的影响比较（$b=400\text{mm}$，$h=900\text{mm}$）

(a) $x=10\text{mm}$，$y=10\text{mm}$，$t=60\text{min}$；(b) $x=200\text{mm}$，$y=10\text{mm}$，$t=60\text{min}$；
(c) $x=10\text{mm}$，$y=10\text{mm}$，$t=120\text{min}$；(d) $x=200\text{mm}$，$y=10\text{mm}$，$t=120\text{min}$

10.5　火灾下预应力混凝土结构有限元计算理论与分析

高温下预应力混凝土结构分析与常温下结构分析差异很大，高温下预应力混凝土结构有以下特点：

（1）受火构件截面的温度场是不均匀的，且随着时间而不断变化。不均匀温度场的存在使得构件的截面特性随时间而变化。

（2）随着温度的变化，混凝土和钢筋（包括预应力筋）的应力-应变不断变化，材料在高温下的力学性能下降，应力-应变曲线的峰值点向应变较大的方向移动，曲线变得平缓，弹性能力下降。

（3）高温下预应力钢筋高温蠕变较大，引起预应力损失过大，在实际的结构分析中必须加以考虑。

（4）高温作用下的分析是非线性的，必须考虑热-结构耦合的问题。

因此可见，进行高温下预应力混凝土结构承载力和变形计算必须考虑应力途径和变形历史等因素，整个分析过程适合采用增量法，而不是采用全量法。

10.5.1　结构分析的基本假定

为了便于建立火灾下预应力混凝土结构计算理论，在对高温下预应力混凝土结构进行分析时，采用以下假定。

（1）温度场分布和应力场分布无关

严格地讲，温度场的分布和应力场的分布是相关的，比如结构开裂后，由于裂缝的存在将影响热量的传递，因此会导致裂缝周围较小范围内的温度与无裂缝的情况有一定的差异。但是我们认为，实际构件沿长度方向的开裂截面的数目有限，影响范围较小，而且开裂后截面上未开裂部分的温度分布与截面应力还是无关。对于绝大多数构件而言，截面的开裂程度能够影响界面的温度场时，构件已经达到或在很短的时间内就会达到极限状态而破坏。所以对构件整体性能来说，截面应力大小对截面平均温度分布的影响不大，一般认为截面上应力的大小对截面的温度分布不产生影响。

（2）平截面假定

构件在高温作用下，沿截面高度和宽度的温度分布不均匀，产生的自由温度膨胀应变不同。但由于结构构件各点相互制约，我们仍认为满足变形协调条件，截面的总应变仍服从平截面假定。

（3）钢筋（包括预应力筋）和混凝土之间不存在粘结滑移

钢筋（包括预应力筋）与混凝土之间的粘结滑移比较复杂，与诸多因素有关。尽管常温下已有大量的试验研究，但许多问题尚未很好解决。高温下的试验资料很少。因此，在计算推导中，假定钢筋混凝土间不产生粘结滑移，这样也可以使问题的分析变得简单。

（4）不考虑几何非线性的影响

与常温结构分析相比，结构火灾反应剧烈，位移明显增大，如梁的挠度可能达到 $L/30$（L 为梁跨度），因此要获得精确的分析结果时应当考虑结构几何非线性的作用。但本章侧重于研究预应力混凝土高温下截面内力的分布情况和预应力损失等问题，与二阶效应的影响不大，而引入几何非线性分析会大大增大计算工作量，故本章只考虑材料非线性的影响。

10.5.2 温度场和应力场耦合的增量有限元格式[63~70]

10.5.2.1 增量关系的推导

取形心处的混凝土应变 ε_0 和截面的转角 ϕ（曲率）作为基本未知量，形心处的混凝土应变包括该处的应力应变、高温蠕变和热膨胀应变。这里仅讨论截面沿一个主轴方向有转动，由平截面假定有：

$$\varepsilon = \varepsilon_0 + y\phi = [N(y)]\{u\} \tag{10.111}$$

式中 ε——截面上对应于 y 处的应变；

$[N(y)]$——与 y 有关的形状函数矩阵，$[N(y)]=[1 \quad y]$；

$\{u\}$——基本变量向量，$\{u\}=[\varepsilon_0 \quad \varphi]^{\mathrm{T}}$。

截面任意位置处的微分形式为：

$$\mathrm{d}\varepsilon = [N(y)]\{\mathrm{d}u\} \tag{10.112}$$

截面上的内力和外力应满足两个平衡方程式：

$$N = \int_{A^c} \sigma^c \mathrm{d}A^c + \sum_i \sigma_i^s A_i^s + \sum_i \sigma_i^p A_i^p \tag{10.113}$$

$$M = \int_{A^c} \sigma^c y \mathrm{d}A^c + \sum_i \sigma_i^s y_i^s A_i^s + \sum_i \sigma_i^p y_i^p A_i^p \tag{10.114}$$

将以上两式改写成：

$$\{F_p\} = \int_{A^c} [N(y)]^{\mathrm{T}} \sigma^c \mathrm{d}A^c + \sum_i [N(y_i^s)]^{\mathrm{T}} \sigma^s A_i^s + \sum_i [N(y_i^p)]^{\mathrm{T}} \sigma^p A_i^p \tag{10.115}$$

式（10.115）增量形式为：

$$\{\mathrm{d}F_p\} = \int_{A^c} [N(y)]^{\mathrm{T}} \mathrm{d}\sigma^c \mathrm{d}A^c + \sum_i [N(y_i^s)]^{\mathrm{T}} \mathrm{d}\sigma^s A_i^s + \sum_i [N(y_i^p)]^{\mathrm{T}} \mathrm{d}\sigma^p A_i^p$$

$$\tag{10.116}$$

$$\{F_p\} = \begin{Bmatrix} N \\ M \end{Bmatrix}, \{\mathrm{d}F_p\} = \begin{Bmatrix} \mathrm{d}N \\ \mathrm{d}M \end{Bmatrix}; [N(y_i^s)] = [1 \quad y_i^s] \tag{10.117}$$

式中 $\{F_p\}$、$\{\mathrm{d}F_p\}$——分别为截面力荷载及其增量向量；

N、$\mathrm{d}N$——分别为截面的轴力及其增量；

M、$\mathrm{d}M$——分别为截面的弯矩及其增量；

σ^c、$\mathrm{d}\sigma^c$——分别为截面混凝土应力及其增量；

σ_i^s、$\mathrm{d}\sigma_i^s$——分别为截面钢筋应力及其增量；

σ_i^p、$\mathrm{d}\sigma_i^p$——分别为截面预应力钢筋应力及其增量；

A^c、A_i^s、A_i^p——分别为截面混凝土面积和第 i 根钢筋和预应力钢筋的面积；

y_i^s、y_i^p——第 i 根钢筋或预应力钢筋形心处的坐标值。

将混凝土和钢筋（包括预应力钢筋）的热-力本构模型代入式（10.116）并结合式（10.112）。假定（3）可得结构在力、变形、温度和时间增量关系式：

$$\{\mathrm{d}F_p\} = ([K_s^c]+[K_s^s]+[K_s^p])\{\mathrm{d}u\}+\{\mathrm{d}F_T^c\}+\{\mathrm{d}F_t^c\}+\{\mathrm{d}F_T^s\}+\{\mathrm{d}F_t^s\}+\{\mathrm{d}F_T^p\}+\{\mathrm{d}F_t^p\}$$

$$\tag{10.118}$$

式中　$[K_s^c]$、$[K_s^s]$、$[K_s^p]$——分别为截面混凝土、钢筋、预应力钢筋应力应变总刚矩阵；

$\{dF_T^c\}$、$\{dF_t^c\}$——分别为截面混凝土的温度增量荷载和时间增量荷载向量；

$\{dF_T^s\}$、$\{dF_t^s\}$——分别为截面钢筋的温度增量荷载和时间增量荷载向量；

$\{dF_T^p\}$、$\{dF_t^p\}$——分别为截面预应力钢筋的温度增量荷载和时间增量荷载向量。

它们可由下列式子求得：

$$[K_s^c] = \begin{bmatrix} \int_{A^c} E_S^c \, dA^c & \int_{A^c} E_S^c y \, dA^c \\ \int_{A^c} E_S^c y \, dA^c & \int_{A^c} E_S^c y^2 \, dA^c \end{bmatrix} \tag{10.119}$$

$$[K_s^s] = \begin{bmatrix} \sum_i E_{si}^s A_i^s & \sum_i E_{si}^s y_i^s A_i^s \\ \sum_i E_{si}^s y_i^s A_i^s & \sum_i E_{si}^s (y_i^s)^2 A_i^s \end{bmatrix} \tag{10.120}$$

$$[K_s^p] = \begin{bmatrix} \sum_i E_{pi}^p A_i^p & \sum_i E_{pi}^p y_i^p A_i^p \\ \sum_i E_{pi}^p y_i^p A_i^p & \sum_i E_{pi}^p (y_i^p)^2 A_i^p \end{bmatrix} \tag{10.121}$$

$$\{dF_T^c\} = \begin{bmatrix} \int_{A^c} E_T^c \, dT \, dA^c \\ \int_{A^c} E_T^c y \, dT \, dA^c \end{bmatrix} ; \{dF_t^c\} = \begin{bmatrix} \int_{A^c} E_t^c \, dt \, dA^c \\ \int_{A^c} E_t^c y \, dt \, dA^c \end{bmatrix} \tag{10.122}$$

$$\{dF_T^s\} = \begin{bmatrix} \sum_i E_{Ti}^s \, dT_i^s A_i^s \\ \sum_i E_{Ti}^s y_i^s \, dT_i^s A_i^s \end{bmatrix} ; \{dF_T^s\} = \begin{bmatrix} \sum_i E_{ti}^s \, dt_i^s A_i^s \\ \sum_i E_{ti}^s y_i^s \, dt_i^s A_i^s \end{bmatrix} ; \tag{10.123}$$

$$\{dF_T^p\} = \begin{bmatrix} \sum_i E_{Ti}^p \, dT_i^p A_i^p \\ \sum_i E_{Ti}^p y_i^p \, dT_i^p A_i^p \end{bmatrix} ; \{dF_T^p\} = \begin{bmatrix} \sum_i E_{ti}^p \, dt_i^p A_i^p \\ \sum_i E_{ti}^p y_i^p \, dt_i^p A_i^p \end{bmatrix} \tag{10.124}$$

式中　E_{si}^s、E_{Ti}^s、E_{ti}^s——分别为第 i 根钢筋的应变切线模量、温度切线模量和时间切线模量；

E_{si}^p、E_{Ti}^p、E_{ti}^p——分别为第 i 根预应力钢筋的应变切线模量、温度切线模量和时间切线模量。

10.5.2.2　耦合的增量有限元格式

（1）截面应变向量

由式（10.111）和式（10.112）可得截面的应变和应变增量向量：

$$\{\varepsilon\} = [N]\{u\} \tag{10.125}$$

$$\{\Delta\varepsilon\} = [N]\{\Delta u\} \tag{10.126}$$

式中　$\{\varepsilon\}$——应变向量，$\{\varepsilon\} = [\varepsilon_1 \quad \varepsilon_2 \quad \cdots \quad \varepsilon_i \quad \cdots \quad \varepsilon_n]^T$；

$\{\Delta\varepsilon\}$——应变增量向量，$\{\Delta\varepsilon\} = [\Delta\varepsilon_1 \quad \Delta\varepsilon_2 \quad \cdots \quad \Delta\varepsilon_i \quad \cdots \quad \Delta\varepsilon_n]^T$；

$$[N]\text{——形函数，}[N]=\begin{bmatrix} 1 & 1 & \cdots & 1 & \cdots & 1 \\ y_1 & y_2 & \cdots & y_i & \cdots & y_n \end{bmatrix}^{\mathrm{T}};$$

y_i、ε_i、$\Delta\varepsilon$——分别为 i 单元形心的坐标、应变和应变增量。

（2）截面应力向量

混凝土、钢筋和预应力钢筋的截面应力增量向量由下式可得：

$$\{\Delta\sigma^{\mathrm{c}}\}=[E_{\mathrm{s}}^{\mathrm{c}}]\{\Delta\varepsilon\}+[E_{\mathrm{T}}^{\mathrm{c}}]\{\Delta T\}+[E_{\mathrm{t}}^{\mathrm{c}}]\{\Delta t\} \tag{10.127}$$

$$\{\Delta\sigma^{\mathrm{s}}\}=[E_{\mathrm{s}}^{\mathrm{s}}]\{\Delta\varepsilon\}+[E_{\mathrm{T}}^{\mathrm{s}}]\{\Delta T\}+[E_{\mathrm{t}}^{\mathrm{s}}]\{\Delta t\} \tag{10.128}$$

$$\{\Delta\sigma^{\mathrm{p}}\}=[E_{\mathrm{s}}^{\mathrm{p}}]\{\Delta\varepsilon\}+[E_{\mathrm{T}}^{\mathrm{p}}]\{\Delta T\}+[E_{\mathrm{t}}^{\mathrm{p}}]\{\Delta t\} \tag{10.129}$$

式中　$\{\Delta\sigma^{\mathrm{c}}\}$、$\{\Delta\sigma^{\mathrm{s}}\}$、$\{\Delta\sigma^{\mathrm{p}}\}$——分别为混凝土应力、钢筋应力和预应力筋应力的增量向量；

　　　　$\{\Delta T\}$、$\{\Delta t\}$——分别为温度和时间增量；

　　　　$[E_{\mathrm{s}}^{\mathrm{c}}]$、$[E_{\mathrm{T}}^{\mathrm{c}}]$、$[E_{\mathrm{t}}^{\mathrm{c}}]$——分别为混凝土的应变切线模量、温度切线模量和时间切线模量的对角矩阵；

　　　　$[E_{\mathrm{s}}^{\mathrm{s}}]$、$[E_{\mathrm{T}}^{\mathrm{s}}]$、$[E_{\mathrm{t}}^{\mathrm{s}}]$——分别为钢筋的应变切线模量、温度切线模量和时间切线模量的对角矩阵；

　　　　$[E_{\mathrm{s}}^{\mathrm{p}}]$、$[E_{\mathrm{T}}^{\mathrm{p}}]$、$[E_{\mathrm{t}}^{\mathrm{p}}]$——分别为预应力钢筋的应变切线模量、温度切线模量和时间切线模量的对角矩阵。

对混凝土单元有：

$$\{\Delta\sigma^{\mathrm{c}}\}=\begin{bmatrix} \Delta\sigma_1^{\mathrm{c}} & \Delta\sigma_2^{\mathrm{c}} & \cdots\Delta\sigma_i^{\mathrm{c}} & \cdots & \Delta\sigma_n^{\mathrm{c}} \end{bmatrix}^{\mathrm{T}} \tag{10.130}$$

$$[E_{\mathrm{s}}^{\mathrm{c}}]=\begin{bmatrix} E_{\mathrm{s}11}^{\mathrm{c}} & 0 & \cdots & \cdots & 0 \\ 0 & \ddots & & \ddots & \vdots \\ \vdots & & E_{\mathrm{s}ii}^{\mathrm{c}} & & \vdots \\ \vdots & \ddots & & \ddots & 0 \\ 0 & \cdots & \cdots & 0 & E_{\mathrm{s}nn}^{\mathrm{c}} \end{bmatrix} \tag{10.131}$$

$$[E_{\mathrm{T}}^{\mathrm{c}}]=\begin{bmatrix} E_{\mathrm{T}11}^{\mathrm{c}} & 0 & \cdots & \cdots & 0 \\ 0 & \ddots & & \ddots & \vdots \\ \vdots & & E_{\mathrm{T}ii}^{\mathrm{c}} & & \vdots \\ \vdots & \ddots & & \ddots & 0 \\ 0 & \cdots & \cdots & 0 & E_{\mathrm{T}nn}^{\mathrm{c}} \end{bmatrix} \tag{10.132}$$

$$[E_{\mathrm{t}}^{\mathrm{c}}]=\begin{bmatrix} E_{\mathrm{t}11}^{\mathrm{c}} & 0 & \cdots & \cdots & 0 \\ 0 & \ddots & & \ddots & \vdots \\ \vdots & & E_{\mathrm{t}ii}^{\mathrm{c}} & & \vdots \\ \vdots & \ddots & & \ddots & 0 \\ 0 & \cdots & \cdots & 0 & E_{\mathrm{t}nn}^{\mathrm{c}} \end{bmatrix} \tag{10.133}$$

式中　$\Delta\sigma_i^{\mathrm{c}}$、$E_{\mathrm{s}ii}^{\mathrm{c}}$、$E_{\mathrm{T}ii}^{\mathrm{c}}$、$E_{\mathrm{t}ii}^{\mathrm{c}}$——分别为 i 单元形心混凝土的应力增量、应变切线模量、温度切线模量和时间切线模量。

对钢筋单元有：

$$\{\Delta\sigma^{\mathrm{s}}\}=\begin{bmatrix} \Delta\sigma_1^{\mathrm{s}} & \Delta\sigma_2^{\mathrm{s}} & \cdots & \Delta\sigma_i^{\mathrm{s}} & \cdots\Delta\sigma_n^{\mathrm{s}} \end{bmatrix}^{\mathrm{T}} \tag{10.134}$$

$$[E_{\mathrm{s}}^{\mathrm{s}}]=\begin{bmatrix} E_{\mathrm{s}11}^{\mathrm{s}} & 0 & \cdots & \cdots & 0 \\ 0 & \ddots & & \iddots & \vdots \\ \vdots & & E_{\mathrm{s}ii}^{\mathrm{s}} & & \vdots \\ \vdots & \iddots & & \ddots & 0 \\ 0 & \cdots & \cdots & 0 & E_{\mathrm{s}nn}^{\mathrm{s}} \end{bmatrix} \tag{10.135}$$

$$[E_{\mathrm{T}}^{\mathrm{s}}]=\begin{bmatrix} E_{\mathrm{T}11}^{\mathrm{s}} & 0 & \cdots & \cdots & 0 \\ 0 & \ddots & & \iddots & \vdots \\ \vdots & & E_{\mathrm{T}ii}^{\mathrm{s}} & & \vdots \\ \vdots & \iddots & & \ddots & 0 \\ 0 & \cdots & \cdots & 0 & E_{\mathrm{T}nn}^{\mathrm{s}} \end{bmatrix} \tag{10.136}$$

$$[E_{\mathrm{t}}^{\mathrm{s}}]=\begin{bmatrix} E_{\mathrm{t}11}^{\mathrm{s}} & 0 & \cdots & \cdots & 0 \\ 0 & \ddots & & \iddots & \vdots \\ \vdots & & E_{\mathrm{t}ii}^{\mathrm{s}} & & \vdots \\ \vdots & \iddots & & \ddots & 0 \\ 0 & \cdots & \cdots & 0 & E_{\mathrm{t}nn}^{\mathrm{s}} \end{bmatrix} \tag{10.137}$$

式中　$\Delta\sigma_i^{\mathrm{s}}$、$E_{\mathrm{s}ii}^{\mathrm{s}}$、$E_{\mathrm{T}ii}^{\mathrm{s}}$、$E_{\mathrm{t}ii}^{\mathrm{s}}$——分别为 i 单元钢筋形心的应力增量、应变切线模量、温度切线模量和时间切线模量。

对预应力钢筋单元有：

$$\{\Delta\sigma^{\mathrm{p}}\}=\begin{bmatrix} \Delta\sigma_1^{\mathrm{p}} & \Delta\sigma_2^{\mathrm{p}} & \cdots & \Delta\sigma_i^{\mathrm{p}} & \cdots\Delta\sigma_n^{\mathrm{p}} \end{bmatrix}^{\mathrm{T}} \tag{10.138}$$

$$[E_{\mathrm{s}}^{\mathrm{p}}]=\begin{bmatrix} E_{\mathrm{s}11}^{\mathrm{p}} & 0 & \cdots & \cdots & 0 \\ 0 & \ddots & & \iddots & \vdots \\ \vdots & & E_{\mathrm{s}ii}^{\mathrm{p}} & & \vdots \\ \vdots & \iddots & & \ddots & 0 \\ 0 & \cdots & \cdots & 0 & E_{\mathrm{s}nn}^{\mathrm{p}} \end{bmatrix} \tag{10.139}$$

$$[E_{\mathrm{T}}^{\mathrm{p}}]=\begin{bmatrix} E_{\mathrm{T}11}^{\mathrm{p}} & 0 & \cdots & \cdots & 0 \\ 0 & \ddots & & \iddots & \vdots \\ \vdots & & E_{\mathrm{T}ii}^{\mathrm{p}} & & \vdots \\ \vdots & \iddots & & \ddots & 0 \\ 0 & \cdots & \cdots & 0 & E_{\mathrm{T}nn}^{\mathrm{p}} \end{bmatrix} \tag{10.140}$$

$$[E_{\mathrm{t}}^{\mathrm{p}}]=\begin{bmatrix} E_{\mathrm{t}11}^{\mathrm{p}} & 0 & \cdots & \cdots & 0 \\ 0 & \ddots & & \iddots & \vdots \\ \vdots & & E_{\mathrm{t}ii}^{\mathrm{p}} & & \vdots \\ \vdots & \iddots & & \ddots & 0 \\ 0 & \cdots & \cdots & 0 & E_{\mathrm{t}nn}^{\mathrm{p}} \end{bmatrix} \tag{10.141}$$

式中　$\Delta\sigma_i^{\mathrm{p}}$、$E_{\mathrm{s}ii}^{\mathrm{p}}$、$E_{\mathrm{T}ii}^{\mathrm{p}}$、$E_{\mathrm{t}ii}^{\mathrm{p}}$——分别为 i 单元预应力钢筋形心的应力增量、应变切线模

量、温度切线模量和时间切线模量。

（3）截面力的平衡条件

由式（10.116）可得：

$$\{\Delta F_p\}=[N]^T([A^c]\{\Delta\sigma^c\}+[A^s]+\{\Delta\sigma^s\}+[A^p]+\{\Delta\sigma^p\}) \tag{10.142}$$

式中 $[A^c]$、$[A^s]$、$[A^p]$——分别为混凝土、钢筋和预应力钢筋的单元面积对角矩阵：

$$[A^c]=\begin{bmatrix} A^c_{11} & 0 & \cdots & \cdots & 0 \\ 0 & \ddots & & \ddots & \vdots \\ \vdots & & A^c_{ii} & & \vdots \\ \vdots & \ddots & & \ddots & 0 \\ 0 & \cdots & \cdots & 0 & A^c_{nn} \end{bmatrix} \tag{10.143}$$

$$[A^s]=\begin{bmatrix} A^s_{11} & 0 & \cdots & \cdots & 0 \\ 0 & \ddots & & \ddots & \vdots \\ \vdots & & A^s_{ii} & & \vdots \\ \vdots & \ddots & & \ddots & 0 \\ 0 & \cdots & \cdots & 0 & A^s_{nn} \end{bmatrix} \tag{10.144}$$

$$[A^p]=\begin{bmatrix} A^p_{11} & 0 & \cdots & \cdots & 0 \\ 0 & \ddots & & \ddots & \vdots \\ \vdots & & A^p_{ii} & & \vdots \\ \vdots & \ddots & & \ddots & 0 \\ 0 & \cdots & \cdots & 0 & A^p_{nn} \end{bmatrix} \tag{10.145}$$

当 j 单元没有钢筋时，则 $A_{jj}=0$。

（4）增量有限元格式

把式（10.127）、式（10.128）、式（10.129）代入式（10.142），整理后有：

$$[K]\{\Delta u\}=\{\Delta F\} \tag{10.146}$$

这就是荷载温度共同作用下钢筋混凝土结构截面温度场和应力场耦合的增量有限元格式，可用来分析火灾下预应力混凝土结构热-结构耦合问题。

式中 $[K]$——应变总刚度矩阵；

$\{\Delta F\}$——总荷载增量向量，包括荷载、温度和时间的增量向量，可采用下式表示：

$$\{\Delta F\}=\{\Delta F_p\}+\{\Delta F_T\}+\{\Delta F_t\} \tag{10.147}$$

10.5.2.3　非线性方程组的求解[57、59、71、72]

任何一个非线性问题，在对结构进行了有限元离散后，一般都要归结为求解如下的非线性方程组：

$$F(x)=Kx-R=0 \tag{10.148}$$

式中 K 是一个 $n\times n$ 阶矩阵，其中：

$$x=[x_1 \quad x_2 \quad \cdots x_n]^T \tag{10.149}$$

$$F=[F_1 \quad F_2 \quad \cdots F_n]^T \tag{10.150}$$

$$R = \begin{bmatrix} R_1 & R_2 & \cdots R_n \end{bmatrix}^T \tag{10.151}$$

对于全量问题来说，式（10.148）中的 x 表示未知节点位移矢量 U，R 表示外载等效节点矢量，K 表示割线刚度矩阵，于是式（10.148）改写成：

$$K(U)U - R = 0 \tag{10.152}$$

对于增量问题，考虑时刻 $(t+\Delta t)$ 的平衡，式（10.148）中的 x 表示 $(t+\Delta t)$ 时刻的位移增量矢量 ΔU，R 表示同一时刻外载 $^{t+\Delta t}R$ 与内力 $^{t+\Delta t}Q$ 之差 $^{t+\Delta t}P$（$^{t+\Delta t}P$ 称为不平衡力），而 K 则表示该时刻的增量（切线）刚度矩阵。于是式（10.148）可以改写成：

$$^{t+\Delta t}K(U)\Delta U = {}^{t+\Delta t}P \tag{10.153}$$

上式即表示节点的增量平衡方程。在非线性结构的有限元分析中，为了得到整个荷载变化过程中的一些中间结果，多采用增量解法，下面只讨论非线性方程组的增量数值求解方法。

非线性方程组的数值解法通常是以一系列的线性方程组的解法逼近非线性方程组的解。到目前为止，已有名目繁多的各类算法和程序。其中最基本、最流行的方法是牛顿类方法。牛顿类方法包括 Newton-Raphson 方法（简称 NR 法）和 modified Newton-Raphson 法（简称 mNR 法）。为了提高计算精度人们提出各种校正方法，如 BFGS 法和 DFP 法等。为了加速收敛或改善矩阵的病态性，还有松弛法、线性搜索法和阻尼法等可供使用。然而至今没有一种万能的方法，对任何问题都有效。下面主要介绍 NR 方法。

对于非线性方程组：

$$F(x) = 0 \tag{10.154}$$

建立 $F(x)$ 在点 $x^{(k+1)}$ 处的线性近似（k 表示第 k 次迭代）

$$F(x^{(k+1)}) = B_k(x^{(k+1)} - x^{(k)}) + F(x^{(k)}) \tag{10.155}$$

其中 B_k 是 $n \times n$ 阶矩阵。

将 $F(x^{(k+1)}) = 0$ 的解作为真解 x^* 的一个新的近似，如果 $B_k(k=0,1,2,\cdots)$ 可逆，则得到下列迭代：

$$x^{(k+1)} = x^{(k)} - B_k^{-1}F(x^{(k)}) \tag{10.156}$$

若在上式中，令 $B_k = F'(x^{(k)})$ 则得 Newton—Raphson 方法（NR 法）：

$$x^{(k+1)} = x^{(k)} - F'(x^{(k)})^{-1}F(x)^{(k)} \tag{10.157}$$

若在式（10.156）中令 $B_k = F'(x^{(0)})$ 则得到 modified Newton-Raphson 法（mNR 法）：

$$x^{(k+1)} = x^{(k)} - F'(x^{(0)})^{-1}F(x)^{(k)} \tag{10.158}$$

根据（10.153）式有：

$$^{t+\Delta t}K^{(i-1)}\Delta U^{(i)} = {}^{t+\Delta t}P^{(i)} \tag{10.159}$$

$$^{t+\Delta t}U^{(i)} = {}^{t+\Delta t}U^{(i-1)} + \Delta U^{(i)} \tag{10.160}$$

不平衡力为：

$$^{t+\Delta t}P^{(i)} = {}^{t+\Delta t}R^{(i-1)} - {}^{t+\Delta t}Q^{(i)} \tag{10.161}$$

【算法 1（NR 法）】

第 0 步：（1）初始条件 $^{t+\Delta t}U^{(0)} = {}^tU(^0U=0)$；$^{t+\Delta t}Q^{(0)} = {}^tQ(^0Q=0)$；

（2）外载矢量 $^{t+\Delta t}R^{(0)} = {}^tR + \Delta R(^0R=0)$；

不平衡力 $^{t+\Delta t}P^{(0)} = {}^{t+\Delta}R - {}^{t+\Delta t}Q^{(0)}$；

（3）刚度矩阵$^{t+\Delta t}K^{(0)}={}^tK$（$^0K=$初始刚度矩阵）；

（4）置$i=1$。

第1步：利用 LU 分解法或 LDT^T 分解法，由式（10.159）解出$\Delta U^{(i)}$。

第2步：由式（10.160）计算当前位移$^{t+\Delta t}U^{(i)}$。

第3步：根据当前位移$^{t+\Delta t}U^{(i)}$，计算$^{t+\Delta t}Q^{(i)}$。

第4步：由式（10.161）计算当前位移$^{t+\Delta t}P^{(0)}$。

第5步：根据当前位移$^{t+\Delta t}U^{(i)}$，计算单元刚度矩阵并集成总刚度矩阵$^{t+\Delta t}K^{(i)}$。

第6步：检查是否收敛，若达到精度要求，且载荷已加到最大，则终止计算；若达到精度要求，但载荷未达到最大，则令$t=t+\Delta t$，回到第0步；如不满足精度要求，则令$i=i+1$。回到第1步。

NR 法，在解附近收敛很快，但每一迭代步都要计算刚度矩阵，并分解，计算量太大；同时在选择初始条件时，灵敏度要求很高，若某个刚度矩阵出现病态，就会出现发散现象，或跳到不需要的解上去。为此，我们宁愿采用 mNR 法，在一个荷载步内，可以进行一个常量刚度迭代。将式（10.158）改写如下：

$$^tK\Delta U^{(i)}={}^{t+\Delta t}P^{(i-1)} \tag{10.162}$$

于是，我们得到如下的算法：

【算法2（mNR 法）】

第0步：（1）初始条件$^{t+\Delta t}U^{(0)}={}^tU$（$^0U=0$）；$^{t+\Delta t}Q^{(0)}={}^tQ$（$^0Q=0$）；

（2）外载矢量$^{t+\Delta t}R^{(0)}={}^tR+\Delta R$（$^0R=0$）；

不平衡力$^{t+\Delta t}P^{(0)}={}^{t+\Delta t}R-{}^{t+\Delta t}Q^{(0)}$；

（3）置$i=1$。

第1步：利用 LU 分解法或 LDT^T 分解法，由式（10.162）解出$\Delta U^{(i)}$，其中$^0K=$初始刚度矩阵。

第2步：计算当前位移。

第3步：根据当前位移$^{t+\Delta t}U^{(i)}$，计算$^{t+\Delta t}Q^{(i)}$。

第4步：由式（10.161）计算当前位移$^{t+\Delta t}P^{(0)}$。

第5步：检查是否收敛，若达到精度要求，且载荷已加到最大，则终止计算；若达到精度要求，但载荷未达到最大，则根据当前位移$^{t+\Delta t}U^{(i)}$计算刚度矩阵$^{t+\Delta t}K$，令$t=t+\Delta t$，回到第0步；如不满足精度要求，则令$i=i+1$。回到第1步。

mNR 法在每一个荷载增量步中，只需要形成并分解一次刚度矩阵，另外，只要在增量开始时满足一个稳定平衡，刚度矩阵总是正定的，然而，mNR 法的收敛速度要比 NR 法慢。

根据以上理论不难编制预应力混凝土结构受火全过程有限元分析程序。

10.5.3 火灾下预应力混凝土结构非线性有限元程序 PRC-FIRE 编制

采用 Microsoft Visual C++6.0 和 Compaq Visual Fortran6.0 两种语言混合编程[61,62]，结合以上理论及 ANSYS 软件提供的单元库和非线性方程求解器，本章编制了 PRC-FIRE 程序。该程序可以对火灾下预应力混凝土实体结构进行非线性有限元分析。

10.5.3.1　PRC-FIRE 程序设计思想及使用介绍

程序的菜单系统由"模型输入"、"单元选择"、"材料参数"、"高温本构"、"预应力"、"荷载输入"、"热分析"、"结构分析"组成。

"模型输入"主要是进行预应力混凝土框架的几何参数、配筋信息、单元划分信息等输入。在框架信息中主要定义框架的总跨数、框架总层数、框架高度、框架跨度等，目前程序只能对等跨度和等高度框架进行计算。本程序在进行有限元分析时可以考虑钢筋（预应力钢筋）存在，建模时需对钢筋（预应力钢筋）分别生成单元。钢筋信息主要是输入钢筋的直径和保护层厚度，保护层厚度对截面的单元划分是有影响的。单元划分信息主要是输入梁、柱的单元划分情况。在输入以上信息后，程序可以自动生成有限分析时所用的单元。单元的划分是进行有限元分析的关键一步，程序在生成单元时必须考虑钢筋、预应力钢筋的存在，这将使单元划分比较困难。划分的思路是首先对混凝土划分单元，然后连接混凝土单元的节点生成钢筋单元。

图 10.55 为 PRC-FIRE 截面几何参数输入对话框。图 10.56 是输入框架几何参数后，程序自动生成已划分好单元的分析模型。

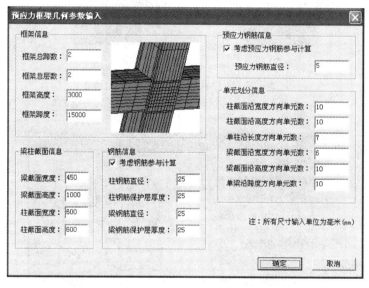

图 10.55　PRC-FIRE 截面几何参数输入对话框

"单元选择"可以为热分析和结构分析选择单元，见图 10.57。常用的热分析实体单元主要有三种，分别是六节点四面体单元，八节点六面体单元，和二十节点六面体单元，本章分析选用八节点六面体单元 SOLID70。PRC-FIRE 可采用两种结构分析单元用来分析混凝土结构，分别是八节点六面体单元和八节点六面体混凝土单元。

ANSYS 提供了钢筋混凝土单元（SOLID65），本章采用该单元来模拟混凝土。该单元是三维实体单元，有 8 个节点，每个节点三个自由度：U_X、U_Y、U_Z。可通过定义三个方向的配筋率考虑三个方向的钢筋，钢筋可受拉或受压，但不可受剪。混凝土材料可通过选取非线性模型考虑塑性变形和徐变。Concrete 材料模型的基本参数有开裂截面和裂缝闭合截面的剪切传递参数，单轴和多轴抗拉、抗压强度等，这些参数值可由用户自定义的文件进行输入，只需输入完整的文件名即可。单元的几何形状和节点位置见图 10.58。

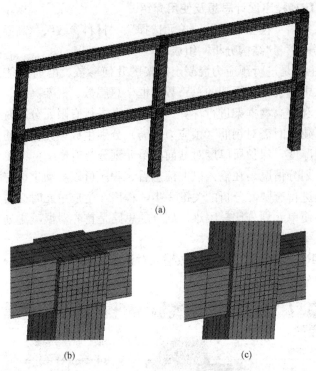

(a)

(b)   (c)

图 10.56　程序自动生成框架的单元划分

（a）框架全部单元；（b）单元划分细部；（c）单元划分细部

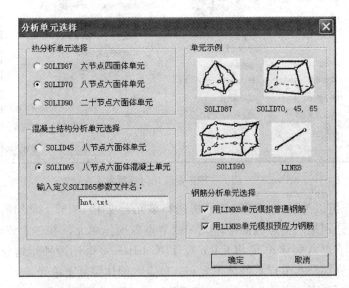

图 10.57　PRC-FIRE 单元选择对话框

SOLID65 单元可以按 William-Waranke 三参数破坏曲面考虑混凝土在三轴受力状态下的开裂和压溃。当某一混凝土单元内任意一点的主拉应力超过抗拉强度后，则认为混凝土开裂，并且认为在垂直拉应力方向形成无数平行裂缝。这样可以把开裂单元按正交各向异性材料处理，此时拉应力方向的刚度退化，局部开裂引起应力释放，释放的应力按节点

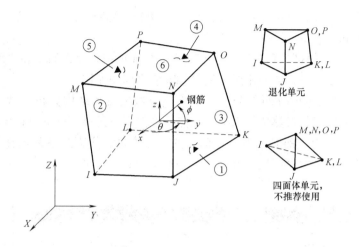

图 10.58 混凝土单元示意

力处理。对于已发生受拉破坏的混凝土单元，其垂直裂缝方向的刚度，在混凝土应变重新处于受压状态时，则继续按照有关应力-应变关系考虑；而变化后的应变即使小于受拉极限应变，仍不考虑其抗拉性能，混凝土在该方向暂时退出工作。

对于钢筋混凝土结构有限元分析时混凝土与钢筋单元的处理可供选择的方法有以下三种。

（1）整体式模型。直接利用 SOLID65 提供的实参数建模，其优点是建模方便，分析效率高，但是缺点是不适用于钢筋分布较不均匀的区域，且得到钢筋内力比较困难。主要用于有大量钢筋且钢筋分布较均匀的构件中，譬如剪力墙或楼板结构。

（2）分离式模型，位移协调。利用空间杆单元 LINK8 建立钢筋模型，与混凝土单元共用节点。其优点是建模比较方便，可以任意布置钢筋并可直观获得钢筋的内力。缺点是建模比整体式模型要复杂，需要考虑共用节点的位置，且容易出现应力集中拉坏混凝土的问题。

（3）分离式模型，界面单元。前两种混凝土和钢筋组合方法假设钢筋和混凝土之间位移完全协调，没有考虑钢筋和混凝土之间的滑移，而通过加入界面单元的方法，可以进一步提高分析的精度。同样利用空间杆单元 LINK8 建立钢筋模型。不同的是混凝土单元和钢筋单元之间利用弹簧模型来建立连接。不过，由于一般钢筋混凝土结构中钢筋和混凝土之间都有比较良好的锚固，钢筋和混凝土之间滑移带来的问题不是很严重，一般不必考虑。

混凝土单元可以用输入体积配筋率的方向来考虑钢筋的作用，本章在分析时将箍筋按离散钢筋处理，对主要受力钢筋和预应力钢筋采用 LINK8 单元来模拟。LINK 8 单元为三维杆单元，有两个节点，每个节点有三个自由度（U_X、U_Y、U_Z），该单元可以承受拉力

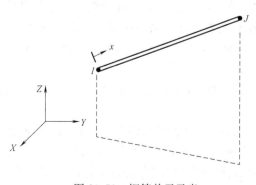

图 10.59 钢筋单元示意

和压力，但不可以受弯。该单元具有塑性变形、蠕变、膨胀、应力强化、大变形等性能。单元的几何形状和节点位置见图 10.59。

在"单元选择对话框"可以关掉"用 LINK8 单元模拟普通钢筋"和"用 LINK8 单元模拟预应力钢筋"复选框，从而不考虑钢筋和预应力筋的作用。

"材料参数"输入主要分两部分，分别是热分析参数和结构分析参数，见图 10.60。热分析参数部分可以对材料热传导系数、比热、换热系数选择不同的分析模型。结构分析参数部分可以对混凝土、钢筋、预应力钢筋的弹性模量、热膨胀系数选择不同的分析模型。材料的泊松比和密度由使用者键入，程序默认为 $\nu_c = 0.2$，$\nu_s = 0.3$，$\rho_c = 2400\text{kg/m}^3$，$\rho_s = 7850\text{kg/m}^3$。

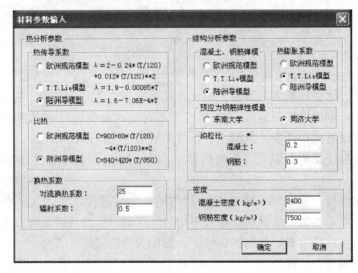

图 10.60　PRC-FIRE 材料参数输入对话框

钢筋混凝土结构分析中，经常使用的混凝土应力-应变关系的理论模型有：线弹性理论、非线性弹性、弹塑性理论等，其他还有为了研究结构中混凝土的徐变及预应力筋松弛和混凝土开裂等而采用的弹塑性流变理论、断裂力学理论、损伤力学理论等。目前为止，由于混凝土材料的复杂性，还没有哪一种理论被公认为在理论上是合理的，因此有关混凝土结构分析的理论和方法仍属目前研究的热点。考虑到火灾下结构分析中存在较大的内力重分布，因此混凝土应力-应变关系采用弹塑性模型。在考虑复杂应力状态的弹塑性分析中，混凝土较多采用 Drucker-Prager plasticity 模型，由于缺少混凝土在高温下复杂应力状态的试验成果，同时考虑到预应力混凝土框架受力可近似为一维受力状态。因此 PRC-FIRE 编制时对混凝土应力-应变关系采用不同温度下轴向受压的试验结果。在塑性理论中采用混凝土各向同性硬化假设、Mises 屈服准则和相关流动法则。

对钢筋（预应力筋）的应力-应变关系采用各向同性的理想弹塑性模型，并考虑其屈服强度和弹性模量随温度变化的非线性性质。

PRC-FIRE 程序提供四种混凝土、钢筋高温应力-应变模型供选择，分别是"欧洲规范模型"、"T. T. Lie 模型"、"清华大学模型"和"同济大学模型"，见图 10.61。由于对预应力钢筋高温本构关系的资料较少，本程序只提供两种预应力筋高温应力-应变关系。

PRC-FIRE 程序可以考虑钢筋、预应力钢筋的高温蠕变。混凝土的高温蠕变比较复杂，有限元分析时考虑混凝土的高温蠕变将很难使计算结果收敛，且目前尚无成熟的研究成果，因此本章在分析时不考虑混凝土高温蠕变的影响。对钢筋的高温蠕变采用 Dorn 提出的表达式（10.62）进行计算，对预应力钢筋的高温蠕变率模型采用式（10.66）进行计算。

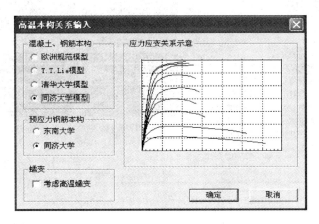

图 10.61　PRC-FIRE 高温本构关系输入对话框

在对预应力混凝土结构做实体有限元分析时，对预应力的模拟一般有两种方法，初应变法和降温法。

对初始应变（InitialStrain）法，推导公式为：

$$\varepsilon = \frac{P}{EA} \tag{10.163}$$

式中　P——所要施加的预应力（N）。

　　　A——杆件截面面积（mm^2）。

　　　E——弹性模量（MPa）。

　　　ε——所施加的初始应变。

这种方法施加简单，但是要将预应力固定，每一次计算过程中都不能变化。

第二种方法就是通过温度荷载给预应力钢筋施加预应力。

$$T = TEM + \frac{P}{\alpha AE} \tag{10.164}$$

式中　P、A、E 同前。

　　　α——材料的线膨胀系数，1/℃。

TEM——杆件的温度应力为 0 时的温度（℃），也叫参考温度。

　　　T——杆件在工作时的温度（℃）。

通过改变它的值可以对结构施加温度荷载，与此同时产生温度应力，也就是预应力。

PRC-FIRE 程序采用初应变法对结构施加预应力，程序要求输入扣除常温下各种损失之后的有效张拉力。

由于预应力筋线型的种类将影响到混凝土单元的划分，处理起来非常复杂。目前程序只能处理折线和直线线形（2、3、4），对抛物线形还不能进行输入。输入规则见图10.62。

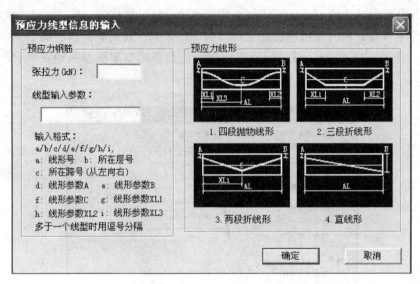

图 10.62　PRC-FIRE预应力线型信息输入对话框

　　PRC-FIRE 程序可以对生成的框架施加简单的荷载，荷载的类型和输入规则见图 10.63。

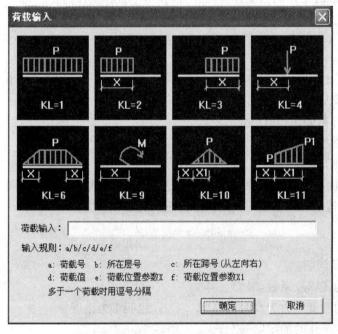

图 10.63　PRC-FIRE荷载输入对话框

10.5.4　程序计算与试验结果比较

　　同济大学结构工程与防灾研究所曾对预应力框架的抗火性能进行了实验。框架梁采用后张部分预应力设计，框架结构详图见图 10.65。梁截面尺寸为：150mm×200mm，框架梁内非预应力筋配置分别为：梁顶配 2Φ12 钢筋，梁底配 2Φ10 钢筋，箍筋采用Φ6 钢筋，框架梁配置由 3Φ5 或 4Φ5 高强钢丝组成的预应力筋束。预应力筋采用镦头锚，其张拉采用一端张拉。框架柱采用普通钢筋混凝土结构，柱截面尺寸为：200mm×200mm，框架柱内配置主筋 4Φ12 钢筋，箍筋采用Φ6 钢筋。框架底座截面尺寸为：200mm×350mm，底座上下各配 2Φ12 主筋，箍筋采用Φ6 钢筋。非预应力钢筋除箍筋为 HPB300 级钢筋外，主筋均为 21RB335 级钢筋。根据框架模型尺寸及试验条件，框架梁的预应力筋保护层厚度采用 20mm，梁、柱普通钢筋保护层厚度采用 10mm。本试验的框架模型均采用同一强度等级的高强混凝土，其设计强度等级为 C40，用于所有框架梁柱。

本次试验拟采用 ISO—834 升温标准来模拟火灾过程，进行火环境下结构承载力和变形测定，试件的框架梁、柱的受热方式均为三面受热。

采用 PRC-FIRE 程序对本次试验的常温和火灾下预应力混凝土框架进行了非线性有限元分析，常温下计算结果和实测结果的比较见表 10.13，火灾下位移的实测值和计算机仿真分析结果的比较见图 10.64。

预应力框架常温加载位移值比较　　　　　　　　　　　　表 10.13

荷载	四分点			跨中		
	实测值	计算值	比值	实测值	计算值	比值
4	0.317 5	0.532	0.596	0.553	0.809	0.683
8	0.742 5	0.798	0.930	1.153	1.214	0.949
12	1.247 5	1.473	0.846	1.875	2.218	0.845
14	1.502 5	1.828	0.821	2.277	2.706	0.841
16	1.857 5	2.179	0.852	2.818	2.179	1.293
18	2.207 5	2.659	0.830	3.34	4.044	0.825
20	2.96	3.294	0.898	4.508	5.036	0.895
24	4.267 5	4.251	1.003	6.622	6.547	1.011
28	5.885	5.281	1.114	9.175	8.135	1.127
32	7.795	7.406	1.052	12.172	11.278	1.079
34	8.312 5	8.803	0.944	12.975	13.278	0.977
36	10.287 5	10.540	0.976	16.005	16.097	0.994
38	13.684 5	13.579	1.007	20.813	20.482	1.016

通过对有粘结预应力框架火灾位移的计算机分析，可以得出如图 10.64 所示的有粘结预应力框架火灾下位移的实测值和计算机分析结果的比较。由图可见，计算所得的位移变化规律与实测相符，但计算得到的结构位移较实测要大，存在较大的误差。产生误差的主要原因可能由于试件混凝土含水率偏高，造成计算温度场高于实际温度分布，而结构的温度变形及材料性质与温度密切相关，从而产生结构计算误差。并且温度越高，材料的物理，力学性能离散性越大，另一方面，材料的高

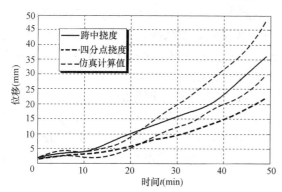

图 10.64　火灾下预应力混凝土框架实测值与计算值比较

温蠕变的相关资料较少，这些也会造成一定的误差。总之计算机分析时的参数取值是否准确将影响分析结果，合理的参数取值依赖于可靠的试验结果。

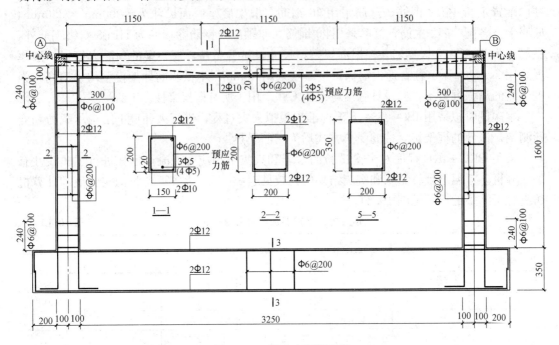

图 10.65　预应力框架配筋

10.5.5　结构参数对抗火性能影响分析

影响预应力混凝土结构抗火性能的因素很多，本章结合 PRE-FIRE 程序对影响预应力混凝土结构抗火性能的一些参数进行了计算讨论，这些参数主要有预应力钢筋蠕变、钢筋和预应力钢筋保护层厚度、截面几何尺寸。本章的计算模型为一跨度 $L=15\mathrm{m}$ 的预应力混凝土简支梁，梁截面尺寸为 $b=400\mathrm{mm}$，$h=1000\mathrm{mm}$，普通钢筋为 4Φ25，保护层厚度为 25mm，预应力线形为直线配筋，数量为 2-6×7Φ5，预应力筋保护层厚度为 75mm，有效预应力 $\sigma_{\mathrm{pe}}=1041\mathrm{MPa}$。

10.5.5.1　预应力钢筋蠕变

前面的计算表明，分析火灾下的预应力混凝土结构必须要考虑预应力钢筋的高温蠕变作用，否则将引起很大的计算误差。为了进一步说明高温蠕变对预应力混凝土结构的影响，本节分别对考虑和不考虑预应力筋高温蠕变效应的简支梁进行了非线性有限元分析，计算时不施加外荷载，$t=0$ 时由预应力引起的反拱挠度为 8.54mm（向上）。图 10.66 为两种计算结果跨中挠度的比较，从图中可以看到二者挠度有很明显的差别。

当时间 $t=3000\mathrm{s}$ 时不考虑预应力筋蠕变效应梁的挠度为 6.45mm（向下），考虑预应力筋蠕变效应梁的挠度为 26.7mm（向下）；当时间 $t=6000\mathrm{s}$ 时不考虑预应力筋蠕变效应梁的挠度为 29.68mm（向下），考虑预应力筋蠕变效应梁的挠度为 54.01mm（向下），可以看出二者相差甚多。

10.5.5.2　保护层厚度

保护层厚度是影响结构抗火性能的一个重要参数，许多国家规范中都有结构抗火设计

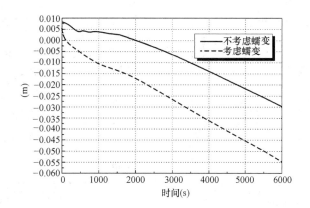

图 10.66　预应力钢筋高温蠕变对梁跨中挠度影响比较

所需最小保护层厚度的要求（见 10.6 节），为了说明保护层厚度对预应力混凝土结构抗火性能的影响本章对不同保护层厚度的预应力混凝土梁进行了抗火性能的比较。图 10.67 为将普通钢筋保护层厚度从 $d=25\text{mm}$ 增加到 $d=50\text{mm}$ 时梁跨中挠度的比较。当 $t=6000\text{s}$ 时保护层厚度 $d=25\text{mm}$ 梁的跨中挠度为 54.1mm，$d=50\text{mm}$ 梁的跨中挠度为 43.6mm，可见当普通钢筋保护层厚度增加时对梁抗火性能有较大的提高。

　　图 10.68 为将预应力钢筋保护层厚度从 $d=75\text{mm}$ 增加到 $d=150\text{mm}$ 时梁跨中挠度的比较。当 $t=6000\text{s}$ 时保护层厚度 $d=75\text{mm}$ 梁的跨中挠度为 54.1mm，$d=150\text{mm}$ 梁的跨中挠度为 53.6mm，从图中可以看出增加预应力钢筋的保护层厚度对梁的抗火性能影响不大，可能的原因是预应力筋高温蠕变的影响。可见为提高预应力梁的抗火性能应优先采用增加普通钢筋保护层厚度。但要注意当混凝土保护层厚度过大时在高温时将发生混凝土爆裂，保护层崩脱使钢筋裸露，反而使构件的抗高温性能严重恶化。因此适当地增加钢筋保护层厚度，有利于提高构件的抗火性能，对较大的保护层内需设置钢筋防护网才能有效。

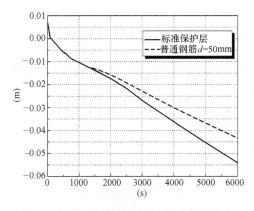

图 10.67　普通钢筋保护层厚度对挠度影响比较

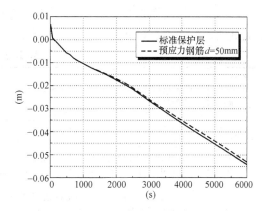

图 10.68　预应力筋保护层厚度对挠度影响比较

10.5.5.3　梁几何尺寸

　　图 10.69 为把梁高增加到 $h=1200\text{mm}$ 时梁跨中挠度的比较，图 10.70 为把梁宽度提高到 $b=600\text{mm}$ 时梁的抗火性能的比较，从两个图中可以看出增加梁高和梁宽都可以提高梁的抗火性能。

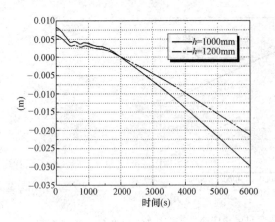

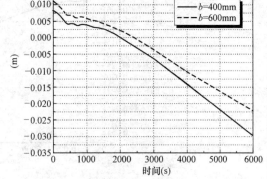

图 10.69　梁高度对梁跨中挠度影响比较　　图 10.70　梁宽度对梁跨中挠度影响比较

10.6　预应力混凝土结构抗火设计方法

10.6.1　现有抗火设计方法评述

对于结构防火安全的规定，各国采用的方法不尽相同，多数国家是沿用了几十年的经验法，即建筑的耐火等级是以建筑构件的标准耐火试验和建筑物的防火要求为依据建立起来的。目前，我国和世界上大多数国家一样，结构耐火设计并不进行计算，而是采用下述方法：

（1）对建筑物进行分类；

（2）确定建筑物的耐火等级；

（3）由所确定的耐火等级，按表选择相应承重构件的耐火极限及燃烧性能。

我国《高层民用建筑设计防火设计规范》GB 50045 中将高层建筑根据其使用性质、火灾危险性、疏散和扑救难度等进行分类，并宜符合表 10.14 的规定。

建筑分类[73]
表 10.14

名称	一类	二类
居住建筑	高级住宅 19 层及 19 层以上的普通住宅	10~18 层的普通住宅
公共建筑	1. 医院 2. 高级旅馆 3. 建筑高度超过 50m 或每层建筑面积超过 1000m² 的商业楼、展览楼、综合楼、电信楼、财贸金融楼 4. 建筑高度超过 50m 或每层建筑面积超过 1500m² 的商住楼 5. 中央级和省级（含计划单列市）广播电视楼 6. 网局级和省级（含计划单列市）电力调度楼 7. 省级（含计划单列市）邮政楼、防灾指挥调度楼 8. 藏书超过 100 万册的图书馆、书库 9. 重要的办公楼、科研楼、档案楼 10. 建筑高度超过 50m 的教学楼和普通的旅馆、办公楼、科研楼、档案楼等	1. 除一类建筑以外商业楼、展览楼、综合楼、电信楼、财贸金融楼、商住楼、图书馆、书库 2. 省级以下的邮政楼、防灾指挥调度楼、广播电视楼、电力调度楼 3. 建筑高度不超过 50m 的教学楼和普通的旅馆、办公楼、科研楼、档案楼等

我国《高层民用建筑设计防火设计规范》GB 50045 中将我国高层建筑的耐火等级分为一、二两级，其建筑构件的燃烧性能和耐火极限不应低于表 10.15 的规定，对各类建筑构件的燃烧性能和耐火极限按表 10.16 只列出了涉及预应力混凝土构件的内容。

其中一类高层建筑的耐火等级应为一级，二类高层建筑的耐火等级不应低于二级，裙房的耐火等级不应低于二级，高层建筑地下室的耐火等级应为一级。

建筑构件的燃烧性能和耐火极限[73]　表 10.15

构件名称		耐火等级	
燃烧性能和耐火极限		一级	二级
墙	防火墙	不燃烧体 3.00h	不燃烧体 3.00h
	承重墙、楼梯间、电梯井和住宅单元之间的墙	不燃烧体 2.00h	不燃烧体 2.00h
	非承重墙、疏散走道两侧的隔墙	不燃烧体 1.00h	不燃烧体 1.00h
	房间隔墙	不燃烧体 0.75h	不燃烧体 0.50h
柱		不燃烧体 3.00h	不燃烧体 2.50h
梁		不燃烧体 2.00h	不燃烧体 1.50h
楼板、疏散楼梯、屋顶承重构件		不燃烧体 1.50h	不燃烧体 1.00 h
吊顶		不燃烧体 0.25h	不燃烧体 0.25h

预应力混凝土构件的燃烧性能和耐火极限[73]　表 10.16

构件名称	结构厚度或截面最小尺寸(mm)	耐火极限（小时）	燃烧性能
梁			
简支的钢筋混凝土梁：			
(1)非预应力钢筋,保护层厚度为：			
10mm	—	1.20	不燃烧体
20mm	—	1.75	不燃烧体
25mm	—	2.00	不燃烧体
30mm	—	2.30	不燃烧体
40mm	—	2.90	不燃烧体
50mm	—	3.50	不燃烧体
(2)预应力钢筋或高强度钢丝,保护层厚度为：			
25mm	—	1.00	不燃烧体
30mm	—	1.20	不燃烧体
40mm	—	1.50	不燃烧体
50mm	—	2.00	不燃烧体
楼板和屋顶承重构件			
简支的钢筋混凝土楼板：			
(1)非预应力钢筋,保护层厚度为：			
10mm	—	1.00	不燃烧体
20mm	—	1.25	不燃烧体
30mm	—	1.50	不燃烧体
(2)预应力钢筋或高强度钢丝,保护层厚度为：			
10mm	—	0.50	不燃烧体
20mm	—	0.75	不燃烧体
30mm	—	1.00	不燃烧体

构件名称	结构厚度或截面最小尺寸(mm)	耐火极限(小时)	燃烧性能
简支的钢筋混凝土圆孔空心楼板：			
(1)非预应力钢筋,保护层厚度为：			
10mm	—	0.9	不燃烧体
20mm	—	1.25	不燃烧体
30mm	—	1.50	不燃烧体
(2)预应力钢筋混凝土圆孔空心楼板加保护层,其厚度为：			
10mm	—	0.4	不燃烧体
20mm	—	0.70	不燃烧体
30mm	—	0.85	不燃烧体

我国现行结构耐火设计方法是先根据建筑物的性质、重要性、扑救难度等确定建筑物的耐火等级,然后根据耐火等级选择承重构件的耐火极限和燃烧性能,以此来保证结构的耐火稳定性。但是,这种设计方法有以下不足之处。

(1)耐火等级的划分考虑因素不周

火灾荷载即单位地板面积上可燃物的热值是影响火灾的最重要的因素。当建筑物的火灾荷载较大时,火灾中其温度必然高,燃烧时间也长,因而对结构的损伤作用就大;反之,当火灾荷载较小时,火灾温度必然低,燃烧时间也短,对结构的损伤作用就小。现行设计方法并没有较好地考虑这一重要因素,似乎只在重点强调失火可能性的大小。

当建筑物火灾荷载大小相等时,火灾发展性状则与着火房间的尺寸、形状、开窗面积等密切相关。当开窗面积较大时,火灾时空气供应充分,燃烧快、时间短,同时从窗口散发出的热量多,因而对结构的损伤作用就小;反之,当开窗面积较小时,燃烧时间长,散发热量小,对结构的损伤作用就大。此外,当着火房间的天棚和墙壁的总面积较大时,火灾时吸收的热量多,对结构(梁、柱)的损伤作用就小;反之,损伤作用则大。

火灾时,承重构件上作用的有效荷载的大小对结构耐火稳定性影响很大。当构件以"活载"为主时,如教室、会议厅等,火灾时人群主动疏散,有效荷载小,构件耐火稳定性就好;当构件以"恒载"为主时,如仓库、底框架结构等,火灾时,储存物品及自重不能主动疏散,构件有效荷载大,耐火稳定性就差。

(2)耐火极限的确定过于粗略

当建筑物的耐火等级确定后,完全依靠承重构件的耐火极限来保证结构的耐火稳定性。但是,规范给出的承重构件的耐火极限主要依据在一定条件下的有限次耐火试验结果而得,而试验所涉及的影响因素不够全面,因而给出的耐火极限不够合理可靠。

柱的耐火极限(即承载力)与柱的截面尺寸、配筋情况、受力状态、计算长度等因素有关,而规范仅按截面尺寸的不同区别给出耐火极限,显然不够合理。

就配筋情况来说,当配筋率不同时,由于钢筋和混凝土的强度随温度升高降低幅度不同,所以承载力不同。钢筋的保护层不同,钢种不同,承载力也不同。

就柱的受力状态而言,由于钢筋强度衰减速度大于混凝土,显然,轴心受压柱的耐火稳定性优于小偏心受压,而小偏心受压柱的耐火稳定性又优于大偏心受压柱。当柱的计算长度较大时,火灾中纵向弯曲作用显著,柱的耐火稳定性差;反之,耐火稳定性好。

梁的耐火极限（即高温下承载力）与梁的配筋情况、截面形式、受火条件等因素有关，而防火规范仅按主筋保护层不同给出耐火极限，不能准确地反映实际情况。梁的配筋情况包括配筋种类、主筋保护层厚度、截面高宽比等。为抵抗同样大小的荷载，混凝土梁的截面设计可有多种方案。可以增大截面尺寸，尤其是截面高度，或加大梁宽，提高混凝土强度等级从而少配钢筋，也可以多配筋而减小截面尺寸。一般来讲，截面高而窄时比低而宽时耐火稳定性差。当主筋双排配置时，钢筋温度低，其耐火稳定性优于单排配置的梁。主筋保护层厚度越大，耐火稳定性越好。

常用的梁截面形式有矩形、T 形、十字形和花篮形等，而梁的受火情况分为两种：跨中截面是受拉区受火，而支座截面是受压区受火。当受拉区受火时，主筋温度高，梁的耐火稳定性比受压区受火时要差。当受压区受火时，由于花篮形和十字形截面主筋的保护比 T 形截面好，而 T 形又比矩形好，所以耐火稳定性优劣排序为：花篮形和十字形、T 形、矩形。

此外，连续梁由于可产生内力重分布现象，因而比简支梁的耐火稳定性好。

由于上述等种原因，这种结构耐火设计方法有时失之安全，有时又失之经济。在火灾中，结构失效倒塌或局部失效事件也时有所闻。所以，该方法并非先进、可靠的方法。因此，世界上有的发达国家如法国等，对按常温条件下设计的结构构件进行耐火稳定性验算以确保安全。

10.6.2 基于计算的预应力结构抗火设计思想

10.6.2.1 预应力结构抗火设计要求

无论对预应力混凝土构件还是整体结构层次的抗火设计，均应满足下列要求：

（1）在规定的结构耐火设计极限时间内，结构的承载力 R_d 应不小于各种作用产生的组合效应 S_m，即

$$R_d \geqslant S_m \tag{10.165}$$

（2）在规定的各种荷载组合下，结构的耐火时间 t_d 应不小于规定的结构耐火极限 t_m，即

$$t_d \geqslant t_m \tag{10.166}$$

（3）火灾下，当结构内部温度均匀时，若记结构达到承载力极限状态时的温度为临界温度 T_d，则 T_d 应不小于在耐火极限时间内结构的最高温度 T_m，即

$$T_d \geqslant T_m \tag{10.167}$$

上述三个要求实际上是等效的，进行结构抗火设计时，满足其一即可。

10.6.2.2 预应力混凝土结构抗火设计思想

基于计算的结构抗火设计可以免除传统的基于试验（经验）的结构抗火设计方法所存在的问题，目前已被各国普遍接受并在设计规范中采纳。这种基于计算的抗火设计方法以高温下构件的承载力极限状态为耐火极限判据，考虑温度内力对有效预应力的影响，其计算过程如下：

（1）采用确定的防火措施；

（2）计算构件在确定的防火措施和耐火极限条件下的内部温度；

（3）采用确定的高温下材料的参数，计算结构中该构件在外荷载的内力；

（4）由计算的温度场确定预应力筋的有效预应力在高温下的损失；

（5）根据构件和受载的类型，进行结构抗火承载力极限状态验算；

（6）当不满足要求时，重复以上步骤。

基于计算的预应力结构抗火设计思想可用图 10.71 表示。

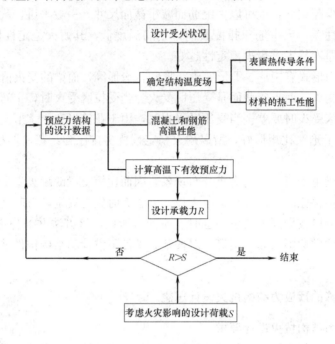

图 10.71　基于计算的预应力混凝土结构设计思想

10.6.3　火灾荷载的确定及荷载组合

一座建筑物其火灾危险性大小、火灾发生后对建筑的破坏程度等都与建筑中所用的材料和内含物品有着紧密的关系，我们可通过火灾荷载的概念加以认识。所谓火灾荷载是指着火空间内所有可燃物燃烧时所产生的总热量值[74]。很显然，一座建筑物其火灾荷载越大，发生火灾的危险性也就越大，需要的防火措施越严。一般地说，总的火灾荷载并不能定量地阐明其与作用面积之间的关系，为此需要引进火灾荷载密度的概念。火灾荷载密度是指房间中所有可燃材料完全燃烧时所产生的总热量与房间的特征参考面积之比，即火灾荷载密度是单位面积上的可燃材料的总发热量。火灾荷载可分成三种，即：固定火灾荷载 Q_1，它是指房间中内装修用的、基本固定不变位置的可燃材料，如墙纸、吊顶、壁橱、地面等；活动式火灾荷载 Q_2，它是指为了房间的正常使用而另外布置的，其位置可变性较大的各种可燃物品，如衣物、家具、书籍等；随时性火灾荷载 Q_3，它主要是由建筑的使用者临时带来并且在此停留时间极短的可燃体构成。为了简化，在常规设计计算中可不考虑 Q_3 的影响。因此火灾荷载 $Q=Q_1+Q_2$，火灾荷载密度 q 可以表示为：

$$q=\frac{Q}{A}=\frac{Q_1+Q_2}{A}$$

(10.168)

10.6.3.1　固定式火灾荷载的确定

固定式火灾荷载 Q_1，在建筑使用周期内一般是不大改变的，其中绝大多数物体是在建造时就固定好了的，如门、窗、壁橱、吊顶、地板等。固定式火灾荷载密度用 q_1 表示，它可写成：

$$q_1 = \frac{Q_1}{A} = \frac{1}{A} \sum_i M_i H_i \quad (MJ/m^2) \tag{10.169}$$

式中　M_i——为室内某固定可燃材料的质量（kg）；

　　　h_i——为某固定可燃材料的燃烧热值（MJ/kg）；

　　　A——房间地面面积。

由于固定式火灾荷载涉及的可燃体较少，所以计算起来并不复杂。

10.6.3.2　活动式火灾荷载的确定

确定活动式火灾荷载 Q_2 比确定 Q_1 要困难得多，这是因为所涉及的物种和外形变化太大。常用的办法有计算法和统计法两种。运用计算法的前提是首先要对某些家具等物品的整体进行燃烧热量能进行测定，然后再逐一进行计算：

$$q_2 = \frac{Q_2}{A} = \frac{1}{A} \sum_i n_i \quad (MJ/m^2) \tag{10.170}$$

式中　n_i——某单一家具或物体整体产生的总燃烧热量值（MJ）。

很显然，这种计算是有前提条件的并且是非常耗时的。而事实上人们也无法在最初的设计阶段就能正确地预测出各个使用空间装饰可燃物的种类和数量。由此人们采用概率统计的方法去处理活动式火灾荷载 Q_2。

日本、美国、加拿大、瑞典、英国、法国等国家都投入了大量的人力、物力从事火灾荷载的调查统计工作[74]，并得出火灾荷载的分布服从正态分布，而表现为极值 I 型分布。表 10.17 和表 10.18 分别为加拿大和日本的建筑物室内火灾荷载值。

加拿大建筑物火灾荷载取值　　　　　　　　　　　　表 10.17

建筑物用途	火灾荷载取值（MJ/m²）
办公室	920
公寓	828
教室	552
厨房	368

日本建筑物火灾荷载取值　　　　　　　　　　　　表 10.18

建筑物用途	一般情况（MJ/m²）	通常最大值（MJ/m²）
住宅	644～662	1104
一般办公室	129～607	736
剧场舞台	—	1380
医院	276～552	552
旅馆住室	460～736	736
会议室、讲堂、观众席	368～644	644
设计室	552～2760	2208
教室	552～828	736
图书馆	2760～9200	7360
图书馆（设有书架）	1840～4600	4600
仓库	3680～18400	—
商场	—	1840～3680
体育馆存衣室	—	276
体育馆器材库	—	1840

在这众多统计分析工作的基础上，人们发现在：80％以上的情况下，活动式火灾荷载密度 q_2 低于 $586\mathrm{MJ/m^2}$。考虑到国内建筑装修装饰的水平普遍低于国外水平，因此笔者建议国内建筑设计可考虑采用 $q_2 = 550\mathrm{MJ/m^2}$。

10.6.3.3 火灾荷载确定的新方法

结构设计中的荷载是设计初期首先要确定的内容之一，对此国家有《建筑结构荷载规范》GB 50009—2012。国内外的研究表明，结构荷载和火灾荷载的统计分布均服从极值 I 型分布，即两者之间是可以建立某种近似关系的，它们之间存在着某种逻辑联系。为此美国人对住宅和办公建筑做了一系列的调查并发现建筑室内物品重量值与火灾荷载值之间有一大约的比值关系。这个比值约为 0.7。即在建筑室内物品总重量的基础上乘一个 0.7 的系数就大约为该室内火灾荷载的重量。他们的调查结果还显示出，在纯办公室、接待室，火灾荷载的平均值为 $30\mathrm{kg/m^2}$ 的当量木材重量；而在储藏室、档案室、图书馆，火灾荷载的平均值是办公室的 $2\sim3$ 倍，其中图书馆的火灾荷载平均值约为 $100\mathrm{kg/m^2}$ 的当量木材重量。应该说沿着这条思路去确定建筑火灾荷载将是有可能的，它可以省去具体的计算以方便设计，只需与荷载规范对应就行了。然而目前要做到这点还有两大困难：一是如何确定不同类建筑空间内使用活荷载和火灾荷载之间的比值；二是使用活荷载本身所包含的人的重量与物体重量之间的比例关系如何确定。我认为在借鉴国外理论和部分成果的基础上，做一些具体的调研工作，能够比较准确地找出它们内在的关系。火灾荷载是确定建筑物火灾危险度和该建筑所需灭火剂量的重要依据。一些先进的国家已充分地认识到了这点，并开始将这方面的科研成果应用到规范条文中去了。我国建筑防火设计规范鉴于可参照的数据贫乏，在条文中只有原则性的规定。为了确保人民的生命安全和跟上世界发展的水平，我们应进一步重视火灾荷载问题。

10.6.3.4 结构抗火设计时荷载组合确定

荷载组合是在按极限状态设计时，为保证结构的可靠性而对同时出现的各种荷载设计值的规定。表 10-19 为一些国家和学者关于结构抗火设计荷载组合的建议[80]。

永久荷载和可变荷载组合分项系数[80] 表 10.19

	永久荷载	可变荷载效应中起控制作用者	其他可变荷载
New Zealand(SNZ,1992)	S_{GK}	$0.6S_{Q1k}$	$0.4S_{Qik}$
Eurocode(EC1,1994)	S_{GK}	$0.9S_{Q1k}$	$0.5S_{Qik}$
USA(ASCE,1995)	$1.2S_{GK}$	$0.5S_{Q1k}$	$0.5S_{Qik}$
Ellingwood and Corous(1991)	S_{GK}	$0.5S_{Q1k}$	$0.5S_{Qik}$

关于结构抗火设计时荷载组合的确定国内尚无标准可循，本章建议采用下面的公式进行荷载组合计算。

（1）由可变荷载效应控制的组合：

$$S = 1.1S_{GK} + 0.5S_{Q1k} + \sum_{i=2}^{n} 0.5S_{Qik} \tag{10.171}$$

式中　S_{GK}——按永久荷载标准值 G_k 计算的荷载效应值；

S_{Qik}——按可变荷载标准值 Q_{ik} 计算的荷载效应值；

S_{Q1k}——为诸可变荷载效应中起控制作用者；

n——参与组合的可变荷载数。

由于火灾是偶然的短期作用，其安全度可适当降低。所以恒载取其标准值的 1.1 倍。其他偶然作用如地震作、风荷载、雪荷载等一律不考虑。

（2）由永久荷载效应控制的组合：

$$S = 1.2 S_{GK} + 0.5 S_{Q1k} + \sum_{i=2}^{n} 0.5 S_{Qik} \qquad (10.172)$$

关于风荷载和雪荷载是否参与组合的问题，各国规范也不尽相同，比较多的规范在火灾时不考虑二者参与组合。Eurocode 规范[75]对风荷载和雪荷载在火灾时规定要考虑二者参与组合，对风荷载占主导作用的地区考虑风荷载参与组合，如式（10.173）所示：

$$L_f = G_k + 0.5 W_k + 0.3 Q_k \qquad (10.173)$$

对雪荷载占主导作用的地区考虑雪荷载参与组合，如式（10.174）所示：

$$L_f = G_k + 0.2 S_k + 0.3 Q_k \qquad (10.174)$$

10.6.4　预应力混凝土结构抗火设计方法

10.6.4.1　基本假设

钢筋混凝土构件和结构的高温力学性能全过程分析，可以通过非线性有限元分析获得准确解，从理论上讲是可能的，但不免有繁复的运算过程。由于现实生活中建筑火灾的不确定性和在空间范围的变异性及材料的热工性能和力学性能的多变性和离散性，其高温-力学本构关系尚不完善，因而理论分析仍难以保证实际意义上的准确性。另一方面，结构和构件在高温当时或火火灾结束后的力学性能中，最重要的是其极限承载力[76]，也是工程技术人员处理事故中最关心的问题。因为它直接关系到结构的安全性，所以有必要建立具有工程准确度、简易实用的构件高温承载力的近似计算方法。

根据已有的试验研究和理论分析可知，钢筋混凝土构件在高温时或降温后的破坏形态、截面极限应变和应力分布等，都与常温构件在高温时或降温后的破坏形态相似。故对常温构件的计算原则和方法都适用于高温构件，只是钢筋和混凝土的强度和变形指标较常温相比有所降低，需依据截面温度分布做出相应的修正。

对构件在高温时（适用于高温后）的极限承载力计算采用以下基本假设[77]：

（1）截面温度场已知。根据 ISO 标准升温（T-t）曲线或者根据等效爆火时间确定的标准升温过程，在确定了升温时间和耐火极限（h）后，通过 PFIRE-T 程序（见 10.4 节）获得构件的截面温度场。也可利用有关规范、设计手册或者相关经验公式直接确定构件的截面温度场。

（2）在计算截面温度场时，一般不考虑截面上钢筋的作用，也可忽略截面应力和裂缝状况等的影响。截面上钢筋的温度值取所在位置的混凝土温度。

（3）平截面假定，即假定截面应变线性分布，符合平面变形条件。

（4）钢筋和混凝土之间无相对滑移。

（5）忽略混凝土的高温抗拉作用。

10.6.4.2　混凝土抗火等效截面的确定

混凝土的高温抗压强度随温度变化的经验公式有多种（见 10.2 节），钢筋混凝土构件截面上温度不均匀就有相应的不等的抗压强度值，这样将使耐火承载力的计算复杂化。如果将此截面转换成一个等效的匀质混凝土截面，就可以应用现行规范中的方法和公式进行计算。Eurocode 规范[75]对混凝土抗火等效截面的确定提供了一种简化的方法。它假设混凝土低于 500℃ 时的高温抗压强度同常温强度，而高于 500℃ 后的强度取为零（图10.72）。在已知构件截面的温度场，并确定截面 500℃ 等温线后，原截面就可简化为一个与常温混凝土强度相等，但面积较小的、折算的匀质截面（图 10.73）。

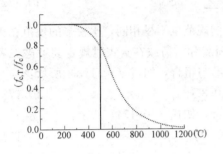

图 10.72　混凝土高温强度折算示意

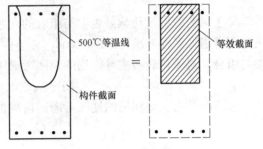

图 10.73　等效截面

　　Eurocode 规范给出的等效截面计算方法虽然简单，但比较粗糙。它忽略了截面上大于 500℃ 温度区混凝土的作用，这样使构件截面的有效高度折减过多，计算结果虽然偏于安全，但精度较差。本章在合理假定的基础上给出一种实用计算方法，它计算简便，精度较高，便于编程处理，能够满足工程需要。该方法的出发点是在确定混凝土高温等效截面面积时，对混凝土的高温抗压强度随温度的变化可根据构件的温度和受力状况的不同，近似地选用梯形、二台阶形或三台阶形（图 10.74）。

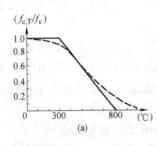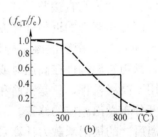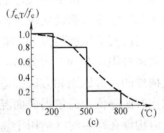

图 10.74　混凝土高温强度计算模型

(a) 梯形；(b) 二台阶形；(c) 三台阶形

　　本章采用二台阶模型作为混凝土高温强度计算模型。有了强度计算模型我们就可以确定高温等效截面。方法是首先根据已经确定的截面温度分布，计算截面各相关等温线的位置，对二台阶模型主要是确定截面 300℃ 和 800℃ 等温线位置（T_3、T_8）。等效截面保留 $T \leqslant 300℃$ 的全部面积，对 $300 \sim 800℃$ 范围取为原截面宽度的一半，对截面温度 $T \geqslant 800℃$ 时面积忽略不计。

　　根据上述简化方法，一面受火混凝土构件等效截面如图 10.75 所示。

　　对单面受火截面其等效截面面积计算公式为：

　　当截面最高温度 $T_{max} \geqslant 800℃$ 时：

$$A_{TE} = b_{T1} \cdot h_3 + b_{T2} \cdot (h_8 - h_3) = bh_3 + \frac{b}{2} \cdot (h_8 - h_3) \tag{10.175}$$

$$=\frac{b}{2}(h_3+h_8)$$

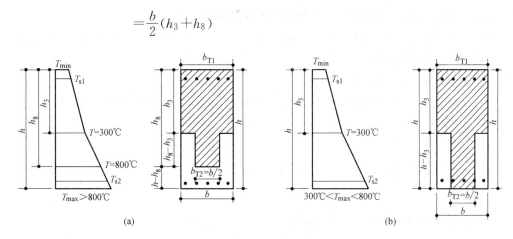

图 10.75　单面受火截面等效示意

（a）温度 $T_{max}\geq800℃$；（b）温度 $300℃\leq T_{max}\leq800℃$

当截面最高温度 $300℃\leq T_{max}\leq800℃$ 时：

$$A_{TE}=b_{T1}\cdot h_3+b_{T2}\cdot(h-h_3)=bh_3+\frac{b}{2}\cdot(h-h_3)$$

$$\tag{10.176}$$

$$=\frac{b}{2}(h_3+h)$$

三面受火的混凝土构件等效截面如图 10.76 所示。

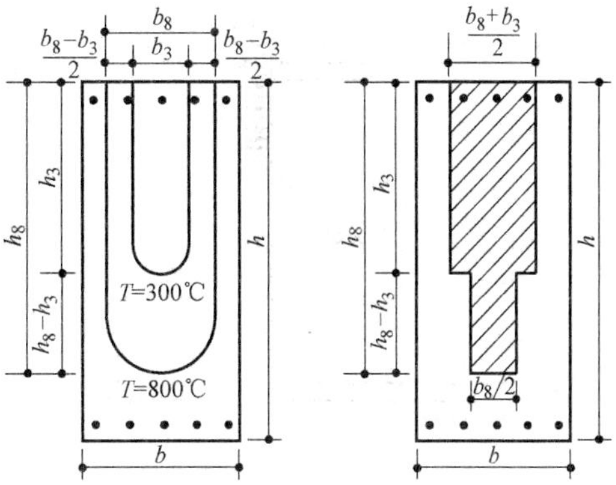

对三面受火截面其等效截面面积计算公式为：

$$A_{TE}=\frac{b_8+b_3}{2}\cdot h_3+\frac{b_8}{2}\cdot(h_8-h_3)$$

$$=\frac{b_8}{2}\cdot h_3+\frac{b_8}{2}\cdot h_8+\frac{b_3}{2}\cdot h_3$$

$$=\frac{b_8}{2}(h_3+h_8)+\frac{b_3}{2}\cdot h_3$$

$$\tag{10.177}$$

图 10.76　三面受火截面等效示意

10.6.4.3　钢筋和预应力钢筋高温强度简化模型

根据钢筋试件屈服强度随温度变化的实测值，分两段折线进行拟合，建议采用 10.2 节式（10.30）计算钢筋试件屈服强度随温度变化关系。

$$f_{y,T}=f_y\quad 20℃\leq T\leq200℃$$

$$f_{y,T}=f_y(1.33-0.00164T)\quad 200℃<T\leq700℃$$

式中　$f_{y,T}$、f_y——分别为温度为 T 和常温时钢筋屈服强度。

对预应力钢筋（钢丝、钢绞线）采用式（10.44）作为高温强度计算模型。

$$f_{p,T}=[1-5.07\times10^{-4}(T-20)]f_p\quad 20℃\leq T\leq300℃$$

$$f_{p,T}=[1.56-2.51\times10^{-3}(T-20)]f_p\quad 300℃<T\leq600℃$$

式中　$f_{p,T}$、f_p——分别为温度为 T 和常温时预应力钢丝的名义屈服强度标准值。

10.6.4.4 火灾下预应力混凝土受弯承载能力极限状态计算

按照上述基本假定和确定混凝土等效截面的方法，我们可以建立火灾下预应力混凝土受弯承载能力极限状态的计算公式[74~79,81,84]。

1. 梁的受拉区位于火灾的高温区

对于受拉区位于高温区的矩形截面受弯构件，其正截面受弯承载能力极限状态的应力计算简图如 10.77、图 10.78 所示，采用以下公式进行计算。

（1）当受压区高度 $x \leqslant h_3$ 时

$$M \leqslant \alpha_1 f_c \left(\frac{b_8 + b_3}{2} \right) \cdot x \cdot \left(h_0 - \frac{x}{2} \right) + f'_{y,T} A'_s (h_0 - a'_s) - (\sigma'_{p0} - f'_{py,T}) A'_p (h_0 - a'_p)$$

(10.178)

混凝土受压区高度应按下列公式确定：

$$\alpha_1 f_c \left(\frac{b_8 + b_3}{2} \right) x = f_{y,T} A_s - f'_{y,T} A'_s + f_{py,T} A_p + (\sigma'_{p0} - f'_{py,T}) A'_p \qquad (10.179)$$

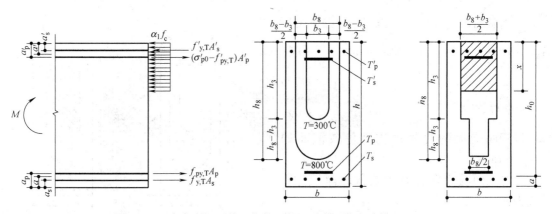

图 10.77　火灾下矩形截面构件正截面受弯承载力计算（$x \leqslant h_3$）

式中　M——结构抗火设计弯矩设计值；

　　　α_1——系数，当混凝土强度等级不超过 C50 时，α_1 取为 1.0，当混凝土强度等级为 C80 时，α_1 取为 0.94，其间按线性内插法确定；

　　　f_c——混凝土轴心抗压强度设计值；

　　$f_{y,T}$——普通钢筋温度为 T_s 时的高温强度，由式（10.30）确定；

　$f_{py,T}$——预应力钢筋温度为 T_p 时的高温强度，由式（10.30）确定；

h_3、h_8——采用两台阶模型时，由截面 300℃ 和 800℃ 等温线确定的等效高度；

b_3、b_8——采用两台阶模型时，由截面 300℃ 和 800℃ 等温线确定的等效宽度；

A_s、A'_s——受拉区、受压区纵向普通钢筋的截面面积；

A_p、A'_p——受拉区、受压区纵向预应力钢筋的截面面积；

　　σ'_{p0}——受压区纵向预应力钢筋合力点处混凝土法向应力等于零时的预应力钢筋应力；

　　　b——矩形截面的宽度或倒 T 形截面的腹板宽度；

　　　h_0——截面有效高度；

a'_s、a'_p——受压区纵向普通钢筋合力点、预应力钢筋合力点至截面受压边缘的距离；

　　　a'——受压区全部纵向钢筋合力点至截面受压边缘的距离，当受压区未配置纵向预应

426

力钢筋或受压区纵向预应力钢筋应力（$\sigma'_{p0} - f'_{py}$）为拉应力时，公式中的 α' 用 α'_s 代替。

（2）当受压区高度 $x > h_3$ 时

$$M \leqslant \alpha_1 f_c \left(\frac{b_8 + b_3}{2} \right) \cdot h_3 \cdot \left(h_0 - \frac{h_3}{2} \right) + \alpha_1 f_c \frac{b_8}{2} \cdot (x - h_3) \cdot \left(h_0 - \frac{h_3}{2} - \frac{x}{2} \right) +$$
$$f'_{y,T} A'_s (h_0 - a'_s) - (\sigma'_{p0} - f'_{py,T}) A'_p (h_0 - a'_p) \tag{10.180}$$

混凝土受压区高度应按下列公式确定：

$$\alpha_1 f_c \left(\frac{b_8 + b_3}{2} \right) h_3 + \alpha_1 f_c \left(\frac{b_8}{2} \right) \cdot (h_3 - x) = f_{y,T} A_s - f'_{y,T} A'_s + f_{py,T} A_p + (\sigma'_{p0} - f'_{py,T}) A'_p$$
$$\tag{10.181}$$

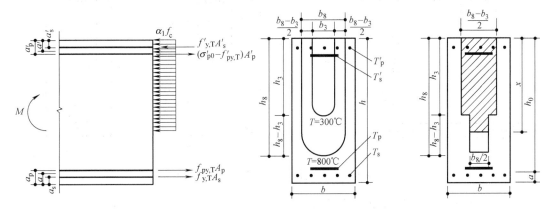

图 10.78　火灾下矩形截面构件正截面受弯承载力计算（$x > h_3$）

2. 梁的受压区位于火灾的高温区

对于受压区位于高温区的矩形截面受弯构件，其正截面受弯承载能力极限状态的应力计算分两种情况分别进行计算。计算简图如 10.79、图 10.80 所示。

（1）当受压区高度 $x \leqslant h_8 - h_3$ 时

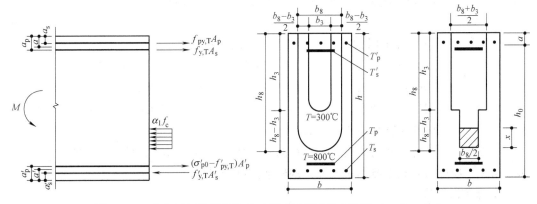

图 10.79　火灾下矩形截面构件正截面受弯承载力计算（$x \leqslant h_8 - h_3$）

$$M \leqslant \alpha_1 f_c \left(\frac{b_8}{2} \right) \cdot x \cdot \left(h_8 - \frac{x}{2} \right) + f'_{y,T} A'_s (h_0 - a'_s) - (\sigma'_{p0} - f'_{py,T}) A'_p (h_0 - a'_p)$$

$$\tag{10.182}$$

混凝土受压区高度应按下列公式确定：

$$\alpha_1 f_c \left(\frac{b_8}{2}\right) x = f'_{y,T} A'_s - f'_{y,T} A'_s + f'_{py,T} A_p + (\sigma'_{p0} - f'_{py,T}) A'_p \tag{10.183}$$

（2）当受压区高度 $x > h_8 - h_3$ 时

$$M \leqslant \alpha_1 f_c \left(\frac{b_8}{2}\right) \cdot (h_8 - h_3) \cdot \left(\frac{h_8 + h_3}{2}\right) + \alpha_1 f_c \left(\frac{b_8 + b_3}{2}\right) \cdot (x - h_8 + h_3) \cdot \left(\frac{h_8 + h_3 - x}{2}\right) +$$
$$f'_{y,T} A'_s (h_0 - a'_s) - (\sigma'_{p0} - f'_{py,T}) A'_p (h_0 - a'_p) \tag{10.184}$$

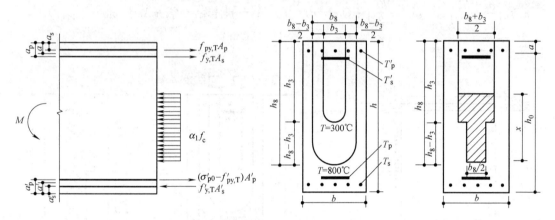

图 10.80 火灾下矩形截面构件正截面受弯承载力计算（$x > h_8 - h_3$）

混凝土受压区高度应按下列公式确定：

$$\alpha_1 f_c \left(\frac{b_8 + b_3}{2}\right) x = f_{y,T} A_s - f'_{y,T} A'_s + f_{py,T} A_p + (\sigma'_{p0} - f'_{py,T}) A'_p + \alpha_1 f_c \left(\frac{b_3}{2}\right) (h_8 - h_3)$$
$$\tag{10.185}$$

10.6.4.5 火灾下预应力混凝土结构构件挠度计算

火灾下预应力混凝土受弯构件的挠度计算，可根据火灾时构件的退化刚度用结构力学方法计算。挠度计算中所涉及的构件抗弯刚度按以下方法计算：

$$B_{s,T} = 0.85 E_{c,T} I_0 \tag{10.186}$$

式中 $E_{c,T}$——温度为 T 时混凝土弹性模量，采用下式计算；

$$E_{c,T} = (1.00 - 1.5 \times 10^{-3} T) E_c \qquad 20℃ < T \leqslant 200℃$$
$$E_{c,T} = (0.87 - 8.2 \times 10^{-4} T) E_c \qquad 200℃ < T \leqslant 700℃$$
$$E_{c,T} = 0.28 E_c \qquad 700℃ < T \leqslant 800℃$$

I_0——构件换算截面的惯性矩；

0.85——考虑在使用荷载前已存在的非弹性变形而采用的刚度折减系数。

10.6.4.6 预应力混凝土结构抗火设计的构造措施[81~89]

1. 保护层厚度

试验研究表明，混凝土结构的耐火极限是随其主筋保护层厚度成正比增加的，增大预应力钢筋的保护层厚度是最直接、最有效的提高构件抗火能力的措施。

对预应力混凝土板，表 10.20 为国外规范规定的不同耐火极限时所要求的最小板厚、最小预应力钢筋保护层厚度。

国外规范规定预应力混凝土板最小预应力钢筋保护层厚度[81]　　　表 10.20

耐火极限	0.5h 板厚(mm)	0.5h 保护层(mm)	1.0h 板厚(mm)	1.0h 保护层(mm)	1.5h 板厚(mm)	1.5h 保护层(mm)	2.0h 板厚(mm)	2.0h 保护层(mm)	3.0h 板厚(mm)	3.0h 保护层(mm)	4.0h 板厚(mm)	4.0h 保护层(mm)
MP9：1989(NZ)	60	13	80	25	100	32	120	38	150	50	175	64
CP110：1972(UK)	90	15	100	25	125	30	125	40	150	50	150	65
BS8110：1985(UK)	75	20	95	25	110	30	125	40	150	55	170	65
BRE：1998(UK)	75	20	95	25	110	30	125	40	150	65	170	65
FRREST AND LAW：1984(UK)	75	20	95	25	110	30	125	40	150	55	170	65
FIP/CEB：1975(EUR)	60	20	80	30	100	40	120	50	150	65	175	75
CEB：1987(EUR)	60	20	80	35	100	45	120	55	150	70	175	80
NBC SUPPEMENT：1985(CAN)	60	20	90	25	112	32	130	39	158	50	180	64
UBC：1988(USA)	—	—	89	30	—	—	127	48	157	61	—	—
AS 3600：1988(AUS)	60	20	80	25	100	35	120	40	150	55	170	65

　　对预应力混凝土梁，表 10.21 为国外规范规定的不同耐火极限时所要求的最小梁宽、最小预应力钢筋保护层厚度。

国外规范规定预应力混凝土梁最小预应力钢筋保护层厚度[81]　　　表 10.21

耐火极限	0.5h 梁宽(mm)	0.5h 保护层(mm)	1.0h 梁宽(mm)	1.0h 保护层(mm)	1.5h 梁宽(mm)	1.5h 保护层(mm)	2.0h 梁宽(mm)	2.0h 保护层(mm)	3.0h 梁宽(mm)	3.0h 保护层(mm)	4.0h 梁宽(mm)	4.0h 保护层(mm)
MP9：1989(NZ)	—	25	—	32	—	50	—	65	—	80	—	100
CP110：1972(UK)	80	25	110	40	140	50	180	65	240	85	280	100
BS8110：1985(UK)	100	25	120	40	150	55	200	70	240	80	280	90
BRE：1998(UK)	100	25	120	40	150	55	200	70	240	80	280	90
FRREST AND LAW：1984(UK)	200	20	200	30	200	45	200	70	250	80	300	90
FIP/CEB：1975(EUR)	80	30	120	45	150	60	200	70	240	85	280	95
FIP/CEB：1975(EUR)	120	20	160	40	200	50	240	50	300	75	350	85
FIP/CEB：1975(EUR)	160	20	200	35	280	45	300	55	400	70	500	80
FIP/CEB：1975(EUR)	200	10	300	30	400	40	500	50	600	65	700	75
CEB：1987(EUR)	80	25	120	40	150	55	200	65	240	80	280	90
CEB：1987(EUR)			160	35	200	45	240	55	300	70	350	80
CEB：1987(EUR)			200	30	280	40	300	65	400	65	500	75
CEB：1987(EUR)					400	35	300	45	600	60	700	70
NBC SUPPEMENT：1985(CAN)	—	25	—	50	—	64	—	—	—	—	—	—
NBC SUPPEMENT：1985(CAN)	—	25	—	39	—	45	—	64	—	—	—	—
NBC SUPPEMENT：1985(CAN)	—	25	—	39	—	39	—	50	—	77	—	102

续表

耐火极限	0.5h		1.0h		1.5h		2.0h		3.0h		4.0h	
	梁宽(mm)	保护层(mm)	梁宽(mm)	保护层(mm)	梁宽(mm)	保护层(mm)	梁宽(mm)	保护层(mm)	梁宽(mm)	保护层(mm)	梁宽(mm)	保护层(mm)
UBC:1988(USA)	—	—	203	44	—	—	203	64	203	114		
	—	—	305	38	—	—	305	50	305	64	305	76
AS 3600:1988(AUS)	80	25	120	35	150	55	200	65	240	80	280	90
	100	20	160	30	200	45	240	55	300	70	350	80
			230	25	300	40	375	50	700	55	700	65
					700	35	700	40				

我国《无粘结预应力混凝土结构技术规程》JGJ 92—2016 对预应力混凝土梁、板构件中预应力钢筋的最小保护层厚度按结构的耐火极限做了明确规定（表 10.22、表 10.23）。

板的混凝土保护层最小厚度（mm）[88]   表 10.22

约束条件	耐火极限			
	1.0h	1.5h	2.0h	3.0h
简支	25	30	40	55
连续	20	20	25	30

梁的混凝土保护层最小厚度（mm）[88]   表 10.23

约束条件	梁宽	耐火极限			
		1.0h	1.5h	2.0h	3.0h
简支	200	45	50	65	采取特殊措施
简支	≥300	40	45	50	65
连续	200	40	40	45	50
连续	≥300	40	40	40	45

如果梁宽在 200～300mm 之间时，混凝土保护层可取表 10.23 的插入值。如防火等级较高，当混凝土保护层厚度不满足列表要求时，应使用防火涂料。

通过对标准升温情况下不同尺寸预应力梁温度场的计算发现，如果梁内的预应力筋在升温 2h 要求温度控制在 430℃，当预应力筋位于梁中心时，对于宽度为 250mm 和 500mm 梁，预应力筋中心距梁底分别为 55mm 和 45mm。当预应力筋位于梁底两侧时，预应力筋中心距梁底 70mm。如果预应力钢绞线采用 Φ15，保护层厚度为 50mm，其中心距梁底约为 60mm。因此，按目前有关规范设计的预应力混凝土梁，其预应力钢筋温度在 2h 内基本可控制在临界温度范围内。

2. 防火涂料

我国《无粘结预应力混凝土结构技术规程》JGJ 92—2016 规定，当防火等级较高，预应力混凝土梁、板保护层厚度不满足列表要求时，应使用防火涂料。防火涂料的品种较多，通常根据高温下涂层变化情况分膨胀型和非膨胀型两大系列，如图 10.81 所示。

膨胀型防火涂料，又称薄型防火涂料，厚度一般为 2～7mm，其基料为有机树脂，配方中还含有发泡剂、碳化剂等成分，遇火后自身会发泡膨胀，形成比原涂层厚度大十几倍到数十倍的多孔碳质层，可阻挡外部热源对混凝土表面的传热，如同绝热屏障。膨胀型防火涂料涂层薄、重量轻、抗震性好，有较好的装饰性，缺点是施工时气味较大，涂层易老化，若处于吸湿受潮状态会失去膨胀性。

非膨胀型防火涂料，主要成分为无机绝热材料，遇火不膨胀，自身具有良好的隔热性，其涂层厚度从 7mm 到 50mm。非膨胀型防火涂料其防火机理是利用涂层固有的良好绝热性，以及高温下部分成分的蒸发和分解等烧蚀反应而产生的吸热作用，来阻隔和消耗火灾热量向基材的传递，从而延缓构件达到临界温度的时间。非膨胀型防火涂料一般不燃、无毒、耐老化、耐久性较可靠、构件的耐火极限可达 3h 以上，适用于永久性建筑中。

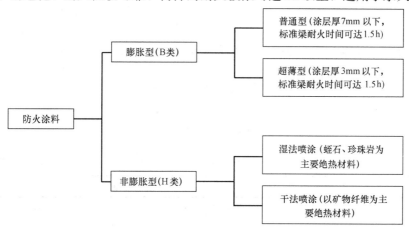

图 10.81　结构防火涂料分类

3. 锚固区、锚具的防火保证

锚固区应力状态复杂，如果火灾时预应力锚具体系失效，特别是对于无粘结还可能造成连续倒塌，因此对于重要结构要优先选用有粘结预应力体系。对预应力混凝土锚固区、锚具的防火设计应引起人们的重视。建议锚固区的耐火极限因该不低于结构本身的耐火极限，锚固区的耐火等级较结构构件自身提高一级，并选用高温下工作稳定的锚体系，必要时作局部非线性有限元分析。

10.6.5　预应力混凝土结构抗火设计实例

某商场尺寸 36m×18m，共两层。采用有粘结预应力混凝土现浇框架和单向板肋梁结构体系，框架采用横向布置，柱网尺寸 18m×6m，底层和顶层层高分别为 7m 和 6.5m。预应力混凝土框架楼面和屋面梁截面尺寸均为 400mm×1200mm，柱截面尺寸为 500mm×800mm，楼面和屋面板厚度为 100mm。平面布置如图 10.82 所示。

梁板混凝土强度等级为 C40，柱子混凝土强度等级为 C30。框架按 7 度抗震设防，设计耐火极限为 1.5h。由于该建筑采用横向布置，故简化为平面框架进行结构计算。取其中任意一榀预应力混凝土框架进行计算。

10.6.5.1　常温下预应力混凝土框架设计

对常温下预应力混凝土框架梁采用 T 形截面进行设计，对火灾下承载力验算采用矩形截面计算。梁柱截面的几何特征见表 10.24 所示。

楼面框架梁均布荷载：恒载 $q_D=32$ kN/m²，活载 $q_L=33$ kN/m²
屋面框架梁均布荷载：恒载 $q_D=38$ kN/m²，活载 $q_L=9.0$ kN/m²

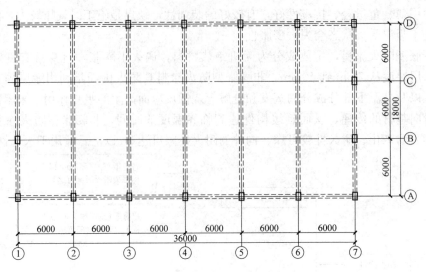

图 10.82　框架平面布置图

梁柱截面几何特征　　　　　　　　　　　　　　　　　　表 10.24

	截面几何特征	
楼面梁	面积 A(cm²)	6000
	形心位置 y_0(cm)	71
	惯性矩 I(cm⁴)	8674000
屋面梁	面积 A(cm²)	6000
	形心位置 y_0(cm)	71
	惯性矩 I(cm⁴)	8674000
柱	面积 A(cm²)	4000
	惯性矩 I(cm⁴)	2133333

内力计算结果和荷载组合结果见表 10.25。

梁控制截面弯矩组合表（kN·m）　　　　　　　　　　　　表 10.25

梁号	截面	恒载	活载		组合一	组合二	组合三
			屋面活载	楼面活载	恒载＋活载	1.2恒载＋1.4活载	1.1恒载＋0.5活载
屋面梁	支座	−607.1	−127.0	−73.2	−807.3	−1008.8	767.9
	跨中	931.9	237.5	—	1169.4	1450.8	1143.8
楼面梁	支座	−677.1	−20.0	−611.4	−1308.5	−1696.5	1060.5
	跨中	618.9	—	725.1	1344	1757.8	1043.3

　　表 10.25 中组合一和组合二用来做常温下预应力混凝土结构设计，组合三用来做火灾下结构抗火设计所用。

　　采用低松弛预应力钢绞线，$f_{ptk}=1860\mathrm{MPa}$，$f_{py}=1260\mathrm{MPa}$，预应力筋线形采用四段抛物线。该预应力框架的配筋计算结果见表 10.26 所示。预应力梁配筋见图 10.83 示。

预应力框架梁配筋计算结果　　　　　　　　　　　　表 10.26

梁号	截面	预应力钢筋	普通钢筋
屋面梁	支座	2-5×7ϕ5	4Φ28
	跨中	2-5×7ϕ5	4Φ28
楼面梁	支座	2-6×7ϕ5	4Φ25
	跨中	2-6×7ϕ5	4Φ25

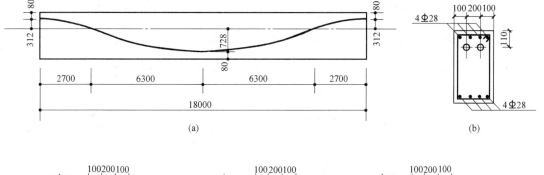

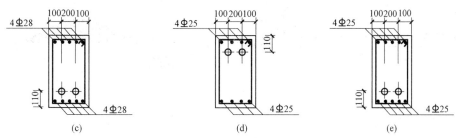

图 10.83　预应力梁配筋

（a）预应力梁线形；（b）楼面梁支座；（c）楼面梁跨中；（d）屋面梁支座；（e）屋面梁跨中

10.6.5.2　预应力损失及等效荷载计算

常温下预应力损失及由于预应力钢筋高温蠕变引起的附加预应力损失的计算结果见表 10.27 所示。

预应力损失及达到耐火极限时的有效预加力　　　　　表 10.27

梁号	截面	常温预应力损失	高温蠕变损失	常温有效预加力 N_p	火灾下有效预加力 $N_{p.T}$
屋面梁	支座	358.1	85	1237.4	820.4
	跨中	235.1	150	1395.3	978.3
楼面梁	支座	362.0	85	1464.7	964.3
	跨中	262.7	150	1556.2	1055.8

取支座和跨中截面有效预应力的平均值作为跨间的预应力值计算等效荷载。

高温楼面梁预加力值：$N_{p,T} = \dfrac{964.3+1055.8}{2} = 1010.1 \text{kN}$

高温屋面梁预加力值：$N_{p,T} = \dfrac{820.4+978.3}{2} = 899.4 \text{kN}$

该结构考虑高温损失后的等效荷载为：

楼面梁：端力矩 $M_{p,T} = N_{p,T} \cdot e = 1010.1 \times 0.41 = 414.1 \text{kN} \cdot \text{m}$

曲线范围内均布荷载 $q_{1,T} = \dfrac{8N_{p,T} \cdot e}{L^2} = \dfrac{8 \times 1010.1 \times 0.728}{12.6^2} = 37.1 \text{kN/m}$

曲线范围内均布荷载 $q_{2,T} = \dfrac{8N_{p,T} \cdot e}{L^2} = \dfrac{8 \times 1010.1 \times 0.312}{5.4^2} = 86.5 \text{kN/m}$

屋面梁：端力矩 $M_{p,T} = N_{p,T} \cdot e = 899.4 \times 0.41 = 368.7 \text{kN} \cdot \text{m}$

曲线范围内均布荷载 $q_{1,T} = \dfrac{8N_{p,T} \cdot e}{L^2} = \dfrac{8 \times 899.4 \times 0.728}{12.6^2} = 33.0 \text{kN/m}$

曲线范围内均布荷载 $q_{2,T} = \dfrac{8N_{p,T} \cdot e}{L^2} = \dfrac{8 \times 899.4 \times 0.312}{5.4^2} = 77.0 \text{kN/m}$

预应力混凝土框架在图 10.84 所示等效荷载作用下的综合弯矩如图 10.85 所示。

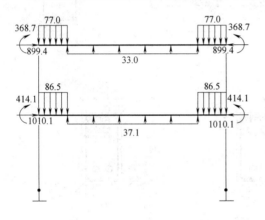

图 10.84　预应力等效荷载　　　　图 10.85　预应力综合弯矩

次弯矩等于综合弯矩减去主弯矩，计算列于表 10.28。

次弯矩计算结果 表 10.28

梁号	截面	综合弯矩	主弯矩	次弯矩
屋面梁	支座	432.2	368.7	63.5
	跨中	−503.4	−566.6	63.2
楼面梁	支座	520.0	414.1	105.9
	跨中	−531.6	−636.6	105

10.6.5.3　温度场计算及等效截面确定

采用标准升温曲线，耐火极限 1h 的温度场的分布可采用 PFIRE-T 程序进行计算，由温度场的计算结果可以确定 300℃和 800℃等温线的位置，也可由前面公式直接确定，本例直接采用 10.4 节公式进行计算来确定高温下混凝土等效截面。

$b_3 = b - 130 = 400 - 130 = 270 \text{mm}$，$h_3 = h - 100 = 1200 - 100 = 1100 \text{mm}$

$b_8 = b - 15 = 400 - 15 = 385 \text{mm}$，$h_8 = h - 15 = 1200 - 15 = 1185 \text{mm}$

钢筋和预应力钢筋位置处的温度采用 PFIRE-T 计算，将计算结果和对应温度的普通钢筋和预应力钢筋高温强度列在表 10.29 里。

梁钢筋温度及强度值　　　　表 10.29

钢筋位置	温度(℃)	高温强度(N/mm²)
底部左一钢筋	684.2	$0.21f_y$
底部左二钢筋	486.6	$0.53f_y$
跨中预应力钢筋	221.5	$0.89f_{py}$
顶部左一钢筋	420.6	$0.64f_y$
顶部左一钢筋	64.0	f_y
支座预应力钢筋	155.8	$0.93f_{py}$

10.6.5.4　耐火极限承载力计算

（1）屋面梁的耐火极限承载力

屋面梁跨中处截面抗火验算设计弯矩为：

$$1.1M_恒+0.5M_活+M_次=1143.8+63.2=1207.0\text{kN}\cdot\text{m}$$

屋面梁支座处截面抗火验算设计弯矩为：

$$1.1M_恒+0.5M_活-M_次=767.9-63.5=704.4\text{kN}\cdot\text{m}$$

屋面梁跨中：

混凝土受压区高度应按下列公式确定：

$$x=\frac{f_{y,T}A_s-f'_{y,T}A'_s+f_{py,T}A_p}{\alpha_1 f_c\left(\dfrac{b_8+b_3}{2}\right)}=\frac{(0.21f_y+0.53f_y)A_s/2+0.89f_{py}A_p-(0.64f_y+f_y)A_s/2}{\alpha_1 f_c\left(\dfrac{b_8+b_3}{2}\right)}$$

$$=\frac{(0.21+0.53)\times310\times982+0.89\times1260\times1390-(0.64+1)\times310\times982}{1.0\times26.8\times(270+385)/2}=146.4\text{mm}$$

耐火极限承载力采用下式计算：

$$M=\alpha_1 f_c\left(\frac{b_8+b_3}{2}\right)\cdot x\cdot\left(h_0-\frac{x}{2}\right)+f'_{y,T}A'_s(h_0-a'_s)=1.0\times26.8\times\frac{(270+385)}{2}\times$$

$$146.4\times\left(1120-\frac{146.4}{2}\right)+(0.21+0.53)\times982\times310\times(1120-35)$$

$$=1589.5\text{kN}\cdot\text{m}>1207.0\text{kN}\cdot\text{m}$$

因此屋面梁跨中的耐火极限承载力满足设计要求。

屋面梁支座：

梁支座截面和跨中截面不同，属于受压区位于高温区的矩形截面，构件混凝土受压区高度按下列公式确定：

$$x=\frac{f_{y,T}A_s-f'_{y,T}A'_s+f_{py,T}A_p+\alpha_1 f_c\left(\dfrac{b_3}{2}\right)(h_8-h_3)}{\alpha_1 f_c\left(\dfrac{b_8+b_3}{2}\right)}$$

$$=\frac{(0.64+1)\times310\times982+0.93\times1260\times1390-(0.21+0.53)\times310\times982+26.8\times135\times85}{1.0\times26.8\times327.5}$$

$$=251.8\text{mm}$$

$$M=\alpha_1 f_c\left(\frac{b_8}{2}\right)\cdot(h_8-h_3)\cdot\left(\frac{h_8+h_3}{2}\right)+\alpha_1 f_c\left(\frac{b_8+b_3}{2}\right)\cdot(x-h_8+h_3)\cdot$$

$$\left(\frac{h_8+h_3-x}{2}\right)+f'_{y,T}A'_s(h_0-a'_s)$$

$$=26.8\times\frac{385}{2}\times85\times\left(\frac{1185+1100}{2}\right)+26.8\times327.5\times(251.8-85)\times$$

$$\left(\frac{1185+1100-251.8}{2}\right)+(0.21+0.53)\times310\times982\times(1120-35)$$

$$=2233.3\text{kN}\cdot\text{m}>704.4\text{kN}\cdot\text{m}$$

因此屋面梁支座的耐火极限承载力满足设计要求。

（2）楼面梁的耐火极限承载力

楼面梁跨中处截面抗火验算设计弯矩为：

$$1.1M_{恒}+0.5M_{活}+M_{次}=1043.3+105=1148.3\text{kN}\cdot\text{m}$$

楼面梁支座处截面抗火验算设计弯矩为：

$$1.1M_{恒}+0.5M_{活}-M_{次}=1060.5-105=955.5\text{kN}\cdot\text{m}$$

楼面梁跨中：

混凝土受压区高度应按下列公式确定：

$$x=\frac{f_{y,T}A_s-f'_{y,T}A'_s+f_{py,T}A_p}{\alpha_1 f_c\left(\dfrac{b_8+b_3}{2}\right)}=\frac{(0.21f_y+0.53f_y)A_s/2+0.89f_{py}A_p-(0.64f_y+f_y)A_s/2}{\alpha_1 f_c\left(\dfrac{b_8+b_3}{2}\right)}$$

$$=\frac{(0.21+0.53)\times310\times1231+0.89\times1260\times1668-(0.64+1)\times310\times1231}{1.0\times26.8\times(270+385)/2}=174.0\text{mm}$$

$$M=\alpha_1 f_c\left(\frac{b_8+b_3}{2}\right)\cdot x\cdot\left(h_0-\frac{x}{2}\right)+f'_{y,T}A'_s(h_0-a'_s)=1.0\times26.8\times\frac{(270+385)}{2}\times174.0$$

$$\times\left(1120-\frac{174.0}{2}\right)+(0.21+0.53)\times1231\times310\times(1120-35)$$

$$=1883.9\text{kN}\cdot\text{m}>1148.3\text{kN}\cdot\text{m}$$

因此楼面梁跨中的耐火极限承载力满足设计要求。

楼面梁支座：

构件混凝土受压区高度按下列公式确定：

$$x=\frac{f_{y,T}A_s-f'_{y,T}A'_s+f_{py,T}A_p+\alpha_1 f_c\left(\dfrac{b_3}{2}\right)(h_8-h_3)}{\alpha_1 f_c\left(\dfrac{b_8+b_3}{2}\right)}$$

$$=\frac{(0.64+1)\times310\times1231+0.93\times1260\times1668-(0.21+0.53)\times310\times1231+26.8\times135\times85}{1.0\times26.8\times327.5}$$

$$=296.9\text{mm}$$

$$M=\alpha_1 f_c\left(\frac{b_8}{2}\right)\cdot(h_8-h_3)\cdot\left(\frac{h_8+h_3}{2}\right)+\alpha_1 f_c\left(\frac{b_8+b_3}{2}\right)\cdot(x-h_8+h_3)\cdot\left(\frac{h_8+h_3-x}{2}\right)+$$

$$f'_{y,T}A'_s(h_0-a'_s)$$

$$=26.8\times\frac{385}{2}\times85\times\left(\frac{1185+1100}{2}\right)+26.8\times327.5\times(296.9-85)\times$$

$$\left(\frac{1185+1100-296.9}{2}\right)+(0.21+0.53)\times310\times1231\times(1120-35)$$

$$=2656.3\text{kN}\cdot\text{m}>955.5\text{kN}\cdot\text{m}$$

因此楼面梁支座的耐火极限承载力满足设计要求。

由计算可知，该预应力混凝土框架设计满足耐火设计要求，无需做补充设计。

10.6.6　本节小结

目前，我国结构耐火设计并不进行计算，设计方法是先根据建筑物的性质、重要性、扑救难度等确定建筑物的耐火等级，然后根据耐火等级选择承重构件的耐火极限和燃烧性能，以此来保证结构的耐火稳定性，此方法有时失之经济有时失之安全，科学的结构抗火设计方法须基于计算。

提出基于计算的预应力混凝土抗火结构设计思想，基于计算的结构抗火设计可以免除传统的基于试验（经验）的结构抗火设计方法所存在的问题。

对火灾荷载的确定及结构抗火设计荷载组合问题进行了讨论，提出火灾荷载确定的新方法，建立了适用于结构抗火设计的荷载组合公式。

采用二台阶模型作为混凝土高温强度计算模型，对受火截面的等效截面面积计算公式进行推导，建立了火灾下预应力混凝土结构承载能力极限状态的计算公式。对结构抗火极限承载力的塑性极限分析方法、结构耐火极限的确定方法、火灾下预应力混凝土结构构件挠度计算、预应力混凝土结构抗火设计的构造措施进行了讨论。通过一个预应力混凝土结构抗火设计实例，说明基于计算的抗火设计方法是可行的。

10.7　小结

本章对预应力混凝土结构在火灾下的温度场和结构场进行了研究，发展了一套切实可行的分析方法和实用程序，建立了基于计算的结构抗火设计方法。归纳起来本章的主要结论有以下几点：

（1）对国内外关于混凝土、钢筋热工参数及力学性能随温度变化的规律进行了归纳总结和比较。混凝土、钢筋的热工与力学性能随着温度而改变，高温作用下混凝土的应力-应变关系，一般均可以用峰值应力和峰值应变表示的标准曲线表示，钢筋的应力-应变关系可采用二折线模型，关键要确定高温下钢筋的屈服强度、极限强度、和极限应变。在高温作用下，预应力钢丝的强度和弹性模量均表现为随温度升高而下降，延伸率则随温度升高而增大。但在200℃以内钢丝的力学性能变化很小；在200~300℃时，屈服强度和弹性模量下降速率略有增加，延伸率开始增加，极限强度变动不大；温度超过300℃后，钢丝的强度和弹性模量随温度的升高而降低的速率加快。

（2）预应力钢筋通常是在高应力状态下工作的，高温作用下由于预应力钢筋的高温蠕变将引起预应力损失，因此对预应力混凝土结构进行火灾下的分析必须考虑预应力钢筋的高温蠕变。本章对Φ5高强预应力钢丝进行了高温蠕变试验，研究钢丝在100℃、200℃、250℃、300℃、400℃、500℃温度下，对应的应力水平分别为 $0.3f_{\text{ptk}}$、$0.5f_{\text{ptk}}$、$0.7f_{\text{ptk}}$

时的蠕变变化规律。试验研究表明，温度对蠕变的影响比应力的影响大。在 100℃ 和 200℃，蠕变应变较小。当温度达到 300℃ 后，蠕变明显增大。尽管预应力钢丝在 450～500℃ 时，其强度仍为常温的 40％～60％，但必须考虑高温蠕变的影响。

（3）推导了结构热传导偏微分方程，采用加权余量法中的 Galerkin 法建立了热传导问题的有限单元格式。采用 Microsoft Visual C++6.0 和 Compaq Visual Fortran6.0 两种语言，并结合 ANSYS 程序提供了的单元库和非线性方程组求解器，编制了火灾下结构温度场非线性有限元程序 PFIRE-T。通过大量算例整理了预应力梁不同截面尺寸在不同耐火极限下的温度图表和等温线图，可为火灾下结构抗火设计提供参考。对钢筋对温度场分布的影响、300℃ 和 800℃ 等温线位置的确定和涂防火涂料构件温度场分布等问题进行了讨论。

（4）采用增量法建立了预应力混凝土结构在力、变形、温度和时间增量的有限元格式。编制了火灾下预应力混凝土结构非线性有限元程序 PRC-FIRE。程序可以对预应力钢筋混凝土规则框架进行实体有限元热分析和结构分析，并与试验结果进行了比较。通过对不同参数预应力混凝土简支梁的非线性有限元分析，表明预应力钢筋的高温蠕变效应对预应力梁的抗火性能具有较大影响，不考虑预应力筋的高温蠕变效应将引起较大的误差。增加普通钢筋保护层厚度、梁宽和梁高均可以提高预应力梁的抗火性能。

（5）提出基于计算的预应力混凝土结构抗火设计思想，引入火灾荷载确定的新方法，建立了适用于结构抗火设计的荷载组合公式。采用二台阶模型作为混凝土高温强度计算模型，对受火截面的等效截面面积计算公式进行推导，建立了火灾下预应力混凝土结构承载能力极限状态的计算公式、火灾下预应力混凝土结构构件挠度计算方法、预应力混凝土结构抗火设计的构造措施进行了讨论。通过一个预应力混凝土结构抗火设计实例，说明基于计算的抗火设计方法是可行的。

参 考 文 献

[1] 范维澄，王清安等. 火灾学简明教程. 合肥中国科学技术大学出版社，1995.

[2] 霍然，胡源，李元洲. 建筑火灾安全工程导论. 合肥中国科学技术大学出版社，1999.

[3] 公安部消防局编. 中国火灾统计年鉴（1998 年版），北京：中国人民公安大学出版社，1998.

[4] 熊学玉，蔡跃，李春祥，何金华. 预应力混凝土结构火灾研究现状及展望. 自然灾害学报，2004，6.

[5] 中国统计局编. 中国统计年鉴 2000. 北京：中国统计出版社，2001.

[6] 中国统计局编. 中国统计年鉴 2001. 北京：中国统计出版社，2002.

[7] 中国统计局编. 中国统计年鉴 2002. 北京：中国统计出版社，2003.

[8] 中华人民共和国公安部消防局. 中国火灾统计年鉴. 北京：群众出版社，2000.

[9] T. T. Lie. "Fire and Building", Division of Building Research, National Research Council of Canada, 1971.

[10] Harmathy, T. Z. "Thermal Properties of Selected Masonry Unit Concrete", ACI Journal Procedings, Vol. 20, No. 2, Feb. 1973.

[11] Harmathy, T. Z., and Allo, L. W. "Thermal Properties of Concrete Subject to Elevated Temperature", Concrete for Nuclear Reactors, ACI SP-34, Detroit, 1972, pp. 376-406.

[12] Abrams, M. S. "Behavior of Inorganic Materials in Fire", ASTM STB 685, American Society for

Testing and Materials，1979.

[13] ACI 216R-89. "Guide for Determining the Fire Endurance of Concrete Elements"，By ACI committee216，Detroit，Michigan，1994.

[14] Terro，Mohamad J.，"Numerical modeling of the behavior of concrete structures in fire"，ACI Structural Journal，Vol. 95，No. 2，Mar. 1998，pp. 83-93.

[15] 姜立. 不同温度-应力史下混凝土强度与变形的试验研究. 清华大学土木系硕士学位论文，1992，3.

[16] 过镇海，王传志. 高温下混凝土性能的试验研究概况. 清华大学土木工程系，1989，2.

[17] Shi，Xudong，Tan，Teng-Hooi，Tan，Kang-Hai，"Effect of force-temperature paths on behaviors of reinforced concrete flexural members"，Journal of Structural Engineering，Vol. 128 No. 3，Mar. 2002，pp. 65-73.

[18] 南建林，过镇海，时旭东. 混凝土的温度-应力耦合本构关系. 清华大学学报，1997，6.

[19] 李卫，过镇海. 高温下混凝土的强度和变形性能试验研究. 建筑结构学报，1993，2.

[20] 时旭东. 高温下钢筋混凝土杆系结构试验研究和非线性有限元分析. 清华大学博士学位论文，1992，7.

[21] 南建林. 温度-应力耦合作用下混凝土力学性能的试验研究. 清华大学土木系硕士学位论文，1994，6.

[22] 时旭东，过镇海. 适用于结构高温分析的混凝土和钢筋的应力-应变关系. 工程力学，Vol. 14 No. 2 May 1997.

[23] 过镇海，李卫. 混凝土在不同应力-温度途径下的变形试验和本构关系. 土木工程学报，1993，3.

[24] 李华东. 高温下钢筋混凝土压弯构件的试验研究. 清华大学土木系硕士学位论文，1994，3.

[25] 吕彤光. 高温下钢筋的强度和变形试验研究. 清华大学硕士学位论文，1996，3.

[26] 朱伯龙，陆洲导，胡可旭. 高温（火灾）下混凝土与钢筋的本构关系. 四川建筑科学研究，1990，1.

[27] 钮宏，陆洲导，陈磊. 高温下钢筋与混凝土本构关系的试验研究. 同济大学学报，Vol. 18 No. 3 Sep. 1990.

[28] 李明，朱永江，王正林. 高温下预应力筋和非预应力筋的力学性能. 重庆建筑大学学报，Vol. 20，No. 4，Oct.，1993.

[29] 张大长，吕志涛. 火灾对 RC、PC 构件材料性能的影响. 南京建筑工程学报，1998，2.

[30] Design of Concrete Structures，Eurocode 2 Part 10：Structure Fire Design，Commission of European Communities，April，1990.

[31] T. T. Lie. "Fire Resistance of Circular Steel Columns Filled with Bar-Reinforced Concrete"，Journal of Structural Engineering，Vol. 120 No. 8，August 1993.

[32] 陆洲导. 钢筋混凝土梁对火灾反应的研究. 同济大学博士学位论文，1989.

[33] Abrams，Melvin，S. "Compressive Strength of Concrete at Temperature to 1600 °F." Temperature and Concrete，ACI SP-25，Detroit，1971，pp. 33-58.

[34] Carlos Castillo and A. J. Durrani "Effect of Transient High Temperature on High-Strength Concrete." ACI Materials Journal，Jan.-Feb，1990，Vol. 87，No. 1，pp. 47-53.

[35] T. T. Lie and BarbarosCelikkol "Method to Calculate the Fire Resistance of Circular Reinforced Concrete Columns." ACI Materials Journal，Vol. 88，No. 1，Jan-Feb.，1991，pp. 84-91.

[36] Mohamad J. Terro "Numerical modeling of the Behavior of Concrete Structures in Fire." ACI Structural Journal，Vol. 95，No. 2，Mar.-Apr.，1998，pp. 183-193.

[37] Bresler，B. and Iding，R. H. "Fire Response of Prestressed Concrete Members." Fire Safety of

Concrete Structures，ACI SP-80，Detroit，1983，pp. 69-113.

[38] Marechal，J. C. "Variations in Modulus of Elasticity and Poisson's Ratio with Temperature." Concrete for Nuclear Reactors，ACI SP-34，Detroit，1972，pp. 405-503.

[39] Philleo，Robert "Some Physical Properties of Concrete at High Temperatures." ACI Journal Proceedings，Vol. 54，No. 10，Apr.，1958，pp. 857-864.

[40] Cruz，Carlos R. "Elastic Properties of Concrete at High Temperatures." Journal，PCA Research and Development Laboratories，Vol. 8，No. 1，Jan. 1966，pp. 37-45.

[41] Schneider，Ulrich "Modeling of Concrete Behaviour at High Temperatures." Design of Structures against Fire，Elsevier Applied Science Publishers，London，1986.

[42] Baldwin，R.，North，M. A. "A Stress-Strain Relationship for Concrete at High Temperatures." Magazine of Concrete Research，Vol. 25，No. 85，1973，pp. 208-212.

[43] Wei-Min Lin，T. D. Lin，Powers-Couchs "Microstructures of Fire-Damaged Concrete." ACI Materials Journal，Vol. 93，No. 3，May-June，1996.

[44] Day，M. F.，Jenkinson，E. A. and Smith，A. I. "Effect of Elevated Temperatures on High-Tensile-Steel Wires for Prestressed Concrete." Proceeding Institution of Civil Engineers，Vol. 16，No. 5，May 1960，pp. 55-71.

[45] Abrams，M. S. and Cruz，C. R. "The Behaviors at high Temperature of Strand for Prestressed Concrete." Journal of the PCA Research and Development Laboratories，Vol. 3，No. 3，Sep. 1961，pp. 8-19.

[46] 范进. 无粘结预应力混凝土结构的抗火研究. 东南大学博士学位论文，2001.

[47] 华毅杰. 预应力混凝土结构火灾反应及抗火性能研究. 同济大学博士学位论文，2000.

[48] 平修二编. 金属材料的高温强度—理论·设计郭延伟译. 北京：科学出版社，1983.

[49] 穆霞英. 蠕变力学. 西安：西安交通大学出版社，1990.

[50] 石贵平. 钢筋混凝土结构中温度场和热应力的非线性有限元分析. 清华大学博士学位论文，1990，5.

[51] Wilson E. L. and Nicked R. E.，Application of the Finite Element Method to Heat Conduction Analysis，Journal Nuclear Engineering and design，Vol. 4，Oct. 1966，pp. 276～286.

[52] Bathe K. J.，Finite Element Procedures In Engineering Analysis，1982.

[53] Iding，R.，B. Bresler，and Z. Nizamuddin，"FIRES-T3，AComputer Program for the Fire Response of Structures-Thermal"，Report No. UCB FRG 77-15，Fire Research Group，StructuralEngineering and Structural Mechanics，Department of Civil Engineering，University of California，Berkeley，October 1977.

[54] 孔祥谦编著. 有限元法在传热学中的应用.（第三版）. 北京：科学出版社，1998.

[55] 时旭东，过镇海. 钢筋混凝土结构的温度场，工程力学，Vol. 13 No. 1 Feb. 1996.

[56] 郭鹏，董毓利等. 火灾下钢筋混凝土板温度场确定的有限元方法. 青岛建筑工程学院学报，Vol. 22 No. 1，2001.

[57] 王勖成，劭敏编著. 有限单元法基本原理和数值方法（第二版）. 北京：清华大学出版社，1995.

[58] 陆金甫，关冶. 偏微分方程数值解法. 北京：清华大学出版社，1987.

[59] 甘瞬仙. 有限元技术与程序. 北京：北京理工大学出版社，1988.

[60] 熊学玉，王燕华. 基于 Monte-Carlo 随机有限元的火灾可靠性研究——以混凝土简支梁为例. 自然灾害学报，2005，2.

[61] 王世同，李强. Visual C++6.0 编程基础. 北京：清华大学出版社，2000.

[62] 邓巍巍，王越南. Visual Fortran 编程指南. 北京：人民邮电出版所，2000.

［63］ Huang，Zhaohui，Burgess，Ian W．，Plank，Roger J．"Nonlinear structural modelling of a fire test subject to high restraint"，Fire Safety Journal，Vol. 36 No. 8，Nov. 2001，pp. 795-814.

［64］ Elghazouli，A. Y．，Izzuddin，B. A．，Richardson，A. J．"Numerical modelling of the structural fire behaviour of composite buildings"，Fire Safety Journal，Vol. 35，Nov. 2000，pp. 79-97.

［65］ Sullivan，Patrick J. E. Title，"Nonlinear finite element analysis of planar reinforced concrete member subject to fire"，ACI Structural Journal，Vol. 95 No，3，May. 1998，pp. 366.

［66］ Huang，Zhaohui；Platten，Andrew，"Nonlinear finite element analysis of planar reinforced concrete members subjected to fires"，ACI Structural Journal，Vol. 94，May 1997，pp. 272-82.

［67］ Milke，James A．，"Analytical methods to evaluate fire resistance of structural members"，Journal of Structural Engineering，Vol. 125 No. 10，Oct. 1999，pp. 79-87.

［68］ Hurst，James P．，Ahmed，Gamal N．，"Validation and application of a computer model for predicting the thermal response of concrete slabs subjected to fire"，ACI Structural Journal，Vol. 95 No. 5，Sep. 1998.

［69］ 陆洲导等．钢筋混凝土简支梁对火灾反应的试验研究，土木工程学报，Vol. 26 No. 3 Jun. 1993.

［70］ 陆洲导，朱伯龙，姚亚雄．钢筋混凝土框架火灾反应分析．土木工程学报，1995，12.

［71］ 吕西林，金国芳，吴晓涵编著．钢筋混凝土结构非线性有限元理论及应用．上海：同济大学出版社，1996.

［72］ 罗定安编著．工程结构数值分析方法与程序设计．天津：天津大学出版社，1995.

［73］ 中华人民共和国国家标准．高层民用建筑设计防火规范 GB 50045—95（2005 年版）．北京：中国建筑工业出版社，2005.

［74］ 路春森等．建筑结构耐火设计．北京：中国建材工业出版社，1995.

［75］ Commission of the European Communities，Eurocode No. 2 Design of Concrete Structure Part 10：Structural Fire Design，EC2：Part10，1990.

［76］ 熊学玉，蔡跃，黄鼎业．火灾下预应力混凝土结构极限承载力计算方法．自然灾害学报，2005，4.

［77］ 杨建平．高温下钢筋混凝土压弯构件的试验研究和理论分析及实用计算．清华大学博士学位论文，2000，6.

［78］ 王学谦．火灾高温下钢筋混凝土梁截面极限弯矩的计算．建筑结构，1996，7.

［79］ 中华人民共和国国家标准．混凝土结构设计规范 GB 50010—2010，北京：中国建筑工业出版社，2010.

［80］ 中华人民共和国国家标准．建筑结构荷载规范 GB 50009—2012．北京：中国建筑工业出版社，2012.

［81］ Andrew H. Buchanan，Structural Design for Fire Safety，JOHN WILEY & SONS，LTD，2001.

［82］ 王传志，滕智明主编．钢筋混凝土结构理论．北京：中国建筑工业出版社，1985.

［83］ 过镇海．钢筋混凝土原理．北京：清华大学出版社，1999.

［84］ 陶学康主编．后张预应力混凝土设计手册．北京：中国建筑工业出版社，1996.

［85］ 龙驭球，包世华主编．结构力学教程．北京：高等教育出版社，2001.

［86］ 美国预应力混凝土学会编．预应力混凝土和预制混凝土防火设计．东南大学预应力工程结构研究所，1996.

［87］ 熊学玉，蔡跃，黄鼎业：预应力混凝土结构抗火设计构造措施分析．自然灾害学报，2005，2.

［88］ 无粘结预应力混凝土结构技术规程 JGJ 92—2016．北京：中国建筑工业出版社，2016.

［89］ 李引擎，马道贞，徐坚．建筑结构防火设计计算和构造处理．北京：中国建筑工业出版社，1991.

第 11 章　预应力混凝土耐久性设计

11.1　概述

预应力结构在气候、环境等自然因素的影响下，预应力混凝土材料逐渐老化，构件力学性能不断衰减。而且高强度预应力钢材带来的高应力工作状态也加剧了应力腐蚀后发生脆性破坏的风险。因而，对既有预应力结构的耐久性和继续正常服役的剩余寿命展开研究，可以真实地了解预应力结构在腐蚀环境中的可靠度，揭示预应力结构耐久性寿命的时变规律，并且为预应力结构正常安全的使用以及预应力结构耐久性设计、评估提供理论基础和实践参考。本章主要通过试验研究、理论分析和有限元模拟等，探讨既有预应力混凝土结构在正常使用过程中的耐久性评估以及寿命预测问题等。

根据工业发达国家的经验，现代化基础设施建设工作大体可划分为三个阶段：第一阶段，新建结构的大规模开展；第二阶段，新建与技术改造并重；第三阶段，工程重心逐渐转向对在役工程结构的技术改造和维修加固[1]。与之对应的，混凝土的消费量也将由迅速增长到基本稳定并转而逐渐下降。目前工业国家已大多进入第三阶段，与之相比，我国已处于基本建设的持续高速发展阶段的后期，由混凝土耐久性劣化带来的能源和环境上的破坏也逐年严重，如不采取必要对策，则今天建成的工程结构经历数十年甚至更短的时间又将面临翻修或拆除重建，工程界将陷入永无休止的大建、大修、大拆与重建的怪圈。长此以往，国家的发展和建设将难以实现可持续健康发展。而经过近 30 年的快速发展，大量的数据和事例说明，混凝土结构的耐久性失效是极其严重且大量存在的问题，混凝土结构耐久性不良造成的损失已大大超过了人们的估计。而预应力结构大多所承受的荷载更大、所处环境更加恶劣，其失效的后果较普通混凝土更为严重。国外学者曾经用"五倍定律"形象地描述了混凝土结构耐久性设计的重要性，即设计阶段在钢筋防护方面节省 1 美元，那就意味着发现钢筋锈蚀时采取措施将追加维修费 5 美元；混凝土表面顺筋开裂时采取措施追加维修费 25 美元；严重破坏时采取措施将追加维修费 125 美元。所以，借鉴欧美发达国家的经验教训，大力开展既有预应力结构耐久性评估及寿命预测的基础研究是十分必要和重要的[2]。

由于预应力混凝土结构采用较高强度等级的混凝土以及预应力钢筋拥有多道保护层体系，因此曾被认为具有优良的耐久性能。事实上，与普通钢筋混凝土结构相比而言，预应力混凝土结构的耐久性能并没有得到大幅度的改善。这是因为预应力技术的实施需要经过多道控制工艺，如波形管的制作、埋置、管道灌浆、钢筋的张拉锚固以及锚具的防腐处理等，任何一个环节的疏忽或质量的缺陷（比如灌浆不充分）都有可能影响整体结构的耐久性，而由于施工控制技术和工艺的限制，预应力构件在施工过程中内部总会存在不同程度的微缺陷（初始损伤），这些问题将为预应力结构的耐久性带来隐患；在侵蚀环境（尤其氯盐环境）下，对于先张法体系、抽芯成孔或金属波纹管成孔的后张法体系中，良好的保护层体系对力筋的腐蚀只能起到延缓作用而并不能起到阻止作用，腐蚀介质穿过保护层体系到达力筋表面只是一个时间问题，而这种延缓作用其实远不能使许多预应力工程在其使用年限内满足耐久性要求。不仅如此，预应力钢筋工作状态为较小的钢筋截面在高拉应力下承载且往往受力不均，高强钢筋的应力腐蚀和腐蚀介质下出现氢脆的危险非常大。一旦腐蚀介质侵入到预应力钢筋表面，预应力钢筋自出现失钝现象开始腐蚀至结构失效历时非常短。另一方面，预应力混凝土结构中混凝土的应力水平往往较高，因而对氯盐侵蚀以及冻融循环作用的破坏更为敏感。

近年来混凝土结构及预应力混凝土结构过早破坏的事例举不胜举，如广州某大桥建成后即发现有锈蚀等。据调查，我国 1998 年铁路隧道结构受腐蚀裂损的共有 734 座；1990～1997 年隧道修补费用达到了 3.56 亿元左右；2001 年调查显示全路有 3000 多座钢筋混凝土梁发生了钢筋锈蚀，有 2300 多座预应力混凝土梁发生碱-集料反应，加固和修补投资约 4 亿元[3]。建设部于 20 世纪 80 年代的一项调查表明：国内大多数工业建筑物在使用 25～30 年后即需大修，处于严酷环境下的建筑物使用寿命一般在 15～20 年。民用建筑和公共建筑的使用环境相对较好，一般可维持 50 年以上，但室外的阳台、雨篷等露天构件的使用寿命通常仅有 30～40 年。1995 年统计，我国当时在役 60 亿 m³ 民用建筑，其中 10 亿 m³ 需要修理加固。我国 20 世纪 90 年代前修建的海港工程，一般使用 10～20 年就会出现钢筋锈蚀，结构使用寿命基本达不到设计要求。在 1986 年前针对我国沿海港口工程混凝土结构破坏调查表明，80％ 以上的港口工程都发生了严重或较严重的钢筋锈蚀破坏。

世界范围内仍然出现了一系列预应力混凝土结构耐久性失效的事故，其中预应力钢筋腐蚀引起的破坏占了绝大多数。预应力混凝土中的钢绞线因为出现腐蚀、断裂等现象，影响预应力混凝土使用寿命，严重时造成重大事故。钢绞线锈蚀导致桥梁倒塌，例如，1967 年英国汉普郡一座人行天桥因钢束锈蚀发生倒塌事故[4]；Schupack[5] 于 1978 年提出的一份关于后张预应力筋结构耐久性能的调查报告表明：在 1950～1977 年的 28 年期间，世界范围内共发生 28 起著名的因后张预应力筋腐蚀导致整体结构破坏的工程实例。1982 年，Schupack[6] 的另一份关于美国预应力体系腐蚀脆断的调查报告表明：在 1978～1982 年的 5 年间，仅美国就有 50 幢结构物出现了程度不同的力筋腐蚀现象，其中 10 起严重的脆性破坏是由于应力腐蚀或氢脆引起的。Nurnberger[7] 根据文献或政府机构的报道估计，在 1951～1979 年的 29 年期间，世界范围内共发生 242 起预应力筋腐蚀损坏的事故，并对这些事故从不同的角度进行了分类。1985 年英国威尔士 Ynys-y-Gwas 桥在块件间的接缝处，因钢束锈蚀导致桥梁倒塌[8]；1992 年比利时 Malle 桥，因预应力管道压浆存在空洞，导致氯化物等入侵腐蚀钢绞线，进而引发倒塌事故[9]。1996 年，在伦敦召开的后张法预应力混凝土结构会议上，一份重要报告阐述了英国公路局领导 AlanPickett 的一段话："经检查发现，80％ 的后张法预应力混凝土桥梁都有缺陷，30％ 的桥梁在预应力孔道内有空洞，其中 1/3 呈现不同程度锈蚀。"[10] 不仅仅是欧洲国家，美国也曾发生过多起因钢绞线严重腐蚀，影响预应力桥梁正常使用的情况[11～13]。

由此可见，预应力筋腐蚀涉及范围广，引起腐蚀损坏的原因也是各式各样。有来自内在的因素，如力筋或锚具的防腐保护不当、张拉或锚固不当、采用了对腐蚀敏感的预应力筋等；也有来自外在的因素，如处于潮湿环境、受环境或侵蚀性内渗物侵蚀的影响等。

我国没有建筑物定期检测评价法规，新加坡的建筑物管理法强制规定，居住建筑在建造后 10 年及以后每隔 10 年必须进行强制鉴定，公共、工业建筑则为建造后 5 年及以后每隔 5 年进行一次强制鉴定。日本通常要求建筑物服役 20 年后进行一次鉴定。英国等国家对于体育场馆等人员密集的公共建筑，做了强制定期鉴定规定。

11.2 氯离子侵蚀钢绞线试验

11.2.1 研究背景

混凝土结构中的钢筋锈蚀可分为自然电化学腐蚀和杂散电流腐蚀，对于预应力混凝土结构，还可能发生应力腐蚀（腐蚀与拉应力作用下钢筋产生晶粒间或跨晶粒断裂现象）或氢脆腐蚀（由于 H_2S 与铁作用或杂散电流阴极腐蚀产生氢原子或氢气的腐蚀现象）。一般混凝土结构中发生的钢筋锈蚀通常为自然电化学腐蚀，由于时间关系，本节试验采用的为钢绞线裸筋通电加速锈蚀。

本试验的研究目的为：研究预应力钢绞线中拉应力大小、通电时间不同（锈蚀率不同）等影响因素下，对钢绞线的平均重量腐蚀率及坑蚀的影响；对钢绞线的力学性能及钢绞线中预应力大小的影响；不同直径钢绞线对于锈蚀和坑蚀的敏感性差异；本试验还将验证缓粘结预应力筋优良的抗腐蚀性及耐久性。

11.2.1.1 通电加速锈蚀机理

钢筋的电化学腐蚀可分为原电池腐蚀和电解腐蚀，两者都是氧化还原反应。在实际的钢筋混凝土构件结构中，由于混凝土中钢筋表面的电解质溶液的存在，且钢筋自身组成物质浓度的不均匀，在钝化膜破坏后钢筋将自发发生原电池腐蚀；在有外加电流的情况下，钢筋的腐蚀速度将加快。因此，本试验采用通电加速腐蚀，即电解腐蚀原理进行试验。试验装置如图 11.1 所示。

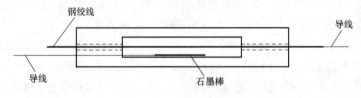

图 11.1　电解池示意图

通电加速锈蚀是一个电解过程，如图 11.1 所示，通过导线与外加直流电源正极相连的钢绞线作为阳极；通过导线与电源负极相连的石墨棒作为阴极。溶液槽中放入质量分数为 5% 的 NaCl 溶液作为电解质溶液，在电场的作用下阳极物质失去电子发生氧化反应，阴极附近物质得到电子发生还原反应，电解液中存在水电离平衡：$H_2O = OH^- + H^+$。电化学反应过程中，电子在电极和电源间移动，并不在电解液中传导。电解液中的 OH^- 向阳极移动，H^+ 向阴极移动，与电子形成等量电流，整个过程形成闭合回路。因此，要使阳极钢筋失去电子，必须保证电解液水分能到达钢筋表面以形成闭合电路。在阳极和阴极发生的反应分别是：

$$Fe \longrightarrow Fe^{2+} + 2e^-$$
$$2H^+ + 2e^- \longrightarrow H_2 \tag{11.1}$$

11.2.1.2　法拉第定律简介

法拉第定律的基本含义：在电极界面上发生化学变化的物质的质量与通入的电量成正比，在钢筋电化学腐蚀过程中，根据通过钢筋的电流强度大小和通电时间，即可算出钢绞线的腐蚀质量，如式（11.2）所示：

$$\Delta m = \frac{MIt}{ZF} \tag{11.2}$$

式中　Δm——钢筋质量损失量（g）；

$\quad\quad M$——铁的摩尔质量（56g/mol）；

$\quad\quad I$——腐蚀电流强度（A）；为单位时间内通过钢筋锈蚀区域的电量；

$\quad\quad t$——锈蚀持续时间（s）；

$\quad\quad Z$——反应电极化合价，即失去的电子数。

在钢筋的电化学反应中，第一步反应生成二价铁离子，所以 Z 取 2；F 是法拉第常数，即每摩尔电子的数量，可以表示为 $F = N \cdot e$，N 是阿伏伽德罗常数，即 1 摩尔物质的数量，等于 $6.02 \times 10^{23} \, \text{mol}^{-1}$，$e$ 为电子所带电量 $1.06 \times 10^{-19} \text{C}$。其中通过钢筋的电流强度也可以由钢筋表面的电流密度得出：

$$I = is = i\pi dl \tag{11.3}$$

式中　i——锈蚀钢筋表面的电流密度（A/cm²）；

$\quad\quad d$——钢筋直径（cm）；

$\quad\quad l$——锈蚀钢筋长度（cm）。

钢筋质量锈蚀率为锈蚀质量与原始质量的比值，如式（11.4）所示：

$$\eta = \frac{\Delta m}{m} \tag{11.4}$$

将原始质量 $m = \pi r^2 \rho l$ 与式（11.3）代入式（11.4）得：

$$\eta = \frac{\Delta m}{m} = \frac{Mi\pi dlt}{ZF\pi r^2 \rho l} = \frac{Mit}{Fr\rho} \tag{11.5}$$

式中　r——钢筋半径（cm）；

$\quad\quad \rho$——铁的密度（7.8g/cm³）。

计算时，单位要统一，质量锈蚀率为无量纲量。

本书进行试验设计时，先设定了一定的通电量和锈蚀率，从而计算出锈蚀时间。下面以本试验主要研究对象——公称直径为 $d_0 = 15.2\text{mm}$ 的 7 股钢绞线为例，说明如何计算的腐蚀率为 0.07 的腐蚀时间。

取 $\eta = 0.07$，初选每根钢绞线的电流密度 $i = 300\mu\text{A/cm}^2$；法拉第常数 $F = 96500\text{C/mol}$；钢丝直径 $d_0 = 15.2\text{mm}$；$\rho = 7.8\text{g/cm}^3$。钢绞线的表面积 S 根据几何关系按公称直径算得面积的 1.314 倍取用。

$$0.07 = \frac{1.314 Mi\pi dt}{ZFS\rho} = \frac{1.314 \times 56 \times 300 \times 10^{-6} \times 3.14 \times 1.52 \times t \times 3600}{2 \times 96500 \times 1.4 \times 7.8} \tag{11.6}$$

解得 $t = 389\text{h}$，在试验中取 $t = 14\text{d} = 336\text{h}$ 再次带入式（11.5）计算得到 $i = 347\mu\text{A/cm}^2$。

$$I=1.314is=1.314i\pi dl=1.314\times347\times3.14\times1.52\times50\times10^{-3}=108.8\text{mA} \quad (11.7)$$

其他直径钢绞线，再根据时间和腐蚀率与 15.2mm 钢绞线取值相同计算出电流密度和电流大小，汇总于表 11.1。

钢绞线腐蚀电流及时间   表 11.1

钢绞线直径（mm）	横截面积（mm²）	电流密度 $i(\mu\text{A/cm}^2)$	电流大小（mA）	锈蚀率	通电时间（h）	备注
15.2	140	347	109	0.07	336	14d
				0.09	432	18d
				0.11	528	22d
17.8	191	405	149	0.07	336	14d
				0.09	432	18d
				0.11	528	22d
21.8	285	495	182	0.07	336	14d
				0.09	432	18d
				0.11	528	22d

11.2.2 试验方案

11.2.2.1 设计思路

基于试验目的和因素分析，方案设计有如下几个关键点：设计不同预应力水平的钢绞线试件；试验中如何加速钢绞线试件的腐蚀；如何评定锈蚀结果。

本试验通过如图 11.1 所述的通电加速锈蚀的方法对不同应力状态的钢绞线进行加速腐蚀试验。试验钢绞线试件使用的为 1860-7 股钢绞线，直径为 15.2mm、17.8mm、21.8mm 三种，其中直径 15.2mm 的钢绞线设计有 0.3～0.5 的应力水平；先取电流密度 $i=300\mu\text{A/cm}^2$ 计算出 15.2mm 的钢绞线对应锈蚀率为 0.07、0.09、0.11，通过法拉第定律计算出锈蚀时间对应为 14d、18d、22d 和对应的具体电流密度和电流大小。

应力水平为钢绞线中有效预应力与其抗拉强度（1860MPa）的比值，具体试件设计见表 11.2。

试件设计表   表 11.2

序号	试样编号	钢绞线直径(mm)	腐蚀液	应力水平	通电时间(d)	理论锈蚀率	备注
1	A14a/b	15.2	5%NaCl	0	14	0.07	2根
2	A18a/b	15.2	5%NaCl	0	18	0.09	2根
3	A22a/b	15.2	5%NaCl	0	22	0.11	2根
4	YL5	15.2	5%NaCl	0.35	14	0.07	1根
5	YL6	15.2	5%NaCl	0.45	14	0.07	1根
6	YL7	15.2	5%NaCl	0.40	18	0.09	1根
7	YL8	15.2	5%NaCl	0.45	18	0.09	1根
8	YL9	15.2	5%NaCl	0.45	22	0.11	1根

续表

序号	试样编号	钢绞线直径(mm)	腐蚀液	应力水平	通电时间(d)	理论锈蚀率	备注
9	YL10	15.2	5％NaCl	0.50	22	0.11	1根
10	B14a/b	17.8	5％NaCl	0	14	0.07	2根
11	B18a/b	17.8	5％NaCl	0	18	0.09	2根
12	B22a/b	17.8	5％NaCl	0	22	0.11	2根
13	C14a/b	21.8	5％NaCl	0	14	0.07	2根
14	C18a/b	21.8	5％NaCl	0	18	0.09	2根
15	C22a/b	21.8	5％NaCl	0	22	0.11	2根
16	HA22a/b	15.2	5％NaCl	0	22	—	缓粘结各2根
17	HB22a/b	17.8	5％NaCl	0	22	—	
18	HC22a/b	21.8	5％NaCl	0	22	—	
19	YL1	15.2	—	0.30	0	0	应力损失对照组各1根
20	YL2	15.2	—	0.35	0	0	
21	YL3	15.2	—	0.40	0	0	
22	YL4	15.2	—	0.45	0	0	
23	A0a/b	15.2	—	—	—	—	无腐蚀对照组
24	B0a/b	17.8	—	—	—	—	
25	C0a/b	21.8	—	—	—	—	
26	HA0	15.2	—	—	—	—	无腐蚀对照组各1根
27	HB0	17.8	—	—	—	—	
28	HC0	21.8	—	—	—	—	

　　本试验的设计思路为 A、B、C 分别为直径为 15.2mm、17.8mm、21.8mm 的不同直径的无应力钢绞线，对比在相同腐蚀条件下，相同锈蚀时间 14d、18d、22d 下，锈蚀结果差异及坑蚀敏感性；YL 为直径为 15.2mm 的有应力水平的钢绞线，旨在研究应力水平存在对锈蚀的影响及锈蚀条件对预应力损失的影响；HA、HB、HC 分别为直径为 15.2mm、17.8mm、21.8mm 的不同直径的缓粘结筋，旨在证明缓粘结筋的优良的抗锈蚀和耐久性能。钢绞线初始应力通过混凝土反力架承担，反力架中间设置溶液槽盛放浓度 5％的 NaCl 电解液。

　　本试验中钢绞线锈蚀结果的评定包括四大方面：观察钢绞线锈蚀后的形态；计算钢绞线的锈蚀率；通过测量进行锈坑统计和分析；通过拉伸试验获取锈蚀钢绞线的力学性能的情况。

11.2.2.2　试验材料及仪器

　　1. 试验材料

　　本试验采用三种规格的钢绞线以及三种规格的缓粘结钢绞线、钢垫板及低回缩锚具等，具体见表 11.3。

　　2. 试验仪器

　　直流稳压电源、电阻式单孔锚索测力计、测力传感器读数仪、游标卡尺、刻度尺、扳手、钢筋切割机、打磨机、油漆工具、电子天平、烧杯、量筒、干燥箱、带探针的千分尺等。

钢绞线及锚具垫板等试验材料表　　　　表 11.3

普通 1860-7 股钢绞线			
直径(mm)	长度(m)	数量	备注
15.2	1.7	18	其中 2 根做无锈蚀材性试验
17.8	1.1	8	其中 2 根做无锈蚀材性试验
21.8	1.1	7	其中 1 根为无锈蚀对照
缓粘结 1860-7 股钢绞线			
直径(mm)	长度(m)	数量	备注
15.2	1.7	3	其中 1 根为无锈蚀对照
17.8	1.7	3	其中 1 根为无锈蚀对照
21.8	1.7	3	其中 1 根为无锈蚀对照
锚具			
直径(mm)	规格	数量	备注
15.2	夹片式	20 个	其中 10 个为低回缩锚具
垫片			
厚度(mm)	横截面尺寸(mm²)	数量	备注
16	70×140	64	每个锚具下垫两片
其他试验材料			
NaCl、蒸馏水、环氧、石墨棒、导线、胶带、标签等			

11.2.2.3　试验步骤

1. 试验装置设计

本试验使用混凝土反力架装置进行试验，每一个混凝土反力架的三视图如图 11.2 所示。为了施工方便，在进行反力架浇筑时，将多个反力架联合浇筑。在不采用钢筋的情况下，采用 C60 混凝土，满足强度要求。对于此反力架，用 ABAQUS 有限元软件进行了分析，主要分析其在最大设计应力下，主拉应力是否满足要求，计算结果见图 11.3。

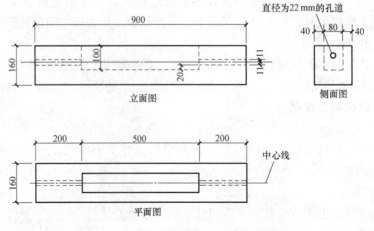

图 11.2　混凝土反力架构造图（单位：mm）

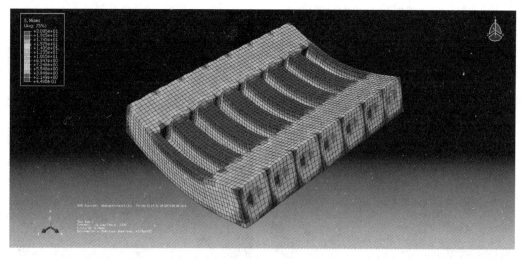

图 11.3　20t 力作用下混凝土反力架主拉应力图（单位：MPa）

制作混凝土反力装置时，配置构造钢筋并且用通长的 PVC 管穿过模板制作孔道，50cm 长的泡沫板放在溶液槽设计位置，浇筑 C60 商品混凝土，养护 28d。并采用多功能防水砂浆进行防渗处理，以防止氯离子侵入混凝土中，侵蚀反力装置。

2. 应力施加装置设计

本试验采用千斤顶张拉钢绞线，由于反力装置较短，所以锚具采用套筒式，张拉端使用低回缩锚具。张拉示意图见图 11.4。

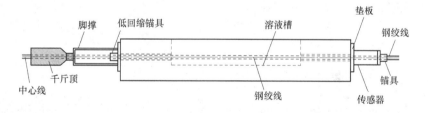

图 11.4　钢绞线张拉示意图

3. 钢绞线准备工作

锈蚀前将钢绞线表面用砂布打磨至光亮，以破坏其表面钝化膜，并挂好标签。对加工好的钢绞线进行称重并记为 m_0，并测量长度 l_0。加工后的试验钢绞线见图 11.5。

4. 钢绞线应力施加

钢绞线中的预应力通过千斤顶与连接套筒施加，如图 11.6 所示。首先将装置连接好，将钢绞线一端锚固好，并连接锚索测力计。通过数控张拉设备进行单端张拉，当施加的力达到要求后，使用低回缩锚具锚固，钢绞线应力便施加完成。

图 11.5　加工后的试验钢绞线

钢绞线张拉全过程采用基于物联网技术的智能数控张拉设备进行控制。

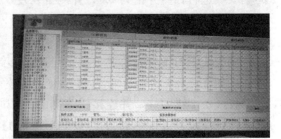

图 11.6　钢绞线施加应力图

5. 导线连接

本次试验采用并联式的通电方式，因此在进行试件分组时，将同一直径的钢绞线（即腐蚀电流一致）分在一组。试件分组情况见表 11.4。

试件分组腐蚀设计表 表 11.4

无应力组 (应力水平=0)			有应力组 (应力水平不同)		备注
①组 (15.2)	②组 (17.8)	③组 (21.8)	④组 15.2	⑤组 15.2	
A14a	B14a	C14a	YL5	YL1	断电时间：
A14b	B14b	C14b	YL6	YL2	14d
A18a	B18a	C18a	YL7	YL3	18d
A18b	B18b	C18b	YL8	YL4	22d
A22a	B22a	C22a	YL9		不腐蚀
A22b	B22b	C22b	YL10		
HA22 a	HB22 a	HC22 a			
HA22 b	HB22 b	HC22 b			

每个混凝土溶液槽中的石墨棒通过导线连在一起接到电源负极，钢绞线通过导线连在一起接到电源正极，从而使每一个混凝土溶液槽形成一个电解池，如图 11.7 所示。

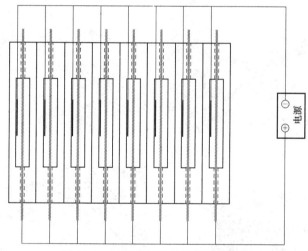

图 11.7 钢绞线试件导线连接示意图

6. 通电腐蚀

采用直流稳压电源进行通电，根据通电时间和初步设定的锈蚀率，按照法拉第定律计算出理论通电电流大小进行通电。通电现场见图 11.8。

进行试验的 6 根缓粘结筋将一端剥开塑料护套并连接导线并用纱布和环氧进行包裹，直接放入塑料槽中进行浸泡腐蚀，见图 11.9。

7. 计算锈蚀率

每批次试验完成后，将试件卸下，观测钢筋表面锈蚀层形态（锈蚀程度、锈坑分布、颜色等）按照《普通混凝土长期性能和耐久性能试验方法标准》GB 50082—2009 第

12.0.4 条的方法，用 12‰盐酸溶液进行酸洗，经清水漂洗后用石灰水中和，最后再以清水冲洗干净，擦干后在干燥器中至少存放 4h，观测锈蚀钢绞线形态。

图 11.8 钢绞线试件通电锈蚀图（无应力组、有应力组）

图 11.9 缓粘结筋锈蚀前处理与腐蚀塑料槽

首先，通过称重来计算钢绞线质量损失率。钢绞线通电锈蚀前称重为 m_0（精确到 0.01g），长度为 l_0（精确到 0.1cm）；锈蚀后，各试件质量为 m_1，腐蚀槽长度为 50cm，但由于钢绞线的钢丝间存在间隙，腐蚀液在各钢丝间存在虹吸现象，从而实际锈蚀长度将大于 50cm，因此在计算中取锈蚀段长度为 $l_1 = 65$cm，并进行记录，结果见表 11.5。

将上述数据带入公式（11.8）进行计算质量损失率：

$$质量损失率 = \frac{m_0 - m_1}{m_0} \times \frac{l_0}{l_1} 100\% \tag{11.8}$$

钢绞线质量损失率记录表格（无应力组）　　　　　　　　　　表 11.5

试样编号	锈蚀前质量 $m_0(g)$	锈蚀后质量 $m_1(g)$	钢绞线总长 l_0(cm)	理论锈蚀率	实际锈蚀率
A14a	2047.76	2009.99	182.0	0.07	0.052
A14b	2015.13	1978.12	180.0	0.07	0.074
A18a	1984.43	1936.74	177.6	0.09	0.108
A18b	2048.35	1998.23	182.3	0.09	0.093
A22a	2034.29	1974.05	181.3	0.11	0.110
A22b	2020.37	1966.37	180.9	0.11	0.128
B14a	1604.66	1551.86	101.8	0.07	0.065
B14b	1596.74	1543.78	101.3	0.07	0.064
B18a	1609.71	1540.71	102.0	0.09	0.099
B18b	1594.51	1529.82	101.2	0.09	0.103
B22a	1616.88	1532.98	102.4	0.11	0.075
B22b	1611.45	1531.88	102.0	0.11	0.114
C14a	2560.22	2475.55	101.7	0.07	0.062
C14b	2545.94	2462.79	100.6	0.07	0.036
C18a	2565.73	2462.93	101.9	0.09	0.049
C18b	2565.25	2460.89	101.4	0.09	0.058
C22a	2575.09	2444.05	101.8	0.11	0.080
C22b	2579.39	2443.11	102.0	0.11	0.096

缓粘结筋腐蚀后将塑料套管剥开，并敲掉环氧树脂后，未发现腐蚀现象，见图 11.10。

图 11.10　缓粘结筋锈蚀后端部及钢绞线图

8. 钢绞线退锚

本试验采用智能数控张拉设备进行退锚,过程如图 11.11 所示。

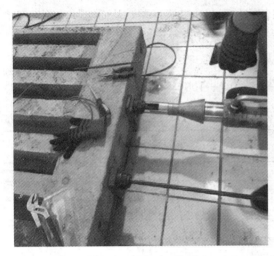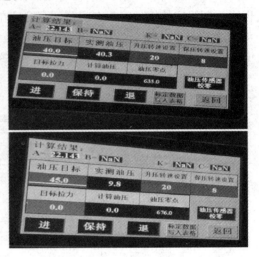

图 11.11　退锚现场图及控制界面

在有应力组钢绞线的退锚过程中,YL8、YL9、YL10 分别在退锚应力加到 40MPa、25MPa、40MPa 时发生断裂。断裂先从单根钢丝开始,后逐一断裂,断裂后钢绞线见图 11.12。

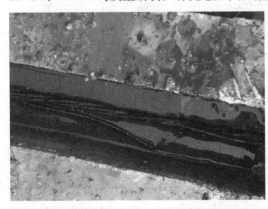

图 11.12　钢绞线退锚过程中断裂图

9. 锈蚀钢绞线腐蚀形态观察

本书选取 3 根无应力钢绞线试件 A22a、B22a、C22a 和 3 根未断裂有应力钢绞线试件 YL5、YL6、YL7 使用游标卡尺进行锈坑测量,对其不均匀腐蚀即坑蚀情况进行进一步的研究,得到锈坑的主要尺寸、分布等数据锈坑典型照片见图 11.13。

通过观察和使用游标卡尺(精度值为 0.02mm)进行典型锈坑长、宽、深 3 个维度的测量和数量的统计工作,此处测量的深度为相对于均匀锈蚀后锈蚀面的深度,并不能表征平均锈蚀率。钢绞线钢丝蚀坑形状很不规则,但总体上可抽象为 3 种典型形状,即棱锥形、椭球形及马鞍形。椭球形蚀坑及马鞍形蚀坑往往沿钢丝纵轴线成长形,且坑内宏观可见腐蚀条纹。根据微观组织结构可知,钢绞线钢丝是由许多珠光体团构成,每个珠光体团内部有着较为相似的电化学特性,而各珠光体团之间的电化学特性则有所差异,于是,腐蚀往往集中在某个珠光体团内部发展;同时,钢丝中的珠光体团往往呈长条状或长板状,且平行于钢丝纵向排列，当其内铁素体腐蚀后，会出现长形的椭球形蚀坑或马鞍形蚀坑，坑底尚未腐蚀脱落的渗碳体板便呈现出了腐蚀条纹；局部不平行于钢丝纵轴的珠光体区处则可能出现棱锥形蚀坑[14]。

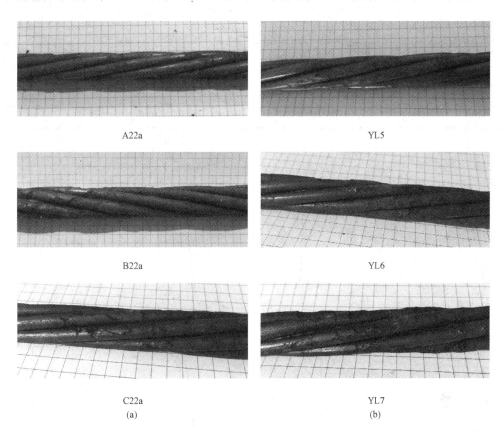

A22a　　　　　　　　　　　YL5

B22a　　　　　　　　　　　YL6

C22a　　　　　　　　　　　YL7

(a)　　　　　　　　　　　(b)

图 11.13　锈坑分布图

(a) 无应力组 22d；(b) 有应力组 22d

在无应力组 22d 腐蚀的钢绞线中：直径较小（15.2mm）的钢绞线 A22a 坑蚀和剥落最为严重尺寸（长×宽×深）为：9.26mm×4.08mm×0.16mm；直径中等（17.8mm）的钢绞线 B22a 也呈现典型的剥落锈蚀，其中一处典型的剥落处，尺寸为：11.34mm×4.93mm×0.12mm；直径最大（21.8mm）的钢绞线 C22a 剥落和坑蚀程度比较轻，一处典型的锈坑，尺寸为：12.54mm×5.02mm×0.10mm。

在有应力组 22d 腐蚀的钢绞线（15.2mm）中：应力较小的钢绞线 YL5 坑蚀比较小，尺寸为：9.98mm×3.56mm×0.16mm；应力中等的钢绞线 YL6 坑蚀程度中等，尺寸为：16.42mm×3.72mm×0.18mm；应力最大的钢绞线 YL7 剥落和坑蚀程度最严重，尺寸为：17.56mm×4.12mm×0.16mm。

10. 锈蚀钢绞线力学性能测试

将 A14a/b、A18a/b、A22a/b、A0a、A0b，B14a/b、B18a/b、B22 a/b、B0a、B0b 及 YL5、YL6、YL7 共计 19 根钢绞线委托检测站进行测试。

首先对 A0a、A0b、B0a、B0b 四根未腐蚀试件的力学性能进行测试，变形计的标距为 500mm，测试项目包括：屈服强度、极限强度、伸长率等、荷载-变形曲线。其中强度按公称直径计算。结果见表 11.6 和图 11.14。

力学性能结果 表 11.6

试样编号	屈服荷载 （kN）	屈服强度 （MPa）	极限荷载 （kN）	极限强度 （MPa）	延伸率
A0a	246.4	1760	276.5	1975	8.1%
A0b	249.7	1784	277.1	1979	7.5%
B0a	336.0	1759	372.2	1948	8.0%
B0b	333.6	1746	370.6	1940	8.0%

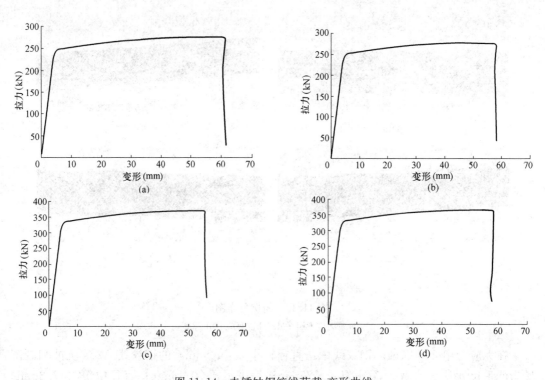

图 11.14 未锈蚀钢绞线荷载-变形曲线

（a）A0a 荷载-变形曲线；（b）A0b 荷载-变形曲线；（c）B0a 荷载-变形曲线；（d）B0b 荷载-变形曲线

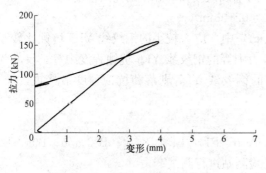

图 11.15 A22b 荷载-变形曲线

在进行锈蚀钢绞线的力学性能检测时首先进行的是 A22b 的检测，加变形计，钢绞线突然破坏，呈现典型的脆性破坏特征，不再存在屈服平台，伸长率只有 0.8% 左右，见图 11.15（由于变形计未及时取下，所以记录到变形又回到 0 的过程）。为避免危险或破坏变形计，之后的锈蚀钢绞线试件仅对其极限荷载进行检测，结果记录于表 11.7。

图 11.16 为无应力组试件破坏时的形态。

由各试件破坏形式来看，钢绞线在未腐蚀或锈蚀率较小时，呈现"散开式"破坏。破坏时，7 根钢丝几乎同时被拉断。而锈蚀后钢绞线由于锈蚀不均匀，存在坑蚀现象，都是从 1~2 根钢丝的较大锈坑处或截面较小处开始断裂导致破坏。从断口来看，未锈蚀的钢丝断口为杯锥式破坏，全周严重颈缩；锈蚀的钢丝呈劈裂式、铣刀式破坏，颈缩现象不明显，见图 11.17。

力学性能结果   表 11.7

试样编号	锈蚀率	最大力（kN）	名义强度（MPa）	强度相对值
A14a	0.05	225.9	1876	0.950
A14b	0.07	209.1	1817	0.922
A18a	0.11	140.0	1517	0.768
A18b	0.09	191.0	1778	0.901
A22a	0.11	171.8	1757	0.891
A22b	0.13	156.1	1718	0.870
A0a	0	276.5	1975	1.000
A0b	0	277.1	1979	1.000
B14a	0.07	278.9	1827	0.940
B14b	0.06	270.3	1846	0.951
B18a	0.10	265.0	1814	0.933
B18b	0.10	251.3	1769	0.917
B22a	0.07	274.0	1808	0.932
B22b	0.11	239.8	1730	0.899
B0a	0	372.2	1948	1.000
B0b	0	370.6	1940	1.000
YL5	0.08	237.7	1700	0.859
YL6	0.08	237.7	1700	0.859
YL7	0.10	208.0	1490	0.751

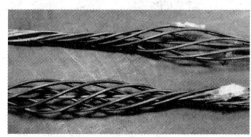

AOa、AOb

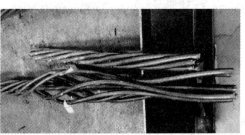
BOa

图 11.16　A 组、B 组钢绞线断裂典型形态

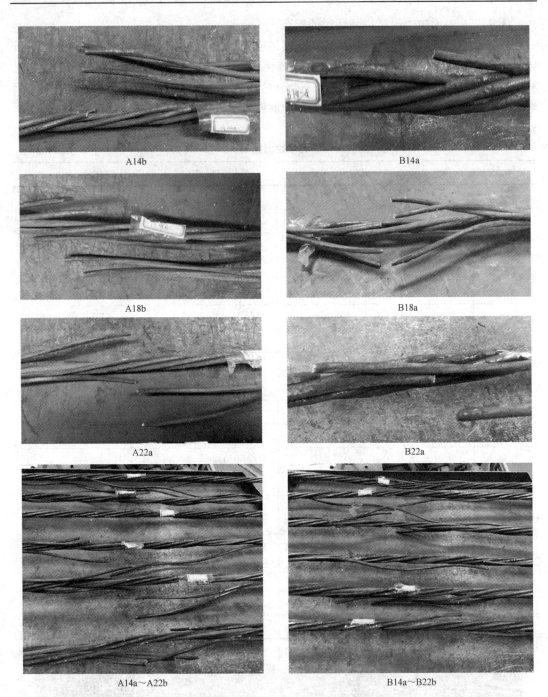

图 11.16　A组、B组钢绞线断裂典型形态（续）

图 11.18 为有应力组试件破坏时的形态。

可以看出，YL5 和 YL6 两根腐蚀率较小的钢绞线呈"散开式"破坏。破坏时，7 根钢丝几乎同时被拉断。而 YL7 这根锈蚀率较大的钢绞线呈现断丝式破坏，7 根钢丝中有 2 根断裂。从试验结果可知，未腐蚀钢绞线中的钢丝主要发生延性断裂，而腐蚀钢绞线中的钢丝则既可能发生延性断裂，又可能发生脆性断裂。

B0b　　　　　　　　　　　　B18b

图 11.17　未腐蚀钢丝典型断口与腐蚀后钢丝典型断口

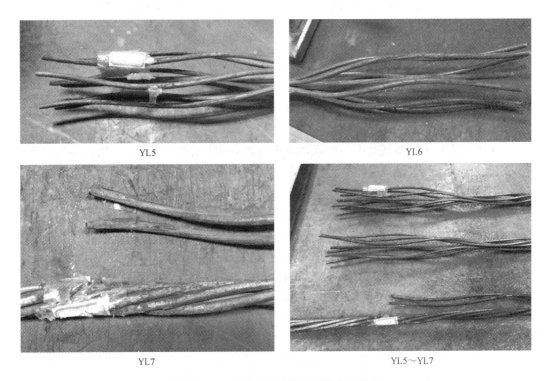

YL5　　　　　　　　　　　　YL6

YL7　　　　　　　　　　YL5～YL7

图 11.18　有应力组钢绞线断裂典型形态

11.2.3　试验数据分析

本节将将试验试件分为无应力组（直径为 15.2mm、17.8mm 和 21.8mm 三种钢绞线）、有应力组（直径均为 15.2mm）和缓粘结组（直径为 15.2mm、17.8mm 和 21.8mm 三种缓粘结筋）三类对试验所获得的数据进行分析汇总，得出结论。

11.2.3.1　无应力组结果分析

图 11.19 为不同直径钢绞线实际锈蚀率与理论锈蚀率的相对关系，图 11.20 为不同直径钢绞线锈蚀率与极限强度相对值关系。

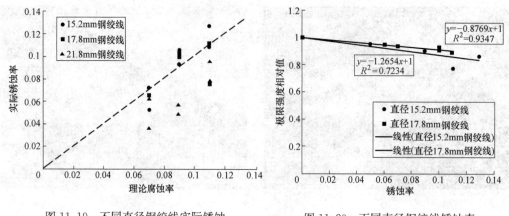

图 11.19　不同直径钢绞线实际锈蚀率与理论锈蚀率的相对关系

图 11.20　不同直径钢绞线锈蚀率与极限强度相对值关系

由图 11.19 可知：根据法拉第定律计算出的理论锈蚀率基本与实际锈蚀率相符合，但由于虹吸作用等影响因素，使得锈蚀长度及表面积都较大，从而使理论计算结果存在一定的误差；直径较小（15.2mm）的钢绞线锈蚀率明显大于理论锈蚀率，而直径中等（17.8mm）的钢绞线锈蚀率与理论锈蚀率基本相符，直径最大（21.8mm）的钢绞线锈蚀率比理论锈蚀率偏小。

对于不同直径钢绞线锈蚀率与极限强度相对值关系汇总于图 11.20。可以得出以下结论：锈蚀率越大，钢绞线的极限强度越小，并且呈线性下降；随着钢绞线公称直径的增大（15.2mm 到 17.8mm），钢绞线的极限强度下降速度越小，说明在锈蚀率相同的情况下，直径越小的钢绞线受不均匀锈蚀，如锈坑等影响越大。

11.2.3.2　有应力组结果分析

试件 YL1～YL10 的初始应力比见表 11.8 和图 11.21。

初始应力比　　　　　　　　　　　　　表 11.8

试样编号	设计张拉力(kN)	设计应力比	实际张拉力(kN)	实际应力比
YL1	78.12	0.30	53.30	0.2047
YL2	91.14	0.35	82.94	0.3185
YL3	104.16	0.40	95.80	0.3679
YL4	117.18	0.45	108.00	0.4147
YL5	91.14	0.35	94.71	0.3637
YL6	117.18	0.45	113.55	0.4361
YL7	104.16	0.40	106.13	0.4076
YL8	117.18	0.45	114.11	0.4382
YL9	117.18	0.45	114.15	0.4384
YL10	130.20	0.50	130.63	0.5017

在张拉之后，通过测力传感器进行应力监测：其中 YL1～YL4 为未腐蚀预应力损失对照组，YL5～YL10 为腐蚀组。由图 11.22 和图 11.23 可知，钢绞线中的有效应力相对

值呈对数减小趋势，将其回归为对数公式，见式（11.9）。其中，σ_1 表示 24h 后钢绞线中的有效应力相对值大小，k 可以表示有效应力下降系数。

$$\sigma = -k\ln(t) + \sigma_1 \qquad (11.9)$$

有腐蚀液组：

经分析得，σ_1 与 k 值大小主要与钢绞线初始应力水平呈正相关关系，与是否腐蚀的关系不大。现将 24h 后钢绞线中的有效应力相对值大小 σ_1 与钢绞线初

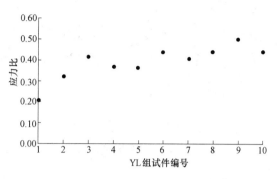

图 11.21　试件 YL1～YL10 的应力比

始应力水平表示于图 11.24。有效应力下降系数 k 与钢绞线初始应力水平表示于图 11.25。

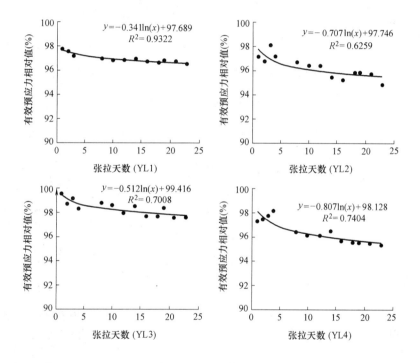

图 11.22　YL1～4 中有效预应力相对值变化

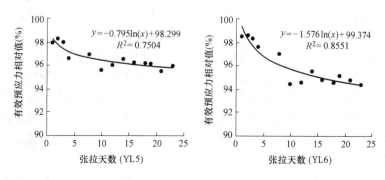

图 11.23　YL5～10 中有效预应力相对值变化

461

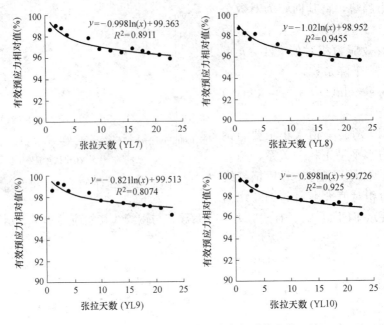

图 11.23　YL5~10 中有效预应力相对值变化（续）

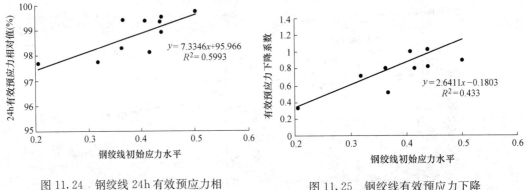

图 11.24　钢绞线 24h 有效预应力相
对值与初始应力水平关系

图 11.25　钢绞线有效预应力下降
系数与初始应力水平关系

对比 YL4 和 YL5 以及 YL3 和 YL7，其 σ_1 与 k 值相差不大，说明预应力损失在氯离子腐蚀作用下没有明显变大，侵蚀环境对预应力损失影响不大。通过对比 YL5 和 YL6 亦能说明在通电加速锈蚀的情况下，应力水平的对锈蚀速度无明显加速影响，通电电流和通电时间是关键影响因素。

由图 11.26 可知：在锈蚀率相同的情况下，有应力组的承载力比无应力承载力降低得更快。说明应力状态下的锈蚀（坑蚀现象更为明显）较无应力状态对钢绞线强度的影响更为不利。在应力状态下，钢绞线表面钝化膜容易破裂，钢绞线易发生腐蚀。此外，由于高应力的影响，钢绞线腐蚀过程中的阳极溶解使得钢绞线表面出现腐蚀裂缝，而阴极析出的氢扩展了裂缝宽度，宏观上表现为在锈蚀率相同的条件下，应力条件下锈蚀的钢绞线极限强度相对值更低。

本试验的有应力组实际上研究的是钢绞线的应力腐蚀。应力腐蚀是在准恒定应力与特

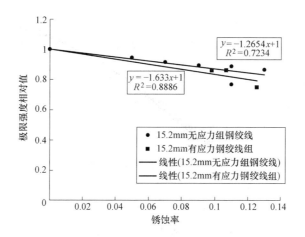

图 11.26 不同应力钢绞线锈蚀率与极限强度相对值关系

殊腐蚀环境（包括氢环境）耦合作用下引起金属滞后开裂或断裂的一种过程。这一过程中的腐蚀程度非常轻微，但腐蚀与应力的超非线性耦合使其破坏非常突然，因而是一种极其危险的腐蚀破坏方式。从 YL8、YL9、YL10 在退锚过程中即发生断裂破坏的情况可见一斑。YL8、YL9、YL10 的断裂特征均为典型的脆性断裂，颈缩极小，破坏非常突然。

11.3 有限元模拟方法

11.3.1 坑蚀钢绞线模拟

11.3.1.1 钢绞线建模思路

钢绞线广泛用在预应力混凝土结构中，在计算中一般将其截面折合成单圆，然后按照均质杆件进行计算。实际上钢绞线的受力情况不同于均质圆杆，表现在：从整体上看，钢绞线的弹性模量不同于钢丝的弹性模量，钢绞线受拉后，产生一定的扭矩，钢绞线要比等截面积的匀质圆杆柔软；从局部上看，各钢丝的受力并非像匀质杆件那样均匀受力，内丝与外丝中的应力并不相同。因此，本文将 7 股钢绞线用有限元软件 ABAQUS 进行建模，探究公称直径为 15.2mm 的 7 股钢绞线及产生锈坑后钢绞线的受力性能。

7 股钢绞线由 7 根高强钢丝（直径 5mm）捻线而成，其外接圆轮廓尺寸称为公称直径；捻距为螺旋钢丝旋转 360° 所对应的钢绞线长度，其长度为公称直径的 12~18 倍，本次模拟取 240mm。

钢绞线的模型基本按照其实际空间形状建立，外丝端面与外丝中心螺旋线在该位置的切线垂直。各根钢丝均采用实体单元，为建立各钢丝之间的接触关系，钢丝间填加 0.05mm 厚的填充层，其强度取足够小。建立模型时，内外钢丝的直径视作相等，不考虑中丝的加粗。各部分实体模型见图 11.27。

将各部件进行组装，得到 7 股钢绞线实体模型，取 3 个捻距的钢绞线进行组装，在钢绞线两端增加刚性垫块，组装后的模型见图 11.28。

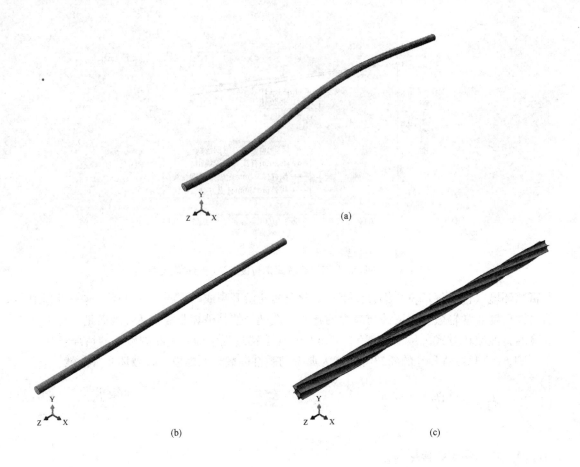

图 11.27 钢绞线建模

（a）外丝实体模型；（b）中丝实体模型；（c）填充层实体模型

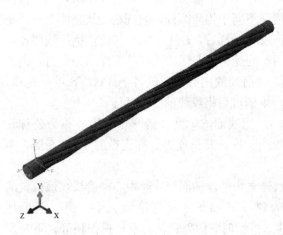

图 11.28 钢绞线模型（3 捻距）

对整根钢绞线的网格划分，由于几何形状较复杂及为方便之后的锈坑模拟，将构件进行细分，每根钢丝沿周长进行 20 等分，整根钢绞线模型共划分为 131125 个单元。钢绞线网格划分见图 11.29。

11.3.1.2　钢绞线模型计算结果

本章设置 7 个钢绞线试件 G0～G6 进行模拟计算：试件 G0 为均质圆杆对照组；试件 G1 为未锈蚀钢绞线对照组；试件 G2～G5 上布置长度、宽度、深度不同的锈坑，以对比锈坑长、宽、深三个维度对钢绞线受力情况的影响；G6、G7 对照试验构件 YL6、YL7 进行模拟，以验证模拟计算的正确性和准确性。

试件设计见表 11.9。

各构件应力云图见图 11.30～图 11.37。

(a)   (b)

图 11.29　钢绞线网格划分

(a) 钢绞线模型网格划分整体图；(b) 钢绞线网格划分局部放大图

钢绞线构件表 表 11.9

构件编号	备注	长（单元数）	宽（单元数）	深（单元数）
G0	均质圆杆	0	0	0
G1	未锈蚀 7 股钢绞线	0	0	0
G2	锈坑对照组	8	4	1
G3	深度变化	8	4	2
G4	宽度变化	8	2	1
G5	长度变化	6	4	1
G6	模拟试验构件 YL6(0.107)	按照试验构件 YL6 进行锈坑布置		
G7	模拟试验构件 YL7(0.125)	按照试验构件 YL7 进行锈坑布置		

图 11.30　G0 横截面应力云图

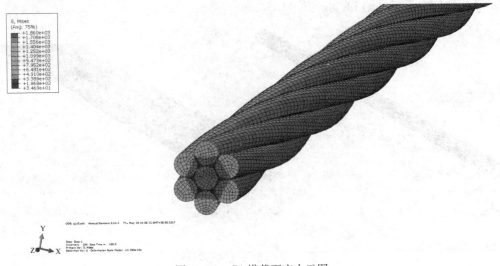

图 11.31　G1 横截面应力云图

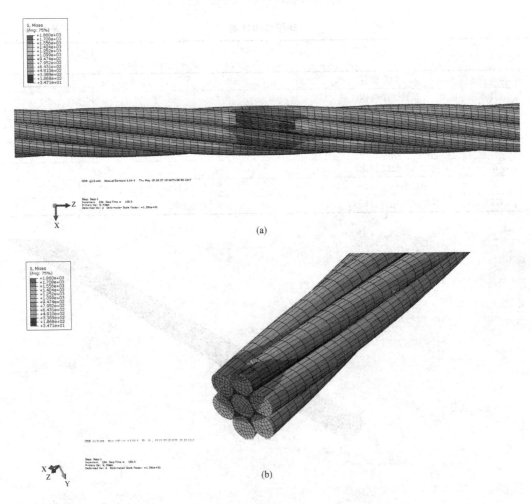

图 11.32　G2 受拉后的应力云图

(a) G2 锈坑处应力云图；(b) G2 锈坑处横截面应力图

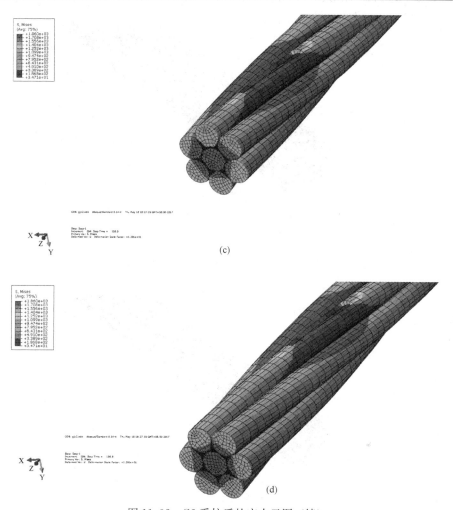

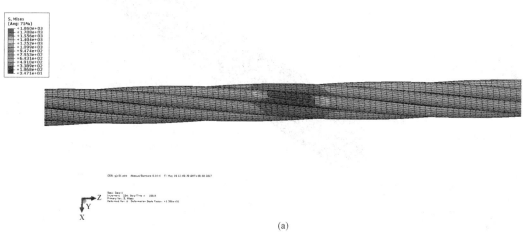

图 11.32　G2 受拉后的应力云图（续）

（c）G2 锈坑外有影响段横截面应力图；（d）G2 锈坑外无影响段横截面应力图

图 11.33　G3 受拉后的应力云图

（a）G3 锈坑处应力云图

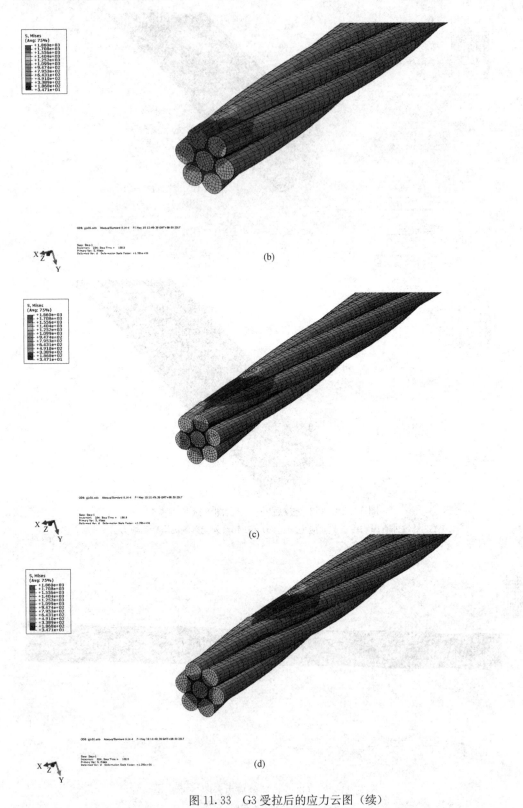

图 11.33　G3 受拉后的应力云图（续）

（b）G3 锈坑处横截面应力图；（c）G3 锈坑外有影响段横截面应力图；（d）G3 锈坑外无影响段横截面应力图

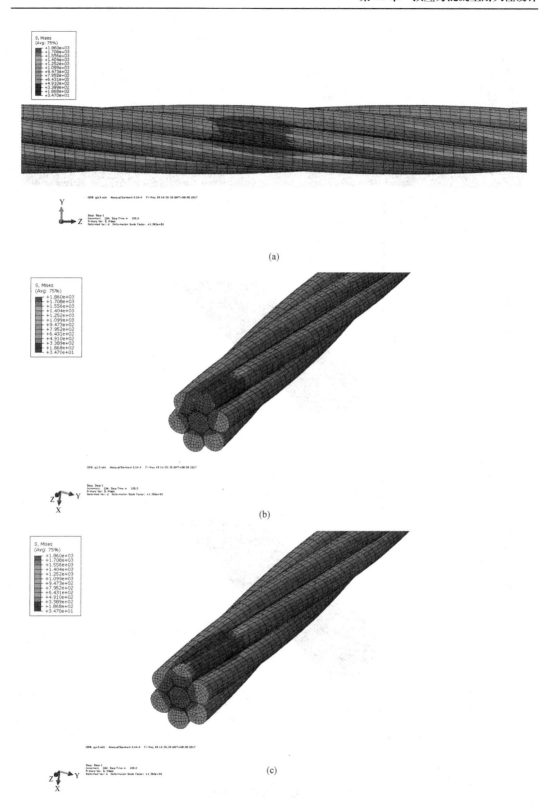

图 11.34　G4 受拉后的应力云图

(a) G4 锈坑处应力云图；(b) G4 锈坑处横截面应力图；(c) G4 锈坑外无影响段横截面应力图

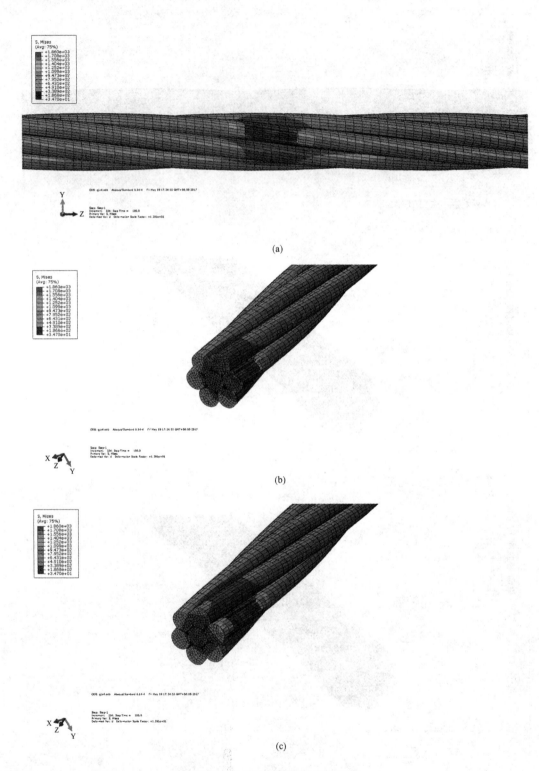

图 11.35　G5 受拉后的应力云图

（a）G5 锈坑处应力云图；（b）G5 锈坑处横截面应力图；（c）G5 锈坑外有影响段横截面应力图

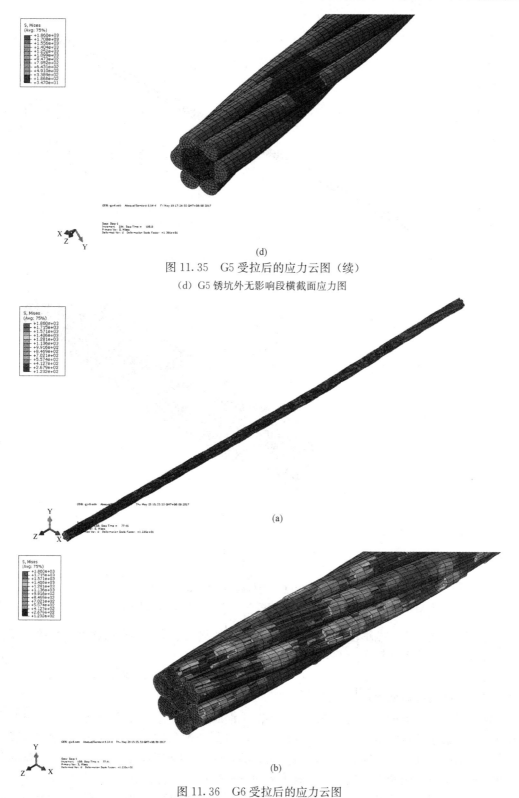

(d)

图 11.35　G5 受拉后的应力云图（续）

（d）G5 锈坑外无影响段横截面应力图

(a)

(b)

图 11.36　G6 受拉后的应力云图

（a）G6 表面锈坑分布图及整体应力云图；（b）G6 表面锈坑局部放大应力图及截面应力分布

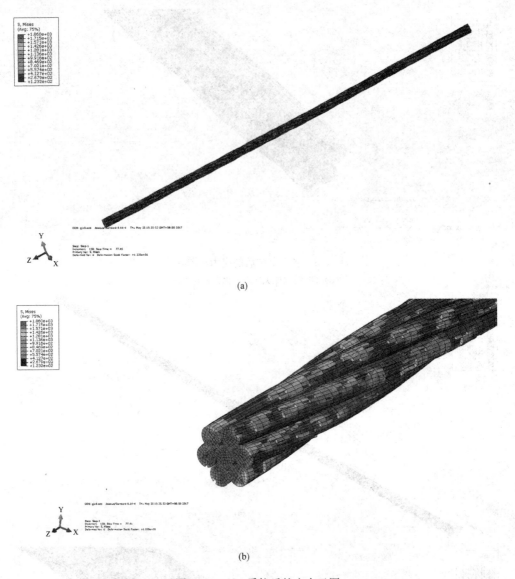

图 11.37 G7 受拉后的应力云图

(a) G7 表面锈坑分布图及整体应力云图；(b) G7 表面锈坑局部放大应力图及截面应力分布

计算时，钢绞线一端刚性垫块固定，在另一端的垫块上施加均布荷载进行加载。计算至不收敛时，计算试件最大承载力 G6 为 1640MPa（YL6 试验结果为 1700MPa）；G7 为 1525MPa（YL7 试验结果为 1490MPa）。G6 相对误差为 3.53%，G7 相对误差为 2.35%。

11.3.1.3　钢绞线模型计算结果分析

钢绞线是由多根钢丝捻线而成，因此不同于钢筋简单的受力状态，对钢绞线材料的受力特点，尤其是有锈坑钢绞线，进行分析时，仅将其处理为均质圆杆显然是不够合理的。因为对于单根钢筋，整个横截面的应力是均匀的，而钢绞线却不同。首根（批）钢丝的断裂即代表了钢绞线的断裂失效，而且对于腐蚀钢绞线钢丝，当其受到轴心拉力作用时，由于蚀坑效应的影响，使其应力状态变得非常复杂。通过对钢绞线和坑蚀钢绞线的模拟和截面应力分析，可以得到如下结论：

（1）对于未锈蚀钢绞线，7 股钢绞线中丝及边丝中部的应力明显大于边丝外部的应力。

（2）当钢绞线某一个钢丝上发生锈蚀，产生锈坑后，由于钢丝直径较小，因此锈坑对钢丝产生的影响较大。截面的减小导致了应力集中，同时会影响未产生锈蚀的其他钢丝的受力情况。

（3）锈坑产生于某一根钢丝，当锈坑较小时，中丝应力仍旧最大，当锈坑较大时，尤其是随着深度方向的增大，此钢丝中的应力迅速增大，甚至超过中丝，引起截面的应力偏移和集中，锈坑的影响长度越长，最终成为破坏的起源。

（4）通过对比试验构件与有限元计算结果，钢绞线极限承载力的相对误差在 5% 以内，证明了有限元建模的合理性和计算的准确性。

11.3.2　锈蚀钢绞线预应力梁模拟

11.3.2.1　材料本构模型的选取

材料的本构模型是反映材料受力性能的重要力学特征，是进行结构受力分析、变形计算的依据，也是有限元分析的基础。材料本构模型的选取直接关系到有限元计算的精度和效率。因此，有限元分析中正确选取材料本构关系是至关重要的。

1. 混凝土的本构模型

混凝土的本构模型是反映混凝土受力性能的重要参数，自混凝土问世以来，国内外学者对其本构关系进行了大量的研究，常见的用于描述混凝土应力－应变关系曲线的数学模型有：《混凝土结构设计规范》GB 50010—2010 附录 C 模型、美国 E. Hognestad 建议的模型、德国 Rüsch 建议的模型、过镇海模型等。本文选用《混凝土结构设计规范》GB 50010—2010 附录 C，提供的混凝土单轴受压和受拉本构模型作为混凝土材料有限元分析的本构模型。

（1）混凝土单轴受拉的应力-应变曲线可按下列公式确定：

$$\sigma = (1-d_t)E_c\varepsilon \tag{11.10}$$

$$d_t = \begin{cases} 1-\rho_t[1.2-0.2x^5] & x \leqslant 1 \\ 1-\dfrac{\rho_t}{\alpha_t(x-1)^{1.7}+x} & x > 1 \end{cases} \tag{11.11}$$

$$x = \frac{\varepsilon}{\varepsilon_{t,r}} \tag{11.12}$$

$$\rho_t = \frac{f_{t,r}}{E_c\varepsilon_{t,r}} \tag{11.13}$$

$$\varepsilon_{t,r} = f_{t,r}^{0.54} \times 65 \times 10^{-6} \tag{11.14}$$

$$\alpha_t = 0.312 f_{t,r}^2 \tag{11.15}$$

式中　α_t——混凝土单轴受拉应力-应变曲线下降段的参数值，按公式（11.15）取用；

$f_{t,r}$——混凝土的单轴抗拉强度代表值，根据分析需要取 f_{tk}；

$\varepsilon_{t,r}$——与单轴抗拉强度代表值 $f_{t,r}$ 相应的混凝土峰值拉应变，按公式（11.14）取用；

d_t——混凝土单轴受拉损伤演化参数。

（2）混凝土单轴受压的应力-应变曲线可按下列公式确定：

$$\sigma=(1-d_c)E_c\varepsilon \tag{11.16}$$

$$d_c=\begin{cases}1-\dfrac{\rho_c n}{n-1+x^n} & x\leqslant 1 \\ 1-\dfrac{\rho_c}{\alpha_c(x-1)^2+x} & x>1\end{cases} \tag{11.17}$$

$$x=\frac{\varepsilon}{\varepsilon_{c,r}} \tag{11.18}$$

$$\rho_c=\frac{f_{c,r}}{E_c\varepsilon_{c,r}} \tag{11.19}$$

$$n=\frac{E_c\varepsilon_{c,r}}{E_c\varepsilon_{c,r}-f_{c,r}} \tag{11.20}$$

$$\varepsilon_{c,r}=(700+172\sqrt{f_{c,r}})\times10^{-6} \tag{11.21}$$

$$\alpha_c=0.157f_c^{0.785}-0.905 \tag{11.22}$$

$$\frac{\varepsilon_{cu}}{\varepsilon_{c,r}}=\frac{1}{2\alpha_c}(1+2\alpha_c+\sqrt{1+4\alpha_c}) \tag{11.23}$$

式中　α_c——混凝土单轴受压应力-应变曲线下降段的参数值；

　　　$f_{c,r}$——混凝土的单轴抗拉强度代表值，根据分析需要取 f_{ck}；

　　　$\varepsilon_{c,r}$——与单轴抗压强度代表值 $f_{c,r}$ 相应的混凝土峰值压应变；

　　　d_c——混凝土单轴受压损伤演化参数。

综上所述，混凝土单轴应力-应变关系曲线如图 11.38 所示。

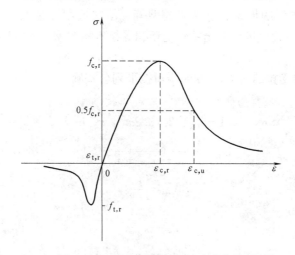

图 11.38　混凝土单轴应力-应变曲线

2. 普通钢筋（非预应力筋）的本构模型

普通钢筋都属于具有明显流幅的软钢，用于描述软钢应力-应变关系曲线的数学模型有两折线模型和三折线模型。三折线模型可以描述钢筋屈服后应变强化的特性，但是考虑到混凝土结构构件破坏时混凝土的极限应变有限，即使相应的钢筋受拉变形超过流幅进入强化段，其进入强化段的范围也是很有限的。因此，在实际分析中混凝土结构构件中的普通钢筋的本构模型大多采用两折线的理想弹塑性模型[16]。本章有限元分析中普通钢筋的本构模型亦采用两折线的理想弹塑性模型，其数学公式可按下式表达：

$$\sigma_s = \begin{cases} E_s\varepsilon_s & (\varepsilon_s \leqslant \varepsilon_y) \\ f_y & (\varepsilon_y < \varepsilon_s \leqslant \varepsilon_u) \end{cases} \tag{11.24}$$

式中　σ_s——普通钢筋的应力；

　　　E_s——普通钢筋的弹性模量；

　　　f_y——普通钢筋的屈服强度；

　　　ε_y——普通钢筋的屈服应变；

　　　ε_u——普通钢筋的极限应变。

普通钢筋（非预应力筋）应力-应变关系曲线如图 11.39 所示。

3. 预应力钢筋的本构模型

预应力钢筋属于没有明显流幅的硬钢，其本构模型可以用双斜线模型来进行表达，其数学公式可写为[15]：

$$\sigma_p = \begin{cases} E_p\varepsilon_p & (\varepsilon_p \leqslant \varepsilon_{py}) \\ f_{py} + k(\varepsilon_{py} - \varepsilon_y) & (\varepsilon_{py} < \varepsilon_p \leqslant \varepsilon_u) \\ 0 & (\varepsilon_p > \varepsilon_u) \end{cases} \tag{11.25}$$

式中　σ_p——预应力钢筋的应力；

　　　E_p——预应力钢筋的弹性模量；

　　　f_{py}——预应力钢筋的名义屈服强度；

　　　f_{pu}——预应力钢筋的极限强度；

　　　ε_p——预应力钢筋的应变；

　　　ε_{py}——预应力钢筋的名义屈服应变；

　　　ε_u——预应力钢筋的极限应变；

　　　k——预应力钢筋硬化段斜率，$k = (f_{pu} - f_{py})/(\varepsilon_u - \varepsilon_{py})$。

预应力钢筋应力-应变关系曲线如图 11.40 所示。

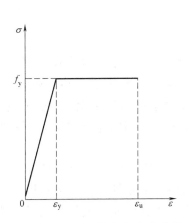

图 11.39　普通钢筋应力-应变曲线

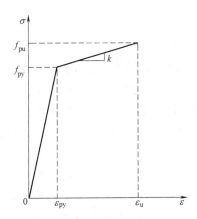

图 11.40　预应力钢筋应力-应变曲线

11.3.2.2　材料模型的选取

1. 混凝土的材料模型

ABAQUS 中提供了三种用于混凝土分析的材料模型[17~19]，分别为：混凝土弥散裂

缝模型 (Concrete Smeared Cracking)、混凝土脆性开裂模型 (Cracking Model for Concrete) 和混凝土的损伤塑形模型 (Concrete Damaged Plasticity)。混凝土弥散裂缝模型适用于 ABAQUS/Standard 分析模块,混凝土脆性开裂模型适用于 ABAQUS/Explicit 分析模块,混凝土的损伤塑形模型可用于 ABAQUS/Standard 和 ABAQUS/Explicit 两个分析模块的分析工作。

混凝土弥散裂缝模型 (Concrete Smeared Cracking) 中裂缝是影响混凝土受力性能最为关键的因素,该模型利用定向损伤弹性和各向等压塑形的概念来描述混凝土的非线性行为。混凝土弥散裂缝模型适用于模拟低围压情况下单调加载的钢筋混凝土结构以及素混凝土结构。

混凝土脆性开裂模型 (Cracking Model for Concrete) 考虑了由于裂纹引起的各向异性性质,混凝土的压缩行为假定为线弹性,脆性断裂准则可以使得混凝土在拉伸应力过大时失效。该模型仅适用于显示分析的 ABAQUS/Explicit 模块,不适用于隐式分析的 ABAQUS/Standard 模块。

混凝土的损伤塑形模型 (Concrete Damaged Plasticity) 是本章采用的混凝土材料模型。该模型是依据 Lubliner、Lee 和 Fenves[18] 于 1998 年提出的损伤塑形模型确定的,是基于塑性连续介质的损伤模型,利用各向损伤弹性和各向等拉和等压塑性的概念来描述混凝土的非线性行为;该模型主要的两个破坏准则是混凝土的压碎和混凝土的拉裂。与混凝土弥散裂缝模型相比,混凝土的损伤塑性模型的适用范围更为广泛,可用于混凝土在单调加载、循环加载以及动力荷载下的受力性能分析。

2. 普通钢筋和预应力钢筋的材料模型

普通钢筋和预应力钢筋的材料模型选用 ABAQUS 中提供的金属材料模型 (Plasticity)。根据 ABAQUS 中塑形材料数据的输入格式要求,将材料的本构模型中应力-应变曲线的应变分解为弹性应变分量和塑性应变分量,用总应变减去弹性应变得到 ABAQUS 中需要的塑性应变,计算公式如下:

$$\varepsilon^{pl} = \varepsilon^{t} - \varepsilon^{el} = \varepsilon^{t} - \sigma/E \tag{11.26}$$

11.3.2.3 单元的选取

ABAQUS 提供了丰富的单元库可供用户选择,单元主要可以分为 8 个大类:实体单元、壳单元、梁单元、薄膜单元、杆单元、刚性体单元,连接单元和无限元。此外,ABAQUS 针对一些特殊问题还提供了一些特种单元,如针对海洋工程结构的土壤、管柱锚链单元和连接单元,钢筋混凝土结构中的加强筋单元等,ABAQUS 还允许用户通过子程序来自定义单元。

在有限元模拟中,混凝土采用三维实体单元,三维实体单元根据插值阶数可以分为:完全积分单元、减缩积分单元、非协调单元和杂交单元等。合理地选取单元类型是保证计算结果准确性和计算效率的关键因素。完全积分单元一般用于局部应力集中区域,计算结果精度很高;线性减缩积分单元可用于大的网格扭曲问题(大应变分析)和接触分析问题;二次减缩积分单元可用于模拟应变不大的问题。基于上述阐述,本文采用 8 节点的三维实体线性减缩积分单元 C3D8R 来模拟混凝土,能取得较好的计算精度和计算效率。

普通钢筋、有粘结预应力钢筋和无粘结预应力钢筋在受力时，只承担拉伸和压缩荷载，不能承担弯曲，故采用 ABAQUS 中提供了桁架单元来进行模拟。本章选用空间两节点桁架单元 T3D2 来模拟普通钢筋、有粘结预应力钢筋和无粘结预应力钢筋，该单元对于位置和位移采用线性内插法，沿单元的应力为常量。

11.3.2.4　模型中主要接触关系的选用

本章有限元模型中采用了分离式的建模方法，即混凝土、普通钢筋、预应力钢筋分别建模，分别选取单元，独立进行网格划分。分离式建模方法中要让各个部分形成一个整体共同工作，就必须要定义普通钢筋、预应力钢筋与混凝土之间的接触关系。本章普通钢筋和有粘结预应力钢筋与混凝土之间的接触关系选用 ABAQUS 中提供的 Embed 方法将它们的自由度进行耦合，实现变形协调。

11.3.2.5　梁模型概况

本章的基本模型为配置直线预应力筋的混凝土简支梁，基本模型的参数：梁的长度为 2600mm，跨度为 2400mm，截面尺寸为 150mm×200mm，预应力筋线形采用直线形式，加载方式为三分点加载。混凝土强度等级采用 C30，纵向普通钢筋采用 HPB235 和 HRB335 级，箍筋采用 HPB235 级，钢绞线采用 1860 级，张拉控制应力为 $0.75f_{ptk}$，有粘结预应力筋的有效预应力为 984MPa。基本模型的详细信息见图 11.41；基本模型的 ABAQUS 有限元模型见图 11.42。本文模型参考李富民[20]的试验中预应力梁的尺寸和配筋。

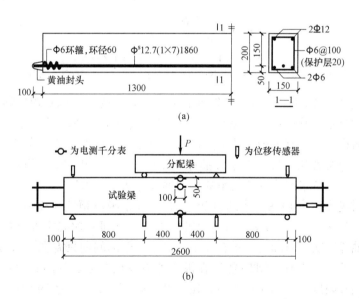

图 11.41　试验梁的尺寸及配筋

（a）试验梁尺寸及配筋图；（b）试验梁加载图

有限元模拟梁构件分为四组：B0 为未锈蚀对照构件；B1 组为均匀锈蚀组，即钢绞线面积沿长度方向的面积为常数；B2 组为不均匀锈蚀且锈坑沿全长均匀分布；B3 组为不均匀锈蚀且锈坑集中于跨中 1/3 纯弯段。

具体模拟构件及参数见表 11.10。

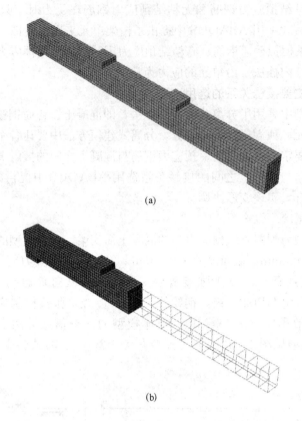

（a）

（b）

图 11.42　基本模型钢筋配置及加载示意图

（a）ABAQUS 有限元模型图；（b）ABAQUS 有限元模型配筋示意图

B2、B3 组不均匀锈蚀组将钢绞线分为 104 个单元，按照目标平均锈蚀率（重量损失率）进行锈坑的分布，其面积分布采用改进拉丁超立方抽样方法的样本点生成策略[21]。锈蚀钢绞线的面积分布具有不确定性和随机性，因此，本章采用了不确定性的数学工具改进现有的确定性分析方法。拉丁超立方抽样（Latin Hypercube Sampling，LHS）技术是一种可以有效提高蒙特卡罗法计算效率的均匀抽样方法。

　　LHS 的基本思想是：将每一个随机变量 X_i 的分布函数领域在概率上 N 等分为 ΔX_i^k（$k=1$，2，$\cdots$，N）；每等分都具有相同的概率 $1/N$，在每一次确定性计算步骤中严格保证每一等分内抽样一次。若随机变量有 n 个，对于一般的问题只需进行 N 次确定性计算。当统计变量的个数 n 较大时，LHS 能够在极大地减少抽样数目的同时达到直接蒙特卡罗法同等水准的抽样精度，根据实践经验，在计算中取 $N=2n-N=3n$ 即可满足精度要求。锈坑深度模型采用 Gumbel 分布，再计算出锈蚀后钢绞线的面积 S；面积均值根据锈蚀率算得。

　　B2 组将整根钢绞线分为 104 个单元进行面积抽样；B3 组将整根钢绞线分为 35-34-35 三段，分别抽样，跨中段的面积均值小于两端两段，进行 3 次面积抽样，分别记录于表格。

　　在模型中，分别按面积分布抽样结果对每一个单元进行截面定义。模型建好后，进行计算，得到各梁构件的计算结果。

模拟计算构件表 表 11.10

组别	构件编号	平均锈蚀率(重量损失率)	平均面积(mm²)
未锈蚀对照组	B0	0	98.7
均匀锈蚀组	B1-1	0.01	97.7
	B1-3	0.03	95.7
	B1-5	0.05	93.8
	B1-7	0.07	91.8
	B1-9	0.09	89.8
锈坑沿全长均匀分布	B2-1	0.01	97.7
	B2-3	0.03	95.7
	B2-5	0.05	93.8
	B2-7	0.07	91.8
	B2-9	0.09	89.8
锈坑集中于跨中段	B3-1	0.01	97.7
	B3-3	0.03	95.7
	B3-5	0.05	93.8
	B3-7	0.07	91.8
	B3-9	0.09	89.8

11.3.2.6 梁模型计算结果

计算结束后，将 B0、B1-9、B2-9、B3-9 的计算结果导出，如图 11.43～图 11.47。

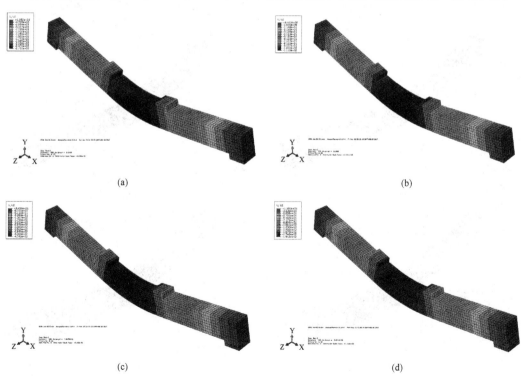

(a)　　　　　　　　　　　　　(b)

(c)　　　　　　　　　　　　　(d)

图 11.43 梁竖向位移图

(a) B0 梁竖向位移图；(b) B1-9 梁竖向位移图；(c) B2-9 梁竖向位移图；(d) B3-9 梁竖向位移图

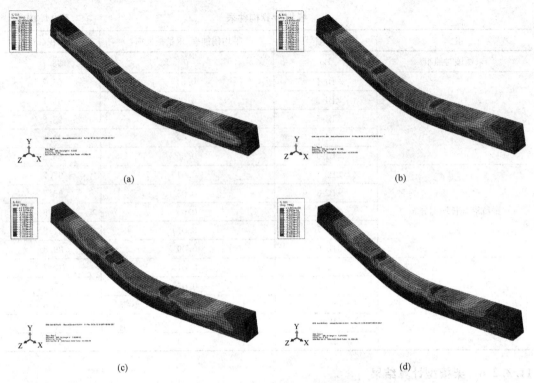

图 11.44　混凝土的应力云图

（a）B0 混凝土的应力云图；（b）B1-9 混凝土的应力云图；（c）B2-9 混凝土的应力云图；（d）B3-9 混凝土的应力云图

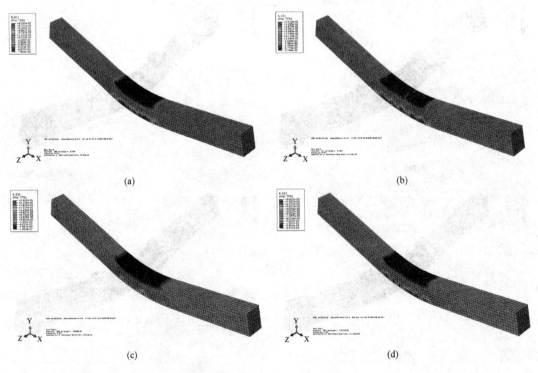

图 11.45　混凝土的应变云图

（a）B0 混凝土的应变云图；（b）B1-9 混凝土的应变云图；（c）B2-9 混凝土的应变云图；（d）B3-9 混凝土的应变云图

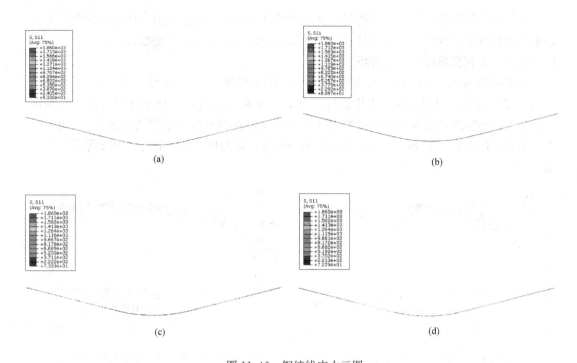

图 11.46 钢绞线应力云图

(a) B0 钢绞线应力云图；(b) B1-9 钢绞线应力云图；(c) B2-9 钢绞线应力云图；(d) B3-9 钢绞线应力云图

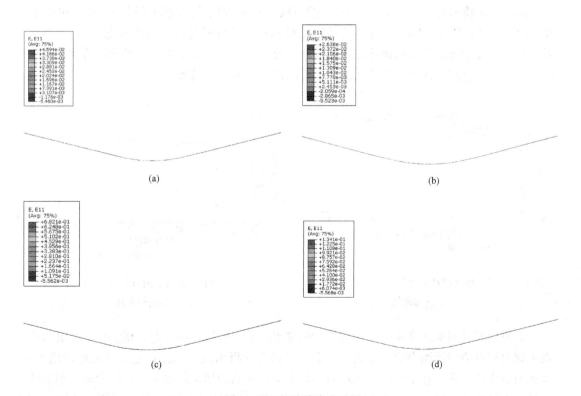

图 11.47 钢绞线应变云图

(a) B0 钢绞线应变云图；(b) B1-9 钢绞线应变云图；(c) B2-9 钢绞线应变云图；(d) B3-9 钢绞线应变云图

从计算结果来看，各梁受力情况的区别主要体现在钢绞线的应力、应变的区别，尤其是不均匀锈蚀的钢绞线，可以明显看出，在锈坑处钢绞线应力、应变都较大。

11.3.2.7　梁模型数据处理及分析

将未锈蚀对照梁 B0 分别与 B1、B2、B3 组的荷载-位移曲线绘于同一图中，见图 11.48～图 11.50。可以发现每组中锈蚀率越高，承载力越低；混凝土开裂前的切线刚度差别不大，而割线刚度随锈蚀率增大而减小（下文讨论的刚度均指割线刚度）。不均匀锈蚀的出现（B2、B3）及锈坑于跨中集中（B3 较 B2）都会使梁的承载力、刚度等下降程度增大。

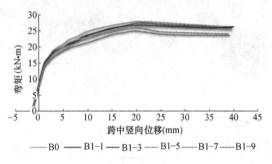

图 11.48　B1 组（均匀锈蚀组）荷载-位移曲线

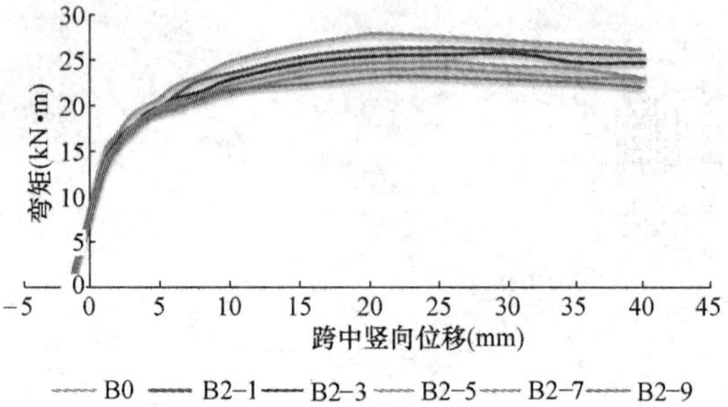

图 11.49　B2 组（锈坑沿全长均匀分布）荷载-位移曲线

图 11.51 将 B0、B1-9、B2-9、B3-9 四根构件的荷载位移曲线绘于同一图中，可以明显看出，B1-9、B2-9、B3-9 的承载力及刚度呈逐渐下降的趋势，且都明显低于 B0。因此很多现有研究中将钢绞线的锈蚀按均匀锈蚀（重量锈蚀率）而不去考虑不均匀锈蚀、锈坑的存在，往往会高估构件结构的承载力，可能造成不安全的后果。

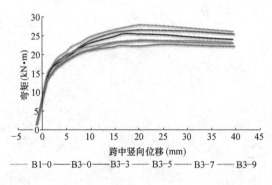

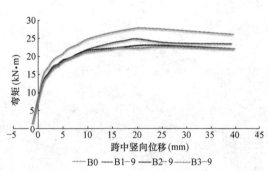

图 11.50　B3 组（锈坑集中于跨中 1/3 纯弯段）荷载-位移曲线

图 11.51　B0、B1-9、B2-9、B3-9 荷载-位移曲线对比

为更全面且明确地表示出不均匀锈蚀的影响，图 11.52 将 B1 组、B2 组、B3 组的极限承载力相对值与锈蚀率的关系表示出来，可以明确得出以下结论：随着锈蚀率的增大，承载力呈线性下降；在平均锈蚀率相同的情况下，不均匀锈蚀的出现和锈坑的集中都会使承载力下降更快。图 11.53 将 B1、B2、B3 组的刚度相对值与锈蚀率的关系表示出来，可以明确得出以下结论：随着锈蚀率的增大，刚度呈线性下降；在平均锈蚀率相同的情况

下，不均匀锈蚀的出现和锈坑的集中都会使刚度下降程度更快，锈坑集中对刚度影响较承载力影响较小。

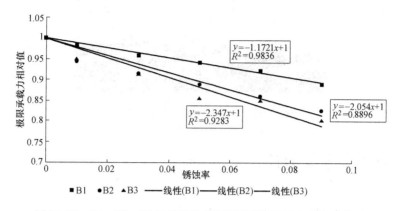

图 11.52　B1、B2、B3 组极限承载力相对值与锈蚀率的相对关系

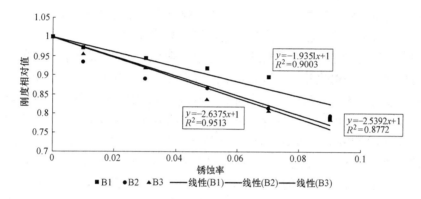

图 11.53　B1、B2、B3 组刚度相对值与锈蚀率的相对关系

图 11.54 将试验得到的荷载位移曲线[22]与 B1-3、B2-3、B3-3 的荷载位移曲线进行对比可得，模拟计算的结果均大于试验结果，分析原因如下：在试验中，试件制作好以后均置于室外环境中进行为期 13 个月的腐蚀，腐蚀梁出现了明显来自非预应力钢筋（包括受压纵筋和箍筋）的锈胀裂缝。即在实际试验中，混凝土、非预应力筋均出现材料劣化。而在进行模拟计算时，没有考虑除钢绞线外其他材料的劣化。因此模拟出的结果，尤其是线弹性阶段之后各阶段，各梁构件的承载力和刚度明显高于试验梁。但从总体来看，B3-3 的承载力和刚度都与试验结果更加接近。

对 B3-3 进行参数调整：根据试验梁所处的腐蚀环境——室外 10％盐水半泡环境中进行为期 13 个月的腐蚀，将混凝土强度和弹性模量折减为原来的 95％、受拉受压普通钢筋强度折减为原来的 80％，得到 B3-3-修正曲线，

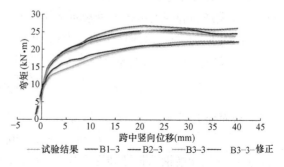

图 11.54　试验结果、B1-3、B2-3、B3-3 及 B3-3-修正的荷载位移曲线

与试验结果拟合良好。

试验梁加载结束后取出腐蚀钢绞线观察其腐蚀形态，发现其具有典型的坑蚀形态，见图 11.55。

图 11.55 梁内钢绞线的典型坑蚀形态

11.4 既有构件承载力计算

11.4.1 锈蚀普通钢筋混凝土梁承载力计算

在进行力筋锈蚀后预应力混凝土梁构件的承载力计算方法之前，我们先对锈蚀普通钢筋混凝土梁的承载力计算方法进行分析。通过梁的数值模拟与试验结果的探究[23]，发现无论锈蚀钢筋与混凝土之间是否有粘结，其抗弯承载力都与试验结果相当，即锈蚀钢筋与混凝土之间粘结性能的退化并不是影响其正截面抗弯承载力的主要因素。由此可知，在锚固措施良好可靠的前提下，锈蚀后钢筋面积减小和力学性能退化是锈蚀钢筋混凝土梁抗弯承载力下降的主要影响因素，且进行正截面抗弯承载力计算时认为平截面假定仍然成立。

因此，《混凝土结构耐久性评定标准》CECS 220：2007（下简称《评定标准》）中规定：对于锈蚀的普通钢筋混凝土受弯构件正截面承载力可按现行《混凝土结构设计规范》GB 50010—2010 计算，锈蚀后的钢筋应采用锈后实际截面面积和实际屈服强度，受拉钢筋实际屈服强度尚应乘以粘结退化引起的钢筋强度利用系数。当 $\xi \leqslant \xi_b$ 时，为适筋梁，受拉钢筋先屈服，混凝土再压碎：

$$M = \alpha_1 f_c bx \left(h_0 - \frac{x}{2} \right) = \alpha_{sc} f_{yc} A_{sc} \left(h_0 - \frac{x}{2} \right) \tag{11.27}$$

式中　α_{sc}——受拉锈蚀钢筋强度利用系数；

f_{yc}——钢筋锈蚀后的强度设计值（MPa）；

A_{sc}——锈蚀后的钢筋截面面积（mm^2）。

1. 锈蚀钢筋屈服强度可按下列规定取用：

(1) 截面损失率 $\eta_s \leqslant 5\%$ 且锈蚀较为均匀时，可取未锈蚀钢筋强度。

(2) 截面损失率 $5\% < \eta_s \leqslant 12\%$ 或 $\eta_s \leqslant 5\%$ 但锈蚀不均匀时，可按下式取值：

$$f_{yc} = \frac{1 - 1.077 \eta_s}{1 - \eta_s} \cdot f_y \tag{11.28}$$

(3) 截面损失率 $\eta_s > 12\%$ 时，可参考按下式取值，或查找相关材料性能数据：

$$f_{yc} = (1 - 1.049 \eta_s) \cdot f_y \tag{11.29}$$

2. 其中受拉锈蚀钢筋强度利用系数 α_{sc} 取值按下列规定取值：

(1) 无锈胀裂缝或受拉钢筋的剩余配筋率 $\rho_{sc} > 0.25$：$\alpha_{sc} = 1.0$。

(2) 钢筋锈蚀深度 $\delta \geqslant 0.3mm$，且受拉钢筋的剩余配筋率 $\rho_{sc} > 0.25$：

$$\alpha_{sc}=\begin{cases}1.45-1.82\rho_{sc} & (0.25<\rho_{sc}\leqslant0.44)\\0.92-0.63\rho_{sc} & (\rho_{sc}>0.44)\end{cases}\tag{11.30}$$

（3）钢筋锈蚀深度 $\delta<0.3$mm，且配筋指标 $q_0>0.25$：

$$\alpha_s=\begin{cases}1.0+(0.45-1.82q_0)\dfrac{\delta}{0.3} & (0.25<q_0\leqslant0.44)\\[2mm]1.0+(-0.08-0.63q_0)\dfrac{\delta}{0.3} & (q_0>0.44)\end{cases}\tag{11.31}$$

（4）构件受拉区损伤长度小于梁跨的 1/3 时，$\alpha_s=1.0$。

3. 在进行既有混凝土结构评估时需要注意

冻融损伤严重（强度损失率过大、混凝土剥落深度达到或超过保护层厚度）时，应进行承载力验算。冻融对承载力的影响主要是混凝土强度下降，有效面积减小。因此，在进行冻融环境混凝土受弯构件正截面承载力验算时，可按现行《混凝土结构设计规范》GB 50010—2010 计算，冻融后的混凝土应采用实际截面有效面积和实际抗压强度。

11.4.2　预应力筋锈蚀的影响

预应力筋锈蚀后对部分预应力混凝土构件受力性能的影响主要表现在三个方面：（1）锈蚀预应力筋受力截面积的减少；（2）预应力筋不均匀锈蚀导致表面产生蚀坑，产生了应力集中现象，成为各种荷载作用下的裂纹源，在预应力筋高应力状态下加剧了裂纹的扩展；（3）锈蚀预应力筋的锈蚀产物导致体积膨胀，使预应力筋与混凝土之间的粘结锚固性能改变，锈蚀率越大时粘结强度越小。对于有粘结预应力混凝土结构，当预应力筋锈蚀以后，预应力筋与混凝土间的粘结强度逐渐降低，在受力过程中预应力筋与混凝土间会出现粘结滑移，则会降低预应力结构的刚度，但对正截面受弯承载力影响不大。当预应力筋锈蚀率超过某临界锈蚀率后，预应力筋与混凝土间的粘结强度会完全丧失，即转变成无粘结预应力混凝土结构[24]。从已有的预应力混凝土结构失效的事故原因可以了解，引起部分预应力混凝土构件耐久性与寿命主要是前两个方面。

实际工程中的力筋锈蚀通常是均匀锈蚀与坑蚀同时存在的，这两种锈蚀均导致钢绞线横截面积的减小。其中坑蚀具有不均匀性和随机性，对结构承载力和刚度具有重要影响。特别对于具有相对高的应力水平和非延性破坏模式的预应力混凝土结构更为敏感。尤其是预应力筋坑蚀的出现，对预应力筋的破坏形态产生了本质性的影响。由本章前面的试验研究和 ABAQUS 有限元模拟结果也不难得出：坑蚀导致预应力筋产生脆断，坑蚀前后各项力学性能差别很大，应力集中逐渐明显，应力集中引起的局部应变的早期塑性变形更加显著，导致预应力筋的伸长率及断面收缩率下降。文献［25］从对 8 组坑蚀深度不同共 24 根预应力筋试件说明：当坑蚀深度超过预应力筋直径的 35% 左右时，坑蚀很可能引起预应力筋应力腐蚀进入腐蚀裂纹萌生扩展阶段，预应力筋将迅速发生应力腐蚀破坏。文献［26］的试验结果显示：梁预应力筋均存在较为严重的局部腐蚀现象，且多数试验梁预应力筋加载过程中在局部锈蚀严重区域被拉断，局部腐蚀区域成为试验梁的脆弱区域，若采用平均质量锈蚀率来衡量预应力筋的腐蚀程度，必将轻估预应力筋的腐蚀程度。

因此，坑蚀现象在钢绞线的锈蚀中是更常见而不能忽略的因素，坑蚀导致的受弯构件承载和刚度的削弱是必须考虑的因素。本章提出基于坑蚀深度分布采用预应力筋的局部截面积损失率来对其锈蚀程度进行评估，基于此进行承载力和刚度的公式修正。由于已有文献中的腐蚀率大部分采取的平均腐蚀率，且平均重量腐蚀率较容易量测，应用更加广泛，因此在计算腐蚀预应力受弯构件的承载力和刚度时，引入坑蚀系数以考虑腐蚀的不均匀性对于其刚度的影响。

11.4.3 基本假定及破坏模式

钢绞线具有更加严重的坑蚀特征，而且其中一根钢丝的断裂即决定了整根钢绞线的断裂失效，因而在锈蚀率不大的情况下，钢绞线的受拉性能即可受到严重削弱。因此，以锈蚀钢绞线作为力筋的预应力混凝土受弯构件其受弯性能退化应当比普通钢筋混凝土构件更加严重。同时，力筋锈蚀后预应力混凝土受弯构件的受弯性能退化将主要体现在力筋抗拉性能退化的基础上，这与普通钢筋混凝土构件也不尽相同。

结合已有的试验研究及工程实际，我们可以得到如下结论：

对于锈蚀预应力筋梁的受力特点的基本假定：①锈蚀预应力筋、钢筋与混凝土间粘结退化对锈蚀梁的承载能力影响不大，忽略不计；②混凝土和钢筋、预应力筋应变仍服从平截面假设；③不考虑受拉区混凝土对截面承载力的贡献；④考虑钢绞线的坑蚀作用对材料本身的削弱和影响。

对于既有预应力混凝土受弯构件锈蚀后的正截面承载力计算，首先明确锈蚀预应力梁可能的破坏模式：①适筋破坏；②锈蚀预应力筋拉断；③锚固破坏。在实际工程中，由于预应力筋的混凝土保护层厚度较普通钢筋（纵筋和箍筋）的大，普通钢筋会先于预应力筋发生锈蚀。后张预应力筋一般还有套管进行保护，锈蚀程度较普通钢筋较轻，锈蚀率较小。当普通钢筋配置过少或锈蚀过于严重，或者在采用的预应力筋具有相当好的抗腐蚀性，如缓粘结筋等，不排除普通钢筋被拉断的可能性。因此，有必要首先根据实际情况如预应力施加方式；预应力筋、钢筋的保护层厚度；预应力筋保护措施、初始应力、应变、弹性模量等判断预应力筋与普通钢筋的破坏顺序。然而，在预应力筋与普通钢筋锈蚀率相同的条件下，锈蚀钢筋极限应变远远大于锈蚀预应变增量，且非预应力筋的流幅比较大，在拉断前混凝土一般已经压碎。结合分析和实际破坏案例，本文讨论的前提为预应力筋会先于普通钢筋拉断。

因此，我们明确本章讨论的锈蚀预应力筋梁的三种可能的破坏模式：

第一类破坏模式——适筋破坏：锈蚀普通钢筋屈服先于锈蚀预应力筋拉断而导致变形过大，最终混凝土压碎破坏。在混凝土保护层胀裂之前，由于锈蚀钢筋的力学性能没有发生明显变化，因而其破坏形态、承载能力以及变形性能几乎与未锈梁完全相同。在锈胀裂缝出现以后，当钢筋锈蚀率不大时，其破坏形态基本上仍为延性破坏，但由于钢筋锈蚀引起的钢筋截面积的减小和屈服强度的降低以及粘结性能的降低（这使钢筋和其周围的混凝土的协同工作能力下降），使得锈蚀构件的承载力随锈蚀程度的不同而出现不同程度的降低。同时，主要由于粘结性能的退化，使得锈蚀构件的弯曲裂缝数量减小，间距和宽度增大；抗弯刚度减小，挠度增大。这一类破坏常发生在预应力筋配置相对较多、锈蚀率不大且坑蚀现象不显著等情况下，属于典型的适筋破坏，具有延性破坏特征。

第二类破坏模式——断丝破坏：锈蚀预应力筋拉断先于锈蚀普通钢筋拉断甚至屈服。力筋锈蚀率较大时，粘结性能退化过大，钢筋和混凝土的共同工作能力明显下降，钢筋不能发挥其强度与塑性性能，构件的破坏形态将从延性破坏转向脆性破坏，其承载力和变形性能也大幅下降。这一类破坏常发生在预应力筋配置相对较少、锈蚀率较大或坑蚀严重等情况下，属于典型的少筋破坏，具有脆性破坏特征。

第三类破坏模式——锚固破坏：当锚固区钢筋严重锈蚀时，构件可能发生钢筋锚固破坏。

11.4.4　锈蚀预应力计算公式及应用

11.4.4.1　锈蚀预应力筋梁承载力计算公式应用步骤

通过对锈蚀预应力筋梁破坏模式、基本假定、承载力计算公式推导等一系列的叙述和介绍，下面通过流程图的形式将其应用的具体步骤明确展示出来，以方便在实际计算中的应用。流程图见图 11.56。

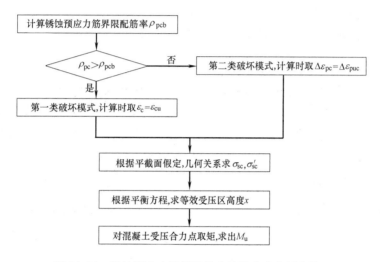

图 11.56　锈蚀预应力筋梁承载力计算公式应用步骤

11.4.4.2　锈蚀预应力构件材料强度取值修正

锈蚀对钢绞线的影响主要体现在材料性能、面积、坑蚀、粘结锚固性能上。预应力混凝土结构中预应力筋锈蚀以后，其截面积、弹性模量、极限应变随着锈蚀的增长而降低，则预应力筋中的有效预拉力降低，进而会降低预应力结构的开裂荷载和变形能力。

总结已有文献［27～32］中试验数据，将其整理并进行线性拟合或指数拟合，将结果列于图 11.57～图 11.60。

得到以下公式：

$$\alpha_{yc} = f_{yc} / f_y$$
$$\alpha_{yc} = 1 - 1.200\eta_s \tag{11.32}$$

式中　α_{yc}——钢绞线名义屈服强度相对值；

　　　　f_{yc}——锈蚀钢绞线抗拉强度设计值（MPa）；

　　　　f_y——未锈蚀钢绞线抗拉强度设计值（MPa）。

$$\alpha_{puc} = f_{uc} / f_u$$
$$\alpha_{puc} = 1 - 2.756\eta_s \tag{11.33}$$

式中　α_{puc}——钢绞线极限强度相对值；

　　　f_{uc}——锈蚀钢绞线抗拉强度极限值（MPa）；

　　　f_u——未锈蚀钢绞线抗拉强度极限值（MPa）。

$$\beta_{EC}=E/E_0$$
$$\beta_{EC}=1-1.532\eta_s \tag{11.34}$$

式中　β_{EC}——钢绞线弹性模量相对值；

　　　E——锈蚀钢绞线弹性模量（MPa）；

　　　E_0——未锈蚀钢绞线弹性模量（MPa）。

$$\beta_{puc}=\varepsilon_c/\varepsilon_0$$
$$\beta_{puc}=e^{-12.29\eta_s} \tag{11.35}$$

式中　β_{puc}——极限延伸率相对值；

　　　ε_c——锈蚀钢绞线极限延伸率（MPa）；

　　　ε_0——未锈蚀钢绞线极限延伸率（MPa）。

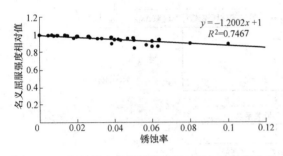

图 11.57　钢绞线名义屈服强度相对值与锈蚀率关系

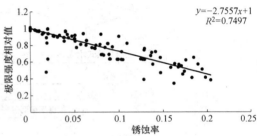

图 11.58　钢绞线极限强度相对值与锈蚀率关系

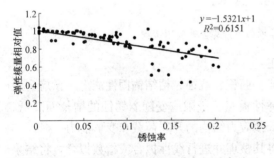

图 11.59　钢绞线弹性模量相对值与锈蚀率关系

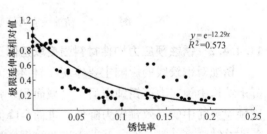

图 11.60　钢绞线极限延伸率相对值与锈蚀率关系

11.4.4.3　锈蚀预应力筋梁承载力计算的算例及验证

　　根据前述计算锈蚀预应力筋正截面抗弯承载力的方法和步骤，以文献［33］中的试验梁进行计算和验证。试验梁的截面尺寸为 $b\times h=150\text{mm}\times 250\text{mm}$，长度 $L=1500\text{mm}$，C40 混凝土。本次试验中制作 7 根试件，纵向受压钢筋选用 2ϕ8 箍筋选用 Φ8@100，预应力筋选用直径为 16mm 的 40Cr 钢筋。采用在预应力筋上人工钻孔的方法模拟应力腐蚀产生的蚀坑，即在预应力筋中间段间距 100mm 均布钻取 6 个相同深度的坑，蚀坑直径为 2.0mm，经 28d 标准养护后测得混凝土立方体抗压强度 f'_{cu} 为 34.9N/mm^2，测得同期同条件下养护混凝土立方体抗压强度 f_{cu} 为 46.9mm^2，利用回弹法测得各构件混凝土强度推

定值 $f_{cu,e}$，试件编号及相关参数见表 11.11。试验用钢筋的力学性能见表 11.12，预应力筋预留孔道采用 $\phi40$ 波纹管，试件构造详见图 11.61。采用后张法张拉工艺处理预应力筋，一端张拉，为减少预应力损失选用螺丝端杆锚具，最终在各试件中得到的预应力筋有效预应力值见表 11.11。

构件参数表　　　　　　　　　　　　表 11.11

试件编号	受拉钢筋	h_c(mm)	δ(%)	λ	ρ_{sc}(mm)	f_{pe}(N·mm^{-2})	$f_{cu,e}$(N·mm^{-2})
SCC0-2	2Φ14	0	0	0.49	0.91	348.09	34.367
SCC2-1	2Φ14	1.93	0.67	0.52	0.91	363.47	34.650
SCC2-2	2Φ14	3.53	1.08	0.56	0.91	396.88	32.417
SCC2-3	2Φ14	4.18	1.20	0.52	0.91	363.88	33.733
SCC2-4	2Φ14	4.86	1.38	0.44	0.91	363.60	30.467
SCC1-3	2Φ14	4.23	1.22	0.67	0.91	471.50	33.650
SCC4-1	2Φ16	3.90	1.13	0.76	1.20	539.15	35.067

注：h_c 为预应力筋平均蚀坑深度；δ 为预应力筋截面损失率；λ 为实测预应力度；ρ_{sc} 为纵向受拉普通钢筋的配筋率；f_{pe} 为有效预应力值。

钢筋力学性能　　　　　　　　　　　　表 11.12

钢筋类别	D	A_s(mm^2)	f_y(N·mm^{-2})	f_u(N·mm^{-2})	ε_y(10^{-4})	E_s(10^5N·mm^{-2})
HRB335	14	153.9	360.00	548.00	18	2.00
HRB335	16	201.1	360.00	548.00	18	2.00
HRB335	8	50.3	254.00	372.00	—	2.10
40Cr(预应力筋)	16	201.1	622.83	894.63	—	2.05

注：D 为钢筋直径；A_s 为钢筋面积；f_y 为钢筋屈服强度；f_u 为钢筋极限强度；ε_y 为钢筋屈服应变；E 为钢筋弹性模量。

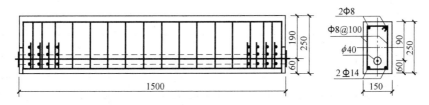

图 11.61　SCC 构件尺寸及配筋详图

此试验中，预应力筋的锈蚀均小于 1.5%，因此从试验结果来看，7 根构件均为适筋破坏，即第一类破坏模式：锈蚀普通钢筋屈服先于锈蚀预应力筋拉断而导致变形过大，最终混凝土压碎破坏。

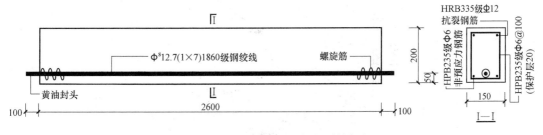

图 11.62　PRB 构件尺寸及配筋详图

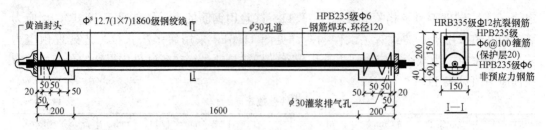

图 11.63　POB 构件尺寸及配筋详图

　　将文献［14］中的 5 根先张预应力梁（构件尺寸及配筋详图见图 11.62）和 4 根后张预应力梁（构件尺寸及配筋详图见图 11.63）进行破坏模式的判别和承载力计算，具体结果见表 11.13，结果对比图见图 11.64。

考虑坑蚀影响系数的计算结果与试验结果对比　　　　　　　　表 11.13

文献	试件编号	试验值 M_{exp}（kN·m）	计算值 M_{cul}（kN·m）	比值 $\dfrac{M_{cul}}{M_{exp}}$	计算判断破坏模式	计算判断破坏模式
［32］	SCC0-2	42.03	42.48	1.01	第一类	第一类
	SCC2-1	36.40	37.96	1.04	第一类	第一类
	SCC2-2	34.15	35.36	1.04	第一类	第一类
	SCC2-3	34.15	35.07	1.03	第一类	第一类
	SCC2-4	34.15	35.42	1.04	第一类	第一类
	SCC1-3	35.28	36.64	1.04	第一类	第一类
	SCC4-1	44.28	43.15	0.97	第一类	第一类
［14］先张梁	PRB1	25.10	25.56	1.01	第二类	第二类
	PRB2	27.70	25.53	1.04	第二类	第二类
	PRB3	27.50	25.43	1.04	第二类	第二类
	PRB4	25.10	25.42	1.03	第二类	第二类
	PRB5	25.00	25.29	1.04	第二类	第二类
［14］后张梁	POB2	25.20	25.02	0.99	第二类	第一类
	POB3	25.20	25.35	1.01	第二类	第二类
	POB4	26.30	25.03	0.95	第二类	第二类
	POB5	25.80	25.12	0.97	第二类	第二类

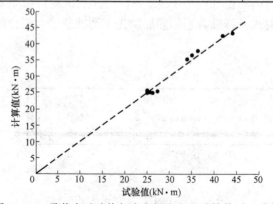

图 11.64　承载力试验值与本文提出方法计算值对比分析

从计算承载力结果与试验结果对比分析可得：理论计算值的误差都控制在 5% 以内，与试验结果吻合良好；对破坏模式的预测也较准确。

如不考虑坑蚀预应力锈蚀钢绞线坑蚀影响系数的承载力计算结果见表 11.14。

不考虑坑蚀影响系数的计算结果与试验结果对比　　　　　　表 11.14

文献	试件编号	试验值 M_{exp}(kN·m)	计算值 M_{cul}(kN·m)	比值 $\dfrac{M_{cul}}{M_{exp}}$
[32]	SCC0-2	42.48	42.03	1.01
	SCC2-1	42.39	36.40	1.16
	SCC2-2	42.03	34.15	1.23
	SCC2-3	42.18	34.15	1.24
	SCC2-4	41.69	34.15	1.22
	SCC1-3	42.17	35.28	1.20
	SCC4-1	48.18	44.28	1.09
[14] 先张梁	PRB1	27.98	25.10	1.11
	PRB2	27.94	27.70	1.01
	PRB3	27.84	27.50	1.01
	PRB4	27.83	25.10	1.11
	PRB5	27.68	25.00	1.11
[14] 后张梁	POB2	26.30	25.20	1.04
	POB3	26.64	25.20	1.06
	POB4	28.86	26.30	1.10
	POB5	26.40	25.80	1.02

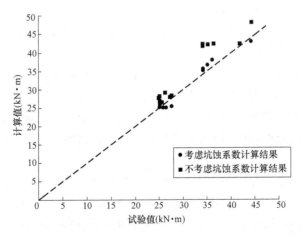

图 11.65　是否考虑坑蚀影响系数承载力计算结果对比分析

通过计算结果对比和图 11.65 的直观对比：考虑坑蚀影响系数的计算结果与试验结果的比值均指为 0.999，标准差为 0.039；而不考虑坑蚀影响系数的计算结果与试验结果的比值均指为 1.107，标准差为 0.081。可见不考虑坑蚀影响系数会造成较大误差，而且计算结果是偏大的，对于既有结构构件的评估是偏于不安全的。

11.5　预应力筋锈蚀对刚度及变形的影响和修正

11.5.1　预应力梁刚度计算方法简介

对于预应力混凝土结构，在具有相同承载力的情况下，其截面尺寸往往比普通钢筋混凝土构件小，而且预应力混凝土构件往往用于大跨度结构，其工作性能很容易受到结构变形的影响，结构变形是结构在正常使用极限状态下的重要计算内容。因此控制变形，即控制刚度，是保证结构构件具有足够耐久性并且具备较长使用寿命的重要途径。

钢筋混凝土受弯构件的变形刚度计算是以平截面假定为基础的，主要的计算方法有两种：曲率积分法和最小刚度法。

曲率积分法通过对曲率沿全跨长进行积分得到：

$$B = \int_L \frac{M(x)\overline{M}(x)}{B_x(x)} \mathrm{d}x \tag{11.36}$$

最小刚度法则是认为在沿全跨长范围内，均认为是弯矩最大处的截面抗弯刚度，并通过简支梁的计算公式并乘以折减系数来计算，这种方法计算简便，结果也更为精确，目前在国内外的工程中已受到广泛的运用。

根据刚度的定义，截面刚度是指使截面产生单位转角所需要施加的弯矩值。即对于钢筋混凝土梁受弯截面，短期刚度、平均曲率和弯矩具有以下关系式如下：

$$B_s = \frac{M}{\phi} \tag{11.37}$$

式中　B_s——跨中短期刚度计算值；

　　　ϕ——曲率；

　　　M——混凝土有效换算截面惯性矩；

公式中各个参数的计算有多种方法，因此，按照最小刚度法所得到的刚度计算方法也各有不同，主要有以下几种：（1）解析刚度法：根据混凝土梁正截面上应力应变的几何条件、物理条件和受力平衡方程对平均曲率 ϕ 进行解析计算从而得到计算公式。（2）双直线法：根据梁受弯试验结果中的弯矩－曲率曲线，对 ϕ 进行拟合、对曲率进行插值最后代入公式中进行计算。（3）有效惯性矩法：通过钢筋与混凝土弹性模量的比值，将截面上的钢筋面积换算为混凝土截面面积，得到等效的均质材料的截面后，从而建立计算公式。

1. 双直线法

双直线法是将荷载－挠度曲线简化为两段直线，在计算预应力梁截面短期抗弯刚度时，以开裂荷载 M_{cr} 为拐点，将荷载-挠度曲线简化为两段直线，构件开裂前抗弯刚度按全截面换算截面惯性矩 I_g 计算；开裂后考虑裂缝的产生对截面中和轴位置的影响，截面惯性矩采用开裂换算截面惯性矩 I_{cr}。

2. 有效惯性矩法

当截面开裂前，用未开裂毛截面换算截面惯性矩 I_0 来计算相应的挠度，完全开裂后，采用开裂截面惯性矩 I_{cr}，若受弯构件的最大弯矩很小，混凝土中的拉应力不超过弯曲抗拉强度 f_t 时，那么将不会出现弯曲受拉裂缝。从而全部未开裂截面都可以用以承受应力和提供刚度，在这种情况下，有效惯性矩就是未开裂的换算截面惯性矩 I_0，而 E 就是混凝土的弹性模量 E_c。

在较大的荷载下形成弯曲受拉裂缝。在每条裂缝的截面，中性轴位于按开裂换算截面计算的高度处；在裂缝间的截面，中性轴下降到接近于按未开裂换算截面计算的高度处。因此，在靠近弯曲裂缝附近的，按开裂换算截面的惯性矩计算；而在裂缝中间处的，则按接近于未开裂换算截面的惯性矩计算。

同理，开裂后截面平均曲率是完全开裂截面曲率 ϕ_{cr} 与开裂前的弹性截面曲率 ϕ_0 的加权平均，权数分别为 ξ 和 $1-\xi$。即：

$$\frac{M_0}{B_s} = \xi \frac{M_0}{B_{cr}} + (1-\xi) \frac{M_{cr}}{B_0} \tag{11.38}$$

11.5.2　规范中梁刚度计算方法

对开裂前挠度的计算，各种公式没有太大的差别，我国的《混凝土结构设计规范》采用的刚度公式为 $B_s = 0.85 E_c I_0$，美国 ACI 规范[34] 则采用 $B_s = E_c I_g$。对开裂后混凝土构件的挠度计算，国内外学者进行了大量的研究，并提出了不少的挠度计算方法，主要有：直接双线性法、有效惯性矩法、刚度解析法和曲率积分法[35~37]。

正常使用状态下，荷载作用时的钢筋混凝土构件一般是带裂缝工作的，即钢筋及混凝土的应变或应力是不均匀分布的，具体原因主要可以归结为以下几点。

（1）在混凝土开裂后，在裂缝截面处，由于受拉区混凝土逐渐退出工作，拉力基本由受拉钢筋来承担，这使得受拉钢筋的应变明显增大；而在裂缝与裂缝之间的截面处，因为钢筋和混凝土之间的粘结作用、机械咬合作用等，使得混凝土参与受拉的程度越大，受拉区钢筋所产生的应变就越小；随着荷载的不断提高，受拉钢筋的平均应变将逐渐接近于裂缝处受拉钢筋的应变。

（2）混凝土的压应变在裂缝截面处要大于裂缝之间处，但与受拉钢筋应变的不均匀程度相比，混凝土应变的不均匀程度要小很多。

（3）裂缝间的混凝土受压区高度要大于裂缝截面处的混凝土受压区高度，使得混凝土中和轴的位置沿梁长呈波浪形的变化。

（4）裂缝间区段的平均应变仍然满足平截面假定，梁跨中纯弯段平均应变沿截面高度方向呈线性分布。

综上所述，钢筋和混凝土应变是不均匀分布的，从而在对构件进行刚度计算时会有很大的困难。因此，规范在制定计算公式时将截面曲率和截面刚度分别通过沿构件长度方向的平均曲率和平均刚度来表示。

1. 我国规范 GB 50010—2010 刚度计算公式

我国规范得出预应力混凝土梁刚度计算公式的方法，是采用最小刚度原则，并使用解析刚度法，考虑了开裂弯矩与弹性刚度两方面的因素，最终经过推导得到的适用于预应力混凝土梁刚度计算的统一公式。

规范中关于预应力混凝土受弯构件开裂弯矩的计算式如下：

$$M_{cr} = (\sigma_{pc} - \gamma f_{tk}) W_0 \tag{11.39}$$

开裂后刚度计算公式：

$$B_s = \frac{0.85 E_c I_0}{\kappa_{cr} + (1 - \kappa_{cr}) \omega} \tag{11.40}$$

$$\kappa_{cr} = \frac{M_{cr}}{M_k} \tag{11.41}$$

$$\omega = \left(1.0 + \frac{0.21}{\alpha_E \rho}\right)(1 + 0.45 \gamma_f) - 0.7 \tag{11.42}$$

式中　α_E——钢筋弹性模量与混凝土弹性模量的比值，即；E_s / E_c；

　　　ρ——纵向受拉钢筋配筋率，对于预应力混凝土受弯构件，取 $(\alpha_1 A_p + A_s)/(bh_0)$，对灌浆的后张预应力筋，取 $\alpha_1 = 1.0$，对无粘结后张预应力筋，取 $\alpha_1 = 0.3$；

　　　I_0——换算截面惯性矩；

　　　γ_f——受拉翼缘截面面积与腹板有效截面面积的比值；

　　　κ_{cr}——预应力混凝受弯构件正截面开裂弯矩 M_{cr} 与弯矩 M_k 的比值，当 $\kappa_{cr} > 1.0$ 时取 $\kappa_{cr} = 1.0$；

　　　σ_{pc}——扣除全部预应力损失后，由预应力在抗裂验算边缘产生的混凝土预压应力；

　　　γ——混凝土构件的就截面抵抗塑性影响系数。

2. 美国规范 ACI 318-08 刚度计算公式

正常使用状态下的预应力混凝土梁承受全部恒荷载和部分的活荷载。美国 ACI 规范的安全性条款保证在荷载达到全部使用荷载时，钢筋的应力和混凝土的应力仍处于弹性范围内。因而，荷载在构件上所产生的挠度就是所谓的瞬时挠度，可根据构件在未开裂时进行弹性理论的计算，也可以在开裂后，考虑开裂前共同作用进行计算。

因此，钢筋混凝土结构的在正常使用阶段的验算的具体问题就在于验算构件的抗弯刚度 EI，美国混凝土规范中短期刚度计算公式与中国规范计算预应力混凝土梁短期刚度的公式不同，它采用了有效惯性矩法，开裂前后均采用有效换算截面惯性矩，刚度计算公式为：

$$B_s = E_c I_e \tag{11.43}$$

$$M_{cr} = \frac{f_\gamma I_{uncr}}{y} \tag{11.44}$$

$$f_\gamma = 7.5 \sqrt{f_c} \tag{11.45}$$

式中　B_s——跨中短期刚度计算值；

　　　E_c——混凝土弹性模量（MPa）；

　　　I_e——混凝土有效换算截面惯性矩；

　　　M_{cr}——受弯构件正截面开裂弯矩值；

　　　f_γ——混凝土弯曲抗拉强度；

　　　I_{uncr}——未开裂换算截面惯性矩；

　　　y——中和轴至受拉边的距离；

　　　f_c——混凝土的圆柱体抗压强度。

3. 总结与评价

（1）我国混凝土规范是在理论的基础上，结合大量的试验经验并采用简化方法对预应力混凝土梁短期刚度进行计算的。计算方法较为简单，适用性广，考虑的因素囊括许多方面，具有较高的保证率。而美国混凝土规范则是使用有效惯性矩的方法，理论性更强。

（2）我国规范对于短期刚度计算的方法存在一定的安全系数，说明该规范均能保证结构的刚度要求。对于预应力筋锈蚀的混凝土梁，规范中没有做出额外的说明。本书以规范中的方法为基础，提出预应力筋锈蚀后的预应力梁刚度计算修正方法。

11.5.3　预应力筋锈蚀后对刚度的影响

锈蚀对钢绞线的影响主要体现在材料性能、面积、坑蚀、粘结锚固性能上。预应力混凝土结构中钢绞线锈蚀以后，其截面积、弹性模量、屈服强度、极限强度、极限应变、有效预应力随着锈蚀率的增大而降低，从而会使预应力混凝土梁的开裂荷载降低和变形能力变差。

钢绞线锈蚀后对预应力混凝土构件受力性能的影响主要存在于以下三个方面：（1）锈蚀预应力筋受力截面积的减少，这是锈蚀后最直接的影响，使钢绞线应力变大；（2）不均匀锈蚀导致钢绞线的外丝上产生大量蚀坑，造成应力集中现象，成为钢绞线的裂纹源，在高应力状态下加剧了裂纹可能迅速扩展；（3）锈蚀钢绞线的锈蚀产物导致体积膨胀，在锈蚀率较低的情况可能与混凝土的粘结锚固性能更好，若锈蚀率过大粘结锚固性能降低。例如，对于有粘结预应力混凝土结构，当预应力筋锈蚀率超过某临界锈蚀率后，预应力筋与混凝土间的粘结强度会完全丧失，即转变成无粘结预应力混凝土结构，从而降低预应力结构的刚度。因此对于钢绞线锈蚀后预应力混凝土梁来说，这三个方面都是不容忽视的影响因素，这是与承载力计算中的不同之处。

锈蚀钢筋与混凝土之间粘结性能退化，对钢筋混凝土结构的力学性能造成了多方面影响，为此国内外学者进行了试验研究和理论分析。总体来说，可以得到以下主要的定性结论：与钢筋锈蚀程度、钢筋表面状态（光圆钢筋或螺纹钢筋）、混凝土强度以及有无箍筋约束有关；在锈蚀率较小时，钢筋与混凝土之间的粘结力会随锈蚀率的增加而提高，其中光圆钢筋的粘结力比螺纹钢筋提高明显，无箍筋约束钢筋的粘结力比有箍筋约束钢筋提高明显；在锈蚀率较大时，钢筋与混凝土的粘结力会随锈蚀率的增加而降低，其中光圆钢筋的粘结力比螺纹钢筋降低明显，无箍筋约束钢筋的粘结力比有箍筋约束钢筋降低明显。钢绞线在锈蚀率不大的情况下（3%左右），锈蚀钢绞线的极限粘结强度随着锈蚀率增大而增大，随着锈蚀率进一步提高，锈蚀钢绞线的极限粘结强度随着锈蚀率的增大而减小[32]。

锈蚀预应力混凝土梁加载破坏特征：依据文献［20、38］的试验研究进行归纳总结，锈蚀预应力混凝土梁全过程破坏大体可以分为三个阶段：第一阶段为不开裂弹性工作阶段，从加载开始到受拉区混凝土开裂，作用荷载与挠度呈正比；第二阶段为开裂弹性工作阶段，受拉区混凝土开裂退出工作，开裂处全部拉力由预应力筋承担，中性轴小幅上移，但中性轴并无显著变化；第三阶段为塑性工作阶段，预应力筋屈服到受压区混凝土压碎，随着作用荷载增加，中性轴迅速上移，梁截面抗弯刚度急速下降。一般正常情况下，锈蚀预应力混凝土梁截面通常是带裂缝工作的，即为近似弹性工作阶段，而且锈蚀预应力混凝土梁的变形验算针对的是弹性工作阶段和开裂弹性工作阶段，综合以上分析确定研究对象为均质弹性材料模型。由于截面刚度沿着纵向是不断变化的，分析每个截面刚度来计算挠度没有必要，所以采用"最小刚度原则"，取纯弯段刚度进行研究。鉴于试验作用荷载时间较短，取锈蚀预应力混凝土梁短期刚度进行研究。

锈蚀预应力混凝土梁刚度变化总趋势为下降，具有明显的两阶段：预应力混凝土加载至裂缝出现阶段，截面刚度基本保持不变；预应力混凝土梁开裂至预应力混凝土压碎阶段，截面刚度急剧下降。锈蚀预应力混凝土梁的荷载—挠度（弯矩-曲率）曲线仍然满足双折线变化规律，而且刚度变化规律与预应力混凝土构件十分相似。

11.5.4 变形计算

11.5.4.1 锈蚀预应力梁刚度修正计算

以我国现行规范《混凝土结构设计规范》GB 50010—2010 提出的公式为基础：

$$B_s = \frac{E_c I_0}{\dfrac{1}{\beta_{0.4}} + \dfrac{\dfrac{M_{cr}}{M_k} - 0.4}{0.6}\left(\dfrac{1}{\beta_{cr}} - \dfrac{1}{\beta_{0.4}}\right)} \tag{11.46}$$

式中，$\beta_{0.4}$ 和 β_{cr} 分别是 $K_{cr} = M_{cr}/M_k = 0.4$ 和 1.0 时的刚度降低系数，本书修正方法是针对刚度降低系数 β。可能存在的误差进行分析，文献［39］指出规范的计算方法，具有一些不足之处，规范中的刚度计算虽然是基于双折线的假定，但并不是直接利用双折线的规律进行计算，而是引进 $\beta_{0.4}$ 的近似拟合值进行计算，由于试验资料的局限性，该值的计算式并没有正确反映该值与有关参数的函数关系。

本书以《混凝土结构设计规范》GB 50010—2010 相同的直接双线性法为基础，以 M_{cr} 为拐点的双直线计算模式。构件的刚度可以按开裂前和开裂后来分别计算。开裂前的弹性工作阶段，在弯矩 M_{cr} 作用下刚度 B_s 取定值为 $0.85E_c I_0$。构件开裂后刚度大幅度降低，在弯矩增量 $M_2 = M - M_{cr}$ 作用下预应力混凝土梁的弹塑性工作刚度为 B_2。根据分析可知：影响预应力混凝土受弯构件刚度的主要因素是开裂弯矩和使用弯矩比值 M_{cr}/M_k 以及配筋率 ρ 和钢筋与混凝土弹性模量比值 α_E 的乘积。因此，本书对刚度公式的修正思路为：刚度降低系数的拟合，不通过取 M_{cr}/M_k 为固定值 0.4 的拟合方式，而是在已有数据样本的基础上，以锈蚀率为变量，用线性回归的方法进行拟合。开裂弯矩和使用弯矩比值 M_{cr}/M_k 不直接作为参数，而用其他表示形式来确定。设构件开裂后相较于开裂前刚度的降低系数 β，那么求解 B_s 的实质就是确定系数 β。

钢筋与混凝土弹性模量比值 α_E 可按实测值或预测值取用，而对于钢绞线锈蚀后的预应力混凝土梁，考虑到锈蚀会造成粘结性能的退化，钢绞线锈蚀率大于某一临界值 η_{lim} 时，构件转变为无粘结预应力混凝土梁。因此，配筋率 ρ 计算时，对于未锈蚀预应力混凝土梁的规定为：对灌浆的后张预应力筋，取 $\alpha_1 = 1.0$，对无粘结后张预应力筋，取 $\alpha_1 = 0.3$。

$$\rho_c = \frac{\alpha_1 A_{pc} + A_{sc}}{bh_0} \tag{11.47}$$

式中 A_{pc}、A_{sc}——锈蚀后预应力筋和普通受拉钢筋的剩余面积。

对于锈蚀预应力筋混凝土梁，α_1 可按式（11.48）进行修正：

$$\alpha_1 = 1 - \frac{0.7}{\eta_{lim}}\eta \tag{11.48}$$

设预应力梁的实测挠度 f 等于构件的开裂前和开裂后的计算总挠度，那么根据叠加原理有：

$$f = f_1 + f_2 = \frac{aM_{cr}l^2}{B_s} + \frac{(M - M_{cr})al^2}{B_2} \tag{11.49}$$

将刚度计算公式代入后可得：

$$f = \frac{al^2}{E_c I_0}\left(\frac{M_{cr}}{0.85} + \frac{M - M_{cr}}{\beta}\right) \tag{11.50}$$

$$f = \frac{al^2 M}{\alpha E_c I_0} \tag{11.51}$$

则化简后可得受弯预应力混凝土构件刚度计算的综合降低系数：

$$a = \frac{0.85\beta M}{\beta M_{cr} + 0.85(M - M_{cr})} = \frac{0.85\beta}{\beta \kappa_{cr} + 0.85(1 - \kappa_{cr})} \tag{11.52}$$

$$B_s = E_c I_0 \Big/ \left(\frac{\kappa_{cr}}{0.85} + \frac{1 - \kappa_{cr}}{\beta\zeta}\right) \tag{11.53}$$

在《混凝土结构设计规范》中，预应力筋未锈蚀时取 $M_{cr}/M_\zeta = \zeta = 0.4$；在《无粘结预应力混凝土结构技术规程》JGJ 92—2016 中，预应力筋与混凝土之间无粘结强度时取 $M_{cr}/M_\zeta = \zeta = 0.6$。但由于锈蚀作用，开裂后预应力筋与混凝土之间的粘结力会降低，预应力混凝土梁的承载力会下降，并且不同锈蚀率所对应的 ζ 值差别较大，故不可直接对锈蚀预应力混凝土梁取一个特定的 ζ 值，规范公式的 ζ 取值是通过试验的验证取 $\kappa_{cr} = 0.4$ 时的 $\beta_{0.4}$ 值，而本书考虑到预应力钢绞线锈蚀的影响，ζ 的值与 η_s 成线性相关的关系，设 $\zeta = A + B\eta_s$，根据从已有文献 [22、26、40、41] 中的试验结果进行线性回归，具体参数见图 11.66。

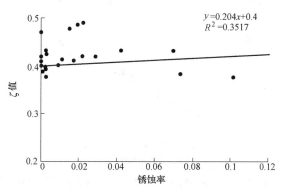

图 11.66　ζ 的拟合曲线

得到线性回归后的结果为 $\zeta = 0.4 + 0.2049\eta_s$。预应力筋锈蚀后预应力混凝土梁的刚度计算降低系数为 $\beta_\zeta = \dfrac{E_c I_{0c}^{re}}{E_c I_{0c}}$。通过大量试验数据拟合，代入原式后便可得到相应的刚度计算公式：

$$\beta_\zeta = \frac{K_n}{0.85 + \dfrac{0.042 + 0.051\eta_s}{\alpha_E \rho_c}} \tag{11.54}$$

其中，坑蚀刚度折减系数 K_n 的取值：如 11.4 节所述，也可参考文献 [42] 中关于钢绞线锈蚀程度的分类标准进行评估后进行取值。这个系数主要是考虑到随着坑蚀深度的增大，构件开裂荷载、抗弯刚度迅速下降[33]。坑蚀系数取值时还应综合考虑结构所处环境和已服役年限等因素。

最终，我们得到预应力筋锈蚀后预应力混凝土矩形梁的刚度计算公式：

$$B_s = E_c I_0 / \left[\frac{\kappa_{cr}}{0.85} + \frac{(1-\kappa_{cr})}{K_n} \left(0.85 + \frac{0.042+0.051\eta_s}{\alpha_E \rho_c} \right) \right] \tag{11.55}$$

11.5.4.2　锈蚀预应力梁刚度修正公式验证

为验证本书提出方法的正确性，使用5根后张锈蚀预应力混凝土梁的试验数据进行验证。梁尺寸为 $b \times h \times l = 150\text{mm} \times 200\text{mm} \times 2000\text{mm}$，计算跨度为1800mm。混凝土强度等级为C30。通电加速锈蚀钢绞线得到不同锈蚀率（1.47%、1.05%、1.48%、1.12%、0）的后张梁，后张梁试件设计图见图11.67。加载试验在电液伺服试验机上进行，采用两点集中力加载，2个加载点在跨内三分点处。

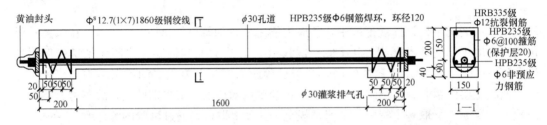

图 11.67　后张梁试件设计图

利用式（11.55）计算锈蚀预应力混凝土梁的短期刚度，然后使用结构力学方法，计算文献中试验梁的跨中极限挠度，试验值与计算值的对比如图11.68所示。

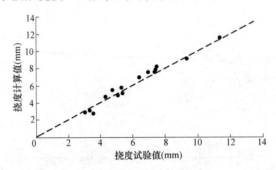

图 11.68　挠度试验值与式 11.55 计算值对比分析

式（11.55）的均值为1.005，标准差为0.091，变异系数为0.092，计算值与实际值符合良好。

本书还汇总了文献 [22, 28, 43] 中的延性系数相对值和锈蚀率的关系，并进行了线性拟合。得到延性系数相对值与锈蚀率的关系曲线（图11.69）和式（11.56）：

$$f_u / f_y = 1 - 4.75\eta_s \tag{11.56}$$

延性系数（f_u / f_y）代表了梁的相对极限变形能力，它与破坏形态关系密切。适筋破坏梁的延性系数都明显大于断丝破坏梁的延性系数。根据已有研究可知，断丝破坏使变形极限提早发生。

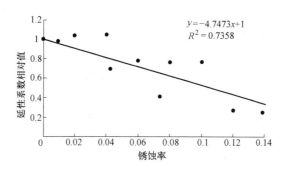

图 11.69　延性系数相对值与锈蚀率的关系曲线

此外，延性系数还与有效预应力水平的高低有密切的联系，例如，先张预应力梁中有效预应力水平低于后张梁而导致其初始强化挠度发展过大，延性系数相较于后张梁也偏小。

11.6　小结

本章主要针对既有预应力混凝土结构材料及结构构件的耐久性问题从材料层次、构件层次进行了较为全面和系统的研究。

本章的主要工作有：针对预应力结构的典型材料——钢绞线进行了通电加速锈蚀试验，并深入分析试验结果；使用 ABAQUS 有限元软件对锈蚀钢绞线进行了高度还原和坑蚀研究并对钢绞线锈蚀后预应力梁进行了模拟计算和分析；结合预应力混凝土梁的受力特点并考虑坑蚀影响，对现有预应力筋锈蚀后混凝土受弯构件正截面承载力、刚度计算公式进行修正和验证；分析处于不同条件下（大气环境下、氯离子侵蚀、冻融环境）的既有预应力混凝土结构构件劣化原理并完善耐久性评估方式。主要得到如下结论：

（1）根据法拉第定律计算出的理论锈蚀率基本与实际锈蚀率相符合，但由于虹吸作用等影响因素，存在一定的误差；直径较小的钢绞线锈蚀率明显大于理论锈蚀率，而直径中等的钢绞线锈蚀率与理论锈蚀率基本相符，直径最大的钢绞线锈蚀率比理论锈蚀率偏小。锈蚀率越大，钢绞线的相对极限强度越小，并且呈线性下降；随着直径的增大，钢绞线的极限强度下降速度减小。钢绞线中预应力越大，24h 的预应力损失相对值较小，且都呈对数减小趋势。在氯离子锈蚀作用下，预应力损失明显变大，且坑蚀现象也更加明显。在预应力损失明显、坑蚀明显的条件下，对于构件的不利影响更加显著。试验证明了缓粘结筋优良的抗锈蚀性能；钢绞线外的环氧和塑料套管对于氯离子的侵蚀起到了很好阻止作用，尤其是缓粘结筋内钢绞线与塑料套管之间的环氧树脂能够密实包裹住钢绞线，相较于传统的后张有粘结灌浆不密实等问题，具有突出优点和工程应用的价值。对氯离子侵蚀环境下钢绞线上坑蚀深度分布模型展开分析，选取国内外学者广泛认可的 Gumbel 分布，并给出相关参数的参考值。

（2）对于未锈蚀钢绞线，7 股钢绞线中丝及边丝中部的应力明显大于边丝外部的应力。当钢绞线某一个钢丝上发生锈蚀，产生锈坑后，由于钢丝直径较小，因此锈坑对钢丝产生的影响较大。截面的减小导致了应力集中，同时会影响未产生锈蚀的其他钢丝的受力情况。对于钢绞线上的锈坑，长、宽、深三个维度尺寸中，深度是对其影响最大的一个维度：随着深度增大，应力集中水平越高、锈坑处整个截面的应力分布情况越偏、锈坑的影响长度越长。

（3）随着钢绞线锈蚀率的增大，预应力混凝土受弯构件承载力呈线性下降；在平均锈蚀率相同的情况下，不均匀锈蚀的出现和锈坑的集中都会使承载力下降更快。随着钢绞线锈蚀率的增大，预应力混凝土受弯构件刚度呈线性下降；在平均锈蚀率相同的情况下，不均匀锈蚀的出现和锈坑的集中都会使刚度下降程度更快，锈坑集中对刚度影响较承载力影响较小。对于配直线预应力筋的预应力受弯构件，建模时考虑锈蚀的不均匀程度和分布情况会使结果更接近实际结果。

（4）在进行锈蚀预应力梁承载力计算时，充分考虑了实际工程中的复杂性和锈坑分布的随机性，将破坏模式分为三大类。第一类破坏模式——适筋破坏：锈蚀普通钢筋屈服先于锈蚀预应力筋拉断而导致变形过大，最终混凝土压碎破坏；第二类破坏模式——断丝破坏：锈蚀预应力筋拉断先于锈蚀普通钢筋拉断甚至屈服；第三类破坏模式——锚固破坏：当锚固区钢筋严重锈蚀时，构件可能发生钢筋锚固破坏。本章提出的考虑坑蚀影响系数承载力计算方法与考虑坑蚀影响系数的计算结果相比于试验结果，具有较高精度并且偏于安全。

（5）通过对预应力混凝土梁刚度计算方法的介绍分析以及对中美规范的刚度计算方法的分析对比，最终选用以我国《混凝土结构设计规范》GB 50010—2010 中的刚度计算公式的直接双线性法为基础，以 M_{cr} 为拐点的双直线计算模式，但是刚度降低系数的不取 $M_{cr}/M_{\zeta}=\zeta=0.4$ 为固定值的方式，而是在已有数据样本的基础上，以锈蚀率为变量，用线性回归的方法进行拟合。最终得到线性回归后的结果为 $\zeta=0.4+0.2049\eta_{s}$ 用于锈蚀预应力混凝土梁的刚度计算，在计算时，还应根据结构构件所处的环境进行坑蚀评估，对刚度进行折减。

（6）本章还建议根据结构及构件所处环境对于钢筋和混凝土等材料的劣化机理将环境细分为 6 大类。结合预应力混凝土结构构件的特点，分别对大气环境下混凝土碳化、氯离子侵蚀环境及冻融环境下混凝土劣化三大类环境下的机理和评定进行分析和总结，为既有预应力混凝土结构构件的评定提供了思路和方法。

参 考 文 献

［1］ Mehta P K. Durability of concrete-Fifty Years of Progress ［J］. ACI SP-126, 1991; 1-31.

［2］ 仲伟秋. 既有钢筋混凝土结构的耐久性评估方法研究 ［D］. 大连：大连理工大学, 2003.

［3］ 孟庆伶. 早期预应力混凝土梁的耐久性调查 ［J］. 铁道建筑, 2001 (11)：20-24.

［4］ Woodward R. Collapse of a segmental post-tensioned concrete bridge. ［R］ Transportationresearch record, 1989 (1211).

［5］ Schupack M. A survey of the durability performance of post-tensioning tendons ［J］. ACI Journal, 1978 (75 (10))：501-510.

［6］ Schupack M, Suarez M G. Some recent corrosion embrittlement failures of prestressing systems in the United States ［J］. PCI Journal, 1982 (27 (2))：38-55.

［7］ Nurnberger U. Corrosion prection of prestressing steels ［J］. FIP State-of-the-Art Report, Draft

Report, FIP, London, 1986.

[8] Woodward R, Williams F. Collapse of Ynys-y-Gwas Bridge, [J] West Glamorgan. IceProceedings, 1988, 86 (6): 1177-1191.

[9] Mathy B, Demars P, Roisin F, et al. Investigation and strengthening study of twenty damaged bridges [R]: A Belgium case history.

[10] 丁如珍. 后张法预应力混凝土钢束的锈蚀及其对策. [J] 华东公路, 1998 (03): 13-15.

[11] Breen J E. Techniques for improving durability of post-tensioned concrete bridges [J]. Arabian Journal for Science and Engineering, 2012, 37 (2): 303-314.

[12] Kwak H, Kim J H. Numerical models for prestressing tendons in containment structures. [J] Nuclear engineering and design, 2006, 236 (10): 1061-1080.

[13] Corven J. Mid bay bridge post-tensioning evaluation. Final Report, Florida Department of Transportation [R], Florida, 2001.

[14] 李富民. 氯盐环境钢绞线预应力混凝土结构的腐蚀效应 [D]. 中国矿业大学, 2008.

[15] 中华人民共和国国家标准. 混凝土结构设计规范 GB 50010—2010 [M]. 北京: 中国建筑工业出版社, 2011.

[16] 顾祥林. 混凝土结构基本原理（第二版）[M]. 上海: 同济大学出版社, 2011.

[17] 庄苗, 由小川, 廖剑晖等. 基于 ABAQUS 的有限元分析和应用 [M]. 北京: 清华大学出版社, 2009.

[18] ABAQUS Analysis User's Guide [Z]. 2013.

[19] 王玉镯, 傅传国. ABAQUS结构工程分析及实例详解 [M]. 北京: 中国建筑工业出版社, 2010.

[20] 李富民, 袁迎曙. 腐蚀钢绞线预应力混凝土梁的受弯性能试验研究 [J]. 建筑结构学报, 2010 (02): 78-84.

[21] 熊学玉, 顾炜. 基于改进 LHS 方法的预应力混凝土结构长期性能概率分析 [J]. 工程力学, 2010 (04): 163-168.

[22] 李富民, 袁迎曙. 腐蚀钢绞线预应力混凝土梁的受弯性能试验研究 [J]. 建筑结构学报, 2010 (02): 78-84.

[23] Gu X L, Zhang W P, Shang D F, et al. Flexural Behavior of Corroded Reinforced Concrete Beams [J]. Honolulu, Hawaii, March 14-17, 2010: 3553-3558

[24] 曾严红, 顾祥林, 张伟平. 锈蚀预应力混凝土梁开裂荷载与刚度计算 [J]. 结构工程师, 2013 (03): 65-69.

[25] 蔺恩超. 预应力筋应力腐蚀后预应力混凝土梁的受力性能试验研究 [D]. 扬州大学, 2006.

[26] 王磊, 李双, 张旭辉, 等. 腐蚀预应力混凝土梁刚度的分析和计算 [J]. 工业建筑, 2015 (12): 88-93.

[27] 曾严红, 顾祥林, 张伟平, 等. 锈蚀预应力筋力学性能研究 [J]. 建筑材料学报, 2010 (02): 169-174.

[28] 余芳. 钢绞线腐蚀后的部分预应力混凝土梁受力性能研究 [D]. 大连理工大学, 2013.

[29] 郑亚明, 欧阳平, 安琳. 锈蚀钢绞线力学性能的试验研究 [J]. 现代交通技术, 2005 (06): 33-36.

[30] 罗小勇, 李政. 无粘结预应力钢绞线锈蚀后力学性能研究 [J]. 铁道学报, 2008 (02): 108-112.

[31] 向阳开, 曾建民, 马艳兵. 钢筋及预应力筋锈蚀速率试验研究 [J]. 山西建筑, 2010 (10): 51-52.

[32] 吴雪峰, 锈蚀钢绞线力学性能和粘结性能研究 [D]. 中南大学, 2014

[33] 李琼琦, 葛文杰, 曹大富. 预应力筋应力腐蚀后预应力混凝土梁受力性能研究 [J]. 南京理工大

学学报（自然科学版），2014（6）：811-817.

[34] ACI318-08 American Concrete Institute. Building code requirements for reinforced concrete [S]. Farmington Hills, Mich：2008.

[35] 杜拱辰. 现代预应力混凝土结构 [M]. 北京：中国建筑工业出版社，1988.

[36] 过镇海，时旭东. 钢筋混凝土原理和分析 [M]. 北京：清华大学出版社，2003.

[37] 李国平. 预应力混凝土结构设计原理 [M]. 北京：人民交通出版社，2000.

[38] Zeng Y，Huang Q，Gu X，et al. Experimental Study on Bending Behavior of Corroded Post Pensioned Concrete Beams [J]. Earth and Space，2010：3521-3528.

[39] 项剑锋. 部分预应力梁开裂以后的截面平均应变和刚度的直接计算法——双折线法：第五届后张预应力混凝土学术交流会，中国北京，1997 [C].

[40] Rlinaldr Z. Experimental evaluations of the flexcural behavior of corroded P/C beams [J]. Construction and Building Materials，2010（24）：2267-2278.

[41] 毛伟. 腐蚀预应力混凝土梁静动力性能研究 [D]. 大连理工大学，2011.

[42] 刘志梅，侯旭，许宏元，等. 预应力钢筋锈蚀程度评定与力学性能衰减研究：[C]. 第十九届全国桥梁学术会议，中国上海，2010

[43] 杨明. 锈蚀钢筋混凝土梁受弯性能研究 [D]. 东南大学，2006.

第12章 超长预应力混凝土结构设计方法

12.1 超长混凝土结构

12.1.1 超长与广义超长概念

超长混凝土结构的一般概念为长度超过了《混凝土结构设计规范》GB 50010—2010 所规定的钢筋混凝土结构伸缩缝最大间距而未设置任何形式的永久变形缝的结构。

当混凝土结构"超长"时，实际上是考虑结构在温度作用、混凝土收缩及徐变等间接作用下的变形受到约束而引发显著的受拉效应，混凝土开裂问题突出而需要采取控制措施[1,2]，而实践与研究表明[3~5]，结构"超长"并不仅仅取决于结构的长度，而是看约束条件、结构的几何形式、结构材料[5]、结构所处环境的温度条件、混凝土收缩等因素是否会对结构产生显著影响。

某些结构长度远超过了规范规定的不设缝长度而没有开裂，而另一些结构长度不大，满足规范要求的结构却产生了裂缝。譬如用有限元方法计算对比直径 20～60m 不等的多个圆形混凝土筒仓结构，在均匀温降条件下直径大小对结构环向应力的分布形态和极值几乎无影响，并且其最大温度应力出现在环形结构的内侧，而非长度较大的外侧。环形超长混凝土结构也具有类似的温度应力规律[5]，对比同等结构长度、构件以及温度作用下的环形超长框架结构与矩形超长框架结构，前者沿结构长度方向的温度应力明显较小，这也说明环形结构特殊的约束（构件）的分布使其温度应力具有不同的特点，其"超长"问题并非仅以结构长度作为判断。

基于对于结构"超长"的进一步认识，对于超长混凝土结构的内涵需进一步明确，提出广义超长结构的概念：由于约束较强，导致在荷载和混凝土收缩、徐变、温度等间接作用下，结构构件大范围拉应力超过设计限值的混凝土结构。广义超长混凝土结构的定义，使超长结构的设计不是单一地以长度去判断，而是采用合理的计算方法将结构效应量化，使对于结构超长问题的考量更加科学合理。

随着工程建设的发展，（广义）超长混凝土结构得到大量的应用，其广泛应用于大型的公共、会展、商业、厂房等建筑。超长混凝土结构取消或减少设置伸缩缝，使建筑具有较好的平面、立面效果以及良好的功能，且构造处理简便，结构整体性好，在具备上述的优点的同时，超长混凝土结构的裂缝控制成为难点，需采取相应的技术措施解决。工程上常采取合理选材、设计、施工方面的综合措施，其中，通过施加预应力在结构中施加预压力，以减弱间接作用在结构中引起的拉应力，得以针对性地防止结构的开裂，是有效可行且往往是优先采用的方法，在大型工程的实践中得到了广泛的应用。

12.1.2 "抗"、"放"与"防"在超长结构中的应用

只需要求所选用的材料具有足够的抗拉强度和极限拉伸,则任意长度不设伸缩缝亦不开裂,该设计原则称为控制裂缝的"抗"原则,如无缝路面、无缝长钢轨、无缝设备基础、浇筑在基岩上的基础等。只需给结构创造自由变形的条件,结构就可以在任意长度和任意温差情况下不产生约束应力,这就是控制变形引起裂缝的"放"原则。

工程上普遍用"抗"和"放"的方法解决超长结构温度应力的问题。混凝土的抗压强度很大,但抗拉强度却远小于抗压强度,一般只占其 1/10 左右。对于"抗",首先要提高的是混凝土的抗拉强度,主要方法有选用高强材料,施加预应力,使用膨胀剂,掺加纤维改善混凝土抗拉强度或韧性,改变结构形式等。但最常用也是最经济的便是在混凝土结构中施加预应力。

预应力结构一方面在梁板中施加了预压力,提高了梁板的抗拉极限承载力;但一方面又在和温降荷载的组合下,对结构特别是边跨柱产生了极其不利的影响。如何让在施加预应力的同时,能够通过约束及约束的分布和利用施工力学对施工过程的分析,以更好地控制结构过大的次内力的产生,成了最近热门的研究课题。

而"放"指释放结构的约束,以增加变形的释放,以此减小结构中过大的应力。"放"的方法主要有设置伸缩缝及后浇带,设置滑动层,安装橡胶支座,减小构件尺寸以减小约束。工程中常见的"放"即后浇带只能解决超长结构早期温度应力的释放,对于中后期及超长整体结构的温度应力则贡献不大。

在超长结构中,结构的超长,导致了楼板的大面积。大面积超长混凝土结构是指结构平面尺寸在其长度方向或两个方向均已超过上述规范规定的不设伸缩缝的最大长度,在设计和施工中必须考虑收缩和温度应力等问题并采取一些措施避免混凝土可能产生裂缝的混凝土结构。施工此类超长混凝土结构,不同的施工路径对结构的整体温度及约束效应有着不同的影响,此即等同于"放"。

在民用建筑工程中,无缝施工设计是释放收缩应力的后浇缝。王铁梦提到"抗"、"放"原则,并提出相应的设计思路"抗放兼备"、"以抗为主"。采用补偿收缩或膨胀型外加剂补偿收缩混凝土作结构材料,其在硬化过程中产生膨胀作用,由于钢筋的邻位约束,在结构中建立少量预压应力,从而实现"抗"、"放"的原则路线。"抗"的原则是通过对混凝土结构设计,增强混凝土结构的约束,通过膨胀剂的掺入,增强混凝土的限制膨胀,产生预压应力,使其抵抗裂缝出现,在施工时,采取一些附加应力的方法,抵抗混凝土裂缝的出现;另一方面对于混凝土结构产生的干缩与冷缩,在设计时采用低水化热水泥,在施工时采用膨胀加强带的方法,使得在施工过程中出现的应力尽早释放,从而减少裂缝,这是"放"的原则。

"防"是指在设计结构设计、施工全过程中,通过改变其结构本身的约束,结合预应力的施加,调整结构的约束分布,减少结构应力集中,来达到控制超长结构裂缝的效果。"防"区别于之前"抗""放"的是,"防"基于超长本质,在本质的基础上诠释了超长问题,用于解决裂缝问题。以虹桥 SOHO 工程为例,通过调整局部型钢混凝土柱的施工顺序,可有效降低局部楼板 30% 的拉应力,实现了上部结构 281m,地下室顶板 460m 无缝设计的突破。在设计中"防"其实早已运用,如框筒结构中把筒体置于结构中部,以及剪

力墙结构中剪力墙尽量对称靠近结构不动点布置；边柱不易做的又粗又大，以及在预应力结构中，通过限值梁柱线刚度比以控制过大的次内力等等。结构设计阶段如果在"防"上面做得足够好，"抗"与"放"都可省略，超长结构凭借自身便能抵抗变形荷载作用。

12.2　超长预应力混凝土结构简化计算理论

超长预应力混凝土结构是施加预应力的超长混凝土结构，承受各类静、动力荷载以及间接作用，其特殊之处在于结构平面尺度过大，导致混凝土的热变形、收缩、徐变等效应突出，从而影响结构受力形态和使用性能，表现在工程实践中建筑物的梁、板等楼盖体系构件因温差、收缩产生变形作用的受拉开裂现象。通过在超长结构中施加预应力，一方面改善结构在竖向荷载作用下的使用性能，提高构件抗裂度；另一方面在结构的梁、板中建立预压力，减小温差、收缩、徐变作用造成的拉力。

12.2.1　（等效）温度作用及作用效应组合

除了荷载作用外，在超长混凝土结构的设计中应着重计算分析混凝土的收缩、徐变以及温度变化等间接作用在结构中产生的作用效应，以考虑这些因素对结构产生的影响。进行混凝土结构的间接作用效应分析时，可采用弹塑性分析方法，也可考虑裂缝和徐变对构件刚度的影响，按弹性方法进行简化分析。本节讨论混凝土结构的温度作用效应的简化计算方法。

12.2.1.1　温度作用

超长预应力混凝土结构的温度作用效应计算主要考虑结构构件的均匀温度作用，涉及最大温升和最大温降两种工况。

（1）结构最大温升的工况：

$$\Delta T_k = T_{s,max} - T_{0,min} \tag{12.1}$$

式中　　ΔT_k——均匀温度作用标准值；

$T_{s,max}$、$T_{0,min}$——结构最高平均温度和结构最低初始温度。

（2）结构最大温降的工况：

$$\Delta T_k = T_{s,min} - T_{0,max} \tag{12.2}$$

式中　$T_{s,min}$、$T_{0,max}$——结构最低平均温度和结构最高初始温度。

结构最高平均温度 $T_{s,max}$ 和最低平均温度 $T_{s,min}$ 应分别根据基本气温 T_{max} 和 T_{min} 确定。

（1）对于暴露于环境气温下的室外结构：

$$T_{s,max} = T_{max} \tag{12.3}$$

$$T_{s,min} = T_{min} \tag{12.4}$$

（2）对于有围护的室内结构，结构平均温度应考虑室内外温差的影响。暴露于室外的结构或施工期间的结构，尚应依据结构的朝向和表面吸热性质考虑太阳辐射的影响。

（3）地下室与地下结构的室外温度应考虑离地表面深度的影响。从地下室顶板往下逐层可考虑不同的温度值。当离地表面深度达到 10m 以下时：

$$T_{s,max} = T_{s,min} = T_{avg} \tag{12.5}$$

式中　T_{avg}——累年年平均气温。

结构的最高初始温度 $T_{0,max}$ 和最低初始温度 $T_{0,min}$ 应采用施工时可能出现的实际合龙或形成约束时的温度按不利情况确定。

2.2.1.2　混凝土的收缩变形

由于混凝土收缩变形与温度变形类似,可将混凝土的收缩变形等效为当量温差进行结构的分析计算。

收缩当量温差:

$$\Delta T' = [\varepsilon_{cs}(t,t_s) - \varepsilon_{cs}(\infty,t_s)]/\alpha_c \tag{12.6}$$

式中　　$\Delta T'$——收缩当量温差(℃);

$\varepsilon_{cs}(\infty,t_s)$——混凝土的最终收缩应变;

$\varepsilon_{cs}(t,t_s)$——混凝土龄期为 t 时的收缩应变,t 一般取为结构合龙时的混凝土龄期;

t_s——混凝土收缩开始时的龄期,一般假设为 3d;

α_c——混凝土的线膨胀系数,取为 $1 \times 10^{-5}/℃$。

12.2.1.3　混凝土的徐变

混凝土的徐变可对温度及收缩应力起到应力松弛效应,在很大程度上降低弹性温度应力。

采用弹性简化方法分析超长混凝土结构时,可对混凝土收缩、均匀温度作用、徐变进行综合考虑,采用综合等效温差来计算,并以应力松弛系数对其进行折减。

综合等效温差 ΔT_{st0}:

$$\Delta T_{st0} = \Delta T_k + \Delta T' \tag{12.7}$$

综合等效温差作用(折减后的计算温差)ΔT_{st}:

$$\Delta T_{st} = R(t,t_0)\Delta T_{st0} \tag{12.8}$$

式中　$R(t,t_0)$——混凝土的徐变应力松弛系数。

12.2.1.4　(综合等效)温度作用组合

混凝土收缩、徐变以及温度作用,可一并考虑,按照综合等效温差作用进行计算。

综合等效温差作用仍作为结构的可变作用,分项系数取值为 1.4,其组合值系数、频遇值系数和准永久值系数可分别取 0.6、0.5 和 0.4。

12.2.2　预应力控制超长混凝土结构开裂的本质

在超长混凝土结构的梁、板中布置预应力筋施加预应力,由于结构的约束,作用于梁、板的预应力又作用到了其约束构件上。施加预应力不宜理解为只是抵消温度作用效应,而宜理解为将梁、板中的部分(等效)温度内力转移到了约束构件上,预应力控制结构开裂的本质是预应力转移荷载的能力。

超长结构中梁板等楼盖体系的结构构件易开裂,目前设计中往往采用预应力技术控制裂缝。预应力将楼盖体系构件的温差作用转移到柱、墙等约束构件上,由此带来了约束构件内力的增大,成为设计中易忽略的薄弱环节。转移荷载的概念使人们认识到,温差作用不是凭空产生,也不会因为施加了预应力就凭空消失,进而关注超长结构中非预应力构件的受力状态,建立预应力结构设计中的整体结构概念。

以图 12.1(a)所示的单层单跨框架为例进行分析,假定框架柱的抗侧刚度 D_c,框架

梁的截面积为 A_B，弹性模量 E_B，线膨胀系数 α，在温差 T 的作用下取对称的半结构分析，如图 12.1（b）。忽略温差、预应力对柱的作用以及结构中可能出现的弯曲变形和内力，将柱看成仅提供侧向刚度的构件，梁看成轴向受力构件，则模型进一步简化为一端固定、一端有线性弹簧的结构体系，弹簧刚度 $k=D_C$，如图 12.1（c）。

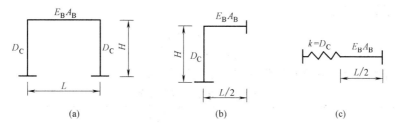

图 12.1　单层单跨框架分析

根据杆与弹簧之间的力与位移平衡关系，可列方程如下：

$$\Delta L_B = \Delta L_C \qquad (12.9a)$$
$$F_B = F_C \qquad (12.9b)$$

其中：

$$F_C = \Delta L_C \times D_C \qquad (12.10a)$$
$$\Delta L_B = \alpha T L/2 - \Delta L_{Br} \qquad (12.10b)$$
$$F_B = E_B A_B \varepsilon_r = E_B A_B \Delta L_{Br}/(L/2) \qquad (12.10c)$$

由上述公式可推得：

$$\Delta L_C \times D_C = [\alpha T - \Delta L_B/(L/2)] E_B A_B \qquad (12.11a)$$

$$\Delta L_C = \Delta L_B = \frac{\alpha T}{\dfrac{D_C}{E_B A_B} + \dfrac{2}{L}} \qquad (12.11b)$$

$$\sigma_B = \frac{F_B}{A_B} = E_B \alpha T \times \frac{D_C}{D_C + \dfrac{E_B A_B}{L/2}} \qquad (12.11c)$$

式中　$\dfrac{E_B A_B}{L/2}$——梁的线刚度，$L/2$ 长度的梁产生单位长度线位移所需力。

与完全约束杆中的温度应力相比，框架结构梁的应力相当于将完全约束温度应力在梁和柱之间按刚度比例进行分配，实际温度应力等于约束刚度的比例部分：

$$\eta = \frac{D_C}{D_C + \dfrac{E_B A_B}{L/2}} \qquad (12.12)$$

当 $D_C \gg \dfrac{E_B A_B}{L/2}$，$\eta \approx 1$，即自由约束状态；当 $D_C \ll \dfrac{E_B A_B}{L/2}$，$\eta \approx 0$，即自由约束状态；当 D_C 与 $\dfrac{E_B A_B}{L/2}$ 具有同等数量级，η 是介于 0 和 1 之间的常数，即一般结构的部分约束状态。η 与王铁梦[6]所述约束度的概念有近似之处，故称之为约束系数。D_C 越大，约束越强，η 越接近 1，梁中温差应力也就越大。

梁长 L 决定了梁的线刚度 $\dfrac{E_B A_B}{L/2}$，由此对温差应力的大小产生作用，而不是通常理解的结构越长，温度应力就越大。

混凝土材料的抗拉强度远低于抗压强度，因此对同样幅度的温差，温降在梁中产生的拉力比温升的压力更易使结构破坏。假设图 12.1（a）的单层单跨框架结构用不同强度等级混凝土建造，近似忽略钢筋抗拉的作用，那么在不同温降下，对应混凝土梁构件受拉开裂临界约束系数 η_{cr} 有：

$$\sigma_B = E_B \alpha T \eta \tag{12.13}$$

$$\eta_{cr} = f_1 / E_B \alpha T \tag{12.14}$$

不同温降下混凝土受拉开裂临界约束系数见表 12.1。

混凝土受拉开裂临界约束系数   表 12.1

温降	材料强度等级				
	C20	C25	C30	C35	C40
10℃	0.4314	0.4536	0.4767	0.4984	0.5262
20℃	0.2157	0.2268	0.2383	0.2492	0.2631
30℃	0.1438	0.1512	0.1589	0.1661	0.1754

简单来说，在温降 30℃ 的条件下，采用 C40 的混凝土结构，当 $\eta > 0.1754$ 时梁中混凝土就有开裂的可能。我国幅员辽阔，不同地理位置的建筑物在设计基准期可能遭遇的最大温差有显著差异，不同体系的结构约束程度也有很大不同，将温差与约束程度相结合才是超长结构较为科学的定义方式。采用了一个最简单的实例求得约束系数 η 的表达式，对于复杂结构 η 的求解无疑将很烦琐，但是通过 η 来正确理解超长结构的本质仍有助于结构设计。

预应力按施工方式可分为先张法和后张法，不同张拉方式对超长结构裂缝控制有不同的效果。

12.2.2.1 先张法预应力构件

先张法预应力通常用于预制构件，在建造结构时采用预制构件与现浇结构相结合的方式，现浇构件不会受到预应力作用。以图 12.2（a）的框架为例，当梁采用先张法预制预应力构件，柱现浇，此时建造完成后梁中建立预压应力 σ_{pc}。

$$\sigma_{pc} = N_p / A_B \tag{12.15}$$

温差 T 作用和预应力作用联合的梁应力：

$$\sigma_B = \frac{F_B}{A_B} - \sigma_{pc} = E_B \alpha T \times \frac{D_C}{D_C + \dfrac{E_B A_B}{L/2}} - \sigma_{pc} \tag{12.16}$$

柱的侧力：

$$F_C = E_B A_B \alpha T \eta = E_B A_B \alpha T \frac{D_C}{D_C + \dfrac{E_B A_B}{L/2}} \tag{12.17}$$

梁的应力是预应力与温度应力的叠加，用先张法施加预应力与否，柱侧力不变。

12.2.2.2 后张法预应力构件

后张法预应力通常用于现浇混凝土结构，在框架的柱、梁、板等均浇筑完成，达到一定强度水平后张拉预应力筋，建立预应力。此时不仅是设计的预应力构件（主要是梁），其他相邻结构构件均会受到预应力作用。

以图 12.2（a）的框架为例，梁、柱浇筑完成，张拉梁中预埋的预应力筋，为简化起见认为力筋沿梁的形心轴布置，并忽略预应力损失沿轴线的变化。无论采用有粘结预应力还是无粘结预应力，在张拉施工阶段均可以等效成施加在梁两端形心上的一对平衡力 N_p。

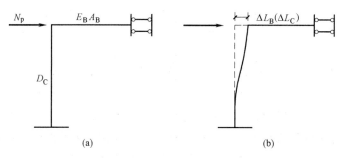

图 12.2　预应力作用下对称单跨框架半结构

建立预应力作用下的平衡方程：

$$\Delta L_B = \Delta L_C \tag{12.18a}$$

$$F_{Bp} + F_{Cp} = N_p \tag{12.18b}$$

其中

$$\Delta L_B = F_{Bp}/E_B A_B \times (L/2) \tag{12.19a}$$

$$\Delta L_C = F_{Cp}/D_C \tag{12.19b}$$

代入后求解得：

$$F_{Bp} = N_p \times \dfrac{\dfrac{E_B A_B}{L/2}}{D_C + \dfrac{E_B A_B}{L/2}} \tag{12.20a}$$

$$F_{Cp} = N_p \times \dfrac{D_C}{D_C + \dfrac{E_B A_B}{L/2}} \tag{12.20b}$$

可见，与无约束杆件中的预压应力相比，对于框架，相当于将全部预压应力在梁和柱之间按相应刚度比例进行分配。

温降 T 作用下的梁、柱内力有：

$$F_{BT} = F_{CT} = E_B A_B \alpha T \dfrac{D_C}{D_C + \dfrac{E_B A_B}{L/2}} \tag{12.21}$$

设计预应力筋的数量与张拉控制应力，使梁中预压力刚好抵消温降 T 作用：

$$F_{Bp} = F_{BT} \tag{12.22a}$$

$$N_p \times \dfrac{\dfrac{E_B A_B}{L/2}}{D_C + \dfrac{E_B A_B}{L/2}} = E_B A_B \alpha T \dfrac{D_C}{D_C + \dfrac{E_B A_B}{L/2}} \tag{12.22b}$$

$$N_p = E_B A_B \alpha T \dfrac{D_C}{\dfrac{E_B A_B}{L/2}} \tag{12.22c}$$

此时梁中内力、应力均为 0，而柱侧力：

$$F_C = F_{Cp} + F_{CT} = N_p \times \frac{D_C}{D_C + \frac{E_B A_B}{L/2}} + F_{CT}$$

$$= E_B A_B \alpha T \frac{D_C}{\frac{E_B A_B}{L/2}} \times \frac{D_C}{D_C + \frac{E_B A_B}{L/2}} + E_B A_B \alpha T \frac{D_C}{D_C + \frac{E_B A_B}{L/2}}$$

$$= E_B A_B \alpha T \frac{D_C}{D_C + \frac{E_B A_B}{L/2}} \times \left[\frac{D_C}{\frac{E_B A_B}{L/2}} + 1 \right] = E_B A_B \alpha T \frac{D_C}{\frac{E_B A_B}{L/2}} = N_p \qquad (12.23)$$

柱的侧力等于预应力等效轴力，原先分配给梁的预应力又作用到了柱上，由于分配给梁的预应力恰好等于温降梁轴力，因此可以认为：温降作用下的梁轴力通过预应力转移到了柱上，预应力控制结构开裂的本质是预应力转移荷载的能力。

12.2.3 超长混凝土结构的长度限值问题

在超长混凝土结构中施加预应力，将梁、板中的温度拉力转移到抗侧力构件等约束构件，减小了梁、板中的温度拉力，从而可以增大不开裂所容许的结构长度。但由于在结构构件中可配置的预应力筋有一定限度，相应地在混凝土结构中施加预应力可转移（等效）温度作用效应是有限度的，以图 12.2（a）的预应力框架为例，分析梁中预应力刚好抵消温降 T 作用的情况：

$$F_B = 0 \qquad (12.24a)$$

$$F_C = N_p = E_B A_B \alpha T \frac{D_C}{\frac{E_B A_B}{L/2}} = \alpha T D_C L/2 \qquad (12.24b)$$

结构其他参数不发生改变的前提下，长度 L 或温降值 T 的增大均会导致梁的温降内力 F_C 增大，抵消 F_C 所需预应力 N_p 随之增大。

规范规定，为满足抗震设计延性要求，梁端受拉钢筋配筋率不允许大于 2.5%（HRB400）或 3%（HRB335）。取极端情况，受拉钢筋全部配置有粘结预应力筋。

张拉后分配到梁上的预应力等效轴力：

$$F_{Bp} = N_p \frac{\frac{E_B A_B}{L/2}}{D_C + \frac{E_B A_B}{L/2}} = N_p \times (1 - \eta) \qquad (12.25)$$

梁的温度内力：

$$F_{CT} = E_B A_B \alpha T \frac{D_C}{D_C + \frac{E_B A_B}{L/2}} = E_B A_B \alpha T \eta \qquad (12.26)$$

控制裂缝要求：

$$F_{CT} - F_{Bp} \leqslant f_t A_B \qquad (12.27)$$

得临界约束系数为：

$$\eta_{cr} = \frac{f_t + 0.014 f_{ptk} f_y / f_{py}}{E_B \alpha T + 0.014 f_{ptk} f_y / f_{py}} \qquad (12.28)$$

其中，$f_y = 360\text{MPa}$。

目前后张预应力结构主要采用 1860 级钢绞线作为预应力线材，此时对应不同温降和混凝土强度的开裂临界约束系数如表 12.2。

有约束预应力结构临界约束系数 表 12.2

温降	材料强度等级				
	C20	C25	C30	C35	C40
10℃	0.5552	0.5641	0.5768	0.5907	0.6111
20℃	0.3116	0.3138	0.3189	0.3253	0.3357
30℃	0.2165	0.2174	0.2204	0.2244	0.2314

与不采用预应力的结构相比，临界约束系数有所提高。

在施工中采取工程措施尽量避免预应力张拉时的结构约束效应，可提高梁中建立的有效预应力，对应的临界约束系数将进一步提高。为简化起见，假定结构约束效应可完全避免，对应的一种实际情况就是预制预应力混凝土梁与其他结构构件现浇相结合的建造方式。此时：

$$F_{CT} - F_{Bp} \leqslant f_t A_B \tag{12.29}$$

$$\eta \leqslant \frac{f_1 + 0.014 f_{ptk} f_y / f_{py}}{E_B \alpha T} \tag{12.30}$$

采用 1860 级钢绞线作预应力线材时，该单层单跨框架的预应力结构开裂临界约束系数如表 12.3 所示。

无约束预应力结构临界约束系数 表 12.3

温降	材料强度等级				
	C20	C25	C30	C35	C40
10℃	0.7099	0.7072	0.7134	0.7239	0.7447
20℃	0.3549	0.3536	0.3567	0.3619	0.3723
30℃	0.2366	0.2357	0.2378	0.2413	0.2482

在满足现有设计规范主要强制性规定的前提下，采用预应力技术后可能导致结构开裂的临界约束系数有不同程度的提高。对应温降 30℃ 的情况，采用 C40 混凝土，临界约束系数从 0.1754 提高到 0.2314（后张预应力）和 0.2482（预制预应力）。总体上看来，对于特定的结构形式，影响临界约束系数的主要因素是温降幅值，不同强度等级的混凝土差别不大。

对结构形式不同且约束更强的结构，采用预应力也无法保证结构在温降 30℃ 的条件下不开裂，可见，采用预应力进行混凝土结构温度裂缝的控制也是有一定的限度的。

12.2.4 规则平面多跨框架结构的约束系数与预应力作用

12.2.4.1 约束系数

实际工程的超长结构不是上面所讨论的单跨结构，而是多跨结构。对于对称两跨框架，半结构计算图示与单跨结构计算图示基本相同，只有梁端约束条件和梁计算长度改变，如图 12.3 所示。

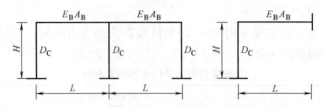

图 12.3　对称双跨框架结构温度作用计算图示

可知对称两跨框架的约束系数为：

$$\eta = \frac{D_C}{D_C + \dfrac{E_B A_B}{L}}$$

(12.31)

对于连续多跨结构，如图 12.4 所示的一个 n 跨的结构，总可以找到温差作用下的不动点，取第 1 跨到不动点位置共 m 跨的"半结构"进行分析讨论。

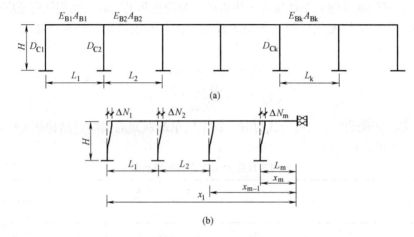

图 12.4　多跨框架结构温度作用计算图示

在均匀温降下，假设各梁柱节点位移分别为 ΔN_i，（$i=1, 2, \cdots, m$），则梁的实际变形：

$$\Delta L_{Bi} = \Delta N_i - \Delta N_{i+1} \infty (i=1, 2, \cdots, m-1)$$

(12.32a)

$$\Delta L_{Bm} = \Delta N_m - 0$$

(12.32b)

梁约束变形：

$$\Delta L_{Bir} = \alpha T L_{Bi} - \Delta L_{Bi} (i=1, 2, \cdots, m)$$

(12.33)

梁约束轴力：

$$F_{Bir} = E_{Bi} A_{Bi} \varepsilon_{Bi} = E_{Bi} A_{Bi} \Delta L_{Bir} / L_{Bi} (i=1, 2, \cdots, m)$$

(12.34)

柱变形：

$$\Delta L_{Ci} = \Delta N_i (i=1, 2, \cdots, m)$$

(12.35)

柱侧力：

$$F_{Ci} = \Delta L_{Ci} \times D_{Ci} = \Delta N_i \times D_{Ci}$$

(12.36)

对每个节点列力平衡方程：

$$F_{B lr} + F_{C l} = 0$$

(12.37a)

$$F_{Bir} + F_{Ci} = F_{B(i+1)r} (i=1, 3, \cdots, m-1)$$

(12.37b)

可得到以 ΔN_i 为未知量的 m 阶方程组，联立求解即可求得均匀温差作用下结构的位移反应，进而求得内力。

$$E_{B1}A_{B1}(\alpha TL_{B1}-\Delta N_1+\Delta N_2)/L_{B1}+\Delta N_1 D_{C1}=0 \tag{12.38a}$$

$$E_{Bi}A_{Bi}(\alpha TL_{Bi}-\Delta N_i+\Delta N_{i+1})/L_{Bi}+\Delta N_i D_{Ci}$$
$$=E_{Bi+1}A_{Bi+1}(\alpha TL_{Bi+1}-\Delta N_{i+1}+\Delta N_{i+2})/L_{Bi+1} \tag{12.38b}$$

$$E_{Bm-1}A_{Bm-1}(\alpha TL_{Bm-1}-\Delta N_{m-1}+\Delta N_m)/L_{Bm-1}+$$
$$\Delta N_{m-1}D_{Cm-1}=E_{Bm}A_{Bm}(\alpha TL_{Bm}-\Delta N_m)/L_{Bm} \tag{12.38c}$$

定义

$$E_{Bi}A_{Bi}/L_{Bi}=D_{Bi} \tag{12.39}$$

以矩阵形式表达

$$\begin{bmatrix} -D_{B1}+D_{C1} & D_{B1} & 0 & 0 & 0 & 0 \\ 0 & -D_{B2}+D_{C2} & D_{B2}+D_{B3} & -D_{B3} & 0 & 0 \\ 0 & 0 & \cdots & \cdots & \cdots & 0 \\ 0 & 0 & -D_{Bi}+D_{Ci} & D_{Bi+1}+D_{Ci+1} & -D_{Bi+1} & 0 \\ 0 & 0 & \cdots & \cdots & \cdots & 0 \\ 0 & 0 & 0 & 0 & -D_{Bm-1}+D_{Cm-1} & D_{Bm-1} \end{bmatrix}$$
$$\begin{bmatrix} \Delta N_1 \\ \Delta N_2 \\ \vdots \\ \Delta N_m \end{bmatrix} = -\alpha T \begin{bmatrix} E_{B1}A_{B1} \\ E_{B1}A_{B1} \\ \vdots \\ E_{Bm-1}A_{Bm-1} \end{bmatrix} + \alpha T \begin{bmatrix} 0 \\ E_{B2}A_{B2} \\ \vdots \\ E_{Bm}A_{Bm} \end{bmatrix} \tag{12.40}$$

上述方程联立后形成刚度矩阵具有明显带状特征的线性方程组，数值求解技术成熟。但是对于超长结构的定性判断而言，解析结果难以获得。

王铁梦[6]提出一种简化的多跨框架结构计算方法。假定各框架柱对框架梁的反向约束力 F_{Ci}（$i=1,2,\cdots,m$）与其距变形不动点的距离 x_i 呈线性关系，且与柱刚度成正比。由此得到第 j 跨框架梁的温度应力：

$$\sigma_{Bj}=\frac{\sum\limits_{i=1}^{j}F_{Ci}}{A_B}=\sum\limits_{i=1}^{j}\frac{\alpha TE_B x_i D_{Ci}}{E_B A_B+\sum\limits_{k=1}^{m}\dfrac{x_k^2}{x_1}D_{Ck}} \tag{12.41}$$

张玉明比较了一系列典型框架结构算例中王铁梦法[6]与有限元计算结果，王铁梦法[6]的轴力误差在 10% 以内，位移误差在 30% 以内。

对不动点温度应力 σ_{Bm}：

$$\sigma_{Bm}=\sum\limits_{i=1}^{m}\frac{\alpha TE_B x_i D_{Ci}}{E_B A_B+\sum\limits_{k=1}^{m}\dfrac{x_k^2}{x_1}D_{Ck}} \tag{12.42}$$

所以根据王铁梦法[6]的假定，多跨框架不动点的约束系数 η 为：

$$\eta=\sum\limits_{i=1}^{m}\frac{x_i D_{Ci}}{E_B A_B+\sum\limits_{k=1}^{m}\dfrac{x_k^2}{x_1}D_{Ck}} \tag{12.43}$$

不动点一般是结构轴力最大的位置，因此用不动点的约束系数作为结构的约束系数的代表是合理的。可见，多跨框架 η 的计算式由柱刚度、梁刚度、长度等系数定义，同样体现的是约束的强弱程度。

12.2.4.2 预应力作用

根据王铁梦法[6]的假定，计算后张预应力作用下结构不动点处的内力：

$$F_{Ci} = \frac{x_i}{x_1} \frac{D_{Ci}}{D_{C1}} F_{C1} (i = 1, 2, \cdots m) \tag{12.44}$$

进而计算出不动点处的梁内力：

$$F_{Bm} = N_p \left(1 - \sum_{i=1}^{m} \frac{x_i D_{Ci}}{E_B A_B + \sum_{k=1}^{m} \frac{x_k^2}{x_1} D_{Ck}} \right) = N_p (1 - \eta) \tag{12.45}$$

与单跨结构结果相同。

12.2.5 具有连续约束刚度结构的约束系数与预应力作用

12.2.5.1 约束系数

框架结构柱提供的约束刚度是一种离散的刚度，而剪力墙等连续结构构件具有连续约束刚度。如图 12.5 所示，假定变形不动点位于结构中点，距结构右端的距离为 L，结构温差 T，取 dx 微段进行受力、变形分析。

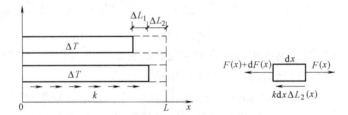

图 12.5　具有连续约束刚度结构的温度作用

根据微段力平衡方程和变形协调条件：

$$F(x) + kdx\Delta L_2(x) = F(x) + dF(x) \tag{12.46a}$$

$$\Delta L(x) = \Delta L_1(x) + \Delta L_2(x) \tag{12.46b}$$

得到：

$$F(x) = \alpha T E_B A_B \left(1 - \frac{e^{\beta x} + e^{-\beta x}}{e^{\beta L} + e^{-\beta L}} \right) \tag{12.47}$$

其中 $\beta = \sqrt{\dfrac{k}{E_B A_B}}$，$k$ 为单位长度上的刚度。

对应结构不动点的温度内力：

$$F(0) = \alpha T E_B A_B \left(1 - \frac{2}{e^{\beta L} + e^{-\beta L}} \right) \tag{12.48}$$

与约束系数的定义对比，不动点的温度内力可用约束系数表达为：

$$F(0) = \alpha T E_B A_B \eta \tag{12.49a}$$

$$\eta = 1 - \frac{2}{e^{\beta L} + e^{-\beta L}} \tag{12.49b}$$

均匀约束刚度下约束系数的公式中 βL 始终同时出现，表明结构长度的累积导致了刚度的累积，进而提高约束程度，增大温差作用。

12.2.5.2　预应力作用

如图 12.6 所示，预应力作用在连续刚度模型上的反应同样可以通过微分方程求解。

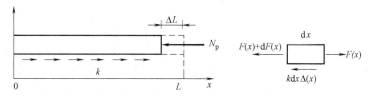

图 12.6　具有连续约束刚度结构的预应力作用

根据微段力平衡方程：

$$F(x)+k\mathrm{d}x\Delta(x)=F(x)+\mathrm{d}F(x) \tag{12.50}$$

变形量：

$$\Delta(x)=\frac{1}{k}\frac{\mathrm{d}F(x)}{\mathrm{d}x} \tag{12.51}$$

$\mathrm{d}x$ 微元体内，预应力产生的轴向压缩变形 $\mathrm{d}\Delta(x)$ 与该位置的力 $F(x)$ 符合胡克定律：

$$\varepsilon(x)=\frac{\mathrm{d}\Delta(x)}{\mathrm{d}x}=\frac{F(x)}{E_{\mathrm{B}}A_{\mathrm{B}}} \tag{12.52a}$$

$$\frac{\mathrm{d}\Delta(x)}{\mathrm{d}x}=\frac{1}{k}\frac{\mathrm{d}^2F(x)}{\mathrm{d}x^2} \tag{12.52b}$$

$$\frac{F(x)}{E_{\mathrm{B}}A_{\mathrm{B}}}=\frac{1}{k}\frac{\mathrm{d}^2F(x)}{\mathrm{d}x^2} \tag{12.52c}$$

$$F''(x)-\frac{k}{E_{\mathrm{B}}A_{\mathrm{B}}}F(x)=0 \tag{12.52d}$$

$$F''(x)-\beta^2F(x)=0 \tag{12.52e}$$

解微分方程得：

$$F(x)=C_1e^{\beta x}+C_2e^{-\beta x} \tag{12.53}$$

边界条件：

$$F(L)=N_{\mathrm{p}} \tag{12.54a}$$

$$\Delta(0)=0 \tag{12.54b}$$

解得：

$$C_1=C_2=\frac{N_{\mathrm{p}}}{e^{\beta L}+e^{-\beta L}} \tag{12.55a}$$

$$F(x)=\frac{N_{\mathrm{p}}}{e^{\beta L}+e^{-\beta L}}(e^{\beta x}+e^{-\beta x}) \tag{12.55b}$$

结构不动点处 $x=0$，则

$$F(0)=\frac{2N_{\mathrm{p}}}{e^{\beta L}+e^{-\beta L}} \tag{12.56}$$

则

$$F(0)=N_{\mathrm{p}}(1-\eta) \tag{12.57}$$

根据控制裂缝要求：

$$F_{CT} - F_{Bp} \leqslant f_t A_B \tag{12.58}$$

得到的临界约束系数结果与具有离散约束刚度的框架结构结果相同。

12.2.6 基于临界约束系数的超长混凝土结构定义

从混凝土结构超长问题的本质——结构约束出发，可定义广义超长混凝土结构：由于约束较强，导致在荷载和混凝土收缩、徐变、温度等间接作用下，结构构件大范围拉应力超过设计限值的混凝土结构。具体的是以与应力设计限值、作用大小相关的临界约束系数 η_{cr} 作为判别指标，当结构计算表明实际约束系数大于特定的 η_{cr} 时，该结构即为广义超长混凝土结构，而非仅是以结构长度作为混凝土结构是否超长的判别指标。

前面用约束系数 η 表达了弹性结构温度作用和完全约束结构温度作用的比例关系，也用 η 表达了后张预应力超静定结构中的预应力效应。

单跨框架、多跨框架、连续约束刚度结构尽管具体的结构形式不同，但结构不动点的温度作用都可以表示为：

$$F_T = \alpha T E_B A_B \eta \tag{12.59}$$

结构不动点的有效预应力作用：

$$F_p = N_p(1 - \eta) \tag{12.60}$$

其中，单跨或多跨框架框架：

$$\eta = \sum_{i=1}^{m} \frac{x_i D_{Ci}}{E_B A_B + \sum_{k=1}^{m} \frac{x_k^2}{x_1} D_{Ck}} \tag{12.61}$$

连续约束结构：

$$\eta = 1 - \frac{2}{e^{\beta L} + e^{-\beta L}} \tag{12.62}$$

现行国家规范用结构的单体长度限值定义超长结构，由约束系数 η 公式可见，结构温度作用与长度没有直接的关系，而是和约束强弱程度直接相关。采用约束系数的概念进行规则结构温差作用的简化计算具有物理意义明确、方法简洁的特点。相应的也可以使用临界约束系数 η_{cr} 作为判断结构是否需要设置温度伸缩缝的依据。

在采用约束系数定义法后，超长结构的初步设计可采用以下的流程：

（1）确定结构设计温差，判断结构不动点，计算该处的约束系数。

（2）约束系数小于表 12.1 数值时，认为结构温度作用较小，不需采用特殊的措施。

（3）约束系数大于表 12.1 数值时，表明结构在单独的温降作用下可能开裂，应设伸缩缝或采取抵抗温降作用的技术措施。当约束系数大于表 12.3 数值时，只能设伸缩缝。

（4）采取设伸缩缝的措施时，重新计算分缝后各单体结构的约束系数，使其不大于表 12.1 数值。

（5）决定采用抵抗温降作用的预应力设计后，可按荷载平衡原理初步估算所需预应力筋面积，并将预应力等效荷载、温度作用效应与其他荷载组合后验算，使结构满足裂缝控制要求。约束系数大于表 12.2 数值的结构还需采取特殊措施减小结构的预应力约束效应，如分块浇筑、分块张拉、在柱端设临时滑动支座等。

12.2.7　考虑混凝土时随特性的约束系数修正

超长结构中除温差作用外，还需要考虑混凝土收缩徐变的作用。

混凝土的收缩在作用机理上表现为随时间推移而产生的体积缩小，与温降作用一致，可换算为等效温降进行简化计算。

混凝土的徐变效应表现为应力（或应变）不变时材料的应变（或应力）随时间推移而变化。承受荷载不变的静定结构中只会产生位移变化，而在超静定结构中还会引起应力重分布。超长结构的季节温差作用是以年为时间单位缓慢变化的间接作用，徐变效应会对结构受力产生不可忽略的作用。

考虑徐变影响后，钢筋混凝土结构的临界约束系数仍如表 12.1，但其中温降应为结构温差和收缩等效温降的叠加。由于前文中预应力效应计算已扣除了收缩徐变损失和松弛损失，所以预应力混凝土结构的临界约束系数按表 12.2 和表 12.3 采用，温降也是结构温差和收缩等效温降的叠加。

12.3　温度作用及基本理论

12.3.1　传热基本理论

传热学是研究热量传递规律的学科。热力学第二定律指出，只要有温差存在，热量总是自发地从高温物体传向低温物体。传热是包括各种形式热能转移现象的总称，根据机理的不同可分为导热、对流和辐射三种方式。

12.3.1.1　热传导

物体内部存在温度差时，热量会从高温部分传递到低温部分，不同温度的物体接触时热量会由高温物体传递到低温物体。这种热量传递过程称为热传导。

热传导与物体的温度分布相关，物体内部的温度可以随空间坐标和时间变化，即：

$$t = f(x, y, z, \tau) \tag{12.63}$$

式中　t——物体内部的温度；

x、y、z——空间变量；

τ——时间变量。

上式描述的温度分布称为温度场，因此温度场是任一瞬间空间所有点上的温度值的总称。温度场就时间而言可分为稳态温度场和非稳态温度场；就空间坐标而言可分为一维温度场、二维温度场和三维温度场。

12.3.1.2　热对流

热对流是指固体的表面与它周围接触的流体之间，由于温差的存在引起的热量的交换。

12.3.1.3　热辐射

热辐射是通过电磁波的方式传播能量的过程，不需要物体间的直接接触，也不需要中间介质。

热辐射具有一般电磁波的吸收、反射、透射等特性。假如外界投射到某物体表面上的

总辐射能为 Q_0，其中一部分 Q_a 被物体吸收，一部分 Q_r 被物体反射，而另一部分 Q_d 则穿透过物体。由能量平衡得：

$$Q_0 = Q_a + Q_r + Q_d \tag{12.64}$$

12.3.1.4　边界条件与基本假定

热传导方程建立物体的温度与时间、空间的关系，为确定计算温度应力所需的特定温度场，还需要初始条件和边界条件。

在初始瞬时，温度场是坐标 (x, y, z) 的已知函数 $T_0(x, y, z)$：

$$T_0(x, y, z, 0) = T(x, y, z) \tag{12.65}$$

多数情况下可认为初始温度分布是常数：

$$T_0(x, y, z, 0) = T_0 \tag{12.66}$$

边界条件可分为以下四类。

（1）第一类边界条件

混凝土表面温度 T 是时间的已知函数：

$$T(\tau) = f(\tau) \tag{12.67}$$

（2）第二类边界条件

混凝土表面的热流量是时间的已知函数：

$$-\lambda \frac{\partial T}{\partial n} = f(\tau) \tag{12.68}$$

式中　n——表面外法线方向。

若表面是绝热的，则：

$$\frac{\partial T}{\partial n} = 0 \tag{12.69}$$

（3）第三类边界条件

第三类边界条件表示了固体与流体接触时的传热条件。混凝土与空气接触，经过混凝土表面的热流量是：

$$q = -\lambda \frac{\partial T}{\partial n} \tag{12.70}$$

第三类边界条件假定经过混凝土表面的热流量与混凝土表面温度 T 和气温 T_a 之差成正比：

$$-\lambda \frac{\partial T}{\partial n} = \beta(T - T_a) \tag{12.71}$$

式中　β——表面放热系数 $[\mathrm{kJ/(m^2 \cdot h \cdot ℃)}]$。

当表面放热系数 β 趋于无限时，$T = T_a$，转化成第一类边界条件。当 $\beta = 0$ 时，$\partial T / \partial n = 0$，转化为绝热条件。

（4）第四类边界条件

两种不同的固体接触时，若接触良好，则在接触面上温度和热流量都是连续的，边界条件为：

$$T_1 = T_2 \tag{12.72a}$$

$$\lambda_1 \frac{\partial T_1}{\partial n} = \lambda_2 \frac{\partial T_2}{\partial n} \tag{12.72b}$$

热传导方程以及定解条件是针对各向同性的均匀连续固体推导的，要将其应用于混凝土结构的温度场计算，需要做如下假设：

（1）不考虑混凝土内部的细微裂缝对热传导的影响。由于微裂缝分布在混凝土内部是可以视为分布均匀的，可以假定其为连续介质，并用比热容、导热系数等热参数加以折算以考虑细微裂缝的影响。

（2）不考虑钢筋以及预应力筋的影响。主要考察混凝土结构的整体温度场，不是钢筋或预应力筋附近的局部温度场，该假定也是适当的。

（3）混凝土材料是均匀、各向同性的。

（4）结构没有开裂而造成温度分布不连续。

12.3.2 混凝土结构中气温变化的影响范围

在建筑物的使用期间，混凝土结构表面与外界空气接触，气温的周期性变化对混凝土内部温度有一定影响，影响的深度与温度变化的周期有关。

混凝土与空气接触可按第三类边界条件计算，假定混凝土表面温度等于气温。气温变化规律可采用余弦函数模拟：

$$T(t) = T_m + A_t \cos[2n\pi(t - t_\lambda)/365] \tag{12.73a}$$

$$T_m = \frac{T_{max} + T_{min}}{2} \tag{12.73b}$$

$$A_t = \frac{T_{max} - T_{min}}{2} \tag{12.73c}$$

式中　　T_m——气温均值；

　　　　A_t——气温变化幅值；

T_{max}、T_{min}——气温最高和最低值。

首先假定外界温度的影响深度不大，将构件简化为半无限体，用一维热传导方程求解：

$$\frac{\partial T}{\partial \tau} = a \frac{\partial^2 T}{\partial \tau^2} \tag{12.74}$$

初始条件：

$$\tau = 0, \ T = 0, \ 0 \leqslant x \leqslant \infty \tag{12.75}$$

边界条件，当 $x = 0$，$\tau > 0$ 时：

$$-\lambda \frac{\partial T}{\partial x} = \beta \left(T - A \sin \frac{2\pi}{P} \right) \tag{12.76}$$

$x = \infty$，$\tau > 0$ 时：

$$T = 0 \tag{12.77}$$

该方程理论解的周期项为：

$$T(x, \tau) = A_0 e^{-x\sqrt{\pi/aP}} \sin\left[\frac{2\pi\tau}{P} - \left(x\sqrt{\frac{\pi}{aP}} + M \right) \right] \tag{12.78}$$

其中：

$$A_0 = A \left(1 + \frac{2\lambda}{\beta} \sqrt{\frac{\pi}{aP}} + \frac{2\pi\lambda^2}{aP\beta^2} \right)^{-0.5} \tag{12.79a}$$

$$M=\tan^{-1}\left(\cfrac{1}{1+\cfrac{\beta}{\lambda}\sqrt{\cfrac{\alpha P}{\pi}}}\right) \qquad (12.79b)$$

式中　λ——混凝土的导热系数 $[kJ/(mh℃)]$；

　　　α——混凝土的导温系数（m^2/h），$\alpha=\lambda/c\rho$；

　　　c——比热容 $[kJ/(kg℃)]$；

　　　β——表面放热系数 $[kJ/(m^2h℃)]$；

　　　A——气温变化幅值；

　　　A_0——混凝土表面温度变化幅值；

　　　P——气温变化周期；

　　　M——混凝土表面温度变化的相位差。

可见，在周期性外界温度作用下，混凝土内部温度呈周期性变化，变化周期与外界温度相同，相位滞后 $x\sqrt{\cfrac{\pi}{\alpha P}}+M$；幅值为 $A_0 e^{-x\sqrt{\pi/\alpha P}}$，随深度 x 的增大而减小。混凝土表面温度变化幅值不等于气温变化幅值，其大小不仅与混凝土的热物理参数 α、β 有关，还和气温变化周期 P 相关，气温变化周期越短，混凝土表面温度变化幅值越小。

对距表面 x 深度处的混凝土，有：

$$T(x,\tau)=A\left(1+\frac{2\lambda}{\beta}\sqrt{\frac{\pi}{\alpha P}}+\frac{2\pi\lambda^2}{\alpha P\beta^2}\right)^{-0.5}e^{-x\sqrt{\pi/\alpha P}} \qquad (12.80)$$

以 $T(x,\tau)=0.05A$ 为边界条件，x 随 λ 和 v_a 的变化趋势如图 12.7 所示。日温差作用对混凝土结构的影响深度有限，分布在 $0.3\sim0.6$m 之间，钢筋混凝土建筑结构中的主梁、柱截面几何尺寸常超过该范围。而年温差影响深度均在 9m 以上，远大于建筑结构构件的尺寸。

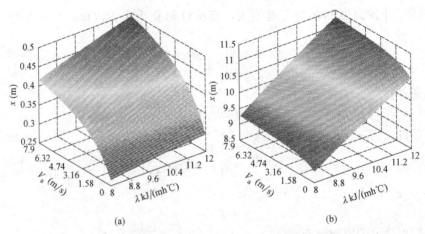

图 12.7　混凝土结构中气温变化影响深度

(a) 日温差作用；(b) 年温差作用

设楼面构造层后，年温差对结构混凝土表面温度的影响有小幅度降低。

不同楼面构造做法的温差影响深度可知，半无限体假定的适用范围较小，建筑结构楼盖中截面尺寸较大的主梁（$h>1$m）、转换层厚板（$L>1$m）等在日温差作用下的温度计算可近似采用。对于一般楼板、次梁等小尺寸构件，无论日温差作用或年温差作用，半无限体的温度场边界条件假定均不适用。

12.3.3　楼板的一维准稳态温度场

根据上一节中现场监测温度分布规律可知，建筑结构的楼板平面位置上的差异对温度影响很小。因此在温度场分析时将楼板简化为平面无限大的平板，厚度为 L。一般认为当平面尺寸大于 $10L$ 时，平面无限大假定成立[7、8]；建筑结构楼盖体系的混凝土板和预应力混凝土板厚常小于 300mm，而混凝土框架结构、板柱结构柱距一般大于 3m，因此采用该假定的基本条件成立。采用该假定后温度场的误差主要出现在楼板四周位置和梁、柱等几何形状改变处。

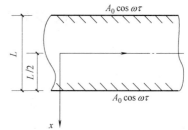

图 12.8　楼板的温度场问题计算简图

楼板的温度场问题可简化表达为：在气温按余弦变化、第三类边界条件下厚度 L 的混凝土平板温度场。无楼面构造层时，看作一侧第三类边界条件，一侧绝热条件的厚度 $L/2$ 的无限大平板温度场，见图 12.8。

热传导方程：

$$\frac{\partial T}{\partial \tau} = \alpha \frac{\partial^2 T}{\partial x^2} \tag{12.81}$$

边界条件：

$$x=0, \lambda \frac{\partial T}{\partial x} = 0 \tag{12.82}$$

进一步的计算表明，在日温差作用下，楼板表面温度变化幅值与板厚有关，随着板厚增大，楼板表面温度变化幅值降低。年温差作用下，楼板表面温度变化幅值与气温变化幅值基本相等。

为验证上述计算的正确性，将实测混凝土温度数据与气象数据相对比。长期监测的温度数据显示，在同一时间，平面上不同位置测点有微小的温度差异。选取结构上 30 个不受日照的测点，对这些平面上不同位置测点在同一次观测的温度数据取算术平均值，以消除随机性。将监测的温度均值与环境温度的日均值相对比，发现二者吻合良好，一元线性拟合公式为 $Y=0.9703X+0.5354$；同时将监测的温度均值与环境温度的日最大温度和最小温度分别相比，均有明显的整体偏移（图 12.9c、d）。气温日均值消除了日温差的变化，是年温差的一种表现形式，由此证明年温差作用下，结构温度变化幅值与气温变化幅值基本相等。

12.3.4　楼盖的二维温度场有限元分析

一维温度场计算简便，但适用的边界条件简单，与实际建筑结构有相当差异。通过有限元软件可以构造二维或三维分析模型，模拟复杂边界条件，深入了解结构的实际温度场特征。

目前通用有限元软件 ANSYS、ABAQUS 等可以求解三维模型的稳态和瞬态温度响应，其本质仍是求解各种边界条件下的傅立叶热传导方程。以二维瞬态问题为例建立温度

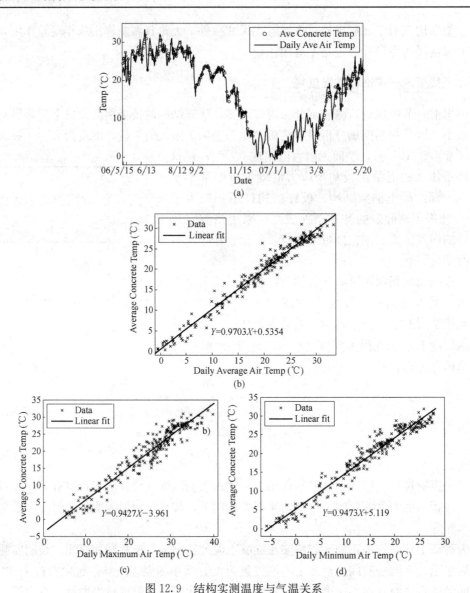

图 12.9　结构实测温度与气温关系

（a）实测温度与气温日均值时程对比；（b）实测温度与气温日均值线性拟合；
（c）实测温度与气温日最高值线性拟合；（d）实测温度与气温日最低值线性拟合

场有限元的一般格式。将空间域 Ω 离散为有限个单元体，每个单元温度可写为：

$$T(x,y,t)=NT^{\mathrm{e}}$$ (12.83)

式中，N 为单元形函数矩阵；T^{e} 为单元节点温度向量，是时间 t 的函数。

应用变分原理，傅立叶方程和边界条件可写为：

$$C\left(\frac{\mathrm{d}T}{\mathrm{d}t}\right)+KT-F=0$$ (12.84)

式中　T——所有节点温度向量；

　　　F——热交换向量，是所有单元在单位时间内由于对流和辐射产生的热量交换总
　　　　　量，由每个单元在单位时间内对流和辐射产生的热量交换总量矩阵组成；

C、K——所有单元的比热容矩阵和导热系数矩阵，由单元比热容矩阵 C^e 和单元导热系数矩阵 K_{cr}^e、K_c^e 组成。

单元比热容矩阵：

$$C^e = \int_{V^e} \alpha N^T N \mathrm{d}V \tag{12.85}$$

式中，V_e 表示对单元体积积分。

边界单元导热系数矩阵：

$$K_{cr}^e = k \int_{S^e} h N^T N \mathrm{d}S + \int_{V^e} B^T B \mathrm{d}V \tag{12.86}$$

式中，S_e 表示对单元表面积积分；B 由单元形函数对 x 和对 y 的偏导数矩阵组成。

$$B = \begin{bmatrix} \dfrac{\partial N}{\partial x} \\[2mm] \dfrac{\partial N}{\partial y} \end{bmatrix} \tag{12.87}$$

非边界单元导热系数矩阵：

$$K_c^e = k \int_{V^e} B^T B \mathrm{d}V \tag{12.88}$$

热量交换向量：

$$F^e = F_c^e + F_{cr}^e \tag{12.89}$$

不考虑混凝土水化热时，非边界单元不存在内热源，则

$$F_c^e = 0 \tag{12.90}$$

瞬态温度场的场函数温度不仅是空间域 Ω 的函数，还是时间域 t 的函数，但时间和空间域不耦合，因此建立有限元格式时可以采用部分离散的方法，在空间域内用有限单元网格划分，时间域内用有限差分网格划分。

将导热物体在空间离散后，得到常微分方程组，其未知量节点温度 T 是时间的函数。时间跨度可以离散为有限数量的微小相等时间段 Δt，若认为在时间段 Δt 温度作用 F 按照线性变化，则在 Δt 上温度可以表示为：

$$T = N_i T_i + N_{i+1} T_{i+1} \tag{12.91}$$

式中，N_i 和 N_{i+1} 是时间 t 的线性函数。

$$N_i = 1 - \frac{t}{\Delta t} \tag{12.92a}$$

$$N_i = \frac{t}{\Delta t} \tag{12.92b}$$

用伽辽金加权余量法，选择 N_{i+1} 为权函数，写出式的近似等效积分格式

$$\int_0^{\Delta t} N_{i+1} \left(C \left(\frac{\mathrm{d}T}{\mathrm{d}t} \right) + KT - F \right) \mathrm{d}t = 0 \tag{12.93}$$

考虑到

$$F = N_i F_i + N_{i+1} F_{i+1} \tag{12.94a}$$

$$KT = N_i K_i T_i + N_{i+1} K_{i+1} T_{i+1} \tag{12.94b}$$

代入式（12.94）并积分：

$$\left(\frac{1}{\Delta t}C+\frac{2}{3}K_{i+1}\right)T_{i+1}=\left(\frac{1}{\Delta t}C-\frac{1}{3}K_i\right)T_i+\frac{2}{3}F_{i+1}+\frac{1}{3}F_i \qquad (12.95)$$

考虑初始条件后，可以由 T_i 通过式（12.47）求解 T_{i+1}。

12.3.5 太阳辐射的影响

受太阳照射的构件，比如屋面梁、露天台阶梁等构件，梁中会产生温度的变化。实际结构的温度监测表明，对于一般尺寸的梁构件，太阳辐射作用下沿梁高的温度分布大致呈线形，在结构计算中可将太阳辐射按温差作用考虑，即考虑结构构件的平均温升 Δt 和温度梯度 $\frac{\partial T}{\partial n}$，施加于结构计算模型进行有限元计算。

12.3.5.1 温度场问题的简化[12]

混凝土在内部水化热即外界温度作用下，在其内部产生复杂的温度场，三维的温度场需通过三维热传导方程以及初始条件、边界条件进行求解，可采用有限元方法计算[9~11]。

三维热传导方程：

$$\alpha\left(\frac{\partial^2 T}{\partial^2 x}+\frac{\partial^2 T}{\partial^2 y}+\frac{\partial^2 T}{\partial^2 z}\right)+\frac{\partial\theta}{\partial\tau}=\frac{\partial T}{\partial\tau} \qquad (12.96)$$

式中　　T——混凝土的温度；

　x、y、z——分别对应于 x、y、z 轴的坐标值；

q_x、q_v、q_v——沿 x、y、z 轴；

　　Q——单位体积的混凝土在单位时间内水化放出的热量；

　　τ——时间；

　　θ——混凝土的绝热温升，可由试验或计算公式确定，一般由水泥水化热产生；

　　α——导温系数，$\alpha=\lambda/c\rho$，λ 为比热容，c 为比热容，ρ 为密度。

要明确太阳辐射在结构中产生的温度在空间与时间上的分布，并将此用于工程设计是非常复杂的。因而对太阳辐射产生的温度场作近似处理：不考虑温度随时间的变化，从而将混凝土内三维热传导的非稳态温度问题简化为稳态热问题，理论前提是太阳辐射与气温在相当长的时间内保持不变，初始条件与边界条件在相当长的时间内都不随时间而变化，这样在结构中形成稳定的温度场，稳态传热方程为：

$$\frac{\partial^2 T}{\partial^2 x}+\frac{\partial^2 T}{\partial^2 y}+\frac{\partial^2 T}{\partial^2 z}=0 \qquad (12.97)$$

关于边界条件，混凝土（固体）与空气（流体）接触时的边界条件属于第三类边界条件，即假定混凝土表面的热流量与混凝土表面温度与气温之差成正比：

$$-\lambda\frac{\partial T}{\partial n}=\beta(T-T_a) \qquad (12.98)$$

由于超长混凝土结构的几何模型十分复杂，如果将三维的结构模型简化为二维或者一维计算则很难保证计算的精确性。此外关于太阳辐射传热的模拟，太阳照射角度的变化，天空中云量的变化，气温随时间的变化，风速的变化等在大型结构温度场的求解中很难实现[13~16]，因而对于超长结构而言，很难做温度场的精确分析，而只有采取将温度作用简化的方法，对结构的应力状态进行分析。

太阳辐射对结构的影响包括两方面，一方面是由于太阳辐射将使混凝土平均温度升高，另一方面是混凝土构件沿高度（或厚度）方向产生温度梯度。

设混凝土表面初始温度为 t_0，由于太阳辐射和气温作用，上表面温度为 t_1，下表面温度为 t_2（气温），混凝土由于太阳辐射导致温度升高 Δt 的计算表达式为：

$$\Delta t = \frac{t_1 + t_2}{2} - t_0 \tag{12.99}$$

沿梁高产生的温度梯度为：

$$\frac{\partial T}{\partial n} = \frac{t_1 - t_2}{h} \tag{12.100}$$

式中　h——梁高度。

由上面两式可见，太阳辐射在混凝土表面产生的温度是计算的关键。设在建筑物表面，单位时间内单位面积上太阳辐射来的热量为 S，其中被混凝土吸收的部分为 R，被反射出去的部分为 S-R，则有

$$R = \alpha_s S \tag{12.101}$$

式中　α_s——吸收系数，在混凝土表面 $\alpha_s = 0.65$。

则在考虑太阳辐射后混凝土的边界条件为：

$$-\lambda \frac{\partial T}{\partial n} = \beta(T - T_a) - R \text{ 或} -\lambda \frac{\partial T}{\partial n} = \beta\left[T - \left(T_a + \frac{R}{\beta}\right)\right] \tag{12.102}$$

比较上面两式可以发现，太阳辐射的影响相当于周围空气温度上升了：

$$\Delta t_{air} = \frac{R}{\beta} = \frac{\alpha_s S}{\beta} \tag{12.103}$$

即上、下表面温差：$t_1 - t_2 = \Delta t_{air}$。

$$S = S_0(1 - kn) \tag{12.104a}$$

$$\beta = 21.8 + 13.53 v_a \tag{12.104b}$$

式中　S_0——晴天太阳辐射热，主要与测点所在区域的纬度及季节月份有关；

　　　n——云量；

　　　k——系数，查看相关表格，主要与测点所在区域的纬度有关；

　　　v_a——单位体积的混凝土在单位时间内水化放出的热量。

12.3.5.2　太阳辐射对结构的作用的考虑

由于太阳辐射对结构的影响，通常表现为温度梯度。在构件的刚度不大时，或者约束不强时，通常太阳辐射对结构的影响不大，但是当结构约束较大时太阳辐射的影响不能忽略，在结构分析案例中，可知太阳辐射在梁底部会产生可观的拉应力，此拉应力将与由于季节温差和收缩作用产生的拉应力叠加，如果不考虑这一影响，将可能使梁底产生裂缝。

太阳辐射主要影响到受太阳直射的构件，比如太阳直接照射的梁板构件，梁构件在太阳辐射作用下产生弯曲变形，此时因为弯曲变形受到竖向构件如柱的约束，因此在梁构件内产生弯矩，但是一般在柱构件内不会产生太大的弯矩影响。

12.3.6　某超长结构温度应力初步分析

超长混凝土结构施工过程及正常使用时的温度场与应变场监测具有重要意义。结构的实际受力状态不能仅依赖计算分析，还须对其关键部位进行监测，以确保结构安全，为结

构施工、营运以及后期可能的加固维修提供依据。

超长混凝土结构涉及的温度变化、收缩、徐变等作用均是一个长期过程，因此在监测方案与手段上均需要以长时段、连续监测作为目标。通过对某超长预应力混凝土结构进行长期监测工作，分析该结构在 6 个月时间内典型部位的应变与温度数据，可了解结构性能的变化规律，并可为进一步的理论研究提供基础数据资料。

12.3.6.1 结构温度应力的初步分析

项目地上部分由 4 栋弯曲建筑单体构成，如图 12.10 所示。各建筑单体均为 11 层，总高 40m，地上四个建筑单体由西向东分别为 1～4 号楼；其中 1 号楼长约 145m，2 号楼长约 250m，3 号楼长约 281m，4 号楼长约 157m，各楼横向宽度均为 25m，通过设在三层的 1～3 号天桥和设在十层的 4～6 号天桥将各楼联系起来。整个场地内均设有地下室，共有 2 层。

图 12.10　工程效果图

该项目地下二层为预应力混凝土板柱剪力墙结构，地下一层与塔楼部分为预应力混凝土框架剪力墙结构体系。其中地下二层预应力平板厚度为 250mm、300mm 和 400mm，地下一层与塔楼主次梁采用预应力混凝土矩形梁，尺寸不一。预应力构件采用后张无粘结体系，预应力筋为 $U\Phi^s15.2$ 高强低松弛无粘结预应力筋，强度标准值 $f_{ptk}=1860N/mm^2$。本工程锚固体系采用 VM 锚固体系。预应力张拉控制应力 $\sigma_{con}=0.7f_{ptk}$。

采用有限元软件 Midas/Gen 进行弹性分析，梁、柱用梁单元模拟，楼板采用板单元模拟，剪力墙采用墙单元模拟。地上超长混凝土结构单体分析的对象为平面尺寸最大的 3 号楼。

图 12.11 为 3 号楼有限元模型，图 12.12 为地下室有限元模型。

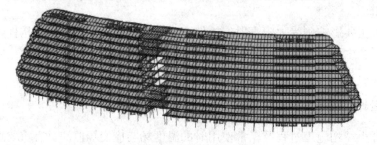

图 12.11　3 号楼有限元模型

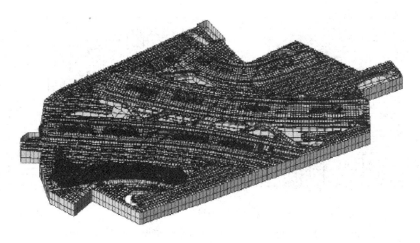

图 12.12　地下室有限元模型

国内外对结构温度场的研究，大部分集中在混凝土桥梁和大体积混凝土方面。主要是因为这两种结构由温度作用引起的破坏后果比较严重。近年来，对于工业与民用建筑中的高层建筑和复杂结构，也越来越多的考虑温度作用。温度作用有以下三类：季节温差、骤降温差、日照温差。现重点分析季节温差与日照温差对结构的影响。

12.3.6.2　温度作用分析说明

对于季节温差的计算取值是超长结构温度应力计算的重要问题，对此，习惯上取结构形成整体时的温度与安装以后结构物可能遇到的最大或最小温度的差值作为计算温差。《水工混凝土结构设计规范》中在"温度作用设计原则"中提到：钢筋混凝土框架计算时，应考虑框架封闭时的温度与运用时间可能遇到的最高或最低多年平均温度之间的均匀温差。看上去是合理的，但是其中存在较多的问题，施工时间的控制在设计时往往无法掌握，同时即便确定了施工日期也无法确定施工时的温度，而且室内温度一般也难以掌握。综合考虑各种因素，在实际计算温差时，取形成整体的时间为最热月平均温度或最冷月平均温度：

$$\Delta T = T_{max} - T_{min} \tag{12.105}$$

式中　ΔT——季节温差；

T_{max}——最高月平均温度；

T_{min}——最低月平均温度。

参考"中国气象科学数据共享服务网"上公布上海（1971—2000 年）的温度气象数据，分布图如图 12.13 所示。

上海市最热月为 7 月，其月平均温度为 28.0℃，最冷月为 1 月，其月平均温度为 12.7℃。故：

$$\Delta T = 28 - 4.7 = 23.3℃$$

混凝土的收缩变形采用收缩当量温降来计算，在前面已有所述及。当量温降的取值可根据收缩应变经验公式计算或实验实测的混凝土的凝结硬化收缩应变。有时也可以直接根据以往工程经验直接取一个当量温降值。

依据王铁梦[6]的混凝土裂缝理论，选取混凝土浇筑后 15d、30d、60d、180d、240d、

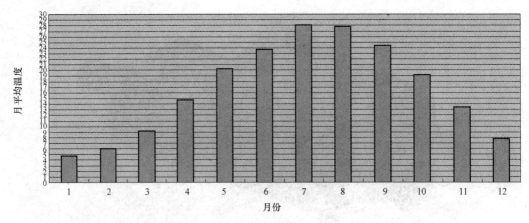

图 12.13　上海市近 1971—2000 年月平均温度分布图（单位：℃）

300d、360d 作为时间计算参数。

根据王铁梦[6]的收缩应变公式，$\varepsilon(t) = 3.24 \times 10^{-4} \times (1 - e^{-0.01t}) \times M_1 \times M_2 \cdots M_n$。在本次计算中，混凝土强度等级为 C40，普通 42.5 级水泥，水泥细度 3000，花岗岩骨料，水灰比为 0.4，水泥浆量 25%，初期自然养护 4d，环境相对湿度 79%，水力半径倒数 0.10，采用机械振捣。查王铁梦《工程结构裂缝控制》[6] P22-23 表 2.1～表 2.4 可得 M_{1-10} 的数值，从而可求得收缩应变。

$M_1 = 1.00; M_2 = 1.00; M_3 = 1.00; M_4 = 1.00; M_5 = 1.20;$

$M_6 = 1.07; M_7 = 0.71; M_8 = 0.76; M_9 = 1.00; M_{10} = 0.55;$

$\varepsilon_y(15) = 3.24 \times 10^{-4} \times (1 - e^{-0.01 \times 15}) \times 1.20 \times 1.07 \times 0.71 \times 0.76 \times 0.55 = 0.172 \times 10^{-4}$

$\varepsilon_y(30) = 3.24 \times 10^{-4} \times (1 - e^{-0.01 \times 30}) \times 1.20 \times 1.07 \times 0.71 \times 0.76 \times 0.55 = 0.320 \times 10^{-4}$

$\varepsilon_y(60) = 3.24 \times 10^{-4} \times (1 - e^{-0.01 \times 60}) \times 1.20 \times 1.07 \times 0.71 \times 0.76 \times 0.55 = 0.557 \times 10^{-4}$

$\varepsilon_y(90) = 3.24 \times 10^{-4} \times (1 - e^{-0.01 \times 90}) \times 1.20 \times 1.07 \times 0.71 \times 0.76 \times 0.55 = 0.733 \times 10^{-4}$

$\varepsilon_y(180) = 3.24 \times 10^{-4} \times (1 - e^{-0.01 \times 180}) \times 1.20 \times 1.07 \times 0.71 \times 0.76 \times 0.55 = 1.031 \times 10^{-4}$

$\varepsilon_y(300) = 3.24 \times 10^{-4} \times (1 - e^{-0.01 \times 300}) \times 1.20 \times 1.07 \times 0.71 \times 0.76 \times 0.55 = 1.171 \times 10^{-4}$

$\varepsilon_y(360) = 3.24 \times 10^{-4} \times (1 - e^{-0.01 \times 360}) \times 1.20 \times 1.07 \times 0.71 \times 0.76 \times 0.55 = 1.201 \times 10^{-4}$

取混凝土成龄的弹性模量 $E_0 = 3.25 \times 10^4 \text{N/mm}^2$

根据王铁梦[6]的混凝土弹性模量公式 $E(t) = E_0(1 - e^{-0.09t})$ 求得：

$$E(15) = 3.25 \times 10^4 \times (1 - e^{-0.09 \times 15}) = 2.407 \times 10^4 \text{N/mm}^2$$

$$E(30) = 3.25 \times 10^4 \times (1 - e^{-0.09 \times 30}) = 3.032 \times 10^4 \text{N/mm}^2$$

$$E(60) = 3.25 \times 10^4 \times (1 - e^{-0.09 \times 60}) = 3.245 \times 10^4 \text{N/mm}^2$$

$$E(90) = 3.25 \times 10^4 \times (1 - e^{-0.09 \times 90}) = 3.25 \times 10^4 \text{N/mm}^2$$

$$E(180) = E(240) = E(300) = E(360) = 3.25 \times 10^4 \text{N/mm}^2$$

利用公式 $\sigma_\Delta(t) = E(t) \cdot \Delta\varepsilon(t)$ 可求得收缩应力：

$$\sum \sigma = \sigma_\Delta(15) + \sigma_\Delta(30) + \cdots + \sigma_\Delta(360) = 3.576 \text{MPa}$$

在有限元计算中，作为简化计算，把混凝土弹性模量看作常量，而不考虑时间对混凝土弹性模量的影响。因此，混凝土收缩引起的应变和等效温差按下式计算：

$$\Delta\varepsilon=\frac{\sum\sigma}{E_0}=1.1\times10^{-4}$$

$$\Delta t_s=\frac{\Delta\varepsilon}{\alpha}=\frac{1.1\times10^{-4}}{1.0\times10^{-5}}=11℃$$

混凝土徐变的作用可采用徐变应力折减系数法近似考虑，参考有关资料和相关工程经验，徐变折减系数取 0.3～0.5。本工程中的徐变折减系数取 0.4。

用弹性有限元法分析超长结构时可综合考虑混凝土收缩、徐变和季节温差作用，采用综合等效温差来计算，等效温差采用下式计算：

$$\Delta t_{st}=C_i(\Delta T+\Delta t_s) \tag{12.106}$$

式中　Δt_{st}——综合等效温差；

　　　C_i——徐变应力折减系数。

12.3.6.3　温度作用取值

按前面的计算方法，地上结构等效温降为 $\Delta T_{st-}=-0.4\times(23.3+11)=-13.72℃$，将此温差作为温降计算工况（以下简称 $T-13.72$）；地上结构等效温升为 $\Delta T_{st+}=+0.4\times23.3=+9.32℃$（温升的工况不考虑混凝土收缩的有利作用），将此温差作为温升计算工况（以下简称 $T+9.32$）。

对于地下结构，由导热微分方程求解，可得物体内不同深度、不同时刻的温度变化，它所对应的温度场具有衰减性和延迟现象。对于半无限大的土体，温度场波幅的衰减系数：

$$v=e^{-\sqrt{\frac{\pi}{\alpha T}}X} \tag{12.107}$$

式中　T——波动周期；

　　　α——材料导热系数；

　　　x——离地面距离。

由上式计算可得在地下 1.5m 处，波幅衰减系数 $v=0.6$。为简化计算，地下室部分温差取值按照地上部分温差的 0.6 倍取值，地下结构等效温降为 $\Delta T_{st-}=-0.4\times(23.3\times0.6+11)=-10.0℃$，将此温差作为温降计算工况（以下简称 $T-10.0$）；地下结构等效温升为 $\Delta T_{st+}=+0.4\times23.3\times0.6=+5.59℃$，将此温差作为温升计算工况（以下简称 $T+5.59$）。

12.3.6.4　有限元分析结果

温度作用分为温升和温降，是两种相反作用。温降一般在楼板中形成拉应力，同时对竖向构件（主要为边缘构件）产生附加弯矩和剪力（轴力相对较小），该弯矩和剪力一般与竖向荷载产生的方向相反；温升一般在楼板中形成压应力，同时也对竖向构件产生附加弯矩和剪力，该弯矩和剪力一般与竖向荷载产生的方向相同，所以对温度作用的结果分析和解决关键是边缘构件的附加弯矩、剪力以及温降时楼板的拉应力问题。

对于 3 号楼整体温降的楼板拉应力，仅列出各层在降温时的楼板中的拉应力，为直观显示屏蔽掉小于混凝土抗拉强度设计值 1.71MPa 的区域（如图 12.14～图 12.18）。同时，由于 6 层以上的各层楼板中温度拉应力基本上都小于混凝土抗拉强度设计值 1.71MPa（不包括屋面板），此处不再列出，图中单位均为"MPa"。

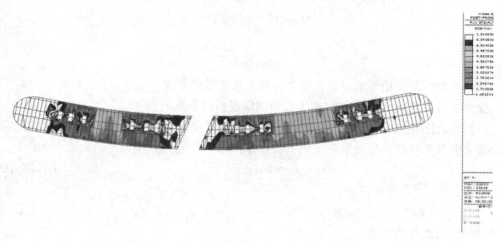

图 12.14　第二层楼板的 T-13.72 作用最大主应力

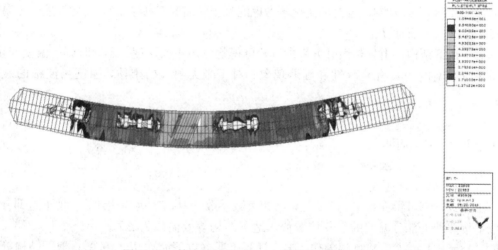

图 12.15　第三层楼板的 T-13.72 作用最大主应力

图 12.16　第四层楼板 T-13.72 作用最大主应力

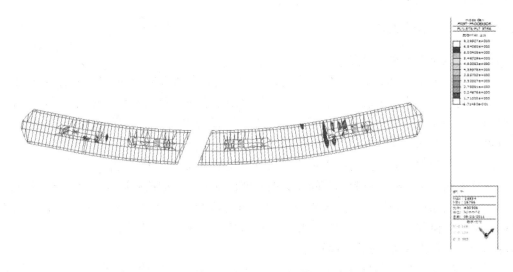

图 12.17　第五层楼板 T-13.72 作用最大主应力

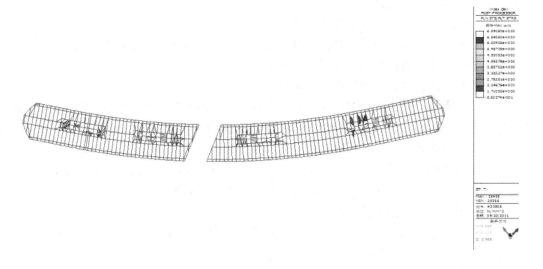

图 12.18　第六层楼板的 T-13.72 作用最大主应力

12.4　泵送混凝土收缩徐变试验

12.4.1　引言

　　收缩徐变是混凝土本身固有的时变特性，混凝土收缩主要指其由于水分的变化、化学反应等因素而引起的体积缩小的现象，而徐变是指在持续不变的荷载作用下混凝土的应变随时间不断增加的现象。收缩徐变会导致混凝土结构内力发生重分布、变形随时间而变化，对于预应力混凝土结构还会引起预应力的损失。正确地估计和预测收缩徐变对超长结构长期变形的影响，是我国当前土木工程设计与施工中亟须研究和解决的问题。

12.4.2　混凝土收缩徐变

12.4.2.1　混凝土的收缩徐变

混凝土在硬化过程中要发生体积变化，最大的变化是当混凝土在大气中或温度较低的介质中硬化时产生的体积减小，这种变形称为混凝土收缩。混凝土收缩时先快后慢，在开始两周内可完成全部收缩量的 25％左右，一个月可以完成约 50％，3 个月后收缩减慢，6 个月可以完成全部收缩量的 80％～90％，一般两年后趋向于稳定。

除了温度作用，混凝土的收缩主要包括三种：干燥收缩、化学收缩、自收缩。

混凝土徐变是一种与荷载和时间相关的非弹性变形。施加荷载后前 4 个月徐变增长较快，6 个月可达最终徐变的 70％～80％，一年可完成 90％，基本上趋于稳定；之后还会有缓慢增加，但数量不大，两年后的徐变大约为弹性应变的 1～4 倍。

12.4.2.2　混凝土收缩徐变影响因素

影响混凝土收缩徐变的因素很多，归纳起来可以分为内部因素和外部因素两个方面。内部因素主要包括材料因素、构件几何性、制造养护条件；外部因素包括环境条件、加载历史（对于徐变而言）、荷载性质等。

影响混凝土徐变的主要因素及其规律如下：

（1）混凝土的组成成分及配合比：混凝土中的水泥用量越大，水灰比越大，骨料强度或弹性模量越小或其用量越少，徐变就越大。

（2）加载龄期：加载龄期越小，徐变越大。

（3）应力大小：应力大小对徐变有很大影响。若结构构件在恒定荷载长期作用下截面中的应力为 σ，混凝土受荷时的强度为 f_c，则 σ/f_c 值越大，徐变也就越大。

（4）构件的体表比：构件的体表比越小，徐变越大。

（5）混凝土的养护条件和使用环境：混凝土养护时温度越高，湿度越大，水泥水化作用越充分，徐变就越小。使用时温度越高，湿度越小，徐变越大。

12.4.2.3　混凝土收缩徐变预测模型

混凝土的收缩通常用收缩应变 $\varepsilon_{sh}(t, t_c)$ 描述；混凝土徐变通常采用徐变系数 $\varphi(t, t_0)$、徐变度 $C(t, t_0)$ 或徐变函数 $J(t, t_0)$ 表示。

目前国际上常用的收缩徐变计算模型有中国建科院模型、CEB-FIP 系列模型（CEB-FIP Model Code 1978 和 1990）、Eurocode 2（欧洲标准化委员会在 CEB-FIP 模型基础上提出）、ACI 209 系列模型（1982、1992）、BP 系列模型（BP 模型、BP-KX 模型、B3 模型和 B4 模型）、GZ（1993）模型和 GL2000 模型（Gardner 和 Lockman 对 GZ 模式加以修正后得到）。

12.4.3　泵送混凝土收缩徐变预测模型

12.4.3.1　收缩预测模型

本节收集整理了国际材料与结构研究实验联合会（Rilem）官网上 Assie.S，Levy.K.R，Lowke.D，Mazzotti.C，Savoia.M，Vidal.T 等人共计 33 组泵送混凝土收缩试验的试验结果，与能够用来进行计算的 CEB-FIP 1990 模型、Erocode 2 模型和 GL2000 模型的预测结果进行比较和分析，评价各种预测模型的精度，结果表明 GL2000 模型精度更高，然后根据本文所收集的试验数据对精度相对较高的 GL2000 收缩预测模型进行针对性修正，为方便记为 Up-GL2000 模型。

Up-GL2000 模型公式如式（12.108）所示：

$$\varepsilon_{\rm sh}(t,t_{\rm c})=1350 \cdot {\rm K}\left(\frac{30}{f_{\rm cm28}}\right)^{1/2}(1-1.18h^4)\left[\frac{t-t_{\rm c}}{t-t_{\rm c}+0.15 \cdot \left(\frac{V}{S}\right)^2}\right] \cdot 10^{-6}$$

(12.108)

图 12.19 为收缩应变实测值与 Up-GL2000 模型预测值的对比图，Up-GL2000 模型的变异系数已小于 20%，较修正前有较大提升。

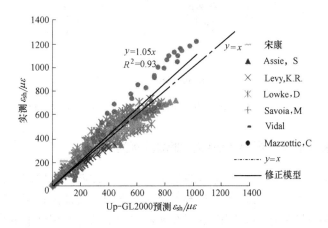

图 12.19 收缩应变实测值与 Up-GL2000 模型预测值的比较

12.4.3.2 徐变预测模型

本节收集整理了国际材料与结构研究实验联合会（Rilem）上 Lowke.D、Mazzotti.C 等人共计 24 组泵送混凝土收缩徐变试验的试验结果，并将试验实测值和各预测模型预测值的结果比较，得到 GL2000 模型的预测结果与实测值的相关性更好，更好地预测了泵送混凝土徐变的发展趋势。然后根据本节所收集的试验数据对精度相对较高的 GL2000 徐变预测模型进行针对性修正，为方便记为 Up-GL2000 模型。

Up-GL2000 模型的形式如式（12.109）所示：

$$\varphi(t,t_0)=\varphi(t_{\rm c})\left[k_1\left(\frac{(t-t_0)^{0.3}}{(t-t_0)^{0.3}+14}\right)+\left(\frac{k_2}{t_0}\right)^{k_3}\left(\frac{t-t_0}{t-t_0+7}\right)^{k_4}\right.$$
$$\left.+2.5(1-1.086h^2)\left[\frac{t-t_0}{t-t_0+0.15\left(\frac{V}{S}\right)^2}\right]^{0.5}\right]$$

(12.109)

借助非线性曲线拟合、综合优化分析计算软件平台 1stOpt（First Optimization），采用通用全局优化算法，得到各修正系数 $k_1=4$，$k_2=9$，$k_3=0.4$，$k_4=0.6$，Up-GL2000 模型如式（12.110）所示：

$$\varphi(t,t_0)=\varphi(t_{\rm c})\left[4\left(\frac{(t-t_0)^{0.3}}{(t-t_0)^{0.3}+14}\right)+\left(\frac{9}{t_0}\right)^{0.4}\left(\frac{t-t_0}{t-t_0+7}\right)^{0.6}\right.$$
$$\left.+2.5(1-1.086h^2)\left[\frac{t-t_0}{t-t_0+0.15\left(\frac{V}{S}\right)^2}\right]^{0.5}\right]$$

(12.110)

图 12.20 为徐变度实测值与 Up-GL2000 模型预测值的对比图，Up-GL2000 模型的变异系数已小于 20％，较修正前有较大提升。

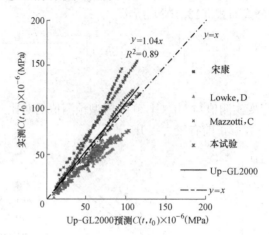

图 12.20　徐变度实测值与 Up-GL2000 模型预测值的比较

12.4.4　国家会展中心泵送混凝土收缩徐变试验研究

混凝土收缩徐变是影响大跨预应力混凝土结构长期性能的重要因素。目前，国内外的一些大跨度预应力混凝土结构，在运营若干年后均不同程度地出现了挠度过大或截面开裂问题，而且裂缝和挠度尚在随时间而不断发展，加剧了结构使用性能的劣化。混凝土的收缩徐变是产生上述问题的主要因素之一。

国家会展中心展厅是一个大跨度、超大荷载、超长、大面积的预应力混凝土梁板体系结构，收缩徐变对其的影响较大。此外，国家会展中心施工持续时间长、施工荷载大、影响因素复杂，同时，为提高结构的安全性、使用性和耐久性，会展中心框架柱采用 C60 泵送混凝土，框架梁和板采用 C40 泵送混凝土。

12.4.4.1　试验概况

试验用 C60 混凝土采用该工程实际浇筑使用的混凝土，其坍落扩展度为 600 ± 50mm，其配合比见表 12.4。

C60 混凝土配合比（单位：kg/m³）　　　　　　　　表 12.4

材料名称	胶凝材料及活性掺和料			水	砂	石子	外加剂
	水泥	矿粉	粉煤灰				
品种规格	P.Ⅱ52.5	S95	C-Ⅱ	饮用	中砂	5-20 整	SP-8CR
产地、厂名	上海海螺	宝田	太仓杰捷	/	芜湖天久	庄康岭	巴斯夫
用量(kg/m³)	360	68	95	155	817	900	5.24
配合比	1	0.19	0.26	0.43	2.27	2.5	0.015
设计依据	JGJ 55-2011			水胶比		0.30	

对于混凝土的收缩和徐变试验，根据《普通混凝土长期性能和耐久性能试验方法标准》GB/T 50082—2009[17] 要求，试件尺寸采用 100mm×100mm×400mm。对于试件层次的试验，主要考虑加载龄期的影响，每个龄期的每组徐变试件 2 个，并相应做 3 个收缩

试验，由于 7d、14d、28d、90d 加载的徐变试件养护条件均相同，其相应的收缩试件养护条件也相同，故为节省试件数量，收缩试件只需 2 组，共计 6 个，只需在相应龄期开始时作初读数重新开始测量收缩应变即可。

对于根据轴心抗压强度及弹性模量试验，根据《普通混凝土力学性能试验方法标准》GB/T 50081—2002 要求，试件尺寸为 150mm×150mm×300mm，每个龄期 6 个试件，其中 3 个用于测定弹性模量，3 个用于测定轴心抗压强度。

由于混凝土收缩徐变性能受环境温度和湿度影响较大，为消除温度及湿度对变形的影响，各试件采用相同的养护条件。试件在拆模之前用保鲜膜覆盖试件表面，防止水分散失，养护温度为 20±2℃。试件在成型后 30h 拆模，随后立即送入标准养护室（温度 20±2℃、相对湿度 95％以上）养护到 7d 龄期（自混凝土搅拌加水开始计时），其中 3d 加载的试件养护 3d。试件养护完成后均移入温度为 20±2℃，相对湿度为（60±5）％的恒温、恒湿室进行试验，直至试验完成。

本次徐变试验分 5 个龄期进行加载，试验日期为 2013 年 12 月 29 日、2014 年 1 月 2 日、2014 年 1 月 9 日、2014 年 1 月 26 日和 2014 年 3 月 27 日，加载龄期分别为 3d、7d、14d、28d 和 90d，每个龄期均进行轴心抗压强度、静力受压弹性模量试验，根据材料力学性能试验的结果对徐变试件进行加载，并对相应的收缩试件进行初读数。

12.4.4.2　试验结果

1. 混凝土材料力学性能试验结果

根据《普通混凝土力学性能试验方法标准》GB/T 50081—2002 的方法测得的混凝土的轴心抗压强度和弹性模量结果如表 12.5 所示。轴心抗压强度和弹性模量随时间的发展曲线分别如图 12.21 和图 12.22 所示。

混凝土力学性能试验结果　　　　　　　　　　　　　表 12.5

龄期(d)	强度（MPa）	弹性模量（GPa）
3	19.3	22.4
7	32.4	26.9
14	39.9	29.2
28	44.5	30.4
90	46	30.5

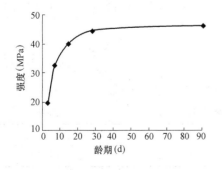

图 12.21　轴心抗压强度随时间的发展曲线

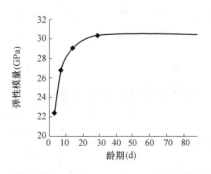

图 12.22　弹性模量随时间的发展曲线

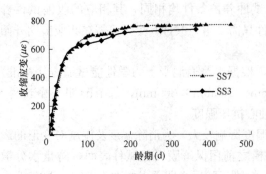

图 12.23　收缩应变随时间的发展曲线

2. 混凝土收缩试验结果

根据《普通混凝土长期性能和耐久性能试验方法标准》GB/T 50082—2009 的方法，测试得到的收缩应变（平均值）随时间发展曲线如图 12.23 所示。

从图 12.23 可以看出，SS3 和 SS7 试件在 360d 时，其收缩应变分别为 740 和 770，该值较普通混凝土的收缩应变大很多，在《混凝土结构设计规范》GB 50010—2010 中，一年的收缩应变分别为 377 和 335，本次试验结果约为规范值的 2.0 倍，由此可以看出，《混凝土结构设计规范》GB 50010—2010 低估了泵送混凝土的收缩，这需要引起工程设计人员和研究者的注意。

3. 混凝土徐变试验结果

根据徐变试件加载前后千分表的示数变化可以得到徐变试件的瞬时应变，结果如表 12.6 所示。

徐变试件瞬时应变试验结果　　　　　　　　　　　　　　　　表 12.6

编号	加载龄期(d)	徐变应力 σ_c (MPa)	弹性变形 ($\times 10^{-3}$mm)	弹性应变 ε_E ($\times 10^{-6}$)
TJ3	3	7.72	65.0	433.3
TJ7	7	12.96	89.8	598.7
TJ14	14	15.9	102.8	685.3
TJ28	28	17.8	109.5	730.0
TJ90	90	18.4	99.8	665.3

从表 12.6 可以看出，徐变试件 TJ3、TJ7、TJ14 和 TJ28 在加载瞬时产生的弹性应变有增加的趋势，但徐变试件 TJ90 的弹性应变反而减小。前 4 个龄期弹性应变增加主要是因为这期间强度的增加量相对于割线模量（$0 \sim 0.4f_c$）的增加量更多，TJ90 的弹性应变反而减小也从另一方面反映了混凝土的离散性。

根据徐变度 $C(t, t_0)$ 的定义，在不同加载龄期的混凝土徐变试件在加载后测得的总应变 ε_{sh+cr} 中减去相应的收缩应变后，再除以徐变应力，即得到徐变度，可以按照式（12.111）进行计算，徐变度随时间的发展曲线如图 12.24 所示。

$$C(t, t_0) = \frac{\varepsilon_{cr}}{\sigma_c} = \frac{\varepsilon_{sh+cr} - \varepsilon_{sh}}{\sigma_c} \tag{12.111}$$

不同加载龄期徐变度比值见表 12.7 和图 12.25 所示。

不同加载龄期徐变度比值　　　　　　　　　　　　　　　　表 12.7

加载龄期 t_0(d)	3	7	28	90	365
比值	1.60~2.30	1.50	1.00	0.70	0.35~0.50

按照式（12.112）进行计算，徐变函数随时间的发展曲线如图 12.26 所示。

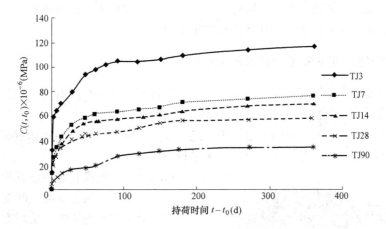

图 12.24　不同加载龄期试件徐变度 $C(t，t_0)$ 发展曲线

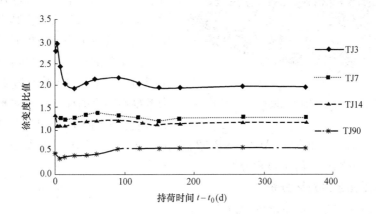

图 12.25　不同加载龄期试件徐变度比值

$$J(t，t_0)=\frac{\varepsilon E}{\sigma_c}+C(t，t_0) \tag{12.112}$$

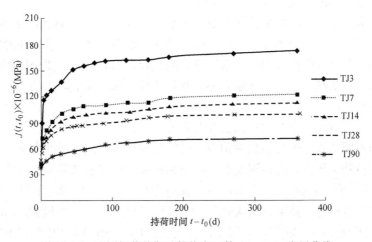

图 12.26　不同加载龄期试件徐变函数 $J(t，t_0)$ 发展曲线

从两者对比结果可知，加载龄期对混凝土徐变的影响很大，设计者在设计时要注意早龄期加载的泵送混凝土徐变，设计规范偏于不安全。

12.4.5 泵送混凝土收缩徐变效应有限元分析

混凝土的收缩徐变效应持续时间长，且与施工过程、张拉顺序有关，收缩徐变效应的计算对于超长预应力混凝土结构设计和计算十分重要，本节将以国家会展中心工程为背景，运用 MIDAS/Gen 软件对国家会展中心进行施工过程分析，考察泵送混凝土收缩徐变对预应力梁挠度的影响，并将其与监测结果进行对比。

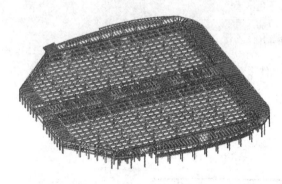

图 12.27　有限元模型

12.4.5.1 国家会展中心有限元模型

为了考虑泵送混凝土收缩徐变效应对国家会展中心的影响，采用有限元计算软件 MIDAS/Gen，根据 D1 区的实际施工过程对 D1 区进行了施工过程分析。有限元模型如图 12.27 所示，其中梁、柱采用梁单元，楼板采用薄板单元。

国家会展中心梁和板使用了 C40 泵送混凝土，柱使用了 C60 泵送混凝土，为考察不同收缩徐变模型对预应力梁挠度的影响。采用中国建科院模型、CEB-FIP 1990 模型、Eurocode 2 模型、ACI 209R-92 模型、GL2000 模型、B4 模型、Up-GL2000 模型和国展模型分别进行施工过程分析。

12.4.5.2 有限元结果对比分析

1. 有限元结果和实测结果的对比分析

将 6 种收缩徐变模型、Up-GL2000 模型和国展模型输入到 MIDAS/Gen 中，分别进行施工过程分析，将有限元模拟结果和长期监测的挠度作对比。

以张拉前挠度为零点，作 8 种收缩徐变预测模型和不考虑收缩徐变的有限元模拟结果以及监测结果随时间的变化曲线如图 12.28 和图 12.29 所示。

图 12.28 和图 12.29 中两个位移突变点分别为拆除支撑和楼面装修导致的位移突变，由于监测结果是现场结构的实际反映，受施工条件、使用条件和环境条件的影响很大，曲线有很大波动，有限元模拟考虑的因素较少，曲线较为光滑。为了便于比较实测结果和有限元模拟结果，将实测结果进行分段后再作其趋势线，如图 12.28 和图 12.29。比较实测结果和有限元模拟结果比可知：

（1）收缩徐变对预应力梁的长期挠度有重要影响。

（2）采用不同的收缩徐变模型对预应力梁的长期挠度的预测精度有重要影响。以张拉后预应力梁的位移为零点，各预测模型的有限元模拟的位移下降量和实测结果的平均相对误差如表 12.8 所示。从表 12.8 可知，对于预应力梁 KL1 和 KL2，采用国展模型，其结果和监测结果吻合最好，接下来依次是 Up-GL2000 模型、GL2000 模型、ACI 209R-92 模型、B4 模型、Eurocode 2 模型、中国建科院模型和 CEB-FIP 1990 模型，不考虑收缩徐变的模型精度最差。

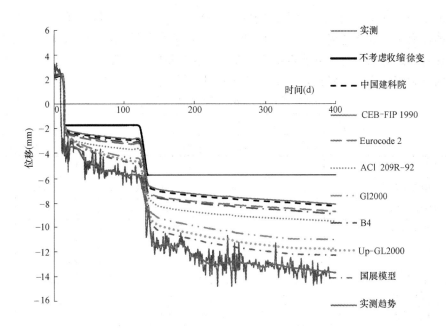

图 12.28　预应力梁 KL1 位移随时间的变化曲线

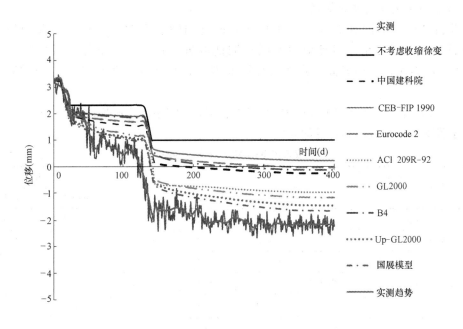

图 12.29　预应力梁 KL2 位移随时间的变化曲线

　　为了更加明确地比较收缩徐变的影响，特比较装修完成后的 240d 内各预测模型的平均相对精度。在装修完成后的 240d 内，采用国展模型、Up-GL2000 模型、GL2000 模型、ACI 209R-92 模型、B4 模型的平均相对误差较张拉后 400d 和拆模后 100d 内有所提高，国展模型在 15％以内，Up-GL2000 模型在 20％以内，GL2000 模型和 ACI 209R-92 模型在 20％～30％之间，其余模型均在 30％以上。中国建科院模型、CEB-FIP 1990 模型、

Eurocode 2 模型在这一时间区段内的精度有所降低，这主要是随着时间的推移，这些模型对收缩徐变效应的考虑越加不足。由此可见，要正确分析收缩徐变对混凝土结构的影响，选择合适的收缩徐变模型非常重要，在设计和分析时要合理选择，可通过收集同类别混凝土的试验资料来进行修正，有条件时可采用实测数据来进行修正。

预应力梁有限元结果平均相对误差（%） 表 12.8

模型＼预应力梁	KL1			KL2		
	张拉后 400d	拆模后 100d	装修后 240d	张拉后 400d	拆模后 100d	装修后 240d
不考虑收缩徐变	48.8	50.8	49.9	56.7	56.3	57.5
中国建科院	36.9	38.6	38.9	33.7	31.5	35.0
CEB-FIP 1990	37.7	39.5	39.7	43.2	38.9	44.7
Eurocode 2	34.4	36.1	36.4	38.3	33.4	40.1
ACI 209R-92	29.0	29.6	28.7	26.8	24.2	22.2
B4	33.5	36.4	32.9	38.6	37.4	37.8
GL2000	25.3	26.7	21.4	23.2	25.3	20.6
Up-GL2000	24.1	26.1	19.1	22.3	24.6	18.9
国展模型	23.5	24.7	14.4	21.6	22.7	13.8

2. 预应力梁长期挠度的预测

本节将 6 种收缩徐变模型、Up-GL2000 模型和国展模型输入到 MIDAS/Gen 中，分别进行施工过程分析，对预应力梁的长期挠度进行预测，收缩徐变效应的考虑时间为 10 年，为比较中间时间节点的收缩徐变效应，特比较 3 年和 5 年两个时间节点的挠度。

表 12.9 和表 12.10 分别为预应力梁 KL1 和 KL2 不同时间节点的跨中挠度，表中分别列出了收缩徐变的效应和合计的效应。

预应力梁 KL1 跨中挠度（mm） 表 12.9

模型＼时间节点	3 年		5 年		10 年	
	收缩徐变	合计	收缩徐变	合计	收缩徐变	合计
中国建科院	5.5	15.1	6.2	16.0	6.6	16.4
CEB-FIP 1990	4.9	14.5	5.6	15.2	6.3	16.0
Eurocode 2	5.7	15.3	6.4	16.2	7.0	16.8
ACI 209R-92	7.9	17.8	9.7	19.6	11.2	21.0
B4	6.4	16.3	8.2	18.1	9.7	19.5
GL2000	10.4	20.3	12.4	22.3	14.0	23.9
Up-GL2000	10.9	20.8	12.7	22.6	14.3	24.2
国展模型	12.0	21.8	13.5	23.3	14.7	24.6

收缩徐变效应前期发展较快，为比较收缩徐变效应随时间的发展，将 10 年的合计效应看作总效应 1，其他时间节点的合计效应见表 12.11，各模型 3 年平均约完成总效应（10 年计）的 88%，5 年平均约完成 94%。

预应力梁 KL2 跨中挠度（mm）　　　　　　　　　　表 12.10

模型 ＼ 时间节点	3 年		5 年		10 年	
	收缩徐变	合计	收缩徐变	合计	收缩徐变	合计
中国建科院	2.1	4.1	2.4	4.5	2.6	4.7
CEB-FIP 1990	1.4	3.5	1.6	3.7	1.8	3.9
Eurocode 2	1.7	3.7	1.9	4.0	2.1	4.2
ACI 209R-92	2.5	4.5	2.7	4.8	2.9	5.0
B4	1.8	3.8	2.0	4.1	2.2	4.3
GL2000	3.3	5.4	4.0	6.1	4.5	6.7
Up-GL2000	3.7	5.8	4.3	6.4	4.8	7.0
国展模型	4.3	6.4	4.7	6.9	5.2	7.4

不同时间节点合计效应比值（以 10 年为"1"）　　　　表 12.11

模型 ＼ 预应力梁	KL1			KL2		
	3 年	5 年	10 年	3 年	5 年	10 年
中国建科院	0.92	0.98	1	0.87	0.96	1
CEB-FIP 1990	0.91	0.95	1	0.90	0.95	1
Eurocode 2	0.91	0.96	1	0.88	0.95	1
ACI 209R-92	0.85	0.93	1	0.90	0.96	1
B4	0.84	0.93	1	0.88	0.95	1
GL2000	0.85	0.93	1	0.81	0.93	1
Up-GL2000	0.86	0.93	1	0.83	0.91	1
国展模型	0.89	0.94	1	0.87	0.93	1

不同模型合计效应比值（以国展模型为"1"）　　　　表 12.12

模型 ＼ 预应力梁	KL1			KL2			平均
	3 年	5 年	10 年	3 年	5 年	10 年	
中国建科院	0.69	0.69	0.67	0.63	0.65	0.64	0.66
CEB-FIP 1990	0.67	0.65	0.65	0.54	0.54	0.53	0.60
Eurocode 2	0.70	0.70	0.68	0.57	0.58	0.57	0.63
ACI 209R-92	0.82	0.84	0.85	0.69	0.70	0.68	0.76
B4	0.75	0.78	0.79	0.58	0.59	0.58	0.68
GL2000	0.93	0.96	0.97	0.83	0.86	0.91	0.91
Up-GL2000	0.95	0.97	0.98	0.89	0.91	0.95	0.94
国展模型	1	1	1	1	1	1	1

采用不同收缩徐变模型，收缩徐变的效应相差很大，最大可以达到 2～3 倍，如国展模型和 CEB-FIP 1990 模型的收缩徐变效应之比，从而导致合计效应有较大差别，将国展模型的合计效应看作效应 1，其余模型的合计效应见表 12.12。从表 12.12 可知，合计效应相差较大，最小的为 CEB-FIP 1990 模型，对于预应力梁 KL1 和 KL2 平均约为 0.6，最

大的为 Up-GL2000 模型，平均为 0.94。

12.4.6 小结

本节主要工作有：介绍了混凝土收缩徐变的机理、影响因素及常用预测模型的计算方法；通过比较分析已有泵送混凝土的试验结果，给出了适用于泵送混凝土的收缩徐变模型，Up-GL2000；开展了恒温恒湿条件下的 C60 泵送混凝土收缩徐变试验研究，进行了国家会展中心收缩徐变效应的有限元分析。

参 考 文 献

[1] 韩重庆，冯健，吕志涛．大面积混凝土梁板结构温度应力分析的徐变应力折减系数法．工程力学，2003，2．

[2] 中华人民共和国国家标准．混凝土结构设计规范 GB 50010—2010．北京：中国建筑工业出版社，2010．

[3] 陈玉堂，郑毅敏，熊学玉．超长圆环预应力楼板设计研究．工业建筑，2004 年增刊．

[4] 崔帅，苏旭霖．弯曲超长混凝土框架结构的温度应力研究．结构工程师，2006，10．

[5] 冯健，吕志涛，吴志彬，韩重庆，周广如．超长混凝土结构的研究与应用．建筑结构学报，2001（12）．

[6] 王铁梦．工程结构裂缝控制．北京：中国建筑工业出版社，1997．

[7] 朱伯芳．大体积混凝土温度应力与温度控制．北京：中国电力出版社，1998．

[8] 韩重庆．大面积混凝土梁板结构不设温度缝的研究．东南大学博士论文，2001，7．

[9] 曹志远．土木工程分析的施工力学与时变力学基础．土木工程学报．2001，6．

[10] 瞿燕翔，钱英欣．预应力抵抗超长结构温度应力的应用．建筑技术开发，2004，7．

[11] 李明，熊学玉．超长预应力结构施工对结构性能的影响分析．建筑结构．2006，6．

[12] 中华人民共和国国家标准．民用建筑热工设计规范 GB 50176—2016．北京：中国计划出版社，2016．

[13] JIN-HOON JEONG. CHARACTERIZATION OF SLAB BEHAVIOR AND RELATED MATERIAL PROPERTIES DUE TO TEMPERATURE AND MOISTURE EFFECTS. Texas A&M University. May 2003.

[14] 顾渭建．钢筋混凝土高层建筑超长结构屋盖温度场的理论分析．工程力学增刊，2001．

[15] 季鸿猷．高层建筑结构日照影响的研究．工程力学，1990，8．

[16] 陈淮，李天．日照作用对超长高层建筑结构的影响．工业建筑，2005，1．

[17] 中华人民共和国国家标准．普通混凝土长期性能和耐久性能试验方法标准 GB/T 50082—2009．北京：中国建筑工业出版社，2010．

第 13 章　超长预应力混凝土结构施工过程分析

13.1　研究意义

随着各种新型复杂结构建设项目的增多,人们对大型结构的施工技术及施工过程中表现出的诸多力学及技术问题越来越重视。大型结构的施工一般要经历长期而复杂的施工过程和结构体系的转换过程。随着施工阶段的推进,结构的形式、支承约束条件、荷载作用方式等不断变化。一般结构分析认为整个结构施工一次完成,不能真实反映实际结构的受力。施工过程中的结构受力状态是逐工况逐阶段累积形成的,每个工况或每个阶段的结构受力分析须独立进行,而中间阶段或最终状态的结构受力是已经完成的各个工况或各个阶段的结构受力状态的叠加结果,因此有必要了解施工阶段和最终完成阶段的结构受力性能,以及施工方法和施工顺序对其的影响。

超长预应力混凝土结构的施工过程涉及 3 个方面:首先,结构分块浇筑混凝土,在不同的施工阶段形成不同的子结构,对不同子结构张拉预应力,实际建立的预应力效应有显著不同;其次,超长结构的施工周期较长,在不同的施工阶段浇筑的混凝土具有不同的初始温度,对应一个具体的环境温度有不同的温差反应;最后,不同的施工阶段浇筑的混凝土具有不同的龄期,对应一个具体的时间点具有不同的收缩、徐变效应。徐变效应与应力水平和加载龄期、持续时间有关,导致结构计算无法显式表达,需划分合理大小的时间段迭代求解,因此超长预应力混凝土结构的施工过程计算是一个相当复杂的难题。

本章研究超长预应力结构施工过程中预应力张拉、温差、收缩徐变等因素的作用方式,将结构建造过程定义为状态非线性,纳入统一的结构非线性计算理论。定义了超长结构的时间效应与路径效应,采用位移法的一般计算格式研究其产生的本质原因。以某体育场超长环形预应力混凝土框架结构为研究对象,进行了施工过程的有限元数值模拟。计算结果表明,预应力超长结构采用不同的施工过程,会显著影响结构构件的位移和内力。

13.2　研究现状

在结构施工阶段力学分析的理论研究方面,王光远[1]最早提出"时变结构力学"的概念,研究自身随时间改变的结构。曹志远[2]提出了土木工程施工力学与时变力学的概念,包括的基本问题有:在施工荷载作用下时变结构内力重分配与时空最大值确定;材料刚性、强度特性随时间变异的结构分析及其对结构设计影响;结构与工程介质非线性特性引起施工路径效应;施工流程与方式的优化等。

曹志远、吴梓玮[3]提出一种新型杆件空间结构分析方法,将空间结构整体划分有限元(超级元),又将杆件节点自由度归结为超级元整体自由度计算。

曹志远、邹贵平、唐寿高[5]对表征时变动力系统及黏弹性时变系统的变系数常微分方程组，采用状态空间方程，结合 Legendre 级数展开及其积分算子矩阵、级数乘积矩阵，给出解的统一格式，适用于一般性时变动力学及黏弹性时变力学问题。

有限元法在处理具有移动边界的变形体时，往往采用一系列增量步，每步中通过单元的"死"或"活"模拟边界的变化过程。胡振东、曹志远[6]对此做出改进，用移动节点代替原来的固定节点，以适应结构边界的变化，称为"时变元"。

王华宁、曹志远[7、8]将损伤理论与时变力学耦联，形成用于模拟施工的损伤时变力学方法，推导了基本方程和数值化算式。对某地下煤层开采过程进行仿真分析，给出不同路径下开采引起地表沉陷的时空演化图。

赵宪忠[14]将结构从开始建造到倒塌的时变行为分为两种典型状态，即"跳跃型时变"和"稳定型时变"。跳跃型时变是指结构几何形态、边界条件或承载体系等在短时间内发生质的变化。稳定型时变是指结构几何拓扑或承载体系没有发生质变，而是由于结构材料性质随时间连续变化，导致结构内力和变形亦随时间连续变化的一种时变状态。

在结构施工过程的研究方面，国内外文献多集中在大跨度的悬索桥和斜拉桥施工[9~13]。大型桥梁的施工工法相对固定，所以桥的成形、主索索力调整及控制、桥内应力分析等研究工作相对较多。

大跨度复杂空间钢结构的施工控制研究是大跨空间结构领域前沿的课题之一，国外文献不多，在我国的研究和应用也尚处于初级阶段。现有研究集中在特定结构成形或与施工过程密切相关的方面[17~22]。混凝土结构施工过程的研究对象则集中在高层建筑。传统上认为，高层混凝土结构施工中竖向荷载逐步在结构上，会由于收缩徐变引起内力重分布，因此研究主要围绕竖向依时变形和内力[27~30]，而对平面上的变形和内力关注不够。

赵挺生等[15]将留后浇带预应力混凝土梁模拟为弹性支座梁，研究了留后浇带预应力混凝土结构施工期间的力学性能。结果表明，预应力等效荷载和施工荷载直接影响预应力混凝土结构的施工安全。

唐光暹等[16]考虑巨型框架结构的特点，结合预应力筋张拉，提出了一种新的施工模拟计算模型。整体分析与考虑施工过程的分析而产生的次框架对主框架的反力不一样，所建的模型反映了该种结构在施工过程中的实际受力状态。

多层预应力混凝土框架结构的施工多采用"逐层浇筑，逐层张拉"或"数层浇筑，数层张拉"的施工方案，而现行设计方法假定为"整体浇筑，整体张拉"。邬喆华等[23]根据结构力学原理分别建立了现行设计法中预应力综合弯矩和次弯矩偏离实际值大小的相对差公式；结合施工的具体情况对预应力混凝土框架梁进行了计算分析。框架梁内力的设计值偏离实际值的大小受张拉施工方案、所在层、所处部位、结构的跨数、梁柱线刚度比、荷载等影响。

冯健[32]等提出超长预应力结构的施工张拉次序应该从中间向两边进行，将两边的预应力钢筋向中间靠，这样可以减小因为预应力钢筋的张拉而使端柱产生的位移。

李明、熊学玉[31]对预应力超长结构实际工程的一榀框架进行分段张拉施工过程的分析。采用预应力张拉与后浇带施工交叉的施工方式，对施工次序进行合理安排，可减小柱端位移，从而减小次内力，增大梁截面的有效预应力，本章实例的框架梁有效预压力上升 25.9%。

傅学怡等[24]提出考虑混凝土徐变收缩时效特性，考虑地基或桩基有限约束刚度，考虑带后浇带结构生成过程的施工模拟和考虑结构施工至使用生命全过程最不利温差取值的计算钢筋混凝土结构温差收缩效应的方法。算例表明，以往方法夸大了基础约束刚度，未按结构施工构成实际情况选取所经历的最不利温度场，未考虑混凝土收缩应变的不利影响和徐变的有利影响，放大了底部结构应力，缩小了上部结构应力。但研究中仅考虑了不同层间的温差，忽略了同层平面的温差。

从上述研究可以看出，综合考虑施工过程、材料时随特性等因素的结构分析方法已有了一些成功应用，但其主要针对桥梁、空间结构、高层建筑等结构形式，超长结构和预应力结构的相关研究尚未充分开展。与同为混凝土结构的高层建筑相比，超长结构在平面上分块施工的做法更易实现，不同分块之间没有明显的依存关系，因此在施工方案上进行调整的自由度也更大，这为施工方案优化提供了很好的应用基础。

13.3　超长预应力结构施工过程计算理论

传统的工程设计分析对象为恒定结构物，其外部条件，如施加荷载与作用可以随时间发生变化，但几何形状、物理特性、边界状态等内部参数在研究时段内总是认为恒定、保持不变的。当以超长结构作为研究对象时，上述假定有很大偏差。预应力混凝土结构的施工过程比普通混凝土结构增加了预应力张拉环节，结构建造与张拉施工交替进行对超长结构的影响没有得到很好的研究。下面从结构位移法的角度出发，推导预应力张拉施工、温差作用、混凝土收缩徐变特性等与施工过程相结合的一般计算公式。

13.3.1　结构的预应力施工过程

土木工程结构建造需要一个过程。一般多层混凝土结构，随楼层的不断增高，新浇筑的楼层需支撑在下面已施工完毕的楼层上，自然形成了立面上的分层施工。超长结构体量巨大，尤其是平面尺寸大，施工过程中考虑到混凝土、模板、支撑等材料供应与施工人员、机械作业能力的限制，结构混凝土在平面上也需要分块浇筑。预应力张拉也是分段进行的，分段长度需要综合考虑尽量增大长度以节省锚具材料用量并减少施工操作，以及减小长度以减小摩擦损失、提高预应力效果这两个方面。同时，预应力张拉分段还要与结构分块相适应。因此，分块浇筑结构混凝土，分段张拉预应力是预应力超长结构施工中必然出现的现象。

浇筑混凝土和预应力张拉相结合的施工顺序不同，实际建立的预应力效应有显著不同。以最简单的由 2 个子结构组成的平面框架为例（图 13.1）。按整体结构预应力一次张拉时，结构反应可由下式计算：

$$KU=P \tag{13.1}$$

其中总体刚度 K 可表示为各子结构结构刚度 K_i 的总和，U 为结构位移，P 为预应力等效荷载。假定结构刚度和时间、结构位移、当前受力状态无关，也就是不考虑材料非线性和几何非线性，有：

$$K = \sum_{i=1}^{n} K_i \quad n=2$$

$$P = \sum_{i=1}^{n} P_i \quad n = 2$$

$$U = (K_1 + K_2)^{-1} \times (P_1 + P_2) \tag{13.2}$$

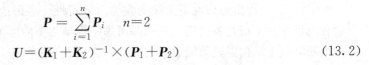

图 13.1　整体结构预应力一次张拉

分块施工时，首先浇筑子结构 1 的混凝土，在混凝土强度达到施工要求后子结构 1 张拉预应力（图 13.2）。子结构 1 的结构反应 U_1 可表示为：

$$K_1 U_1 = P_1$$

然后浇筑子结构 2 的混凝土并张拉预应力。

$$K \Delta U_2 = P_2$$

$$U_f = U_1 + \Delta U_2 = K_1^{-1} P_1 + (K_1 + K_2)^{-1} P_2 \tag{13.3}$$

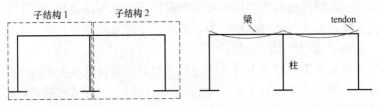

图 13.2　结构分块施工，预应力依次张拉

考虑施工顺序得到的结构反应与不考虑时的结果差异为：

$$U_f - U = K_1^{-1} P_1 + (K_1 + K_2)^{-1} P_2 - (K_1 + K_2)^{-1} \times (P_1 + P_2)$$

$$= K_1^{-1} P_1 - (K_1 + K_2)^{-1} \times P_1 = [K_1^{-1} - (K_1 + K_2)^{-1}] \times P_1 \tag{13.4}$$

由上式可以看出，两种计算结果的差异是由于在子结构 1 张拉预应力时，预应力等效荷载对应的结构刚度不一致造成的。

也可以采取另一种施工顺序，首先浇筑子结构 1 的混凝土，再浇筑子结构 2 的混凝土，然后子结构 1 张拉预应力，最后子结构 2 张拉预应力（图 13.3）。

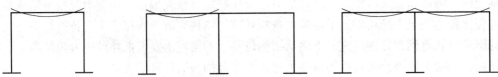

图 13.3　结构分块施工，预应力最后张拉

$$KU_1 = P_1$$

$$K \Delta U_2 = P_2$$

$$U_f = U_1 + \Delta U_2 = K^{-1} P_1 + K^{-1} P_2 = (K_1 + K_2)^{-1} \times (P_1 + P_2) \tag{13.5}$$

此时结构最终反应与不考虑施工顺序的结果是一致的。

将结果推广到具有 n 个子结构的预应力结构，当预应力张拉施工过程中不出现结构体系变化，其最终结构反应都将是一样的。

$$K\Delta U_i = P_i \qquad (i = 1, 2, \cdots, n)$$

$$U_f = \sum_{i=1}^{n} \Delta U_i = K^{-1} \sum_{i=1}^{n} P_i \tag{13.6}$$

而当预应力张拉施工过程同时伴随着结构刚度的变化，如混凝土浇筑等施工步骤时，结构反应就与施工的相对顺序有关。

$$(K_{i-1} + \Delta K_i)\Delta U_i = P_i \qquad (i = 1, 2, \cdots, n)$$

$$U_f = \sum_{i=1}^{n} \Delta U_i = \sum_{i=1}^{n} (K_i^{-1} + \Delta K_i)^{-1} P_j \tag{13.7}$$

忽略建造过程中临时支撑的拆除，结构刚度矩阵阶数增加，而后张法结构中预应力等效荷载总是一样的，因此从总体上看，考虑施工过程在预应力构件（梁、板）中实际建立的效应有大于整体结构一次施加预应力效应的倾向。同时，实际结构体系复杂多样，出现部分构件预应力效应小于整体计算值的现象也是完全可能的。考虑施工过程对预应力效应的建立是有利或不利，需要具体问题具体对待，从一般计算公式中无法得到答案。

一般认为，结构计算中非线性因素的存在是导致最终结果与过程相关的根本原因。在上文所述的施工过程计算中，已排除了材料非线性和几何非线性，但同时引入了结构体系的变化，这可以理解为一种新的非线性：状态非线性，主要指与状态相关的非线性行为，结构的刚度由于其状态的改变在不同的值之间突然变化。将结构混凝土浇筑施工的连续过程划分成浇筑前与浇筑后两个离散状态，结构刚度在变换状态时其刚度产生跳跃式的变化，这是预应力超长结构最终状态与施工顺序相关的本质原因。从这个观点也可以解释上面第二种施工顺序结果与不考虑施工顺序结果相同的原因：在第二种施工顺序里，结构刚度一次形成，在后续施工中没有发生变化，所以不涉及状态非线性。结构行为是线性的，因此结构的最终反应是多个施工步骤结构反应线性叠加的结果，与一次加载结果应当相同。

从预应力效应建立的角度，根据结构施工中是否存在状态非线性行为，可将预应力结构施工过程区分为两种情况。

其一，预应力张拉施工过程中不涉及结构体系变化，施工过程的分析只要将各次张拉施工均定义为独立的计算荷载工况，对整体结构施加荷载做静力分析，对各工况计算结果做有序排列组合，依次序叠加就可得到各施工过程中结构力学状态的时空分布。同一结构，不同施工过程，其最终力学状态是一样的，施工过程分析只是增加不同施工阶段的计算。

其二，预应力张拉施工过程中穿插结构体系变化，施工过程的分析中将产生"路径效应"，即同一结构，不同施工过程，其最终力学状态不同，施工过程分析结果和结构一次性分析结果也不同。

基于上述观点分析一简化算例。取某超长预应力结构底层纵向一榀 4 跨连续框架，总长 96m，柱距 24m，层高 10m，边柱矩形截面 900mm×800mm，中柱矩形截面 1000mm×1000mm。混凝土梁板等效为 T 形截面，梁中布置 36Φ^{s}15.2 预应力筋，截面尺寸和简化后的力筋线形如图 13.4。预应力筋在中柱附近搭接布置。

可能采用 4 种施工过程（图 13.5）：(1) 子结构 1 和子结构 2 浇筑→子结构 1 张拉预

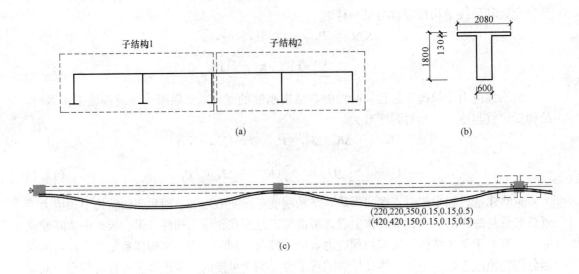

图 13.4　算例结构简图

(a) 子结构划分；(b) 梁截面；(c) 预应力筋线型（上、下各 18Φ^{s}15.2）

应力→子结构 2 张拉预应力；(2) 子结构 1 和子结构 2 浇筑→子结构 2 张拉预应力→子结构 1 张拉预应力；(3) 子结构 1 浇筑→子结构 1 张拉预应力→子结构 2 浇筑→子结构 2 张拉预应力；(4) 子结构 2 浇筑→子结构 2 张拉预应力→子结构 1 浇筑→子结构 1 张拉预应力。由于结构在中柱两侧对称，(1) 和 (2)、(3) 和 (4) 重复，只取 (1) 和 (3) 计算并对比。

结构整体形成后分段张拉预应力，梁跨中最大弯矩 -3383.8kN・m，梁端 4077.6kN・m，最大轴力 5973.4kN；结构变形对称，中柱水平位移接近 0。结构分块浇筑并张拉，梁跨中最大弯矩 -3155.3kN・m，梁端 4695.0kN・m，最大轴力 6000.4kN；结构变形偏向先张拉的子结构，中柱位移 1.317mm。

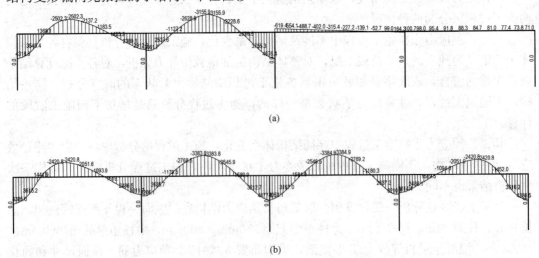

图 13.5　预应力施工过程结果对比

(a) 施工过程 1 中间状态弯矩；(b) 施工过程 1 最终状态弯矩

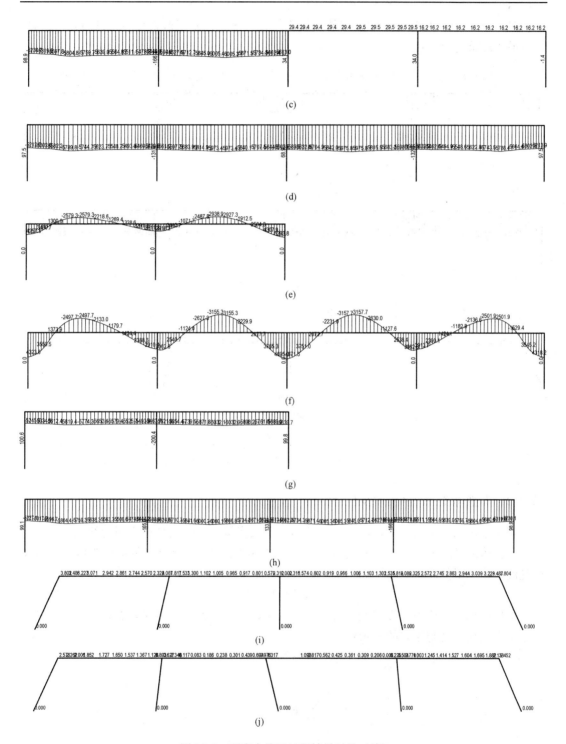

图 13.5 预应力施工过程结果对比（续）

（c）施工过程 1 中间状态轴力；（d）施工过程 1 最终状态轴力；（e）施工过程 3 中间状态弯矩；

（f）施工过程 3 最终状态弯矩；（g）施工过程 3 中间状态轴力；（h）施工过程 3 最终状态轴力；

（i）施工过程 1 最终水平位移；（j）施工过程 3 最终水平位移

对比施工过程（1）和通常采用的整体浇筑、一次张拉施工假设计算方式（图13.6），二者最终结果完全一致。

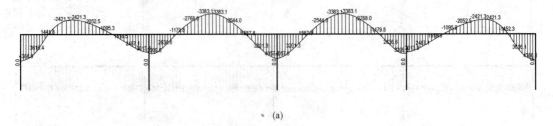

(a)

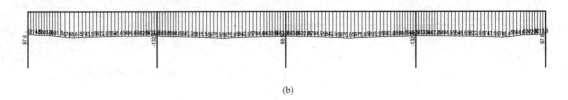

(b)

(c)

图 13.6 不考虑施工过程结果

（a）梁弯矩；（b）梁轴力；（c）水平位移

13.3.2 考虑施工过程的温差反应计算

超长结构的施工周期较长，在不同的施工阶段浇筑的混凝土具有不同的初始温度，对应一个具体的环境温度具有不同的温差反应。同样以图13.1所示简单结构为例。整体结构受温差作用下的反应可表示为：

$$KU = P_{\varepsilon 0}$$

根据结构的热应力计算理论，材料热膨胀系数和力学性能一定时，温差作用等效荷载可表示为结构刚度与温差的函数：

$$P_{\varepsilon 0} = P_{\varepsilon 0}(K, \Delta T) = \Delta T P_{\varepsilon 0}(K, 1)$$

其中

$$K = \sum_{i=1}^{n} K_i \qquad n = 2$$

$$P_{\varepsilon 0} = \sum_{i=1}^{n} P_{\varepsilon 0i} = \Delta T \sum_{i=1}^{n} P_{\varepsilon 0}(K_i, 1) \quad n = 2$$

$$U = (K_1 + K_2)^{-1} \times \Delta T \sum_{i=1}^{n} P_{\varepsilon 0}(K_i, 1) \tag{13.8}$$

$P_{\varepsilon 0}(K_i, 1)$ 表示单位温差作用下刚度为 K_i 的结构等效荷载。

分块施工时，首先浇筑子结构 1 的混凝土，子结构 1 形成后到子结构 2 形成前环境温度变化 ΔT_1，结构反应 U_1 可表示为：

$$K_1 U_1 = P_{\varepsilon 01} = P_{\varepsilon 0}(K_1, \Delta T_1) = \Delta T_1 P_{\varepsilon 0}(K_1, 1)$$

然后浇筑子结构 2 的混凝土，子结构 2 形成后环境温度变化 ΔT_2。

$$K \Delta U_2 = P_2$$

$$U_f = U_1 + \Delta U_2 = K_1^{-1} P_{\varepsilon 0}(K_1, \Delta T_1) + (K_1 + K_2)^{-1} P_{\varepsilon 0}(K_1 + K_2, \Delta T_2)$$

其中

$$\Delta T = \Delta T_1 + \Delta T_2$$

$$U_f = K_1^{-1} P_{\varepsilon 0}(K_1, \Delta T_1) + K^{-1} P_{\varepsilon 0}(K, \Delta T_2)$$

$$= \Delta T_1 K_1^{-1} P_{\varepsilon 0}(K_1, 1) + \Delta T_2 K^{-1} P_{\varepsilon 0}(K, 1) \tag{13.9}$$

结构分块施工的温差作用如图 13.7 所示。

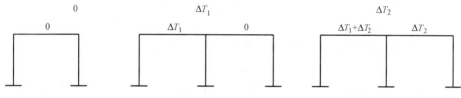

图 13.7 结构分块施工的温差作用

将该过程推广到具有 n 个子结构的施工过程，分 n 个施工阶段，每个施工阶段 i 均有结构体系改变（表示为 K_i）和温差作用（表示为 ΔT_i），则结构最终反应可表示为：

$$U_f = \sum_{i=1}^{n} \Delta T_i K_i^{-1} P_{\varepsilon 0}(K_i, 1) \tag{13.10}$$

由上式可见，温差反应施工过程计算结果改变的原因有两个：一方面，在不同施工阶段结构的刚度不同；另一方面，温差引起的等效荷载与对应结构刚度有关，因此不同施工阶段结构的温差荷载也不同。与预应力施工过程相比，考虑温差反应的施工过程中不仅包括不同施工阶段结构刚度的突变，还包含了温差荷载的变化。

温差反应同样具有"路径效应"，这种效应的根源在于大型结构施工周期不可忽略，随着时间推移环境条件必然会发生变化，从而造成子结构在初始温度条件和温差荷载上的差异。目前一般假定的整体温升或温降是超长结构实际工程最不可能出现的情况，考虑结构温差作用的路径效应是合理分析与设计的必需。

取上节算例比较两种施工过程（图 13.8）：（1）整体结构温降 10℃；（2）子结构 1 浇筑 →子结构 1 温降 5℃→子结构 2 浇筑→整体温降 5℃。考虑分块施加温降后子结构 1 的温降仍是 10℃，梁的轴力有不同程度降低，轴力最大值从 82.6kN 降至 52.6kN，降幅 36.3%。

13.3.3 超长结构施工过程中的时间效应、路径效应耦合

根据第 1 章中所述可知，混凝土材料组成、外界条件一定的前提下，收缩量仅与从收缩开始计的持续时间有关，徐变量与加载龄期、应力水平、持续时间等应力历史相关。预应力筋有松弛特性，随时间推移应力缓慢降低。因此在考虑混凝土和钢材的时随特性时，结构的受力状态与时间因素之间建立了关系。

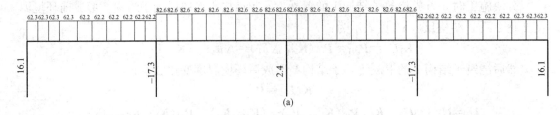

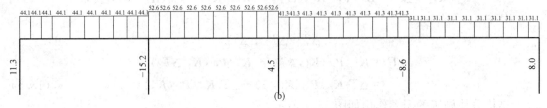

图 13.8　结构考虑施工过程的温差作用

(a) 施工过程 1 梁轴力；(b) 施工过程 2 梁轴力

混凝土的弹性模量随其龄期而增长，结构刚度表示为：

$$\boldsymbol{K}=\boldsymbol{K}[E_c(t)]$$

对确定的材料时随特性模型，$E_c(t)$ 仅是 t 的函数，结构刚度进一步表达为：

$$\boldsymbol{K}=\boldsymbol{K}(t)$$

混凝土收缩应变仅为时间的函数，收缩作用等效荷载可表示为结构刚度与收缩应变的函数

$$\boldsymbol{P}_{sh}=\boldsymbol{P}_{sh}[\boldsymbol{K},\varepsilon_{sh}(t)]=\boldsymbol{P}_{sh}(\boldsymbol{K},t)$$

对应第 i 个施工阶段的收缩作用等效荷载增量格式：

$$\Delta\boldsymbol{P}_{sh(i)}=\boldsymbol{P}_{sh}(\boldsymbol{K}_i,\Delta t_i)$$

混凝土徐变系数是应力持续时间的函数，徐变应变由徐变系数和应力水平决定，因此徐变作用的等效荷载可表示为结构刚度、应力水平、持续时间的函数，即：

$$\boldsymbol{P}_{cr}=\boldsymbol{P}_{cr}[\boldsymbol{K},\varepsilon_{cr}(\boldsymbol{U},\boldsymbol{\sigma},t)]=\boldsymbol{P}_{cr}(\boldsymbol{K},\boldsymbol{U},\boldsymbol{\sigma},t)$$

已建成结构在变应力作用下，根据叠加原理，式中 $\boldsymbol{\sigma}$ 应理解为自结构受力开始时 t_0 到计算时间点 t 的整个应力历史，Δt 为对应时间段。第 i 步内的徐变应变增量 $\Delta\varepsilon_{cri}$ 和应力增量 $\Delta\boldsymbol{\sigma}_i$ 在本步开始时未知，表示为结构本步位移增量 $\Delta\boldsymbol{U}_i$ 的函数，即：

$$\Delta\boldsymbol{P}_{cr(i)}=\boldsymbol{P}_{cr}(\boldsymbol{K},\Delta\boldsymbol{U}_i,\Delta\boldsymbol{\sigma}_1,\Delta\boldsymbol{\sigma}_2,\cdots,\Delta\boldsymbol{\sigma}_i,\Delta t_1,\Delta t_2,\cdots,\Delta t_i)$$

同时考虑结构建造过程的情况：

$$\Delta\boldsymbol{P}_{cr(i)}=\boldsymbol{P}_{cr}(\boldsymbol{K}_i,\Delta\boldsymbol{U}_i,\Delta\boldsymbol{\sigma}_1,\Delta\boldsymbol{\sigma}_2,\cdots,\Delta\boldsymbol{\sigma}_i,\Delta t_1,\Delta t_2,\cdots,\Delta t_i) \tag{13.11}$$

预应力筋应力随时间变化来自两个方面的原因。一方面由于混凝土收缩徐变效应造成结构构件长度变化，引起力筋的弹性伸长或缩短；另一方面由于预应力钢材的松弛特性，在应变不变的情况下应力随时间降低，预应力结构设计中称之为预应力的长期损失。

混凝土的收缩、徐变和预应力筋的松弛特性可以归结为材料非线性行为。一般人们认为的材料非线性往往是弹塑性非线性，收缩徐变不属于这种类型的非线性。收缩与结构的内力、位移无关，仅是时间的函数，其作用方式类似于温度荷载；在确定的时间点上大小与结构刚度有关。徐变和松弛特性可在力学上理解为材料的黏弹性非线性，或称为率相关本构关系，即应变与应力水平和应力对时间的微分相关。

超长结构分析各因素间的相关关系可总结如表 13.1 所示。

因素间的相关关系　　　　　　　　　表 13.1

		刚度	时间	应力历史	位移
	刚度	—	$\checkmark$	$\times$	$\times$
荷载	恒载、活载	$\times$	$\times$	$\times$	$\times$
	温差	$\checkmark$	$\times$	$\times$	$\times$
	预应力	$\checkmark$	$\checkmark$	$\times$	$\checkmark$
	收缩	$\checkmark$	$\checkmark$	$\times$	$\times$
	徐变	$\checkmark$	$\checkmark$	$\checkmark$	$\checkmark$

在同时考虑混凝土时随特性、预应力和温差作用的结构施工过程计算中，第 i 个阶段结构反应不失一般性表示为：

$$K_i \Delta U_i = \Delta P_i$$
$$\boldsymbol{K}_i = \boldsymbol{K}_{i-1} + \Delta \boldsymbol{K}_i$$
$$\Delta \boldsymbol{P}_i = \Delta \boldsymbol{P}_{f(i)} + \Delta \boldsymbol{P}_{\varepsilon 0(i)} + \Delta \boldsymbol{P}_{sh(i)} + \Delta \boldsymbol{P}_{cr(i)} \tag{13.12}$$

结构最终反应表示为：

$$\boldsymbol{U}_f = \sum_{i=1}^{n} \Delta \boldsymbol{U}_i \tag{13.13}$$

即使其他条件均不发生变化，结构力学状态也将随时间推移缓慢改变，即时间效应。由于超长结构工程量大，施工周期长达数月至数年，在施工期间其时间效应不可忽略。从力学的角度解释，时间效应是材料非线性在结构中的反映，作用方式是连续变化的；路径效应是状态非线性在结构建造过程的表现，其作用方式是离散的、跳跃式的变化，这两种非线性行为构成了超长结构施工过程分析的力学基础。实际工程的施工过程分析是时间效应与路径效应耦合作用的力学分析过程，在综合考虑温差、预应力、收缩徐变等因素后，每个可能的结构施工过程都对应不同的结构反应历程和最终反应。

取图 13.4 所示算例结构，比较两种施工过程：（1）整体结构历经 100d；（2）子结构 1 浇筑→28d→子结构 2 浇筑→100d。根据 CEB-FIP MC90 规范公式，混凝土 28d 抗压强

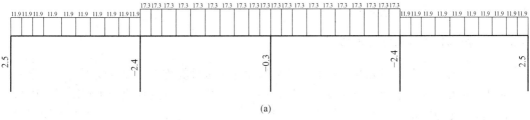

(a)

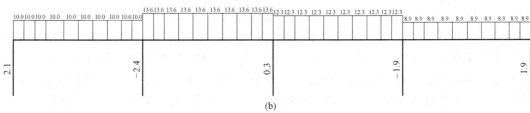

(b)

图 13.9　结构考虑施工过程的温差作用

（a）施工过程 1 轴力；（b）施工过程 2 轴力

度 40MPa，环境相对湿度 70％，收缩从 7d 养护结束后开始。考虑收缩徐变效应后两种施工过程的 100d 最终梁轴力如图 13.9，轴力最大值分别为 17.3kN、13.6kN，考虑施工过程的结果降低 21.4％。

超长结构施工常采用"跳仓施工"的方式，利用施工周期中的时间差降低结构早期收缩的作用。重新划分子结构（图 13.10），假定子结构 1 和子结构 2 几乎同时浇筑，留设后浇跨到 28d 后浇筑，即：子结构 1 和子结构 2 浇筑→28d→后浇跨→100d。100d 梁轴力最大值进一步下降到 12.7kN。可见，合理安排超长结构施工方案，利用施工过程中的时间效应和路径效应，可以大幅度降低结构最终反应。

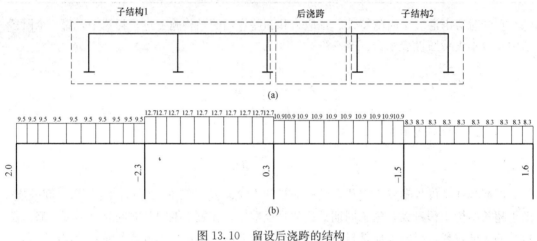

图 13.10　留设后浇跨的结构

(a) 子结构划分；(b) 100d 轴力图

13.4　结构施工过程的有限元实现

超长结构施工中显著的路径效应和时间效应决定了施工过程计算需要采用逐步模拟计算的方式。施工模拟计算的流程图如图 13.11 所示。对大型、复杂结构，施工模拟计算目前的唯一可行方法是有限元方法。

13.4.1　结构构件的有限元模拟[33]

结构有限元模型是对现实结构的一种数值简化，按计算维度简化程度不同，有限元计算模型可分为一维、平面和空间模型。超长混凝土结构的工程规模决定了现阶段难以采用三维实体单元建立实际工程的计算模型。建筑结构构件具有在一个或两个方向的尺度比其他方向小得多的特点，分析中在其变形和应力方面引入一定假设，可以使杆件和板壳分别简化为一维和二维问题。基于主从自由度原理的梁单元和板壳单元引入结构力学中梁弯曲理论和板壳理论的 Kirchhoff 假设，将问题归结为求解中面位移函数，中面外任意位置的位移通过中面位移表示。利用梁单元和板壳单元去离散由柱、梁、楼板、剪力墙等构件组成的结构，不仅可以减少求解方程的自由度，更可以克服由于求解方程刚度系数间的巨大差别而引起的数值上的困难。以下简要介绍后续各节中超长结构计算采用的空间梁单元和板单元。

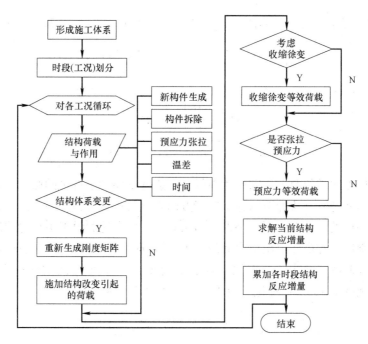

图 13.11　施工模拟计算流程图

经典梁弯曲理论中假设变形前垂直梁中心线的截面,变形后仍保持为平面,且垂直于中心线,基本未知函数是中面挠度函数 $w(x)$。工程实际中常遇到高跨比不太小,需考虑横向剪切变形影响的情况。Timoshenko 梁单元是一种考虑剪切变形影响的 C_0 型梁单元,特点是挠度 w 和截面转动 θ 分别插值。

$$w = \sum_{i=1}^{n} N_i w_i , \theta = \sum_{i=1}^{n} N_i \theta_i \qquad (13.14)$$

式中,n 是单元节点数;N_i 是插值多项式。

考虑剪切变形的影响后,梁弯曲问题最小位能原理的泛函表达如下:

$$\Pi_p = \int_0^1 \frac{1}{2} EIx^2 \mathrm{d}x + \int_0^1 \frac{1}{2} \frac{GA}{k} Y^2 \mathrm{d}x - \int_0^1 qw\mathrm{d}x - \sum_j P_j w_j + \sum_k M_k \theta_k \quad (13.15)$$

从 $\delta\Pi_p = 0$ 得到有限元方程:

$$\boldsymbol{Ka} = \boldsymbol{P} \qquad (13.16)$$

其中

$$\boldsymbol{K} = \sum_e \boldsymbol{K}^e , \boldsymbol{P} = \sum_e \boldsymbol{P}^e , \boldsymbol{a} = \sum_e \boldsymbol{a}^e$$

$$\boldsymbol{K}^e = \boldsymbol{K}_b^e + \boldsymbol{K}_s^e \qquad (13.17)$$

$$\boldsymbol{K}_b^e = \frac{E\Pi}{2} \int_{-1}^{1} \boldsymbol{B}_b^{\mathrm{T}} \boldsymbol{B}_b \mathrm{d}\boldsymbol{\xi}$$

$$\boldsymbol{K}_s^e = \frac{kGAl}{2} \int_{-1}^{1} \boldsymbol{B}_s^{\mathrm{T}} \boldsymbol{B}_s \mathrm{d}\boldsymbol{\xi}$$

$$\boldsymbol{B}_b = \begin{bmatrix} \boldsymbol{B}_{b1} & \boldsymbol{B}_{b2} & \cdots & \boldsymbol{B}_{bn} \end{bmatrix}$$

$$\boldsymbol{B}_s = \begin{bmatrix} \boldsymbol{B}_{s1} & \boldsymbol{B}_{s2} & \cdots & \boldsymbol{B}_{sn} \end{bmatrix}$$

$$\boldsymbol{B}_{bi} = \begin{bmatrix} 0 \\ -\dfrac{\mathrm{d}N_i}{\mathrm{d}x} \end{bmatrix}, \boldsymbol{B}_{si} = \begin{bmatrix} \dfrac{\mathrm{d}N_i}{\mathrm{d}x} \\ -N_i \end{bmatrix} \quad (i=1,2,\cdots,n)$$

$$\boldsymbol{P}^{\mathrm{e}} = \frac{1}{2} \int_{-1}^{1} \begin{bmatrix} q & 0 \end{bmatrix} N \mathrm{d}\xi + \sum_{j} \begin{bmatrix} P_j & 0 \end{bmatrix} N(\xi_j) - \sum_{k} \begin{bmatrix} 0 & M_k \end{bmatrix} N(\xi_k) \tag{13.18}$$

$$\boldsymbol{N} = \begin{bmatrix} \boldsymbol{N}_1 & \boldsymbol{N}_2 & \cdots & \boldsymbol{N}_{\mathrm{n}} \end{bmatrix}^{\mathrm{T}}$$

$$\boldsymbol{N}_i = \begin{bmatrix} N_i & 0 \\ 0 & N_i \end{bmatrix} \ (i = 1, 2, \cdots, n)$$

$$\boldsymbol{a}^{\mathrm{e}} = \begin{bmatrix} a_1^{\mathrm{T}} a_2^{\mathrm{T}} \cdots & a_{\mathrm{n}}^{\mathrm{T}} \end{bmatrix} \tag{13.19}$$

$$\boldsymbol{a}_i = \begin{Bmatrix} w_i \\ \theta_i \end{Bmatrix} \ (i = 1, 2, \cdots, n)$$

基于板的厚度比其他两个方向尺寸小得多，挠度壁厚度小得多的假设，弹性薄板理论在分析平板弯曲问题时，认为可以忽略厚度方向正应力；薄板中面内各点没有平行于中面的位移；薄板中面的法线在变形后仍保持为法线。利用上述假设将平板弯曲问题简化为二维问题，且全部应力和应变可用板中面的挠度 w 表示。将位移 w 和转动 θ 分别插值的原理应用于板弯曲问题，并在若干离散点强迫实现 w 和 θ_x、θ_y 之间的约束方程（13.22），即可构造基于离散 Kirchhoff 理论的板单元。泛函表达式为：

$$\Pi_{\mathrm{p}} = \frac{1}{2} \iint_{\Omega} \boldsymbol{k}^{\mathrm{T}} \boldsymbol{D} x \mathrm{d}x \mathrm{d}y - \iint_{\Omega} q w \mathrm{d}x \mathrm{d}y \tag{13.20}$$

$$\boldsymbol{k} = \begin{Bmatrix} -\dfrac{\partial \theta_{\mathrm{x}}}{\partial x} \\ -\dfrac{\partial \theta_{\mathrm{y}}}{\partial y} \\ -\left(\dfrac{\partial \theta_{\mathrm{x}}}{\partial y} + \dfrac{\partial \theta_{\mathrm{y}}}{\partial x} \right) \end{Bmatrix} \tag{13.21}$$

$$\boldsymbol{C} = \begin{Bmatrix} \dfrac{\partial w}{\partial x} - \theta_{\mathrm{x}} \\ \dfrac{\partial w}{\partial y} - \theta_{\mathrm{y}} \end{Bmatrix} = 0 \tag{13.22}$$

13.4.2 结构体系建造过程模拟

施工过程中，结构是随施工步骤和时间推移不断变化的时变结构。构件增加或减少时，结构刚度发生变化。不同施工阶段对应荷载不一致。施工过程中上部结构底层柱、墙等与基础连系的竖向构件逐步建成，临时支撑体系的搭建和拆除等边界条件变化。

常规设计方法的有限元基本方程与内力计算方程为：

$$\boldsymbol{K}\boldsymbol{U} = \boldsymbol{P} \tag{13.23}$$

$$\boldsymbol{N} = \boldsymbol{k}\boldsymbol{A}\boldsymbol{U} \tag{13.24}$$

式中　$\boldsymbol{K}$——结构总体刚度矩阵；

　　　$\boldsymbol{k}$——结构单元刚度矩阵；

　　　$\boldsymbol{U}$——结构节点位移向量矩阵；

　　　$\boldsymbol{P}$——结构荷载向量矩阵；

　　　$\boldsymbol{A}$——结构几何矩阵；

　　　$\boldsymbol{N}$——结构内力向量矩阵。

常规的有限元结构分析方法都是以竣工后的整体结构作为分析对象，将各种荷载一次性加在结构上进行计算的，又被称为一次性加载方法。这种常用的分析方法在实际工程计算时常会得到与实际情况明显不符的结果。对于预应力超长结构的施工过程分析，应用生死单元技术的施工过程有限元模拟是一种可行的方法。

生死单元技术是有限元软件指定分析模型中某些单元存在或消失的一项高级分析技术，大多数通用有限元程序均支持此技术。对于死的单元，程序通过乘以一个绝对值很小的因子 α，将单元的刚度、单元荷载、单元应变等力学参数近似设置为零，同时这些单元的质量、阻尼、比热等物理参数也设置为零。单元生时，将这些参数重新激活，刚度、质量、单元荷载等返回初值，但是没有应变记录，其应力、应变等力学状态变量在单元被激活后重新计算。该技术的意义在于避免每个施工阶段重新组装结构总体刚度矩阵，从而大大提高计算效率，在结果上与只组装已形成结构刚度矩阵的做法相比差别不大。

假设某结构在第 i 个施工阶段增加构件：

$$K_i = K_{fi} + \alpha K_{ri} \tag{13.25}$$

式中　K_i——第 i 个施工阶段已形成结构的刚度矩阵，包含第 i 个施工阶段增加构件；

　　K_{fi}——第 i 个施工阶段的全结构刚度矩阵；

　　K_{ri}——第 i 个施工阶段中未形成结构的刚度矩阵；

　　α——极小数阵，其中元素 $\alpha_{ii} \ll 1$。

$$U_i = U_{i-1} + \Delta U_i \tag{13.26}$$

$$P_i = P_{i-1} + \Delta P_i \tag{13.27}$$

式中　U_i——第 i 个施工阶段由构件增加引起的改变后的结构节点位移矩阵；

　　ΔU_i——第 i 个施工阶段由构件增加引起的结构节点位移增量矩阵；

　　P_i——第 i 个施工阶段由构件增加引起的改变后的节点荷载矩阵；

　　ΔP_i——第 i 个施工阶段由构件增加引起的结构节点荷载增量矩阵。

$$K_i U_i = P_i \tag{13.28}$$

$$K_{i-1} U_{i-1} = P_{i-1} \tag{13.29}$$

以前一施工阶段状态为初始条件，构件增加后状态为求解对象，采用增量迭代方法即可得到构件增加对结构的作用。

结构在第 i 个施工阶段拆除构件时，以拆除前状态作为初始状态，求得被拆除构件的节点力，单元拆除后将节点反力施加于原节点处进行求解，得到构件拆除后结构的状态。当构件拆除时，结构的刚度矩阵发生变化，以 i 为当前状态，$i-1$ 为前一状态。

$$K_i = K_{fi} + \alpha K_{ri} \tag{13.30}$$

$$U_i = U_{i-1} + \Delta U_i \tag{13.31}$$

$$P_i = P_{i-1} + \Delta P_i \tag{13.32}$$

式中　K_i——第 i 个施工阶段已形成结构的刚度矩阵，不包含第 i 个施工阶段拆除构件；

　　U_i——第 i 个施工阶段由构件拆除引起的改变后的结构节点位移矩阵；

　　ΔU_i——第 i 个施工阶段由构件拆除引起的结构节点位移增量矩阵；

　　P_i——第 i 个施工阶段由构件拆除引起的改变后的节点荷载矩阵；

　　ΔP_i——第 i 个施工阶段由构件拆除引起的结构节点荷载增量矩阵。

结构施工过程中边界条件发生变化时：

$$K_{i-1} U_i = P_i \tag{13.33}$$

$$U_i = U_{i-1} + \Delta U_i \tag{13.34}$$

结构施工过程中荷载发生变化时，在原有荷载矩阵的基础上增加荷载变化量，重新求解。在结构没有构件增加或减少，也没有静力和动力荷载变化时，随着时间推移和气候变化，温差、收缩、徐变作用以等效节点荷载的形式作用在结构上。

$$K_{i-1} U_i = F_i \tag{13.35}$$

$$P_i = P_{i-1} + \Delta P_i \tag{13.36}$$

13.4.3 预应力作用的有限元模拟

按预应力筋是否模拟成有限单元进行计算，预应力结构的有限元建模方式可分为建立预应力筋单元和计算预应力等效节点荷载向量两种方式。对单个预应力混凝土构件涉及材料弹塑性、几何大变形等因素的非线性分析，采用建立预应力筋单元的方式结果更精确。在超长预应力结构的研究中，采用等效节点荷载向量的形式考虑预应力效应，可以大幅减小结构总体刚度矩阵，显然更为实用。预应力筋不单独建立单元时，力筋对混凝土构件的刚度影响可通过调整构件截面刚度的方式实现，即认为构件截面是由混凝土净截面和预应力筋截面组合成的换算截面。

典型的预应力混凝土梁如图 13.12（a）所示，按精度需要把梁划分成若干梁单元。不管预应力筋在梁内的线形如何变化，只要划分的梁单元长度足够小，单元内的预应力筋可以看作为直线段。梁单元与其对应的预应力筋的相对位置如图 13.12（b）所示，设预应力筋在梁单元端部节点 i、j 处的偏心距分别为 e_z^i、e_z^j，预应力筋的拉力：

$$P^i = \sigma_{pc}^i A_p \tag{13.37}$$

式中 σ_{pc}^i——节点 i 端力筋中的有效预应力；

A_p——力筋面积。

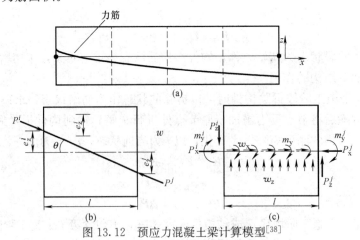

图 13.12 预应力混凝土梁计算模型[38]

确定拉力 P^i 后，根据力筋与梁形心轴的相对几何位置可把拉力转化为作用在梁单元上的等效节点力 $\boldsymbol{P}_{pc}$：

$$\boldsymbol{F}_{pc} = [P_x^i P_y^i m_y^i P_x^j P_y^j m_y^j]$$

$$= [P^i\cos\theta \quad P^i\sin\theta \quad P^i e_i\cos\theta \quad P^j\cos\theta \quad P^j\sin\theta \quad P^j e_j\cos\theta] \tag{13.38}$$

$$P_{pc} = -F_{pc} \tag{13.39}$$

其中
$$\tan\theta = (e_z^i - e_z^j)/l \tag{13.40}$$

式中　θ——预应力筋轴线与梁单元形心轴的夹角；

　　　l——梁单元长度。

单元内预应力作用构成自平衡体系：

$$\sum F_x = P_x^i + w_x l - P_x^j = 0 \tag{13.41}$$
$$\sum F_z = -P_z^i + w_z l - P_z^j = 0$$
$$\sum M_y^i = m_y^i - P_z^i l + w_z l^2/2 + m_y^j + m_y^j l^j = 0$$

加入预应力筋后的梁截面刚度：

$$E_c A_0 = E_c A_n + E_p A_p \tag{13.42}$$
$$E_c I_0^i = E_c I_n^i + E_c I_p^i$$
$$E_c I_0^j = E_c I_n^j + E_c I_p^j$$

式中　E_c——混凝土弹性模量；

　　　E_p——预应力筋弹性模量；

　　　A_n——混凝土净截面面积（扣除预留孔道）；

　　　I_n^i——混凝土净截面对换算截面形心轴的转动惯量；

　　　I_p^i——预应力筋对换算截面形心轴的转动惯量；

　　$E_c A_0$——换算截面抗压刚度；

　　$E_c I_0^i$——换算截面抗弯刚度。

$e_z^i \neq e_z^j$ 时，$I_p^i \neq I_p^j$，单元内截面特性按两端取值一次或二次内插。

结构分析中预应力筋面积 A_p 一般为常数，而有效预应力 σ_{pc} 则随计算点位置距张拉锚固端距离、线形变化、时间推移等因素而变化，即预应力损失。预应力损失按发生时间可分为瞬时损失和长期损失两部分。以后张法预应力结构为例，瞬时损失包括张拉段锚具变形和钢筋回缩损失、预应力钢筋摩擦损失、弹性压缩损失；长期损失包括预应力钢筋的应力松弛损失和混凝土的收缩徐变损失。

（1）锚具变形和钢筋回缩损失 σ_{l1}

后张法结构中，在预应力筋内的拉力通过锚具传递给构件的瞬间，一方面锚具本身受力后要压缩变形，另一方面在夹持锚片进行顶锚及锚固时钢筋均会产生一定的内缩，从而使得预应力降低。对先张构件，当预应力筋的拉力在放松千斤顶时通过锚具传给台座过程中，也发生锚具变形和钢筋回缩，导致了预应力的降低。

直线预应力筋 σ_{l1} 的计算公式：

$$\sigma_{l1} = \frac{a}{l} E_p \tag{13.43}$$

式中　a——张拉端锚具变形和钢筋内缩值；

　　　l——张拉端与锚固端之间的距离。

当采用弧形或折线形钢筋时，由于反向摩擦作用，σ_{l1} 在张拉端最大，随着距张拉端的距离的增大而逐渐递减。这种影响只在反向摩擦影响长度 l_f 范围内存在，见图 13.13。根据摩擦系数和力筋线形，即可反推 l_f 的大小和 l_f 范围内 σ_{l1} 的分布。

（2）预应力钢筋与孔道壁之间的摩擦引起的预应力损失 σ_{l2}

在后张法施工张拉过程中，力筋和孔道壁之间存在由长度效应和曲率效应引起的摩擦，图 13.12 中 w_x 就是由摩擦损失引起的。我国规范[39]对 σ_{l2} 采用下式计算：

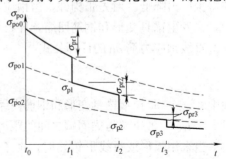

$$\sigma_{l2} = \sigma_{con}[1 - e^{-(\kappa x + \mu\theta)}] \qquad (13.44)$$

式中　x——从张拉端至计算截面的孔道长度，可近似取该段孔道在纵轴上的投影长度（m）；

θ——张拉端至计算截面曲线孔道部分切线的夹角（rad）；

κ——考虑孔道每米长度局部偏差的摩擦系数；

μ——预应力钢筋与孔道壁之间的摩擦系数。

图 13.13　张拉锚固端预应力筋应力分布

（3）弹性压缩损失与力筋应力增量

典型后张结构中往往采用多根预应力筋，按一定顺序分别张拉锚固。在同一根梁中，后张拉预应力筋会导致混凝土梁进一步缩短，降低先张拉预应力筋的应力。结构中其他构件张拉预应力，也会造成预应力构件的长度变化，改变力筋应力。比较张拉施工前后构件单元长度的变化，就可以得到弹性压缩损失。该过程同样适用于外荷载作用，通过比较荷载施加前后单元长度的变化，得到力筋应力增量。

（4）预应力钢筋的应力松弛损失 σ_{l4}

预应力筋的应力松弛特性是通过拉伸力筋后两端固定，在恒温条件下测量一段长时间内力筋应力降低的实验得到的，称为定长松弛损失值。欧美广泛采用 Magura 提出的可计算任意 τ 时刻松弛值的公式[26,43]：

$$\frac{\sigma_{pr}}{\sigma_{po}} = -\frac{\log(\tau - t_0)}{\lambda}\left(\frac{\sigma_{po}}{f_{py}} - 0.55\right) \qquad (13.45)$$

此处 f_{py} 为屈服应力，定义为应变为 0.01 时的应力，f_{py} 的大小在力筋标准强度 f_{ptk} 的 0.8～0.9 倍附近浮动。σ_{po} 是力筋的初始应力，$(\tau - t_0)$ 是施加应力的时间，以小时计。预应力筋采用应力消除钢丝或钢绞线时 $\lambda = 10$，采用低松弛钢绞线时 $\lambda = 45$。

在实际结构中，力筋应力随着收缩、徐变、外荷载等作用而变化，式（13.45）不能直接应用。Kang & Scordelis 和 Roca & Mari 提出了适用于力筋应变变化状态下的松弛计算过程（如图 13.14）[40~42]。σ_{po0} 是初始预应力，经过时间 t_1，应力松弛损失值为 σ_{pr1}，此时由于结构变形等因素影响，力筋应力实际降至 σ_{p1}。根据式（13.44）可以得到对应于（t_1，σ_{p1}）的假定初始预应力 σ_{po1}。假定力筋在时间步内产生定长松弛损失，将 σ_{po1} 代入式（13.45），就可以得到对应于（$t_2 - t_1$）时间段的应力松弛损失值 σ_{pr2}。依此类推，可以确定每一时间步内的力筋应力松弛损失。

图 13.14　预应力筋松弛损失步进计算方法

（5）混凝土的收缩徐变损失 σ_{l5}

混凝土的收缩徐变引起结构构件的长度和挠度变化，进而改变力筋应力。徐变和收缩是随时间变化的混凝土材料特性，求得某一时间步的收缩徐变作用后，由此引起的预应力损失计算方法与弹性压缩损失相同。

13.4.4　结构热应力计算[33]

物体各部分温度发生变化时，由于热变形而产生线应变 $\alpha(T-T_0)$，剪切应变为 0。这种由热变形产生的应变可看作物体的初应变。计算温度应力时算出热变形引起的初应变 $\boldsymbol{\varepsilon}_0$，求得相应的初应变引起的等效节点荷载 $\boldsymbol{P}_{\varepsilon0}$，然后按通常求解应力一样解得由热变形引起的节点位移 $\boldsymbol{U}$，由 $\boldsymbol{U}$ 求得热应力 $\boldsymbol{\sigma}$。$\boldsymbol{P}_{\varepsilon0}$ 也可以与其他荷载项合在一起，求得包含热应力在内的综合应力。计算应力时应包括初应变项：

$$\boldsymbol{\sigma}=\boldsymbol{D}(\boldsymbol{\varepsilon}-\boldsymbol{\varepsilon}_0) \tag{13.46}$$

其中，$\boldsymbol{\varepsilon}_0$ 是温度变化引起温度应变，作为初应变项出现在应力应变关系式中，对三维问题是：

$$\boldsymbol{\varepsilon}_0=\alpha(\boldsymbol{T}-\boldsymbol{T}_0)\begin{bmatrix}1 & 1 & 1 & 0 & 0 & 0\end{bmatrix}^{\mathrm{T}} \tag{13.47}$$

式中　α——材料的热膨胀系数；

$\quad\quad T$——结构的现时温度场；

$\quad\quad T_0$——结构的初始温度场。

将式（13.46）代入虚位移原理的表达式，得到包含温度应变在内用以求解热应力问题的最小位能原理，泛函表达式如下：

$$\Pi_{\mathrm{p}}(\boldsymbol{u})=\int_{\Omega}\left(\frac{1}{2}\boldsymbol{\varepsilon}^{\mathrm{T}}-\boldsymbol{D}\boldsymbol{\varepsilon}-\boldsymbol{\varepsilon}^{\mathrm{T}}\boldsymbol{D}\boldsymbol{\varepsilon}_0-\boldsymbol{U}^{\mathrm{T}}\boldsymbol{f}\right)\mathrm{d}\Omega-\int_{\Gamma_\sigma}\boldsymbol{U}^{\mathrm{T}}\overline{\boldsymbol{T}}\mathrm{d}\Gamma \tag{13.48}$$

将求解域 Ω 进行有限元离散，从 $\delta\Pi_{\mathrm{p}}=0$ 得到有限元求解方程：

$$\boldsymbol{KU}=\boldsymbol{P} \tag{13.49}$$

其中

$$\boldsymbol{P}=\boldsymbol{P}_{\mathrm{f}}+\boldsymbol{P}_{\mathrm{T}}+\boldsymbol{P}_{\varepsilon0} \tag{13.50}$$

式中　$\boldsymbol{P}_{\mathrm{f}}$、$\boldsymbol{P}_{\mathrm{T}}$——体积荷载和表面荷载引起的荷载项；

$\quad\quad \boldsymbol{P}_{\varepsilon0}$——温度应变引起的荷载项

$$\boldsymbol{P}_{\varepsilon0}=\sum_e\int_{\Omega_\theta}B^{\mathrm{T}}D\boldsymbol{\varepsilon}_0\mathrm{d}\Omega \tag{13.51}$$

13.4.5　混凝土收缩徐变作用的有限元计算方法

混凝土收缩作用的有限元计算方法与热应力计算类似。随着时间推移，混凝土由于收缩作用而产生线应变 $\varepsilon_{\mathrm{cs}}(t,t_{\mathrm{s}})$，剪切应变为 0。同样将收缩看作物体的初应变。计算收缩应力时由初应变求得对应的等效节点荷载 $\boldsymbol{P}_{\varepsilon0}$，然后解得节点位移 $\boldsymbol{U}$，由 $\boldsymbol{U}$ 求得收缩应力 $\boldsymbol{\sigma}$。

Bazant 总结了现代常用的三种徐变计算方法[36]TP：基于龄期调整的有效模量法一步近似求解方法；根据叠加原理的积分型徐变定律的逐步计算法；基于 Kelvin 或 Maxwell 模型的率型徐变模型的逐步计算法。

目前用于大型结构徐变分析的通用有限元程序基本上采用基于叠加原理的逐步计算方

法。该方法的基本原理是把整个计算时段划分为多个时间小段，分别计算各个时段内的徐变变形和内力，并逐时段进行叠加。每个时段内的徐变变形和内力的计算，可采用数值积分。

直接用公式进行完全积分的逐步有限元分析时，分析中每个应力增量均保存为材料应力历程的一部分，这会导致精确的结果。对有大量应力增量的长时段分析，需要计算机的存储和计算时间以增量数量的平方来增加，因此大规模问题的求解过程将变得不切实际。如果积分型徐变定律能转换为一阶微分方程组给出的率型徐变定律，就可以不要储存和应用全部应力或应变历史。可采用近似的特殊徐变函数，即用退化积分核来代替当前积分核 $C(t, \tau)$。用 Dirichlet 级数形式表示的柔度函数曾为 McHenry、Maslov 和 Arutyunyan[37] 采用，其主要目的是想把结构问题从时间的积分方程转换为微分方程，而不是为了在逐步计算法中避免储存应力或者应变历史。Selna 首先利用了不存储应力历史这个优点[34]。

最普遍的退化核取 Dirichlet 级数形式，表达为：

$$C(t,\tau) = \sum_{i=1}^{n} a_i(\tau)\left[1 - e^{y(\tau) - y_i(t)}\right] \tag{13.52}$$

式中 $a_i(t)$，$y_i(t)$ 均是取决于实验的函数，n 为级数项数。若取 $y_i(t) = t/\tau_i$，上式变为：

$$C(t,\tau) = \sum_{i=1}^{n} a_i(\tau)\left[1 - e^{-(t-\tau)/\tau_i}\right] \tag{13.53}$$

假设在每个时间步内应力不变，$a_i(\tau)$ 为常数，则总的徐变应变可表示为每步应变之和：

$$\varepsilon_{\mathrm{m}}^{\mathrm{c}} = \sum_{j=1}^{m-1} \Delta\sigma_j C(t_j, t_{\mathrm{m}-j}) \tag{13.54}$$

$t_{\mathrm{m}} \sim t_{\mathrm{m}-1}$ 时间步内徐变应变增量 $\Delta\varepsilon_{\mathrm{m}}^{\mathrm{c}}$ 可表示为[35]：

$$\Delta\varepsilon_{\mathrm{m}}^{\mathrm{c}} = \varepsilon_{\mathrm{m}}^{\mathrm{c}} - \varepsilon_{\mathrm{m}-1}^{\mathrm{c}} = \sum_{j=1}^{m-1} \Delta\sigma_j C(t_j, t_{\mathrm{m}-j}) - \sum_{j=1}^{m=2} \Delta\sigma_j C(t_j, t_{\mathrm{m}-j}) \tag{13.55}$$

徐变应变增量可以不存储全部的应力历程而求解。级数项数 n 在分析过程中是不变的，这意味着存储和运行时间与应力增量的数量呈线性关系。

$$\Delta\varepsilon_{\mathrm{m}}^{\mathrm{C}} = \sum_{i=1}^{n} \left[\sum_{j=1}^{m-2} \Delta\sigma_j a_i(\tau_j) e^{-(t-t_0)/\tau_i} + \sigma_{\mathrm{m}-1}\sigma_i(\tau_{\mathrm{m}-1})\right]\left[1 - e^{-(t-t_0)/\tau_i}\right]$$

$$\Delta\varepsilon_{\mathrm{m}}^{\mathrm{c}} = \sum_{i=1}^{n} A_{i,\mathrm{m}}\left[1 - e^{-(t-t_0)/\tau_i}\right] \tag{13.56}$$

其中

$$A_{i,\mathrm{m}} = \sum_{j=1}^{m-2} \Delta\sigma_j a_i(t_j) e^{-(t-t_0)/\tau_i} + \Delta\sigma_{\mathrm{m}-1} a_i(t_{\mathrm{m}-1})$$

$$A_{i,\mathrm{m}} = A_{i,\mathrm{m}-1} e^{(t-t_{\mathrm{m}-1})/\tau_i} + \Delta\sigma_{\mathrm{m}-1} u_i(t_{\mathrm{m}-1}) \tag{13.57}$$

$$A_{i,1} = \Delta\sigma_0 a_i(t_0) \tag{13.58}$$

各时间步的徐变应变增量得到后，按初应变法进行有限元求解，过程与收缩、温度引起初应变时的计算相似。由于 $\Delta\varepsilon_{\mathrm{m}}^{\mathrm{c}}$ 在时间段内依赖于增量 $\Delta\sigma_{\mathrm{m}}$，需要在每步求解中迭代计算，迭代算法有 Newton-Raphson 法等。

13.4.6　非线性有限元方程的求解[33]

用有限元进行结构非线性分析，其平衡方程最终是一组非线性代数方程：

$$K(U)U = P(U) \tag{13.59}$$

式中，U 表示节点位移矩阵，由于材料非线性、几何非线性或状态非线性等非线性因素的影响，结构刚度矩阵 K 和节点荷载向量矩阵 P 需表示为 U 的函数。Newton-Raphson 迭代法是求解非线性方程的常用方法，以下简略介绍其求解过程。

将式（13.59）改写成：

$$K(U)U - P(U) = 0 \tag{13.60}$$

令

$$\psi(U) = K(U)U - P(U) \tag{13.61}$$

对 $\psi(U)$ 在第 n 个近似解 U_n 处作一阶 Tayor 展开：

$$\psi(U_{n+1}) = \psi(U_n) + \left(\frac{d\psi}{du}\right)_n \Delta U_n = 0 \tag{13.62}$$

$$U_{n+1} = U_n + \Delta U_n \tag{13.63}$$

$$\text{其中}\quad \frac{d\psi}{du} = \frac{dP}{du} = K_T(U) \tag{13.64}$$

式中　$K_T(U)$ ——切线刚度矩阵。

$$\Delta U_n = U_{n+1} - U_n = -K_T(U_n)^{-1}\psi = -K_T(U_n)^{-1}(P_n + f) \tag{13.65}$$

由式（13.65）可见，$N\text{-}R$ 法每次迭代采用的荷载项是上次迭代得出的总荷载的不平衡部分，所得结果是对上次位移值 u_n 的修正 ΔU_n。

$N\text{-}R$ 法中采用的刚度矩阵是切线刚度矩阵 $K_T(U_n)$，每次迭代都需要重新生成并求逆。因此对大型结构计算量较大；由于沿切线方向逼近精确解，收敛速度较快。在此基础上还有 $mN\text{-}R$ 法等加速迭代方法和对应的增量计算格式。

13.4.7　施工临时支撑体系的处理

对于主体结构和模板体系共同组成的时变结构体系的力学性能分析，各国学者相继提出了精确分析模型、简化分析模型、精化分析模型和等效框架模型等。

Nielsen[28]1952 年首次提出精确分析模型。模型假定：承担施工荷载的楼板为弹性板；不考虑承担施工荷载楼板的混凝土的收缩和徐变；基础完全刚性。该法计算精度高，但计算烦琐。

1963 年 Grundy 和 Kabaila[29]对板柱建筑提出简化分析模型。模型假定：楼板的支撑和二次支撑为无限刚性连杆；各层楼板抗弯刚度相等，或随混凝土弹性模量增长而增长，楼板由支撑相互连接，当加上新荷载时，所有楼板的挠度都相等；支架均匀连续密布，可将支架反力视为均布荷载；基础无限刚性。

1995 年 M. Z. Duan 和 W. F. Chen[45]在简化基础上，考虑支撑为弹性杆，提出改进的简化方法，并强调应考虑施工活荷载的作用以及支撑刚度与楼板刚度的比值对荷载传递的影响。1983 年起，刘西拉和 W. F. Chen[30,46]对"楼板和支撑相互作用结构体系"进行了系统研究。采用三维有限元方法对板的边界条件、基础刚度、柱的轴向变形、板的形状比（混凝土楼板长短跨之比）以及支撑徐变等非线性因素进行全面研究，提出精化分析模型，并指出除支撑刚度外，其他因素对施工期荷载的分配没有大的影响。

Halvorson、Parsons、Seivarors[44,47]把支撑按实际刚度简化为混凝土柱，采用等效框架方法，分析多高层建筑混凝土时变结构与模板支架承担的施工荷载，该法克服了简化方法不能考虑板柱节点间直接剪力和不平衡弯矩的影响。

上述模型的侧重点在于解决多层结构中竖向施工荷载对楼板的影响，而超长结构施工分析关注的重点是温差、收缩徐变等引起的水平力对不完整结构的作用，而上下层间作用与之没有直接联系。因此在本书中将临时支撑体系用位移约束的形式表达，且只约束水平位移，约束时间持续到预应力张拉前为止。即在预应力张拉前，对楼盖有限元模型节点 N_i 有：

$$\Delta z_i = 0 \tag{13.66}$$

早期混凝土受到的主要作用是自重、收缩和温差，其中自重力荷载完全由支撑体系承担。收缩和温差产生水平位移，混凝土在模板中受到的水平约束程度介于完全约束和完全自由之间，温降作用和收缩使混凝土体积缩小，此时混凝土只受底部模板的摩擦作用，约束较弱；温升作用使混凝土体积膨胀，混凝土受底部和侧面模板作用，约束较强。超长结构对温降和作用收缩较敏感，本书的简化支撑模型没有考虑模板的水平约束作用，更符合该情况下的工程实际。

预应力张拉施工时，逐渐施加的预应力首先需平衡自重荷载，此时支撑体系内力逐渐减小至0；然后预应力梁逐渐形成反拱，与底模脱离，该过程近似于支撑体系的拆除。本书在同一施工步解除式（13.66）约束条件和施加预应力等效荷载，在理论上符合工程实际。

以图13.4所示平面框架为例，比较是否施加临时支撑的结构反应差异，如图13.15所示。施工过程分别为：（1）结构混凝土浇筑，施加节点约束，施加重力荷载→7d后开始考虑收缩徐变效应→28d张拉预应力，取消节点约束→持荷至100d；（2）结构混凝土浇筑，施加重力荷载→7d后开始考虑收缩徐变效应→28d张拉预应力→持荷至100d。

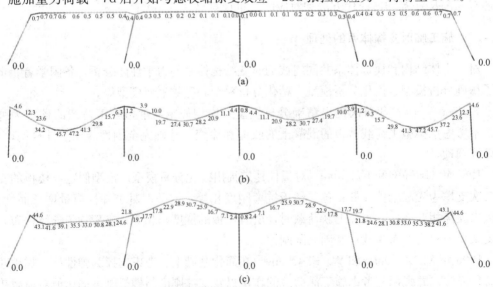

图 13.15　是否施加临时支撑的结构反应差异

（a）28d张拉前施工过程1结构位移；（b）28d张拉前施工过程2结构位移；（c）100d施工过程1结构位移

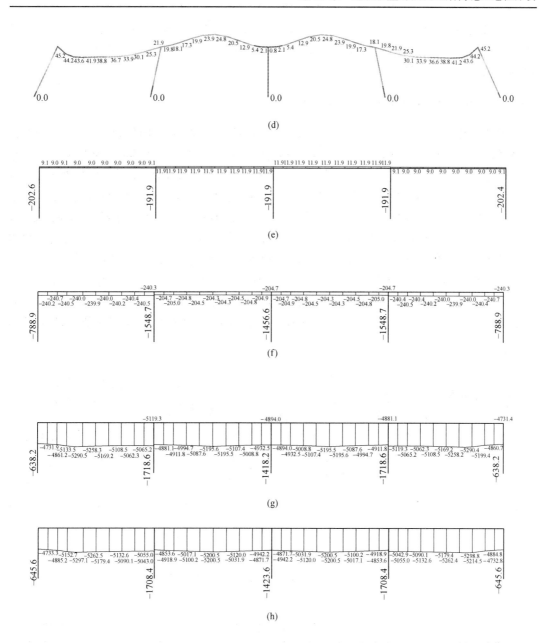

图 13.15　是否施加临时支撑的结构反应差异（续）

(d) 100d 施工过程 2 结构位移；(e) 28d 张拉前施工过程 1 轴力；(f) 28d 张拉前施工
过程 2 轴力；(g) 100d 施工过程 1 轴力；(h) 100d 施工过程 2 轴力

　　经比较可知，施加临时支撑可以避免结构在施工期拆模前出现不合理的梁、柱挠度和轴力，对最终状态的梁位移有一定影响，轴力结果近似。

13.5　环形预应力混凝土超长结构施工模拟

　　以 13.3 中所述超长预应力混凝土环形框架结构进行施工模拟计算研究。该结构从

2006 年 4 月开始施工，到 2007 年 1 月初完成，历经了结构平面分块、立面多层的施工过程。由于施工期较长，结构的温差、收缩、徐变作用与一次建成结构有很大不同，施工过程的影响在该结构上体现得更为明显。

13.5.1 结构温湿度与收缩徐变作用取值

监测温度数据显示，在同一时间，平面上不同位置测点有微小的温度差异。这种差异是环境温度随机性的表现，因此对平面上不同位置测点在同一时间的温度数据取均值，作为代表温度。在时间域上，结构温度也表现出随机性，在相邻两次监测时间的数据常会有较大变化。取局部时间内的均值是最常用的消除随机噪声的技术。为合理降低计算复杂度，同样需要对一段时间内的温度数据取均值。考虑到此类大型混凝土结构的建设周期，温度作用以月为单位取平均较为合适（表 13.2）。图 13.16（a）是工程所在地监测期间的月平均温度、多年月平均温度以及测点温度数据的日平均值和月平均值；图 13.16（b）是工程所在地监测期间的空气相对湿度日平均值、月平均值和多年月平均值。[25]在后续分析中，以实测的结构月平均温度作为温度荷载。无实测结构温度数据的时间段采用当时的气温数据。环境相对湿度的变化规律不明显，在计算中取相对湿度实测数据的年平均值 67%。

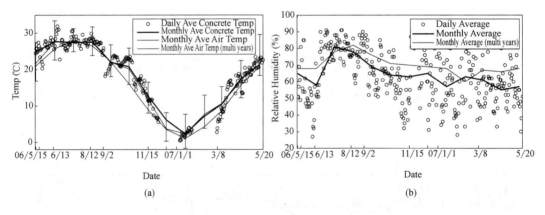

图 13.16　环境条件实测数据与气象记录

（a）温度；（b）相对湿度

分析中采用的温度取值（℃）　　　　　　　　　　　　表 13.2

2006									2007							
4	5	6	7	8	9	10	11	12	1	2	3	4	5	6	7	8
16.9	24.8	27.6	27.4	27.6	22	20.7	12.6	6.1	2.3	7	10.4	17.3	21.4	26.2	26.3	27

本工程梁、板、柱采用 C40 商品混凝土，施工中机械搅拌、振捣，浇筑后标准养护 7 天。计算中采用 CEB—FIP[26] 提出的收缩和徐变模型，公式如 13.1 节中所述。

13.5.2 有限元模型简化

在现浇预应力混凝土框架结构的施工中，除了平面分块浇筑、预应力张拉的先后顺序外，还有多层结构上下层间的施工顺序。目前超长预应力混凝土结构通常平面尺度大，而立面上层数较少且体型规则。从间接作用产生的角度来看，决定温度和收缩作用强弱的主要因素是自由温度应变、自由收缩应变和结构的约束条件。多层结构的一层与基础相连，约束程度强于其他层，因此结构在温差和收缩徐变作用下的薄弱环节往往出现在结构的一层。计算表明，对应单位温降，本结构二层和三层楼板第一主应力最大值分别为一层最大值的 88% 和 46%。

与基础的约束相比，二层以上结构对一层结构的侧向约束较小，对一层结构的温度作用影响也小。取结构一层的简化模型与整体模型，对比当量温降和预应力＋自重荷载下，二者楼板应力的差异，结果见表 13.3。除单位温降作用下楼板第 3 主应力的最小值外，误差在 3% 以内。可见以一层结构为对象，研究不同施工过程下的结构温度响应，可以基本准确地反应实际状况。

一层简化模型与整体模型结果对比 表 13.3

计算工况	σ_1 最大值（MPa）		σ_3 最小值（MPa）	
	恒载＋预应力	单位温降	恒载＋预应力	单位温降
整体模型	2.199	0.4959	−4.91737	−0.220756
一层简化模型	2.232	0.5102	−4.95313	−0.268817
相对误差	1.5%	2.88%	0.73%	21.7%

13.5.3　模拟施工过程

以本工程实际的混凝土结构施工周期为基础，比较采用不同施工过程时结构的受力反应。结构施工采用两组人员交叉流水作业，分别进行 A～G 区和 a～g 区的建造，其中 A～G 区进度领先 a～g 区约 7 天。模拟中沿用这一作业方式，同步调整 A～G 和 a～g 内部的分块施工顺序。结构在 A～D 区最高 5 层，E～G 区最高 2 层，因此在施工时将 A～D 区整体上安排在 E～G 区之前，便于不同层之间的施工交叉进行。

方案 1（CP1）：按实际顺序（a-b-c-d-e-f-g），以实际时间间隔浇筑混凝土，张拉预应力；

方案 2（CP2）：按逆时针方向依次施工（c-a-b-d-g-e-f），分块浇筑混凝土、张拉预应力后，施工下一块；保留后浇带；

方案 3（CP3）：按逆时针方向依次施工（c-a-b-d-g-e-f），分块浇筑混凝土、张拉预应力后，施工下一块；不保留后浇带；

方案 4（CP4）：按顺时针方向依次施工（f-e-g-d-b-a-c），分块浇筑混凝土、张拉预应力后，施工下一块；保留后浇带；

方案 5（CP5）：按顺时针方向依次施工（f-e-g-d-b-a-c），分块浇筑混凝土、张拉预应力后，施工下一块；不保留后浇带。

其中方案 1 的施工时间点根据监测记录采用；方案 2～5 假定每个分块的施工周期间隔均为 1 个月，预应力在混凝土浇筑 14 天后张拉。不同方案以月计的施工过程如表 13.4 所示。

施工方案时间表 表 13.4

日期	CP1	CP2	CP3	CP4	CP5
2006/04	A 块浇筑混凝土 a 块浇筑混凝土	C 块浇筑混凝土 c 块浇筑混凝土	C 块浇筑混凝土 c 块浇筑混凝土	F 块浇筑混凝土 f 块浇筑混凝土	F 块浇筑混凝土 f 块浇筑混凝土
2006/05	B 块浇筑混凝土 b 块浇筑混凝土 A 块张拉预应力 C 块浇筑混凝土 a 块张拉预应力 c 块浇筑混凝土 B 块张拉预应力 D 块浇筑混凝土 d 块浇筑混凝土 b 块张拉预应力 C 块张拉预应力	C 块张拉预应力 c 块张拉预应力 A 块浇筑混凝土 a 块浇筑混凝土	C 块张拉预应力 c 块张拉预应力 A 块浇筑混凝土 a 块浇筑混凝土	F 块张拉预应力 f 块张拉预应力 E 块浇筑混凝土 e 块浇筑混凝土	F 块张拉预应力 f 块张拉预应力 E 块浇筑混凝土 e 块浇筑混凝土
2006/06	c 块张拉预应力 D 块张拉预应力 d 块张拉预应力	A 块张拉预应力 a 块张拉预应力 B 块浇筑混凝土 b 块浇筑混凝土	A 块张拉预应力 a 块张拉预应力 B 块浇筑混凝土 b 块浇筑混凝土	E 块张拉预应力 e 块张拉预应力 G 块浇筑混凝土 g 块浇筑混凝土	E 块张拉预应力 e 块张拉预应力 G 块浇筑混凝土 g 块浇筑混凝土
2006/07	E 块浇筑混凝土	B 块张拉预应力 b 块张拉预应力 D 块浇筑混凝土 d 块浇筑混凝土	B 块张拉预应力 b 块张拉预应力 D 块浇筑混凝土 d 块浇筑混凝土	G 块张拉预应力 g 块张拉预应力 D 块浇筑混凝土 d 块浇筑混凝土	G 块张拉预应力 g 块张拉预应力 D 块浇筑混凝土 d 块浇筑混凝土
2006/08	e 块浇筑混凝土 F 块浇筑混凝土 E 张拉预应力 A、B 块间施工缝闭合 a、b 块间施工缝闭合 f 块浇筑混凝土 e 块张拉预应力 G 块浇筑混凝土 F 块张拉预应力 f 块张拉预应力 g 块浇筑混凝土 A、B 施工缝张拉预应力 a、b 施工缝张拉预应力 G 块张拉预应力	D 块张拉预应力 d 块张拉预应力	D 块张拉预应力 d 块张拉预应力 G 块浇筑混凝土 g 块浇筑混凝土	D 块张拉预应力 d 块张拉预应力 B 块浇筑混凝土 b 块浇筑混凝土	D 块张拉预应力 d 块张拉预应力 封闭 D、G 块间后浇带 封闭 d、g 块间后浇带
2006/09	g 块张拉预应力	G 块浇筑混凝土 g 块浇筑混凝土	G 块张拉预应力 g 块张拉预应力 封闭 D、G 块间后浇带 封闭 d、g 块间后浇带	B 块张拉预应力 b 块张拉预应力 A 块浇筑混凝土 a 块浇筑混凝土	D、G 后浇带张拉预应力 d、g 后浇带张拉预应力 B 块浇筑混凝土 b 块浇筑混凝土

续表

日期	CP1	CP2	CP3	CP4	CP5
2006/10		G 块张拉预应力 g 块张拉预应力 E 块浇筑混凝土 e 块浇筑混凝土	D、G 后浇带张拉 预应力 d、g 后浇带张拉 预应力 E 块浇筑混凝土 e 块浇筑混凝土	A 块张拉预应力 a 块张拉预应力 C 块浇筑混凝土 c 块浇筑混凝土	B 块张拉预应力 b 块张拉预应力 A 块浇筑混凝土 a 块浇筑混凝土
2006/11	封闭 g、d 块间后 浇带 g、d 后浇带张拉预 应力	E 块张拉预应力 e 块张拉预应力 F 块浇筑混凝土 f 块浇筑混凝土	E 块张拉预应力 e 块张拉预应力 F 块浇筑混凝土 f 块浇筑混凝土	C 块张拉预应力 c 块张拉预应力	A 块张拉预应力 a 块张拉预应力 C 块浇筑混凝土 c 块浇筑混凝土
2006/12	封闭 D、G 块间后浇 带 封闭 c、F 块间后 浇带 封闭 C、f 块间后 浇带 D、G 后浇带张拉预 应力 c、F 后浇带张拉预 应力 C、f 后浇带张拉预 应力	F 块张拉预应力 f 块张拉预应力 封闭后浇带 后浇带张拉预 应力	F 块张拉预应力 f 块张拉预应力 封闭 c、F 块间后 浇带 封闭 C、f 块间后 浇带 c、F 后浇带张拉预 应力	封闭后浇带 后浇带张拉预 应力	C 块张拉预应力 c 块张拉预应力 封闭 C、f 块间后 浇带 封闭 c、F 块间后 浇带 C、f 后浇带张拉预 应力
2007/01			C、f 后浇带张拉 预应力		c、F 后浇带张拉 预应力

13.6　结果分析

施工过程分析涉及因素较多，以下分三个方面讨论：（1）分段浇筑混凝土、张拉预应力施工对预应力效应建立的影响，其中暂不考虑收缩、徐变和温差效应；（2）分段浇筑混凝土对结构温差效应的影响，其中暂不考虑结构自重、预应力和收缩徐变效应；（3）综合考虑多种因素后不同施工方案的结构反应对比。

对比不同施工顺序的结构典型部位反应，以结构最外圈 F 轴上的柱端水平位移、柱端弯矩和 F 轴预应力主梁的弯矩、轴力为代表数据。由于结构轴线较多，选取各分区的端柱 10 根和中心区域梁 9 根的数据对比。梁、柱平面位置见图 13.17，柱编号从 33 轴开始按逆时针方向分别是 CL1～CL10，图中用◇表示；梁编号从 33 轴开始按逆时针方向分别是 BM1～BM9，图中用×表示。

13.6.1　施工顺序对预应力效应的影响

超静定预应力混凝土结构绝大多数有侧向约束。对于框架结构，预应力侧向约束的影

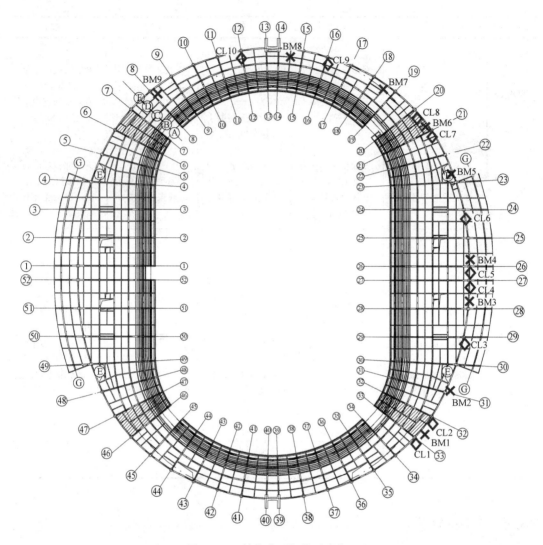

图 13.17 结构典型部位平面位置

响和梁柱线刚度比、结构形式及施工方案均有关。梁柱线刚度比值越小，对内跨梁内预应力值影响越大；对单层多跨框架，侧限对框架梁的有效预压力的影响随跨度的增大、跨数的增多而增大；对多层框架结构，施工顺序不同也会导致侧限影响的不同。在不考虑温差作用和收缩、徐变作用的情况下，超长预应力结构在平面上的施工顺序不同也可能导致实际建立的预应力效果有差异。从理论上说，考虑混凝土分块浇筑、分块张拉施工的计算方式比一次加载的简化计算方式更为合理，符合工程实际。

预应力张拉全部结束后的结构反应见表 13.5、表 13.6，只列出施工完成后最终状态对应的数值。无论是柱的侧移、内力，还是预应力梁中实际建立的弯矩和轴向力，不同计算模型的结果存在较大差异。考虑施工阶段后，柱端水平位移是一次加载时的 0.316～1.13 倍不等。总体上看，考虑混凝土分块浇筑、分块张拉施工的计算方式对预应力作用更有利，结果中柱的侧移和内力降低，梁的有效预应力提高。

柱位移和内力对比（预应力作用下）　　　　　　　　表 13.5

柱编号	项目	一次加载结果	施工阶段分析/一次加载				
			CP1	CP2	CP3	CP4	CP5
CL1 33 轴	柱端水平位移(mm)	3.101	0.903	0.714	0.712	0.647	0.656
	柱端弯矩(kN·m)	−276.725	−2.062	−1.337	−1.514	−1.137	−1.363
CL2 32 轴	柱端水平位移(mm)	2.991	0.638	0.613	0.666	0.621	0.551
	柱端弯矩(kN·m)	−202.26	0.297	0.245	0.348	0.424	0.134
CL3 29 轴	柱端水平位移(mm)	1.770	0.354	0.438	0.350	0.511	0.361
	柱端弯矩(kN·m)	623.441	0.266	−0.193	−0.242	0.307	0.227
CL4 27 轴	柱端水平位移(mm)	1.273	0.993	0.774	0.673	0.794	0.939
	柱端弯矩(kN·m)	263.556	0.052	−0.904	−0.893	−0.881	−1.080
CL5 26 轴	柱端水平位移(mm)	1.276	1.040	0.736	0.855	0.765	0.628
	柱端弯矩(kN·m)	265.270	−1.410	−0.779	−0.743	−0.910	−1.047
CL6 24 轴	柱端水平位移(mm)	1.776	0.316	0.529	0.481	0.390	0.679
	柱端弯矩(kN·m)	677.021	0.371	0.392	0.475	−0.052	0.193
CL7 21 轴	柱端水平位移(mm)	3.060	0.608	0.634	0.557	0.599	0.407
	柱端弯矩(kN·m)	−82.198	0.685	2.089	−3.255	−0.268	−5.589
CL8 20 轴	柱端水平位移(mm)	3.189	0.619	0.708	0.576	0.620	0.581
	柱端弯矩(kN·m)	−163.55	14.501	19.020	13.262	14.189	14.248
CL9 16 轴	柱端水平位移(mm)	1.589	1.130	0.524	0.749	0.937	0.927
	柱端弯矩(kN·m)	79.471	−0.286	2.644	0.642	0.130	0.136
CL10 12 轴	柱端水平位移(mm)	1.180	0.503	0.857	0.856	1.102	1.071
	柱端弯矩(kN·m)	−79.136	−0.083	−0.359	−0.422	0.944	1.088

梁内力对比（预应力作用下）　　　　　　　　表 13.6

梁单元编号	项目	一次加载结果	施工阶段分析/一次加载				
			CP1	CP2	CP3	CP4	CP5
BM1 33-32 轴间	轴力(kN)	−359.34	3.003	2.931	3.014	2.931	3.014
	弯矩(kN·m)	−112.393	−0.010	0.066	−0.002	0.066	−0.002
BM2 31-30 轴间	轴力(kN)	−13.92	62.427	64.694	64.534	59.517	60.795
	弯矩(kN·m)	31.295	−0.467	−0.476	−0.474	−0.341	−0.309
BM3 27-28 轴间	轴力(kN)	−602.50	1.797	1.661	1.633	1.705	1.750
	弯矩(kN·m)	538.279	1.242	1.183	1.165	1.188	1.216
BM4 26-25 轴间	轴力(kN)	−589.57	1.802	1.699	1.706	1.673	1.669
	弯矩(kN·m)	540.932	1.239	1.156	1.175	1.177	1.160
BM5 23-22 轴间	轴力(kN)	−93.65	10.169	9.673	9.172	10.262	10.492
	弯矩(kN·m)	23.870	−0.929	−0.761	−0.684	−0.852	−1.000
BM6 21-20 轴间	轴力(kN)	−269.41	3.446	3.431	3.399	3.431	3.130
	弯矩(kN·m)	−56.129	−0.635	−0.618	−0.898	−0.618	−0.607

续表

梁单元编号	项目	一次加载结果	施工阶段分析/一次加载				
			CP1	CP2	CP3	CP4	CP5
BM7 19-18轴间	轴力(kN)	−277.70	2.820	2.673	2.829	2.808	2.748
	弯矩(kN·m)	49.767	1.693	2.201	1.392	1.678	1.764
BM8 114轴间	轴力(kN)	−420.82	2.390	2.126	2.425	2.239	2.247
	弯矩(kN·m)	51.432	−0.388	0.020	−0.114	−0.018	0.001
BM9 9-8轴间	轴力(kN)	−237.10	3.578	3.492	3.642	3.441	3.600
	弯矩(kN·m)	82.850	2.859	2.227	2.306	1.941	2.081

13.6.2 施工顺序对温差效应的影响

超长结构的施工时间较长，往往需要数月或数年，在不同时间浇筑混凝土的子结构具有不同的初始温度和总体刚度。因此即使不考虑混凝土的收缩、徐变效应，建造时间（本质上是建造时间对应的环境温度和结构形态）对超长结构仍具有很大作用。

考虑结构分块浇筑，采用不同温差取值。温度作用在当月初施加，表13.7、表13.8列出2007年1月气温达到当年最低点时的结构反应。施工阶段分析结果表明：对于较早施工的结构分块，温差作用产生的柱端水平位移和柱端弯矩有显著降低；最后施工的后浇带部分，柱端水平位移也较小，但柱端弯矩增大；大部分梁的内力降低。与整体温降相比，较早施工的结构分块在初期温降时没有受到整体结构的约束作用，而后浇筑的部分承受的温降只是整体温差的一部分，因此总体上温差反应小于整体结构温差计算结果。

柱位移和内力对比（温度作用下）　　　　　　表13.7

柱编号	项目	整体温差结果	分块温差/整体温降				
			CP1	CP2	CP3	CP4	CP5
CL1	位移(mm)	15.43	0.892	0.318	0.329	0.626	0.660
	弯矩(kN·m)	−1054.47	−2.559	−0.676	−0.725	−1.755	−1.880
CL2	位移(mm)	14.87	1.045	0.851	1.025	0.745	0.465
	弯矩(kN·m)	−1150.62	2.694	2.189	2.733	1.845	1.134
CL3	位移(mm)	10.92	0.745	0.838	1.134	0.596	0.579
	弯矩(kN·m)	4662.33	0.306	0.268	0.240	0.362	0.308
CL4	位移(mm)	9.19	0.669	0.570	0.878	0.470	0.457
	弯矩(kN·m)	4504.17	0.492	0.545	0.658	0.463	0.433
CL5	位移(mm)	9.19	0.499	0.595	0.807	0.597	0.991
	弯矩(kN·m)	4512.78	0.505	0.585	0.729	0.547	0.492
CL6	位移(mm)	10.92	0.566	0.777	0.736	0.614	0.912
	弯矩(kN·m)	4759.8	0.473	0.439	0.807	0.455	0.883
CL7	位移(mm)	15.11	0.831	1.019	0.820	0.894	0.726
	弯矩(kN·m)	−963.51	2.036	3.107	1.090	2.670	−1.485

续表

柱编号	项目	整体温差结果	分块温差/整体温降				
			CP1	CP2	CP3	CP4	CP5
CL8	位移(mm)	15.70	0.779	0.627	0.715	0.902	0.736
	弯矩(kN·m)	−916.86	−2.095	−2.064	0.145	−3.156	−1.190
CL9	位移(mm)	7.99	0.719	0.457	0.725	0.640	0.724
	弯矩(kN·m)	220.38	4.910	3.796	−1.982	6.142	1.136
CL10	位移(mm)	5.67	0.744	0.591	0.782	0.833	0.997
	弯矩(kN·m)	−34.26	25.769	15.821	20.166	35.447	41.867

梁内力对比（温度作用下） 表 13.8

梁编号	项目	整体温差结果	分块温差/整体温降				
			CP1	CP2	CP3	CP4	CP5
BM1	轴力(kN)	2925.15	0.150	0.150	0.150	0.150	0.150
	弯矩(kN·m)	−109.35	0.150	0.150	0.150	0.150	0.150
BM2	轴力(kN)	4434.48	0.432	0.366	0.443	0.334	0.264
	弯矩(kN·m)	207.96	0.424	0.331	0.412	0.331	0.266
BM3	轴力(kN)	2237.13	0.643	0.562	0.808	0.432	0.402
	弯矩(kN·m)	−64.59	4.628	2.150	5.626	0.772	0.928
BM4	轴力(kN)	2215.95	0.551	0.561	0.580	0.416	0.168
	弯矩(kN·m)	−45.84	2.181	1.747	−3.533	−1.904	−11.152
BM5	轴力(kN)	4432.59	0.515	0.417	0.685	0.380	0.564
	弯矩(kN·m)	208.56	0.495	0.402	0.677	0.388	0.584
BM6	轴力(kN)	2810.46	0.349	0.150	0.620	0.150	0.540
	弯矩(kN·m)	−79.11	0.115	0.150	0.221	0.150	−2.259
BM7	轴力(kN)	3054.36	0.484	0.273	0.705	0.316	0.690
	弯矩(kN·m)	−54.15	−7.231	−6.712	0.287	−10.480	−2.543
BM8	轴力(kN)	4440.45	0.647	0.445	0.854	0.477	0.876
	弯矩(kN·m)	481.47	0.743	0.534	1.011	0.568	1.045
BM9	轴力(kN)	3544.95	0.168	0.156	0.154	0.135	0.128
	弯矩(kN·m)	−204.72	−3.740	−1.005	−1.107	−2.784	−3.045

13.6.3 综合作用下的结构反应

综合考虑收缩、徐变、温差作用后，不同施工过程的结构反应如图 13.18 所示。

柱 CL5 位于结构 b 分块，接近长轴中心位置。在逆时针方向依次施工的 CP2 和 CP3 中，b 分块较早浇筑，对应的主顶端位移较小，而弯矩较大；逆时针方向依次施工的 CP4 和 CP5 则相反。两种施工方向中取消后浇带方案的柱位移和内力均大于留设后浇带方案；对该柱配筋设计而言最不利的是 CP3，截面弯矩在 2007 年 1 月最低气温时达最大值

2988kN·m。

柱 CL1 位于结构 F 分块，邻近 c 分块与 F 分块间的后浇带。在 CP2 和 CP3 里是最后施工的分块，CP4 和 CP5 里最先施工。因此 CP4、CP5 中随着结构逐渐形成，柱的反应大于 CP2、CP3；是否留设 d-g 分块间后浇带的影响很小。CP1 里，该柱在夏季 7 月间施

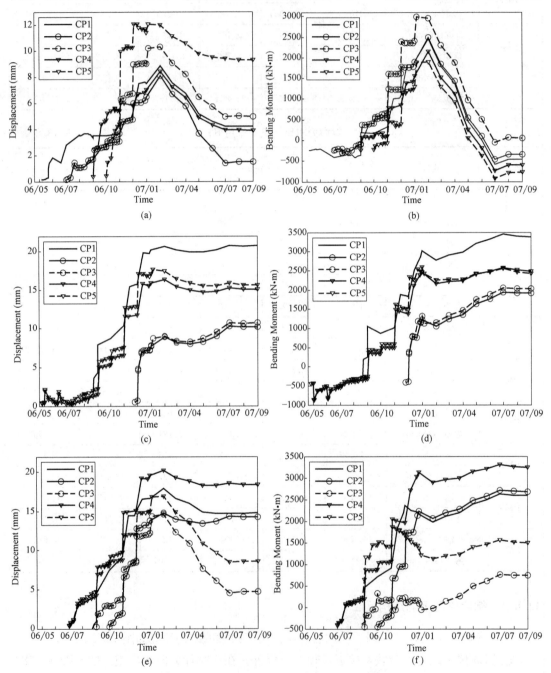

图 13.18　不同施工方案柱的反应时间历程图

（a）CL5 水平位移；（b）CL5 柱端弯矩；（c）CL1 水平位移；（d）CL1 柱端弯矩；
（e）CL8 水平位移；（f）CL8 柱端弯矩

工,对应的初始温度高,冬季位移和内力均最大。柱 CL8 位于结构 f 分块,与 CL1 柱南北对称。二者大致规律相同,由于 CL8 位与 d-g 分块间后浇带附近,是否留设后浇带的影响较大,表现为:留设后浇带的方案在 2006 年环境降温阶段位移和内力变化大,在 2007 年环境升温阶段位移和内力变化不大,而不留设后浇带的方案在升温阶段内力变化与留设后浇带的方案相似,位移有恢复初始的趋势。CL1 和 CL8 的弯矩在环境升温阶段均有增大,可见超长结构中温降工况并不一定是起控制作用的设计荷载工况。

对于不同的构件,产生最不利荷载效应的施工方案并不一致,柱 CL5、CL1、CL8 最大弯矩对应的施工方案分别为 CP3、CP1 和 CP4。同一施工方案中,不同构件中出现最不利荷载效应的时间不一致,柱 CL1、CL8 的弯矩在 2007 年 7 月气温最高时出现最大值,而 CL5 则是在 2007 年 1 月气温最低时。

框架梁的内力在不同的施工过程下有很大差异,与留设后浇带到冬季封闭的方案(CP2、CP4)相比,不留设后浇带的施工方案(CP3、CP5)会增大梁的内力。结构形成整体后,梁内力随环境温度的变化而近似线性变化,在气温最低时达最大值。梁的轴力变化幅度大于弯矩,说明在温差和收缩徐变作用下梁的受力形式与竖向荷载作用下不同,以轴向拉伸或压缩为主,弯曲效应不明显,如图 13.19 所示。

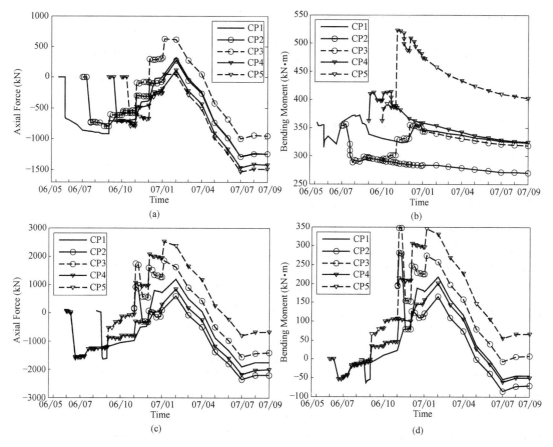

图 13.19　不同施工方案预应力梁内力时间历程图
(a) BM4 轴力;(b) BM4 跨中弯矩;(c) BM8 轴力;(d) BM8 跨中弯矩

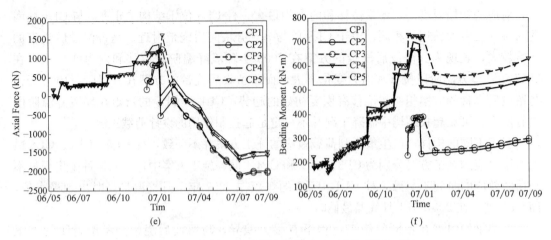

图 13.19　不同施工方案预应力梁内力时间历程图（续）

(e) BM9 轴力；(f) BM9 跨中弯矩

图 13.20 是不同施工过程下在 2007 年 1 月环境达最低温时楼板第 1 主应力云图。为清晰起见，图中屏蔽了小于 C40 混凝土抗拉强度标准值 2.4MPa 的部分结果。CP5 楼板应力超限面积最大，分布在 D、E、F（d、e、f）分区。从 CP2、CP3 和 CP4、CP5 的对比可看出，设置后浇带并保留到冬季封闭可以大大降低楼板应力超限的范围。CP3 和 CP5 中 D-G（d-g）分块间的后浇带没有保留合适的时间，在 D、G 分块分别张拉预应力后立即封闭，结构过早的形成半环形而增强了约束刚度，因此在同样的环境温度变化下楼板可能出现大范围开裂。

13.6.4　不同施工时间段对结构的影响

以上研究中假定了结构施工的时间段是从 2006 年 4 月至 2007 年 1 月间，在同样的时间段内调整施工顺序，比较结构反应的差异。另一个方面，工程项目施工开始和结束的时间也是一个可能变化的因素。在维持施工工期不变的前提下，在一年的不同季节进行施工，会对结构的温差作用产生严重影响。

保持施工开始后的相对顺序和时间间隔不变，以 CP1 为例，分别考察施工期经历不同环境温度历程情况下结构反应的差异。施加在结构上的温度作用按实测值采用，无实测数据的时间段采用气象数据。在 CP1 施工进程的基础上，将时间轴向前或向后平移，间隔 3 个月，不同起始时间的施工过程命名为 TS1～TS4，其中 TS2 即 CP1。表 13.9 中列出各施工过程的起始时间，结合表 13.4 就可得到各施工步骤对应时间。

不同施工过程的起始时间　　　　　　　　　　　　　　　　　　表 13.9

	TS1	TS2(CP1)	TS3	TS4
开始时间	2006/01	2006/04	2006/07	2006/10
结束时间	2006/10	2007/01	2007/04	2007/07

由于施工时间不同，结构在形成整体前后历经的最高温度和最低温度也不一致，在计算中将结束时间拓展到 2008 年 1 月，使各种方案的整体结构均至少经历一次冬季最低月

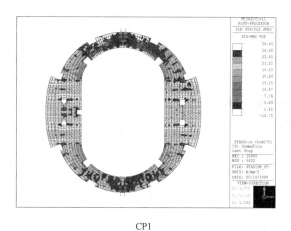

CP1

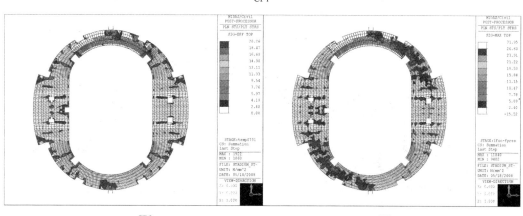

CP2   CP3

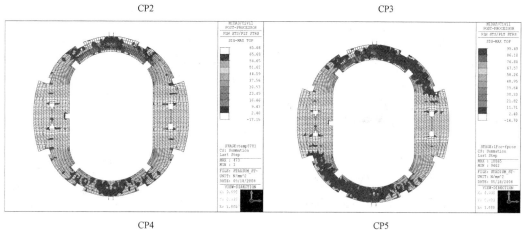

CP4   CP5

图 13.20 一层楼板主拉应力云图

平均温度。

在不同的时间段进行施工，结构内的反应也有很大差异。从梁、柱构件的位移和内力来看（图 13.21、图 13.22），不同位置的构件中产生最大内力或位移的施工时间段不是唯一的。结构施工完成后，结构反应相对稳定，随气温变化而近似线性变化。在 2008 年 1 月，TS1 方案的梁轴力最大，TS3 方案的轴力最小。

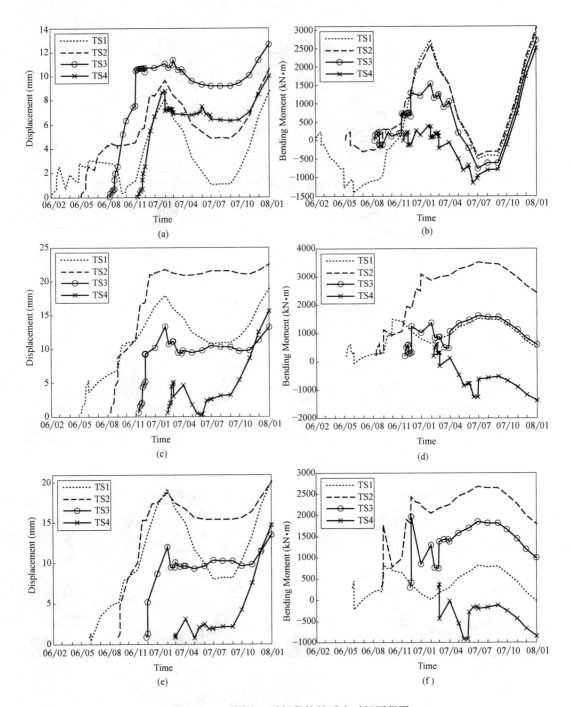

图 13.21　不同施工时间段柱的反应时间历程图

(a) CL5 水平位移；(b) CL5 柱端弯矩；(c) CL1 水平位移；

(d) CL1 柱端弯矩；(e) CL8 水平位移；(f) CL8 柱端弯矩

　　由上述构件位移、内力与应力变化可以看出，在环境温湿度同样的条件下，不同施工方案使超长结构的反应有很大差别。在现有建筑工程的建设过程中，结构设计与施工是分

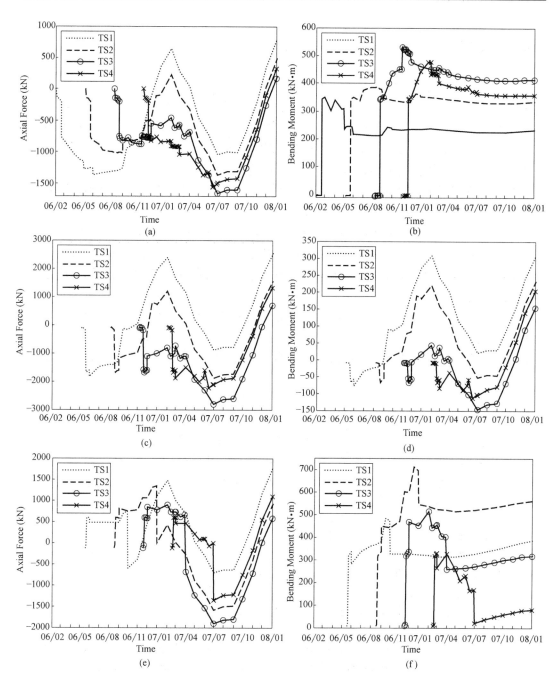

图 13.22　不同施工时间段预应力梁内力时间历程图

（a）BM4 轴力；（b）BM4 跨中弯矩；（c）BM8 轴力；（d）BM8 跨中弯矩；
（e）BM9 轴力；（f）BM9 跨中弯矩

离的，结构工程师依据规范规定完成结构设计，经审查后以图纸的形式交付施工单位，至此其主要工作就已完成。这种建造方式适用于常规结构。对预应力超长结构而言，结构施工进度不仅影响工程造价和工程质量，更会显著影响结构受力，关系到结构的安全可靠。在结构设计阶段就拟定施工方案，或配合施工方案调整结构设计极为必要。

13.7　小结

研究超长预应力结构施工过程中预应力张拉、温差、收缩徐变等因素的作用方式，将结构建造过程定义为状态非线性，纳入统一的结构非线性计算理论。定义了超长结构的时间效应与路径效应，采用位移法的一般计算格式研究其产生的本质原因。以某环形超长预应力混凝土框架结构为研究对象，采用有限元软件进行考虑施工过程的仿真分析，对比不同施工方案下结构构件的位移、内力与应力。结论如下：

（1）考虑混凝土分块浇筑、分块张拉施工的计算方式对预应力作用更有利，结果中柱的侧移和内力降低，梁的有效预应力提高。

（2）较早施工的结构分块，温差作用产生的柱端水平位移和柱端弯矩显著降低；最后施工的后浇带部分，柱端水平位移较小，但柱端弯矩增大；大部分梁的内力降低。

（3）在环境温湿度同样的条件下，采用不同施工过程或不同施工时间段均会使超长结构的反应有很大差别。对不同的构件，产生最不利荷载效应的施工方案不一致。同一施工方案中，不同构件中出现最不利荷载效应的时间不一致。不合理的施工方案会导致超长结构楼板大范围应力超限，不满足设计要求。

（4）结构设计与施工方案的有机结合是实现超长结构合理、可靠设计的必要手段。

参 考 文 献

[1]　王光远. 论时变结构力学. 土木工程学报，2000，Vol. 33（6）：10107.

[2]　曹志远. 土木工程分析的施工力学与时变力学基础. 土木工程学报，2001，34（3）.

[3]　曹志远，吴梓玮. 空间结构分析的超级有限元法. 空间结构，1995，1（1）.

[4]　李瑞礼，曹志远. 高层建筑结构施工力学分析. 计算力学学报，1999，16（2）.

[5]　曹志远，邹贵平，唐寿高. 时变动力学的 Legendre 级数解. 固体力学学报，2000，21（2）.

[6]　胡振东，曹志远. 时变元法及其应用. 固体力学学报，2002（1）.

[7]　李瑞礼，曹志远. 结构工程施工分析的材料时变效应. 同济大学学报，2003，31（8）.

[8]　王华宁，曹志远. 工程施工路径相关性的数值仿真. 力学季刊，2005，26（3）.

[9]　吕志涛，梅葵花. 国内首座 CFRP 索斜拉桥的研究. 土木工程学报，2007（1）.

[10]　许世展，贺拴海，盖轶婷. 基于索鞍无预偏施工悬索桥的施工仿真. 长安大学学报（自然科学版），2007（1）.

[11]　赏锦国，王卫锋，颜全胜. 广佛放射线珠江桥顶推法施工过程仿真分析. 建筑结构，2007（9）.

[12]　周绪红，武隽，狄谨. 大跨径自锚式悬索桥受力分析. 土木工程学报，2006（2）.

[13]　狄谨，黄庆. 无背索斜塔钢混凝土结合梁斜拉桥施工控制仿真. 长安大学学报（自然科学版），2004（3）.

[14]　赵宪忠. 考虑施工因素的钢筋混凝土高层建筑时变反应分析. 同济大学博士学位论文，2000.

[15]　赵挺生，潘先轶，方东平. 留后浇带预应力混凝土结构施工短暂状况分析. 建筑结构，2005（4）.

[16]　唐光暹，邓志恒，肖平平，陈斌. 预应力混凝土巨型框架考虑施工过程的分析模型. 广西大学学报（自然科学版），第 30 卷，第 3 期，2005（9）.

[17]　Z. S. Makowski. Space structure-a review of development in last decades. Space Structure IV,

London，1993.

[18] 张保和等. 上海浦东国际机场群索张拉技术. 建筑技术，1998，vol. 29（12）：836-838.

[19] 李永梅，张毅刚，杨庆山. 索承网壳结构施工张拉索力的确定. 建筑结构学报，2004，Vol. 25（4）：76-80.

[20] 袁行飞，董石麟. 索弯顶结构施工控制反分析. 建筑结构学报，2001，Vol. 22（2）：780.

[21] 沈祖炎，张立新. 基于非线性有限元的索弯顶施工模拟分析. 计算力学学报，2002，Vol. 19（4）：466-471.

[22] 卓新，董石麟. 大跨球面网壳的悬挑安装法与施工内力分析. 浙江大学学报（工学版），2002，Vol. 36（2）：148-151.

[23] 邬喆华，卫纪德，唐锦春，郑文忠，楼文娟. 张拉施工方案对预应力混凝土多层框架梁设计的影响. 哈尔滨建筑大学学报，第 35 卷，第 3 期，2002（6）.

[24] 傅学怡，吴兵. 混凝土结构温差收缩效应分析计算. 土木工程学报，2007（10）.

[25] 中国气象局. 中国地面国际交换站气候资料日值数据集［OL］. http：//www. cma. gov. cn.

[26] Comité Euro-International du Béton. CEB-FIP Model Code 1990. London：T. Telford，1993.

[27] R. N. Swamy，P. Arumugasaamy. DeformationinService ofReinforcedConcreteColumns. ACISP-55，1976：455.

[28] K Nielsen. Load on Reinforced Concrete Floor Slabs and Their Deformation During Construction. Bulletin No. 15 Final Report. Swedish Cement and Concrete Research Institute. Royal Institute of Technology. Stoekholm，1952.

[29] GrundyP.，KabailaA.. ConstructionLoadsonSlabswithShoredFormworkinMultistoryBuildings. ACIJoumal，1963，Vol. 60，No. 12：1729-1738.

[30] X. L. Liu，W. F. Chen，Bowman M. D.. Construction Load Analysis for Concrete Structures. ASCE，Journal of Structural Engineering，Dec. 1985，Vol. 111，No. 5：1019-1036.

[31] 李明，熊学玉. 超长预应力结构施工对结构性能的影响分析. 首届全国建筑结构技术交流会专辑. 建筑结构第三十六卷增刊，2006，6.

[32] 冯健，吕志涛等. 超长混凝土结构的研究和应用［J］. 建筑结构学报，2001，22（6）：14-19.

[33] 王勖成，邵敏. 有限单元法基本原理和数值方法. 北京：清华大学出版社，1997.

[34] SELNA LG. CONCRETE CREEP，SHRINKAGE，AND CRACKING LAW FOR FRAME STRUCTURES. Am Concrete Inst-J，v 66，n 10，Oct，1969，p 847.

[35] Bazant Z P，editor. Mathematical modeling of creep and shrinkage of concrete. John Wiley and Sons：1988.

[36] Z. P. Bazant . Prediction of concrete creep and shrinkage-past，present and future. Nuclear Engineering and Design 2001 203：27-38.

[37] Arutyunyan，N. Kh.. One class of creep kernels in aging materials. Soviet Applied Mechanics，v 18，n 4，April 1982，294-301.

[38] Analysis for Civil Structures. MIDAS Inc.

[39] 中华人民共和国国家标准. 混凝土结构设计规范 GB 50010—2010. 北京：中国建筑工业出版社，2010.

[40] Roca，P.；Mari，A. R.. Numerical treatment of prestressing tendons in the nonlinear analysis of prestressed concrete structures. Computers and Structures，v 46，n 5，Mar 3，1993，p 90916.

[41] Roca，P.；Mari，A. R.. Nonlinear geometric and material analysis of prestressed concrete general shell structures. Computers and Structures，v 46，n 5，Mar 3，1993，p 917-929.

[42] Kang，Young-Jin；Scordelis，Alexander C.. NONLINEAR ANALYSIS OF PRESTRESSED CONCRETE FRAMES. ASCE J Struct Div，v 106，n 2，Feb，1980，p 44462.

［43］ ACI 209R-92. Prediction of creep, shrinkage, and temperature effects in concrete structures. American Concrete Institute, Detroit, 1992.

［44］ R. C. Stivaros, G. T. Halvorsen. Construction LoadAnalysis of Slabs and shores Using Microcomputers. Concrete International ACI, Aug. 1992: 27-32.

［45］ M. Z. Duan, W. F. Chen. Design Guidelines for Safe Concrete Construction. ACI Concrete International, Oct, 1996: 44-49.

［46］ X. L. Liu, W. F. Chen, Bowman M. D. . Shore-Slab Interaction in Concrete Buildings. ASCE, Journal of Construction Engineering and Mangerment, Dec. 1986, Vol. 112, No. 2: 227-244.

［47］ R. C. Stivaros, G. T. Halvorsen. Equivalent Frame Analysis of Concrete Buildings During Construction. Concrete International ACI, Aug. 1991, Vol. 13, No. 8: 57-62.

第 14 章　超长预应力混凝土结构的概率分析方法

混凝土材料的时随特性一直是结构分析中较难处理的部分，除与时间相关带来的计算复杂性外，其自身的离散性也是一个重要原因。徐变与收缩量的大小和材料构成以及外界环境均有着复杂的关系，其不确定性主要来自三个方面：（1）材料物理参数的随机变化；（2）徐变与收缩模型的不确定性；（3）环境温湿度的随机变化影响。在结构长期性能分析中，混凝土徐变与收缩计算模型选取错误产生的误差甚至大于结构模型简化产生的误差。正确评估徐变与收缩的变异性，确定影响超长结构正常使用性能的主要因素，对超长结构设计的合理性与可靠性具有重要意义。

进行超长预应力混凝土结构的概率分析，可采用基于拉丁超立方抽样的蒙特卡罗（MC）法。针对混凝土收缩、徐变模型离散性较大的特点，在样本均值误差为零的限制条件下改进样本点生成策略，避免随机变量取值为负，从而避免了与物理意义相悖。

本节以某超长预应力混凝土多层框架结构为例，采用基于拉丁超立方抽样的 MC 法，进行材料时随特性的敏感性分析，考察 10000 天内，季节性温差作用下结构长轴方向端柱顶部位移和结构中部楼板应力的变化与收缩、徐变不确定性之间的关系。

14.1　结构概率计算方法简介

工程结构具有不确定性。一方面，施工过程中结构材料的物理特性和几何尺寸无法完全控制；另一方面，结构承受的自然与人为作用具有不确定性。因此人们认识到应采用不确定性的数学工具改进现有的确定性分析方法。

结构工程领域应用最广的不确定性数学模型是概率模型，基于概率模型的结构理论就是结构可靠度理论。与可靠度相关的问题包括结构失效概率计算、可靠度反问题、概率模型贝叶斯更新、结构反应或可靠度对基本变量的敏感性分析、可靠度优化等。

结构可靠度相关问题的分析方法主要有解析方法和随机模拟方法两种。传统的可靠度研究中功能函数 $G(X)$ 往往是显式表达的，而对于大型复杂结构，结构反应和基本变量的显式解析表达式无法获得，必须通过数值计算得到，因此将可靠度理论与确定性有限元分析工具相结合是当前研究的热点。

20 世纪 60 年代，有人采用蒙特卡罗法结合确定性有限元程序计算复杂结构的可靠度。该方法的优点在于模拟的收敛速度与基本随机变量的维数无关，极限状态函数的复杂程度与模拟过程无关，具有直接解决问题的能力。该方法有两个缺点：一是计算量过大，二是计算过程需要计算者的干预，而且计算者必须熟悉可靠度理论。随后，重要性抽样、缩减方差等技术被发展出来以改进蒙特卡罗法，大幅减少其计算量。再后来，出现了用可靠度理论指导采样的响应面方法。

另一条思路是把结构可靠度的本构关系添加到有限元本构方程中，从而形成随机有限元。这个方法不需要反复采样，因此没有蒙特卡罗法计算量大的问题，而且计算过程不需要计算者干预。20 世纪 70 年代以来，随机有限元发展经历了摄动法随机有限元、谱随机有限元、可靠度随机有限元、基于随机结构变分原理建立随机有限元本构方程等不同阶段。摄动法的主要缺点是：在结构变异性大（变异系数大于 0.2）的情况下解的误差大，在处理静力问题和动力时程问题的解中，高阶项都包含久期项，因此提高摄动法的阶次仍不能改善解的精度。谱随机有限元的本构方程仍然采用一阶近似表示不确定性的影响，也只能考虑变异性小的情况，并没有突破摄动法的限制，加之多项式混沌级数的计算复杂，不便于工程实用。可靠度随机有限元将 FORM/SORM 基本公式嵌入有限元本构方程中，由于两者都不受基本变量变异性强弱的影响，所以能摆脱变异性小的限制。基于随机结构变分原理的方法需对特定结构建立反应位移相关矩阵的随机变分原理，以型函数的线性组合近似位移相关矩阵，由随机变分的驻值条件建立单元刚度矩阵。这种方法目前只能解决静定结构的问题。

可见，随机有限元方法不能完全替代蒙特卡罗法，对特定的非线性问题蒙特卡罗法更为直接有效。

14.2 拉丁超立方抽样方法基本原理

实现蒙特卡罗法分析的首要问题是产生符合随机变量分布的随机数，拉丁超立方抽样（Latin Hypercube Sampling，LHS）技术是一种可以有效提高蒙特卡罗法计算效率的均匀抽样方法。

LHS 技术由 Mckay 等人在 1979 年提出，基本思想是：将每一个随机参数 X_i 的分布函数领域在概率上 N 等分为 ΔX_{ik}（$k=1, 2, \cdots, N$），每等分都具有相同的概率 $1/N$，在每一次确定性计算步骤中严格保证每一等分内抽样一次。若随机参数有 n 个，对于一般的问题只需进行 N 次确定性计算。如果抽样次数 N 大于随机参数的个数 n，则抽样值 X_{ik} 在划分的领域区间 ΔX_{ik} 内可不必进行随机选取，而是取区间的中值，即称为中心化 LHS。

设随机变量 X_i 的概率分布函数为 $F_i(X_i)$，$X_i \in [0, 1]$，要求生成服从概率分布的 N 个随机变量样本。将随机变量的定义域划分成 N 个等概率区域（如图 14.1），等分随机变量定义域的 $N+1$ 个点分别为：

$$y_i{}^k = F_i^{-1}(k/N) \quad (k=1,2,\cdots,N+1)$$

$$\tag{14.1}$$

其中 $k=0$ 和 $k=N+1$ 分别对应随机变量定义域的上下限。

X_i^k 表示 X_i 的第 k 个抽样点，在中心化 LHS 中：

$$F_i(X_i^k) = (k-1/2)/N \quad (k=1,2,\cdots,N)$$

$$\tag{14.2}$$

随机选取的 k 值对应抽样值 X_i^k 可由上式求得。

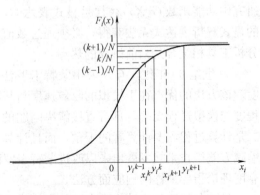

图 14.1 单变量 LHS 方法 CDF 示意图

对 n 维随机变量 X_i（$i=1$，2，$\cdots$，n）进行 LHS 设计包括两个步骤：首先由上述方法求得 X_i^k（$k=1$，2，$\cdots$，N）；然后从每个变量 X_i 提取一个样本代表 X_i^k 按照随机编号排列，对所有变量的样本都按照随机编号进行排列，从而形成 N 个随机排列，每个排列均包含全部变量的一个样本代表。当统计变量的个数 n 较大时，LHS 能够在极大地减少抽样数目的同时达到直接蒙特卡罗法同等水准的抽样精度，根据实践经验，在计算中取 $N=2n\sim3n$ 即可满足精度要求。

以 CEB-FIP MC90 模型中的收缩应变计算为例：

$$\varepsilon_{cs}=\lambda_2\cdot\varepsilon_{cs}(t,ts) \tag{14.3}$$

确定性收缩应变 $\varepsilon_{cs}(t, t_s)$ 的计算公式见前文。假定计算公式中收缩计算模型的不确定性系数 λ_2，28d 混凝土抗压强度 f_{cm}，相对湿度 RH，名义尺寸 h_0，收缩开始时混凝土龄期 t_s 为随机变量，分布函数和数字特征如表 14.1，取自文献 [1～3]；水泥类型系数 β_{sc}，混凝土龄期 t 为常数，求收缩应变 ε_{cs}。

<table>
<tr><td colspan="5" align="center">算例随机变量与常量取值</td><td align="right">表 14.1</td></tr>
</table>

参数	单位	均值	标准差	分布函数
λ_2	—	1	0.451	正态分布
f_{cm}	MPa	29.4	4.4	正态分布
RH	%	70	14	正态分布
h_0	mm	300	6	正态分布
t_s	d	7	1.4	正态分布
T	d	1000	—	—
β_{sc}		5	—	—

分别采用伪随机数法和 LHS 方法生成 100 个样本，用蒙特卡罗法进行 ε_{cs} 的统计分析，并得到基本的数字特征。采用 LHS 方法得到的 20～1000d 混凝土收缩应变曲线如图 14.2 所示。随着时间增长，收缩应变样本的期望和标准差均增大。

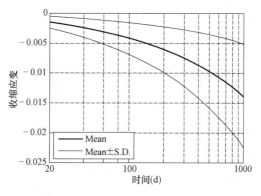

图 14.2　收缩应变随时间变化图

将两种算法各重复 10 次。由表 14.2 中数字可见，采用拉丁超立方抽样的 MC 法比直接 MC 法的分析结果稳定；两种方法所得结果的标准差差异比数学期望差异更大。

收缩应变 ε_{cs} 的分析结果   表 14.2

模拟次数	直接 MC 法		LHS 方法	
	期望 $E(\varepsilon_{cs})$	标准差 $D(\varepsilon_{cs}) \times 10^{-3}$	期望 $E(\varepsilon_{cs})$	标准差 $D(\varepsilon_{cs}) \times 10^{-3}$
1	−0.014485	8.2501	−0.013923	7.98416
2	−0.014367	4.7917	−0.013910	6.72966
3	−0.014167	7.9207	−0.013878	6.02302
4	−0.014498	8.4520	−0.013960	7.01672
5	−0.013495	7.1409	−0.013963	6.96227
6	−0.013516	7.1061	−0.014085	7.41150
7	−0.013489	6.7152	−0.013792	6.59003
8	−0.015751	7.2441	−0.014105	6.65189
9	−0.012942	9.1594	−0.013985	6.93543
10	−0.013821	6.5579	−0.014085	7.44072

　　分别采用两种方法计算不同抽样数目 N 时的 ε_{cs}（7，1000）值，N 从 10 变化到 1000，间隔 10。从分析的结果来看，无论是 ε_{cs}（7，1000）的均值或方差，LHS 方法在样本点数量较少的情况下已显示出良好的数值稳定性。

14.3　样本点生成策略改进

　　超长预应力混凝土结构的概率分析主要考察的随机因素包括环境条件、预应力作用、材料时随特性等，其中混凝土的收缩徐变具有较大的离散性。根据 Bazant 和 Baweja 的研究[4]，将现有的收缩徐变预测模型计算值与多组实验值比较，统计得出 ACI 209 的收缩预测模型不确定性的标准差为 0.542，徐变预测模型不确定性的标准差为 0.517；CEB-FIP MC90 分别为 0.451、0.339。

　　与直接 MC 法类似，LHS 方法提高概率分析精度的方式是增加模拟次数 N，同时导致随机参数 X_i 的分布函数领域在概率上等分数增大。当 N 增大到一定数量时，就会出现概率模型与物理意义相悖离的现象。以 ACI 209 模型为例，假定其徐变模型不确定性系数 λ_1 服从正态分布 $N(1, 0.517^2)$，收缩模型不确定性系数 λ_2 服从正态分布 $N(1, 0.542^2)$，抽样数逐渐增大时，等分随机变量定义域的第一点 $F_i^{-1}(1/N)$ 值将不断减小，直到小于 0，如图 14.3 所示。这种情况下，不论在概率区间 0～$1/N$ 之间采用什么样的样本点生成策略，X_i^1 取值均小于 0，与事实不符，因为一般工程条件下收缩、徐变是不会出现反向的。表 14.3 为不同等分数的 LHS 抽样取值。

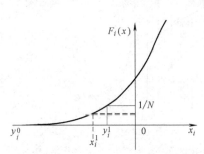

图 14.3　N 较大时 LHS 方法取 X_i 负值 CDF 示意图

不同等分数的 LHS 抽样取值　　　　　　　　表 14.3

抽样数		10	20	30	40
	$1/N$ 累积概率	0.1	0.05	0.033	0.025
λ_2	$F_i^{-1}(1/N)$取值	0.3054	0.1085	0.006	-0.0623
	中心化 LHS 的 λ_2^1 取值	0.1085	-0.0623	-0.1534	-0.2148
λ_1	$F_i^{-1}(1/N)$取值	0.3374	0.1496	0.519	-0.0133
	中心化 LHS 的 λ_1^1 取值	0.1496	-0.0133	-0.1002	-0.1588

　　随着抽样数的增大，X_i^k 取值小于 0 的次数也会逐渐增多。为避免出现上述现象，本书提出一种新的样本点生成策略。该策略以样本均值误差为零作为目标，首先在每个概率区域中取一阶高斯积分点，高斯积分的权函数为随机变量 X_i 的概率密度函数 $f_i(x)$。

$$X_i^k = N \int_{y_i^{k-1}}^{y_i^k} x f_i(x) \mathrm{d}x \tag{14.4}$$

此时样本点均值

$$\frac{\sum_{k=1}^{N} X_i^k}{N} = \sum_{k=1}^{N} \int_{y_i^{k-1}}^{y_i^k} x f_i(x) \mathrm{d}x = \int_{y_i^0}^{y_i^{N+1}} x f_i(x) \mathrm{d}x = \mu X_i \tag{14.5}$$

当 $F_i^{-1}(k/N) < 0$ 时，取 $X_i^k = 0$，并调整相邻的 X_i^{k+1} 取值。调整策略如下：

$$X_i^k = 0, \qquad F_i^{-1}(k/N) < 0 \tag{14.6}$$

$$X_i^{k+1} = N \int_{y_i^0}^{y_i^{k+1}} x f_i(x) \mathrm{d}x - \sum_{m=1}^{k} X_i^m = N \int_{y_i^0}^{y_i^{k+1}} x f_i(x) \mathrm{d}x \tag{14.7}$$

若 $X_i^{k+1} < 0$ 或 $X_i^{k+1} \notin [y_i^k, y_i^{k+1}]$，取

$$X_i^{k+1} = y_i^k \tag{14.8}$$

$$X_i^{k+2} = N \int_{y_i^0}^{y_i^{k+2}} x f_i(x) \mathrm{d}x - \sum_{m=0}^{k+1} X_i^m = N \int_{y_i^0}^{y_i^{k+2}} x f_i(x) \mathrm{d}x - X_i^{k+1} \tag{14.9}$$

以此类推，直到满足条件为止。

显然按上述策略调整后仍有：

$$\frac{\sum_{k=1}^{N} X_i^k}{N} = \mu X_i \tag{14.10}$$

　　比较不同抽样数情况下采用不同生成策略的 $N(1, 0.542^2)$ 样本点及其数字特征，列出前 6 个样本点的数值，见表 14.4。

不同生成策略样本点及其数字特征　　　　　　　　表 14.4

抽样数	生成策略	样本点值						数字特征	
		1	2	3	4	5	6	均值	标准差
10	中心点	0.1085	0.4383	0.6344	0.7912	0.9319	1.0681	1	0.536
	积分点	0.0488	0.4338	0.6329	0.7905	0.9317	1.0683	1	0.559
	改进	同上							

续表

抽样数	生成策略	样本点值						数字特征	
		1	2	3	4	5	6	均值	标准差
20	中心点	−0.0623	0.2198	0.3765	0.4935	0.5906	0.6760	1	0.541
	积分点	−0.1180	0.2156	0.3750	0.4927	0.5901	0.6757	1	0.551
	改进	0	0.1085	0.3641	0.4927	0.5901	0.6757	1	0.549
30	中心点	−0.1534	0.1085	0.2504	0.3540	0.4383	0.5107	1	0.540
	积分点	−0.207	0.1045	0.2489	0.3533	0.4378	0.5104	1	0.548
	改进	0	0.006	0.1864	0.3072	0.4378	0.5104	1	0.545

由表 14.4 可见，随着抽样数的增大，改进策略与高斯积分点取样策略的差距不断增大。在均值和标准差符合原分布的情况下，改进生成策略避免了样本点中出现小于 0 的现象，符合物理意义。图 14.2 算例采用改进生成策略后计算结果与原结果的对比如图 14.4，改进后结果的均值与原先基本一致，标准差有微小的降低，与预期的结果相符。

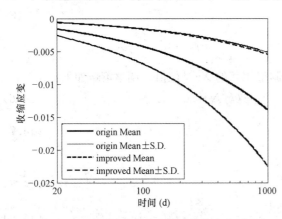

图 14.4　不同样本点生成策略收缩应变对比

分别采用直接 MC 法、中心化 LHS 法和改进采样策略的 LHS 方法计算不同抽样数目 N 时的 ε_{cs}（7，1000）值，N 从 10 变化到 1000，间隔 10，如图 14.5 所示。从分析的结果来看，无论是 ε_{cs}（7，1000）的均值还是标准差，两种 LHS 方法均显示出了良好的数值稳定性。采用改进采样策略后的 LHS 方法在概率意义上与经典的中心化 LHS 法非常近似。由于 LHS 方法的优越性，尤其是抽样数量要求较低的特点，适用于大型、复杂结构的概率分析。

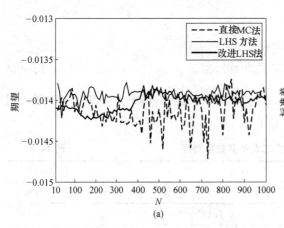

(a)

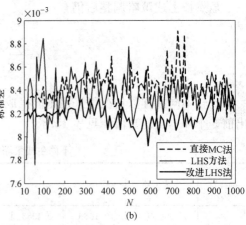

(b)

图 14.5　不同抽样数目时两种方法数字特征对比

（a）期望值；（b）标准差

14.4 超长预应力混凝土结构的概率分析实例

目前国内外与材料时随特性相关的概率问题研究大多集中在收缩徐变模型和简单构件分析的范围内。D. Diamantidis 等[5]提出了一个徐变系数的概率模型。Z. P. Bazant 等[4]建立预测混凝土收缩与徐变的 B3 模型，采用统计方法对比分析 B3、CEB 和 ACI 模型与既有实验数据的吻合程度。A. Radlinska 等[6]采用蒙特卡罗法研究了材料特性随机变化条件下，混凝土早期收缩开裂的时间。M. G. Stewart[7]建立了预测混凝土结构即时、徐变与收缩挠度的概率模型，采用直接蒙特卡罗法对简支梁的使用极限状态失效概率进行模拟分析。E. H. Khor 等[8]进行了钢筋混凝土受弯构件长期挠度的概率分析，算法中考虑了混凝土成熟度、收缩与徐变和随机荷载过程。Choi、Bong-Seob 等[9]建立了计算混凝土梁、板的即时和时随挠度的有限元方法，采用蒙特卡罗法推导由于材料特性和几何尺寸的不确定性导致的挠度变异。Floris、Claudio 等[10]用蒙特卡罗模拟的方法进行了混凝土徐变效应的概率分析。其中的随机变量是空气温度和湿度的月平均值，分析实例为预应力混凝土悬臂梁的赘余力和预应力损失。

大跨度桥梁由于其结构形式的特殊性，对收缩、徐变等材料的时随特性敏感，因此相关研究也已开展。诸林[11]采用基于 LHS 的蒙特卡罗方法对大跨度混凝土桥梁中徐变收缩的影响做不定性分析，以结构抗力均值和均方差的时间函数的形式给出计算结果。王勋文等[12]将 Neumann 展开蒙特卡罗法应用于 PC 斜拉桥的时变分析中，该方法可处理温度和相对湿度等随机过程对结构时变的影响；通过对红水河铁路斜拉桥的计算与实桥测试数据的比较，表明该方法可行。In Hwan Yang[13]采用 LHS 方法对预应力连续梁桥进行了敏感性分析，考察梁的轴向压缩和预应力筋应力随时间的变化趋势。郭彤等[14]采用 LHS 方法，对润扬大桥在温度、风、车辆荷载、车辆冲击等随机变量作用下的结构可靠度进行计算。通过对大桥在正常运营和损伤状态下的可靠度分析，获得了大桥主缆应力、吊索应力、桥塔位移以及钢箱梁线形等指标的可靠度和累积分布函数。

对具体超长结构工程实例进行确定性结构分析的研究已有不少，但概率性的分析却很缺乏，以下就一超长预应力混凝土结构进行分析。

14.4.1 工程概况与有限元分析模型

选取一体型规则的典型超长结构做算例分析。该结构位于杭州，建筑平面为 253.0m×126.2m 的长方形，总建筑面积 65500m²，柱网尺寸 12m×10m。采用无粘结预应力混凝土框架结构体系，共两层，二层局部有隔层，最大结构标高为 21.300m。由于生产工艺的要求，整个建筑物不设伸缩缝。针对超长结构温度、收缩应力大的特点，设计中合理采用预应力技术，既平衡竖向荷载，同时又建立预压应力抵御温度和收缩徐变作用。其中预应力筋采用 1860 级无粘结筋，连续二次抛物线形，布置在纵、横向主梁和次梁上。结构二层平面图如图 14.6。

采用有限元软件 Midas 建立模型，见图 14.7。

在超长结构中，影响结构性能的主要作用是季节性温差。根据气象数据[15]，杭州地区累年各月平均气温如表 14.5，以此作为结构计算依据。在设计阶段，假定结构在 6 月底建成，初始温度为 6 月平均气温。开始 1 年每月为 1 个时间步，计算温度作用取月温差；随后 6 个月为 1 个时间步，计算温度作用取年温差，持续至第 10000 天，如图 14.8 所示。

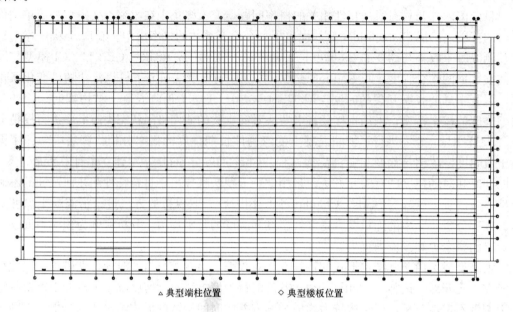

△ 典型端柱位置   ◇ 典型楼板位置

图 14.6 算例结构平面图

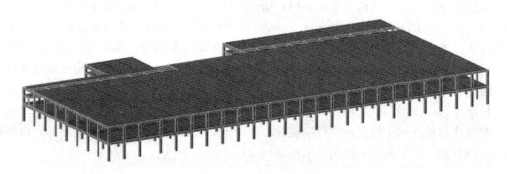

图 14.7 有限元模型

杭州地区平均气温与温差 表 14.5

月份	1	2	3	4	5	6	7	8	9	10	11	12
平均气温(℃)	4.3	5.7	9.6	15.8	20.7	24.4	28.4	27.9	23.4	18.3	12.4	6.8
月温差(℃)	1.4	3.9	6.2	4.9	3.7	4.0	−0.5	−4.5	−5.1	−5.9	−5.6	−2.5
年温差(℃)				24.1					−24.1			

为简化时随分析过程，忽略结构施工过程的荷载与温度作用，从结构混凝土浇筑 7 天后开始计算收缩、徐变，假定 60 天后开始施加竖向荷载和预应力。结构设计竖向荷载包括自重荷载，$1.8 \mathrm{kN/m^2}$ 恒载和 $14.5 \mathrm{kN/m^2}$ 活载；计算中取全部自重荷载和恒载，活载准永久值系数取为 0.6，即等效施加 $8.7 \mathrm{kN/m^2}$。预应力张拉控制应力为 $0.7 f_{\mathrm{ptk}} = 1302 \mathrm{MPa}$，两端张

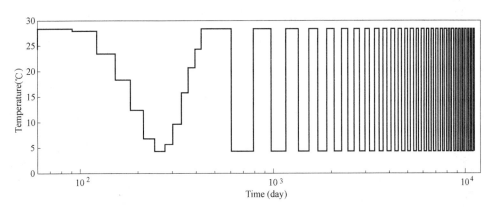

图 14.8　计算温度作用时间历程

拉；预应力即时损失按规范取值，长期损失在分析过程中逐步计算得出。

首先对该工程进行确定性有限元分析。可发现，在温降条件下，竖向构件中结构底层长轴端柱柱顶位移和弯矩最大，水平构件中楼板与柱相交位置的应力水平较高，柱对结构的侧向约束引起了很大的温度、收缩应力，其他部位应力水平近似。

选取结构一层端柱 x 方向侧移和二层楼板应力为结构反应的代表数据，具体位置见图 14.6。并由图 14.9（d）中可以看出，考虑收缩、徐变效应的端柱侧移量大，且有随时间推移增大的趋势，前期增长速度快，后期较平缓。本例中混凝土的时随特性对结构影响显著，最大温降作用下弹性分析得到端柱侧移为 24.60mm；60d 施加荷载时，ACI 模型计算得到的端柱侧移为 36.37mm，CEB 模型为 17.05mm，数值差异主要由不同的收缩计算模型引起；到 10645d（第 30 年春季），ACI 模型侧移达 78.07mm，CEB 模型达 68.88mm，两模型间差异有缩小的趋势。二层楼板典型位置的第 1 主应力变化如图 14.9（e），基本变化规律与端柱侧移类似，后期两种模型的计算结果逐渐接近，在相同时间间隔和温差条件下的应力变化幅值略有增大。无论端柱侧移或是楼板应力，不同规范建议模型的计算结果差别明显，说明选择符合工程实际的材料模型对提高计算准确性具有很重要的意义。

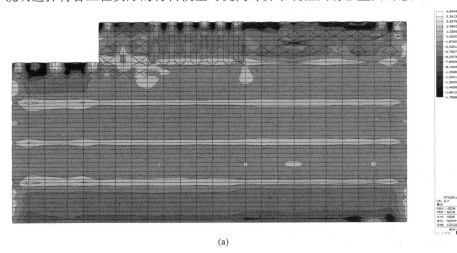

(a)

图 14.9　结构时随反应

（a）二层楼板应力云图

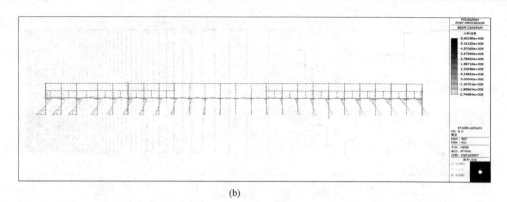

(b)

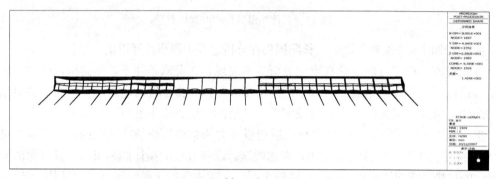

(c)

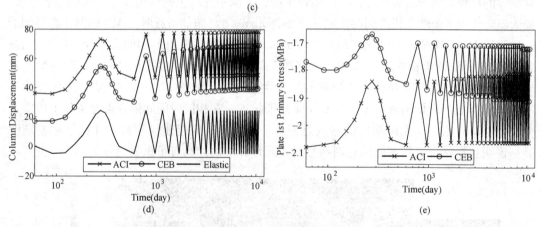

(d)　　　　　　　　　　　　(e)

图 14.9　结构时随反应（续）

（b）弯矩图；（c）位移图；（d）结构一层柱顶侧移图；（e）一层楼板应力

14.4.2　分析中的不确定性因子

为使得选用的随机参数具有代表性，即能够很好地表现混凝土收缩、徐变模型的不确定特性，且能够简化计算，减少抽样次数，在时变分析的数值模型中引入 5 个不确定性随机因子 λ_1，λ_2，…，λ_5，分别代表徐变系数、收缩应变、混凝土 28d 抗压强度、环境相对湿度、有效预应力的不确定性。

14.4.2.1　收缩与徐变模型的不确定性

分别以 ACI 209 和 CEB-FIP MC90 为基础建立材料的收缩与徐变随机模型。

ACI 模型：

徐变应变
$$\varepsilon_{cr}(t,t_0)=\frac{\sigma_0(t_0)}{E_c(t_0)}\nu(t,t_0) \tag{14.11}$$

徐变函数
$$\nu(t,t_0)=\lambda_1\cdot2.35\gamma_c\frac{(t-t_0)^\psi}{d+(t-t_0)^\psi} \tag{14.12}$$

收缩应变
$$\varepsilon_{sh}(t,t_0)=\lambda_2\cdot780\times10^{-6}\gamma_{sh}\frac{(t-t_0)^\alpha}{f+(t-t_0)^\alpha} \tag{14.13}$$

CEB 模型：

徐变函数
$$\phi(t,t_0)=\lambda_1\cdot\phi_0\left(\frac{(t-t_s)}{\beta_H}+(t-t_s)\right)^{0.3} \tag{14.14}$$

收缩应变
$$\varepsilon_{cs}(t,t_s)=\lambda_2\cdot\varepsilon_{cso}\left(\frac{(t-t_s)}{0.035h_0^2}+(t-t_s)\right)^{0.5} \tag{14.15}$$

其中 λ_1、λ_2 分别代表徐变与收缩计算模型的不确定性，公式中其他符号含义见 14.2 节。根据文献〔4、13〕中数据，ACI 和 CEB 两种模型中 λ_1、λ_2 的期望为 1，方差分别为：

ACI 模型：
$$D(\lambda_1)=0.517$$
$$D(\lambda_2)=0.542$$

CEB 模型：
$$D(\lambda_1)=0.339$$
$$D(\lambda_2)=0.451$$

14.4.2.2　与收缩、徐变相关的计算参数的不确定性

混凝土 28d 强度与混凝土的配合比相关，混凝土 28d 弹性模量与强度间又存在换算关系，因此水灰比、用灰量、集灰比、弹性模量等因素的不确定性都可通过强度反映。在没有具体试验资料的情况下，普通混凝土强度的均值采用规范取值，方差可取 0.15[4]。

$$f_{c,28}=\lambda_3f_c \tag{14.16}$$
$$E(\lambda_3)=1$$
$$D(\lambda_3)=0.15$$

混凝土结构总受到环境温湿度反复变化的影响。环境的相对湿度是混凝土收缩、徐变最为敏感的参数之一。混凝土结构从施工到使用，一直都处在自然环境中，总要受到自然环境温湿度变化的影响。本质上湿度是一个随机过程，为简化计算，将其作为一个随机变量。根据气象资料[15]，可获得某个特定地区的多年相对湿度纪录，以此统计得出敏感性分析中采用的 $E(\lambda_4)$ 和 $D(\lambda_4)$。如我国杭州地区，通过对 1951.1.1~2006.12.31 逐日相对湿度数据进行统计分析，假设符合正态分布，有 $\mu=78.9295$，$\sigma=12.1576$。相对湿度可表达为：

$$RH=\lambda_4\times78.9295 \tag{14.17}$$
$$E(\lambda_4)=1$$
$$D(\lambda_4)=0.1552$$

14.4.2.3　预应力作用的不确定性

超长混凝土结构的预应力设计中，除平衡竖向荷载的曲线形预应力筋外，往往在结构长轴方向的水平构件中布置直线筋或小矢高曲线筋，建立抵御温度应力的预压力。有效预

应力的变化会对结构受力状态产生直接影响。实际预加应力的误差可认为是预应力线材物理参数和安装、张拉施工精度两方面误差的叠加，目前对此研究较少。我国规范规定[16]，在预应力张拉施工时张拉力允许相对偏差不超过±5%；实测伸长值与计算值偏差不超过±6%，合格点率应达到95%，且最大偏差不超过±10%。张拉伸长值是变形量，与材料刚度和施工均有直接关系，因此可以近似采用伸长值的概率分布代表实际预应力效果的概率分布。以此推算，假定 λ_5 服从正态分布时，有：

$$N_p = \lambda_5 A_p \sigma_{pe} \tag{14.18}$$

$$E(\lambda_5) = 1$$

$$D(\lambda_5) = 0.0306$$

预应力钢筋的松弛计算模型采用 Magura 公式[17]。由于缺乏相应的统计数据，研究中暂不考虑 Magura 模型的不确定性。

14.4.3　敏感性分析

14.4.3.1　LHS 设计和评价指标

取前一节中所述 5 个随机变量，抽样数目 $N=15$，以极大极小（Maximin）距离为准则，得到优选 LHS 设计。抽样后即可根据各随机变量的概率分布，求出对应的确定性分析参数值。假定各随机变量均符合正态分布且相互独立，根据 ACI 模型和 CEB 模型计算的采用参数具体值见表 14.6。

计算采用的随机变量 LHS 设计　　　　　　　　　　表 14.6

抽样数	λ_1徐变模型			λ_2收缩模型			λ_3混凝土强度		λ_4湿度		λ_5预应力	
	抽样区间	ACI取值	CEB取值	抽样区间	ACI取值	CEB取值	抽样区间	取值	抽样区间	取值	抽样区间	取值
1	4	0.6229	0.7527	10	1.1849	1.1539	5	0.9212	3	0.8494	7	0.9949
2	6	0.8236	0.8844	3	0.4741	0.5624	6	0.9488	10	1.0529	3	0.9703
3	8	1.0000	1.0000	9	1.0911	1.0758	4	0.8906	14	1.2001	5	0.9839
4	2	0.3333	0.5629	11	1.2847	1.2369	8	1.0000	9	1.0261	13	1.0297
5	15	2.0028	1.6575	13	1.5259	1.4376	7	0.9748	2	0.7999	8	1.0000
6	14	1.6667	1.4371	5	0.7153	0.7631	1	0.7091	12	1.1132	6	1.0051
7	1	0.0000	0.3425	4	0.6047	0.6711	10	1.0512	7	0.9739	15	1.0594
8	9	1.0869	1.0570	1	0.0000	0.1252	9	1.0252	1	0.6990	1	0.9406
9	3	0.4983	0.6711	8	1.0000	1.0000	14	1.1934	13	1.1506	12	1.0223
10	13	1.5017	1.3289	12	1.3953	1.3289	2	0.8066	8	1.0000	2	0.9605
11	12	1.3771	1.2473	15	2.0513	1.8748	13	1.1455	15	1.3010	6	0.9896
12	10	1.1764	1.1156	2	0.3011	0.4184	3	0.8545	6	0.9471	10	1.0104
13	5	0.7285	0.8220	6	0.8151	0.8461	12	1.1094	5	0.9185	4	0.9777
14	7	0.9131	0.9430	14	1.6989	1.5816	15	1.2909	4	0.8868	11	1.0161
15	11	1.2715	1.1780	7	0.9089	0.9242	11	1.0788	11	1.0815	14	1.0395

将上述随机因子取值分别用于确定性有限元计算模型进行 N 次结构分析，提取分析结果中的典型值 F_j（$j=1\sim N$）。采用统计中相关分析方法，可以考察各随机因子的变异

对算例结构分析结果的影响，进而判断分析与设计中需重点考虑的参数。包括两项内容：

线性相关分析：两个变量间线性关系的程度，用相关系数 r 来描述。若两变量间是函数关系，$r=\pm 1$；若两变量间是统计关系，$-1<r<1$；如果两变量变化的方向一致，则称为正相关，$r>0$；反之称为负相关，$r<0$；$r=0$ 表示无线性相关。

在本章中线性相关分析的指标采用 Spearman 秩相关系数 r_i（Spearman rank-order correlation coefficient，SRCC）。SRCC 适用于有序数据或者等间隔数据，绝对值越大，表明相关性越强。

$$r_i = 1 - \frac{6\sum\limits_{j=1}^{N}(q_{ji}-p_j)^2}{N^3-N}, r_i \in [-1,1] \tag{14.19}$$

式中　q_{ji}——用于第 j 次抽样模拟的随机因子 λ_i 取值的秩次，即 LHS 中 λ_i 的抽样区间数值；

　　　p_j——第 j 次抽样模拟得到结果 F_j 的秩次；

　　　N——抽样次数。

偏相关分析：当控制了一个或几个另外的变量的影响条件下两个变量间的相关性。线性相关分析计算两个变量间的相关关系时，往往因为其他若干变量的作用，使相关系数不能真正反映两个变量间的线性程度。偏相关分析的任务就是在研究两个变量之间的线性相关关系时控制可能对其产生影响的变量。采用 spearman 偏相关系数（Spearman partial correlation coefficient，PRCC）表示。

一阶 PRCC 公式　　　$$r_{ij,\mathrm{k}} = \frac{r_{ij}-r_{\mathrm{k}i}r_{\mathrm{k}j}}{\sqrt{(1-r_{\mathrm{k}i}^2)(1-r_{\mathrm{k}j}^2)}} \tag{14.20}$$

二阶 PRCC 公式　　　$$r_{ij,\mathrm{k}l} = \frac{r_{ij,\mathrm{k}}-r_{il,\mathrm{k}}r_{jl,\mathrm{k}}}{\sqrt{(1-r_{il,\mathrm{k}}^2)(1-r_{jl,\mathrm{k}}^2)}} \tag{14.21}$$

式中　r_{ji}——用于第 j 次抽样模拟的随机因子 λ_i 取值的秩次。

高阶公式以此类推[18]。

14.4.3.2　分析结果

结果整理后算例结构柱顶侧移 Δ_c 随时间变化的趋势如图 14.10，其中实线表示变量的均值，虚线表示变量的 $\mu\pm2\sigma$ 界限，上下界内为柱顶侧移量具有近似 95% 保证率的区间。与图 14.9 不同，为方便比较，图 14.10 中仅绘出第 3 年后每年 1 月计算值，即柱顶侧移最大值。从图中可见，随时间的增长，柱顶侧移的变异范围逐渐增大，反映了收缩、徐变变异性在时域的累积效应。CEB 模型前期变异范围较小，后期与 ACI 模型的变异范围基本相同。对结构设计而言，应使该变异范围不超过规范限值，以此确保结构的可靠度。

如图 14.11 所示，从 SRCC 图中可见，无论采用 ACI 模型或是 CEB 模型，主要影响柱顶侧移量的随机因素是预应力和混凝土强度，10000 天 SRCC 值分别为 -0.5357 和 0.4214。根据一般概念判断，预应力与 Δ_c 中度相关，混凝土强度与 Δ_c 低度相关，其他参数 SRCC 值小于 0.2，与 Δ_c 线性相关关系微弱。预应力因素的 SRCC 值为负，表示预应力数值的增加会导致 Δ_c 的减小；混凝土强度的 SRCC 值为正，表示混凝土强度数值的增加会导致 Δ_c 的增大。在计算时间内，各因素的 SRCC 值基本保持不变，说明各因素对柱顶侧移量的相对影响程度不随着时间的推移而改变。

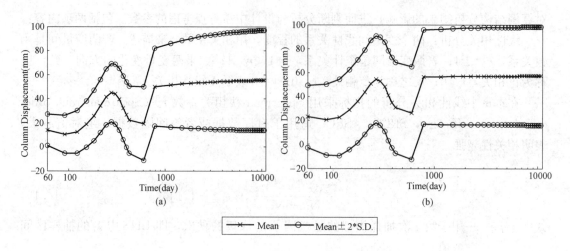

图 14.10　柱顶侧移量变异区间

（a）CEB 模型；（b）ACI 模型

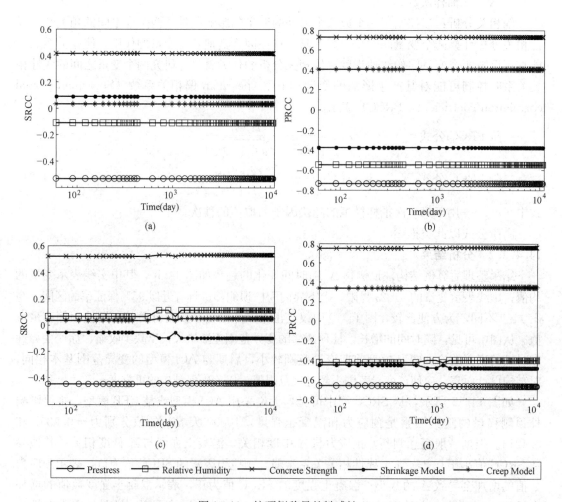

图 14.11　柱顶侧移量的敏感性

（a）CEB 模型 SRCC 值；（b）CEB 模型 PRCC 值；（c）ACI 模型 SRCC 值；（d）ACI 模型 PRCC 值

与 SRCC 数据相比，PRCC 的绝对值均有明显增大，不同随机因素之间的相关作用导致在 SRCC 中未能很好地体现单个因素与结果之间的相关性。PRCC 值显示影响柱顶侧移量的主要随机因素仍是预应力和混凝土强度，分别为 -0.7347 和 0.7299。在控制其他随机因素的条件下，单个因素对 Δ_c 的影响相对顺序没有发生改变，其中收缩模型不确定性与柱顶侧移之间由微弱正相关关系转变为低度负相关，仍为最不重要的因素。本例中外荷载加载和侧移计算时间从 60d 开始，而收缩从 7d 开始，早期收缩对侧移的作用没有得到充分的体现。

根据 SRCC 和 PRCC 指标以及对应的显著性水平（图 14.12）可知，对超长结构端柱顶部侧移量的计算而言，最重要的是合理取值混凝土强度（包含混凝土配合比等影响收缩、徐变终极值的参数）和预应力。

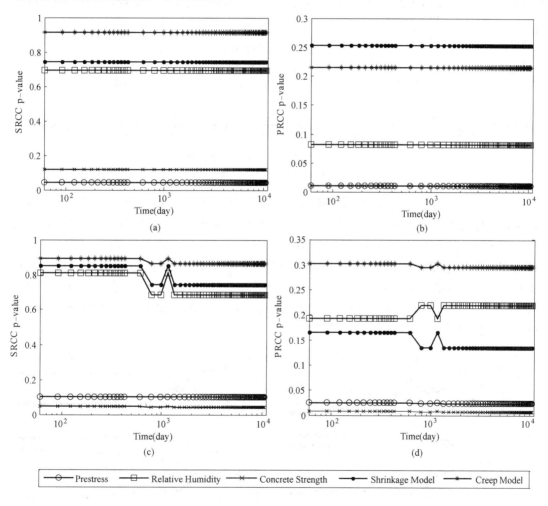

图 14.12 柱顶侧移量相关分析的显著性
（a）CEB 模型 SRCC 指标 p-value；（b）CEB 模型 PRCC 指标 p-value；
（c）ACI 模型 SRCC 指标 p-value；（d）ACI 模型 PRCC 指标 p-value

与柱顶侧移变化趋势近似，根据 CEB 模型计算得到的楼板应力前期变异范围比 ACI 模型小；随着时间的增长，其变异范围逐渐增大，ACI 模型则相对持平，如图 14.13 所示。本例的计算时间内楼板应力在 $\mu\pm2\sigma$ 的范围内均为负值，10645d 时根据 CEB 模型计算板顶第 1 主应力最小－2.18MPa，最大－1.43MPa，板底最小－2.21MPa，最大－1.15MPa；ACI 模型板顶最小－2.27MPa，最大－1.50MPa，板底最小－2.31MPa，最大－1.21MPa，表明预应力设计具有合理的可靠性，对易开裂的楼板构件建立了适当的压应力。

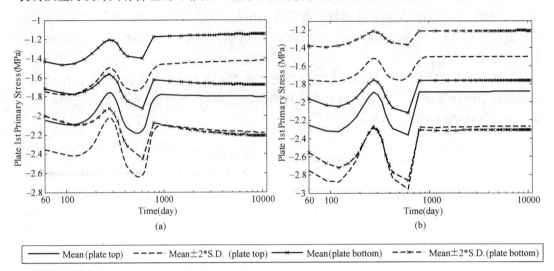

图 14.13　楼板应力典型值的变异性

（a）CEB 模型；（b）ACI 模型

　　如图 14.14 所示，CEB 模型的 SRCC 值显示，在计算初始时间里，收缩模型不确定性是影响楼板主应力的主要因素，为 0.5321（板顶）和 0.5348（板底）。到后期，预应力和混凝土强度的 SRCC 绝对值增大，二者与板应力间的线性关系明显增强。PRCC 图中，环境相对湿度的指标由 SRCC 中的负值变成 PRCC 中的正值，实质上是由于随机变量间的相互影响造成的。由于在收缩徐变函数的计算中，环境相对湿度是输入参数，因此在 SRCC 中它的变化趋势影响与收缩徐变模型随机因素相混杂，PRCC 是其更合理的评价指标。其他各变量的 PRCC 与 SRCC 类似。

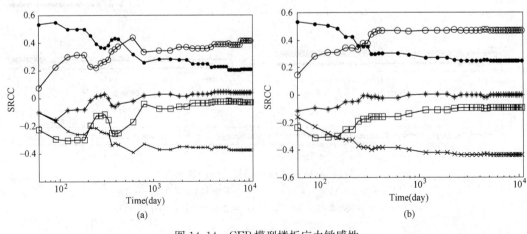

图 14.14　CEB 模型楼板应力敏感性

（a）板顶 SRCC 值；（b）板底 SRCC 值

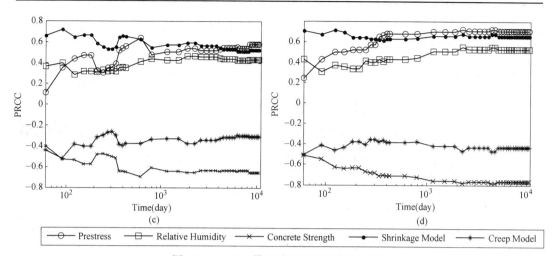

图 14.14　CEB 模型楼板应力敏感性（续）

（c）板顶 PRCC 值；（d）板底 PRCC 值

相比较而言，ACI 模型的 SRCC 和 PRCC 曲线更为平缓，各随机因素的相对位置在计算时间内基本保持不变，如图 14.15 所示。SRCC 显示预应力和混凝土强度是影响楼板

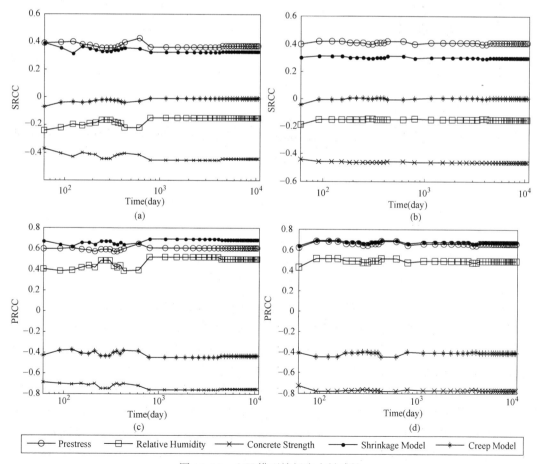

图 14.15　ACI 模型楼板应力敏感性

（a）板顶 SRCC 值；（b）板底 SRCC 值；（c）板顶 PRCC 值；（d）板底 PRCC 值

应力的主要因素，PRCC 中收缩模型不确定性的相关性略微超过预应力。主要因素均具有概率上的显著性（如图 14.16）。

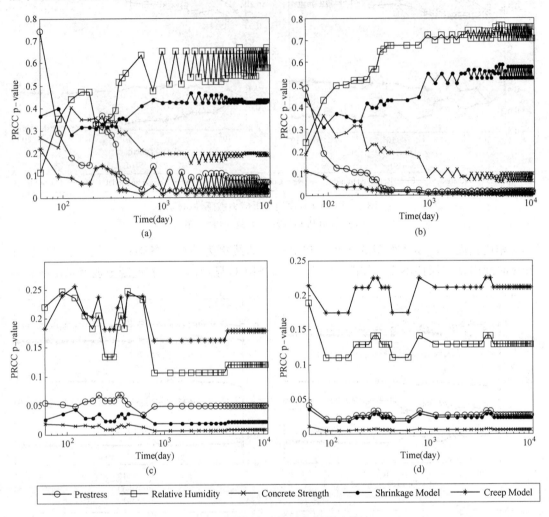

图 14.16　楼板应力相关分析的显著性

(a) CEB 模型板顶 PRCC 指标 p-value；(b) CEB 模型板底 PRCC 指标 p-value；

(c) ACI 模型板顶 PRCC 指标 p-value；(d) ACI 模型板底 PRCC 指标 p-value

综上所述，混凝土强度和有效预应力是影响超长预应力结构端柱位移、楼板应力等结构反应的主要因素，收缩模型不确定性与楼板长期应力也有较大相关性。其中，收缩模型不确定性由模型自身决定的，难以调整；为提高结构分析的准确性，可考虑采用模型不确定性更小，但表达式更复杂的收缩徐变模型，如 B3 模型[4]。

在超长结构设计中可通过控制混凝土配合比的方法降低混凝土的收缩、徐变作用效应。超长结构需采用合理的预应力设计，既要在结构水平构件中建立适当的预压应力，保证在多种随机因素作用下混凝土不会开裂，也要防止过度设计，造成端柱侧移过大。结构施工中采用稳定的混凝土材料供应与搅拌作业，提高预应力张拉施工质量是降低结构反应变异性，确保施工质量达到设计要求的有效手段。

参 考 文 献

［1］　Teply，B.；Novak，D.．Sensitivity study of BP-KX and B3 creep and shrinkage models．Materials and Structures，v 29，n 192，Oct，1996，p 500-505.

［2］　Bazant，Z. P.；Murphy，W. P.．Creep and shrinkage prediction model for analysis and design of concrete structures - model B3．Materials and Structures，v 28，n 180，July，1995，p 357-365.

［3］　Tsubaki，T.．Sensitivity of factors in relation to prediction of creep and shrinkage of concrete．Proceedings of the 5th International RILEM Symposium on Creep and Shrinkage of Concrete，09/014.09/09/93，Barcelona，Spain，p611-622.

［4］　Zdenek P. Bazant，Sandeep Baweja. Justification and refinements of Model B3 for concrete creep and shrinkage - 1. Statistics and sensitivity．Materials and structures，1995，28，415-430.

［5］　D. Diamantidis，H. O. Madsen，R. Rackwitz．On the variability of the creep coefficient of structural concrete．Materials and Structures（1984）17：321-328.

［6］　A. Radlinska，B. Pease，J. Weiss．A preliminary numerical investigation on the influence of material variability in the early-age cracking behavior of restrained concrete．Materials and Structures（2007）40：375-386.

［7］　Mark G. Stewart．Serviceability reliability analysis of reinforced concrete structures．Journal of Structural Engineering，vol. 122，no. 7，July，1996：794-803.

［8］　E. H. Khor，D. V. Rosowsky，M. G. Stewart．Probabilistic analysis of time-dependent deflections of RC flexural members．Computers & structures，79（2001）：1461-1472.

［9］　Choi，Bong-Seob；Scanlon，Andrew；Johnson，Peggy A.．Monte Carlo simulation of immediate and time-dependent deflections of reinforced concrete beams and slabs．ACI Structural Journal，v 101，n5，September/October，2004，p 633-641.

［10］　Floris，Claudio；Marelli，Roberto；Regondi，Luigi. Creep effects in concrete structures. A study of stochastic behavior．ACI Materials Journal，v 88，n 3，May-Jun，1991，p 248-256.

［11］　诸林．大跨度预应力混凝土桥梁中徐变收缩影响的不定性分析．桥梁建设，1990（3），78-88.

［12］　王勋文，潘家英，程庆国. PC 斜拉桥的时变分析——不定性分析．中国铁道科学，1998，19（1）：1-10.

［13］　In Hwan Yang．Uncertainty and sensitivity analysis of time-dependent effects in concrete structures．Engineering structures，29（2007）：13614.1374.

［14］　Guo Tong，Li Aiqun，Miao Changqing．Monte Carlo numerical simulation and its applicationin probability analysis of long span bridges．Journal of Southeast University（English Edition），Dec. 2005，Vol. 21，No. 4，PP469-473.

［15］　中国气象局. 中国地面国际交换站气候资料日值数据集. http：//www. cma. gov. cn.

［16］　中国工程建设标准化协会标准. 建筑工程预应力施工规程（CECS 180：2005）. 北京：中国计划出版社，2005.

［17］　ACI 318（2005）. Building Code Requirements for Structural Concrete．ACI，Detroit，Michigan，USA，2005.

［18］　Morrison，D. F.．Multivariate statistical methods. New York：McGraw-Hill，1976.

第15章 预应力结构分析与设计实例

15.1 非荷载作用下的复杂超长结构内力分析算例分析

对于复杂超长结构,非荷载作用下导致的结构内力主要由以下各部分组成:混凝土收缩、徐变以及由混凝土水化热引起的温度应力,混凝土收缩引起的收缩应力,钢筋引起的内约束应力以及季节温差引起的温度应力[1]。上述各种非荷载应力并不具有相关性,所以在考虑各种非荷载应力共同作用效果时,可以将各种非荷载应力的单独作用效果简单地叠加[2],即:

$$\sigma_c = \sigma_{cT} + \sigma_{sh} + \sigma_{ci} + \sigma_T \tag{15.1}$$

对于超长结构,一般都设置有后浇带,要求在混凝土浇筑 60d 左右后封闭,因此需要分别考虑早期的温度应力、收缩应力和长期的温度应力、收缩应力。早期的应力以水化放热产生的温度应力和混凝土收缩产生的收缩应力为主,长期的应力以季节温差作用产生的温度应力为主[3]。本小节以一个实际的工程设计案例来进行分析。

某大型工程地下室长 260m,宽 260m,有两层地下室,地下二层层高 3.85m,地下一层层高 5.15m,设置若干段后浇带,后浇带间距为 25~50m,地下室外墙的混凝土强度等级为 C40。分别对后浇带封闭前的早期非荷载应力及后浇带封闭后的长期非荷载应力进行计算。

15.1.1 水化放热引起的温降值计算

根据 C40 混凝土的配合比确定式 (15.1) 中的参数如下:单位体积混凝土的胶凝材料用量 $W = 333\text{kg/m}^3$;查表得单位质量 42.5 级粉煤灰硅酸盐水泥的最终水化热 $Q_0 = 335\text{kJ/kg}$;比热 $C = 0.97\text{kJ/kg}$;混凝土密度 $\rho = 2400\text{kg/m}^3$;系数 $m = 0.38$;$k = 0.93 + 1 - 1 = 0.93$,则

$$Q = k \times Q_0 = 0.93 \times 335 = 312\text{kJ/kg}$$

墙体 4 月底施工,入模温度 $T_{rm} = 25℃$。则混凝土的最大绝热温升为:

$$T_r(t) = \frac{333 \times 312}{0.97 \times 2400}(1 - e^{-0.38t}) = 44.5 \times (1 - e^{-0.38t})$$

混凝土内部温度为:

$$T_{m(t)} = 25 + \xi T_{r(t)}$$

由工程经验可知,墙板类构件的水化热值大概在浇筑后 1~2d 达到最高值,然后逐渐下降至周围环境温度。查阅已有的工程资料[4]和《建筑施工手册》[5]表内插计算得混凝土的温降系数,算得每阶段降温值如表 15.1。

602

混凝土每阶段降温值　　　　　　　　　　　　　　　表 15.1

龄期 t(d)	1	2	3	6	9	12	15
温降系数 ξ	1	0.7	0.3	0.1	0.03	0.02	0.01
内部温度(℃)	39.1	41.6	34.1	29.0	26.3	25.9	25.4
每阶段降温(℃)	0	−2.5	7.5	5.1	2.7	0.4	0.4

15.1.2　混凝土随龄期变化的应力松弛系数

设收缩时混凝土龄期为 3d，应力松弛系数可以按照朱伯芳（式 15.2）或 Brooks 和 Neville 式（15.3）提出的应力松弛系数计算公式计算：

$$H(t,t_0)=e^{-0.8[\phi(t,t_0)]^{0.85}} \tag{15.2}$$

$$H(t,t_0)=\alpha e^{-\beta\phi(t,t_0)} \tag{15.3}$$

其中徐变系数 $\phi(t,t_0)$ 可以采用 ACI209 模式的式（15.4），另外也可以采用朱伯芳教授提出的经验公式（式 15.6）。

ACI209 模式徐变系数计算表达式：

$$\phi(t,t_0)=\frac{(t-t_0)^{0.6}}{10+(t-t_0)^{0.6}}\varphi_\infty \tag{15.4a}$$

$$\varphi_\infty=2.35\gamma_c \tag{15.4b}$$

$$\gamma_c=\beta_t\beta_H\beta_D\beta_S\beta_F\beta_A \tag{15.4c}$$

朱伯芳教授所建议的经验公式：

$$E(t,t_0)=E_0(1-e^{-0.4t^{0.34}}) \tag{15.5}$$

$$H(t,t_0)=1-(0.4+0.6e^{-0.62t_0^{0.17}})\times[1-e^{-(0.2+0.27t_0^{-0.23})(t-t_0)^{0.36}}] \tag{15.6}$$

图 15.1 为混凝土应力松弛系数随龄期的变化关系，可见由上述 3 个公式计算得到的应力松弛系数基本相同，随着龄期的变化而逐渐减小，从长期看稳定在 0.3 左右。表 15.2 列出了由式（15.2）、式（15.3）和式（15.6）计算所得的应力松弛系数值。

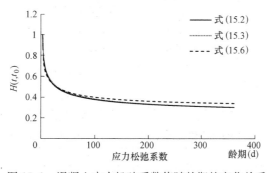

图 15.1　混凝土应力松弛系数值随龄期的变化关系

混凝土随龄期变化的应力松弛系数值　　　　　　　　　表 15.2

龄期(d)	3	4	5	7	10	15	20
$H(t,t_0)$	1	0.823	0.766	0.698	0.638	0.578	0.539
龄期(d)	25	30	40	60	80	100	120
$H(t,t_0)$	0.511	0.490	0.458	0.418	0.393	0.375	0.362

续表

龄期(d)	140	160	180	210	240	270	300
$H(t,t_0)$	0.351	0.343	0.336	0.327	0.320	0.314	0.309

龄期(d)	330	360
$H(t,t_0)$	0.305	0.301

15.1.3 混凝土随龄期变化的弹性模量

混凝土的弹性模量随龄期而变化，在计算混凝土收缩徐变作用下的应力时，需要用到混凝土随龄期变化的弹性模量[6,7]。$E_c(t, t_0)$ 既可以按照 MC-90 的式（15.7）、ACI209 的式（15.8）计算，也可以按王铁梦教授推荐的经验式（15.9）[8] 以及朱伯芳教授提出的经验公式（式 15.13）计算。

1. CEB-FIP Model Code 1990（MC-90）模式

$$E_c(t) = E_c \sqrt{e^{s(1-\sqrt{28/t})}} \tag{15.7}$$

式中，E_c 为龄期 $t=28d$ 时的混凝土弹性模量；s 取决于水泥种类，普通水泥和快硬水泥取 0.25，快硬高强水泥取 0.20。

2. ACI209 模式

$$E_c(t) = E_c \sqrt{\frac{t}{4+0.85t}} \tag{15.8}$$

3. 指数函数表示法

王铁梦教授推荐的弹性模量经验计算式如下：

$$E_c(t) = E_0(1-e^{-0.09t}) \tag{15.9}$$

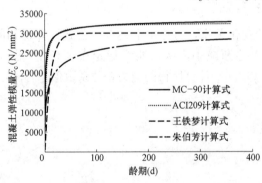

图 15.2 混凝土弹性模量随龄期的变化关系

式中 E_0——混凝土成龄时的弹性模量。

图 15.2 为按上述四个公式分别计算的混凝土弹性模量随龄期的变化关系，可见 MC-90 计算式与 ACI209 计算式的结果较为接近，在早龄期时 MC-90 计算式、ACI209 计算式和王铁梦计算公式的结果较为接近，朱伯芳教授推荐的公式与上述三公式在早龄期时相差较大。建议采用 MC-90 的式（15.7）计算混凝土弹性模量随龄期的变化数值，如表 15.3 所示。

混凝土弹性模量随龄期变化的数值（单位：N/mm²）　　　　表 15.3

龄期(d)	0.2	0.4	0.7	1	2	3	4
$E_c(t)$	7746	11946	15419	17545	21295	23204	24422
龄期(d)	5	7	10	15	20	25	30
$E_c(t)$	25290	26475	27578	28657	29321	29782	30127
龄期(d)	40	60	80	100	120	140	160
$E_c(t)$	30619	31212	31571	31819	32003	32146	32263
龄期(d)	180	210	240	270	300	330	360
$E_c(t)$	32359	32478	32574	32653	32721	32779	32829

15.1.4　混凝土的收缩应变

混凝土的收缩应变可以按照 CEB-FIP MC-90 的式（15.19）、ACI 209 的式（15.11）计算，也可以按王铁梦教授提出的简化计算方法式（15.12）计算。

1. CEB-FIP MC90 收缩计算模式

规范 CEB-FIP MC90 中，计算混凝土收缩的适用范围为：普通混凝土在正常温度下，湿养护不超过 14d，暴露在平均温度（5～30℃）和平均相对湿度 $RH\% = 40\% \sim 50\%$ 的环境。素混凝土构件在未加载情况下的平均收缩（或膨胀）应变的计算式为：

$$\varepsilon_{cs}(t, t_0) = \varepsilon_{cs0} \beta_s(t - t_0) \tag{15.10}$$

式中，极限收缩变形取为：

$$\varepsilon_{cs0} = \beta_{RH}[160 + 10\beta_{cs}(9 - f_{cm}/f_{cm0})] \times 10^{-6}$$

β_{cs} 取决于水泥种类，如普通水泥和快硬水泥取 5，快硬高强水泥取 8；

β_{RH} 取决于环境的相对湿度 $RH\%$：

$40\% \leqslant RH\% \leqslant 99\%$ 　　　　$\beta_{RH} = 1.55\left[1 - \left(\dfrac{RH}{100}\right)^3\right]$

$RH\% > 99\%$ 　　　　　　　　　$\beta_{RH} = 0.25$

收缩应变随时间变化的系数取为：

$$\beta_s(t - t_0) = \sqrt{\dfrac{(t - t_0)}{0.035\left(\dfrac{2A_c}{u}\right)^2 + (t - t_0)}}$$

式中　t、t_0——混凝土的龄期和开始发生收缩（或膨胀）时的龄期（d）；

　　　f_{cm}——强度等级 C20～C50 混凝土在 28d 龄期时的平均立方体抗压强度（N/mm²），$f_{cm} = 0.8f_{cu,k} + 8\text{MPa}$；

　　　$f_{cu,k}$——龄期 28d，具有 95% 保证率的混凝土立方体抗压强度标准值（MPa）；

　　　$f_{cm0} = 10\text{MPa}$；

　　　A_c——构件的横截面面积（mm²）；

　　　u——与大气接触的截面周界长度（mm）。

这一计算模型中考虑了 5 个主要因素对混凝土收缩变形的影响：水泥种类（β_{cs}）、环境相对湿度（$RH\%$）、构件尺寸（$2A_c/u$）、时间（$t - t_0$）以及混凝土的抗压强度（f_{cm}）。

2. ACI 209 收缩计算模式

对于普通潮湿养护的混凝土，混凝土收缩计算公式：

$$\varepsilon_{sh}(t, t_0) = \dfrac{t - t_0}{35 + t - t_0}(\varepsilon_{sh})_u \tag{15.11a}$$

对于蒸汽养护的混凝土，混凝土收缩计算公式：

$$\varepsilon_{sh}(t, t_0) = \dfrac{t - t_0}{55 + t - t_0}(\varepsilon_{sh})_u \tag{15.11b}$$

$$(\varepsilon_{sh})_u = 780 \times 10^{-6} \gamma_{cs} \tag{15.11c}$$

式中　$(\varepsilon_{sh})_u$——混凝土最终收缩值；

　　　γ_{cs}——影响收缩应变的各因素在偏离标准状态下的修正系数，包含 7 个偏离标准状态的校正系数的乘积，分别反映收缩开始时间、初始养护条件、环境相对湿度、构件平均厚度、混凝土组分等的影响。每项修正系数均有专门的表格或经验公式可用，详见参考文献。

ACI 209 收缩模式中，可以考虑包括环境相对湿度、构件的尺寸、混凝土的稠度、细集料含量以及含气量等因素影响。

3. 混凝土收缩应变简化计算

混凝土的收缩应变可以按照前文的方法计算，也可以按王铁梦教授提出的简化计算方法：

$$\varepsilon_{sh}(t) = \varepsilon_{sh}^0 \cdot M_1 \cdot M_2 \cdots M_n (1 - e^{-bt}) \tag{15.12}$$

式中　　　$\varepsilon_{sh}(t)$——任意时间的收缩值，以天为单位；

　　　　　　b——经验系数，一般取 0.01，养护较差时取 0.03；

　　　　　ε_{sh}^0——标准状态下的极限收缩，$\varepsilon_{sh}^0 = 3.24 \times 10^{-4}$；

M_1、M_2、$\cdots M_n$——考虑各种非标准条件的修正系数。

对于一个实际结构，根据实际的材料设计、几何条件以及外部环境条件，可以选择适当的修正系数进行修正，具体查资料。

考虑混凝土强度等级为 C30，普通 42.5 级水泥，水泥细度 3000，花岗岩骨料，水灰比为 0.45，水泥浆量 25%，初期自然养护 4d，环境相对湿度 79%，水力半径倒数 0.10，采用机械振捣。查王铁梦《工程结构裂缝控制》P22-23 表 2.1～表 2.4 可得 $M_{1 \to 10}$ 的数值，从而可求得收缩应变：

$$M_1 = 1.00, \quad M_2 = 1.00, \quad M_3 = 1.00, \quad M_4 = 1.10, \quad M_5 = 1.20$$
$$M_6 = 1.07, \quad M_7 = 0.71, \quad M_8 = 0.76, \quad M_9 = 1.00, \quad M_{10} = 0.55$$

图 15.3 是按照上述三种方法计算得到的混凝土收缩应变随龄期的变化关系，可见按 CEB-FIP 方法计算的混凝土收缩值略大于按 ACI209 方法和王铁梦公式计算的值，ACI 209 公式和王铁梦公式的计算值差别不大。为了方便查阅系数和简化计算，建议按王铁梦教授提出的简化计算方法式（15.12）计算，如表 15.4 所示。

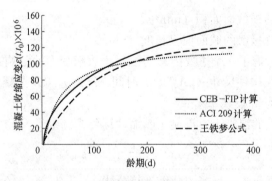

图 15.3　混凝土收缩随龄期的变化关系

混凝土随龄期变化的收缩应变值（$\times 10^{-6}$）　　　　　　　表 15.4

龄期(d)	3	4	5	7	10	15	20
$\varepsilon(t, t_0)$	4.01	5.32	6.62	9.18	12.92	18.92	24.62
龄期(d)	25	30	40	60	80	100	120
$\varepsilon(t, t_0)$	30.04	35.2	44.77	61.28	74.78	85.85	94.9

龄期(d)	140	160	180	210	240	270	300
$\varepsilon(t,t_0)$	102.32	108.39	113.36	119.18	123.49	126.68	129.05
龄期(d)	330	360					
$\varepsilon(t,t_0)$	130.80	132.10					

15.1.5　超长混凝土结构非荷载应力的计算

通过计算得到混凝土随龄期变化的应力松弛系数、弹性模量、收缩应变以及水化放热值后，就可以由以上各式计算得到墙板的温度和收缩应力，先假定 K_R 不随混凝土龄期的变化而变化，为一常数[9、10]。

1. 水化放热引起的温度应力计算

对于处于水化阶段的早龄期混凝土，弹性模量和徐变度的变化率比较大[11、12]。混凝土的弹性模量 $E(t,t_0)$ 和徐变度 $C(t,t_0)$ 都与龄期 t 有关，所以必须考虑龄期的影响[13、14]。混凝土的弹性模量 $E(t,t_0)$ 和应力松弛系数 $H(t,t_0)$ 可以按照式（15.14）和式（15.2）计算。为简化起见，也可以采用朱伯芳教授所建议的经验公式：

$$E(t,t_0)=E_0(1-e^{-0.4t^{0.34}})\tag{15.13}$$

$$H(t,t_0)=1-(0.4+0.6e^{-0.62t_0^{0.17}})\times[1-e^{-(0.2+0.27t_0^{-0.23})(t-t_0)^{0.36}}]\tag{15.14}$$

考虑龄期的计算方法主要是通过将时间域离散为一系列的时间段：Δt_i，$i=1,2,\cdots,n$。在第 i 时间段内的温度增量为 $\Delta T_i=T(t_i)-T(t_{i-1})$，平均弹性模量为 $E_i=[E(t_i,t_0)+E(t_{i-1},t_0)]/2$，计算时刻取离散点的中间值 $\bar{t}_i=[t_i+t_{i-1}]/2$。可得考虑徐变影响的弹性徐变温度应力为：

$$\sigma_{cT}=\sum_{i=1}^{n}K_R E_i\alpha_c\Delta T(t_n,\bar{t}_i)H(t_n,\bar{t}_i)\tag{15.15}$$

式中　K_R——基础对墙板的约束系数；

　　　α_c——混凝土线膨胀系数；

　　　ΔT——墙板温差。

时间间隔 Δt 的取值，持荷早期，混凝土徐变变形较大，时间间隔应取小一点，在持荷后期，徐变变形相对较小，为减小计算量，时间间隔可取大一些，时间间隔取值随持荷时间的变化关系见表 15.5。

时间间隔取值随持荷时间的变化关系　　　　　　　　　　　　　　表 15.5

$t-t_0(d)$	0～1	1～7	7～30	30～180	180～
$\Delta t(d)$	0.2～0.5	1～2	5～10	10～30	30～50

由式（15.15）可计算得到不同龄期时水化放热引起的温度应力，如表 15.6 所示。

混凝土水化放热引起的温度应力 （$\times K_R$）（N/mm²）　　　表 15.6

龄期 t(d)	1	2	3	6	9	12	15
松弛系数 $H(t,t_0)$	1	1	1	0.727	0.655	0.61	0.578
弹性模量 $E(t)$（MPa）	19007	23070	25137	28112	29540	30426	31046
每阶段降温℃	0	−2.5	7.5	5.1	2.7	0.4	0.4
应力增量 $\Delta\sigma_{cT}$	0	−0.29	0.94	0.52	0.26	0.03	0.03
σ_{cT}	0	−0.29	0.65	1.17	1.43	1.46	1.49

2. 混凝土收缩引起的收缩应力计算

在实际计算中，考虑徐变影响时，将时间域离散为一系列时间段：Δt_i，$i=1$，2，…，n。在第 i 时间段内的收缩应变增量为 $\Delta\varepsilon_{sh}(t_i)=\varepsilon_{sh}(t_i)-\varepsilon_{sh}(t_{i-1})$，平均弹性模量为 $E_i=[E(t_{i-1},t_0)+E(t_i,t_0)]/2$，计算时刻取离散点的中间值 $\bar{t}_i=[t_i+t_{i-1}]/2$。可得考虑徐变影响的弹性徐变收缩应力为：

$$\sigma_{sh}=\sum_{i=1}^{n}K_R E_i \Delta\varepsilon_{sh}(\bar{t}_i)H(t_n,\bar{t}_i) \tag{15.16}$$

式中　K_R——基础对墙板的约束系数；

$H(t_n,\bar{t}_i)$——龄期为 $\bar{t}_i$ 时的应力松弛系数。

由式（15.16）可计算得到不同龄期时由混凝土收缩引起的收缩应力，如表 15.7 所示。

混凝土收缩引起的收缩应力 （$\times K_R$）（N/mm²）　　　表 15.7

龄期(d)	3	4	5	7	10	15	20
$\Delta\sigma_{sh}$	0.093	0.026	0.025	0.047	0.066	0.099	0.090
σ_{sh}	0.093	0.120	0.145	0.192	0.258	0.357	0.447
龄期(d)	25	30	40	60	80	100	120
$\Delta\sigma_{sh}$	0.082	0.076	0.134	0.215	0.168	0.132	0.105
σ_{sh}	0.530	0.606	0.740	0.955	1.123	1.256	1.361
龄期(d)	140	160	180	210	240	270	300
$\Delta\sigma_{sh}$	0.084	0.067	0.054	0.062	0.045	0.033	0.024
σ_{sh}	1.445	1.512	1.566	1.628	1.673	1.706	1.730
龄期(d)	330	360					
$\Delta\sigma_{sh}$	0.017	0.013					
σ_{sh}	1.747	1.760					

3. 混凝土收缩引起的钢筋对混凝土的内约束应力计算

在实际计算中，考虑徐变影响时，将时间域离散为一系列时间段：Δt_i，$i=1$，2，…，n。在第 i 时间段内的混凝土内约束应变增量为 $\Delta\varepsilon_c(t_i)=\varepsilon_c(t_i)-\varepsilon_c(t_{i-1})$，平均弹性模量为 $E_i=[E(t_{i-1},t_0)+E(t_i,t_0)]/2$，计算时刻取离散点的中间值 $\bar{t}_i=[t_i+t_{i-1}]/2$。可得考虑徐变影响的弹性徐变内约束应力为：

$$\sigma_{ci}=\sum_{i=1}^{n}E_i \Delta\varepsilon_c(\bar{t}_i)H(t_n,\bar{t}_i)=\sum_{i=1}^{n}E_i \frac{\alpha_s\rho(1-K_R)}{\alpha_s\rho+1}\Delta\varepsilon_{sh}(\bar{t}_i)H(t_n,\bar{t}_i) \tag{15.17}$$

由式（15.17）可计算得到不同龄期时由混凝土收缩引起的钢筋对混凝土的内约束应力，墙板普通钢筋配筋率为 0.5%，内约束应力如表 15.8 所示。

混凝土收缩引起的钢筋对混凝土内约束应力 $[\times(1-K_R)]$ $(\mathrm{N/mm^2})$ 表 15.8

龄期(d)	3	4	5	7	10	15	20
σ_{ci}	0.0027	0.0035	0.0043	0.0056	0.0076	0.0105	0.0131
龄期(d)	25	30	40	60	80	100	120
σ_{ci}	0.0156	0.0178	0.0218	0.0281	0.033	0.0369	0.04
龄期(d)	140	160	180	210	240	270	300
σ_{ci}	0.0424	0.0444	0.046	0.0478	0.0491	0.0501	0.0508
龄期(d)	330	360					
σ_{ci}	0.0513	0.0517					

4. 季节温差引起的温度应力

假定墙板内部各点的温度变化与外界温度变化差异不大，则可以由外界气温的变化规律得到墙板内各点的温度应力。考虑徐变影响时，将时间域离散为一系列时间段：Δt_i，$i=1,2,\cdots,n$（以月为单位）。在第 i 时间段内的温度变化为 $\Delta T_i=T(t_i)-T(t_{i-1})$，平均弹性模量为 $E_i=[E(t_i,t_0)+E(t_i,t_0)]/2$，计算时刻取离散点的中间值 $\bar{t}_i=[t_i+t_{i-1}]/2$。可得考虑徐变影响的弹性徐变温度应力为：

$$\sigma_{\mathrm{T}}=\sum_{i=1}^{n}K_R E_i \alpha_{\mathrm{c}} \Delta T_i H(t_{\mathrm{n}},\bar{t}_i) \tag{15.18}$$

考虑施工的最不利情况，假定墙板在最热月 7 月施工，则由式（15.18）可计算得到不同龄期时由季节温差引起的温度应力，温度应力如表 15.9 所示。

季节温差引起的温度应力（$\times K_R$）$(\mathrm{N/mm^2})$ 表 15.9

龄期(d)	30	60	90	120	150	180
σ_{T}	0.015	0.550	1.230	1.890	2.572	2.865
龄期(d)	210	240	270	300	330	360
σ_{T}	2.748	2.363	1.778	1.293	0.843	0.399

图 15.4 为 $K_R=0.5$ 时的墙板中各种应力随混凝土龄期的变化值，可见在混凝土浇筑的早期，水化放热产生的残余温度应力较大，收缩应力也在早龄期时发展较快，因此若不采取措施，则墙板很有可能在早龄期时就产生裂缝[15]。与其他三种应力相比，由混凝土收缩导致的钢筋对混凝土的约束应力很小，可忽略不计。$T=180\mathrm{d}$ 时应力最大，为 2.66MPa，已超过 C30 混凝土的抗拉强度标准值 2.01MPa。若要使墙板不开裂，则必须控制约束系数 $K_R<0.38$，可以通过设置后浇带减小墙板的分段长度、设置预应力筋等来解决。

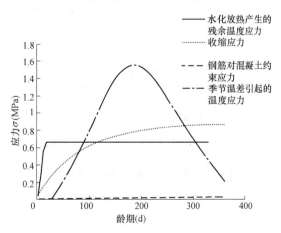

图 15.4 $K_R=0.5$ 时墙板中应力随龄期的变化情况

15.2 复杂超长预应力混凝土结构的有限元分析

本节将以上海虹桥 SOHO 的有限元模拟为案例进行介绍。

15.2.1 屋面有限元分析

15.2.1.1 温度和收缩作用取值

屋面施工大致分为三个步骤（如图 15.5~图 15.7 所示）：（1）浇筑屋面主体；（2）浇筑后浇带；（3）连廊合龙。

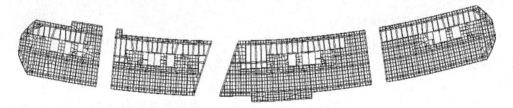

图 15.5 第一步（屋面主体浇筑完毕）

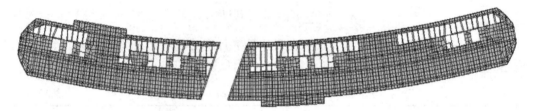

图 15.6 第二步（后浇带浇筑完毕）

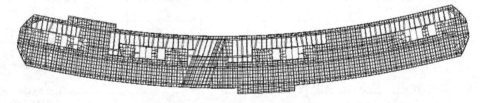

图 15.7 第三步（结构合龙）

根据实际施工顺序，同时为了了解不同的合龙时间对结构的影响，考虑应力松弛后的结构等效温降（考虑季节温差和混凝土收缩）。

第一步（屋面主体温降）：

$$\Delta T_1 = -[0.553 \times 1.72 + 0.438 \times 1.48 + 0.356 \times 2.37 + 0.356 \times 4] = -3.9℃$$

第二步（屋面主体、后浇带温降）：

连廊 1 月合龙：

$$\Delta T_{2\text{-}1} = -0.553 \times 1.72 - 0.438 \times 1.48 - 0.356 \times 2.37 - 0.32 \times 1.76 - 0.272 \times 2.98 -$$
$$0.252 \times 1.4 - 0.252 \times 10 = -6.7℃$$

连廊 7 月合龙：

$$\Delta T_{2\text{-}7} = -0.553 \times 1.72 - 0.438 \times 1.48 - 0.356 \times 2.37 - 0.32 \times 1.76 - 0.272 \times 2.98 - \\ 0.272 \times 6 = -5.4℃$$

第三步（整体温降）：

连廊 1 月合龙：

$$\Delta T_{3\text{-}1} = -0.553 \times 1.72 - 0.438 \times 1.48 - 0.356 \times 2.37 - 0.32 \times 1.76 - 0.272 \times 2.98 - \\ 0.252 \times 1.4 - 0.238 \times 0.3 - 0.238 \times 4 = -5.2℃$$

连廊 7 月合龙：

$$\Delta T_{3\text{-}7} = -0.553 \times 1.72 - 0.438 \times 1.48 - 0.356 \times 2.37 - 0.32 \times 1.76 - 0.272 \times 2.98 - \\ 0.252 \times 1.4 - 0.238 \times 0.3 - 0.238 \times 31 = -11.6℃$$

日照作用是指同一天太阳照射在结构不同部位引起的温度差作用。由于太阳照射强度随着建筑物所在的地理位置、方位、朝向以及所处地区气候变化而变化，并且建筑物的内外表面之间，还不断地以辐射、对流、传导等方式与周围空气介质进行热交换，因此建筑物在日照作用下温度计算十分复杂。综合考虑太阳辐射、工程传热、隔热参数指标等参数，并根据该建筑的实际情况，计算结构正晒面温度：

$$t_1 = t_z - \frac{\zeta J_{\max}}{(1 + 0.429\delta a_{\mathrm{w}} + 0.115 a_{\mathrm{w}}) a_{\mathrm{w}}} + \frac{[\zeta(J_{\max} - J_{\mathrm{p}}) + (t_{\mathrm{w \cdot max}} - t_{\mathrm{w \cdot p}}) a_{\mathrm{w}}]k}{35.793 + a_{\mathrm{w}}}$$

其中

$$t_z = \frac{\zeta J_{\max}}{a_{\mathrm{w}}} + t_{\mathrm{w \cdot p}} + \theta_{t \cdot \mathrm{w}}$$

考虑到在结构尚未合龙之前，屋面的约束较小，故仅考虑结构合龙后屋面日照温差的影响，计算屋面梁、板部分日照温差为 $\Delta T_{日照} = 17.43℃$。

15.2.1.2 整体分析

地上结构的单体超长分析对象为平面尺寸最大的 3 号楼。对于 3 号楼整体温降的楼板拉应力，为直观显示屏蔽掉小于混凝土抗拉强度设计值 1.71MPa 的区域，如图 15.8 所示。

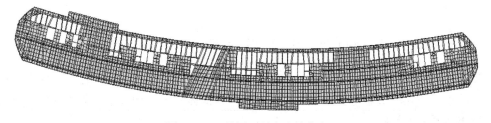

图 15.8 3 号屋面预应力筋分布

根据实际设计结果，在不考虑施工过程的前提下分别对屋面在日照温差、季节温差以及预应力作用下应力场的分布情况进行了分析，结果如图 15.9～图 15.12 所示。

由图 15.9 和图 15.10 可以看出，在日照作用下屋面将产生较大的拉应力，最大可达到 11.9MPa，即使施加预应力作用，屋面的大部分区域拉应力仍然较大，可达到

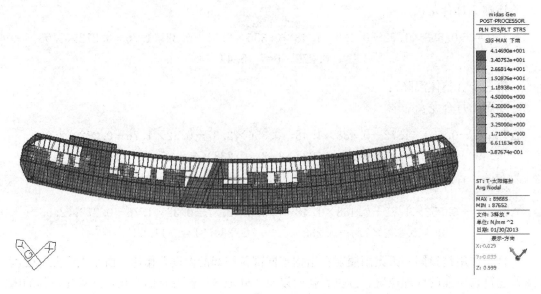

图 15.9　日照作用下屋面应力场

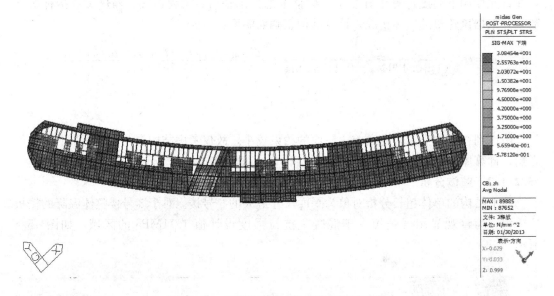

图 15.10　日照及预应力作用下屋面应力场

9.8MPa，故建议应对屋面做保温层处理。由图 15.11 和图 15.12 可以看出，预应力可以有效地减小屋面在季节温差作用下的拉应力，但在筒体附近出现了应力集中现象，可能在该区域出现开裂的问题。

15.2.1.3　合龙时间对结构的影响

考虑到工程的实际情况，认为屋面的合龙时间对其应力场的分布有一定影响，同时为了对屋面的最佳合龙时间做出一定的建议，将对在最低月平均温度（1 月，图 15.13～图 15.18）及最高月平均温度（7 月，图 15.19～图 15.24）进行合龙后的应力场进行分析，分析结果如图 15.13～图 15.24 所示。

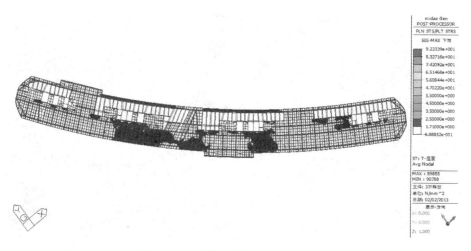

图 15.11　季节温差作用下屋面应力场

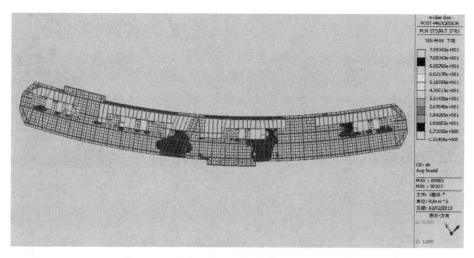

图 15.12　季节温差及预应力作用下屋面应力场

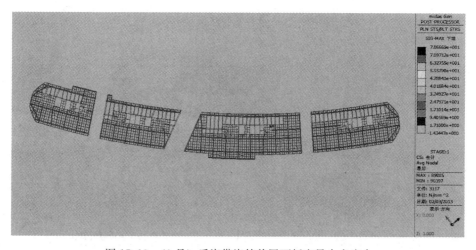

图 15.13　（1月）后浇带浇筑前屋面板底最大主应力

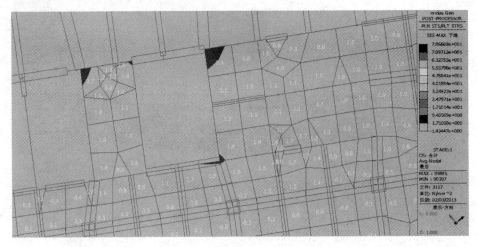

图 15.14 （1 月）后浇带浇筑前屋面板底最大主应力局部

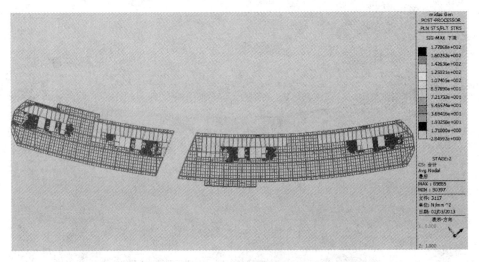

图 15.15 （1 月）结构合龙前屋面板底最大主应力

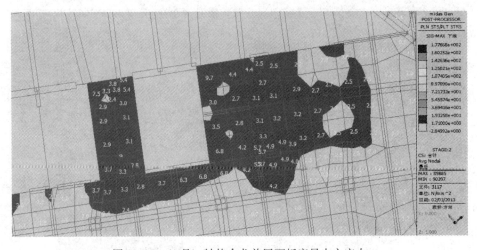

图 15.16 （1 月）结构合龙前屋面板底最大主应力

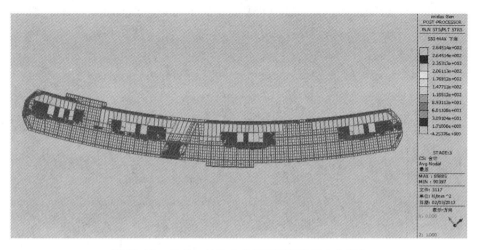

图 15.17　（1 月）结构合龙后屋面板底最大主应力

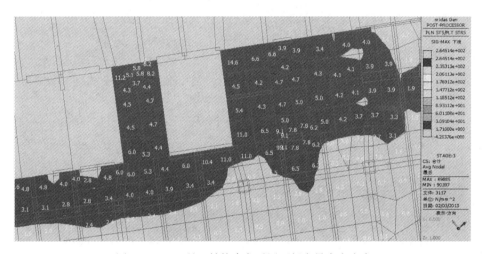

图 15.18　（1 月）结构合龙后屋面板底最大主应力

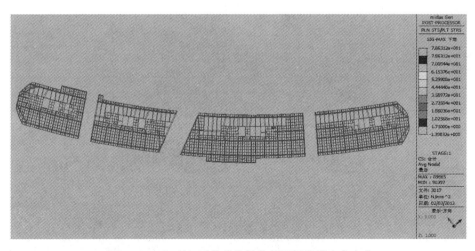

图 15.19　（7 月）后浇带浇筑前屋面板底最大主应力

615

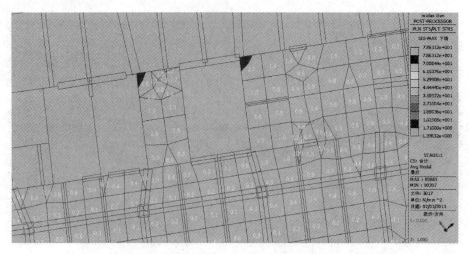

图 15.20 （7 月）后浇带浇筑前屋面板底最大主应力局部

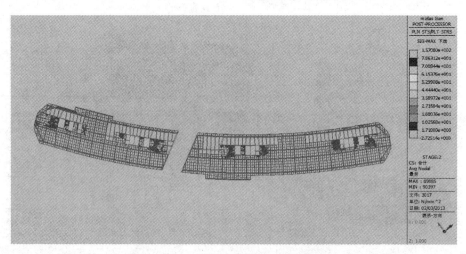

图 15.21 （7 月）结构合龙前屋面板底最大主应力

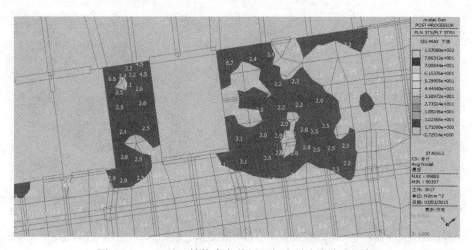

图 15.22 （7 月）结构合龙前屋面板底最大主应力局部

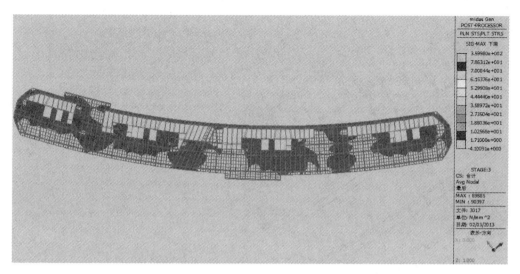

图 15.23　（7 月）结构合龙后屋面板底最大主应力

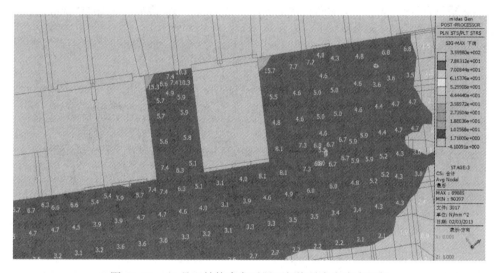

图 15.24　（7 月）结构合龙后屋面板底最大主应力局部

由分析结果可知，若 7 月合龙，屋面在季节温差及预应力共同作用下，仅部分区域应力均小于 1.71MPa，预应力的总体效果明显不如在 1 月份合龙，且在筒体附近的拉应力最大达到 6.0MPa，而若 1 月份合龙，筒体附近的拉应力最大仅为 4.1MPa，所以建议结构的最佳合龙时间为 1 月。

15.2.1.4　设置水平施工缝

尽管合龙时间选择为 1 月时，屋面拉应力超过 1.71MPa 的区域已较合龙时间为 1 月的情况有所减小，但在筒体附近会出现拉应力大于 1.71MPa 的现象，这说明若不进行特殊处理，尽管采用预应力技术，屋面在筒体附近可能仍会产生裂缝。为降低温度作用在筒体四周产生的较大拉应力，同时也为了提高预应力的效果，建议在筒体周围设置水平施工缝（图 15.25），待预应力张拉完成后再进行浇筑。如图 15.26～图 15.31 所示为结构后浇带浇筑前屋面板底最大主应力和结构合龙前后屋面板底最大主应力情况。

617

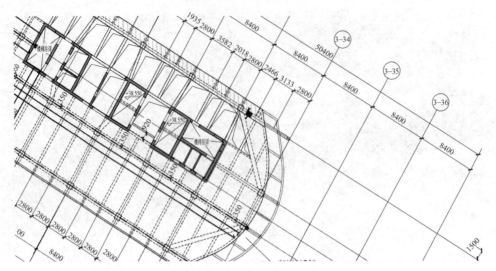

图 15.25　水平施工缝位置示意图

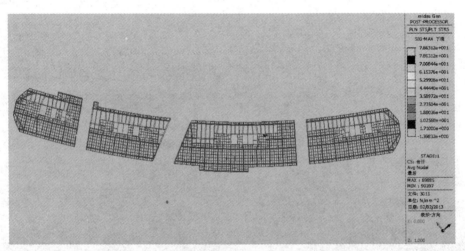

图 15.26　后浇带浇筑前屋面板底最大主应力

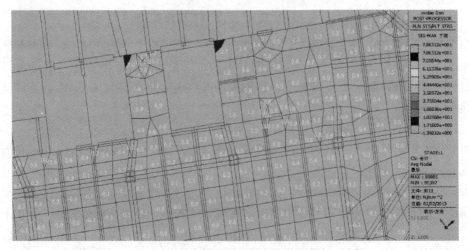

图 15.27　后浇带浇筑前屋面板底最大主应力（局部）

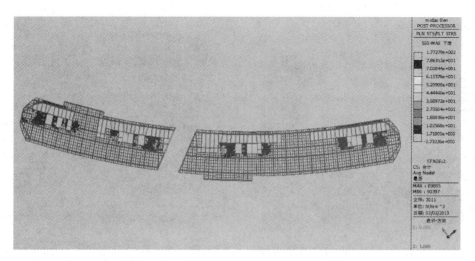

图 15.28　结构合龙前屋面板底最大主应力

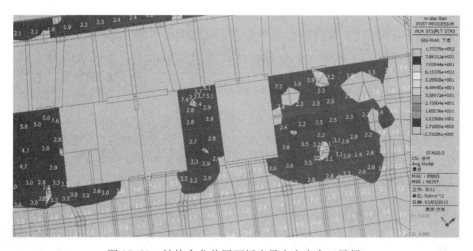

图 15.29　结构合龙前屋面板底最大主应力（局部）

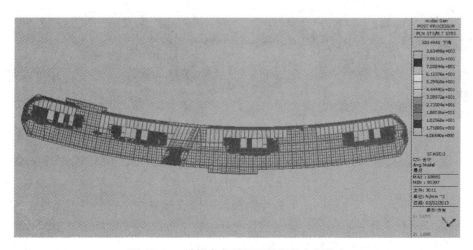

图 15.30　结构合龙后屋面板底最大主应力

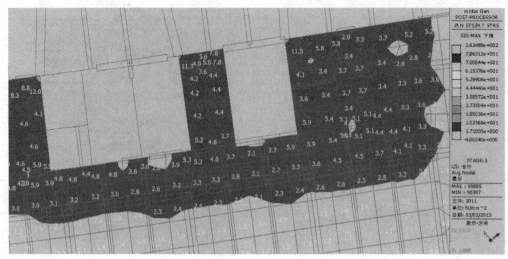

图 15.31　结构合龙后屋面板底最大主应力（局部）

　　根据有限元模拟的结果可知，仅在一个筒体周围设置水平施工缝对于整个屋面在季节温降及预应力作用下的应力场分布影响不大。但是对于水平施工缝四周区域而言，仍可看出其减小拉应力的效果十分明显，在未释放拉应力的情况下，该区域的最大拉应力为14.6MPa，设置水平施工缝后，应力降为11.5MPa，故建议在以后的类似工程当中可采用此技术以提高预应力的效果。

15.2.1.5　端部钢骨混凝土柱的影响

　　通过对释放筒体约束的分析，发现释放竖向约束对于预应力的有效建立有明显的促进作用，考虑到结构在端部的钢骨混凝土柱也同样属于较强的竖向约束，拟分析其在预应力张拉前后浇筑对屋面应力场的影响，结果如图15.32～图15.37所示。

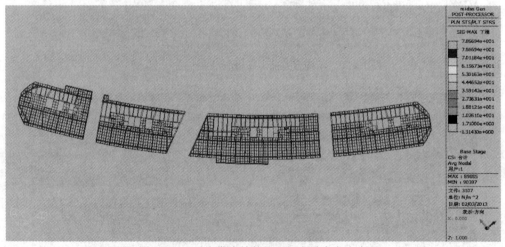

图 15.32　后浇带浇筑前屋面板底最大主应力

　　将本次分析的结果与之前的结果进行比较，可发现释放端部钢骨混凝土柱的约束后，屋面整体的应力场变化并不明显，但在钢骨混凝土柱附近的屋面最大拉应力由5.2MPa降低为3.8MPa，有效地降低了该区域的拉应力。所以预应力张拉完成后再进行钢骨混凝土柱的浇筑虽然对结构整体的应力场影响不大，但能有效地降低局部屋面板内的拉应力。

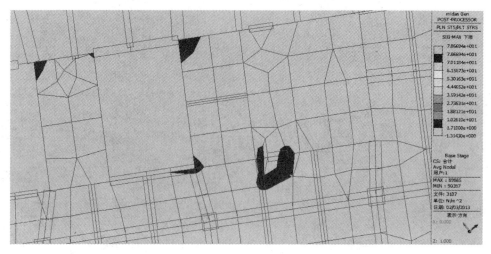

图 15.33　后浇带浇筑前屋面板底最大主应力（局部）

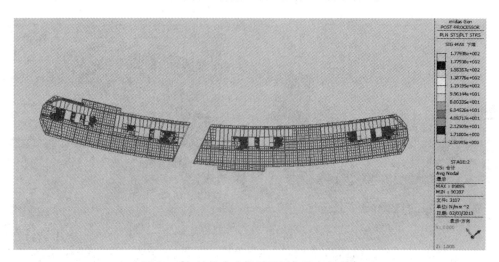

图 15.34　结构合龙前屋面板底最大主应力

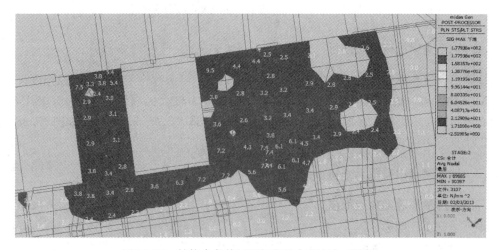

图 15.35　结构合龙前屋面板底最大主应力（局部）

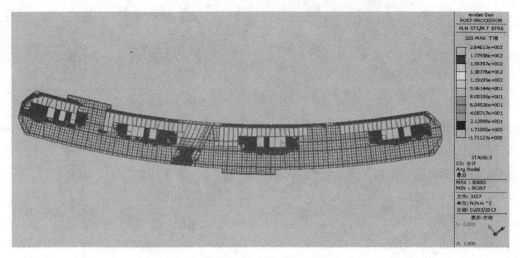

图 15.36　结构合龙后屋面板底最大主应力

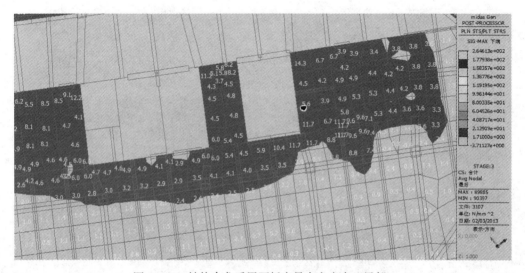

图 15.37　结构合龙后屋面板底最大主应力（局部）

15.2.2　地下室梁板有限元分析

仅列出各层在温降时楼板中的拉应力，为直观显示屏蔽掉小于混凝土抗拉强度设计值 1.71MPa 的区域。地下室顶板（-1.500 处）主拉应力较大区域值为 3.0～5.0MPa；地下室 1 层楼板拉应力较大区域值为 3.0～4.0MPa，局部达 5.0～5.5MPa，如图 15.38～图 15.47 所示。

15.2.3　地下室墙板有限元分析

15.2.3.1　温度和收缩作用取值

地下室施工工期为：

2013 年 4 月 28 日浇筑 B2 层地下室外墙和楼板；

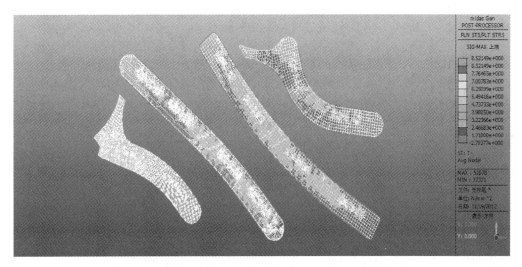

图 15.38　地下室±0.000 处板的 T-10.0 作用最大主应力

图 15.39　地下室－1.500 顶板的 T-10.0 作用最大主应力

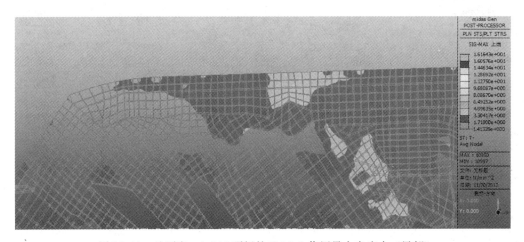

图 15.40　地下室－1.500 顶板的 T-10.0 作用最大主应力（局部）

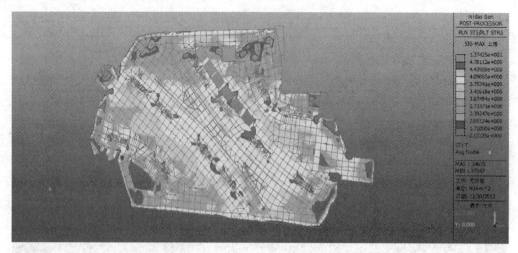

图 15.41　地下室二层顶板的 T-10.0 作用最大主应力

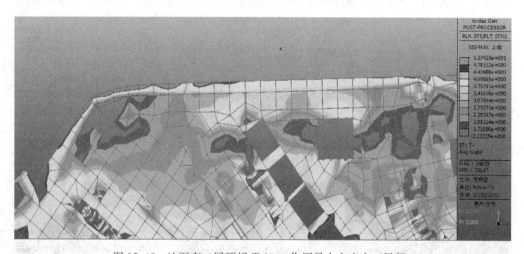

图 15.42　地下室二层顶板 T-10.0 作用最大主应力（局部）

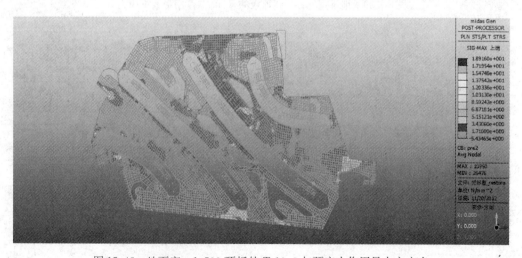

图 15.43　地下室-1.500 顶板的 T-10.0 与预应力作用最大主应力

图 15.44　地下室－1.500 顶板的 T-10.0 与预应力作用最大主应力（局部）

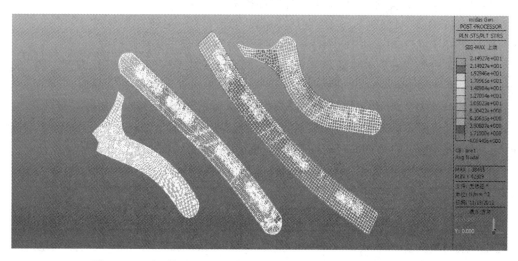

图 15.45　地下室±0.000 处板的 T-10.0 与预应力作用最大主应力

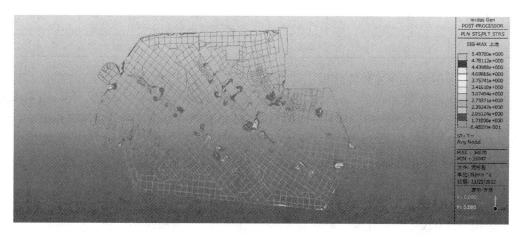

图 15.46　地下室二层顶板的 T-10.0 与预应力作用最大主应力

图 15.47　地下室二层顶板的 T-10.0 与预应力作用最大主应力（局部）

2013 年 7 月 2 日浇筑 B1 层地下室外墙和楼板；

2013 年 7 月 10 日浇筑 B2、B1 层后浇带；

2013 年 6 月中下旬张拉 B2、B1 层外墙预应力筋。（尚未张拉）

　　将以上各阶段的混凝土收缩当量为温差，与水化放热产生的温差以及季节温差一起作用于墙板结构上，此处还应考虑徐变作用。后浇带施加了微膨胀剂，膨胀率为 0.02%，则膨胀当量温差为 20℃[16]。地下室结构由于处于覆土环境中，取温差折减系数为 0.5。将每一阶段的混凝土龄期离散为一系列的时间段，将每一时间段的温差、当量温差乘以相应龄期的松弛系数，再累加即可得到等效温度作用的取值，如表 15.10 所示。

墙板各阶段的混凝土温差取值（℃，＋为降温）　　　　　　　表 15.10

阶段	水化热温差			收缩当量温差			季节温差			总温差		
	B2 层	B1 层	后浇带	B2 层	B1 层	后浇带	B2 层	B1 层	后浇带	B2 层	B1 层	后浇带
I	10			2						12		
II	0	10		0.5	1.2					0.5	11.2	
III												
IV	0	0		0.5	1.3					0.5	1.3	
V	0	0	10	2.0	2.5	−15	3.2	3.2	3.2	5.2	5.7	−1.8

15.2.3.2　MIDAS 地下室整体分析

　　采用有限元软件 Midas/Gen 800 进行整体地下室结构的温度应力分析。用 MIDAS 软件对整体地下室墙体的模型进行了分析，如图 15.48 所示，地下室外墙在温降作用下，墙的应力云图如图 15.49 所示，结果显示绝大部分墙的主拉应力大于 3.0 MPa，局部达到 6.0 MPa 以上。而施加了预应力后，大部分墙体（透明部分）的主拉应力都到了 1.71MPa（极限拉应力）以下，如图 15.50 所示。

15.2.3.3　ABAQUS 局部墙板结构分析

　　采用 ABAQUS10.1 对地下室局部结构（包括 B1 层墙板、梁、柱，B2 层墙板、楼板、柱）进行分析，利用 MODEL CHANGE 功能来模拟施工过程，以实现温度应力的连续分析。在一个分析步中，用 MODEL CHANGE 模块将模型的一部分移除，让这些单元

"死亡"，在后续的分析步中再"激活"它们，形成完整结构。为了使局部结构的分析更加精确，所有墙板、梁、柱均采用实体单元。

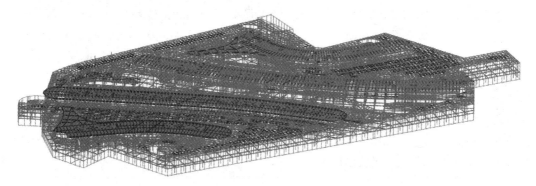

图 15.48　地下室 MIDAS 模型

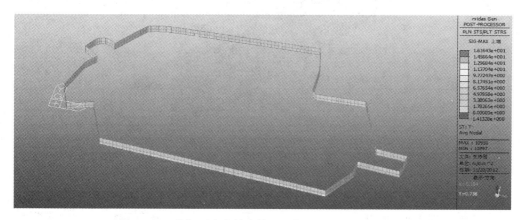

图 15.49　施加预应力前墙体温差作用下最大拉应力云图

图 15.50　施加预应力后墙体温差作用下最大拉应力云图

根据施工顺序，可分为以下 5 个分析步骤：

第一分析步：浇筑 B2 层墙体，再浇筑 B2 层顶板；

第二分析步：浇筑 B1 层墙体，再浇筑 B1 层顶板；

第三分析步：对 B2 层、B1 层墙体张拉预应力筋；

第四分析步：后浇带封闭；

第五分析步：后浇带封闭至来年 1 月的使用阶段。

本工程地下室墙板、梁、柱和楼板混凝土强度等级 C30，弹性模量 $3 \times 10^4 \text{N/mm}^2$，泊松比 0.2，线膨胀系数为 $1 \times 10^{-5}/\text{℃}$。本构模型采用 ABAQUS 内置的混凝土损伤塑性模型，本构关系采用《混凝土结构设计规范》GB 50010—2010 附录 3 中的曲线。

用有限元软件 ABAQUS 建立局部墙板的三维整体模型，墙板、楼板、梁柱均采用实体单元，墙底和柱底视为嵌固于基础上，梁柱节点为刚接。在后浇带封闭前的一、二、三、四分析步墙板两端为自由，后浇带封闭后的第五分析步墙板两端为固定约束。两段墙板长度分别为 29m 和 36m，B2 层高度 3.85m，B1 层高度 5.15m，墙厚均为 450mm，后浇带宽 800mm。有限元模型如图 15.51 所示。

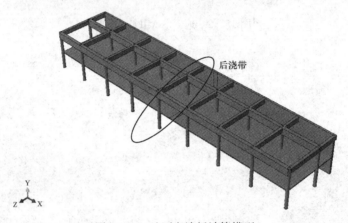

图 15.51　地下室墙板计算模型

1. 不施加预应力的墙板应力分析

为了与施加预应力的墙板相比，首先对不施加预应力时的墙板进行温度应力和收缩应力的分析，根据施工顺序可分为以下三个分析步：

第一分析步：浇筑 B2 层墙体后至浇筑 B1 层墙体前；

第二分析步：浇筑 B1 层墙体后至后浇带封闭；

第三分析步：后浇带封闭至来年 1 月的使用阶段。

温度作用取值参考表 15.10，将Ⅲ、Ⅳ阶段的温度作用并入第Ⅱ阶段即可。

实际工程中墙体的典型裂缝主要沿墙高方向发展，与墙板的长度方向垂直，由裂缝与约束主拉应力垂直可知，引起裂缝的主拉应力是沿墙板长度方向的拉应力 s_{11}。除特殊说明外，下述分析的墙板应力均为 s_{11}。

（1）第一分析步完成后的墙板应力

由图 15.52 可见，第一分析步结束时，墙板中的最大拉应力为 2.0MPa，墙板中间部分以及靠近墙底的区域应力较大。

（2）第二分析步完成后的墙板应力

由图 15.53 可见，第二分析步完成后墙板中的最大拉应力为 1.85MPa，拉应力较大的区域逐渐向墙体中部集中。B2 层由于直接受到基础的约束，其拉应力显著大于 B1 层，拉应力从墙底至墙顶逐渐减小。墙体中应力均连续，说明在后浇带封闭前墙体中还未出现

图 15.52　第一分析步结束时的墙板应力云图

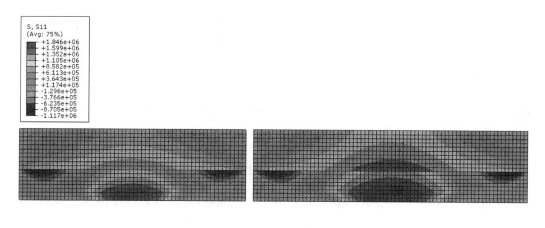

图 15.53　第二分析步结束时的墙板应力云图

裂缝。

（3）第三分析步完成后的墙板应力

由图 15.54 的应力分布图可见，墙板中最大拉应力为 1.8MPa，大部分区域的拉应力为 1.4MPa 左右。与图 15.53 和图 15.55 相比，图 15.55 中的应力分布不再有连续性，说明墙板中某些部位出现了裂缝，裂缝处的应力得到释放，由图 15.55 的等效塑性应变云图得到证实。

由上述分析可见，若不对该墙体施加预应力，即使在施工中设置了后浇带，在后浇带封闭后也会产生裂缝，还无法达到完全抗裂的效果。

2. 施加预应力的墙板应力分析

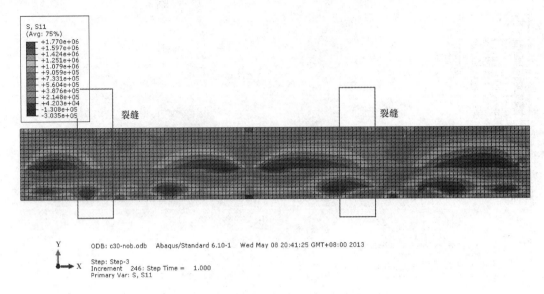

图 15.54　第三分析步结束时的墙板应力云图

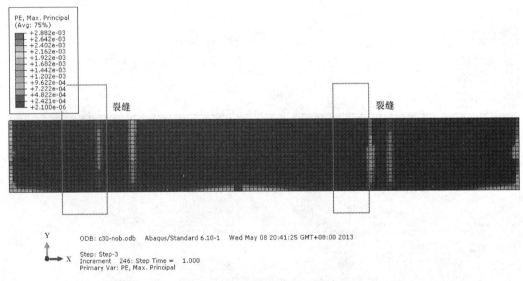

图 15.55　第三分析步结束时的墙板等效塑性应变云图

施加预应力的墙板分析采用了 5 个分析步，温度作用按表 15.10 取值。预应力筋沿墙高按 $2\Phi^s 15.2@400$ 均匀布置，每根预应力筋的张拉力取为 160kN。

（1）第一分析步完成后的墙板应力

由图 15.56 可见，第一分析步结束时，墙板中的最大拉应力为 2.0MPa，墙板中间部分以及靠近墙底的区域应力较大。

（2）第二分析步完成后的墙板应力

由图 15.57 可见，第二分析步完成后墙板中的最大拉应力为 1.84MPa，拉应力较大的区域逐渐向墙体中部集中。B2 层的拉应力显著大于 B1 层，拉应力从墙底至墙顶逐渐减小，沿长度方向从墙板中间部位往两端逐渐减小。

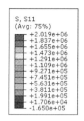

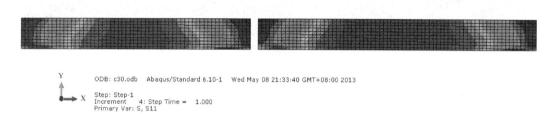

ODB: c30.odb　Abaqus/Standard 6.10-1　Wed May 08 21:33:40 GMT+08:00 2013

Step: Step-1
Increment　　4: Step Time =　1.000
Primary Var: S, S11

图 15.56　第一分析步结束时的墙板应力云图

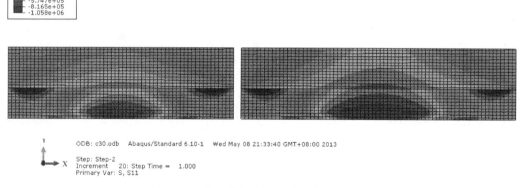

ODB: c30.odb　Abaqus/Standard 6.10-1　Wed May 08 21:33:40 GMT+08:00 2013

Step: Step-2
Increment　　20: Step Time =　1.000
Primary Var: S, S11

图 15.57　第二分析步结束时的墙板应力云图

（3）第三分析步完成后的墙板应力

由图 15.58 与图 15.57 比较可以发现，墙板施加预应力后，最大拉应力减小为 1.5MPa，且只集中在墙板中部靠近墙底的一小片区域，而其中大部分区域的预压应力都达到了 1.0MPa，说明施加预应力后效果良好，不仅抵消了前期水化放热和混凝土收缩产生的拉应力，还对大部分区域形成了一定的预压应力。

（4）第四分析步完成后的墙板应力

由图 15.59 可见，在后浇带封闭前夕，墙板中的最大拉应力为 1.53MPa，大部分区域的应力为 $-0.7 \sim -1.3$MPa（压应力）。将图 15.59 与图 15.54 比较，施加预应力后墙板中拉应力集中的区域明显小于不施加预应力时，但最大应力相差不大，这是由于在靠近

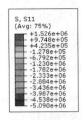

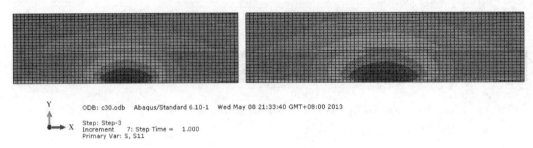

图 15.58　第三分析步结束时的墙板应力云图

墙底的墙体中部区域，强约束导致墙体中实际建立起来的预应力值较为有限。

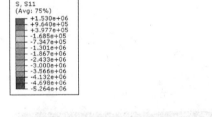

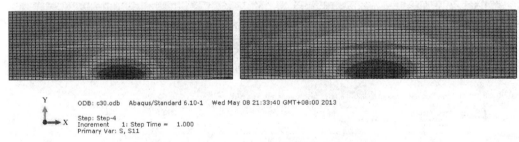

图 15.59　第四分析步结束时的墙板应力云图

（5）第五分析步完成后的墙板应力

由图 15.60 的应力分布图可见，墙板中最大拉应力为 1.8MPa，应力分布连续，说明墙板中没有出现裂缝，由图 15.61 的等效塑性应变云图得到证实。

由上述分析可见，在后浇带封闭前对墙体施加预应力可以在墙体大部分区域产生一定的预压应力，在后浇带封闭后可抵消一部分拉应力，可对后浇带封闭前后的整个过程进行裂缝控制。

工程中可采用后浇带与预应力结合的施工方法，将后浇带作为预应力筋分段张拉的张拉端。预应力筋张拉主要有以下两种方法：①后浇带封闭之前把分段墙板内的预应力筋张拉完毕，封闭之后张拉后浇带区域搭接的预应力筋；②在混凝土后浇带边缘张拉半数预应

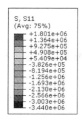

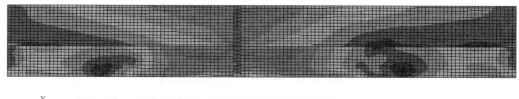

ODB: c30.odb   Abaqus/Standard 6.10-1   Wed May 08 21:33:40 GMT+08:00 2013

Step: Step-5
Increment 144: Step Time =   1.000
Primary Var: S, S11

图 15.60　第五分析步结束时的墙板应力云图

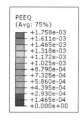

ODB: c30.odb   Abaqus/Standard 6.10-1   Wed May 08 21:33:40 GMT+08:00 2013

Step: Step-5
Increment 144: Step Time =   1.000
Primary Var: PEEQ

图 15.61　第五分析步结束时的墙板等效塑性应变云图

力筋，将另一半预应力筋相对延伸穿越后浇带，待后浇带封闭后再张拉，这种构造中没有预应力搭接短筋，可节省锚具。两种方法如图 15.62 所示。

（6）墙板中的正应力和剪应力分布

以上述两片墙体中较长的 36m 墙体为例，分析各阶段墙中正应力和剪应力的分布情况。

图 15.63、图 15.64 分别为各阶段 B2 层墙中截面（$h = H/2$）正应力和剪应力沿墙长的分布图。可见，正应力是沿着墙体中轴线完全对称的，在墙体中间部位正应力最大。而剪应力则是在中间部位最小为 0，中轴线两边相同距离处大小相等，方向相反。各阶段正应力的发展趋势相同，峰值基本都在墙体中间部位，在第Ⅲ阶段施加预应力后，正应力明

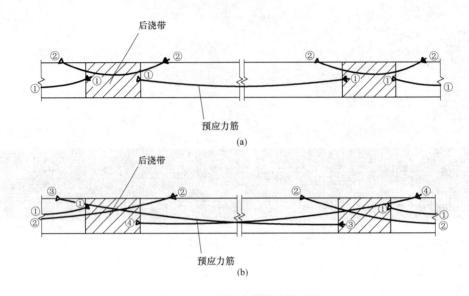

图 15.62　预应力筋搭接构造图

(a) 预应力短筋搭接连接；(b) 预应力筋交叉搭接

显减小，大部分区域由拉应力变为压应力，说明负的当量温差和预应力产生的正应力是异号相互抵消的。剪应力的峰值则是随着龄期的发展不断向墙体中间靠拢，峰值逐渐增大，在第Ⅲ阶段施加预应力后继续增加，说明负的当量温差和预应力产生的剪应力是同号相互叠加的，是较为不利的。

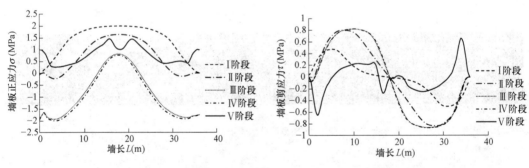

图 15.63　B2 层墙中截面（$h=H/2$）
正应力沿墙长的分布图

图 15.64　B2 层墙中截面（$h=H/2$）
剪应力沿墙长的分布图

　　由图 15.65、图 15.66 和图 15.63、图 15.64 的比较，可以发现 B1、B2 层中正应力和剪应力的分布趋势相同。施加预应力在 B1 层中建立起来的预应力值明显大于 B2 层，这是由于基础和底板对 B2 层的约束明显强于 B2 层墙板和 B2 层顶板对 B1 层的约束。B1 层墙体中的剪应力值也显著小于 B2 层。

　　3. 设置诱导缝的墙板应力分析

　　由图 15.63 可见，36m 长的墙体在第Ⅴ阶段末时，墙体中部区域的应力达到了 1.8MPa 左右，虽未达到 C30 混凝土的抗拉强度标准值 2.39MPa，但已超过混凝土抗拉强度设计值 1.43MPa，有产生裂缝的可能性。由温度应力和收缩应力在墙体中部最大，预

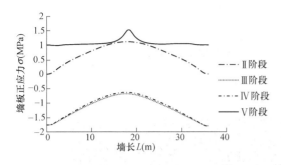

图 15.65 B1 层墙中截面 ($h＝H/2$)
正应力沿墙长的分布图

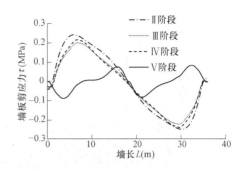

图 15.66 B1 层墙中截面 ($h＝H/2$)
剪应力沿墙长的分布图

压应力在墙体中部最小的特点，考虑在 36m 墙体的中间位置处设置一道诱导缝，则可以将墙体的温度收缩区段减小至 18m，应力峰值也将随之减小。为了验证其可行性，下面对设置诱导缝的墙体应力进行有限元分析。

考虑在墙中截面（离墙端 18m 处）设置一条诱导缝，建模时在墙体该部位设置一个凹槽将墙体截面削弱（如图 15.67），使其应力集中产生裂缝，则裂缝处的约束得到迅速释放，周围应力较大的区域应力值减小，只有靠近墙底的一小片区域应力值较大，约为 1.95MPa。此时第五分析步结束时墙体中的拉应力如图 15.68（a）所示。如图 15.68（b）、（c）所示，在温升情况下，墙体内侧和外侧均以压应变为主，虽然墙外侧在诱导缝处有拉应力，但并未达到混凝土的极限拉应力，可见诱导缝释放约束的效果非常明显且可靠。

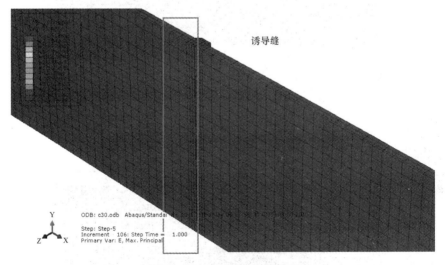

图 15.67 诱导缝建模示意图

从墙体内外两个表面的应变云图（图 15.69、图 15.70）可见，在诱导缝处的墙体内侧有应变集中区域，混凝土开裂，而外侧由于向外突出 200mm 的补强而无应变集中区域，说明理论上诱导缝处的混凝土开裂不会延伸至墙体最外侧。

选取 36m 长墙体的 B2 层墙中截面（$h＝H/2$），对其进行不施加预应力、施加预应力以及施加预应力的同时设置诱导缝这三种情况下沿墙长的正应力和剪应力分布进行对比，

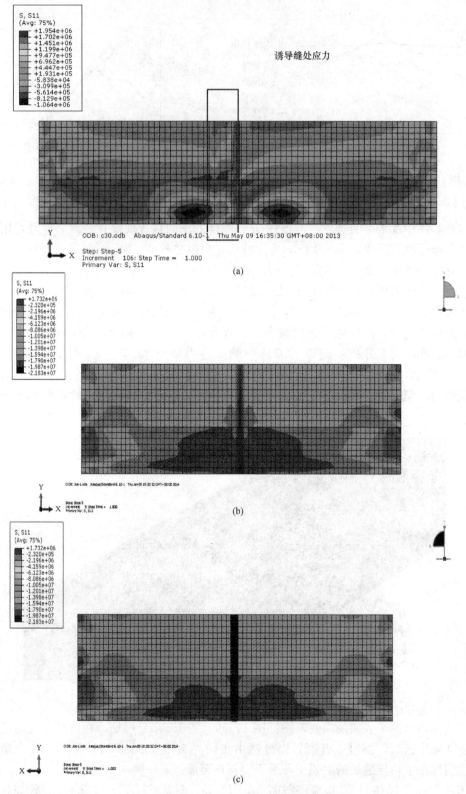

图 15.68　设置诱导缝后的墙体拉应力云图

如图 15.71 和图 15.72 所示。由图 15.71 的正应力分布图可见，不施加预应力时墙体中部
将产生一道裂缝，施加预应力后墙体中部有应力下降区域，可能会形成微裂缝，最大拉应
力达到了 1.6MPa 左右。设置一道诱导缝后，诱导缝处的应力急剧减小，应力得到释放，
其余墙体的最大拉应力为 1.4MPa 左右，可以较好地达到控制裂缝的目的。由图 15.71 和
图 15.72 比较可见，诱导缝周围正应力急剧减小的同时剪应力增大，最大为 0.7MPa，因
此需要对诱导缝两边加强抗剪能力，可在诱导缝两层设置补强钢筋或钢筋网片。

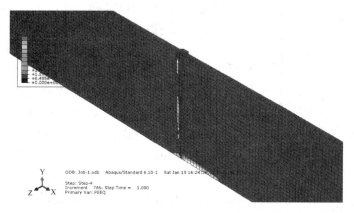

图 15.69　设置诱导缝后，36m 长墙体的等效塑性应变云图（内侧）

图 15.70　设置诱导缝后，36m 长墙体的等效塑性应变云图（外侧）

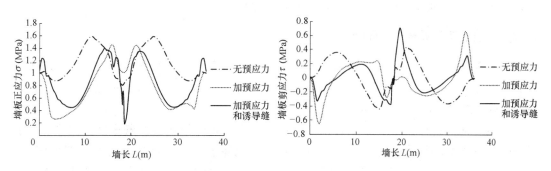

图 15.71　三种情况下 B2 层墙中截面
（h＝H/2）正应力沿墙长的分布图

图 15.72　三种情况下 B2 层墙中截面
（h＝H/2）剪应力沿墙长的分布图

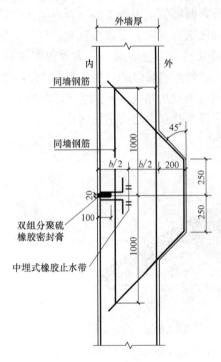

图 15.73 诱导缝做法详图

以上分析可见在施加预应力的同时，在 36m 长墙体的中部设置一道诱导缝可较好地克服预应力在墙体中间截面产生的预压应力值较小的缺点，从而更好地解决墙体的抗裂问题。在施加无粘结预应力筋墙体的中间截面设置诱导缝可以作为一种新型的解决墙体抗裂的思路和方法。诱导缝的做法可参考相关文献，如图 15.73 所示。

4. 预应力筋不同布置方式的分析

上述分析的预应力筋布置是两层均匀布置 2 Φ^{s}15.2@400。下面探讨在预应力筋总量相同的情况下，怎样布置可以产生更好的效果。分别对布置方式二：B2 层 2Φ^{s}15.2@500，B1 层 2Φ^{s}15.2@350；布置方式三：B2 层 2Φ^{s}15.2@350，B1 层 2Φ^{s}15.2@450 进行分析。与前述布置方式一：B2、B1 层均匀布置 2Φ^{s}15.2@400 的效果进行对比。三种布置方式的预应力筋总量相同，均为 23 排 46 束。以 36m 长的墙段为例对其进行 ABAQUS 模拟分析。

如图 15.74 和图 15.75 选择了墙中截面（$x=0$）和距端部 9m 处截面（$x=L/4$）中实际建立的预应力值 σ_x 与端部平均预压应力值 σ_{pc} 的比值进行分析。结果显示，两个截面的应力分布趋势相同，采用布置方式二（B2 层 2 Φ^{s}15.2@500，B1 层 2Φ^{s}15.2@350）时墙体中实际建立起来的预应力值更高。即在预应力筋总量不变的情况下，对 B1 层适当加密预应力筋，对 B2 层适当增大预应力筋间距能产生更好的预应力效果，这是由于 B2 层受到基础的约束很大，由约束引起的预应力损失太大。上述几种情况下的墙底截面（$h=0$）的实际预应力值都较小，且差别不大。如果要使 B1、B2 层的预压应力均匀分布，根据《无粘结预应力混凝土结构技术规程》第 5.1.10 条，对无粘结预应力混凝土平板，混凝土平均预压应力不宜小于 1.0MPa，也不宜大于 3.5MPa，则应根据约束由下而上逐渐减小的特点，预应力筋的配筋量是 B2 层多 B1 层少，即 B2 层间距小，B1 层间距大。

15.2.4　地下室墙板施工过程分析

地下室 B1 墙体 B50～B60 轴线已浇筑完毕且已完成预应力钢绞线的张拉，但墙体内侧出现了开裂，裂缝位置如图 15.76 所示，裂缝宽度大多在 0.5～0.8mm 之间，B58 轴线东侧的两条裂缝宽度达到 1mm。

按照最初的设计，在 B54 轴线东侧、B58 轴线西侧和 B60 轴线东侧分别设置了一条后浇带，各部分墙体浇筑完成后，混凝土强度达到要求后再进行预应力钢绞线的张拉，最后封闭后浇带。但是现场的实际情况是，2013 年 6 月 29 日 B54～B60 轴线墙体一次性浇筑完毕，2013 年 7 月 4 日 B50～B54 轴线墙体浇筑完毕，同时整段墙体并未设置后浇带。

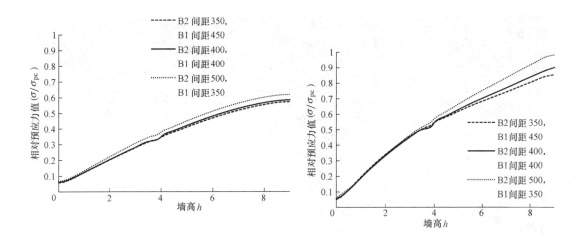

图 15.74　预应力筋不同布置时 $x=0$ 截面实际建立的预应力值沿墙高的变化关系

图 15.75　预应力筋不同布置时 $x=L/4$ 截面实际建立的预应力值沿墙高的变化关系

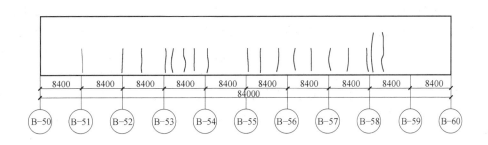

图 15.76　墙体裂缝位置示意图

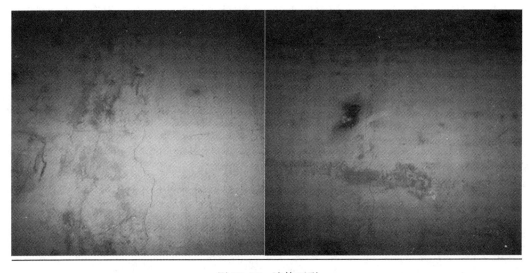

图 15.77　墙体开裂

图 15.77　墙体开裂（续）

15. 2. 4. 1　非荷载作用分析

对于墙板结构，非荷载作用产生的变形主要是在混凝土水化阶段由水化放热引起的温度变形、使用过程中温度变化、四季的气候变化引起的温度变形以及混凝土的收缩变形。因此，混凝土墙板中的非荷载应力主要包括由混凝土水化热引起的温度应力和残余温度应力、混凝土收缩引起的收缩应力、外界温度变化引起的温度应力以及由钢筋引起的内约束应力。上述各种非荷载应力并不具有相关性，所以在考虑各种非荷载应力共同作用效果时，可以将各种非荷载应力的单独作用效果简单地叠加。下面分别介绍各种非荷载应力的计算方法。

1. 水化热引起的温度场及应力计算

混凝土的水化放热温升属于热传导理论中的混合边值问题，如果通过理论求解，不仅过程很冗繁，而且许多施工条件难以预测，其理论结果也不可能很严格。浙江大学的王立才在硕士论文中推导了混凝土入模温度为 T_{rm}，内外表面温度为 T_a，混凝土水化放热规律为 $g(x，t)=WQ_0me^{-mt}$，内外边界为混合边界（第三类边界）条件的墙板内部各点温度场的理论解：

$$T(x,t)=\sum_{m=1}^{\infty}\frac{\beta_m\cos(\beta_m x)+H_1\sin(\beta_m x)}{N(\beta_m)}\cdot\left[\frac{\alpha WQ_0C_m m}{k(\alpha\beta_m^2-m)}(e^{-mt}-e^{-\alpha\beta_m^2 t})+\right.$$
$$\left. T_a\frac{\beta_m H_1+D_m H_2}{\beta_m^2}(1-e^{-\alpha\beta_m^2 t})+T_{rm}C_m e^{-\alpha\beta_m^2 t}\right] \tag{15.19}$$

该公式较为复杂，不利于工程应用，且各施工条件有不确定性，结果也不一定很精确。由于混凝土的升温时间很短，大约在浇筑后的 2～5d，可假定混凝土处于上下左右都不能散发热量的绝热状态，混凝上内的温度持续上升，随时间上升的规律由下式确定：

$$T_r(t)=\frac{WQ}{C\gamma}(1-e^{-mt}) \tag{15.20}$$

最高绝热温升：

$$T_{max}=\frac{WQ}{C\gamma} \tag{15.21}$$

$$Q = k \times Q_0$$

$$k = k_1 + k_2 - 1$$

式中 W——$1m^3$ 混凝土中的胶凝材料用量（kg/m^3）；

Q——每千克胶凝材料水化热散热量（kJ/kg）；

Q_0——每千克水泥材料水化热散热量（kJ/kg）；

C——比热，一般为 $0.92 \sim 1.0 \times 10^3 J/(kg \cdot ℃)$；

γ——混凝土重度 $2400 \sim 2500 kg/m^3$；

m——水泥品种与浇筑温度有关的系数，$0.3 \sim 0.5$，具体取值如表 15.11；

k_1——粉煤灰掺量对应的水化热调整系数，按表 15.12 取值；

k_2——矿渣粉掺量对应的水化热调整系数，按表 15.12 取值。

计算水化热温升时的 m 值   表 15.11

浇筑温度	5	10	15	20	25	30
m	0.3	0.32	0.34	0.36	0.38	0.41

不同掺量掺合料水化热调整系数   表 15.12

掺量	0	10%	20%	30%	40%
粉煤灰 $k1$	1	1.0	0.93	0.92	0.84
矿渣粉 k_2	1	0.96	0.95	0.93	0.82

混凝土内部温度计算公式为：

$$T_{m(t)} = T_{rm} + \xi T_{(t)} \tag{15.22}$$

式中 ξ——温降系数，其随着混凝土浇块厚度和混凝土龄期而变化，可查有关工具书；

T_{rm}——混凝土的浇筑温度，即入模温度；

$T_{(t)}$——混凝土最大绝热温升。

对于处于水化阶段的早龄期混凝土，弹性模量和徐变度的变化率比较大。混凝土的弹性模量 $E(t, t_0)$ 和徐变度 $C(t, t_0)$ 都与龄期 t 有关，所以必须考虑龄期的影响[17]。混凝土的弹性模量 $E(t, t_0)$ 和应力松弛系数 $H(t, t_0)$ 可以按照式（15.7）和式（15.2）计算。为简化起见，也可以采用朱伯芳教授所建议的经验公式：

$$E(t, t_0) = E_0(1 - e^{-0.4t^{0.34}}) \tag{15.23}$$

$$H(t, t_0) = 1 - (0.4 + 0.6e^{-0.62t_0^{0.17}}) \times [1 - e^{-(0.2 + 0.27t_0^{-0.23})(t - t_0)^{0.36}}] \tag{15.24}$$

考虑龄期的计算方法主要是通过将时间域离散为一系列的时间段：Δt_i，$i = 1$，2，$\cdots$，n。在第 i 时间段内的温度增量为 $\Delta T_i = T(t_i) - T(t_{i-1})$，平均弹性模量为 $E_i = [E(t_i, t_0) + E(t_{i-1}, t_0)]/2$，计算时刻取离散点的中间值 $\bar{t}_i = [t_i + t_{i-1}]/2$。可得考虑徐变影响的弹性徐变温度应力为：

$$\sigma_{cT} = \sum_{i=1}^{n} K_R E_i \alpha_c \Delta T(t_n, \bar{t}_i) H(t_n, \bar{t}_i) \tag{15.25}$$

式中 K_R——基础对墙板的约束程度系数；

α_c——混凝土线膨胀系数；

ΔT——墙板温差。

时间间隔 Δt 的取值，持荷早期，混凝土徐变变形较大，时间间隔应取小一点，在持荷后期，徐变变形相对较小，为减小计算量，时间间隔可取大一些，见表 15.13。

时间间隔取值随持荷时间的变化关系　　　　　　　　　表 15.13

$t-t_0(\mathrm{d})$	0～1	1～7	7～30	30～180	180 以上
$\Delta t(\mathrm{d})$	0.2～0.5	1～2	5～10	10～30	30～50

2. 混凝土收缩应变及收缩应力

混凝土的收缩应变可以按照上述方法计算，也可以按王铁梦教授提出的简化计算方法。

$$\varepsilon_{\mathrm{sh}}(t)=\varepsilon_{\mathrm{sh}}^0 \cdot M_1 \cdot M_2 \cdots M_n(1-e^{-bt}) \tag{15.26}$$

式中　　　$\varepsilon_{\mathrm{sh}}(t)$——任意时间的收缩值，以天为单位；

　　　　　b——经验系数，一般取 0.01，养护较差时取 0.03；

　　　　　$\varepsilon_{\mathrm{sh}}^0$——标准状态下的极限收缩，$\varepsilon_{\mathrm{sh}}^0=3.24\times10^{-4}$；

　M_1、M_2、$\cdots M_n$——考虑各种非标准条件的修正系数。

对于一个实际结构，根据实际的材料设计、几何条件以及外部环境条件，可以选择适当的修正系数进行修正，具体查资料。

如前面水化热引起的温度应力计算一样，在实际计算中，考虑徐变影响时，将时间域离散为一系列时间段：Δt_i，$i=1$，2，$\cdots$，n。在第 i 时间段内的收缩应变增量为 $\Delta\varepsilon_{\mathrm{sh}}(t_i)=\varepsilon_{\mathrm{sh}}(t_i)-\varepsilon_{\mathrm{sh}}(t_{i-1})$，平均弹性模量为 $E_i=[E(t_{i-1},t_0)+E(t_i,t_0)]/2$，计算时刻取离散点的中间值 $\bar{t}_i=[t_i+t_{i-1}]/2$。可得考虑徐变影响的弹性徐变收缩应力为：

$$\sigma_{\mathrm{sh}}=\sum_{i=1}^{n}K_{\mathrm{R}}E_i\Delta\varepsilon_{\mathrm{sh}}(\bar{t}_i)H(t_n,\bar{t}_i) \tag{15.27}$$

式中　　　K_{R}——基础对墙板的约束系数；

　$H(t_n,\bar{t}_i)$——龄期为 $\bar{t}_i$ 时的应力松弛系数。

3. 温差引起的温度应力

气温的变化是引起混凝土开裂的一大重要因素。气温变化包括气温的日变化和月变化。我国处于亚热带地区，气温的月变化要比日变化大得多，所以本节仅讨论气温的月变化引起的温度应力。

假定墙板内部各点的温度变化与外界温度变化差异不大，则可以由外界气温的变化规律得到墙板内各点的温度应力。考虑徐变影响时，将时间域离散为一系列时间段：Δt_i，$i=1$，2，$\cdots$，n（以月为单位）。在第 i 时间段内的温度变化为 $\Delta T_i=T(t_i)-T(t_{i-1})$，平均弹性模量为 $E_i=[E(t_i,t_0)+E(t_i,t_0)]/2$，计算时刻取离散点的中间值 $\bar{t}_i=[t_i+t_{i-1}]/2$。可得考虑徐变影响的弹性徐变温度应力为：

$$\sigma_{\mathrm{T}}=\sum_{i=1}^{n}K_{\mathrm{R}}E_i\alpha_{\mathrm{c}}\Delta T_iH(t_n,\bar{t}_i) \tag{15.28}$$

另外，月平均气温的变化引起的墙板的温度应力与墙板混凝土的浇筑月份有很大关系。夏季 7 月份施工的墙板将在冬季 1 月份达到一个很大的温度应力，而冬季施工的墙板中的最大拉应力将远小于前者。所以，在实际工程裂缝控制设计中，如果条件允许，安排在冬季进行施工对裂缝控制很有意义。即使在夏季施工，若混凝土的浇筑时间能安排在早晚温度较低时，也将对裂缝控制很有帮助[18]。

上述各种非荷载应力并不具有相关性，所以在考虑各种非荷载应力共同作用效果时，可以将各种非荷载应力的单独作用效果简单地叠加，即：

$$\sigma_c = \sigma_{cT} + \sigma_{sh} + \sigma_T \tag{15.29}$$

15.2.4.2　应力松弛系数的经验计算公式

应力松弛系数是研究徐变变形对应力影响的重要参数，除了数值方法外，国内外很多学者都提出了应力松弛系数与徐变系数之间的经验公式。例如朱伯芳提出：

$$H(t, t_0) = e^{-0.8[\phi(t, t_0)]^{0.85}} \tag{15.30}$$

另外，Brooks 和 Neville 统计了 210 组松弛系数 H 与徐变系数 ϕ 的试验资料得出了它们的关系式：

$$H(t, t_0) = \alpha e^{-\beta \phi(t, t_0)} \tag{15.31}$$

其中，$\alpha = 0.91$，$\beta = 0.686$。与试验结果符合较好，尤其在持荷的早期精度较高。式 (15.31) 的相关性很好（相关系数为 0.97），应用此式预报 4 年的松弛系数，其误差在 15% 以内。

15.2.4.3　墙体温度荷载作用计算

根据现场的监测情况，B54～B60 轴线墙体于 2013 年 6 月 29 日浇筑，B50～B54 轴线墙体于 2013 年 7 月 4 日浇筑，预应力钢绞线于 2013 年 10 月 10 日完成张拉。如图 15.78、图 15.79 所示，可以看出墙体浇筑后因为水化热释放，有一个明显的升温阶段，而后逐渐降温并趋于平稳，同时墙体下部的降温幅度明显要大于上部。为计算简便，对温降相近区域取其平均值作为整体温降。因此，第一阶段 B54～B60 墙体上部的温降为 −6.5℃，下部的温降为 −3.0℃，第二阶段 B50～B54 墙体上部温降为 −28.5℃，下部的温降为 −23.6℃，B54～B60 墙体上部温降为 −13.8℃，下部的温降为 −6.4℃。

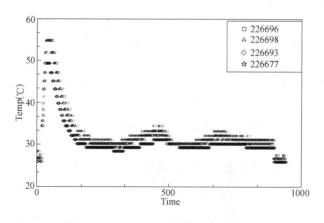

图 15.78　B50～B54 轴线测点温度变化

15.2.4.4　混凝土随龄期变化的应力松弛系数

设收缩时混凝土龄期为 3d，应力松弛系数可以按照上面的公式计算，其中徐变系数 $\phi(t, t_0)$ 可以采用 ACI209 推荐公式，另外也可以采用朱伯芳教授提出的经验公式。表 15.14 列出了计算所得的应力松弛系数值。

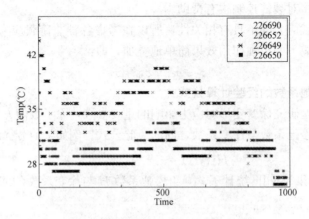

图 15.79　B54～B60 轴线测点温度变化

混凝土随龄期变化的应力松弛系数值　　　　　　　　　　　表 15.14

龄期(d)	3	4	5	7	10	15	20
$H(t, t_0)$	1	0.823	0.766	0.698	0.638	0.578	0.539
龄期(d)	25	30	40	60	80	100	120
$H(t, t_0)$	0.511	0.490	0.458	0.418	0.393	0.375	0.362
龄期(d)	140	160	180	210	240	270	300
$H(t, t_0)$	0.351	0.343	0.336	0.327	0.320	0.314	0.309
龄期(d)	330	360					
$H(t, t_0)$	0.305	0.301					

15.2.4.5　混凝土的收缩应变

混凝土的收缩应变可以按照王铁梦教授提出的简化计算方法计算。考虑混凝土强度等级为 C30，42.5 级普通水泥，水泥细度 3000，花岗岩骨料，水灰比为 0.45，水泥浆量 25%，初期自然养护 4d，环境相对湿度 79%，水力半径倒数 0.10，采用机械振捣。查王铁梦《工程结构裂缝控制》P22～23 表 2.1～表 2.4 可得 $M_{1 \rightarrow 10}$ 的数值，从而可求得收缩应变，如表 15.15 所示。

$$M_1 = 1.00, M_2 = 1.00, M_3 = 1.00, M_4 = 1.10, M_5 = 1.20$$
$$M_6 = 1.07, M_7 = 0.71, M_8 = 0.76, M_9 = 1.00, M_{10} = 0.55$$

混凝土随龄期变化的收缩应变值（$\times 10^{-6}$）　　　　　　表 15.15

龄期(d)	3	4	5	7	10	15	20
$\varepsilon(t, t_0)$	4.01	5.32	6.62	9.18	12.92	18.92	24.62
龄期(d)	25	30	40	60	80	100	120
$\varepsilon(t, t_0)$	30.04	35.2	44.77	61.28	74.78	85.85	94.9
龄期(d)	140	160	180	210	240	270	300
$\varepsilon(t, t_0)$	102.32	108.39	113.36	119.18	123.49	126.68	129.05
龄期(d)	330	360					
$\varepsilon(t, t_0)$	130.80	132.10					

根据以上的分析，两段墙体在各个阶段的温度荷载分别为：

B54～B60 墙体

第一阶段：温降：上部 -6.5℃，下部 -3.0℃

　　　　　收缩当量温差：$-6.62/10=-0.66\text{℃}$

　　　　　应力松弛系数：0.766

第二阶段：温降：上部 -13.8℃，下部 -6.4℃

收缩当量温差：$-85.85/10=-8.6\text{℃}$

应力松弛系数：0.375

所以 B54～B56 轴线墙体的非荷载作用为：

$T_{B1\text{上}}=-0.766\times(6.5+6.62/10)=-5.5\text{℃}$

$T_{B1\text{下}}=-0.766\times(3.0+6.62/10)=-2.8\text{℃}$

$T_{B2\text{上}}=-0.375\times(13.8+85.85/10)=-8.4\text{℃}$

$T_{B2\text{下}}=-0.375\times(6.4+85.85/10)=-5.6\text{℃}$

B50～B54 墙体

第二阶段：温降：上部 -28.5℃，下部 -23.6℃

收缩当量温差：$-85.85/10=-8.6\text{℃}$

应力松弛系数：0.375

所以 B50～B54 轴线墙体的非荷载作用为：

$T_{A2\text{上}}=-0.375\times(28.5+85.85/10)=-13.9\text{℃}$

$T_{A2\text{下}}=-0.375\times(23.6+85.85/10)=-12\text{℃}$

15.2.4.6　有限元模拟分析——按实际施工顺序

根据结构预应力筋的配置情况和实际的施工顺序，将开裂墙体分为两部分，如图 15.80、图 15.81 所示，施工过程分为三个阶段：（1）B54～B60 轴线墙体浇筑；（2）B50～B54 轴线墙体浇筑；（3）张拉预应力钢绞线。考虑到地下室楼板和顶板对墙体的纵向约束较强，直接将墙体的上端和下端设置为固端。

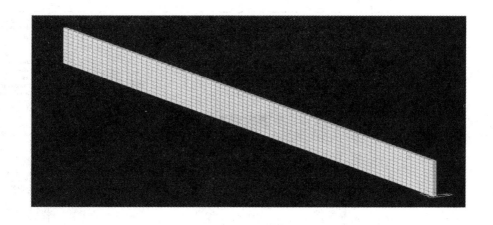

图 15.80　墙体模型

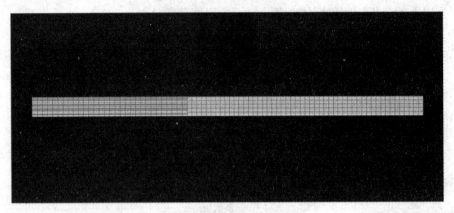

图 15.81　墙体预应力钢绞线分布

15.2.4.7　分析结果

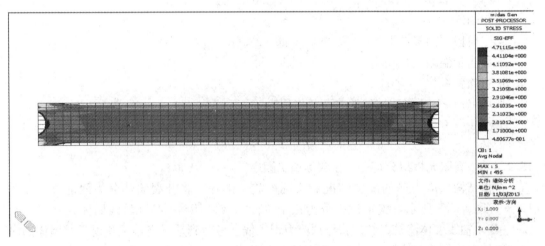

图 15.82　第一阶段应力分布图

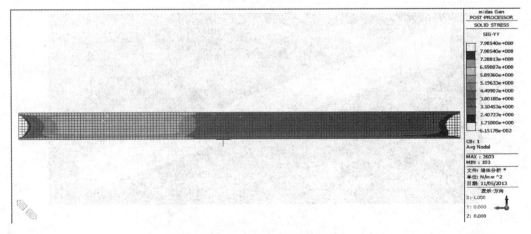

图 15.83　第二阶段应力分布图

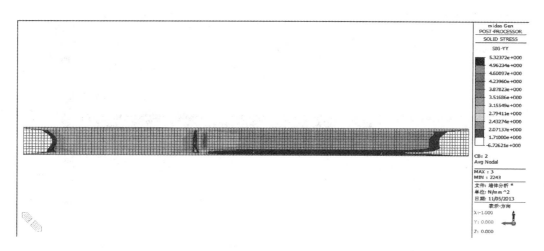

图 15.84　第三阶段应力分布图

分析结果将拉应力小于 1.71MPa 的区域屏蔽。由图 15.82~图 15.84 的结果可以看出由于第一阶段一次性将 50.4m 墙体浇筑完成，B50~B54 轴线墙体与 B54~B60 墙体之间并未设置后浇带，所以两段墙体在非荷载作用下的拉应力并未得到很好的释放，进而后期的预应力作用对墙体裂缝的控制效果并不明显，墙体内最大拉应力达到 3.1MPa，且墙体靠近楼板附近的部位和端部应力较大，容易出现裂缝，这与现场的实际开裂情况基本相符。

15.2.4.8　有限元模拟分析——按设计要求

为说明后浇带对墙体抗裂效果的重要性，在 B54~B59 轴线墙体浇筑时，按照原设计要求在 B58 轴线和 B54 轴线各设置一条后浇带，各段墙体混凝土强度达到要求后进行预应力钢绞线的张拉。有限元分析结果如图 15.85~图 15.87 所示。由于后浇带的设置，墙体在前两个阶段拉应力超过 1.71MPa 的区域明显较小，而当施加预应力后，墙体内的大部分区域拉应力均小于 1.71MPa。

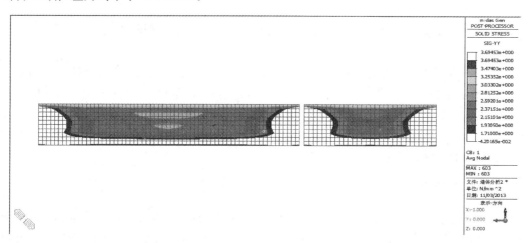

图 15.85　第一阶段墙体应力分布

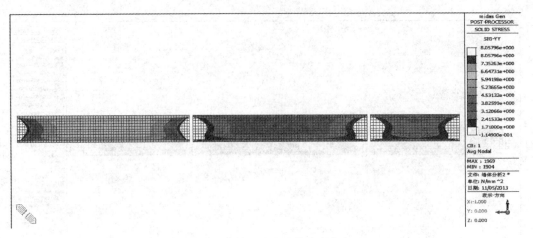

图 15.86 第二阶段墙体应力分布

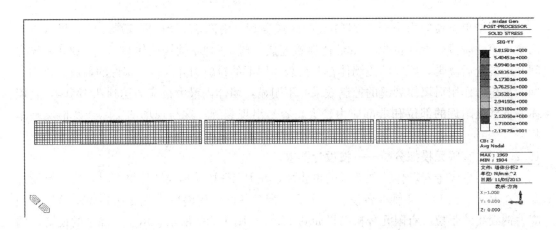

图 15.87 预应力张拉后墙体应力分布

15.3 大体量超长预应力结构多点激励作用下的地震反应分析

地表各点接收到的地震波是经由不同的路径、不同的地形地质条件而到达的,因而反映到地表的震动必然存在差异。这些差异主要是由行波效应、部分相干效应、衰减效应和局部场地效应这几种因素造成的。对于场地条件基本相同的项目,行波效应的影响占主导地位[19~21]。以下将以国家会展中心为例进行大体量超长预应力结构在多点激励作用下的地震反应分析的实例介绍。

15.3.1 工程概况

中国博览会会展综合体项目（北块）位于上海市西部,北至崧泽高架路南侧红线,南至盈港东路北侧红线,西至诸光路东侧红线,东至涞港路西侧红线,用地面积 85.6 公顷（1284 亩）。总建筑面积约 147 万 m^2,其中地上建筑面积 127 万 m^2,地下建筑面积 20 万 m^2,建筑高度 43m。建成后的会展综合体可以提供 53 万 m^2 的展览空间,其中包括

10 万 m² 室外展场，将成为世界上规模最大、最具竞争力的国际一流会展综合体，作为新时期我国商务发展战略布局的重要组成，将在拓展世界市场和国际贸易、展现国家综合实力中发挥重要作用。

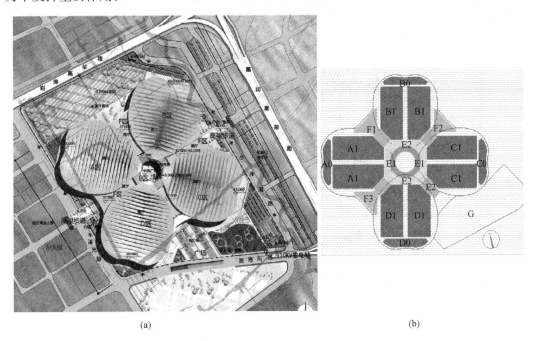

(a)　　　　　　　　　　　　　　　　　　(b)

图 15.88　工程位置与结构分区示意图
(a) 工程位置；(b) 结构单体分区

如图 15.88 所示，国家会展中心在结构上主要分为 A 区（细分为单体 A0、A1）、B区（细分为单体 B0、B1）、C 区（细分为单体 C0、C1）、D 区（细分为单体 D0、D1）、E区（细分为单体 E1、E2）、F 区（细分为单体 F1、F2、F3）和 G 区。上部结构设缝（抗震缝或温度缝）形成上述 14 个单体，各单体平面如图 15.88（b）所示，单体对应建筑功能如表 15.16 所示。

各单体对应建筑功能一览表　　　　　　　　　　　　表 15.16

分　区	功　能
A1	单层＋双层展厅
B1	单层展厅
C1、D1	双层展厅
A0、C0（B0）	办公楼
D0	会议中心及酒店
E1	商业中心
E2	商业中心
F1	人形步道＋单层小展厅
F2	人形步道＋双层小展厅
F3	人形步道＋双层小展厅
G	地下车库

A1、C1、D1 区单体为双层展厅，双向尺度均较大，受力复杂，且结构类似。因此，选取 C1 区单体进行分析。C1 区单体长 297m，宽 150m，上部为钢结构屋盖，采用倒三角立体桁架结构；下部为采用预应力混凝土框架结构的双层展厅，柱网跨度为 36m×27m，展厅活荷载达到 15kN/m² ，柱网平面布置如图 15.89 所示。

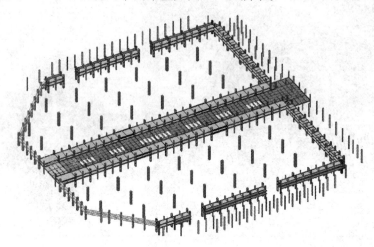

图 15.89 展厅柱网及夹层布置示意图（16m 以下）

15.3.2 行波效应分析

地表各点接收到的地震波是经由不同的路径、不同的地形地质条件而到达的，因而反映到地表的震动必然存在差异，这些差异主要是由以下几种因素造成的[22,23]：

（1）行波效应：在地震动场的不同位置，地震波到达的时间不一致；

（2）部分相干效应：主要由于地震波传播介质的不均匀性、震源不同部分释放的地震波的不一致性及其叠加比例的不同而导致了相干函数的损失；

（3）衰减效应：由于地震波在传播过程中存在能量耗散，其振幅会逐渐减小；

（4）局部场地效应：在地震动场的不同位置，由于场地条件的差异，而导致震动的不一致。

在这四个影响因素中，由于建筑结构的规模有限，衰减效应的影响很小，一般不予以考虑；对于非均一性效应，根据相关研究[24]，相对于一致地面运动而言，考虑行波效应产生的计算修正占主导地位，而考虑激励点间非均一性导致的相干性损失产生的计算修正则小很多，而且多半是略微缩小行波效应的修正量，因此非均一性效应一般也不考虑。

故《建筑抗震设计规范》GB 50011 第 5.1.2 条规定，对于平面投影尺度很大（跨度大于 120m，或长度大于 300m，或悬臂大于 40m 的结构）的空间结构，分别按单点一致、多点、多向单点或多向多点输入进行抗震计算。按多点输入计算时，应考虑地震的行波效应和局部场地效应。

由于本项目场地土质较为均匀，故局部场地效应较小可以不予考虑，仅考虑行波效应的影响。由于结构较为规整，故本章仅研究地震波沿 X 轴正向传播的情况。

15.3.2.1 行波效应分析方法

行波效应分析方法主要分为时域方法和频域方法两大类。其中，时域方法主要有相对运动法、大质量法、强迫运动法等[25]；频域分析方法主要有反应谱法、随机振动法和基于随机振动的虚拟激励法等。

1. 时域方法

分析行波效应的时域方法基于时间历程分析，用地震波到达的时间差而产生的相位差直观地体现地震动的传递特性，计算原理明确，但结构响应因地震波选取的不同差别很大，往往要求选择多条不同的地震波进行计算分析，工作量大。

（1）相对运动法

相对运动法的基本原理是把结构反应的总位移分为拟静态位移和动态位移。拟静态位移用静力法求解，将此代回原运动方程即可求出动态位移，然后叠加求出总位移。

该方法概念清晰，推理严密，但方法基于叠加原理，仅适用于线弹性体系，若想进行非线性分析，则该方法不适用。

（2）大质量法

大质量法是在支座处将地震激励方向的约束释放，增加与结构刚接的大质量块，然后通过在大质量块上施加集中力荷载的时程函数，将地震加速度间接地传给结构。通常大质量块的重量取结构总重的 $10^4 \sim 10^8$ 倍。

大质量法求得的最终结果是结构各点的绝对反应，无法区分拟静力反应项和动反应项，且大质量块的数量级在数值计算时也会带来舍入误差。

（3）强迫位移法

强迫位移法是在基础节点直接施加地震动的位移时程，地震动的位移时程可以通过对地震动加速度直接积分获得。

对于强迫位移法，由于从初始的加速度时程到位移时程的两次积分过程的不确定性以及中间误差的累积，其计算结果的精度会受到限制。

2. 频域方法

频域方法是将时域内的运动方程转换到频域内，建立频域内的分析方法。

（1）反应谱法

由于多点激励时程分析的复杂性，为更方便于结构抗震设计，基于一致激励的反应谱法思想，多点激励反应谱法得到了发展以适用于多点激励问题。其中，影响最大的是 Kiureghian 基于随机振动理论提出的多点输入反应谱法（MSRS 法），但其四重积分公式使计算十分复杂，效率低下。

（2）随机振动法

随机振动法又称为功率谱法，是充分考虑了地震动在时间和空间上发生的统计特性，采用相关函数描述各点动力响应的相关性，被认为是一种较先进合理的分析方法。

随机振动方法的统计特性很具有吸引力，但由于其计算过程复杂，难以被工程师们接受应用。

（3）虚拟激励法

虚拟激励法是我国学者林家浩在随机振动的基础上提出的新随机响应分析方法，把线性时不变系统的平稳随机激励简化为简谐激励，将平稳随机振动分析转化成确定性时程分析，采用快速 CQC 算法，数学上与传统 CQC 方法完全等价，计算准确，效率高。

但该方法完全基于地震动的统计特征建立经验性的相干函数模型，用来描述地震动的空间变化特征，对地震动传播的物理过程考虑相对不足。

3. 本书选择的方法

本书考虑行波效应影响的分析采用有限元分析软件 MIDAS/GEN 进行。

MIDAS/GEN 中考虑行波效应采用的是相对运动法，在各支座处输入不同的地震波到达时间。程序计算时会将结构的绝对位移分解为地面的位移以及结构相对于地面的位移两部分，得到的位移、速度和加速度结果均为绝对值，其中包含了地面运动的效果，但是构件的内力以及结构的反力等均根据相对位移结果得到[26]。

15.3.2.2 地震波选择

分析选用的地震波为 shwn1、shwn3 和 shwn4。其中 shwn1 是由地震反应谱拟合而来的人工波；shwn3 由 EL Centrol 波改造而来；shwn4 由 TAFT 波改造而来。各波的波形图及与反应谱的比较图如图 15.90～图 15.92 所示。

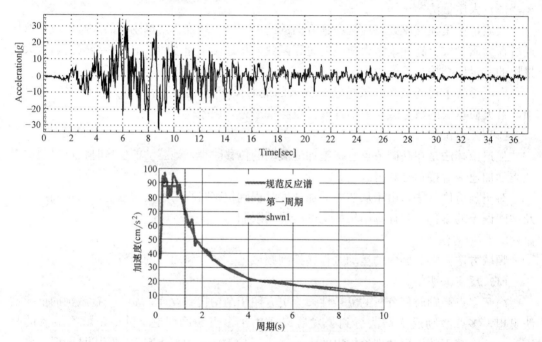

图 15.90　上海波 shwn1 的时程曲线及反应谱对比

时程分析时间取为 40s，时间步长为 0.01s，地面最大加速度为 35cm/s²，结构的阻尼比按《高层建筑混凝土结构技术规程》钢与混凝土组合结构取为 0.04。

15.3.2.3 视波速估算

进行行波效应分析时，所取的地震波滞后时间（到达时间）可按各支座间距在地震传播方向上的投影 D 与视波速（地震波沿地表面传播的速度）v^* 之比确定：

$$t = \frac{D}{v^*} \tag{15.32}$$

如图 15.93 所示，根据视波速定理[27]，视波速 v^* 与地震波从震源传播到结构的速度 v（真实波速，近似取为震源到结构所在地的等效剪切波速）有如下关系（α 为地震波的入射角）：

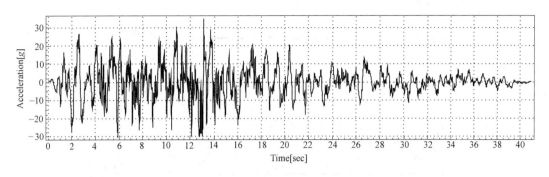

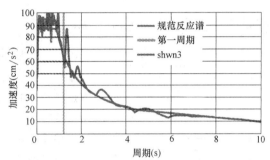

图 15.91 上海波 shwn3 的时程曲线及反应谱对比

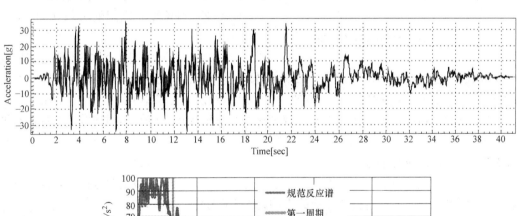

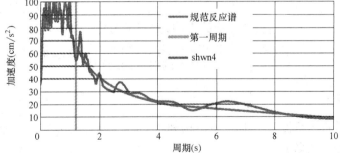

图 15.92 上海波 shwn4 的时程曲线及反应谱对比

$$v^* = \frac{v}{\sin\alpha} \tag{15.33}$$

地震波真实波速 v 可由下式近似计算:

$$v = (H_1 + H_2) / \left(\frac{H_1}{v_1} + \frac{H_2}{v_2} \right) \tag{15.34}$$

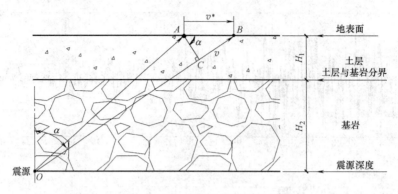

图 15.93 视波速计算简图

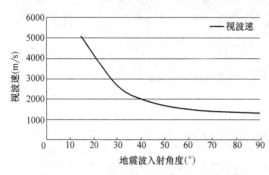

图 15.94 视波速与地震波入射角的关系

式中 v_1——土层的等效剪切波速；

v_2——基岩剪切波速。

根据地震安评报告，土层厚度 H_1 为 240m，等效剪切波速为 380m/s；假设震源深度为 5km，则基岩厚度 H_2 为 4760m，基岩剪切波速取为 1500m/s。则根据式（15.33）计算得到的视波速 v^* 与地震波入射角度 α 之间的关系如图 15.94 所示。

由于震源位置和深度都不确定，因此不可能精确确定视波速。根据图 15.94 的结果，当入射角度为 90°时，视波速最小约为 1300m/s；当入射角度为 15°时，视波速约为 5000m/s。因此选取视波速为 1500m/s 来分析行波效应的影响，并考虑几种不同的视波速进行分析计算，研究不同视波速对地震行波效应的影响。

15.3.2.4 行波效应影响分析

为了确定行波效应的影响，在地震动输入方向还进行了一致激励输入计算，并且定义行波效应影响系数 β 来描述行波效应的影响，β 定义为：

$$\beta = \frac{\text{考虑行波效应的多点激励下的结构反应}}{\text{一致激励下的对应的结构反应}} \tag{15.35}$$

15.3.3 分析结果

本节主要分析了行波效应对整体结构和主要构件内力的影响，并分析对比了不同波速、不同时程曲线的影响。

15.3.3.1 对整体结构的影响

选取视波速为 1500m/s，时程波为 shwn1 的计算结果进行分析，主要分析行波效应对结构整体响应的影响。

1. 剪力：基底总剪力、层间剪力

（1）基底总剪力

图 15.95 为基底总剪力的时程曲线。可以看出，考虑行波效应的地震多点激励的基底

总剪力时程曲线与一致激励的曲线基本一致，只是幅值比一致激励略微减小，且相对一致激励来说在时间上略微滞后。

根据输出结果，多点激励的基底总剪力峰值为 238556kN，出现在 9.27s；一致激励的基底总剪力为 256983kN，出现在 9.15s，影响系数 β 为 0.928。多点激励间的相互抵消的作用减小了基底总剪力，行波效应也延迟了峰值的到达时间。

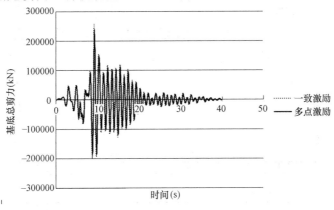

图 15.95　基底总剪力时程曲线

（2）层间剪力

一致激励和多点激励地震作用下，层间剪力的对比结果如表 15.17 和图 15.96 所示。

层间剪力最大值　　　　　　　　　　　　　　　　　表 15.17

层	层间剪力最大值（kN）		β（多点/一致）
	一致激励	多点激励	
7	14224.7	13808.6	0.971
6	16282.2	15465.1	0.950
5	29920.4	28027.8	0.937
4	44006.8	40685.4	0.925
3	234910.7	217863.9	0.927
2	245597.3	227785.2	0.927
1	258027.1	239315.8	0.927

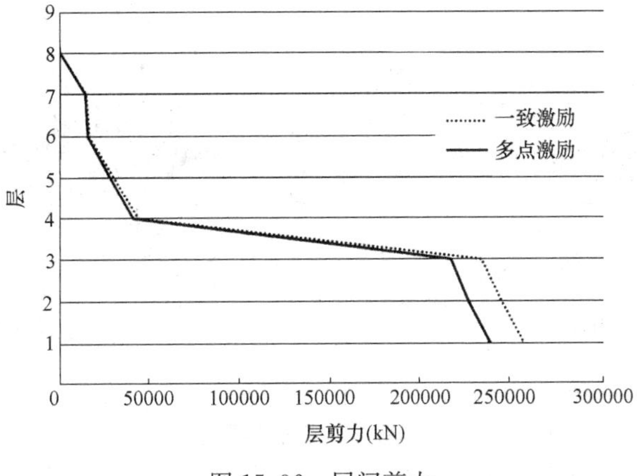

图 15.96　层间剪力

从图 15.96 和表 15.17 可以看出，考虑行波效应后，层间剪力曲线的形状基本相同，数值略有降低，降低的幅度不大，影响系数 β 都在 0.9 以上，最小为第 4 层的 0.925。层间剪力的减小也是由于地震多点激励的抵消作用导致的。

2. 加速度

在结构 32m 标高位置选取 4 个关键节点，如图 15.97 所示，分析行波效应对结构顶部加速度的影响。

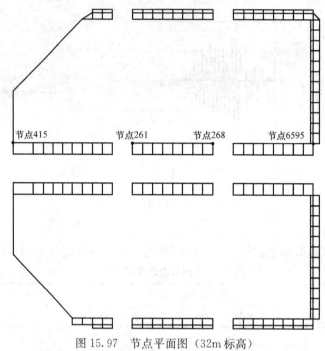

图 15.97　节点平面图（32m 标高）

由于采用多点激振的方法得到的加速度和位移时程均为包含地面运动的绝对值，因此，为了剔除地面运动的影响，提取关键节点与相同 X、Y 坐标的底层柱脚节点的相对加速度和相对位移作为分析输出的结果。

图 15.98 给出了 4 个关键节点的加速度时程曲线，表 15.18 给出了一致激励和多点激励地震作用下的节点加速度峰值。

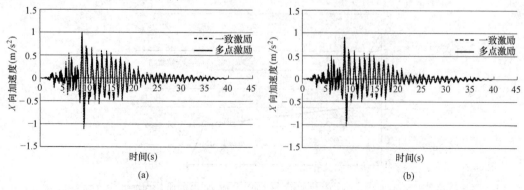

图 15.98　节点加速度时程
(a) 节点 415 加速度时程曲线；(b) 节点 261 加速度时程曲线

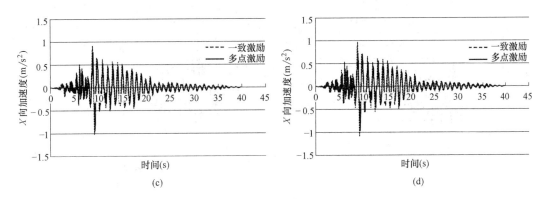

图 15.98　节点加速度时程（续）

（c）节点 268 加速度时程曲线；（d）节点 6595 加速度时程曲线

节点加速度峰值　　　　　　　　　　　　　　　　表 15.18

节点号	加速度峰值的绝对值(m/s²)		β (多点/一致)
	一致激励	多点激励	
415	1.106	1.005	0.908
261	1.019	0.917	0.900
268	1.019	0.951	0.933
6595	1.095	0.971	0.887

从图 15.98 和表 15.18 可以看出，在考虑行波效应的多点激励地震作用下，32m 标高处 4 个关键节点的加速度峰值均有减小，与一致激励的结果相比约减小了 10%。这说明在多点激励时，由于各支座处施加的加速度时程曲线存在相位差，相互之间存在一定的抵消作用，因此顶部节点的加速度小于一致激励的加速度。

3. 位移

（1）顶部位移

与加速度的分析类似，在 32m 标高处选取相同的 4 个关键节点分析结构顶部位移，节点平面图见图 15.97。位移对比结果见图 15.99 和表 15.19。

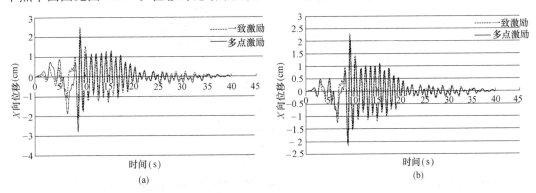

图 15.99　节点位移时程

（a）节点 415 位移时程曲线；（b）节点 261 位移时程曲线；

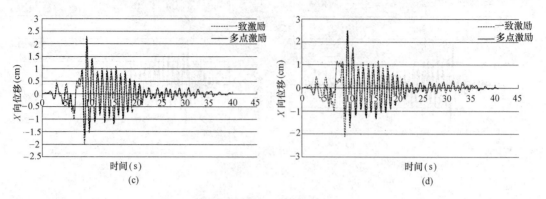

图 15.99　节点位移时程（续）

（c）节点 268 位移时程曲线；（d）节点 6595 位移时程曲线

节点位移峰值　　　　　　　　　　　　　　　表 15.19

节点号	位移峰值的绝对值（cm）		β （多点/一致）
	一致激励	多点激励	
415	2.506	2.802	1.118
261	2.300	2.160	0.939
268	2.300	2.200	0.956
6595	2.486	2.509	1.009

　　从图 15.99 和表 15.19 可以看出，在考虑行波效应的多点激励地震作用下，32m 标高处最为靠近震源的节点 415 的位移峰值增大，增大的比例约为 12%，居中的节点 261 的位移峰值减小最多，减小了 6.1%。

　　（2）层间位移

　　一致激励和多点激励地震作用下，层间位移的对比结果如图 15.100 和表 15.20 所示。

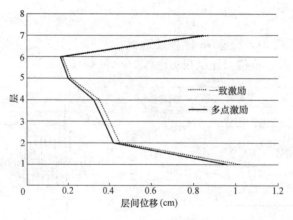

图 15.100　各层层间位移

　　从图 15.100 和表 15.20 可以看出，考虑行波效应后，层间位移曲线的形状基本相同，但其数值略为减少，影响系数 β 最大为第 7 层的 0.972，最小为第 4 层的 0.923。β 值小于 1 也是由于地震多点激励的抵消作用。

层间位移			表 15.20
层	层间位移最大值（cm）		β （多点/一致）
	一致激励	多点激励	
7	0.867	0.843	0.972
6	0.173	0.162	0.941
5	0.213	0.200	0.938
4	0.351	0.324	0.923
3	0.401	0.372	0.928
2	0.449	0.420	0.936
1	1.024	0.959	0.937

（3）位移差

取底层柱脚节点 1937、2019（如图 15.101）和 16m 平台节点 2835、2380（如图 15.102）进行位移差分析。这两对节点位于结构两端，考虑行波效应后，其位移并不同步，存在一定的差值，如图 15.103 和图 15.104 所示。

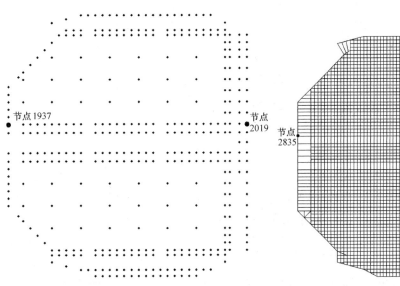

图 15.101　节点平面图（±0.000 标高）

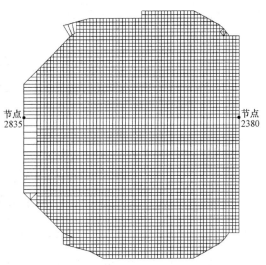

图 15.102　节点平面图（16m 标高）

如图 15.103 所示，底层柱脚节点为输入加速度的节点，考虑行波效应之后，X 方向两端的柱脚节点（节点 1937 和 2019）存在位移差，位移差的峰值可达到 19.8mm，此位移差会在底层框架柱中引起较大的内力。

如图 15.104，16m 平台 X 方向两端节点（节点 2835 和 2380）的位移差很小，峰值仅为 1.1mm，说明行波效应引起的

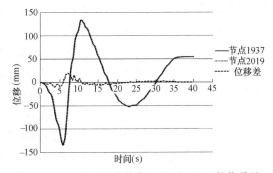

图 15.103　底层柱脚节点 1937 和 2019 的位移差

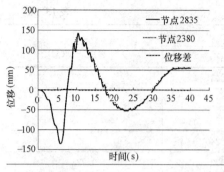

图 15.104　平台节点 2835 和 2380 的位移差

各支座位移差值主要影响的是底层框架柱的内力，对上层结构构件的影响较小。

15.3.3.2　主要构件内力

选取视波速为 1500m/s，时程波为 sh-wn1 的计算结果对混凝土框架部分的主要构件进行比较分析，选取的主要构件有以下三个部分：①底层框架柱；②16m 标高框架柱；③16m 标高平台框架梁。

1. 底层框架柱

（1）柱底剪力

将行波效应影响系数 β 绘制成等值线平面图，以便更加直观地反映行波效应的影响，结果如图 15.105 所示。

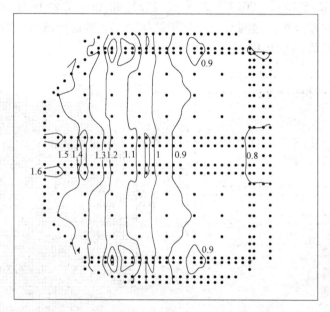

图 15.105　底层框架柱柱底剪力影响系数 β 等值线

从图 15.105 可以看出，对底层框架柱柱底剪力来说，其行波效应影响系数 β 的等值线基本与地震波传播方向垂直，且为从大到小的分布情况——越接近震源的框架柱，其行波效应影响系数 β 的值越大，X 方向边柱的影响系数已经达到了 1.6。

在会展中心中轴线处的夹层区域的 β 值较两侧偏高，形成了"山脊地貌"，这是因为其在 8m 标高处存在楼板约束（图 15.106a），刚度较大，因此其受行波效应的影响也较大。

为了探究 8m 标高处楼板的影响，将该标高处的夹层楼板和梁断开（图 15.106b），其他参数不变，重新计算各框架柱的行波效应影响系数 β，计算结果如图 15.107 所示。

如图 15.107 所示，将 8m 标高的楼板和梁断开后，中轴线夹层区域的行波效应影响系数 β 值较两侧偏低，形成了"山谷地貌"，说明 8m 标高的楼板和梁对 β 值的大小影响明显，其存在会增大框架柱的侧向约束，使框架柱的线刚度增大，进而增大了行波效应的影响。

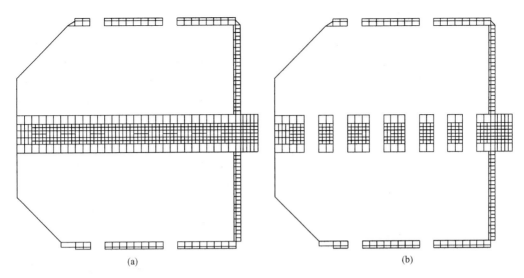

图 15.106　会展中心＋8.000m 标高平面图

（a）原结构　（b）将夹层板和梁断开后

（2）柱底弯矩

考虑行波效应的地震多点激励对底层框架柱弯矩的影响如图 15.108 所示。

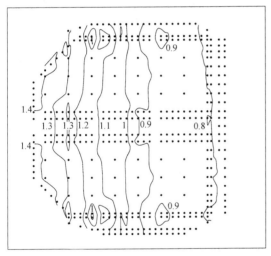

图 15.107　断开 8m 标高楼板和梁后底层
框架柱柱底剪力影响系数 β 等值线

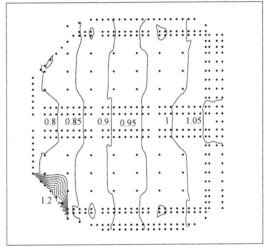

图 15.108　底层框架柱柱底弯矩影响系数 β 等值线

从图 15.108 可以看出，底层框架柱柱底弯矩的行波效应影响系数 β 的等值线基本与地震波传播方向垂直，但与剪力情况相反的是，弯矩的影响系数为从小到大的分布——越远离震源的框架柱，其行波效应影响系数 β 的值越大，X 方向边柱的影响系数接近了 1.1。

与剪力的结果相同，会展中心中轴线处的夹层区域的 β 值依然较两侧偏高。特别的，左下方角部的 β 值较大，达到了 1.2。

（3）轴力

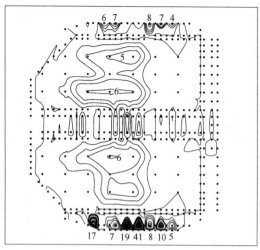

图 15.109　底层框架柱柱底轴力影响系数 β 等值线

考虑行波效应的地震多点激励对底层框架柱轴力的影响如图 15.109 所示。

从图 15.109 可以看出，影响系数 β 值大于 1 的区域主要集中在 X 方向的中部。其中 27m×36m 柱网区域的 β 值最大为 6，两侧边柱的 β 值最大为 41。虽然 β 值的放大倍数很大，但该区域处于地震激励方向的中部，其一致地震激励下的轴力很小，即使放大了 41 倍，其轴力相对于静力荷载工况下的轴力仍是微不足道的（如表 15.21 所示）。

而在地震作用下轴力较大的边柱，考虑行波效应的影响后，其内力反而是减小的。因此，计算地震作用下底层框架柱的轴力时，不需要考虑行波效应的影响。

中部区域框架柱轴力　　　　　　　　　　表 15.21

单元	轴力最大值(kN)		β(多点/一致)
	一致激励	多点激励	
749	0.15	6.19	41.3
1631	5.86	38.74	6.6

2. 标高为 16m 处的框架柱

（1）柱底剪力

考虑行波效应的地震多点激励对 16m 标高之上的框架柱柱底剪力的影响如图 15.110 所示，对弯矩的影响如图 15.111 所示，对轴力的影响如图 15.112 所示。

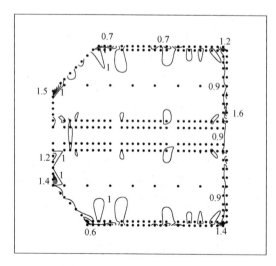

图 15.110　标高 16m 处的柱底
剪力影响系数 β 等值线

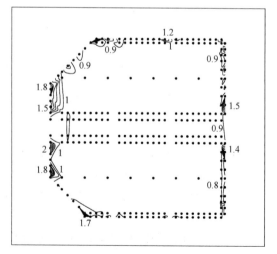

图 15.111　标高 16m 处的柱底弯矩
影响系数 β 等值线

如图 15.110～图 15.112 所示，位于 16m 标高的柱底内力的影响系数 β 的分布与底层柱有很大不同。在 16m 标高处，除了个别边柱以外，其余框架柱的影响系数 β 值均小于 1，说明从整体上来说行波效应的影响较小。对于框架柱的剪力、弯矩和轴力，影响系数 β 的最大值分别为 1.5、1.8 和 1.4，说明在设计 16m 标高框架柱时，需要考虑行波效应对边柱的放大作用。

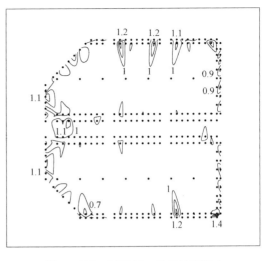

图 15.112 标高 16m 处的柱底轴力影响系数 β 等值线

（2）框架柱 β 值分布区间统计

图 15.113 给出了框架柱内力的行波效应影响系数 β 值在各个区间的分布情况。对于底层框架柱，β 值大于 1 的构件所占的百分比较多，其中剪力达到了 37.2%，弯矩为 31.9%，轴力为 54.3%。

而对于 16m 标高的框架柱，β 值主要集中在 0.9～1.0 区间，大于 1 的构件所占的百分比迅速减少，其中剪力仅为 10.3%，弯矩为 11.0%，轴力为 15.8%。

这说明行波效应主要影响的是底层的结构构件，对上部结构构件的影响较小。

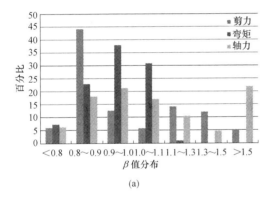
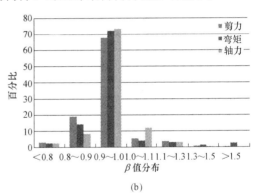

图 15.113 框架柱行波效应影响系数 β 值分布情况

（a）底层框架柱 （b）16m 标高框架柱

3. 平台框架梁

（1）16m 标高框架梁弯矩

行波效应对 16m 平台框架梁弯矩的影响如图 15.114 所示。可以看出，在靠近震源的左边第一跨，行波效应对框架梁的弯矩起到了增大的作用，影响系数 β 值为 1.12。在框架梁的中间跨，行波效应对弯矩起到了减小的作用，影响系数 β 值约为 0.9。在远离震源的边跨，行波效应对弯矩的影响较小，β 值逐渐趋近于 1.0。

（2）16m 标高框架梁轴力

行波效应对 16m 平台框架梁轴力的影响如图 15.115 所示。可以看出，框架梁在地震作用下产生的拉应力较小，一致激励时为 0.21MPa，多点激励时为 0.16MPa。多点激励时的轴拉应力反而小于一致激励时的结果，说明框架梁轴力不需要考虑行波效应的影响。

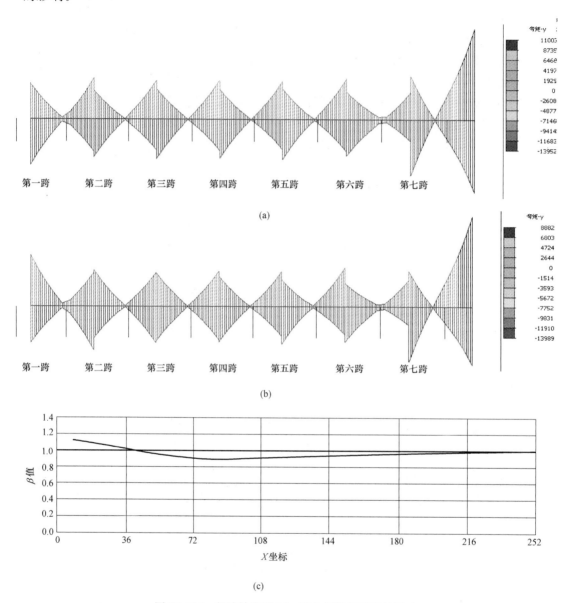

图 15.114　行波效应对 16m 平台框架梁弯矩的影响

（a）一致激励平台框架梁弯矩包络图（kN·m）　（b）多点激励平台框架梁弯矩包络图（kN·m）

（c）行波效应影响系数 β 沿平台梁分布情况

4. 小结

通过对底层框架柱、16m 标高框架柱和 16m 平台框架梁在多点激励下的内力进行分析，主要得出了以下结论：

（1）对于底层框架柱，行波效应对边柱的剪力和弯矩影响较大，对边柱进行地震计算时需要考虑行波效应的影响；而行波效应对中柱的轴力影响较大，但由于其本身在一致激励作用下的轴力很小，即使经行波效应放大后仍是微不足道的，因此在计算地震作用下的

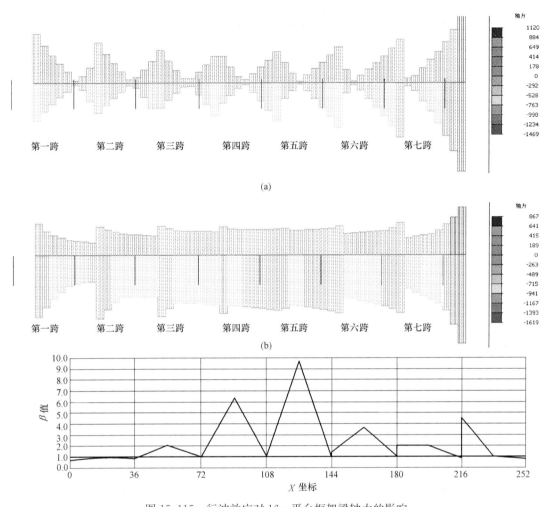

图 15.115　行波效应对 16m 平台框架梁轴力的影响

（a）一致激励平台框架梁轴力包络图（kN）　（b）多点激励平台框架梁轴力包络图（kN）

（c）正轴力行波效应影响系数 β 沿平台梁分布情况

底层框架柱轴力时，不需要考虑行波效应的影响。

（2）对于 16m 标高框架柱，行波效应的影响整体上比底层框架柱小。行波效应影响系数大于 1 的构件集中在结构边缘，因此需要考虑行波效应对边柱内力的放大作用。

（3）16m 平台框架梁的边跨弯矩受到行波效应的影响最大，影响系数 β 值为 1.12，在进行设计时需要考虑行波效应的影响，而其余各跨的影响系数 β 值均小于 1，不需要考虑行波效应的影响。

15.3.3.3　不同波速的影响

由于震源位置和深度的不确定，视波速的大小也不确定。因此需要分析在不同视波速下行波效应的影响。

1. 加速度

取 32m 标高处位于结构两端的节点 415 和 6595，分析不同波速对加速度响应的影响，如表 15.22 和图 15.116 所示。

<table>
<tr><td colspan="5" style="text-align:center">不同波速下节点加速度峰值　　　　　　表 15.22</td></tr>
</table>

节点号	视波速(m/s)	加速度峰值的绝对值(m/s²)		β(多点/一致)
		一致激励	多点激励	
415	500	1.106	0.592	0.535
	1000	1.106	0.927	0.838
	1500	1.106	1.005	0.908
	2000	1.106	1.043	0.943
	3000	1.106	1.059	0.957
	5000	1.106	1.069	0.966
6595	500	1.095	0.475	0.434
	1000	1.095	0.819	0.748
	1500	1.095	0.971	0.887
	2000	1.095	1.053	0.962
	3000	1.095	1.073	0.980
	5000	1.095	1.083	0.989

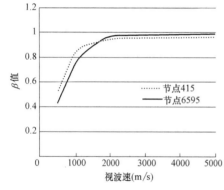

图 15.116　不同视波速下的节点加速度 β 值

从表 15.22 和图 15.116 都可以看出，随着视波速的增大，加速度 β 值先是随之迅速增大；接着在视波速约为 2000m/s 时 β 值增速明显放缓，随着视波速的增大逐渐趋近于 1。

2. 位移

（1）顶部位移

取 32m 标高处位于结构两端的节点 415 和 6595 分析不同波速对位移响应的影响，如表 15.23 和图 15.117 所示。

如图 15.117 所示，节点 415 和 6595 随着视波速的增大，其位移响应出现两种不同的形式：节点 415 靠近震源，其位移 β 值随着视波速的增大而持续降低，且最小值略微小于 1；节点 6595 远离震源，其位移 β 值随着视波速的增大先下降，再上升，最后趋近于 1。

<table>
<tr><td colspan="5" style="text-align:center">不同波速下节点位移峰值　　　　　　表 15.23</td></tr>
</table>

节点号	波速	位移峰值的绝对值(cm)		β(多点/一致)
		一致激励	多点激励	
415	500	2.506	3.561	1.421
	1000	2.506	3.011	1.202
	1500	2.506	2.802	1.118
	2000	2.506	2.644	1.055
	3000	2.506	2.487	0.993
	5000	2.506	2.442	0.975

节点号	波速	位移峰值的绝对值（cm）		β（多点/一致）
		一致激励	多点激励	
6595	500	2.486	2.721	1.094
	1000	2.486	2.385	0.959
	1500	2.486	2.509	1.009
	2000	2.486	2.539	1.021
	3000	2.486	2.553	1.027
	5000	2.486	2.529	1.017

（2）层间位移

不同视波速下的各层层间位移如图 15.118 所示。可以看出，各地震传播速度下的层间位移均小于一致激励下的层间位移，随着波速的增加，各层的层间位移随之增大，逐渐趋近于一致激励的结果。当波速为 2000m/s 时，层间位移的曲线已经极为接近一致激励的曲线。

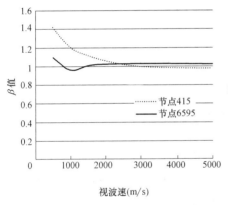

图 15.117　不同视波速下的节点位移 β 值

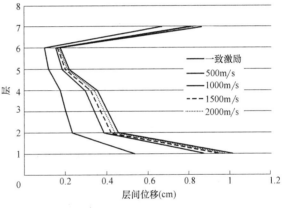

图 15.118　不同波速下的各层层间位移

3. 剪力

（1）基底总剪力

不同视波速下的基底总剪力时程曲线见图 15.119，可以看出，不同视波速下基底总剪力的时程曲线基本一致，仅是曲线的峰值有差别。

基底总剪力峰值结果如表 15.24 所示。考虑行波效应的影响后，基底总剪力峰值较一致激励有所减小，减小的幅度随视波速的增大而降低。峰值出现的时间也较一致激励滞后，滞后的时间随着视波速的增大而减少。

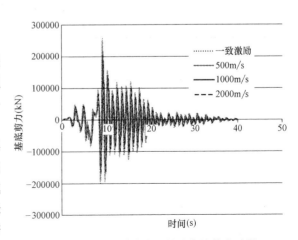

图 15.119　不同波速下的基底总剪力时程

不同波速下的基底总剪力峰值

表 15.24

视波速	基底总剪力峰值 (kN)	出现时间 (s)	β (多点/一致)
一致激励	257182	9.15	/
500	127014	9.48	0.494
1000	216438	9.30	0.842
2000	247631	9.24	0.964

（2）层间剪力

不同视波速下的各层层间剪力如图 15.120 所示。考虑行波效应后，层间剪力曲线的形状与一致激励结果相同，但剪力值有所降低。随着视波速的增大，各层层间剪力的计算结果趋近于一致激励的结果。

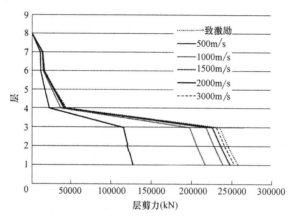

图 15.120　不同波速下的层间剪力

表 15.25 给出了不同视波速下各层层间剪力的 β 值，可以看出，当视波速为 2000m/s 时，各层的 β 值都在 0.96 以上，行波效应对层剪力的影响可以忽略不计。

不同波速下的层间剪力 β 值

表 15.25

层	层间剪力 β 值（多点/一致）				
	500m/s	1000m/s	1500m/s	2000m/s	3000m/s
8	/	/	/	/	/
7	0.760	0.935	0.971	0.984	0.993
6	0.693	0.890	0.950	0.973	0.988
5	0.558	0.864	0.937	0.966	0.985
4	0.516	0.837	0.925	0.960	0.982
3	0.492	0.841	0.927	0.962	0.983
2	0.492	0.841	0.927	0.962	0.983
1	0.492	0.841	0.927	0.962	0.983

4. 构件内力

（1）底层框架柱

取分别位于结构 X 方向两端的单元 16579 和 36335，分析不同视波速对底层框架柱内力的影响，如图 15.121 和图 15.122 所示。

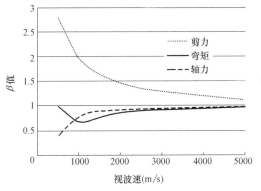

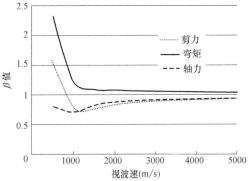

图 15.121　不同波速下的框架柱单元 16579 的　　　　图 15.122　不同波速下的框架柱单元 36335 的
　　　　　　内力 β 值　　　　　　　　　　　　　　　　　　　　内力 β 值

对于接近震源的底层框架柱单元 16579（图 15.121），其剪力影响系数 β 值随着视波速的增大逐渐降低；弯矩呈现出先下降、后上升的变化情况；轴力则随着视波速的增大而逐渐增大。三种内力均随着视波速的增大而逐渐逼近于 1。

对于远离震源的底层框架柱单元 36335（图 15.122），其剪力影响系数 β 值随着视波速的增大呈现出先下降、后上升的变化情况；弯矩随着视波速的增大而逐渐降低；轴力则随着视波速的增大先下降、后上升。三种内力也均随着视波速的增大而逐渐逼近于 1。

结合图 15.121 和图 15.122 可以看出，接近震源端的边柱的剪力影响系数最大，而对于弯矩的影响系数来说，远离震源端的边柱才是最大的。两端的边柱的轴力影响系数均小于 1，这也验证了 15.3.2.5 节中轴力不需要考虑行波效应影响的结论。

（2）16m 标高框架柱

16m 标高框架柱的 β 值分布不如底层框架柱有规律，仅些许边柱的 β 值大于 1（见图 15.108～图 15.110）。因此，选取剪力影响系数 β 值最大的柱单元 5543，分析不同视波速对柱内力的影响，结果如图 15.123 所示。

图 15.123 表明了随着视波速的增大，柱单元 5543 的剪力和弯矩的影响系数 β 值都随之降低，且三种内力都逐渐逼近于 1。

（3）16m 平台框架梁

图 15.124 给出了不同视波速下行波效应影响系数 β 值沿梁长的分布情况。显然，

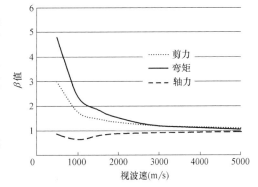

图 15.123　不同波速下的柱单元 5543 的
　　　　　　内力 β 值

随着视波速的增大，行波效应对梁边跨弯矩的放大作用降低，对中间跨弯矩的削弱作用也降低，逐渐趋近于一致激励的结果。

5. 小结

通过对不同视波速下结构的响应进行对比分析，得出了以下结论：

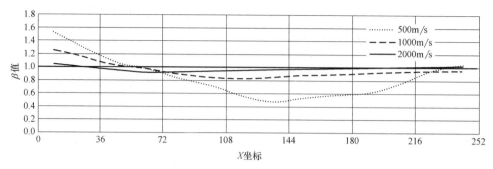

图 15.124 不同视波速对 16m 平台框架梁的影响

（1）视波速是影响行波效应大小的关键因素，视波速越小，行波效应的影响越大；视波速越大，行波效应的影响越小，多点激励结果越接近于一致激励的结果。

（2）对于结构的整体响应，当视波速达到 3000m/s 时，行波效应的影响很小可以忽略不计。

（3）对于柱构件的内力响应，当视波速达到 5000m/s 时，仍有个别柱构件的影响系数在 1.2 左右，需要考虑行波效应的影响。

（4）对于框架主梁，当视波速达到 2000m/s 时，行波效应的影响很小，可以不计入考虑。

15.3.3.4 不同时程波的影响

时程分析方法求解地震反应存在一定的局限性——计算结果一定程度上依赖于选取的地震波。为了体现地震作用的随机性，需要选取不同的时程波对结构进行分析。本章还选取了上海波 shwn3 和 shwn4，视波速取为 1500m/s，计算结构在多点激励下的响应。

1. 基底剪力

各时程波的基底总剪力峰值如表 15.26 所示。一致激励下的基底总剪力峰值 shwn1 最小，shwn4 最大，但数值都相差不大。各时程波的行波效应影响系数 β 值略有不同，但都在 0.93 左右，说明在地震多点激励作用下，各时程波的基底总剪力响应基本一致。

不同时程波的基底总剪力峰值　　　　　　　　　　　　　　　表 15.26

时程波	基底总剪力峰值（kN）		β（多点/一致）
	一致激励	多点激励	
shwn1	256983	238556	0.928
shwn3	262190	244933	0.934
shwn4	283125	266399	0.941

2. 底层框架柱 β 值分布

不同时程波对底层框架柱行波效应影响系数 β 值分布的影响如图 15.125 所示。通过对比图 15.125 各分图可以看出，在不同时程波作用下，底层框架柱柱底剪力 β 值等值线都与地震波传播方向垂直，且中轴线处夹层区域的 β 值都大于两侧。但与 shwn1 不同的是，shwn3 和 shwn4 更为明显地显示出了两边大、中间小的分布情况，且各框架柱的 β 值也略有不同。

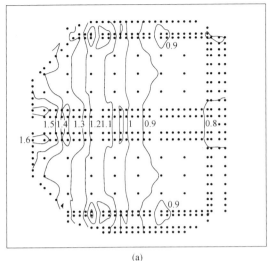
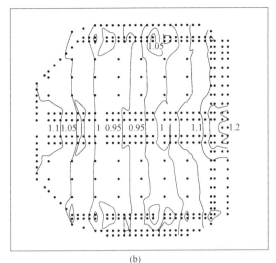

(a)　　　　　　　　　　　　　　　(b)

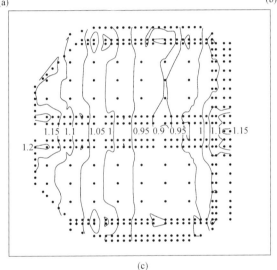

(c)

图 15.125　底层框架柱柱底剪力影响系数 β 等值线

(a) shwn1；(b) shwn3；(c) shwn4

底层框架柱在不同时程波作用下的 β 值在各个区间的分布情况如图 15.126 所示。可以看出，shwn3 和 shwn4 的 β 值分布更为集中，全部集中在 $0.9\sim1.3$ 的范围之内；而 shwn1 的分布则相对平均，除了 β 值在 $0.8\sim0.9$ 范围内的框架柱占比 44% 以外，其余区间框架柱数目所占比重均在 $5\%\sim15\%$ 的范围内。这说明不同时程波对底层框架柱的 β 值分布影响较大。

3. 标高为 16m 处的框架柱 β 值分布

不同时程波对 16m 标高处框架柱行波效应影响系数 β 值分布的影响如图 15.127 所示。

通过对比图 15.127 各分图可以看出，在不同时程波作用下，16m 标高框架柱柱底剪力 β 值等值线分布情况大体上一致，都只有个别边柱的 β 值较大。其中，shwn3 和 shwn4 中 β 值较大的框架柱基本相同，且 β 值的大小也极为相近；但 shwn1 中 β 值较大的框架柱

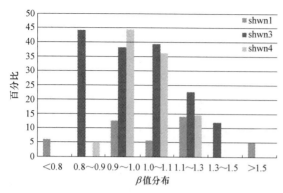

图 15.126 底层框架柱在不同时程波作用下的
β 值分布情况

则略有不同，β 值的大小也有较大差异，说明不同时程波对构件的行波效应影响系数 β 的大小有影响，进行分析设计时应取多条时程波分析。

16m 标高框架柱在不同时程波作用下的 β 值在各个区间的分布情况如图 15.128 所示。三种时程波的 β 值都较多地集中在 0.9～1.0 的区域，β 值大于 1.0 的框架柱占比都非常小，说明不同时程波对 16m 标高框架柱内力 β 值的分布影响不大。

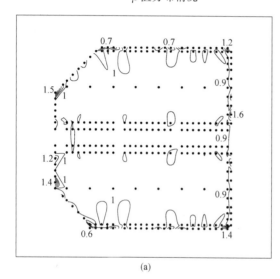

(a)

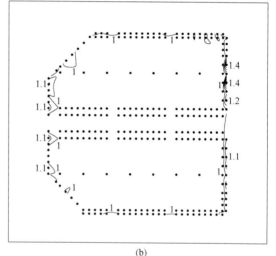

(b)

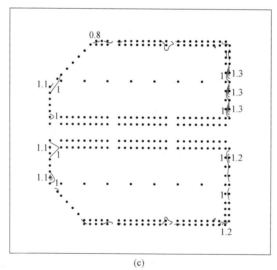

(c)

图 15.127 标高 16m 处的柱底剪力影响系数 β 等值线
(a) shwn1；(b) shwn3；(c) shwn4

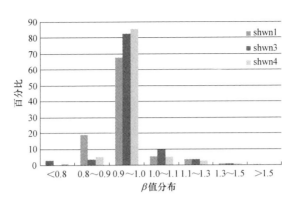

图 15.128　标高为 16m 处的框架柱在不同时程波作用下的 β 值分布情况

4. 平台框架梁的 β 值

图 15.129 为不同时程波作用下，平台框架梁的弯矩 β 值沿梁长度方向的分布情况。可以看出，虽然所选时程波不同时，梁各跨的 β 值也不同，但 β 值的变化趋势是相同的——都是靠近震源的边跨 β 值大于 1；中间跨的 β 值最小，且小于 1；远离震源的边跨 β 值趋近于 1，但还是小于 1。

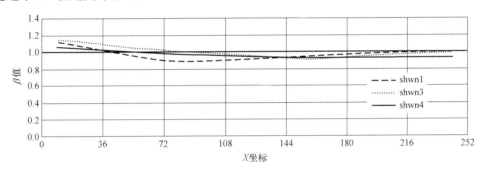

图 15.129　不同时程波对 16m 平台框架梁 β 值的影响

5. 小结

通过选取不同的时程波（shwn1、shwn3 和 shwn4），对比分析了考虑行波效应影响的地震多点激励作用下结构的基底总剪力、底层柱脚剪力和 16m 平台框架梁弯矩，得到了以下结论：

（1）选取时程波的不同会影响行波效应影响系数 β 值的大小，但对 β 值分布规律的影响不大。

（2）选取时程波的不同对底层框架柱的 β 值分布情况影响较大，对上部结构构件（16m 标高框架柱）的影响较小。

（3）为了保证结构在地震作用下的安全，考虑行波效应时，可按规范的要求取 3 条时程波的包络值、7 条时程波的平均值计算结构构件的内力。

参 考 文 献

[1]　熊学玉，刘哲宇，李亚明. 超长混凝土结构温度场监测研究［J］. 四川建筑科学研究，2016，42

（4）：26-29.

[2] 熊学玉. 现代预应力混凝土结构设计理论及实践研究 [D]. 同济大学，1998.

[3] 熊学玉，顾炜，李亚明. 超长预应力混凝土框架结构的长期监测与分析研究 [J]. 土木工程学报，2009（2）：1-10.

[4] 曹志远. 土木工程分析的施工力学与时变力学基础 [J]. 土木工程学报，2001，34（3）：41-46.

[5] 中国建筑工业出版社编. 建筑施工手册（第五版）[M]. 北京：中国建筑工业出版社，2013.

[6] Xiong X Y, Wang L J, Xue R J, et al. Creep Behavior of High-Performance Concrete [J]. Advanced Materials Research，2014，919-921：1885-1889.

[7] Xiong X Y, Wang L J. Creep law of self-compacting concrete [J]. Materials Research Innovations，2016，19（sup5）：S5-S739.

[8] 王铁梦. 工程结构裂缝控制 [M]. 北京：中国建筑工业出版社，1997.

[9] 辛颖. 超长混凝土结构在温度作用下的受力分析 [D]. 同济大学，2007.

[10] 顾炜. 超长预应力混凝土结构时变分析关键问题研究 [D]. 同济大学，2009.

[11] Gardner N J, Lockman M J. Design Provisions for Drying Shrinkage and Creep of Normal-Strength Concrete [J]. Aci Materials Journal，2002，98（2）：159-167.

[12] Bazant Z P, Wendner R. RILEM draft recommendation：TC-242-MDC multi-decade creep and shrinkage of concrete：material model and structural analysis Model B4 for creep，drying shrinkage and autogenous shrinkage of normal and high-strength concretes with multi-decade applicability [J]. Materials & Structures，2015，48（4）：753-770.

[13] 孙宝俊，熊学玉. 钢筋混凝土柱的徐变稳定性 [J]. 建筑结构，1994（3）：26-28.

[14] 熊学玉，黄炜，张亚东. 预应力混凝土收缩徐变效应测试与分析 [J]. 工业建筑，2012，42（4）：65-68.

[15] Xiong X Y, Gao F, Li Y. Experimental Investigation and Crack Resistance Analysis on Large Scale Prestressed Steel Reinforced Concrete Frame [J]. Advanced Materials Research，2011，255-260（6）：524-528.

[16] 熊学玉，沈昕，汪继恕. 超长混凝土地下室墙体中预应力作用计算与分析 [J]. 建筑结构，2016（23）：85-90.

[17] 顾炜，熊学玉，黄鼎业. 超长预应力混凝土结构收缩徐变敏感性分析 [J]. 建筑材料学报，2008，11（5）：535-540.

[18] 李明，熊学玉. 超长预应力结构施工对结构性能的影响分析：首届全国建筑结构技术交流会论文集，2006 [C].

[19] Kiureghian A D, Neuenhofer A. Response spectrum method for multi‐support seismic excitations [J]. Earthquake Engineering & Structural Dynamics，1992，21（8）：713-740.

[20] 潘旦光，楼梦麟，范立础. 多点输入下大跨度结构地震反应分析研究现状 [J]. 同济大学学报（自然科学版），2001，29（10）：1213-1219.

[21] 范立础，王君杰. 非一致地震激励下大跨度斜拉桥的响应特性 [J]. 计算力学学报，2001，18（3）：358-363.

[22] 刘枫，张高明，赵鹏飞. 大尺度空间结构多点输入地震反应分析应用研究 [J]. 建筑结构学报，2013（03）：54-65.

[23] 林清. 浦东机场二期航站楼多点地震反应分析 [D]. 同济大学，2008.

[24] 李建俊，林家浩，张文首，等. 大跨度结构受多点随机地震激励的响应 [J]. 计算结构力学及其应用，1995（04）：445-452.

[25] 何庆祥，沈祖炎. 结构地震行波效应分析综述 [J]. 地震工程与工程振动，2009（01）：50-57.

[26] 侯晓武，高德志，赵继. MIDAS Gen 在建筑结构高端分析中的应用 [J]. 建筑结构，2013（S1）：832-835.

[27] 陆基孟. 地震勘探原理 [M]. 青岛：中国石油大学出版社，2009.

作 者 简 介

　　熊学玉，博士，同济大学土木工程学院教授，博士研究生导师，预应力研究所副所长，致力于我国预应力领域的教学、研究、技术开发和推广工作。中国钢结构协会预应力结构分会副理事长；上海土木工程学会预应力专业委员会主任委员；中国勘察设计协会结构设计分会预应力技术委员会副主任委员；住房城乡建设部建筑结构标准化技术委员会第一届委员；住房城乡建设部建筑维护加固与房地产标准化委员会第二届委员；上海市住房和城乡建设管理委员会科学技术委员会委员；中国土木工程学会后张预应力混凝土委员会委员。

　　1978年就读于安徽建筑工程学校工民建专业，毕业后留校工作，1998年获合肥工业大学工民建本科毕业工学学士学位，1993年获合肥工业大学结构工程工学硕士学位，1994年在国内高校中率先编写《现代预应力混凝土结构设计与施工》本科生教材，并开设相关课程。1998年于同济大学结构工程专业获工学博士学位后留校至今，先后独著与合作编著了《预应力工程设计施工手册》、《预应力结构原理与设计》和《体外预应力结构设计》三本预应力书籍，获广大高校师生和行业工作者好评。长期在一线从事混凝土及预应力混凝土等课程的教学和结构工程领域的科学研究与工程实践，获得省部级科技进步一、二、三等奖共9项。在国内外期刊上发表论文160余篇。主编和参编国家和地方标准16项，其中包括主编的国家首次发布的行业标准《预应力混凝土结构设计规范》JGJ 369—2016。申请与获得国家专利50余项，参与了包括国家会展中心、上海南站、苏州火车站、上海东方体育中心、上海虹桥SOHO等百余项重大工程；解决了数十项预应力混凝土结构的复杂约束、大跨、超长、防灾和耐久性问题；首次提出了全面考虑次内力的设计方法和结构广义超长的概念。为我国预应力结构的行业发展做出了贡献。